El IV milenio ANE en el Guadalquivir Medio

Intensificación agrícola y fragua de la comunidad doméstica aldeana

Rafael Mª Martínez Sánchez

BAR International Series 2563
2013

Published in 2016 by
BAR Publishing, Oxford

BAR International Series 2563

El IV milenio ANE en el Guadalquivir Medio

ISBN 978 1 4073 1184 5

BAR Publishing is the trading name of British Archaeological Reports (Oxford) Ltd. British Archaeological Reports was first incorporated in 1974 to publish the BAR Series, International and British. In 1992 Hadrian Books Ltd became part of the BAR group. This volume was originally published by Archaeopress in conjunction with British Archaeological Reports (Oxford) Ltd / Hadrian Books Ltd, the Series principal publisher, in 2013. This present volume is published by BAR Publishing, 2016.

Printed in England

BAR
PUBLISHING

BAR titles are available from:

BAR Publishing
122 Banbury Rd, Oxford, OX2 7BP, UK
EMAIL info@barpublishing.com
PHONE +44 (0)1865 310431
FAX +44 (0)1865 316916
www.barpublishing.com

Índice

Abstract

This dissertation aims to represent an integrated approach of the Historical Process that took place in the Middle Guadalquivir lowlands between the onset of agriculture in this area and the beginning of copper metallurgy. In particular, we wanted to focus on the IV millennium BC, period in which archaeological evidence suggests that the first agricultural occupation with remarkable density occurred by ca. 3500 BC in the lowlands of the Guadalquivir Basin. In this period, some visible changes arise in material culture, such as the emergence of carinated forms with low height and a large diameter (pottery), bifacial arrowheads and the development of standardized long flint blades (lithic), as well as the proliferation of archaeological sites with silo-shaped pits both in the vicinity of the floodplain, and especially in the east of Cordovan Campiña.

For this reason, we first made a review of all the information available related to Late Prehistoric sites on this territory that stretches from Madre de Fuentes creek as the western boundary in the province of Seville, to Salado creek in the East, which is located in the current border between the provinces of Cordova and Jaen. In our data set, we have included some unpublished locations, as in the case of those sites discovered during systematic archaeological surveys led by José C. Martin de la Cruz during the 1990's in eastern Cordovan Campiña. Secondly, we have performed a comprehensive study to avoid selective criteria of material culture recovered in some sites as Iglesia Antigua de Alcolea (Cordova), in six of the silo- shaped pits excavated in Verduga Alta (Palma del Río), as well as several contexts in Casa del Tabaco (El Carpio), Llanete de los Moros (Montoro) and from different locations on the vicinity of the Guadalquivir floodplain and the north of the eastern Cordovan Campiña.

Our approach is based on an ecological perspective in which we use both materialistic assumptions, related to economic production, and evolutionist assumptions, perceiving some changes that may be explained in historical long term through a process of adaptation to the natural environment and social conditions, both gradually and in an apparently fast way. Thus, even if we consider the natural environment as the main factor of influence, these societies will be doomed to suffer a continuous change in their cultural and technological features, in order to cope with constant challenges posed by the changes in social relations, often expressed under political conflicts, and changes in environmental conditions in which they are based and their economies depend on.

In the study of material culture, pottery, characterized by its ubiquity, holds a particular interest due to its active role as an instrument of economic transformation on food supply, and as social productions that reflect some aspects of consumption patterns, service and transport, and as a product related to symbolic aspects of style and decoration, of much more difficult interpretation. Our attention will be focused on the changes that these instruments suffered, reflecting an increasing standardization, fewer decorations (much more limited and repetitive now) and, especially, by the emergence of large and open typologies, in particular carinated forms such as cups and pans. Using historical and ethnographic parallels, we have related these ceramic forms with the increasing dependence on rain-fed cereals (mostly barley and hulled wheat), probably as a part of a baking technology for the production of flat bread. The impoverishment of the ceramic decorations could be related to the decreasing importance of domestic implements, and with the decreasing importance of women in these domestic communities, in an inverse proportion to their increasing activity as labour- power in certain activities, such as milling.

With regards to the knapped stone industry, it seems that lithic technology is deeply influenced by the presence in the Quaternary sediments of the river terraces and the floodplain of a whole band of detrital material suitable for knapping, although subjected to different alterations, often featuring small dimensions. These lithologies come from the region of Sierra Morena (quartzites and volcanics) and particularly from the southern tributary streams that carry some materials (Mesozoic flint) from subbaetic mountains. Due to its nature, this kind of material will determine the maintenance of an industry of low technical investment, for household use, opportunistically based on the extraction of flakes by direct percussion, and, occasionally, small blades. In parallel, the traffic of siliceous rocks (Mesozoic flint blocks), obtained from the middle subbetic mountains, will promote the parallel development of a more complex industry, based on the extraction of standardized blades that can be considered of a high technical investment. This industry could now be related to the rise of social specialized sectors or in seasonal work within networks of reciprocal exchange, among which we could include the traffic of other abiotic resources and herding, mainly caprines.

In the case of polished stone artifacts and macrolithics, we must show the importance that igneous and metamorphic lithologies had for the development of polished hoes and axes, as well as certain types of plutonic, metamorphic and sedimentary rocks (sandstones and arkoses) for making grinding instruments. In both cases, this technology is improved by the Paleozoic geology from the region of Sierra Morena. Due to the fact that detrital material of this nature is very common in the Quaternary sediments of Guadalquivir Valley, we can state that the raw material of polished stone artifacts comes from primary locations of the Hesperian Massif, or, on the other hand, from secondary and detrital deposits laying in alluvial terraces and floodplains. This could hold much interest for establishing possible exchange networks of raw materials and finished artifacts and the probable control of the primary extraction areas. Finally, the rest of the material culture studied corresponds to the bone industry, mainly represented by sharpened instruments and clay productions, where we make particular emphasis in an anthropomorphic figurine that has obvious similarities with certain objects identified in Sado estuary and Alentejo region (Portugal).

In addition to the study of animal bones both from sites of Verduga Alta and Iglesia Antigua de Alcolea, we have revisited the available data related to the lowlands of Guadalquivir Valley, aiming to draw an overview of animal consumption and exploitation. We had envisioned a clear picture based on domesticated mammals, with the trinomial composed of goats, pigs and cattle, and a much less important number of wild animals like deer, followed by wild boar and spanish ibex. In particular, on the strip of land next to the Guadalquivir floodplain we propose a mixed livestock where, from the middle of the IV millennium BC onwards, pigs represent the taxon on which an intensive management will be developed due to its high performance when fed from agricultural by-products of legumes and horticulture on wet soils. At the same time, fluvial resources, such as some species of fish and freshwater bivalves, could represent an additional source whose importance is still difficult to measure. At the same time, in the rainfed lowlands (Cordovan Campiña), livestock management is gradually specialized in domestic caprines, using as fodder the straw and cereal by-products, grazing in steep and marginal areas, and acquiring his role as dairy and wool producer, especially since the following millennium.

Our general objectives are focused on discovering the population aggregation phenomena which is manifested in the systematic occupation of the lowlands, especially since the middle of the IV millennium BC onwards. This occupation has been considered in recent decades as a result of an economic intensification, and we have formulated a hypothesis in order to observe its phases. Basically, the essential change that apparently dominates this process is the passage from a system of intensive farming in small plots based on hoe or digging stick to a very different system in which dry lands agriculture emerges through new means of intensification, based primarily on the use of the plough. The first system could be described as a small-plot intensive horticulture system based on different crops (cereals and pulses) with a non-specialized mixed livestock, common in the first Neolithic (VI and V millennium BC). These locations would be situated on hybrid environments or ecotones (with a high and diversified ecological potential), next to headwaters and foothill areas with fertile and easy-to-work soils. In the IV millennium BC, the state of things changes dramatically with the systematic occupation of lowland sites by permanent or semi-permanent settlements endowed with many silo-shaped pits and associated to dry lands agriculture, based on cereals. We also observe an apparent caprine livestock specialization in countryside areas, and by contrast a preference for suines in the environment of the Guadalquivir floodplain.

We believe that there must be one decisive factor or even a set of them that provoke this change of economic strategy, since many difficulties emerge in any production cycle shift, especially to exceed the critical point situated in the passage between a sustainable agricultural tradition and the implementation of new intensification forms in a subsistence economy. In these systems, the surplus is not usually important and a bad year or a disruption of land work may produce dramatic consequences. Thus, we have decided to consider as a main factor the increasing dependence on an extensive complementary agriculture based on cereal in forest areas (thermo-Mediterranean forest), occupying hitherto marginal environments. Crisis of this kind of extensive husbandry must be the cause of the rapid adoption of plough since the middle of the IV millennium BC, and the beginning of deforestation and plowing in lowlands of the Guadalquivir valley. Such process would be inevitably associated with the fixation of a greater volume of labour- power in this environment and the definitive occupation of this area.

With regards to the landscape dynamics, we have formulated a hypothesis of the Historical Process evolution in the selected geographical environment, divided into four different phases:

1) ?/ 5300 - 3600/3400 cal BC. In this phase occurs the spread of productive economy in the central sector of the basin, where the archaeological sites are preferentially found in foothill areas and near to permanent headwaters or springs. Soil types do not seem to be a determining feature of locations, unlike the existence of water. These archaeological sites are spread across Sierra Morena foothills (some of them) and, particularly, under the Subbaetic mountains, although there are also some settlements next to the Guadajoz floodplain. Several sites emerge at the end of this phase concentrated on the Guadalquivir floodplain. These are aimed to develop a model of intensive mixed farming using hoe on small plots, with another extensive model of high productivity and directly performed on the riparian forest.

2) 3600/3400- 3100 / 2900 cal BC. In this second phase will emerge all the important changes that we have already referred to. They will be present in technological aspects, material culture and territorial network. Evidences of occupation will be mainly found on the strip of the Guadalquivir floodplain (in soils like fluvisol type) and the rest of the lowlands, mostly composed of Tertiary lands and vertisols located in the eastern Cordovan Campiña. These settlements that double the number of those recorded in the previous phase are, in documented cases, usually made of palimpsests of silo- shaped structures generally disposed in middle altitudes (150 - 300 meters above sea level) on gentle slopes oriented to sunshine and thus difficult to defend.

3) 3100/2900- 2600/ 2400 cal BC. In this phase the network of settlements seems to follow some trends from the previous period, although with a progressive occupation of higher and easier to defend altitudes. Archaeological sites seem to increase in number, maintaining their preference for specific soil types (vertisol and fluvisol), although now it is more frequent to find settlements on a wider variety of soils, probably due to the new primary role of defense instead of the proximity to crop fields. Thus, we can find some sites situated at a certain distance or very far from better lands, such as easily defended locations in the foothills of Sierra Morena that seem to control the mountain passes and, therefore, the access to the valley of copper.

4) 2600/2400- 2200 Cal BC. Finally, from the last third of the III millennium BC onwards, coinciding with the Bell Beaker culture, the trend to occupy a greater diversity of soils in the whole of the lowlands is maintained. In this period we can observe a progressive advance in the foundation of new sites in the western Cordovan Campiña, towards the lands of Cabra river and the tributaries of Genil river, and the limits of Parrilla and Monclova regions, hypothetically linked to an occupational drift from the sevilian Alcores and the plain of Corbones river. From this moment on, many sites emplaced on large isolated hills in western Cordovan Campiña (Santaella, Monturque or Aguilar de la Frontera), could play a decisive political role whose importance is still very difficult to analyze satisfactorily.

Resumen

El trabajo parte de nuestra aspiración por abordar de forma integrada el Proceso Histórico desarrollado en las tierras bajas del Guadalquivir Medio, situado cronológicamente entre el inicio de la agricultura en la zona y los comienzos de la metalurgia del cobre. En particular, hemos querido centrarnos en el IV milenio ANE, segmento temporal en el que parecen concentrarse testimonios arqueológicos relativos a una primera ocupación agrícola desarrollada con notable densidad hacia el 3500 ANE en las tierras bajas de la Depresión del Guadalquivir, período coincidente de forma aproximada con una serie de cambios visibles en la cultura material, como el surgimiento de nuevas formas cerámicas de escasa altura y gran diámetro, puntas de proyectil foliáceas y el desarrollo de láminas prismáticas estandarizadas de ciertas dimensiones, asistiendo a la proliferación de emplazamientos arqueológicos en superficie dotados de estructuras siliformes, tanto en las tierras de la vega estricta, como sobre todo en la campiña oriental cordobesa.

Para ello, hemos procedido en primer lugar a realizar una revisión de toda la información disponible relativa a los hábitats de la Prehistoria Reciente en el territorio seleccionado, el cual parte desde el arroyo Madre de Fuentes como límite occidental en la provincia de Sevilla, y el Salado en el oriental, coincidiendo con la actual frontera entre la provincia de Córdoba y la de Jaén. En dicha recopilación incluimos ubicaciones inéditas, como en el caso de las descubiertas a lo largo de las prospecciones sistemáticas dirigidas en algunos sectores por José C. Martín de la Cruz durante la década de 1990. De la misma forma, hemos realizado el estudio integral evitando criterios selectivos de la cultura material de este período recuperada en los yacimientos de Iglesia Antigua de Alcolea (Córdoba), en seis de las estructuras excavadas en la Verduga Alta (Palma del Río), así como de varios contextos de Casa del Tabaco (el Carpio), Llanete de los Moros (Montoro) y en diversas localizaciones conocidas de forma parcial o superficial en el entorno de la vega estricta o en la banda septentrional de la campiña oriental cordobesa.

Nuestro enfoque ha partido de una perspectiva ecológica en la cual utilizamos tanto presupuestos materialistas relacionados con la producción económica, como evolucionistas, percibiendo cambios susceptibles de ser explicados en la *larga duración* del Proceso Histórico, a través de procesos de adaptación al medio natural y social, tanto de forma gradual como aparentemente rápida. Por ello, aun partiendo del entorno natural como principal factor de influencia, dichas sociedades se verán abocadas a una persistente modificación de sus rasgos culturales y tecnológicos a fin de hacer frente a los constantes retos que imponen las propias alteraciones de las relaciones sociales, frecuentemente manifestadas bajo la forma de conflictos políticos, y las variaciones en las condiciones del medio en el que se asientan y del que dependen sus formas económicas.

En el estudio de la cultura material, la cerámica destaca por su ubicuidad, despertando especial interés en lo referente a su papel activo como instrumento de transformación económica subsistencial enfocado a la alimentación, y como producciones sociales que reflejan aspectos relacionados con formas de consumo, servicio y transporte, así como otros de cariz simbólico ligados al estilo y a la decoración, de más difícil lectura. Nuestra atención se centrará en concreto en los cambios que dicho instrumental mostrará en este momento en relación a milenios anteriores, reflejando una estandarización creciente, un menor papel de los motivos decorativos (que se mostrarán mucho más escasos y repetitivos) y sobre todo en la aparición de las grandes formas abiertas, en concreto fuentes y cazuelas carenadas. Hemos relacionado dichos recipientes a través de paralelos históricos y etnográficos con la creciente dependencia hacia los cereales de secano (probablemente cebadas y trigos vestidos), constituyendo probablemente parte de una tecnología de panificado destinada a la elaboración de tortas de pan plano. El empobrecimiento de la decoración podría relacionarse con una menor visibilidad del ajuar doméstico culinario, en paralelo con una creciente pérdida de protagonismo de las mujeres en la comunidad doméstica, de forma inversamente proporcional a su mayor carga como fuerza de trabajo en determinadas actividades, como en el caso de la molienda.

En cuanto a la industria lítica tallada, todo parece indicar que su tecnología se encuentra profundamente influida por la presencia en los sedimentos cuaternarios de la vega estricta de toda una banda de materiales detríticos intrínsecamente aptos para la talla aunque sometidos a diferentes tipos de alteraciones, a menudo presentando reducidas dimensiones. Dichas litologías proceden tanto del dominio mariánico (cuarcitas y vulcanitas) como sobre todo de los afluentes campiñeses que transportan sílex mesozoico. Este tipo de materiales, debido a su naturaleza detrítica aluvial, propiciará el mantenimiento de una industria de escasa inversión técnica y de carácter doméstico, basada en la extracción de lascas por percusión directa de forma oportunista, y ocasionalmente, de láminas de pequeño formato. Paralelamente, el tráfico de materias primas silíceas, procedentes sobre todo del Subbético Medio, favorecerá el desarrollo paralelo de una industria más elaborada, basada en la extracción de láminas prismáticas estandarizadas y que puede considerarse de alta inversión técnica. Esta industria podría verse relacionada con el auge a partir de este período, de sectores sociales especializados o con una dedicación de orden estacional enfocada al intercambio en redes de reciprocidad, entre las cuales se incluiría el tráfico de otros recursos abióticos así como la circulación de ganado fundamentalmente caprino.

En el caso particular de los elementos líticos pulimentados y macrolíticos, se reitera la importancia que las litologías de rocas ígneas y metamórficas presentan para la elaboración de instrumentos pulimentados biselados, así como las plutónicas y ciertos tipos de rocas sedimentarias y metamórficas (areniscas y arcosas) para las bases y elementos de molturación, viéndose dicha industria beneficiada por una abundante variedad procedente del entorno mariánico. Dada la presencia de materiales detríticos de esta naturaleza en los sedimentos cuaternarios de la vega estricta, cabe determinar sobre todo para el caso de los instrumentos pulimentados su elaboración a partir de localizaciones primarias propias del Macizo Hespérico, o bien a partir de la modificación de rocas detríticas presentes en los depósitos secundarios. Ello tendría un gran interés a la hora de dibujar posibles redes de intercambio y control de las áreas de extracción primaria. El resto de la cultura material estudiada corresponde a la industria ósea, representada fundamentalmente por elementos apuntados de hueso, y a diversas producciones modeladas en arcilla, en donde tratamos de forma particular el hallazgo de una figura de rasgos antropomorfos que presenta evidentes paralelos con ciertas figurillas identificadas en el estuario del Sado y Alentejo (Portugal).

Junto al estudio de los restos óseos animales procedentes de los enclaves de la Verduga Alta e Iglesia Antigua de Alcolea, la revisión de datos disponibles referentes a los entornos de vega y campiña en la mayor parte de la Depresión del Guadalquivir nos ha servido para trazar un panorama de explotación y consumo animal basado sobre todo en la fauna doméstica; el trinomio caprino, suino y bovino, acompañado en mucha menor medida por fauna salvaje, caso del ciervo y en menor medida, jabalí y cabra montés. En particular, en la franja de la vega estricta proponemos una ganadería mixta, en donde a partir de mediados del IV milenio ANE el suino representará el taxón sobre el que se desarrolle una gestión intensiva, debido a sus cualidades y a su facilidad de engorde a partir de desechos agrícolas de leguminosas y horticultura en suelos de cierta humedad. A la vez, ciertos recursos fluviales, caso de algunas especies de peces y bivalvos de agua dulce, pudieron representar una fuente complementaria cuya importancia resulta aún difícil de calibrar. Paralelamente en los secanos campiñeses, la gestión ganadera se especializará de forma gradual en los caprinos domésticos, aprovechando la paja y los subproductos de la agricultura de cereales como alimento, así como el pastoreo en áreas marginales y zonas escarpadas, comenzando sobre todo a partir del milenio siguiente a potenciarse su papel como productor de lácteos y lana.

Como objetivos generales, nos hemos centrado en conocer el fenómeno de agregación poblacional manifestado en la ocupación sistemática de las tierras bajas sobre todo a partir de mediados del IV milenio ANE. Dicha ocupación ha sido interpretada en las últimas décadas como producto de una intensificación económica sobre la cual consideramos haber trazado una hipótesis enfocada a vislumbrar sus fases. El cambio fundamental que articula el proceso puede sintetizarse en el paso de un sistema de agricultura intensiva de azada o palo cavador en pequeñas parcelas, a otro de signo muy diferente en el que se produce la conquista del secano a través de nuevos medios de intensificación, basados principalmente en el arado y la yunta. Este primer sistema podría ser descrito como una horticultura intensiva en pequeñas parcelas fundamentada en taxones variados (cereales y leguminosas) junto a una ganadería mixta poco especializada propia del primer Neolítico (VI y V milenios ANE). Sus emplazamientos vendrían a situarse en medios híbridos o ecotonos (con posibilidades de explotación diversificadas), junto a cabeceras de ríos enclavadas fundamentalmente en áreas de piedemonte sobre suelos fértiles y fáciles de trabajar. Avanzado el IV milenio ANE, la situación se manifiesta de forma muy diferente, vislumbrándose la ocupación sistemática de las tierras bajas a partir de emplazamientos permanentes o semipermanentes dotados de multitud de estructuras siliformes y asociados a una agricultura de secano basada en el cereal, con una aparente especialización ganadera hacia el caprino en áreas de campiña, y cierta preferencia por el cerdo en el entorno de la llanura aluvial del Guadalquivir.

Consideramos que debe existir un factor determinante o bien un conjunto de ellos, que impulse este cambio de estrategia económica, teniendo en cuenta las dificultades que toda alteración del ciclo productivo acarrea, sobre todo en lo que respecta a superar el punto crítico esperable entre el paso de una tradición agrícola hasta entonces sostenible y la puesta en marcha de nuevas formas de intensificación en una economía productiva de autosubsistencia. En estos sistemas el excedente no suele resultar importante y un mal año o una interrupción de las faenas agrícolas puede acarrear consecuencias dramáticas. De este modo hemos apostado por definir como factor de primer orden la dependencia creciente hacia una agricultura extensiva complementaria y basada en el cereal en las áreas boscosas termomediterráneas, ocupando entornos hasta entonces marginales, cuya crisis provocaría la rápida adopción del arado de tracción animal hacia mediados del IV milenio ANE y el inicio de la roturación definitiva en los territorios campiñeses y de la vega estricta. Dicho fenómeno iría inevitablemente relacionado con la fijación de un mayor volumen de fuerza de trabajo en este entorno y la ocupación definitiva de las tierras bajas del Guadalquivir Medio.

En cuanto a la dinámica territorial, hemos propuesto una hipótesis de la evolución del Proceso Histórico en el entorno geográfico seleccionado a partir de cuatro fases diferenciadas:

1) ?/5300- 3600/3400 ANE. En esta primera fase se produce la expansión de la economía de producción en el sector central de la cuenca, situándose los emplazamientos arqueológicos de forma preferente en áreas de piedemonte y cerca de cabeceros de arroyos o manantiales de carácter permanente. El tipo de suelos sobre el que se sitúa no parece representar un rasgo definitorio, sino la existencia de agua, estando repartidos aunque en muy escaso número en ubicaciones del piedemonte subbético y en menor medida, mariánico, conociendo algunos emplazamientos junto a la vega media del Guadajoz. A finales de esta fase, parece producirse una cierta concentración de hábitats sobre la llanura aluvial del Guadalquivir, destinados a explotar sus tierras en una agricultura mixta de azada intensiva sobre pequeñas parcelas junto a otra de tipo extensivo de gran productividad y realizada directamente sobre terrenos ganados a la ripisilva.

2) 3600/3400- 3100/ 2900 ANE. A partir de esta segunda fase se manifestarán de forma radical el conjunto de cambios trascendentes a los que ya hicimos referencia, visibles tanto en la tecnología y cultura material como en la trama territorial. Las evidencias de ocupación se verán sobre todo en la franja de la llanura aluvial de Guadalquivir (suelos de tipo fluvisol) y gran parte de las tierras bajas, preferentemente sobre suelos margosos compuestos por vertisoles y situados en la campiña oriental cordobesa. Los enclaves ocupacionales, que llegan a duplicar ampliamente a los registrados en la fase anterior, se componen generalmente en los casos documentados de palimpsestos de estructuras circulares excavadas, de tipo siliforme y dispuestas generalmente en cotas medias (150- 300 msnm) sobre lomas suaves orientadas a la solana y por ende de difícil defensa.

3) 3100/2900- 2600/ 2400 ANE. A partir de esta fase la ocupación del entorno parece seguir la línea trazada desde el período anterior, si bien con una progresiva predisposición a la conquista de cotas de mayor altura y defendibilidad. Los enclaves ocupacionales parecen aumentar en número, manteniéndose la preferencia hacia los suelos de tipo vertisol y fluvisol, si bien se abre ahora cierta tendencia a la ocupación de una mayor variedad de suelos, en parte probablemente al primar la defensa frente a la proximidad o cercanía a tierras de cultivo. Aparecen emplazamientos situados a cierta distancia o desconectados de los mejores terrenos agrícolas, los cuales en los casos de ubicaciones de fácil defensa y situadas en áreas del piedemonte de Sierra Morena aparentan controlar los cauces mariánicos encajados y por tanto el acceso al valle del mineral de cobre desde de los centros de explotación.

4) 2600/2400- 2200 ANE. Por último, a partir del tercer cuarto del III milenio ANE y coincidiendo con el Horizonte Campaniforme, se mantiene la tendencia a la ocupación de una mayor diversidad de suelos en el conjunto de las tierras bajas, siguiéndose ahora en particular un progresivo avance en la fundación de emplazamientos situados en la campiña occidental, hacia las tierras del río Cabra y afluentes del Genil, así como de los contornos de los desiertos de la Monclova y la Parrilla, hipotéticamente ligado a un flujo ocupacional procedente de los alcores sevillanos y de la vega del Corbones. A partir de este momento, los emplazamientos sobre cerros aislados de gran entidad situados en esta banda territorial (Santaella, Monturque o Aguilar de la Frontera), pudieron llegar a desempeñar un destacado papel político cuyo carácter aun resulta aventurado tratar de resolver de manera satisfactoria.

Agradecimientos

La idea de trabajar la Prehistoria Reciente del Guadalquivir Medio, deriva de una doble vertiente, familiar y de formación universitaria. La primera vendría originada desde los trabajos de Juan Bernier en compañía de tres de mis tíos maternos, Alfonso, César y Francisco Sánchez, los dos últimos ya fallecidos, y que fueron origen de mi temprano interés por la Arqueología y el paisaje de los campos cordobeses. A ellos y por supuesto a mis padres, sin cuyo apoyo e insistencia no hubiera podido terminar ni tan siquiera mis estudios secundarios, va dedicado este trabajo.

El otro cauce procede sin duda del interés que el Dr. José Clemente Martín de la Cruz avivó en sus estudiantes desde que comenzamos la carrera, allá por 1998, participando a partir del año siguiente en diversas prospecciones superficiales enfocadas a peinar sistemáticamente los olivares de la campiña oriental cordobesa. Nunca podré agradecer lo suficiente tanto su apoyo y facilidades como sobre todo la confianza que desde el principio depositó en cualquiera de los proyectos que quise desarrollar.

Quiero agradecer a todos los compañeros sin cuya ayuda, ánimo y a veces auxilio, este trabajo hubiera resultado imposible. Este agradecimiento se hace extensivo tanto a lo largo de los años de estudiante y como becario predoctoral (FPDI) de la Junta de Andalucía, como a los siguientes que compaginé la finalización de mi Tesis Doctoral con la arqueología de urgencia, en la cual gracias en parte a la suerte puede seguir investigando. En especial quiero mostrar mi agradecimiento a Emilio Navarro y Rafael Nieto (DEP) por su ayuda en relación a la arqueología de Palma del Río y el enclave de la Verduga Alta; a Carolina Martín, Diego Gaspar y Antonio Molina por los datos y facilidades en el yacimiento del Cañuelo Alto V; a Ricardo García y Rafael Clapés en las excavaciones de Alcolea; a Antonio Moreno Rosa por su inestimable amistad y su conocimiento de la arqueología del sur de la campiña cordobesa, lo que se hace extensible a José Antonio Morena, conservador del museo de Baena, Rafael Carmona en Priego de Córdoba y Antonio Fernández en Écija; Manuel Gómez en Córdoba y Fernando Salas desde Porcuna, que me trasladó a conocer los secanos de los campos de Jaén, así como el resto de amigos y compañeros de municipios tales como Aguilar de la Frontera, Bujalance, La Carlota, Castro del Río, Doña Mencía, Montilla, Nueva Carteya o la pedanía de Santa Cruz, con los que compartimos horas de sol y charla.

Nunca será suficiente agradecer el apoyo brindado desde otras universidades, agradeciendo a Juan Carlos Vera y José Antonio Linares (UHU), Miguel Cortés (USE) y Antonio Morgado (UGRA) la ayuda prestada a la hora de pensar la Prehistoria ampliando horizontes. En lo relativo a cuestiones particulares destacamos la asistencia que nos proporcionó Julia Barrios y Luis Montealegre (UCO) y José Antonio Lozano (UGRA) en cuanto a materias primas minerales, José Antonio Riquelme (UGRA) y Andrés Diz (UCO) en lo relativo a cuestiones relacionadas con el análisis faunístico, así como a Gillem Pérez Jordá (CSIC) en cuanto a las polémicas actuales sobre agricultura prehistórica, sin olvidar a Gonzalo Gómez Montoro por la traducción del resumen a la lengua inglesa y a Sara Cortés por su ayuda en la maquetación del trabajo.

Por último, no queremos finalizar sin expresar nuestro agradecimiento a aquellos con los que he compartido horas de excursiones, salidas, senderos y recorridos en los campos cordobeses, los componentes y miembros del Grupo Espeleológico G40 de Priego de Córdoba, y el resto de amigos y compañeros que soportaron y escucharon pacientemente el día a día de este trabajo a lo largo de los últimos años, entre quienes destaca por supuesto Lola Bretones acompañada de Pancho, Río y Siro, que se quedó para siempre en el arroyo Pedroche. A todos ellos, gracias.

I- Introducción

"(...) y os sepultasteis en la tierra
y habéis sentido los pasos del zagal y del arado
rozando vuestros miembros".
Juan Bernier[1]

1. Preámbulo

Vivimos en un momento histórico muy particular, en donde muchos de nosotros compartimos la seguridad de estar asistiendo a procesos económicos, sociales y tecnológicos sin precedentes y con consecuencias de muy difícil predicción a medio o largo plazo. Desde nuestra cómoda posición en un país de Europa Occidental, aunque sumido en una grave crisis económica, hemos visto en esta última década desfilar en los medios de comunicación de masas (Google, la prensa escrita y sobre todo la televisión), sofisticadas guerras desarrolladas por grandes estados u organismos internacionales, contra enemigos invisibles o ciertamente desdibujados. Dichas intervenciones comparten el hecho de desplegarse sobre estados débiles o dotados de escaso respaldo internacional, pero sobre todo el de integrar territorios ricos en recursos naturales (fundamentalmente destinados a su uso como combustible) o materias primas de uso estratégico. La obtención diferencial de fuentes energéticas rentables, necesarias como la sangre en un organismo vivo para el funcionamiento de este sistema económico (que a veces es definido como el mejor o menos malo de los mundos posibles) deja a los principales países consumidores, y en el que se sitúa integrado en una estructura política superior el Estado, extendido por la mayor parte de la región Ibérica, desde el que redactamos este trabajo, en mala posición moral e ideológica para el futuro. ¿Cuál será nuestra defensa en el caso de que los papeles se inviertan? ¿Estaremos capacitados para exigir responsabilidades?

La sociedad[2] global actual, que desde la caída del bloque soviético podemos identificar dentro de un mismo sistema económico integrado (con sus periferias y territorios fronterizos) no se halla desprovista de contradicciones internas. Con más recelo que esperanza atendemos a las próximas décadas para asistir a los posibles desenlaces de estas tensiones y luchas, en donde como en el juego del escondite inglés se pretende disimular los avances o pasos al frente en el escenario económico internacional que contradigan la hegemonía de los aliados militares de la OTAN y favorezcan las reivindicaciones de los denominados "países emergentes", con la duda a menudo manifiesta de si esta emergencia económica va en paralelo a una de tipo militar que fuerce a vencer el pulso al *status quo* desarrollado hasta el presente.

Las previsiones a muy corto plazo apuntan a que en un breve lapso de tiempo alcanzaremos los 7.000.000.000 de habitantes humanos en todo el planeta[3]. Ello representa sin duda una cifra impresionante si tenemos en cuenta que no hablamos de roedores, insectos o bacterias (!). La población humana, pese a sus amplias necesidades como primate de gran tamaño y su coste ecológico en términos puramente biológicos, no ha dejado de crecer desde su expansión gradual por todos los continentes, completada con la primera colonización de ambas Américas. Dicho fenómeno se vio acelerado a partir de la conquista y generalización de las innovaciones biotecnológicas representadas por la domesticación de especies animales y vegetales y la consiguiente producción de alimentos, proceso que coincide a grandes rasgos con el Holoceno, propagándose en la mayor parte de los continentes a partir de su mitad (Diamond 2007, entre muchos otros).

¿Pero qué sentido tiene discutir los aspectos trascendentes de la situación político- económica global actual con el objeto de estudio desarrollado en este trabajo? El Proceso Histórico, como fenómeno de larga duración (Braudel 1958), tiende a mostrar la naturaleza de sus mutaciones en recorridos de amplia carga temporal, no siendo en absoluto casual la actual situación sociopolítica de Iberia, heredera en gran medida de la expansión Europea durante el Renacimiento y la Edad Moderna que precedió a la Revolución Industrial. Estos cambios profundos sólo fueron posibles tras el desarrollo de grandes sistemas estatales, el trazado de complejas redes económicas y una explosión tecnológica y demográfica determinada por una temprana adopción de la agricultura de cereales y del ganado doméstico en la región mediterránea. En concreto para Europa y Mediterráneo Occidental, la producción de alimentos parece comenzar a establecerse por difusión entre finales del VII e inicios del VI milenio ANE (Mazurié de Keroualin 2007). En nuestra península, se acepta mediados del VI milenio ANE como inicio de la consolidación de la economía productora, con frecuencia ubicando las dataciones más antiguas para el Levante y vertiente mediterránea de Iberia (García Borja *et Alii* 2010: 124, Zapata *et Alii* 2004, 2005).

A partir de este momento, y pese a la generalización del cómputo histórico temporal en milenios y más adelante en siglos, los sitios arqueológicos (y con ellos la población humana, si se disculpa la asociación, no siempre evidente) se multiplican. Menos de 5000 años transcurridos desde el establecimiento de la economía de producción en Iberia aparecen los primeros sistemas de escritura conocidos en la región. Unos siglos más tarde, un imperio mediterráneo integrará la totalidad de la Península en su sistema de explotación, estado que impondrá una lengua de la que derivará la utilizada para redactar estas líneas. Será a partir de entonces cuando la Península Ibérica, o más correctamente individuos nacidos en ella, coincidiendo aproximadamente con el acontecimiento que sirve para estructurar la cronología ANE/DNE utilizada en este trabajo, aparece constituida en estados y entidades políticas responsables tanto de la aculturación (romanización) y absorción política de otros

[1] Bernier, J. "Deseo Pagano". *Poesía Completa*. Prólogo y edición de D. García Florindo. Editorial Pretextos, Valencia 2011.
[2] Entendida como entidad político económica, no como sociedad civil.
[3] El País Semanal, 12- 08- 2009

territorios (el Bajo Danubio o Britania), como al cabo de un milenio la posterior invasión poblacional y biológica de ambas Américas, la explotación costera del África subsahariana para la extracción de fuerza de trabajo esclava, o la invasión puntual o incompleta de insulindia y algunos territorios del Sudeste Asiático y Oceanía.

En este trabajo, nos centraremos en un período situado entre la consolidación de la economía productiva agropecuaria y el desarrollo de la primera metalurgia del cobre en el sur de Iberia, período coincidente a grandes rasgos con el IV milenio ANE, y en donde se dan cita en Europa Occidental grandes cambios tecnológicos productivos y demográficos. Dichos cambios, tradicionalmente reunidos bajo el término de Revolución de los Productos Secundarios, suceden entre otros factores a partir de la adopción de mecanismos para aprovechar la fuerza de tracción animal, siendo la difusión del arado la consecuencia que más nos interesa (Sherratt 1981: 261, 2006; Davis 1989: 166). Precisamente para un gran número de autores, el impacto de una intensificación económica de cuño agropecuario, estrechamente relacionada con una expansión demográfica, preludiará el desarrollo de sistemas políticos complejos de orden territorial al final del milenio (jefaturas complejas o estados).

Por nuestra parte, nuestro análisis ocupará el sector geográfico en donde hemos nacido, territorio al que, hemos de admitirlo, nos une una evidente relación afectiva[4] con el paisaje natural y cultural; la vega del Guadalquivir Medio y su entorno inmediato. De voluntad holística, no nos corresponde a nosotros considerar si hemos conseguido cubrir, o al menos parcialmente, los objetivos planteados en él, habiéndolo estructurado como base para hilvanar un discurso histórico en asociación con los trabajos ya realizados en otros sectores de la Depresión del Guadalquivir.

2. Metodología y presupuestos teóricos

No pretendemos aquí profundizar en los problemas gnoseológicos o epistemológicos fundamentales de las ciencias sociales, dentro de las que se incluye la disciplina arqueológica, ya que constituyen aspectos sobre los que se han centrado de forma brillante un buen número de autores desde perspectivas muy diversas (por ejemplo Trigger 1992, y en castellano Bate 1998 y Moro 2007). Pese a ello, hemos de partir de la necesidad de disponer de un marco de enfoque propio para la elaboración de nuestro discurso individual, o en su defecto de unos presupuestos teóricos elementales, a fin de orientar y determinar los objetivos (y la proyección ética) de nuestro trabajo. En este sentido entendemos la noción de supuestos valorativos, ontológicos y epistemológico- metodológicos como *posición teórica* (Bate 1998: 28, citando a Manuel Gándara), a fin de evitar caer en un falso relativismo donde todos los enfoques o interpretaciones, desprovistos de justificación teórica, aparentan resultar correctos o igualmente válidos, lo que tampoco implica pretender reducir una sola concepción objetiva de la realidad en un único modelo dogmático e inequívoco. Dentro de nuestra posición, consideramos la conceptualización ontológica materialista como necesaria y útil en su desglose de las relaciones de producción y reproducción social. Sin embargo, las contradicciones observadas desde la perspectiva humanista del materialismo dialéctico marxista (lucha de clases) (Bate 1998: 58), cederían paso en una perspectiva ecológica a la competencia y presión por los recursos subsistenciales integrados en un esquema de dependencia ascendente hacia la ruptura de la capacidad de acarreo (o de sostén), en donde se imbrican la demografía, la intensificación productiva (incluyendo los cambios tecnológicos) y el medio natural y social (Jonhson y Earle 2003: 39).

Centrándonos en la sucesión de cambios experimentados por las sociedades humanas, resulta verdaderamente indiscutible la existencia de mutaciones de diversa naturaleza, en apariencia graduales y dilatadas a través del tiempo y con frecuencia tendentes hacia la complejización social y hacia formas tecnológicas más sofisticadas, desde las culturas del Paleolítico Superior hasta la sociedad global actual presente en la mayor parte del planeta. De la misma forma en Iberia, entre el VI y el III milenio ANE, en otras palabras, desde el primer Neolítico hasta el desarrollo de la metalurgia, se presentan cambios graduales ejemplificados en la propia cultura material, visibles principalmente a través de mejoras tecnológicas, debido a su aparente transparencia empírica.

Para comprender en la actualidad tanto la variabilidad sociocultural presente entre diversas sociedades subctuales en el conjunto del planeta, como a lo largo del Proceso Histórico en el sector territorial objeto de estudio, apostamos por hacer uso del concepto de Evolución Social (Childe 1973). Las distintas aproximaciones que el evolucionismo actual proporciona, pueden servir de posición teórica general para ayudar a explicar las secuencias culturales históricas de larga duración, así como la diversidad de las sociedades del presente (Johnson y Earle 2003: 11). Consideramos los conceptos evolucionistas aptos para abordar tanto los cambios biológicos como los culturales, entendiendo la Cultura (entre otras decenas de definiciones posibles y bien conocidas) como acumulación de conocimientos y de innovaciones, hecha realidad a través del uso del lenguaje (capaz de autorreproducirse) o concebida como suma de contribuciones individuales transmitidas (Cavalli- Sforza 2007: 30).

En un primer momento coincidente a grandes rasgos con el último tercio del siglo XIX y primer cuarto del XX, los

[4] Aquí nos vemos tentados a subrayar cómo "*la ideología positivista que supone que la objetividad científica debe garantizarse prescindiendo de la afectividad y de los juicios de valor es objetivamente falsa*" (…). "*La ilusoria pretensión de disociar la afectividad del conocimiento –reflejos constitutivos de los valores-, además de suponer una perversión de la naturaleza humana, responde a una ideología de la alienación, de la enajenación del científico respecto a las condiciones y contextos reales de su actividad como tal*". (Bate 1998: 30- 31).

enfoques de raigambre evolucionista enfocados a la comprensión de las diferencias estructurales entre sociedades partieron repletos de prejuicios racistas y eurocéntricos. Ello resultó especialmente dramático en lo que respecta a la percepción sobre grupos humanos de tecnología y organización política sencilla dispersos a lo largo del globo y que entraron en contacto principalmente con los europeos (o euroamericanos) entre los siglos XVI y XIX. Dichos presupuestos, simplificados a través de un desarrollo lineal entre lo simple y primitivo a la "civilización", influyeron notablemente en pensadores contemporáneos de gran influencia, incluyendo a Marx y a Engels (Childe 1973: 17, Godelier 1978: 25). Para muchos contemporáneos, la evolución social venía entendida como progreso desde las hordas primitivas hasta la civilización, en la que en sus más altas cotas se asociaban a los valores occidentales a través del florecimiento y la mejora exponencial de la Ciencia y la Tecnología (Johnson y Earle 2003: 13).

La cortedad y simplismo de tales presupuestos, aumentados trágicamente por las acciones de los Totalitarismos desde el período de entreguerras y su combate por los argumentos relativistas de la nueva antropología boasiana, terminaron por proscribir a mediados del siglo XX el uso en el ámbito de las Ciencias Sociales del término "evolución", viéndose sustituido por otros conceptos de mayor corrección política aunque ciertamente limitados, como "Cambio Cultural" (Johson y Earle 2003: 14, Cavalli- Sforza 2006: 22). Paralelamente otros autores como V. Gordon Childe y Leslie White trataron de reciclar los postulados evolucionistas hacia campos más diversificados, en donde el grado de evolución de una sociedad pudiera establecerse a partir de sus niveles de consumo energético, eliminando las falsas analogías con la figura de la evolución biológica de entonces (Childe 1973: 185-187). Dichos postulados darían lugar a partir de la década de 1950 a visiones multilineales en donde la competencia entre comunidades y la influencia cambiante de circunstancias externas (enfoque adaptativista, base de la Ecología Cultural) tuvieran cabida de manera determinante (Johnson y Earle 2003: 14).

El progreso, entendido como mito contemporáneo, fue uno de los conceptos surgidos de este primer evolucionismo que más pronto cayó en descrédito. La idea de progreso como objetivo de mejora programada e irreversible hacia condiciones más beneficiosas para la vida humana se ha demostrado a todas luces falsa. Sin embargo, la complejización de las formas culturales, más visible en el dominio de la tecnología y entendida como evolución, puede llegar a explicarse a través de factores adaptativos a circunstancias de por sí cambiantes, como agentes anclados en el medio o en el ámbito social intragrupal o extragrupal. Desde nuestro punto de vista, los cambios que el considerado progreso técnico (entendido como complejización tecnológica) han supuesto para la especie humana, no representan una *mejora* evidente de las condiciones vitales de los individuos, suponiendo en ciertos casos un retroceso para un alto sector de la humanidad en comparación al modo de vida de cazadores- recolectores (Sahlins 1983: 16). A nivel global, dichos cambios sí parecen correr a favor de una demografía exponencial extendida a costa de un alto porcentaje del reino animal y vegetal (llevando a la extinción a otras especies no humanas). Los costes del "progreso" son muy altos, difíciles de enumerar y por ello pueden llegar a comprometer la calidad de vida futura de una población mundial creciente.

Sin duda, uno de los mayores ataques que sufrió este término vino dado a través de los trabajos de Elman R. Service y Marshall Sahlins, al poner de manifiesto el aumento de horas de trabajo, así como las condiciones de tiempo y esfuerzo en sociedades cazadoras- recolectoras de baja demografía en relación a grupos productores (Service 1979: 22, Sahlins 1983: 66- 73). Sin embargo, aparecen sin duda mayores dificultades al tratar de cuantificar en términos de felicidad o satisfacción personal tales diferencias. Frente a esto, sí se ha visto crecer dos cifras a nivel global desde los tiempos del dominio de los grupos cazadores- recolectores: la esperanza de vida media en años y el número de habitantes del planeta.

La evolución, desprovista del concepto mecanicista de *Progreso* como *Designio* (o como *lex universalis*), existe tanto en cuanto hay un cambio cultural gradual y adaptativo, activado a través de mutaciones en las condiciones ambientales de orden natural (*per se* cambiantes y muy ligadas localmente con la actividad humana o antropización) como a las condiciones socioeconómicas desarrolladas por una comunidad o sociedad. Desde nuestro punto de vista, el cambio se produce con frecuencia activado por crisis o estancamientos provocados por recursos limitados ante una demografía en ascenso. Los factores ambientales (coyunturales o circunstanciales) que más podrían afectar a grupos locales de productores neolíticos, irían entre gran cantidad de casos posibles, desde el agotamiento de la tierra ante una química o un perfil edáfico del suelo explotado más frágil que lo acostumbrado, un exceso de lluvias, hasta una sequía prolongada. En cuanto a los factores sociales de crisis, éstos pueden ser también de orden multicausal, desde un episodio de violencia intergrupal organizada, hasta una descomposición del sistema redistributivo de intercambios ante el aumento de las exigencias de los centros de poder o un cambio de alianzas.

Es de sobra citado cómo al parecer, tanto Charles Darwin como Alfred Wallace, dedujeron de forma independiente el fenómeno de la evolución biológica leyendo a Thomas Malthus (Gould 1993: 304). Si la evolución cultural no representa mejoras evidentes en relación a calidad de vida (como no se han apuntado entre los agricultores neolíticos y los de la Edad del Bronce), dicho proceso cabe interpretarse dominado por cuestiones adaptativas, en donde la demografía creciente puede señalarse, aunque no sólo, como uno de los factores de impulso, junto con las innovaciones tecnológicas con las que cabe observar en una mutua influencia sobre el medio como motor de cambio; "*el crecimiento de la población suscita problemas tecnológicos, de organización social de la producción y de regulación política que deben ser resueltos*" (Jonhson y Earle 2003: 12, 24). Las soluciones a este tipo de problemas causan los cambios (o actúan como consecuencia de ellos en una relación interdependiente o *feedback*) que conocemos como evolución sociocultural. Dicho fenómeno se estructura frecuentemente en torno a tres procesos adaptativos entrelazados, representados por la intensificación de los medios de subsistencia, la integración política y la estratificación social. En el siguiente esquema resumimos las relaciones interdependientes entre los actores representados por el medio, la demografía y los cambios tecnológicos:

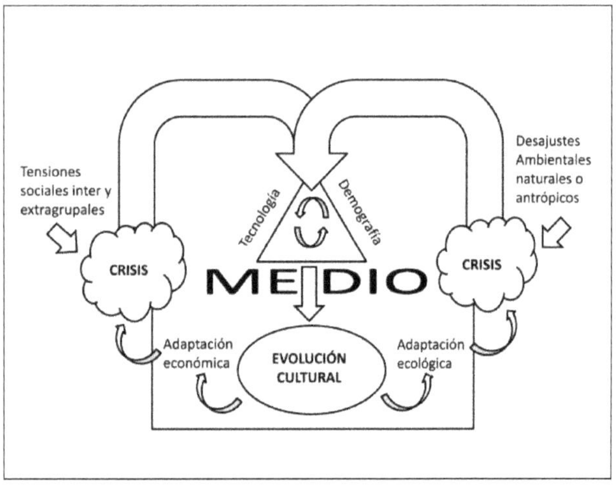

Figura 1: Propuesta general de los procesos adaptativos en las sociedades humanas

En cuanto al trabajo que presentamos, éste quedaría sintetizado a partir de dos planos diferenciados; uno fundamentalmente empírico y otro de orden teórico. En el primero de ellos predomina un discurso descriptivo, basado en el abordaje particular tanto de la cultura material y los registros ocupacionales, como de los datos paleoeconómicos disponibles, en nuestro caso fundamentalmente de orden arqueozoológico. En el segundo, subordinado en parte al primero, desarrollaremos un discurso explicativo, con especial incidencia en torno a dos puntos críticos que consideramos de especial interés:

A. Los cambios de la ocupación humana detectados en las tierras bajas (con especial interés en la vega del Guadalquivir Medio) desde la instauración de la economía de producción hasta la Edad del Bronce, en especial los procesos de agregación y concentración poblacional detectados en torno al 3500 ANE. Como criterios de contraste y validación, nos hemos basado fundamentalmente en la recopilación y cuantificación de localizaciones y emplazamientos arqueológicos identificados como enclaves ocupacionales, los cambios en sus características elementales (estructuras presentes, fortificaciones, altura o asociaciones edáficas fundamentales entre otros rasgos), siendo dichos emplazamientos en su mayoría conocidos a nivel superficial y definidos cronológicamente a través de los caracteres tipológicos de la cultura material.

B. Las previsibles causas y consecuencias directas de dichos procesos, centrando nuestra atención en las relaciones hombre- medio, y los cambios tecnológicos y de orden sociopolítico, los cuales suponen una respuesta y a la vez un condicionante a fenómenos de diversa trascendencia procedentes de los medios natural y social. Para ello partimos del conocimiento y análisis del medio natural sobre el que se asientan estas sociedades, describir sus posibles formas de organización social y económica (medio social) y por otro lado, analizar de primera mano su cultura material y los cambios tecnológicos relacionados con ésta, a fin de relacionar éstos últimos con aquellos observados en el territorio a lo largo del Proceso Histórico.

Nos hemos esforzado en todo momento por mantener la honestidad de una posición explicativa, en la que por evitar el exceso hiperinterpretativo, algunos de sus componentes pueden llegar a resultar generalistas, o incluso acusados de determinismo (gran pecado funcionalista). Consideramos que no pocos de estos presupuestos explicativos (hayan sido o no determinantes en los cambios sociales acaecidos en este territorio) resultan teóricamente más fáciles de demostrar o descartar mediante el proceso ligado a la propia investigación arqueológica y científica, coincidiendo en su alto grado de falsabilidad. Ello chocaría con otras posturas ancladas en desarrollos sociales endógenos, en donde la propia información arqueográfica se limita a ser seleccionada como ilustración de un discurso histórico aparentemente ya resuelto de antemano. En este sentido, algunas de las hipótesis resultantes de esta última tendencia se dispondrían en los límites del ámbito de trabajo de la propia Arqueología, representando "posiciones de autor" que en casos extremos acabarían por enrocarse en vías sin salida (una verdadera "burbuja epistemológica" tras cuyo estallido queda poco que pueda salvarse), coincidiendo en ello con postulados idealistas muy criticados por éstos (Cámara 2001: 152). Esperamos que nuestras propuestas no sólo puedan ser rebatidas, cuestionadas o enfrentadas, sino que deseamos que acaben por saltar pronto en pedazos (deseando que al menos éstos sean *reaprovechables como futuro material de acarreo*), sólo y a través del aumento de la investigación centrada tanto sobre bases empíricas como por supuesto teóricas, reforzadas con el gradual aumento de la información arqueológica multidisciplinar y la consolidación de vías explicativas resistentes al tiempo, a la investigación de campo y al debate científico, combativo y sincero aunque no por ello, aséptico.

3. En torno a la naturaleza de las sociedades estudiadas

Pese a representar éste un trabajo de base material, fundamentado en el estudio empírico de artefactos y enclaves arqueológicos, de forma evidente debemos considerar como objetivo prioritario el acercamiento de la forma más correcta (u honesta) posible a las formaciones sociales humanas que produjeron los artefactos y generaron los arqueorregistros utilizados como base de aproximación empírica. Dichas comunidades prosperaron como sociedades eminentemente campesinas (o más correctamente agrícolas), de base local aldeana y con una economía radicada fundamentalmente en la agricultura del cereal y la ganadería (base agropecuaria). Para ello se hace necesario proceder a la definición adecuada del conjunto de sociedades prehistóricas implantadas en el territorio durante el período seleccionado.

- La perspectiva marxista

Los enfoques teóricos más elaborados generados en los últimos 30 años en nuestra comunidad autónoma han sido definidos por investigadores cuya formación se ancla en el Materialismo Histórico (Bate 1998, Cámara 2001, Arteaga 2002 y 2004, Nocete 1989a y 1994, Ramos Muñoz 2008). En ocasiones, algunos de estos autores rechazan aproximaciones evolucionistas o difusionistas al mismo tiempo que dejan pasar evidentes presupuestos adaptativistas en relación a cambios relacionados con la jerarquización o integración política (Arteaga 2002: 27, Lizcano *et Alii* 1992: 85). De la misma forma resulta frecuente el empleo de clasificaciones convencionales dentro de estrechos *cachets*, que a menudo suelen provocar una confusión mayor en los investigadores extranjeros que las definiciones al uso empleadas por las tradiciones Histórico- Culturales. En este sentido incluimos el empleo de términos tales como Sociedades Tribales (o Tribales Comunitarias) y Clasistas Iniciales (Bate 1998: 83- 94, Arteaga 2002: 266, 271, Ramos *et Alii* 2008), que en los casos relativos al análisis material de artefactos arqueológicos, a menudo terminan por yuxtaponerse de forma rápida o demasiado evidente al concepto que pretenden (o más bien terminan por) sustituir; Neolítico en sentido genérico y Edad del Cobre, empleados de modo convencional. De forma paralela, un gran número de autores evitan entrar en clasificaciones de base en la estructura social, determinando definiciones de raigambre Histórico- Cultural tradicional (Neolítico y Calcolítico con las correspondientes subdivisiones u horizontes) (Martín de la Cruz 1994, Gavilán *et Alii* 2009, entre otros)[5].

[5]Consideramos que fundamentalmente dicha problemática parte de la contradicción entre las sociedades objeto de investigación y las evidencias arqueológicas objeto de observación (Bate 1998: 107), cuya correspondencia a menudo resulta objeto de sorprendentes confusiones, errores de amalgama u olvidos, en donde las sociedades reales son las principales perjudicadas. Nosotros intentaremos limitar los términos Neolítico y Edad del Cobre dentro de un marco contextual puramente arqueográfico.

Más recientemente, y gracias (como no podía haber sido de otra manera) al aumento cuantitativo de las dataciones radiocarbónicas calibradas y la revalorización de éstas gracias al empleo de técnicas depuradas como AMS, realizadas con preferencia sobre muestras seleccionadas de vida corta, algunos investigadores han optado por incluir los fenómenos estudiados dentro de milenios cal ANE, valiéndose de dicha periodización para evitar clasificar de antemano los procesos históricos estudiados. Dicha opción, que nosotros hemos decidido seguir (junto a los términos convencionales basados en la tipología del registro), nos resulta legítima siempre y cuando se pretenda ahondar en la estructura socioeconómica u organización política de estas comunidades humanas. De lo contrario, la clasificación cronológica, simplemente serviría para aplazar o eludir la necesidad de la comprensión en profundidad de la organización social de dichas entidades sociales.

- La construcción tribal

Hasta tiempos muy recientes (a partir de la última década) no se ha comenzado a descifrar a través de análisis genéticos las relaciones de parentesco biológico entre individuos inhumados en la Prehistoria Reciente de la Península, lo que sin duda resulta enormemente prometedor a la espera de la acumulación creciente de resultados en los próximos años. Hasta entonces, las clasificaciones utilizadas basadas en la estructura de parentesco para sociedades prehistóricas no nos resultan las más adecuadas, siempre y cuando no se sitúen específicamente en el campo de la hipótesis, máxime cuando la noción de "parentesco" o proximidad familiar, difiere en múltiples culturas de aspectos puramente consanguíneos, adquiriendo sentidos a veces contrapuestos (Sahlins 1972: 129). Tal es el caso del término Sociedad Tribal o Sociedades Tribales (Bate 1998: 83- 94), concepto clasificatorio también empleado para englobar a las sociedades prehistóricas de la Depresión del Guadalquivir en una fase previa a su ulterior integración en entidades políticas regionales de mayor entidad (Arteaga 2002: 271, 2004: 141, Ramos *et Alii* 2008: 353). Éstas corresponden en sentido general a las sociedades (llamadas) neolíticas detectadas en la zona.

El concepto de tribu representa una categoría antropológica nacida del primer evolucionismo de Lewis H. Morgan en la segunda mitad del siglo XIX, representando la condición de la humanidad en el "estadio de barbarie". Tomado del mundo clásico (siendo un término latino), si bien identificado con mayor exactitud con la *gens* del mundo romano (Godelier 1978: 201- 202), se usó en un primer momento para englobar una colectividad estructurada a partir de un antepasado común (filiación). Si bien ya sufrió un período de languidecimiento con la crisis de los primeros postulados evolucionistas, el término fue de nuevo dotado de contenido como formación social por Marshall Sahlins, quien lo definió como "un Estado de Naturaleza", en donde las relaciones sociales se hallan dominadas por la estructura de parentesco (Sahlins 1972: 17, 24). Aunque como entidad política apta para autorreproducirse, se organiza de forma independiente a los gobiernos propios de un estado, definido metafóricamente como *un animal carente de sistema nervioso central* (Sahlins 1972: 19).

La crítica fundamental a las tesis tribalistas de Sahlins, viene entre otras de la mano de Maurice Godelier, quien le achaca haber forzado la categoría de tribu a contener todo un amasijo heterogéneo de formaciones sociales sencillas, situadas entre grupos segmentarios y cacicazgos complejos, cuyos polos se sitúan en dos extremos opuestos. De la misma forma pone de manifiesto el haber reunido toda una serie de formaciones sociales carentes de Estado y de clases, buscando aunar sus escasas similitudes y eludiendo citar sus diferencias (Godelier 1978: 208). A su juicio, los pretendidos rasgos tribales se identifican en numerosas sociedades de economía sencilla pre o paraindustrial. Entre ellos, cita el "carácter segmentario de las unidades socioeconómicas que las constituyen, el carácter real o aparente de los grupos de parentesco de estas unidades socioeconómicas y el carácter multifuncional de las relaciones de parentesco". Así, el concepto tribal designa una amalgama de caracteres demasiado diversos como para representar acertadamente una categoría de formación social determinada (Godelier 1978: 217), circunstancia que también ha sido puesta de manifiesto por algunos autores que han tratado el Proceso Histórico de la Depresión del Guadalquivir (Nocete 2001: 64).

Por nuestra parte, y teniendo en cuenta tales matices, consideramos a estas sociedades agrícolas como comunidades domésticas de base local, cuyos caracteres relativos a relaciones de parentesco no deben constituir la base de su clasificación, primando pues su definición a partir de su estructura económica, y en segundo término, social. Por ello, pese a las categorías de formaciones sociales clásicas empleadas por algunos autores materialistas (Banda, Tribu, Jefatura y Estado), y en donde la definición de algunas de sus relaciones sociales asumen componentes basados en la estructura de parentesco (Sahlins 1972: 24), aceptaríamos con mayor facilidad las categorías de clasificación asumidas recientemente por autores neoevolucionistas: Grupo de Nivel Familiar, Grupo Local y Entidad Política Regional, basadas en su nivel de complejidad sociopolítica y demográfica, en estrecha relación con las bases económicas que las sustenta y donde sus relaciones de parentesco ocupan un lugar diferente (Johnson y Earle 2003: 42).

- La comunidad doméstica local

Dentro de los grupos locales cuya economía se halla sustentada por la agricultura y la ganadería en una economía de subsistencia, puede integrarse el análisis que algunos autores neomarxistas han realizado sobre comunidades domésticas paraestatales (Meillassoux 1982). Este autor, aunque profundamente antievolucionista, contrajo una gran experiencia a través de sus observaciones entre grupos familiares del Sahel y África Occidental, centrándose en la economía doméstica campesina de autosubsistencia con base en la agricultura de cereal y en la ganadería, con una evidente división sexual del trabajo entre hombres y mujeres (Meillassoux 1982: 18). La utilidad y alcance de sus observaciones ha motivado que su lectura sea obligada para otros autores interesados en las sociedades de la Prehistoria Reciente en la Depresión del Guadalquivir (Cámara 2001, Cámara y Lizcano 1996: 318, Lizcano *et Alii* 1992: 12, Lizcano 1999: 274). En este sentido la comunidad domestica sirve como base tanto a grupos locales como a entidades de mayor integración política, como jefaturas o jerarquías complejas y estados.

El autor observa así cómo en los grupos locales con una economía basada en la agricultura intensiva del cereal, con posibilidad de almacenamiento en un ciclo agrícola completo, existe una tendencia a la ginecomovilidad (con patrilocalidad e intercambio de mujeres), lo que predispone a sistemas patrilineales. El uso de dicha política reproductiva por la mayoría de los grupos cercanos en un territorio dado, tiende a excluir a otras formas posibles de intercambio matrimonial (Meillassoux 1982: 41). La movilidad e intercambio de mujeres se transforma en objeto de política, tendiendo éstas a transformarse en rehenes de grupos periféricos. La mujer pues, acaba recluida en una situación de dependencia y vulnerabilidad social, destinándose a las actividades más fastidiosas y menos gratificantes (molienda y preparación del producto agrícola, crianza y vigilancia de los niños), institucionalizándose la dominación masculina y enajenando a la mujer el propio fruto de su reproducción (Meillassoux 1982: 111). Así se concede la descendencia familiar a la comunidad del marido, aumentando la capacidad de crecimiento del grupo local a partir del número de mujeres que puedan "importar", lo que exige cierta capacidad de intercambio e influencia (Meillassoux 1982: 54).

Citando a Marx, "la comunidad doméstica es la célula básica de un modo de producción constituido por un conjunto de estas comunidades organizadas entre ellas para la producción económica y social, y para la reproducción de la relación de producción específicamente doméstica" (Meillassoux 1982: 55). El nivel de las fuerzas productivas se define por el conocimiento de las técnicas agrícolas para la subsistencia y del ciclo agrícola y del trabajo a desarrollar por los individuos productores. Para ello, necesita la conservación de un volumen de producción agrícola capaz de cubrir el período de unión de dos ciclos agrícolas, tanto para alimentar a los productores y sus familias como para hacer frente a los imprevistos cíclicos (sequías, hambrunas y plagas). La agricultura de cereales se integra como su versión más acabada. Así la tierra se hace productiva a partir de una inversión de energía previa (trabajo agrícola), representada fundamentalmente por energía humana (y posteriormente procedente de animales de tiro). En cuanto a los medios de producción representados por el utillaje agrícola, éste se realiza a partir de una inversión de trabajo individual, en una producción artesanal por parte del mismo trabajador (palo cavador, azada de piedra y arado) (Meillassoux 1982: 55-56). Dichas condiciones de autosubsistencia en absoluto presuponen la inexistencia de artesanos especializados, como podrían ser los metalúrgicos o talladores (Meillassoux 1982: 60).

Frente a las estrategias de caza y recolección (tierra como objeto de trabajo), que exige una demografía baja y donde las relaciones sociales vinculadas a la producción tienden a desaparecer tras cese de actividad, las prácticas agrícolas implican la formación de células productivas adaptadas a un proceso de producción a término que exige una inversión de energía en la tierra como medio de trabajo, una continuidad y un encadenamiento de varios meses y a la espera de que madure el producto. El ritmo lento de la producción contribuye a mantener juntos a los productores durante al menos la duración del ciclo agrícola (Meillassoux 1982: 42). Dicho ciclo anual cuenta con un dilatado período improductivo (remoción y preparación del terreno y siembra, entre otras actividades, como la escarda) y uno productivo como la colecta, necesitado también de una gran carga de trabajo (siega o trilla). El éxito del proceso obliga a que el producto (cosecha) del periodo productivo se consuma también a lo largo del improductivo, a fin de asegurar la supervivencia de los productores y el *stock* necesario para la siembra del año siguiente (Meillassoux 1982: 64), lo que asegura su almacenamiento en graneros vigilados por personal familiar.

Debido a su sedentarismo, que hace fácilmente ubicables sus asentamientos, estas comunidades agrícolas se muestran enormemente vulnerables. La necesidad de almacenar el producto agrícola (que se convierte en un botín apetecido), la dispersión de los adultos en los campos durante el laboreo y la siega (dejando el poblado desprotegido), pueden llegar a convertir estos establecimientos en una presa fácil de individuos dedicados al pillaje, o procedentes de grupos externos fracasados en su ciclo productivo debido a factores variables (Meillassoux 1982: 125). La necesidad de una defensa a tiempo impulsaría la construcción de empalizadas de materiales lígneos, a lo que añadimos para la dimensión temporal estudiada, su asociación con zanjas de escasa profundidad y cierta anchura cuyas cualidades defensivas no deben subestimarse[6]. Cabe considerar que dichos sistemas pueden resultar enormemente efectivos a la hora de defender la unidad productiva local de asaltos nocturnos, limitando las ventajas del factor sorpresa y no dando tiempo a los asaltantes antes de ser detectados, por ejemplo por los propios habitantes o los ladridos de sus perros.

En relación al resto de actividades productivas de autosubsistencia, merece sin duda un lugar destacado la ganadería, que muestra un gran desarrollo tanto en las sociedades africanas subactuales utilizadas por dicho autor para construir su modelo de comunidad doméstica, como en toda la Depresión del Guadalquivir durante el período estudiado. Su valor como riqueza móvil para facilitar el intercambio ha sido destacado por algunos investigadores, siguiendo a este mismo autor, como fondo dotal en la circulación de mujeres (Cámara y Lizcano 1996: 315, Lizcano *et Alii* 1992: 88, Lizcano 1999: 272). De esta manera se asegura el control de la fuerza de trabajo (y el tamaño y crecimiento del grupo familiar) a través del de las propias responsables de la reproducción de los individuos (Godelier 1978: 92, Meillassoux 1982: 75, Lizcano 1999: 276). La existencia de una "triada" ganadera en la Depresión del Guadalquivir durante este período (Bovino, Caprino y Suino), con un cierto equilibrio entre las especies explotadas aunque adaptable a cada nicho ecológico explotado en relación a un ambiente geográfico diferencial (Nocete 2001: 72), nos hace preguntarnos si el papel de la ganadería extensiva (sobre todo en relación al bovino) citado para algunos casos concretos (Martos), no incurre en una extrapolación neta de las sociedades africanas estudiadas por el antropólogo francés.

Si bien la base fundamental de los grupos de economía doméstica corresponde a una producción de autosubsistencia (valor de uso), estos grupos no responden a entidades aisladas ni del todo autosuficientes, al existir un sistema de intercambio material, de bienes y alianzas superpuesto al conyugal o matrimonial (Sahlins 1983: 99). Los objetivos de dicho intercambio no pueden abordarse sin conocer el debate abierto entre defensores de enfoques económicos de tipo formal- normativo y aquellos pertenecientes a la escuela sustantivista, en torno a la noción de beneficio (Johnson y Earle 2003: 26, Sahlins 1983: 100, Godelier 1978: 65, Arteaga 2002: 275). El deseo acumulativo de enriquecimiento, siguiendo una ley mecanicista de proporcionalidad numérica y equivalencias no resulta universal, siendo típico de sociedades dotadas de economías monetarias, generalmente de tipo capitalista. En sociedades de economía doméstica sin estado, a menudo se observan objetivos individuales enfocados al prestigio personal, o al intercambio de regalos u objetos a fin de teatralizar un acuerdo de amistad, alianza o una dote, compensaciones por agresión o asesinato, mantener posiciones de subordinación o la simple necesidad del don como fondo de prestigio o reciprocidad (*los regalos hacen esclavos*), con notables diferencias en la transacción en función de la posición jerárquica o la edad de los individuos (Sahlins 1972: 138, 1983: 224).

El objeto de dichos intercambios lo suelen constituir bienes preciosos o algunos medios de subsistencia que son redistribuidos (Godelier 1978: 63). Dichas interacciones se han situado a partir de tres círculos dispuestos en torno a la comunidad doméstica, en donde las relaciones de parentesco poseen una influencia determinante. En una primera escala se encuentra la reciprocidad generalizada, altruista o desinteresada, que sólo se extiende entre los parientes directos y constituyendo el don puro, cuyo ejemplo extremo es la crianza o amamantado de un niño por su madre. El nivel de reciprocidad equilibrada, es el típico en un entorno inmediato y entre individuos que comparten alianzas previas, normalmente basadas en intercambios

[6] Cabe pensar en las formas de arquitectura militar efímera (sistemas de zanjas de escasa profundidad y empalizadas de materiales lígneos utilizadas en campamentos militares romanos.

matrimoniales y donde se produciría el comercio propiamente dicho, en donde la noción de valor de transacción se halla en cierta medida consensuado. Por último, la esfera de la reciprocidad negativa se refiere al extremo insociable, que comienza con el engaño y el regateo y termina con el robo y el pillaje (Sahlins 1972: 132, 1983: 213).

Paralelamente a la integración jerárquica de estas comunidades dentro de entidades políticas complejas de base regional, el sector beneficiado del grupo podrá pretender utilizar parte del stock almacenado destinado al intercambio en supuesto beneficio de la comunidad. Este tipo de utilización de los bienes obtenidos colectivamente puede llegar a desencadenarse debido a una crisis alimentaria (Sahlins 1972: 127), con la consiguiente necesidad de redistribución a modo de seguro, o ante la amenaza de conflictos a fin de alimentar un grupo mayor de individuos no productores destinados a la defensa. De este modo el intercambio realizado a favor de la jerarquía, la cual puede llegar a erigirse como impulsora de la intensificación productiva agrícola, contribuye al aumento del prestigio y del poder personal de una oligarquía convertida en garante de la supervivencia del grupo así como de la reproducción de las instituciones derivadas de una incipiente estratificación social (Arteaga 2002: 276). Tras esto, la creación del concepto de riqueza y el paso al monopolio del ritual y de la santidad por parte de una élite serán los resultados más evidentes (Sahlins 1983: 146).

4. La arqueografía de las primeras comunidades agrícolas en la Depresión del Guadalquivir

De acuerdo con Oswaldo Arteaga, "*los secretos explicativos del Neolítico hay que comenzar a buscarlos arqueológicamente donde peor pueden conservarse sus vestigios, es decir, en las tierras bajas. Y luego, desde estas últimas intentar explicitar la complementación económica- social que permitían desarrollar las tierras altas. Y por lo general, comprender desde los modos de vida aldeanos la significación que continuaban teniendo las cuevas, incluyendo los aspectos ideológicos de la formación social que las utilizaba, algunas veces con unas especiales connotaciones: cómo serían aquellas referidas a ciertas prácticas rituales, ceremoniales y funerarias*" (Arteaga 2002: 266). Suscribiendo de forma independiente esta premisa, decidimos centrar este trabajo en un sector territorial rico en lo referente a enclaves arqueológicos sólo a partir de mediados del IV milenio ANE, siendo muy escaso en lo referente a evidencias conocidas encuadrables entre el VI y V milenios ANE (Martínez *et Alii* 2010b: 237). Frente a esta realidad, el piedemonte y Macizo Subbético del sector central de la Depresión del Guadalquivir muestran una de las mayores densidades de yacimientos arqueológicos de los dos primeros milenios de producción en toda la cuenca, un alto porcentaje de ellos relacionados con cavernamientos cársticos (Gavilán *et Alii* 1997: 171, Gavilán 1991: 35), fenómeno que parece compartir con el sector subbético malagueño, jiennense y granadino (Navarrete 1976, Jiménez Brobeil 1990, Carrasco *et Alii* 2010).

- De cavernas y almagra. La "cultura de las cuevas con cerámica decorada"

Sin querer entrar ahora en interpretaciones relativas la naturaleza de los enclaves del Subbético, en la que una conservación diferencial a favor de terrenos calizos y cavernamientos juega un papel sin duda relevante, será la acumulación de hallazgos producidos en estos entornos el fenómeno que propicie la acuñación del llamado "Neolítico de las Cuevas" como horizonte o clasificación histórico- cultural propio de la Alta Andalucía (Navarrete 1976, Navarrete 1986: 111). Muchos de estos enclaves arqueológicos representan simas u oquedades de muy difícil o imposible habitabilidad, conservando restos humanos, en algunas ocasiones formando parte de agrupaciones indudablemente funerarias, elementos de adorno, utillaje y material cerámico, lo que suele representar la mayor parte del registro arqueológico localizado en el interior de estas cavidades (Gavilán 1987 y 1989, Gavilán y Vera 1993a), viéndose muchas de ellas dotadas de manifestaciones de arte rupestre. Para el conjunto de la Alta Andalucía, sólo en un número limitado de ellas se han localizado niveles de ocupación de hábitat, continuada en ciertos casos y siendo en otros de carácter puntual o intermitente. Dentro de estas se sitúa la cueva del Toro (Antequera, Málaga), con dataciones situadas entre el último tercio del VI y el primero del V milenio ANE para la Fase IV (Martín Socas *et Alii* 2004), Murciélagos de Zuheros, con una primera fase neolítica (Neolítico A) entre el último tercio del VI y primer cuarto del V milenio ANE (Gavilán *et Alii* 1996a), Mármoles (Priego de Córdoba) (Asquerino 1988, Carmona *et Alii* 1999), con una datación sobre cereal situada en el último cuarto del VI milenio ANE (Faustino *et Alii* 2010: 247), junto a las de la Carigüela (Granada), la Pileta (Málaga), Nacimiento y Canjorro (Jaén) y la Dehesilla y Parralejo (Cádiz), sin citar las de la franja costera mediterránea malagueña, como Nerja o Bajondillo, entre otras (Navarrete 1976, 1986, Cortés *et Alii* 2010). Muchos de estos cavernamientos muestran una ocupación continuada hacia momentos posteriores, en el III y II milenio ANE.

Junto a las conocidas ocupaciones en cueva, también en el Macizo Subbético que flanquea al sur las campiñas y vegas de la Depresión del Guadalquivir, destaca la conocida existencia de diversos enclaves al aire libre, algunos de ellos con ocupación datada desde el último tercio del VI milenio ANE. Tal es el caso paradigmático del poblado de Peñas de los Gitanos (Montefrío, Granada) (Arribas y Molina 1979) (Períodos I y II), con una ocupación que arranca con la presencia de cerámica impresa (Cámara *et Alii* 2005). Sin querer ser prolijos, algunos yacimientos localizados al aire libre desde este momento, o a partir de una fase ligeramente posterior en el entorno Subbético, son los del Castillo de Doña Mencía (Córdoba) (Muñiz *et Alii* 2010, Martínez *et Alii* EP), o la Molaina (Pinos Puente, Granada) (Sáez y Martínez 1981) entre muchos otros, si bien las dataciones radiocarbónicas de contextos superficiales continúan siendo muy escasas.

Sorprendentemente, las condiciones orográficas y topográficas en apariencia similares del escalón hercínico de Sierra Morena, no muestran en absoluto una situación parangonable con la existente en el Macizo Subbético respecto a riqueza de emplazamientos arqueológicos. En una aproximación comparativa, la abundancia de cavidades naturales de origen cárstico en éste y su escasez en el anterior no parece en absoluto representar en exclusiva un factor explicativo convincente. Buena cuenta de ello puede dar la relativa abundancia de enclaves conocidos (los Cristos, la Melera o el Morante, entre otros) en el Andévalo y el sector norte del Condado y Huelva, resultado de algunos proyectos de estudio territorial desarrollados en diversos sectores geográficos de la provincia (Nocete 2001: 66, 2004: 36, Vera Rodríguez *et Alii* 2010: 127). A diferencia de la situación vista en la Tierra Llana y campiña onubense, desde la Sierra de Huelva hasta el sector mariánico jiennense, pasando por la Sierra Norte de Sevilla y Sierra Morena cordobesa, los yacimientos arqueológicos datados con seguridad entre el VI y a lo largo del V milenio resultan relativamente escasos, sobre todo aquellos identificables como emplazamientos al aire libre. Frente a éstos, las cuevas de la Mora (Jabugo, Huelva) (Pérez Macías *et Alii* 1990), Cueva Chica de Santiago (Cazalla de la Sierra, Sevilla) (Acosta 1986, 1995: 36) y Cañaveralejo (Adamuz, Córdoba) (Bernier 1963b, Gavilán 1985, Martín de la Cruz *et Alii* 2007), representan los principales enclaves citados en la bibliografía.

En cuanto a la Depresión del Guadalquivir propiamente dicha, en apariencia el sector con un mayor número de localizaciones de yacimientos arqueológicos corresponde a la banda atlántica de Huelva y Cádiz, en donde se disponen los enclaves- concheros del Retamar y embarcadero del río Palmones (Cádiz), con ocupaciones sucesivas que arrancan desde el mesolítico (Ramos *et Alii* 2006: 10). Otros emplazamientos destacados, probablemente ocupados entre el VI y V milenios ANE, se encuentran junto al río Iro, como La Mesa (Chiclana de la Frontera), o el Salado (Ramos *et Alii* 2006, Ramos Muñoz 2008). De la misma forma también se conocen algunas localizaciones en la franja costera dispuesta entre la desembocadura del Guadalquivir y el estuario del Tinto y el Odiel, como Mazagón o el Asperillo (Vera Rodríguez *et Alii* 2010). Esta relativa abundancia de emplazamientos datables entre los dos primeros milenios de economía de producción en esta área se debe sin duda en parte a los esfuerzos prospectores de varios equipos (Ramos Muñoz 2008; Campos y Gómez 2001, Nocete 2004), aunque también nos preguntamos si a ello cabe sumar (al menos para el caso de la Banda Atlántica de Cádiz) la existencia general de tierras de campiña alomadas dedicadas en la actualidad a la ganadería extensiva y ajenas al laboreo agrícola en profundidad, lo cual ha podido jugar a favor de la conservación potencial del registro.

En el interior de las tierras bajas de la Depresión del Guadalquivir y en relación directa con los ambientes estuarinos, destacaremos en primer lugar junto al paleoestuario del Tinto y el Odiel, los concheros del Grillito y Cañada Honda (Borja *et Alii* 1994) y la Tavirona, en el del río Piedras (Vera Rodríguez *et Alii* 2010: 127), así como los hábitats de la Dehesa o el Rosal, junto al del Tinto (Piñón y Bueno 1985, Vera Rodríguez *et Alii* 2010: 127). Dominando el sector occidental del delta del Guadalquivir, los emplazamientos de El Judío (Almonte), Arroyo de Santa María y (con algunas dudas) Coria del Río (Piñón y Bueno 1985, Gavilán *et Alii* 2009: 135, Gavilán *et Alii* 2010), se unen a los detectados en la banda oriental de este paleoestuario, representados por los hallazgos de Bustos, los Pozos y Lebrija (Caro Bellido *et Alii* 1987, Gavilán *et Alii* 2010: 142). Al sur, en la cuenca media del Guadalete, la cueva del Higueral de Valleja, ha arrojado niveles neolíticos, junto a los enclaves al aire libre del Jadramil y Esperilla, entre otros (Gutiérrez López *et Alii* 1996).

Adentrándonos en los dominios del Guadalquivir, en la campiña sevillana, la vega del río Corbones representa uno de los ambientes al aire libre donde primero se observaron materiales asociados al entonces denominado "Neolítico de las Cuevas con Cerámica Decorada", anteriores a la irrupción de las formas carenadas y sobre emplazamientos llanos o alomados, preludiando las características ocupaciones propias de fases posteriores (Rodríguez Temiño 1984: 298). Como núcleo destacado, se presenta la aglomeración de enclaves situados en los cerros de San Pedro, con ocupaciones probablemente reiteradas ya desde el Paleolítico Superior. En él se sitúan los enclaves de las Barrancas, los Álamos y San Pedro (términos municipales de Carmona y Fuentes de Andalucía), de donde proceden diversos fragmentos de cerámica incisa, engobada a la almagra e impresa, citándose de la misma forma (en los Álamos) la presencia de industria microlaminar y geométrica (Fernández y Gavilán 1995, Arteaga 2002: 150).

El conocimiento estrictamente arqueológico de la vega y campiña de Córdoba, no ha cambiado sustancialmente desde la publicación de un trabajo reciente (Martínez *et Alii* 2010b). Al sur de la vega estricta y su área limítrofe, territorio que pretendemos abordar en profundidad en este trabajo, los hallazgos de emplazamientos neolíticos anteriores a la segunda mitad del IV milenio ANE, apenas han aumentado desde hace dos décadas (Carrilero y Martínez 1985; Carrilero 1991, Ruiz Lara 1993). En este sentido tan sólo se conocen varios asentamientos (Guta, La Polonia, San Joaquín y Venegas, junto a otras localizaciones de menor entidad), situados en la campiña de Castro del Río, tanto en la margen izquierda como en la derecha del Guadajoz (Carrilero 1991). Sorprende sin embargo aun hoy, su reducción dentro de límites tan precisos, en un *transect* artificial de forma rectangular de tan sólo 30 km² de extensión, carente de condiciones edáficas o topográficas diferentes a las propias del resto de la Campiña Oriental y al valle medio y bajo del Guadajoz. Ello sin duda representa un claro testimonio de la potencialidad real de la campiña oriental cordobesa respecto a ocupación humana entre el final del VI y a lo largo del V milenio ANE, y el grado de desconocimiento de este territorio ante el que aún nos encontramos (Martínez *et Alii* 2010b: 239).

Una situación similar parece seguirse en las campiñas del Alto Guadalquivir jiennense. Sin duda la considerada "explosión poblacional" de mediados del IV milenio ANE, queda aún más patente debido al escaso registro referido a emplazamientos de entre el VI y la primera mitad del IV milenio ANE (Nocete 2001: 67, Lizcano 1999: 251). La excepción más destacada (aunque aun pendiente de publicación detallada) la constituye sin duda la fase III (estrato 3, Neolítico Antiguo) de Peña de la Grieta (o del Sulfuro) (Porcuna); un emplazamiento dispuesto bajo abrigo y pared rocosa con una ocupación continuada desde el Paleolítico Superior (Solutrense Superior) (Arteaga *et Alii* 1998: 80).

- Grandes yacimientos de superficie. El Horizonte de las Cazuelas Carenadas

Entre fines del V y durante la primera mitad del IV milenio ANE, parece asistirse a una serie de cambios en la cultura material que fueron en un principio observados en los registros estratigráficos obtenidos en cueva. Coincidiendo a grandes rasgos con una última fase de la clásica periodización tripartita de la llamada Cultura de las Cuevas o Neolítico Andaluz, como cabe esperar dichas mutaciones se apuntaron inicialmente sobre las producciones cerámicas. En estos recipientes, los cambios observados suelen resumirse en un "empobrecimiento" de la *Fase Media*, a partir de la reducción de los tipos decorados, que tienden a descender a favor de las superficies lisas (Acosta 1986: 141- 142, Gavilán y Vera 2001: 153). Las formas abiertas surgen con fuerza[7] (Pérez Bareas *et Alii* 1999: 488), formas que tenderán a mostrar carena o inflexión marcada a partir de mediado el milenio. En los depósitos excavados en cavidades, esta fase pudo detectarse entre otras en Cueva Chica de Santiago (Acosta 1995: 52), Cueva del Agua de Prado Negro (Iznalloz, Granada) (Pellicer 1995: 102), Cueva de la Carigüela (Píñar, Granada) (Navarrete 1976, I: 403) y más recientemente en la Cueva del Toro (Subfase IIIB) con una datación que oscila entre mediados del V y primer cuarto del IV milenio ANE (Martín Socas *et Alii* 2004: 50).

Parece ser a partir de entonces cuando las evidencias de grandes asentamientos de superficie, compuestos principalmente por concentraciones superpuestas de estructuras siliformes comienzan a resultar abundantes. El enclave más conocido ocupado a partir de este momento es el de Papa Uvas (Aljaraque, Huelva), situado junto al estuario del Odiel. La ocupación más antigua de este enclave (Fase I) se define por la presencia abundante de formas cerámicas abiertas y globulares, incluyendo perfiles en "S", una destacada frecuencia de superficies tratadas a la almagra y una especial incidencia de decoraciones sencillas como motivos puntillados y en algún caso compuesta por una línea incisa situada bajo el borde indicado del recipiente, fenómeno también observado en otros emplazamientos al aire libre del mediodía peninsular (Armbruester 2006). De la misma forma, destaca por su especial significación en este primer momento en comparación con sucesivos episodios (fases II y III), la total ausencia de formas carenadas (Martín de la Cruz 1985: 64- 66; 1986b: 229).

Este momento, que en la cultura material puede ser definido como transicional, ha sido denominado por algunos investigadores "Neolítico Tardío", por contraposición dentro de la amplia división del Neolítico Reciente, al Neolítico Final de las formas carenadas (Arribas y Molina 1979: 124; Pérez Bareas *et Alii* 1999: 488, Asquerino 1987: 82). Para otros sin embargo, representaría el verdadero Neolítico Final (o Neolítico C de Zuheros) (Acosta 1995: 49, Pellicer 1995: 99, Gavilán y Vera 2001: 181, Delgado Fernández 1995: 359, Martín de la Cruz 1994), quienes incluirían al mundo de las cazuelas carenadas dentro de un Calcolítico Inicial. Los registros de este período, resultan por tanto de ardua caracterización en emplazamientos detectados a nivel superficial (y difíciles de disociar de aquellos pertenecientes a momentos anteriores), si bien los datos han ido creciendo lentamente desde la última década. Emplazamientos como el de Casa del Tabaco (El Carpio, Córdoba), o la Loma (en la Vega de Granada) (Morgado *et Alii* EP b), podrían presentar ocupaciones propias de este momento, si bien las dataciones radiocarbónicas disponibles en la Depresión del Guadalquivir en emplazamientos de superficie, siguen siendo escasas. Recientemente se ha dado a conocer la necrópolis del Campo de Hockey, en el antiguo territorio insular de San Fernando (Cádiz), en uso en el tránsito del V al IV milenio ANE (a partir de dataciones AMS sobre hueso humano), y dotada de una gran cantidad de inhumaciones (Vijande 2009: 273, 2011).

Es necesario apuntar el hecho de que algunos asentamientos al aire libre dotados de estructuras siliformes y conteniendo formas carenadas también han arrojado dataciones radiocarbónicas dentro de la primera mitad del IV milenio ANE. Éste es el caso de Cantarranas- La Viña, Polideportivo de Martos o Papa Uvas (Ramos *et Alii* 1992: 13; Ruiz 2006: 327; Lizcano Prestel 1999: 48, 92; Lizcano *et Alii* 2004: 172; Martín de la Cruz 1985: 187, 1994: 174), si bien éstas no corresponden a muestras de vida corta (agregados de carbón) o fueron realizadas sobre conchas, muestras dotadas de una problemática particular (Monge Soares 1997).

Entre el segundo cuarto y sobre todo a partir de mediados del IV milenio, se extienden conjuntos tipológicos asociados a las grandes formas carenadas, coincidiendo con una ocupación sistemática de las tierras bajas y vegas

[7] Consideramos que la presencia modesta de las grandes formas abiertas, posteriormente carenadas, en depósitos en cueva contemporáneos a las ocupaciones al aire libre donde resultan abundantes, hecho apuntado por algunos autores (Gavilán y Vera 2001: 181), cabe ser considerado a partir de usos económicos diferenciados en ambos ambientes, y no como producto de tradiciones culturales diferentes.

de todo el valle del Guadalquivir, incluyendo el piedemonte subbético, frente al carácter mayoritariamente *cavernario* de momentos anteriores. Dicha aparente "Salida de las Cuevas", convertida casi en toda una etiqueta o categoría arqueográfica del sur de Iberia (Gavilán 1997: 30), ha sido interpretada más recientemente como resultado de un proceso de colonización agrícola sobre campiñas y vegas (Arteaga *et Alii* 1987: 399), que bien podría participar de una sedentarización progresiva de grupos anteriormente móviles o semisedentarios, hecho consumado tras sufrir un proceso de agregación poblacional (Nocete 2001: 70, Lizcano *et Alii* 1992: 80), proceso que probablemente comienza a fraguarse desde finales del V milenio ANE.

El "fósil- guía" característico de dichos enclaves, corresponde pues a las grandes formas abiertas carenadas, cuyo diseño aparenta una ruptura con el mundo anterior más que una evolución formal evidente (Escacena *et Alii* 1996: 226, Lizcano *et Alii* 1992: 16). Estos recipientes tan característicos del período se mostrarán extremadamente abundantes en enclaves situados al aire libre (Lizcano *et Alii* 1992: 17). De amplia repartición, dichas localizaciones estructuran yacimientos dotados de una evidente capacidad de reconocimiento en superficie, correspondiendo sin duda al "primer paisaje arqueográfico" visible en los actuales campos agrícolas del valle del Guadalquivir, a semejanza, si se permite la analogía, de cómo lo harán posteriormente las villas rurales romanas entre el siglo I y el VI DNE. Estos enclaves se disponen tanto a lo largo de los cauces de los ríos atlánticos de dicha Depresión (Tinto, Odiel, Guadalete y Guadalquivir), como junto a los cauces menores y tierras de campiña, incluyendo las situadas en hoyas, depresiones y campos del piedemonte de Sierra Morena o del Subbético.

En términos generales, dichos enclaves, de entre los cuales Campo Real (Carmona) (Bonsor 1997 [1899], Cruz Auñón y Jiménez 1985: 451) fue uno de los primeros conocidos arqueológicamente, constituyen una extensión a menudo superpuesta o en apariencia desprovista de orden, de estructuras siliformes excavadas en el sustrato, hecho por lo que la historiografía los llama "Campos de Silos" o "Campos de Hoyos", estando algunos de ellos provistos de fosos curvilíneos de mayor o menor complejidad. En apariencia, este tipo de yacimientos en sus rasgos básicos, guardarán una indiscutible continuidad a lo largo del III y parte del II milenio ANE. Su amplia repartición tanto espacial como temporal en la Depresión del Guadalquivir, ha llevado como consecuencia a la asociación de algunos de sus conjuntos materiales (en concreto en lo que respecta a las formas cerámicas carenadas o de paredes rectas) dentro de una posible entidad cultural homogénea. De la misma forma, yacimientos con cultura material equiparable se conocen en el centro y sur de Portugal (valle del Sado y estuario del Tajo), así como en Extremadura (valle del Guadiana) y la Meseta (Valles del Tajo y Guadiana) (Hurtado 1995b, Muñoz López- Astilleros 1999), apareciendo pues a lo largo de las cuencas de los ríos atlánticos del mediodía ibérico. En estas regiones, los enclaves clásicos citados por la bibliografía corresponden a Parede, Vale de Lobos, Possanco, el Lobo 1, Araya o la Pijotilla (Spindler 1976, Ribeiro y Sangmeister 1966, Molina Lemos 1980, Hurtado 1995b), entre muchos otros, conocidos en años posteriores.

La vertiente atlántica de las cuencas fluviales por donde en apariencia se reparten, fue la característica que, en un intento de definir este fenómeno como cultura arqueológica, llevó a José Luis Escacena a hablar de Neolítico Atlántico Tardío (NAP) (Escacena *et Alii* 1996: 243- 265; Gavilán *et Alii* 2009: 142). En concreto, éste resultó el último intento de crear un genuino grupo cultural partiendo de un conjunto de rasgos en cierto punto homogéneos observados sobre una cultura material, que por otra parte destaca por la incorporación de indudables innovaciones. Otras denominaciones habían surgido en años precedentes, como la regional de Horizonte Parede en Portugal (Spindler 1976), la más integradora de Cultura de los Silos del Bajo Guadalquivir (Collantes de Terán 1969: 61; Carrilero *et Alii* 1982) o la más aséptica basada en el fósil director, Horizonte de las Cazuelas Carenadas (Enríquez y Gijón 1989: 87). Junto a la aparición, o con más frecuencia en la bibliografía, irrupción, de este tipo de formas cerámicas, se cita la novedosa "reaparición" de foliáceos de sílex (puntas de flecha de base recta o cóncava), realizados por retoque cubriente, técnica aparentemente olvidada en los tecnocomplejos ibéricos desde el Solutrense (Escacena *et Alii* 1996: 251), así como se experimenta un cambio gradual (semejante al observado en otras regiones ibéricas), hacia una industria lítica laminar de mayor tipometría en anchura y longitud, fruto de técnicas depuradas extracción estandarizadas (Morgado *et Alii* 2008: 325).

La aparente similitud de este tipo de formas abiertas y carenadas con supuestos conjuntos cerámicos propios del Magreb (fragmento de una posible forma en niveles prehistóricos de Volubilis) (Escacena *et Alii* 1996: 246), llevaron a este investigador a situar el origen de dicho complejo en asociación al Badariense egipcio (cerámicas de borde negro). En realidad dicho autor propone un centro de irradiación indirectamente sahariano, relacionado con fluctuaciones climáticas y máximos de aridez que pudieron provocar una expulsión masiva de agricultores y pastores de bovinos, no sólo hacia el valle del Nilo, sino a la costa magrebí, lo cual pudo afectar en última instancia a la Península Ibérica. En cierto sentido, el Neolítico Atlántico Tardío, sería el contrapunto en la Península Ibérica al Badariense en Egipto (Escacena *et Alii* 1996: 262). Las bases empíricas que ofrece dicho autor resultan en gran medida insuficientes, si bien a su favor destaca el hecho de que muchos investigadores con anterioridad pusieron de manifiesto ciertas semejanzas formales, algunas de ellas sorprendentes[8]. Sin embargo,

[8] La cita recurrente a dichas semejanzas formales, puede ser resultado en parte de las circunstancias historiográficas vinculadas a los grandes proyectos de excavación en Egipto y lo temprano de la investigación y de la difusión impresa de los descubrimientos realizados en aquel país. En cierto sentido, éste no es el mejor lugar para discutir los indudables "aires de familia" formales de las producciones artesanales y

formas abiertas carenadas, algunas de gran similitud con las ibéricas, se encuentran entre la cultura material de multitud de enclaves agrícolas contemporáneos en las cuencas fluviales mediterráneas de Europa Occidental Continental, concretamente en los grupos regionales derivados del Chaseense (Lemercier *et Alii* 2010; por ejemplo Van Willigen 2010: 64), descubriendo paralelos incluso en el mundo insular (Cerdeña) (Melis y Piras 2010), detalle que tampoco escapa a dicho investigador (Escacena *et Alii* 1996: 264).

Dejando atrás el debate en torno al origen y precedentes de este supuesto complejo arqueográfico, sí parece en cambio consensuado considerar el carácter marcadamente agropecuario de dichos establecimientos. Los enclaves y asentamientos de la segunda mitad del IV milenio ANE asociados a esta cultura material se disponen en un alto porcentaje por tierras bajas (campiñas) de la Depresión del Guadalquivir, con especial predilección por las vegas fluviales o a escasa distancia de las mismas. A diferencia de los asentamientos de superficie con una ergología propia del VI y V milenio ANE, el descubrimiento de estos enclaves mediante prospección superficial o durante el trazado de grandes obras de infraestructura, hace tiempo que dejó al parecer de contar con el interés suficiente para su publicación en detalle, cosa que no ocurre en el caso de los hábitats en superficie de mayor antigüedad. Sin ánimo de ser sistemáticos repasaremos aquí los principales emplazamientos conocidos en la bibliografía[9].

En el ambiente estuarino del Tinto y el Odiel, sin duda el yacimiento más conocido es el ya citado de Papa Uvas (Martín de la Cruz 1985, 1986a, 1986b y 1994, Lucena Martín 2004), asentamiento estructurado en torno a un palimpsesto de estructuras siliformes y fosos, con una extensión aproximada de más de 10.000 m², y una ocupación entre la primera mitad del IV milenio ANE y mediados del III milenio ANE (Martín de la Cruz 1986a: 227 y 240). Junto a otros yacimientos como Casa del Río (Martín y Campos 1996: 113) (con una datación propia de finales del IV milenio ANE)[10], y el Tejar y el Repetidor en Gibraleón (Huelva) (Nocete 2001: 67), destaca el recientemente excavado de el Seminario/ la Orden (PP8), junto al casco Urbano de Huelva, con diversas estructuras siliformes fechables en este período y con una ocupación prolongada a lo largo del IV, III y II milenio ANE (González González *et Alii* 2008).

El la cuenca del Guadalete, el yacimiento sin duda más conocido es el Trobal (González Rodríguez 1987), área muy extensa con formas cerámicas en todo semejantes a las presentes en el valle del Guadalquivir, junto al de San Andrés (Arcos de la Frontera, Cádiz) (Martí Solano 1994), Carissa Aurelia (Perdigones *et Alii* 1988) y ya, próximo a su desembocadura, el de las Beatillas (Ruiz Gil *et Alii* 1990: 28). En el conjunto de la Banda Atlántica Gaditana, frecuentemente en asociación a los diversos cauces de los ríos cortos atlánticos, la concentración de yacimientos arqueológicos resulta notoria. Junto a los establecimientos ya conocidos desde mediados del pasado siglo, concentrados a ambos márgenes de la desembocadura del Salado de Rota (Base Naval, Cantarranas- La Viña y el Bercial) (Ramos *et Alii* 2006: 68), se suman los registros de la Esparragosa[11] (Chiclana de la Frontera) sobre el río Iro (Ramos *et Alii* 2006: 69). En total, entre la Isla de San Fernando y la Punta de Tarifa se han asignado hasta casi una treintena de establecimientos ocupados durante este período (Ramos *et Alii* 2006: 73).

En el entorno de la paleodesembocadura o paleoestuario del Guadalquivir, en enclave más conocido es el de la Marismilla, cuya excavación por parte de José Luis Escacena impulsó la acuñación del término Neolítico Atlántico Tardío (NAP). El yacimiento, interpretado como una salina, arrojó una enorme cantidad de material cerámico, en su mayoría perteneciente a fuentes y cazuelas carenadas fragmentadas (Escacena 1987, Escacena *et Alii* 1996). Dominando la antigua embocadura del río, a ambos lados del paleoestuario, los yacimientos del Gandul y Valencina de la Concepción (Pellicer y Hurtado 1988, Vargas Jiménez 2003), muestran también un registro material que incluye dichas formas, si bien sobre todo para el caso del segundo, la ocupación parece arrancar de inicios del III milenio ANE (2800 ANE) (Martín y Miranda 1988, Costa Caramé *et Alii* 2010: 87) representando sin duda el enclave conocido de mayor extensión ocupada en el Bajo Guadalquivir a lo largo de la Edad del Cobre (Vargas Jiménez 2003: 141).

En el entorno de la vega del Guadalquivir y las campiñas meridionales, se disponen los conocidos yacimientos de la Morita (Cantillana) (Acosta *et Alii* 1987), el Negrón (Gilena) (Moreno y Contreras 1981, Cruz- Auñón *et Alii* 1991, 1992b), y por supuesto Carmona (Conlin 2003, 2004, 2006) en la actual provincia de Sevilla, La Verduga (Palma del Río) (Murillo 1988), Iglesia Antigua de Alcolea (Clapés *et Alii* 2008, Martínez y García 2009, Martínez *et Alii* 2010a) y Llanete de los Moros (Montoro)

artefactuales de gran parte de este "Segundo Neolítico" a lo largo del mundo mediterráneo, siendo peor conocidas en ciertas regiones (Magreb y Machrek) que las culturas predinásticas egipcias, estando aquellas a menor distancia de la Península Ibérica, sin citar el enorme desconocimiento de los enclaves agrícolas al aire libre contemporáneos en la costa del Magreb Occidental. Un detalle de interés ilustrativo lo encontramos en la cueva de Caf Taht el Ghar (colección del Museo de Tetuán, excavaciones de Manuel Tarradell), donde algunos fragmentos aparentemente dotados de carena o inflexión marcada han sido clasificadas cronológicamente por paralelos ibéricos en el IV milenio ANE (Ramos *et Alii* 2008b: 250- 251).

[9] En la actualidad, sigue siendo básica la lectura del trabajo de Rosario Cruz- Auñón y otros: "Registros poblacionales para la expresión poblacional durante el III milenio", para conocer el paisaje arqueográfico (tanto del IV como el III milenio ANE) en el sector occidental de la Depresión del Guadalquivir, fruto de la elaboración de Cartas Arqueológicas "regionales" impulsadas por Manuel Pellicer desde la Universidad de Sevilla (Cruz- Auñón *et Alii* 1992a). Para el Alto Guadalquivir de Jaén, destacamos de nuevo los trabajos de Francisco Nocete y Rafael Lizcano (fundamentalmente Nocete 1989a, 1994 y Lizcano 1999).

[10] Teledyne I- 17.726, 4940 ± 120 (Campos y Martín 1996: 113).

[11] Dataciones por termoluminiscencia sobre cerámica: MAD- 3961: 5255 ± 433 BP (2006?) y MAD- 3962: 5129 ± 476 BP (2006?). Laboratorio de Datación y Radioquímica, Universidad Autónoma de Madrid (Ramos et Alii 2006: 73).

(Martín de la Cruz *et Alii* 2000a) en la vega del Guadalquivir cordobés y Torreparedones (Baena) (Cunliffe y Fernández 1999), La Minilla (La Rambla) (Ruiz Lara 1987a, 1991a), y Morales (Castro del Río) (Carrilero *et Alii* 1982) en la Campiña Cordobesa, contando como único enclave destacado en el entorno subbético cordobés, el de la Mesa (Fuente Tójar) (Delgado 1997a y b). En las campiñas Occidentales y vega del Alto Guadalquivir jiennense, los enclaves muestran similitudes que se hacen muy acusadas respecto a la cultura material, siendo los mejor documentados en la bibliografía, aquellos documentados en el Albalate (Porcuna) (Arteaga *et Alii* 1987), Los Pozos (Higuera de Arjona) (Hornos *et Alii* 1987), Sevilleja (Espeluy) (Contreras *et Alii* 1987), Puente Tablas y el Alcázar de Úbeda (Lizcano *et Alii* 1996, Lizcano *et Alii* 2009), destacando en el piedemonte subbético, el extenso poblado excavado en el Polideportivo de Martos (Lizcano *et Alii* 1992, Lizcano 1999, Cámara *et Alii* 2008).

- El III milenio ANE. El auge de la metalurgia

A partir del III milenio o ya desde finales del IV milenio ANE (3100- 2800 ANE), una serie de cambios generales e intensos parecen cristalizar en el sur de la Península, tanto en el Sureste (nos referimos a la aparición del extenso poblado de Almizaraque y a las complejas fortificaciones de los Millares) (Molina *et Alii* 2004) como por supuesto en la Depresión del Guadalquivir, donde se asistirá a una notable concentración de poblamiento en torno a grandes núcleos ocupacionales (tales como Valencina de la Concepción y el Gandul en Sevilla, Albalate y Alcores en Porcuna, Marroquíes Bajos en Jaén, y muy probablemente el alcor de Carmona) (Nocete 2001: 81- 82). En general, se comprueba un significativo aumento de los establecimientos ocupacionales en todo el valle del Guadalquivir desde los inicios del III milenio ANE (Cruz- Auñón *et Alii* 1992: 143; Nocete 2008: 41), gran parte de los cuales (los probablemente destinados a las actividades básicas de carácter agropecuario) apenas contarán en apariencia con características novedosas en comparación con aquellos de la segunda mitad del IV milenio. Sin embargo, tanto algunos de los grandes poblados, como otras ubicaciones de menor entidad pero de gran capacidad estratégica, se dotarán de ciertos sistemas de defensa y fortificación, los cuales contarán ahora con un protagonismo especial. En ocasiones dichos sistemas constructivos representan verdaderos lienzos de muralla en mampostería, provistos de bastiones y complicados accesos. Estos sistemas de fortificación los veremos entre el 3100 y el 2200 ANE tanto en los grandes poblados (Alcores de Porcuna, Marroquíes Bajos y los Millares en el Sureste) (Nocete 2001: 82, Sánchez *et Alii* 2005, Zafra de la Torre 2003), como a lo largo del milenio en algunos emplazamientos menores, muchos de ellos situados ahora en altura y enfocados probablemente al control y captación de materias primas estratégicas, coincidiendo en este momento con un desarrollo sin precedentes de la metalurgia del cobre (Cabezo de los Vientos o Cabezo Juré) (Piñón 1987; Nocete 2004). A excepción de los grandes emplazamientos de agregación poblacional y de los nuevos enclaves de control y defensa, la ocupación territorial resulta sin embargo a todas luces heredera de los cambios poblacionales acaecidos a partir de mediados del milenio anterior, hecho rastreable particularmente sobre el territorio agrícola y sobre las tierras bajas. Muchos de los enclaves ocupados a partir de entonces (segundo cuarto- mediados del IV milenio ANE), lo seguirán estando en esta fase sobre las campiñas y vegas fluviales de la Depresión del Guadalquivir.

Hoy se acepta sin mayores problemas un origen antiguo (o "plenamente neolítico") para las primeras construcciones megalíticas de esta región y sus áreas limítrofes; menhires en el V y IV milenio en Sierra Morena Occidental (dentro de un denominado megalitismo prefunerario o más exactamente no-funerario) (Gavilán y Vera 2005: 539- 540, Linares Catela 2009), así como la construcción de estructuras funerarias monumentales (galerías cubiertas y sepulcros megalíticos adintelados, todas construcciones ortostáticas, incluídas dentro de una "primera tradición megalítica") desde al menos la primera mitad del IV milenio ANE (García Sanjuán 2006: 164). Ejemplos de ello representan tanto la datación de uno de los individuos inhumados en el sepulcro del Palomar[12] (Los Morales, Sevilla) (Cabrero *et Alii* 1995: 72), como las dataciones obtenidas para los sepulcros de Menga y Viera en la Vega de Antequera[13] (García y Ruiz 2010: 19), todas encuadradas entre el primer y el segundo cuarto del IV milenio ANE. Una datación ligeramente anterior posee la fase de construcción de la galería cubierta de Alberite[14], en el Alto Guadalete (Ramos y Giles 1996: 183). Pese a ello, lo cierto es que será a partir de la primera mitad del III milenio ANE con el auge de una "segunda tradición megalítica", cuando se encuentren en pleno uso las fabulosas tumbas de cámara y corredor (*tholoi* y grandes sepulcros bajo túmulo) de Valencina de la Concepción (entre los que cabe citar el dolmen de Matarrubilla, la Pastora, Ontiveros y el recientemente excavado de Montelirio) y el Gandul (*Tholos* del Vaquero) (Arteaga y Cruz Auñón 1999, García y Ruiz 2010), los sepulcros de Pozuelo y el Seminario (Cuenca Minera y Ría de Huelva) (Nocete *et Alii* 2004: 57, González González *et Alii* 2008), el posible dolmen de Hidalgo (Rota) (Mata Carriazo 1974), así como el monumental *Tholos* del Romeral (Vega de Antequera) (García y Ruiz 2010: 18).

En estos momentos, la cultura material se encuentra dominada por el desarrollo de las manufacturas de cobre y la importación en cantidades considerables de mercancías exóticas, siendo el del marfil africano el caso más conocido. Éste se encontrará presente sobre todo en las tumbas monumentales (Collantes de Terán 1969: 59; Juárez Martín *et Alii* 2010: 24), así como en depósitos

[12] 4930 ± 70 BP (Lab. Beta); 3739 ± 72 ANE (CalPal_2007_HULU) (Cabrero et Alii 1995: 72).

[13] Menga: Ua- 24582: 4935 ± 40 BP, Ua- 24583: Ua- 4865 ± 40 BP; 3718 ± 44 y 3668 ± 26 ANE (CalPal_2007_HULU) (García y Ruiz 2010: 19).

[14] Beta 80518: 5020 ± 70 BP, Beta 80600: 5110 ± 140 BP y Beta 80602: 5320 ± 90 BP; 3826 ± 92, 3930 ± 167 y 4158 ± 105 ANE (CalPal_2007_HULU) (Ramos y Giles 1996: 183).

ceremoniales u ocultamientos (PP8/ El Seminario- la Orden, Huelva) (González González *et Alii* 2008: 24). En el lado opuesto, en el lugar más básico de subsistencia, la cultura material muestra semejanzas más que aparentes con la fase anterior, ahora acompañada por artefactos de cobre representados en un principio por punzones, hachas y azuelas, sierras y pequeños cuchillos que irán incorporándose poco a poco a los diversos ámbitos de la vida cotidiana. En la cerámica, se acepta en términos generales una sustitución progresiva de las grandes formas carenadas (cazuelas y fuentes), por formas bajas (que se pueden llamar discoidales) de borde engrosado, a menudo de espesor considerable y con morfologías muy diferentes, frecuentemente dotados de un tratamiento bruñido al interior y grosero al exterior y de las que se asume generalmente una funcionalidad pareja o derivada de las grandes formas bajas carenadas (Gonçalves 2003b: 92 y 112). Aunque se ha apuntado un incremento de los grandes recipientes y contenedores (Acosta 1995: 56), por lo general resulta frecuente observar una semejanza destacable con la ergología presente en la fase anterior, dominada por los vasos esféricos y globulares, junto a la perduración de algunos perfiles carenados. En relación a la industria lítica, de forma paralela a lo sucedido con las fuentes cupríferas, se desarrollará en este momento con especial incidencia un tráfico de materias primas de calidad (sílex subbético o riodacitas/ vulcanitas del Andévalo) (Martínez *et Alii* 2006a, Morgado *et Alii* 2008: 315, Nocete *et Alii* 2006) para una talla especializada de grandes hojas, desarrollándose fórmulas nuevas de producción (presión con palanca), las cuales representan a menudo técnicas estrictamente dependientes de este tipo de materias primas exportadas.

Ello pues nos dibuja en apariencia un mundo radicalmente diferente al que hemos seguido a lo largo del VI, V y primera mitad del IV milenio ANE. En especial los caracteres relacionables con aparentes desigualdades sociales y conflictos, tales como la circulación de objetos exóticos y raros, la aparición de grandes poblados fortificados, la particular búsqueda de ocupaciones preferenciales sobre enclaves de altura destacada y de cierto control visual y defendibilidad, a menudo alejados de suelos de calidad agrícola y próximos a fuentes de aprovisionamiento de materias primas (sobre todo metales, como en el caso del piedemonte de Sierra Morena y Andévalo), ha puesto de manifiesto de forma evidente la influencia de un fenómeno de cristalización jerárquica sobre el territorio (Cruz- Auñón *et Alii* 1992: 143). Éste tendría lugar en el interior de unos grupos dotados previsiblemente de una incipiente oligarquía acompañada de sectores no privilegiados (sociedades de clase), y de carácter territorial, muy probablemente relacionados con jerarquías complejas, jefaturas o más concretamente, estados (Nocete 1994, 2001), donde una creciente élite diseñará su dominio a través del ejercicio de la guerra y el control de los beneficios de ciertas producciones como la metalurgia (García Sanjuán 2006: 164). Dichas diferencias se verán plenamente acentuadas con la generalización de los "ajuares" campaniformes, coincidiendo o más bien antecediendo en unos siglos a una crisis extendida de este modelo en el tránsito al II milenio ANE. Básicamente, ello representa el paradigma aceptado y generalmente consensuado en los distintos enfoques desarrollados desde las universidades andaluzas. Explicado de forma sencilla a través de un enfoque materialista, estos procesos se han definido como la disgregación de la "Sociedad Tribal" y el inicio, auge y desarrollo de una "Sociedad Clasista Inicial", queriendo simbolizar a modo de paradigma práctico, el origen de la desigualdad social en el sur de Iberia (Ramos 2006: 75, Arteaga 2002).

II- El medio físico

1. Aspectos generales de la Depresión del Guadalquivir

- Introducción

La franja de territorio que de forma prioritaria hemos decidido abordar en este trabajo se encuentra asentada en pleno valle medio del Guadalquivir, río que divide a la región andaluza en dos unidades geográficas externas, Sierra Morena y las Cordilleras Béticas. Dicha franja corresponde básicamente a los terrenos neógenos de la Depresión del Guadalquivir, la cual, junto a Sierra Morena y a la Subbética Cordobesa representa una síntesis clásica del relieve general de la Península Ibérica, el cual se halla representado a través de estos tres conjuntos en la actual provincia de Córdoba (López Ontiveros 2004: 226)

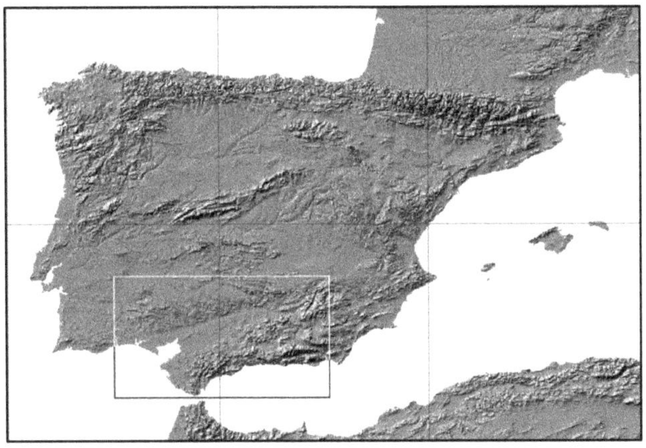

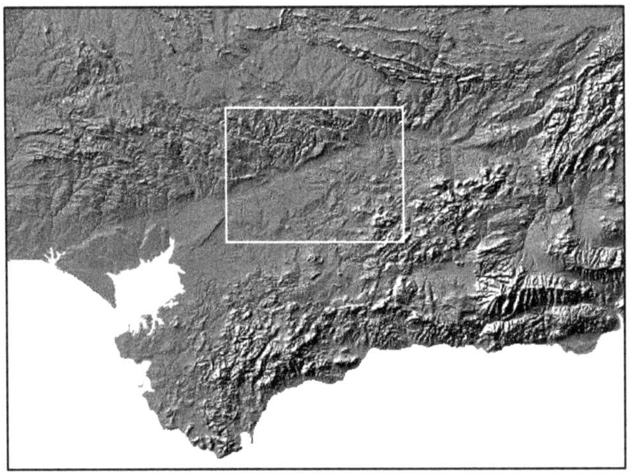

Figuras 2 y 3: Marco geográfico del sur de Iberia objeto de estudio

Por su parte, el río Guadalquivir presenta un desarrollo este- oeste casi paralelo al reborde herciniano de Sierra Morena, el cual hace las veces de zócalo meridional de la Meseta. Se encuentra encajado en la gran flexión del Guadalquivir, la cual se encuentra en la actualidad colmatada por profundos depósitos neógenos, los cuales llegan a contar con hasta dos mil metros de espesor. Este cauce nace entre las Sierras de Cazorla y Pozo Alcón, transformándose en un río maduro una vez unido al Guadiana Menor, tras lo cual describe un recorrido lineal jalonado de circunvalaciones meandriformes. En la actualidad, el recorrido total de esta arteria fluvial salva un desnivel aproximado de 1300 m en sus 650 km de proyección lineal, siendo el desnivel de escasamente 125 m entre la desembocadura del Madre de Fuentes y el meandro de Villa del Río, límites de la franja estudiada, siendo ésta en el cauce del río, de 108 km lineales.

A vista de pájaro y obviando a grandes rasgos sus aspectos geomorfológicos y edafológicos, la llamada Depresión del Guadalquivir posee una característica forma de cuña o triángulo isósceles apuntado hacia el este, abierto en su occidente y constituyendo su ápice oriental el llamado Alto Guadalquivir jiennense. Al oeste, su apertura integra la llamada Tierra Llana de Huelva y el estuario del Guadalquivir, representado hoy día por la marisma de Doñana, conformada en la actualidad por aportes continentales que han colmatado progresivamente el antiguo golfo Tarteso o *Lacus Ligustinus*, colmatación que al parecer se hace progresiva ya en el IV milenio ANE (Roos *et Alii* 1995: 112).

- Orogenia

El proceso de configuración de la Depresión del Guadalquivir resulta muy diferente al del resto de los valles de la plataforma peninsular. Ésta se asocia a fenómenos tectónicos y sedimentarios, derivando de una antefosa alpina, antaño sumergida, para terminar de modo relativamente rápido con una colmatación neógena postorogénica. De este modo, se ha definido el curso fluvial como un fenómeno completamente determinado por la evolución de su propia cuenca, la cual no ha hecho más que colmatar y modelar el propio sistema fluvial. Así, durante el período Terciario y tras la emersión de las Sierras Béticas, dicha Depresión se encontraba ocupada por un brazo de mar que unía el Mediterráneo con el Atlántico. Cerrada por procesos tectónicos de matriz alpina, dicha fosa acabó por colmatarse con sedimentos mixtos marino-continentales, sellados por procesos y aportes aluviales asociados. La red fluvial resulta por tanto cuaternaria, consumándose dichos procesos con la desaparición progresiva del estuario, el cual se halla hoy trocado como adelantábamos en el delta que constituyen las marismas del Guadalquivir.

Al sur del cauce del Gran Río, la mayor parte de los sedimentos que afloran a lo largo de los límites de la cuenca son materiales propios del Neógeno (calcarenitas, areniscas, margas y arcillas miocénicas, así como materiales detríticos oligocénicos) de origen marino (López Ontiveros 2004: 39- 40). La naturaleza blanda y moldeable de este tipo de materiales ha facilitado progresivamente la generación de la red hídrica actual, que ha transformado el paisaje por medio de una característica topografía suave y alomada.

La escasa accidentabilidad del flanco sur del valle del Guadalquivir, unida a la sorprendente planicie representada en los terrenos de la vega estricta, hace destacar de forma radical el escalón herciniano de la

Meseta, representado en el Guadalquivir Medio por el escarpe de Sierra Morena. Su dirección casi lineal levantada sobre el paisaje sur circundante, el perfil quebrado y accidentado de su orografía y red fluvial, así como su variedad y marcadas diferencias litológicas con el resto de la cuenca debido a la mayor antigüedad de sus materiales, hace destacar el carácter híbrido (a modo de "bisagra") del entorno. Esta dualidad paisajística[15] ha llamado poderosamente la atención de los distintos observadores y geólogos que describieron la región en los últimos doscientos años (Bowles 2007 [1775]: 120, Carandell 1930: 10), habiéndolos considerado ámbitos tan distintos *como lo blanco de lo negro* (Ponz 1792, XVII: 84).

Desde finales del siglo XIX se definía el accidente tectónico entre la vega del Guadalquivir y Sierra Morena como una enorme falla, sin duda una de las más extensas de Europa, naturaleza que siguió siendo apoyada por autores sucesivos (Cabanás Pareja 1980: 17, 34). En este sentido caben destacar los estudios que sobre el particular realizó uno de los geólogos más influyentes de la primera mitad del pasado siglo y pionero de la Prehistoria Reciente cordobesa, Antonio Carbonell y Trillo- Figueroa (Carbonell 1926), a quien se debe la de alguna forma primera monografía sobre la Prehistoria del Guadalquivir Medio (Carbonell 1924).

Si bien ya desde muy temprano se cuestionó la existencia real de dicha falla (Carbonell 1926: 74), a mediados del Siglo XX, L. Solé estableció un origen mixto, considerándola una flexión del zócalo, la cual contenía una serie de pequeñas fallas satélites en algunos de sus tramos (Cabanás Pareja 1980: 17, 62; López Ontiveros *et Alii* 1985: 33; Moreira Madueño 2003a: 94). De este modo, el proceso de sedimentación operado en lo que llegaría a ser la cuenca del Gran Río no se produjo evidentemente de un modo lineal y uniforme, sino que culminó en un proceso en el que se vieron implicados diversos episodios de trasgresión- regresión marina miopliocénica, a los que se unen elementos geológicos más antiguos, desde el Trias al Oligoceno. Estos materiales, en lugar de depositarse de modo primario en el espacio comprendido por dicha Depresión, fueron "reactivados" (a través del llamado complejo Tecto-Sedimentario del Guadalquivir) desde la margen activa del piedemonte subbético. Una orogénesis de matriz más reciente (pliocena y pleistocena) se encuentra igualmente implicada en dicho proceso, siendo los depósitos cuaternarios de escaso espesor, si bien dominantes superficialmente en la lengua de terreno horizontal que conforma la Vega (López Ontiveros 2004: 25).

[15] "*Permitidme que os diga que no es que África llegue a los Pirineos; África llega a la Campiña cordobesa; Europa, el elemento europeo de Andalucía, es Sierra Morena. Las invasiones geológicas recientes vienen de África (lo mismo que las humanas). Europa resiste en los escarpes de Sierra Morena. El Guadalquvir es, pues, geográficamente hablando, no literariamente, no en metáfora, el hijo de la Negra África y del rubio continente Euroasiático*" Carandell Pericay, J. *Andalucía: Ensayo geográfico*, 1930, pág. 10.

Sintetizando el mapa Geológico del Instituto Tecnológico Geominero de España (1: 50.000), los materiales neógenos que componen y rellenan la cuenca se desglosan en cuatro grandes tramos en función de su piso estratigráfico, divididos por discontinuidades:

- Calizas margosas, margas y areniscas (materiales autóctonos) de edad Mioceno Inferior- Medio (23- 11 ma), que lateralmente y hacia el sur de la cuenca son sustituidos por el denominado olitostroma, material alóctono heterogéneo compuesto por materiales diversos redeposionados que van del Trias al Mioceno.

- Durante el Mioceno Medio (15- 11 ma) se depositan sedimentos de tipo deltaico y de playas situadas en el borde sur del Macizo Hespérico. Dominan limonitas, areniscas y arcillas y hacia el centro de la cuenca, materiales detríticos carbonatados que poco a poco pasan a ser margosos, todos ellos autóctonos.

- En el Mioceno Superior- Plioceno inferior (Messiniense- Tortoniense) (11- 5 ma), se produce una gran transgresión marina, que da lugar a una deposición masiva de margas azules, limolitas, y posteriormente arenas, así como calcarenitas en los bordes de la cuenca (facies de borde).

- En el Plioceno (5- 2,5 ma) se producirá una regresión marina, a consecuencia de la cual se depositarán en los sectores occidentales arenas, arcillas y limos. En esta época se produce la formación de depósitos continentales de tipo fluvio- gravitacional, generándose abundantes depósitos de rañas (depósitos gruesos aluviales de cantos rodados, mayoritariamente cuarcitas) y glacis, proceso que se completará en el Plio- Pleistoceno (Tránsito Olduwai- Matuyama) (Baena y Díaz 1997), y que se verá modelado por una potente red hidrográfica jerarquizada mantenida hasta la actualidad (Moreira Madueño 2003a: 95).

El conjunto de los procesos orogénicos de la Cuenca del Guadalquivir, en lo que respecta a las llamadas Campiñas Centrales, culminaría con ciertas fases neotectónicas que individualizan diversos sectores, agrupados en dos conjuntos diferenciables. A nivel geológico se distingue claramente al sur del Guadalquivir un dominio de litofacies arcillosa occidental, desde la mitad oeste de la Campiña de Córdoba a la Tierra Llana onubense. Por contra, en sector oriental, y comenzando desde la campiña allí donde la Depresión se estrecha entre el Hespérico y el Subbético (Alto Guadalquivir), cobran mayor protagonismo las facies arcillosas y calcareníticas (calizas del Tortoniense/ Messiniense principalmente, 11- 5 ma). Esta disposición diferencial ilustra la diversidad paisajística de determinadas áreas de la Depresión del Guadalquivir, en la cual, dentro del indiscutible dominio del paisaje alomado y suave, es interrumpido por grandes terrazas, alcores, o relieves más escarpados, en donde los materiales más resistentes, viéndose afectados por la erosión hídrica, han conservado a menudo disposición tabular (Montealegre 1994: 19).

- Sectores de la Depresión del Guadalquivir

Ideado en un principio según criterios de ordenación hidrográfica, la división tripartita de la cuenca en Alto, Medio y Bajo Guadalquivir ha pasado a utilizarse como definitoria de los complejos geográficos o unidades internas de toda la Depresión. Así, independientemente de los rasgos administrativos asignados (mancomunidades de municipios con denominación homónima), se admite un Alto Guadalquivir extendido desde las tierras más orientales de la cuenca, a ambos lados del cauce y encajado entre el piedemonte subbético y la Sierra Morena (segmento Andujar - Sierra de Segura). Esta delimitación geográfica incluye el frente externo de las Béticas y las llamadas Campiñas Occidentales de Jaén. El frente externo de las Béticas, también llamado piedemonte subbético, forma un gran conjunto orográfico discontinuo en altitud y dirección de plegamientos. Éste se desglosa en tres unidades: Prebético Externo e Interno (desde Martos a Alcaudete), Unidades Intermedias Discontinuas (entre Martos y Bédmar) y Subbético Externo y Medio (al sur de los anteriores y de disposición discontinua). En otro nivel, las llamadas Campiñas Occidentales, coincidentes vagamente con la presencia de glacis y areniscas tabulares aflorantes, partirían desde el valle del río Guadalbullón y que se fundirían hacia el oeste contra el cauce del río Guadajoz, en la campiña cordobesa (Moreira Madueño 2003a: 91).

Tanto el Medio como el Bajo Guadalquivir se caracterizarían pues por contar con la campiña como elemento común dominante, la cual enlazaría con las Campiñas Occidentales del Alto Guadalquivir jiennense. A nivel topográfico, esta unidad dominaría un paisaje de génesis cenozoica, allí donde resalta sobre todo en el área cordobesa, un suave relieve dominado por formas alomadas, resultante de procesos erosivos de naturaleza fluvial. El paisaje que dicho área presenta en la actualidad se compone de terrenos agrícolas muy antropizados desde antiguo (López Ontiveros 1970), en donde predomina el cultivo de cereal y el olivar, estando a menudo dotado de una fertilidad elevada, base a la generalización de los denominados "bujeos negros andaluces", compuestos por perfiles edáficos de tipo vertisol.

Es de destacar la gradación orográfica del terreno campiñés desde las zonas encajonadas de la campiña alta jiennense; entre el frente externo de las Béticas y el zócalo herciniano, pasando por el cauce del Guadajoz, donde el relieve comienza a suavizarse. Dicho paisaje continúa sin solución de continuidad en la campiña sevillana, donde se completa la génesis neógena, de regularidad tan sólo interrumpida por discontinuidades encarnadas en la presencia de alcores (sobre todo en el caso de Carmona), para finalmente extenderse en amplitud en las albarizas de la tierra llana de Huelva. Como veremos más adelante, la vega del Guadalquivir Medio posee caracteres intermedios entre estos sectores de rasgos diferenciales.

En lo que respecta al norte de la cuenca y como ya hemos indicado, desde la margen derecha del Guadalquivir a veces conectado con un suave glacis, se asienta el viejo zócalo herciano meseteño, cuyo reborde conforma Sierra Morena (piedemonte mariánico). Este amplio sistema, proyectado hacia el oeste en las sierras portuguesas de Caldeirâo y Monchique, situadas entre el Bajo Alentejo y el Algarve (Sierra da Ossa) y cuyo borde meridional se pierde en el mar a la altura del cabo de San Vicente, conforma una penillanura reactivada (el antiguo pediplano), con relieve de formación policíclica, donde tras un período de trasgresión mioceno (que conformó una facies de borde compuesta por areniscas dispuestas horizontalmente, las llamadas mesas), fue reexcavado por la erosión de sus cauces, dotando dichos valles de un perfil particularmente quebrado e irregular (Carandell 1930: 9; Montealegre 1994: 24).

2. La vega del Guadalquivir Medio.

- Localización

El área geográfica objeto de este trabajo (refiriéndonos en este caso a aquella abordada de forma prioritaria), no se circunscribe exclusivamente a la vega estricta y al paisaje de modelado fluvial, sino que se hace extensible a un sector longitudinal comprendido entre el piedemonte de Sierra Morena y la franja septentrional de la campiña cordobesa, quedando el cauce del Guadalquivir y el territorio sometido a su influencia directa como eje de articulación en el análisis arqueológico de las sociedades del IV milenio ANE.

A fin de delimitar dicho área, hemos decidido trazar una línea divisoria a partir de la cota aproximada de 500 msnm en las estribaciones meridionales de Sierra Morena y otra correspondiente a la cota aproximada de 350 msnm en el área sur del área campiñesa, por encima de divisiones administrativas y límites fluviales, con más motivo cuando tomamos el propio cauce del Guadalquivir Medio como eje vertebrador del territorio objeto de análisis. A fin de acotar el tramo de poniente a levante, hemos tomado como referencia el cauce del arroyo Madre de Fuentes al oeste (dentro de la provincia de Sevilla), y el Salado al este, frontera esta última aproximativa, al haber optado por respetar el límite administrativo de la Provincia de Córdoba[16].

[16] Justificamos esta elección al haber sido ampliamente estudiado el Alto Guadalquivir y las campiñas occidentales jiennenses (Ruiz *et Alii* 1986, Nocete 1989a, 1994, Lizcano 1999), respetando en estos casos los límites provinciales trazados entre la provincia de Jaén y la de Córdoba.

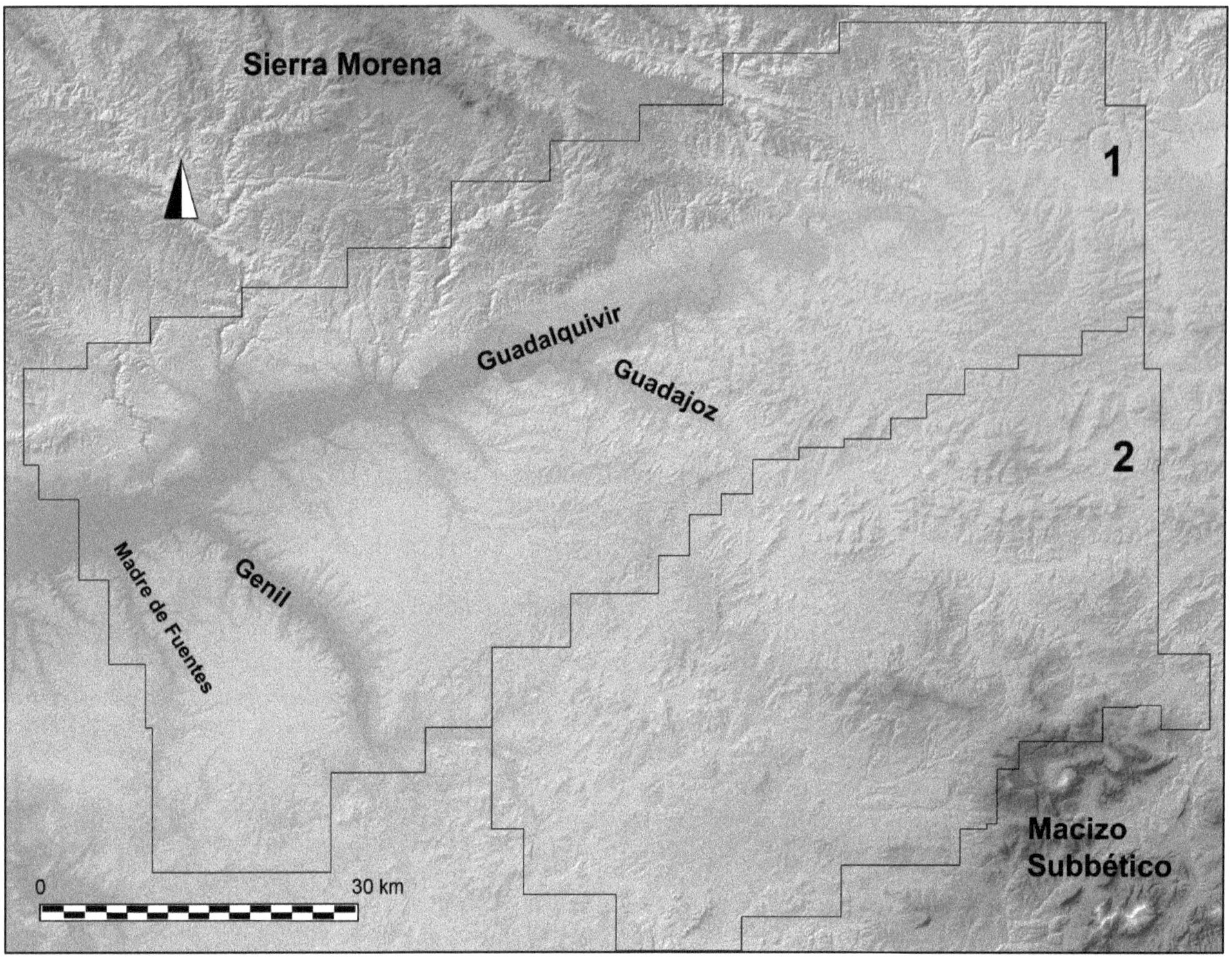

Figura 4: Sector geográfico prioritario (1, vega del Guadalquivir medio y entorno limítrofe) y secundario (2, campiña cordobesa hasta el piedemonte subbético).

Así, el flanco norte de este trabajo queda jalonado de oeste a este, por el Cerro Las Beatas (524 m) en el término de la Puebla de Los Infantes (Sevilla), las Cumbres de las Escobas (cota máxima 459) y Cerro de Cabeza Redonda (573) en Hornachuelos, cerro de Mojón Blanco en Posadas, Cerro del Caballo (cota 523), entre los términos de Villaviciosa de Córdoba y Almodovar del Río, Cerro Calderín en Obejo (cota 571), Lomas del Madroñalejo en Adamuz (cota máxima 617), así como el Cerro del Alcornocal (cota 584) y cerro Cabezas (cota 710) en el término municipal de Montoro.

El límite sur, queda delimitado de oeste a este por el cerro Palomarejo (309 msnm) y los Mochales (266 msnm), en el término municipal de Écija (Sevilla), el Cerro de Membrilla (cota 314) y Esparraguera (cota 328) en el término municipal de Santaella, Cerro de la Montesina (cota 349) en La Rambla, Cerro de Pilillas (cota 362), Cerro del Toscal (371), Andrés Pérez (325) y Loma de los Aguilones (cota 371) en el término municipal de Córdoba, y Cerro de Cabeza Lavada (cota 420) en el término municipal de Cañete de las Torres.

A fin de contextualizar y complementar de forma adecuada el territorio objeto de análisis, hemos incluido para abordar el Proceso Histórico desarrollado entre el VI y el III milenio ANE, el resto de la campiña cordobesa (sector secundario) respetando en este caso los contornos provinciales, constituyendo su límite meridional el piedemonte subbético representado fundamentalmente en su sector central por el escarpe de Camarena (1170 msnm).

- Caracteres del cauce y el relieve cuaternario

Entre Villa del Río y Córdoba el Guadalquivir llega a penetrar en Sierra Morena en diversos puntos, constituyendo meandros encajados en el relieve hercínico de origen paleozoico (Carandell 1930: 21, Cabanás Pareja 1967). El primero de los actualmente activos se sitúa en Montoro, representado por un triple meandro dentro del cual se emplaza la villa actual. En Pedro Abad, un meandro de disposición en "S" encierra las penínsulas de Alcurrucén y las Huelgas, donde se sitúa el enclave de la Casa del Tabaco. Otro de estos meandros divide la Sierrezuela de Villafranca (los Cansinos), acogiendo la actual presa y discurriendo entre los Cansinos Altos y el cerro de Los Torreones, al este de la finca de la Ribera Alta. En la inflexión que el cauce realiza junto a la pedanía de Alcolea, se han detectado en la margen izquierda materiales cámbricos, confirmándose la entrada del río en este punto (Menéndez Carrasco 1999). Por último, un posible meandro abandonado que aun puede detectarse en el límite entre los términos de Montoro y Villa del Río, al norte de esta última localidad, parece haber desarrollado esta tendencia durante el Pleistoceno, ocupado en la actualidad parcialmente por el cauce del arroyo del Carcomé.

La entrada del Guadalquivir dentro de la intrincada topografía de Sierra Morena cabría explicarse en función de tres factores geomorfológicos. El primero implica la ubicación del cauce en las máximas profundidades de la flexión bética, las cuales se situarían bajo el reborde de sierra Morena. Otro factor reside en el papel que han desempeñado los aportes detríticos de los ríos tributarios de la margen izquierda, entre los que se cuentan el Guadajoz y el Genil, empujando el canal hídrico hacia el norte y encajándolo en el escarpe de Sierra Morena. Al ser estos ríos relativamente caudalosos en momentos de gran pluviosidad, aportan un gran volumen de sedimentos procedentes del frente olitostrómico y de las margas azules campiñesas, terrenos más erosionables que los presentes en el zócalo paleozoico por donde discurren los ríos mariánicos, los cuales arrastran un volumen inferior de materiales (Núñez y Recio 2004: 92). Por último no conviene olvidar la influencia que ciertas fallas asociadas a la flexión bética han podido ejercer en la delineación del cauce en su entrada a Sierra Morena, como en el caso de Montoro, por sobreimposición o epigénesis (López Ontiveros *et Alii* 1985: 36).

Los terrenos de origen cuaternario del Guadalquivir Medio ocupan una cinta longitudinal de tierra que bordea el cauce actual, de características topográficas muy similares, compuesta por sistemas de terrazas dispuestas sobre la vega estricta o llanura aluvial. Ésta última corresponde a las cotas más deprimidas de los terrenos neógenos de la Depresión del Guadalquivir. En esta zona se sitúan los actuales emplazamientos urbanos de Palma del Río, Posadas, Almodóvar del Río, Córdoba, Alcolea, Villafranca, El Carpio, Pedro Abad, Montoro y Villa del Río, lo que demuestra el interés histórico por unas tierras bien irrigadas, cuyas áreas pertenecientes a la llanura aluvial se encuentran hoy día sujetas en gran parte a regadío de alto rendimiento.

Un rasgo topográfico de importancia indiscutible para la ubicación de asentamientos humanos en las proximidades del cauce, queda constituido por la existencia de sistemas de terrazas fluviales, de origen cuaternario y de cronología diversa, encontrándose aun en fase inicial de estudio y sujetas a una clasificación controvertida (Uribelarrea y Benito 2008: 16). La secuencia más completa de las terrazas del Guadalquivir, se ha estudiado entre Córdoba y Sevilla, en donde se han citado distribuidos 14 niveles de terrazas, situados entre + 215 m sobre el nivel del lecho del río y la actual llanura aluvial, situada a + 6 m por encima de aquel. Baena Escudero y Díaz del Olmo (Baena y Díaz 1994) agruparon cronológicamente esas terrazas, desde la más alta hasta la más baja, en las de *ca.* 800 ka (de la T1 a la T3), de 800 a 300 ka (de la T4 a la T9), de 300 a 80 ka (de la T10 a la T12), y el grupo más bajo (de la T12 a la T14), las cuales representan una cronología a caballo entre el Tardiglaciar y el Holoceno. Sin embargo, a lo largo de la franja de 25 km que circunda de este a oeste la ciudad de Córdoba, tan sólo han podido individualizarse cuatro sistemas de grandes terrazas con las siguientes alturas sobre el actual lecho del río: T1 (+ 80 a 90 m), T2 (de + 25 m), T3 (de entre + 10 a 15 m), y la llanura aluvial (de + 7 a 9 m). Todas estas terrazas fluviales se han generado en la margen derecha del Guadalquivir, siendo equivalentes a la terraza T8 (+80 a 90 m), T12 (entre +26 a 30 m), T13 (de +13 a 20 m) y T14 (entre + 7 a 10 m) descritas por Baena Escudero y Díaz del Olmo (Baena y Díaz 1994) para el Medio y Bajo Guadalquivir (Uribelarrea y Benito 2008: 16).

La génesis del cauce actual parece haber pasado por momentos claramente diferenciados si bien hasta el día de hoy carecemos de un estudio en profundidad que abarque dicho proceso así como la formación del recorrido total actual desde una perspectiva histórica en diacronía, a diferencia del interés suscitado por la génesis fluvial en otros lugares (Bravard y Magny 2002). Para el curso inferior, en cambio, comienzan a generalizarse estudios concretos (Guerrero y Baena 1999; García y Baena 2008; Borja y Barral 2005; Borja y Borja 2007), referidos sobre todo a aspectos parciales del tramo comprendido dentro de la actual provincia de Sevilla.

Entre los escasos estudios que se han llevado a cabo sobre el cauce del Guadalquivir medio, destaca el realizado sobre el meandro del Arenal, al sur del casco urbano de Córdoba, que demuestra la presencia del segmento del cauce de este tramo al pie del escarpe de la T3 durante el Holoceno Medio, conectando en línea recta los meandros del Campo de la Verdad y el Cañaveralejo Bajo (Uribelarrea y Benito 2008: 15, Fig. 1). En este caso quedaría demostrada la eliminación de un sector importante de terreno susceptible de haber albergado ocupación humana prehistórica durante la migración "reciente" del meandro del Arenal.

Para el resto del tramo medio, López Ontiveros ha señalado la existencia en todo este segmento de meandros abandonados, paleocauces o madres viejas así como *scrolls* que componen barras o *point bars*, muchos de los cuales resultan en la actualidad fácilmente evidenciables mediante fotointerpretación, a través de ortofotografía y visores cartográficos, testimonios de un dilatado proceso erosivo- sedimentario de dinámica cambiante desarrollado a lo largo del Holoceno (López Ontiveros 1973: 42, López Ontiveros 2004: 23- 24, López Ontiveros *et Alii* 1985: 35).

Fruto de frentes erosivos de alta energía generados en la curva externa del meandro, son frecuentes en la ribera izquierda las torronteras o *cuts banks*, más frecuentes en terrenos de margas terciarias, generadas de forma episódica y que testimonian un sesgo arqueológico (como en el caso citado del meandro del Arenal, en Córdoba), digno de consideración. Estas torronteras, algunas de gran desnivel como la de Rojas, los Visos y Casillas, en Córdoba, o incluso bajo el Cortijo de la Verduga en Palma del Río, son características de un cauce de tipo transicional, a distancia de un encajonado curso alto y aún más lejos del que transcurre entre la extensa llanura aluvial propia de las tierras llanas próximas a su desembocadura.

Figura 5: Torrontera de Rojas (Córdoba), paisaje transicional entre la vega aluvial y el mioceno margoso.

- El piedemonte mariánico

Esta zona se encuentra históricamente determinada por su situación respecto a la riqueza mineralogenica del zócalo hercínico. En las series filonianas se documentan distintos tipos de pórfidos, basaltos, riolitas y vulcanitas diversas. De este modo destaca en lo que respecta a fuentes de materias primas para la elaboración de instrumental, rocas de textura porfídica enfocadas a su explotación para manufacturar bases de molienda o instrumental macrolítico, así como ciertas litologías de origen volcánico (a menudo denominadas diabasas de forma genérica) para la ejecución de industria lítica tallada y pulimentada, a falta de sílex de calidad. Los afloramientos magmáticos han provocado en los materiales aprisionados, importantes transformaciones metamórficas, dando origen a micasquistos, esquistos, corneanas, turmalinitas, y algunos mármoles (Cabanas Pareja 1980: 15).

Los recursos metalogénicos presentes en dicho sector, siempre situados al norte en el zócalo hercínico, aparecen ligados a la red filoniana de Cerro Muriano, explotada desde muy antiguo, si bien poco conocida arqueológicamente en lo que respecta a las primeras sociedades metalúrgicas (Penco y Criado 1999). Más hacia el este, entre el río Yeguas y el arroyo de Maringordo, alternan filones de sulfuros y carbonatos de cobre, así como al oeste entre las Ermitas de Córdoba y Trassierra (Piquín y Nuestra Señora de la Soledad), yacimientos susceptibles de haber sido explotados durante la Prehistoria Reciente.

Sobre el zócalo herciniano, testimonio del borde costero mioceno, se sitúa la llamada facies de borde, compuesta fundamentalmente por calcarenitas sabulosas o biocalcarenitas dispuestas horizontalmente en discontinuidad, formando superficies tabulares (Carbonell 1926: 87- 88, Carandell 1930: 11). A menudo asociados a estas litologías, los efectos del drenaje gravitacional hacia el valle del Guadalquivir han conformado algunos ejemplos de edificios y plataformas travertínicas asociados a procesos de karstificación pleistocena (Valdelashuertas, el Eremitorio o Peñamelaria) (Baena Escudero *et Alii* 1993).

Debido a su escaso espesor, esta facies aunque karstificable, no presenta ejemplos de cavernamientos de grandes dimensiones, a excepción de explotaciones subterráneas de cantería de época romana y musulmana (Cuevas Bajas, la Arruzafa o Peñatejada). Abundan, sin embargo, multitud de abrigos y covachas, algunas de ellas de probable génesis antrópica, las cuales necesitan de un estudio en conjunto y profundidad, aun inexistente. La explotación histórica a la que se ha visto sometida esta facies, continuada en la actualidad de forma insostenible con voladuras para la industria cementera en las cercanías de Córdoba, Hornachuelos, Posadas o Villafranca, aparte de suprimir un sector importante del paisaje natural, han podido afectar irremediablemente a los yacimientos potenciales de cronología prehistórica que pudieron albergar dichas áreas. Contamos con testimonios de la presencia humana en las cuevas del Retortillo (Hornachuelos) (Márquez Alcántara 2004), Cerro de los Peces (Almodóvar del Río), el Eremitorio de la Huerta de los Arcos, Peñamelaria, la Mesa Blanca (Córdoba) (Martínez Sánchez 2002; Martínez Sánchez *et Alii* 2010b), Mesa de Puente Mocho (Carbonell 1926: 148, Bernier y Fortea 1963b, Murillo Redondo 1986a y b), o en las cuevas de la Mesa de Matatoros, en Adamuz, entre otras ubicaciones.

Figura 6: Peñamelaria (Córdoba). Edificio travertínico sobre paisaje paleozoico mariánico.

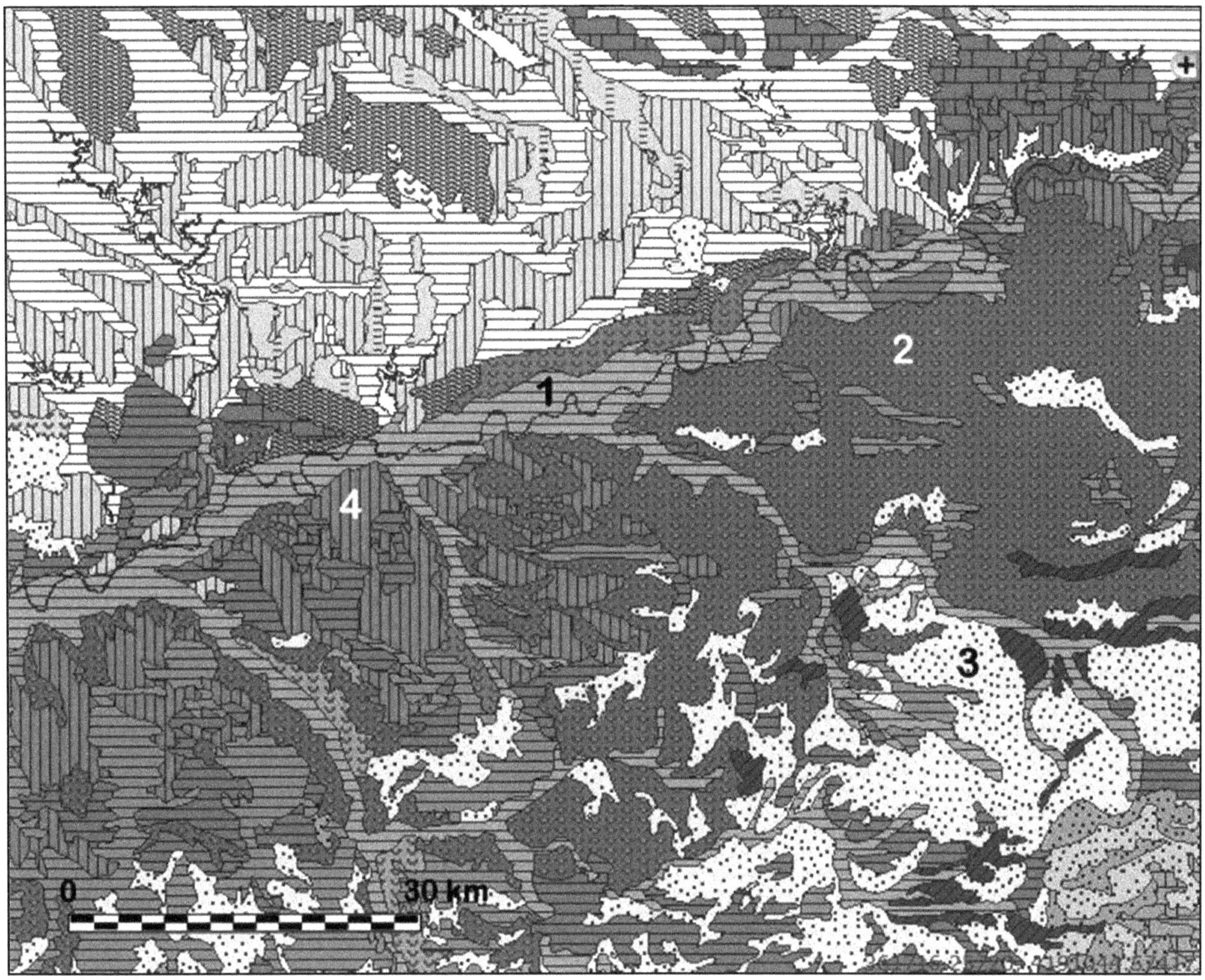

Figura 7: Vista del entorno del Guadalquivir Medio con indicación de las unidades cartográficas edafológicas principales consideradas en este trabajo: 1, fluvisoles; 2, vertisoles; 3, regosoles entre otros; 4, planosoles. Fuente: Cartografía digital, Junta de Andalucía, www.ideandalucia.es.

- Suelos

A nivel edafológico, hemos seguido los parámetros de base morfométricos definidos por la FAO/ UNESCO, criterios empleados por numerosos autores en Andalucía, así como por la administración regional, divididas en asociaciones de suelos dominantes identificadas por 64 códigos numéricos de unidades cartográficas[17] (Moreira Madueño 2003b: 212). De forma mayoritaria, los suelos asociados a la vega estricta y a las series de terrazas fluviales se componen de fluvisoles calcáreos (unidad 2), suelos fértiles, muy profundos, aptos para cultivos hortofrutícolas, constituidos por sedimentos jóvenes y poco transformados. Suelen mostrar una coloración entre pardo a pardo oscuro homogéneo, de textura generalmente franco- arenosa a arenoso- franca, porosos, y con una proporción modesta de carbonato cálcico libre (Parra Rincón 1994: 34). Desde el punto de vista químico, resultan ligeramente alcalinos, mostrando a veces una gran cantidad de material detrítico superficial, a menudo un manto potente de rocas modeladas por acción hídrica (cantos rodados) de profundidad variable. En la llanura aluvial quedan situados por norma general en niveles de terreno sujetos hasta hace poco a la influencia directa del río (momentos de crecida y rebase), a menos de 8 m de altura sobre la superficie media de la lámina de agua. Se componen de sedimentos de granulación media, casi exentos de gravilla, sueltos y meteorizados (Gil Torres *et Alii* 2003: 50).

Al sur del Guadalquivir y al norte del frente olitostrómico (Campiña oriental cordobesa), dispuestos directamente sobre terrenos terciarios ondulados representados por margas azules en distinto grado de alteración, se dispone un amplio perfil edáfico conformado entre otros por vertisoles crómicos (unidad 23). Este grupo responde a suelos con más de un 30 % de arcilla, los cuales desarrollan grietas de al menos un centímetro de anchura durante el estiaje. Son suelos profundos, ligeramente alcalinos y ricos en carbonatos, también llamados *de bujeo*, siendo proclives a la saturación por calcio, magnesio, y más excepcionalmente, por sodio. Se

[17] Hemos seguido así, el Mapa de Suelos de Andalucía escala 1:400.000, publicado en 1989, el cual dispone de la leyenda de clasificación creada por la FAO (versión 1974). La versión que hemos utilizado se presenta en el Atlas y Cartografía Ambiental de Andalucía, editado en 2005, así como en las diversas versiones digitales disponibles bien en ediciones publicadas por la administración autonómica como en visores cartográficos de acceso libre en la Red.

catalogan como suelos muy fértiles, empleados para la siembra de cultivos de secano, si bien su alto contenido en arcillas o su alta plasticidad dificulta el laboreo (Gil Torres *et Alii* 2003: 43). En aquellos ambientes calizos de génesis terciaria (frecuentemente sobre calizas miocenas), los fluvisoles ceden paso a los regosoles (dominados en las campiñas y facies de borde generalmente por la unidad 13, regosoles calcáreos).

Figura 8: Vista del entorno del Guadalquivir desde el Mioceno margoso (Cerro Trapero, Córdoba- El Carpio). Al fondo, vega aluvial y piedemonte marianico junto a Villafranca de Córdoba.

Dispuestos sobre una gran variedad de materiales, los luvisoles de tipo cálcico (unidades 58 y 59) se muestran frecuentemente sobre formaciones terciarias en el pie de monte de Sierra Morena, como también sobre materiales cuaternarios, estando presentes también aunque de forma más localizada, en el sector occidental de la campiña cordobesa. Considerados suelos no muy fértiles suelen estar asociados a dehesa, terrenos baldíos o pastizales, también sujetos a uso agrícola de moderada productividad (Gil Torres *et Alii* 2003: 59).

Junto a una mayor variedad edafológica, representada fundamentalmente por suelos de tipo cambisol (unidad 47), los planosoles éutricos (entre otros) (unidad 61) ocupan el cuarto lugar respecto a abundancia y fertilidad. Considerados suelos pobres, su localización se sitúa en nuestra zona asociada sobre todo a la raña dispuesta entre el arroyo de la Marota y el Madre de Fuentes, terrenos sujetos a un reciente proceso de colonización agrícola desde el tercer cuarto del siglo XVIII (Nuevas Poblaciones carolinas), los cuales representan los menos fértiles de la Campiña de Córdoba (López Ontiveros 2004: 37).

- Cursos de agua y acuíferos

Antes de llevarse a cabo las grandes infraestructuras realizadas en la cuenca, encabezadas fundamentalmente por embalses, represas y canales de regadío, el Guadalquivir vertía al mar un promedio de 7000 hectómetro cúbicos anuales (Moral Ituarte 1991: 387). Dado el escaso desarrollo de los regadíos en la región hasta la década de 1960, las aguas fueron siendo utilizadas desde tiempos medievales como fuerza motriz en molinos y aceñas y para el transporte de madera desde la Sierra de Segura (Moral Ituarte 1991: 60). Sin embargo, al menos desde época romana hasta fines de la Edad Media, la navegación entre Córdoba y Sevilla fue constante con barcazas de escaso calado (Chic 1990), navegación que sólo la infraestructura hidráulica en el río (aceñas y azudes) terminó por condenar hacia mediados del siglo XV, a pesar de los intentos posteriores de hacer navegable su cauce (Moral Ituarte 1991: 70- 71).

Los encajonados cursos fluviales de Sierra Morena, dispuestos en gran parte sobre materiales impermeables paleozoicos, determinan su potente carga erosiva estacional por alta energía, lo que unido a la escasa presencia de materiales calizos, también explica la rara presencia de fuentes, manantiales y aguas subterráneas aprovechables en todo este sector, excepción hecha de ciertas surgencias (algunas ferruginosas) dispuestas a lo largo de algunos valles situados entre el Huésnar y el Bembézar sobre calizas cámbricas. Es en el piedemonte, en la zona de contacto entre el zócalo herciniano y la vega del Guadalquivir, donde se presenta un potente acuífero, la Unidad del Mioceno de Base, la cual recargada por el flujo gravitacional del drenaje de Sierra Morena, da como resultado la presencia de surgencias permanentes en la margen derecha del Guadalquivir Medio (Moral Ituarte 1991: 390), denominadas localmente fontanares y veneros.

En la campiña cordobesa, fundamentalmente en su área oriental, las aguas subterráneas se localizan en los materiales detríticos miocenos y cuaternarios, normalmente ligados a la presencia superficial de cursos de agua (Torres Márquez 1993: 45). En el área de las Nuevas Poblaciones Carolinas (antiguo Desierto de la Parrilla) que ocupa el sector occidental de la Campiña Baja, la tendencia de los suelos a carecer de un eficiente drenaje, unido al carácter permeable a nivel superficial de la raña pliopleistocena, provoca con frecuencia el encharcamiento de los terrenos llanos durante las lluvias invernales (Balsera y Ortigosa 1990: 19). Sólo por medio de complejos sistemas de ingeniería (*qanats* y pozos artesianos) pudo completarse a finales del siglo XVIII el abastecimiento de agua permanente en estas poblaciones.

El encajonamiento de los cauces mariánicos, debidos al plegamiento (en sentido noroeste- sureste) y la fractura de los materiales paleozoicos sobre los que discurre, es perceptible desde el río Yeguas al este, pasando por el Arenoso, el Guadalmellato, el Guadiato, el cual discurre en gran parte de su recorrido por un sinclinal que conecta la Depresión del Guadalquivir con el valle del Guadiana, el Bembézar y el Retortillo. Esta disposición profunda de sus cauces ha propiciado la construcción de presas y embalses, los cuales han sido hasta ahora un factor de afección de primer orden en el conocimiento arqueológico de los valles serranos.

Los cursos de agua campiñeses discurren en gran medida por el mioceno margoso, siendo el Genil el cauce principal al sur del Guadalquivir, arteria que aporta un gran volumen de su caudal en su curso bajo, desembocando al oeste de Palma del Río, justo al norte del yacimiento de la Verduga Alta. El Guadajoz, es el segundo afluente meridional en importancia, naciendo en la Depresión Priego- Alcaudete y recibiendo aguas de una vasta red de arroyos que discurren entre margas y trías oligoceno, lo que le confiere una alta salinidad y gusto salobre, desembocando en el meandro de Casillas, al oeste de la ciudad de Córdoba. Varias salinas de explotación tradicional por evaporación jalonan su curso medio, siendo la de Duernas una de las más extensas, explotadas desde al menos la Edad Moderna.

Al oeste del Guadajoz, los arroyos del Cañetejo, Guadatín y Leonis entre otros que vierten directamente al Guadalquivir, discurren entre terrenos margosos, arrastrando una gran cantidad de sólidos durante períodos de alta pluviometría y aportando un nada desdeñable volumen de limo al caudal medio del Guadalquivir durante esta época. Como en el caso del Guadajoz, en algunos tramos sus aguas son salobres, llegando a ser paradigmático el cauce más oriental ya en la provincia de Jaén, del arroyo Salado (Torres Márquez 1993: 44). Más al sur, entre los términos de Valenzuela y Baena, las lagunas de la Quinta y el Rincón del Muerto, situadas junto al arroyo Saladillo, generan actualmente sal de forma natural en sus orillas durante el estiaje.

Entre el Guadajoz y el Genil, los arroyos que transcurren entre la raña pliopleistocena (tradicionalmente denominado Desierto de la Parrilla), el Guadalmazán y la Marota, poseen un curso inestable, de fondo plano y muy poco definido, aproximándose en casos extremos a un cauce de tipo *braided*, hecho ligado al alto nivel de pedrogosidad de suelos endebles, muy lavados, los cuales en ciertas ocasiones imposibilitan su cultivo. Al oeste del Genil, características en cierto modo semejantes pueden observarse en los cauces ligados al históricamente denominado Desierto de la Monclova, caso del Madre de Fuentes, el cual discurre por suelos pedregosos de rasgos geomorfológicos equiparables en su curso bajo (López Ontiveros 2004: 35).

3. Aspectos ambientales concernientes a la vega del Guadalquivir Medio durante el Holoceno Medio y Reciente.

- Biodiversidad vegetal potencial

Hasta el presente adolecemos de estudios en profundidad que permitan la reconstrucción paleoclimática de los cambios y episodios acontecidos en el IV milenio ANE incluso dentro de una perspectiva regional ibérica, lo que tendría una influencia notable en la reconstrucción de las formaciones vegetales existentes. En un nivel más amplio, basándonos en las fluctuaciones del nivel de los lagos en Europa Centrooccidental, las variaciones del límite del bosque alpino y el contenido atmosférico de radiocarbono residual, el Holoceno Medio aparece salpicado por una sucesión de cambios climáticos detectables en el conjunto de Europa Occidental debidos probablemente a variaciones en la actividad solar. En concreto, el período comprendido entre el 3700 y el 3250 ANE, se considera en conjunto como testigo de un enfriamiento general del clima. Ello coincide pues con un descenso del límite del bosque alpino. Sin embargo, esta caída general de las temperaturas se asocia también a un aumento de los niveles de humedad en latitudes medias de Europa Occidental, en concreto de la Francia Mediterránea, así como un periodo de profunda aridez en las cuencas saharianas (Magny 2010: 10), lo que al parecer tendría su correspondencia en el mediterráneo ibérico entre el 3300 y el 3200 ANE (Carrión 2010).

Aunque el número de secuencias polínicas se ha ido incrementando para el conjunto de Andalucía en los últimos años, aun no se dispone de un esquema paleogeográfico razonablemente completo de la vegetación holocena en el Mediodía peninsular (Carrión y Díez 2004, Carrión 2010), menos aún en el curso medio del Guadalquivir, relativamente alejado de las series polínicas lagunares clásicas de las Madres, Mari López y el Acebrón (Fuentes *et Alii* 2006). Sí contamos, sin embargo, algún trabajo publicado centrado en uno de los enclaves estudiados (Llanete de los Moros), si bien referido a momentos posteriores (tránsito del II al I milenio ANE) y que han puesto de manifiesto la fuerte regresión del bosque mediterráneo al menos desde este momento (López y López 1994: 183). Entre tanto y a la vista de la situación actual, se tiende a describir el potencial manto vegetal existente en el contexto climático presente, deduciendo para el modelo Subboreal un paisaje no demasiado alejado de dichos parámetros.

Tanto la vega del Guadalquivir Medio como la campiña cordobesa situada inmediatamente al sur, cuenta con temperaturas actualmente comprendidas entre 17 y 19 ºC de media anual y precipitaciones de tipo seco, 350- 600 mm de media actual (Badal 2002: 134) (si bien el piedemonte de Sierra Morena y parte de la campiña baja occidental se incluyen en la isolínea de 600 a 800 mm). Biogeográficamente y atendiendo a la tipología corológica de la distribución de vegetación arbórea, el territorio que describimos se inserta dentro del Reino Holártico, Región Mediterránea, Superprovincia Mediterráneo- Iberoatlántica, Provincia Bética y Sector Hispalense (Peinado y Rivas 1987: 207). Este último sector coincide con la Depresión del Guadalquivir, siendo dominantes los bioclimas termomediterráneo superior (incluyendo bosque termomediterráneo esclerófilo, matorral termófilo y vegetación de ribera) y mesomediterráneo en su variante más templada (mesomediterráneo cálido) (Peinado y Rivas 1987: 205, Bernabeu *et Alii* 1993: 167, Badal 2002: 134).

La vegetación potencial del territorio se encuentra representada por encinares termomediterráneos y mesomediterráreos en su variante cálida (*Oleo- Querceto rotundifoliae S.* y *Paeonio – Querceto rotundifoliae S.*) a los que acompañan de manera puntual acebuchales sobre vertisoles (*Tamo- Oleeto sylvestris S.*) y, sobre sustratos silíceos, encinares y alcornocales (*Myrto- Querceto rotundifoliae S.* y *Oleo- Querceto suberis S.*) (Peinado y Rivas 1987: 216- 217).

Las series riparias varían según la naturaleza de los suelos. Sobre aquellos de tipo silíceo se localizan fresnedas (*Ficario- Fraxineto angustifoliae S.*), alisedas (*Galio broteriani- Alneto glutinosae*) S.), y formaciones mixtas de sauces y fresnos (*Fraxino angustifoliae-Saliceto atrocinerae S.*). Sobre los suelos arcillosos resisten algunas olmedas (*Aro- italici- Ulmeto minoris S.*), la serie vegetal representativa de estas formaciones ribereñas de la ripisilva (Peinado y Rivas 1987: 224).

Los escasos análisis paleobotánicos efectuados en contextos arqueológicos datados entre el IV y III milenio ANE en el sector central del Guadalquivir (Llergo y Ubera 2002[18], 2008), han descrito la presencia de zonas abiertas y deforestadas, sujetas lógicamente a la influencia humana directa, en la que dominaba una vegetación herbácea con escasa cubierta arbórea y arbustiva, rodeado a mayor distancia por pinos, encinas, alcornoques, coscojas, acebuches, jaras y brezos. En alguna de las secuencias polínicas (caso de Carmona) la presencia de polen de cereales resulta destacada[19].

Actualmente, la vega del Guadalquivir medio muestra un tipo de paisaje muy antropizado. La dinámica fluvial se ha visto alterada drásticamente desde la década de 1920 por la construcción de embalses y represas en sus ríos tributarios, principalmente los mariánicos, caso del río Yeguas, Arroyo de Martín Gonzalo, Arenoso, el Guadalmellato, el Guadiato, el Bembézar y el Retortillo. Ello ha alterado en gran parte la dinámica de inundación operada entre épocas de crecida y estiaje, el flujo de nutrientes desde las cabeceras, y la reducción notable del caudal, limitando la acción erosiva de los materiales detríticos de los cauces serranos, viéndose hoy su tramo medio- alto salpicado por sotos habitados por especies animales (fundamentalmente aves) y vegetales propios de ambiente lagunar.

El laboreo intensivo al que se han visto sometidas las tierras circundantes, sobre todo en lo respectivo a la Campiña Alta, unido a la generalización del uso de herbicidas, ha agudizado un ciclo erosivo sedimentario de magnitud preocupante, que activa la pérdida exponencial de suelo en áreas de labrantío al tiempo que aumenta la carga de sólidos en el caudal, aumentando el espesor de los sedimentos, tanto en el fondo como en los márgenes. Éstos últimos, se encuentran jalonados a menudo por una comunidad riparia mixta de especies arbóreas autóctonas y exóticas tales como álamos blancos (*Populus alba*), tarajes (*Tamarix* sp), olmos (*Ulmus minor*), eucaliptos (*Eucalyptus* sp), ailantos (*Ailanthus altissima*) o adelfas (*Nerium oleander*).

- Biodiversidad animal potencial

El proceso de domesticación del caudal del Guadalquivir operado desde la antiguedad (Chic 1990) mediante presas de desviación, represas de elevación y molinos, culminado con la construcción de la presa de Alcalá del Río y Cantillana hace más de setenta años, han influido en la rarefacción y extinción de parte de la fauna piscícola (Doadrio *et Alii* 1991), caso del sábalo (*Alosa alosa*) y del esturión (*Acipenser sturio/ naccarii*)[20], quedando rarificada hasta el punto de prever su desaparición, la pesca de anguilas (*Anguilla anguilla*) y bogas (*Chondrostoma willkommii*), antaño frecuente en el curso medio. Asimismo la histórica traslocación de especies foráneas de peces, ha trastocado notablemente un ecosistema fluvial de manera aún difícil de calibrar, al tratar de establecer un marco sólido de comparación respecto a la relación con el río que mantuvieron las sociedades que habitaron sus márgenes a mediados del Holoceno.

La fauna de invertebrados dulceacuícolas aprovechados tradicionalmente para el consumo, caso de los crustáceos y los bivalvos (unionidae) se encuentra actualmente en una difícil situación, provocada por los cambios de origen humano producidos en las aguas del Guadalquivir. Recientemente, el cangrejo de río (*Austropotamobius pallipes*) está siendo desplazado de manera alarmante por un invasor norteamericano (*Procambarus clarkii*), mientras gran parte de las especies de bivalvos dulceacuícolas, representados por el género Unio, se encuentran en estado crítico. De entre estos últimos, *Margantifera margantifera y M. auricularia*, encuentran actualmente extinguidos en el Guadalquivir (aunque estas especies se encuentran bien documentadas en época histórica) (Lozano Francisco *et Alii* 2004), estando *Potomida littoralis, Unio delfinus* y *Anodonta anatina* aun presentes, si bien su situación actual es prácticamente desconocida (Barea- Azcón *et Alii* 2009, Verdú y Galante 2005).

De entre los reptiles destacan varias especies de saurios, ofidios y quelonios tradicionalmente considerados comestibles, caso del lagarto ocelado (*Timon lepidus*), de la culebra bastarda (*Malpolon mompessulanus*) y del galápago leproso (*Mauremys leprosa*), aun hoy abundante si bien en competencia con especies de carácter invasor, tales como algunos galápagos del Nuevo Mundo. Los anfibios tienen su representación en varias especies de

[18] Llergo López, Y.; Ubera Jiménez, J. L. (2002): *Estudio Palinológico del yacimiento arqueológico "Llanete de los Moros" Montoro, Córdoba).* Informe inédito. Agradecemos a José Luís Ubera, catedrático de Biología Vegetal de la Universidad de Córdoba, las facilidades prestadas en la consulta de este trabajo inédito, realizado sobre el perfil estratificado del foso localizado en el Corte 3 de la Actividad Arqueológica Preventiva de 2001.

[19] Estos estudios se han realizado sobre sedimentos de origen antrópico, relacionados con las unidades estratigráficas depositadas en zonas de hábitat humano, por lo que los resultados obtenidos previsiblemente se refieren a ambientes antropizados, deforestados y situados a proximidad de áreas de cultivo.

[20] Al parecer Ramírez de Arellano (1883) documenta la presencia de esturiones (sollos) a la altura de Córdoba. Igualmente se encontraron tradicionalmente en el curso medio del Guadalquivir antes de la construcción de las presas de Alcalá del Río y Cantillana, las cuales que provocaron un inevitable efecto barrera, lubinas (*Dicentrarchus latrax*), pejerreyes (*Atherina boyeri*), diversos mugílidos, así como lampreas (*Petromyzon marinus*). Carlos Fernández Delgado (2006) Informe: "Impacto Ambiental de las presas de Alcalá del Río y Cantillana sobre las comunidades acuáticas del Bajo Guadalquivir. AMS- Ríos con vida. Ávila.

sapos y ranas que proliferan en los remansos de aguas calmas.

La fauna de aves se encuentra enormemente influida por la acción humana. La deforestación y la acción antropozoógena sobre la cobertura vegetal han favorecido el amplio desarrollo de especies esteparias y de ambientes abiertos (*Alectoris, Columba, Estreptopelia, Passer*), en áreas campiñesas, así como aquellas favorecidas por hábitos de consumo vinculados a los cereales, antropófilas o dependientes procesos naturales derivados de la acción humana sobre el medio. En el ámbito fluvial, destaca una rica comunidad de especies zancudas y propias de humedales, sobresaliendo especialmente en cuanto a densidades la polla de agua (*Gallinula cloropus*), el ánade real (*Anas platyrhynchos*), el martinete (*Nycticorax nycticorax*), la garza real (*Ardea cinerea*), el cormorán grande (*Phalacrocorax carbo*), éste último como visitante invernal y grandes colonias de garcilla bueyera (conocida localmente como espulgabueyes) (*Bubulcus ibis*), de expansión reciente. Es necesario indicar sin embargo, el hallazgo frecuente en contextos arqueológicos holocenos de taxones hoy día no nidificantes o bien completamente ausentes en el Mediodía Peninsular, bien por extinción (*Pinguinus impennis*) bien por encontrarse limitada su actual área de distribución a otras regiones. Esta realidad, unida al insuficiente desarrollo de los estudios arqueozoológicos sobre restos de aves, frente a un interés mayor por los trabajos arqueomastozoológicos, los cuales se ven favorecidos entre otras razones por una conservación diferencial generalmente más destacada, impulsa a tomar con cautela la extrapolación mecánica de las comunidades ornitológicas actuales a momentos del Subboreal y Atlántico, incluyendo períodos muy posteriores (Hernández Carrasquilla 1995, Davis 2006).

En la vega del Guadalquivir, así como en las áreas campiñesas limítrofes, los estudios arqueomastozoológicos se encuentran aún en una fase inicial, careciendo hasta el momento de estudios o síntesis que aborden en conjunto tanto las series como los datos estadísticos obtenidos para momentos ubicados a mediados del Holoceno (Morales y Riquelme 2004). Para la vega media del río y su área inmediata, los estudios publicados de Montoro (Liesau 2000), Torreparedones (Cunliffe y Fernández 1999, realizado por J. Hamilton) representan tan sólo una aproximación parcial base al estado y cantidad del repertorio óseo analizado. En lo referente al IV y III milenios ANE en áreas próximas a la vega del Guadalquivir medio, prácticamente contamos tan sólo con los estudios realizados en Plaza de Armas de Sevilleja (Espeluy, Jaén) y Los Pozos (Higuera de Arjona, Jaén) (Nocete Calvo 1994, Cámara *et Alii* 2008), ya en el curso alto del río, junto con algunas referencias respecto a los estudios arqueozoológicos realizados en el poblado de Carmona (Conlin 2004, 2006).

En lo referente a la fauna salvaje y comenzando por los carnívoros, el principal actor ausente en la actualidad se trata sin duda del oso pardo (*Ursus arctos*) que ha legado varios topónimos en la provincia, la mayoría en el interior de Sierra Morena (como Barranco de la Osa o Peña la Osa, ambos en el término municipal de Espiel). Retirado a inicios de la Edad Moderna del ámbito que nos ocupa (Noares y Navés 1993), el Libro de la Montería, encargado por el monarca castellano Alfonso XI durante la primera mitad del siglo XIV, recoge varios cazaderos en donde el oso abundaba, citando tanto la sierra de Montoro como la de Córdoba, así como varios enclaves próximos al Guadalquivir en el actual término de Posadas y Palma del Río, a los que el animal bajaba aprovechando la maduración de los viñedos (Montoya Ramírez 1992: 651- 663, López Ontiveros *et Alii* 1991: 20)

Continuando con este grupo, tanto el lince como el lobo representaban animales comunes en la vega del río. Hasta la década de 1980 del pasado siglo, el lobo aún se dejaba ver en contadas ocasiones en el entorno más meridional piedemonte serrano de Montoro o incluso Palma del Río. Este cánido, acostumbrado a recorrer grandes distancias sigue conservando una población residual tanto en el Parque natural de Hornachuelos como en el de Cardeña-Montoro, si bien su futuro no parece a largo plazo halagüeño (Gutiérrez Alba 2005: 128). Para el caso del lince (*Lynx pardina*), actualmente en estado crítico, su declive ha sido vertiginoso en los últimos veinte años, habiendo sido hasta los conteos de inicios de la década de 1980, frecuente en gran parte de la mitad norte de la provincia, inclusive en áreas serranas próximas al Guadalquivir medio (Palomo *et Alii* 2008). Recientemente han sido liberados algunos ejemplares en los Montes de Adamuz y Villafranca de Córdoba.

Los carnívoros de mediano y pequeño tamaño son actualmente comunes. Los más frecuentes sin duda se hallan representados por el tejón (*Meles meles*), la garduña (*Martes foina*) y por supuesto el zorro, animal ubicuo y generalista presente en casi todos los medios naturales de la Depresión del Guadalquivir y áreas limítrofes. Mención aparte merece el grupo de los vivérridos y los herpéstidos, representados por la gineta (*Geneta genetta*) y el meloncillo (*Herpestes ichneumon*), especies de traslocación reciente y origen norteafricano, introducidas en época histórica (Riquelme *et Alii* 2008).

Debemos hacer especial incidencia en aquellos animales cuya actividad causa una especial incidencia en las dinámicas fluviales, llegando a afectar a la forma del cauce y a los patrones de inundación a través de la construcción de diques y represas. Nos referimos pues al castor (*Castor fiber*), roedor de gran tamaño actualmente extinto en los ríos ibéricos (probablemente desde la Alta Edad Media), y cuyos restos se han detectado en la cuenca del Guadalquivir en contextos arqueológicos desde el Neolítico a la Protohistoria (Castillejos de Montefrío, Cuesta del Negro y Acinipo) (Riquelme 2008a: 138), circunstancia por la que cabría considerar su presencia probable en el cauce a mediados del Holoceno.

El jabalí (*Sus scrofa ferus*) continúa siendo un animal abundante en la vega del Guadalquivir en todo su tramo, desde la Sierra de Cazorla hasta el Parque Nacional de Doñana, adaptándose recientemente a ambientes humanizados e incluso suburbanos, si bien en la campiña cordobesa su presencia es esporádica (Palomo *et Alii* 2008). Este mamífero llega a convertirse en una verdadera plaga para los cultivos de huerta, depredando incluso sobre camadas de conejos. Su presencia en el registro arqueozoológico del Holoceno en la Depresión del Guadalquivir es constante (Morales y Riquelme 2004).

En relación a la fauna de herbívoros artiodáctilos, actualmente el ciervo representa sin duda la especie más abundante, viéndose en gran parte concentrada en fincas de caza mayor sometidas a un alto grado de concentración y control poblacional. Situadas todas en la mitad norte de la provincia, en entornos serranos, su actual distribución corresponde en gran medida a factores humanos, siendo un animal muy ligado a medios abiertos próximos a humedales y cursos de agua. Su presencia de manera esporádica en las fases correspondientes al IV y al III milenio ANE en el Llanete de los Moros (Liesau 2000), así como de manera abundante en la fase correspondiente al Bronce final (ss. X- VIII ANE) en el Fontanar de Cabanos (Córdoba)[21], nos mueve a pensar en un hábitat frecuente en proximidad a la vega durante la Prehistoria Reciente o igualmente a proximidad en los cursos inferiores de los arroyos serranos o campiñeses.

Para el caso de otros cérvidos, tales como el gamo (*Dama dama*) y el corzo (*Capreolus capreolus*), la falta de información constituye un problema a tener en cuenta. La distribución del corzo en la actualidad se encuentra sujeta como en el caso del ciervo a factores de explotación cinegética humana. Respecto al gamo sin embargo, dada su ausencia en el registro faunístico durante el final del Pleistoceno, ha sido considerado como especie introducida por el hombre desde Anatolia y Medio Oriente, probablemente en varias ocasiones situadas entre época romana y el siglo XVIII (Palomo *el Alii* 2008, Davis 2006). El corzo, sin embargo, siendo autóctono en la mitad sur peninsular, se encuentra actualmente ausente en el valle del Guadalquivir, existiendo poblaciones fragmentadas tanto en la Sierra de Andujar como en áreas más meridionales de Cádiz y Málaga (Palomo *et Alii* 2008). La información arqueofaunística resulta por el momento, escasa, habiéndose citado el corzo en el Neolítico Final de Los Castillejos de Montefrío, en el Subbético Granadino (Uerpmann 1979, Morales y Riquelme 2004)[22].

La cabra montés hispánica (*Capra pyrenaica hispanica*) se encuentra hoy ausente de gran parte de los territorios limítrofes con la Depresión del Guadalquivir en sus sectores central y occidental, existiendo importantes poblaciones tanto en la Sierra de Andújar, Cazorla y Despeñaperros, en lo respectivo a Sierra Morena Oriental como en entornos aislados de la Subbética Sevillana y Cordobesa. (Carrasco *et Alii* 2004). La presencia de restos en Papa Uvas (Estratos I y III del sector A+B) (Morales 1985: 254- 255), podría indicar existencia entre el IV y III milenio ANE de poblaciones situadas hasta las estribaciones más meridionales de la Sierra de Huelva, lo que no entraría en conflicto con la existencia de poblaciones salpicadas en tanto en el escarpe de Sierra Morena Occidental (Riquelme y Nocete 2004: 259) como probablemente en su sector central.

Más problemático se nos antoja el estatus del bovino y los perisodáctilos, cuyo carácter doméstico viene siendo discutido en un debate aún inconcluso. La presencia del uro (*Bos primigenius*) en la Fase II (Calcolítico) de las Peñas de los Gitanos (Montefrío, Granada), y la existencia de restos de caballo junto a controvertidas pruebas de asno salvaje (*Equus* cf *hydruntinus*) en distintos emplazamientos neolíticos peninsulares (Uerpmann 1979), continúan aun suscitando debate en lo que respecta al carácter doméstico o feral de dichos animales (Morales y Riquelme 2004: 42, Riquelme y Nocete 2004: 259, Nocete *et Alii* 2008: 60) entre en Neolítico y la Edad del Cobre del sur peninsular. La vega del Guadalquivir de momento, cuenta con escasos datos publicados que definan en profundidad el papel trófico que équidos y bovinos salvajes desempeñaron en sus márgenes entre el IV y el III milenio ANE. Parece que resultan de ubicación cronoestratigráfica problemática, los restos atribuidos a *Bos primigenius* procedentes del poblado calcolítico de la calle Dolores Quintanilla, en Carmona (Sevilla) (Conlin 2004: 376, 2006: 1623). Sin embargo, sí parecen ser representativos varios restos identificados sin mayores problemas como *Bos primigenius* en Valencina de la Concepción (Aljarafe sevillano), y otros pertenecientes a caballo (*Equus sp*) (posiblemente salvaje) en este último yacimiento así como en Papa Uvas (Aljaraque, Huelva) (Fernández y Oliva 1985: 121- 122, Morales Muñiz 1985: 237, Álvarez y Chávez 1986: 322).

Por último, difícil se nos antoja terminar sin añadir aquí una mención especial a los lepóridos, tanto la liebre ibérica (*Lepus granatensis*), como el conejo (*Oryctolagus cuniculus*), animal ubicuo en los conjuntos arqueozoológicos sudibéricos desde el Pleistoceno, tanto por su extendido y frecuente consumo por parte del hombre inclusive en la actualidad, como por su presencia debido a factores de orden tafonómico, siendo animal cavador y causante de notables alteraciones en contextos arqueológicos. Su aparición entre desechos alimentarios es constante desde el Paleolítico Superior, siendo un taxón presente casi de forma invariable en cualquier listado de especies determinadas en yacimientos arqueológicos de la Prehistoria Reciente del sur peninsular.

[21] Informe de elaboración propia realizado para la Memoria Final de la Actividad Arqueológica Preventiva PERI 9- A, 2ª Fase, PEGOU de Córdoba, dirigida por L. Aparicio Sánchez.

[22] Nosotros hemos observado restos óseos de corzo en cavidades de la Subbética Cordobesa, asociados a depósitos holocénicos (Sima David, Carcabuey). Memorias inéditas del Grupo Espeleológico G40 de Priego de Córdoba.

III- Los enclaves de ocupación humana de la vega y tierras bajas del Guadalquivir Medio entre el Neolítico y la Edad del Cobre

1. Metodología y abordaje territorial

- El conocimiento del territorio

Como sucede con cualquier estudio que aborde el Proceso Histórico en un territorio dado, nuestro trabajo debe contar con una base de partida tejida a través del conocimiento arqueológico del territorio, un conocimiento a ser posible extenso, uniforme y dotado de gradación cronológica (en su dimensión espacial y diacrónica). Sin embargo, estas características se encuentran tanto en nuestro caso como en el de muchos otros sólo dentro de lo deseable, pues para ello contamos en la mayor parte de las ocasiones con localizaciones conocidas sólo a nivel superficial, a través de noticias y referencias antiguas, de prospecciones sistemáticas y otras (en su mayoría) dirigidas primando criterios selectivos, todas ellas fruto del trabajo de equipos muy diversos en momentos muy diferentes (en particular Bermúdez y Martín 2000, Bernier *et Alii* 1981, Durán y Padilla 1990, Domínguez y Cervera 2009, Martín de la Cruz *et Alii* 2000a, Martín de la Cruz *et Alii* 1989, Morena *et Alii* 1990, Murillo 1988, 1991a, 1991b, Ruiz 1993, Serrano y Morena 1984, entre otros). También contamos con la información arqueológica procedente de enclaves excavados sólo parcialmente, además de hallazgos casuales o informes arqueológicos, que en todo caso representan fuentes muy heterogéneas de valor muy desigual.

Esta situación pues, en principio parecería contrastar con la realidad observable en otros entornos próximos, caso del Alto Guadalquivir jiennense, donde gran parte de los datos se deben a la confluencia de varios proyectos de investigación que llevaron a cabo diversas prospecciones sobre el territorio, las cuales, aunque siendo selectivas (Lizcano *et Alii* 1992: 9) se vieron enfocadas a objetivos científicos muy concretos[23] (Ruiz Rodríguez *et Alii* 1986, Arteaga *et Alii* 1993b: 811, Nocete 1994). Para el caso de la campiña y bajo Guadalquivir sevillano, la información resulta algo más heterogénea y a menudo de caracterización más difusa, al proceder en su mayor parte de la información obtenida a través de las cartas arqueológicas realizadas fundamentalmente durante la década de 1980 bajo la dirección de Manuel Pellicer (Cruz- Auñón *et Alii* 1992a: 141). En la banda territorial correspondiente al Guadalquivir Medio, tan sólo las prospecciones dirigidas por José Clemente Martín de la Cruz en el marco de diversos proyectos de investigación[24], y que han deparado gran parte de las localizaciones del sector oriental al sur del Guadalquivir que abordamos en este trabajo, corresponderían a prospecciones sistemáticas orientadas a peinar los términos de los municipios de Cañete de las Torres, el Carpio, Bujalance, Montoro, Pedro Abad y Villa del Río, objetivo que entre 1989 y 2001 fue cumplido en su mayor parte sobre el territorio situado al sur del cauce del Guadalquivir (Bermúdez y Martín 2000: 64). Precisamente la información obtenida durante estos trabajos se usó para elaborar el único estudio territorial con metodología formalizada[25] desarrollado hasta la fecha en la zona geográfica objeto de nuestro estudio, así como en toda la provincia de Córdoba (Bermúdez y Martín 2000, Martín de la Cruz *et Alii* 2004b).

El resto de los emplazamientos de superficie conocidos, proceden fundamentalmente de hallazgos casuales recopilados por distintos investigadores en publicaciones de diversa índole, o bien descubiertos a través de prospecciones dirigidas a la búsqueda de yacimientos arqueológicos en entornos sujetos a criterios de selección y a menudo siguiendo las noticias o informaciones previas proporcionadas por aficionados o clandestinos. Esta realidad, presente en la práctica totalidad del territorio abordado a excepción en parte, de la banda septentrional de la campiña oriental cordobesa hasta el Guadalquivir (Bermúdez y Martín 2000, Martín de la Cruz *et Alii* 2004b), entre otras cuestiones limita enormemente la gestión empírica de los vacíos territoriales o supuestas lagunas poblacionales presentes en territorios carentes de investigación sistemática. A ello se suma una enorme desigualdad en la calidad de los datos, muchos de los cuales necesitan una revisión intensiva sobre el terreno a fin de ajustar, confirmar, e incluso desestimar su adscripción dentro de la Prehistoria Reciente[26].

---

[23] "Análisis histórico de las comunidades de la Edad del Bronce de la Depresión Linares-Bailén y las estribaciones meridionales de Sierra Morena (Contreras *et Alii* 1993), "El poblamiento ibérico en la Campiña de Jaén" y fundamentalmente "Reconstrucción del proceso histórico en la ciudad Ibero-romana de Obulco" (Arteaga Matute *et Alii* 1993a, 1993b).

[24] Proyectos denominados "Génesis y desarrollo de la Edad del Bronce en la cuenca media del Guadalquivir", aprobado y subvencionado inicialmente por la Consejería de Cultura y Medio Ambiente de la Junta de Andalucía y "Prehistoria de la Provincia de Córdoba" e "Investigación en Prehistoria: Universidad de Córdoba" por parte de la Consejería de Educación y Ciencia de la Junta de Andalucía (Bermúdez y Martín 2000: 63).

[25] A juicio de L. García Sanjuán, la "metodología formalizada" estaría "*basada en la descripción y justificación previa de los criterios de selección de variables y de recogida de datos (incluyendo la discusión explícita de los problemas inherentes a aquellas y a estos), el empleo de una metodología cuantitativa (estadística descriptiva e inferencial), la utilización de métodos y procedimientos de análisis de las relaciones espaciales entre las entidades investigadas, así como su ulterior reflejo en una cartografía arqueológica (lo cual, desde mediados de los 1990 equivale a decir cartografía digital gestionada en un entorno SIG) y la valoración crítica de los resultados obtenidos y sus limitaciones*". Definición enunciada en el documento de trabajo manuscrito redactado para la Mesa Redonda "Investigar: Territorio" prevista para el día 23 de Septiembre de 2010 como parte del "Primer Congreso de Prehistoria de Andalucía: La tutela del patrimonio prehistórico. Memorial Luís Siret (Antequera, Málaga, 22-25 de Septiembre de 2010)".

[26] Debemos exponer aquí las dudas que nos plantea la clasificación como prehistórica o calcolítica indeterminada de ciertos registros cerámicos en superficie y muy fragmentarios, a menudo asociados a materiales históricos tardorromanos y altomedievales, citados en un momento en el que aún el conocimiento de ciertas producciones históricas toscas era limitado o inexistente. Tal es el caso de algunas cerámicas de cocina típicas de la tardoantigüedad, recipientes elaborados a mano o a "torneta", a menudo con desgrasantes muy visibles y sobre los que contamos con fundadas sospechas de ser responsables de algunas determinaciones de yacimientos prehistóricos probablemente precipitadas. Dichas producciones se extienden en toda

Este trabajo se ha centrado en el estudio del IV milenio ANE considerando los enclaves ocupados entonces, tanto los conocidos sólo a nivel superficial como a través de excavación arqueológica, en donde hemos seleccionado contextos de este período a fin de realizar el estudio de la cultura material junto a otro tipo de registro (restos de fauna). Sin embargo, a excepción de la cultura material procedente excavaciones arqueológicas, el conocimiento empírico del que disponemos en los enclaves de superficie es ciertamente limitado, nunca o rara vez equiparable al procedente de contextos excavados, lo que dificulta su tratamiento a un mismo nivel. Además, dichos enclaves de superficie no siempre se encuentran suficientemente contextualizados, viéndose en la mayoría de las ocasiones clasificados bajo el homogeneizador término de "Calcolítico" que como sabemos, define conceptos cronoculturales muy distintos en función de la extracción cada investigador, representando cuando menos matices importantes (Delgado 1997a: 178). A este difícil panorama se une la escasa descripción en detalle o la a menudo inexistente representación gráfica de la cultura material localizada estos enclaves, elementos que obviamente debieron servir para proponer dicha adscripción cronológica. Así, las frecuentes citas de "*cerámicas a mano calcolíticas y del bronce*"[27], a menudo suponen los únicos datos materiales presentados como referentes cronológicos, superando en este sentido el lapso de aproximadamente dos milenios en el que se ha extendido el término Calcolítico en este sector regional (Martín de la Cruz *et Alii* 2000a: 178, Delgado 1997a: 177- 178).

Dicha realidad parece perpetuarse incluso en síntesis y revisiones recientes de estos trabajos (Garrido y Casares 2011). Así, en los casos en los que nos ha resultado imposible proceder a una revisión de la cultura material de los enclaves carentes de este tipo de informaciones, nos hemos visto obligados a permanecer cautos, terminando por incluirlos dentro de la escueta definición de "Prehistoria Reciente Indeterminada" (PRI), conscientes de la necesidad del estudio razonado de la cultura material localizada en un enclave, sin el cual se llega a invalidar o viciar de base los resultados. De esta manera tanto la sólo en apariencia homogeneidad temporal (representada por el término "Calcolítico" y en trabajos anteriores, "Bronce"), como la indefinición material de parte de los enclaves de superficie, han terminado por obligarnos a traspasar las limitaciones cronológicas autoimpuestas inicialmente en el abordaje del registro superficial, recopilando en nuestras fichas y bases de datos toda información relativa a la ocupación del territorio asignado entre el VI y el II milenio ANE.

- La gestión de la información en los enclaves arqueológicos

Para poder procesar toda la información disponible, hemos elaborado una relación no formalizada de enclaves arqueológicos, pretendiendo no caer ni en una carta arqueológica tradicional a modo de listado, ordenación e inventario de localizaciones conocidas (o descubiertas) en el marco territorial designado, ni por otra parte realizar un estudio territorial de largo alcance integrado en un SIG, extendido a un área próxima a los 4000 km², y sobre la que no se poseen datos arqueológicos homogéneos obtenidos a través de una cobertura total del terreno. En este sentido, para los sectores que prácticamente sí cuentan con ella (términos municipales de Villa del Río, Montoro, Pedro Abad, el Carpio, Bujalance y Cañete de las Torres en su sector dispuesto al sur del Guadalquivir), nos remitimos a los estudios formalizados realizados ya hace casi una década (Bermúdez y Martín 2000, Martín de la Cruz *et Alii* 2004b), así como a las conclusiones despejadas entonces.

Nuestro objetivo fundamental será tratar de ordenar la información disponible tras más de un siglo de hallazgos e investigación heterogénea, dentro de una ficha adaptada a un formato de base de datos, a través de la cual queremos dejar muy clara nuestra posición respecto a los estudios territoriales realizados a partir de una información fragmentaria y de procedencia tan dispar. Nuestra base de datos tiene como principal objetivo recopilar la información a través de un formato uniforme, de carácter fundamentalmente descriptivo, mostrando una especial atención en el carácter del enclave arqueológico, su situación y referentes cronológicos, sin olvidar llamar la atención sobre su estado actual y sus afecciones o amenazas, con el fin de evaluar tendencias y posibles inferencias económicas, sociopolíticas o simbólicas a lo largo del Proceso Histórico del Guadalquivir Medio, en la franja territorial dispuesta entre el arroyo Madre de Fuentes y el Salado. En ultimo término, pretendemos con ello ayudar a proponer un primer intento de lectura diacrónica del Proceso Histórico en este territorio entre el 5500/5300 y el 2200 ANE. Los campos incluidos dentro de la ficha utilizada, son pues los siguientes:

---

la Península y gran parte del Mediterráneo, llegando a su cénit entre los siglos VII y VIII DNE. Sobre este tema pueden consultarse diversos trabajos recopilados en las actas del II Simposio de Arqueología de Mérida (2001) (Caballero *et Alii* 2003).

[27] Este *topos* suele resultar muy frecuente en los trabajos de Bernier *et Alii* (1981), Serrano y Morena (1984), Morena *et Alii* (1990) y Durán y Padilla (1990), hecho más disculpable en los trabajos de mayor antigüedad y menos en las síntesis más recientes, dados los problemas de conservación de los registros superficiales en áreas de explotación agrícola intensiva.

Número	Numero de orden dado por nosotros
Nombre	Topónimo dado al enclave en la bibliografía y cartografía disponible
Coordenadas ED50	Coordenadas X e Y en UTM (30 S European Datum 1950), no incluidas por prevención en esta obra. Cota en msnm (z), coincidente con la altitud absoluta
Tipología	Tipo de emplazamiento por unidad morfológica. Siguiendo los rasgos de la orografía dominante, hemos elaborado nueve tipos: Llanura aluvial, terraza fluvial, mesa miocena, llano, cerro testigo o domo, loma, ladera, llanura elevada y cueva o abrigo
Situación	Descripción de la situación y acceso base a datos cartográficos
Extensión	Extensión de la superficie visible aproximada que ocuparía el yacimiento.
Orientación	Orientación hacia donde se sitúa el gradiente de la superficie aparentemente ocupada
Morfología interna	Características geomorfológicas de la entidad ocupacional
Paisaje	Uso del suelo en la actualidad
Dominio de tipo de suelo	Unidades cartográficas obtenidas del Atlas de Andalucía de 1989, caracterizadas por asociaciones agrupadas a nivel de segundo orden de los criterios de clasificación de la FAO (1974) y del Mapa de Suelos de la Unión Europea de 1985. Se refiere al suelo sobre el que se sitúa el yacimiento y a los que tiene acceso inmediato.
Hidrología	Cauces próximos y cursos de agua
Condiciones defensivas naturales	Caracteres naturales aptos para la defensa con los que cuenta el emplazamiento visibles en la actualidad
Indicios de defensa artificial	Descripción de la evidencia de estructuras visibles que pudieran corresponder a fortificaciones o fosos, y demás elementos para la defensa
Control del entorno	Dominio visual y territorio de acceso inmediato y/o preferente
Aprovechamiento económico potencial	Inferido a través del tipo de suelo, su paisaje actual y usos tradicionales, así como por su cercanía a materias primas abióticas de interés o recursos bióticos (cauces caudalosos de gran riqueza biológica, etc.)
Presencia de estructuras visibles	Descripción de estructuras visibles o conocidas por la bibliografía, bien en superficie o a través de intervenciones arqueológicas
Estado general del yacimiento	Estado de conservación actual, afecciones y riesgos
Trabajos arqueológicos realizados	Descripción del tipo de intervención arqueológica en caso de existir, y el año de ejecución
Datos tecnológicos y tipológicos	Descripción de la cultura material asociada, con especial interés en aquella de relativa caracterización tipocronológica
Cronología e interpretación	Horquilla temporal deducida a partir de la cultura material relacionada, a falta de métodos de datación alternativa
Valoración general	Importancia e interés del emplazamiento, así como algunas ideas sobre el mismo o necesidades prioritarias
Bibliografía	Citas o datos bibliográficos en los que se cite al emplazamiento

Tabla 1. Campos incluidos en la base de datos utilizada para cada uno de los enclaves arqueológicos.

Para elaborar la ficha nos hemos valido como base del sistema empleado durante las prospecciones sistemáticas de la campiña de Córdoba realizadas entre 1989 y 2001 (Martín de la Cruz *et Alii* 2000a: 41), completándola con campos más flexibles y de indudable interés, como los presentados en el estudio territorial del Valle de Ambles (Ávila) (Fabián 2006: 53), junto a la necesidad de incluir las asociaciones edafológicas como una de las claves fundamentales para aproximarnos al cálculo de la productividad agrícola. El enfoque descriptivo que hemos llevado a cabo pretende dejar claras, dado el conocimiento parcial del territorio objeto de trabajo, las grandes limitaciones existentes en la lectura de la articulación poblacional a nivel mesoespacial y macroespacial. Dichas limitaciones, como han sido recalcadas con agudeza recientemente[28], se disponen en forma de variables de difícil control que escapan al investigador, las cuales actúan tanto sobre el terreno durante los trabajos de prospección, como posteriormente, durante la elaboración de la lectura histórica de un territorio determinado.

Un territorio como la vega del Guadalquivir Medio y áreas limítrofes, se halla determinado por todo un elenco

[28] Juan Antonio Cámara Serrano: "El desarrollo de los estudios sobre la prehistoria Reciente en Andalucía Oriental a partir del análisis territorial. Los últimos 25 años". Documento redactado para la Mesa Redonda "Investigar: Territorio" prevista para el día 23 de Septiembre de 2010 como parte del "Primer Congreso de Prehistoria de Andalucía: La tutela del patrimonio prehistórico. Memorial Luís Siret (Antequera, Málaga, 22-25 de Septiembre de 2010)".

de fenómenos geomorfológicos que suponen desplazamiento o en la mayoría de las ocasiones desaparición del registro, bien por factores naturales (migración de meandros, erosión y coluviones) (Ferdière 1998: 12), como antrópicos vinculados a superposición estratigráfica (en teoría sólo serían visibles en superficie artefactos de las fases ocupacionales más recientes de un yacimiento), arrasamiento o desplazamiento y dispersión por el arado, urbanizaciones, aglomeraciones urbanas y explotaciones de áridos al aire libre de gran extensión efectuadas sin supervisión arqueológica efectiva, entre muchos otros factores restrictivos que implican un conocimiento negativo. Otra limitación de más fácil control estaría representada por la desigual visibilidad arqueológica del entorno vinculada al uso del suelo (monte cerrado frente a olivar, por ejemplo) y a la experiencia o eficiencia diferencial del equipo encargado de los trabajos, condición que determina usualmente el fácil reconocimiento de unas fases históricas (ocupaciones rurales romanas) sobre otras (Prehistoria Reciente). Estas variables enumeradas afectarían de forma directa a las áreas prospectadas con una cobertura total del terreno, por lo que eludiremos discutir aquí sobre el valor de una prospección dirigida primando criterios selectivos, o incluso sobre aquellas realizadas hace años con el concurso de detectores de metal (!).

Algunos autores, como Juan Antonio Cámara, aluden a otros problemas de base, puestos de manifiesto en diferentes estudios territoriales y que parten de la escasa distinción entre "capacidad estratégica" de un determinado asentamiento y "rango" político real, como de la misma forma tampoco resulta obligado que el poblado más extenso (el de mayor población *a priori*), sea el centro político de un área. En este sentido otro de los problemas radica en la asociación demasiado a la ligera entre la superficie de dispersión de restos (que puede ser provocada como hemos visto, por múltiples procesos de orden postdeposicional) y el área ocupada en extensión por un asentamiento dado[29]. De la misma forma un área ocupacional bien definida tampoco implicaría obligatoriamente el uso contemporáneo de todo el espacio, como tampoco resulta indiscutible que enclaves próximos dotados de una cultura material muy similar sean coetáneos. No podemos olvidar al menos en el período que nos ocupa, las dificultades con las que se cuenta a la hora de identificar, si no la mayor parte de los enclaves con áreas ocupacionales, sí al menos el grueso de las estructuras documentadas con construcciones domésticas destinadas a ser ocupadas (Jiménez y Márquez 2006: 43).

Dicho esto y sabiendo que la elección de los métodos condiciona enormemente los resultados, cabe reiterar que disponemos en su mayor parte de ubicaciones localizadas por medio de una metodología dispar y sin una cobertura total arqueológica del territorio estudiado. Por ello debemos pues poner de manifiesto la Imposibilidad de valorar, en el estado actual de nuestro conocimiento, inferencias de largo alcance entre los yacimientos; trazar un análisis espacial relacionado con la dependencia o jerarquización entre asentamientos así como evaluar sus condiciones de intervisibilidad, o por supuesto reconocer su articulación política, cuyo ejemplo paradigmático corresponde al trazado de polígonos Thiessen con los que se confeccionaron ejemplos ciertamente abusivos en el pasado (Murillo 1991b: 649, Vaquerizo *et Alii* 1994: 46). Otros cálculos, útiles a nivel locacional individual (altura relativa respecto a un radio determinado, corredores isócronos, cálculo de rutas óptimas, distancia en metros a cursos de agua, entre otros), han sido desestimados en nuestro estudio, remitiéndonos como ya hemos tenido ocasión de aludir, a las conclusiones derivadas de su empleo en el trabajo sistemático citado anteriormente (Bermúdez y Martín 2000, Martín de la Cruz *et Alii* 2004b). Los resultados de nuestro trabajo serán pues expresados en diacronía en el capítulo final de esta monografía.

2. El registro arqueológico en la vega y áreas limítrofes del Guadalquivir Medio

- La vega estricta del Guadalquivir

Debido en parte a los trabajos de George Bonsor al otro lado de la frontera sevillana, el sector occidental de la vega del Guadalquivir medio al parecer se incorporó pronto al conocimiento de la Prehistoria Reciente de este sector. Los lugares de dichos hallazgos sin embargo se muestran esquivos, conociendo el depósito en el Museo Arqueológico Nacional de algunas láminas prismáticas halladas en Palma del Río y algunos restos humanos prehistóricos de la colección Bonsor depositados en Mairena del Alcor (Sevilla) y procedentes del mismo término, que pudieron estudiarse posteriormente (Hoyos 1947: 168). Exceptuando el hallazgo realizado por A. Carbonell en 1924 en el arroyo Tamujar y del que hablaremos en su momento, y el hallazgo de cerámicas campaniformes en el Campo de la Verdad (Córdoba, Cerro de la Sagrada Familia) (Santos 1958: 89), cabe reconocer en una primera fase de la investigación, el extenso yacimiento del Camino de la Barca, en Algallarín, localizado por el ingeniero Ramón Coma en 1977.

Dicho lugar saltó al conocimiento de investigadores y aficionados, al aparecer en una planicie de gran extensión (entre cinco y ocho ha) situada en el interior de un meandro y siguiendo las labores de aterrazado de los cultivos, una alta densidad de artefactos encabezados por biselados pulimentados, soportes laminares prismáticos y algunos fragmentos cerámicos de entre los que destacaron formas de carena baja y algunos bordes engrosados, junto a algún fragmento de placa decorada de esquisto (Coma 1981, Murillo y Ruiz 1982, Murillo 1986a: 94). Tras dicho descubrimiento, al que siguieron otros sucesivos antes de terminar de transformar una enorme extensión de terraza del Guadalquivir en cultivos intensivos empleando maquinaria pesada, no se han vuelto a realizar investigaciones arqueológicas en este emplazamiento (a excepción de su catalogación genérica por parte de la

[29] Cámara, Ibídem.

administración), por lo que suponemos su destrucción práctica.

Será a partir de mediados de la década de 1980, cuando una serie de trabajos de prospección selectiva dados a conocer por Juan F. Murillo irán tímidamente arrojando luz sobre una intensa ocupación en la llanura aluvial, comenzando por el sector comprendido entre Palma del Río y Villarubia (Murillo 1986b, 1988). Enclaves como La Verduga (1 y 2), Vega de Santa Lucía, La Morena o la Higuera, junto a otros situados en el piedemonte serrano, serán dados a conocer en diversos trabajos pioneros, suponiendo para esta área un primer esfuerzo de ordenación diacrónica del asentamiento humano durante la Prehistoria Reciente.

A finales de dicho decenio el mismo autor irá dando a conocer otros yacimientos, localizados con motivo de los trabajos previos a la presentación de su Tesis Doctoral relativa al Bronce Final y al llamado período Tartésico en el Guadalquivir Medio (Murillo 1991a, 1994a). Situaciones con evidencias muy poco definidas de cultura material adscrita a un Calcolítico genérico se situarán en Alamiriya, el Cortijo del Castillo, el Cortijo de la Reina del Guadalquivir, y otros, como el Castillo de la Floreta (Almodóvar del Río), donde citó la existencia de platos de borde engrosado (Murillo 1991b: 643, 1991c: 44). Poco después, este investigador logró documentar en un sondeo realizado en la Colina de los Quemados, la presencia de cerámica adscrita al III milenio ANE, en donde destacaron varios fragmentos de platos y fuentes borde engrosado, encontrándose a su juicio, redeposicionados (Murillo 1995: 139).

A lo largo de la década de 1990, será el personal del Museo Municipal de Palma del Río, encabezado por Reyes Lopera y Rafael Nieto, quienes continúen recopilando información sobre el terreno a lo largo de diferentes actuaciones realizadas con el fin de conocer el profundidad el panorama arqueológico del término municipal de Palma del Río y entorno limítrofe, incluyendo parte de los términos de Posadas y Hornachuelos. Dichas localizaciones corresponden a enclaves de los que en su mayor parte no conocemos más que escasas referencias, caso de Madre de Fuentes, Sotogordo, o Mirabueno entre otros, yacimiento este último sobre el que se realizó una intervención arqueológica, no publicada, a finales de dicha década (Cano *et Alii* 2000: 57- 59).

En el sector oriental de la vega estricta y de forma paralela, J. C. Martín de la Cruz efectuó un intenso trabajo de prospección, iniciado ya con las actuaciones arqueológicas realizadas en Llanete de Moros a comienzos de la década de 1980. Con el proyecto inicial de "Génesis y desarrollo de la Edad del Bronce en la cuenca media del Guadalquivir" se decide actuar principalmente sobre el Alto Guadalquivir cordobés incluyendo la campiña oriental cordobesa. Así entre 1989 y 2001 se llevarán a cabo un gran número de prospecciones sistemáticas con el objetivo de dilucidar el conocimiento arqueológico de la Campiña comprendida entre los cauces del Guadalquivir y del Guadajoz. Estas actividades depararán un gran número de yacimientos datables a lo largo de toda la Prehistoria Reciente, si bien contarán con una difusión parcial pasado el tiempo (Martín de la Cruz *et Alii* 2000a, Bermúdez y Martín 2000). Será precisamente en el curso de estos trabajos cuando se determine una ocupación prehistórica para el yacimiento de la Ermita de San Pedro (El Carpio), enclave sobre el que realizamos años más tarde un sondeo que detectó al menos dos estructuras pertenecientes a momentos avanzados del III milenio ANE (Martínez 2007).

Tal era el estado del conocimiento en el momento de comenzar la elaboración de esta monografía y del trabajo que la precedió (Martínez 2006). Los datos sobre el territorio habían aumentado significativamente desde los trabajos y publicaciones de la década de 1980, si bien la difusión de dicha información obtenida a lo largo de los años siguientes no se produjo de forma normalizada. Excluyendo el estudio territorial antes aludido (el único destacado realizado en el territorio), la única visión de conjunto de la que disponíamos ocupando parte de los límites espaciales seleccionados, seguía siendo el mapa de dispersión de enclaves calcolíticos en la Provincia[30], elaborado por J. F. Murillo para su Tesis Doctoral (Murillo 1994: 454), y su adaptación a un intento demasiado optimista de lectura política a través de polígonos Thiessen (Murillo 1991b: 649, Vaquerizo *et Alii* 1994: 46) (Figura 9).

Desde poco antes y durante el período de elaboración de este trabajo, hemos asistido a un período de especial incidencia de intervenciones de urgencia vinculadas al apogeo de la construcción[31]. En este contexto (y fundamentalmente durante el quinquenio 2005- 2010), hemos tenido la suerte de conocer nuevos enclaves arqueológicos en esta lengua territorial, caso de la Verduga Alta, Iglesia Antigua de Alcolea, Casa del Tabaco, el Cañuelo Alto V o nuevos restos en el Campo de la Verdad[32], si bien un número destacado de yacimientos también han podido ser localizados siguiendo noticias antiguas e información de particulares y aficionados (el Custodio, Casillas o Huerta de la Torre de las Cabras, entre otros que iremos señalando). Dicha explosión urbanística y sus consecuencias, ha tenido un gran impacto en la llanura aluvial del Guadalquivir Medio, lo cual junto a la puesta en riego de extensas parcelas de terreno (realización de balsas y canales) y la construcción de estaciones de energía solar, también ha precipitado el descubrimiento de enclaves arqueológicos

[30] Debemos destacar la presencia de varias ubicaciones recogidas por este autor de las que no conocemos datos de cultura material que permitan al menos su inserción entre el IV y el III milenio ANE. Para los casos justificados varios de estos enclaves han sido incluidos como PRI (Prehistoria Reciente Indeterminada), apareciendo de esta forma en nuestro listado.

[31] También denominada "Década del Ladrillo" (1998- 2008).

[32] Excavación de urgencia desarrollada en 2009 por nuestra compañera Isabel Jabalquinto.

tanto en el piedemonte serrano como en el área campiñesa.

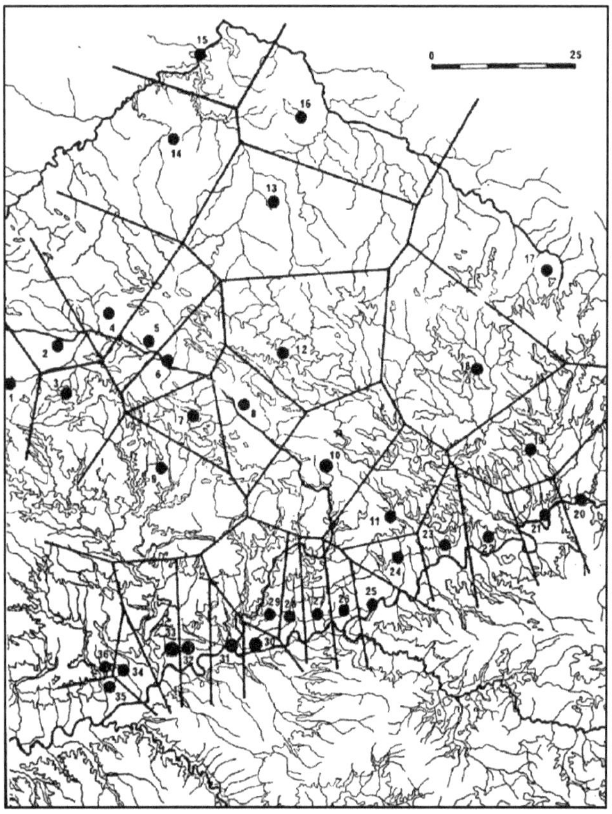

Figura 9: Lectura de la jerarquización de asentamientos al norte de Gualdalquivir Medio durante el Calcolítico (según Vaquerizo *et Alii* 1994: 46).

- El piedemonte de Sierra Morena. Las mesas y los valles serranos

Si dividimos la franja de Sierra Morena incluida en este trabajo (piedemonte mariánico) en dos sectores geomorfológicos, podríamos deslindar un sector paleozoico, sobre el que se encontraría la red filoniana de minerales cupríferos, y un sector neógeno, representado por el escalón mioceno y las mesas- testigo de calcarenita tabular. Ambos sectores ya despertaron interés en los comienzos de la Arqueología Prehistórica en España, correspondiendo el testimonio más antiguo a las explotaciones mineras de cobre de Cerro Muriano, consideradas de origen prehistórico. En 1868 Juan Vilanova y Piera, en compañía de Francisco Mª Tubino y de su hermano José, hallaron "gran número de martillos de diorita", que atribuyeron a la Edad del Cobre (Vilanova 1997 [1881]: 103), datación que extendida a la Edad del Bronce, ha persistido hasta la actualidad junto a otros hallazgos de desigual significación como pretendida e indiscutible prueba de la explotación del cobre de Cerro Muriano desde el III milenio ANE (Penco 2010: 31).

En lo que respecta a la presencia de restos de la Prehistoria Reciente en el zócalo mioceno calizo y el paisaje de mesas, ya una nota de Luis Siret, indica la aparición de "sílex, cantos trabajados, percutores, etc.", en un lugar impreciso situado a "quince minutos hacia el este" de la localidad de Hornachuelos, si bien evita pronunciarse respecto a su cronología[33] (Siret 2001 [1891]: 118). Nada más parece haber hasta el penúltimo decenio del siglo XX; tan sólo alusiones a la potencialidad arqueológica de los abrigos y cavernamientos presentes en el zócalo mioceno[34] (Carbonell 1924: 6, 1926: 148; Bernier y Fortea 1963b: 190). Al mismo tiempo se comienzan a reconocer diversos enclaves arqueológicos a lo largo del piedemonte serrano, caso de la Cueva del Cañaveralejo (Bernier 1962), del Cerro del Ermitaño (Adamuz) y del Cerro Gomero (Villafranca), donde se dieron noticias de la existencia de restos de la Edad del Bronce.

Hacia mediados de la década de 1980, se elabora la Tesis de Licenciatura de J. F. Murillo, en donde se incluye ya el enclave de Puente Mocho, dispuesto sobre una mesa calcárea en la confluencia del Guadalmellato con el Guadalquivir y ocupado entre el III y el II milenio ANE (Murillo 1986a: 135). Posteriormente, gracias a la compilación de situaciones realizada por éste autor, se localizan los enclaves de Presa del Retortillo (Hornachuelos), Paterna y Cerro del Escribano (Posadas) y Cerro de los Peces (Almodóvar del Río)[35], junto a otros enclaves ya citados situados en el entorno dela vega estricta (Murillo 1988). En 1999, Juan Carlos Vera presentará su Tesis Doctoral, centrada en el curso alto y medio del Guadiato y su sinclinal, terreno que queda al norte de nuestra delimitación territorial, la cual a nuestro juicio representará la mejor aproximación arqueológica realizada en la Provincia integrando estudio material y territorio entre el IV y el III milenio ANE, con especial incidencia en los establecimientos de hábitat y monumentos megalíticos (Vera 1999a). Paralelamente, las prospecciones desarrolladas en el término municipal de Obejo y área de Cerro Muriano, localizaron diversos vestigios de la prehistoria reciente, destacando fundamentalmente el área de Calderín Bajo- Cuchillares, en donde se detectó un gran número de biselados pulimentados y elementos de molturación (García y Moyano 2000: 73).

El comienzo del siglo XXI representará un regreso del interés hacia los vestigios de ocupación de la Prehistoria Reciente en las formaciones tabulares miocenas del piedemonte, si bien a través de actuaciones muy puntuales. En 2001, se aprobó el proyecto "Símbolo y territorio; Arte rupestre prehistórico en Sierra Morena Cordobesa", dirigido por Ana Mª Márquez, quien limitó sus objetivos a la búsqueda de arte rupestre ciñéndose aparentemente a la localización de cavernamientos,

[33] La observación de los grabados incluidos en la edición de *L'Espagne Prehistorique* permiten incluir el heterogéneo material lítico representado al menos entre el Paleolítico Medio y la Prehistoria Reciente.

[34] En 1944 Durante la celebración del XVIII Congreso de la Asociación Hispanoportuguesa para el Progreso de las Ciencias, Samuel de los Santos Gallego observó la presencia de industria lítica probablemente del Paleolítico Medio en la Huerta de los Arcos, material que permaneció algún tiempo en Estudio (Santos Gallego 1949: 68)

[35] Inexplicablemente terraplanado en gran parte entre 2008 y 2009 al edificar una estación fotovoltaica. No nos constan actividades arqueológicas previas a esta obra.

alguno de los cuales con evidencias imprecisas de su ocupación durante la Prehistoria Reciente. A lo largo de dichos trabajos se identificó una mesa de calcarenita situada a la orilla del Retortillo, que responde al topónimo de Dehesa Vieja, donde en sus flancos y salientes rocosos se observaron "*vestigios tal vez relacionados con la ocupación reciente de la zona que estudiamos, con probabilidad de la Edad del Cobre*" (Márquez 2004: 307). Otro enclave, esta vez ocupado entre el III y II milenio ANE, con vestigios de la transformación de minerales de cobre y con evidencias de fortificación, saltó a la luz con una breve referencia que tuvimos oportunidad de comunicar. Conocida como la Mesa Blanca, se encuentra situada sobre un espolón defendible, dispuesto en la orilla oriental del arroyo Pedroche (Martínez 2002). Por último al otro lado de la frontera cordobesa, el enclave de Puerto de la Palmera (Puebla de los Infantes) fue intervenido de urgencia tras el trazado de una zanja de regadío, deparando cuatro estructuras siliformes, dos de ellas usadas como enterramiento (Romero 2005).

En los últimos años, las actividades vinculadas a la puesta en valor de la Cueva del Cañaveralejo (Adamuz), han puesto a de manifiesto a través de algunas prospecciones selectivas[36], la existencia de enclaves ocupados durante la Prehistoria Reciente en el entorno del Arroyo Pedrocheño. Así han sido localizados hábitats dispuestos sobre mesas tabulares como en el Cerro de las Cuevas, Mesa del Cañaveral y Mesa de Matatoros, donde en la última se ha estimado una ocupación en el IV milenio y probablemente desde el milenio anterior. Otros enclaves han podido ser reconocidos base a testimonios orales (Peñamelaria y el Eremitorio, en Córdoba), como por la presencia de material arqueológico en algunos museos locales (Blanco Hermoso, Montoro)[37].

- El Bajo Genil, entre la Monclova y la Parrilla

Varios factores nos han impulsado a ampliar los límites de nuestro trabajo al norte del término municipal de Écija. El primero de ellos, la inclusión de la Verduga Alta (Palma del Río) y su entorno, como uno de los pilares materiales fundamentales en nuestro trabajo, siendo el segundo la sorprendente ausencia de testimonios de la Prehistoria Reciente en el paisaje de las colonizaciones agrícolas del siglo XVIII en la campiña occidental cordobesa (Desierto de la Parrilla). Ampliando el territorio al área ecijana, que incluye parte del conocido como Desierto de la Monclova, deberíamos contar con mayor capacidad para valorar adecuadamente los datos relativos a la ocupación de esta zona; la porción de la campiña occidental roturada tardíamente a partir de la colonización impulsada por el monarca Carlos III. Así, se ha incluido el sector territorial concerniente principalmente al norte del término municipal de Écija, desde los cerros del Palomarejo y los Mochales, hasta el dominio de la vega estricta del Guadalquivir (en Palma del Río), limitándose al oeste por el arroyo Madre de Fuentes.

Los primeros datos conocidos relativos a dicha ocupación prehistórica arrancarían, como en el caso de los territorios ya descritos, a partir del último tercio del siglo XIX. A este momento corresponde el hallazgo de un vaso campaniforme a proximidad del casco urbano de Écija en 1888[38] y depositado en el Museo Arqueológico de Sevilla. A mediados del siglo XX se localiza al parecer el enclave de Puente de Hierro, ya citado en el "Catálogo Arqueológico y Artístico de la Provincia de Sevilla" elaborado entre 1939 y 1955 (Duran y Padilla 1990: 28). Sin embargo, la práctica totalidad de las localizaciones disponibles en el término municipal de Écija, corresponden aun hoy a las prospecciones selectivas realizadas por A. Padilla y sobre todo por V. Durán a lo largo de las décadas de 1970 y 1980 (Durán y Padilla 1990).

Pese a algunos esfuerzos de actualización (Domínguez y Cervera 2009) y a la labor desempeñada desde el Museo Municipal y la Oficina Municipal de Arqueología, el panorama de la Prehistoria Reciente en el municipio, así como en los cercanos de Cañada del Rosal y la Luisiana, continúa siendo desalentador. A una notable ausencia de registro en ciertos sectores, sobre todo en las áreas de máxima extensión de la raña o fondo de laguna coincidente con el dominio de los planosoles[39], se suma la escasa caracterización de los lugares conocidos, en donde los artefactos metálicos, y por ende las localizaciones datables entre el III y el II milenio ANE, toman sospechosamente un papel protagonista. En dicho territorio sólo nos queda señalar el hallazgo de un conjunto campaniforme compuesto por vasos cerámicos y elementos metálicos a las afueras de la población de Cañada del Rosal (Harrison 1974).

En el área cordobesa y pese al minucioso conocimiento que a través de prospecciones superficiales se tiene de los términos de la Carlota y Guadalcázar (Martínez Castro 2001) y en menor medida del sector norte del término de Santaella (Palma *et Alii* 2001, López Palomo 1987), sorprende la palpable ausencia de localizaciones anteriores al Bronce Final y Orientalizante en esta área (Martínez Castro 2008: 79). Dichos vacíos dejan de parecer tales sobre todo en los territorios inmediatos a la vega del Genil y cauces próximos, caso del arroyo del Lagar para Cañada del Rosal y en el sector cordobés, del Tamujar de Fuente Palmera. Será junto a este último

[36] "Prospección arqueológica superficial del área de captación de recursos de la cueva del Cañaveralejo, Adamuz (Córdoba)", dirigida por J. C. Martín de la Cruz (Ref. AAPre48/2010).

[37] El conocimiento de los enclaves de Peñamelaria y el Eremitorio (Huerta de las Ventanas y de los Arcos), han sido proporcionados por J. Costa, J. C. Vera y M. Gómez, siendo Blanco Hermoso comunicado por R. Bermúdez, quien entregó hace años un lote de materiales procedentes de esta ubicación en el Museo Histórico Municipal de Priego de Córdoba (Ref. 2006/17).

[38] Probablemente durante la construcción del trazado del Ferrocarril.

[39] En el área de este trabajo coincidente con el tradicionalmente designado Desierto de la Monclova, se cita un posible enclave de la Prehistoria Reciente "en la zona de las tierras rojas de la Luisiana, con alguna duda acerca de su material, ya que éste ha sido escaso y poco representativo" (Fernández Caro 1987: 109)

arroyo, en la finca del Bramadero, donde se descubra hacia 1950 un conjunto campaniforme (Sangmeister 1962: 141), ajuar deduciblemente funerario si bien desprovisto en apariencia de restos humanos conservados.

En relación a la cuenca del Guadalmazán y la Marota, ambos de curso semipermanente y cauce variable que transcurren hacia el Guadalquivir entre los cauces del Genil y el Guadajoz, no conocemos ninguna localización publicada adscrita a la Prehistoria Reciente. Ello representa un hecho sin duda sorprendente, explicable no sólo base a la calidad deficiente de los suelos circundantes, sino también debido en parte al inexistente conocimiento del paisaje arqueológico en los términos municipales concernientes a esta área (sobre todo Guadalcázar, Fuente Palmera y de los términos de Posadas y Almodóvar del Río al sur del cauce del Guadalquivir). Respecto a las ocupaciones dispuestas a lo largo de la vega del Genil, éstas parecen destacar a partir del horizonte Campaniforme y el II milenio, hecho constatado en parte debido a la abundancia de artefactos metálicos, tanto en su curso bajo (lo que se desprende del trabajo de Durán y Padilla), como en el medio (Esojo 1990, López Palomo 1999, Palma *et Alii* 2001). Evitando por el momento inferir conclusiones, dicha sobrerrepresentación de enclaves de datación tardía con respecto a la de otras áreas, podría encontrarse influida tanto por los métodos empleados en prospecciones y localizaciones, como por el origen de la información arqueológica disponible y la actividad de los informantes[40].

La destrucción de evidencias de la Prehistoria Reciente en esta zona ha sido muy notoria, debido tanto a obras de infraestructura y adaptación a cultivos de regadío, como por la extracción de áridos en este terreno a menudo conformado por gravas y cantos. Resulta frecuente leer en la obra de Durán y Padilla casos de estructuras siliformes desaparecidas por terraplenado, nivelación y desmonte del terreno en el que se encontraban (Durán y Padilla 1990: 32- 33, 35). En este sentido, conocemos la destrucción de una posible necrópolis de cuevas artificiales en la Tomiza (Límite entre el término de Écija y San Sebastián de los Ballesteros), en donde hacia finales de la década de 1990, durante las obras de desmonte asociadas a un cambio de trazado de la SE-139, aparecieron varias estructuras abovedadas conteniendo restos humanos, láminas de sílex, biselados pulimentados y restos cerámicos[41].

- El Bajo Guadajoz y la banda septentrional de la campiña oriental cordobesa

Pese a la riqueza arqueológica conocida desde antiguo junto al cauce del Guadajoz (Góngora 1868: 59), la investigación arqueológica desarrollada en su cauce ha contado con un éxito muy desigual. Sus tramos alto y medio han sido incluidos reiteradamente en estudios desempeñados por muy diversos equipos de investigación, partiendo desde la elaboración de cartas arqueológicas y relaciones de localización de yacimientos (Bernier *et Alii* 1981; Morena *et Alii* 1990; Serrano y Morena 1984), hasta proyectos de investigación de largo alcance temporal (Cunliffe y Fernández 1999) y estudios parciales (Ruiz Lara 1987b, 1988a, 1991b, 1993; Carrilero *et Alii* 1982, Carrilero y Martínez 1985, Carrilero 1990, 1991, Martín Bueno 1983). Por el contrario, el cauce del Bajo Guadajoz no ha visto una investigación arqueológica efectiva enfocada al estudio de la Prehistoria Reciente, pese a algunos tímidos y limitados intentos (Ruiz Lara 1987c, Ruiz Lara 1990 a y b, Gómez 1990, Murillo 1991c).

Dicho sector del Bajo Guadajoz coincide con el seleccionado en nuestro trabajo, siendo el más perjudicado en la investigación de la Prehistoria Reciente. Dicha realidad se expresa como consecuencia del gran vacío de investigación arqueológica extendido por el término municipal de Córdoba, donde su sector campiñés muestra una inexplicable escasez de localizaciones anteriores al Bronce Final[42]. Como agravio comparativo sorprende la intensa ocupación detectada durante el período Orientalizante junto a un cauce menor como es el del Guadatín, prospectado intensamente (Murillo y Morena 1992), frente a lo que puede seguirse en este mismo momento sobre el curso bajo del *Salsum* (Murillo 1994a: 443, 448), río de mucha mayor entidad. De esta manera al comienzo nuestro trabajo, ubicaciones como el Blanquillo I (Gómez 1990), el Tornerito (López Palomo 1987: 57) y el hasta hace muy poco dudoso *dolmen* del arroyo de las Sileras (Santos 1933), apenas representaban las localizaciones conocidas entre el Neolítico y el II milenio ANE. En la actualidad, apenas conocemos dos enclaves (localizados muy recientemente) ocupados hacia la segunda mitad del IV milenio ANE entre Santa Cruz y la desembocadura del Guadajoz. Dichos enclaves, Valchillón y el Cañuelo Alto V (Vilches y Martínez 2009, Martínez 2010, Martín 2011), se encuentran próximos a su desembocadura, separándoles una distancia de apenas un kilómetro y medio de distancia.

Para el caso de la banda septentrional de la campiña oriental cordobesa, terreno dominado por las margas del mioceno y suelos de tipo vertisol (unidad cartográfica 23), situada entre las torronteras y el frente olitostrómico de la Campiña, sin duda representa el área mejor conocida, si bien cuenta con importantes lagunas fuera de los límites administrativos impuestos durante la realización de las prospecciones sistemáticas dirigidas

[40] Resulta en este sentido justificado reconocer que entre ciertos actores comprometidos con el conocimiento arqueológico de estos territorios entre la década de 1970 y 1980, no estaba vetado utilizar métodos de detección sobre el terreno (detectores de metal), o más frecuentemente obtener información a partir de la actividad de clandestinos que sí los usaban. De todos modos, ello no explica la aparente abundancia de testimonios de cerámica campaniforme en la cuenca del Genil y campiña occidental cordobesa.

[41] Testimonio de J. Jurado, operario en los trabajos.

[42] Ver la información disponible en la "Memoria de la Prospección Arqueológica para la Carta Arqueológica Municipal de Riesgo de Córdoba (Zonas 21, 22 y 25 del PGOU)". Caja 1 y 2. Vol. I-X. Córdoba. Marzo- 2007. Depositada en la Oficina de Arqueología de la Gerencia de Urbanismo del Ayuntamiento de Córdoba.

entre 1989 y 2001 (sobre todo en los términos municipales de Córdoba y Villafranca) (Martín de la Cruz *et Alii* 2001: 42). Dicho sector territorial representa, junto al resto de la campiña oriental cordobesa extendida al este del curso medio y alto del río Guadajoz, la correspondiente occidental del espacio (campiñas orientales jiennenses) donde F. Nocete ha defendido los pasos hacia la formación de un sistema estatal a finales del III milenio ANE (Nocete 1994: 320). Parte de este entono ya fue incluido en las prospecciones no sistemáticas y cartas arqueológicas desarrolladas con anterioridad (Serrano y Morena 1984, Morena 1990, Morena *et Alii* 1990, Murillo 1994a: 454), las cuales anticiparon algunos estudios parciales de la cultura material presente en los enclaves conocidos hasta ese momento (Martín de la Cruz *et Alii* 1989).

Como ya indicamos para el caso de la vega estricta, las prospecciones sistemáticas efectuadas en el marco del proyecto "*Génesis y desarrollo de la Edad del Bronce en la Cuenca Media del Río Guadalquivir. Piedemonte y Campiña hasta la confluencia con el río Guadajoz*" quedaron circunscritas al sur del Guadalquivir en los términos municipales de Cañete de las Torres, El Carpio, Pedro Abad, Bujalance, Villa del Río y Montoro (Bermúdez y Martín 2000, Garrido y Casares 2011). De los enclaves de la Prehistoria Reciente detectados, la mayor parte de ellos ya han sido incluidos en el estudio territorial normalizado que citamos en páginas anteriores (Bermúdez y Martín 2000). Por nuestra parte, hemos seleccionado aquellos situados dentro del límite propuesto, desde el cerro del Toscal (cota 371), al de Cabeza Lavada (420 msnm). Como en el caso de los otros sectores geográficos integrados en nuestro estudio, hemos incluido el estudio de la cultura material de los enclaves encuadrables dentro del IV milenio ANE a los que hemos tenido acceso, representando en su mayor parte material procedente de las prospecciones dirigidas por J. C. Martín de la Cruz durante la década de 1990. No hemos querido abordar sin embargo, aquella procedente de los enclaves hallados en la campiña de Montoro, cuyo estudio ya fue presentado en un trabajo monográfico publicado hace más de una década (Martín de la Cruz *et Alii* 2000a).

3. El espacio habitado. La excavación arqueológica en la vega estricta del Guadalquivir Medio

A excepción de Puerto de la Palmera (Puebla de los Infantes, Sevilla), toda la información referente a enclaves de ocupación al aire libre, obtenida mediante excavación arqueológica y referida a la franja territorial y cronológica estudiada, corresponde al sector cordobés de la vega estricta del Guadalquivir Medio. Excluyendo el yacimiento arqueológico de Mirabueno (en el que se intervinieron hasta 54 estructuras negativas (Nieto 2000) y a cuya cultura material no hemos podido tener acceso debido a factores de diversa índole, el resto de los asentamientos excavados incluidos se irán describiendo en este apartado. El más conocido de ellos es Llanete de los Moros (Montoro), del que contamos con dos monografías publicadas (Martín de la Cruz 1987, Martín *et Alii* 2000a). El resto de los emplazamientos, la Verduga Alta, el Cañuelo Alto V, Iglesia Antigua de Alcolea y Casa del Tabaco, fueron intervenidos entre 2004 y 2011, estando el primero de ellos destruido en su totalidad, el tercero hasta en un ochenta por cierto y el último pese a presentar leves afecciones, se conserva hoy junto a la planta energética termosolar de "Solacor 2" (El Carpio). En el Cañuelo Alto V por su parte, apenas ha sido puesto al descubierto un pequeño sector del yacimiento, estando proyectada una explotación de grava en sus inmediaciones.

- La Verduga Alta

Este yacimiento constituye uno de los establecimientos fundamentales tratados en este trabajo, excavado de forma continuada entre 2004 y 2005 previamente a la construcción de una enorme balsa de riego, lo cual ha significado la total destrucción de este enclave. Los trabajos, dirigidos por Reyes Lopera y Rafael Nieto, permanecen inéditos en su totalidad, conservándose los materiales arqueológicos en los almacenes del Museo Arqueológico Municipal de Palma del Río, en donde tuvimos la oportunidad de estudiar una parte. Ésta representa un conjunto perteneciente a cinco estructuras siliformes, material al que pudimos acceder gracias a la ayuda inestimable de Emilio Navarro, encargado responsable del Museo Histórico y a la de Rafael Nieto, codirector de los trabajos. El trágico fallecimiento de este último, técnico permanente durante la ejecución de la actividad arqueológica y responsable directo de los trabajos de excavación, compromete sin duda en parte el futuro del estudio integral de este yacimiento[43].

Situado en tierras dedicadas hasta hace poco al secano, este cortijo se empleó hasta mediados del pasado siglo a la cría de ganado bravo. La puesta en riego del terreno circundante situado al norte, compuesto de una fértil vega, llevó a la construcción de una serie de balsas de riego que obligaron a la elaboración de un estudio histórico y a una serie de actividades arqueológicas subsiguientes, ya que era conocida con anterioridad la existencia en este emplazamiento de restos materiales pertenecientes a la Prehistoria Reciente. Sito en el término municipal de Palma del Río, el asentamiento que nos ocupa se situaba aproximadamente a una cota de 130 msnm, anclado en terrenos cuaternarios (techo de terraza con abundancia de cantos y bloques) dispuestos sobre un zócalo margoso terciario.

Ante la presencia de tres yacimientos constatados en este lugar, dos de los cuales considerados de adscripción prehistórica, se dispuso a efectuar una serie de sondeos en

[43] Por carta recibida tras una solicitud de revisión del Informe preliminar (con fecha de 22 de Octubre de 2007 y Nª Refª: DP/jvv/mcn), sabemos que en el momento de la construcción de la balsa de riego y arrasamiento consecuente de las estructuras, la intervención no se consideraba finalizada, al parecer por encontrarse pendiente de efectuar un seguimiento subsiguiente al levantamiento de los amplios testigos existentes entre las zanjas. Por ello cabe deducir que entre un 50 y 80 por ciento del yacimiento ha sido destruido ajeno a todo control arqueológico.

forma de zanja en cada una de las localizaciones arqueológicas detectadas con anterioridad. Los dos emplazamientos considerados calcolíticos, la Verduga Alta, y la Meseta de la Verduga, aparecían citados como la Verduga 2 y 1, respectivamente. En el caso de la Meseta de la Verduga (Verduga 1) se citaron hasta entonces tan sólo restos óseos humanos y un fragmento de campaniforme, al parecer puestos en evidencia a lo largo de distintas labores agrícolas. La Verduga Alta (Verduga 2), sí pareció contar con una concentración más neta de materiales, adscritos en aquel momento al "Calcolítico Pleno y Final" (Murillo 1988: 6).

El 11 de Julio de 2003 tiene lugar en el Ayuntamiento de Palma del Río la evaluación ambiental favorable a la construcción de una balsa de riego en tierras del cortijo de la Verduga. Dichos trabajos se inscribirían dentro del proyecto de "*Modernización de la zona regable del Genil, margen izquierda. Balsa de la Verduga (Palma del Río, Córdoba)*". Así se pudo comprobar que la construcción de dicha infraestructura afectaría a la existencia de los emplazamientos señalados con los nombres de la Verduga 1 y 2, siendo el emplazamiento más afectado, la Verduga Alta (Verduga 2), sobre el que se construiría la balsa de mayor tamaño. La necesidad de prevenir la aparición de restos, llevó a planear una actividad arqueológica preventiva concreta vinculada a extraer la máxima información de los emplazamientos afectados, dirigida por los arqueólogos Reyes Lopera Delgado y Rafael Nieto Medina, del Museo Arqueológico Municipal de Palma del Río.

- *Excavación arqueológica y estructuras documentadas*

Bajo financiación compartida por el Ayuntamiento de Palma de Río, la Confederación Hidrográfica del Guadalquivir y la Comunidad de Regantes de la Margen izquierda del Genil, se plantearon 22 trincheras- sondeo, llevadas a cabo al inicio por medios mecánicos, los cuales no tardaron en arrojar resultados. Éstos, translucieron una escasez notable de hallazgos para el emplazamiento más prometedor, La Verduga Alta (Verduga 2), contrariamente a lo que había sido puesto de manifiesto hacía más de 15 años (Murillo 1988: 6). Al parecer, el uso de la subsoladora agrícola había contribuido al progresivo arrasamiento arqueológico de dicho lugar. La detección tan sólo en tres puntos concretos de estructuras excavadas, muy perdidas, pusieron de manifiesto la veracidad aludida en el binomio *concentración de restos en superficie/ destrucción de elementos soterrados* observado sobre multitud de emplazamientos arqueológicos situados en terreno agrícola (Ferdière 1998: 12- 14)[44].

En cambio, en la Meseta de la Verduga (Verduga 1), situada escasamente a 500 m al noroeste de la anterior, tras plantear ocho trincheras- sondeo de entre 70 y 30 m, proliferaron manchas oscuras en el terreno de tendencia circular y de distintos tamaños, lo que motivó ampliar en extensión la superficie sondeada en una etapa ulterior (Lopera y Nieto 2005). Esta segunda fase de intervención, iniciada en julio de 2004 y finalizada en marzo del año siguiente conllevó la excavación por medios manuales de cada una de las estructuras negativas detectadas. Estas se componían en su mayoría por fondos circulares identificados con "silos" o "fondos de cabaña", de los que llegaron a detectarse 120 aproximadamente (lo que lo convierte en el hábitat de la Prehistoria Reciente con una mayor extensión excavada en nuestra provincia) mostrando en apariencia grandes divergencias funcionales entre sí. Junto a estas estructuras subterráneas, se detectaron asimismo otras de carácter positivo (constructivo) en forma de alineamientos de cantos rodados, mal conservados y muy alterados y que podrían relacionarse con estructuras en alzado afectadas por el arado. Por otra parte parece ser que los materiales hallados en superficie no difieren especialmente de los presentes en el interior de fondos y estructuras siliformes, respecto a los cuales los excavadores llegan a distinguir hasta seis tipos diferentes en función de su forma en sección, independientemente de su supuesta funcionalidad o uso final (Lopera y Nieto 2005).

Respecto a la estratificación interna en las diferentes estructuras circulares, los rellenos de colmatación de la mayoría de éstas se mostraron al parecer relativamente homogéneos salvo en contadas ocasiones, apostando por una condena realizada principalmente con materiales de desecho. En este sentido los depósitos parecían componerse de sedimentos procedentes probablemente de la superficie, dotados de cierto componente orgánico y residuos y restos de artefactos, como esquirlas óseas animales y restos de industrias líticas, junto a restos muy fragmentados de cerámica (Lopera y Nieto 2005).

En lo relativo a las funciones desempeñadas por alguna de estas estructuras, los excavadores aluden a la existencia de cuerpos de semillas adosadas a la base y paredes de algunas estructuras, así como a algunos indicios de una supuesta cubrición de las superficies verticales con cantos de cuarcita presuponiendo un uso aislante, evidencias que relacionan con una posible función como silos para el almacenamiento de grano. Tampoco los excavadores descartan la construcción de algunas oquedades más pequeñas como basureros específicos (Lopera y Nieto 2005).

El uso como depósito funerario pudo detectarse en cinco estructuras, en las que se documentó la existencia de restos humanos. En dos de ellas, (el fondo número 17 y número 64), se documentaron inhumaciones individuales en posición fetal y sin ajuar. Otro individuo apareció colocado junto a una línea divisoria de cantos (fondo 36), descubriéndose otros dos depósitos posiblemente de carácter secundario, en forma de paquetes óseos (fondo 71 y fondo 33). Este último (33) se asociaba al depósito de un vaso campaniforme inciso, tapado con un pequeño cuenco hemisférico en su interior. Si bien originalmente y

[44] El uso exclusivo del topónimo "Verduga Alta" en la cartografía utilizada (escala 1: 25000), nos indujo desde el principio a utilizar este término para el yacimiento arqueológico tratado, si bien su emplazamiento coincide con el de "Mesa de la Verduga" utilizado inicialmente por J. F. Murillo (1988).

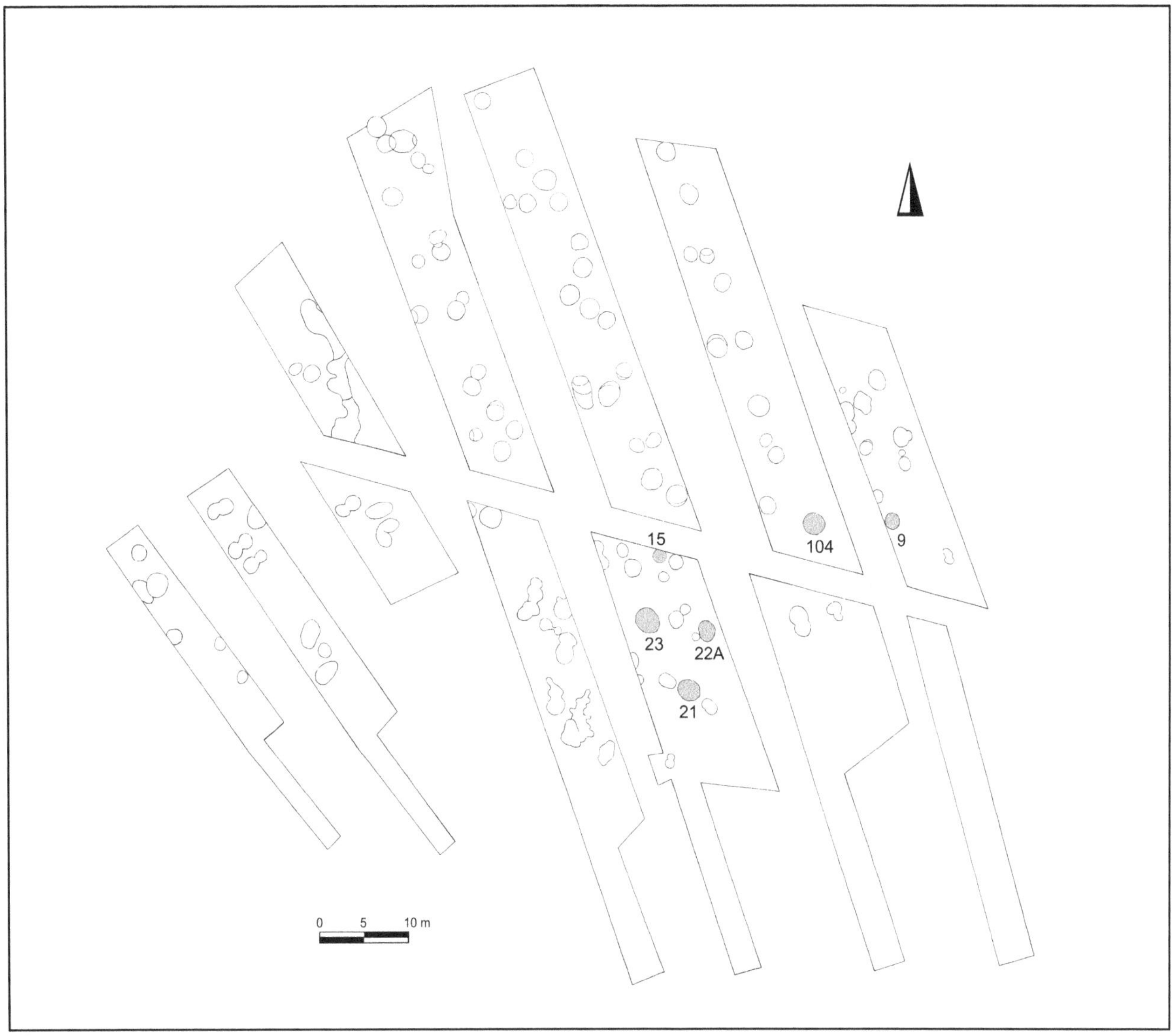

Figura 10: La Verduga Alta. Planimetría general. Modificado a partir de Lopera y Nieto 2005

siguiendo el informe redactado (Lopera y Nieto 2005) consideramos la existencia de una inhumación completa de macromamífero depositada en el interior de una de las estructuras (fondo 41.1), la cual conformaba un "silo geminado" (Martínez 2006: 53), el examen posterior de los restos óseos nos hizo ver que dicho contexto se hallaba compuesto por elementos fragmentarios de varias especies de artiodáctilos, entre caprinos y suidos, bovinos e incluso la presencia de restos de équidos, correspondiendo a una cronología inserta plenamente dentro del III milenio ANE, deducida a partir de fragmentos de platos de borde engrosado.

Por nuestra parte, y siguiendo los objetivos de este trabajo, nos hemos limitado a tratar las estructuras siliformes cuya cultura material presentaba rasgos formales encuadrables a lo largo del IV milenio ANE, primando las formas cerámicas de carena baja y paredes rectas. Todas las estructuras abordadas consistían en construcciones siliformes de planta circular, de las que hemos extraído las proporciones a partir de las fotografías y planos disponibles en el informe preliminar. La primera de ellas (estructura 9), poseía una planta próxima a 1,80 m y una profundidad de 0,75 m, la misma que la número 15, si bien éste con un diámetro en planta de 1,50 m. Hemos calculado un diámetro equiparable para la planta del fondo 21, si bien éste disponía de un perfil irregular con una profundidad superior a 1,20 m, similar a lo estimado para los fondos 22A y 23. Del fondo 104, conocemos un diámetro de planta muy similar, en torno al metro y medio (Lopera y Nieto 2005).

- *Aproximación cronológica*

La cronología general de este asentamiento parece tras una primera observación, indudablemente amplia. La presencia de formas de paredes rectas y fuentes y vasos de carena baja en la mayoría de los contextos estudiados por nosotros (los denominados fondos 9, 21, 22A y 104) hace retrotraer el inicio de su ocupación con seguridad al menos desde mediados del IV milenio ANE. Sin embargo, la existencia en el interior de algunas estructuras, de formas características y algunos sistemas decorativos de antigua raigambre (fondos 15 y 23), nos ha animado a retrotraer el inicio de la ocupación al menos a partir de la primera mitad del IV milenio ANE. Desde luego, parece resultar mucho más abundante el material asociado a los bordes engrosados de diversos tipos y a decoraciones polícromas, desarrolladas a lo largo del III milenio ANE. De entre estas decoraciones, tal y como fue detectado en un principio en Valencina de la Concepción y La Minilla (La Rambla), destacan motivos pintados a base de desarrollos geométricos, encontrando aquí algunos de los ejemplos más espectaculares detectados hasta la fecha. Superando al cobre tardío y final, en donde se integra el hallazgo campaniforme (fondo 33), el hábitat parece contar con pruebas de su perduración hasta bien entrado el II milenio ANE a juzgar con el material recuperado en el fondo 44, con recipientes abiertos con superficies bruñidas y carenas altas, además de la existencia de elementos metálicos como un puñal de lengüeta y ciertas formas típicas de este período.

Por nuestra parte, este primer período de ocupación asegurada en la Verduga Alta, lo hemos denominado Fase 1, habiéndolo subdividido en un primer segmento temporal (fondos 15 y 23, Subfase I) atribuido a la primera mitad del IV milenio ANE (base al carácter de las formas cerámicas), y una Subfase II (fondos 9, 21, 22A y 104), ya con las características formas carenadas.

- El Cañuelo Alto V

- Hallazgo y emplazamiento

Este interesante enclave se sitúa muy próximo a la actual ciudad de Córdoba, a escasamente seis kilómetros al suroeste de su casco histórico, sobre una loma emplazada en el paraje conocido como "las Tetas de Teresa", controlando visualmente a unos dos kilómetros al oeste la confluencia del Guadajoz con el Guadalquivir. Se trata de un establecimiento no superior a tres hectáreas de extensión caracterizado por la presencia de estructuras circulares y al menos una zanja o foso perimetral.

Su descubrimiento tuvo lugar como consecuencia de la realización de una prospección arqueológica superficial en unos terrenos destinados a extracción de áridos en la finca "El Cañuelo Alto" del término municipal de Córdoba. La prospección arqueológica fue dirigida por el autor junto a dos prospectores del 23 al 26 de Julio de 2010. La mayor parte del entorno corresponde a terrenos labrados destinados al cultivo de secano sobre suelos margosos (vertisoles). En torno a la cota 169, dominando una superficie en baldío fruto de un barbecho prolongado y coincidente con un techo de terraza pleistocena, se realizó un peinado intensivo que abarcó toda la superficie dónde afloraban materiales arqueológicos en una concentración notable.

En un área limitada de 800 m², se pudieron localizar diversos fragmentos de cerámica a mano, entre las que se distinguió en principio alguna forma carenada y de paredes rectas convergentes, acabada con diversos tratamientos (lisa y leve bruñido, amén de algunas superficies a la almagra de escasa calidad). De la misma forma se observó algún fragmento de lámina prismática de sección trapezoidal en sílex, de tipometría media, y algunas lascas de talla, también en sílex. Los elementos líticos pulimentados y de molturación quedan representados por un fragmento de preforma de elemento pulimentado biselado, probablemente un cincel o azuela, de roca plutónica de color oscuro, desbastada a partir de extracciones perimetrales. La ergología y la lectura tipológica y tecnológica que de la misma se ha podido extraer, permiten apuntar con cierta seguridad a la existencia de un pequeño asentamiento monofásico ocupado durante la segunda mitad del IV milenio ANE. La existencia a proximidad de cuatro yacimientos arqueológicos identificados en la Carta Arqueológica Municipal de Riesgo de Córdoba (Cañuelo Alto I- IV), con una cronología a caballo entre época romana y la Edad Moderna (VVAA 2007), nos llevó a denominarlo Cañuelo Alto V (Martínez 2010).

- La actuación arqueológica de 2011

Transcurrido un año desde la entrega del informe relativo a dicha prospección, se procedió a realizar un control de movimiento de tierras en los límites externos del área delimitada en nuestra prospección, con el objetivo de conocer la potencialidad arqueológica del área destinada a la extracción de áridos, bajo la dirección de la arqueóloga Carolina Martín Blanco. Como consecuencia de ello pudieron identificarse una serie de evidencias de ocupación diseminadas en su mayoría en el límite suroccidental del polígono delimitado como yacimiento durante la prospección. Para ello se trazaron amplias zanjas de limpieza con maquinaria pesada (denominadas calles), eliminando la cobertera superficial y evidenciando un mínimo de 22 estructuras negativas, en su mayoría de planta circular y de escaso diámetro, a excepción de una zanja perimetral ovalada de aproximadamente 16 m de diámetro y apenas 0,50 m de anchura (Martín Blanco 2011).

De estas estructuras, tan sólo fueron excavadas totalmente dos de ellas (las denominadas fosa 1 y fosa 2), apenas dos cubetas de escasa profundidad de 1,20 y 0,70 m de diámetro respectivamente, y parcialmente la denominada fosa 6, la cual corresponde a una estructura siliforme de perfil acampanado. La superficie del resto de los niveles que colmataban dichas estructuras fue raspada de forma somera, recuperándose en algunos casos material arqueológico a fin de ajustar cronología. En todos los casos, la cultura material identificada resulta cronológicamente homogénea, aproximándose a la documentada en el cercano enclave de Iglesia Antigua de Alcolea, que se describirá más adelante.

Por desgracia, las circunstancias particulares que rodean a este emplazamiento y su reciente descubrimiento, su proximidad a la ciudad de Córdoba, y la amenaza inminente que supone su situación en un área destinada a la extracción de grava y áridos, pone en grave riesgo la conservación futura de un yacimiento arqueológico del que aún poco podemos decir, pese a haberse manifestado

Figura 11: El Cañuelo Alto V. Planimetría de las calles C y E a partir de Martín Blanco 2011.

la aparente inexistencia de elementos arqueológicos en el área concreta destinada a explotación.

- Iglesia Antigua de Alcolea

Este enclave, situado en la orilla norte del río Guadalquivir, se encontraba limitado al este y al oeste por dos cauces estacionales que vertían sus aguas directamente en el Guadalquivir, situados entre el arroyo Yegüeros y el río Guadalbarbo (Figura 2). El asentamiento se encuentra hoy situado bajo el casco poblacional de la actual pedanía, dispuesto sobre una suave loma en la que se erige hoy día la parroquia más antigua de esta localidad, cuyos orígenes hasta el presente no parecen remontarse más allá de la Baja Edad Media. Coincidente con la vertiente sureste del sitio, se encuentra el estribo occidental del histórico Puente de Alcolea (Martínez *et Alii* 2010a: 89).

La loma sobre la cual se asentó el enclave que aquí se trata, elevada a 115 msnm, poseyó hasta el momento de los trabajos una génesis constituida por tierras albarizas terciarias, apoyadas sobre un zócalo paleozoico que hoy día constituye parte de los materiales que conforman un vado o estrechamiento del Guadalquivir, situado en la actualidad a tan sólo 200 m al sureste del enclave. Los estratos superiores, limos fluviales sobre un lecho de cantos y grava, parecen haber constituido parte de una terraza con vertiente vertical hacia el sur, elevada inmediatamente sobre la llanura aluvial al norte del Guadalquivir.

Tradicionalmente, el área bajo la que se detectó el emplazamiento prehistórico, había sido utilizada como terreno de huerta y plantío, quedando hoy tan sólo una escasa superficie perteneciente a solares usados como corrales, aún dotados de una previsible potencialidad arqueológica. El descubrimiento de las primeras evidencias de interés arqueológico, sucedió al vaciado de un vial previo a la urbanización de una parcela, lo que llevó aparejada la destrucción de una porción significativa de este asentamiento. Esta primera parcela fue objeto de una visita de inspección por parte de la Consejería de Cultura y Gerencia de Urbanismo del Ayuntamiento de Córdoba el día 20 de mayo de 2005, en la que se comprobó la existencia de unas manchas de tendencia circular que destacaban por su diferente coloración y composición de sedimento y que ya entonces plantearon la posibilidad de que se tratasen de "estructuras negativas de época prehistórica" (Clapés 2005).

Los trabajos efectuados se dividieron en tres actividades arqueológicas preventivas, habiendo afectado a la ocupación prehistórica dos de ellas. La primera, llevada a cabo sobre la parcela 2- 17 del Peri AL- 2 (Sector Oriental) (Clapés *et Alii* 2008), fue realizada en el verano de 2005, habiendo resultado negativa a nivel estrictamente prehistórico la intervención en el 2- 12 y 2- 16 (sector sur). Ambas actividades fueron realizadas bajo la dirección de Rafael Clapés Sandoval. La parcela denominada Calle de la Iglesia Antigua s/n, del Peri Al- 2 (sector occidental), volvió a deparar nuevas estructuras prehistóricas, siendo los trabajos dirigidos esta vez por Ricardo García Benavente (durante los meses de junio y julio de 2006), habiéndose incorporado seguidamente como técnico el autor de este trabajo.

- Las estructuras arqueológicas

Durante la primera Actividad Arqueológica Preventiva efectuada sobre la parcela 2- 17 (Clapés *et Alii* 2008), la cual representa el sector más extenso excavado, se pudo localizar una serie de estructuras negativas muy afectadas por rebajes y construcciones de época moderna. Éstas se hallaban repartidas en toda la superficie del solar, haciéndose visibles una vez despejada la tierra orgánica que sirvió de base a la huerta precedente. Si bien en un principio se contabilizaron hasta una decena de estructuras, sólo ocho de ellas, todas excavadas en el sustrato, se han relacionado posteriormente de forma inequívoca con la ocupación prehistórica de este enclave.

Los dos contextos restantes identificados, nombrados en un primer momento como estructuras VI y IX, han sido excluidas de esta fase al encontrarse muy alterados (escasa cerámica prehistórica mezclada con abundancia de tipos a torno, vidrio y fragmentos de teja), y carentes de evidencias objetivas que faciliten su asociación a la cronología propuesta, afectando en gran medida alteraciones de cultivo subactuales (Clapés *et Alii* 2008: 26). Las distintas alteraciones y rebajes sufridos por esta área a partir de la Edad Moderna, han afectado de forma desigual al registro arqueológico de la fase prehistórica, el cual evidenciaba en algunos casos nivelaciones y arrasamientos, lo que ha significado una pérdida de información estratigráfica, más visible en lo que respecta a las estructuras abordadas durante la campaña de 2005.

Dos de los fondos excavados, (estructuras VIII y X), representan los contextos más ricos en material cerámico, cercano a los 400 fragmentos en cada caso, siendo los situados más al oeste del área excavada en dicho año. Ambos representan estructuras excavadas colmatadas a base de material ennegrecido muy alterado por fuego. Abundan los restos faunísticos y líticos igualmente quemados, los cuales en el caso de los primeros responden a la práctica totalidad de los hallados realizados durante esta intervención, lo que de algún modo no deja de resultar llamativo. Sus dimensiones son destacadas, representando estructuras circulares de perfil levemente acampanado y con unas dimensiones para la estructura VIII próxima a los 3 m y de 2,30 m para la VIII, con una potencia de entre 0,50 y 0,70 m. Debido a la presencia abundante de sedimento de tonalidad oscura, orgánico y con gran cantidad de ceniza, restos óseos y cerámica termoalterada, se ha propuesto su relación con áreas de combustión de desechos. Sorprende en ambos casos que la práctica totalidad del repertorio óseo de la fase prehistórica se encuentre en estos fondos, inserto en un paquete predominantemente orgánico y heterogéneo. Igualmente durante dicha campaña, tan sólo estas dos estructuras proporcionaron industria ósea y fragmentos de los denominados cuernecillos o crecientes, realizados en arcilla escasamente cocida y que corresponden a siete ejemplares en total, todos procedentes de la estructura VIII (Clapés *et Alii* 2008: 27- 28).

Particularmente, en el caso del último fondo mencionado, pudo detectarse un lecho probablemente constructivo conformado por cantos de cuarcita, micritas y bloques de naturaleza subvolcánica, más evidente en lo que respecta al área cercana al arranque de sus paredes. La aparente falta de consistencia de dichas disposiciones estructurales impediría en principio descartar un derrumbe del zócalo superior de la construcción, caído al interior antes del inicio de la colmatación de dicho fondo. Por otra parte, la posibilidad de que se trate de los restos de un revestimiento pétreo del perfil de la estructura negativa o de los calzos de una superestructura lígnea tampoco pudo determinarse a través de los datos obtenidos durante la excavación y la lectura del informe. Un estrato de color más claro, de 20 cm de espesor aproximado y situado a continuación podría indicar una primera fase de colmatación ajena al acúmulo puramente orgánico, documentado en casi toda esta secuencia. El tercer estrato, en ciertos puntos superior a los 50 cm de espesor, contaba con una enorme cantidad de material, en gran parte quemado y alterado por el fuego. Respecto a la estructura X, encontramos evidencias similares en la disposición estratigráfica, así como en el lecho de cantos y ripio. Sin embargo, el estrato de composición orgánica y cenicienta, de tonalidad negra en situación de especial humedad, se encuentra situado inmediatamente sobre el nivel de piedra y canto (Clapés 2005).

El resto de las estructuras representan plantas circulares, con unos diámetros próximos a 1,50 m (estructura VII),

1,70 m (Estructura II), 2 m (Estructura I), 2,40 m (Estructura V) y 3 m (Estructura IV), con una potencia oscilante entre 0,20 y 1,10 m de potencia. Estas construcciones excavadas presentan con frecuencia disposiciones de origen constructivo en su interior, en principio grandes rocas en los márgenes (estructura II y VII), y algunas hiladas curvas a base de cantos de grandes dimensiones hacia el área exterior. En el caso de la estructura I, junto a la acumulación de cantos en su perímetro interno, se pudo observar un gran bloque de caliza en su centro, de aproximadamente 70 cm de longitud. Exceptuando el caso de la estructura II, en la que se recuperó un vaso troncocónico de carena baja prácticamente completo y los fragmentos en gran parte reintegrables de una olla globular (Figura XLII), no pudimos a través de la información extraída del informe de excavación, deducir la existencia segura de deposiciones artefactuales completas *in situ*, ni testimonios evidentes de actividades de trabajo o formas de consumo. En todas éstas, y al contrario de lo sucedido en la serie anterior, escasean los restos faunísticos, estando ausente toda industria ósea.

En cuanto a la estructura III, ésta representaba los restos de un fondo circular de aproximadamente 1,50 m de diámetro, muy arrasado por disposiciones constructivas de época reciente. De ella tan sólo pudo observarse levemente parte del arco de dicha estructura circular, en la cual se delataron los restos muy deteriorados de un individuo adulto, probablemente masculino (a juzgar por la escotadura ciática) y situado en decúbito supino, con el cráneo orientado en dirección sureste y las extremidades inferiores ligeramente encogidas. Un fragmento de cortical ósea procedente de uno de los fémures, fue enviado al Centro Nacional de Aceleradores (CNA, Sevilla), a fin de proceder a su análisis a partir de la extracción de colágeno por AMS, que ha brindado la única datación radiocarbónica para este enclave.

Sobre el tobillo derecho se encontraba, fragmentado y vuelto hacia abajo, un vaso globular con cuello de paredes rectas convergentes con cuatro mamelones equidistantes perforados, clasificado como botella. Se hallaba asociado a un pequeño cuenco de casquete esférico, hallado prácticamente completo junto a éste y al que bien pudo haber servido de tapadera. Fragmentos de un posible soporte de paredes rectas, realizado en arcilla cruda, así como algunos elementos cerámicos fragmentarios entre los que se destacaban algunos pertenecientes a un vaso de carena baja completaba el conjunto (Figura XLIV) (Clapés *et Alii* 2008: 28).

La tercera Actividad Arqueológica preventiva tuvo lugar durante los meses de junio y julio de 2006. En ella, realizada en el sector occidental del área concernida, y en una vecindad de escasamente 200 m2 pudieron reconocerse de nuevo bajo diversas afecciones de edad moderna anejas a la iglesia, los restos de tres estructuras negativas, las cuales, en sucesión a las anteriormente excavadas durante la primera campaña, fueron denominadas como estructuras XI, XII y XIII.

La estructura XI (Figura 5), muy dañada por los rebajes sufridos en la construcción del vial antes mencionado, contaba con escasa profundidad, 0,37 m en su cota inferior, y cuyo diámetro en principio estaría próximo a un metro. Probablemente debido tanto al derrumbe de las paredes como al hecho de encontrarse alterado por rebajes posteriores al situarse en proximidad de la cimentación de una alberca de edad moderna, sus paredes no resultan acampanadas; la sección de la oquedad semeja una depresión en el terreno. Allí donde la concavidad de la estructura se ha podido conservar, su sección simula forma de casquete inverso. El proceso de sedimentación de esta estructura no pudo seguirse con la misma seguridad que en otros casos. Lo incompleto y reducido sus dimensiones impidió diferenciar claramente la naturaleza y mecánica de la colmatación, habiéndose nominado el paquete interno con el mismo número de unidad.

De su interior proceden, entre otros, un fragmento de fuente carenada totalmente quemada y varios fragmentos termoalterados de un elemento de molturación originalmente lenticular, de superficie levemente convexa y elaborado en una roca de textura porfídica. Especial mención merecen los fragmentos (hasta 17) de placas de arcilla, de sección curva y de tonalidad diferencial (pajiza pardo- amarillenta en la superficie externa, convexa; gris oscuro ceniciento, en la interna, cóncava), de los que varios ejemplares se hallaron en conexión y en apariencia aplastados hacia el centro de dicha estructura. Todos estos elementos se abordarán detenidamente en los capítulos correspondientes a la cultura material.

De los tres fondos detectados durante la campaña de 2006, tan sólo la estructura XII (Figura 6) se conservaba en la práctica totalidad de su perímetro, quedando los restantes muy afectados por el rebaje incontrolado del vial. Dicha estructura consiste en un fondo circular de sección acampanada, el cual aporta unas medidas de 1,95 m de diámetro en la base por 1,75 m de diámetro medio en la embocadura, así como de 0,76 m de profundidad máxima respecto a la superficie. La estratificación despejada en el interior de este espacio muestra una serie de unidades estratigráficas de disposición horizontal, mejor diferenciadas en planta hacia la base del fondo, frente a aquellas individualizadas en las cotas superiores, presumiblemente debido a la incorporación hacia los últimos momentos de su colmatación definitiva de aportes procedentes del derrumbe y colapso de las paredes. Básicamente, la sucesión estratigráfica indica una dinámica de deposición natural, con aportes terrígenos de conformación cónica en la parte media, soportando los estratos inferiores evidencias materiales de disposición espacial en parte deliberada y cuya disposición horizontal muestra un presumible origen constructivo.

Si bien esta estructura ha arrojado casi 1300 fragmentos cerámicos (incluyendo fragmentos de muy pequeño calibre), destaca un vaso de carena baja depositado sobre el último lecho de preparación de suelo, conservado en algo más de su mitad y cuya fractura antigua cuenta en proximidad con cuatro perforaciones de lañado. De la misma forma, una gran porción de pared de vaso de paredes rectas e invasadas con mamelón próximo a la base se hallaba situado en proximidad. El centro del espacio quedaba ocupado por un gran bloque de roca porfídica bajo el cual se situaba un agujero de planta circular, de 0,25- 0,30 m de diámetro y de 0,35 m de profundidad con respecto al resto del fondo de esta estructura. Otra serie de oquedades de menores dimensiones salpicaban la superficie inferior en contacto con los limos carbonatados, los cuales suponemos se hallan relacionados con anclajes (no necesariamente sincrónicos) de alguna estructuración interna compuesta por materiales perecederos.

La estructura XIII (Figura 5) integra sin duda la construcción más deteriorada. El talud realizado durante el cajeado de la calle eliminó aproximadamente la mitad de la estructura que, a su vez, se encontraba seccionada en su extremo oeste por la cimentación de un muro de cronología moderna, por lo que nos ha llegado aproximadamente una quinta parte de ésta. Esto, sin embargo, permitió excavar desde el talud a perfil vista, dejando una separación con la cimentación del muro de unos 10 cm para poder documentar en sección tanto la silueta del fondo, como su sucesión estratigráfica interna. De este modo, se pudo visualizar un proceso de colmatación producido a través de la formación de paquetes lenticulares de relieve superior cónico- convexo, como se pudo determinar de manera tridimensional en la estructura anterior. En este caso sin embargo, el fondo carecía de unidades internas de deposición horizontal, lo que delata una deposición producida a partir de aportes añadidos desde la parte superior central, con un único estrato situado en contacto con el fondo dotado de mayor cantidad de elementos cerámicos. Originariamente de forma acampanada y de mayores dimensiones que el resto, contó con un diámetro superior aproximado de 2,50 m e inferior de 2,20, así como una profundidad de 0,51 m.

La única sección que pudo documentarse de esta estructura no contaba con oquedades en su base, siendo el material cerámico más bien escaso y muy rodado, reconociéndose fragmentos de cazuelas y fuentes carenadas así como un fragmento con decoración en relieve y un borde invasado con perforaciones sucesivas. De dicha estructura, integrada en el relleno de una pequeña fosa reexcavada en su colmatación definitiva, procede una figura de arcilla modelada, de rasgos antropomorfos y dotada de una perforación central, a semejanza de algunos objetos incluidos en la categoría formal de morillos o ídolos de cuernos (Martínez y García 2009). Un pequeño fragmento de esta figura fue enviado al Laboratorio de Datación y Radioquímica de la UAM, sometiéndose a un proceso de autentificación por termoluminiscencia (TL).

- Interpretación y precisiones cronológicas

Aun considerando la posibilidad de haber existido una ocupación real muy superior al área excavada, la superficie actualmente documentada no alcanza los 3000 m² de extensión. Probablemente nos hallemos ante un poblado de escasa superficie, inferior a una hectárea, situado en conexión directa con la margen derecha del Guadalquivir y en situación de evidente control sobre la llanura aluvial adyacente que se extiende al otro lado del cauce, accesible a través de un vado conformado por materiales paleozoicos desde el cual se edificó un puente (en el siglo XVIII) que parece tuvo su precedente ya en época romana (Melchor 2002: 328). La ausencia hasta el momento de estructuras tales como fosos perimetrales, puede deberse al hecho de haberse sometido a registro tan sólo el área central de la loma concernida. La existencia actual de viviendas flanqueando el sector este y oeste del sitio, unido al trazado de la carretera Nacional IV al norte y de la CO- 263, al sur, representa un factor potencialmente importante de pérdida u ocultación de otras evidencias arqueológicas. Por otra parte el actual cauce del Guadalquivir, el cual rodea al yacimiento mediante una leve curva en su extremo sureste, pudo haber servido de barrera natural en dicho flanco, determinado unas plausibles condiciones de defensa (Martínez *et Alii* 2010a: 97).

Como en el caso del resto de las ocupaciones abordadas en este trabajo, la totalidad del enclave de Iglesia Antigua de Alcolea muestra afinidades tipológicas muy estrechas con otros enclaves bien datados de la Depresión del Guadalquivir. En este sentido cabe señalar las fases II y III de Papa Uvas (Martín de la Cruz 1985, 1986 a y b), donde junto a las características formas de carena baja, están presentes abundantes fragmentos con aguadas a la almagra, destacando la existencia de baquetones verticales, incisiones o impresiones. Se cuenta con una datación sobre carbón (Fase II, segundo momento de de relleno de la estructura 3B del corte A- 6.2) de 4949 ± 120 BP (CSIC- 485) (Martín de la Cruz 1994: 174), correspondiente a un valor calibrado de 3763 ± 133 ANE (CalPal2007_HULU). Otros enclaves de los que disponemos de dataciones corresponden a Polideportivo de Martos (carbón de hogar), con una datación de 3889 ± 153 (Lizcano 1999: 237), varias estructuras siliformes de Cantarranas- La Viña (sobre valva de *Ruditapes decussatus*) con 4950 ± 60 BP y 4800 ± 90 BP (3780 ± 109 y 3552 ± 112 ANE CalPal2007_HULU) (Ramos *et Alii* 1992: 13) y el silo E con 5111 ± 50 BP (3893 ± 68 ANE CalPal2007_HULU) (Ruiz y López 2005: 383). Algo más próximas cronológica y espacialmente a nuestro yacimiento, procedentes del Alto Guadalquivir jiennense, contamos con un conjunto de dataciones publicadas recientemente en Eras del Alcázar (Úbeda), que parten del 3553 ± 103 ANE, y se disponen a lo largo de la segunda mitad del IV milenio ANE (Lizcano *et Alii* 2009)[45].

[45] Cabe reiterar aquí la especial problemática con la que cuentan las dataciones obtenidas sobre muestras de vida larga y el efecto de la

Es precisamente a lo largo de la segunda mitad del IV milenio ANE donde debemos situar la ocupación de este enclave. Los resultados obtenidos mediante curvas de emisión de termoluminiscencia (TL) arrojaron para la figura de arcilla de la estructura XIII, un valor de 5465 ± 345 años BP, equivalente grosso modo a una edad AMS calibrada de *ca* 3415 ANE (Martínez y García 2009: 120). En cuanto a los resultados de la datación del colágeno de un fémur de la inhumación hallada en la estructura III citada anteriormente (CNA 948), el resultado fue de 4484 ± 37, lo que corresponde a un resultado calibrado de 3211 ± 95 ANE (CalPal2007_HULU). Dichos resultados se muestran en la tabla siguiente:

Técn.	Sigla	Muestra	Contxt.	Dat. BP	Cal ANE
TL (Aut)	N 10022X	Arcilla cocida	E. XIII	5465 ± 345 *Cal* BP	3415 ± 345
AMS	CNA-948	Hueso humano	E. III	4484 ± 37 BP	3211 ± 95

Tabla 2: Dataciones (AMS y autentificación por termoluminiscencia) de Iglesia Antigua de Alcolea.

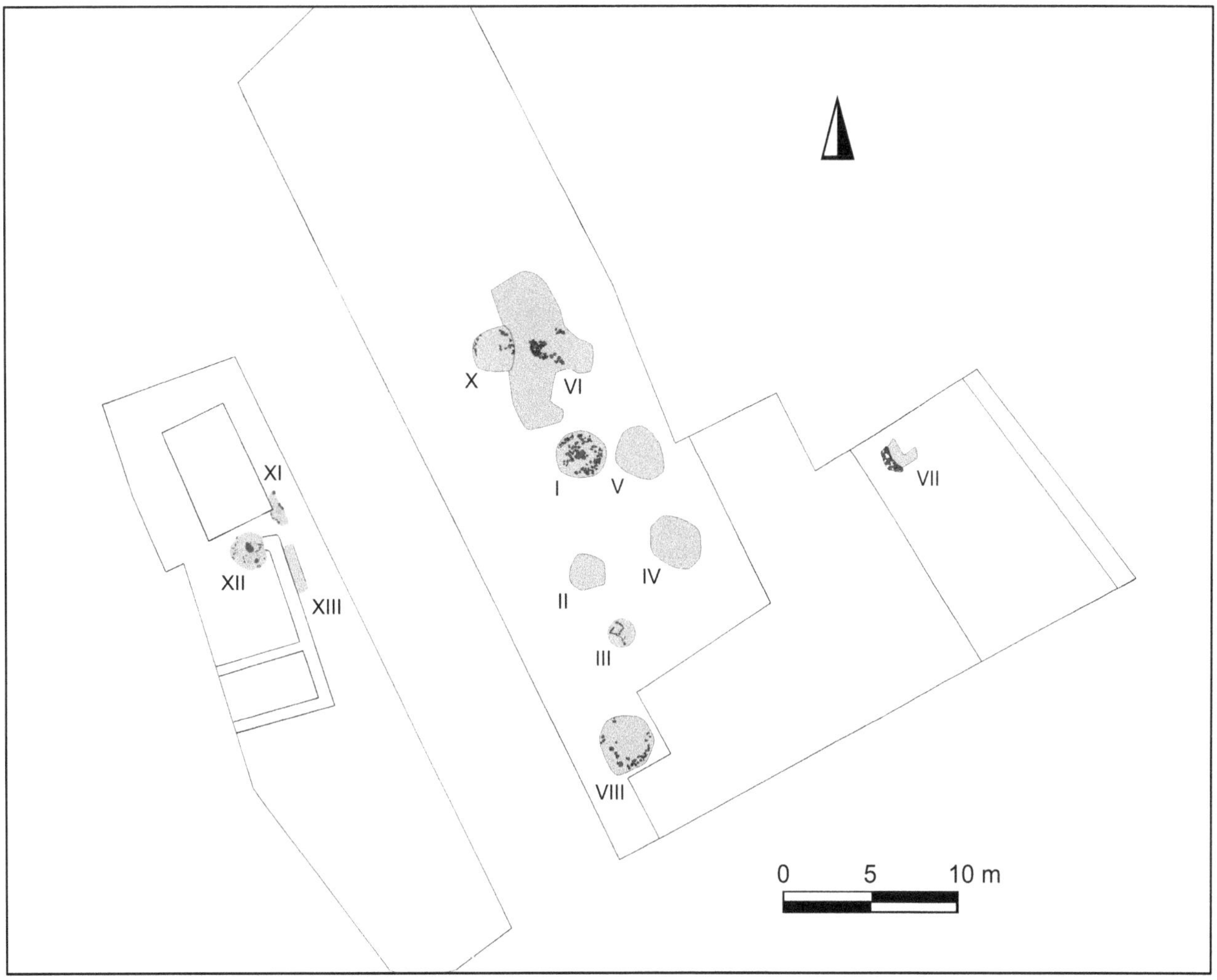

Figura 12: Iglesia Antigua de Alcolea. Planimetría general. Campañas de 2005 y 2006

madera vieja (carbón de árboles cuya longevidad puede llegar a sobrepasar el siglo).

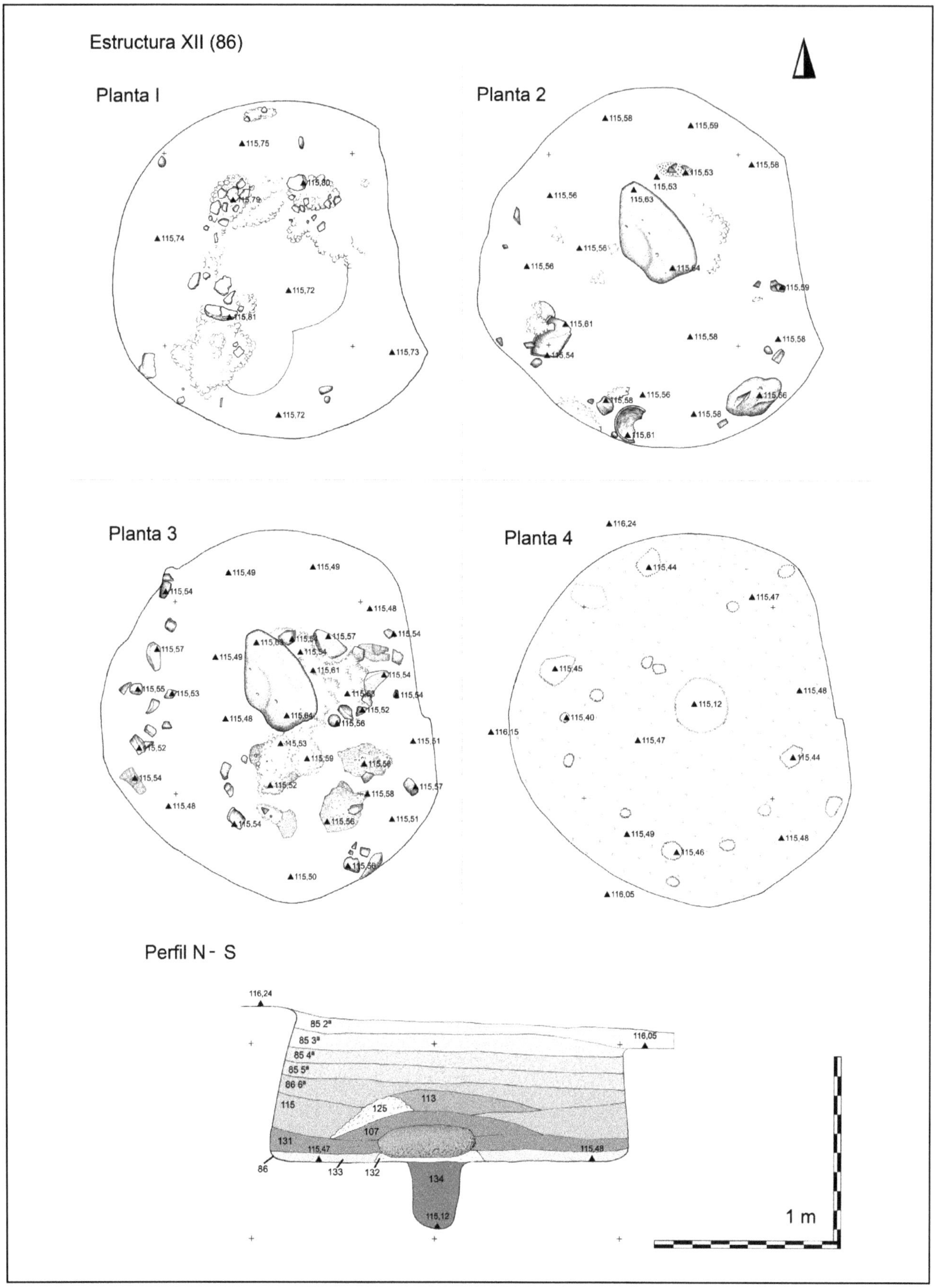

Figura 13: Iglesia Antigua de Alcolea. Estructura XII, *AAPre* de 2006

- La Casa del Tabaco

El yacimiento de la Casa del Tabaco[46] se encuentra en el término municipal de El Carpio, al norte del casco urbano, en los límites de los de Villafranca de Córdoba y Pedro Abad, al este y al oeste respectivamente. Su característica más notable reside en encontrarse rodeado y defendido en todos sus flancos (a excepción de su extremo noroeste), por un meandro de lazo que engloba la llamada Península de la Huelga, donde se halla, y que forma una doble curva junto al más conocido meandro de Alcurrucén, el cual rodea el despoblado de Sacili Martialum, municipio romano situado en el actual término de Pedro Abad, dispuesto al otro lado del río. El emplazamiento aquí tratado se sitúa en una plataforma elevada sobre la margen derecha del Guadalquivir y su vega más baja, identificándose con la tercera terraza (T3), la cual podría contar con una edad estimada dentro del Pleistoceno Superior. La cota media de la superficie ocupada de la terraza se halla en torno a 140 msnm.

Este enclave fue detectado a partir de los trabajos de prospección previos a la construcción de una extensa planta termosolar ("Solacor- 2"), construida aprovechando la planicie de la llanura aluvial vecina al cauce del Guadalquivir situada a proximidad de la población de el Carpio. Los trabajos arqueológicos, consistentes en la apertura de sondeos a fin de determinar la extensión del yacimiento, su naturaleza arqueológica y su encuadre cronológico, se desarrollaron fundamentalmente entre los meses de marzo y junio de 2009, siendo dirigidos por el autor de estas líneas. Como resultado de los trabajos se pudo despejar una amplia superficie, superior a las 50 ha de terreno, en la que fueron localizadas una serie de evidencias de ocupación humana dispersas entre los inicios del IV milenio ANE hasta época romana.

Los testimonios documentados pertenecientes a la Prehistoria Reciente constan en su mayoría de estructuras negativas de planta circular, así como zanjas lineales, diseminadas en la práctica extensión del área intervenida. La imposibilidad de asociar gran parte de las evidencias arqueológicas detectadas a una cronología precisa, vino dada por los propios objetivos de la intervención de urgencia, limitada a la limpieza del horizonte edáfico en los sondeos y trincheras proyectados a fin de calcular la densidad y extensión de los restos, y sólo circunstancialmente a la excavación de alguna de dichas estructuras arqueológicas a fin de ajustar cronología. De esta manera tan sólo fueron intervenidas siete de forma parcial y dos en su totalidad (entre más de 80 estructuras negativas detectadas durante los trabajos), a fin de proceder a la caracterización cronológica aproximada del asentamiento, lo cual ha limitado enormemente el alcance de nuestras conclusiones. Tras la entrega y correspondiente estudio administrativo de nuestro informe (Martínez 2009) y valorando las conclusiones finales extraídas tras el fin de actividad, el entorno del yacimiento fue finalmente excluido (y salvado al menos de momento) del proyecto de nivelación del terreno inherente a la construcción de las instalaciones termosolares.

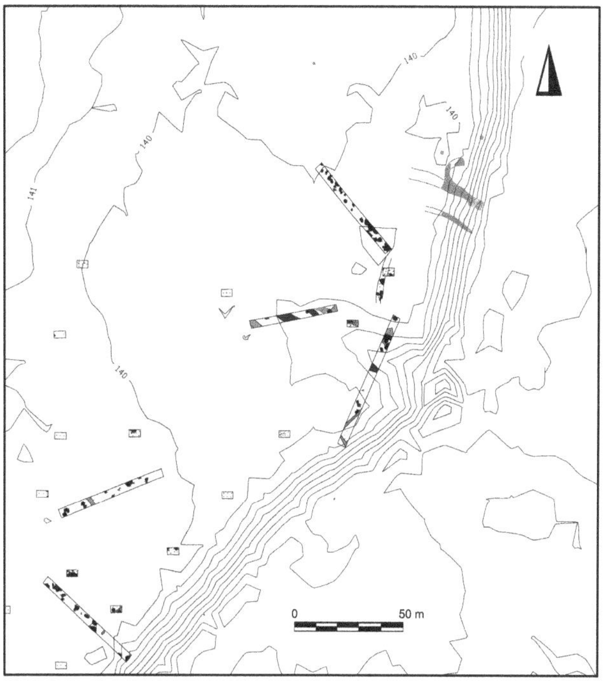

Figura 14: Casa del Tabaco. Planta general de sondeos. Al noreste, evidencias de fosos perimetrales.

- La ocupación prehistórica. Estructuras y Fases

Las estructuras negativas excavadas en los limos carbonatados, presentes tanto en el interior de los sondeos efectuados, como visibles en superficie sobre aquellas áreas sujetas a nivelaciones (sobre todo en el sector norte), u observables en el talud oriental rebajado para la ubicación de una acequia de riego, fueron asignadas a numerales arábigos correlativos en todo el yacimiento, distinguiendo como estructuras aquellas que fueron total o parcialmente excavadas y como "contextos", aquellas que sólo fueron detectadas a partir de la limpieza y retirada superficial del horizonte edáfico (Martínez EP b).

En los limitados casos en los cuales procedimos a la excavación por decapado de algunas de las estructuras localizadas, la aparente imposibilidad de determinar unidades estratigráficas definidas con claridad en su interior nos obligó a proceder a su excavación mediante alzadas artificiales. En algunos casos, por cuestiones de tiempo y objetivos, se procedió a sondear un cuadrante de dichas estructuras (estructura 1, 2, 9, 12 y 14) o un tramo de la misma en el caso de las estructuras alargadas, a fin de asegurar su atribución cronológica. En otros casos (estructuras 3 y 10), algunas estructuras negativas fueron

[46] En la monumental obra de Pierre Ponsich *"L'implantation rurale antique sur le Bas- Guadalquivir"* (Ponsich 1987: 29), se cita el topónimo de "Casa de los Cocherones", localización que este autor asocia a los restos romanos hallados a proximidad de una pequeña zahurda (hornos industriales romanos). Éstos se encuentran hacia el sector noroccidental del enclave de Casa del Tabaco, donde se concentra la mayor parte de las evidencias pertenecientes al III milenio ANE.

excavadas en su totalidad. En este sentido, la realidad estratigráfica dominante para estas estructuras prehistóricas, se compone de la denominada usualmente como "estratigrafía horizontal" (Lizcano 1999: 69), configurada por la presencia de estructuras excavadas en los limos pleistocenos carbonatados, rellenas por estratigrafía arqueológica y cubiertas por un horizonte edáfico a menudo de escasa potencia.

La primera fase despejada para la Prehistoria Reciente, ha sido la denominada Fase 1, detectada en el extremo sur, en la vecindad de la actual casa de labor cuyo topónimo da nombre al lugar, tras efectuarse los sondeos 11 y 15. En el sondeo 15, se han puesto de manifiesto dos estructuras de planta circular (estructuras 10 y 14) y una en forma de fosa alargada y de escasa profundidad (estructura 13). La número 10 (la cual fue excavada en su totalidad) (Figuras 9 y 10) representa una estructura circular de perfil ligeramente acampanado con un diámetro próximo a 1,30 m y 0,45 m de profundidad, la cual contaba con un agujero de poste excéntrico, situado en su sector oriental, de aproximadamente 0,30 m de diámetro y 0,20 m de profundidad. La total homogeneidad del sedimento que la colmataba, así como la reconstrucción de varias formas cerámicas halladas de su interior, cuyos fragmentos posteriormente remontados se detectaron indistintamente tanto en los niveles superficiales como en el interior del agujero de poste plantado en su base (y en donde algunos fragmentos cerámicos se encontraban sirviendo de calzo en posición vertical), obligan a plantear una colmatación repentina de dicha estructura, muy probablemente de naturaleza deliberada, y quizá relacionada con su condena tras la fijación de un poste.

La estructura 14, constaba de un fondo circular, del que tan sólo pudo excavarse su mitad norte al quedar el resto bajo el perfil. Contaba con de 1,80 m de diámetro aproximado y 0,20 m de profundidad, mostrando una gran cantidad de elementos de molturación en su interior. Por el contrario, la estructura 13 consistía en una zanja rectilínea de dirección sureste- noroeste, con fondo en U y de la que se excavó el tramo detectado en el sondeo 15, quizá relacionable con la fundación de una estructura de hábitat. Su profundidad era escasa, con 0,15 m de potencia y aproximadamente 0,40 m de anchura.

En el sondeo 11, la estructura 3 (Figura 8) representa una cubeta excavada en el limo, de aproximadamente 0,80 m de diámetro y 0,30 m de profundidad, la cual mostraba integrados una serie de bloques y elementos de molturación trabados entre si, algunos fragmentados y en algún caso dispuestos en posición vertical, delimitando aparentemente un espacio. Esto ha sido interpretado como un posible alvéolo de anclaje de gran poste o elemento pétreo, bajo el que dichos elementos se dispondrían a modo de calzo. Junto a la número 10, esta estructura fue la única excavada en su totalidad. Su ubicación cronológica, aunque con todas las reservas, viene dada junto sus escasos restos materiales, fundamentalmente por su proximidad espacial a las estructuras documentadas en el sondeo 15.

A juzgar por los restos artefactuales documentados en estas estructuras, en particular en la estructura 10 y en la que destacaban abundantes fragmentos de lápices de hematites, industria lítica laminar en sílex de pequeño y mediano formato, cerámica no decorada compuesta por vasos globulares de leve cuello, formas abiertas incipientes, ollas de perfil en "S" y mamelones de lengüeta, asas de cinta y un tratamiento compuesto mayoritariamente por engobes y aguados a la almagra (algunos de ellos de gran calidad), unidos a la ausencia de formas carenadas características, incita a pensar en que nos hallamos ante uno de los asentamientos al aire libre de mayor antigüedad detectado por intervención arqueológica en la vega del Guadalquivir Medio. Hemos propuesto provisionalmente una horquilla temporal a caballo entre finales del V y la primera mitad del IV milenio ANE (4200 ANE- 3500 ANE). La muestra seleccionada para datación (fragmento de cortical ósea del fondo de la estructura 10, Beta- 294444), se encontraba muy afectada por procesos de lixiviación por lo que no pudimos obtener resultados a través del radiocarbono (AMS). Los resultados de la datación por termoluminiscencia (TL) de un fragmento cerámico, realizada en el Laboratorio de Datación y Radioquímica de la UAM (Madrid), han arrojado sin embargo valores algo más recientes de lo esperado:

Proced	Sigla	Muestra	Contxt	Dat. BP	ANE
TL (Dat)	MADN-5978BIN	Cerámica	E 10	5379 ± 326 BP	3368 ± 326

Tabla 3: Rasultados de la datación por termoluminiscencia a partir de cerámicas de la estructura 10.

A este primer período, le sigue la Fase 2, la cual ha sido asignada base a rasgos materiales al Neolítico Final-Cobre Antiguo (3500- 3000 ANE). Ésta ha sido la edad propuesta para la UE 5 del sondeo 7 en el Sector 3, una unidad estratigráfica de difícil interpretación, quizá parte de un suelo de ocupación sobre una leve depresión del terreno. El material cerámico recuperado muestra escasos parangones con el de la Fase 1 y con el de la Edad del Cobre de la fase siguiente, contando con las características grandes formas carenadas y grandes recipientes de paredes rectas y convergentes.

La estructura 15 del sondeo 20, en el sector noroccidental del yacimiento ha sido interpretada como parte posible pequeño *tholos*, en parte arrasado, y del que sólo se despejó una porción coincidente con un ángulo del sondeo, quedando en su mayor parte bajo el perfil. Esta pequeña construcción se halla compuesta por pequeñas lajas de pizarra hincadas verticalmente y delimitando la fosa, elementos los cuales han debido ser transportados desde una distancia considerable. La cronología ha sido propuesta de manera muy provisional dentro de la Fase 2 a raíz del hallazgo de un pequeño fragmento de forma carenada en su interior, si bien no podemos disociarla de la ocupación propia de la fase siguiente, dentro del III milenio ANE (Martínez 2009).

Sin duda la fase que parece contar con un mayor número de evidencias a lo largo de la extensión de este emplazamiento, corresponde a la Edad del Cobre[47], denominada como Fase 3 y encuadrada dentro del III milenio ANE. Esta ocupación ha podido rastrearse inicialmente dentro del sondeo 6 (estructuras 1 y 2, intervenidas parcialmente en cuadrante) y a través de algunas estructuras en superficie (estructuras 7, 4 y 5), todas ellas del sector nororiental de la terraza. Más al sur, las estructuras 9 y 12 del Sondeo 14 también han sido atribuidas a esta fase, base a la naturaleza de ciertos elementos arqueológicos (la calidad y tratamientos de los fragmentos cerámicos, de los que no se definieron formas, y por algunos fragmentos de improntas de entramado vegetal). De la misma forma, a la Edad del Cobre corresponde el mayor volumen de hallazgos cerámicos hallados superficialmente en el extremo norte y este. La cronología queda tipificada fundamentalmente a través del hallazgo de fragmentos de fuentes y platos de labio engrosado de sección circular y semicircular (formas muy similares a los procedentes de la Cueva del Cañaveralejo, actualmente en estudio, y de la vecina Ermita de San Pedro [Martínez 2007]), engrosados de borde recto y pestaña, cuencos y formas globulares, cazuelas elipsoidales, un fragmento de posible campaniforme a peine en niveles superficiales del Sondeo 6, y un fragmento de punta de cobre (de pedúnculo largo o espiga y quizá con aletas, ya que el estado de conservación de la pieza no permite mayores precisiones) en la cobertura edáfica del Sondeo 16.

La observación de la cultura material procedente de gran parte de las estructuras del área nororiental del yacimiento, se completa con un volumen enormemente significativo de fragmentos de arcilla cocida con impronta de zarzo y entramado vegetal de vareta o cañizo, lo cual daría cuenta de una cierta densidad de construcciones perecederas a base de arcilla y elementos vegetales, de las cuales un número significativo de estructuras negativas de planta circular y en zanja pudieron formar parte. Tanto los elementos de tipología cerámica (tipos de bordes engrosados), como la evidencia discreta de metal, posible evidencia de cerámica campaniforme y alguna muestra de productos laminares prismáticos de sílex, de gran anchura y talón diedro agudo, nos impulsa a considerar la ocupación calcolítica hasta momentos avanzados dentro del III milenio, posiblemente su segunda mitad. No parecen apreciarse variaciones tipológicas entre el material cerámico documentado, a excepción de un fragmento del clásico borde almendrado de gran tamaño en niveles superficiales del Sondeo 7, el cual aun a riesgo cometer excesos tipologistas, podría apuntar a momentos más antiguos.

El hallazgo de un horno industrial de cronología imperial romana, muy bien conservado, motivó el empleo de técnicas de prospección geofísica con el fin de detectar la existencia de otras construcciones de naturaleza similar. Dichos trabajos, a cargo de la empresa alemana Eastern Atlas, tuvieron como resultado la documentación de dos zanjas paralelas de proyección curva, excavadas bajo el nivel de cantos carbonatados de la terraza, y que han podido fecharse de forma provisional dentro de la Edad del Cobre. Estos fosos paralelos de delineación curva (estructuras 11 y 16) documentados por la prospección geofísica se encuentran en el extremo nororiental, contando la externa (estructura 16) un mayor grosor y un posible "brazo" avanzado en forma de pinza de cangrejo. Estas estructuras se observan actualmente asomando en el talud oriental, el cual fue terraplanado durante la primera mitad del pasado siglo para hacer pasar una acequia.

Una limpieza somera a perfil vista de dicha sección conservada, documenta para el caso de la estructura 11, un foso de sección en "U", distinguiéndose disposiciones estratigráficas diferenciales en su interior, así como restos de fauna (bóvidos, cérvidos y suidos) junto a tipos cerámicos propios del III milenio ANE (bordes engrosados de perfil circular y cazuelas elipsoidales). Gracias a esta sección se deduce que dichos fosos fueron excavados hasta un metro de profundidad bajo el duro techo de cantos y bloques cementados de la terraza fluvial, tras haberlo iniciado despejando los limos carbonatados. La documentación parcial de dichos fosos paralelos de delineación curva podría indicar la continuación de estas estructuras a modo de foso circular, como en los poblados de Fuente de la Mora (Leganés, Madrid) (Díaz del Río 2003) o Perdigões (Reguengos de Monsaraz, Portugal) (Lago *et Alii* 1998), pudiendo en este sentido representar el mayor ejemplo documentado en planta en el Guadalquivir Medio tras el detectado en Llanete de los Moros (Martín de la Cruz *et Alii* 2004a: 323), el pequeño foso perimetral del Cañuelo Alto V, y quizás Mirabueno (Nieto 2000: 165), estos tres últimos de cronología visiblemente anterior.

- *Valoración*

El enclave arqueológico de la Casa del Tabaco representa una pieza fundamental en el conocimiento del Proceso Histórico en la vega del Guadalquivir Medio, debido a su larga ocupación casi continuada y su posición estratégica, condicionada por el recorrido del cauce fluvial. Con una ocupación que podría partir de fines del V milenio ANE, este yacimiento es clave en la comprensión de la dinámica del inicio de la ocupación de la tierra en las vegas aluviales de la zona, representando uno de los testimonios más antiguos de un asentamiento estable con estructuras subterráneas al aire libre en la provincia. Durante la Edad del Cobre, se ha documentado la construcción de grandes zanjas paralelas de disposición curva, las cuales podrían representar una prueba de la existencia de un poblado fosado durante al menos el tercer cuarto del III milenio ANE, cuyas estructuras podrían haber complementado su función protectora con

[47] Dado que el objetivo de esta Tesis Doctoral se centra en el estudio del IV milenio ANE, período que correspondería a las fases 1 y 2 identificadas en este enclave, la cultura material correspondiente a la fase 3 no ha sido incluida en este estudio, estando a la espera de presentar los resultados relativos a la Edad del Cobre en un trabajo futuro.

la estratégica posición del enclave, encerrado por la inflexión de un meandro. Su interés para la comprensión de la secuencia regional durante la Prehistoria Reciente radica en su gran extensión temporal y espacial, la cual supera las 5 ha, unida a la naturaleza de las estructuras documentadas (las cuales en su mayoría se disponen a escasa profundidad y excavadas en el limo). Ello representa una oportunidad única para conocer la disposición espacial de un área habitacional bien conservada a caballo entre el Neolítico Tardío y el Bronce Final, área que una vez salvada de su en principio inevitable arrasamiento, podrá aportar grandes resultados en un trabajo futuro.

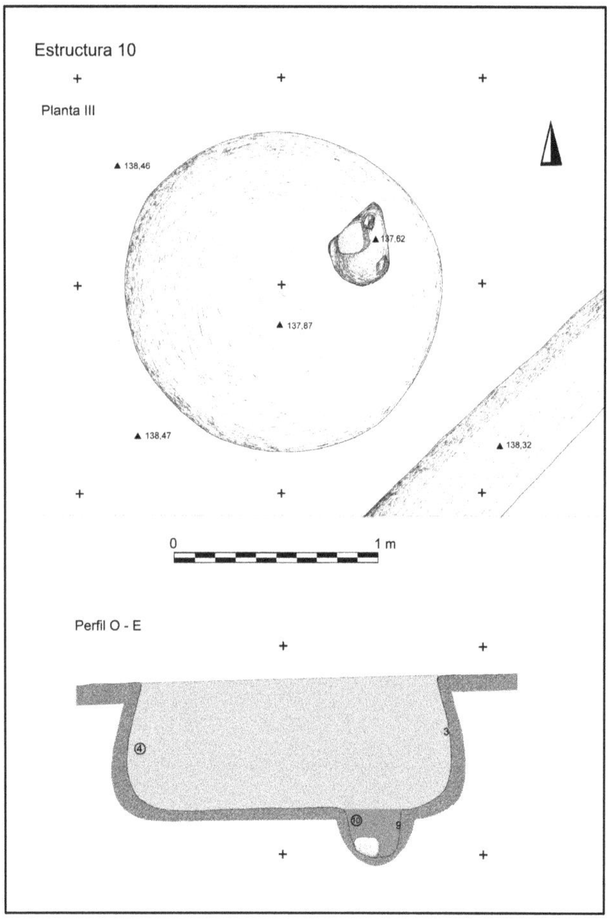

Figura 15: Casa del Tabaco. Estructura 10. Planta final y perfil

- El Llanete de los Moros

Fundamentalmente, este conocido yacimiento viene asociándose en el mundo de la investigación arqueológica a la Edad del Bronce, a raíz de la documentación aportada por su secuencia del II milenio ANE y por los conocidos fragmentos de procedencia egea hallada en niveles asignados al último cuarto del II milenio ANE (Martín de la Cruz 1987). Las formaciones superficiales de origen arqueológico se encuentran estratificadas sucesivamente conformando una colina en apariencia de *tell*, dispuesta sobre la primera terraza del Guadalquivir, asentada ésta sobre margas de edad terciaria. Dicha terraza cuenta con un techo conformado por limos de tonalidad anaranjada, compactados por nódulos de carbonatos. La cota sobre la que se disponen las estructuras arqueológicas excavadas en el sustrato se encuentra entre 233 y 220 msnm, encontrándose el yacimiento en gran medida destruido hoy día, debido a la construcción de un instituto de formación profesional, un teatro al aire libre y un colegio.

- Las campañas sistemáticas

Los diferentes trabajos llevados a cabo en sucesivas campañas a lo largo de la década de 1980, fueron publicados por vez primera en forma de monografía (Martín de la Cruz 1987), dentro de la serie *Excavaciones Arqueológicas en España* bajo la dirección del Ministerio de Cultura. Los objetivos fundamentales de dichas campañas apuntaron sobre todo a la Edad del Bronce, centrándose fundamentalmente en despejar la secuencia estratigráfica del II y I milenio, con el fin de testimoniar los primeros intercambios comerciales con el Mediterráneo Central y Oriental, sobre los cuales este asentamiento destacó especialmente.

Los comienzos de la ocupación prehistórica resultan mucho más antiguos. Ya desde los primeros trabajos se fueron acumulando testimonios de un intenso poblamiento extendido desde al menos un milenio atrás, concretamente situados en la segunda altura del cerro respecto a la topografía actual, la llamada segunda terraza. Durante estas campañas pudo localizarse (en el sondeo denominado R- 1) un enterramiento doble en silo (Martín de la Cruz 1987: Fig 12) siendo éste en un principio atribuido a la segunda mitad del II milenio ane[48] (Martín de la Cruz 1991: 27), si bien el material extraído en los sedimentos que lo colmataban, así como su proximidad al enterramiento del corte R- 2, terminó por asignarle una cronología anterior (Martín de la Cruz 1987: Fig. 16 y 18, Martín de la Cruz *et Alii* 2000a: 48, 67 y 68). Posteriormente, durante el verano de 1990, se pudo iniciar una campaña de dos meses de duración, destinada a investigar las fases más antiguas. En el tiempo transcurrido hasta la finalización de dicha campaña, se excavó en seis sondeos en los cuales se logró asegurar las fases anteriores al II milenio, definiendo finalmente cuatro horizontes diferenciados. Estos fueron descritos del siguiente modo:

Fase 1- "Silos": Una primera fase definida como "Calcolítico Inicial avanzado" (2800- 2700 ane/ 3800- 3600 Cal ANE) (Sanz Ruiz 1997: 252, Martín de la Cruz *et Alii* 2000a: 96). Concretamente, en los sondeos R- 2, R- 3, Q- 4, R- 4 y S- 4, pudieron detectarse hasta 13 estructuras siliformes excavadas en el terreno, todas de perímetro circular u oval, las cuales parecían extenderse salpicadas en el espacio despejado sobre el sustrato geológico (Martín de la Cruz *et Alii* 2000a: 47 y 48). Con unas dimensiones oscilantes entre 1,40 y 1,50 metros de diámetro en la base, y en los ejemplos conservados, entre 0,80 y 1,20 m en la boca, llegaban en algún caso hasta contar con 1,16 m de profundidad. Éstos se encontraban dotados de paredes convergentes aunque no siempre regulares, mostrando perfiles cilíndricos o incluso

[48] No calibrado.

ovoides en algunos casos, no habiéndose determinado su funcionalidad (Martín de la Cruz *et Alii* 2000a: 48). La excepción la encarna una de estas estructuras, excavada en un tercio en el corte R- 2, en la que pudo hallarse un enterramiento. Éste, como en el caso doble excavado en una campaña precedente en el corte R- 1 y situado a proximidad, contenía un individuo flexionado en decúbito lateral izquierdo (Martín de la Cruz *et Alii* 2000a: 48). La cultura material asociada a este "horizonte de silos" queda representada por cerámicas de formas carenadas y paredes rectas, presencia de mamelones bajo el borde, cuernecillos de sección circular y algunos fragmentos de placas de "barro mal cocido", hallado en el fondo de alguna de las estructuras y que fueron interpretados como parte de vasos de gran diámetro y escasa altura (Martín de la Cruz *et Alii* 2000a: 49). Resulta evidente la ausencia en esta primera fase, de platos o fuentes de borde engrosado.

Fase 2- "Cabañas fundación": Definida dentro del mismo arco cronológico, queda caracterizada por el hecho de que el espacio anteriormente ocupado por silos de almacenamiento, una vez éstos colmatados o bien tras ser usados como sepultura, sufre una remodelación. Condenando las estructuras siliformes, aparece en este momento un área habitacional definida por una zanja de sección en V, de 0,80 m de anchura y un espesor de hasta 1,10 m. Interpretada como la cimentación de una cabaña, ésta contaría con una planta circular u oval de diámetro externo oscilante entre 7 y 9 m (Martín de la Cruz *et Alii* 2000a: 50). La cronología de los materiales hallados muestra su similitud con el horizonte anterior, por lo cual se considera o bien sincrónica, o inmediatamente posterior (Sanz Ruiz 1997: 253, Martín de la Cruz *et Alii* 2000a: 96- 97).

Fase 3- "Cabañas ocupación": Adscrito al Calcolítico Pleno (2600- 2500 ane), este horizonte queda definido a través de una ordenación del área ocupada en torno al zócalo de la cabaña citado en el horizonte anterior, detectándose restos de un posible pavimento en el área interior y un agujero de poste, de 0,30 m de diámetro y hasta 0,45 m de profundidad, ubicado aproximadamente hacia el centro del área. Sobre éste se halló un fragmento de piedra que sellaba la oquedad, probablemente colocada una vez extraído el poste tras perder su funcionalidad original. Junto al agujero de poste se pudo documentar parte de un hogar, formando todo ello parte de un área habitacional compleja (Martín de la Cruz *et Alii* 2000a: 50). El conjunto cerámico descrito para esta fase se compone fundamentalmente de formas abiertas, algunos platos de borde engrosado y recipientes globulares. Las formas carenadas, aunque presentes, disminuyen notablemente (Sanz Ruiz 1997: 270, Martín de la Cruz *et Alii* 2000a: 98).

Fase 4- "Horizonte Campaniforme": Se trata de un nivel algo alterado por estructuras posteriores y carente de construcciones definidas, ya que el denominado "Muro A" quedó adscrito a un momento impreciso denominado "*Ante Quem* Cogotas I". No obstante, directamente asentado sobre tierras de génesis natural, contenía fragmentos cerámicos de características similares a los de la fase anterior, si bien ahora asociados a restos de campaniforme (Sanz Ruiz 1997: 255, Martín de la Cruz *et Alii* 2000a: 98).

- *La intervención de urgencia de 2001*

Tras una tesis de licenciatura enfocada al estudio de las primeras ocupaciones en el enclave (Sanz Ruiz 1997), y transcurrido un año tras la publicación definitiva de dichos trabajos (Martín de la Cruz *et Alii* 2000a), se procedió a realizar una intervención arqueológica de urgencia con motivo de la construcción de un teatro al aire libre (Martín de la Cruz *et Alii* 2004a). Dicho proyecto afectaba profundamente a las denominadas terraza media y baja, realizándose hasta siete sondeos (seis de ellos a modo de trinchera), dispuestos a menos de 60 m de distancia al sureste del grupo de sondeos realizados once años antes. En el denominado Corte 1, apareció una estructura siliforme excavada en el sustrato limoso, con una profundidad conservada de hasta 0,70 m y un diámetro de planta de 1,86 m y una boca de 0,50 m (Martín de la Cruz *et Alii* 2004a: 321). Los materiales procedentes de esta estructura representan fundamentalmente fragmentos de formas globulares y de paredes rectas, con algunos ejemplos de mamelones cónicos dispuestos bajo el borde (Martín de la Cruz *et Alii* 2002).

En uno de los nuevos sondeos realizados durante la intervención de urgencia, el llamado Corte 3, pudo documentarse una zanja de sección en U, con una disposición aproximada noroeste- sureste de 2,40 m de anchura y 1,20 m de profundidad máxima en el tramo intervenido. En su interior se pudieron individuar hasta cuatro estratos diferentes (I, II, III y IV), estando el último de ellos directamente dispuesto sobre una reexcavación del foso. En el límite Este de la zanja, se pudieron identificar algunos restos de elementos lígneos (denominados "manchas de origen vegetal") (Martín de la Cruz *et Alii* 2004a: 323), que podrían ser interpretados como evidencia de postes pertenecientes a una antigua empalizada. Los elementos materiales recuperados en esta estructura, en su mayoría procedentes del estrato II, corresponden a formas carenadas y vasos de paredes rectas, con mamelones cónicos, materiales que describiremos en el capítulo correspondiente).

Por último, en el denominado Corte 7 se pudieron identificar dos estratos. El primero de ellos (estrato I), subyacente, proporcionó materiales propios del Bronce Tardío y Final, con presencia de cerámica del Horizonte Cogotas. Sobre él, el estrato II mostraba elementos materiales de diversa cronología, entre los que resultó frecuente detectar restos líticos y cerámicos identificados con las primeras fases de ocupación del enclave (Martín de la Cruz *et Alii* 2004a: 324).

Junto a la fase correspondiente al último tercio del II milenio ANE (Horizonte Cogotas), la mayor parte de las estructuras y materiales hallados en esta última intervención se asignaron a momentos avanzados del Calcolítico Inicial (Martín de la Cruz *et Alii* 2004a: 324), faltando sin embargo los característicos bordes engrosados, propios de los últimos años del IV y la mayor parte del III milenio ANE.

- *Precisiones cronológicas*

Hasta el momento no disponemos de dataciones absolutas para las primeras fases de la ocupación de este asentamiento. Como en otros enclaves tratados en este capítulo, la cultura material y la tipología cerámica presenta tanto en la fase de "Silos" y "Cabañas" (Martín de la Cruz 2000: 96), como en la mayor parte de los contextos documentados durante la intervención de urgencia de 2001, destaca por la presencia de formas de paredes rectas y fuentes y cazuelas de carena baja, asociadas a formas y decoraciones presentes en dicho entorno durante la segunda mitad del IV milenio ANE (3500- 3100 ANE). De la misma forma, la presencia esporádica de bordes engrosados así como de elementos campaniformes, cerámica característica del Bronce y de tipo Cogotas, asegura la ocupación del enclave a lo largo del III y II milenio ANE (Martín de la Cruz 1987).

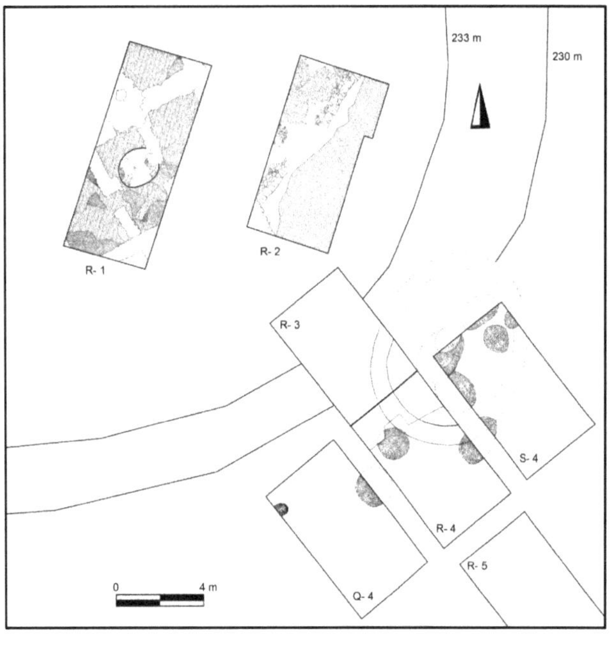

Figura 16: Llanete de los Moros. Planta general. Modificado a partir de Martín de la Cruz *et Alii* 2000a

4. Contextos funerarios y monumentos megalíticos

Tradicionalmente, los datos relativos a las actitudes funerarias, también extendidas al universo simbólico desarrolladas durante la Prehistoria Reciente en la vega del Guadalquivir Medio y áreas limítrofes han sido muy escasos, resultando prácticamente inexistentes en la producción científica de los autores que han abordado el territorio de forma directa (Bermúdez y Martín 2000, Martín de la Cruz *et Alii* 2000ª, Murillo 1986b, 1988, 1994a, Ruiz Lara 1993). Tan sólo nos constan algunos intentos de ordenación de los datos (Cabrero 1985, Lopera 1995, Martín de la Cruz *et Alii* 2000b), representando el grueso de la información disponible en la actualidad, noticias y trabajos de muy diversa autoría y desarrollados en momentos muy distantes entre sí.

Al día de hoy, los principales testimonios contrastados relativos a usos funerarios desarrollados entre el Neolítico y la edad del Cobre, se refieren a inhumaciones practicadas en el interior de estructuras siliformes, forma de enterramiento ya descrita desde finales del siglo XIX en Campo Real (Carmona) (Bonsor 1997 [1899]). Como ya hemos tenido ocasión de citar, inhumaciones practicadas en fosa o silo se han documentado en la Verduga Alta y Vega de Santa Lucía (Palma del Río), en ambos casos ubicados cronológicamente avanzado el III milenio ANE (Lopera y Nieto 2005, Lopera 1995: 33) y para momentos anteriores en Puerto de la Palmera (Puebla de los Infantes) (Romero 2005: 991), Iglesia Antigua de Alcolea y Llanete de los Moros, junto a testimonios en enclaves situados al sur del límite trazado, como la Minilla (Ruiz Lara 1987a: 125) o en el Caño Bajo (ambos en la Rambla), donde se localizó un enterramiento múltiple, compuesto por al menos tres individuos (Valera Pérez 2007: 130). Aun perteneciendo a un ámbito cronológico posterior al que tratamos, nos vemos obligados a destacar un número significativo de conjuntos campaniformes presumiblemente hallados en contextos funerarios, si bien los datos relativos a las estructuras de donde proceden resultan en su mayoría esquivos en nuestra zona. Éste sería el caso del hallazgo próximo al casco urbano de Écija (con un vaso hallado en 1888), Cañada del Rosal (Harrison 1974) y el Bramadero (Sangmeister 1962), junto a otros casos que escapan al sur y norte del territorio delimitado, caso de la Retuerta (Belmez), La Minilla (La Rambla), el Olivar del Pósito (Santaella), Montilla o Montalbán (Benito 1976, Ruiz Lara 1985, López Palomo 1980: 6- 12).

Otros datos, de valor muy desigual, nos han llegado fundamentalmente a través de la labor de compilación desarrollada por Antonio Carbonell primero, entre las décadas de 1920 y 1940, y posteriormente por Juan Bernier y colaboradores, sobre todo entre los decenios de 1960 y 1980, período del que contamos con la copia de un listado manuscrito referido a diversas localizaciones de yacimientos prehistóricos ordenados por criterios cronoculturales[49]. Dicha información corresponde en parte a los datos ofrecidos por Rosario Cabrero en lo relativo al Valle del Guadalquivir a su paso por la provincia de Córdoba, datos que siguiendo a la autora, agradece a la gentileza de Juan Bernier (Cabrero 1985: 257). A través de estas fuentes, conocemos algunas localizaciones, si bien en su mayor parte imprecisas, de presumibles sepulcros prehistóricos de tipología desconocida, gran parte de cuyos datos resultan hoy difícilmente contrastables.

[49] Agradecemos a J. C. Vera Rodríguez y A. Moreno Rosa, el habernos proporcionado la noticia de su existencia y una copia del mismo.

Así conocemos citas de hallazgos realizados en el Alcaparral (Villafranca, en la margen izquierda del Guadalquivir), Cortijuelo de las Monjas (margen derecha del meandro de la Barqueta, Palma del Río), y dos situados en la Sierra de Córdoba (área de Trassierra), citados como Córdoba 1 y 2, uno de ellos quizá correspondiente al presunto "trilito" observado por Carbonell en proximidad a la parroquia de Santa María de Trassierra (Carbonell 1945: 77). Otros puntos, situados a proximidad de la actual ciudad de Córdoba, se refieren al Alcaide (situado en el cortijo del mismo nombre, junto al yacimiento del III milenio ANE del meandro de Casillas) (Número 128 de Cabrero), y Ahoganiños (número 129), topónimo coincidente con el de un arroyo de cauce desaparecido que se encontraría situado en un área actualmente dedicada a la explotación de cantería y áridos (Cabrero 1985: 247). Esta última localización podría identificarse con un antiguo hallazgo citado por Carbonell, quien afirma que "*un hacha de bronce y numerosos restos prehistóricos se han encontrado en las inmediaciones de Córdoba, en el Majano, en las cavidades de la caliza miocena explotada por la compañía de cementos Asland, al este de la Carrera del Caballo*" (Carbonell 1947: 101).

- Cuevas naturales y cámaras hipogéicas

Como el ingeniero A Carbonell ya tuvo ocasión de reiterar (Carbonell 1924: 6), las cavidades naturales del escalón mioceno que salpican el piedemonte de Sierra Morena, son susceptibles de contener contextos sepulcrales propios de la Prehistoria Reciente, si bien desgraciadamente hasta el día de hoy, los datos conocidos resultan fragmentarios y extremadamente imprecisos. Contextos como el de la explotación de áridos citada anteriormente y la Estación Prehistórica de Alcolea, descubierta en 1924 y de la que hablaremos seguidamente, arrojan serias dudas respecto a la entidad, natural o hipogeica, del cavernamiento original. Muy diferente resulta en este sentido la alusión a la existencia de restos humanos de cronología prehistórica realizados en cavidades naturales[50], caso de la Cueva del Cañaveralejo en Adamuz (Bernier 1979: 67) o ya fuera del límite norte del territorio estudiado, la Aljabara de Spínola (Hornachuelos) (Lopera 1995: 27) y Cueva de Agustín (Belmez) (Gavilán 2004: 127).

Resulta pues difícil rastrear la existencia de hipogeos en la franja territorial objeto de nuestro estudio. Aun resultando la calcarenita arenosa del piedemonte muy adecuada para albergar este tipo de arquitectura, no contamos con datos firmes que aseguren la existencia de hipogeos sepulcrales de la prehistoria reciente en este ámbito geológico, pese a la evidencia de cámaras y oquedades artificiales observables desde Hornachuelos a Adamuz, incluyendo algunos ejemplos sugerentes de cronología imprecisa, tanto en el Puente Mocho como en el Cerro Pendolilla, a proximidad del curso del canal del Guadalmellato[51]. Por el contrario, contamos con noticias de la existencia de hipogeos (o entidades posiblemente relacionadas) en el Bramadero[52] (Hornachuelos) y la Tomiza[53] (Ecija), de donde procede parte de un ajuar conservado en una colección particular de Córdoba. Tenemos que traspasar el límite sur de la franja de terreno estudiada para citar los ejemplos ya clásicos de los hipogeos de la Calva (Santaella) (Godoy Delgado 1987), la Veleña (Garcia García 1983, García Sánchez 1983, Delgado y Vera 1996) y el Junquillo[54] (Cabra), éste hallado en 1839, así como noticias de otro dudoso procedente de Tentecarreta[55] (Montalbán). Por último, y como veremos a continuación, la llamada Estación Prehistórica de Alcolea (Carbonell 1924), pudo bien constituir en parte tanto una construcción hipogeica, como probablemente un cavernamiento de origen natural empleado como cavidad sepulcral.

- La Estación Prehistórica de Alcolea[56]

Durante el mes de Enero de 1924, los obreros que trabajaban en la construcción del canal de riegos del Guadalmellato, dieron cuenta de una serie de hallazgos que llamaron la atención de los ingenieros que supervisaban la obra. En concreto, Antonio Carbonell,

[50] Mención aparte merece la noticia del hallazgo en 1826 de una cavidad tapada por una losa en el cerro del Castillo de la Floreta (Almodóvar del Río), en donde se halló "un ánfora y un cadáver con una espada" (Carbonell 1928: 64). Esta extraña noticia parece ser el origen de las alusiones de la existencia al pie del castillo de una cueva, "hoy enterrada, yacimiento sepulcral posiblemente del eneolítico" (Ortiz *et Alii* 1983: 129).

[51] Agradecemos a M. Gómez Luna, datos y fotografías sobre estas localizaciones.

[52] Según M. D. Asquerino (1994), en 1950 se produjo por parte del entonces comisario local de excavaciones arqueológicas (Manuel Martínez Lora), el hallazgo de una cazuela de tipo campaniforme y un pequeño puñal de bronce, depositados en una cista rectangular construida en lajas de piedra, desprovista al parecer, de restos humanos (Sangmeister 1962: 141). Cuatro años más tarde, los Sres. Martínez Lora y Martínez Boloix, llevaron a cabo una excavación en la misma finca, en un lugar próximo a aquél en el que se produjo el primer hallazgo. Dichos trabajos pusieron al descubierto una estructura (a la que denominaron cueva neolítica artificial), de la cual extrajeron, entre otros fragmentos cerámicos, uno de campaniforme y un cuenco completo de cerámica sin decorar, además de otro cuchillo de metal algo más pequeño que el anterior (Asquerino 1994: 796)

[53] En una colección particular de Córdoba, perteneciente a un operario maquinista retirado presente en los trabajos de aterrazamiento y cambio de trazado de la carretera de Fuente Carreteros a Écija, realizados entre la década de 1980 y 1990 sin control arqueológico, se conservan varias láminas prismáticas de sílex de sección trapezoidal, obtenidas por presión y con talón diedro agudo, alguna superior a los 150 mm, fragmentos de al menos una quesera, y dos soberbias azuelas planas, de cierta longitud y destacadas dimensiones, acompañadas de algún fragmento de cerámica con mamelón, procedentes de un número indeterminado de cámaras sepulcrales, "labradas en la tosca" y en forma de silo o cúpula (horno según sus palabras), a la que se accedían a través de un estrecho corredor o pasillo. Dicho particular nos confirmó de la misma forma la presencia de restos humanos en su interior (7- agosto-2010)

[54] CACO/9/7951/12(2)

[55] De este lugar se expone una lámina prismática de sílex de más de 10 cm de longitud en el Museo local de Montilla, conservándose en el de Córdoba (MAECO), un brazal de arquero en piedra.

[56] Hemos podido estudiar y tener acceso a los restos materiales procedentes de la Estación Prehistórica de Alcolea, mediante solicitud y permiso correspondiente aprobado a través de la Dirección General de Bienes Culturales y la Dirección General de Museos (Junta de Andalucía). El proyecto, bajo la dirección de Mª D Bretones García, se denomina "Estudio de materiales de la Estación Prehistórica de Alcolea (Córdoba)", estando actualmente en curso.

junto a los ingenieros Vicente de la Puente y Aurelio Rodríguez Díaz dieron "*orden expresa de de salvar todo elemento arqueológico que pudiera encontrarse*", una vez realizados los primeros descubrimientos. Por propia descripción del primero, "*en la revuelta o inflexión que el canal describe al cruzar al arroyo del Tamujar, a unos mil metros de Alcolea, pasada aquella vaguada, ya en terrenos de la Valenzoneja, aparecieron entre los escombros el arranque de una mandíbula primero, y después un cráneo con reborde o torus superciliar, tan definido y claro, que no hay duda de que se trata de un primitivo de raza neanderthaloide (*sic*), de tipología francamente clasificable*". "*El lugar del emplazamiento queda a unos veinte metros de la margen derecha del arroyo del Tamujar, al oeste de él, y como a tres metros de profundidad con relación a la superficie del terreno en aquel sitio*" (Carbonell 1924: 8).

El autor continua: "*nuevas sorpresas, ya sobre aviso, esperaban. Por el frente oeste de aquella sección avanzaban las obras que habían de enlazar con las indicadas; y a sesenta metros del anterior hallazgo aparecen otros vestigios de restos humanos y útiles de pedernal con ellos, que por su tipología nos permiten establecer una continuidad entre los descubrimientos de que se tiene exacta referencia en el cuadro prehistórico de Córdoba*" (Carbonell 1924: 8). En este sentido, los hallazgos se refieren a un conjunto artefactual adscrito ya entonces a la prehistoria reciente. En concreto se hace referencia a "*grandes cuchillos de pedernal*", "*cuentas de collar de tonalidad verdosa clara*", así como dos puntas de flecha y recipientes de cerámica a mano, junto a diversos elementes líticos que al parecer no fueron depositados en el Museo. En este sentido, el citado ingeniero consideró dichos elementos como pertenecientes al "Capsiense y Pleno Neolítico" (Carbonell 1924: 27- 28).

Así, el relato pormenorizado de las circunstancias del descubrimiento pone de manifiesto desde el principio el hallazgo de un cráneo de características anatómicas visiblemente peculiares, extraído aproximadamente a tres metros de profundidad en relación a la superficie del terreno en aquel punto (denominado lugar 1), y situado a 60 m de un núcleo importante de hallazgos de naturaleza diferente (descrito como lugar 2). Estos últimos representan un conjunto de restos humanos pertenecientes a diversos individuos, acompañado de una cultura material compuesta por útiles laminares y puntas de flecha de sílex, recipientes de cerámica a mano y algún ejemplo de perlas de piedra perforada como elemento de adorno (Carbonell 1924: 16- 19, Murillo 1986a: 130), ajuar que describiremos más adelante en los capítulos correspondientes.

- Situación y emplazamiento

La llamada en la historiografía "Estación Prehistórica de Alcolea", también conocida por nosotros bajo el nombre de "Necrópolis del Arroyo Tamujar" (a fin de evitar confusiones con el enclave de Iglesia Antigua de Alcolea) (Martínez 2006: 57), ha sido relocalizada recientemente en terrenos de la urbanización de la Valenzoneja, perteneciente a los antiguos terrenos de la finca del mismo nombre (Martínez 2006: 62, Clapés *et Alii* 2008: 38, Martínez *et Alii* 2010a: 97)[57].

Gracias al croquis que el conocido ingeniero elaboró para su monografía, pudimos localizar el lugar exacto, correspondiendo efectivamente a un tramo del canal de riego del Guadalmellato, el cual se dispone aproximadamente a 1000 m al norte de la antigua carretera nacional a Madrid, a su paso por Alcolea. Esta localización se aleja de la inicialmente propuesta, desplazada hasta casi tres km al este (Murillo 1986a: 130, Martínez 2006: 61). Dicho lugar, hoy modificado en mayor o menor medida por las parcelaciones y reestructuraciones que se han sucedido en la finca, correspondería a un escalón o fuerte desnivel de caliza tabular messiniense, muy arenoso y degradado, bajo el cual se excavó dicho canal aprovechando su discontinuidad con la orogenia pleistocena ligada a las terrazas del Guadalquivir[58]. De hecho, al reconocer visualmente el lugar, lo primero que sorprende es la presencia de una sección o perfil practicada en un terreno calcáreo asociado a travertino, sobre el lienzo oeste del canal del Guadalmellato. Dicha sección, practicada a fin de trazar el cajeado del canal, pudo cortar el desarrollo de algunos abrigos naturales o covachas, así como sus rellenos y colmataciones, lo que propició el hallazgo de los restos arqueológicos ya removidos en la terrera o área de vaciado. Bajo dicho perfil se dispondrían las localizaciones 1 y 2 indicadas en la planimetría publicada por A. Carbonell (Carbonell 1924: 9).

- Los hallazgos materiales

El hallazgo de un cráneo dotado de caracteres tan notablemente peculiares, avivó el entusiasmo en los ambientes académicos locales, aceptándose con fecha de 24 de Enero de 1924 (apenas transcurridas dos semanas tras el descubrimiento) y de forma unilateral en la Real Academia de Córdoba, la nueva clasificación taxonómica de *Homo fosslis cordubensis*, denominación con la que fue exhibido en las vitrinas del museo arqueológico (MAECO) hasta la década de 1990[59]. El carácter arcaico

[57] En 1958, Samuel de los Santos Gener, director por aquel entonces del Museo Arqueológico Provincial de Córdoba, aludía a un hallazgo, producido a "500 metros de distancia" del famoso cráneo de Alcolea, consistente en "*un núcleo de sepulturas de inhumación, con vasos de barro algáricos (*sic*), dos perlitas de calais (fosfato de aluminio verde), perforadas para formar una sarta de collar, dos microlitos de puntas de flechas y dos cuchillos de hoja monofaz*" (Santos 1958: 87). Evidentemente, concordando dicha descripción con los elementos hallados entonces a 60 m del famoso cráneo, aunque siempre bajo el recorrido del actual canal, deducimos que tanto la distancia expresada como el "desdoblamiento" del yacimiento, conforman muy probablemente un error cometido por el autor, si bien ha sido igualmente transmitido en revisiones posteriores (Asquerino 1994: 8-9).

[58] "Al cortarse esa terraza del Mioceno (...) en las inmediaciones del arroyo del Tamujar, a unos 5 metros de profundidad" (Carbonell 1926: 148).

[59] En realidad, al menos en la última década junto a las cartelas con el término *Homo fossilis cordubensis* se exhiban dos cráneos fragmentados procedentes del segundo núcleo de hallazgos, los cuales desde el principio se les identificó como restos de hombres modernos

de este cráneo, así como su posible relación con un espécimen neandertal (o "*neanderthaloide*"), fue posteriormente rebatido por diferentes especialistas (Hoyos 1947, Fusté 1956, Domínguez 2000), quedando este descubrimiento relegado poco a poco al olvido.

Desgraciadamente, la cultura material y el resto de los elementos que casualmente se descubrieron en lugar 2, no suscitaron el mismo interés que el conocido cráneo tenido inicialmente por "*neanderthaloide*"[60]. De la relación inicialmente descrita por Carbonell, y en la cual se encontraban desde bioturbaciones fósiles de calcarenita (restos cilíndricos calizos duros [Carbonell 1924: 18]) hasta una serie de elementos líticos de dudosa interpretación, se depositaron en el museo con seguridad una serie de "*vasos de barro algáricos (*sic*), dos perlitas de calais (fosfato de aluminio verde), perforadas para formar una sarta de collar, dos microlitos de puntas de flechas y dos cuchillos de hoja monofaz"* (Santos 1958: 87), junto a un conjunto de restos humanos pertenecientes al menos a una docena de individuos. Estos objetos corresponden casi en su totalidad a los elementos clasificados por Carbonell inicialmente como pertenecientes al "Pleno Neolítico" (Carbonell 1924: 28-29).

La mayor parte de estos artefactos fueron incluidos con posterioridad en una tesina de licenciatura (Murillo 1986a: 130), identificándose como pertenecientes a la Edad del Cobre, concretamente al Calcolítico temprano y dentro de la denominada "Cultura de los Silos". En su opinión, el depósito correspondería probablemente a un enterramiento colectivo en silo, como los detectados por George Bonsor en Campo Real (Carmona) a finales del XIX (Murillo 1986a: 130).

El conjunto conservado hoy en el Museo Arqueológico y Etnológico de Córdoba (MAECO) carece de algunos elementos que se han perdido con posterioridad a su ingreso, algunos de ellos (caso de al menos una punta de flecha foliácea de base cóncava) durante su exhibición en la Exposición Internacional de Barcelona de 1929. Tanto los artefactos cerámicos conservados hoy en el Museo Arqueológico de Córdoba (MAECO), como la industria lítica tallada, se describen independientemente en los capítulos de esta Tesis referidos a estas producciones. Por otra parte, entre elementos líticos no tallados destacan una cuenta sensiblemente esférica, dotada de una estrecha perforación tubular (apenas 2 mm de diámetro), realizada en una roca de matriz translúcida y tonalidad verdosa[61] (N° Inv. 2827), y un canto de gran contenido en óxido de hierro (hematites), probablemente seleccionado base a sus cualidades colorantes (N° Inv. 3836).

En cuanto a los restos humanos asociados a este conjunto y sujetos actualmente a estudio, se han contabilizado aproximadamente una docena de individuos, entre los que parecen quedar representados adultos de ambos sexos, así como la presencia de especímenes infantiles. Todo este conjunto óseo fue extraído de la terrera bajo criterios sin duda selectivos, por lo que el conjunto se encuentra dominado por fracturas antiguas y recientes de todo tipo, presentando una conservación diferencial de elementos craneales y de diáfisis de huesos largos frente a elementos axiales y apendiculares de pequeñas dimensiones. Como elemento de interés destaca una porción de neurocráneo (frontal y ambos parietales) que parece contar en el sector central del frontal con una perforación deliberada, algo ya advertido por Carbonell, que lo definió como "cráneo – copa" (Carbonell 1924: 16).

Uno de los cráneos mejor conservado (probablemente el incluido bajo el N° Inv. 3819), fue estudiado por Hoyos Sainz quien, a diferencia del famoso ejemplar "*neanderthaloide*", observó caracteres típicos compartidos con otros cráneos andaluces del Neolítico y la Edad del Cobre conocidos entonces (de la Cueva de la Mora en Jabugo y otros de la colección Bonsor procedentes de Palma del Río), como su braquicefalia, con un índice cefálico de 82 (Hoyos 1947: 168).

Por último, durante el preestudio de los restos óseos humanos han podido segregarse diversos elementos óseos pertenecientes a fauna mastozoológica. De ellos destaca por su excelente conservación un cráneo completo, incluyendo ambas mandíbulas, de tejón (*Meles meles*), con toda probabilidad perteneciente a un macho adulto de grandes dimensiones. A esta especie también corresponden una tercera falange y dos caninos superiores, éstos de un individuo diferente. Los restos de carnívoros se suceden con dos mandíbulas, un fragmento de maxilar y una ulna de zorro adulto (*Vulpes vulpes*), diversos elementos óseos pertenecientes a varios conejos (*Oryctolagus cunniculus*) y una primera falange de ciervo (*Cervus elaphus*), ésta última muy afectada por carroñeo intensivo por parte de carnívoros. Por último como fauna doméstica se ha identificado una primera falange y un metacarpo fragmentado de oveja (*Ovis aries*), sin marcas aparentes atribuibles a carroñeo o actividades antrópicas.

- Interpretación del sitio y cronología

Mientras no se dispongan de resultados radiométricos, los únicos métodos para poder aproximarnos al contexto cronológico de este hallazgo residen de las afinidades tipológicas y tecnológicas mostradas por el ajuar. El empleo de largas hojas de sílex, de aristas paralelas obtenidas a partir del uso de núcleos de dos o más crestas, resulta característico del sur de Iberia en el IV y III

asociados a un ajuar propio de la prehistoria reciente. El cráneo permaneció en estudio durante años en Madrid bajo la responsabilidad de Emiliano Aguirre (Domínguez 2000: 55), sin que conozcamos los resultados o informes de algún estudio realizado entonces. El cráneo fue devuelto a Córdoba en la década de 1990.

[60] Es posible que durante su exhibición en la Exposición Internacional de Barcelona (1929), fueran observados por Bosch Gimpera, de quien Hoyos Sainz dice que los definió dentro de la Cultura Eneolítica Portuguesa (Hoyos 1947: 139). Posteriormente, al parecer Santa Olalla las incluyó dentro del Bronce I Mediterráneo (Santos 1958: 57).

[61] Compuesta originalmente por dos cuentas de características similares, Carbonell define la materia prima empleada como "pizarra jabonosa, anfibólica, sericítica, gris verdosa", siendo identificada años más tarde por Samuel de los Santos (1958: 87) como "*Calais (fosfato de aluminio verde)*", representando probablemente una forma de variscita.

milenio ANE (Morgado *et Alii* 2008: 320). La presencia original de puntas foliáceas de sílex de base cóncava también resulta típica de la región al menos desde el segundo cuarto del IV milenio ANE continuando a lo largo de la Edad del Cobre (Martínez y Afonso 2008: 296). Las formas cerámicas sin embargo parecen ser algo más expresivas en cuanto a definición cronológica. La existencia de vasos carenados y formas de paredes rectas así como su asociación a adornos realizados sobre "piedras verdes", permiten adelantar una cronología a caballo entre la segunda mitad del IV y e inicios del III milenio ANE, muy probablemente relacionado con el hábitat de Iglesia Antigua de Alcolea (Clapés *et Alii* 2008, Martínez y García 2009, Martínez *et Alii* 2010a). En todo caso, las circunstancias del hallazgo no permiten excluir la presencia de artefactos de inferior cronología, caso de un vaso de superficie bruñida y leve cuello de paredes cóncavas (Figura XCIII, 3814), similar a algunas formas coetáneas de tipos campaniformes encuadrables a caballo entre el III y II milenio ANE.

En cuanto a la interpretación del sitio, poca es la información válida que puede filtrarse del informe presentado por Carbonell, si bien nos proporciona algunas pistas: "*Amontonados estos restos de los hombres prehistóricos en informe agrupamiento, triturados por presión o choque, parece que este hecho aconteció con posterioridad a su depósito; y ello nos habla de un osario preexistente, que fue triturado y comprimido por una o varias presiones o derrumbamientos posteriores y acaso sucesivos*" (Carbonell 1924: 12). Difícil se nos antoja distinguir entre un origen natural para el cavernamiento colapsado que cita el autor, o bien antrópico, como cueva natural modificada a modo cámara hipogeica. La existencia ya aludida de algunas cuevas artificiales existentes a proximidad (Puente Mocho y Pendolilla), así como la observación de alguna de las fotografías publicadas entonces (Carbonell 1924: 10- 13), podría reforzar dicha posibilidad. Del mismo modo, también los cavernamientos naturales resultan frecuentes en la zona, lo que unido a la identificación de restos de carnívoros con hábitos cavernícolas (tejones y zorros), y al hallazgo de restos de herbívoros carroñeados (ciervo), podría apoyar el carácter natural de la oquedad, usada en este caso como cueva sepulcral, que vendría a sumarse a las otras pruebas ya citadas en referencia a la existencia de dicha costumbre al norte del Guadalquivir.

- Túmulos e incógnitas

Las construcciones tumulares, independientemente de su contextualización histórica y su cronología, han despertado siempre la curiosidad y estimulado la imaginación de los habitantes de los diversos lugares en donde se sitúan, no siendo el que tratamos una excepción, aunque sorprenda la ausencia total y absoluta de toda investigación actual (entendiendo por actual desde la década de 1920 hasta hoy). Precisamente, la mención que consideramos más antigua de este tipo de construcciones en todo el territorio andaluz, se refiere a un monumento, aun visible aunque muy maltrecho en las proximidades de Córdoba, si bien de cronología estimada mucho más moderna y que merece la pena trascribir seguidamente. Nos referimos al topónimo bajo el que es conocido, el "Montón de Tierra", término que hace referencia a la presencia de una construcción tumular, de aproximadamente 50 m de diámetro y hasta 5 m de altura emplazada en la finca del mismo nombre, flanqueando la carretera nacional que enlaza Córdoba y la pedanía de Alcolea.

- *El Montón de la Tierra*

La primera descripción firme de dicha estructura, corresponde a Hernando Colón, quien en su "Descripción y Corografía de España" redactada entre 1517 y 1523, afirma que "*parti de cordoba para la puente de alcolea que hay dos legua llanas rriberas arriba de guadalquevir que queda a la mano derecha a dos tiros de ballesta del camino e por la mano dizquierda queda syerra morena a media legua en el camino la halda se entiende e a legua e media en el camyno esta un monton de tierra que fue fecho por mano despuertas por memoria*[62]". Contemporánea a esta descripción conocemos una cita apócrifa, reunida por Melchor de Santa Cruz (1505-1585), haciendo referencia a una anécdota en la que participó el célebre pícaro Perico de Ayala, sucedida en uno de los viajes que Fernando el Católico realizó a la Ciudad de Córdoba (probablemente en 1509), y en la cual se cita que "*pasando el Rey Catholico á par del monton de tierra, que está cerca de Cordoba, preguntó: paraqué se allegó aqui tanta tierra? Respondieronle, que en tiempo del Rey Almanzor Cordoba era la cabeza de toda la Morisma, y todos los Pueblos eran obligados á tráhefialli una espuerta de tierra, en señal de sujecion. Dixo el Rey á este Truhan: Qué tantas espuertas te parece que havrá aquí? Respondió: Haciendo una espuerta en que quepa la mitad, havrá justamente dos espuertas*[63]."

Sabemos que este extraño monumento despertó pues el interés y la curiosidad de los habitantes de la ciudad desde la baja Edad Media, comenzando a mediados del siglo XIX y quizá por imitación de las actividades que a partir de entonces se realizaron excavando construcciones tumulares en el resto de Europa, a despertar la atención de los anticuarios e inspectores de antigüedades, como en el caso de Luis Maraver y Alfaro, quien se distinguiría poco después por excavar la necrópolis ibérica de Almedinilla. En 1867 se comenzó a planificar su excavación: "*tampoco* (esta comisión) *ha podido por la misma razón* (se refiere a falta de fondos) *practicar una exploración al sitio conocido con el nombre El Montón de la Tierra donde tiene fundadas esperanzas de descubrir un túmulo prehistórico*[64]". Sospechamos que dichas exploraciones quedaron relegadas definitivamente

[62] Fernando Colón: Descripción y cosmografía de España. Tomo I. Padilla Libros. 1988. Pág. 323.

[63]Melchor de Santa Cruz: Floresta Española. I. De apotegmas ó sentencias, sabia y graciosamente dichas, de algunos Españoles. Critica. 2001. Pág. 89.

[64] CACO/9/7951/39(1) Córdoba, 16 de dic. 1867. Archivos de la Comisión de Antigüedades de la Real Academia de la Historia, Madrid.

al comenzar la excavación en el mismo año de la necrópolis de los Collados, en el Cerro de la Cruz de Almedinilla, ya que los siguientes fondos obtenidos se emplearon en dicho menester, como así puede seguirse en la lectura de la documentación consultada[65].

Gracias a Ramírez de Arellano, sabemos que este túmulo pudo libarse de la pala durante la mayor parte de la segunda mitad del siglo XIX, aunque por poco tiempo: *"El Montón de la Tierra, creído un túmulo, está 6 km de Córdoba y a un lado de la carretera. En 1897 su propietario, Don Gregorio García García, tuvo curiosidad por saber si era o no un túmulo y abrió un pozo en la cúspide, profundizando 14 m hasta encontrar el cascajo, sin que saliera de la excavación más que lima del río. Perforó después el montón en varias direcciones, con idéntico resultado, y luego abrió una zanja en la cual, a 4 m halló unos sillares de piedra franca* (calcarenita o arenisca carbonatada miocena en la terminología local) *de algo más de un metro de largo dovelados para dar al muro forma circular, y debajo de ellos había un cimiento de argamasa de 0,15 de espesor. Hecha una galería hacia fuera, se vio que aquella argamasa alcanzaba 13 m de longitud, y abierto por arriba, se vio que no había más que trozos de mosaicos sin labores, revueltos con el relleno superior, suspendiéndose las excavaciones".*

"Una tarde fuimos Mateo de Inurria, Don Teodomiro Ramírez de Arellano y yo a reconocer la obra y vimos que eran las ruinas de un edificio cuya demolición no había sido casual, sino para a provechar los materiales, quedando sólo la primera hilada de los sillares, contando desde abajo, distante poco más de un kilómetro, y cuyas minas sirven de cimentación a la actual casa de la finca. Se trataba de restos de un edificio romano, quizás un templo, y su centro un recinto circular hueco sobre el cual se elevaba un templete con columnas que encerrarían la deidad a la que el templo se ofreciera. Alrededor había un espacio de 13 m de ancho terminado por otro muro y, entre ambos, estarían las dependencias del templo, formando su cubierta una gran terraza. Destruido todo se aprovecharían los materiales para la fortaleza árabe de Alcolea, cuyos fundamentos se ven claramente".

"Las inundaciones del Guadalquivir rellenaron aquellas ruinas con la línea del río, y en tiempo de Enrique IV, que derribó el Castillejo árabe, los pobladores de esta fortaleza intentaron excavar en busca de riquezas, limpiando los alrededores de lima y la amontonaron en el centro, abandonando los trabajos. Las avenidas sucesivas llenaron las excavaciones igualando el terreno, y el montón quedó en medio, dando nombre a todo aquel paraje[66]."

Tras esta curiosa interpretación, cabe considerar a la vista de los datos facilitados por este último autor, que el llamado Montón de Tierra no se trate de un túmulo prehistórico[67], pudiendo efectivamente ser considerado obra romana, túmulo funerario o basamento de un monumento conmemorativo[68]. Resulta intrigante y ciertamente vergonzoso, afirmar que desde principios del siglo XX la investigación arqueológica haya pasado completamente de largo por este monumento, que sufrió una destrucción casi total durante la década de 1980, quedando hoy reducido a una cuarta parte de su volumen original.

Figura 17: El "Montón de Tierra" en la actualidad (2010), en la carretera entre Córdoba y Alcolea.

- Otras estructuras tumulares en la vega del Guadalquivir Medio

A lo largo del segundo cuarto del siglo XX, los hallazgos y localizaciones de interés arqueológico realizados durante las prospecciones llevadas a cabo por A Carbonell, quedaron plasmadas en sus cuadernos de campo, en forma de citas que también fueron recogidas a su vez por Juan Bernier y recogidas en sus libretas como apuntes personales. Muchos de estos datos, como ya hemos tenido ocasión de aludir, han llegado a la actualidad acompañados de grandes dificultades de contrastación.

Entre dichas informaciones también se citan algunas localizaciones de túmulos, comenzando por el localizado por Carbonell en las inmediaciones del cortijo Malpica, a escasos metros del río en la aldea del Ochavillo (Fuente Palmera) (Cabrero 1985: 247, Bernier *et Alii* 1986: 109). En el listado manuscrito realizado por Bernier, cita la posible existencia de otro en las inmediaciones de este último, en la Corregidora, "antes de llegar a un barranco que atraviesa el camino". Otro dato de difícil contrastación se centra en el límite norte de la ciudad de Córdoba, donde Rosario Cabrero, siguiendo al último autor, localiza un sepulcro desconocido en el Barrio del Naranjo (número 130), localización que pueda quizá

[65] CACO/9/7951/39(3)

[66] Rafael Ramírez de Arellano: Inventario monumental y artístico de la provincia de Córdoba. 1983. Pág. 16.

[67] Para A. Carbonell, el Montón de la Tierra "correspondía a un monumento funerario de la Edad de los Metales o de fecha posterior" (Carbonell 1926: 125).

[68] Agradecemos al Dr. Ángel Ventura Villanueva, sus valiosas observaciones en lo relativo a este interesante y olvidado monumento.

coincidir con el supuesto túmulo de la "Casa de Ejercicios" citada en el listado manuscrito.

Felizmente, algunas de estas informaciones han podido resolverse positivamente, gracias por otra parte al uso de recursos digitales para fotointerpretación y a la actual disponibilidad de ortofotografía y cartografía histórica, combinados en Sistemas de Información Geográfica (como *Google Earth* o el Visor SigPac) a disposición en la red. Este es el caso del túmulo del Palomar, situado en el interior del meandro de los Cansinos, sobre una loma de cierto valor estratégico a 200 msnm y a escasos metros del Guadalquivir. En 1946, tras aludir al famoso Montón de la Tierra, Carbonell, afirmó que "*de tipo análogo es el dolmen que aparece en el espolón de los Cansinos, de 7 metros de Altura y 15 de diámetro, cuya exploración hemos proyectado en diferentes ocasiones*" (Carbonell 1946: 101). Esta localización será recogida tanto por Samuel de los Santos (Santos 1958: 91) como en el listado manuscrito de Bernier, si bien éste no consiguió localizarlo con posterioridad[69]. Éste sería el sepulcro denominado por Rosario Cabrero como de Villafranca (número 131), el cual sitúa correctamente en el interior del meandro de los Cansinos, junto al Guadalquivir (Cabrero 1985: 247).

Gracias a estos datos hemos podido localizar recientemente[70] un gran túmulo en el mismo espolón de los Cansinos, lugar en el que fue citado por vez primera en 1946. Dicho monumento presenta en la actualidad unas dimensiones de más de 40 m de diámetro y hasta cerca de 5 m de altura, estando realizado visiblemente a partir de aportes sucesivos de limos y bloques y grava de origen fluvial y composición heterométrica. Su proximidad a un área rica en restos cerámicos correspondientes al Bronce Final y el Orientalizante, así como la localización de estructura siliforme terraplanada en una gravera próxima con materiales propios de la segunda mitad del IV milenio, arrojan razonables dudas respecto a la antigüedad y posible datación de dicho monumento, encuadre que sólo una excavación o una prospección geofísica podría aclarar.

Por último, una posible estructura tumular de características análogas puede observarse en la ortofotografía del vuelo americano de 1956, en la que se puede distinguir un montículo de unos 30 m de diámetro dispuesta en una elevación de 200 m dentro del meandro de Alcurrucén, dominando el cauce del Guadalquivir. Una visita reciente nos permitió observar una estructura desmontada en la que apenas se permite adivinar un anillo de tierra compactada protegido por árboles, todos ellos sembrados después de la fecha señalada. En su interior, se disponen agrupadas varias colmenas, por lo que resulta difícil en su estado actual, atreverse a asignar un origen arqueológico para dichos restos.

[69] Información facilitada por Julio Costa Ramos, técnico de la delegación de Cultura de Córdoba.

[70] Hecho comunicado mediante registro en la Delegación de Cultura el día 5 de Abril de 2010.

- Megalitismo en la vega del Guadalquivir Medio

Hasta la década de 1990, la existencia de construcciones megalíticas en el territorio estudiado tan sólo se basaba en informaciones antiguas, referidas bien la existencia de monumentos supuestamente desaparecidos desde hacía años (Dolmen de las Sileras), bien a informaciones de difícil contrastación o ciertamente dudosas, caso del ya aludido "trilito" de Santa María de Trassierra (Carbonell 1945b: 77), o del a veces definido como "monumento dolménico del Montón de Tierra", junto a otros supuestos bajo los túmulos a los que hemos aludido (Carbonell 1946: 99)[71]. Otros datos recopilados por este autor, hacían referencia a vagas noticias de la existencia de megalitos en la Nava del Convento (Adamuz), Montoro u Hornachuelos (Carbonell 1946). Precisamente en este último término municipal, en un emplazamiento recogido bajo el topónimo de Mezquetillas hacia mediados de los años 60 del pasado siglo se destruyó "*un megalito, sin identificar, durante las labores agrícolas. Parte de su ajuar funerario se conserva en el museo Municipal de Palma de Río, a donde llegó por donación de uno de los trabajadores que protagonizó el hecho. Según la información aportada por esta persona, un tractor derrumbó con su peso la cubierta de lo que podía ser la cámara del megalito, de cuya existencia no se había advertido hasta entonces. Seguidamente se procedió al vaciado del mismo, extrayéndose de él gran cantidad de vasos cerámicos y constatando la presencia de numerosos restos humanos*". Al parecer, la mayor parte de ese rico ajuar fue requisado por el dueño de la finca, desconociéndose actualmente su paradero, si bien se conservan en el almacén del Museo Municipal de Palma del Río, dos vasos cerrados (botellas) de mamelones perforados equidistantes y cuello de perfil recto y un plato de borde engrosado (Lopera 1995: 27 y 29).

- El Conjunto megalítico de la Sierrezuela

En 1991 se descubrieron en la Sierrezuela de Posadas (pequeña estribación meridional de Sierra Morena en contacto con el glacis y vega del Guadalquivir) dos sepulcros megalíticos distantes algo menos de 100 m uno del otro (Lopera 1993: 131). Debido al parecer por hallarse el primero de ellos muy deteriorado, se tomó la decisión de excavarlo poco después, resultando de ello una galería cubierta dotado de una orientación este – oeste, contando su extremo oriental (donde se encontraría su ingreso) de un brusco cambio de dirección hacia el noreste. La construcción se compone de 11 ortostatos para cada lienzo (23 en total), cerrándose el extremo occidental por una gran laja que supera en tamaño a las demás. La cámara cuenta con 7,70 m de longitud y una anchura máxima en el interior de 1,5 m, no habiéndose documentado evidencias de la cubierta, posiblemente

[71] De los monumentos megalíticos bien conocidos que escapan al área de estudio, los grupos de Sierra Palacios y Espiel representan sin duda los más cercanos (Vera 1999a, Gavilán 2004:124). El llamado, Dolmen de la Camorrilla, en Obejo, podría considerarse el más meridional de dichos conjuntos (García y Moyano 2000: 72).

adintelada, o de la potencial existencia de túmulo (Lopera 1993: 135 y 138).

Si bien todo indica que el interior de la cámara había sido violado hacía poco tiempo[72], se hallaron dos cráneos humanos, junto a un paquete de huesos largos en el tramo central de la galería, todos pertenecientes a individuos adultos. El resto de los elementos se componían de dos puntas de flecha de sílex de base cóncava y aletas, ocho fragmentos de láminas de sílex de sección trapezoidal y tres núcleos de láminas y algunas lascas, junto a escasos fragmentos de cerámica, muy rodados y de pequeño tamaño y un fragmento de elemento pulimentado (Lopera 1993: 135, 1995: 30).

Del otro dolmen identificado a proximidad, contamos con muy poca información. Tan sólo se apunta a la presencia de un anillo exterior de piedra, que pudiera evidenciar el arranque de un túmulo, pudiendo corresponder a una galería cubierta de las mismas características (Lopera 1993: 138, 1995: 30). No contamos al norte del Guadalquivir, con más evidencias seguras de megalitismo dentro de los límites marcados, estando próximo a éste, el dolmen de la Camorrilla, en Obejo (García y Moyano 2000: 80), ya en terrenos de del Sinclinal del Guadiato, y al oeste, en el entorno de la vega sevillana, el poco conocido dolmen de los Majadales (Lora del Río) (Salas y Barrionuevo 1990: 8). Más al norte, los núcleos megalíticos del Guadiato y los Pedroches, representarían las mayores densidades de la cuenca media del Guadalquivir (Vera 1999a, Marfil 1997, Gavilán *et Alii* 1991, Gavilán y Vera 1994a). Al sur del cauce, en la franja territorial incluida en este trabajo, disponemos de una vaga noticia[73] referida a la destrucción de un monumento megalítico en el Cortijo de San Rafael (Écija). Por último, otro testimonio, éste sí mucho más consistente, responde al denominado dolmen de las Sileras (Santos 1933, 1949), hasta hace poco incluido dentro de los casos no resueltos de la historiografía arqueológica.

- El monumento del arroyo de las Sileras

En Agosto de 1932, el administrador de fincas de la Casa de Osuna, Emilio Pérez Alcázar, invitó a Félix Hernández y al entonces director del Museo Arqueológico de Córdoba, Samuel de los Santos a visitar "una curiosa piedra" que se hallaba en el cortijo de las Sileras, actualmente conocido como Cortijo Nuevo de la Silera. Una vez en el lugar, Samuel de los Santos realizó un croquis de los restos y elaboró una sucinta descripción, datos que han representado entre 1933 y 2009 la única información directa con la que se ha contado en referencia a este monumento. Siguiendo su descripción los restos se componían de una "*gran losa cuadrada quebrada en varios trozos*", "*al parecer de diorita, la roca característica de los martillos y las hachas*" (Santos 1933: 30, 1949: 143). Esta losa se encontraba "*tendida sobre la margen derecha del arroyo*", estando al pie de ella "*clavada verticalmente en lo profundo del arroyo*", "*otra gran piedra que asoma el borde de uno de sus costados*" (Santos 1933: 30, 1949: 144).

Siguiendo su descripción, tanto la "losa quebrada" como aquella que tan sólo dejaba entrever uno de sus costados, mostraban una serie de signos grabados (14 en la gran losa quebrada y hasta seis en el caso de la que se encontraba a sus pies) compuestos por tres clases diferentes, divididos en "*dobles espirales, círculos concéntricos y elipses*". Éstos parecían grabados "*quizás con instrumento (de) sílex o bronce en hueco*" dejando un destacado "ancho de canal" (Santos 1933: 31, 1949: 145). Tras describir de forma aproximada los grabados dividiéndolos en signos individualizados, el autor apoya su pertenencia a la "*cámara de un dolmen cuyas piedras laterales han sido destrozadas, bien por el tiempo o la acción de las aguas, bien por los mismos hombres buscadores de tesoros de la Antigüedad*" (Santos 1933: 31).

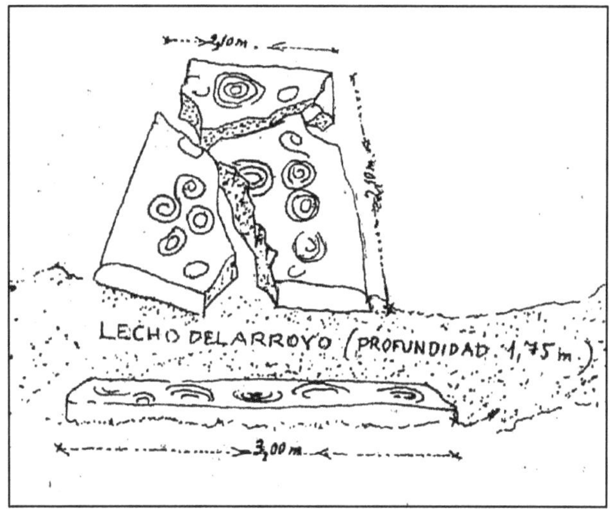

Figura 18: Croquis sobre la stuación de ambas estelas en 1932 (Santos 1933).

Los grabados, a los que el por entonces director del Museo Arqueológico de Córdoba denomina "insculturas" debido a tratarse de incisiones relativamente amplias y profundas, tanto a causa de su diseño como por aparecer dispuestos sobre soporte megalítico, se relacionaron desde el principio con diversos ejemplos monumentales de variada cronología salpicados a lo largo de Europa. En relación al arte megalítico conocido entonces, se destacó su analogía con los presentes en Dowth y Newgrange (Brú na Bóine) en Irlanda, y Gavrinis (Morbihan) en Bretaña, destacando rasgos compartidos como el uso de espirales y círculos concéntricos. En este sentido tampoco escatimó paralelos con grabados relacionados con el mundo de los castros del noroeste. Tras la visita y la toma de datos sobre el terreno, Samuel de los Santos publicó su descripción y conclusiones acompañadas de un boceto a

[72] Al parecer se hallaron a cierta profundidad, un cartucho de caza y la vaina de una bala de fusil (Lopera 1993: 134).

[73] Esta información se la debemos a Rafael Armenta, gerente del Museo Arqueológico de Écija, quien al parecer fue testigo de la aparición de varios ortostatos (uno de ellos perforado) al proceder a la construcción de una balsa de riego a finales de la década de 1990.

modo de croquis, ya que su intento por tomar fotografías fracasó, en el Boletín de la Real Academia de Córdoba (1933), presentándolo años después en el IV Congreso Arqueológico del Levante Español (Elche, 1948), donde Luis Pericot puso de relieve el interés de "*tan desconcertante hallazgo*" (Santos 1949: 150).

Tras esta primera visita, la localización del monumento se fue perdiendo en la memoria de los testigos implicados. De hecho, George y Vera Leisner visitaron en 1934 al menos el norte de la provincia de Córdoba recopilando datos sobre monumentos megalíticos, publicando en 1943, el volumen de su obra correspondiente al sur de la Península Ibérica. En ella, al hablar del monumento de las Sileras afirman que a pesar de la cita bibliográfica recogida, no pudieron acceder a los restos (Leisner y Leisner 1943: 193). A dicho olvido pudo contribuir sin duda el estallido de la Guerra Civil, al comienzo de la cual fue asesinado el administrador del los terrenos y primer "descubridor" del monumento, Emilio Pérez Alcázar.

A lo largo del siglo XX se trató de volver a localizar sin éxito el monumento[74] (Bernier 1979: 46). Probablemente en ello pudo influir la identificación frecuente en la cartografía de la segunda mitad del siglo XX del arroyo de las Sileras con el nombre exclusivo de arroyo de los Abades. Del mismo modo, en la cartografía consultada (1: 10.000, 1: 25.000 y 1: 50.000) el Cortijo Nuevo de las Sileras aparece mencionado con el nombre de "Cortijo nuevo de la Sierra", motivos ambos que, junto a los vagos datos de su situación aportados por Samuel de los Santos[75] y a lo *sui generis* de su ubicación en el lecho de un arroyo, impidió su localización[76] hasta el presente. Hacia los años finales del pasado siglo, María Dolores Asquerino, resumió el caso con estas palabras: "*Ningún estudio se hizo posteriormente; nada sabemos qué fue de los restos descritos y dibujados por S. de los Santos. Por desgracia, han pasado ya más de sesenta años de aquel agosto de 1932 y la documentación perdida es irrecuperable. ¿Se trataría, en efecto, de un dolmen o de otro tipo de estructura ceremonial? Nunca lo sabremos*" (Asquerino 1994: 10).

En mayo de 2009, durante la realización de este trabajo y compilando datos relativos a la Prehistoria reciente del término municipal de Córdoba, tuvimos noticia de la existencia de unos extraños restos presentes en el arroyo de los Abades, en proximidad al Cortijo Nuevo de las Sileras. Accedimos a dicha información gracias a la página web de un club deportivo de la localidad de Fernán Núñez (Córdoba), correspondiendo a una salida ciclista efectuada en agosto de 2008. A través de los datos fotográficos y a la propia descripción de la ruta, pudimos visitar el lugar y localizar los restos el día 25 de mayo de 2009.

Éstos, mantenían una disposición en apariencia muy similar a la descrita 77 años antes, con los tres fragmentos probablemente pertenecientes a un mismo ortostato (estela 1) yacentes en el talud oeste del arroyo encajado, guardando un indudable parecido con aquellos representados en el croquis realizado por Samuel de los Santos. Bajo ellos se distinguía un arquitrabe o pilar alargado (estela 2), próximo a los tres metros de longitud, que parecía coincidir por su situación con el elemento hundido en el lecho del arroyo, situada por Samuel de los Santos a los pies de la anterior. A diferencia del representado en el boceto, éste apenas deja entrever con seguridad evidencias de motivos o representaciones grabadas, las cuales, al igual que sucedió aunque en menor medida con la estela 1, se han visto visiblemente afectadas por las crecidas periódicas del arroyo, que han terminado por comprometer seriamente la conservación de parte de los grabados. Realizados en calcarenita tabular miocena, roca muy frecuente en otras áreas del entorno, es posible aun hoy distinguir restos de otros posibles ortostatos, así como diversos elementos pétreos, a unos metros al sur, hacia la cabecera del arroyo. Desde el inicio pudimos comprobar la necesidad de llevar a cabo un estudio de todos estos elementos en su entorno, ante la posibilidad que formar parte de una estructura de dimensiones y extensión desconocida.

Una vez comunicado el hallazgo en la Delegación Provincial de Cultura, se elaboró un proyecto de estudio *in situ* y prospección intensiva, vinculado a una cuidadosa extracción de los ortostatos decorados, proyecto que fue desestimado por silencio administrativo y comunicación verbal del personal de dicha institución. Poco después, el día 17 de noviembre y por decisión unilateral de la propia Delegación Provincial, las estelas 1 y 2 fueron extraídos del lecho del arroyo y trasladados al depósito del Museo Arqueológico y Etnológico de Córdoba (MAECO) donde continúan en la actualidad. La nueva situación nos obligó a modificar el proyecto inicial a fin de adaptarlo a un estudio de materiales arqueológicos en las dependencias del museo, actividad que fue aprobada a fecha de 8 de febrero de 2010, siendo el director de la misma el redactor de estas líneas, junto a Juan Carlos Vera

[74] Hemos tenido oportunidad de revisar en el almacén del MAECO, una caja de material procedente del Cortijo de la Silera, en donde hemos podido identificar junto a industria de gravera propia del Modo 2 y 3, cerámica romana y medieval y algunos fragmentos de cerámica a mano de tratamiento bruñido y un fragmento de borde engrosado, además de un diente de hoz de sílex, conjunto datable entre el III y II milenio ANE. Junto a ello, se adjuntaba un croquis planimétrico de los hallazgos, realizados (todos ellos a proximidad del cortijo) y donde se indicaba la situación del Cerro de las Sileras junto a la de las estelas megalíticas en el arroyo, éstas sorprendentemente bien situadas. Dicha prospección fue realizada por un equipo dirigido por A. Mª Vicent Zaragoza, en 1976.

[75] En su publicación de 1949 llega a ubicarlo en el Término Municipal de Espejo, estando realmente en el de Córdoba. Este mismo dato es seguido por Cabrero (Cabrero 1985: 247).

[76] En 1985 Pedro Lacort afirma lo siguiente en relación a los silos pretendidamente romanos que se conservan actualmente en el cerro de los Silos o de la Silera: "muy cerca de la colina de los Silos, a unos trescientos metros al este, pasa el arroyo de Los Abades, en cuyo lecho permanecen semienterrados los restos del llamado Dolmen de la Silera" (Lacort 1985: 369- 370). Dicha información, unida a las citas anteriores y a la ubicación de este dolmen en Fernán Núñez (cuyo término se encuentra próximo a su emplazamiento) (López Palomo 1987: 45), da a entender que si bien para los investigadores interesados en el hallazgo, su ubicación era desconocida, no lo era sin embargo para otros, bien trabajadores del cortijo o ciertos habitantes del entorno. Ello explicaría su "redescubrimiento" por integrantes de un club deportivo con sede en Fernán Núñez.

Rodríguez (Universidad de Huelva), Primitiva Bueno Ramírez y Rodrigo Balbín Berhmann (Universidad Complutense), entre otros investigadores.

Esta asombrosa manifestación simbólica se halla en la actualidad sujeta a un estudio detenido aun no finalizado, del cual adelantaremos algunos datos. Ha sido dividida en dos elementos distintos, denominados "estelas megalíticas" ante la dificultad por el momento de asignar su pertenencia a una construcción megalítica compleja, insertas a modo de ortostato, menhir o pilar. En ambos casos, la "decoración" se presenta grabada por medio de incisiones de cierta anchura, a modo de acanaladuras y probablemente realizadas mediante repiqueteo o abujardado con un útil lítico. Pasamos a describir cada una de las piezas[77].

- Estela 1

Bajo esta denominación hacemos referencia a lo que aparenta ser una gran estela fracturada en tres grandes bloques (fragmentos 1 a 3), dos de los cuales remontan visiblemente (fragmentos 1 y 2), mientras que el tercero no muestra fracturas acordes con un remontaje seguro con el resto de los fragmentos, si bien tanto por su posición original en el contexto del hallazgo, como base a sus proporciones, la forma de ambos bloques y su espesor, la hemos remontado virtualmente. Las tres piezas se distribuían originalmente entre el talud occidental del arroyo y el lecho del mismo, yaciendo en posición más o menos inclinada. El fragmento 1, representa el bloque de menor tamaño relativo, con unas dimensiones que oscilan entre 1,52 m de longitud y 0,88 de anchura, con un espesor máximo de 0,56 m. La superficie grabada presenta cierta tendencia cóncava, siendo la cara del único lado que no presenta fracturas, completamente plana. En su extremo inferior, siempre en función del calco presentado con las piezas remontadas, se aprecian restos de una posible perforación por barrenado, probablemente ya observada por Samuel de los Santos al aludir a su posible fractura para beneficiarla como cantera (Santos 1933: 31).

El denominado fragmento 2, presenta unas dimensiones de 1,64 de longitud, 1, 11 de anchura y 0,57 m en sus valores máximos. De contorno sub-rectangular, su lado derecho, de sección sensiblemente redondeada, parece corresponder con el único dorso original conservado, correspondiendo el resto previsiblemente a fracturas. En su área superior se observa la correspondiente evidencia de barrenado, ya observada en el fragmento 1, que pudo provocar su fractura voluntaria en un momento indeterminado, en todo caso cuando ya pieza ya se encontraba yacente en el cauce del arroyo.

Por último, el fragmento 3 representa el bloque de mayor tamaño, con un actual contorno de forma sub-trapezoidal. Sus proporciones son 1,76 de largo y 1,62 de anchura, alcanzando un grosor máximo de 0,54 m. El lado izquierdo, muestra una sección redondeada y de contorno ligeramente cóncavo, correspondiendo indudablemente al único dorso original de este fragmento. El resto de sus lados corresponden a fracturas, mostrando el superior cierto redondeamiento fruto de un marcado deterioro y erosión, explicable por erosión subacuática y golpes producidos por sólidos arrastrados por la corriente.

Completa, dicha estela originalmente podría superar ampliamente los 2,50 m de altura en posición vertical, pudiendo alcanzar fácilmente 2,80 m de anchura, en caso de corresponder al remontaje y orientación propuesta en este trabajo. Su espesor máximo coincidiría probablemente con el mayor valor registrado en los fragmentos, que es el de 0,57 m. Su dorso, no ha sido incluido en el estudio preliminar por falta de medios para el manejo de las piezas y la necesidad de un tratamiento específico debido a las afecciones de carbonatos, arcilla y desconchados que presenta, si bien se han observado varias cazoletas y depresiones, en algunos casos fácilmente explicables por factores naturales de orden biológico (bioturbaciones y rastros fósiles). Una de estas "cazoletas" presenta grandes proporciones (0,40 m de diámetro aproximado y hasta y 0,15 m de anchura), siendo observable en su mitad correspondiendo a los fragmentos 1 y 2, lo que pudo haber contribuido a su fractura.

Los motivos grabados en la estela 1 resultan sorprendentes. La erosión subacuática, fruto de las crecidas periódicas del arroyo en su proximidad con el Guadajoz, han afectado de forma desigual a las representaciones, si bien al día de hoy resultan en su mayoría visibles. Los motivos se componen fundamentalmente de círculos concéntricos y espirales, junto a otros de más compleja definición. Comenzando por el fragmento 1, éste exhibe un motivo central a base de cuatro círculos concéntricos con un diámetro máximo próximo a 0,40 m. A ambos lados se distinguen al menos dos círculos de menor tamaño, junto a evidencias de otros signos, muy perdidos.

El fragmento 2 muestra una serie de signos en torno a la silueta, muy erosionada, de un motivo circular, de diámetro próximo a 0,40 m, y posiblemente conformado a base de círculos concéntricos o en espiral. Sobre él se distingue un motivo triple compuesto por al menos una espiral subcircular encadenada a otros dos diseños circulares, muy afectadas por el deterioro de la superficie. Bajo el primer motivo señalado se distingue una espiral simple. Otros motivos circulares y curvilíneos se aciertan a distinguir en el tercio superior de este fragmento, de los que al menos cuatro corresponden a posibles círculos concéntricos, junto a restos de posibles cazoletas en el tercio medio e inferior.

El fragmento 3, muestra como signo más destacado una doble espiral encadenada a tres círculos concéntricos, situándose bajo éstos un motivo circular, quizá perteneciente a una espiral simple. En un plano inferior,

[77] En la descripción que sigue, las indicaciones topográficas referidas a las piezas (áreas superior, inferior, izquierda o derecha), se describen en relación a la representación gráfica que se adjunta.

hacia el sector derecho, se distinguen al menos tres círculos concéntricos inscritos dentro de un motivo subcircular, en forma de lágrima. En el lado izquierdo se aprecian los restos de un motivo radiado, del que se aciertan a distinguir tres de sus puntas, acompañados de algunos diseños rectilíneos muy perdidos. Finalmente, en el tercio medio y superior, se observan algunos motivos circulares, al menos uno de ellos compuesto por dos círculos concéntricos, así como evidencias de posibles cazoletas, también visibles en el tercio inferior.

La erosión subacuática a la que se ha visto sometido este monumento, ha alterado de forma permanente las incisiones acanaladas de las que se componen la mayor parte de los grabados, suavizando uniformemente la superficie de la estela hasta borrar y desdibujar parcialmente los motivos. A esta deficiente conservación, se une la propia naturaleza de la calcarenita tabular de la Campiña, muy susceptible de presentar bioturbaciones fósiles debido a su origen situado en un lecho de arenas y limos marinos, de aguas cálidas y de fondos someros. Dichas marcas de origen natural se encontrarían afectadas y suavizadas en el mismo grado que los grabados, uniformando su aspecto actual y limitando profundamente la lectura de los motivos mediante juegos de sombra y filtros de color.

- Estela 2

Esta estela se identifica con un bloque de sección sensiblemente rectangular e identificable por su forma con un pilar o dintel, el cual había permanecido semienterrado en el arroyo hasta su descubrimiento, representando por ello el elemento expuesto hasta entonces a una mayor erosión subacuática. Cuenta con unas dimensiones máximas de 3,05 de longitud y una anchura de 0,50 m. Su grosor máximo es de 0,47 m, siendo de morfología alargada y conservándose previsiblemente completo.

Originalmente, Samuel de los Santos describe la presencia de seis signos análogos a los de la estela 1 (círculos concéntricos dobles y triples) ya por entonces muy desgastados (Santos 1933: 31), si bien en la actualidad, con toda probabilidad debido a las condiciones del lugar en el que ha permanecido décadas, desgraciadamente apenas conserva rastro de ellos. La única superficie que resultaba visible en el arroyo (la frontal), y que con toda seguridad fue la que pudo observar Samuel de los Santos, evidencia tan sólo al comienzo de su tercio inferior, restos de dos posibles motivos circulares, probablemente correspondientes a círculos concéntricos, muy perdidos e identificables con mucha dificultad con los visibles a comienzos de los años treinta. Por el contrario, en el lado izquierdo, una vez trasladada la pieza a las dependencias del museo, se pudo observar la presencia de un motivo encadenado en doble semicírculo, superando los 20 cm en cada caso. Dicho motivo, se compone en el área inferior de dos semicírculos concéntricos cuyo centro coincide con una oquedad, quizá artificial, de 5 cm de diámetro y profundidad indeterminada (al estar taponada de arcilla), asociados en el área superior, a un semicírculo de la misma disposición que llega a conformar una leve depresión de la superficie.

- Otros restos

Por último, a unos metros al sur del arroyo, siguiendo el cauce, pueden apreciarse actualmente varios fragmentos de calcarenita tabular, aparentemente ajenos a modificación humana, si bien no es posible al día de hoy descartar la persistencia de fragmentos decorados pertenecientes a este monumento en el lecho del arroyo. Ello es un motivo obligado para proceder a un estudio integral del lugar del hallazgo, incluyendo medios geofísicos, con el fin de determinar el origen de dicho depósito.

La primera cuestión que surge ante estos restos se refiere a la entidad del monumento del que pudieron formar parte, su naturaleza e interpretación. La localización de los restos sin duda tampoco ayuda a formular una hipótesis sólida, no observándose nada que pudiera hacer prensar en la existencia de un túmulo o una estructura construida. De la misma forma, el cauce de un arroyo no es lugar adecuado para la erección de un monumento megalítico, por lo que o bien las estelas fueron desplazadas a dicho lugar en la voluntad manifiesta de destruir un monumento previo, o bien el cauce, situado antes a proximidad, fue migrando progresivamente hasta conformar un meandro que terminó por deglutir y remover los restos. Esta última hipótesis, aunque sugerente, sólo podría fortalecerse mediante un estudio geoarqueológico acompañado de un trabajo de campo, que permita rastrear evidencias de construcciones en el lugar y localizar otros posibles ortostatos pertenecientes un monumento megalítico cuya naturaleza por ahora nos resulta desconocida.

Adentrándonos en las representaciones grabadas, resulta inevitable la comparación de los motivos representados en estas estelas (espirales y círculos concéntricos) con los presentes en diversos ejemplos del arte megalítico extrapeninsular. Como Samuel de los Santos ya apuntó entonces, motivos como el central del fragmento 3 de la estela 1, nos recuerdan poderosamente a la triple espiral presente en un ortostato del corredor bajo el túmulo de Newgrange, así como en el bloque del umbral. De la misma forma, el uso de círculos concéntricos asociados a espirales resulta muy extendido en el arte megalítico irlandés (Robin 2009), así como en algunos monumentos de Morbihan (Bretaña) caso de Gavrinis, ambos frecuentemente situados hacia la segunda mitad del IV milenio ANE, cronología reforzada para el caso irlandés mediante dataciones radiocarbónicas (O´Kelly 1982: 230).

Hoy día se acepta un origen antiguo (o "plenamente neolítico") para las primeras construcciones megalíticas de la Depresión del Guadalquivir y sus áreas limítrofes; menhires en el V y IV milenio en Sierra Morena Occidental (dentro de un denominado megalitismo prefunerario o más exactamente no- funerario) (Gavilán y

Vera 2005: 539- 540, Linares Catela 2009), así como la construcción de estructuras funerarias monumentales (galerías cubiertas y sepulcros megalíticos adintelados, todos construcciones ortostáticas) desde al menos la primera mitad del IV milenio ANE. Ejemplos de ello quedan reseñados en la datación de uno de los individuos inhumados en el sepulcro del Palomar (Los Morales, Sevilla) (Cabrero *et Alii* 1995: 72), como en las dataciones obtenidas para los sepulcros de Menga y Viera en la Vega de Antequera (García y Ruiz 2010: 19), todas ellas encuadradas entre el primer y el segundo cuarto del IV milenio ANE, cronología con la que quizá podrían relacionarse estas estelas megalíticas. Una datación ligeramente anterior se ha adscrito a la fase de construcción de la galería cubierta de Alberite, en el Alto Guadalete (Ramos y Giles 1996: 183). Precisamente es en algunos de los ortostatos de este último monumento, así como en ciertas piezas reaprovechadas en la galería cubierta del Dolmen de Soto (Trigueros, Huelva), donde se hallaban los ejemplos más complejos de arte megalítico conocidos hasta ahora en la Baja Andalucía, desbancados hoy por las estelas del arroyo de las Sileras.

No queremos cerrar estas impresiones sin citar algunas manifestaciones rupestres grabadas, que están siendo localizadas recientemente en el sur de la Península, en algunos casos asociadas a cazoletas, motivo hasta hace poco relacionado casi exclusivamente con el arte megalítico. Nos referimos a los motivos espirales y concéntricos (en uno de los casos ambos enlazados), hasta hace poco considerados "insólitos" y localizados en la provincia de Málaga, caso del abrigo de Marchamonas (Periana) y el abrigo de la Hoya (Archidona), relacionado por sus descubridores con motivos oculados (Maura *et Alii* 2006: 434- 440, Maura 2010: 103). Estos casos podrían formar parte de un universo simbólico, hasta ahora poco explorado en el sur de Iberia, con evidentes analogías con el corpus representado en diversos monumentos megalíticos de la costa atlántica europea erigidos en el IV milenio ANE.

Evidentemente, el amplio territorio objeto de estudio alberga sin duda diversas manifestaciones pendientes de descubrimiento o de ser investigadas en profundidad. Recientemente fue dada a conocer una estela de calcarenita hallada en el término municipal de Montoro, presentando una serie de grabados de los cuales, desde nuestro punto de vista no puede asegurarse sin un estudio detenido su pertenencia a la Prehistoria. Su descubrimiento, junto al camino particular de un cortijo, desgraciadamente tampoco ayuda a contextualizar el hallazgo (Rosas 2004).

5. Cronología absoluta del IV milenio ANE en la Depresión del Guadalquivir.

Tabla 4. Cronología absoluta. Todas las dataciones radiocarbónicas, a excepción de las pertenecientes al enclave de Eras del Arcázar (Úbeda, Jaén), han sido recalibradas a partir del programa CalPal2007_HULU.

Yacimiento	Ubic.	Material	Sigla/ Ref.	Método	BP Conv	BP Cal	ANE Cal (CalPal)	Bibliografía	Obs.
El Amarguillo	-	-	OxA- 3967	C14/AMS	4030 ± 65	-	2606 ± 110	Mederos 1996: 78	-
Eras del Alcázar	A1/P1	-	UB-10/2006,1977	C14/AMS	?	-	2623 ± 103	Lizcano *et Alii* 2009	-
Albalate	Fase V	-	?	C14	4040 ± 100	-	2625 ± 158	Nocete 1989: 99	-
Valencina de la Concepción	-	-	I- 10187	C14/AMS	4050 ± 105	-	2636 ± 162	Castro *et Alii* 1996	-
Albalate	Fase V	-	?	C14	4080 ± 100	-	2666 ± 152	Nocete 1989: 99	-
Eras del Alcázar	A1/P1	-	UB-10/2006,2199	C14/AMS	?	-	2669 ± 130	Lizcano *et Alii* 2009	-
Dolmen de la Paloma	-	-	Beta- 150154	C14/AMS	4070 ± 70	-	2671 ± 141	Nocete *et Alii* 2008: 232	-
Pocito Chico	UE 11	Conchas	UGRA- 553	C14	4100 ± 110	-	2676 ± 153	Ruiz Gil 2006: 327	-
Castillo de Monturque	Nivel 36. Est IX- X	Carbón	UGRA 303	C14	4120 ± 160	-	2679 ± 198	López Palomo 1993: 290	Excl.
Eras del Alcázar	A4/P3	-	UB-10/2006,4740	C14/AMS	?	-	2703 ± 118	Lizcano *et Alii* 2009	-
Los Covachos	-	-	Beta- 136699	C14/AMS	4090 ± 50	-	2703 ± 119	Caro Gómez *et Alii* 2003	-
Eras del Alcázar	A4/P1	-	UB-10/2006,4324	C14/AMS	?	-	2705 ± 117	Lizcano *et Alii* 2009	-
Junta de los Ríos	-	*Quercus*	?/ J. de los R. 2	C14/AMS	4090 ± 45	-	2705 ± 117	Nocete *et Alii* 2008: 51	-
Eras del Alcázar	A1/P2	-	UB-10/2006,1797	C14/AMS	?	-	2708 ± 115	Lizcano *et Alii* 2009	-
Eras del Alcázar	A4/P2	-	UB-10/2006,4464	C14/AMS	?	-	2715 ± 111	Lizcano *et Alii* 2009	-
Valencina de la Concepción	-	-	Ua- 32042	C14/AMS	4104 ± 40	-	2717 ± 110	Nocete Calvo *et Alii* 2008	-
Miraflores	I6/003	Carbón	KIA- 24926	C14/AMS	4109 ± 28	-	2725 ± 104	Lara Montero *et Alii* 2005: 249	-
Eras del Alcázar	A1/P1	-	UB-10/2006,1060	C14/AMS	?	-	2727 ± 106	Lizcano *et Alii* 2009	-
Eras del Alcázar	A1/P0	-	UB-10/2001,11113	C14/AMS	?	-	2727 ± 106	Lizcano *et Alii* 2009	-
Eras del Alcázar	A1/P1	-	UB-10/2006,2493	C14/AMS	?	-	2730 ± 100	Lizcano *et Alii* 2009	-
Valencina de la Concepción	-	-	Ua- 32885	C14/AMS	4120 ± 40	-	2730 ± 100	Nocete Calvo *et Alii* 2008	-
Valencina de la Concepción	-	-	Ua- 24557	C14/AMS	4135 ± 45	-	2739 ± 96	Nocete Calvo *et Alii* 2008	-
Miraflores	I4/001	Carbón	KIA- 24924	C14/AMS	4133 ± 39	-	2740 ± 94	Lara Montero *et Alii* 2005: 249	-
Valencina de la Concepción	-	?	Ua- 19475	C14/AMS	4150 ± 50	-	2747 ± 94	Nocete Calvo *et Alii* 2008	-
Eras del Alcázar	A1/P1	-	UB-10/2006,1074	C14/AMS	?	-	2756 ± 85	Lizcano *et Alii* 2009	-
Eras del Alcázar	A4/P6A	-	UB-10/2006,4993	C14/AMS	?	-	2757 ± 86	Lizcano *et Alii* 2009	-
Eras del Alcázar	A1/P3	-	UB-10/2006,1382	C14/AMS	?	-	2763 ± 89	Lizcano *et Alii* 2009	-
Dolmen de la Venta	-	-	Beta- 150157	C14/AMS	4200 ± 70	-	2773 ± 100	Nocete Calvo *et Alii* 2008: 232	-
Junta de los Ríos	-	*Quercus*	?/ J. de los R. 1	C14/AMS	4210 ± 80	-	2777 ± 108	Nocete *et Alii* 2008: 51	-
Eras del Alcázar	A4/P6	-	UB-10/2006,4930	C14/AMS	?	-	2778 ± 79	Lizcano *et Alii* 2009	-
Eras del Alcázar	A4/P4	-	UB-10/2006,4698	C14/AMS	?	-	2778 ± 81	Lizcano *et Alii* 2009	-
Miraflores	I6/003	Carbón	KIA- 24927	C14/AMS	4190 ± 28	-	2794 ± 76	Lara Montero *et Alii* 2005: 249	-
Eras del Alcázar	A1/P1	-	UB-10/2006,1334	C14/AMS	?	-	2799 ± 81	Lizcano *et Alii* 2009	-
Cabezo Juré	Juré 1- 1	-	Beta- 143185	C14/AMS	4220 ± 120	-	2806 ± 166	Nocete Calvo *et Alii* 2008: 230	-
Dolmen de la Paloma	-	-	Beta- 150153	C14/AMS	4220 ± 40	-	2807 ± 79	Nocete Calvo *et Alii* 2008: 232	-
El Negrón	-	Carbón	?	C14/AMS	4250 ± 35	-	2847 ± 55	Cruz- Auñón *et Alii* 1990: 280	-
Eras del Alcázar	A1/P1	-	UB-10/2006,1403	C14/AMS	?	-	2869 ± 98	Lizcano *et Alii* 2009	-
Eras del Alcázar	A1/P1	-	UB-10/2006,1318	C14/AMS	4300 ± 35	-	2937 ± 37	Lizcano *et Alii* 2009	-
Eras del Alcázar	A4/P6A	-	UB-10/2006,5109	C14/AMS	4300 ± 35	-	2937 ± 37	Lizcano *et Alii* 2009	-
El Negrón	-	?	?	C14/AMS	4300 ± 35	-	2937 ± 37	Márquez y Jiménez 2007	-
Polideportivo de Martos	Fondo XVI	hueso Caprinae	CNA 620	C14/AMS	4295 ± 40	-	2938 ± 42	Cámara *et Alii* 2010: 305	-
Miraflores	I4/001	Carbón	KIA-24925	C14/AMS	4327 ± 24	-	2952 ± 41	Lara Montero *et Alii* 2005: 249	-
El Negrón	-	Carbón	?	C14/AMS	4330 ± 35	-	2959 ± 45	Cruz- Auñón *et Alii* 1990: 280	-
Papa Uvas	-	*Tapes d.*	CSIC- 814	C14	4330 ± 50	-	2968 ± 54	Martín de la Cruz 1991: 64	Excl.
Polideportivo de Martos	Fondo XIIB	hueso *Canis*	CNA 609	C14/AMS	4360 ± 25	-	2971 ± 39	Cámara *et Alii* 2010: 305	-
Eras del Alcázar	A1/P3	-	UB-10/2006,1685	C14/AMS	?	-	3041 ± 73	Lizcano *et Alii* 2009	-

Casa del Río	Hogar	Hogar	I- 17726	C14/AMS	4400 ± 120	-	3111 ± 174	Campos y Martín 1996: 113	-
Eras del Alcázar	A1/P1	-	UB-10/2006,1225	C14/AMS	?	-	3119 ± 145	Lizcano *et Alii* 2009	-
La Esparragosa (II-28)	Estructura AV	Cerámica	MAD- 3962	TL	-	5129 ± 476	3121 ± 476	Ramos *et Alii* 2008: 344	-
Cantarranas- La Viña	Silo 16	*Trochocochlea l.*	Sac- 1548	C14/AMS	4430 ± 80	-	3132 ± 150	Ruiz Gil 2006: 327	-
Cantarranas- La Viña	Silo 16	*Patella sp*	Sac- 1652	C14/AMS	4450 ± 150	-	3149 ± 194	Ruiz Gil 2006: 327	-
Eras del Alcázar	A1/P1	-	UB-10/2006,1436	C14/AMS	?	-	3170 ± 131	Lizcano *et Alii* 2009	-
Papa Uvas	Fase IV	Carbón	CSIC- 811	C14	4470 ± 70	-	3170 ± 131	Martín de la Cruz 1994: 64	-
Papa Uvas	-	Huesos sp	CSIC- 812	C14	4480 ± 70	-	3178 ± 128	Martín de la Cruz 1994: 64	-
Polideportivo de Martos	Fondo XIX	hueso *Cervus*	CNA 618	C14/AMS	4460 ± 30	-	3182 ± 114	Cámara *et Alii* 2010: 305	-
Polideportivo de Martos	Fondo 7 La Alberquilla	hueso *Canis*	CNA 603	C14/AMS	4465 ± 25	-	3200 ± 100	Cámara *et Alii* 2010: 305	-
Iglesia Antigua de Alcolea	Estructura III	Hueso humano	CNA- 948	AMS	4484 ± 37	-	3211 ± 95	Inédito	-
Castillejos Montefrío	Fase 16b Neo Final	*P halepensis*	Beta- 135665	AMS	4480 ± 40	-	3213 ± 92	Molina *et Alii* 2004: 148	-
Cantarranas- La Viña	Silo 16	*Tapes decussata*	Sac- 1526	C14/AMS	4510 ± 60	-	3216 ± 105	Ruiz Gil 2006: 327	-
Eras del Alcázar	A1/P1	-	UB-10/2006,2299	C14/AMS	?	-	3217 ± 93	Lizcano *et Alii* 2009	-
Polideportivo de Martos	Fondo XIIB	hueso *Canis*	CNA 613	C14/AMS	4500 ± 40	-	3220 ± 92	Cámara *et Alii* 2010: 305	-
Polideportivo de Martos	Fondo XIIB	hueso *Sus*	CNA 621	C14/AMS	4500 ± 40	-	3220 ± 92	Cámara *et Alii* 2010: 305	-
Polideportivo de Martos	Fondo XV	hueso *Canis*	CNA 616	C14/AMS	4530 ± 60	-	3233 ± 105	Cámara *et Alii* 2010: 305	-
La Esparragosa (II-28)	Estructura AV	Cerámica	MAD- 3961	TL		5255 ± 433	3247 ± 433	Ramos *et Alii* 2008: 344	-
Polideportivo de Martos	Fondo VI	hueso *Sus*	CNA 607	C14/AMS	4550 ± 50	-	3248 ± 104	Cámara *et Alii* 2010: 305	-
Polideportivo de Martos	Fondo XV	Hueso *Bos*	CNA 614	C14/AMS	4550 ± 25	-	3251 ± 103	Cámara *et Alii* 2010: 305	-
Polideportivo de Martos	Fondo XIIB	hueso *Canis*	CNA 610	C14/AMS	4555 ± 30	-	3252 ± 103	Cámara *et Alii* 2010: 305	-
Dolmen de Viera	-	-	GrN- 16067	C14	4550 ± 140	-	3264 ± 207	García y Ruiz 2010: 19	-
Carmona	E-3/DQ6/ UE 75	Carbón	?	C14/AMS	?	-	*3275 ± 65*	Conlin 2006:	-
Polideportivo de Martos	Fondo XVIII	hueso Caprinae	CNA 617	C14/AMS	4580 ± 60	-	3312 ± 154	Cámara *et Alii* 2010: 305	-
Casa del Tabaco	Estructura 10	Cerámica	MADN-5978BIN	TL	-	5379 ± 326	3368 ± 326	Inédito	-
Iglesia Antigua de Alcolea	Estructura XIII	Idolo de arcilla	N 10022X	TL	-	5465 ± 345	3415 ± 345	Martínez y García 2009: 120	-
Polideportivo de Martos	Fondo XIIB	hueso *Canis*	CNA 611	C14/AMS	4610 ± 30	-	3427 ± 61	Cámara *et Alii* 2010: 305	-
Polideportivo de Martos	Fondo XIIB	hueso *Canis*	CNA 612	C14/AMS	4630 ± 50	-	3433 ± 64	Cámara *et Alii* 2010: 305	-
Eras del Alcázar	A1/P3	-	UB-10/2006,1178	C14/AMS	?	-	3533 ± 103	Lizcano *et Alii* 2009	-
Cantarranas- La Viña	Silo	Conchas- *Tapes d.*	UGRA- 362	C14/AMS	4800 ± 90	-	3552 ± 112	Ramos *et Alii* 1992: 13	-
Papa Uvas	2º R. E 3. F II	Carbón	CSIC- 485	C14	4840 ± 120	-	3613 ± 148	Martín de la Cruz 1985: 187	-
Domen de Menga	-	-	Ua- 24583	C14/AMS	4865 ± 40	-	3668 ± 26	García y Ruiz 2010: 19	-
Dolmen de Menga	-	-	Ua- 24582	C14/AMS	4935 ± 40	-	3718 ± 44	García y Ruiz 2010: 19	-
Dolmen de Viera	-	-	Beta- 75067?	C14/AMS	4930 ± 70	-	3739 ± 72	García y Ruiz 2010: 19	-
Dolmen del Palomar	-	Hueso humano	?	C14/AMS	4930 ± 70	-	3739 ± 72	Cabrero *et Alii*: 1995: 72	-
Cantarranas- La Viña	Silo 16	*Tapes d.*	UGRA- 370	C14/AMS	4950 ± 70	-	3758 ± 77	Ramos *et Alii* 1992: 13	-
Dolmen de Alberite	-	-	Beta- 80598	C14/AMS	5020 ± 70	-	3826 ± 92	Ramos y Giles 1996: 183	-
Campo de Hockey	Sepult. 10/ C 15	Hueso humano	?	AMS	-	-	3828 ± 120	Vijande 2009: 273- 274	-
Murciélagos de Zuheros	Neol. C	Carbón	I- 17761	C14/AMS	5080 ± 120	-	3880 ± 131	Gavilán *et Alii* 1996a: 326	-
Polideportivo de Martos	E. XII	Hogar	I-17083	C14/AMS	5080 ± 140	-	3889 ± 153	Lizcano Prestel 1999: 92	Err.
Cantarranas- La Viña	?	*Tapes decussata*	Sac- 1659	C14/AMS	5110 ± 60	-	3893 ± 73	Ruiz Gil 2006: 327	-
Dolmen de Alberite	-	-	Beta- 80600	C14/AMS	5110 ± 140	-	3935 ± 178	Ramos y Giles 1996: 183	-
Cortijo del Puerto	?	?	UGRA- 327	C14/AMS	5160 ± 110	-	3983 ± 155	González 1992: 135	-
Cueva del Toro	Subf. IIIB	-	Beta 174306	C14/AMS	5240 ± 70	-	4096 ± 99	Martín Socas *et Alii* 2004: 50-51	-
Campo de Hockey	E. 11/ C. 15	*Monodonta*	?	AMS	-	-	4105 ± 115	Vijande 2009: 273- 274	-
Dolmen de Alberite	-	-	Beta- 80602	C14/AMS	5320 ± 90	-	4158 ± 105	Ramos y Giles 1996: 183	-
Murciélagos de Zuheros	Neol. C	Carbón	I- 17762	C14/AMS	5380 ± 110	-	4200 ± 122	Gavilán *et Alii* 1996a: 326	-
Cueva del Toro	Subf. IIIB	-	GRN-15445	C14/AMS	5380 ± 45	-	4217 ± 91	Martín Socas *et Alii* 2004: 50-51	-
Cueva del Toro	Subf. IIIB	-	GAK-8060	C14/AMS	5450 ± 120	-	4267 ± 146	Martín Socas *et Alii* 2004: 50-51	-
Papa Uvas	-	Huesos sp	UGRA- 329	C14	5510 ± 300	-	4362 ± 333	González 1992: 136	Excl.
Papa Uvas	F. 10/ E. IV/ F. IV	*Tapes d.*	CSIC- 654	C14	5510 ± 50	-	4379 ± 50	Martín de la Cruz 1986: 314	Excl.
Murciélagos de Zuheros	Neol. B	Carbón	I- 17764	C14/AMS	5570 ± 110	-	4431 ± 104	Gavilán *et Alii* 1996a: 326	-
Murciélagos de Zuheros	Neol. B	Carbón	I- 17763	C14/AMS	5660 ± 120	-	4526 ± 130	Gavilán *et Alii* 1996a: 326	-
Murciélagos de Zuheros	Neol. B	Carbón	I- 17770	C14/AMS	5800 ± 120	-	4664 ± 136	Gavilán *et Alii* 1996a: 326	-
Cueva del Toro	F. IV	-	GrN- 15440	C14/AMS	5830 ± 90	-	4689 ± 107	Martín Socas *et Alii* 2004	-

IV- Los recipientes cerámicos; tipología, tecnología e interpretación

1. Introducción

La producción de recipientes cerámicos representa sin duda uno de los pilares fundamentales del estudio de la cultura material de la Prehistoria Reciente desde el inicio de la andadura de la disciplina arqueológica hasta la actualidad. Entre otras razones, ello es consecuencia de su gran capacidad de resistencia (al ser un silicato obtenido por solidificación a altas temperaturas), la dificultad de su reparación y reciclaje, lo que facilita un continuo nivel de producción, su versatilidad, indicada para un gran número de usos, y su plasticidad y capacidad de prestarse al desarrollo de múltiples tipologías, dimensiones, tamaños y decoraciones, a partir del modelado o torneado de la arcilla en una fase previa a la cocción. La aparente indestructibilidad y ubicuidad de la cerámica en forma de fragmentos tanto en contextos arqueológicos primarios como removilizados, determina a menudo que sea éste el principal conjunto material recuperado en las actividades arqueológicas, tanto en labores de prospección como de excavación (Orton *et Alii* 1997: 47).

Es precisamente su gran capacidad plástica y sus posibilidades casi ilimitadas, favoreciendo la modificación de sus facultades físicas mediante la selección de arcillas e inclusiones no plásticas (desgrasantes), lo que ha facilitado su empleo para múltiples usos además de los meramente vasculares. Precisamente la ejecución de recipientes de formas y volúmenes muy variados para su empleo en diferentes actividades y usos funcionales de gran diversidad, así como su facultad de prestarse como soporte en la inclusión de motivos simbólicos y decorativos unidos al desarrollo de formas estilísticas alejadas de previsibles márgenes funcionales, ha determinado su utilización continua y recurrente como marcador cronológico y cultural. Frecuentemente dicho empleo ha sido desarrollado mediante la creación de seriaciones tipológicas y de frecuencia (Renfrew y Bahn 1993: 113) así como el uso extendido, a veces hasta el exceso, de categorías tomadas de la estratigrafía geológica convencional, como en el caso de los llamados "fósiles directores", a menudo identificados como marcadores pretendidamente inequívocos asociados a un estrecho período o margen cronológico.

Frente a lo que pudiera ser deseable, el análisis de las formas y las decoraciones sigue siendo al día de hoy el criterio cronológico más utilizado en la ubicación temporal de los conjuntos arqueológicos en el sur de la Península, no solamente en trabajos de arqueología clásica y medieval, sino también en el estudio de la Prehistoria Reciente. Esta realidad resulta como es lógico suponer, dominante en relación a los conjuntos arqueológicos de superficie detectados mediante prospección arqueológica, y sobre los que se basa la totalidad de los estudios territoriales en la Depresión del Guadalquivir (Nocete 1989a, 1994, Lizcano *et Alii* 1996, Martín de la Cruz *et Alii* 2000a, 2004b, Bermúdez y Martín 2000). De manera sorprendente, el uso de dichos marcadores tipológicos es criticado de forma recurrente por autores que lo emplean sistemáticamente para caracterizar cronológicamente emplazamientos de superficie, a falta de alternativas de radiodatación en principio más seguras y fiables.

A lo largo del tiempo de la realización de este trabajo, nos dispusimos a efectuar tanto una recopilación de los datos arqueológicos publicados relativos a los materiales cerámicos datables a lo largo del IV milenio ANE, entre el final del Neolítico e inicios de la Edad del Cobre, como realizar el estudio de los conjuntos presentes en algunos de los enclaves detectados en superficie o excavados recientemente, y que se encontraban en su mayor parte inéditos. Ante la aparente homogeneidad tipológica detectada en los trabajos realizados en el Alto Guadalquivir jiennense hacia la segunda mitad del IV milenio ANE (Nocete 1994, Lizcano *et Alii* 1992, 2009, Lizcano 1999), necesitábamos rastrear el carácter y la expresividad tecnotipológica de las industrias cerámicas en el sector central del Guadalquivir, cuyo carácter formalmente afín a los conjuntos cerámicos del suroeste y Bajo Guadalquivir (como los referentes a Papa Uvas o la Marismilla) ya había sido puesto de manifiesto en la excavación de Llanete de los Moros (Martín de la Cruz *et Alii* 2000a: 182).

Hasta mediados de la década de 1980, los conjuntos cerámicos mejor conocidos dentro de la Depresión del Guadalquivir quedaban representados por los estudiados en Papa Uvas (Martín de la Cruz 1985, 1986 a y b), relacionados en un principio con las tipologías registradas en el Guadiana pacense, Alentejo y la Estremadura Portuguesa, así como con ciertos rasgos formales presentes en diversas formas cerámicas de la llamada Cultura de Almería (Ruiz y Martín 1977: 38, Spindler 1976). En dichos conjuntos uno de los rasgos sin duda que más llamaron la atención inicialmente fue la presencia de tipos dotados de una pronunciada línea de carenación, la cual resulta característica en las grandes fuentes carenadas, las cuales debido a sus dimensiones fueron denominadas inicialmente "paelleras" (Molina 1980: 104, Otero 1986: 403). Dichos rasgos llegaron a plantear en los primeros momentos de la investigación prehistórica en la zona, su asociación con registros más avanzados, propios del Bronce Medio (Ruiz y Martín 1977: 38).

La sucesión de campañas en Papa Uvas (Martín de la Cruz 1985, 1986 a y b), las intervenciones en los yacimientos del Lobo (Badajoz) (Molina Lemos 1980), Valencina de la Concepción (Sevilla) (Fernández y Oliva 1985), entre otros emplazamientos, aseguraron la presencia de dichas formas tanto en el valle del Guadiana como en la Depresión del Guadalquivir. En este último ámbito geográfico La revisión de los materiales de Campo Real (Carmona), excavado en los últimos años del siglo XIX (Cruz- Auñón y Jiménez 1985), algunas excavaciones de urgencia en la Morita (Cantillana) (Acosta *et Alii* 1987), La Marismilla (Puebla del Río)

(Escacena Carrasco 1987, Escacena *et Alii* 1996), el Trobal (Jerez de la Frontera) (González Rodríguez 1987), y el comienzo de diversos proyectos de investigación en el Alto Guadalquivir jiennense (Arteaga *et Alii* 1993 a y b, Nocete 1989a, 1994, Lizcano 1999, Lizcano *et Alii* 1992, Contreras *et Alii* 1987, Hornos *et Alii* 1987) y en el cordobés (Martín de la Cruz 1987, Martín de la Cruz *et Alii* 2000a), ampliaron, hacia el cambio de siglo, el panorama formal de los tipos de recipientes cerámicos presentes en la Depresión del Guadalquivir entre el Neolítico y la Edad del Cobre. En la actualidad, pese al aumento exponencial de las intervenciones arqueológicas transcurridas las dos últimas décadas, la publicación de los resultados y su representación gráfica en relación al estudio de materiales muebles apenas ha sufrido desde entonces un aumento significativo en las cotas inferiores del sector central de la Depresión del Guadalquivir.

Como ya adelantamos en un capítulo precedente, las formas carenadas representadas fundamentalmente por las grandes cazuelas y fuentes, parecen irrumpir en el registro del mediodía peninsular (y particularmente sobre las cuencas de los ríos atlánticos) de forma aparentemente repentina y coetánea (Lizcano *et Alii* 1992: 42, Lizcano 1999: 139), habiendo sido utilizadas como "fósil-guía" (o director) de diversos horizontes cronológicos acuñados en función de su ubicación geográfica, tales como la Cultura de los Silos del Bajo Guadalquivir (Carrilero *et Alii* 1982) o el Horizonte Parede (Spindler 1976). Junto a la primera denominación, estos característicos conjuntos cerámicos han servido para definir en la Depresión del Guadalquivir y valle del Guadiana, un período coincidente a grandes rasgos con la segunda mitad del IV milenio ANE, definiendo una periodización que ha venido a denominarse Horizonte Papa Uvas, Neolítico Atlántico Tardío (Escacena *et Alii* 1996, Gavilán *et Alii* 2009) u Horizonte de Colonización (Arteaga 1987), siendo el más anclado en caracteres tipológicos tradicionales el de Horizonte de las Cazuelas Carenadas (Enríquez y Gijón 1989).

Independientemente de los problemas suscitados por el uso de marcadores tipológicos en la definición cronocultural de un emplazamiento arqueológico dado, a menudo estos rasgos de carácter formal representan los elementos que posibilitan una mayor contrastación a nivel cronológico (Lizcano 1999: 139), excluyendo otros métodos de mucho mayor coste, caso de las dataciones radiométricas. Estas formas carenadas parecen irrumpir entre el segundo cuarto y mediados del IV milenio ANE, para ir languideciendo entrado el milenio siguiente, junto al desarrollo y proliferación de grandes formas abiertas de borde engrosado (fuentes y platos), sobre los que se ha sugerido un empleo o un destino similar al de las grandes fuentes de carena baja, propias del milenio anterior (Lizcano 1999: 139).

De forma previa a irrupción de las formas carenadas, este período ha sido tradicionalmente caracterizado por el progresivo empobrecimiento de los tipos decorados frente a formas lisas (Gavilán y Vera 2001: 178), considerando tradicionalmente que entre estas últimas ya se distingue un cierto dominio de las formas abiertas y de mayores dimensiones (Pérez Bareas *et Alii* 1999: 487). A lo largo del IV milenio, el tratamiento de engobes y entre ellos el de la almagra, cuenta con cierta continuidad desde el VI y V milenios, si bien la calidad de éstos tiende a disminuir en comparación con los ejemplos conocidos en el llamado Neolítico de las Cuevas (Acosta 1995: 51). De la misma forma, la técnica de los motivos pintados, conocida en el III milenio en la Depresión del Guadalquivir, parece arrancar desde al menos el milenio anterior, como así ha sido indicado por distintos investigadores (Asquerino 1985b, Martín de la Cruz *et Alii* 2000: 56 y 72, Arribas y Molina 1979: 129).

2. La cerámica en la vega del Guadalquivir Medio entre el Neolítico y la Edad del Cobre

Al examinar la bibliografía existente en el territorio centrada en el análisis de los productos cerámicos, la primera realidad que salta a la vista se refiere al desequilibrio existente entre un sector occidental, que podríamos situar entre la desembocadura del arroyo Madre de Fuentes (en el término municipal de Écija) y la del río Guadajoz en el meandro de Casillas (en el término municipal de Córdoba), y un sector oriental, colindante con el Alto Guadalquivir jiennense. En este sentido disponemos de un menor volumen de datos, paralelo al de estudios centrados en la Prehistoria Reciente, en relación a este sector occidental frente a la realidad existente en el sector oriental, circunstancia que cabe explicar partiendo fundamentalmente (aunque no sólo) de la existencia de un proyecto de investigación centrado en el Alto Guadalquivir cordobés (Martín de la Cruz 1991, 1993), y el interés que la campiña oriental cordobesa ha despertado tradicionalmente como territorio de gran riqueza arqueológica (Martín de la Cruz *et Alii* 1989, Morena *et Alii* 1990, Serrano y Morena 1984).

- Sector occidental

La relativa escasez de trabajos publicados relativos al IV y III milenio ANE en este sector del Guadalquivir, no se encuentra en consonancia sin embargo con el volumen de actividades arqueológicas efectuadas durante las dos últimas décadas. Los trabajos de excavación realizados en los enclaves de la Verduga Alta (sobre los que presentamos aquí el estudio de los materiales procedentes de seis estructuras) y Mirabueno (ambos en Palma del Río), realizados en 2004 y 1997 respectivamente (Lopera y Nieto 2004, Cano Montero *et Alii* 2000, Nieto Medina 2000), proporcionaron un interesante registro, cuyo estudio se ha visto truncado con la desgraciada y prematura muerte de uno de los principales responsables de los trabajos[78]. En este sentido, la labor de prospección y catalogación patrimonial realizada por el equipo del Museo de Palma del Río, encabezado por Reyes Lopera, ha ampliado el conocimiento de este territorio en estos últimos años, ya iniciado durante la década de 1980 por los estudios puntuales relativos a la Prehistoria Reciente

[78] Queremos reiterar aquí el recuerdo de este investigador, tristemente desaparecido en plena actividad.

en este sector dirigidos por Juan F. Murillo (Murillo 1986b, 1988, Cano Montero *et Alii* 2000).

Los registros publicados, aun representando datos parciales, se fundamentan en enclaves localizados en los términos de la Puebla de los Infantes (Sevilla), Palma del Río, Hornachuelos, Posadas y Almodóvar del Río, localizados a lo largo de actividades puntuales de prospección y excavación arqueológica. En dichos emplazamientos se ha señalado el hallazgo de cazuelas y fuentes carenadas de paredes rectas y convergentes (Puerto de la Palmera, Vega de Santa Lucía y Cerro de los Peces), cazuelas de perfil elíptico y vasos decorados con baquetones modelados o repujados (Puerto de la Palmera), así como formas de amplia distribución cronológica representadas por vasos de paredes rectas con mamelón cónico bajo el borde (La Verduga Alta, la Higuera y el Puerto de la Palmera) (Murillo 1986b, 1988, Romero 2005).

- Sector oriental

En este sector sin embargo, la información potencial ha resultado ser algo mayor debido a las causas ya expuestas, si bien *de facto* el volumen de datos materiales publicados continua siendo insuficiente, aun habiéndose efectuado diversas campañas de prospección arqueológica sistemática e intensiva en los términos municipales de Villa del Río, Montoro, Bujalance y Cañete de las Torres (Martín de la Cruz 1991), y cuyos resultados en parte (y en concreto los relativos al sur del término municipal de Montoro) fueron usados en uno de los escasos estudios territoriales realizados en la provincia (Bermúdez y Martín 2000).

Eludiendo los trabajos publicados relativos al enclave de Iglesia Antigua de Alcolea (Clapés *et Alii* 2008, Martínez y García 2009, Martínez *et Alii* 2010a) y Casa del Tabaco (Martínez 2009, EP b) cuyo estudio del conjunto cerámico ha sido incluido en su totalidad en este trabajo, la información publicada se ancla en los trabajos de excavación realizados en el Llanete de los Moros (el llamado Horizonte de Silos, de Cabañas- Fundación y Cabañas- Ocupación) y la prospección de su *hinterland* (campiña de Montoro), en donde se localizan hasta cinco enclaves con una cultura material propia del IV milenio ANE (Martín de la Cruz 1987: 52 y 54, Martín de la Cruz *et Alii* 2000a). Otras localizaciones se basan en los trabajos efectuados por Juan F. Murillo durante la década de 1980. En este sentido destaca la representación de diversos materiales procedentes del Camino de la Barca (Algallarín) en su Tesis de Licenciatura no publicada (Murillo 1986a), materiales tanto propios del período que tratamos en este trabajo, como pertenecientes al III milenio. Por otra parte, un volumen significativo del conjunto material cerámico anterior a los tipos de platos y fuentes de borde almendrado conocido hasta ahora en la Cueva del Cañaveralejo (Adamuz) (Bernier 1962, Gavilán 1985, Martín de la Cruz *et Alii* 2007), podrían incluirse de manera preliminar a momentos anteriores al IV milenio ANE, o dentro de su primera mitad.

Así, la presencia de formas de carena baja, representadas por vasos, cazuelas y fuentes queda asegurada en el Camino de la Barca (Adamuz) (Murillo 1986a: 94) así como en los yacimientos montoreños de los Prados, el Encinar VII, las Majuelas y las Veredas, junto a por supuesto, el Llanete de los Moros. En este último enclave, estos grandes recipientes coexisten con cazuelas de perfil elipsoide y escudillas carenadas (Martín de la Cruz *et Alii* 2000a: 57 y 58). La presencia de formas globulares, cuencos de casquete esférico y recipientes de paredes rectas con mamelones cónicos resultan ubicuos en los enclaves montoreños, siendo un rasgo destacado del conjunto localizado en Llanete de los Moros, las decoraciones pintadas y otras realizadas a base de líneas incisas e impresiones de puntos formando motivos sencillos, lineales, en *chevrons* o esteliformes (Martín de la Cruz *et Alii* 2000a: 56, 57 y 72).

3. El estudio de la producción cerámica. Metodologia

Como ya hemos tenido ocasión de adelantar, el conjunto cerámico analizado en este capítulo corresponde en su mayor parte a los enclaves de la Verduga Alta, el Cañuelo Alto V, Iglesia Antigua de Alcolea, Casa del Tabaco y Llanete de los Moros, junto a un menor número de elementos procedentes de asentamientos documentados principalmente mediante prospección arqueológica superficial en los términos de Córdoba, Pedro Abad, Adamuz y Bujalance. En este estudio, el número total de fragmentos contabilizados asciende a 5234, número que debe ser tomado de forma aproximativa, dependiendo de si la realización del registro, basado en su descripción formal y contabilización, se realizó antes o después del remontaje de algunas de las piezas que formaban parte de un mismo recipiente, encajadas a fin de facilitar su representación gráfica.

- Registro y representación gráfica

Como en el caso de la industria lítica, el registro de los fragmentos cerámicos ha sido realizado mediante tablas adaptadas para el programa Excel de Microsoft Office, en las que cada fila representa una pieza o fragmento cerámico. Los campos tenidos en cuenta para la descripción de cada fragmento corresponden a ubicación "anatómica" (borde, galbo, carena, base y EPS), naturaleza y granulometría de los componentes usados como desgrasante, atmósfera de cocción, tratamiento externo de sus superficies, tipo de decoración en su caso, y forma potencial o segura del recipiente, dividida en sus respectivos grupos y subgrupos. Debido a diversas circunstancias en las que se ha venido desarrollando el trabajo, no se han podido realizar analíticas químicas relacionadas con la caracterización de pastas y análisis de contenidos potenciales en los contextos que interesan a esta monografía, si bien en determinados casos hemos procedido a tomar muestras de las mismas a la espera de poder realizarlas en un futuro próximo.

La representación gráfica del material cerámico se ha realizado siguiendo los criterios usuales en la disciplina, calculando el tamaño de las formas reconstruidas a través de una plantilla de diámetros y representando de forma especular la superficie externa del recipiente a la derecha y su sección en el lado izquierdo. Dicha sección, como suele ser frecuente en la cerámica realizada a mano, ha sido rellenada por una trama compuesta de líneas paralelas oblicuas. Como sucede con la práctica totalidad de las figuras representadas en esta obra, la representación gráfica de los fragmentos de recipientes ha sido realizada por parte del autor por medio de estilógrafo con punta de diferentes grosores (0,13, 0,20, y 0,30 fundamentalmente) sobre papel vegetal translúcido, dibujos que han sido modificados y completados posteriormente con el programa Adobe Photoshop CS. En relación al tratamiento de las superficies, hemos procurado representar las superficies alisadas mediante punteado difuso, las superficies bruñidas mediante rayado horizontal, siendo las superficies espatuladas indicadas mediante series paralelas de rayado vertical.

- Análisis de las formas y tipos

Debido a la existencia de diferentes variables tipológicas presentes en todo el registro, se hizo necesario sintetizar una tabla descriptiva de cierta amplitud y elasticidad, a fin de facilitar el registro de formas divididas en tipos y subtipos. Tomando en consideración tanto el modo de fabricación de los recipientes cerámicos, fundamentalmente realizados a mano aun sin excluir el concurso de soportes móviles o giratorios (Orton *et Alii* 1997: 139), los problemas potenciales que puede acarrear trabajar con un registro material correspondiente a un período muy dilatado de tiempo (que probablemente se extienda a lo largo de varios siglos), así como su pertenencia a varios enclaves distintos, obligaron a elaborar una tabla morfológica propia, ampliada sobre la que en su día diseñamos en nuestro trabajo de fin de doctorado (DEA) (Martínez 2006: 116). Esta nueva tabla ha sido realizada *a posteriori* una vez inventariado y pasado por el tamiz gráfico el conjunto de formas documentadas en los enclaves que aquí se ocupan. Para ello han resultado comparativamente útiles las tablas tipológicas (muy sencilla en el primer caso, mucho más completa en el segundo) elaboradas para los yacimientos coetáneos de La Marismilla (Escacena *et Alii* 1996: 206) y Polideportivo de Martos (Lizcano *et Alii* 1992: 44 y 45). A nivel formal, una alta proporción de los paralelos de formas cerámicas y motivos decorativos se ha hallado en los trabajos monográficos del yacimiento onubense de Papa Uvas (Martín de la Cruz 1985 y 1986a), los cuales, a pesar de los años transcurridos, continúan representando el corpus gráfico de recipientes cerámicos de este período más completo y de mayor calidad publicado hasta hoy para la Depresión del Guadalquivir.

Frente al uso de rasgos propios del estilo como el diseño del labio, utilizados en un principio (Nocete 1989a: 114 y 120, 1994: 207- 272) y muy problemático habida cuenta de las importantes variaciones del perfil del borde en la cerámica elaborada a mano, a menudo hasta en un mismo recipiente (Lizcano *et Alii* 1992: 9), hemos procurado incluir la forma completa del artefacto, excluyendo aquellos caracteres accesorios, tales como EPS (elementos de prensión y suspensión) y diseño del labio. Esta síntesis tipológica se ha construido de cara a dos sencillos criterios fundamentales. El primero de ellos representa la forma general, su diseño esquemático derivado de la geometría básica, siendo el segundo el tamaño y dimensiones. En los casos en los que la forma ha podido ser reconstruida gráficamente, la capacidad de cada uno de estos recipientes puede ser potencialmente estimada en un futuro estudio volumétrico, posibilidad que sin embargo, dado el estado de fragmentación de la mayor parte del registro, ha sido desestimada[79].

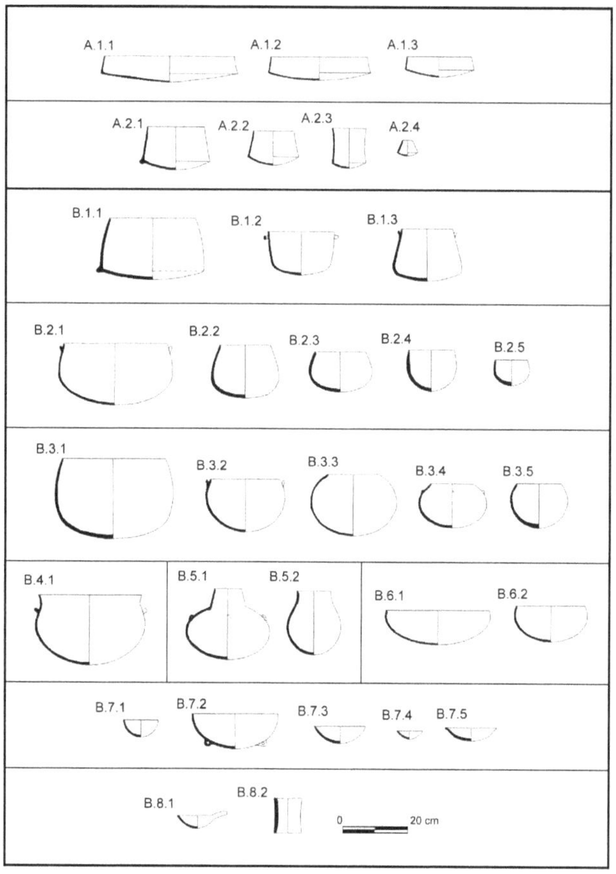

Figura 19: Tabla tipológica básica utilizada.

Como en nuestro trabajo anterior, esta tabla se divide por criterios de diseño en dos apartados fundamentales; formas carenadas (A) y formas no carenadas (B). Cada uno de estos apartados mantiene a su vez dos cifras, siendo la primera de ellas la correspondiente al tipo (que también podría denominarse grupo), y la segunda al subtipo (cada una de las formas definidas). El estado de fragmentación del repertorio cerámico ha limitado de forma determinante dichas asignaciones, por lo que en gran parte de las ocasiones ciertos tipos extraídos no han podido definirse de cara a un subtipo o forma definida. Merece la pena tener en cuenta dicho sesgo a la hora de

[79] Dado el nivel de fragmentación, dicha operación beneficiaría en principio a las formas bajas y abiertas (cuencos, platos, cazuelas, fuentes y escudillas) frente a las formas cerradas y globulares, las cuales contarían con factores (altura del recipiente entre otros) de más difícil cálculo en estado fragmentario.

valorar la expresión gráfica de la presencia o ausencia de subtipos y formas definidas en cada una de las estructuras o contextos de un yacimiento dado, lo cual podría llegar a ser utilizado para interpretar la presunta división funcional de espacios y contextos.

Las formas descritas responden a modelos sencillos derivados de la geometría de los recipientes, siendo conscientes de la dificultad que conlleva seleccionar los criterios, a veces subjetivos, utilizados en la definición de cada uno de los subtipos. La flexibilidad y grado de variabilidad presente en los diseños cerámicos de las producciones modeladas a mano obliga a definir morfotipos de síntesis básica, pues de lo contrario nos veríamos forzados casi a definir un subtipo por cada uno de los ejemplares reconstruidos. Ello resulta especialmente patente en el caso de las grandes formas carenadas (fuentes y cazuelas, ambas dotadas de una amplia variabilidad en relación al diseño del labio y orientación y forma de sus paredes), de las cuales hemos definido un solo subtipo por criterios de tamaño (cazuela, entre 200 y 350 mm de diámetro; fuente, mayor de 350 mm).

Hemos procurado dejar de lado en la medida de lo posible en cada una de las denominaciones utilizadas, términos que pudiesen hacer referencia a una presunta utilización concreta de dichos recipientes, ya sea en funcionalidad ligada al almacenamiento, manipulación o transporte (Orton *et Alii* 1997: 246), ya que el conocimiento del destino funcional de la práctica totalidad de los morfotipos cerámicos de la Prehistoria Reciente en el sur de Iberia resulta aun hoy tema de debate. Un ejemplo ilustrativo se refiere a la definición de "olla" como recipiente destinado a ser expuesto sobre el fuego (Eiroa *et Alii* 1999: 174). En este caso desde la forma de cocción y su atmosfera hasta alteraciones funcionales, deposicionales y de conservación pueden llegar a dificultar la observación de los criterios necesarios para definir dicho uso, no considerando la presencia de EPS elementos determinantes para asegurar su empleo sobre una fuente térmica. En este sentido, sí pueden deducirse (o aventurarse) utilizaciones basadas en el servicio individual destinado al consumo, base a tamaño reducido, forma y rasgos superficiales, mientras que algunas grandes formas de cierta capacidad se asocian frecuentemente al almacenamiento, frente a otros usos como la manipulación y transformación de los alimentos (cocinado). Así pues la presencia o ausencia de EPS ha quedado relegada a rasgos accesorios, ya que en función del fragmento conservado pueden o no estar presentes, no sirviendo en la definición de los subtipos a excepción del relativo a cucharones (subtipo B.8.2).

Por último, tanto la descripción y clasificación, como la contabilización y representación gráfica de las formas elementales y reconstruibles en cada uno de los contextos analizados, han servido para establecer un valor aproximativo en relación al número de recipientes presentes en el registro (por cada contexto). Así el ERR (estimación de los recipientes representados) (Orton *et Alii* 1997: 195) integra valores que deben ser tenidos en cuenta como válidos tan sólo a nivel aproximativo, habiéndonos basado en la contabilización del número mínimo de perfiles de formas y bordes distintos (pertenecientes al menos a un individuo) en cada uno de los contextos analizados.

Pasamos a describir en la siguiente tabla, cada uno de los grupos y formas:

A- Formas carenadas
A.1- Formas amplias de baja altura
A.1.1- Fuentes
A.1.2- Cazuelas
A.1.3- Escudillas
A.2- Vasos carenados
A.2.1- Grandes vasos carenados
A.2.2- Vasos carenados de mediano tamaño
A.2.3- Vasos carenados de cuerpo cilíndrico
A.2.4- Cubiletes/ microvasos carenados

B- Formas no carenadas
B.1- Formas de paredes rectas con inflexión marcada
B.1.1- Gran vaso de inflexión marcada
B.1.2- Vaso de paredes rectas divergentes
B.1.3- Vaso de paredes rectas convergentes
B.2- Formas de paredes sensiblemente rectas
B.2.1- Gran vaso de paredes sensiblemente rectas
B.2.2- Vaso de paredes sensiblemente rectas
B.2.3- Vaso de perfil elipsoidal y paredes sensiblemente rectas
B.2.4- Vaso hemisférico de paredes rectas verticales
B.2.5- Pequeño vaso de paredes rectas verticales
B.3- Formas esféricas de perfil convergente
B.3.1- Gran vaso ovoide de perfil sensiblemente vertical
B.3.2- Vaso hemisférico de borde convergente
B.3.3- Vaso esférico de borde convergente
B.3.4- Vaso globular achatado y borde convergente
B.3.5- Pequeño vaso hemisférico de borde convergente
B.4- Formas abiertas de perfil en "S"
B.4.1- Gran vaso abierto de perfil en "S"
B.5- Formas cerradas con cuello
B.5.1- Botella de cuerpo globular achatado y cuello de paredes rectas
B.5.2- Botella globular de leve cuello
B.6- Formas abiertas elipsoidales
B.6.1- Cazuela elipsoidal
B.6.2- Vaso elipsoidal
B.7- Cuencos
B.7.1- Cuenco hemiesférico
B.7.2- Gran cuenco o cazuela hemisférica
B.7.3- Cuenco de casquete esférico
B.7.4- Pequeño cuenco de casquete esférico
B.7.5- Escudilla de casquete esférico de perfil exvasado
B.8- Otras formas
B.8.1- Cucharones
B.8.2- Soportes

Tablas 5 y 6: Tipologías correspondientes a la figura 19.

3.3- Análisis tecnológico

El análisis de los rasgos tecnológicos se ha concretado en los rasgos internos, tales como los desgrasantes y el tipo de cocción, y aquellos rasgos externos, correspondientes al tipo de tratamiento de las superficies y a la adición de engobes o aguadas colorantes. Otras vertientes tecnológicas, tales como la forma de modelado y el tipo de pasta, sólo han podido ser rastreadas para el segundo caso en algunas piezas, al carecer de estudios experimentales y/o etnoarqueológicos que puedan arrojar luz a este respecto (Amaro EP). Siguiendo a Orton, (Orton *et Alii* 1997: 136), los desgrasantes han sido divididos por su naturaleza en orgánicos e inorgánicos, siendo clasificados base a la granulometría de sus componentes mayoritarios. En este sentido, la observación macroscópica de estos desgrasantes ha servido para separarlos en cuatro tipos base a su tamaño. Así los muy finos, son aquellos que se muestran prácticamente imperceptibles; los finos, inferiores a 0,5 mm; en el caso de los medios, en torno a 1 mm y finalmente gruesos, superiores a esta última medida, entre 1 y 3 mm.

La descripción de las atmósferas de cocción por cada fragmento se ha repartido entre atmósferas de tipo oxidante y reductora, integrando las variables de regularidad e irregularidad de ambos ambientes, siempre teniendo en cuenta la superficie total de cada fragmento. En este sentido merece la pena destacar las dificultades que acarrea una diferenciación de esta variable a partir de fragmentos, al no corresponder a la atmósfera de cocción real observable en un recipiente completo, lo que beneficia al grupo de las cocciones regulares. Por otra parte, la probable presencia de afecciones térmicas producidas por uso (trasformación de alimentos o cocinado), o de carácter predeposicional (ligadas por ejemplo a áreas de combustión que impliquen la quema de residuos), puede resultar difícil de distinguir de algunas cocciones reductoras de coloración grisácea y por lo general, oscura.

En relación al tratamiento de las superficies, éste se ha dividido en grosero (carente de tratamiento ulterior tras el modelado previo a la cocción), alisado simple y cuidado, dividido éste último entre bruñido y espatulado. En cuanto a las decoraciones hemos integrado tanto las modificaciones de las superficies normalmente previas a la cocción (por incisión, impresión o excisión), posteriores, como el esgrafiado, así como los añadidos o repujados de finalidad estrictamente decorativa o simbólica, tales como las aplicaciones plásticas de pasta con modelado posterior y algunas decoraciones pintadas. La adición de engobe de arcilla diluida y las aguadas, aun estando incluidas en la ficha dentro de los tipos de decoración, no han sido consideradas como tales en el resultado final, siendo éste el caso de los tratamientos a la almagra. En éste sentido merece la pena destacar la deficiente conservación de un número significativo de los fragmentos, ligada en ciertos casos a un alto índice de rodamiento, lo que en particular ha influido notablemente en detrimento de las superficies aguadas, algunos engobes y bruñidos, hecho señalado para otros enclaves coetáneos (Martín de la Cruz 1985: 57).

4. La producción cerámica en la Verduga Alta

El conjunto cerámico estudiado en el enclave de la Verduga Alta (Palma del Río, Córdoba), se compone de 1510 fragmentos, los cuales proceden de las estructuras negativas de planta circular (denominadas fondos por sus excavadores), 9, 15, 21, 22A, 23 y 104, aglutinadas hacia el sector central del área arqueológica delimitada durante los trabajos de excavación de 2004 (Lopera y Nieto 2005). Dicho enclave, como ya hemos incidido en otro lugar, cuenta con diferentes fases, habiéndose documentado una ocupación sin aparente solución de continuidad hasta la segunda mitad del II milenio ANE (Lopera y Nieto 2004). Por nuestra parte, debido a las limitaciones cronológicas impuestas, centramos nuestro trabajo en los conjuntos artefactuales procedentes de las unidades estratigráficas coherentes a nivel tecnológico y tipológico con la horquilla temporal centrada en este trabajo. Esta primera fase de ocupación detectada en el enclave, fue redefinida tras una primera valoración del material cerámico[80], dividiéndola en dos subfases (Subfase I y II), base a factores fundamentalmente de orden tipológico.

- Subfase I:

Ésta queda representada por el contenido de las estructuras (o fondos) 15 y 23 (éste último correspondiente tan sólo a una forma cerámica). En ellas destaca la ausencia absoluta de formas carenadas y la abundancia relativa de superficies engobadas, alguna a la almagra, así como algunas decoraciones de tipo impreso. Las formas globulares dominan sobre una aparente ausencia de paredes rectas, estando presentes ciertos perfiles en S y formas cerradas de leve cuello. Los mamelones de cierta proyección, característicos de momentos avanzados del IV milenio ANE, parecen ceder ante mamelones de escaso desarrollo (botón aplicado), lengüeta y algún ejemplo de asa de tubo.

- Subfase II:

Esta subfase, representada por un conjunto mayor de estructuras circulares (fondos 9, 21, 22A y 104), cuenta con morfotipos conocidos para la mayoría de los enclaves ocupados a partir de la 2ª mitad del IV milenio ANE en la Depresión del Guadalquivir, fundamentalmente representados por formas carenadas (Martín de la Cruz 1985, 1986 a y b, Martín de la Cruz *et Alii* 2000a, González Rodríguez 1987, Escacena 1987, Escacena *et Alii* 1996, Conlin 2004, 2006, Acosta *et Alii* 1987, Contreras *et Alii* 1987).

En relación al número de fragmentos contabilizados la proporción es la siguiente:

[80] Empleada exclusivamente para los conjuntos cerámicos.

Estructuras	9	15	21	22A	23	104
NR	174	185	488	215	1	447
ERR (por estructura)	34	39	74	41	1	80

Tabla 7: Número de restos (NR) y estimación de recipientes representados (ERR) en la Verduga Alta.

- Rasgos tecnológicos

Subase I

Esta primera ocupación, deducida a través del material cerámico recuperado en el interior de los fondos 15 y 23, responde a 186 fragmentos, en los cuales la práctica totalidad de los desgrasantes se componen de materiales inorgánicos, siendo el cuarzo el elemento *de visu* identificado en una mayor proporción. En relación a su granulometría, la inmensa mayoría corresponde a desgrasantes de tipo medio.

En relación a la atmósfera de cocción, se vislumbra una cierta tendencia a la cocción en hornos abiertos, siendo a menudo netos los cambios de coloración dentro de un mismo fragmento. Respecto a los tratamientos externos de las superficies, resulta abrumador el dominio de las superficies alisadas, con 164 fragmentos, siguiéndole el bruñido, con 31 casos, a menudo conservado sólo en parte y de difícil identificación, debido al estado de parte del material. Algo similar sucede con la observación en algunas superficies de un leve espatulado, el cual ha sido registrado en al menos cuatro fragmentos. En sólo un caso ha sido clasificado el tratamiento externo como de tipo grosero.

En cuanto a engobes y aguadas, un único fragmento cuenta en apariencia con un englobe a la almagra de calidad, registrándose engobes de tonalidad ocre y anaranjada (cuatro casos), normalmente asociados a bruñido. Un número similar se ha identificado entre las aguadas, cuatro fragmentos con aguadas de tonos ocres o anaranjados, entre las que excluimos los casos de cerámicas pintadas, que trataremos entre las decoraciones.

Subfase II

Dentro de esta subfase considerada, el número de piezas totales asciende a 1324 fragmentos contabilizados, de los cuales la práctica totalidad (1318) responde a desgrasantes de tipo mineral. Entre los componentes observados macroscópicamente, dominan los desgrasantes compuestos por granos de cuarzo, seguidos de elementos micáceos y de calcita, entre otros minerales. Respecto a los desgrasantes orgánicos observados, los cuales lo han sido sólo sobre seis casos, se han distinguido algunas improntas de tipo vegetal, entre las que destaca la impresión de una semilla de posible cereal. La granulometría de la mayor parte de los desgrasantes responde al tipo medio, seguidos de lejos por los de tipo fino y grueso.

El tipo de cocción predominante es de tipo irregular, siendo la mayor parte de las irregulares restantes de aspecto oxidante. Respecto al acabado de las superficies, como es usual, un alto porcentaje de los fragmentos contabilizados (1010 ejemplos) muestran una superficie alisada, 474 muestran una superficie bruñida o evidencias de un tratamiento similar en origen, quedando tan sólo 75 casos de superficie espatulada. Las superficies carentes de tratamiento aparente (superficies groseras) cuentan con 22 representantes.

El número de superficies tratadas con colorante en aguada o en engobe resulta difícil de precisar con exactitud, al ser muy vulnerables a todo tipo de agresiones externas tanto tras el enterramiento como durante el proceso de excavación, estando ligado a las calidades de la cocción como de las relacionadas con el modo de aplicación de dichos tratamientos. Los engobes se encuentran representados por 23 fragmentos, de entre los cuales no destaca precisamente la almagra de calidad, la cual se halla representada por un solo fragmento, dos con engobe de ocre rojizo y otros tantos de tonalidad rosada. La mayor parte de estos engobes muestran una variedad cromática a caballo entre el ocre beige y el pardo anaranjado. Las superficies con restos de aguada poseen una representación mayor, con 57 elementos, en su mayoría con tonalidades rojizas y anaranjadas, si bien se documentan casos de aguadas a la almagra y hasta de tonalidad oscura

- Grupos tipológicos

- Subfase I

Los tipos y subtipos reconstruidos entre el material cerámico procedente de los fondos 15 y 23, se encuadran dentro del grupo B, es decir, formas no carenadas, al no haberse detectado la presencia de dichos tipos, fundamentándose esta fase frente a lo observado en el resto de las estructuras estudiadas, en la ausencia de grandes formas carenadas, tales como fuentes y cazuelas. Los tipos representados se centran en el B.3 (formas esféricas de perfil convergente, con tres representantes), B.4 (grandes formas abiertas de perfil en "S", con dos representantes), B.5 (formas cerradas con cuello, con un ejemplar)) y B.7 (cuencos, con cuatro ejemplos). En total, y contabilizando los fragmentos que permiten inferir una forma dada, en esta fase se han manejado un valor estimado (ERR) de 40 ejemplares diferentes, 39 en el fondo 15 y uno sólo para el fondo 23.

Dentro del tipo B.3 (formas esféricas de perfil convergente), destacan pequeños vasos hemisféricos de borde convergente (B.3.5), en cuyo caso muestran labio de sección circular (F.15/40/8, F.15/2), característica también observada en el tipo B.7 (B.7.1), un cuenco hemisférico (F.15/60/1). En la mayoría de los casos dichas formas tan sólo han podido ser deducidas base a tipos, quedando el subtipo sin precisar debido a la fragmentación. En el fondo 15 han sido definidas al menos dos grandes formas abiertas de perfil en "S"

(B.4.1), en uno de cuyos casos mostraba un EPS a modo de lengüeta longitudinal, en el hombro de la pieza (F.15/19). Las botellas de leve cuello y cuerpo globular (B.5.2), cuentan con tan sólo un representante (F.15/40/2). De entre las formas esféricas no definidas en rango de subtipo, destacan varios perfiles globulares con arranque de mamelón cónico, si bien estos de escaso desarrollo.

Los cuencos y formas derivadas de la hemiesfera (B.7) quedan representados por cuatro piezas, una de ellas procedente del fondo 23. Un pequeño cuenco hemisférico ya citado (F.15/60/1), y un gran cuenco o cazuela hemisférica (F23/1), en este caso con la superficie totalmente bruñida y dotada de al menos un asa de tubo en su tercio inferior, de perfil levemente bitroncocónico.

- Subfase II

Este conjunto se caracteriza principalmente por contar con formas carenadas, de las cuales contamos con un número mínimo de 58 recipientes, frente a 68 elementos vasculares procedentes de formas no carenadas. El número mínimo total (estimación de los recipientes representados o ERR) calculado para toda esta fase (fondos 9, 21, 22A y 104), ha sido calculado a partir de bordes y formas en 229 individuos potenciales.

De entre las formas carenadas, predominan las grandes formas abiertas (A.1), fuentes (A.1.1) y cazuelas (A.1.2), con ocho y tres ejemplares respectivamente determinados base a subtipo (F.9/166, F.21/275, 247, 384, 385 y 386; F.22A/93, 94, 192, 95; F.104/216, 55 y 6). En este sentido cabe señalar el absoluto dominio de formas de paredes rectas ligeramente convergentes, junto a algún ejemplo de carena proyectada (F.9/7) y de paredes ligeramente cóncavas (F.104/215 y 216). En lo relativo a la tipología del perfil no se han detectado formas carenadas de labio exvasado o proyectado al exterior, características de momentos avanzados (Moreno y Contreras 1981: 197, Lizcano 1999: 140).

En relación a los vasos carenados, se documentan grandes vasos (A.2.1), de diámetro superior a los 150 mm (F.104/225), vasos carenados de mediano tamaño (A.2.2) de diámetro próximo a 120 mm (F.104/48) y cubiletes (A.2.4), microvasos de paredes rectas y convergentes, con un diámetro de entre 50 y 100 mm de carena (F.9/101, F.21/284).

Respecto a las formas no carenadas se constata un cierto dominio de formas de paredes rectas dotadas de una inflexión marcada, que también podría ser denominada como "falsa carena" (B.1), y cuencos (B.7). De entre estos últimos, los subtipos más ampliamente documentados corresponden a formas hemisféricas (B.7.1 y B.7.2), si bien parecen contar con especial protagonismo los pequeños cuencos de casquete esférico o hemisféricos, de diámetro inferior a 100 mm (B.7.4) (F.21/9, F.22A/120, F.104/7 y 226), y los pequeños platos o escudillas de casquete esférico y perfil ligeramente exvasado (B.7.5, F.104/73, F.22A/106). De la misma manera destacan formas globulares esféricas (B.3) y de paredes sensiblemente rectas (B.2) (tipos B.2.3, B.2.5 y B.3.5), junto a vasos de perfil elipsoidal (B.6.2) (F.104/299, 306).

Respecto a las formas cerradas, junto a los tipos ya mencionados de vasos globulares esféricos (B.3.5) (F.21/10), destacan botellas de cuerpo globular y cuello de paredes rectas (B.5.1) (F.22A/108 y 109), y fragmentos de botellas globulares de leve cuello o perfil en "S" (B.5.2) (F.104/49).

Centrándonos en los rasgos discretos tales como la forma del labio, observamos la representatividad de labios de perfil circular o recurvado, levemente proyectados. Dicho rasgo se observa preferentemente sobre formas esféricas de perfil convergente (B.3) (F.9/173, F.21/249 y 10, F.104/308), si bien también se observa sobre cuencos (F.9/21) o incluso sobre formas bajas carenadas (F.21/21). Un característico engrosamiento del borde de perfil apuntado (F.104/218), también ha podido observarse sobre un fragmento de forma globular esférica.

La presencia de EPS (elementos de prensión y suspensión) parece centrarse en mamelones cónicos de cierta proyección y orientación oblicua, situados preferentemente bajo el borde en formas de paredes rectas y convergentes (F.21/191 y 192, F.104/51), como algún mamelón de lengüeta bajo el borde de formas globulares de paredes sensiblemente rectas (B.2) (F.21/18). Otros mamelones se localizan en el área media del perfil de alguna forma cerrada (F.104/229), y otros parecen contar con un papel estrictamente decorativo, dada su nula proyección (F.21/329). En este sentido, tan sólo hemos documentado un caso de mamelón sobre la línea baja de carenación de una fuente carenada (F.21/384), siendo éste un rasgo muy frecuente en otros conjuntos cerámicos coetáneos, caso de Iglesia Antigua de Alcolea o el Cañuelo Alto V.

Las asas documentadas entre el material procedente de los fondos 9, 21, 22A y 104, corresponden a tres ejemplares, dos de ellos realizado probablemente bajo la técnica del macarrón de forma independiente, para ser unidos mediante aplicación a las paredes de un recipiente indeterminado, siendo una de ellas de diseño típicamente anular (F.21/395, F.9/9). El último ejemplar (F.22A/126), representa más bien una pastilla o lengüeta aplicada sobre la pared de una forma globular, perforada verticalmente.

- Sistemas decorativos

- Subfase I

Pertenecientes al fondo 15, los fragmentos que contaban evidencias de decoración se reducen a cuatro. No se han constatado fragmentos que presentasen algún tipo de motivo inciso, habiéndose constatado dos fragmentos decorados mediante técnica impresa. En este sentido cabe señalar la existencia de un fragmento decorado con impresiones basculantes (impresa pivotante) realizadas con un objeto de filo recto (F.15/24), una técnica que tradicionalmente se ha venido asociando a momentos antiguos del Neolítico en el sur de la Península (Pellicer 1995: 85, Pellicer y Acosta 1985: 404 y 410). Otro fragmento, decorado mediante impresiones de puntos formando campos de diseño geométrico (F.15/B.40/1), presenta en apariencia restos de pasta blanca en el interior de las impresiones, pudiendo formar parte de una forma globular de proporciones reducidas (100 mm de diámetro en galbo).

La decoración en relieve mediante aplicaciones de pasta se reducen a un fragmento (F.15/1), una forma de pared sensiblemente vertical la cual cuenta con un grueso cordón o baquetón horizontal situado a 20 mm bajo el borde. Éste elemento parece haberse añadido mediante aplicación y modelado, habiéndose posteriormente procedido al bruñido de toda la superficie.

Por último, los ejemplos de superficies decoradas mediante motivos pintados dejan intuirse por un fragmento de la forma B.4.1 (gran vaso abierto de perfil en "S"), el cual cuenta con restos de pintura de tonos ocres en su superficie próxima al borde (F.15/13).

- Subfase II

Procedentes de los fondos 9, 21, 22A y 104, contamos con varias muestras de fragmentos decorados, los cuales suman un total de 13 fragmentos. La decoración incisa se halla presente con un solo fragmento (F.9/100), el cual presenta dos líneas incisas convergentes sobre una superficie bruñida, las cuales pudieron formar parte de un triángulo inciso. Otro fragmento, quizá procedente de un vaso esférico, muestra una profunda incisión vertical realizada sobre una superficie bruñida, la cual debido a su anchura, de 5 mm aproximadamente, la hemos incluido dentro del grupo de las acanaladas (F.104/221). Otro ejemplo de este último grupo lo constituye un fragmento de pequeña forma abierta, quizás un pequeño cuenco de casquete esférico (B.7.4), el cual muestra una serie de incisiones acanaladas de disposición radial, quizá restos de un diseño esteliforme (F.21/394). En relación a los motivos realizados mediante técnica impresa, tan sólo contamos con un fragmento decorado mediando un campo de puntos impresos, sobre una superficie bruñida (F. 104/50). Por último contamos aunque con dudas, con un posible fragmento decorado por excisión, procedente del fondo 21.

La decoración plástica y modelada cuenta con cuatro representantes, excluyendo la presencia de mamelones de carácter decorativo o no estrictamente funcionales, los cuales cuentan con algunos ejemplos (F.21/329). Este tipo de decoración parece haberse realizado en algunos casos por adición de pasta o mediante pellizco y ulterior modelado somero de la superficie, formando bien cordones verticales (F.9/96, F.104/1), motivos festoneados (F.9/95) y otros de carácter más complejo (F.21/333) incluyendo aplicaciones verticales en forma de lágrima (F.104/224), no pudiendo precisar si en este caso se encontraban dispuestas a modo de serie.

Un tipo de decoración que en ciertas circunstancias resulta difícil disociar de los tratamientos de las superficies, es el de la decoración bruñida, de la cual contamos un caso (F.21/404). Éste representa un fragmento, quizá perteneciente al fondo de una forma A.1 (fuentes y cazuelas carenadas), el cual muestra una serie de líneas bruñidas a modo de retícula. Este tipo de tratamientos se ha relacionado con el acabado bruñido o espatulado del interior de algunas formas abiertas (Escacena *et Alii* 1996: 215), rastreándose técnicas similares sobre los grandes platos y fuentes de borde engrosado propias del III milenio ANE[81] de toda la Depresión del Guadalquivir.

Por último, contamos con algunos expresivos ejemplos de decoraciones pintadas, realizadas en todos los casos mediante la aplicación (quizás mediante pincel o artefacto similar) de colorante diluido de tonos ocres. Este tipo de decoración pintada, la cual cuenta con algunos ejemplos espectaculares en este emplazamiento compuestos por complejos diseños hallados en el fondo 6, dotado de una ergología propia del III milenio (Lopera y Nieto 2004), se dispone aplicada directamente sobre el borde (F.9/89) y describiendo tanto líneas de trazo oblicuo sobre las paredes del recipiente (F.9/89, 145), así como de disposición recta (F.21/205). Este tipo de decoración pintada sobre cerámica ya se viene observando desde muy probablemente el V y primera mitad del IV milenio en la Alta Andalucía (Asquerino 1985b, Arribas y Molina 1979: 129, Lizcano Prestel 1999: 164), experimentando un gran desarrollo en el III milenio, siendo casos expresivos en la Depresión del Guadalquivir los yacimientos de Valencina de la Concepción, Carmona, y la Minilla en la Rambla (Murillo y Fernández 2008, Conlin 2006: 1616 y 1639, Ruiz Lara 1991a: 160)[82].

5. La producción cerámica en el Cañuelo Alto V

En este enclave, un alto porcentaje de las cerámicas que tratamos proceden de las estructuras (denominada por sus excavadores fosas) 1 y 2, las únicas excavadas en su totalidad hasta agotar su potencia. El resto de los fragmentos corresponde a elementos encontrados durante la limpieza superficial de diversas estructuras no excavadas, como el foso anular denominado fosa 4, así como diversos fragmentos recuperados en superficie tras la apertura de las calles o zanjas de limpieza efectuada en la actividad arqueológica de 2011. El número total de

[81] Como así hemos tenido ocasión de observar de manera directa sobre los grandes platos y fuentes de borde engrosado recuperados en los trabajos de excavación realizados en la Cueva del Cañaveralejo (Adamuz) (dirigidos por J. C. Martín de la Cruz), y Casa del Tabaco (el Carpio), los cuales se hallan actualmente en estudio.

[82] Recientemente, en la Vega de Antequera, ha llegado a sumarse el enclave del Silillo, con cerámicas pintadas formando composiciones complejas Fernández, L. E.; Romero, M. y Salado, J. B. Póster presentado al "I Congreso de Prehistoria de Andalucía: La tutela del patrimonio prehistórico". 21- 25 de Septiembre de 2010.

fragmentos contabilizados (no remontables) asciende a 175, los cuales se desglosan del modo siguiente:

Estruct	1	2	4	6	7	10	11	15	17	Sup
NR	70	8	24	26	3	2	1	3	3	35
ERR (por estruct)	9	7	3	3	1	2	1	1	1	7

Tabla 8: Número de restos (NR) y estimación de recipientes representados (ERR) en el Cañuelo Alto V.

- Rasgos tecnológicos

Las diversas fracturas que muestran los fragmentos cerámicos permiten observar una práctica totalidad de desgrasantes medios de naturaleza mineral, entre los que se observan frecuentemente a simple vista partículas calcáreas. Los casos de desgrasantes gruesos y finos resultan como de costumbre, muy inferiores. Tan sólo se ha podido observar algunos casos de desgrasantes vegetales (apenas cinco), entre los que se ha observado una impronta de cereal.

Las cocciones regulares e irregulares se reparten de forma aproximada a partes iguales, viéndose de la misma forma en equilibrio las atmósferas de tipo oxidante de las de tipo reductor. Por su parte, los tratamientos aplicados a las superficies constituyen en la práctica totalidad alisados sencillos, encontrándose a menudo la cerámica erosionada, lo que dificulta la observación de superficies bruñidas o escobillados, las cuales se intuyen al menos en un caso para las primeras y dos para las segundas, contando con algunos casos de superficie grosera. Las aplicaciones colorantes tan sólo cuentan con dos ejemplos de aguada a la almagra hallados en las estructuras 7 y 10 respectivamente.

- Grupos tipológicos

Como viene siendo habitual en este tipo de contextos, la mayor parte de los recipientes individualizados corresponden a formas carenadas (al menos 15 ejemplares), encontrándose ampliamente representadas las fuentes carenadas (hasta cinco ejemplares) que llegan a alcanzar los 500 mm de diámetro en el borde. Las cazuelas, de diámetro inferior y con seis ejemplares, comparten con las anteriores los rasgos tipológicos clásicos de perfil recto, existiendo igualmente ejemplares de pestaña marcada en el borde, carenas levemente proyectadas y con añadido de un leve mamelón en la línea de carenación (por ejemplo, en Calle E, Superficie, 3, 4 y 5; Fosa 1, 2). Otros recipientes carenados identificados en la colección, constituyen pequeños vasos carenados (Fosa 4; 2), así como otros fragmentos pertenecientes a tipos no precisados debido a su estado fragmentario.

En cuanto a las formas no carenadas, tan sólo han podido reconstruirse un vaso de paredes sensiblemente rectas (forma B.2.2, Fosa 2; 2), éste de superficie grosera y cocción deficiente, con un diámetro de 185 mm, así como dos grandes vasos esféricos de borde convergente; formas cerradas globulares de 200 y 175 mm de diámetro en el borde, ésta última con el labio indicado y evidencias de lañado, constituyendo en total más de 70 fragmentos remontables procedentes de la estructura 2 (Fosa 2; 6 y 7). Por último cabe destacar la existencia de recipientes de inflexión marcada o falsa carena (Fosa 6; 2).

- Sistemas decorativos

Carecemos, al menos de momento, de ejemplos de superficies decoradas para este yacimiento. Como elementos de prensión contamos con un pequeño mamelón o saliente en la línea de carenación de una fuente carenada (Fosa 1; 2), así como de otro ejemplo perforado muy deteriorado (Fosa 2; 3). Por último, de la estructura 11 procede un asa anular perteneciente a un recipiente de tipología indeterminada (Fosa 11; 1).

6. La producción cerámica en Iglesia Antigua de Alcolea

En función tanto del tipo de entidades constructivas descubiertas durante las campañas de 2005 y 2006 (Clapés *et Alii* 2008, Martínez *et Alii* 2010a), como de contar con una cultura material relativamente homogénea en lo que respecta a morfotipos cerámicos, el enclave de Iglesia Antigua de Alcolea ha sido considerado monofásico. Sin embargo, a lo largo de la vida y uso de las estructuras domésticas documentadas, no debemos descartar *a priori* su posible sucesión en un lapso temporal superior a varias décadas, así como la presencia ocasional (como así ha sucedido en lo relativo a la industria lítica) de fragmentos de origen residual y más alta cronología.

En total, el conjunto cerámico incluido en este estudio procede de las diversas estructuras arqueológicas documentadas a lo largo de las excavaciones preventivas realizadas en este sitio, junto a los elementos arqueológicos que pudieron identificarse en superficie o aislarse de las unidades estratigráficas de génesis moderna, (datadas fundamentalmente entre los siglos XVI y XVII) y que se superponían a la fase prehistórica, a menudo alterando de forma significativa la conservación de las estructuras que aquí interesan. Éstas, en su mayor parte correspondientes a construcciones negativas excavadas en el sustrato limoso y de planta circular, corresponden a las estructuras I, II, III, IV, V, VII, VIII y X. Las denominadas inicialmente en la campaña de 2005 como estructuras VI y IX, se incluyen dentro de las unidades estratigráficas de génesis moderna, aun cuando como en el caso del resto de las unidades correspondientes a esta última fase, los materiales de adscripción prehistórica se incluyan en el presente estudio.

El número total de fragmentos contabilizados asciende a 3082, habiendo excluido un gran número de clastos de cerámica inferiores a un cm^2 recuperados entre el sedimento flotado de la estructura XII. Inicialmente se propuso un número mínimo estimado cercano a los 500 recipientes (Martínez *et Alii* 2010a: 93), si bien dicho número se ha visto lógicamente incrementado tras incorporarse los hallazgos de la campaña de 2006 al estudio concreto que aquí presentamos. En total, el número de fragmentos hallados en las estructuras prehistóricas documentadas, así como en las unidades estratigráficas relativas a la fase moderna, queda expresado en el siguiente cuadro:

Estructuras	I	II	III	IV	V	VII
NR	101	80	45	152	6	11
ERR (por contexto)	19	6	11	40	2	3
Estructuras	**VIII**	**X**	**XI**	**XII**	**XIII**	**Fase Mod**
NR	435	398	24	1276	169	385
ERR (por contexto)	179	186	4	165	18	35

Tabla 9: Número de restos (NR) y estimación de recipientes representados (ERR) en Iglesia Antigua de Alcolea.

- Rasgos tecnológicos:

De los fragmentos analizados, la práctica mayoría cuenta con desgrasantes de naturaleza inorgánica mineral (3073 ejemplos), siendo reconocible una amplia proporción de microclastos de calcita como componente principal. En segundo grado, la mica y el cuarzo quedan también representados, si bien en una proporción mucho menor. Excluyendo los fragmentos de morillos y paredes de estructuras de combustión, las cuales conservan evidencias del uso exclusivo de materia vegetal como desgrasante base, 12 fragmentos de recipientes permiten observar la utilización de desgrasantes vegetales, algunos de los cuales conservan improntas de semillas en su interior, combinados en algún caso con la presencia de desgrasantes minerales.

Respecto a la granulometría de los desgrasantes, los de tipo muy fino, responden a tan sólo al uno por ciento. Las partículas finas integran algo menos del 20 %. La gran mayoría de los desgrasantes observados se encuadran dentro de los de tipo medio. Éstos representan una alta proporción, el 76 %, con 2333 casos. Por último, aquellos desgrasantes de mayores proporciones apenas representan el 7 %, con 217 ejemplares contabilizados en toda la secuencia.

En relación a los tipos de cocción, y como hemos observado en otros enclaves, las cocciones irregulares se muestran predominantes, probablemente resultado del empleo de hornos abiertos en los cuales podrían haberse apilado los recipientes mezclados con materia vegetal en combustión (Orton *et Alii* 1997: 147). Así, los fragmentos dotados de superficie irregular se aproximan al 80 %, frente a las de tipo regular agrupadas en la proporción restante. Por su parte las de aspecto oxidante y aspecto rojizo resultan algo predominantes frente a las pastas de tipo reductor.

En relación a los tratamientos observados sobre las superficies, independientemente de su asociación a motivos decorativos o adición de engobes y aguadas, la conservación de éstas y las afecciones que presenta el registro, unido a la fragilidad propia de las pastas, dificulta la determinación segura de gran parte de los tratamientos externos. Ello ha podido ser determinante en la sobrerrepresentación de las superficies alisadas, las cuales han sido indicadas por defecto en numerosos fragmentos en los cuales se atisbaban discretas evidencias de tratamientos fundamentalmente bruñidos, junto a posibles espatulados, por lo que en muchos de los fragmentos observados se han incluido ambos tratamientos. Éste es un caso en cierto modo paralelo al que veremos sobre las superficies aguadas, particularmente infrarrepresentadas con toda seguridad base a la pérdida de grano y erosión externa de las superficies conservadas.

Por ello, las paredes modificadas por alisado representan 2262 fragmentos, lo que determina un 62 % del total del conjunto, seguido por aquellos fragmentos en los que se han observado bruñido o leves evidencias de su presencia originaria, los cuales integran 1158 fragmentos, el 32 %. A continuación, los fragmentos con evidencias de algún tipo de espatulado únicamente alcanzan la cifra de 104 piezas, apenas el 3 %, representando por último las superficies groseras desprovistas de cualquier tipo de tratamiento el 1 %, con apenas 33 elementos contabilizados.

En relación a los engobes documentados, el tratamiento a la almagra parece exclusivo, con 30 representantes, no llegando al uno por cierto del total de los fragmentos analizados, siendo en su mayoría engobes muy leves, los cuales podrían inscribirse como aguadas en ciertos casos. Son precisamente las aguadas el tratamiento colorante más abundante, ciertamente difícil de determinar ante el estado de la mayor parte de las superficies. En el mejor de los casos de han contabilizado un total de 672 fragmentos en los que resulta aun visible dicho tratamiento, algo más del 21 %, una cantidad ciertamente considerable, que debemos matizar al alza en los casos de deterioro de las superficies, y a la baja en aquellas en las que las superficies aguadas han podido confundirse con pátinas o deposiciones químicas (óxidos minerales fundamentalmente) de carácter postdeposicional. En las ocasiones en las que la determinación de la aguada no ha presentado mayores dudas, ha sido frecuente observar su aplicación mediante una técnica próxima al escobillado, rasgo igualmente observado en Papa Uvas (Martín de la Cruz 1985: 57).

- Grupos tipológicos

De entre los 3082 fragmentos cerámicos recuperados durante la campaña de 2005 y 2006 en Iglesia Antigua de Alcolea, han podido extraerse dos grupos fundamentales; aquellos pertenecientes a formas carenadas (A) y a formas no carenadas (B). Dentro de ambos grupos, no en todos los casos han podido identificarse en rango de tipo o subtipo, siendo frecuente el hallazgo de fragmentos de pared que presentaban inflexión cerrada o carena, así como de un borde de pared globular, resultando imposible profundizar en su adscripción a tipos definidos más allá de su pertenencia a ambas divisiones (A y B) primarias.

Así, los fragmentos pertenecientes a formas carenadas representan el 67 %, con 247 ejemplos, una proporción considerable, siendo los adscritos a formas no carenadas 120, el 33 % del total de los fragmentos definidos entre ambos grupos.

- Formas carenadas:

Sin duda, el tipo más representado entre las formas carenadas es el de las grandes formas bajas de cierta amplitud, fuentes, cazuelas y escudillas carenadas (A.1), del cual sólo en relación a tipo, contamos con 88 casos. De ellos, 11 representan fuentes carenadas (A.1.1), con un diámetro superior a 350 mm; seis casos corresponden a cazuelas carenadas (diámetro entre 200 y 350 mm), y cinco a escudillas carenadas (diámetro entre 150 y 200 mm). Estas formas bajas se caracterizan por presentar paredes de perfil preferentemente recto y convergente, siendo de la misma forma frecuente observar cierta tendencia cóncava o incluso convexa (abombada) de dicho perfil, siendo el labio en la inmensa mayoría de los casos dispuesto en ángulo recto en relación a las paredes. Las fuentes y cazuelas de carena elevada y labio en pestaña proyectada (Moreno y Contreras 1981: 196, Lizcano 1999: 140), relacionadas con una cronología más avanzada, se hallan como en el caso de la Verduga Alta, ausentes en el registro.

Estas grandes formas suelen mostrar un tratamiento homogéneo, compuesto por un somero bruñido, en ocasiones muy perdido, que puede confundirse con el alisado simple, también presente. Estos recipientes, que en algunos casos sobrepasan los 450 mm de diámetro, parecen haberse modelado a partir de una base compuesta por una torta de arcilla, a la que se ha añadido una cinta modelada a partir de un macarrón, la cual se añadió fijándola en el sector de la carena mediante leves añadidos de pasta al interior, siendo muy frecuente observar cámaras de aire y planos de fijación en dicha zona, lo que intensifica el riesgo de fractura en las junturas[83]. Ello ha determinado en gran medida el resultado final de la cuantificación de tipos y subtipos, limitando la atribución a rango de subtipo de muchos de los fragmentos del tipo A.1 estudiados.

La adición de EPS en estas formas se limita a la presencia ocasional de mamelones cónicos de escasa proyección, situados en la línea de carenación o quilla, presente tanto en escudillas (IV/47/97) como en algunas cazuelas (VIII/146/402), en alguna ocasión de disposición geminada (VIII/180/249). De la misma forma se ha constatado la existencia de mamelones o aplicaciones perforadas vertical u horizontalmente (VIII/34/240, XII/UE 115 1ª A/8). Tanto los mamelones como los EPS perforados parecen disponerse preferentemente sobre formas de no excesivas dimensiones.

En relación al resto de formas carenadas, representadas por vasos carenados (A.2), contamos con 13 ejemplares, de entre los que contamos con cinco ejemplos de grandes vasos carenados (A.2.1), otros tantos de vasos carenados de mediano tamaño (A.2.2), y un único un ejemplo de vaso carenado de cuerpo cilíndrico (A.2.3) y de "cubilete" (A.2.4). Los grandes vasos carenados superiores a 150 mm de diámetro (A.2.1) pueden mostrar un tratamiento bruñido (VIII/162/342, 169/343) o alisado simple (III/3/44, XII/UE 131/27), coexistiendo variantes de paredes rectas ligeramente cóncavas y labio indicado (Estructuras III y VIII), así como de paredes rectas convergentes y labio en ángulo recto (Estructura XII). Disponemos de un ejemplar de evidente calidad técnica (gran dureza de la pasta, desgrasantes finos y cuidadoso bruñido), el cual cuenta con un par de mamelones dispuestos en la línea de carenación, proyectados en distinto ángulo (VIII/162/342).

En cuanto a la forma A.2.2 (vasos carenados de mediano tamaño, inferior a 150 mm de diámetro en el borde), muestra características morfológicas muy semejantes a los anteriores, dominando las paredes rectas convergentes, en algún caso dotadas de perfil levemente cóncavo, y con labio indicado (Estructura VIII). El tratamiento de las superficies se reparte entre el bruñido (VIII/175/360) y el alisado (XII/UE 115/1, VIII/157/319, 158/249, 159/362), contando con un ejemplar dotado de engobe a la almagra en su superficie externa (VIII/159/362).

Un caso particularmente singular dentro de los vasos carenados representa el subtipo A.2.3, el cual integra exclusivamente un ejemplar procedente de la Estructura II (II/1/1). Éste, de aproximadamente 100 mm de diámetro en el borde y 135 mm de altura, podría guardar semejanzas formales con ciertos tipos de *copos canelados* de la Extremadura portuguesa propios de la primera mitad del III milenio ANE, si bien existen variados ejemplos lisos que comparten ciertas similitudes con aquellos y que se encuentran datados a lo largo del IV milenio ANE en prácticamente todo el sur de la Península Ibérica (Amaro EP). Ausente de decoración, muestra restos de una leve aguada, muy perdida, y un tratamiento alisado, el cual pudo haberse acompañado con un leve espatulado en el área central del cuerpo.

Un último representante de las formas carenadas lo integran pequeños vasos carenados, denominados por nosotros "cubiletes" (A.2.4), del que sólo contamos con un ejemplo (XII/UE 115/6). Éste, dotado de un diámetro de la carena apenas inferior a 50 mm y paredes rectas y convergentes, se presenta bruñido.

[83] Idénticos rasgos tecnológicos, útiles para la reconstrucción de la cadena operativa junto a procedimientos experimentales, han sido observados de la misma forma en el enclave de la Marismilla (Escacena *et Alii* 1996: 59).

- Formas no carenadas

Los elementos identificados como pertenecientes a formas de paredes rectas con inflexión marcada ascienden a 26, siendo tres de ellos parte del subtipo B.1.1, gran vaso de paredes rectas con inflexión marcada, seis pertenecen a vasos de paredes rectas divergentes (B.1.2), y cinco a vasos de paredes rectas convergentes (B.1.3). Los elementos adscritos a este primer subtipo (B.1.1), corresponden a formas de grandes dimensiones, en dos casos superiores a 250 mm de diámetro del borde (IV/48/90, XII/UE 131/28), los cuales suelen presentar un tratamiento alisado. Su proximidad morfológica a los tipos carenados determina la inclusión de mamelones bajos, normalmente de gran tamaño (XII/UE 131/28), elementos que también han sido observados sobre grandes formas globulares de paredes rectas (VIII/172/204), quizás dispuestos para facilitar su estabilidad sobre superficies irregulares. A este tipo de recipientes podrían pertenecer otros fragmentos dotados de mamelón bajo (XII/UE 131/13 y XII/UE 133/24), los cuales debido a la dificultad que acarreaba la identificación de su forma, no han sido incluidos en este grupo.

El subtipo B.1.2 muestra gran variabilidad, representando vasos profundos ligeramente abiertos y de paredes de tendencia recta. Con un diámetro de entre 150 y 200 mm representan formas a menudo dotadas de EPS situado en un plano inmediatamente inferior al borde, representado por asas horizontales (IV/44/126), o mamelones de cierta proyección oblicua (VIII/161/321, X/1/271). Los tratamientos varían de la misma forma entre el alisado cuidado (IV/44/126) y el espatulado (VIII/161/321, 197/317).

Bajo la sigla B.1.3 englobamos vasos de paredes rectas convergentes, de dimensiones y capacidad próximas al grupo anterior, cercanas a los 200 mm de diámetro en el borde. Como en el subtipo antedicho, los EPS presentes corresponden a mamelones cónicos de cierta proyección y asas horizontales, situados en ambos casos bajo el borde (VIII/139/324, 160/320). Los tratamientos de las superficies se muestran variados, dominando el alisado y el bruñido. Tanto los rasgos morfológicos presentes en estos últimos subtipos como las características tecnológicas y de acabado que comparten, incitan a pensar en un uso y funcionalidad equiparable para ambos conjuntos.

El tipo B.2 corresponde a formas de paredes sensiblemente rectas aunque de cierta tendencia globular, lo cual marca el rango de distancia básico respecto al grupo anterior. Bajo este tipo se encuadran ocho ejemplares, de los cuales dos corresponden a grandes vasos de paredes sensiblemente rectas, con un diámetro del borde que oscila entre 200 y 400 mm (B.2.1), tres a vasos de perfil elipsoidal y paredes sensiblemente rectas (B.2.3) y por último dos pequeños vasos de paredes rectas verticales (tipo B.2.5). Los dos recipientes estimados dentro del primer subtipo (B.2.1) muestran tratamientos bruñido- espatulado (VIII/172/204) y alisado (IX/2/39). Los EPS detectados se disponen bien a modo de mamelón de proyección oblicua bajo el borde del recipiente (IX/2/39), como a base de mamelones cónicos geminados en el tercio inferior, a semejanza de algunos ejemplares de formas carenadas o de inflexión marcada (VIII/172/204), quizá situadas como en los casos anteriores, como elementos de estabilización y apoyo del recipiente.

El subtipo B.2.3, referido al vaso de perfil elipsoidal y paredes sensiblemente rectas, cuenta con tres ejemplares estimados. Los diámetros del borde se sitúan entre 150 y 200 mm, contando en dos casos con tratamiento a base de bruñido en la superficie (VIII/156/356, 165/280) y alisado en un ejemplar (VIII/176/355). Uno de los fragmentos conserva elementos decorativos o de refuerzo representados por al menos un baquetón vertical o costilla, modelado sobre el cuerpo a partir de añadidos de pasta y previo al proceso de bruñido (VIII/156/356). Un fragmento de pared con restos de un elemento muy similar, procedente de la estructura II (II/8/63), pudo corresponder a un recipiente encuadrable en dicho subtipo.

De menor tamaño que los anteriores, con un diámetro cercano a los 100 mm, aunque de similares características formales y de diseño son los pequeños vasos de cuerpo hemisférico y paredes verticales sensiblemente rectas (B.2.5), las cuales han quedado representadas con seguridad por dos ejemplares. Uno de ellos muestra la superficie bruñida (VIII/177/359) teniéndola el otro ejemplar (X/9/310), alisada.

El tipo B.3 corresponde a formas esféricas de perfil convergente, en el cual se han inscrito al menos 12 ejemplares. El subtipo B.3.1 (gran vaso ovoide de perfil sensiblemente vertical) cuenta con un solo ejemplar, un gran vaso globular de paredes verticales con un diámetro del borde cercano a los 300 mm y con mamelones de escasa proyección bajo el borde (II/2-3/67). Con una pasta de aspecto oxidante, el tratamiento externo se reduce a un somero alisado.

Bajo la sencilla denominación de vaso esférico de borde convergente (de dos tercios de esfera o en calota), subtipo B.3.2, dispone de al menos dos ejemplos con diámetros de entre 200 y 250 mm en el borde, estando dotadas en al menos un caso de dos mamelones de proyección oblicua situados bajo el borde y en oposición. Éste es el caso representado por un recipiente casi completo, con una superficie alisada y un labio de sección circular (II/4/18-74), exhibiendo el otro ejemplar un somero espatulado (VIII/153/323).

Disponemos de tres casos que han podido ser adscritos con seguridad al subtipo B.3.3. Éstos representan vasos esféricos de borde convergente, los cuales se definen a partir de un cuerpo formado por dos tercios de una esfera. En algunos de estos casos los recipientes presentan un engrosamiento exterior del labio, sobre uno de los cuales se dispone un campo decorativo a base de círculos impresos (VI/35/46). En otra ocasión dicho engrosamiento representa el punto de partida de diversas costillas o baquetones verticales, conformados por acanaladuras, que recorrerían el cuerpo de la pieza (X/200/392) a semejanza de lo observado en formas procedentes de enclaves coetáneos, como Polideportivo de Martos o Papa Uvas (Lizcano *et Alii* 1992: 46, Martín de la Cruz 1986a: 166). Aunque no se han podido reconstruir las dimensiones de los recipientes en todos los casos, estas piezas podrían superar los 200 mm de diámetro en el galbo (VIII/152/322). El tratamiento detectado en todos los casos, incluyendo aquellos dotados de motivos o aplicaciones decorativas es el del alisado.

Por último, el subtipo B.3.5, representado por vasos de borde convergente, de similares características morfológicas con el subtipo anterior aunque de menores dimensiones, cuentan con un solo ejemplar, de superficie alisada y decorado a base de líneas incisas verticales y otra horizontal bajo el borde, de sección redondeada. Éste recipiente, con un diámetro del borde que supera en algo más los 100 mm, posee una perforación de lañado, lo que indica que pudo ser reparado (VII/155/345).

El tipo B.4, formas abiertas de perfil en "S", queda representado en particular por un gran vaso abierto (subtipo B.4.1), identificado con ciertas reservas por un fragmento de borde dotado de una aplicación de pasta modelada y perforada horizontalmente, a modo de asa (IX/15/38). Con una superficie alisada, su diámetro superaría los 200 mm.

Dentro del tipo representado por las formas cerradas con cuello (B.5), han quedado representados dos ejemplares del subtipo B.5.1, el cual designa a la botella de cuerpo globular achatado y cuello de paredes rectas. Disponemos de recipiente cerrado procedente de la estructura III, de pasta porosa de atmósfera oxidante y superficie alisada, dotado de cuatro mamelones perforados horizontalmente a la altura del hombro, equidistantes entre sí (III/1/1). El diámetro del galbo se muestra próximo a los 250 mm. Este recipiente, hallado en un contexto de enterramiento a los pies del individuo inhumado, presenta paralelos con abundantes piezas procedentes del sector central de la Depresión del Guadalquivir y valle del Guadiato, tales como la procedente de Mezquetillas (Hornachuelos) (Lopera 1995: 29), el dolmen de El Dorado (Fuenteovejuna) (Cabrero 1988: 23), o un ejemplar procedente del entorno de la campiña oriental cordobesa, conservado completo en el Museo Histórico de Baena[84]. Otro posible ejemplar ha sido identificado con ciertas dudas, a partir de un fragmento hallado en la estructura XIII, de superficie igualmente alisada y de menores dimensiones que el anterior, apenas 150 mm de diámetro en el galbo (XIII/UE 129/11).

En relación a la botella globular (B.5.2), hemos incluido un solo recipiente dentro de este subtipo (X/46/185), si bien con muchas dudas al conservarse una pequeña porción del mismo. El ejemplar representaría una forma de muy pequeño tamaño, con un diámetro del borde inferior a 50 mm.

Los cuencos (B.7), como formas derivadas de la media esfera, representan un tipo sencillo, muy funcional y de alta representación. En total hemos contabilizado 46 ejemplares, número sin duda sobrerrepresentado base a su facilidad de identificación en rango de tipo y subtipo en un contexto de alta fragmentación. En primer subtipo identificado (B.7.3), responde al menos a cinco representantes de cuencos de casquete esférico, de dimensiones medias y de entre 150 y 200 mm de diámetro, los cuales responden a dos tratamientos externos, tales como el espatulado (VIII/166/328, 170/329), y el alisado (X/4/290, 5/265, 6/289).

Los pequeños cuencos de casquete esférico (B.7.4), con tres representantes, muestran características tecnológicas muy someras. Éstas se reducen a una superficie alisada en mejor de los casos y una morfología casi irregular, probablemente modelada a partir de una pella de arcilla (III/4/18, VIII/16/283, X/55/198). Su diámetro no alcanza los 100 mm en todos los casos analizados. Un ejemplar casi completo procedente de la Estructura III (VIII/4/18), se halló asociado a la botella que acabamos de describir, depositada a los pies de la inhumación documentada en dicho contexto.

Un subtipo diferente ha sido abierto para cuencos de casquete esférico y borde ligeramente exvasado, forma cercana a la de un plato (B.7.5). Ésta, descrita como escudilla de casquete esférico de perfil exvasado, cuenta con cuatro ejemplos. De ellos, el caso sin duda más expresivo procede de la estructura XII (XII/UE 125/1), ejemplar que sobrepasa los 150 mm de diámetro. Todos cuentan con un leve tratamiento alisado, a excepción del ejemplar procedente de la estructura VIII, el cual se encuentra bruñido (VIII/192/430).

Otras formas identificadas en el registro dentro de un mismo tipo (B.8), poseen características independientes para cada subtipo. Los cucharones (B.8.1) se encuentran representados por cuatro recipientes, dotados de una gran variabilidad. Entre ellos contamos con un apéndice proyectado de sección cilíndrica (VIII/199/435), otro dotado de una lengüeta perforada la cual representa una extensión de la pared del propio recipiente (VIII/174/361), también de un apéndice corto a modo de mamelón proyectado (X/122/326), o de un apéndice similar a un verdadero mango, tan sólo en este caso surgido prácticamente de la pared de la pieza en lugar del borde, desde el área media del galbo (IX/16/40). Este último caso representa una forma ovoide de borde ligeramente convergente y paredes macizas. En el resto de los casos, los cuerpos de los recipientes se encuentran en su mayoría conformados por una pequeña forma de casquete esférico. El último caso referido representa el

[84] Agradecemos a J. A. Morena, director del Museo Histórico Municipal de Baena la noticia de la existencia de esta pieza, conservada íntegramente y probablemente originaria de un contexto sepulcral.

único recipiente de superficie alisada, encontrándose el resto con la superficie bruñida.

Bajo el subtipo B.8.2 hemos agrupado los soportes o carretes, los cuales quedan representados por un único ejemplar, procedente del contexto de inhumación presente en la estructura III (III/10/19). De paredes rectas verticales y escaso diámetro (algo superior a 100 mm), destaca su cocción leve probablemente realizada junto a un fuego, lo que ha determinado que su pasta sea frágil, soluble al agua, y su tratamiento externo aparentemente nulo. Contamos con testimonios de la presencia de dichos artefactos tanto en el IV como en el III milenio ANE en el suroeste de Iberia, identificados tanto en Papa Uvas (Martín de la Cruz 1986a: 27, 71, 99), Sevilleja (Contreras *et Alii* 1987: 147), la Junta de los Ríos (Inácio 2008: 84), en el Dolmen de Hidalgo (Sanlúcar de Barrameda, Cádiz) y Cerro del Castillo de Belmez (Córdoba) (Gasull 1982: 82), o bien en el Alto Algarve Oriental (Cerro do Castelo de Santa Justa) (Gonçalves 1989 I: 307).

De entre todo el conjunto cerámico procedente de este enclave, han podido aislarse un número significativo de fragmentos que implican la existencia de otras formas y tipos muy diversos, los cuales en función al estado de fragmentación que presentan no han podido describirse con facilidad. En este sentido contamos con apéndices de pitorro (IX/3/42, XII/UE 131/11), probablemente pertenecientes a biberones o formas similares, y un probable fragmento de forma globular de borde probablemente invasado vuelto, dotado de una serie de perforaciones junto al borde (XIII/UE 129/14), el cual se asemeja en cierta manera a algunos tipos identificados en Papa Uvas (Martín de la Cruz 1985: 24, Martín de la Cruz 1986a: 41, 99).

- Sistemas decorativos

Los fragmentos decorados representan una reducida proporción del total recuperado en el enclave de la Iglesia Antigua de Alcolea, apenas 40 piezas, incluyendo elementos plásticos tales como cordones y baquetones, habiendo excluido los EPS de los componentes decorativos. Los fragmentos que presentan decoración incisa se componen de diez ejemplares, incluyendo decoraciones mixtas, a base de líneas incisas y campos de puntos impresos (I/9/5). Este último caso, cuyo diseño completo se nos escapa, representa un caso único aun siendo frecuente en los registros de múltiples yacimientos coetáneos disposiciones similares formando corrientemente triángulos incisos rellenos de puntos (Escacena *et Alii* 1996: 81 y 87, Martín de la Cruz 1987: 67 y 93). En su práctica totalidad, la técnica incisa se reduce a líneas horizontales, algunas de considerable grosor, siendo frecuentes bajo el borde (VIII/155/345, 154/436, XII/UE 125/5) y verticales a base de posibles metopas (VIII/155/345, 171/347), aunque no faltan casos de triángulos incisos (XII/UE 115/7), incisiones finas verticales paralelas (XII/UE 115/11) o bien a modo de retícula (VII/164/348), junto a algunos casos de difícil interpretación que presentan mayores dudas.

Uno de los tratamientos decorativos que presentan más problemas en su determinación lo encarnan las presuntas decoraciones esgrafiadas, las cuales parecen presentarse sobre algunos fragmentos (en concreto dos procedentes de la estructura II, pertenecientes a formas de paredes rectas del subtipo B.1.3). En uno de estos casos los trazos se disponen muy superficialmente en forma de líneas oblicuas en algún caso perpendiculares y cercanas al borde (II/6/62), exhibiendo en el segundo caso trazos más profundos convergentes, dispuestos a modo de estructura ramificada (II/5/65). No debemos excluir que esta posible decoración pueda ser interpretada como producto involuntario de actividad reciente, resultado del contacto durante el proceso de excavación, entre instrumental metálico y las frágiles cerámicas aun húmedas atrapadas en el sedimento.

Las cerámicas impresas representan un total de nueve ejemplares, de los cuales cinco parecen mostrarla como técnica exclusiva. Ésta viene representada por impresiones paralelas alargadas, formando un campo de rectángulos verticales (XII/ UE 133/2), oblicuos (en este caso cercanos al borde) (XII/UE 85/20) o bien un diseño espigado con líneas impresas de cierto grosor (VI/27/66). Las impresiones circulares a caña aparecen formando un campo decorativo en el labio ancho de una forma globular (VII/35/46), mientras que un diseño aparentemente festoneado (el estado fragmentario de la pieza no permite mayores precisiones) se encuentra conformado a partir de impresiones de puntos (VI/31/47).

En cuatro ocasiones la decoración impresa acompaña a otras técnicas, caso de impresiones de círculos a caña (de dos diámetros distintos, lo que puede indicar un uso bipolar del instrumento) en un fragmento de superficie modelada (I/8/6), quizás perteneciente al tercio superior cercano al borde de una gran forma globular reforzada por baquetones verticales paralelos, comparable a la representada por fragmentos procedentes de las estructuras VII y X (X/200/392 y VII/35/46). En otra ocasión dichas impresiones en forma de rectángulos paralelos se disponen sobre cordones modelados (X/202/397), valiéndose en este caso de un instrumento semejante a una tableta, mientras que en otro caso aparecen pequeñas impresiones oblicuas circulares situadas bajo un cordón modelado (IX/14/41). Por último, hemos de volver a incidir en el fragmento ya aludido en donde un campo de puntos impresos aparece delimitado por una línea incisa, desconociendo en este caso el diseño completo de dicho motivo decorativo (I/9/5).

Un tipo particular de técnica decorativa, asociada comúnmente al segundo cuarto del I milenio ANE aunque también presente a lo largo del IV y III milenios (Vallejo 1999: 90, García Barrios 2005), es la decoración mediante trazos bruñidos (donde la retícula bruñida sería una de las combinaciones o diseños posibles). Con este tipo de técnica aparecen dos fragmentos, el primero de ellos formando parte del cuello de un recipiente (quizá una botella del subtipo B.5.1) de superficie bruñida y dotados de unos grafismos complejos de disposición en zigzag y rectilíneos representados mediante trazos bruñidos (VIII/173/253), probablemente más relacionado con el acabado de la superficie. El segundo de ellos exhibe una serie de líneas de disposición radiada, quizá parte de un diseño esteliforme (XII/115/11).

La decoración lineal realizada mediante modelado exclusivo ha resultado a menudo difícil de distinguir de la mera aplicación de cordones o baquetones. En total hemos contabilizado nueve fragmentos decorados con baquetones modelados, representando espacios de entre 10 y 25 mm de anchura limitando baquetones verticales en la mayor parte de los casos (X/200/392, 195/387, 196/390, 197/389, 198/388, 199/391, XII/UE 115/11). Estos fragmentos en su mayoría parecen haber formado parte de grandes formas globulares de costillas paralelas, como ya hemos tenido ocasión de citar. Por último, un fragmento de galbo cubierto por un leve engobe a la almagra muestra acanaladuras presumiblemente horizontales, mostrando características semejantes a los fragmentos anteriores (I/7/4).

Hemos considerado de forma diferente aquellos fragmentos decorados mediante adición de pasta, excluyendo en sentido estricto los EPS tales como mamelones y asas. Éstos corresponden a cordones y relieves dispuestos mediante adición y modelado, procurando excluir los casos de baquetones conformados de manera evidente modelado exclusivo o incluso excisión de pasta. Éstos representan 13 fragmentos contabilizados, en su mayoría cordones verticales añadidos y modelados a modo de baquetón en un estadio previo al tratamiento exterior de las superficies, normalmente realizado mediante bruñido. Así, este grupo cuenta con cuatro piezas procedentes de diversos contextos (II/8/63, VII/156/356, Cob./UE 85 II/8 y XII/UE 133/18).

Otro tipo de cordones, de menor espesor que los precedentes aunque de disposición igualmente vertical, parecen difícilmente disociarse de la técnica de bajorrelieve asociada a excisión, independientemente de tratamientos o modelados ulteriores. Estas características se observan en un fragmento procedente de la estructura II (II/7/64), asociado a un leve tratamiento espatulado, así como en otros cuatro de las estructuras VI y X (VI/32/52 y 33/53, X/201/396 y X/203/395), de superficies alisadas muy semejantes a las que porta un fragmento de la estructura I (I/8/6), el cual cuenta con parte de la superficie modelada en resalte. Otros cordones de tendencia rectilínea aplicados, asociados esta vez a series de impresiones, se distinguen en otras dos piezas (IX/14/41 y X/202/397).

7. La producción cerámica en Casa del Tabaco

Como ya indicamos en el capítulo correspondiente, el enclave de Casa del Tabaco representa un emplazamiento dotado de una extensa ocupación prehistórica que arranca al menos desde la primera mitad del IV milenio ANE, prolongándose hasta época romana, (Martínez 2009, EP b). Dividido en dos bloques diferenciados por fases (Fase 1 y Fase 2), el material cerámico que nosotros hemos incluido en un primer grupo, procede de las estructuras documentadas en los sondeos 11 y 15, identificadas bajo la numeración 3, 10, 13 y 14. Estos materiales han sido identificados con la primera fase documentada en este emplazamiento, con una cronología propuesta entre la primera mitad y mediados del IV milenio ANE (Fase 1). Dicho conjunto representa un total de 104 elementos contabilizados (fragmentos), incluyendo como unidades las formas reconstruidas, lo que ha influido de forma determinante en el recuento final.

El otro conjunto material, de menor entidad (17 fragmentos) procede de la UE 5 del Sondeo 7, un sedimento que colmataba una pequeña depresión de disposición rectilínea sobre los limos carbonatados. Particularmente, la presencia destacada de algunas formas carenadas de características semejantes a las de otros emplazamientos tratados en este trabajo, así como la ausencia de grandes formas de borde engrosado, por otra parte muy abundantes en otros contextos documentados en varios sectores del yacimiento, nos motivaron a considerar este contexto como perteneciente a una fase anterior al III milenio aunque posterior a la primera (Fase 2), lo que hemos mantenido de forma provisional y con las reservas oportunas a la espera de su confirmación futura.

Estructuras	3	10	13	14	UE 7
NR	1	93	3	7	17
ERR (por estruct.)	1	10	3	2	7

Tabla 10: Número de restos (NR) y estimación de recipientes representados (ERR) en Casa del Tabaco.

- Rasgos tecnológicos

- Fase 1

Todos los fragmentos de recipientes cerámicos estudiados procedentes de las estructuras 3, 10, 13 y 14 cuentan con desgrasantes inorgánicos, habiéndose identificado macroscópicamente granos de cuarzo, partículas de mica y de calcita por este orden. No se ha observado la inclusión de desgrasantes muy finos, indistinguibles macroscópicamente, partiendo de 15 fragmentos dotados de desgrasantes mayoritarios de tipo fino, 75 de tipo medio (los cuales representan el 72 %), y 14 de tipo grueso, superiores a un milímetro de grosor. En cuanto al tipo de cocción, las aparentes atmósferas detectadas entre los fragmentos se reparten entre 28 elementos con cocciones de tipo regular (14 oxidantes y otras tantas reductoras), y 76 de tipo irregular, repartidas entre 42 oxidantes irregulares y 34 reductoras irregulares.

Los tratamientos identificados para esta fase se hallan encabezados por el alisado, con 85 representantes, el 81 % del total, seguidos a distancia por el bruñido (14 piezas, el 13 %) y por último por el espatulado, con 5 muestras, apenas el 4 %. Sin duda una de las características más destacadas de esta fase queda fijada por el empleo del engobe a la almagra, en algunos casos de destacada calidad, el cual se ha observado sobre 32 piezas, entre fragmentos y piezas reconstruidas, algo más del 30 %. En la mayor parte de las ocasiones dicho engobe a la almagra precede a un cuidadoso bruñido o alisado de la superficie externa, no faltando ejemplos de engobes acompañados de un tratamiento más somero de las superficies, como en el caso representado por la pieza 10/10, en donde el engobe interior queda interrumpido en la mitad de la pared interna formando una franja horizontal. Las aguadas, por su parte, en su mayor proporción compuestas por almagra, quedan ejemplificadas por 17 elementos, lo que representa el 16 % de total de las piezas adscritas a esta fase.

- Fase 2

En la UE 5 del corte 7, la práctica totalidad de los fragmentos cerámicos recuperados cuentan con desgrasantes de tipo medio, 15 en total, frente una sola pieza con partículas finas y otra con desgrasantes de tipo grueso. En relación a los tipos de cocción, la mayor parte responden a cocciones de tipo reductor irregular, con cuatro ejemplares adscritos a cocción reductora irregular y cuatro de tipo oxidante irregular.

Dentro del reducido repertorio de fragmentos cerámicos que nos ha legado la UE 5 del corte 7, la práctica totalidad de los elementos contabilizados muestran superficies alisadas (15), frente a un solo caso de superficies bruñidas. En estos casos no se ha podido determinar ni un sólo caso de superficies dotadas de engobe o aguada, contando en su mayor parte con idénticas características cromáticas externas (tonalidades pardas y terrosas), indistinguibles de las observadas en la propia pasta.

- Grupos tipológicos

Pese a la exigüidad del registro cerámico analizado en este enclave, el porcentaje de formas reconstruidas ha resultado proporcionalmente alto, debido a la existencia de varios recipientes fragmentados probablemente *in situ* y depositados en el fondo de la estructura 10, en la Fase 1.

- Fase 1

Esta fase se muestra carente de formas carenadas y de inflexión marcada. Las formas derivadas de la esfera parecen contar con especial protagonismo, como los vasos hemisféricos de paredes sensiblemente rectas (subtipo B.2.4 y B.2.5) (10/10, 11), de 100 y 150 mm de diámetro en el borde respectivamente), vasos globulares cerrados (subtipo B.3.3) (10/1, un ejemplar con 130 mm de diámetro del borde) y un gran vaso ovoide de perfil sensiblemente vertical (cerca de 300 mm de diámetro) y borde ligeramente entrante (10/7, subtipo B.3.1). Contamos de la misma forma con un vaso globular achatado y perfil convergente, dotado de cuatro pequeños mamelones equidistantes de escasa proyección, situados bajo el borde (10/4) (subtipo B.3.4). Por último, el subtipo B.3.5 se halla representados por dos ejemplares, de 140 mm y 150 mm de diámetro de borde (10/5, 9), el primero de ellos dotado de un labio de perfil circular, exhibiendo el segundo un mamelón de botón de escasa proyección, bajo el borde. Todos estos recipientes muestran un neto engobe a la almagra, a excepción de la pieza 10/7 y la última forma globular descrita (10/9).

Las formas abiertas de perfil en "S" quedan representadas por un solo ejemplar (10/6, subtipo B.4.1), un gran vaso, de 250 mm de diámetro en el borde, de tratamiento espatulado y con un mamelón de lengüeta bajo el borde. Dentro del tipo de las botellas, o formas cerradas de leve cuello (B.5) contamos dos recipientes del subtipo B.5.2. El primero de ellos, procedente como en los tipos descritos hasta ahora de la estructura 10, se ha identificado a partir de varios fragmentos (10/8). Con unos 100 mm de diámetro en el borde, está dotado de un neto engobe a la almagra de calidad en su superficie externa, asociado a bruñido. El otro ejemplar, procedente de la estructura 14 (14/1) y de casi 140 mm de diámetro en el borde, cuenta de la misma forma con un engobe a la almagra, de peor calidad que el anterior y asociado en este caso a un mero alisado.

En cuanto a las formas abiertas de perfil elipsoidal (B.6), éstas quedan expresadas por una cazuela (13/1), procedente de la estructura 13 aunque de un nivel superficial, de 300 mm de diámetro y tratada mediante un somero alisado. El hecho de haber sido hallada en un nivel superficial, casi en contacto con el manto edáfico y su evidente parentesco formal con ciertas producciones locales de momentos avanzados del III milenio ANE (Martínez 2007: 15), nos mueve a guardar cierta prudencia en lo relativo a la caracterización cronológica de dicho recipiente.

Por último, procedente de la estructura 10 contamos con los restos de un posible soporte de perfil entallado (paredes cóncavas) y superficie espatulada verticalmente con engobe a la almagra, el cual muestra una cocción deficiente, deleznable al tacto, hecho observado de la misma forma en el ejemplar citado con anterioridad procedente del enclave de Iglesia Antigua de Alcolea (10/2). De 60 mm de diámetro en su sector central, puede de la misma forma ser interpretado como los restos de un objeto de función diferente, quizá relacionado con producciones coroplásticas de posible función simbólica, si bien el estado de la pieza impide de momento realizar mayores precisiones.

Entrando dentro de los elementos aislados de cierto interés tipológico, si bien ajenos a formas determinadas, contamos con dos fragmentos de asa, procedentes tanto de la estructura 13 como de la estructura 14, perteneciente en ambos casos a asas de cierta anchura y grosor en un caso (14/2) que cuenta además con una forma anular, mostrando en el otro características que determinan su modelado de forma independiente y su aplicación mediante presión ejercida en un extremo (13/2). Finalmente, una aplicación plástica perforada horizontalmente a modo de asa, aparece en el único fragmento cerámico procedente de la estructura 3, hallado junto a una trabazón de elementos de molturación en piedra (3/1).

- Fase 2

Formas carenadas

Las formas carenadas despejadas en el exiguo conjunto procedente de la UE 5 del sondeo 7 ascienden a tres ejemplos seguros. De ellas, hemos identificado un fragmento de una pequeña escudilla (subtipo A.1.3) de carena baja y escasa profundidad, de casi 150 mm de diámetro en el borde, dotada de paredes rectas convergentes (7/UE 5/6). De la misma forma disponemos de dos fragmentos de vasos de grandes dimensiones (de hasta 500 mm de anchura de galbo), probablemente pertenecientes a recipientes diferentes, de paredes rectas. En estos casos la carena se dispone en el tercio inferior de la pieza, siendo ésta muy poco pronunciada, aproximándose a los tipos B.1 de inflexión marcada, representada por una fuerte variación direccional de las paredes del recipiente (7/UE 5/15 y 16). La presencia de tres fragmentos de recipientes de paredes rectas y convergentes, de hasta 450 mm de diámetro en el borde (7/UE 5/4, 5 y 7), puede relacionarse con estos recipientes carenados de muy grandes dimensiones, cuyos fragmentos denotan un tratamiento externo alisado.

Formas no carenadas

En cuanto a las formas no carenadas tan sólo un ejemplo ha podido extraerse con cierta seguridad (7/UE 5/3) representando un vaso esférico (subtipo B.3.3) de 150 mm de diámetro del borde, dotado de un somero alisado. Otros fragmentos (7/UE 5/1 y 2), si bien la porción conservada no permite deducir con seguridad su forma, parecen corresponder a vasos esféricos de perfil convergente, de 180 mm de diámetro en un caso, y mostrando una superficie igualmente alisada.

- Sistemas decorativos.

Con independencia de los tratamientos colorantes a base de engobes y aguadas a la almagra, el cual ya ha sido descrito en el apartado de los rasgos tecnológicos, no disponemos de superficies decoradas ni en la primera fase ni en la segunda. En la fase 1, ciertos rasgos tecnológicos, como los mamelones cónicos de muy escasa proyección presentes en el vaso globular achatado de la estructura 10 (10/4), así como la interrupción del tratamiento a la almagra en el interior del vaso 10/10, formando una banda coloreada, respondan a criterios de orden decorativo, característico de un estilo de formas lisas, de paredes curvas y tratamiento a la almagra. Algo similar podemos apuntar para la fase 2, en la que no se ha descrito ninguna clase de sistema decorativo ni tratamiento basado en engobe o almagra, situación en cierto modo esperable dado el reducido tamaño de la muestra analizada.

8. La producción cerámica en el Llanete de los Moros

Durante la intervención de urgencia realizada en 2001, previa a la construcción de un teatro al aire libre en la ladera sur del enclave de Llanete de Los Moros (Martín de la Cruz *et Alii* 2004a), se produjo el hallazgo y documentación de algunas estructuras prehistóricas, de las que procede un conjunto de materiales cerámicos que también hemos considerado en este estudio. A diferencia del total analizado en otros enclaves, este conjunto partió de un criterio de selección, en donde solamente se registraron aquellos fragmentos dotados de forma o borde, o bien galbos que conservaban algún tipo de decoración. De la misma manera, el método de registro utilizado originalmente para la documentación del repertorio material difirió ligeramente del empleado por nosotros, de forma que la diferenciación entre espatulado y bruñido de las superficies, quedó integrado por el campo de las superficies "cuidadas", hecho que consideramos no impide su descripción y cuantificación de una forma similar a la empleada en el resto del estudio. Por ello, creímos oportuno sumar el registro de estos materiales, realizado por A. Lucena Martín, J. L. Liébana Mármol y J. C. Martín de la Cruz, al del resto de los enclaves de la vega del Guadalquivir Medio considerados en este trabajo. La representación gráfica de los recipientes reconstruidos se encuentra incluida en la Memoria Final de dicha actuación (Martín de la Cruz *et Alii* 2002), si bien nosotros presentamos aquí tan sólo la figura de un recipiente de nuestra autoría (M´01/3/III/NI2).

Las estructuras adscritas a la fase que nos interesa (coincidiendo con la fundación de este asentamiento, ocupado de forma continuada a lo largo de la Prehistoria Reciente), corresponde a una estructura siliforme de perfil acampanado documentada en el Corte 1, y un segmento de foso de perfil en "U" en el Corte 3 (Martín de la Cruz *et Alii* 2004a: 321- 324). El registro material cerámico, compuesto en total por 148 fragmentos considerados, viene a sumarse al interesante conjunto publicado con anterioridad procedente de este asentamiento (Martín de la Cruz 1987, Martín de la Cruz *et Alii* 2000a). La composición de este nuevo repertorio cerámico queda presentada en la siguiente tabla:

Estructuras	Estructura Siliforme. Corte 1	Foso. Corte 3
NR	15	133
ERR (por estruct.)	12	90

Tabla 11: Número de restos (NR) y estimación de recipientes representados (ERR) en Llanete de los Moros (campaña de 2001).

- Rasgos tecnológicos

La observación macroscópica de los desgrasantes presentes en los conjuntos recuperados tanto en el foso del Corte 3 como en la estructura siliforme del Corte 1, ha determinado la presencia en un porcentaje muy reducido de desgrasantes muy finos (un caso). Seguidamente, los de tipo grueso quedan representados por 24 fragmentos, lo cual sobrepasa el 16 % del conjunto total. Aquellos de tipo fino alcanzan 28 representantes (casi el 19 %), mientras que los de granulometría media son los más abundantes, con 95, aproximándose al 65 % del total.

Las cocciones muestran proporciones muy similares, con 37 fragmentos de rasgos oxidantes regulares (25 %), 41 fragmentos clasificados como oxidantes irregulares (27 %), 42 de atmósfera reductora regular (más de un 28 %) y 28 piezas de cocción reductora irregular (casi un 19 %).

Como suele ser habitual, el tratamiento dominante de las superficies de los recipientes se halla representado por el simple alisado, con 115 fragmentos (es decir, el 77 %), seguidos inmediatamente por el bruñido/espatulado, que cuenta con 38 fragmentos con indicios de haber podido estar tratados de esta forma, el 25 % del total. únicamente nueve fragmentos muestran superficies groseras o carentes de tratamiento. Las piezas que presentan algún tipo de aguada alcanzan seis ejemplares.

- Grupos tipológicos

Dentro de los tipos y subtipos de recipientes cerámicos que han podido determinarse, sobresale la escasez de tipos carenados, los cuales parecen concentrarse en el foso documentado en el corte 3. El alto índice de fracturación de los recipientes puede haber influido en la contabilización así como posiblemente la selección previa de los fragmentos recuperados tras los trabajos de excavación.

- Formas carenadas

Sólo han podido determinarse con seguridad la presencia de formas carenadas a partir de cuatro fragmentos. Tres de ellos pertenecen a formas de relativa anchura y escasa profundidad, de entre las que destacan una fuente carenada (A.1.1), de cerca de 400 mm de diámetro y una escudilla, de 160 (A.1.3). Los vasos carenados quedan ilustrados por un fragmento perteneciente al subtipo A.2.1. En todos estos casos los subtipos carenados quedan definidos por formas de paredes rectas convergentes.

- Formas no carenadas

Éstas representan la mayoría de las formas identificadas en el conjunto, en total 23 recipientes determinados con cierta seguridad. En primer lugar, destacan formas de paredes rectas de inflexión marcada, a modo de "falsa carena", como el caso de un vaso de paredes divergentes, de en torno a 160 mm de diámetro y otro de paredes convergentes de 150 mm de diámetro, el cual constituye en este trabajo el único recipiente representado gráficamente procedente de este enclave (M´01/3/III/NI2).

A continuación el tipo B.2, representado por formas de paredes sensiblemente rectas, cuenta con dos recipientes. El primero de ellos, (subtipo B.2.1), forma parte de un gran vaso de paredes sensiblemente rectas, de cerca de 240 mm de diámetro en el borde y base esférica. Un segundo ejemplo, de mucha menor talla (65 mm de diámetro del borde), representa el subtipo B.2.5, descrito como pequeño vaso hemisférico de paredes rectas verticales.

Las formas globulares esféricas (B.3) parecen abundantes en el conjunto, si bien con seguridad sólo ha podido ser descrita a nivel de tipo un fragmento de vaso de 110 mm de diámetro en el borde, probablemente coincidente con una forma globular de dos tercios de esfera. En relación a las formas globulares cerradas con cuello (B.5), se ha observado un fragmento de botella globular y cuello de paredes posiblemente rectas (B.5.1), con un diámetro del galbo superior a 120 mm, procedente como la mayor parte de los tipos y subtipos descritos, del foso excavado en el corte 3.

Los cuencos o formas derivadas del casquete esférico, integran sin duda el grupo tipológico más abundante, con 13 recipientes identificados. De ellos cinco a nivel de subtipo, encabezados por tres fragmentos de cuencos de casquete esférico (B.7.3) de entre 170 y 180 mm de diámetro. Una escudilla de casquete esférico y perfil exvasado (B.7.5) se recuperó del interior de la estructura siliforme del Corte 1.

Por último, el subtipo representado por los cucharones (B.8.1) queda representado por un fragmento de pequeño vaso que pudo llegar a los 100 mm de diámetro en el borde, de perfil esférico ligeramente entrante. El mango, de cierto grosor (20 mm) queda proyectado de forma oblicua desde su inserción al cuerpo del recipiente, la cual parte directamente desde el borde.

Los EPS descritos representan fundamentalmente mamelones cónicos de proyección oblicua, generalmente situados bajo el borde en formas de paredes rectas.

- Sistemas decorativos

Las decoraciones descritas se reducen a cuatro fragmentos, todos ellos procedentes del foso excavado en el corte 3. Como único representante de la decoración incisa, un fragmento de recipiente de paredes rectas muestra una línea incisa de cierta anchura (2 mm aproximadamente) situada bajo el borde, haciendo resaltar el labio, motivo muy semejante a algunos de los observados en fragmentos procedentes de Iglesia Antigua de Alcolea.

En relación a las decoraciones modeladas, pudo contabilizarse un fragmento de pared de vaso con un baquetón vertical o cordón, de escaso relieve, probablemente originado por adición de pasta y modelado, previo a un leve bruñido ulterior, como suele ser habitual en diversos enclaves encuadrados en dicha cronología y que estamos observando en los conjuntos analizados en este trabajo. Por último, pudieron identificarse dos fragmentos de galbo con decoración pintada, a base de trazos lineares aplicados con pigmentos ocres, conformando motivos de difícil definición, algo ya señalado en publicaciones anteriores sobre este yacimiento (Martín de la Cruz *et Alii* 2000a: 56 y 72).

9. La producción cerámica en otras localizaciones del Guadalquivir Medio

Junto al conjunto material procedente de la Verduga Alta, Iglesia Antigua de Alcolea, Casa del Tabaco y Llanete de los Moros, hemos incluido diversas colecciones procedentes de prospecciones superficiales y hallazgos casuales realizados en los términos de Córdoba, Pedro Abad, Adamuz y Bujalance, materiales que al pertenecer en parte a conjuntos superficiales procedentes de recogidas selectivas, deben ser tomados con una cautela si cabe aun mayor en lo relativo a su expresividad cronológica, si bien los paralelos formales y tipológicos compartidos entre estos conjuntos y los procedentes de excavaciones arqueológicas representa el principal criterio de integración para su abordaje conjunto.

- Córdoba

-Valchillón

Procedente de este enclave localizado en superficie en 2009 (Vilches y Martínez 2009) estudiamos un reducido conjunto cerámico, compuesto por 12 fragmentos, de los que pueden extraerse al menos dos formas carenadas, una de ellas perteneciente a un recipiente de considerables dimensiones (pudiendo superar los 500 mm de diámetro en la carena) y dotado de un pequeño mamelón en la línea de carenación (fragmento 4). Las superficies se encuentran mayoritariamente alisadas, a excepción de dos fragmentos bruñidos. Los desgrasantes se componen fundamentalmente por granos de tipo medio (ocho ejemplos), distinguiéndose partículas de calcita y cuarzo. Los de tipo fino van a la zaga, con tres ejemplos, contando con uno de tipo grueso. En su mayoría se distinguen cocciones oxidantes irregulares (nueve casos), reductoras irregulares (dos casos) y sólo uno de aparente cocción oxidante regular.

- Estación Prehistórica de Alcolea

En este contexto presumiblemente sepulcral hallado en 1923, hemos tenido ocasión de estudiar en las dependencias del Museo Arqueológico de Córdoba (MAECO), un conjunto compuesto por 13 elementos, uno de los cuales representa un recipiente completo que corresponde a un pequeño vaso hemisférico de aproximadamente 45 mm de diámetro y con un sector del borde ligeramente proyectado a modo de pico vertedor (3813, clasificable dentro de la forma B.7.1). Otros tres recipientes se encuentran en la actualidad restaurados, siendo un cuenco de casquete esférico de 140 mm de diámetro (3816, B.7.3), un vaso carenado de paredes rectas y labio ligeramente indicado, con superficie someramente alisada como los anteriores (3815, A.2.2), y un vaso de cuerpo globular y cuello de paredes levemente cóncavas (3814, B.5.2), éste bruñido y con una pequeña perforación próxima al borde y a la fractura, posiblemente realizada para el lañado y que bien podría hacerse corresponder con formas más tardías a caballo entre el III y II milenio ANE. Las peculiaridades del hallazgo así como las circunstancias de su recuperación, no nos permiten excluir la incorporación a este depósito de artefactos de cronologías más avanzadas.

Otros fragmentos cerámicos corresponden tanto a formas carenadas (3818/3), como a un gran vaso de paredes rectas convergentes y baquetón bajo el borde, segmentado en la porción conservada a modo de dos aplicaciones rectangulares modeladas (3817/1). El resto de los elementos corresponden a formas no carenadas, como formas de casquete esférico (una de ellas con un leve mamelón o aplicación de pasta) (3818/5 y 2).

Todos los elementos cerámicos conservados se caracterizan por contar con cocciones preferentemente oxidantes (a excepción de un caso), de coloración rojiza y desgrasantes medios y finos entre los que pueden observarse partículas de calcita, cuarzo y mica. La mayoría de las superficies muestra un tratamiento alisado (9 de ellas), mostrándose aparentemente bruñidos tan sólo tres fragmentos, y un último dotado con una superficie grosera. Hemos detectado una única pieza con restos de engobe a la almagra.

- Pedro Abad

- Las Flores II

Sólo cinco fragmentos procedentes del enclave de Las Flores II han sido incluidos en este estudio. Las formas extraídas parecen corresponder a tipos carenados de baja profundidad y de gran diámetro (Forma A.1), distinguiéndose al menos tres casos (fragmentos 1, 3 y 5), dos de ellos de paredes ligeramente cóncavas. De ellos, una pieza perteneciente a una fuente carenada (subtipo A.1.1) pudo superar los 450 mm de diámetro, contando esta pieza con restos de una leve aguada externa a base de almagra (fragmento 5). En las cinco piezas se distinguen exclusivamente desgrasantes de calcita, siendo en todo el conjunto de tipo medio a excepción de una pieza con desgrasantes gruesos. Todo el conjunto muestra cocciones oxidantes, siendo dos de tipo regular y tres irregulares. Cuatro fragmentos muestran superficies alisadas, siendo una de ellas bruñida.

- Cortijo de Román

De este yacimiento procede un conjunto cerámico compuesto por 20 fragmentos, de los cuales diez pertenecen con seguridad a formas carenadas (fragm entos 2- 9, 18 y 19), y una de ellas probablemente a una forma globular no carenada, dotada de un mamelón de lengüeta bajo el borde (fragmento 10). El tipo más representado integra formas de cierto diámetro y escasa profundidad, es decir fuentes y cazuelas carenadas (A.1), en concreto tres recipientes determinados con seguridad, de los que dos de ellos (fragmentos 18 y 19) pertenecen a fuentes carenadas (A.1.1) de entre 450 y 500 mm de diámetro.

Los desgrasantes, en su totalidad de naturaleza mineral, se componen en su mayor parte de partículas de cuarzo y calcita, seguidas de las de tipo micáceo, siendo 16 de mediana granulometría y cuatro de tipo grueso. Las cocciones dominantes son oxidantes irregulares, con 11 casos, seguidas de las reductoras irregulares, con seis casos. Las cocciones regulares quedan en minoría, con dos fragmentos de tipo oxidante regular y uno reductor. Los tratamientos responden en su mayoría al simple alisado, contando con al menos dos casos seguros de evidencias de superficies bruñidas. La adición de colorantes mediante aguadas se percibe en al menos cuatro casos, dos de los cuales cuentan con restos de un leve baño a la almagra.

- Huerta de Román

Próximo al enclave anterior, la Huerta de Román ha proporcionado un conjunto de 12 fragmentos, de los cuales tan sólo uno pertenece indudablemente a una forma carenada (fragmento 4), habiéndose distinguido paredes rectas (fragmento 1), y formas de perfil entrante (fragmento 3). Los desgrasantes empleados son mayoritariamente medios (nueve ejemplos) y tres de tamaño grueso, distinguiéndose fundamentalmente desgrasantes en calcita y cuarzo. Todas las cocciones observadas parecen irregulares, repartidas a partes iguales (seis y seis casos) entre reductoras y oxidantes. Los tratamientos de la superficie se reducen al sencillo alisado, con al menos un caso seguro de pared externa bruñida.

- Valdeflores I

Únicamente hemos tenido acceso a siete fragmentos procedentes de este enclave, de los cuales dos corresponden a formas carenadas (fragmentos 1 y 4), una de ellas una forma A.1 (fuente, cazuela o escudilla), correspondiendo un fragmento a una forma no carenada, aunque dotada de inflexión neta del perfil (marcada) (fragmento 5). Otro elemento conservado (fragmento 6) puede haber correspondido a una forma globular, con un perfil en "S" apenas insinuado, y dotado de un mamelón de lengüeta situado bajo el labio. Entre los desgrasantes, que corresponden en su mayoría a granulometrías de tipo medio (excepción de un fragmento con elementos de grano grueso), se observa un predominio particular del cuarzo. La cocción, de tipo irregular se reparte entre oxidantes y reductoras (tres fragmentos en ambos casos), habiéndose determinado en el tratamiento externo de las superficies, tan sólo el alisado. Tampoco se observan aplicaciones colorantes a base de aguadas o engobes.

- Valdeflores II

Este yacimiento ha ofrecido un total de 17 fragmentos cerámicos, los cuales corresponden al menos a siete formas carenadas (al menos dos de ellas del tipo A.1, probablemente cazuelas o fuentes), y tres a formas no carenadas, entre las que se cuentan un fragmento perteneciente a una forma cerrada con cuello (fragmento 13), del tipo A.5, probablemente una botella globular con cuello de paredes rectas (A.5.1), y a un cuenco (fragmento 2, tipo B.7). Una posible forma globular de borde redondeado (fragmento 14) cuenta con un mamelón cónico situado bajo el borde.

Los desgrasantes, todos minerales y de granulometría media, parecen corresponder a partículas de calcita y cuarzo principalmente. En cuanto a las cocciones, la mayoritaria corresponde a fragmentos de cocción oxidante, con 12 casos, seguida de la reductora con cinco. Los tratamientos de las superficies externas, salvo en dos casos en los que se ha observado con seguridad restos de bruñido, se caracterizan por un simple alisado, estando presentes las aguadas y engobes de tonalidad parda, en dos casos diferentes.

- Buenos Aires II

Contamos con tres fragmentos procedentes de esta localización, la cual representa un emplazamiento que genera ciertas dudas en relación a su posible entidad. De este lugar procede un fragmento de forma carenada (probablemente del tipo A.1), y un fragmento de cuenco (B.7) de tratamiento bruñido al interior asociado a un posible engobe (fragmentos 1 y 2). Los otros dos fragmentos presentan superficies alisada uno y bruñida otro. Con pastas de desgrasantes medios compuestos por cuarzo y calcita, todas las cocciones se muestran oxidantes, una de ellas irregular.

- El Carrascal I

Situado en el interior del meandro de Alcurrucén, de este lugar de débil caracterización proceden tres fragmentos cerámicos susceptibles de ser descritos en cuanto a morfología, dos de ellos pertenecientes a tipos carenados, uno de ellos probablemente parte de un vaso de superficie bruñida (A.2, fragmento 2), y otro probablemente parte de una fuente o cazuela (A.1, fragmento 1), este último caso tratado en su pared externa con un leve engobe previo al alisado de la superficie. El tercero, pudo pertenecer a un recipiente de perfil en "S" de superficie alisada (fragmento 3). Entre los desgrasantes, de granulometría media, pueden apreciarse a simple vista algunas partículas de calcita.

- Adamuz

- Camino de la Barca

De este extenso yacimiento, conocido por la bibliografía desde inicios de la década de 1980, se conoce un gran volumen de material lítico pulimentado (Coma 1981) y cerámico (Murillo 1986a), el cual ilustra una ocupación intensa del lugar desde al menos mediados del IV milenio ANE hasta el Bronce Final (Murillo 1994a). Por nuestra parte, hemos podido dibujar y fotografiar un interesante vaso incompleto (subtipo B.2.2), conservado en una colección particular de la localidad de Algallarín, el cual se encuentra decorado a base de haces de dos líneas paralelas incisas rellenas por líneas perpendiculares formando motivos en escalera, así como dos líneas paralelas incisas bajo el borde, todo ello completado por una leve aguada a la almagra. De cocción reductora, muestra desgrasantes medios compuestos principalmente por granos de cuarzo.

- Mesa de Matatoros

Fruto de las prospecciones recientemente efectuadas en el término municipal de Adamuz bajo la dirección de J. C. Martín de la Cruz, han podido localizarse algunos fragmentos cerámicos realizados a mano. El conjunto seleccionado es escaso (apenas diez piezas), si bien incluye dos fragmentos de formas globulares o esféricas con decoración incisa lineal (fragmentos 3 y 4), así como dos elementos que incluyen EPS a base de mamelones o aplicaciones de pasta perforadas horizontalmente (fragmentos 1 y 2). Las únicas formas determinadas con seguridad responden a una probable forma globular de borde recto y convergente (fragmento 8) y una posible fuente o cazuela (A.1) carenada (fragmento 5). El estado de las piezas impide valorar los tratamientos de las superficies, si bien al menos en dos casos (uno de los cuales representa una pieza dotada de mamelón perforado, fragmento 2), muestran evidencias de engobe a la almagra. Las cocciones resultan fundamentalmente oxidantes, y los desgrasantes, finos o medios.

- Bujalance

- Cerro del Aguilarejo

Este estratégico espolón, que domina en su flanco oriental el arroyo del Cañetejo, ha proporcionado un conjunto de 32 fragmentos cerámicos, de los cuales hasta 12 corresponden a formas carenadas, de entre ellas al menos una correspondiente a una fuente o cazuela (A.1) y otra probablemente a un vaso carenado (A.2) (fragmentos 18 y 22). Las formas no carenadas definidas con cierta seguridad se reducen a una forma globular de perfil entrante (quizá dentro del subtipo B.3.3), representada por un fragmento decorado mediante círculos impresos a caña formando una trama regular (fragmento 14), muy semejante a los motivos documentados en Iglesia Antigua de Alcolea (VI/35/46), y dispuestos de la misma forma sobre la superficie del borde de una forma globular de ciertas dimensiones. En cuanto a elementos de prensión y suspensión (EPS), destaca un mamelón de proyección oblicua en una forma de paredes rectas convergentes (fragmento 15), así como un mamelón de escasa proyección situado próximo a la base (fragmento 16). Por último destaca un asa compuesta por una pastilla perforada horizontalmente (fragmento 17).

Los desgrasantes empleados, todos de tipo medio, parecen compuestos fundamentalmente por cuarzo y calcita, junto a algunos casos de partículas micáceas. Las cocciones se dividen entre oxidantes irregulares (16), reductoras (nueve), reductoras irregulares (seis) y oxidantes regulares (un fragmento). En cuanto a los tratamientos, la mayor parte de las superficies (en hasta 29 casos) se encuentran alisadas, estando con seguridad bruñidas tres de las piezas. Otros tratamientos, caso de engobes y aguadas, se reducen a un engobe de tonalidad parda (fragmento 11) y a tres casos con aguadas rojizas, probablemente a la almagra, casi todos ellos sobre formas carenadas (fragmentos 5, 20 y 24).

- La Dehesa de los Potros II

Este enclave, ocupado al menos hasta el III milenio, nos ha proporcionado un conjunto relativamente diverso (hasta 49 piezas) de fragmentos cerámicos. Entre estos se han podido determinar al menos nueve formas carenadas, de las que al menos dos de ellas (fragmentos 7 y 21) corresponden con seguridad a fuentes o cazuelas (A.1). Las formas no carenadas ascienden a dos; una posible escudilla de casquete esférico y borde ligeramente exvasado (B.7.5) (fragmento 20) y un pequeño vaso (subtipo B.3.5) de aproximadamente 140 mm de diámetro en el borde (fragmento 12).

La mayoría de los desgrasantes observados son de tipo medio (40 casos), con cinco fragmentos con desgrasantes finos y cuatro gruesos. Los componentes principales de estos desgrasantes pertenecen a partículas de calcita y cuarzo. Los fragmentos contabilizados presentan en su mayoría atmósferas de cocción irregulares, con 27 de tipo oxidante y 22 redutora. A diferencia de lo que suele ser habitual, el tratamiento predominante es el bruñido, con 31 casos frente a 19 de fragmentos de superficies alisadas, no pudiendo excluir en el conjunto la influencia de la posterior ocupación del III milenio sobre la colección (galbos y piezas sin forma, que pueden asociarse indistintamente con momentos posteriores). Respecto a los tratamientos colorantes, contamos con dos fragmentos engobados, uno a la almagra y otro de tonalidad pardo rojiza.

- La Ventilla Baja

Tan sólo contamos con un fragmento procedente de este enclave, perteneciente a una forma carenada (probablemente una cazuela o fuente, A.1), de cocción oxidante irregular, desgrasantes medios de calcita y superficie alisada, dotada de un tratamiento a base de aguada a la almagra (fragmento 1).

- San León

Este enclave queda representado por 13 fragmentos cerámicos, uno de los cuales corresponde a una forma carenada (fragmento 13), probablemente un gran vaso carenado de paredes rectas y convergentes (forma A.2.1), de 240 mm de diámetro en el borde. En relación a las formas no carenadas, las cuales quedan aseguradas por cuatro fragmentos, contamos con un posible recipiente de inflexión marcada (quizás perteneciente al subtipo B.1.1), dotado de un mamelón bajo en la línea de inflexión (fragmento 11). Otra pieza (fragmento 12), pertenece a un vaso globular achatado y de paredes sensiblemente rectas, de superficie bruñida (quizá identificable con el subtipo B.2.3). La pieza representada gráficamente con el número 10, pudo formar parte de una forma globular cerrada (B.3), también de superficie bruñida y dotada de un mamelón cónico bajo el borde. Por último, contamos también con un fragmento de posible cuenco (fragmento 2), el cual corresponde al único ejemplar perteneciente a esta forma (B.7).

Los desgrasantes corresponden en su totalidad a partículas de granulometría media, en la que se distinguen principalmente la calcita y el cuarzo, además de algunos elementos de mica. Las atmósferas de cocción determinadas se reparten entre siete fragmentos de aspecto reductor regular, tres de aspecto oxidante irregular, y respecto a los de tipo regular, dos oxidantes y uno reductor. Los tratamientos observados corresponden a ocho fragmentos de superficie bruñida y cinco alisada, no habiéndose determinado evidencias de engobes y aguadas.

10. Discusión y conclusiones

Queda finalmente, esbozar una serie de planteamientos necesarios en cuanto a la aproximación cronológica y funcional de las producciones cerámicas abordadas en este estudio, considerando en primer lugar la distribución temporal de las formas expuestas, en un intento de relacionarlas con conjuntos ya publicados. En segundo lugar, creemos útil formular varias reflexiones en relación con el valor funcional (es decir, "activo") de estos conjuntos artefactuales, el destino cotidiano para el que fueron fabricados y su previsible papel en los sistemas de producción y consumo (Contreras 2000: 100- 101).

- Estilo y diacronía

Como ya hemos tenido oportunidad de señalar en otro capítulo, la división por criterios cronológicos en milenios ANE (o *BCE*) utilizada en este trabajo, parte de presupuestos prácticos y conciliadores, eludiendo hablar de términos tales como Neolítico tardío, avanzado o final, siendo conscientes en este sentido, de la distinta significación que dichos términos suponen para diferentes investigadores y escuelas arqueológicas (Arribas y Molina 1979: 125, Martín de la Cruz 1986a: 313, Acosta 1995: 49, Pellicer 1995: 99, Gavilán y Vera 2001: 178).

Para la Depresión del Guadalquivir y áreas limítrofes, los conjuntos cerámicos relativos al período situado entre aproximadamente finales del V y el primer cuarto del IV milenio ANE, proceden fundamentalmente de registros en cueva (Cueva de la Dehesilla en Jerez de la Frontera o Cueva del Toro en Antequera) (Acosta y Pellicer 1990, Martín Socas *et Alii* 2004), definidas entre otros rasgos por el aumento proporcional de las superficies lisas y consiguiente disminución de los tipos decorados (Pérez Bareas *et Alii* 1999: 489). En concreto, en la Cueva del Toro (Antequera, Málaga), este horizonte queda representado por la llamada subfase IIIB, la cual se define a nivel cerámico por el predominio de recipientes de tendencia elipsoidal u ovoides, de paredes altas entrantes y con una frecuencia acusada de los vasos de forma compuesta con cuello, los cuales adoptan trazados de tendencia cilíndrica, troncocónica o hiperbólica, precediendo a las formas carenadas, que se desarrollarán en la fase siguiente (Martín Socas *et Alii* 2004: 102). Las dataciones proporcionadas por esta subfase corresponden a 4267 ± 146 (GAK-8060), 4217 ± 91 (GRN-15445) y 4096 ± 99 (Beta 174306)[85] ANE (Martín Socas *et Alii* 2004: 50- 51).

Para los hábitats al aire libre en la Depresión del Guadalquivir[86], los estudios de Papa Uvas continúan aportando aun hoy el mejor corpus gráfico. La denominada Fase I, representada por la Estructura 2 del sector A, en donde no se documentan formas carenadas, resulta muy abundante el porcentaje de las superficies a la almagra, habiéndose documentado un sólo fragmento impreso compuesto por una banda puntillada a punzón en el cuello (Martín de la Cruz 1985: 166 y 183, 1986b: 228). Las formas parecen corresponder en alta proporción a vasos globulares y derivados de la esfera, documentándose ya paredes rectas, algunas convergentes. Los perfiles en "S" en vasos de gran amplitud y de perfil esférico se muestran muy representativos, estando a menudo acompañados por mamelones de lengüeta y cónicos de escasa proyección (Martín de la Cruz 1985: 64- 66, 1986b: 229). Por otra parte, los bordes indicados de cierto resalte aparentan contar con una mayor incidencia que en los horizontes posteriores. Esta fase, base a criterios tipológicos y estilísticos, fue calculada por éste investigador en torno al 3200/ 3100 a. C., lo que correspondería a momentos insertos dentro del primer cuarto del IV milenio ANE (Martín de la Cruz 1986a: 313).

En el piedemonte subbético (Granada y Jaén) el caso de Martos merece una atención especial. La Fase I de este enclave (Cabaña XII), se caracteriza por el destacado dominio de los engobes a la almagra cubriendo las superficies interiores y exteriores. La decoración se halla presente con motivos incisos de diversas composiciones, documentándose de la misma forma tanto cordones modelados paralelos al borde del recipiente, como las anchas acanaladuras definiendo baquetones verticales, cubriendo la totalidad del vaso, un motivo decorativo que

[85] 5450 ± 120, 5380 ± 45 y 5240 ± 70 BP respectivamente. Fechas calibradas a través de la curva CalPal_2007_HULU, servicio ofrecido por la Universidad de Colonia (http://www.calpal-online.de - Copyright 2003-2007, CalPal Authors)

[86] Debemos resaltar aquí los recientes hallazgos en el Campus del Carmen y la Loma (Vega de Granada), éste último con dataciones sobre concha agrupadas en el tercer cuarto del VI milenio, último del V y segunda mitad del IV milenio ANE, presentando cerámicas de formas mayoritariamente globulares y superficie lisa, a la almagra y con decoración pintada (Aranda *et Alii* 2012: 101). Esperamos de la misma forma la publicación gráfica de los artefactos cerámicos hallados en la necrópolis del Campo de Hockey de San Fernando (Cádiz), excavado por Eduardo Vijande, en donde al parecer dominan formas globulares esféricas y superficies lisas donde está presente el engobe a la almagra. Una serie cronológica compuesta de dos dataciones realizadas sobre huesos humanos y concha se dispone entre el 4100- 3800 Cal ANE (Vijande 2009: 273, 2011: 18)

se repetirá en la fase siguiente (Lizcano *et Alii* 1992: 45-46, Lizcano 1999: 162- 163). Respecto a formas se constata la presencia de vasos globulares, cazuelas y vasos cilíndricos de pequeño tamaño, habiéndose documentado alguna forma de inflexión marcada que no llega a constituir una verdadera carena, estando al parecer ausentes las características formas carenadas posteriores (Lizcano 1999: 92 y 162, Lizcano *et Alii* 1992: 44). La datación obtenida para un hogar (US 3) documentado en la estructura XII arrojó un valor de 5080 ± 140 BP (*Teledyne Isotopes* I-17,083 MR.1/91-12.251), correspondiente a una fecha de 3889 ± 153 ANE[87], lo que fue argumentado como prueba para afirmar que la sedentarización a través de hábitats al aire libre en el piedemonte subbético se encuentra ya consolidada antes de la irrupción de las formas carenadas (Lizcano 1999: 48, Lizcano *et Alii* 2004: 172).

A partir de este momento, ubicado probablemente a inicios de la segunda mitad del IV milenio ANE (3500-3300 ANE) surgen una serie de formas de gran uniformidad tipológica, representadas por las formas carenadas, de entre las cuales destacan las grandes fuentes y cazuelas de escasa altura y diámetros destacados, artefactos que parecen proyectarse en el milenio siguiente a través de fuentes y platos de borde engrosado, siguiendo un cambio tipológico considerado gradual. Las primeras formas de este tipo parecen corresponder a formas de carena baja, perfil recto y convergente, apareciendo las formas de labio desarrollado en forma de pestaña más tardíamente (Moreno y Contreras 1981: 197, Lizcano 1999: 140). Los repertorios materiales que disponen de dichos artefactos se reparten por gran parte del mediodía peninsular (con especial incidencia en las cuencas de los ríos atlánticos), comprendiendo los valles del Guadiana (Hurtado 1995b, Molina Lemos 1980, Enríquez y Gijón 1989, Gonçalves *et Alii* 2003, Diniz 1999), del Sado y del Tajo (Ribeiro y Sangmeister 1966, Spindler 1976, Muñoz López-Astilleros *et Alii* 1995: 38, Muñoz López- Astilleros 1999: 93), el Tinto y el Odiel (Martín de la Cruz 1985, 1986 a y b, 1994), el Guadalete- Salado (González Rodríguez 1987, Ruiz y López 2001, Ruiz y Ruiz 1999, Ramos Muñoz 2008), así como en toda la Depresión del Guadalquivir y entorno limítrofe (González Cordero *et Alii* 2008: 343).

En la Depresión del Guadalquivir, las cronologías asociadas con la producción de formas carenadas amplias y de escasa altura se disponen pues, entre el segundo y el último cuarto del IV milenio ANE, siendo los emplazamientos que han brindado las mejores series junto a Papa Uvas, Cantarranas- La Viña (Ramos Muñoz *et Alii* 1992: 13, Ruiz Gil 2006: 327), y Eras del Alcázar de Úbeda (Lizcano *et Alii* 2009). Por último, entre finales del IV e inicios del III milenio ANE, se extienden en prácticamente el mismo entorno geográfico los platos y fuentes de borde engrosado, dotados como ya hemos tenido ocasión de apuntar, de una obvia filiación con las amplias formas carenadas del período anterior. Los primeros bordes engrosados (de perfil almendrado), aparecen ya en la fase IV de Papa Uvas, de la cual se dispone de una datación (sobre carbón) correspondiente a 3170 ± 131 ANE (CalPal_2007_HULU) (CSIC- 811: 4470 ± 70 BP) (Martín de la Cruz 1994: 174). Paralelamente, otros tipos de recipientes, como los vasos globulares de paredes rectas y mamelones cónicos bajo el borde, junto a los omnipresentes cuencos y formas derivadas de la esfera, continuarán produciéndose a lo largo del III milenio ANE.

Adentrándonos en el valor cronológico de los conjuntos analizados para la vega del Guadalquivir Medio, proponemos seguidamente una primera propuesta diacrónica (en la que profundizaremos en un capítulo posterior) en función de los paralelos tipológicos representados en contextos bien datados (y con preferencia sobre muestras de vida corta). Dicha serie se extiende a lo largo de la mayor parte de este período, considerando que hemos excluido de nuestro estudio aquellos contextos dotados de formas abiertas (platos y fuentes) de borde engrosado, características de fases posteriores.

1)- Fines del V milenio- 1ª ½ del IV milenio ANE (predominio de formas esféricas globulares, superficies lisas y una gran incidencia de engobes a la almagra): Subfase I de la Verduga Alta y Fase 1 de la Casa del Tabaco. Posible establecimiento agrícola en el Camino de la Barca (Algallarín, Adamuz). Inicio de la concentración de enclaves agrícolas semipermanentes en la vega estricta de la llanura aluvial, en paralelo a la denominada Fase 0 del Alto Guadalquivir Jiennense (Nocete 1994: 279, 1989a: 148).

2)- 2ª ½ del IV- Finales del IV milenio ANE ("Horizonte de las Cazuelas Carenadas"): Subfase II de la Verduga Alta, ocupación del Cañuelo Alto V e Iglesia Antigua de Alcolea, Fase 2 de Casa del Tabaco, Primeras fases de Llanete de los Moros (Horizonte de Silos, de fundación y de Cabañas) (Martín de la Cruz *et Alii* 2000a). Establecimientos agrícolas concentrados a proximidad de la llanura aluvial del Guadalquivir, e interfluvio Guadalquivir- Guadajoz (campiña oriental cordobesa). Ocupación intensiva de la vega del Guadalquivir Medio y áreas limítrofes de la Campiña.

- La legitimidad de la interpretación funcional en relación al consumo

La falta de relaciones contextuales precisas en los yacimientos analizados, al proceder la mayor parte de los recipientes de niveles de colmatación de estructuras subterráneas, supone un sesgo importante e ineludible a la hora de calibrar la función del repertorio material cerámico. A excepción de los hallazgos realizados en estructuras interpretadas sin mayores problemas como áreas domésticas o de almacenamiento, y en los casos en

[87] Sobre su calibración, ver nota 8. Esta datación, a todas luces discordante por antigüedad con las series conocidas hoy día, ayudó como argumento para retrasar la aparición de este tipo de formas a momentos tan tempranos como el primer cuarto del IV milenio, lo que consideramos dudoso a día de hoy.

los cuales los recipientes se encuentran en una situación contextual más o menos primaria (y ello no evita riesgos interpretativos), la interpretación de dichas funcionalidades corre pareja a las inferencias que pueden extraerse por sus características, a través de analogías formales con recipientes de uso bien conocido en contextos históricos o etnográficos (lo que proporciona un rango concreto de posibilidades operacionales) (González Urquijo *et Alii* 2001: 6- 7) y en último término, por medio de analíticas de contenidos (cromatografía de gases y estudio de fitolitos fundamentalmente) de alcance a menudo muy desigual y cuyos resultados no escapan a interpretaciones a menudo divergentes.

Cabe pues preguntarse por las posibilidades de la interpretación funcional en nuestra particular situación, máxime cuando una misma forma puede haber sido concebida para una acción o proceso fundamental, habiendo terminado por servir para otra, en ocasiones cuando se halla incapacitada para su función originaria. Partiendo de modelos actualistas, es necesario reconocer las dificultades aparejadas por dicha labor interpretativa cuando se desconocen las distintas formas de procesado de los alimentos del grupo social al que se estudia; la cadena operativa más o menos larga y compleja invertida para la preparación de un determinado recurso biótico hasta transformarlo en un alimento destinado al consumo humano. Dichos procesos se sitúan dentro de parámetros culinarios y formas de consumo (y por ende culturales), a menudo deliberadamente estrechos y situados más allá de los márgenes estrictamente subsistenciales, estando con frecuencia sujetos a procesos de elección de orden "gastropolítico" (Appadurai 1981).

En un orden sencillo de clasificación, los recipientes cerámicos pueden dividirse en tres grandes categorías funcionales: 1) almacenamiento, 2) manipulación y transformación y 3) traslado (que incluye el servicio de los alimentos) (Orton *et Alii* 1997: 246). A excepción de las grandes formas de cierta altura y difícil manejo, que se suelen asociar al almacenamiento de agua, alimentos y otras sustancias, y los pequeños recipientes relacionados con el servicio de consumo individual o colectivo, la mayor parte de los recipientes detectados en un enclave de este período ha podido estar implicada en procesos de transformación de alimentos, procesos los cuales pueden realizarse con el concurso de una fuente térmica, aunque no siempre (como en el caso de la maceración, fermentación, mezcla y decantación, etc.). En estos casos, el rango de sustitución por fatiga y estrés térmico de los recipientes usados en dichas transformaciones suele ser mayor, por lo que cabe prever en un enclave arqueológico dado y en proporción, su más alta presencia.

Paralelamente y de manera transversal, la división entre el repertorio de recipientes lisos y aquellos decorados puede ser interpretado de manera no excesivamente conflictiva, entre el ajuar "invisible" que participa en la transformación y consumo de los alimentos en el ámbito doméstico, y aquellos recipientes abiertos a la colectividad, en los cuales concurren factores de exhibición, competencia y agregación colectiva (González Urquijo *et Alii* 2001, González Ruibal 2005). La reducción cuantitativa de la cerámica decorada entre el V y IV milenio ANE podría ser un fenómeno estrechamente relacionado con la reclusión progresiva del sector social responsable del ajuar cerámico, y por ende de la preparación de los alimentos (las mujeres), a la estricta órbita doméstica, perdiendo en este caso los recipientes su carácter de "entidad socialmente visible". Esta es una hipótesis sobre la que volveremos a incidir en adelante.

Sin embargo, de entre todos los recursos subsistenciales obtenidos por producción, caza y recolección, en concreto consideramos pertinente, o cuanto menos prioritario, preguntarse por la forma de consumo de los cereales entre el Neolítico y la Edad del Cobre en el sur de Iberia, ya que obviamente, si bien la capitalización de la riqueza en forma de cabezas de ganado se ha apuntado como base importante en la configuración de un discurso simbólico de dominación, legitimación de la misma e intercambio (Cámara *et Alii* 2008: 78- 80), hoy día ya nadie duda de la importancia de base que el cultivo de los cereales posee en estos momentos, cuando las campiñas y vegas de la Depresión del Guadalquivir muestran una ocupación y uso de la tierra de una intensidad y dimensión no detectada arqueológicamente para períodos anteriores (Lizcano 1999: 31, Nocete 1994: 277- 279, 2001: 78).

Centrándonos en el destino funcional de fuentes y cazuelas carenadas de amplio diámetro y por extensión a los grandes platos y fuentes de borde engrosado posteriores, ambos grupos han sido interpretados de forma frecuente como recipientes incluidos dentro del servicio y transporte, como forma de consumo colectivo (Nocete 1994: 282), así como contenedor de alimentos para un consumo inmediato, independientemente del tipo de preparación alimentaria, gachas de cereales o preparados a base de lácteos (Gonçalves 2003b: 93). Nuestra propuesta, sin excluir el transporte y servicio ulterior, parte de su interpretación principal como forma de transformación de los alimentos por medio de una fuente térmica (cocción), en concreto productos panificados.

Actualmente en el marco general de la Península Ibérica, está aumentando en número creciente la publicación de resultados que determinan la fermentación de pasta de cereal (a partir de restos de gránulos de almidón con muestras de ataque enzimático, junto a la identificación de fitolitos) en ciertos recipientes, resultados que se han venido a interpretar de forma recurrente como consecuencia de la elaboración de cerveza, hecho a menudo asociado como en el caso de recipientes campaniformes, a ritos de exaltación masculina (Guerra 2006: 70, Rojo *et Alii* 2006, 2008). En este sentido conviene recordar cómo ya ha sido apuntado en diversos estudios la enorme dificultad de distinguir a través de diferentes análisis, si dichos vestigios referidos al fermentado de pasta de cereal corresponden a una prueba de la elaboración de bebidas alcohólicas o bien a la preparación de pasta de harina líquida destinada a la producción de panificados (González Ruibal 2005: 48-49).

Otros trabajos han puesto de manifiesto la incidencia del consumo de gachas o tortas de cereal ya desde el V milenio, probablemente elaboradas a partir de harinas mixtas con el concurso de la bellota, resultado de una gestión organizada de los recursos forestales (Bueno *et Alii* 2005: 89). Dicho consumo ha sido relacionado con formas de subsistencia presentes en gran parte de la península, relacionadas con el consumo de gachas de cereales y harina de bellota, al menos hasta la Edad del Hierro (Barroso *et Alii* 2008: 177). Por otra parte, el consumo de tortas de pan ázimo se encuentra ampliamente documentado en la Edad Media peninsular (*cibanicius*), donde se ha definido un tipo de plato plano, a menudo de gran diámetro, que presenta un reborde externo (*Tabag*), usado para cocer tortas de pan realizadas en este caso mediante amasado (Gutiérrez Lloret 1991: 171).

La experiencia etnoarqueológica apunta al uso preferente de planchas y platos para cocer las tortas de pan cuando éste se encuentra realizado bien a base de cereales, frutos, raíces o tubérculos carentes de gluten, bien en los casos en los que su reducida presencia no es suficiente para realizar panes levados, caso de los trigos diploides y de la cebada, teniendo una amplia repartición en el Norte de África, Próximo Oriente y Sur de Asia (Lyons y D´Andrea 2003: 524). En concreto, en las tierras altas de la meseta etíope, la elaboración de tortas de pan mediante pasta líquida de harina fermentada se realiza por medio del uso de bandejas de grandes dimensiones, dispuestas directamente sobre una fuente de calor, las cuales presentan un intenso bruñido en su interior a fin de evitar la adherencia de los alimentos (Lyons y D´Andrea 2003: 517- 518, De Roux 1976: 313).

Dichos artefactos, denominados frecuentemente con el término de *mogogo* o *m'tad*, realizados con arcillas seleccionadas y desgrasante de arena de río (empleándose hasta una medida de arena por dos de arcilla), poseen un destacado grosor y resistencia al *shock* térmico, pudiendo alcanzar hasta casi 600 mm de diámetro. Frecuentemente el labio se compone de un ligero saliente en forma de pestaña, a fin de evitar la pérdida o vertido de la masa del líquido[88]. Si bien el alimento tradicional de la meseta etíope es la torta elaborada mediante harina de tef o sorgo, cereales ambos desprovistos de gluten, resulta muy frecuente a falta de éstos realizar la mezcla a partir de pasta líquida fermentada compuesta de harina de cebada o incluso de escanda menor o farro (*Triticum dicoccum*) (Lyons y D´Andrea 2003: 519).

En esta región, dentro del repertorio doméstico de formas cerámicas destinadas a la manipulación y transformación de los alimentos (cocinado), resulta manifiesta la dicotomía existente entre formas globulares, destinadas a la fermentación de pasta, y formas amplias de escasa altura, destinadas a la cocción de la torta de pan (González Ruibal 2005). En este sentido nos preguntamos si su analogía funcional con los recipientes arqueológicos que hemos presentado en este trabajo resulta pertinente y legítima, de la misma forma que otros autores se han interrogado sobre dicha funcionalidad en direcciones similares (Ruiz Gil 2006: 323), si bien para otros equipos, ciertos análisis realizados sobre este tipo de recipientes al parecer no aseguraron una dedicación exclusiva a la preparación de alimentos basados en el cereal (Lizcano *et Alii* 1992: 15).

Figura 20: Preparación de la injera (torta de pan) sobre un *mogogo* en Gondar (Etipía). Fuente: Http://www.flickr.com/photos/ingleites/190197382/ flikr.com, a través de Wikimedia Commons.

Nuestra propuesta queda planteada a modo de hipótesis de partida, estando desde luego necesitada de una batería de análisis físico químicos de restos cerámicos, así como de un elaborado protocolo de arqueología experimental replicativa para contrastar nuestro planteamiento. Poder demostrar más allá de los simples cambios formales, que la transición tipológica de las fuentes carenadas a los platos de borde engrosado representa un reflejo funcional evidente del cambio de un preparado culinario con base en la harina de cereal (gachas) a la cocción de tortas de pan plano, contaría con implicaciones de gran importancia inclusive relacionadas con posibles cambios de cultivo, máxime cuando las propiedades físicas de la harina de cada especie o variedad de cereal muestran diversidades a menudo muy variables[89].

[88] "Mogogo *are made with a one-to-two or one-to-three ratio of black claylike soil to sand. The prepared mixture is pressed into a circular shape using a mould or is formed by hand on a clean sandy surface. Griddles average fifty-eight centimeters in diameter, are two-to-three centimeters thick, and have beveled rims that rise approximately one centimeter above the flat cooking surface"* (Lyons y D´Andrea 2003: 517).

[89] Cabe relacionar en este sentido, la dificultad para elaborar panes levados no solamente por el recurso a utilizar harina de escaso contenido en gluten (trigos diploides y cebadas), sino también por el concurso de harinas de bellota o harinas resultantes del tostado de las semillas de trigo para su conservación en ambientes húmedos (Lyons y D´Andrea 2003: 523).

V- Las producciones no vasculares de arcilla[90] en la vega del Guadalquivir Medio

1. Introducción

Los elementos realizados en arcilla, debido a su generalmente deficiente estado de conservación provocado entre otras causas por su nula o escasa cocción (a menudo contingente o accidental) y a la derivada dificultad de someterse a una clasificación tipológica estrecha y a una inequívoca lectura interpretativa, representan sin duda junto a los arteusos y elementos macrolíticos, los conjuntos artefactuales más perjudicados en los estudios materiales de los enclaves de la Prehistoria Reciente (Gómez Puche 2008: 200). En los casos en los cuales la conservación resulta ser aceptable, la contextualización de los hallazgos a nivel espacial suele proporcionar claves fundamentales a la hora de proceder a su interpretación funcional.

Generalmente estos artefactos (o componentes de instrumento y materiales constructivos, entre otros) se encuentran realizados en pasta poco depurada y de escasa selección, generalmente identificada con terrígenos del entorno inmediato del mismo enclave (Lucena 2004: 236, Lucena *et Alii* 2005: 528). En multitud de ocasiones, y en particular en el caso de los artefactos muebles, partimos de la dificultad añadida de definir si se encuentran cocidos de forma deliberada, colocándose junto al fuego o expuestos al sol, o lo son bien accidentalmente (como los revestimientos con improntas de techumbres y paredes) o debido a su funcionalidad (asociada a una fuente térmica). En algunos casos resulta difícil descartar endurecimientos ulteriores no debidos a altas temperaturas, vinculados a las propiedades de la arcilla empleada y al concurso de componentes calcáreos en la matriz (aproximándose al caso de los estucos). No entraremos en la variabilidad de su composición en función de los tipos, ya que sería necesaria toda una batería de análisis y estudios experimentales para definir con seguridad cada caso concreto, tarea de escasas inferencias en un conjunto tan reducido como el que tratamos y al que nos circunscribimos.

Resulta destacable en el conjunto estudiado la ausencia de elementos de arcilla relacionables con estructuras arquitectónicas, frente a la abundancia de fragmentos de revestimiento de arcilla con improntas de zarzos y entramados constructivos de origen vegetal tan frecuentes a lo largo del III milenio en el ámbito que nos ocupa (Martínez 2007: 15, 2009, EP b, Murillo 1988: 9), así como en otros sectores del sur de Iberia (Gonçalves 1989 II: 79- 84). Dada la precariedad que conlleva su conservación ulterior, los elementos analizados en este capítulo proceden de unidades estratigráficas excavadas en los enclaves de la Verduga Alta, Iglesia Antigua de Alcolea y Casa del Tabaco, viéndose comprometida su conservación de manera determinante en contextos de superficie, dado su carácter frágil asociado a cocciones leves o a baja temperatura. En este sentido cabe recordar que todos los elementos recuperados representan hallazgos desprovistos de una asociación funcional indiscutible, yacentes estratificados en la colmatación interna de diferentes estructuras siliformes.

De entre los tipos definidos por Magdalena Gómez Puche para la Prehistoria Reciente valenciana (Gómez Puche 2008), nosotros hemos extraído tres grupos fundamentales, incluyendo en el primero de ellos (estructuras de combustión) una categoría mucho más amplia que en la definición original, dado el estado de fragmentación del conjunto recuperado y la dificultad de crear clasificaciones excesivamente cerradas. En el grupo de los ponderales hemos integrado los denominados "crecientes" o "cuernecillos", muy representados en el mediodía peninsular entre el IV y el III milenio ANE. En tercer lugar, la categoría representada por los "soportes", dado la prolífica bibliografía que ha despertado en España y Portugal, será tratada con especial extensión, dada su asociación frecuente con artefactos decorados denominados usualmente "ídolos de cuernos". Por último, dentro de un grupo ciertamente diferenciado y muy alejado de la órbita estrictamente funcional, presentamos un artefacto ideotécnico, realizado en arcilla de débil cocción, recuperado en la estructura XIII de Iglesia Antigua de Alcolea.

2. Estructuras de combustión

En este apartado hemos inscrito diversos fragmentos de interpretación compleja que han sido hallados en Iglesia Antigua de Alcolea y la Verduga Alta. En este primer enclave, procedentes de los niveles basales de la estructura XII (UUEE 131, 133 y dentro de la oquedad central o agujero de poste, cuyo relleno se inscribe como UE 134) así como de la estructura XI (UE 127, Lámina 2), contamos con varios fragmentos de placas de perfil cóncavo- convexo, pertenecientes a al menos una forma esférica. De difícil remontaje, para los casos en los que ha podido calcularse su diámetro (fundamentalmente en el conjunto procedente de la estructura XI) éste varía en torno a 200- 400 mm en función de cada fragmento, si bien contamos con alguno de disposición más abierta que bien pudiera alcanzar diámetros mucho mayores. Los grosores, aunque variables, oscilan entre 15 y 25 mm, siendo más frecuente un espesor próximo a este último valor.

Todos los fragmentos recuperados parecen haberse realizado mediante la adición de dos grupos de capas. El primero de ellos, coincidente con la porción interna, muestra una cantidad notable de impresiones de elementos vegetales, restos de tallos fundamentalmente (quizá por adición de estiércol), los cuales hace tiempo han desaparecido. La superficie externa, por el contrario, muestra una disposición laminar a base de capas de

[90] Bajo este término, pretendemos incorporar aquellos artefactos realizados en arcilla, generalmente desprovistos de una cocción cuidada, que no representan parte del ajuar doméstico compuesto por los recipientes cerámicos. Otros autores (Gómez Puche 2008) los agrupan bajo la denominación de "elementos de barro". Aunque aceptable como definición, el término "barro" también puede emplearse en una acepción como sinónimo de recipientes de cerámica o terracota (Barro. Diccionario de la RAE, tomo 1, p. 271).

arcilla ciertamente más depurada que la anterior y compuesta aparentemente por aplicaciones sucesivas. Esta dualidad en cuanto a composición parece repetirse en lo que respecta a una doble atmósfera de cocción. Efectivamente, uno de los rasgos que más sobresalen entre estas piezas es su tonalidad externa pálida, aproximándose a una tonalidad blanquecina, mientras que la superficie interna, de conservación normalmente más deficiente (con perdida de masa y frecuentes desconchados) muestra una escala cromática más oscura, entre el gris ceniciento y el gris oscuro. Ello parece resultado de un proceso de cocción irregular, producida durante el transcurso de su vida funcional como receptáculo de una fuente de combustión, provocando en su interior un ambiente reductor, deficiente en oxígeno.

Aunque disponemos de algunos fragmentos que conservan un canto suavizado semejante a borde, en cuyo caso las superficies interna y externa guardan menores diferencias, las características externas de dichas producciones proponen una interpretación ciertamente interesante. En este sentido, dichos fragmentos probablemente respondan bien a parte del reborde anular de algunas estructuras de combustión de escasa altura (como pudo observarse reiteradamente en Millares [Molina y Cámara 2005]), bien a restos de bovedillas de hornos o estructuras de combustión como anafes o cocinas, pudiendo estos bordes responder a fragmentos coincidentes con la abertura de recarga. Estructuras similares se reparten de forma universal en diversas culturas agrícolas tradicionales con una agricultura de subsistencia (Lyons y D´Andrea 2003: 517), como también nosotros hemos tenido ocasión de observar en algunas viviendas del sur de Marruecos[91]. Estructuras interpretadas como hornos de cocina, realizadas mediante la realización de bovedillas y de características similares aunque de cronología anterior, se han conservado de forma excepcional en la orilla portuguesa de la vega del Guadiana (enclave de Xarez 12) (Gonçalves 2002: 180, 2003).

De la misma forma han sido apuntadas otras posibilidades funcionales para este tipo de evidencias, como la relacionada con braseros o recipientes portátiles de rescoldos (Gómez Puche 2005: 202), si bien dado el carácter diferencial de las superficies nos decantamos por considerarlos parte de una estructura cerrada. La extrema porosidad de la mayor parte de la pasta, realizada probablemente con el concurso de estiércol y arcilla, lo que le confiere una notable ligereza, las alejan de la posibilidad de formar parte de recipientes o depósitos de líquidos, no pudiendo desechar la correspondencia de algunos de estos fragmentos con receptáculos o contenedores de vida efímera o con tapaderas, así como estructuras de acondicionamiento de hogares. Tal es el caso del único fragmento analizado procedente de la Verduga Alta (fondo 104, M2), el cual semeja una porción de base con arranque de pared, pudiendo corresponder a un recipiente mueble.

[91] Ksar de Aït- Ben- Haddou (Ouarzazate). Marzo de 2007.

3. Ponderales (cuernecillos o crecientes)

A diferencia del grupo anterior, un apartado específico de cierta expresividad tipológica lo constituyen los llamados cuernecillos o crecientes, ampliamente distribuidos por el mediodía ibérico a lo largo del IV y III milenio ANE. Estos artefactos se componen generalmente de un cuerpo fusiforme alargado, de longitud variable (aproximadamente 100 mm) aunque raramente superior a 200 mm y dotado de una perforación completa perpendicular al eje del cuerpo en uno y otro extremo (Martín de la Cruz 1985: 58). Generalmente dicho cuerpo muestra una curvatura neta, en segmento de arco. Llama la atención el aparente cambio experimentado por dicho tipo, que parece partir de elementos de sección circular, factura descuidada y cocción deficiente o nula, propios de conjuntos asociados a las formas carenadas del IV milenio, a elementos de espesor más reducido y mayor longitud, sección rectangular y cocción cuidada similar a la de los recipientes cerámicos, a lo largo del III milenio ANE (Lucena 2004: 233). La disminución progresiva de su grosor iría relacionada, obviamente con la mejora de las calidades de su cocción, probablemente ligada a cambios tecnológicos experimentados por los procesos productivos con los que dichos objetos se encontrarían relacionados.

En este trabajo presentamos el hallazgo de siete ejemplares, procedentes de la estructura VIII de Iglesia Antigua de Alcolea, y de un único ejemplar procedente de la estructura 10 de Casa del Tabaco. En el primer enclave, de los siete recuperados, cinco se conservan completos (VIII/1- 5). Dos de ellos (ejemplares 4 y 5) poseen idéntico formato, dotados de sección circular, constituyendo un soporte curvado y con una perforación tubular de escaso diámetro (entre 3 y 4 mm) dispuesta en cada extremo. Estos ejemplares se encuentran realizados en arcilla integrada por desgrasantes orgánicos, lo que le confiere escaso peso. Como en el caso de los fragmentos de estructuras de combustión mencionados con anterioridad, la superficie externa posee tonalidades claras, contando en general con un aspecto poco cuidado. La cocción aparenta ser muy deficiente, pudiendo haberse realizado una vez desechados, mostrando los sedimentos de la estructura VIII gran cantidad de cenizas así como evidencias de termoalteración continuada y acción del fuego. Otro ejemplar (pieza 3), de menores dimensiones y sección circular ligeramente achatada, así como un extremo fragmentado de otro ejemplar, comparten similares características con los ejemplos anteriores.

Una pieza completa (número 1), de tamaño medio en relación al conjunto (próximo a los 100 mm de longitud), muestra una ejecución más cuidada, dotada de un mayor peso y una superficie alisada, estando igualmente elaborada mediante añadido de desgrasantes compuestos a base de briznas vegetales y conservándose completamente ennegrecida por su asociación a desechos de combustión. Por último, los dos últimos ejemplares, compuestos por una pieza completa (número 2) y un fragmento de otra, corresponden a un mismo formato, de tamaño algo más reducido (apenas 80 mm de longitud), y de diseño elipsoide alargado (curvado como en todos los casos). Estos último ejemplares parecen disponer de una cocción deliberada, con una superficie oxidante tratada con particular cuidado, junto al hecho de haberse confeccionado utilizando desgrasantes inorgánicos.

Frente a la presencia de ejemplares de rasgos diferentes en Iglesia Antigua de Alcolea, de Casa del Tabaco (estructura 10) no conocemos más que un ejemplar fragmentado, de sección sensiblemente aplastada y extremidad perforada verticalmente (a diferencia de la perforación lateral de los ejemplares de Iglesia Antigua de Alcolea). Su cocción es muy deficiente, no conservando apenas rastro de la superficie original (10/3), por lo que no podemos excluir que se halle deformado por diagénesis o debido a otras causas de difícil control. Junto a estos enclaves, en la vega del Guadalquivir Medio durante el IV milenio tan sólo conocemos la presencia de cuernecillos o crecientes en Llanete de los Moros (Martín de la Cruz *et Alii* 2000a: 57).

En general, los ejemplares descritos, de sección circular y escasa inversión tecnológica, resultan muy similares a los hallados en la Fase II- III de Papa Uvas (Lucena 2004: 233), Polideportivo de Martos (Lizcano 1999: 188) como a los procedentes del relativamente próximo Llanete de los Moros, en sus fases iniciales (Martín de la Cruz *et Alii* 2000a: 57). Los crecientes o cuernecillos, junto a las conocidas placas de arcilla rectangulares decoradas y perforadas a proximidad de los ángulos, típicas del Valle del Tajo y la Extremadura portuguesa y de cronología más reciente (Diniz 1994, Leisner y Schubart 1966: 42-43), han sido asociados de forma cada vez más unívoca, con ponderales vinculados a la producción textil (Gonçalves 1989 I: 293- 294, Lizcano 1999: 188, Cardito 1996: 132, Lucena 2004: 233, Ruiz y López 2001: 84 y 95), lo que expresaría la posible elaboración de tejidos dentro del ámbito doméstico, como así ha sido señalado en diversos enclaves del curso alto del Guadalquivir (Lizcano 1999: 189). La presencia de manufacturas textiles en Iglesia Antigua de Alcolea queda referenciada, si bien de manera indirecta, por una posible impronta en arcilla de un entramado de fibras, recuperada en los estratos basales que colmataban la estructura XII. Sin embargo, el pequeño tamaño de la pieza (apenas 10 mm) así como su estado de conservación, no permiten diferenciar una impronta textil de otra producida por la impresión de cordelaje elaborado con fibra vegetal.

4. Soportes cónicos

Ya desde la primera mitad del siglo XX, el hallazgo en el centro y sur de Portugal de artefactos modelados en arcilla, de destacada sencillez y dotados de una estandarización tan sólo en parte aparente, a través de excavaciones realizadas en asentamientos de adscripción neolítica y calcolítica (IV y III milenio ANE), comenzó a interrogar de modo particular a los diferentes investigadores que entonces trabajaban en ese área (Savory 1985: 23, Kalb y Höch 1980: 99- 100). Dichos artefactos constan en su nivel más bajo de complejidad, de un cuerpo troncocónico de entre 10 y 20 cm de altura y una base dotada de un diámetro superior al de su remate distal, estando éste a menudo levemente proyectado hacia delante con respecto a su eje. En la mayoría de las ocasiones, estos objetos cuentan con una perforación transversal, aparentemente realizada con un dedo, que en gran número de casos llegan a atravesar la pieza de parte a parte, siendo el canal de desarrollo recto, o bien dispuesto en forma de V o V invertida (López Plaza 1975: 503, Fernández y Oliva 1980; 32, Fernández y Sauceda, 1985: 87-88 y 91; Gonçalves 1989 I: 451, 2003: 138, Cardoso 2003: 78). No obstante existen casos en los que dicha perforación se sitúa en el área basal (disposición vertical), sin atravesar la pieza en toda su longitud, ahuecando levemente la mitad inferior del cuerpo (Marques 1995: 14)

Lejos de contribuir a acuñar tipologías dada su gran variabilidad, creemos conveniente describir aquí las dos tendencias o clasificaciones fundamentales en las que parecen agruparse a juzgar por sus atributos morfológicos, incluyéndose en este caso algunos sistemas decorativos. Ambas categorías suelen ser utilizadas de forma ambivalente, a menudo en función de la bibliografía consultada por cada autor, designando artefactos de caracteres a veces muy diversos, de ejecución simple o complementada con atributos decorativos. Esta asociación queda potenciada con frecuencia por el deficiente estado de conservación de estos soportes, ejecutados en arcilla con una escasa o nula cocción, lo que dificulta frecuentemente su descripción formal. Así, tratando de reflejar la doble división ensayada por algunos autores (Marques 1994, Cardoso 2003: 77), ésta pasaría a describir soportes de ejecución simple, llamados por nosotros morillos de perforación central, así como su contrapunto representado por soportes decorados o rematados por un apéndice corniforme o geminado, denominados generalmente "ídolos de cuernos" (Cardoso 2003, Marques 1993, 1994 y 1995).

- Morillos de perforación central

Estos artefactos, de gran simplicidad estructural, los vemos representados tanto en yacimientos de la Submeseta Norte, como en la península de Lisboa y Setúbal (Estremadura portuguesa), Alentejo y la Extremadura española, no faltando datos procedentes de la Depresión del Guadalquivir. A falta de consenso entre los autores, su asociación con objetos de carácter ideotécnico ha sido apuntalada bien a través de algunos casos que cuentan con decoración (espigados y motivos en zigzag, así como líneas curvas incisas a ambos lados que sugieren semejanza con el tatuaje facial descrito en algunas de las variadas manifestaciones simbólicas ligadas a la representación oculada) o bien conforme a su vecindad a modelos más complejos, caso de los dotados de remate "bífido" o corniforme, por ello llamados "ídolos de cuernos".

Sin pretender hacer aquí un repaso sistemático a todos los casos documentados en la Península Ibérica, los ejemplos más conocidos en la bibliografía se refieren a Peña del Aguila (Muñogalindo, Ávila) (López Plaza 1975: 505, Lám. 1), de superficie lisa y perforación central (atravesando en un único caso la totalidad de la pieza), Fuente Lirio (Muñopepe, Avila) (Fabián 2006: 142, Fig. 50), con al menos seis ejemplos, unos con perforación completa y otros incompleta (no atraviesan la pieza en el área posterior). En el área extremeña, se conocen los ejemplos del asentamiento de Los Castillejos I, en Fuente de Cantos, Badajoz (Fernández y Sauceda 1985), de donde proceden varios ejemplares rematados por una superficie redondeada, no faltando de entre éstos, ejemplos decorados a base de motivos espigados o haces de líneas curvas, dispuestas a cada uno de sus lados.

En Portugal, se cita algún ejemplar en el yacimiento de Cerro do Castelo de Santa Justa (Gonçalves 1989 I: 451, II: 313, Est. 235), junto a otros muchos casos tales como los de Forno da Telha (Rio Maior) (Marques 1995: 14-15, Fig. 1 y 2). En Andalucía, se cuenta con al menos un ejemplo dudoso en el enclave de Papa Uvas, junto a otros fracturados de difícil y más complicada atribución (Martín de la Cruz 1985: 53, Lucena 2004: 234- 236), y con un registro muy fragmentario en Valencina de la Concepción (Fernández y Oliva 1980: 34). De igual modo procedente del poblado de Pocito Chico (Puerto de Santa María, Cádiz) contamos con un objeto que nos resulta idéntico a muchos de los anteriores, procedente de una covacha excavada en el substrato y dedicada, según sus excavadores, al tejido de la lana (Ruiz Gil *et Alii* 2004: 365, Fig. 7, nº 59).

- Ídolos de cuernos

Bajo esta categoría de artefactos se recogen propiamente (y como acabamos de ver fundamentalmente por extensión), aquellos elementos que aun compartiendo rasgos estructurales con los anteriores (cono de arcilla con perforación central, con decoración o sin ella), se encuentran dotados de un remate consistente en dos protuberancias de diversa tipología, descritos a modo de "cuernos" (Cardoso 2003, Marques 1993, 1994 y 1995). Así, se cuentan en yacimientos portugueses tales como Cabeço da Bruixa (Alpiarça, Santarem) (Kalb y Höch 1980: 99, Abb. 6), Pico Agudo (Torres Vedras) (Spindler 1971: 65, Abb. 4-a, 69, Abb. 6- 37), Vila Nova de São Pedro (Santarem) (Savory 1985: 24, Fig. 3.2), Sala I (Pedrógão, Vidigueira) (Gonçalves 1987: 13), Cerro do Castelo de Santa Justa (Alcoutim, Faro) (Gonçalves 1989 II: 312, Est. 234), Monte da Ribeira (Redondo) (Gonçalves 1989 I: 542, Fig. 8.19), Moreiros 2 (Arroches, Portalegre) (Boaventura 2006: 70, Fig. 4, e- f), entre otros muchos. En Extremadura, destacan varios ejemplares del conjunto de Los Castillejos I (Fuente de Cantos, Badajoz) (Fernández y Sauceda 1985), y en Andalucía, los casos documentados se centran igualmente en Papa Uvas (Martín de la Cruz 1985: 59, 1994: 138) y Valencina de la Concepción (Fernández y Oliva 1980: 32- 34, Fig. 10). Asimismo aunque con grandes dudas (su estado de conservación no permite disociarlo del grupo anterior) podríamos encontrarlos igualmente en la fase calcolítica de Morro de Mezquitilla (Schubart 1977: Taf. 11).

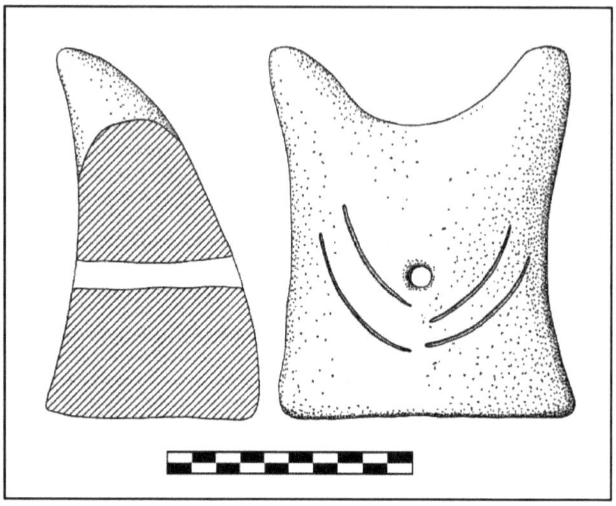

Figura 21: Ídolo de Cuernos de Vila Nova de São Pedro (Santarem) (Savory 1985: 24, Fig. 3.2).

Como ya pudimos observar en los casos anteriores, no son escasos los ejemplos de decoraciones simétricas a ambos lados del cuerpo. Partiendo del primer y clásico ejemplo de Vila Nova de São Pedro, con dos haces de líneas dobles, curvas e incisas que se disponen partiendo hacia los lados desde el sector inferior de la perforación central (Savory 1985: 24, Fig. 3-2), los motivos, ya espigados, ya acompañados de ungulaciones en el remate superior, aparecen representados en ciertos ejemplares de Los Castillejos I (Fernández y Sauceda 1985: 99, Fig. 5 y 23), y más recientemente en Moreiros 2 (Boaventura 2006: 70, Fig. 4, e- f).

Tanto aquellos elementos de remate redondeado, como aquellos dotados propiamente de "cuernos", se extienden en cronologías que abarcan desde avanzado el IV milenio hasta momentos indeterminados del III milenio ANE. Una datación radiocarbónica procedente del Nivel 5 del locus 1 del poblado de Sala I, de donde se citan varios ejemplos de "*idolos de cornos*", arroja un valor de 4490 ± 80 BP (3183 ± 134 Cal)[92] (Gonçalves 1987: 15). Junto a ésta, el resto de las dataciones, obtenidas sobre muestras de vida corta procedentes de dicha área doméstica, se encuentran entre las más antiguas relativas a ambientes metalúrgicos en la Península Ibérica (Castro *et Alii* 1996: 88- 89). En Papa Uvas, sólo las fases II y III cuentan con artefactos de este tipo, encuadrándose pues, avanzado el IV milenio ANE (Martín de la Cruz 1994: 138).

La denominación de "ídolos de cuernos", viene siendo arrastrada como herencia casi inconsciente de lecturas particulares del registro arqueológico. Desde mediados del pasado siglo, la búsqueda de testimonios expresivos

[92] Como viene siendo norma en este trabajo, todas las fechas (salvo excepción indicada) se encuentran calibradas mediante el programa CalPal_2007_HULU, servicio ofrecido por la Universidad de Colonia (http://www.calpal-online.de - Copyright 2003-2007, CalPal Authors).

de un supuesto horizonte de colonización originado por poblaciones procedentes del Mediterráneo Oriental, facilitó el deslizamiento de categorías rituales identificadas en Creta, Grecia continental y Turquía (caso de los cuernos de consagración de Knossos, por ejemplo) hasta ocupar un puesto junto a las evidencias que iban descubriéndose en diferentes yacimientos de la Península Ibérica (Altar de Cuernos de El Oficio, Almería) (López Plaza 1975: 503, Schubart, 1977: 47). La denominación aquí abordada, iniciada bajo el término alemán de *Hörneridols*, adquirió tal éxito que así vienen denominándose inclusive tanto a aquellos fragmentos que no permiten intuir la forma del remate, como aquellos que carecen de las consabidas protuberancias, término más empleado en la bibliografía del vecino país atlántico.

- Soportes cónicos en el Guadalquivir medio

La fragilidad de los soportes, que como es de prever favorece la conservación de las partes más robustas (áreas mediales/ basales,) dificulta frecuentemente la identificación, estudio y posterior publicación de los artefactos procedentes de excavaciones arqueológicas. Así, se conoce un gran número de testimonios incompletos de conos de barro con perforación central hallados en yacimientos peninsulares. Tales ejemplos se encuentran en gran parte de los yacimientos citados anteriormente, así como en Foz do Enxoé (Serpa, Beja), (Diniz 1999: 113, Fig. 19) o Quinta das Longas (S. Vicente e Ventosa, Elvas) (Gonçalves *et Alii* 2003: 137-140, Fig. 29 y 30). Éste es el caso de los fragmentos que describimos aquí, procedentes de Iglesia Antigua de Alcolea (Córdoba) y la Verduga Alta (Palma del Río), elementos que dado su estado de conservación impiden su adscripción formal a uno u otro grupo.

De la Verduga Alta (fondo 22 A) se ha descrito el fragmento de un objeto de forma troncocónica o cilíndrica, de aproximadamente 30 o 40 mm en la sección conservada, elaborado en arcilla escasamente depurada, de cocción deficiente (22A/M1). La superficie externa aparece alisada con cierto cuidado, siendo éste el único fragmento identificado, aunque con grandes dudas, como probablemente perteneciente a esta categoría de objetos.

En Iglesia Antigua de Alcolea, los testimonios parecen ser proporcionalmente superiores. Así, procedente de la estructura IV, hemos contabilizado un fragmento de base maciza, con perfil de tendencia cónica y superficie inferior plana de 120 mm de diámetro, que pudo pertenecer a uno de estos artefactos (IV/45/105). De superficie alisada, la pasta muestra una intensa coloración rojiza, mostrando desgrasantes inorgánicos, si bien aparenta una cocción deficiente y deleznable al tacto. Su aparente semejanza tecnológica con la terracota figurada de la estructura XIII y que describiremos más adelante, obliga a mantener cierta prudencia con respecto a su identificación como base de soporte o morillo.

En relación a la estructura XII, en sus niveles basales (UUEE 131 y 133), fueron hallados dos fragmentos de soportes cónicos de arcilla, de base plana. El primero de ellos, hallado en la UE 131 (Lámina 1), contaría con un diámetro probable de la base de en torno a 120- 130 mm, y uno medial próximo a 80 mm. Su altura probablemente superaría los 150 mm. El segundo de ellos (UE 133) se hallaba muy fragmentado, si bien parece responder a un formato similar. En ambos casos los fragmentos conservados corresponden a regiones laterales, particularidad sobre cuyo origen debemos excluir una pérdida o afección durante el proceso de excavación, hecho observado en otros enclaves. Así, han descrito de manera prolija en asentamientos como Papa Uvas una serie de conos de barro simples, de deficiente conservación, los cuales parecen contar frecuentemente con tan sólo una parte conservada, dividida del resto por fracturas longitudinales (Lucena 2004: 235). La interpretación manejada en este caso especula con la posibilidad de una erosión y pérdida de las mitades por medio de una semi-cocción diferencial, producida por una posible contracción de la pieza por proximidad al fuego cuando aún se encontraba húmeda (Lucena 2004: 236). La pasta de las piezas de la estructura XII de Iglesia Antigua de Alcolea, muestra una tonalidad pálida amarillenta, estando compuesta por improntas de desgrasantes orgánicos lo que le confiere una gran ligereza, resultando aparentemente muy similar a la exhibida por las paredes de estructuras de combustión descritas anteriormente y recuperadas en el mismo yacimiento.

Figura 22: Soporte cónico en la estructura XII de Iglesia Antigua de Alcolea.

- Funcionalidad

Actualmente nos hallamos ante un debate, indudablemente más vivo en Portugal, que aborda los objetivos funcionales de este amplio grupo de objetos. Como relatábamos con anterioridad, todo indica que la semántica inscrita en los términos empleados para su definición conlleva a menudo inevitablemente tomar partido bien por interpretaciones funcionales (o si quiere más "prosaicas"), bien por otras en las que los atributos accesorios presentados por gran parte de estos objetos facilitan explicaciones de cariz ideosimbólico.

En el primer grupo encontramos la identificación con soportes de asadores, morillos, o si se quiere una definición más aséptica, elementos auxiliares de estructuración de áreas de combustión. Dichos objetos, elaborados *had hoc* toscamente en fuegos abiertos y con arcillas locales, se usarían como apoyos tanto para el uso de recipientes sobre el hogar como para servir de ayuda de soporte y distribución de elementos lígneos, habiéndose apuntado analogías etnográficas en el uso de conos de arcilla con objetivos semejantes (Fernández y Oliva 1980: 32). Ello explicaría su asociación a restos de hogares, observado frecuentemente a nivel arqueológico desde mediados del pasado siglo[93] (Cardoso 2003: 78)[94].

Respecto al papel que los atributos estructurales tales como la perforación central o basal vertical pudieran desempeñar dentro de este grupo de interpretaciones, se ha apuntado a una necesidad tecnológica al facilitar la repartición de la temperatura durante su somera cocción evitando así la fractura durante el proceso (Fernández y Oliva 1980: 32, Cardoso 2003: 78). Evidentemente, todo intento de encontrar pruebas funcionales (erosiones y trazas macroscópicas) del uso de dichas perforaciones como soporte de espetones o como elemento de inserción de otros componentes de artefacto se ha encontrado frontalmente con la ausencia de toda evidencia, la cual en caso de haber existido es difícilmente compatible con la difícil conservación de la superficie de la arcilla tosca y de cocción deficiente con la cual se hallan elaborados (Gonçalves 1989 I: 451).

La primera posibilidad apuntada, aludiendo a que las perforaciones de dichos artefactos respondan a la necesidad de evitar la fractura debida a *shock* térmico durante la exposición prolongada al fuego, bien durante la somera cocción, bien durante su utilización como soportes de recipientes en el hogar, puede relacionarse de forma directa con el papel funcional como morillo. Así, se ha descrito en el norte de Marruecos el uso de prismas de arcilla perforados con el dedo previamente a la cocción, utilizados como soporte de recipientes en hogares abiertos[95], en sustitución de piedras o anafes cerámicos (González Urquijo *et Alii* 2001: 14).

Otras explicaciones aunque de carácter radicalmente distinto (y en cierta medida, minoritarias) las encontramos en las hipótesis formuladas también a través de su situación espacial, caso de su hallazgo en Pocito Chico (Puerto de Santa María, Cádiz), en un área interpretada como especializada en el tejido de la lana. En dicho emplazamiento se ha considerado su pertenencia al grupo de tensores o pesas de telar, quizá en parte dada su afinidad a los documentados para momentos muy posteriores, caso de la Edad del Hierro (Ruiz Gil *et Alii* 2004: 365).

Desde otro punto de vista, los atributos accesorios que exhiben este tipo de piezas, tanto el remate a menudo corniforme como la decoración incisa geminada de cierto número de casos, han precipitado interpretaciones situadas en la órbita de lo simbólico o ideofuncional. Tales han sido en concreto los motivos decorativos geminados a modo de tatuaje facial, como algunos rasgos compartidos igualmente con manifestaciones oculadas realizadas sobre muy diversos soportes. De la misma forma, los atributos estructurales representados en la perforación transversal, se han querido ver igualmente desprovistos de intencionalidad funcional clara[96]. Su asociación a restos de fuegos y hogares no ha pasado inadvertida en la creación de hipótesis relacionadas con advocaciones de una ubicua divinidad femenina o figuraciones de elementos tutelares asociados al fuego (Gonçalves 1989 I: 451, 2003: 138).

En un trabajo anterior (Marques 1994), se puso de manifiesto la posibilidad de aunar las dos tendencias al considerar viable la existencia de un grupo de uso cotidiano, fabricado al objeto de servir como morillo o soporte de asador, paralelo a la confección de artefactos más elaborados (encuadrables propiamente dentro de la categoría de ídolos de cuernos), los cuales contarían con un carácter esencialmente simbólico. Esta tendencia, no excluiría por otra parte la idea formulada por João Luis Cardoso que deja abierta la posibilidad a que por medio del uso funcional de ciertos objetos se produzca una exhibición simultánea de rasgos decorativos que expresen su propia lectura ideotécnica (dimensión simbólica de la cultura material), en donde el acto de cocinar o cocer se muestra de vital importancia en la supervivencia a corto plazo de una comunidad, lo cual indiscutiblemente llega a contar con su propia proyección ideológica, reflejada en este caso en decoraciones y atributos aparentemente casuales (Cardoso 2003: 79).

Es probable, sin embargo, que nos encontremos ante un conjunto de piezas heterogéneo y de funcionalidad muy diversa, las cuales simplemente comparten rasgos similares por afinidad tecnológica. En este sentido, la perforación transversal o basal bien puede definirse como un rasgo tecnológico exclusivo (facilitar la cocción y

[93] En un trabajo realizado sobre un corte efectuado en la muralla de Vila Nova de Sao Pedro, escrito en inglés en 1959, aparece la palabra "*pé de fogareiro*" ("morillo", en portugués en el original). En una reedición traducida en lengua lusa a mediados de los años ochenta, se indica al respecto como nota del traductor "*são peças hoje vulgarmente designadas como ídolos de cornos*". (Savory 1985: 29. trad. de Joao Carlos de Senna-Martinez). En Portugal, este último término convive actualmente con el más "funcionalista" suporte de lareira, otra forma de designar los *pés de fogareiro* (Marques Gonçalves 1993: 38; 1995: 15).

[94] Este autor señala la descripción en los cuadernos de campo de Alfonso do Paço durante las excavaciones de Vila Nova de Sao Pedro (1944) de "*fogareiros de barro*", conos de barro rojizo, de materia poco consistente que solían aparecer asociados a cenizas procedentes de combustión (Cardoso 2003: 78)

[95] "*Distribuidas de forma regular alrededor del kanun [hogar doméstico] se colocan tres piedras que sostienen el recipiente cerámico en el que se cocina. En algunos lugares se utilizan prismas rectangulares con perforación central, hechos en barro no cocido, en sustitución de las piedras*" (González Urquijo *et Alii* 2001: 14).

[96] La presencia de perforaciones realizadas mediante una ligera depresión digitada, como en el ejemplo procedente de Monte da Ribeira (Redondo), disipan a juicio de este autor toda pretensión funcional estricta, manteniendo sin embargo su relación con el fuego (Gonçalves 1989 I: 452-453).

resistencia al fuego abierto) compartido tanto por objetos de fabricación inmediata, usados para uso cotidiano y a menudo en ocasiones sucesivas, como por artefactos cuya única finalidad es definir aquello que representa, caso de producciones de carácter ideosimbólico. Éste es el caso, entre otros, del artefacto que presentamos a continuación.

5. Soportes ideotécnicos

Como ya adelantamos, durante la campaña arqueológica del verano de 2006 en el enclave de Iglesia Antigua de Alcolea, se procedió a excavar una estructura, de planta en origen circular y que podría haber alcanzado un diámetro próximo a 2,50 m (estructura XIII). El estado en el que se hallaba dicha estructura, con un relleno estratigráfico inalterado de 0,51 m de potencia en toda su extensión, motivó proceder a su excavación a perfil vista, agrupando en este caso la estratificación interna bajo una única unidad estratigráfica (UE 129). Ésta representaba fundamentalmente una serie de estratos de disposición cónica sobre los que pudo detectarse una pequeña fosa de sección acampanada realizada tras la colmatación final de la estructura. En el interior de esta última se localizó la figura de terracota descrita en este apartado.

- La terracota de Alcolea

La pieza en cuestión se compone de un cuerpo levemente troncocónico, hallándose fracturada en área dorsal y basal. Posee actualmente unas dimensiones de 97 mm de altura y 52 de anchura máxima, junto a un espesor máximo en el área superior no dañada que oscila entre los 47 mm, incluyendo la protuberancia dispuesta a modo de nariz, y los 41 mm sin ella. Se halló distribuida en varios fragmentos de desigual tamaño, la mayor parte de los cuales fueron reinsertados posteriormente. Otras tres pequeñas fracciones (de pertenencia indiscutible) no pudieron integrarse en la recomposición de la pieza, si bien muestran su superficie externa alisada conforme a los caracteres observados en el resto de la figura. Ésta, incluyendo los fragmentos asociados, se encuentra ya depositada en las dependencias del Museo Arqueológico y Etnológico de Córdoba (MAECO), estando actualmente pendiente su ubicación en un nuevo proyecto expositivo[97].

La pieza, modelada originariamente sobre un cono de arcilla, evidencia en su totalidad una cocción en atmósfera oxidante, llevada a cabo en ambiente abierto y muy probablemente al mero contacto con el fuego, lo que quizá explicaría su inconsistencia interna al tacto. La pasta es de color rojizo, visiblemente semejante a la de muchos recipientes cerámicos hallados en el mismo asentamiento, destacando en su composición algunos restos muy perdidos de improntas vegetales entre las que se distinguen algunos tallos, así como pequeños nódulos de calcita, a menudo superiores a 1 mm de grosor e integrados como desgrasante.

Presenta un cuidado tratamiento externo, de aspecto alisado tendente al espatulado en la mitad inferior de la figura. La nariz parece ejecutada mediante aplicación de pasta, modelada mediante un leve pinzamiento practicado con los dedos. Asimismo muestra dos haces de tres incisiones paralelas, uno a cada lado, trazados desde el interior (bajo la nariz) hacia el exterior (laterales), y que fueron realizados, a juzgar tanto por el *ductus* como por la evidente disposición de algunas rebabas, mediante el uso de un instrumento romo sobre la arcilla fresca. Las cuencas oculares se expresan mediante una doble depresión digital sobre la pasta, obtenida quizá con la ayuda de ambos pulgares.

Por otra parte, el cuerpo de la figura dispone de un orificio transversal, de 15 a 16 mm de diámetro, el cual parece en cambio responder a una combinación de perforación-modelado, realizado casi con toda probabilidad con un dedo. En este sentido y debido a las pérdidas de matriz causadas por las roturas que presenta en su área dorsal, desconocemos si llegó a traspasar completamente la pieza.

- Afinidades y paralelos

Definiendo propiamente una categoría tipológica *per se*[98], hasta hace poco representada básicamente a partir de un ejemplar, existe una pieza que cuenta para nosotros con especial interés al presentar grandes semejanzas con el artefacto hallado en el asentamiento cordobés que aquí se trata. La figura en cuestión, procede del yacimiento de Possanco (Comporta, Grândola, Portugal) (Ribeiro y Sangmeister 1967, Almagro 1973: 93), situado en la orilla sur del estuario del Sado y asociado a una ergología cerámica compuesta por formas globulares con mamelones junto a cazuelas y fuentes carenadas. De forma cónica, ligeramente fragmentada en área dorsal-derecha, la figura cuenta con rasgos oculares representados por "*dos grandes rehundidos circulares que aparecen en la cara central de la pieza. La nariz prominente aparece en relieve y tanto ésta como los ojos fueron conseguidos por la presión hecha con los dedos índice y pulgar sobre la masa blanda del barro aún sin cocer. Por debajo de la nariz aparecen ya las conocidas líneas del tatuaje facial, que en este caso han sido grabadas también con un punzón o punta seca sobre el barro. Son siete en el lado izquierdo y diez en el derecho*" (Almagro 1973: 93). Presenta también un orificio en su base, realizado según la autora, para ser "*encajado en alto, bien sobre una columna o sobre un palo*" (Almagro 1973: 93).

Muy recientemente hemos tenido ocasión de conocer la presentación preliminar de un "ídolo" decorado procedente del poblado de fosos de Ponte da Azambuja 2 (Portel, Évora, Portugal), asociado a material cerámico de formas carenadas y adscrito al Neolítico Final. Esta figura muestra un área facial representada por dos círculos oculares en bajorrelieve, la inclusión de un saliente

[97] Al término de este capítulo, la figura se encontraba expuesta de forma provisional.

[98] Tipo III-D de Mª José Almagro Gorbea (Almagro 1973: 93-94)

proyectado a modo de nariz y como en el caso de la terracota de Alcolea, dos haces compuestos por tres líneas incisas, según la autora "*habitualmente interpretadas como tatuagens faciais*" (Rodrigues 2008: 53). De la misma manera y a semejanza de lo observado frecuentemente entre los "ídolos de cuernos", este ejemplo cuenta con una perforación central, situada en el cuerpo frontal de la pieza.

Situándonos en la vertiente mediterránea del sur de la península ibérica, en tierras del Sureste, contamos con una pequeña figurilla de terracota de aproximadamente 50 mm de altura, 19 mm de anchura y 15 mm de espesor. Fue hallada casualmente en superficie, asociada a los restos de un hábitat neolítico enclavado en el Chorrillo Bajo (Lorca, Murcia) (Ayala *et Alii* 1995: 44 y 47, Lam. VII). Se halla dotada en su segmento superior de masa plástica aplicada conformando una pequeña nariz, de cuyos flancos surgen dos series de líneas paralelas incisas. A semejanza de los casos anteriores, éste cuenta también con una perforación en el tronco, si bien de menores dimensiones (8,9 por 5 mm) y el cual no llega a atravesar la parte posterior del objeto, que se muestra carente de decoración. Las pequeñas dimensiones que muestra esta figurilla, así como su hipotética ubicación cronológica al representar un hallazgo de superficie, obligan a guardar cierta cautela en su presunta relación con la figura de Alcolea. La inserción de una perforación transversal cercana a la base no deja de resultar sorprendente en una manufactura de tan reducido tamaño, la cual, a diferencia de lo comúnmente observado entre morillos e "ídolos de cuernos", parece incapacitada para mantenerse verticalmente sobre una superficie plana.

Figura 23: Ídolo de Possanco (Comporta, Grândola) (según Ribeiro y Sangmeister, 1966: Taf. 6, a-b); 2) "Diosa del Chorrillo Bajo" (Lorca, Murcia) (a partir de Ayala et al. 1995: 47, Lám. VII); 3) Terracota de Alcolea (Córdoba); 4) "Ídolo" de Ponte da Azambuja 2, Portel, Évora) (según Rodrigues 2008: 53, Lám. 11). Escala rcconstruída a partir de la indicada en las originales.

Otros indicios, repartidos por el Mediodía Peninsular, dan cuenta de la existencia potencial de artefactos de terracota aparentemente similares. La fragilidad de los soportes, pasta sometida a menudo a una leve cocción, puede haber conducido a la reducción notable de la muestra. Un caso ilustrativo se halla representado en el poblado de Papa Uvas (Aljaraque, Huelva), en donde se adivinan motivos de haces pareados de líneas sobre fragmentos de elementos troncocónicos de arcilla, presentes en la fase II-III (Martín de la Cruz 1985: 135, Fig. 96, F).

- Cronología y conclusiones

Pese a haber sido hallada en un emplazamiento con una ocupación datada por tipología cerámica durante la segunda mitad del IV milenio ANE, el limitado número de paralelos existentes (algunos de encuadre cronocultural conflictivo), así como su hallazgo en el interior de una fosa excavada con posterioridad a la última fase de colmatación de la estructura XIII, nos indujo a tratar de obtener una datación directa del propio objeto con el fin de intentar aproximarnos a su rango cronológico.

La escasez, por no decir la práctica ausencia de restos ecofactuales en los estratos despejados durante esta última intervención, hizo desestimar de antemano la posibilidad de practicar dataciones radiocarbónicas en dicho contexto. Por otra parte, el uso técnicas alternativas de datación fisico- químicas de elevada desviación cronológica en contextos de la Prehistoria Reciente, podría limitar en principio expresividad a una muestra sometida a tal tipo de análisis. No obstante, su uso no resta interés a unos resultados que pueden ser contrastados con la información basada en una ergología cerámica bien tipificada y reforzada con dataciones radiocarbónicas extraídas de otros contextos equiparables, incluyendo la obtenida por AMS sobre un fragmento de fémur del individuo masculino inhumado en la estructura III.

Así, se remitió la muestra al Laboratorio de Datación y Radioquímica de la Universidad Autónoma de Madrid, a fin de proceder a su datación por el método del análisis de las curvas de emisión de Termoluminiscencia (TL). Escasamente agresivo, el proceso de autentificación apenas ha supuesto la pérdida de una pequeña porción de masa del artefacto (*ca.* 1 g), extraída del interior del mismo y próxima al área de fractura, evitando así la perdida de parte de su superficie acabada externa.

El resultado obtenido para la dosis equivalente y la anual media de radiación recibida por las muestras, es de 5465 ± 345 años BP, desde la última vez que la muestra sufrió un proceso de calentamiento energético (cocción), lo que situaría la confección del artefacto en los siglos centrales del IV milenio ANE La terracota de Alcolea ha arrojado una datación conforme en cierta medida a la esperada para el resto del conjunto artefactual recuperado en el enclave del que procede, equivalente grosso modo a una edad AMS calibrada de *ca* 3415 ANE.

El yacimiento de Possanco (Ribeiro y Sangmeister 1966), de donde procede el paralelo estudiado más próximo a nuestra terracota modelada, cuenta con una datación radiocarbónica para su fase III (Comporta III), adscrita al Neolítico Final (Martín de la Cruz 1994, Diniz 1999: 123). Esta datación ha suscitado ciertas reservas (Monge y Peixoto 1993: Est. IV), hasta el punto de haber sido excluida por algunos autores (Castro *et Alii* 1996) al desconocerse el método utilizado por el laboratorio correspondiente en los cálculos relativos a su obtención (Monge y Peixoto 1987: 162- 163). La fecha (CSIC-653), obtenida sobre valvas de *Ruditapes decussatus* con el resultado de 4270 ± 50 BP, correspondería a 2864 ± 74 ANE (CalPal_2007_HULU), valor que resulta demasiado reciente a tenor de la ergología atribuida a dicho asentamiento. En cuanto al enclave de Ponte da Azambuja 2 (Portel, Évora) (Rodrigues 2008), no conocemos aún dataciones absolutas que puedan servir para su cotejo con la pieza cordobesa.

La terracota de Iglesia Antigua de Alcolea representa hasta la fecha la manifestación ideotécnica mueble más expresiva de este período en tierras de la vega del Guadalquivir medio, estando dotada de un carácter que nosotros no dudamos en considerar simbólico (Martínez y García 2009). La presencia de rasgos asociados al rostro humano, la inclusión de haces pareados de líneas a modo de "tatuaje facial", así como la nariz indicada en conexión a las sobrecejas, nos traslada a un rico repertorio de imágenes ejecutadas fundamentalmente entre el IV y el III milenio ANE en la Península Ibérica[99], las cuales sobrepasan la barrera septentrional de los Pirineos. La identificación de algunos de estos rasgos plasmados sobre figuras ginecomórficas de arcilla hasta un milenio posteriores (Fernández y Oliva 1980: 39, Gonçalves 2005, Hurtado *et Alii* 2000: 264, Sánchez *et Alii* 2005: 160), nos anima a incluir esta nueva representación entre los precedentes inmediatos del universo simbólico compartido por las ulteriores formaciones sociales calcolíticas del III milenio ANE en la Depresión del Guadalquivir.

[99] Si bien se ha asumido que el conjunto de rasgos ligados al motivo oculado se concentra al menos en el Suroeste Peninsular desde inicios del III milenio (Gonçalves 1999: 113), ciertos testimonios permiten documentar la presencia en Andalucía Central de representaciones oculadas complejas, al menos desde la primera mitad del IV milenio ANE, si no antes (Gavilán y Vera 1993b: 88).

VI- Aproximación a la industria lítica tallada durante el IV milenio ANE en la vega del Guadalquivir Medio

1. Introducción

El conjunto de elementos líticos tallados que hemos decidido incluir en este estudio proceden en su mayor parte de los tres enclaves arqueológicos que fundamentan las bases de esta monografía, caso de la Verduga Alta, Iglesia Antigua de Alcolea y Casa del Tabaco. El resto se compone de un lote de piezas procedentes de las actividades realizadas en el Cañuelo Alto V entre 2010 y 2011, de la intervención de urgencia de 2001 en Llanete de los Moros (Montoro) (Martín de la Cruz *et Alii* 2004a), así como en último término, de piezas procedentes fundamentalmente del sector oriental del Guadalquivir Medio, en concreto términos municipales de Córdoba, Adamuz, Pedro Abad y Bujalance. En estos casos, la representatividad de dicha muestra viene condicionada por tratarse de piezas procedentes bien de una recogida superficial en contextos ocupacionales en algún caso diacrónicos, bien por tratarse de hallazgos antiguos de carácter fortuito sujetos a una recogida no sistemática, caso de la denominada "Estación Prehistórica de Alcolea" (Carbonell 1924).

En términos absolutos, el conjunto estudiado se compone de 1103 piezas, de las cuales una alta proporción, 669 (es decir, el 61 % del material), procede de las intervenciones de 2004 y 2006 (PERI AL- 2 y C/ Iglesia s/n) en el enclave de Iglesia Antigua de Alcolea. De la Verduga Alta (Fase I) proceden un total de 219 elementos, mientras que Cañuelo Alto V, Casa del Tabaco y Llanete de los Moros han proporcionado 14, 109 y 56 elementos respectivamente. El resto de los enclaves considerados, situados en los términos municipales de Córdoba, Adamuz, Pedro Abad y Bujalance, completan el balance con 35 piezas, representando algo más del tres por ciento de la muestra total. No conviene olvidar que dicha desproporción refleja la disparidad de las circunstancias de la recuperación en cada yacimiento, la extensión de la superficie excavada y el número de estructuras intervenidas y sus contextos.

2. Metodología

Hemos abordado la totalidad del conjunto fundamentalmente desde la perspectiva tecnológica y tipológica. A nivel tecnológico hemos tenido en cuenta la terminología apuntada por J. Tixier y otros (Tixier *et Alii* 1980) como base de partida, habiendo utilizado una ficha de trabajo basada en los criterios de análisis publicada por Bernaldo de Quirós y otros (1981), como forma de procesar cada una de las piezas analizadas dentro de una cadena operativa específica. Para el caso de la tecnología laminar, la base del análisis tecnológico ha sido complementada con algunos de los trabajos de Jacques Pellegrin (Pelegrin 1984 a y b) y otros (Tixier 1984), así como a través de las nuevas interpretaciones para los esquemas operativos de alta inversión técnica en el sur de Iberia formuladas por parte de G. Martínez y colaboradores (Martínez Fernández *et Alii* 2006 a y b, Martínez y Afonso 2008) y Antonio Morgado entre otros (Morgado *et Alii* 2008).

Motivados por su sencillez y plasticidad, hemos tomado como guía la tipología publicada recientemente por Joaquín Juan Cabanilles (Juan 2008) para denominar a los soportes retocados susceptibles de ser clasificados bajo la denominación de morfotipos. Las síntesis tipológicas de constitución tipológico- formal (Brézillon 1977, Demars y Laurent 1992) y analítico- estructural (Laplace 1973) han sido tenidas en cuenta para la descripción de piezas concretas (sobre todo en lo referente a la colección paleolítica residual de Iglesia Antigua de Alcolea), si bien el carácter particular de ciertos tipos instrumentales así como los rasgos propios de una colección de la Prehistoria Reciente procedente de un sector territorial para el que no existen síntesis aceptadas de forma unánime (Martínez Fernández *et Alii* 2008: 292), obliga a evitar el uso de corsés tipológicos en exceso reducidos. Por otra parte, la clasificación instrumental, como no podía ser de otra forma en este caso, descansa en la caracterización morfotipológica o de categoría morfotécnica (Calvo 2002: 16, Demars y Laurent 1989: 15), ya que los aspectos funcionales empíricos no han podido determinarse con exactitud al no haber podido acceder en estos casos a estudios traceológicos con altos aumentos.

Por último, para la representación gráfica de la industria lítica tallada, hemos seguido las premisas resumidas en la obra de Dauvois y Fanlac (1976), representando mediante tramas los lustres y brillos detectables macroscópicamente. De la misma forma, cuando así lo hemos considerado necesario, hemos procedido a añadir a la representación gráfica de algunas piezas, parte de la señalética tecnológica recogida en el sistema de esquemas diacríticos propuesto por Simón y Cortés (1996).

Las materias primas desgraciadamente no se han podido caracterizar microscópicamente, no contando con análisis de lámina delgada. Para llegar a su aproximación hemos debido fiarnos desde el comienzo a partir de la observación macroscópica *de visu*, teniendo en cuenta el carácter subjetivo que ello inevitablemente acarrea, siguiendo con ello el camino de la mayor parte de los estudios de los conjuntos líticos de la Prehistoria Reciente en la Comunidad Autónoma Andaluza hasta hace muy poco tiempo. Afortunadamente, esta situación ha comenzado a cambiar (Nocete *et Alii* 2004, 2006, Martínez Fernández *et Alii* 2006b), valiéndonos de los resultados obtenidos en la investigación reciente para ayudar a trazar la línea de la explotación diferencial de los recursos líticos en este sector del Guadalquivir.

3. La Veduga Alta

Como ya adelantábamos, el material procedente de las estructuras seleccionadas de la Verduga Alta se compone de 219 piezas, repartidas entre los fondos 9, 15, 21, 22 A y 104, estructuras negativas de planta circular y cuya ergología cerámica (formas carenadas, paredes rectas, decoraciones modeladas a base de baquetones verticales y aplicaciones de pasta a modo de mamelón) nos ha permitido situarlo cronológicamente a lo largo del IV milenio ANE, probablemente desde su primera mitad en el caso de los fondos 15 y 23, cuyos conjuntos líticos no hemos querido segregar en las dos subfases consideradas.

El material se reparte de la siguiente forma:

Fondo 9	Fondo 15	Fondo 21	Fondo 22 A	Fondo 104
17	24	116	39	23

Tabla 12: Repartición por número de restos de la industria lítica tallada en la Verduga Alta

- Materias Primas

En total, la materia prima que predomina a lo largo del conjunto es el sílex, con 182 restos, representando más del 83 % del material. En general, el material se compone de sílex de color claro, de probable origen subbético aunque muy transformado por transporte hídrico, con algunas muestras de aspecto calcedonioso, acorde con fuentes de origen detrítico integradas en las terrazas y en la llanura aluvial del Guadalquivir. En términos porcentuales este material mantiene su proporción dominante (con respecto a otras materias primas silíceas) en cada estructura, aunque con ligeras variantes.

Al sílex le siguen la cuarcita y diversas rocas ígneas (agrupados bajo el término de rocas subvolcánicas), materiales ambos necesitados de una caracterización petrológica más precisa. Son rocas de tonalidades oscuras, verdosas o azuladas, a veces identificadas como riolitas o diabasas, doleritas o traquitas, incluyendo algún jaspe, de fractura concoidea y susceptibles de talla. Éstas representan 12 ejemplares, superadas por rocas metamórficas como la cuarcita, con 13 unidades, las cuales engloban cada una de ellas el cinco por ciento. Por último, contamos con materias minoritarias tales como el cuarzo, con cinco ejemplares, la cuarzoarenita, con cuatro, y tres de otras materias de difícil identificación, representando algo más del cinco por ciento. Estos materiales encarnan fundamentalmente astillas de talla y chunks.

Las alteraciones son frecuentes, encabezadas por concreciones, desilificación y pátinas. Las evidencias de termoalteración resultan abundantes, habiéndose detectado algún tipo de afección de estas característcas en 49 casos, los cuales representan más del 22 % sobre el total cuantificado.

La corticalidad juega un papel decisivo en la cadena operativa, directamente ligada a las dimensiones de las bases de extracción, los diferentes pasos de la cadena operativa y el tamaño de los soportes producidos. Tomando como referencia otros trabajos (Cortés 2007), hemos considerado piezas con corticalidad significativa (1) de más del 60 % en la superficie de presencia de córtex; corticalidad moderada (2), de entre 60 y 30 %; corticalidad reducida (3), con menos del 30 %, y falta de cortex (4), la cual denota la ausencia visible de superficies naturales. En este sentido destaca cómo la corticalidad que nosotros hemos considerado significativa, representa en torno al 52 %, siendo las piezas sin córtex apreciable el 48 %, representando fundamentalmente soportes industriales (lascas y láminas).

- Soportes

A nivel global, los soportes más representados se componen de lascas, las cuales alcanzan 95 unidades (más del 43 %). Éstas suelen mostrar en gran número de casos parte del cortex, representando en gran medida lascas de descortezado de diverso orden, fruto de bases de explotación (núcleos) de pequeño formato. Los talones predominantes son con ventaja aquellos carentes de preparación previa; 40 talones lisos y 14 corticales. Le siguen siete suprimidos por retoque, nueve facetados, tres puntiformes y otros tantos de tipo lineal (liso), y un talón diedro. Las lascas laminares, representadas por seis ejemplares, muestran talones de tipo liso, exceptuando un solo caso con un talón de tipo cortical

En representatividad, a las lascas le siguen los soportes de tipo laminar, los cuales alcanzan los 50 ejemplares. La tipometría oscila entre los 7 y 19 mm de anchura y los 2 y 7 mm de espesor. La media se situaría en 12,72 y 4,13 mm, siendo la moda de 12 y 3 mm (redondeando en números enteros). Suelen ser soportes en un grado avanzado de estandarización, de sección trapezoidal, de dos y una arista, a excepción de los soportes de inferior tamaño, los cuales muestran una disposición más irregular, propia de extracciones realizadas por percusión directa. En el caso contrario, los soportes de tipo prismático y de mayor tipometría son resultado de una tecnología asociada a la percusión indirecta o presión (Morgado *et Alii* 2008: 310), escaseando con probabilidad en este conjunto los soportes que superaran en origen los 12 cm de longitud. Así, el grueso de los talones se reparte entre lisos y facetados (ocho y siete respectivamente), seguido de los de tipo diedro y puntiforme (tres y dos respectivamente), y otros tantos corticales y suprimidos por retoque o fractura. Llama la atención cómo la materia prima empleada en la elaboración de los soportes prismáticos se reparte entre el sílex de probable origen subbético, seguido a distancia por rocas subvolcánicas de fractura concoidea.

La mayor parte de los soportes laminares responden a fragmentos de desigual extensión, perteneciendo en mayor medida a segmentos mesiales (15), proximales (11), mesoproximales (nueve), distales (seis) y mesodistales (tres), fracturados principalmente base a procesos tafonómicos o no deliberados (quizás pisoteo), si bien en algún caso ha podido determinarse alguna fracturación controlada mediante muesca lateral (microburil) (22/38/21). Las piezas completas ascienden a siete, no superando en ningún caso los 40 mm de longitud.

Los núcleos y soportes de acondicionamiento se hallan representados por 12 núcleos, cinco tabletas de reavivado, nueve flancos de núcleo y cuatro semitabletas. Entre otros productos de lascado se contabilizan lascas laminares, chunks, astillas y lasquitas de talla, lascas térmicas y golpes de buril, con seis, 17, siete, 11, uno y dos ejemplares respectivamente.

- Aspectos tecnológicos

Las evidencias del proceso tecnológico se circunscriben casi exclusivamente a desechos relacionados con la cadena operativa. Los 12 núcleos documentados se componen de ejemplares en su mayoría totalmente agotados. El sílex representa la totalidad de la materia prima empleada en ellos, y dentro de ésta, sílex de procedencia detrítica aluvial, presente en cantos de pequeño tamaño muy sometidos a fisuras y fracturas internas. A esto se debe el reducido tamaño de las bases en explotación, en su mayoría núcleos de lascas o láminas de tipo piramidal (cuatro casos) dotadas de un solo plano de percusión, así como poliédricos o discoides de base preparada, resultado de una explotación por percusión directa dotada de escasa preparación previa. En al menos dos casos (7/11/21 y 39/66/22) destinados a la extracción de laminillas, los núcleos han sido afectados térmicamente, siendo visible un brillo característico.

La aparente escasa inversión técnica apuntada por la preparación y explotación de los núcleos identificados, queda de la misma forma puesta de manifiesto por la lectura de los soportes de acondicionamiento, tabletas y semitabletas de reavivado, así como flancos de núcleo, muy condicionados por el escaso tamaño de los núcleos utilizados. Ello daría cuenta de una producción local poco especializada basada en la explotación de nódulos y cantos de sílex de origen fluvial, desde los cuales se desarrolla una cadena de producción de lascas y laminas de pequeño formato, obtenidas probablemente por percusión directa con una plataforma de percusión apenas preparada.

Frente a dichos elementos, los soportes laminares de tipo estandarizado ponen de manifiesto la puesta en práctica de técnicas muy distintas vinculadas al proceso de producción. En este sentido, los soportes laminares de sección triangular o trapezoidal y carácter prismático delatan la existencia de una industria de origen radicalmente diferente, de producción probablemente especializada y necesitada de núcleos de preparación eficiente y dimensiones superiores a los contabilizados en el estudio. Como ya adelantábamos, la mayor parte de estos soportes se hallaron fracturados, viéndose en algunos casos muy transformados mediante retoque. En los casos en los que sí se ha podido determinar (194 y 207 del Fondo 15), los talones eran de tipo diedro o facetado- diedro, de plano proyectado aunque sin ser netamente agudo (*angle de chasse* recto).

Estas características delatan el uso de núcleos de disposición prismática, empleados de forma sistemática en la producción de láminas estandarizadas, acondicionados mediante la configuración de crestas (Martínez y Morgado 2005: 362, Morgado *et Alii* 2008: 322). En este caso dichos núcleos, despejados a partir de bloques de material de dimensiones acordes con este tipo de producción, podrían proceder de ambientes ricos en materia prima silícea, caso de los afloramientos del Subbético Medio (Martínez Fernández *et Alii* 2006b), o del escarpe mariánico para las rocas subvolcánicas, cuya explotación se ha podido comprobar para el caso del Andévalo onubense (Nocete *et Alii* 2004: 79)

- Tipos instrumentales

A nivel morfotipológico, el conjunto no se muestra demasiado abundante, si tenemos en cuenta que del total de estructuras estudiadas contamos con tan sólo 39 piezas retocadas, de las que hemos excluido aquellas sobre las que se han observado pseudoretoques o evidencias macroscópicas de posible uso sobre filos o superficies brutas. Es por esto que consideramos nuestra clasificación estrictamente morfotipológica, necesitando de categorías flexibles a la hora de describir los conjuntos estudiados.

- Muescas

Bajo esta denominación, hemos englobado un conjunto dotado de una gran heterogeneidad, compuesto por piezas realizadas sobre soportes muy diversos, las cuales muestran una o dos muescas o escotaduras profundas realizadas mediante uno (muesca clactoniense o simple) o varios levantamientos (muescas retocadas). Contamos con siete piezas, representadas por fragmentos de láminas prismáticas (7/96/9 y 6/1/22), lascas simples (6/110/9), o lascas y láminas con golpes de buril (201/8/104/15 y 48/54/21), las cuales cuentan con muescas, y de entre las que no es fácil disociar la configuración deliberada de la fractura accidental, de uso o postdeposicional.

- Denticulados

Dentro de este conjunto hemos integrado tan sólo dos ejemplos, ambos del fondo 104, representados por lascas de un solo filo denticulado. En uno de los casos (16/368/104), dicho filo, compuesto por levantamientos marginales de escaso recorrido (sucesión de al menos cuatro muescas de tipo clactoniense), se halla asociado a brillo de uso, de caracteres en apariencia diferentes al llamado lustre de cereal. En el otro ejemplar (1/165/104), dichos levantamientos se componen de una sucesión de muescas profundas, similar a las descritas para los llamados dientes de hoz del III y II milenio, aunque dispuestas sobre un soporte de rasgos tecnotipológicos netamente distinto. No se han observado en este caso trazas macroscópicas de uso.

- Lascas retocadas

Bajo esta amplia categoría, en la que recogemos ocho piezas, hemos incluido algunos soportes compuestos no estrictamente por lascas, al contar con desechos de talla o acondicionamiento tales como flancos o tabletas de núcleo o astillas de talla. En este sentido, se incluyen retoques de gran variedad morfológica, lo que podría estar indicando una considerable disparidad de útiles a nivel funcional. Dentro de este grupo, contamos con una lasca gruesa con retoque semiabrupto profundo y directo (3/29/22), interpretable dentro de una categoría morfofuncional como raedera; un flanco de núcleo de lados convergentes configurados por retoque, el cual se muestra simple, profundo y directo en lado izquierdo y simple profundo e inverso en el derecho (8/165/104), así como algunos ejemplos de elementos múltiples, como una lasca gruesa de descortezado de tercer orden, también clasificable como pieza astillada por los levantamientos bifaciales que presenta en su lado derecho medial, la cual presenta un impacto burinante distal afectando al lado izquierdo, contando en el derecho distal con retoque simple continuo inverso (70/19/21). Al menos una pieza (16/368/104), cuenta con lustre macroscópico en un lado, de extensión media y asociado a pseudoretoque marginal.

El objeto funcional de estas piezas resulta de difícil interpretación sin un estudio traceológico de altos aumentos, si bien debe ser de orden polivalente. En el caso de una lasca con levantamientos planos paralelos laminares (19/66/22), podríamos aventurar la función de cortar o serrar, acción reforzada por un filo retocado recto, similar al que encontramos en una tableta de reavivado (10/38/21), dotada de un filo configurado mediante retoque simple marginal inverso y continuo en su lado izquierdo.

- Láminas retocadas

Hemos preferido hablar de láminas retocadas, de las que cinco piezas responden a esta denominación, al representar una clasificación más flexible y amplia, dado el carácter reducido de la muestra. Juan Cabanilles se refiere tanto a "hojas y hojitas con retoque plano o sobreelevado" como a "hojas y hojitas con retoque marginal" (Juan 2008: 97). Por nuestra parte contamos con dos ejemplos de segmentos de láminas prismáticas con retoque levemente denticulado (18/66/22, 196/3/104/15) o sobreelevado inverso (213/20/40/15), en dichos casos asociado a lustre, simple marginal discontinuo (quizás provocado por uso o de carácter postdeposicional) (207/14/40/15). La "clásica" lámina de retoque sobreelevado directo y continuo se halla representada por un ejemplar procedente del fondo 21 (50/54/21), a cuyo lado izquierdo, con retoque directo, se opone un lado derecho con retoque sobreelevado alterno.

Las piezas con lustre macroscópico se reducen a cuatro, contando con lustre de extensión media o alta (213/20/40/15, 18/66/22), o baja (196/3/104/15), incluyendo algún caso de lustre en ambas caras con extensión diferencial (89/11/21). De la misma forma hemos observado en al menos un caso, una reconfiguración del filo mediante retoque (levemente denticulado), posterior a la formación del lustre (196/3/104/15).

- Taladros

Según la clasificación más aceptada (Juan 2008: 41), por taladros entendemos útiles realizados sobre lámina o laminilla, en último término lascas, apuntados completamente por retoque abrupto bilateral, ya sea inverso o directo. Resulta frecuente observar sobre útiles que ya han sido utilizados, la presencia de un embotamiento neto o parcial en su extremo distal. Este es el caso de la única pieza agrupada bajo esta denominación, hallada en el fondo 21 y que se haya realizada sobre lámina espesa (51/54/21). El extremo morfológico distal de la pieza, donde se halla configurada el área activa, coincide con el extremo tecnológico proximal, conservando una leve evidencia de bulbo, habiéndose perdido el talón por retoque y/o abrasión. Esta característica debe ser de orden deliberado, al representar el extremo más robusto de un soporte laminar. Este fenómeno parece constante en los taladros descritos en la Cueva de l'Or y Ereta del Pedregal (Juan 2008: 44). De la misma forma, ápice activo se encuentra completamente embotado y redondeado deduciblemente por movimiento rotatorio, presentado el polo opuesto (proximal del útil) algunos levantamientos astillados, aventurando por nuestra su formación debido a procesos de enmangue o bien a su utilización final como útil intermedio.

- Geométricos

Tan sólo contamos con un ejemplo que se enmarque y con ciertas dudas, dentro de esta amplia categoría. Se trata de un segmento de lámina prismática en sílex procedente del fondo 9 (9/96/9), el cual cuenta con una truncadura proximal de delineación oblicua (mediante retoque abrupto directo), presentando el arranque de otra posible truncadura convergente en el extremo distal, el cual se haya fracturado, lo que obstaculiza su inclusión segura dentro del grupo de los trapecios.

- Piezas astilladas

Más que una categoría tipológica o un morfotipo en sí mismo, las piezas astilladas, también conocidas como *écaillées*, muestran levantamientos de aspecto astillado, a menudo bifaciales y frecuentemente dispuestos en lados opuestos, siendo más que un rasgo planificado de configuración instrumental, una consecuencia derivada de su empleo, probablemente como piezas intermedias en acciones de percusión de diverso tipo (Juan 2008: 181, Le Brun- Ricalens 2006: 100).

La pieza astillada representa un rango independiente del soporte sobre el que se encuentre, contando en nuestro caso con dos elementos, uno sobre lasca y otro sobre un desecho de talla identificado con un golpe de buril o astilla de talla. En el primer caso, procedente del fondo 21 (69/19/21), la pieza posee retoque sobreelevado de aspecto astillado, parcialmente bifacial en el lado izquierdo y directo en el derecho. En el segundo caso (fondo 104), una pieza carenada de sección triangular y rectangular espesa, muestra levantamientos astillados en ángulo recto, sobre dos de sus planos (3/165/104).

- Piezas con golpe de buril

Como en el caso anterior, esta clasificación no responde estrictamente a piezas modificadas deliberadamente mediante retoque en una aparente relación morfológica y funcional. Más que hablar de la categoría tipológica precisa que delimita el término buril, por nuestra parte queremos hacer referencia a piezas sobre muy diversos soportes las cuales cuentan con uno o varios impactos burinantes. Dichos impactos, aun sin excluir la posibilidad de un origen deliberado, pueden representar en su mayor parte estigmas de procesos tafonómicos o funcionales no determinados.

Dentro del conjunto recuperado en la Verduga Alta, contamos con 12 piezas, seis sobre lasca, dos sobre tableta de reavivado y el resto, sobre lámina prismática, lasca laminar, sobre astilla o resto de talla y sobre un núcleo de lascas. En algunos casos, piezas clasificadas dentro de grupos diferentes cuentan con impactos de buril, caso de dos muescas (201/8/104/15, 48/54/21) o una lasca retocada (70/19/21) que también cuenta en el lado derecho con levantamientos bifaciales astillados. Para el caso de las muescas en ninguno de ambos casos pertenecen a la categoría técnica de muesca de paro, al encontrarse en el lado opuesto.

Si bien en algunos casos podemos encontrarnos ante estigmas accidentales o paralelos al proceso de talla (9/368/104 y 23/38/21), en otros podemos estar quizá ante impactos para facilitar la inserción de la pieza (194/1/114/15), asimilables a los levantamientos astillados, muescas o pulimentos presentes en los extremos de algunas láminas prismáticas datables entre el IV y el III milenio ANE (Martínez y Afonso 2008: 296). Una explicación diferente viene dada por su pretendido uso como retocador- compresor (Carrilero y Martínez 1985: 197).

Es por esto que creemos que al menos parte de los golpes de buril se deben a fenómenos parejos a los que conformaron las piezas astilladas, bien fruto de percusión en su empleo como piezas intermedias o como resultado de impactos burinantes en su utilización como cuñas en materiales leñosos, prefiriendo en estos casos disociarlos de la categoría funcional de buril *sensu stricto*. Sea o no como queremos deducir, tan sólo un estudio traceológico con microscopía óptica unido a un amplio programa experimental podría añadir una respuesta satisfactoria.

- Diversos

Hemos abierto esta categoría con la idea de incluir en ella aquellas piezas que no pueden incluirse en ninguna de las anteriores. En este caso contamos con un espeso resto de talla (un posible golpe de buril sobrepasado) de sección triangular con algunos levantamientos invasores sobreelevados en una de sus facetas (10/368/104). Podría ser interpretado como un perforador atípico.

4. Cañuelo Alto V

De este enclave procede un reducido conjunto artefactual compuesto por 14 elementos, habiéndose constatado en superficie la existencia de elementos residuales propios del paleolítico medio y superior cuya incidencia en una colección tan pequeña no debe ser significativa. La mayor parte de los elementos (hasta seis) proceden de las limpiezas efectuadas en superficie por medio de zanjas. Del resto de elementos, tres proceden de la estructura 1, quedando una pieza para las asignadas con el número 2, 6 y 7. Dado lo reducido de esto conjunto, prescindiremos en este caso de analizar cuestiones como el índice de corticalidad, debiendo en este caso aclarar, como cabe considerar, la inexistencia de superficies corticales en los soportes laminares analizados.

Las piezas se reparten del modo siguiente:

Fosa 1	Fosa 2	Fosa 6	Fosa 7	Superficie
3	1	1	1	8

Tabla 13: Repartición del número de restos de la industria lítica tallada en el Cañuelo Alto V

- Materias primas

A excepción de dos piezas realizadas en cuarcita (dos lascas, una de ellas un fragmento de posible lasca Levallois prefencial que sin duda cuenta con un origen residual), la mayor parte de los elementos se hallan realizados en sílex, en gran medida de aspecto subbético, predominando lo tonos grises y a menudo el aspecto bandeado. La presencia próxima de las terrazas del Guadajoz compuestas en alta proporción por cantos silíceos del mismo origen, en ocasiones de cierto tamaño, obliga en este caso a guardar prudencia respecto a su procedencia última para algunos soportes. Las alteraciones que muestra la colección representan sobre todo concreciones y alteraciones térmicas (sobre dos soportes laminares) y lustre, que se observa sobre un taladro como alteración previa a su configuración instrumental definitiva.

- Soportes

En cuanto a número, el soporte que se halla más presente es la lámina prismática, con siete ejemplos sobre sílex, siendo las porciones conservadas con mayor frecuencia segmentos mesiales y mesodistales de plena explotación. A los soportes laminares le suceden las lascas, con dos lascas simples, una de tipo Levallois residual ya citada y una combewa y de descortezado de segundo orden; en total cinco ejemplares, dos de ellos con talón liso. Por último, contamos con un núcleo amorfo de lascas sobre sílex y un chunk del mismo material.

- Aspectos tecnológicos

A través de las bases de explotación (núcleo amorfo) y los soportes industriales como lascas simples de cuarcita y sílex aluvial, se pone de manifiesto una explotación sencilla y de cadena operativa corta, sin considerar la existencia de algunos elementos residuales (paleoindustrias) propios de las terrazas del Guadalquivir en la zona.

Sin embargo, los elementos laminares con los que contamos, si bien desprovistos de áreas proximales que conserven el talón, denotan como ya vimos en la Verduga Alta y veremos igualmente en el resto de los enclaves analizados en detalle, una tecnología laminar de cadena operativa larga a través de la configuración y talla estandarizada de núcleos laminares de crestas. En este sentido, contamos con dos casos de láminas de subcresta (ambas en la fosa 1), además de un fragmento mesial de lámina que conserva en su lado derecho evidencias de una posible neocresta, realizada una vez el núcleo había servido en plena explotación (Fosa 2; 1). Todos los soportes laminares poseen entre 12 y 14 mm de anchura, a excepción del taladro elaborado en una subcresta procedente de la fosa (o más bien estructura) 1, que cuenta con 23 mm. La forma de extracción de estos soportes, algunos de los cuales se muestran levemente incurvados hacia su ápice distal, fue probablemente a presión.

- Tipos instrumentales

Aun contando con muy pocos elementos, la colección procedente del Cañuelo Alto V muestra suficiente diversidad como para ser desglosada en las líneas siguientes.

- Láminas retocadas

Si bien probablemente algunos de los retoques marginales que se observan sobre ciertos soportes corresponden a acciones de uso (Fosa 1; 3, Fosa 2; 1), una lámina mesodistal muestra retoque simple alterno de escasa extensión en el lado izquierdo y directo continuo en el derecho, en ambos casos levemente denticulado (Fosa 1; 2). También denticulado directo es el retoque observable en el extremo distal de una lámina hallada en superficie durante los primeros trabajos de prospección en este yacimiento (Superficie General, 3). Por su parte, el taladro que seguidamente se describe presenta retoque simple directo en ambos lados, siendo previo a su configuración instrumental ulterior.

- Taladros

Sólo contamos con un taladro elaborado en una lámina de subcresta de cierta anchura, la cual funcionó originalmente como lámina retocada mediando retoque simple directo en ambos lados, pudiendo efectuar trabajos de corte o siega, como muestra el lustre de gran extensión localizado en ambas caras y que cubre esta primera serie de retoques. Posteriormente, la pieza fue reciclada mediante retoque abrupto profundo en ambos lados hacia el extremo distal, conformando una punta con la cual vencer la resistencia del material destinado a ser perforado. Las diferencias de lustre entre los retoques simples previos y los propios de la modificación instrumental última como taladro (los cuales carecen de lustre), resultan evidentes a simple vista (Fosa 1; 1).

- Truncaduras

Tan sólo contamos con una pieza realizada sobre una lámina de subcresta (Fosa 1; 3). Dicha pieza presenta retoque abrupto directo hacia su extremo distal tecnológico, no suponiendo en principio la eliminación de un sector importante de la pieza.

- Piezas astilladas

Dentro de este grupo incluimos una lasca de sílex (Superficie Calles A, C y D; 1) con retoque de aspecto escamoso y parcialmente bifacial en los extremos distal y proximal.

- Piezas con golpe de buril

Por último, cabe señalar la presencia de un segmento laminar (evidenciando un tramo de una neocresta), dotado de una extracción de buril desde su extremo distal fracturado, desconociendo si dicha configuración responde a una modificación propia de modos de engaste o de tipo funcional específico (Fosa 2; 1).

5. Iglesia Antigua de Alcolea

Este enclave ha deparado una importante cantidad de material, que excluyendo los microfragmentos y debrises recuperados durante el tamizado, representa más del 61 % del conjunto total estudiado, de 669 piezas. El valor total de esta muestra queda condicionado al tamizado en agua de parte de los sedimentos recuperados durante la campaña de 2006 (en concreto la práctica totalidad de la estructura XII), a la inclusión (en el conjunto total de la muestra) del conjunto lítico recuperado en las unidades estratigráficas de génesis histórica y por último, a la caracterización tipológica indiscutible de parte del conjunto a complejos tecnológicos propios de finales del Tardiglaciar y inicios del Holoceno, hecho que influye notablemente en la lectura (histórica, tecnológica y morfotipológica) del conjunto lítico tratado.

Dicho material se halla representado fundamentalmente por laminillas (en diversas ocasiones de carácter microlaminar) de dorso abatido, útiles geométricos, raspadores dobles y buriles- núcleos como elementos fundamentales, hallados tanto en UUEE de génesis histórica (Edad Moderna) como en las pertenecientes a las estructuras excavadas de la Prehistoria Reciente. Ello condiciona notablemente la interpretación general del conjunto, el cual, compuesto en gran medida por soportes no retocados y de difícil adscripción cronológica, no hemos querido subdividir. A grandes rasgos este material de carácter residual se encuadraría entre finales del Tardiglaciar e inicios del Holoceno, pudiéndose datar por afinidades tecnotipológicas con conjuntos afines, entre el final del Magdaleniense y el Epipaleolítico (Aura 1995, Cortés 2007: 176- 178, 2008: 216)[100].

Este último conjunto guarda notables diferencias con la mayor parte del material caracterizable tanto a nivel tipológico como tecnológico, el cual resulta coherente tanto con la ergología cerámica como con las dataciones absolutas (AMS y Autentificación por TL) de las que disponemos. De características tecnológicas similares a las del enclave de la Verduga Alta, se compone de la misma forma de una producción con escasa inversión técnica, compuesta fundamentalmente por lascas obtenidas de núcleos de captación inmediata en la llanura aluvial, y otra representada por una producción especializada, basada en la extracción de soportes prismáticos a través de núcleos configurados por medio de crestas laterales (Morgado *et Alii* 2008: 322).

A nivel numérico, el conjunto se reparte de la siguiente forma:

Est I	Est II	Est IV	Est V	Est VI	Est VIII
43	1	23	3	20	43
Est IX	**Est X**	**Est XI**	**Est XII**	**Est XIII**	**UUEE Hist**
2	12	5	193	21	312

Tabla 14: Repartición del número de restos de la industria lítica tallada en Iglesia Antigua de Alcolea

- Materias primas

El material predominante en todos los contextos documentados es el sílex, con 527 piezas, las cuales representan más del 78 % del total de la muestra. Dentro de éste, predomina el sílex alóctono de origen aluvial (al menos 235 casos), de variada textura y color, si bien dentro de éstos predominan los tipos grisáceos semejantes a los propios del Subbético Medio, material identificado con el sílex utilizado con probabilidad para la confección de los soportes laminares de sección trapezoidal. Dentro de estos tipos pueden apreciarse a simple vista oolitos y bandeados de tonalidades más claras. El grado de termoalteración que muestra el conjunto dificulta en gran medida su observación macroscópica.

Al sílex, le sigue la cuarcita, con 87 piezas realizadas sobre este material, lo que corresponde al 13 %. Esta roca metamórfica parece explotada directamente por medio de cantos y bloques procedentes de las graveras asociadas a terrazas y llanura aluvial del Guadalquivir, como así parece haber sucedido con el sílex aluvial y la mayor parte de las materias primas. Éste es el caso del conjunto formado por las rocas ígneas (recogidas como en el enclave anterior bajo el término de subvolcánicas), de fractura concoidea, las cuales con 38 ejemplares representan el 5,68 % de las materias empleadas.

Las materias primas minoritarias quedan representadas por el cuarzo, con 11 piezas (1,6 %), en su mayoría correspondiente a chunks y restos de talla. Este grupo lo integra fundamentalmente el cuarzo blanco, presente de la misma forma entre el material detrítico transportado por el Guadalquivir. El resto de las materias primas ser reducen a cuarzoarenitas (tres ejemplares), y arenisca (un ejemplar), representando fundamentalmente restos y astillas de talla. Por último, contamos con una pieza elaborada en cuarzo hialino, un fragmento de lámina-subcresta proximal (14 mm de anchura), el cual delata la configuración compleja de un núcleo de láminas a partir de un prisma de cristal de roca (492/L(115)23).

Las alteraciones térmicas son frecuentes en la muestra, representadas por cúpulas y fracturas térmicas, decoloración, cuarteado y craquelado, así como ciertos brillos. El conjunto general presenta 130 piezas termoalteradas, las cuales componen casi el 20 % del total. En concreto, el brillo característico y el cambio de aspecto observable tras el calentamiento deliberado de las bases de extracción no resulta frecuente.

El índice de corticalidad considerado en el material de Iglesia Antigua de Alcolea, muestra porcentajes similares a los despejados en el conjunto de la Verduga Alta. Contamos con soportes de corticalidad significativa los cuales corresponden al 51 % de la muestra, representando las piezas carentes de superficie cortical aparente, el 49 %, correspondiendo como en el anterior enclave tratado, a productos industriales.

- Soportes

En el conjunto de los soportes industriales y productos de acondicionamiento, las lascas se erigen como la categoría dominante, con 254 piezas, las cuales, añadiendo los soportes por cuyas proporciones intermedias han sido incluidos como lascas laminares, hacen un total de 274 piezas, lo cual representa casi el 41 % de la muestra procedente de las campañas de 2005 y 2006 en el enclave de Iglesia Antigua de Alcolea.

En referencia a las lascas en sentido estricto, en los casos en los cuales se ha conservado el talón, aquellos de tipo liso representan 88 ejemplares, seguidos de los talones corticales (82), los cuales representan casi el 35 y el 32,28 % de las lascas respectivamente. A las plataformas carentes de preparación previa se contraponen talones facetados y diedros, los cuales representan 13 y tres ejemplares, apenas el cinco y el 1,18 %. En menor medida, siete ejemplares cuentan con talón puntiforme y en 13 casos se halla suprimido por retoque o astillado, lo que los convierte en algo menos del tres y más del cinco por ciento respectivamente del total de lascas.

[100] Consideramos de especial importancia destacar aquí el ejemplo que la industria tardiglaciar de Alcolea representa al tratar el carácter residual o intrusivo de muchas de las industrias líticas recuperadas en un contexto arqueológico dado, con más razón al abordar terrazas fluviales de dilatada frecuentación durante la Prehistoria. Los casos de conjuntos recuperados en agrupaciones superficiales destacarían aquí por su especial problemática.

En el conjunto de lascas laminares se atisba un comportamiento similar, con siete talones corticales, cinco lisos, dos facetados y uno diedro y suprimido. En el porcentaje total de lascas laminares, las cuales componen 20 ejemplares, representan el 35, el 25, el 10 y el cinco y cinco por ciento respectivamente. Dicha tendencia iría asociada con la explotación de recursos líticos locales, por medio de una cadena operativa corta, de escasa inversión técnica y donde domina la percusión directa con escasa preparación previa.

Las láminas cuentan con una proporción inferior, 106 representantes, que sumados a los ocho soportes identificados como láminas de cresta o subcresta, integran 114 representantes, los cuales superan el 17 % del conjunto lítico perteneciente a este asentamiento. En su mayoría corresponden a soportes con un alto grado de estandarización, los cuales (láminas de plena producción, crestas y subcrestas) integran un conjunto con una media y moda de 14 mm de anchura (oscilando entre siete y 28 mm), con espesores que oscilan entre uno y 11 mm, con una media de 4,5 mm y moda de cuatro. La mayor parte de dichos soportes representan tipos laminares no estandarizados extraídos por percusión directa, y fragmentos de láminas prismáticas de una o dos aristas y sección trapezoidal, obtenidas mediante percusión indirecta o presión, las cuales con probabilidad difícilmente rebasaron los 15 cm de longitud.

En total, los talones se reparten de la siguiente forma: para el grueso de los soportes laminares incluyendo crestas y subcrestas, los talones lisos resultan ligeramente dominantes, con 16 casos en láminas de plena producción y dos casos documentados sobre subcresta (18 casos), lo que corresponde a más del 15 % de las láminas, y al 37,5 % de los talones documentados sobre lámina.

El segundo caso más representado corresponde al talón de tipo puntiforme, tipo donde el sector de la plataforma de percusión se mostraba muy reducido, pudiendo corresponder a tipos diedros o facetados de difícil identificación. En el caso de una lámina de cresta de la Estructura VI, dicho talón correspondía más bien a un saliente abrasionado a fin de evitar el deslizamiento del percutor o compresor sobre la plataforma, lo que lo aleja de la definición puntiforme al uso (6/74). En total, láminas de plena producción, láminas de cresta y subcresta cuentan con 17 talones de tipo puntiforme, si bien, dicho número ha podido verse incrementado por la abundante presencia de láminas no prismáticas obtenidas por percusión directa, frente a la escasez de soportes prismáticos de conservación proximal (en su mayoría corresponden a segmentos mesiales o mesodistales).

Los talones diedros ocupan el tercer puesto, con cuatro casos, algo más del ocho por ciento de los talones observados, representando el 3,5 % de los soportes laminares documentados. En todos estos casos corresponden a soportes prismáticos de sección trapezoidal, de producción estandarizada y de plena producción (7/144, 2/143, 6/146), cuyo *angle de chasse*, resulta recto en todos los casos.

El resto de los tipos asociados a soportes laminares de plena producción, láminas de cresta y subscrita, lo componen talones corticales (dos), facetados (tres) y suprimidos por retoque o astillado (tres), representando en conjunto el siete por ciento del conjunto laminar absoluto (excluyendo laminillas) y el 16,6 % de los talones documentados sobre láminas de cresta y de plena producción.

La presencia de talones en el registro laminar, va ligada directamente a la conservación de los soportes, los cuales en una alta proporción (en la que se incluyen láminas de cresta y subcresta) responden a piezas mesiales (39), las cuales en ciertos casos (VIII/14/123, VIII/10/127, 464/L(72)35, 503/L(115)27) aparentan haber sido fracturadas de forma controlada, en alguna ocasión mediante muesca lateral. Las de conservación mesoproximal ascienden a 17, siguiéndoles las distales (14), proximales (13) y mesodistales (10). Los soportes considerados completos[101] cuentan 21 ejemplares, cuyas longitudes no superan los 55 mm en los soportes de plena producción y 76 mm en las láminas de cresta y subcresta.

Las laminillas u hojitas representan 21 ejemplares, el 3,13 % del conjunto lítico total procedente del enclave de Iglesia Antigua de Alcolea. La totalidad de los soportes retocados debe relacionarse con un tecnocomplejo propio de finales del Tardiglaciar (Magdaleniense Final-Epipaleolítico Microlaminar), lo que se hace extensible a parte de los productos brutos, haciéndose notar un cierto peso del componente microlaminar. La ausencia de datos cronoestratigráficos de dicho conjunto dificulta aun más si cabe dicha adscripción, únicamente dada por caracteres tecnotipológicos, como tendremos ocasión de comprobar. Los talones identificados sobre dichos soportes se reparten entre tres talones lisos y dos de tipo puntiforme, delatando percusión sobre plataformas lisas, o de preparación somera. El espesor de algunos de estos soportes, proporcionalmente robustos (3- 4 mm), frente a una anchura media de cinco y moda de seis), da cuenta de ciertas extracciones sobre núcleos de escasas dimensiones, con una superficie de lascado de escaso desarrollo y plano de perfil carenado, extracciones afines a los llamados recortes de buril, de los que hablaremos en otro apartado.

Entre los subproductos de la cadena operativa, las lasquitas de talla, por lo general inferiores a 10 mm de longitud, cuentan con 58 representantes, más del ocho por ciento del total del enclave, dominando en este grupo los talones lisos (22, casi el 38 % del total), los de tipo cortical (16, el 27,6 %), seguidos por los puntiformes (seis), los facetados (dos), y un caso con el talón suprimido por astillado. Las astillas de talla cuentan con 49 ejemplares (7,32 %), las lascas térmicas tan sólo han deparado un solo ejemplar, y llegan a cinco los productos clasificados como golpes o recortes de buril, en algún caso de segundo orden.

[101] En este caso hay que destacar una colección muy mediatizada por soportes retocados y tipos instrumentales, cuyo soporte ha sido definido como completo cuando el útil no mostraba fracturas aparentes.

La lista de productos de acondicionamiento de núcleo se encabeza numéricamente por flancos de núcleo, en su mayoría lascas espesas que muestran los negativos de extracciones previas, en varios casos testimoniando el saneado de golpes fallidos, en su mayoría reflejados de extracciones de lascas o láminas. En dos ocasiones responden a eliminación de la cornisa, representando otros dos casos flancos de núcleos de láminas que integran bases de núcleo sobrepasadas. En total representan 12 ejemplares, el 1,79 % del conjunto. Tabletas y semitabletas de reavivado integran un registro de cuatro y tres ejemplares, perteneciente en todos los casos a núcleos de lascas o láminas/ laminillas de escasas dimensiones, de sílex eminentemente local, mostrando una plataforma dotada de escasa preparación y levantamientos que evidencian la ausencia extracciones de soportes prismáticos estandarizados. Como veremos a continuación, resulta conflictivo discernir entre ciertos acondicionamientos de núcleo propios de las industrias del Holoceno Medio consideradas de escasa inversión técnica, y los procedentes de bases de extracción lascar o laminar propia del Tardiglaciar e inicios del Holoceno.

El conjunto de núcleos responde a un mínimo (NMR) de 32 (4,78 % de la muestra asignada a este enclave arqueológico), los cuales responden en su totalidad a bases de extracción de escasas dimensiones. Contamos con 15 núcleos de lascas, los cuales en alta proporción son de morfología piramidal- prismática o poliédrica, con un solo plano de percusión (ocho), que puede ser preparado mediante lascado, o más frecuentemente liso. En algunas ocasiones (57/L (116)2), algunas extracciones basales han servido para controlar la longitud de los ulteriores productos industriales y evitar el sobrepasado. Están presentes los núcleos discoides (tres), dos de ellos de base preparada y uno bifacial, explotados mediante extracciones perimetrales por percusión directa.

El número de núcleos de extracciones de láminas de pequeño formato y laminillas asciende a diez, mostrando en su mayoría similares características a los del grupo anterior. Seis de ellos muestran morfología piramidal, estando dotados de un sólo plano de percusión. Como en el caso anterior contamos con algunos ejemplos de extracciones para el control de la longitud de los productos, a modo de muesca de paro (460/L(116)125).

Junto a restos de núcleos y bases de explotación incipiente o núcleos testados (protonúcleos), los cuales ascienden a cuatro, contamos con una categoría tipológica de útiles nucleares a medio camino entre los útiles *a priori*, y núcleos de extracción microlaminar. Es el caso de tres "buriles- núcleos" o *núcleos* con impactos de buril, los cuales, al integrar soportes espesos, han sido incluidos dentro del rango de los núcleos. Contamos con un caso (289/L(107)4), que presenta hasta cuatro golpes de buril en un mismo frente. En este sentido, cabe considerar de forma razonable su pertenencia al conjunto de atribución tardiglaciar al que ya hemos hecho referencia, junto al grueso de los núcleos de lascas y laminillas con extracciones de control o muesca de paro (Aura 1995, Cortés 2007: 100, 129).

Por último contamos con un nada desdeñable número de chunks o restos de difícil clasificación, los cuales, junto a algunas bases naturales y clastos ascienden a 96, representando el 14,34 %. El escaso número de núcleos presente en un conjunto con tan alto grado de corticalidad, y en el cual las materias primas locales parecen cumplir un papel destacado, invita a considerar aparte a esta última categoría, como probables residuos de bases de explotación irreconocibles tras un intenso aprovechamiento.

- Aspectos tecnológicos

En la colección lítica tallada estudiada en el enclave de Iglesia Antigua de Alcolea debemos distinguir como ya hemos tenido ocasión de señalar, al menos dos conjuntos cronoculturalmente diferentes:

A) Conjunto perteneciente al Magdaleniense Superior-Epipaleolítico Microlaminar (*ca.* XI- IX milenio ANE (?))

B) Conjunto asociado a la ocupación de la 2ª ½ del IV milenio ANE

Debido a la orientación de este trabajo, nuestro interés se basa razonablemente en el segundo bloque o conjunto B. Sin embargo, dado que carecemos de herramientas para discriminar con seguridad ambos grupos en lo que se refiere a soportes tecnológicos brutos, restos de talla y material no tipologizable, nos hemos visto obligados a considerarlos en conjunto, tratando en la medida de lo posible identificar y segregar con argumentos justificados ambos complejos a partir de criterios tecnológicos y morfotipológicos.

- Conjunto A

Dentro de este grupo encontramos una destacada presencia de material microlaminar, resultado de extracciones sobre núcleos de laminillas, sobre cantos o lascas en los que predomina el sílex aluvial, de morfología frecuentemente piramidal- prismática y con un sólo plano de percusión sin preparación. A menudo estos núcleos se encuentran acondicionados para controlar la longitud de las extracciones, mediante lascado en la base. Para el caso de los buriles- núcleos, caso también asimilable a de algunos buriles clasificados tipológicamente como tales, dichas extracciones responden propiamente a una muesca de paro (181/L(85.1)1, 364/L(90)3, 261/L(49)3). En estos casos, dichos buriles *nucleiformes* irían relacionados con la extracción de laminillas de cierto espesor (al disminuir el ángulo de lascado), como así se han podido documentar en el resto del conjunto. De la misma forma, otros útiles nucleares, como en el caso de ciertos raspadores espesos (272/L(40)14, 158/L(116)103) o una raedera (clasificada como núcleo) dotada de extracciones laminares paralelas de incidencia abrupta (477/L(42)41), han podido funcionar como bases de explotación leptolítica.

Varias laminillas responden a dicho patrón de espesor, correspondiendo a extracciones obtenidas a modo de "golpe de buril" (495/L(129)19, 523/L(85.5)4, 525/L(85.6)5). En otros casos los soportes microlaminares corresponden a productos que cabría esperar de la explotación de núcleos piramidales o prismáticos.

Junto a lascas y soportes industriales de tipo microlaminar, los productos laminares de anchura considerable no están ausentes en el conjunto. Un raspador doble (476/L(85.II)11) se encuentra realizado sobre un soporte laminar de hasta 28 mm de anchura, probablemente obtenido mediante percusión directa de un núcleo de dimensiones poco acordes con el sílex aluvial detrítico presente en las terrazas próximas del Guadalquivir.

- Conjunto B

En lo relativo a los aspectos técnicos concernientes al grupo industrial adscrito a la Prehistoria Reciente, podemos rastrear un comportamiento afín al observado en la colección estudiada procedente de la Verduga Alta, si bien en este caso con un menor peso del componente laminar. La presencia de láminas prismáticas de sección trapezoidal de plena explotación y sus correspondientes láminas de cresta y subcresta, algunas de anchura y longitud suficiente (hasta 21 por 76 mm), permiten comprobar la presencia de una cadena operativa larga, basada en la extracción por percusión indirecta o presión, de soportes laminares estandarizados por medio de núcleos prismáticos configurados a través de crestas laterales (Morgado *et Alii* 2008: 322).

Las labores asociadas a dicha producción especializada, pudieron haberse efectuado lejos del asentamiento tratado, hecho refrendado por la ausencia de productos de acondicionamiento o fragmentos de núcleos correspondientes a este tipo de industria. En ese sentido cabe preguntarse por la importación de materia prima semielaborada, ya sea en forma de soportes brutos de plena producción, crestas o subcrestas, o bien como núcleos plenamente configurados (protonúcleos). Debido a sus frecuentemente escasas dimensiones, al estado de su estructura interna y a lo eventual de su presencia, las bases naturales de sílex alóctono presente en los depósitos fluviales de la vega del Guadalquivir, no ofrecen condiciones óptimas para la elaboración de grandes soportes laminares. Así pues la materia prima asociada a esta producción especializada no es local, procediendo con probabilidad de fuentes de extracción presentes en formaciones calizas del Subbético Medio (Martínez *et Alii* 2006b: 302, Nocete *et Alii* 2006: 34).

Considerando aquello que parece ser una constante en los conjuntos tecnológicos del IV y III milenio en los entornos fluviales de Europa Occidental (Briois *et Alii* 2008: 210), junto a una industria especializada fundamentada en la extracción estandarizada de productos laminares, coexiste una explotación de escasa inversión técnica basada las materias primas de origen local, y en este caso como hemos podido comprobar para el enclave de la Verduga Alta, de cantos y bloques principalmente de sílex y en menor medida, de cuarcita y rocas subvolcánicas, presentes como material detrítico en las terrazas del Guadalquivir y cauces tributarios.

En este sentido, esta realidad queda establecida mediante la observación detenida de las áreas conservadas de córtex, hecho beneficiado por el alto índice de corticalidad que presenta el material, la existencia de núcleos discoides de extracción centrípeta y base reservada, y la presencia de un nada desdeñable número de soportes retocados sobre lasca de sílex y materias primas locales. De la misma forma, algunos soportes laminares de escasa tipometría y delineación irregular, parecen proceder de núcleos prismáticos de reducidas dimensiones y origen más inmediato, si bien en este caso se alejan visiblemente de los rasgos morfotécnicos propios de los soportes de mayores dimensiones y sección trapezoidal.

- Tipos instrumentales

Dentro de los soportes que presentan modificación secundaria por manufactura (normalmente retoque) o uso evidente (como podría ser el caso de las piezas astilladas), hemos podido agrupar la colección en dos conjuntos diferentes, en función de la atribución cronocultural diferencial asignada, ya puesta de manifiesto en el apartado de aspectos tecnológicos.

- Conjunto A

Este apartado incluye el material cuya adscripción tardiglaciar- epipaleolítica no ofrece en principio dudas sobre todo en lo que respecta a algunas piezas, si bien merece ser tomado como de origen residual, desprovisto de contexto estratigráfico primario. El conjunto seleccionado consta de 28 elementos, los cuales se subdividen en los tipos instrumentales que describimos a continuación.

- Buriles

Este conjunto agrupa ocho piezas, la aparente totalidad sobre lasca de sílex y dos sobre lasca de cuarcita. Cinco de ellos son de morfología rectilínea, con una configuración consistente en un solo golpe sobre fractura o con un ápice conformado a partir de dos golpes divergentes (159/L(116) 104, 309/L(107)24). En el resto de los casos (tres) responden a tipometrías espesas con varios levantamientos (de dos a tres), en dos casos realizados sobre una serie anterior (364/L(90)3, 170/L(110)1). Dos de los buriles conformados por extracciones múltiples cuentan con muescas de paro (261/L(40)3, 170/L(90)3).

- Raspadores

Compuesto por seis piezas, este grupo incluye dos raspadores dobles, uno realizado sobre lasca de descortezado (IV/3/67), y otro sobre una lámina de cierta anchura (21 mm). Este último (476/L(85.II)11), cuenta con un retoque plano marginal en el lado izquierdo y simple marginal en el derecho, mostrando dos frentes bien delimitados a base de retoque profundo semiabrupto.

Junto a los raspadores dobles, este conjunto alberga asimismo dos de tipo carenado, procedentes de unidades estratigráficas de cronología histórica. Ambos se encuentran realizados sobre lasca, aprovechando una fractura o accidente en uno de los lados, a fin de conservar unas proporciones espesas y una morfología acorde para delimitar un frente proyectado a modo de hocico (395/L(81)1, 158/L(116)103). Los retoques de configuración del frente llegan a tener morfología laminar en uno de los casos.

Dentro de los soportes clasificados como raspadores, contamos con uno de pequeño tamaño, de aspecto nucleiforme y de cierto espesor (272/L(40)14), junto con un útil compuesto representado por una lasca de segundo orden de extracción con un frente de raspador atípico (retoque de delineación recta, semiabrupto y ligeramente denticulado) y dos extracciones oblicuas de buril en el frente opuesto (169/L(116)114).

- *Geométricos*

Este grupo tan sólo se halla representado por dos piezas, elaboradas sobre soporte microlaminar. La primera de ellas consiste en un triángulo escaleno de dorso continuo en todos sus lados y de muy reducido tamaño (519/L(131)33). La segunda de ellas responde a una pieza de dorso fracturada, con el lado derecho mostrando un retoque abrupto continuo que proyecta la truncadura diagonal del extremo distal (509/L(129)21).

- *Piezas con borde abatido*

Dentro de este apartado hemos considerado seis piezas; una realizada sobre soporte laminar y cinco sobre soporte microlaminar. Sobre lámina hemos incluido una pieza fracturada en su área mesial por percusión, la cual presenta una truncadura oblicua configurada por medio de retoque abrupto directo, definiendo una morfología semejante a una escotadura. El estado de la pieza nos ha forzado a optar por no incluirla en el grupo de los geométricos (497/L(125)26).

El resto de las piezas responden bien a fragmentos de laminillas de dorso abatido por retoque abrupto directo profundo (502/L(107)28 y 523/L(85.6)3), o marginal (495/L(129)19 y 505/L(131)30), correspondiendo estas últimas, a soportes espesos de sección plano- convexa.

- *Perforadores*

Este grupo tan sólo ha deparado dos piezas, una de ellas de adscripción muy dudosa. La primera de ellas (290/L(105)5) representa un perforador sobre lasca de segundo orden de extracción, la cual exhibe retoque simple directo y profundo de morfología escamosa en el área distal del lado derecho, acompañada de algunas extracciones inversas marginales en el lado distal, conformando ambos lados un pico activo con trazas macroscópicas someras de embotamiento.

- *Muescas*

A este grupo corresponden tres piezas, dos de ellas sobre lasca laminar y dotadas de una muesca conformada por una escotadura (diversas extracciones) (481/L(116)129, 291/L(107)6). Un caso en concreto, muestra una lasca configurada mediante escotaduras laterales (164/L(116)114), ambas visibles en la cara ventral de la pieza.

- *Truncaduras:*

Finaliza este apartado con el grupo de las truncaduras, dentro del cual hemos incluido dos piezas, que no parecen ajustarse a los parámetros propios del grupo de los geométricos y de las piezas de dorso. Una de las piezas parece realizada sobre una lasca parásita (189/L(85.3)4), siendo la segunda una lámina con truncadura oblicua a través de retoque abrupto directo, viéndose muy alterada por fracturas térmicas (510/L(125)27).

- Conjunto B

Dentro del conjunto B incluimos los artefactos con modificaciones secundarias (útiles a priori), los cuales bien presentan una filiación inequívocamente holocena, coherente con la cronología de las estructuras prehistóricas del asentamiento, o bien a nuestro juicio carecen de argumentos suficientes para considerarlos pertenecientes a un conjunto de origen residual, encuadrándose pues en la segunda mitad del IV milenio ANE.

- *Foliáceos*

A esta categoría pertenecen dos artefactos, definidos como punta de proyectil, ambas de lados rectos y convergentes, siendo la primera de base cóncava (VIII/12/136) y la segunda de base recta (485/(85.6)1). En el primer caso, los filos se hallan configurados mediante retoque plano bifacial, siendo levantamientos más o menos invasores, mientras que en el segundo caso, ambos filos poseen retoque sobreelevado bifacial, conservando gran parte de la superficie original del soporte, siendo esta última una pieza muy alterada por acción térmica (cúpulas, decoloración y fracturas térmicas). La materia prima en ambas piezas es el sílex, no pudiendo con toda seguridad determinar la naturaleza del soporte empleado, si bien sospechamos sea una lasca reconfigurada por retoque. Sus grosores varían entre dos y tres milímetros, siendo su anchura total de extremo a otro de la aleta, de 14 y 10 mm. La longitud total de ambas, aun considerando que una de ellas cuenta con el ápice levemente fracturado, es de 21 mm.

- *Láminas retocadas*

Representa el conjunto instrumental más numeroso, con 32 ejemplares, el 39,5 % del total de tipos instrumentales de este enclave considerando ambos conjuntos. Realizadas en todos los casos sobre sílex, esta categoría muestra una gran variabilidad intrínseca, si bien predomina el retoque simple sobreelevado directo, siendo continuo en la mayor parte de los casos. Son frecuentes las ocasiones en las que dicho retoque se acompaña en el filo opuesto de retoque continuo, dotado de las mismas características del anterior o bien con mayor tendencia a desarrollar escasa extensión, siendo marginal parcial. Otros bordes se presentan levemente denticulados, con cierta tendencia sobre los soportes más espesos, habiendo documentado igualmente ciertos casos con retoques paralelos de amplitud invasora.

Para confeccionar tales instrumentos, se han valido generalmente de soportes prismáticos de plena producción, no desdeñando el uso de láminas de cresta o subcresta, las cuales, base a su mayor espesor parecen haberse seleccionado para trabajos más duros. En ciertos casos, las cuatro piezas que presentan lustre (IV/1/45, VI/6/74, VIII/9/126, VIII/10/127) cuentan con un mayor espesor, poseyendo cierta tendencia a la denticulación del filo. En este sentido, destaca una pieza (VIII/9/126) elaborada sobre una subcresta, cuyo filo derecho se halla configurado por retoque simple directo delineando una serie de escotaduras que delimitan salientes denticulados a modo de dientes, mostrando todo este filo un lustre neto de extensión media.

Dichos soportes prismáticos retocados asociados a lustre, pueden ser interpretados como cuchillos- hoces o láminas que enmangadas, se utilizarían sobre materia vegetal no leñosa, a modo de serpeta. En este sentido, cabe preguntarse por su papel intermedio o divergente entre los elementos de hoz de inserción oblicua, elaboradas a partir de elementos geométricos, y los dientes de hoz propiamente dichos, configurados a base de muescas sucesivas, más propios de avanzado el III milenio y a lo largo del II milenio ANE.

- *Lascas retocadas*

Este heterogéneo grupo tan sólo se compone de ocho piezas, poseyendo una amplia variabilidad. Dicha variabilidad es equiparable a la diversidad del retoque, correspondiendo a útiles escasamente normalizados. De esta forma contamos con lados con retoque preferentemente simple, abrupto y sobreelevado, tanto inverso (VIII/4/133) como directo, bifacial (VI/2/86), y normalmente en uno de los lados, aunque también tanto en el izquierdo como en el derecho (VI/2/86). Consideramos que su empleo debe ser de orden polivalente, quizá asociado a necesidades domésticas inmediatas, si bien estas conclusiones quedan supeditadas a un necesario análisis funcional. Si bien algunos de estos ejemplos podrían ser clasificados tipológicamente como raederas (VIII/4/133), en general representan una industria confeccionada *ad hoc*, poco especializada.

- *Piezas con golpe de buril*

En este grupo hemos incluido un fragmento proximal de lámina en sílex con un impacto burinante en la fractura (I/2/2) y una astilla de talla o fragmento de lasca con un posible golpe de buril (309/L(107)24). En ambos casos podríamos considerar dichos estigmas como eventuales, pudiendo ser de orden accidental, sin excluir un origen deliberado para este grupo. La dificultad en alguna de ambas posibilidades nos obliga a mantener cautela respecto a su posible interpretación.

- *Piezas astilladas*

Las *écaillées* o piezas astilladas cuentan con cuatro representantes, todas sobre lasca y en sílex. Se caracterizan por levantamientos bipolares (lados izquierdo y derecho, en tres casos), frecuentemente bifaciales y de aspecto astillado, de morfología irregular, con tendencia a plano e invasor (467/L(116)127, 475/L(42)40). Al igual que los ejemplares procedentes de la Verduga Alta, cabe deducir que los levantamientos que muestran no son resultado de una configuración deliberada del filo, derivando de una tarea concreta en la que probablemente la percusión posada obtuvo un papel determinante.

- *Muescas*

Dentro de este grupo hemos incluido piezas que por sus características tecnológicas permiten aventurar su separación de las incluidas dentro del grupo A. En este sentido hemos contabilizado dos piezas (471/L(85.II)10, 105/L(116)50), una sobre un segmento de lámina y otra sobre lasca, las cuales contaban con muescas. Una única configurada por varias extracciones a modo de escotadura en el lado izquierdo, sobre lámina, y una lasca con dos levantamientos de tipo clactoniense en el borde distal.

- *Taladros y perforadores*

Hemos incluido en esta categoría tan sólo una pieza (165/L(116)110), configurada a partir de una astilla, con un retoque simple sobreelevado y profundo en uno de sus lados, dejando su extremo distal a modo de punta. Su definición como posible útil perforante queda apuntada aquí, base a las características tecnológicas que presenta el objeto, no pudiendo incluirse en ninguna de las definiciones existentes como útil morfotipológico.

- *Truncaduras*

Como pieza truncada hemos incluido una lasca laminar (250/L(125)22), cuyo talón, junto a todo el extremo proximal, ha sido suprimido por retoque abrupto directo.

- *Diversos*

Por último, en el apartado de diversos hemos incluido piezas que no corresponden a los morfotipos encuadrados en las categorías anteriores. En primer lugar citamos la presencia de una pieza muy espesa (con unas dimensiones de 81 y 61 mm y un espesor de 20) sobre un canto plano de cuarzoarenita (462/L(8)5), el cual cuenta con un frente configurado mediante retoque semiabrupto, profundo y de morfología escaleriforme. Esta pieza puede ser identificada como raedera espesa o útil de filo tajador, pudiendo pertenecer igualmente a una placa circular recortada.

Otra pieza (399/L(81)5), correspondiente a una lasca de sílex muy alterada por acción térmica, cuenta con un frente distal configurado por retoque semiabrupto directo, pudiendo corresponder a un raspador. El estado de la pieza no permite realizar mayores precisiones, pudiendo de la misma forma incluirse dentro del lote residual agrupado dentro del grupo A.

6. Casa del Tabaco

El conjunto lítico perteneciente a la Casa del Tabaco que hemos analizado procede del sector meridional del asentamiento, allí donde se detectaron las evidencias más antiguas de ocupación (Fase I), ya que en el escaso conjunto material identificado en la denominada Fase II apenas se detectaron evidencias líticas. El conjunto estudiado es muy reducido, consistiendo en tan sólo 109 elementos líticos tallados. En este sentido, la mayor parte de los elementos estudiados pertenecen al sondeo 15, estando repartidos entre las estructuras 10, 14 y 15 e interfacies u horizonte de contacto entre el nivel edáfico de cultivo y la colmatación de dichas estructuras, a excepción de una única pieza procedente de la estructura 3 del sondeo 11. Su repartición resulta a todas luces desequilibrada, al ser las estructuras 3 y 10 las únicas de la Fase I excavadas en su totalidad durante los trabajos en dicho yacimiento arqueológico, siendo de dicha fase excavadas sólo parcialmente, las denominadas 13 y 14. La distribución total se dispone del modo siguiente:

Estruc 3	Estruc 10	Estruct 13	Estruct 14	Horizonte de contacto (A/B)
1	101	4	2	1

Tabla 15: Repartición del número de restos de la industria lítica tallada en Casa del Tabaco

- Materias primas

En este conjunto la materia prima predominante es el sílex, con 76 representantes, el 70 % del total, dentro de los cuales se han incluido cuatro piezas en radiolarita que así han podido ser caracterizada mediante lupa binocular de manera independiente y asistemática. Aunque en general la materia muestra gran diversidad, consistiendo fundamentalmente en sílex procedente de cantos y bloques de escaso tamaño típicos de niveles de terraza y depósitos aluviales, contamos con algunas muestras evidentes de material típico del Subbético Medio (Formación Milanos), si bien no somos capaces de evaluar o diferenciar *a priori* un aporte antrópico (de media y larga distancia) frente a la propia aloctonía del material (sílex obtenido a partir de la recogida de cantos aluviales en entornos cercanos) explicable base a parámetros geomorfológicos (erosión y transporte fluvial).

Al sílex, le sigue la cuarcita en segundo lugar con 25 ejemplares (23 %), la materia prima dominante en el dominio geomorfológico local, a la que le suceden de lejos el resto de los materiales utilizados, tales como el cuarzo (cuatro ejemplares), las rocas sedimentarias (con dos ejemplos), posiblemente la grauvaca y el cuarzo hialino (un ejemplo en cada caso). De nuevo nos encontramos con situaciones muy parecidas a las de los enclaves de La Verduga Alta e Iglesia Antigua de Alcolea, en donde gran parte de la industria parece supeditada a las materias primas de fácil disponibilidad en medios detríticos aluviales de la vega del Guadalquivir y entorno inmediato.

La principal alteración de la muestra es la adición de carbonatos, propia del tipo de sedimento dominante en la zona, limos con un alto grado de saturación calcárea. Las alteraciones térmicas no son dominantes (15 casos, un 14 %), mostrando decoloración, cúpulas térmicas y cuarteado como rasgos sobresalientes. Los brillos propios de un calentamiento de origen tecnológico están presentes en tres casos, hecho que abordaremos al hablar de los aspectos tecnológicos.

En referencia al índice de corticalidad, vemos como sólo nueve piezas muestran más de un 60 % (1) del córtex conservado (en su mayoría lascas de descortezado, chunks, astillas y núcleos en inicio de explotación. Otras 22 piezas muestran entre el 30 y el 60 % (2) del córtex conservado, 26 menos del 30 % (3), y la ausencia (4) de córtex queda manifestada por 52 piezas, en su mayoría lascas y láminas de plena explotación, lo que de nuevo nos sitúa en niveles muy semejantes a los enclaves de Alcolea y Palma del Río, dominados por la explotación de una materia prima local y de escasa volumetría.

- Soportes

En el conjunto lítico procedente del los sondeos 11 y 15 de la Casa del Tabaco, el soporte casi exclusivo de las seis piezas modificadas con fines presumiblemente instrumentales es la lasca, lo cual, sumado a las 45 lascas brutas estudiadas y a dos soportes incluidos como lascas laminares, hacen un total de 52 piezas, un 48 % del total. En este sentido los talones conservados tanto de lascas como de lascas laminares se caracterizan por ser dominantes los talones lisos (33), siendo seguidos aunque muy de lejos los de tipo cortical (tres) y facetado recto (dos), lo que evidencia una escasa preparación previa a la extracción de los soportes. Como es de prever, en el caso de las lasquitas de talla, de menores dimensiones, de las 10 piezas contabilizadas (apenas el nueve por ciento), dos presentan talón cortical, puntiforme otras tantas y liso una de ellas, representando previsiblemente en la mayoría de los casos extracciones parásitas o accidentales producidas durante la talla. Tan sólo en un caso hemos detectado una lasquita térmica de forma lenticular.

Al grupo genérico de las lascas, le siguen las piezas informes o chunks, los cuales cuentan con 17 piezas (el 16 % de total), una cantidad considerable. Dos de estas piezas parecen responder a restos muy deteriorados de núcleos poliédricos de pequeño formato, estando repartidos de forma casi equilibrada entre el cuarzo, la cuarcita y el sílex. Tras éstos, las astillas de talla cuentan con 11 piezas, correspondiendo en su mayoría a fragmentos de sílex de escaso formato interpretables como restos de talla de escasa o nula caracterización tecnológica.

Los soportes laminares recuperados representan en total 10 ejemplares (hasta el nueve por ciento), siete fragmentos de lámina y una pieza completa junto a dos soportes de pequeño formato definidos como laminillas (68/10/5, 107/AB). Respecto a los soportes laminares, pese a carecer de un amplio repertorio a fin de inferir conclusiones de mayor alcance, destacan por su escasa tipometría, siendo en al menos cinco casos piezas de sección trapezoidal y plena producción. Así la anchura se sitúa entre 10 y 14 mm, siendo en los tres ejemplares que muestran dos aristas paralelas (dos en radiloarita, 99/10/2´y 100/10/R, y otra en sílex, 45/10/1´, probablemente del Subbético Medio[102]), de entre 13 y 14 mm. De entre estas últimas, tan sólo en un caso conserva el talón (fragmento proximal de lámina en radiolarita, 99/10/2´), siendo en este caso facetado convexo (aunque con un *angle de chasse* recto, por lo que aparenta ser diedro). Este ejemplo se suma al de dos talones lisos documentados tanto en un fragmento de lámina, como en una pieza completa (de 34 mm de longitud) (108/14/1´), en ambos casos producto de una extracción por percusión directa o indirecta.

Si bien no contamos con ningún caso de estricto retoque sobre láminas de sección trapezoidal (o al menos sobre sus lados), la modificación secundaria de estos productos queda puesta de manifiesto por una muesca o escotadura directa proximal en el lado izquierdo de una pieza (45/10/1´), la cual pone de manifiesto la voluntad de proceder a una fracturación oblicua controlada de dicho soporte, probablemente como paso previo a una configuración instrumental ulterior (quizá geométrica). De la misma forma, una serie de levantamientos planos de morfología escamosa producidos desde los planos de fractura presentes en un segmento mesial de lámina de tres aristas y escasa tipometría (11 mm de anchura) y procedente de la estructura 3 (109/3), dan cuenta de la presencia de piezas astilladas sobre lámina.

Las laminillas documentadas representan dos ejemplares de 7 mm de anchura, uno de los cuales pertenece a la Estructura 10, constituyendo el segundo un soporte completo procedente de la interfacie de contacto con el suelo vegetal (107/AB), mostrando un talón puntiforme y dotado de un característico brillo por calentamiento.

Pasando seguidamente al grupo de los núcleos, contamos con cinco piezas (cinco por ciento), todas procedentes de la Estructura 10, divididas entre tres núcleos de lascas y dos de laminillas. Todos se hallan realizados en sílex a excepción de uno de los utilizados para la extracción de lascas, el cual representa una lasca gruesa explotada como núcleo. Entre los elementos de acondicionamiento de fácil caracterización tecnológica, destaca la presencia de dos flancos de núcleo en sílex (uno de ellos procedente de un núcleo bipolar de lascas de pequeño formato) y una tableta de reavivado de un núcleo de sílex de lascas o lascas laminares (22/10/3´).

- Aspectos tecnológicos

El análisis de la industria recuperada en los sondeos 11 y 15 de Casa del Tabaco viene a reiterar la doble naturaleza de los conjuntos líticos de este sector geográfico durante el Neolítico Reciente. Como hemos tenido ocasión de destacar en los conjuntos anteriores, podemos subdividir los modos de talla en una industria lítica de escasa inversión técnica, muy determinada por la disponibilidad de las materias primas locales en cantos y bloques de escaso formato, y una serie de técnicas de talla laminar muy desarrolladas, ejemplificadas por las láminas y fragmentos de lámina de sección trapezoidal de dimensiones medias.

Para el primer caso, contamos con la ventaja (difícil de obtener, por otra parte en este tipo de contextos) de algunos remontajes procedentes de la Estructura 10 que nos han servido para ilustrar los procesos técnicos seguidos en la elaboración de industrias de escasa inversión. Por otro lado, las industrias laminares de cadena operativa larga han podido rastrearse tan sólo a partir de los productos industriales hallados, los cuales, lejos de ser abundantes resultan determinantes a la hora de aproximarnos a estos procesos técnicos de mayor complejidad.

Comenzando por esta industria de gran sencillez o de cadena operativa corta, observamos que de nuevo es el sílex la materia prima más empleada, siempre en forma de cantos o pequeños guijarros de origen local (presente en la vega y en las terrazas del Guadalquivir). Ésta se ejecuta mediante percusión directa con percutor duro, fenómeno rastreado a través de núcleos discoides de pequeño tamaño (33/10/3´), cantos explotados de forma unidireccional (34/10/3´), o multidireccional. Un caso ilustrativo de esta explotación de carácter oportunista representa el remontaje obtenido entre una lasca espesa (100/10/R) y un pequeño canto de sílex con un solo plano de percusión (34/10/3´), el cual muestra la extracción unidireccional de lascas con percutor duro (Remontaje 2).

En otro sentido hemos podido constatar esquemas operativos más complejos, resultado de la explotación de lascas o lascas laminares, con la eliminación de tabletas

[102] La observación mediante lupa binocular permitió detectar secciones de espículas de equinodermos así como turbiditas propias de la Formación Milanos, del Subbetico Medio. Agradecemos a J. A. Lozano y a A. Morgado su disponibilidad y valiosas observaciones.

de reavivado (22/20/3), abriendo la puerta a una reconfiguración ulterior del núcleo. Un segundo remontaje, compuesto por dos piezas en sílex melado con presencia de oolitos, pone de manifiesto cómo se ha tratado de realizar una neocresta (101/10/1´), como paso previo a un aprovechamiento extremo y final de un núcleo, siempre por percusión directa (Figura XCV, Remontaje 1). Uno de los posibles usos o reciclaje ulterior de estos núcleos de lascas una vez agotados tras una primera explotación, es su reconversión como núcleos de laminillas (quizás mediante percusión indirecta o sobre yunque), de los que contamos con un ejemplo que no parece haber sido sometido a calentamiento previo (35/10/4´).

El resultado de esta talla de cadena operativa corta, es una industria de difícil caracterización tipológica, donde la lasca de mediano y pequeño formato representa el producto industrial dominante, exhibiendo un alto índice de corticalidad, y no contando en esta ocasión más que con un reducido número de soportes retocados, consistiendo en este caso en tan sólo muescas y alguna lasca retocada.

En cuanto a las industrias de alta inversión técnica, éstas tan sólo pueden ser caracterizadas por la presencia de fragmentos de láminas y laminillas de aristas paralelas. De los seis fragmentos de láminas prismáticas de plena producción, cinco muestran sección trapezoidal, siendo de escaso espesor (2- 3 mm) y careciendo de retoque lateral en todos los casos (99/10/2´, 100/10/R, 45/10/1, 109/3). Si bien resulta extremadamente complejo inferir conclusiones respecto a los esquemas operativos implicados en la producción de dichos soportes, la escasa anchura de los elementos recuperados (entre 11 y 14 mm para los todos los soportes estandarizados y 13 y 14 mm para los de sección trapezoidal y dos aristas paralelas), así como la morfología del único talón conservado (facetado convexo de ángulo recto), permite aventurar una extracción mediante presión con muleta (Morgado *et Alii* 2008: 325), a partir de un núcleo con un alto grado de preparación previa. En lo referente a otros soportes laminares de plena producción y escasa estandarización, los dos únicos casos conservados presentan talones lisos, uno de las cuales procedería de un núcleo de reducidas dimensiones (plano de extracción de apenas 35 mm de altura), extraída probablemente por percusión (directa o indirecta) (108/14/1´).

Las laminillas conservadas (68/10/5, 107/AB), ambas de 7 mm de anchura, poseen un brillo característico producto del calentamiento que comparten con un segmento laminar de mayor anchura (11 mm) y tres aristas (109/3), mostrando una de ellas talón puntiforme. En este sentido podemos plantear la presencia de una técnica diferente, sobre núcleos de pequeño tamaño (con no más de 50 mm de altura del plano de extracción) con tratamiento térmico previo, preparados para la extracción de laminillas o láminas de pequeña tipometría. Dichos núcleos pueden corresponder tanto a bases de extracción de láminas de mayor tamaño, agotadas y calentadas tras su reconfiguración a fin de extraer laminillas, como a protonúcleos preparados desde el inicio para tal fin. El hallazgo de núcleos de pequeño formato con tratamiento térmico previo en algunos de los enclaves tratados en este trabajo (Las Flores, Pedro Abad), mostrando plano natural en tres de sus superficies, permite considerar la segunda opción como probable.

En este sentido, y como viene siendo habitual, para la extracción de láminas de ciertas dimensiones sobre núcleos con un esquema complejo de preparación, son necesarios bloques de materias primas en óptimo estado y sin fisuras, por lo que la materia prima empleada para dicho proceso no pertenece a la esfera local. El uso de sílex gris y radiolaritas para la obtención de soportes laminares de ciertas dimensiones obliga de nuevo a volver la vista a las formaciones litológicas del Subbético Medio (Martínez Fernández *et Alii* 2006: 298, Morgado *et Alii* 2008: 315).

- Tipos instrumentales

Son muy escasas las piezas que cuentan con modificaciones instrumentales o retoques, constituyendo seis elementos en total, cinco realizados sobre lasca y uno sobre un segmento de lámina.

- Muescas

Dentro de este grupo se incluyen dos lascas sobre sílex y cuarcita, las cuales cuentan con muescas (una directa en lado izquierdo, o otra inversa en lado derecho), y en las que no puede excluirse su carácter accidental. La presencia de una muesca o escotadura en uno de los soportes laminares de sección trapezoidal, excluido de este grupo), responde a la voluntad de proceder a la fractura controlada de este soporte, con vistas como ya ha sido apuntado, a la posible fabricación de elementos geométricos.

- Piezas con golpe de buril

Contamos con dos piezas sobre lasca de sílex con estigmas burinantes (20/10/3´). Su presencia en el registro puede ser relacionada con procesos tecnológicos (posible uso como pieza intermedia sobre yunque) similares a los apuntados para las piezas astilladas.

- Lascas retocadas

Tan sólo una pieza sobre lasca de sílex cuenta con evidencias de retoque, estando en este caso dispuesto sobre el lado izquierdo, siendo de tipo simple y profundo, formando una leve escotadura.

- Piezas astilladas

La única pieza lítica tallada procedente de la estructura 3 corresponde a un segmento mesial de lámina, de de tres aristas y escasa tipometría (11 mm de anchura) (109/3), la cual como ya adelantamos muestra una serie de levantamientos planos de morfología escamosa en la cara ventral, producidos desde ambos planos de fractura probablemente por una fuerza de presión coincidente con el eje de la pieza en ambos extremos.

7. Llanete de los Moros

Procedente de este conocido asentamiento, hemos incluido un pequeño lote de piezas recuperado durante la actividad arqueológica preventiva del mes de mayo de 2001. Dichas piezas fueron localizadas en los cortes denominados 1, 3 y 7. Como ya indicamos en el capítulo correspondiente, los materiales documentados en el corte 1 se hallaron en el interior de una estructura circular de perfil acampanado (interpretada como silo), de 1,86 m de diámetro y excavada en el sustrato (Martín de la Cruz *et Alii* 2004a: 322). El corte 3 destacó por el hallazgo de un segmento de foso de orientación noroeste- sureste y tres metros de anchura aproximada, excavado sobre las margas y de paredes sensiblemente rectas (Martín de la Cruz *et Alii* 2004a: 324). El corte 7 deparó dos unidades estratigráficas superpuestas, la primera de ellas con materiales pertenecientes a momentos avanzados del II milenio (horizonte Cogotas), siendo la segunda un estrato redeposicionado con materiales alterados pertenecientes a distintos momentos de la Prehistoria Reciente (Martín de la Cruz *et Alii* 2004a: 324). La industria asociada a dicho sondeo (C- 7), cuenta por lo tanto con un sesgo importante, pudiendo encontrarse en ella elementos pertenecientes a momentos posteriores al IV milenio ANE.

El conjunto lítico tallado se compone en total de tan sólo 56 piezas, de las cuales 42 fueron halladas en el interior del foso localizado en el corte 3, contando con una pieza (53/3- 8/Ag Ol) procedente de un nivel superficial (un alcorque de plantío). Otras 12 piezas proceden de los estratos despejados en el corte 7, contando con tan sólo una pieza (una lámina de sección trapezoidal de sílex, (1/I/01) originaria del silo excavado en el corte 1.

Corte 1	Corte 3	Corte 7
1	43	12

Tabla 16: Repartición del número de restos de la industria lítica tallada en Llanete de los Moros (campaña de 2001)

- Materias primas

Frente a los casos anteriores, en el conjunto recuperado en el Llanete de los Moros durante la campaña de 2001, la cuarcita se muestra como la materia prima dominante, con 29 elementos, seguida del sílex con 24. Ello podría ser debido a la presencia en las proximidades del asentamiento de una extensa superficie de raña conglomerática, en donde predominan mayoritariamente gravas de cuarcita (Baena y Díaz 1997: 33). Dentro del sílex, podemos distinguir sin demasiados problemas materiales dotados de una gran porción de córtex y de pequeño calibre, de probable obtención en medios de litologías aluviales pliopleistocenas, próximas a las riberas del Guadalquivir, y materiales en origen de mayor tamaño de procedencia alóctona, necesarios para la extracción de soportes laminares de cierto formato. Con una pequeña representación, contamos con dos piezas sobre cuarzo (chunk y una lasquita de talla), y tan sólo una lámina trapezoidal (14/3-C/BP2) realizada sobre roca subvolcánica de fractura concoidea, lo que una vez más pone de manifiesto la explotación de este tipo de rocas de procedencia mariánica para la obtención de soportes laminares.

El índice de corticalidad refleja el dominio de la explotación de bases líticas de reducidas dimensiones. Así, con más del 60 % del cortex (1), tan sólo contamos con dos piezas, mientras que con entre el 60 y el 30 % de superficie cortical (2), la cifra aumenta a 10 piezas. Los casos de elementos con menos del 30 % del córtex (3) corresponden a 14, cifra que aumenta a 30 piezas en los casos en los que no se observa córtex (4) en la superficie.

- Soportes

Las lascas, de las que se contabilizaron 20 ejemplares (con 35,7 % del total) representan uno de los principales productos industriales y el principal sobre materias primas del entorno inmediato, viéndose 15 de ellas realizadas sobre cuarcita (el 75 %) y cinco (apenas el 25 %) realizadas sobre sílex. Junto a las lascas de talla, obviamente de menor tamaño (con cinco ejemplares), representan en total el 44,6 % de la colección de soportes líticos documentados en dicha campaña. Los talones lisos y corticales predominan en las lascas, con cinco ejemplares en cada caso, contando con dos casos de talones facetados y otros tantos suprimidos por retoque o modificación secundaria. Tan sólo en un caso hemos observado un talón de tipo diedro. De los talones conservados sobre lasquitas de talla, contamos con uno liso y otro facetado.

El conjunto representado por láminas se compone de nueve soportes de plena producción (diez si añadimos un fragmento de lámina de cresta) en su mayor parte sobre sílex, si bien contamos con un fragmento de lámina sobre cuarcita y otro sobre roca probablemente volcánica. En general muestran evidencias de una talla de cadena operativa larga, estandarizada, con soportes de tipo prismático y sección trapezoidal. Los talones poco pueden decir al respecto, al conservarse tan sólo uno de tipo diedro en ángulo recto, y otro puntiforme. Las tipometrías (referidas aquí a la anchura) de los soportes laminares no sobrepasan los 20 mm, contando con una oscilación de entre 12 y 20 mm, de los que despejamos una media de 14 mm de anchura para dichos soportes, muy similar a la presente en Iglesia Antigua de Alcolea. El estado de las piezas y su fragmentación impide conocer la longitud original de los soportes prismáticos, al no haber hallado ninguna pieza completa.

Los restos de talla que hemos podido caracterizar, quedan representados en primer lugar por las semitabletas de núcleo, las cuales engloban cuatro elementos, todos sobre sílex presumiblemente local a excepción de un ejemplar sobre cuarcita. Le siguen dos casos de tabletas de reavivado de núcleos de pequeño formato en cuarcita y otros tantos de flancos de núcleo, también sobre cuarcita. Añadido al dominio casi exclusivo de esta roca para el caso de las lascas, ello da fe de la explotación local e inmediata de las materias primas del entorno aluvial, siendo en este caso la cuarcita el material preferente.

Los núcleos representados en esta muestra ascienden a cuatro, uno de laminillas (sobre sílex) y tres de lascas (dos de ellas de cuarcita). En éstos predominan los núcleos de tipología globulosa o discoide, en este último caso de explotación bifacial, por percusión directa. El núcleo de laminillas responde a una explotación final de tipo piramidal, no observándose evidencias de modificaciones térmicas.

Por último, contamos con ocho elementos líticos irreconocibles (chunks) en su mayor parte fragmentos de posibles núcleos, de escasas dimensiones y de diversas materias primas (cuarzo, sílex y cuarcita), a los que se uniría una astilla de talla en sílex, de la que resultaría problemático extraer información de carácter tecnológico.

- Aspectos tecnológicos

Una vez más podemos definir la tecnología de este asentamiento como de doble signo, al despejar una tecnología sencilla, de cadena operativa corta con base en cantos de cuarcita aluvial, junto a representantes líticos de un proceso de talla basado en los soportes laminares de sección trapezoidal, en el que primaría la gestión y configuración de núcleos prismáticos de crestas anteroposteriores, basado en materiales alóctonos, como es el caso del sílex tabular o en bloque. A excepción de un fragmento de lámina de cresta ya configurada por retoque, carecemos de elementos de acondicionamiento propios de una tecnología de alta inversión técnica, como sería el caso de crestas o subcrestas desechadas sin transformar, tabletas de reavivado, flancos de núcleo o lascas espesas de configuración del núcleo, como suele ser frecuente en enclaves de la Alta Andalucía. Por el contrario, la escasa tipometría de los productos de acondicionamiento estudiados, su alto índice de corticalidad así como su pertenencia a materias primas locales, propias del modelado fluvial, permite calibrar el peso que esta industria de escasa complejidad pudo tener en este asentamiento.

Como ya adelantábamos, se ha observado la extracción de lascas por percusión directa sobre núcleos de cuarcita o sílex de escaso tamaño, a partir de esquemas sencillos, tales como de tipo discoide o poliédrico, apurando en algún caso lascas espesas de sílex local. Esta gestión apurada de las bases de extracción también afecta a la obtención de laminillas o lascas laminares de muy pequeño formato, documentada incluso sobre cuarcita, como demuestra una tableta de reavivado de un pequeño núcleo elaborado sobre dicho material (6/7/NI2).

Resulta por el contrario difícil, demostrar de manera concluyente la llegada al asentamiento de los núcleos en estado avanzado de preparación (protonúcleos) o bien de los soportes laminares una vez extraídos. En el primer caso podríamos conjeturar, como así ha sido manifestado por otros autores (Morgado *et Alii* 2008: 326), la existencia de una artesanía itinerante, especializada en la talla y extracción de soportes estandarizados de cierta longitud.

- Tipos instrumentales

Proporcionalmente, las piezas con modificaciones secundarias de carácter instrumental se muestran muy abundantes en la colección procedente de Llanete de los Moros. Su número asciende a 24, lo que representa el 42,85 %. Esta sobrerrepresentación puede ser debida tanto a factores de tipo selectivo, como al carácter eventual que presenta una muestra tan reducida.

- Piezas con golpe de buril

Bajo esta denominación presentamos dos piezas sobre lasca de sílex, las cuales cuentan con al menos un impacto burinante en uno de sus lados. En uno de los casos (32/3- 8/NI1), la pieza cuenta con una muesca de paro en el lado del golpe, lo que parece indicar la voluntad de frenar el recorrido del impacto en toda su longitud.

- Piezas astilladas

Contamos con tres piezas de sílex (dos lascas y un núcleo sobre lasca), las cuales cuentan con bordes modificados por levantamientos irregulares de aspecto astillado. En todos los casos documentados, los bordes implicados son opuestos (49/3- 8/NI1, 52/3- 8/NI6, 1/7/NI1), lo que cabría interpretar como consecuencia de un uso como pieza intermedia en acciones de percusión, sin excluir una posible voluntad por configurar mediante levantamientos bifaciales astillados dichos bordes.

- Muescas

Dentro de este grupo hemos incluido tan sólo una pieza, en este caso un segmento mesial de lámina de sílex. Ésta cuenta con una muesca profunda directa configurada por al menos dos levantamientos en el lado izquierdo, pudiendo responder a una modificación de carácter tecnológico (quizá para facilitar la inserción de la pieza dentro de un útil compuesto).

- Lascas retocadas

Junto a las láminas retocadas, las lascas configuradas por retoque constituye el grupo más numeroso, con nueve piezas, todas sobre cuarcita a excepción de una de sílex. En los casos registrados el retoque aparece repartido tanto en los lados derecho e izquierdo como en los extremos proximal y distal. En la mayoría de las ocasiones las piezas cuentan con retoque simple directo, sobreelevado u oblícuo, contando con algunos ejemplos (hasta tres, localizados en alguno de sus lados) de retoque inverso (46/3-8/NI4, sobre una lasca laminar de acondicionamiento). En todos los casos, carecemos de piezas que muestren una configuración tipologizable de otro modo, siendo soportes de escaso tamaño, mostrando una articulación discontinua en la configuración de los bordes retocados.

- Láminas retocadas

Con siete elementos, las láminas retocadas siguen a las lascas con retoque en representatividad. El retoque predominante es sobreelevado u oblícuo profundo, siendo en estos casos directo, repartido tanto en el lado izquierdo como en el derecho (2/3-A/SP1, 48/3-8/NI5, 13/7/NI2, 12/7/NI2). En un caso contamos con una pieza (1/I/01) que muestra una escotadura en el lado derecho configurada por retoque sobreelevado, modificación aparentemente posterior a un lustre de extensión oblicua y alterna presente en ambas caras. En este sentido, también podemos apreciar presencia de lustre en un segmento de lámina de cresta configurada por retoque simple directo en el lado izquierdo (48/3-8/NI5). En este sentido cabe de nuevo interpretar estos elementos, en parte como fragmentos de láminas empleadas en la recogida de vegetales o en la siega, pudiéndose emplear tanto soportes retocados como no retocados, aquellos quizá reacondicionados tras un embotamiento inicial del filo.

- Foliáceos

Dentro de este grupo tan sólo contamos con un representante (9/3-8/BP1), muy afectado por alteraciones térmicas. Modificado probablemente a partir de una lámina espesa de sílex (quizá una lámina de cresta o de acondicionamiento), muestra retoque laminar plano invasor en la cara dorsal y sobreelevado profundo en la cara ventral, siendo bifacial en todos sus lados. Su extremo proximal es de base ligeramente cóncava, siendo interpretado como punta de proyectil. En este sentido, su delineación, formato y masa, resultan acordes con un empleo como punta de flecha, en la línea de los dos ejemplares identificados en Iglesia Antigua de Alcolea.

- Taladros

Un segmento de lámina de sílex de aristas paralelas, muestra los lados retocados por retoque sobreelevado directo, con tendencia a abrupto en el sector distal, siendo éste más profundo, estrechando la silueta y configurando de este modo la punta (14/7/NI2). En la cara ventral, los retoques, discontinuos, se reparten en el área distal, siendo planos aunque de escasa extensión. Una rotura térmica en el ápice distal de la punta, impide observar posibles superficies embotadas, frecuentes en este tipo de piezas.

8. Otros enclaves

Procedentes del sector oriental del territorio abordado en este trabajo (vega y campiña en los términos de Córdoba, Bujalance, Pedro Abad y Adamuz) hemos incluido una pequeña colección de 35 piezas, repartidas entre 10 enclaves arqueológicos. El carácter superficial de estos conjuntos líticos, así como la naturaleza en algunos casos diacrónica de la ocupación de los sitios arqueológicos (en algún caso relativa a diversas fases de la Prehistoria Reciente), obliga a proceder con cautela, si bien pueden ayudar a completar la información extraída de los conjuntos estudiados de los asentamientos ribereños objeto de este trabajo.

- Cortijo de Román (Pedro Abad)

Procedente de este enclave, tan sólo hemos incluido una lasca de descortezado de sílex, con cierta evidencia de redondeamiento, carente a nivel individual de significación tecnológica útil.

- Huerta de Román (Pedro Abad)

El conjunto se compone de dos piezas, un flanco de núcleo de lascas en sílex, de pequeño formato, con los negativos de cuatro extracciones anteriores, y un chunk de escasa significación, también en sílex. El flanco de núcleo parece responder al saneado de un frente de extracción, a fin de eliminar varios reflejados.

- Valdeflores I (Pedro Abad)

La colección recuperada en este enclave se compone de seis piezas, dos sobre cuarcita y cuatro en silex. Contamos con dos lascas (una sobre cuarcita y otra sobre sílex), de las cuales una de ellas se encuentra retocada con una leve denticulación inversa en lados derecho e izquierdo. El resto de las piezas responden a un chunk en sílex (probablemente un resto de núcleo), otro resto de núcleo, perteneciente a un flanco y parte del ápice basal de un núcleo piramidal de sílex, y dos núcleos. El primero de ellos, en cuarcita, es de aspecto globuloso, si bien su esquema operativo responde a extracciones centrípetas, siendo discoide bifacial. Parcialmente agotado, cuenta con los negativos de al menos 11 extracciones, soportes previsiblemente de escasa tipometría.

El segundo núcleo reviste un gran interés (0005/6/5/PA), al pertenecer a una cadena operativa larga, de alta inversión técnica. Consiste en un núcleo de tamaño medio (67 por 42 y por 36 mm), el cual aun conserva varios planos naturales de fractura (evidenciando su origen tabular). De aspecto carenoide (*núcleus carenoide*), cuenta con un solo plano de percusión cuya plataforma apenas cuenta con modificaciones a excepción de algunas leves extracciones planas de preparación realizadas durante la talla, por lo que el talón resultante sería de tipo facetado. El plano de lascado cuenta con los negativos de al menos diez extracciones laminares, de un máximo de 8 mm de anchura y una longitud máxima de 40 mm. La superficie de dichos negativos muestra un brillo intenso, diferente al de la superficie del resto del núcleo. Consideramos que ello es debido a un tratamiento térmico inmediatamente anterior al proceso de talla laminar, y posterior a su configuración como protonúcleo, una vez extraído el bloque de la cantera o centro de explotación, muy probablemente y a juzgar por el aspecto a nivel macroscópico que presenta el material, situado en el Subbético Medio.

El proceso de extracción de dichas laminillas tras el calentamiento puede responder a presión manual o con pequeña muleta, como se ha apuntado en núcleos carenados o carenoides de características tecnológicas muy semejantes presentes en el valle del Ródano, dentro del Chaseense evolucionado (Briois *et Alii* 2008: 217). En este sentido contamos con un ejemplo muy similar representado por un hallazgo superficial dentro del término municipal de Baena (Córdoba, conservado en el Museo Histórico de dicha localidad), ya en tierras de la Campiña Alta. Cabe preguntarnos si estos ejemplos responden a una industria propia especializada, en la cual un grupo de artesanos e intermediarios gestionaría la producción de dichos núcleos desde los centros de producción del Subbético Medio (Sierras de Iznájar en Córdoba, hasta la serranía de Loja, en la Provincia de Granada), hasta los centros consumidores, representados por las poblaciones de la Depresión y vega del Guadalquivir, desprovistas de materias primas de calidad suficiente para obtener soportes laminares de sílex de óptimas características (Morgado *et Alii* EP a).

- Buenos Aires (Pedro Abad)

Tan sólo contamos con un fragmento mesial de lámina en sílex procedente de este enclave, con un leve retoque denticulado inverso en el lado izquierdo, el cual llega a estrechar el filo a modo de escotadura (0016/1/16/PA).

- El Carrascal (Pedro Abad)

De este lugar, situado al interior del meandro de Alcurrucén, procede un conjunto formado por nueve piezas, todas en sílex, a excepción de un chunk (quizá un resto de núcleo) de cuarcita. Las lascas representan los elementos mayoritarios, con seis ejemplares, tres de ellos con talón liso, dos con talón cortical y otro facetado. De estas lascas, una de ellas cuenta con una muesca en el filo izquierdo, habiendo clasificado otra como pieza astillada base a las modificaciones que presentan sus filos (0035/1/35/PA). Las piezas restantes representan una pequeña lasquita de talla con talón facetado, y un resto de núcleo indeterminado, ambas sobre sílex.

- Ventilla Baja (Bujalance)

Procedente de este emplazamiento, contamos con una semitableta de núcleo de lascas, en sílex de aspecto aluvial (1/0028), así como un fragmento mesial de lámina de sílex, muy alterada.

- San León (Bujalance)

Tan sólo un fragmento distal de lámina de una sola arista, en sílex melado ha sido incluido en este asentamiento, la cual muestra retoque simple marginal derecho en el lado derecho, y abrupto marginal derecho en el izquierdo, en ambos casos continuo (1/0092).

- Cerro del Aguilarejo (Bujalance)

La industria lítica tallada recuperada en el lugar durante la prospección se compone de cuatro soportes laminares, elaborados en todos los casos sobre sílex. El primero de ellos (4/0091), representa un segmento mesial de lámina de sección trapezoidal (12 mm de anchura y 3 de espesor), la cual cuenta en lados izquierdo y derecho con retoque simple directo discontinuo. La segunda pieza (3/0091) es una subcresta de núcleo (21 mm de anchura y 3 de espesor), con algunos levantamientos discontinuos inversos a modo de retoque en el lado derecho. Esta pequeña colección no carece de ejemplos de lustre sobre la superficie de algunas piezas laminares. En este sentido, contamos con una buena porción mesial de lámina de sección trapezoidal (2/0091), con retoque directo sobreelevado profundo en filo izquierdo y derecho, y una serie de levantamientos burinantes o astillados asociados a los bordes de fractura. Estas piezas, denominadas láminas con extremos astillado pulidos[103] (Martínez y Afonso 2008: 294), se observan ya desde el Neolítico Reciente, perdurando durante toda la Edad del Cobre. En este caso, dichos levantamientos, que bien pueden estar vinculados a procesos y formas de inserción en un astil, parecen posteriores al igual que el retoque del lado izquierdo, al lustre macroscópico que envuelve en toda su extensión la pieza. De la misma forma, un segmento distal de lámina de sección trapezoidal (1/0091), con presencia de levantamientos astillados en su extremo proximal y discontinuo en ambos lados, muestra un lustre macroscópico de extensión oblicua, en caras dorsal y ventral, de repartición alterna.

- La Mesa de Matatoros (Adamuz)

Recientemente detectado, este emplazamiento situado sobre una mesa miocena en las estribaciones de Sierra Morena ha brindado tres piezas en sílex que hemos seleccionado para este estudio, junto a evidencias líticas de cronología indudablemente anterior que salpican la superficie (Paleolítico Antiguo). Dos de las piezas corresponden a segmentos mesiales de láminas de plena producción, la primera (fragmento 8) de una sola arista y 19 mm de anchura con leves evidencias de retoque (probablemente debida a pisoteo o rodamiento), siendo la segunda de dos aristas paralelas y escasa tipometría, apenas 8 mm de anchura (fragmento 7). Como elemento de interés destaca el hallazgo de un núcleo carenoide con un elevado índice de agotamiento y dorso cortical, con plano de extracción mostrando brillo de calentamiento y evidencias de la obtención de soportes laminares de un máximo de 8 mm de anchura y una longitud no superior a los 37 mm, el cual muestra sobre el plano de percusión extracciones de preparaciones previas (fragmento 9). Resulta obligado destacar la presencia de una base positiva con semejante nivel de agotamiento en un

[103] *« Lames à extrémités écailleuses et/ou polies »* (Martínez y Afonso 2008: 294).

enclave al norte del Guadalquivir y tan alejado de los posibles centros de emisión de este tipo de núcleos.

- La Estación Prehistórica de Alcolea (Córdoba)

El conjunto conservado hoy en el Museo Arqueológico y Etnológico de Córdoba (MAECO) carece de algunos elementos que se han perdido con posterioridad a su ingreso, algunos de ellos (caso de dos puntas de flecha foliácea de base cóncava) durante su exhibición en la Exposición Internacional de Barcelona de 1929. Como elemento destacado, ha podido estudiarse una lámina prismática completa en sílex, de 123 mm de largo y 15 mm de anchura, dotada de retoque sobreelevado medial directo en lado izquierdo y de talón diedro (3833). Otra pieza de gran interés debido a sus proporciones, constituye una lámina prismática de anchura destacada (26 mm) y 163 mm de longitud y sección trapezoidal. El talón se encuentra suprimido por un somero retoque de aspecto astillado, si bien su aspecto general y la cierta irregularidad de su arista dorsal, impide descartar una extracción a través de percusión indirecta (3832).

El resto de la industria lítica conservada hoy, corresponde a una porción mesoproximal de una lámina prismática (3834), dotada de una sola arista y retoque marginal discontinuo en ambos lados y talón parcialmente suprimido por un leve retoque plano invasor de morfología escamosa afectando al bulbo en su cara ventral. Junto a él, se observa una extracción burinante en su lado derecho, quizás relacionada con ciertas láminas de extremidades astilladas o pulidas destacadas anteriormente (Martínez y Afonso 2008: 296). Un fragmento mesial de lámina de cresta (3829), sin evidencias de retoque en sus lados, muestra su sección dispuesta en un ángulo ciertamente obtuso. Ello podría indicar (aunque no resulta obligado) la explotación de prenúcleos de crestas anteroposteriores en un ambiente ciertamente alejado de los centros productores, como la vega del Guadalquivir Medio y en su orilla norte, realizados a partir de materias primas silíceas indudablemente importadas (Figura XCII).

Las últimas dos piezas identificadas coresponden a una truncadura oblicua realizada sobre una porción mesial de lámina prismática de gran espesor, muy alterada por acción térmica (3835) y un flanco de núcleo de lascas de aspecto poliédrico (3829/II), probablemente obtenido a partir de un canto de origen aluvial. Como ya adelantábamos, las dos puntas de flecha foliáceas en sílex dotadas de base cóncava citadas por Carbonell y Samuel de los Santos (Carbonell 1924: 27- 28, Santos 1958: 87) se encuentran actualmente perdidas.

9. Conclusiones

- La explotación de materias primas

Nos encontramos en una fase muy preliminar en relación a la procedencia de las materias primas líticas empleadas en la Depresión del Guadalquivir Medio, por lo que la mayor parte de los aspectos vinculados a esta producción aún retiene multitud de interrogantes. A excepción de los recientes trabajos efectuados desde las Universidades de Huelva y Granada en relación a la explotación del sílex mesozoico entre otras rocas y su previsible impacto en las comunidades de la ribera del Guadalquivir (Nocete *et Alii* 2004, 2006, Martínez Fernández *et Alii* 2006b), al día de hoy carecemos de estudios precisos sobre el origen de las fuentes de aprovisionamiento para elementos tallados y pulimentados durante la Prehistoria en el sector central de la Depresión, si puede considerarse una excepción para momentos recientes la existencia de alguna síntesis general relativa al origen geológico de los materiales constructivos de la ciudad de Córdoba a lo largo de la Historia (Barrios *et Alii* 2003). Por ello, y sin ánimo de ser exhaustivos, presentamos aquí un primer intento de subdivisión tripartito en relación a dichas áreas, en función de lo observado en los enclaves analizados situados en la vega del Guadalquivir Medio.

- Ámbito local o inmediato

El modelado cuaternario de los terrenos próximos al cauce del Guadalquivir, y que domina los terrenos inmediatos a los enclaves de la Verduga Alta, Iglesia Antigua de Alcolea, Casa del Tabaco y Llanete de los Moros, cuenta con espesos depósitos detríticos de materiales alóctonos retrabajados en forma de cantos y bloques por la corriente del río (Baena y Díaz 1994: 102, 1997: 33). Originalmente, dichas litologías proceden tanto de los cauces mariánicos encajados (Bembézar, Guadiato, Guadalmellato y cauces menores), como de los campiñeses (Salado, Guadajoz, Genil, etc.). En el primer caso, arrastrados desde el ámbito mariánico, los materiales utilizados se componen de rocas metamórficas, en su mayoría cuarcitas y cuarzos, así como ígneas, en gran parte volcánicas, entre las que se contarían algunas de fractura concoidea, entre otras. Los materiales transportados desde el ámbito bético por los cauces meridionales de la campiña, representan fundamentalmente sílex mesozoico de la Campiña Alta y piedemonte subbético, en estos casos dispuestos normalmente sobre cantos de reducidas dimensiones, debido a la menor carga erosiva de los arroyos y cauces campiñeses (Núñez y Recio 2004: 92), encontrándose muy transformados por erosión hídrica.

- Media distancia

A este ámbito pertenecen un número aun no concretado de rocas ígneas, en su mayor parte de origen volcánico, a las que genéricamente hemos identificado con el término de rocas subvolcánicas, entre las que se incluyen diabasas, y otras a menudo denominadas doleritas, traquitas o riolitas. Paralelamente a la explotación de tufitas (riodacitas) y dacitas del Complejo Volcano-Sedimentario del Andévalo Onubense (Nocete *et Alii* 2004), consideramos factible al mismo tiempo el uso de rocas volcánicas de composición microcristalina procedentes de Sierra Morena Central. Si bien queda vacante la definición diferenciada de estas rocas a nivel petrológico, así como el origen concreto de las fuentes de aprovisionamiento, creemos siguiendo las hojas del Mapa

Geológico del IGME (1: 50000) que éstas pueden encontrarse de forma localizada salpicando todo el macizo herciniano, desde las Sierras de La Puebla de los Infantes, al norte de Peñaflor (Sevilla), incluyendo el Sinclinal del Guadiato y el curso bajo del Guadalmellato, con presencia en cauces menores, como el Retortillo y el Guadalbarbo. Queda pendiente pues, verificar y localizar la existencia de canteras y talleres. Contamos con pruebas muy discretas (La Verduga Alta y Llanete de los Moros) de la explotación laminar de este tipo de rocas, representando soportes de dimensiones medias. La presencia en colecciones particulares de Córdoba y Castro del Río de grandes hojas procedentes de los yacimientos de la Mesa de Puente Mocho (Córdoba) y Viña Boronato (Castro del Río), apunta al uso de dichas rocas para la configuración de núcleos de grandes dimensiones ya en el III milenio, cuyos soportes podrían haberse importado hasta al menos el valle medio del Guadajoz[104].

Por otra parte, la presencia discreta, aunque indudable, de cuarzo hialino en la confección de algunos soportes laminares de pequeño y mediano formato (Iglesia Antigua de Alcolea y Casa del Tabaco), puede indicar el uso de prismas de cristal de roca de cierto tamaño configurados como núcleos de soportes laminares, cuyas fuentes de aprovisionamiento, en caso de hallarse en ámbitos de media distancia, podrían corresponder tanto a la red filoniana de Cerro Muriano (presencia constatada en abundancia en Cerro Vértice) (IGME, Mapa Geológico de España 1:50000, hoja 902/ 16- 36), como a fuentes más próximas, conocidas y presentes en diversas localizaciones del piedemonte de Sierra Morena (Trassierra).

- Larga distancia

Parece hoy fuera de toda duda que la materia prima silícea fundamentalmente empleada en la configuración de núcleos prismáticos para láminas de mediano y gran formato en la Depresión del Guadalquivir, procede de fuentes de aprovisionamiento situadas en el Subbético Medio (Nocete *et Alii* 2006: 34, Martínez Fernández *et Alii* 2006b: 298), siendo la Formación Milanos el ámbito geomorfológico principal (Morgado y Roncal 2009: 203). La distancia mínima a la que se encuentra llega a representar un mínimo de 70- 80 km a vuelo de pájaro al sur de la vega estricta. Aun sin cerrar la puerta a la hipotética presencia de sílex y radiolaritas de otros ámbitos geográficos (Campo de Gibraltar o Axarquía malagueña) conocemos la existencia entre el IV y III milenio de núcleos de sílex procedentes con probabilidad del Subbético Medio y configurados para elaborar hojas de dimensiones medias en los llanos del Carchena (enclave denominado Cerrillo de los Postigos, Nueva Carteya)[105], no conociendo por el momento la existencia de bases positivas de estas características en el ámbito de la vega estricta del Guadalquivir Medio, lo que quizá pueda indicar un importación preferente de los productos industriales, incluyendo tanto soportes de plena explotación, como crestas y subcrestas.

A diferencia del caso anterior, hemos identificado núcleos carenoides con tratamiento térmico para pequeñas láminas en tierras de la Campiña Alta (Baena) y áreas muy próximas a la vega del Guadalquivir Medio (Valdeflores I, Pedro Abad), incluso varios kilómetros al norte del cauce del río (Mesa de Matatoros, Adamuz). De la misma manera una tableta de reavivado procedente de la Verduga Alta (91/11/21), podría inscribirse como acondicionamiento de un núcleo carenoide de similares características. Con ello podemos lanzar como hipótesis la llegada a vega estricta de productos laminares terminados para el caso de los soportes de mediano y gran formato[106] incluyendo láminas de cresta (Estación Prehistórica e Iglesia Antigua de Alcolea y Llanete de los Moros), algo ya apuntado para el valle del Guadiato (Vera Rodríguez 1997: 194), asegurando sin embargo la llegada efectiva a esta banda territorial de núcleos de dimensiones modestas de tipo carenado o carenoide (productos semielaborados), dotados de tratamiento térmico para ser tallados a presión en una producción doméstica de pequeñas láminas (Morgado *et Alii* EP a).

- Rasgos tecnológicos

Debemos resaltar en primer lugar el papel de la materia prima como factor determinante, tanto en relación a sus propiedades intrínsecas como al estado y calibre de las bases de explotación disponibles. En este sentido y como ya hemos recalcado, las colecciones analizadas reflejan una economía de talla de doble signo; una laminar estandarizada de fuerte especialización artesanal basada en materias primas obtenidas a media y larga distancia (acceso intermediado o con una producción final de tipo doméstico), frente a una industria de escasa inversión técnica, muy determinada por la fácil disponibilidad de materias primas locales (acceso inmediato), y con un desarrollo doméstico de principio a fin.

En relación a los esquemas operativos definidos como de escasa inversión técnica, prima el uso de extracciones centrípetas y perimetrales sobre núcleos de morfología variada, si bien dominan los de tipo discoide o poliédrico, de nula o muy escasa preparación previa, a fin de extraer lascas por percusión directa. En algunas ocasiones, dicha

[104] No podemos excluir, por otra parte, la posible entrada remontando el Guadalquivir, de materias primas procedentes del Andévalo onubense, si bien la falta de investigación referente a la explotación de recursos abióticos en la Sierra Morena cordobesa, obliga a dejar abiertas ambas posibilidades a la espera de análisis con lámina delgada.

[105] Pieza depositada bajo la sigla 751/1 en la colección museográfica municipal de Nueva Carteya (Córdoba).

[106] La exportación e intercambio a largas distancias de los productos laminares, frente a la ausencia contrastada de intercambios con sus correspondientes núcleos (a excepción de algunos de pequeño tamaño hallados en regiones próximas, a no más de 50 o 60 km), ha sido reiteradamente observado en el ejemplo clásico de taller especializado en la extracción de soportes prismáticos, representado por el sílex de Grand Pressigny, cuyos productos encuentran una gran dispersión al oeste de la Europa Continental, estando los núcleos *libre de beurre*, restringidos al área de explotación (Mallet *et Alii* 2004, 2008).

preparación inicial consiste en una extracción espesa, a fin de disponer de un primer plano de golpeo, en cuya extracción no se descarta la percusión lanzada (observada en Casa del Tabaco). En este caso la materia prima no requiere bloques de especiales dimensiones, por lo que el material aportado por los sedimentos aluviales cuaternarios (fundamentalmente sílex y cuarcita, sin excluir algunos tipos de rocas ígneas) suelen bastar, representando las principales bases naturales de extracción. En algunas ocasiones, algunos de estos núcleos de sílex, sometidos a un grado alto de agotamiento, parecen haber sido reciclados para la extracción de laminillas, disponiendo o no de tratamiento térmico previo. En dichos casos la morfología que presentan es de tipo piramidal, normalmente dotados de un sólo frente, y de pequeñas dimensiones, observando a veces algunas preparaciones en el plano de percusión/ presión.

Dentro de las producciones especializadas, en las que prima el soporte laminar, pueden rastrearse al menos dos estrategias fundamentales en función de la tipometría o tamaño de los soportes laminares. Para los elementos de mayores dimensiones (con anchuras y longitudes superiores a los 10 y 60 mm), se habrían explotado núcleos prismáticos configurados mediante crestas (dos o tres, y más raramente cuatro), que no se tratan térmicamente y que probablemente se tallen bien por percusión indirecta o bien por presión pectoral, a través de la orientación de inicio marcada por la extracción inicial de la lámina de cresta (Tixier 1984: 60, Pellegrin 1984a: 96, 1984b: 123, Martínez y Morgado 2005: 362, Morgado *et Alii* 2008: 322- 325). En este sentido consideramos que las materias primas implicadas en dicho esquema operativo sobrepasan el campo de la explotación del sílex mesozoico para incluir de la misma forma en un proceso de talla equiparable, rocas volcánicas procedentes del ámbito mariánico, territorio que seguirá exportando dichas rocas hasta el III milenio ANE.

Con fuertes raíces ancladas en el primer Neolítico, destaca una cadena de producción diferente basada en núcleos carenados (o carenoides) ya comentada[107], los cuales aparecen configurados sobre pequeños bloques tabulares o lascas espesas, a menudo tratados térmicamente a fin de extraer láminas de pequeño formato y laminillas, mediante percusión indirecta o (más frecuentemente) presión por *mini- bécquille* (Martínez Fernández *et Alii* 2006: 306, Morgado *et Alii* 2008: 318). El plano de extracción representa generalmente un único frente de avance, aunque pueden verse algunos intentos de explotación en el frente opuesto (como el ejemplar procedente del término municipal de Baena) (ver figura). Este tipo de núcleos parece representar fundamentalmente producciones del Subbético Medio (Martínez y Morgado 2004: 364, Martínez Fernández *et Alii* 2006b: 305), exportadas como producto semielaborado hacia la Depresión del Guadalquivir, donde serán tratados térmicamente antes de proceder a su talla, caso generalizado en algunas producciones chaseenses del Midi y valle del Ródano, con las que comparte ciertas semejanzas (Briois *et Alii* 2008: 219), al igual que con algunos ejemplos del Noreste peninsular (Bòbila Madurell) (Gibaja *et Alii* 2005: 227). La producción de laminillas y láminas de pequeñas dimensiones, heredera de los modos de talla laminar fundamentales desde el inicio de la economía de producción en el sector cordobés de la Alta Andalucía (Asquerino 1985a: 33, Gavilán *et Alii* 1996b: 22), continuará a través de la producción de este tipo de bases de explotación, hasta la segunda mitad del IV milenio ANE, coexistiendo en ese momento con la configuración de núcleos prismáticos de crestas laterales o anteroposteriores para extracción de láminas de mayor formato (Morgado *et Alii* 2008: 319).

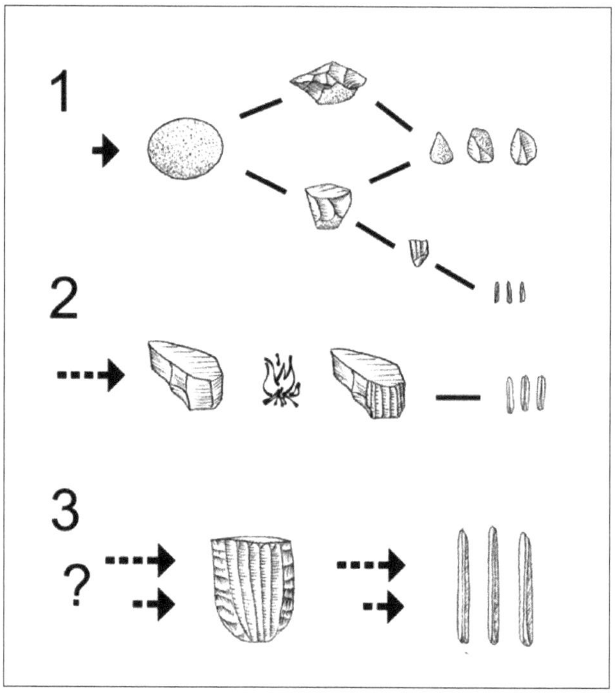

Figura 24: Esquemas operativos dominantes en relación a las áreas de obtención de materia prima; 1, corta distancia; 2, larga distancia; 3, larga y probablemente media distancia (vulcanitas).

En el esquema superior, expresamos gráficamente tanto los esquemas operativos de tipo doméstico, sobre materias primas locales y de escasa inversión (1), como los dotados de cierto grado de especialización (alta inversión técnica). Éstos utilizan materias primas procedentes ámbitos de larga distancia (prenúcleos carenoides procedentes del Subbético Medio) (2), y larga y media distancia (3), donde tanto bloques de sílex del Subbético Medio como quizás de rocas volcánicas de Sierra Morena Central constituyen materias primas fundamentales para la elaboración de prenúcleos destinados a la extracción de soportes laminares estandarizados de cierto tamaño.

[107] Destacamos especialmente en este sentido el centro productor de las Llanadillas (Iznájar, Córdoba), actualmente en estudio y sobre el que se han detectado gran cantidad de prenúcleos preparados para su puesta en circulación (Morgado *et Alii* EP a).

- Utillaje y aspectos económicos

Como indicamos al principio, no ha sido posible incluir en este trabajo un justo protocolo experimental auxiliar ni de análisis traceológico sobre las colecciones analizadas. En este sentido resulta difícil proceder a describir las implicaciones económicas que los útiles, clasificados como entidades morfotipológicas, conllevan de forma intrínseca como medio real de producción en cuanto a su carácter de utillaje, dentro del marco de sociedades prehistóricas desaparecidas. Sin embargo, son muchos los autores que han abierto diferentes caminos en la comprensión del carácter funcional del utillaje, pudiendo reconocer (en algunos casos de forma neta, en otros de forma mucho más desdibujada) el nexo entre el morfotipo tradicional y el instrumento real, lo que viene a significar tratar de conciliar la vieja dicotomía entre el *útil* y la función (Demars y Laurent 1989: 13). En este sentido, han sido puestos en marcha diversos estudios etnoarqueológicos, modelos de experimentación replicativa y análisis a través de traceología de altos aumentos, los cuales han venido a ampliar un panorama más complejo frente a los prejuicios iniciales, yendo más allá de la dimensión morfotipológica del útil (Calvo 2002: 15- 27).

- La cuestión de las láminas para la siega

A nivel tipológico, se han incluido las láminas con retoque plano o sobreelevado como categoría tipológica en sí (Juan 2008: 117). Sin embargo, a través de los análisis traceológicos a altos aumentos llevados a cabo sobre ciertos elementos, independientemente de la transformación secundaria por retoque o fracturación controlada que puedan mostrar, *per se* difícilmente pueden ser adscritos a una categoría funcional concreta (Gassin 1996: 77- 98), habiéndose demostrado su implicación en labores y actividades de orden diverso (sierras, láminas de siega o serpetas, etc.).

Hemos podido comprobar la relativa abundancia en los emplazamientos estudiados de láminas prismáticas con retoque asociado a lustre, las cuales han representado tradicionalmente los elementos *definitivos y definitorios* del trabajo de siega sobre el cereal. La alteración debida a uso más característica de dichos elementos corresponde a un lustre intenso, visible al ojo y de extensión a menudo destacada hacia el interior de la pieza (Anderson 2000: 100). Sin embargo, frente a la opinión generalizada hasta tiempos recientes, ha podido demostrarse que ciertos tipos de lustre pueden haberse producido en contacto con arcillas, cueros y grasas, así como por causa de las consabidas acciones térmicas, las cuales a menudo recubren la pieza de un brillo difícil de diferenciar macroscópicamente de los producidos por siega o trabajo de vegetales no leñosos (Anderson 2000: 100, Gibaja 2002: 84).

Mediante programas experimentales se ha podido comprobar la formación de lustre neto durante trabajos de siega y corte de vegetación y plantas no leñosas, tanto a media como a baja altura, corte de las espigas, e influida por determinadas formas gestuales (González Urquijo *et Alii* 2000: 179- 182, Pétrequin *et Alii* 2006a: 111- 114). En este sentido se han descrito usando altos aumentos, trazas y huellas de uso diferenciales, teniendo en su contra la imposibilidad de controlar todas las variables existentes durante la siega prehistórica (Anderson 2000: 101). Sin embargo, gracias a dichos protocolos experimentales así como por la excepcional conservación de soportes laminares o segmentos de ellos engastados en mangos de material lígneo, hallados tanto en Europa occidental (Egolzwil, Cortaillod, Pfyn u Horgen, entre el V y IV milenio ANE), Italia continental (La Marmotta-Lago Bracciano, VI milenio ANE) (Gassin 1996: 92- 93, Pétrequin *et Alii* 2006a: 110), así como más recientemente en la Península Ibérica (La Draga, VI milenio ANE) (Buxó y Piqué 2008: 62- 63), se han podido constatar múltiples formas de engaste de los soportes líticos en el mango, lo cual ha sido relacionado con formas diversas de recolección o gestión del producto agrícola (espigado, recolección de la mies completa, etc.) (Pétrequin *et Alii* 2006a: 114- 118). Dicha diversidad en las formas de siega ha sido recientemente puesta de manifiesto mediante estudios traceológicos sobre soportes laminares en la Península Ibérica y la Francia mediterránea entre el VI y IV milenio ANE (Ibáñez *et Alii* 2008: 192- 193).

Algunas de estas formas de recolección han sido apuntadas sin el concurso de útiles líticos. Al espigado manual, se ha unido el ejemplo propuesto del uso de mesorias como explicación a la escasez de elementos de hoz durante el primer neolítico (Zapata *et Alii* 2001: 109). En este sentido sacamos a colación el hallazgo en el enclave de Chalain (Jura francés) de algunos ejemplos de valvas de uniónidos (náyades de agua dulce), cuyo filo muestra una serie de muescas dispuestas a modo de denticulado, asociadas a dos perforaciones sitas en la convexidad cercana al umbo. A juicio de Pierre Pétrequin, dichos elementos, lejos de ser elementos de adorno, se relacionarían con un útil agrícola empleado para arrancar las espigas de cereal a mano (Pétrequin y Pétrequin 2005: 204, Pétrequin *et Alii* 2006: 115). El hallazgo en Iglesia Antigua de Alcolea (Estructura XII, UE 107) de una valva de uniónido de semejantes características (incluyendo las dos perforaciones a excepción del retoque en el filo de la valva, el cual no pudo determinarse al encontrarse fracturado) (XII/UE107/C/1), podría del mismo modo ser relacionado (entre otras posibilidades) con actividades afines, de carácter estrictamente funcional.

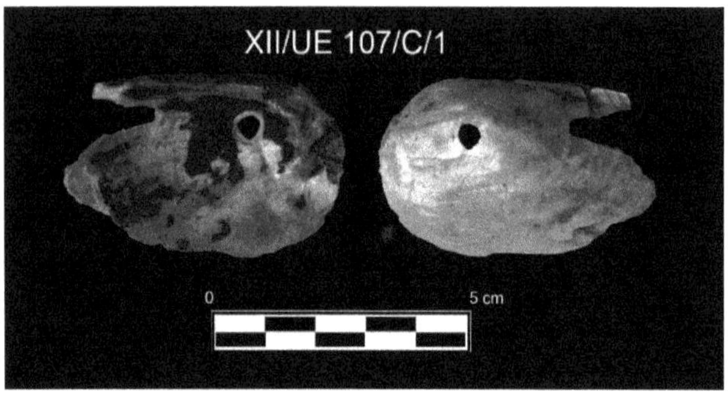

Figura 25: Valva perforada de la estructura XII de Iglesia Antigua de Alcolea.

En referencia a las láminas con lustre, creemos que no ha sido suficientemente tratada la cuestión de las secuencias de uso de dichos soportes. El problema radica en precisar si algunas de estas láminas han podido ser usadas a modo de cuchillo mientras mantenía el filo vivo, usadas sobre materias animales y posteriormente como elementos para la siega o el corte de vegetales; siendo retocadas tras este primer uso bien para volver a ser utilizadas para dichas labores, bien para ser engastadas en útiles compuestos para trabajar materias de gran dureza, véase madera o hueso (Gassin 1996: 77- 83). En este sentido podríamos formular como hipótesis que ciertos trabajos sobre materias duras o de alta resistencia, pudieron representar el destino ulterior de ciertos soportes prismáticos una vez retocados tras haber sido usados en trabajos de corte a filo vivo, destinos entre los cuales pudo encontrarse la recolección y corte de vegetales no leñosos. La observación macroscópica de ciertos retoques realizados aparentemente tras la formación de lustre en algunos artefactos, podría ser considerado un indicio de dicho proceso.

Ello sin embargo no impide a priori proponer de manera efectiva el uso de algunos de estos elementos en trabajos concretos de corte de fibras vegetales no leñosas. En este sentido, la pieza identificada en la Estructura VIII de Iglesia Antigua de Alcolea (VIII/9/126), es un ejemplo particular. La configuración mediante retoque denticulado del filo derecho de la pieza, individualizando un filo serrado a modo de pequeños dientes, podría impedir en principio su uso sobre materia vegetal leñosa, llevando aparejada su fractura tras un escaso tiempo de trabajo. De la misma forma la existencia de lustres alternos, en la cara dorsal y ventral de determinadas piezas (en Llanete de los Moros, por ejemplo), podría indicar la sustitución del filo del útil, girando la pieza y engastándola por el filo o extremo opuesto, una vez puesta de manifiesto la caída del rendimiento del filo, debido a un embotamiento inicial.

El uso de soportes laminares engastados en astiles para la siega de vegetales no leñosos, ha sido determinado en el sur de Iberia al menos desde finales del VI milenio ANE. En concreto se ha demostrado el uso de segmentos de inserción oblicua en diversos enclaves del piedemonte subbético cordobés, los cuales muestran un alto grado de estandarización tecnológica (Vera 1999b: 37- 41, Ibáñez y González 1996: 169- 176, González Urquijo *et Alii* 2000: 171- 189), morfotipo que no parece perdurar más allá de inicios del IV milenio ANE (Vera 199b9: 37). En este sentido, cabe considerar de forma preliminar el uso entre fines del V milenio y la primera mitad del III milenio, de soportes laminares para la recolección de vegetales y realizar la siega, los cuales serían paulatinamente sustituidos por los elementos líticos denominados dientes de hoz, denticulados a base de muescas clactonienses (las cuales en ciertos casos podrían evidenciar el empleo de compresores de punta metálica en su elaboración). Dichas piezas denticuladas se realizan en un principio sobre elementos laminares reciclados, ejecutándose posteriormente sobre lasca, siendo muy abundantes en los registros del valle del Guadalquivir entre el segundo cuarto del III milenio y a lo largo del II milenio ANE (Nocete 1994: 50).

- *Los útiles per se. Artefactos de doble lectura tipológica y funcional.*

Independientemente de que dentro del grupo de los taladros hayamos incluido algunos soportes de difícil caracterización (Iglesia Antigua de Alcolea, 165/L (116)110), estos artefactos, definidos tradicionalmente como "*hojas y hojitas, más raramente lascas, parcial o totalmente apuntadas por retoque abrupto bilateral*" (Juan 2007: 41) muestran una cierta homogeneidad morfotipológica en nuestro ámbito de estudio territorial. Este útil, aparece realizado frecuentemente sobre una lámina de sección trapezoidal o prismática, en ocasiones aprovechando un soporte retocado previamente (como en el Cañuelo Alto V), el cual suele presentar un embotamiento neto, observable macroscópicamente, en forma de redondeamiento en la zona apical o extremo distal activo. El borde queda pues conformado mediante retoque abrupto o semiabrupto, muy a menudo directo aunque también hemos encontrado casos de retoque bifacial (un caso inédito en Puente de las Vegas, Castro del Río)[108]. El grado de profundidad con el que cuenta dicho retoque, consigue estrechar notablemente el área activa o punta. A diferencia de los tradicionales perforadores, los cuales se pueden rastrear al menos desde el Paleolítico Medio (Bordes 2000 [1961]: 51), parece plausible que algunos de estos artefactos pudieran haber sido usados insertos en un astil (Semenov 1981: 155), representando la pieza pues el extremo activo, siendo éste fácilmente sustituible tras el embotamiento consiguiente.

Nosotros mismos hemos experimentado con piezas análogas actuales[109], engastadas en un taladro de disco rotatorio (bailarina), pudiendo certificar por un lado la efectividad de dicho trabajo en muy corto espacio de tiempo, certificando sin embargo la rapidez del embotamiento tras un trabajo efectuado sobre diversos tipos de placas de piedra o cerámica. En este sentido

[108] Ver nota 11.
[109] Como parte de un programa experimental relativo al uso de taladros rotatorios sobre placas líticas, desarrollado de cara a la solicitud de una beca FPDI (Formación de personal docente e investigador) de la Junta de Andalucía, cuyo proyecto finalmente desestimamos.

consideramos las perforaciones de lañado, presentes muy frecuentemente sobre las cerámicas estudiadas en los enclaves citados en este trabajo (La Verduga Alta, Cañuelo Alto V, Cortijo de Román e Iglesia Antigua y Estación Prehistórica de Alcolea), así como en los yacimientos clásicos de Papa Uvas (Martín de la Cruz 1985, 1986 a y b), La Marismilla (Escacena *et Alii* 1996), Polideportivo de Martos (Lizcano 1999) o Los Castillejos en la Peña de Los Gitanos (Arribas y Molina 1979), probablemente debidas al empleo de artefactos similares.

Junto a los ejemplares del Cañuelo Alto V, la Verduga Alta y Llanete de los Moros (51/54/21, 14/7/N I 2), en el área del Guadalquivir Medio hemos rastreado tipos semejantes en trabajos anteriores sobre Llanete de los Moros (Gutiérrez 2000: Fig. 49, 21), Guta (Castro del Río) (Ruiz Lara 1988b: 95, Fig. 4, 64- 65, 1991b: 58, Fig. 5), Torreparedones (Cunliffe y Fernández 1999: 299, Fig. 5.6, 52- 54), La Mesa (Fuente Tójar) (Delgado 1997b: 27), junto a otros ejemplares inéditos procedentes del término municipal de Nueva Carteya (enclave de La Tejuela) y Castro del Río (Puente de las Vegas)[110]. En todos los casos dichos útiles parecen situarse en contextos datables entre el IV y III milenio ANE.

Junto a los taladros, otro de los morfotipos líticos más conocidos de la Prehistoria Reciente de nuestro ámbito de estudio, es el útil foliáceo identificado como punta de flecha de base recta o cóncava (Arribas y Molina, 1979: 135, Vera 1997: 193, Escacena *et Alii* 1996: 251). Siguiendo un desarrollo tipologista *sensu stricto*, la punta de proyectil foliácea hace su aparición en la Depresión del Guadalquivir a inicios del Paleolítico Superior final (*solutreogravetiense*), en el enclave de Peña de la Grieta (Porcuna, Jaén), en forma de punta foliácea de pedúnculo y aletas (Arteaga *et Alii* 1998: 89). Sin embargo, y tras un largo período en el que tan sólo se constatan puntas de proyectil a base de armaduras geométricas, los primeros ejemplos de foliáceos de base recta o cóncava se suman al registro de forma aparentemente abrupta, hacia la segunda mitad del IV milenio ANE, coincidiendo con la eclosión de las formas carenadas (Escacena *et Alii* 1996: 251). A lo largo del milenio siguiente se desarrollarán diferentes tipologías, siendo característica cierta tendencia a presentar formas de aletas desarrolladas. Por último, posiblemente contemporáneo al horizonte campaniforme y a los proyectiles realizados sobre lámina de cobre (tipo Palmela y derivados), conocemos algunos ejemplos de puntas pedunculadas sobre lámina espesa, ya en tierras de la campiña cordobesa (enclave de Guta), los cuales aun adolecen de una precisa caracterización tipológica (Carrilero y Martínez 1985: 197, Ruiz Lara 1988b: 93, 1991b: 59).

Dentro del marco cronológico y espacial que nos ocupa, las puntas foliáceas de base recta o cóncava suelen presentarse conformadas por retoque plano o sobreelevado. Este último, en caso de estar presente, se suele observar en la cara ventral del soporte. Éste puede ser de orden variable, si bien resulta frecuente identificar segmentos de láminas espesas como base. En la mayor parte de las ocasiones, sus lados son rectos, convergiendo en el área apical en forma de triángulo isósceles, delineando un ángulo próximo a los 45 o 30 grados. La base de la pieza se muestra tanto recta como cóncava, difiriendo en estos casos del grado de concavidad observado en las puntas de aletas desarrolladas, propias de momentos más avanzados (III milenio ANE), si bien en estos momentos la punta foliácea de base cóncava o recta seguirá siendo frecuente (Nocete 2008: 153 y 159).

Frente a lo que suele ser habitual, ha existido desde el inicio un amplio consenso al considerar dichos foliáceos como puntas de proyectil (Siret 2002 [1891]: 257, Carbonell 1924: 17- 18), siendo definidas como tales tanto en un sentido morfológico como funcional (Juan 2008: 129). La presencia de estigmas de impacto observados sobre algunos ejemplares de diversas tipologías (Gibaja *et Alii* 2008: 284- 286), junto al hallazgo de foliáceos análogos en asociación directa y traumática con individuos inhumados (Etxeberría y Herrasti 2007: 208) así parece corroborarlo, coexistiendo en nuestro territorio piezas de considerable masa, junto a otras de escasos gramos (Gutiérrez 2000: 123, Fig. 51, 42 y 45). En este sentido cabría esperar que dichas puntas se vieran insertas en astiles de muy diversas densidades y longitudes, lo que podría ser un indicio de un uso diferencial de tales proyectiles tanto en estricto contexto cinegético, como en el marco activo de hostilidades interpersonales e intergrupales (Guilaine y Zammit 2002).

- Útiles de difícil lectura morfotipológica

Frente a los conjuntos tecnológicos descritos en los apartados anteriores, resulta por el contrario mucho más complejo inferir la función y uso, y por ende las implicaciones económicas que transmiten los útiles de difícil caracterización morfotipológica, careciendo como ya hemos puesto de manifiesto, de estudios traceológicos sobre el material. Fundamentalmente dichos útiles se componen de soportes retocados caracterizados como lascas retocadas, truncaduras, muescas y denticulados, así como piezas astilladas y con golpe de buril.

Las modificaciones de carácter instrumental que muestran dichos conjuntos, se vinculan a factores de orden multicausal, en donde podrían incluirse objetivos tales como cortar, serrar, perforar, entre otras acciones. Atención aparte merecen piezas tales como las denominadas *écaillées/ esquillées* (piezas astilladas), definidas como "*lascas stricto sensu u otros productos menos definidos de fractura nuclear, más raramente fragmentos laminares, presentando uno, dos o más lados astillados por percusión violenta*" (Juan 2008: 181). Generalmente se acepta que la conformación particular de los filos no responde a retoques propiamente dichos, sino a estigmas de utilización por percusión o uso (Le Brun-Ricalens 2006: 98). En este sentido, dicho grupo guarda cierto paralelismo casuístico con el grupo que nosotros hemos definido en nuestro trabajo como "piezas con

[110] Colección Arqueológica Municipal de Nueva Carteya (Córdoba).

golpe de buril", las cuales como ya hemos hecho referencia, no responden en la mayoría de los casos a morfotipos definidos en la bibliografía (Laplace 1973: 131- 132, Demars y Laurent 1992: 27).

Las piezas astilladas generalmente son interpretadas como elementos intermedios en acciones de percusión indirecta posada o directa lanzada (Le Brun- Ricalens 2006: 100- 101), habiéndose hecho a menudo referencia a su posible uso como cuñas o cinceles destinados al trabajo de materias orgánicas duras (Juan 2008: 181). De forma más precisa, diversos autores se han hecho eco de las posibilidades de empleo de dichas piezas como pedernales de trillo (*tribulum*) (Gassin 1996: 194- 195, Le Brun- Ricalens 2006: 105), instrumento que se ha querido ver presente desde las primeras fases de la economía de producción en el Mediterráneo (Anderson 2000: 116, 2006). A pesar del interés que despierta esta sugerente vía interpretativa, como en el caso de las piezas con golpe de buril, las piezas astilladas necesitan un análisis específico para cada sitio arqueológico (Le Brun-Ricalens 2006: 107) teniendo en cuenta que la conformación de los estigmas responden a diversas aplicaciones en donde actúan procesos de percusión (representando en función de su retoque, útiles *a posteriori*, o modificaciones deliberadas, a fin de configurar preformas de foliáceos o bien y como se ha añadido en el caso del trillo, como consecuencia de su engaste o inserción en elementos instrumentales compuestos.

- Aspectos cronológicos

Difícil resulta a nuestro parecer inferir diferencias significativas de gradación cronológica para el total de los conjuntos estudiados. En el caso particular de cada enclave analizado, la colección lítica tallada se halla relacionada con tipologías cerámicas, las cuales han servido tradicionalmente para calibrar una aproximada horquilla cronológica. En este sentido, la mayor parte de los contextos arqueológicos analizados se han ubicado *lato sensu* entre mediados y la segunda mitad del IV milenio ANE, cronología refrendada por las dataciones (autentificación y datación por TL y AMS) obtenidas en Casa del Tabaco e Iglesia Antigua de Alcolea. En el caso de las estructuras documentadas en el sector sur de Casa del Tabaco, así como el llamado fondo 15 en el enclave de la Verduga Alta, apostamos por una cronología ligeramente anterior (dentro de la primera mitad del IV milenio), previa a la generalización de las formas carenadas (Martínez Sánchez *et Alii* 2010b: 238). En este sentido, los contextos representados por las estructuras 3, 10, 13 y 14 de Casa del Tabaco, así como el llamado fondo 15 de la Verduga Alta, aun representando un porcentaje reducido de la colección lítica total, carecen de grupos tipológicos tales como puntas foliáceas, careciendo de la misma forma de soportes prismáticos de tipometría considerable, no sobrepasando los soportes de plena producción los 17 mm (Fondo 15 de la Verduga Alta), y los 14 mm de anchura (Casa del Tabaco).

Aunque no desprovisto de problemas, ello podría ser tomado como un factor de antigüedad en el desarrollo de la tecnología para la producción de grandes láminas desde al menos la primera mitad del IV milenio ANE (Morgado *et Alii* 2008: 318- 320), pudiéndose distinguir de los conjuntos relacionados con la presencia de grandes formas carenadas, tales como Llanete de los Moros e Iglesia Antigua de Alcolea, en donde se observan soportes prismáticos que alcanzan los 20 mm de anchura para el primer enclave y superan los 25 mm en el segundo (incluyendo el conjunto lítico localizado a proximidad, en el depósito de la Estación Prehistórica de Alcolea). Ello trazaría la dirección seguida en lo relativo a las industrias líticas especializadas en la obtención de soportes laminares de grandes dimensiones a lo largo de la segunda mitad del IV y del III milenio ANE, momento en donde la presión ejercida con palanca reforzada se erige como método exclusivo, obteniendo fácilmente soportes superiores a los 22 mm de anchura (Morgado *et Alii* 2008: 310).

VII- La industria lítica no tallada[111]: elementos líticos pulimentados, instrumental macrolítico y arteusos de escasa transformación.

1- Introducción

Resulta probablemente tópico considerar tanto a las bases naturales de escasa transformación, instrumentos macrolíticos, así como en cierto sentido a la industria pulimentada (salvo conocidas excepciones, caso de los instrumentos biselados elaborados en materias primas muy particulares como sillimanita[112] y jadeíta en Europa continental) (Pétrequin *et Alii* 1997, 1998), los conjuntos materiales más perjudicados en el estudio de las actividades económicas y los procesos tecnológicos de las sociedades prehistóricas del Viejo Mundo a través de su cultura material (De Beaune 2000: 11). Desgraciadamente, y al día de hoy, especialmente en lo concerniente a la Prehistoria Reciente de la Depresión del Guadalquivir, dichas afirmaciones se encuentran aun muy lejos de resultar falsas.

Los factores que hasta el presente han influido en esta situación son de orden diverso. Entre ellos se encuentran la dificultad o el fracaso en cuanto a su clasificación respecto a parámetros tipológicos, los cuales representan parte de la sistemática empleada por la arqueología tradicional hasta tiempos recientes. En cierta forma y en sentido inverso, desde las dos últimas décadas existe una marcada exigencia a proceder a su estudio a partir de análisis funcionales, metodología asociada con frecuencia a una (relativamente) alta inversión en cuanto a tiempo, personal y equipos instrumentales no siempre al alcance de todos los grupos de investigación. En esta cuestión influye sin duda el hecho de implicar dichos objetos un gran número de petrologías a menudo de difícil (por no decir imposible) caracterización macroscópica, frente a la omnipresente categoría de "sílex" que suele extenderse casi en exclusiva a la industria lítica tallada. Esto representa un factor que sin duda afecta negativamente al estudio del conjunto de rocas ígneas sobre el que de forma preferente se ha elaborado una alta proporción de este tipo de utillaje.

Por último, un agente de relevante influencia lo constituye simplemente su aparente falta de atractivo. Muchos de estos útiles, concretamente en lo relativo a bases naturales escasamente modificadas y a algunos macrolíticos, resultan a veces pesados y de engorroso transporte, lo que desgraciadamente ha favorecido hasta hace poco que una alta proporción terminase por quedar abandonada en la terrera (Clemente *et Alii* 2002: 87). Este hecho ha venido sucediendo con frecuencia sobre todo en intervenciones arqueológicas realizadas con carácter de urgencia y no siempre por personal familiarizado con este tipo de instrumentos.

Recientemente sin embargo, dicha perspectiva ha comenzado a cambiar para el sur de la Península (Martínez Fernández *et Alii* 2006a: 14). Los primeros trabajos se centraron en relación a la caracterización del instrumental lítico pulimentado (Barrera y Martínez 1980, Gómez y Carrión 1983), destacando en el primer decenio del presente siglo los estudios realizados en la Depresión de Ronda en relación a útiles biselados elaborados en Sillimanita (Aguayo *et Alii* 2006, García González *et Alii* 2008), y los concernientes a las materias primas implicadas en la elaboración de instrumental pulimentado en la península gaditana (Domínguez- Bella y Pérez 2008). En el caso concreto del Sudeste, se han llevado a cabo desde la década de 1980 diversos proyectos relacionados con las fuentes de aprovisionamiento (Carrión *et Alii* 1993, Martínez y Risch 1999), así como otros más concretos sobre el instrumental de molturación empleado en el Argar (Menasanch *et Alii* 2002).

Al sur del Macizo Hespérico y limitando el bode septentrional de la Depresión del Guadalquivir, una serie de trabajos de prospección han puesto de manifiesto la explotación de rocas volcánicas locales (diabasas) para la elaboración de mazos y percutores en el III milenio ANE (Andévalo onubense) (Nocete *et Alii* 2004). De la misma forma, aunque para épocas posteriores (II y I milenio ANE), se han comenzado a tratar las fuentes de las materias primas no silíceas empleadas para las bases de molturación localizadas en el Alto Guadalquivir Jiennense y extendidas a la Campiña de Jaén, así como para la industria pulimentada de Peñalosa (Ceprián y Luna 2006, García González *et Alii* 2009, Carrión 2000), quedando una gran laguna en relación al papel del sector central del reborde sur del Macizo Hespérico en la explotación y tráfico de rocas duras no silíceas en el Bajo y Medio Guadalquivir.

Sierra Morena Central, así como su reborde meridional inmediato al tramo medio del Guadalquivir, nunca ha sido objeto al día de hoy de un estudio geoarqueológico exhaustivo relativo a procedencias y explotación de recursos abióticos, pese a ser un territorio de gran diversidad litológica y que suscitó en este sentido un temprano interés (Cabanás 1980: 15, Carbonell 1926, Vera 1994: 310). Ello dificulta aun más si cabe la caracterización de las fuentes de aprovisionamiento relacionadas con la elaboración de la industria lítica en materias primas no silíceas, obligando por tanto a no abandonar en nuestro caso un enfoque meramente aproximativo en lo referente a la definición de los rasgos de la materia prima.

En cuanto a los estudios de análisis funcional sobre este tipo de industria, llevados a cabo a partir de protocolos experimentales y estudios de huellas de uso, cuentan con un desarrollo relativamente reciente en nuestro país (Risch *et Alii* 2002: 5), si bien ya se incluyeron aspectos relacionados con la industria pulimentada desde una fase muy inicial de la subdisciplina (Semenov 1981: 234-262). En Andalucía, tras algunos tímidos comienzos (al menos incluidos en la producción científica de nuestra

[111] En este sentido entendemos por talla lítica aquella realizada sobre rocas silíceas de fractura concoidea ajena a pulimento, piqueteado o configuración ulterior, asociado conceptualmente a *débitage lithique*.

[112] Precisamente una de las escasas rocas empleadas en artefactos pulimentados que permiten una inequívoca identificación *de visu* (Barrera y Martínez 1980: 55).

comunidad) (Fábregas 1992), se han desarrollado actualmente algunos proyectos, bien referidos a la elaboración de útiles pulimentados biselados (García González *et Alii* 2008), como a las tecnologías del procesado de cereales a través de los artefactos macrolíticos (Menasanch *et Alii* 2002).

Una dificultad adicional que presenta este tipo de industria a la hora de esclarecer su destino funcional reside en el enorme grado de reutilización y reciclaje al que suele verse sometido, lo que puede llegar a dificultar tanto el rastreo de la cadena operativa empleada en su fabricación como su propia clasificación morfotipológica, a diferencia de lo que suele ser habitual en la industria lítica tallada. En este sentido la multifuncionalidad de gran parte de los artefactos de escasa transformación, *manuports* y soportes naturales, obliga a abordar el registro desde perspectivas analíticas complejas (altos aumentos y experimentación), lo que si bien favorece la identificación de acciones concretas (percusión posada o lanzada, abrasión, etc.), sólo en compañía de analíticas de residuos pueden llegarse a proponer procesos de trabajo y transformación (actividades) de mayor alcance (De Beaune 2000: 39).

En consecuencia, este capítulo pretende ser sólo una aproximación de orden descriptivo al utillaje pulimentado, macrolítico o de escasa transformación, incluido en el estudio de diversos enclaves (La Verduga Alta, Iglesia Antigua de Alcolea y Casa del Tabaco, junto a otros) emplazados en el entorno de la vega del Guadalquivir Medio, dentro de una horquilla temporal situada a caballo entre el Neolítico Reciente y la Edad del Cobre.

2- Metodolgía

Como ya hemos tenido ocasión de hacer referencia, en este capítulo nos hemos propuesto elaborar un modesto acercamiento a los artefactos macrolíticos y pulimentados correspondientes a los enclaves tratados en esta Tesis, contando con unas limitaciones fundamentales en la elaboración de este trabajo. Dichas limitaciones parten de la dificultad de caracterizar la materia prima de forma conveniente (no se han obtenido láminas delgadas), a la cual se suma de antemano las enormes lagunas relacionadas con el conocimiento actualizado de los litotipos explotables procedentes del reborde meridional de Sierra Morena Central y depósitos secundarios así como su grado de disponibilidad o accesibilidad.

En este sentido las materias implicadas han sido descritas base a su origen, rocas ígneas (fundamentalmente plutónicas), metamórficas (cuarcitas, cuarzoarenitas y grauvacas) y sedimentarias (fundamentalmente areniscas y conglomerados), así como en el caso de las primeras, de su textura. Tan sólo en los casos de identificación inequívoca (en los que puede determinarse macroscópicamente), la roca se ha descrito de forma convencional, quedando pese a ello un indiscutible y previsible margen de error[113].

Otra de las limitaciones de la que disponemos es la ausencia de protocolos experimentales replicativos tanto para la confección de los útiles propiamente dichos como relativos a su propio funcionamiento, prescindiendo en consecuencia tanto del análisis micro y mesoscópico de las trazas relacionadas con las acciones desarrolladas, como de los posibles residuos presentes sobre el material arqueológico. Este proceso merecería sin duda un extenso tratamiento, mucho mayor que el capítulo propuesto en esta monografía. Desde luego suscribimos la premisa de que las actividades (el *para qué sirve*) sólo pueden ser resueltas una vez se hayan determinado las diferentes acciones implicadas (el *cómo funciona*), lo que sin embargo deja a la sombra buena parte de las acciones o conjunto de gestos relacionados con dichas actividades en todo su contexto tecnológico (De Beaune 2000: 39).

Por ello nuestra aproximación funcional se encuentra limitada de antemano, habiendo sido trazada bien a través de paralelos fundamentalmente morfológicos, de la observación macroscópica de ciertos estigmas de indiscutible origen funcional o bien por las cualidades intrínsecas de la materia prima (caso de los colorantes). Así, en la descripción de las acciones atribuidas al conjunto de artefactos ha sido útil el desglose de las formas de percusión propuestas por A. Leroi- Gourham (1943, en De Beaune 1997: 87), mientras que para los artefactos dotados de grandes superficies destinadas entre otras cosas probablemente a la molienda y en los que concursan acciones de presión y abrasión, se han seguido las observaciones planteadas por J. L. Adams (2002). Por tanto este abordaje será de orden fundamentalmente descriptivo, poniendo de manifiesto en este sentido las posibilidades de investigación que un territorio tan extenso y con una ocupación tan intensa como el que tratamos, unido a una riqueza litológica excepcional, puede potenciar en el futuro.

Dicho esto, pasamos a enumerar los grupos fundamentales de los que se compone el registro, habiendo dividido el instrumental en cinco categorías morfofuncionales amplias; categorías que pueden contar con parámetros intuitivos y ciertamente subjetivos, si bien incluyen de forma sencilla todo el repertorio lítico no tallado procedente de los enclaves analizados. Éstas se describen seguidamente:

1) Artefactos pulimentados biselados (de filo transversal o tranchante): Dentro de este conjunto se insertan los artefactos pulimentados activos, de perfil asimétrico o de un solo bisel (azuelas y cinceles), de perfil simétrico o de dos biseles (hachas pulimentadas), y de filo cóncavo (gubias). Estas piezas se hallan elaboradas con frecuencia

[113] Queremos agradecer de nuevo a Luís Montealegre (ETSIAM, Universidad de Córdoba) y a José Antonio Lozano (Universidad de Granada) sus consejos y ayuda. Tanto los errores como las posibles omisiones que pudieran detectarse en este trabajo corresponden exclusivamente a nuestra responsabilidad.

sobre materias primas de gran dureza y tenacidad, rocas metamórficas o plutónicas de textura granular, bien sobre rocas ígneas de origen volcánico y grano fino (textura afanítica). Resulta muy frecuente y ubicuo el hallazgo de este tipo de instrumentos de forma superficial en el sector objeto de estudio, tanto en relación a enclaves ocupacionales con alta concentración de restos, como en campos de cultivo actuales sin contexto aparente, habiéndose interpretado generalmente en otros ámbitos como testimonio de una intensa agricultura de la azada (Semenov 1981: 235, Bernabeu *et Alii* 1993: 262).

Suele ser frecuente observar instrumentos con un notable embotamiento del filo, algo ciertamente difícil de asociar al resultado de las labores de tala y desbroce, pudiendo representar una consecuencia de su uso en el laboreo de la tierra. La abundancia de instrumentos agotados hasta el extremo aunque aparentemente completos, así como en otros casos dotados de una longitud anormalmente corta en relación a sus espesores y asociados a un filo cuyo perfil frecuentemente se aproxima a un ángulo de 90°, podría ser explicada a partir de un reafilado del bisel hasta su agotamiento (con la imposibilidad de reducir el ángulo del filo sin adelgazar previamente la pieza, tarea extremadamente difícil), incapacitando al útil para sus funciones originales (al haber perdido su inicial capacidad de penetración sobre determinadas superfices como la madera), y dejándolo relegado a su empleo como azada. En otras ocasiones, resulta muy frecuente observar en colecciones particulares y museos locales, artefactos reciclados como machacadores o majaderas, una vez perdido el filo activo por embotamiento extremo o rotura.

2) Artefactos de amplia superficie activa relacionada con la molienda o con carácter abrasivo: En este grupo incluimos tanto instrumentos activos y pasivos de molturación (molinos y moletas), como plaquetas empleadas como bases abrasivas o afiladores- pulidores. En el caso de los grandes instrumentos en los que han confluido abrasión y presión, incluidos frecuentemente dentro de la categoría de los molinos, resulta complejo en determinadas ocasiones disociar entre partes activas móviles (manos o moletas), y partes pasivas (base de molturación o molino), sobre todo en lo que respecta a artefactos de forma lenticular y superficie activa plana o ligeramente convexa. En este sentido conviene preguntarse si los característicos instrumentos de vaivén, de forma a veces abarquillada y de uso extendido hasta la invasión romana, no podrían haber representado sino uno más de los tipos instrumentales desarrollados en la Prehistoria Reciente, destinados a actividades presumiblemente muy variadas, siendo la molienda de cereales una de ellas.

3) Artefactos relacionados con la percusión: Este amplio grupo integra tanto artefactos activos como bases naturales utilizadas en percusión lanzada o posada, comúnmente descritos como mazos, martillos, majaderas, pilones o machacadores, percutores y bujardas, como pasivos, caso de los yunques, implicados en acciones de repiqueteo o percusión. Entre estos artefactos se cuentan tanto instrumentos configurados para tal efecto (caso de algunos mazos y martillos), instrumentos reciclados una vez perdido su uso original (caso de los machacadores o majaderas elaborados a partir de artefactos biselados pulimentados), así como simples arteusos, bases pétreas naturales utilizadas en acciones de percusión y progresivamente modificadas a lo largo de su vida útil.

4) Materia colorante: Representan elementos minerales, fundamentalmente formas de agregados de oxido de hierro (hematites), a menudo facetados por abrasión y pulimento a fin de extraer pigmento rojizo, en cuyo caso los hemos denominado lápices. En otros casos definen agregados de arcilla (limonita), posiblemente seleccionadas base a su potencial colorante.

5) Otros: La última categoría engloba aquellos artefactos de origen instrumental de difícil interpretación, o bien que no resulta de deducción fácil por medio de la sencilla metodología expuesta en este capítulo, basada en la observación visual directa. En este grupo hemos integrados tanto los esferoides facetados en toda su superficie, como a los elementos apuntados realizados en soporte mineral, como un útil localizado (aunque en un contexto de cronología histórica moderna), en Iglesia Antigua de Alcolea.

3- La Verduga Alta

En la colección estudiada en las dependencias del Museo de Palma del Río, han podido contabilizarse hasta 12 elementos líticos no tallados procedentes de las estructuras 9, 21, 22A y 104, los cuales se componen en su mayoría de instrumentos configurados sobre bloques o cantos de origen fluvial procedentes con toda seguridad de depósitos secundarios.

- Artefactos pulimentados biselados

Tan sólo han podido identificarse dos elementos realizados sobre rocas plutónicas de textura fina y coloración oscura, ambos procedentes del fondo 9. Si bien en ambos casos su conservación es parcial (uno de los cuales, 2/V-LP/96/9, consiste en un talón de azuela) corresponden a elementos de escaso tamaño, de apenas siete milímetros de espesor y 20- 22 mm de anchura, identificados probablemente con azuelas de pequeño tamaño.

- Artefactos relacionados con la percusión

Identificado como posible mazo o pilón, un bloque muy alterado de roca plutónica cuenta con evidencias de impactos reiterados perimetrales (6/V-LP/165/104). La presencia de una cara o faceta dotada de cierta concavidad se presta a una utilización diferente, si bien en este caso no se observaron trazas de visu, relacionadas con un uso que implicase acciones de percusión o presión, como cabría esperar en un fragmento de molino reciclado, por ejemplo.

En otro sentido, un canto de grauvaca (4/V- LP/16/21) de pequeño tamaño (apenas 58 mm de longitud), presenta evidencias de erosiones e impactos en uno de sus extremos, extendiéndose por parte de la superficie lateral. La observación macroscópica de dichas trazas impulsa a considerar una acción fundamental de percusión lanzada puntiforme en uno de sus polos, y percusión posada difusa lateral, acorde con las acciones esperadas en la talla lítica, pudiendo ser identificado como posible percutor.

-Artefactos de amplia superficie activa relacionada con la molienda o con carácter abrasivo

Se han identificado hasta cinco elementos pertenecientes a molinos o bases pétreas destinadas probablemente a la molienda. En su mayor parte corresponden a fragmentos procedentes de piezas de gran tamaño realizadas en rocas sedimentarias (arcosas y conglomerados) y plutónicas, dotadas de un plano activo ligeramente cóncavo. En al menos dos casos, coincidentes con elementos realizados en arenisca roja (arcosa), su sección se encuentra notablemente adelgazada previsiblemente debido a un uso continuado, lo que pudo a la larga provocar la fractura ulterior de la pieza (7/V- LP/104).

En cuanto a las piezas móviles de superficie activa extensa configurada por abrasión y presión (identificadas como moletas), se cuentan dos elementos, ambos realizados sobre rocas plutónicas. El primero de ellos represente probablemente un fragmento de base de molturación (molino) reciclada, de tamaño menudo, fácilmente asible con una mano (8/V-LP/22A). En cuanto al segundo (9/V-LP/22A-B), procedente de un bloque de origen secundario (fluvial) de textura porfídica, presenta un tamaño considerable (215 mm de longitud y 177 de anchura), estando dotado de una superficie activa levemente convexa, lo que le confiere un aspecto lenticular. Dicha superficie se presenta lisa, con nivelación de grano y brillo característico, fruto de un uso continuado.

Por último hemos integrado una pieza muy interesante como única representante de la categoría de afiladores o pulidores empleados para el acabado o mantenimiento de útiles biselados (13/V-LP/22A), instrumentos sin embargo bien conocidos al otro lado de los Pirineos (Girault *et Alii* 1975, Andoux *et Alii* 1992, Cordier 1993). En este caso se ha servido de un gran bloque de cuarzoarenita (hasta 360 mm de longitud) procedente de un depósito secundario modelado por acción fluvial, para disponer en su cara más plana de una concavidad de perímetro oval (de unos 240 mm de longitud por 100 mm de anchura y 20 mm profundidad máxima), la cual deja ver los pequeños granos de cuarzo del interior de la roca, lo que evidencia su potencial abrasivo. Tanto la forma general como las proporciones de la cubeta coinciden en sus rasgos básicos con paralelos similares procedentes del Centro de Francia (valle del Indre) (Cordier 1993: 160).

La cubeta exhibida por la pieza no parece realizada (al menos en su fase final) ni por repiqueteo continuado ni a fuerza de percusiones sucesivas, sino a través de una acción de abrasionado en su superficie y en toda su longitud. El empleo de este pulidor podría relacionarse (base a economía energética), más que con el pulimento de preformas desbastadas de elementos biselados, probablemente con el proceso de mantenimiento de los filos de los útiles, los cuales debían someterse previsiblemente a un proceso cotidiano de reafilado. Debido al trabajo ejercido por este útil (de tipo pasivo o fijo, empleado con la fricción del útil biselado contra la cubeta del pulidor) y a la forma general del artefacto, este elemento debió ser inmovilizado durante el proceso de uso, probablemente enterrado parcialmente o formando parte de una estructura indeterminada. Carecemos de datos relacionados con las circunstancias espaciales de su hallazgo, a excepción de su situación en el fondo 22 A.

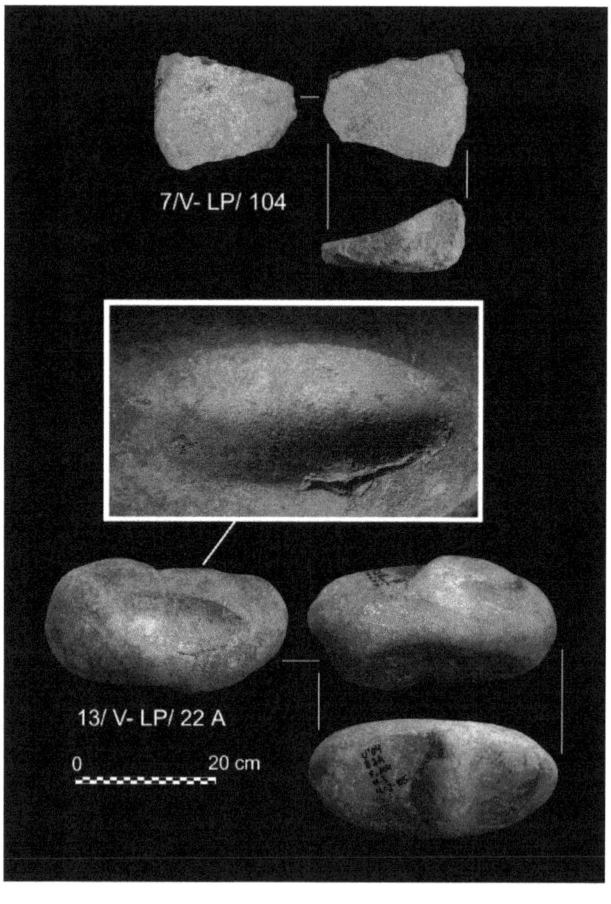

Figura 26: Base de molturación y afilador de biselados de la Verduga Alta.

4- Iglesia Antigua de Alcolea

Si bien los testimonios materiales resultan en este yacimiento arqueológico proporcionalmente abundantes, la totalidad de los artefactos macrolíticos y arteusos no tallados incluidos en este trabajo (a excepción de un útil pulimentado biselado), fueron recuperados durante la actividad arqueológica de 2006. La aparente ausencia de artefactos de este tipo entre la cultura material recuperada en la intervención anterior, la cual proporcionó un volumen significativo de artefactos, cabe ser interpretada como hecho relacionado con los procedimientos de actuación en esta primera excavación, ligado probablemente a un espulgo excesivo, lo que aumenta si cabe el sesgo de partida[114].

En total, los elementos considerados procedentes de este enclave, ascienden a una treintena, procedente en su mayor parte a la estructura XII. La estructura XIII tan sólo deparó un canto natural usado en acciones de percusión, contando la estructura XI con algunos cantos naturales y fragmentos de bases de molienda muy alterados por acción térmica. En la intervención de 2005 se recuperó un cincel pulimentado en la estructura VIII. Los elementos identificados se reparten entre artefactos de amplia superficie activa relacionada con la molienda, instrumentos pulimentados biselados, elementos empleados en acciones de percusión como posibles yunques, machacadores, etc., así como otras producciones de difícil interpretación funcional a través de la mera observación macroscópica de sus rasgos morfológicos y de las marcas resultantes de su utilización.

- Artefactos pulimentados biselados

Este grupo no cuenta con demasiados representantes en el interior de las estructuras desglosadas en el emplazamiento. De la estructura VIII se cuenta un cincel, próximo a los 90 mm de longitud y elaborado en una roca de tonalidad oscura y de gran densidad, de grano fino, configurada por un pulimento muy cuidado. El resto de los elementos identificados proceden en su totalidad de las diferentes UUEE dispuestas en el interior de la Estructura XII, excavada en 2006.

Paradójicamente, uno de los probables instrumentos biselados conservado en mejores condiciones se halla desprovisto de filo, encontrándose depositado en el fondo de la estructura XII (UE 133), en contacto con su pared en el extremo noroeste. La pieza, elaborada en microgabro (XII/13/133, EXII/133/P13), se encuentra reciclada como majadera o machacador, para lo cual muestra evidencias laborales (regularización de la superficie activa por impactos sucesivos) tanto en el extremo proximal del talón, como en la antigua área de fractura, coincidente con el sector mesial o mesodistal del objeto. Otro instrumento (EXII/133/P16), resulta de muy difícil caracterización, representando una pieza elaborada en una roca plutónica muy alterada (¿gabro?), no conservando el filo ni prácticamente superficies originales y viéndose muy afectada por acción térmica.

Otros tres elementos muy fragmentados y alterados por altas temperaturas, derivados con probabilidad de al menos un artefacto de este tipo, se localizaron en la UE 107 de la estructura XII. En la mayor parte de estos casos se identifica su pertenencia a instrumentos de ciertas dimensiones, de sección oval o levemente rectangular, estando elaborados en al menos dos casos en rocas de grano fino, probablemente volcánicas.

- Artefactos de amplia superficie activa relacionada con la molienda o con carácter abrasivo

Como ya hemos tenido ocasión de apuntar, este grupo de artefactos representa el conjunto más abundante, integrando en su mayor parte elementos fragmentados de molino, presumiblemente pasivos, en rocas de cierta tenacidad. Sin duda, los ejemplos más característicos proceden del interior de la estructura XI (UE 127), en donde se hallaron hasta cinco fragmentos de una misma pieza. Ésta constituiría en origen probablemente un molino de posible forma lenticular (a semejanza de otros ejemplos descritos en la Verduga Alta), que podría superar completo ampliamente los 200 mm de longitud y los 60 mm de espesor. El material empleado para su fabricación, pese a encontrarse muy alterado por acción térmica (lo que produjo la fractura del instrumento y su decoloración hacia un tono gris característico), representa una roca ígnea probablemente volcánica y de textura porfídica (EXII/127/P/1, 3, 5- 7).

En contacto directo con estos fragmentos, en el interior de la misma fosa se localizó un fragmento de molino, esta vez elaborado sobre roca sedimentaria (una laja de microconglomerado), y con parte del plano activo conservado, el cual parece contar de la misma forma con un desarrollo ligeramente convexo. Junto a esta acumulación de elementos de piedra, a la que acompañaban varios fragmentos de elementos de arcilla no vasculares y una porción de fuente carenada, se encontraba una posible moleta sobre un canto de roca volcánica de grano fino (probablemente andesita), sobre cuyo plano activo se disponen algunas trazas de recorrido lineal, aparentemente unidireccionales, resultado de una acción continuada de abrasión (EXI/127/P/4).

En la estructura XII los instrumentos muestran caracteres de más difícil evaluación, no habiendo localizado piezas pasivas ligadas de forma característica con la molienda. Dos elementos sí parecen sin embargo estar relacionados de forma directa con las facultades abrasivas de su propia materia prima. Es el caso de un bloque en arenisca gris, que muestra una superficie nivelada, completamente plana, estando la otra dotada de una leve acanaladura de escasa profundidad (E XII/125/P/28). Otra pieza, muy alterada por acción térmica, muestra una superficie dotada de una leve depresión, quizá realizada por abrasiones sucesivas.

Otros artefactos relacionados con acciones de presión y abrasión sucesiva no parecen prestarse con facilidad a su segregación entre útiles activos o pasivos. En este

[114] Esto nos lleva a reflexionar sobre la legitimidad de las decisiones tomadas, administrativas en último término, relativas a la recuperación de ciertos materiales arqueológicos sobre otros, cuestión trasladada normalmente al particular juicio del director de la intervención. En este sentido suelen ser frecuentemente los materiales bióticos o abióticos no artefactuales (restos biológicos o bases minerales naturales, en este caso arteusos) los más perjudicados en estas decisiones. Suele ser la administración quien traslada de facto la decisión última al director casual de los trabajos, quien a menudo posee una formación humanística y/o arqueológica muy alejada de la metodología o de los procedimientos asumidos por el colectivo de profesionales que trabajan en ámbitos relacionados con la Arqueología Prehistórica.

sentido, un fragmento de pieza elaborada sobre un canto de grauvaca, mostrando una neta superficie activa, puede pertenecer tanto a un molino como a una moleta (E XII/125/P/29). En otro caso, sin embargo, la configuración y tamaño de la pieza no deja dudas respecto a su función activa como moleta, independientemente de contar con un origen reciclado. Este es el caso de un instrumento, fácilmente asible con una mano (130 mm de longitud máxima), elaborado en roca volcánica (posiblemente traquiandesita), el cual cuenta con una superficie activa levemente cóncava (E/XII/133/P-15). En este sentido se hace necesario preguntarse por el posible carácter activo o pasivo de estos útiles de molturación de aspecto lenticular o discoide y con el plano activo ligeramente convexo. En este caso, cabe considerar al anterior instrumento descrito como parte activa (mano) utilizado probablemente sobre una base pasiva de molienda de superficie preferentemente convexa.

- Artefactos relacionados con la percusión

En primer lugar, pasamos a describir aquellos instrumentos susceptibles de haber sido utilizados como base pasiva en acciones de percusión posada o lanzada, caso de los posibles yunques procedentes de la estructura XII. El primero de ellos, procedente de la UE 133, representa un bloque de roca volcánica (de 121 mm de longitud y 53 de anchura), que cuenta con una serie erosiones localizadas en el centro de una de sus caras, la cual se muestra plana. Dichas erosiones parecen producidas mediante repiqueteo o escoda reiterada, quizás durante una acción realizada sobre una materia intermedia. Por otra parte, de la UE 115, procede una plaqueta de cuarzogabro, de 113 mm de longitud máxima, con evidencias de impactos y erosiones hacia el centro de uno de sus lados.

Interpretados como posibles majaderas o machacadores, se engloban una serie de soportes naturales, normalmente sobre canto, los cuales muestran trazas de impacto moderado y repiqueteo en los extremos distales, probablemente ejecutados mediante percusión posada puntiforme en la dirección del eje de la pieza. Con estas características se presentan dos cantos de cuarzoarenita, uno de ellos alargado (177 mm de longitud por 62 de anchura) con marcas de actividad en ambos polos procedente de la estructura XIII, y otro de la estructura XI, con marcas de actividad esta vez en uno de ellos, siendo de tamaño inferior (78 por 66 mm).

Un canto oval de grauvaca de moderadas dimensiones (48 mm de longitud y 37 de anchura) procedente de la estructura XII (UE 133), se ha interpretado como posible percutor, mostrando marcas de impacto moderados en uno de sus polos y erosiones producidas aparentemente por abrasión continuada en un costado de la pieza. Muy similar en aspecto a piezas similares procedentes de la Verduga Alta (4/V-LP/16/21), la doble apariencia de los estigmas puede llegar a asociarse bien a través de una comparativa con las cadenas operativas desarrolladas durante los procesos de talla experimentales (De Beaune 1997: 88, 2000: 51).

Por último, una consideración especial merecen dos piezas, realizadas en cuarcita y procedentes de la estructura XII (UE 133) y XI (UE 127). Ambas piezas, de tamaño medio y fácilmente asibles con una mano, cuentan con una modificación intensa de parte de las superficies por medio de percusión reiterada. En ambos casos las modificaciones se extienden sobre antiguos filos o superficies talladas, pudiendo representar en un caso un antiguo núcleo globuloso y un núcleo o útil indeterminado sobre núcleo de sustrato. La utilización como bujardas de útiles masivos de superficies angulosas previamente talladas, se ha mostrado muy operativa (Poissonnier 2002: 146), representando herramientas en principio aptas para trabajar materias minerales por escoda o desbastado; bien para configurar otros instrumentos, bien en el avivado por piqueteo de las superficies activas empleadas para la molturación (Adams 2002: 58, Menasanch *et Alii* 2002: 95).

- Materia colorante

Pese a que el oxido de hierro, en forma de engobe a la almagra, ha dejado varios testimonios en los conjuntos cerámicos vasculares de este enclave, la cantidad en bruto no resulta demasiado significativa. La práctica totalidad corresponde a diferentes partículas de agregados de hematites recuperadas durante el cribado en agua de los sedimentos extraídos de la Estructura XII. Sí hemos descrito, sin embargo, un pequeño canto de la misma materia (3836) identificado entre el material recuperado en 1924 en el contexto funerario de la denominada Estación Prehistórica de Alcolea (Carbonell 1924).

- Otros

En el fondo de la estructura XII (UE 133), se pudo recuperar un esferoide realizado en cuarzoarenita, facetado en toda su superficie, el cual muestra una forma casi perfectamente esférica con un diámetro medio de 55 mm (E XII/133/P/14). La erosiones que presenta en algunas superficies podrían interpretarse a través de alguna función relacionada con el carácter abrasivo del material, bien como pulidor o abrasionador, sin descartar por supuesto, otras interpretaciones alternativas o de carácter múltiple.

Por último contamos con un objeto recuperado en niveles posteriores (Edad Moderna), aunque en un estrato situado directamente sobre la Estructura XII. Se trata de un útil apuntado [23(72)], realizado en lutita negra y completamente facetado por pulimento y amolado. En el área proximal cuenta con algunos levantamientos producidos por impacto, quizá al desempeñar un papel como instrumento intermedio, pudiendo ser utilizado en ese caso a modo de puntero.

5- Casa del Tabaco

De la misma forma que hemos procedido con la industria lítica tallada, y el resto del conjunto material recuperado en este enclave, abordamos aquí tan sólo los artefactos y arteusos documentados en el extremo sur del yacimiento, en las estructuras 3, 10 y 14, no habiendo detectado elementos de este tipo en la fosa rectilínea denominada estructura 13.

- Artefactos pulimentados biselados

De la estructura 14 procede un fragmento de una probable azuela elaborada en una roca plutónica de textura fanerítica (quizá diorita o cuarzogabro) (21/14/0). Este fragmento representa con seguridad una lasca desprendida por impacto, probablemente durante la vida útil de la pieza, conservando parte del filo, siendo el único testimonio relacionado con este tipo de industria en esta fase junto a un fragmento mesial de un útil de difícil adscripción en la estructura 10.

- Artefactos de amplia superficie activa relacionada con la molienda o con carácter abrasivo

Comenzando por aquellas piezas pertenecientes presumiblemente a artefactos pasivos, la estructura 10 (UE 4 del sondeo 15), ha deparado algunos fragmentos de probables bases de molturación con superficie activa nivelada por uso. En concreto dos fragmentos sobre roca ígnea y sobre arcosa del Buntsandstein (molinaza). En la Estructura 14, se han documentado tres fragmentos, uno sobre roca ígnea probablemente plutónica, y otro sobre grauvaca, mostrando trazas lineales producidas por abrasión y observables macroscópicamente. En cuanto al último, realizado sobre roca sedimentaria, concretamente una arenisca o microconglomerado neógeno, representa probablemente la mitad de un instrumento que pudo oscilar entre los 200 y 300 mm de diámetro, dotado de una superficie activa ligeramente cóncava (CT/24/E14/1).

En relación a la Estructura 3, en la que se documentó una interesante trabazón de cantos y bloques, parte de los cuales representaban elementos de molturación, pudieron definirse al menos cuatro elementos pertenecientes a bases pasivas. Los fragmentos pertenecientes a instrumentos de mayores dimensiones se hallan realizados sobre arcosas de tonalidad rojiza (molinaza). Uno de ellos (CT/E3/3) representa un molino de destacadas dimensiones (414 por 297 mm, encontrándose incompleto), fracturado de antiguo en dos mitades, una de las cuales se halló situada a escasos centímetros de la otra y dispuesta en posición vertical. La superficie activa de dicha pieza se muestra ligeramente cóncava.

Otros posibles elementos pasivos de molturación muestran unas menores dimensiones, evidenciado una superficie activa plana o con cierta tendencia hacia la convexidad, al menos en su sección mesial. Éste es el caso de un instrumento alargado (280 mm de longitud por 150 de anchura), elaborado sobre un bloque secundario (superficie natural rodada) de roca plutónica o volcánica (CT/P/E3/7), el cual muestra una gran semejanza con algunos tipos abarquillados. Como en el caso de un fragmento de artefacto muy similar, esta vez realizado en una roca metamórfica, probablemente grauvaca (CT/P/E3/8), su superficie activa, nivelada y con un aspecto lustrado característico, muestra evidencia de haber sido picada, probablemente por abujardado. Como ya aludimos, dicha práctica entraría dentro de un proceso de reavivado de una superficie sometida a pérdidas de efectividad tras su uso prolongado.

Figura 27: Algunos elementos de molturación (activos y pasivos) de la estructura 3 de Casa del Tabaco.

En relación a las presuntas partes activas o moletas, los testimonios procedentes de la estructura 10 resultan poco concluyentes, representando cantos de cuarzoarenita y granito, con escasas o discutibles evidencias de uso y que pudieron ser utilizados con una sola mano. Frente a esta clase de evidencias, destacan en la estructura 3, integrada en la trabazón de bloques, hasta tres elementos de silueta oval y sección lenticular, seleccionadas a partir de materiales procedentes de depósitos secundarios de origen fluvial (cantos y bloques configurados por erosión hídrica). Estos se componen de una gran pieza en cuarzoarenita (CT/P/E3/1), un canto de grauvaca (CT/P/E3/4), y por último, una pieza en granito (CT/P/E3/2) dotada de aplanamiento (nivelado de grano) y lustre característico de probable origen funcional. La masa y volumen de estos elementos invitan a considerar su uso utilizando ambas manos en labores de molturación, a semejanza de diversas piezas usadas hoy día (De Beaune 2000: 92).

Por último, presentamos una plaqueta natural de arenisca oscura (9/10/3´), dotada de una leve depresión en una cara, la cual parece realizada por erosiones sucesivas (pérdida de grano), en concordancia con la propia naturaleza abrasiva de la materia prima. Precisamente en el área de la concavidad, aún se observan localizados macroscópicamente restos de colorante rojo (probablemente óxido de hierro), lo cual indica que pudo emplearse para triturar colorante, quizás a través de la abrasión de lápices de hematites.

- Artefactos relacionados con la percusión

De entre los artefactos o arteusos relacionados con acción percusiva o de golpeo, sin duda suelen ser interpretados como percutores aquellos dotados de estigmas concentrados en áreas polares o próximas a ellas, a menudo asociadas a marcas de abrasión en áreas laterales. Como ya hemos adelantado, dichos estigmas han sido suficientemente testados mediante estudios experimentales vinculados a la talla lítica (De Beaune 1997: 92). Erosiones perimetrales equiparables, asociadas a trazas de impacto, pueden observarse en algunos cantos procedentes de la estructura 10, un ejemplar en cuarzoarenita, esférico y de tamaño menudo (cerca de 60 mm de diámetro), así como en otro soporte, un fragmento de canto fusiforme de grauvaca.

De rasgos notablemente diversos se componen otros elementos, realizados sobre rocas de gran dureza y fractura concoidea, que parecen haber desempeñado el papel de bujardas a través de acciones de percusión lanzada. Uno de los casos más característicos se halló en el fondo de la estructura 10. Modificado probablemente a partir de un núcleo de sílex sobre canto procedente de un depósito secundario, muestra toda una serie de estigmas de modificación producidos mediante percusión continuada, más netos en ambos polos, y que han terminado por nivelar y regularizar las superficies activas. Dicha configuración característica sobre roca silícea, puede ser producto de un uso prolongado sobre materias duras minerales en una acción de piqueteado (CT/5/E10/2´).

Para el caso de un fragmento de canto de oligisto (14/10/10), de gran dureza y densidad, hemos propuesto una interpretación semejante. Inicialmente modificado por lascado en algunas de sus superficies, los filos y contornos agudos resultantes han sido redondeados y enmascarados por astillamientos producto de impactos reiterados, lo que puede indicar un uso por percusión posada sobre materias duras minerales. Este tipo de instrumentos resultan del mismo modo susceptibles de haber sido usados sobre un yunque de piedra, o bien en el reavivado del plano activo de un útil de molienda (De Beaune 2000: 92, Morgado *et Alii* 2008: 320- 321).

Por último, un gran canto de cuarcita (CT/PE3/6), muestra un área previamente angulosa, netamente redondeada por impactos sucesivos, probablemente mediante percusión posada contra una superficie dura, a modo de pilón o artefacto machacador de grandes dimensiones el cual contaría con una efectividad potenciada por su notable masa.

- Colorantes

El hallazgo de materia colorante, como ya tuvimos ocasión de apuntar, se centra en la presencia de varios fragmentos de hematites (hasta cinco piezas) (11/10/5, 1/10/R, 8/10/3, 13/10/3 y 7/10/3´), procedentes del interior de la estructura 10. Dichas piezas presentan diversas facetas conformadas por abrasión o pulimento ejercido contra una superficie abrasiva (caso de la plaqueta ya mencionada) a fin de extraer el colorante, a modo de verdaderos lápices. El óxido de hierro resulta muy abundante en el reborde sur del Macizo Hespérico en diferentes formas, asociado bien a fenómenos de modelado calcáreo sobre calizas paleozoicas (oligisto, goethita), bien en forma de nódulos en depósitos secundarios próximos. En este sentido nos preguntamos si es posible que sus propiedades colorantes puedan haber sido potenciadas con el concurso de una fuente térmica mediante oxidación, como en este sentido muestra un nódulo natural de oligisto craquelado en la superficie y con gran capacidad colorante en áreas alteradas, hallado también en la Estructura 10.

Por último, una pequeña pastilla de una sustancia terrosa alterada, de textura arcillosa y tonalidad pardo-amarillenta (¿limonita?), podría también relacionarse con aspectos relacionados con los pigmentos y colorantes.

- Otros

En el apartado de objetos de uso indeterminado, de nuevo presentamos un esferoide, realizado en arenisca y de 35 mm de diámetro, cuyo ámbito, ajeno al carácter abrasivo de la propia materia prima, resulta de difícil correlación (CT/4/E10/2).

6- Otras localizaciones

Frente a lo que sucede en relación a los enclaves anteriores, en donde la cultura material analizada procede en su mayor parte de contextos arqueológicos estratificados en el interior de estructuras negativas, la generalidad de los artefactos descritos en otras localizaciones incluidas en este trabajo, proceden de agrupaciones superficiales, recolectadas fundamentalmente durante actividades prospectivas, a excepción de los materiales recuperados tras la intervención de urgencia realizada en 2001 en Llanete de los Moros. Así, al carácter superficial de estas industrias, se le añade su procedencia de contextos en ocasiones multifásicos, lo que como vimos al hablar de otros aspectos de la cultura material, incrementa las dificultades a la hora de definir de forma precisa su caracterización cronológica. Aun así consideramos útil su descripción, considerando que en ciertos casos arrojan información incuestionable en relación en primer término a los procesos tecnológicos y obtención de materias primas y por último, a las actividades económicas desarrolladas en dichos emplazamientos entre el Neolítico y la Edad del Cobre.

- Artefactos pulimentados biselados

En el enclave de Las Flores II, en el término de Pedro Abad, se han incluido tres fragmentos de elementos biselados, todos de gran formato (entre 30 y 40 mm de espesor). Uno de ellos perteneció a un hacha de ciertas dimensiones (3/11/PA), con un nuevo talón reconfigurado tras una fractura mesial, si bien muestra a lupa binocular trazas de uso de dirección perpendicular al filo, de mayor extensión sobre uno de los biseles (lo que indicaría su probable empleo como azuela). La roca sobre la que se halla configurada es de coloración oscura, casi negra y de gran densidad, pudiendo ser identificada como anfibolita.

Otros instrumentos procedentes del mismo término municipal, se han hallado en el enclave de Valdeflores I, pertenecientes a elementos de gran formato. Uno de ellos (1/5/PA) consiste en un fragmento de azuela de grandes dimensiones (40 mm de espesor), con un notable redondeamiento del filo. El otro ejemplar, de 30 mm de espesor (2/5/PA), muestra las fracturas distales y proximales modificadas por escoda, probablemente tras ser sometida a un proceso indeterminado de reciclaje. Ambas piezas aparecen realizadas en roca ígnea de textura granular, tonalidad oscura y gran densidad, como cabría esperar en el caso de dioritas o gabros.

Ya en el término de Bujalance, y del enclave de San León, proceden tres artefactos de cierto volumen (entre 30 y 40 mm de espesor aproximado), una azuela y un hacha posiblemente realizadas en anfibolita, y un talón de un elemento biselado indeterminado, en roca de textura granular, quizá gabro (1/P/0091, 2/P/0091, 3/P/0091). En el cerro del Aguilarejo, destaca el hallazgo de una pequeña azuela (12 mm de espesor), esta vez realizada sobre roca volcánica de grano fino y coloración verdosa (textura afanítica), probablemente diabasa.

En la zanja o foso detectado en el Corte 3 de la intervención realizada en 2001 en Llanete de los Moros (Montoro) se pudo recuperar una azuela (44/3-8/NI4) de 25 mm de espesor, con el filo visiblemente redondeado por laboreo extremo. Se halla elaborada en una roca de gran tenacidad y densidad, de tonalidad oscura. También se halló un extremo activo (distal) de hacha, realizada en una roca indeterminada, de tonalidad oscura y gran densidad (33/3-8/NI1).

Sin duda, uno de los yacimientos más conocidos por su riqueza en la aparición de biselados pulimentados durante las labores agrícolas, es el del Camino de la Barca, junto a la pedanía de Algallarín, en el término municipal de Adamuz. El hallazgo en 1977[115] de una gran cantidad de artefactos de piedra pulimentada tras haberse efectuado labores agrícolas de aterrazamiento (Coma 1981: 4), motiva que aun hoy gran cantidad de colecciones públicas y particulares de la provincia, incluyendo el Museo Arqueológico Provincial (MAECO), cuenten con artefactos biselados procedentes de ese lugar. Por nuestra parte hemos tenido ocasión de observar piezas biseladas de ese enclave tanto en poder de particulares, como en el Museo Municipal de Bujalance o el de Adamuz. Las piezas, algunas de las cuales muestran una configuración realizada a partir de cantos naturales, constan de hachas, azuelas, cinceles e incluso gubias, las cuales parecen elaboradas en diversos materiales ígneos y metamórficos, de entre los cuales la anfibolita parece destacar.

Nosotros presentamos en este trabajo dos fragmentos de elementos biselados procedentes del mismo término municipal, aunque en este caso del enclave de la Mesa de Matatoros, recuperados durante las prospecciones efectuadas en 2010. Estos constan de un fragmento mesodistal de hacha y un talón reciclado como majadera o machacador, ambos realizados sobre rocas ígneas de textura granular (fragmentos 10 y 11).

Por último, ya en el término municipal de Córdoba, destacamos dos enclaves situados a proximidad, junto a la confluencia del río Guadajoz con el Guadalquivir, Valchillón y el Cañuelo Alto V. Ambas localizaciones, descubiertas a través de prospecciones realizadas en 2009 y 2010 (Expósito y Martínez 2009, Martínez Sánchez 2010a), no proporcionaron abundante material, si bien éste resulta de gran interés para llegar a conocer ciertas pistas sobre los modos de aprovisionamiento de materias primas destinadas a la fabricación de pulimentados biselados. De Valchillón procede un fragmento posiblemente de azuela en anfibolita (1/1), fracturado longitudinalmente a través de un plano de esquistosidad paralelo al propio eje de dirección de la pieza, lo que sugiere la observación atenta de dichos planos a la hora de fabricar la preforma, limitando las posibilidades de una fractura ulterior.

El mismo fenómeno se observa con una pieza fracturada del Cañuelo Alto, si bien esta vez corresponde a un esbozo o preforma inacabada, probablemente una azuela o cincel, realizada sobre un canto natural (probablemente de una roca metamórfica, como la anfibolita), desbastada a partir de extracciones perimetrales, y que sufrió una rotura perpendicular a los planos de esquistosidad, en los inicios de la fase de pulimento, visible en algunos puntos localizados. El hecho de hallar una pieza en pleno

[115] Como ya tuvimos ocasión de señalar en otros capítulos, este yacimiento ha sufrido una cierta "fama" en el panorama de la explotación del patrimonio arqueológico como medio de lucro, siendo uno de los enclaves prehistóricos anteriores a la Edad del Bronce más conocidos por los aficionados y expoliadores locales. La riqueza y extensión de los hallazgos llegó a provocar la llegada de vendedores ambulantes venidos de otros municipios que compraban toda "hacha" de piedra que los jóvenes de la pedanía pudieran ofrecer, hasta el punto de llegar a existir un puesto de venta fijo "anunciado", en la zona, donde vendían las "hachas completas a 200 o 300 pesetas" en algún momento de la década de 1980 (estos testimonios han sido recogidos de algunos residentes de la pedanía de Algallarín en 2007, así como a través de miembros de la *Asociación Bursabolense de Arte, Arqueología e Historia*, en 2010, a quienes queremos agradecer esta información).

proceso de fabricación, probablemente a partir de un canto y en un área vinculada al dominio detrítico-secundario de la vega y terrazas del Guadalquivir, relativamente alejada de los afloramientos primarios de rocas ígneas y metamórficas, incita a pensar en una explotación selectiva de materiales presentes en los depósitos secundarios (cantos de aluvión), ligado a un sorprendente conocimiento de los litotipos preferentes para la elaboración de instrumentos pulimentados biselados, hecho observado en otras territorios peninsulares (Risch y Martínez 2008: 48- 49).

- Artefactos de amplia superficie activa relacionada con la molienda o con carácter abrasivo

Aunque representan artefactos muy visibles, debido a su gran volumen en ocasiones dichos instrumentos no llegan a ser recolectados durante labores de prospección superficial, ya que frecuentemente éstas cuentan con objetivos distintos a los de la propia recolección indiscriminada de artefactos arqueológicos, lo que explica su cierta desventaja en comparación con el volumen de artefactos biselados procedente de estos enclaves superficiales. Contamos sin embargo, con algunos elementos como en el término de Bujalance, en la Dehesa de los Potros, donde un bloque de roca sedimentaria (conglomerado), muestra una superficie levemente cóncava, fruto de un desgaste indeterminado. Por otra parte, en la zanja documentada en el Corte 3 de Llanete de los Moros, junto a algunos arteusos sobre canto en rocas duras (35/3-8/NI1), si cita una plaqueta de arenisca, así como una moleta muy fragmentada (8/7/NI2) procedente del corte 7. Por último, en la Mesa de Matatoros (Adamuz), durante la prospección de 2010 pudieron observarse dos fragmentos de molinos o bases pasivas de molturación, en este caso realizadas sobre arcosas rojizas del Buntsandstein, de cuyas cualidades destaca especialmente su gran poder abrasivo.

- Artefactos relacionados con la percusión

Por último y sólo a modo de apunte, destacaremos un talón procedente de un elemento pulimentado biselado ya citado, procedente de Mesa de Matatoros (Adamuz), reciclado como machacador o majadera (fragmento 11). Una última pieza, procedente de la zanja excavada en 2001 en Llanete de los Moros, corresponde a un posible mazo, realizado sobre roca ígnea de textura granular y tonalidad verdosa (¿ofita?), de hasta 123 mm de longitud, y que cuenta con erosiones por impacto en ambos polos, pudiendo asociarse en origen a un canto natural levemente modificado, lo que excluye su pertenencia a un biselado reciclado (41/3-8/NI2).

7- Discusión

- Entre la materia, la morfología y la función

Pasamos pues a desarrollar algunas observaciones tomadas sobre el conjunto de artefactos estudiado, al cual hemos dividido en grupos instrumentales simples dada la dificultad de inferir actividades concretas a través de la metodología seguida. Estas observaciones se centran en las características particulares de algunos de dichos instrumentos, los estigmas y modificaciones observadas, junto a las características propias de la materia prima y sus rasgos formales, por lo que en una alta proporción de casos no abandonaremos el terreno de la hipótesis. Por el contrario, para otros existe una relativa cantidad de ejemplos testados suficientemente dentro de un registro bibliográfico abundante.

- Colorantes

En este grupo hemos observado la abundancia de elementos de pigmentación relacionados con óxidos férricos, implicando agregados de hierro como hematites u oligisto y goethita. El empleo de óxido de hierro a modo de colorante produce una serie de pigmentos repartidos en una escala variable de tonos rojizos, a la que se denomina frecuentemente almagra. La obtención de agregados férricos provistos de cualidades colorantes puede implicar diversos minerales en un estado que puede pasar por un proceso de alteración u oxidación natural o deliberado. En nuestro territorio abunda la presencia de minerales como el oligisto y la goethita en el reborde meridional de Sierra Morena Central, si bien a menudo éstos aparecen desprovistos de capacidad de producir pigmento o carentes de matriz arcillosa blanda (hematita terrosa). Al sur del Guadalquivir, el *flisch* de la campiña Alta muestra una gran densidad de localizaciones explotables de agregados de óxidos de hierro dotados de matriz arcillosa (Almagreras). Un ejemplo de otras sustancias procedentes de la oxidación de ciertos minerales potencialmente utilizables como material colorante, lo representan ciertas arcillas, caso de la limonita.

- Artefactos de amplia superficie activa relacionada con la molienda o con carácter abrasivo

En cuanto a las rocas empleadas para la elaboración de instrumentos pesados vinculados en principio a la molienda, éstas parecen haber sido seleccionadas base a su tenacidad y carácter abrasivo. Entre ellas se cuentan rocas sedimentarias y algunas metamorfizadas, caso de las areniscas y arcosas, cuarzoarenitas y conglomerados. Estas rocas se emplean de forma preferente en instrumentos vinculados a la molturación, como molinos o moletas, y piezas empleadas en acciones de fricción reiterada, aprovechando su natural capacidad abrasiva, como en los pulidores o afiladores. También en la confección de elementos de molturación activos y pasivos se han seleccionado rocas de ígneas de cierta tenacidad (resistencia a la fractura), muy densas y preferentemente de textura granular, como granitos y otras rocas plutónicas, así como vulcanitas de textura granular y porfídica.

Cabe considerar en qué medida pueden ser interpretados todos estos elementos como útiles destinados a la molturación o molienda de cereales (función como molinos en sentido estricto, incluyendo otro tipo de materias vegetales), sin el concurso de análisis de medios y altos aumentos (análisis tribológico) (Adams 2002) y sin un estudio particular y concreto dedicado a este tipo de piezas basado en programas experimentales, que puedan servirse de materias primas análogas como el realizado para los molinos de vaivén de el Argar (Menasanch *et Alii* 2002). En un sentido más amplio, urge llevar a cabo un estudio concreto de la tecnología de la molturación a lo largo del Neolítico (VI- IV milenios ANE), a fin de poder determinar si existen diferencias notables en las tecnologías de la molienda y procesado de cereales con las desarrolladas a través de los molinos de tipo abarquillado del III – I milenios ANE. En la misma línea podría resultar de gran interés evaluar si las posibles diferencias en cuanto a efectividad o eficiencia del tipo de instrumental y su cinética responden al empleo de un tipo determinado de semilla o producto agrícola. De la misma forma y en un territorio con abundancia de litotipos susceptibles de ser empleados para la confección de este instrumental, merecería la pena ahondar en las diferentes cualidades de estos materiales (cualidades abrasivas, resistencia a la fractura, dureza, masa potencial) para plantear destinos funcionales diversos.

Un ejemplo de estudio concreto representa el realizado sobre los molinos alargados de aspecto abarquillado, descritos con frecuencia en asentamientos del III al I milenio ANE. Dichos artefactos con frecuencia presentan una sección transversal convexa, lo que a través de experimentación ha resultado sorprendentemente óptimo para separar la harina del salvado durante el proceso de la molienda, debido a la propia cinética del útil en una acción abrasiva de ida y vuelta (o de vaivén) (Menasanch *et Alii* 2002: 95). A diferencia de estos últimos, las piezas de aspecto más o menos lenticular y superficie activa plana o ligeramente convexa, por otra parte muy abundantes en el registro del IV y III milenio en esta área (y que también podrían formar parte previsiblemente de bases de molturación de grandes dimensiones representando el elemento activo y móvil), no parecen prestarse al mismo proceso, hecho que debería ser testado experimentalmente.

Por último cabría destacar algunos artefactos de este grupo, dotados sin duda de un destino funcional diferente. Éste es el caso de la probable plaqueta de triturado de colorante de Casa del Tabaco y el posible afilador de biselados de la Verduga Alta. En relación a este último instrumento, muy conocido en la bibliografía gala (Girault *et Alii* 1975, Audoux *et Alii* 1992, Cordier 1993) merece la pena preguntarnos por los paralelos peninsulares, los cuales parecen estar casi ausentes ante la escasez de útiles análogos a este lado de los Pirineos[116]. Cabe considerar de todos modos el uso de soportes muebles empleados para en el afilado y mantenimiento de los filos biselados, acción necesaria con más razón en enclaves geográficos donde las grandes superficies pétreas de carácter natural no resultan abundantes en entornos próximos. En este sentido tampoco debe desecharse el empleo de los planos abrasivos de los molinos como superficies empleadas a tal efecto, como así ha sido puesto de manifiesto en ocasiones (Risch y Martínez 2008: 48).

- Artefactos relacionados con la percusión

Sin duda, entre los artefactos más conocidos destacan los percutores, los cuales representan generalmente bases naturales usadas mediante percusión lanzada, de unas dimensiones más o menos constantes (fácilmente asibles con una mano), y que suelen mostrar estigmas característicos, tales como erosiones por impactos reiterados y abrasionado, siendo relacionados frecuentemente con la talla lítica por percusión directa. La materia prima parece ser múltiple aunque preferentemente rocas resistentes a la fractura y de superficie redondeada, habiendo detectado elementos sobre canto fluvial de cuarzoarenita o cuarcita y grauvaca. Esta categoría se ha visto utilizada frecuentemente como cajón de sastre para todo tipo de arteusos sobre canto o instrumentos líticos no tallados de forma más o menos esférica, entre los que sin duda se han debido encontrar útiles empleados en múltiples actividades y en acciones diversas, diferentes a las exclusivamente relacionadas con la talla de rocas silíceas (Poissonnier 2002: 141).

Otro tipo de elementos percusivos aparecen realizados sobre rocas de fractura concoidea, tales como sílex, oligisto, cuarcita o vulcanitas de grano fino (diabasa o andesita), resultando susceptibles de ser utilizados a modo de bujardas o escodas. Estos útiles, implicados en acciones de repiqueteado, aprovechan los filos agudos preexistentes para actuar sobre superficies pétreas, bien labrando la superficie por escoda, bien piqueteando los planos activos de los elementos de molturación alisados por el trabajo constante, reavivando la aspereza perdida (De Beaune 2000: 92, Morgado *et Alii* 2008: 320- 321). De la misma forma este tipo de útiles podría haber sido usado para acondicionar esbozos de artefactos biselados por repiqueteo (Valdés 1982: 7, Ormazábal *et Alii* 1994: 90), a semejanza de lo observado en las cadenas operativas desarrolladas en la producción de hachas de piedra en Papúa Occidental (Irian Jaya) (Pétrequin y Pétrequin 1990: 100).

[116] Contamos con algunos ejemplos dispersos procedentes de puntos dispares de la geografía peninsular. Uno de ellos, procedente del poblado de Almizaraque (Almería) consiste en "una losa de arenisca de 3,2 kg de peso, con una amplia ranura en la que se observan señales de procesos abrasivos intensos, muy distintas de las huellas que caracterizan a los molinos empleados para el procesado de cereal" (Risch y Martínez 2008: 48). Un caso muy ilustrativo se ha publicado recientemente, localizado en el poblado de Carrascal (Oeiras) muy cerca de Lisboa, consistente en dos artefactos con varias depresiones ovales, uno en arenisca dura y otro en basalto (Cardoso 2010: 26 y 42). Por otra parte, se ha apuntado ante la ausencia aparente o escasez de este tipo de instrumental, el posible uso de técnicas alternativas de pulimentos (como soportes perecederos utilizados con el concurso de arena), lo que también debiera ser testado experimentalmente (Surmely *et Alii* 2001: 685). Como ejemplo aparte queremos hacer constar aquí las impresiones que personalmente nos causan los "grabados lineales a modo de profundas hendiduras fusiformes" presentes en los abrigos 29 y 42 del complejo arqueológico de las Peñas de Cabrera (Casabermeja, Málaga) (Maura 2010: 67- 68), en cuanto a su posible relación con el afilado o pulimento de instrumentos biselados.

Por último, los machacadores o majaderas, junto a los útiles clasificados como mazos o martillos, son aquellos que utilizados en acciones de percusión con vector direccional coincidente con el propio eje de la pieza, destacan de la misma forma por contar con una superficie activa más o menos redondeada, a veces configurada por impactos sucesivos, independientemente de que pudieran estar enmangados. Junto a los ejemplos ya citados sobre soportes naturales, normalmente sobre cantos de génesis fluvial, algunos elementos obtenidos a partir del reciclaje de instrumentos pulimentados biselados fracturados, elaborados sobre rocas de gran tenacidad y dureza, parecen contar con una cierta presencia.

- Artefactos pulimentados biselados

Para la elaboración de este tipo de artefactos parecen haberse seleccionado materiales a partir de su densidad y tenacidad, así como por su prestación a un buen pulimento. Este es el caso de rocas volcánicas tales como la diabasa y posiblemente la andesita, junto a otros materiales ígneos de textura granular como el gabro o la diorita y otras entre las que pueden encontrarse materias originadas por metamorfismo como las anfibolitas. Estas rocas se han utilizado fundamentalmente para la fabricación de elementos tales como hachas, azuelas y gubias, instrumentos que deben contar con tenacidad frente al impacto, gran dureza y capacidad de mantener un pulimento que ayude a vencer la resistencia de la materia sobre el que debía actuar.

Ya hemos aludido a cómo merece la pena plantear si la selección de la materia prima en el caso de los elementos macrolíticos utilizados en la molturación, obedece de la misma forma a razones vinculadas con el tipo de instrumental destinado y su relación a la realización de actividades diferentes, idea que también ha podido sugerirse en relación a los elementos biselados (Ormazábal *et Alii* 1994: 100). La gran diversidad de petrologías implicadas, a diferencia de lo observado en otras regiones (Risch y Martínez 2008: 51), podría alentar la realización de este tipo de estudios, más allá de la evidente disponibilidad o accesibilidad diferencial de unas materias primas sobre otras en zonas determinadas, o la fácil obtención de rocas muy diversas e igualmente aptas, mezcladas y diseminadas en los depósitos secundarios de génesis fluvial en la Depresión del Guadalquivir[117].

El estudio funcional de este tipo de instrumentos continúa aun hoy siendo una cuenta pendiente en toda la Península, necesitando finalmente de estudios analíticos integrados que aseguren el empleo de dichos instrumentos como herramientas agrícolas usadas en el laboreo de la tierra, independientemente del trabajo desempeñado sobre materiales leñosos. En este sentido, consideramos profundamente relacionado el nivel de productividad agrícola con el tipo de tecnología empleada, en donde cabría esperar enormes diferencias técnicas y productivas entre la agricultura de la azada y la generalización del arado hacia el IV milenio en el conjunto de Europa Continental, lo que continúa siendo aun hoy objeto de debate (Pétrequin *et Alii* 2006 a y b, Sherratt 1981, 2006). Así, el estudio de la tecnología agrícola representa a nuestro juicio, uno de los factores fundamentales para aproximarse a la capacidad productiva, y por ende a su base económica subsistencial, de este tipo de sociedades.

- El posible origen de la materia prima

Independientemente de las distancias implicadas en la captación de recursos (órbita de corta, media y larga distancia)[118], los ámbitos implicados previsiblemente en la obtención de materias primas minerales destinadas a la producción de este tipo de útiles pueden dividirse en dos ambientes litológicos fundamentales. El primero de ellos corresponde a los depósitos primarios (media distancia), a los cuales correspondería mayoritariamente el reborde meridional del macizo hercínico incluido en el entorno territorial que aquí se aborda (Sierra Morena Central), el cual se dispone fundamentalmente al norte del Guadalquivir, aun existiendo afloramientos magmáticos paleozoicos al sur del cauce, en los tramos de meandros encajados (situados en Alcolea, Los Cansinos o en Montoro).

Este reborde meridional hercínico dispone de una gran diversidad de rocas de ígneas, de las que han sido contabilizadas hasta cerca del medio centenar de tipos diferentes. La mayoría de ellas cuentan con una cronología paleozoica, existiendo en las series filonianas diversos tipos de pórfidos, basaltos andesíticos, riolitas y vulcanitas diversas (Cabanás 1980: 15), gran parte de las cuales resultan susceptibles de ser empleadas por el hombre, debido a su dureza, tenacidad y resistencia. En el sector oriental del piedemonte, entre Adamuz y Villa del Río, se disponen grandes depósitos de areniscas y arcosas (Bundsandstein), con una cronología situada entre el Pérmico y el Triásico, rocas que han sido utilizadas como hemos visto, en la elaboración de elementos de molturación o de superficies abrasivas.

Sin embargo, hasta el día de hoy, desconocemos datos publicados acerca de lugares de explotación y transformación de este tipo de rocas, cuya necesaria búsqueda sobre el terreno representa sin duda trabajo arduo y difícil, en absoluto similar a definir áreas de explotación sobre el mapa geológico regional escala 1: 50.000. Algunas evidencias de la explotación antigua de

[117] O bien actitudes de interpretación más compleja, ante la probable elección de rocas más alejadas y de resistencia mediocre al impacto, frente a material de más evidente disponibilidad y mejores cualidades, hecho que ha sido explicado entre otras razones por la existencia de complejas redes de distribución de productos en el caso de los pulimentados biselados en la Auvernia neolítica (Surmely *et Alii* 2001: 685).

[118] En una órbita de larga distancia por el momento tan sólo resultaría legítimo incluir a los elementos biselados realizados en sillimanita, en los que cabe incluir un elemento de destacadas dimensiones procedente del llamado Cerro Astigi, al este de la localidad sevillana de Écija y expuesto en el museo de la localidad, cuyo origen más próximo podría situarse en la Depresión de Ronda (Aguayo *et Alii* 2006).

vulcanitas de grano fino se han podido observar supeficialmente en la confluencia del Guadalmellato con el Guadalquivir, reconociendo en algunas colecciones la posible existencia de preformas y lascas de desecho resultado de la fabricación de elementos pulimentados. Sin embargo, aún no contamos con un proyecto definido dedicado a tal empresa, la cual tropieza con la explotación actual con fines industriales de este tipo de rocas a partir de grandes complejos de cantería al aire libre.

El segundo ámbito susceptible de ser utilizado para la obtención de materias primas corresponde a los depósitos secundarios integrados preferentemente en sedimentos de génesis hídrica (fluvial) y de cronología cuaternaria, aunque también integraría materiales atrapados en conglomerados, pudingas (Bunter- Sandstein), o en los estratos basales terciarios de las tablas del Tortoniense. Estos materiales suelen disponerse en forma de cantos o bloques de superficie redondeada, fruto de una prolongada erosión subacuática, a lo largo de toda la Depresión del Guadalquivir.

Cada vez más se está potenciando el valor de los depósitos secundarios como fuente recurrente, variada y de alguna forma "semitransformada", de materias primas abióticas (Aguayo *et Alii* 2006, Risch y Martínez 20078: 48). En este sentido el cauce del Guadalquivir destaca como una gran "cinta transportadora" de materiales detríticos de origen mariánico, por lo cual su vega y terrazas adyacentes disponen de una riqueza litológica de primer orden. Sin embargo, en los artefactos ya transformados resulta muy difícil discernir entre aquellos realizados a partir de materias primas procedentes de depósitos primarios y de las procedentes de ambientes secundarios, a excepción de aquellos que conservan parte de las superficies naturales modificadas por factores erosivos. Más difícil se nos antoja distinguir entre los depósitos secundarios procedentes de los encajados cauces mariánicos de aquellos presentes en terrazas y llanura aluvial del Guadalquivir, en donde gran parte de los materiales detríticos proceden de los anteriores.

Cabe preguntarse hasta qué punto resulta operativo aprovechar la disponibilidad de materia prima de los depósitos secundarios, sin recurrir a la búsqueda de los afloramientos primarios. Para intentar resolver esta cuestión resulta fundamental la aproximación tecnológica con el concurso de la experimentación, dado el doble valor de los materiales detríticos. Así, el uso de un canto puede suponer una ventaja (debido a forma redondeada, a menudo ligeramente aplanada y de proporciones apropiadas) o bien un inconveniente, bien debido a la presencia de fracturas y alteraciones, bien ante la dificultad de adelgazar por ejemplo un canto de roca muy tenaz y resistente. En este último caso, la facilidad de transformación con la que cuenta una gran lasca térmica obtenida del calentamiento de una superficie natural de roca en un depósito primario (Pétrequin y Pétrequin 1990: 100), puede llegar conferir cierta ventaja sobre la recolección de materiales detríticos muy duros.

En este sentido queda abierto el interrogante de considerar si tanto el pulidor de la Verduga Alta y la preforma de El Cañuelo Alto, responden a indicios de la elaboración de elementos pulimentados biselados en el entorno de la vega del Guadalquivir, lejos de los afloramientos primarios y por ende definen el uso de materiales detríticos procedentes de depósitos secundarios de la vega estricta. Es posible por el contrario que tan sólo apunte a la trasformación y pulimento de esbozos de biselados obtenidos ocasionalmente del entorno fluvial y al lógico mantenimiento continuado en los espacios de hábitat de los filos y/o el acabado estos instrumentos, cuyos soportes han podido ser obtenidos de los afloramientos serranos. En cualquier caso, una posibilidad no excluye la contraria.

Resulta necesario pues, impulsar en este sector diferentes estudios geológicos detallados, con especial interés en la identificación de los litotipos explotados en los diques y afloramientos de rocas ígneas y metamórficas (afloramientos primarios explotables) así como la búsqueda de evidencias arqueológicas de extracción y transformación. Para el caso de los depósitos secundarios, urge caracterizar de forma integrada los materiales detríticos del Cuaternario del Guadalquivir (llanura aluvial, glacis y terrazas adyacentes) por sectores, así como los dispuestos en los cauces de los ríos y arroyos serranos (como el desarrollado en el cauce del Rumblar) (García González *et Alii* 2009), sobre los que se añade el problema de su inundación actual por la construcción de embalses. Sólo así podrá desarrollarse el estudio integral de la gestión de materias primas no silíceas y la tecnología asociada a este tipo de industrias en los establecimientos humanos situados en la vega del Guadalquivir Medio.

VIII- La industria ósea del IV milenio ANE en el Guadalquivir Medio

1. Introducción y metodología

La descripción de los artefactos realizados sobre hueso cuenta con una larga tradición en la arqueología prehistórica postpaleolítica ibérica, si bien ha sido en los últimos 30 años cuando se han desarrollado la mayor parte de los estudios sistemáticos, basados sobre todo en las primeras descripciones tipológicas iniciadas por Henriette Camps- Fabrer para el Capsiense y Neolítico del Magreb y del Sahara (Camps 1979, Camps *et Alii* 1990). Estas clasificaciones posteriores han fructificado desde entonces en diversos trabajos relativos a la industria ósea del valle del Ebro (Rodanés 1987, 1995b, De la Fuente 2001) y Levante (Barrachina 1996, Pascual 1998). Para el Neolítico y la Edad del Cobre en el sur de Iberia disponemos de estudios relativos a la industria ósea de las cuevas de la Carigüela y las Ventanas (Píñar, Granada) (Salvatierra 1980), del Toro (Meneses 1994, Martín Socas *et Alii* 2004) y los enclaves al aire libre de Polideportivo de Martos (Mérida 1992, Lizcano 1999) así como de varios del sureste almeriense (Maicas 2004, 2007), entre otros.

Para trabajar con el escaso repertorio instrumental óseo procedente de la vega del Guadalquivir Medio incluido en este capítulo, dotado de un por lo general deficiente estado de conservación, nos hemos valido sobre todo del trabajo de J. L. Pascual Benito (1998), debido al uso de una sistematización tipológica sencilla y abierta, sumamente flexible, realizada con un claro interés hacia los soportes anatómicos y su origen taxonómico, la cual se encuentra a su vez basada en la obra de H. Camps-Fabrer (Camps 1979, Camps *et Alii* 1990), la cual también ha sido consultada. Como fuente de información complementaria hemos usado el trabajo de Ruth Maicas Ramos (Maicas 2007), con especial atención en lo relativo a la funcionalidad y descripción de la cadena operativa, en la que ha resultado de interés su descripción y modo de identificación de los estigmas tecnológicos.

Para la observación de estrías, desconchados y pulimentos, hemos utilizado dos modelos de lupa binocular estereoscópica, marca Leica MZ8 y Nikon SMZ 645, con fuente de luz orientable (Leica CLS 100). A fin de seguir un criterio unificado en el proceso descriptivo, nos han sido de gran utilidad las tablas publicada por F. J. Muñoz (Muñoz Ibáñez 1994) y Ruth Maicas (Maicas 2007: 42). De la misma forma, y como ya hemos indicado, cabe añadir en lo respectivo a instrumentos apuntados, la asunción de los criterios definidos en el III cuaderno de las *fiches typologiques de l'industrie osseuse préhistorique*, publicados por la *Commission de Nomenclature sur l'Industrie de l'Os Préhistorique* (Camps *et Alii* 1990).

Todo el instrumental óseo detectado, a excepción de algún fragmento dotado de cierta modificación tecnológica leve (una porción de costilla), ha sido dibujado siguiendo el mismo método empleado para la industria lítica y la producción cerámica, usando un estilógrafo (rapidógrafo) marca Rotring. La orientación de las piezas representadas en los distintos dibujos, se ha dispuesto siguiendo los criterios apuntados por las autoras ya consignadas (Camps 1979: 9- 10, Maicas 2007: 33).

2. Los artefactos de hueso en Iglesia Antigua de Alcolea

El conjunto artefactual en hueso recuperado en este enclave resulta escaso si lo comparamos con otros conjuntos de cronología similar recuperados en otros yacimientos contemporáneos del sector central de la Depresión del Guadalquivir y áreas limítrofes, tales como Polideportivo de Martos (Mérida 1992, Lizcano 1999), o la subfase IIIA de la Cueva del Toro (Martín Socas *et Alii* 2004). En total, el repertorio analizado consta únicamente de al menos ocho instrumentos, cuatro de los cuales se hallaron en el interior de la estructura VIII (campaña de 2005) y fragmentos de otros tres en el sedimento cribado procedente del interior de la estructura XII (campaña de 2006). Por último, un artefacto apuntado, sin duda entre los mejor conservados aunque también incompleto, fue hallado entre los sedimentos que colmataban la estructura X junto a un fragmento de costilla truncada, aparentemente por abrasión distal conformando un bisel simple.

- Útiles apuntados

Como suele resultar habitual en los trabajos realizados en enclaves ocupados entre el Neolítico y la Edad del Cobre, la familia de los instrumentos apuntados (Pascual 1998: 39) aparenta ser la más representada, siendo el punzón sobre metápodo de caprino el tipo que frecuentemente dispone de una mayor presencia. En este sentido llama la atención la ausencia aparente de instrumentos realizados dividiendo la diáfisis en dirección craneal- caudal (metápodo hendido), observando tan sólo instrumentos facetados a partir de una división de la diáfisis en sentido medial- lateral, resultando soportes de mayor anchura y permitiendo un área de agarre de mayor volumen al mostrar la epífisis previsiblemente completa. Estos instrumentos se suelen clasificar como punzones sobre metápodo "entero" de *Ovis/Capra* (Pascual 1998: 44, Camps *et Alii* 1990: Fiche 9), también llamado de abrasión unifacial (Merida 1992: 107) o punzón tubular de base articular sobre metápodo distal (Maicas 2007: 130).

El primero de ellos (X/O/5), debido a la forma alargada y particularmente estrecha del fuste y su extremo punzante, podría ser clasificado como alfiler (Mérida 1992: 107). Se halla elaborado sobre metacarpo mesodistal de caprino subadulto, como evidencia la ausencia de soldadura de la epífisis distal (tróclea). La supresión de parte de la cortical ósea permite observar el canal medular en dos tercios de la pieza. Siguiendo las trazas tecnológicas visibles en su facetado en la diáfisis, se puede rastrear un especial interés en la completa eliminación de las aristas y en el afinado de sus superficies, predominando los haces de estrías diagonales al eje de la pieza en la superficie cortical convexa opuesta al canal medular, siendo la dirección predominante de las estrías de abrasión paralelas a la longitud de la pieza. El grado de carbonatación que presenta dificulta la observación de parte de su superficie, si bien se atestigua la ausencia del ápice punzante, fracturado de antiguo, pudiendo superar los 140 mm de longitud. Procedente de la estructura X, no se observan en apariencia, trazas de acción térmica, a diferencia de otros artefactos localizados en la estructura VIII.

El segundo representante (XII/133/O/1) se compone de una pieza reconstruida parcialmente a partir de varios fragmentos hallados en avanzado estado de calcinación, exhibiendo un destacado color blanco, y que han podido remontarse hasta aproximarse a su forma original. Probablemente pertenezca al sector mesial de un punzón de sección plano- convexa, elaborado a partir de un metacarpo de caprino, si bien el estado de la pieza no permite asegurarlo. Su tercio inferior parece mostrar una abertura progresiva, la cual probablemente desembocaría en el extremo distal del soporte anatómico, utilizada como área de agarre. Se encuentra totalmente facetado en todos sus planos, evidenciando una abrasión de dirección perpendicular y diagonal a su longitud en el plano craneal (superficie convexa) y caudal (superficie plana), habiendo suprimido en este último caso todo vestigio del canal medular. Los laterales del instrumento se hallan finamente abrasionados mostrando estrías perpendiculares al eje de la pieza.

De la llamada estructura VIII, se conserva un segmento mesodistal de punzón (VIII/O/1), probablemente realizado a partir de un metápodo de caprino, quizás un metatarso, no pudiendo determinar su fabricación a partir de la diáfisis hendida o completa (región craneal- caudal o medial- lateral). Las trazas tecnológicas distinguibles se resumen en un facetado por abrasión que sigue la dirección del eje de la pieza, conformando un extremo distal apuntado continuo. Fracturado en su área mesial, no conserva el segmento proximal de agarre, probablemente coincidente con una epífisis, lo que dificulta su identificación anatómica y taxonómica. Dispone de evidencias de termoalteración, representadas a partir de un marcado oscurecimiento creciente en el área próxima a la fractura.

Junto a los anteriores, aunque muy deteriorado por afección térmica, ha podido ser identificado un instrumento apuntado a partir de dos fragmentos remontados (XII/107/O/1). Corresponde quizás un punzón, el cual conserva únicamente el segmento mesial, encontrándose facetado longitudinalmente en toda su superficie a excepción de parte del canal medular. El estado de la pieza no permite aventurar su procedencia anatómica o taxonómica, correspondiendo probablemente a una diáfisis de mesomamífero.

Un segmento de varilla cilíndrica, de reducidas dimensiones (2,5 mm de diámetro) y de apenas 9 mm de longitud en su parte conservada, puede representar parte de un útil apuntado o quizás un alfiler, si bien resulta difícil asegurar su tipología (XII/133/O/2). La superficie conservada, aun estando relativamente afectada por termoalteración, muestra un facetado obtenido mediante abrasión y pulimento de dirección mayoritariamente perpendicular a la longitud del instrumento, elaborado a partir de la cortical de una diáfisis de mamífero indeterminada.

Para terminar con la familia de los apuntados, contamos con un representante de los denominados "punzones de economía" (Camps *et Alii* 1990: 17, Pascual 1998: 39-40, Maicas 2007: 124), que responden a "*objetos apuntados realizados sobre fragmentos de hueso, generalmente astillas, que únicamente presentan señales de facetado o de uso en la zona distal apuntada*" (Pascual 1998: 39), muy relacionados con la denominada "industria poco elaborada" (Rodanés 1995: 160). Estas características se observan en una esquirla levemente modificada procedente de la estructura VIII (VIII/O/2). Extraída a partir de una diáfisis de proyección recta, conserva trazas evidentes de pulimento y lustre en la región distal, así como levemente en el plano de fractura. Completamente oscurecida por acción térmica, ha perdido en la punta por deterioro, el extremo terminal del ápice.

- Útiles biselados

Como único representante de los útiles biselados, se ha identificado un cincel sobre hueso "entero" (Pascual 1998: 73- 74), el cual si bien no conserva la epífisis, podría encontrarse realizado sobre el tercio distal de un metápodo de mesomamífero artiodáctilo, probablemente de caprino (VIII/O3). El extremo activo se compone de un bisel doble, el cual observado de perfil integra dos superficies planas convergentes modificadas por una abrasión de dirección perpendicular al eje de la diáfisis, a juzgar por las estrías tecnológicas observadas a través de lupa binocular, conformando un filo rectilíneo. Las superficies lateral y medial del extremo activo también han sido facetadas del mismo modo. Todo el soporte óseo presenta evidencias características de termoalteración, mostrando una coloración gris característica, unida a un brillo probablemente producido por fricción manual durante su utilización. En este sentido, la relativa proximidad del extremo activo con el arranque de la epífisis (constituyendo un instrumento de desarrollo corto) puede ser síntoma de un reiterado reavivado del bisel tras su consiguiente embotamiento o bien ser resultado de su reciclaje a partir de un punzón sobre metápodo "entero" (Pascual 1998: 44).

Por último, localizada entre el conjunto faunístico procedente de la estructura X, hemos observado un fragmento de costilla truncada, perteneciente probablemente a un meso- macromamífero artiodáctilo, la cual muestra una leve abrasión distal en bisel simple en el lado medial del hueso (X/O/6). El estado de alta carbonatación que presentaba la pieza, unida a su deterioro, impide hacer valoraciones respecto a su inclusión como posible espátula o monobisel distal, útil de escasa transformación y relativamente común en contextos contemporáneos (Maicas 2007: 159). En todo caso la débil consistencia derivada de la arquitectura ósea de la región distal de la costilla, hace dudar de su empleo como útil tranchante, pudiendo corresponder también a una abrasión resultado de un uso prolongado del filo distal como alisador (Meneses 1994: 152).

Figura 28: Posible espátula de la estructura X de Iglesia Antigua de Alcolea.

- Útiles receptores

Dentro de este grupo, definido como conjunto de "*objetos de tipología muy variada y funcionalidad diversa, cuya parte activa posee un hueco destinado a contener y/o transportar materias de muy diversa naturaleza: instrumentos, alimentos o colorantes*" (Pascual 1998: 88, Maicas 2007: 163), incluimos una sola pieza, interpretada como parte de un posible mango, del que ha llegado hasta nosotros algo menos de su mitad longitudinal (VIII/O/4). Éste se encuentra realizado sobre diáfisis, muy probablemente fémur de mediano artiodáctilo. Completamente ahuecado debido a su origen, los extremos conservados de la diáfisis parecen regularizados mediante una serie de percusiones leves, más netas en lo que se refiere al área cercana a la epífisis. La superficie externa conservada aparece modificada mediante tres facetas de abrasión, sobre las cuales las estrías tecnológicas aparecen de nuevo dispuestas perpendicularmente al eje de la pieza. El facetado de la superficie del hueso le confiere un aspecto de "pelado". Toda la superficie externa, y particularmente en el tercio más alejado del arranque de la epífisis, muestra un lustre característico, que en algún punto llega a enmascarar las estrías tecnológicas, lo que puede interpretarse debido al micropulimento provocado por su prensión reiterada con la mano. De nuevo, como se observa en toda la industria ósea procedente de las estructuras VIII y XII, su característica coloración deja en evidencia la acción del fuego.

3. Los artefactos de hueso en La Verduga Alta

En este enclave, el conjunto de hueso trabajado correspondiente a las estructuras incluidas en el estudio se muestra si cabe aun más escaso que en el yacimiento de Alcolea. En total, tan sólo pudimos localizar dos artefactos correspondientes a utillaje óseo entre el material correspondiente al llamado fondo 21 de la Verduga Alta.

- Útiles apuntados

Con este grupo comenzamos por un fragmento de cuerpo prismático, correspondiente a la de cortical de un segmento de diáfisis modificada por abrasión longitudinal al eje de la pieza en toda la superficie conservada. Ésta representa una pequeña porción, faltando tanto la mitad lateral de la pieza como la totalidad de los extremos proximal y distal (21/O/1). Probablemente pertenezca al grupo de los apuntados, pudiendo identificarse con un posible punzón indeterminado. El estado de la pieza no permite su identificación anatómica, y por ende difícilmente su origen taxonómico.

Finalizamos con un segundo objeto, reconstruido a partir de cuatro fragmentos y correspondiente a un punzón de sección planoconvexa realizado a partir de un metápodo de artiodáctilo, quizás el metatarso de un caprino, base a su longitud, proporciones y arquitectura ósea básica (21/O/2). La disposición divergente de los bordes laterales en su sector proximal fracturado, así como la anchura y convexidad del fuste facetado del extremo activo, determinan su correspondencia al tipo "punzón sobre metápodo entero de *Ovis/Capra*" (Pascual 1998: 44). Frente a lo que suele resultar frecuente en este tipo de punzones, también denominados "de sección cóncavo-convexa" (Rodanés 1995b: 182- 183), en este caso no es posible determinar a qué región anatómica (tróclea o plano articular proximal) correspondía su extremo prensil. El fuste de la pieza se encuentra elaborado en la región craneal del metápodo, evidenciando al dorso el canal medular casi de modo vestigial, muy perdido en su extremo activo por abrasión perpendicular y oblicua al eje de la pieza. Como en otras ocasiones, el facetado del resto de las superficies se ha efectuado siguiendo una dirección longitudinal. Esto se evidencia notablemente en el afinado del plano craneal (convexo) como los laterales de la pieza y parte del extremo distal punzante, que cuenta con una silueta entre afinada continúa y ojival. Con 108 mm de longitud conservada, la pieza pudo alcanzar los 140 mm en origen, conservando el fuste en su zona mesial, una anchura de 11,5 y 4,8 mm de grosor.

4. Discusión e Inferencias

Dentro de los llamados útiles apuntados (Maicas 2007: 123), los punzones sobre metápodo de caprino constituyen uno de los grupos mejor caracterizados en las industrias óseas prehistóricas. Representan utensilios alargados, generalmente realizados a partir de metápodos enteros o hendidos previamente y con una longitud inferior a 180 mm, con una extremidad distal terminada en una punta más o menos acondicionada mediante facetado por abrasión y pulimento y con un extremo proximal mas o menos acondicionado, normalmente coincidente con la epífisis natural del hueso (Pascual 1998: 39).

A lo largo del Neolítico y hacia la segunda mitad del IV milenio ANE, estas morfologías apuntadas parecen generalizarse, beneficiándose en estos momentos los instrumentos de secciones preferentemente planas realizados sobre metápodos (Mérida 1992: 118). Aunque dichos útiles muestran una repartición muy amplia, prácticamente ubicua (Camps *et Alii* 1990: Fiche 6), su uso se encuentra muy extendido en el sur de la Península hasta el Campaniforme y Bronce Pleno (Salvatierra 1982: 233 en Pascual 1998: 51, Maicas 2004: 185), momento en que su presencia parece diluirse coincidiendo con la generalización de las producciones metálicas.

Dada la versatilidad de estos instrumentos, resulta ciertamente complejo resumir su funcionalidad. Por otra parte la observación de la extremidad activa con bajos aumentos no se encuentra exenta de problemas, dada la dificultad de discriminar el posible pulido de regularización y acabado tecnológico, del lustre de uso en la extremidad distal (Mérida 1992: 107). Tanto los diferentes estudios traceológicos llevados a cabo así como su propia conformación apuntada señalan a un empleo sobre materias blandas, en acciones de perforación (con presión o sin ella), agrandar perforaciones, e incluso su uso como paleta, a juzgar por la observación de desgastes específicos (Maicas 2004: 164). Su presencia puede estar relacionada con el trabajo de la piel y el cuero (Martín Socas *et Alii* 2004: 181[119]), la confección textil (pasador de telar) (Ramos Millán 1981: 243, Ruiz y López 2001: 88), su empleo como alfileres para el cabello (Vento 1985: 69, Mérida 1992: 107) o inclusive la manufactura cerámica y su decoración (Meneses 1994: 154, Maicas 2004: 164).

A los útiles biselados se les supone una función relacionada con el descortezado de la madera (Maicas 2004: 174) o el preparado de las pieles (Martín Socas *et Alii* 2004: 181), basada en su comparación con instrumentos etnográficos semejantes, estando presentes en la mayor parte de las culturas prehistóricas desde el Paleolítico Superior (Pascual 1998: 73). Sobre gran parte del filo de estos objetos, suelen observarse melladuras y desconchados, así como embotamientos netos en toda su longitud, lo cual parece indicar su uso sobre materias duras (Pascual 1998: 75 y 78).

Respecto a los útiles receptores, también llamados "contenedores" (Maicas 2004: 175), como el fragmento de mango hallado en la estructura VIII de Iglesia Antigua de Alcolea, comprenden una amplia extensión en el tiempo y en el espacio, siendo empleado en actividades variables en función del útil engastado. Acciones tales como perforar, serrar o cortar, dependen íntimamente (como no puede ser de otra forma) de la naturaleza del útil inserto en el mango. En este sentido, el uso de mangos óseos dotados de una escasa o nula modificación se proyectan diacrónicamente hasta tiempos preindustriales, como hemos tenido ocasión de observar mezclados en registros arqueozoológicos de la Edad Media en la ciudad de Córdoba (Casal *et Alii* 2010: 175)

En general la industria aquí descrita se halla realizada a partir de una cadena operativa corta, sencilla y perentoria, resultado de una elaboración basada en una necesidad inmediata. Para ilustrar dicha realidad nos hemos valido de algunas reconstrucciones experimentales[120], no sistemáticas y tampoco vinculadas a un programa específico, en la que hemos utilizado idénticos soportes anatómicos. Los resultados, sin ser realmente novedosos, reiteran la escasa complejidad y facilidad en términos de tiempo y medios que comporta la fabricación de dichos útiles, para los cuales, cierta habilidad, unida a un conocimiento básico de la propia arquitectura ósea de cada elemento anatómico y sus patrones óptimos de fracturación, el concurso de un instrumental lítico de escasa especialización y el uso de abrasivos naturales como arena o areniscas sólidas, determinan una fabricación rápida de los elementos apuntados y biselados necesarios, cuyo empleo ciertamente puede llegar a ser variado y de carácter multifuncional, propio de una industria no especializada y ligada a necesidades cotidianas muy diversas.

[119] Trabajo realizado por M. D. Meneses Fernández en el marco de su Tesis Doctoral (1991).

[120] Este proceso de experimentación se basó en la realización de punzones sobre metápodo "entero" de caprino, para lo cual se observaron los pasos descritos para la producción ósea de la Cueva del Toro (Martín Socas *et Alii* 2004: 177, Fig. 97) y los esquemas ilustrados en la Ficha 6 del cuaderno III de las *Fiches typologiques de l'industrie osseuse préhistorique* (Camps *et Alii* 1990: Fiche 6, 7).

IX- La explotación de los recursos animales durante el IV (y III) milenio ANE en el Guadalquivir Medio

1. Introducción

En el conjunto de la Depresión del Guadalquivir, inferir características económicas a través del estudio de los restos óseos animales procedentes de los enclaves arqueológicos ocupados en la Prehistoria Reciente, representa una necesaria vía de aproximación histórica que cuenta sin embargo con variados problemas de partida. Por un lado resulta creciente el número de enclaves arqueológicos, en su mayoría poblados o áreas de hábitat al aire libre, excavados a lo largo de las últimas décadas. Sin embargo, bien es cierto que los estudios arqueozoológicos no han seguido el mismo derrotero, encontrándonos ante demasiadas lagunas geográficas y temporales como para permitir trazar en firme conclusiones definitivas. Lejos de representar esto el objetivo de nuestro trabajo, nos limitaremos aquí a desarrollar a modo de hipótesis, una visión particular de la explotación ganadera extendida en la Depresión del Guadalquivir entre el Neolítico y la Edad del Cobre (3500- 2200 ANE), aprovechando el estudio desarrollado aquí sobre los conjuntos excavados en dos enclaves arqueológicos de la vega del Guadalquivir Medio.

Para alcanzar nuestros objetivos, debemos afrontar problemas de orden diverso. A la ausencia de estudios concretos publicados sobre la fauna mastozoológica de ciertos yacimientos del sur de Iberia, mayoría incluso en aquellos excavados, se le suma la debilidad de los conjuntos analizados, los cuales con relativa frecuencia no llegan al centenar de restos. Por otra parte, la heterogeneidad de las técnicas de aproximación y estudio, la diversidad de los conjuntos analizados, así como las dificultades cronológicas que presentan gran parte de los mismos, agrupados con frecuencia de forma inevitable en fases genéricas de gran extensión temporal, complican un panorama en el que los estudios faunísticos de síntesis, salvo excepciones (Morales y Riquelme 2004), representan sin duda el gran ausente. El sesgo territorial resulta también importante, quedando muy desdibujada la Depresión del Guadalquivir y prácticamente desconocida tanto la vega estricta como el piedemonte de Sierra Morena en su sector central. Por ello, pese a la exigüidad del registro presentado en este trabajo, creemos que éste puede llegar a representar un inicio para propuestas interpretativas de base más sólida y centradas en la explotación de los recursos animales en la Depresión del Guadalquivir entre el IV y el III milenio ANE.

2. Metodología

Este trabajo se basa en parte en los resultados del análisis de los restos óseos animales de la llamada Fase I de La Verduga Alta, correspondiente a los fondos 9, 15, 21, 22A y 104, así como del enclave de Iglesia Antigua de Alcolea, cuyo registro comprende los restos recuperados en las estructuras I, IV, VIII, XI y XII. Ambos conjuntos, ya de por sí heterogéneos, proceden de sedimentos que colmataban el interior de diversas estructuras circulares, algunas de ellas siliformes, pudiendo corresponder a depósitos diferenciales de carácter eventual o estratificados de forma episódica, en gran medida pertenecientes a restos alimentarios, sin poder excluir la posible presencia de deposiciones de origen multicausal o no relacionadas con el consumo humano. La datación de ambos conjuntos se sitúa como vimos en torno a la segunda mitad del IV milenio ANE, con una ergología característica de recipientes de paredes rectas y formas de carena baja.

Frente a lo que hubiera sido nuestra voluntad, no nos ha sido posible acceder a más conjuntos coetáneos en este sector geográfico. Tan sólo en el interior de la estructura 10 de Casa del Tabaco pudimos recuperar varios fragmentos de diáfisis de macromamífero muy lixiviados, de tal suerte que además de haber resultado imposible su identificación anatómica y taxonómica, el fragmento seleccionado para obtener una datación AMS (Beta-294444) no superó el pretratamiento de extracción de colágeno. Junto a estos restos, tan sólo algo más de seis valvas de uniónido pudieron añadirse al conjunto ecofactual de la Fase I de este enclave, no habiéndose detectado en la Fase 2 apenas restos de fauna, frente a las muestras del III milenio constituidas fundamentalmente por restos de suidos.

Así pues, el conjunto osteológico procedente de la excavación de las 11 estructuras repartidas entre los yacimientos de La Verduga Alta y la Iglesia Antigua de Alcolea, no resulta proporcionalmente abundante, por lo que las conclusiones potenciales deben tomarse con la necesaria cautela. El estado de conservación de los elementos anatómicos recuperados en ambos enclaves no es excesivamente deficiente, si bien muestra un alto índice de fracturación, lo cual sumado a la acción química desempeñada por agentes del suelo y factores biológicos, caso de vermiculaciones y erosiones radiculares, ha dificultado notablemente el trabajo de identificación y limitado la toma de datos osteométricos.

En los casos en los que nos ha sido posible, hemos procedido al remontaje de los fragmentos que se mostraban visiblemente correspondientes a un mismo elemento anatómico, procediendo en algunos casos a un somero pegado con resina sintética. Así pretendimos limitar el efecto que la fracturación parásita podía producir en la contabilización del NR (número de restos) y NMSP (número mínimo de partes del esqueleto) por taxón y al número de fragmentos total, así como facilitar una más segura identificación y ayudar a una correcta toma de medidas osteométricas estandarizadas (todas en mm), las cuales han sido obtenidas con la ayuda de un calibre electrónico.

Para evaluar el peso de los restos (PR) hemos utilizado una balanza electrónica, con 1 g de precisión. El error, aunque asumible, ligado a una densidad diferencial de cada ejemplar propia de un registro que ha permanecido enterrado más de cinco milenios y que presenta desde pérdidas de masa por ataque químico o termoalteración hasta carbonataciones agresivas (evitando tratarlas con disoluciones de bases y ácidos), nos lleva a aceptar los datos totales del PR (siempre en g) con precaución, representando valores aproximativos. En este sentido la exigüidad del registro hace aumentar la aparente distancia que a menudo presentan entre si las cifras que expresan los resultados tanto del PR y del NR.

En la identificación taxonómica nos hemos valido de una colección comparativa propia, obtenida en su mayor parte a través de recolecciones realizadas en Sierra Morena cordobesa y junto a explotaciones ganaderas en la campiña de Córdoba (jabalíes, ciervos, lepóridos y varias especies de carnívoros entre la fauna salvaje, y cerdo ibérico, bovino frisón y retinto, ovino cruce de raza merina y caprino de raza serrana andaluza). De la misma forma cuando ha sido necesario, hemos recurrido a la cada vez más extensa colección adscrita al Departamento de Anatomía y Embriología sita en el Campus de Rabanales de la Universidad de Córdoba[121]. Como bibliografía complementaria hemos hecho uso de la obra publicada por Barone (1976), fundamental a la hora de hacer uso de la terminología anatómica.

Respecto a la identificabilidad de taxones conflictivos, Hemos seguido los criterios dictados por Boessneck (1980), complementado por Helmer y Rocheteau (1994), para separar cabras y ovejas. En los casos en los que no ha sido posible la distinción entre ambas especies, se ha optado por incluirlos dentro de la subfamilia Caprinae. En lo que respecta a las diferencias presentes entre cerdo doméstico y jabalí, hemos calibrado las medidas de los molariformes superiores e inferiores, contrastadas con la colección propia y los datos proporcionados por Payne y Bull (1988). Además para este grupo, la especie doméstica ha sido apuntada por defecto base a la neta superioridad de subadultos e infantiles, si bien se ha podido extraer de dicha muestra algunos elementos de ciertas dimensiones probablemente pertenecientes al taxón salvaje.

Ante el grado de fragmentación del registro, optamos por gestionar la identificación de cada fragmento tanto a través del número de restos (NR)[122], usado para el recuento básico, como a partir del número mínimo de partes del esqueleto (NMPS), empleado para cotejar la representación anatómica por especies o subfamilias determinadas. Para ello, cada fragmento fue adscrito a la correspondiente región anatómica de un determinado hueso, entrando en juego el factor de lateralidad y en la medida de lo posible, sexo y edad, viéndose dividido en áreas proximal, mesial y distal, valiéndonos de diferentes combinaciones o divisiones base a arquitectura o región ósea. Este NMPS (Chaix y Méniel 2005: 163), sería asimilable en este sentido al MNE, o número mínimo de elementos, usado de la misma forma en otros estudios con el fin de amortiguar el impacto de la fracturación en los registros arqueozoológicos (Yravedra 2006: 307)

En este sentido por ejemplo, si contamos con tres fragmentos del humero izquierdo de un individuo adulto, podríamos llegar a citarlo como uno solo (entiéndase, una sola "parte del esqueleto") en caso de ser un fragmento proximal, otro mesial y el otro, distal. Esta labor se ha visto facilitada por el uso de la fotografía digital y del dibujo esquemático de cada fragmento, lo que a su vez ha servido para ajustar la composición del MNI (número mínimo de individuos), por cada estructura o fondo, y del NMI final, por yacimiento, valor éste último obtenido base a considerar en conjunto el NMPS total.

Como adelantamos, la existencia de un alto porcentaje de restos no atribuibles a un taxón dado ha obligado a utilizar igualmente el criterio usual de recuento constituido por el NR (número de restos). Siempre en relación a la muestra mastozoológica, y debido al grado de fragmentación presente, hemos podido atribuir un número no despreciable de restos a grupos anatómicos básicos (craneal, axial y apendicular), repartidos a su vez en conjuntos animales divididos por criterios de tamaño. Estos conjuntos, que pretenden ser flexibles habiendo sido creados con una finalidad meramente orientativa, pretenden evitar la infrarrepresentación que ciertos elementos anatómicos (sobre todo axiales) muestran debido al alto índice de fracturación.

Dichas agrupaciones se hallan compuestas por macromamíferos, a los que se ha sumado (en el NR final) los restos atribuidos a bovinos; meso- macromamíferos, animales de talla intermedia entre los que se han incluido restos pertenecientes a cérvidos y grandes caprinos (*Capra* cf. *pyrenaica*); mesomamíferos, entre los que se añaden en la suma final los restos pertenecientes a caprinos domésticos y suidos; carnívoros, compuestos únicamente por taxones pertenecientes a cánidos (*Canis* y *Vulpes*), y lepóridos, integrados por conejos y liebres. Sólo en caso de aparecer como indeterminados (macromamíferos, meso- macromamíferos y mesomamíferos indeterminados) las especies o géneros que sí han sido determinados se encontrarán excluidos de dicho grupo.

A nivel osteométrico, las medidas han sido tomadas a partir de los valores sistematizados por A. Von den Driesch (1976), a excepción de algunas a nivel particular en área craneal para los suidos (anchura mínima del arco cigomático) y en el caso de los cánidos (hemimandíbula), para los que usamos entre otros, parámetros publicados por Nuria García para los carnívoros (García García 2003: 388). Las afecciones tafonómicas presentadas por el registro se han evaluado siguiendo las pautas recogidas por Yravedra (2006), a las que hemos añadido criterios propios de observación para determinados casos particulares, como en lo relativo a modificaciones instrumentales. No han sido evaluados, salvo excepciones que se describirán más adelante, aquellos elementos

[121]Agradecemos a Andrés Diz Plaza, responsable del museo de osteología, su amabilidad y facilidades prestadas a lo largo de estos años para la consulta de la colección.

[122]A fin de no sobrecargar este estudio con un mayor número de coeficientes, hemos utilizado la variable de NR de forma individual también sobre los restos determinados, en el lugar en el que otros autores utilizan el llamado NISP (Número de especímenes identificados por taxón) (Yravedra 2006: 307).

anatómicos de intensa modificación antrópica destinados a la elaboración de industria ósea.

La evaluación de la edad se ha realizado en función del grado de epifisación del esqueleto apendicular, así como a través de la erupción y desgaste dental. Para ello, nos hemos valido de las tablas de erupción dental proporcionadas por Rolh y Chiu (1994) (en Yravedra 2006: 317- 318) para los suidos, y Silver (1980: 304-305), para los caprinos. Para los patrones de desgaste ha resultado muy útil la información y tablas proporcionadas por Wilkens (2003). Las cohortes de edad han sido reservadas para caprinos y cerdos, en referencia a lo estipulado por el laboratorio de Arqueozoología de la Universidad Autónoma de Madrid (Morales *et Alii* 1994: 38), del modo siguiente:

Edad meses	infantil	juvenil	subadulto	adulto
	Inmaduro			
Caprino	0- 2	2- 6	6- 18	+18
Suino	0- 3	3- 12	12- 21	+21

Tabla 17: Cohortes de edad empleadas en función de la cabaña (tomado de Morales *et Alii* 1994: 38)

En los casos en que ha sido posible determinar el sexo, nos hemos basado en criterios relativos al dimorfismo respectivo entre machos y hembras, principalmente basados en rangos de tamaño y proporciones, así como la presencia, ausencia o caracteres distintivos (como en el caso de las apófisis córneas o gavillas) de ciertos rasgos anatómicos. Tanto en los enclaves de la Verduga Alta como en Iglesia Antigua de Alcolea, se muestran ausentes elementos determinantes del dimorfismo sexual tales como los caninos diferenciales en los suidos, ejemplares del hueso coxal en buen estado, o metápodos de bovinos con un aceptable grado de conservación, dificultando aún más si cabe, la segregación de individuos por sexo.

3. El registro arqueofaunístico en la Verduga Alta, Fase I e Iglesia Antigua de Alcolea

En total, todo el conjunto arqueozoológico contabilizado en la así denominada Fase I de la Verduga Alta se compone de 193 restos, de los cuales, tan sólo 40 han resultado identificables por especie, género o subfamilia, para el caso de los mamíferos, y a nivel de familia, para el caso de anfibios y reptiles. El resto de los fragmentos (153), no han podido identificarse taxonómicamente debido principalmente a su alto grado de fragmentación. Entre éstos, siete fragmentos de concha pertenecen a valvas de náyades (Unionoida). Las alteraciones térmicas no resultan abundantes, estando presentes sobre el 12,8 % de los fragmentos, lo cual corresponde en términos de peso al 6,8 % del PR total. El contexto espacial relativo a los restos óseos correspondientes a cada fondo, al igual que otros detalles concretos de excavación arqueológica, nos es desconocido, relacionándose en la mayoría de los casos con elementos interpretables como desechos de carácter alimentario.

A su vez, el conjunto recuperado en Iglesia Antigua de Alcolea asciende a 746 restos óseos contabilizados (736 sin incluir las piezas dentales encontradas sueltas), de los cuales 708 corresponden a macrofauna (incluyendo lepóridos, como conejo y liebre), y 38 restos a microvertebrados, entre los que se han incluido micromamíferos, aves, lacértidos, peces y hasta fragmentos de cáscaras de huevo. Estos elementos de carácter microfaunístico se obtuvieron durante los trabajos de excavación realizados sobre la estructura XII, en la que se pudo flotar una considerable cantidad de sedimento. Junto a éstos, se han contabilizado por separado 55 fragmentos de valvas de náyades, repartidos en cuatro de las estructuras intervenidas.

Al corresponder en su mayor parte a esquirlas, el grado de identificabilidad de la macrofauna es muy reducido, apenas 99 restos a cuenta de género o especie (incluyendo lepóridos sin determinar), frente a 609 restos no identificados, lo que supone apenas un 13 % del total. Por su parte éstos corresponden en gran número a mesomamíferos indeterminados (320 restos), en su mayoría probablemente pertenecientes a medianos artiodáctilos, junto a 276 restos de mamíferos *sensu stricto*. Fuera de estos conjuntos apenas diez y cinco restos se han incluido en el grupo de los macromamíferos y meso- macromamíferos, lo cual podría reforzar la débil presencia de grandes artiodáctilos o perisodáctilos en las bases económicas de los habitantes de este lugar (IAA).

Los restos en general cuentan con una conservación precaria, estando afectados por procesos intensos de carbonatación en algunos casos, muy sujetos a fragmentación antigua y diagenética, así como a erosiones radiculares. La mayoría de ellos se reduce a meras esquirlas, lo que como en el caso del enclave anterior, ha dificultado notablemente la identificación de la macrofauna bajo el rango de especie o género. Los elementos termoalterados suponen un 67,5 % del total relativo al NR, representando hasta un 53,2 % para el caso del PR. Ello da fe del origen de la mayor parte de los fragmentos recuperados, interpretables como desechos ligados a la alimentación, presentado en algunos casos evidencias antrópicas de desarticulación o despiece, las cuales describiremos más adelante.

- Bovinos. *Bos* cf. *taurus*

Contamos con tan sólo un único resto procedente del llamado fondo 9 de la Verduga Alta, representado por un fragmento de diáfisis de metápodo, asignado con dudas a bovino. Un registro absoluto tan reducido, así como la existencia de este único resto en todo el conjunto, obviamente impide realizar valoraciones en relación al papel que dicho animal pudiera aportar a la economía de la población asentada en esta área. Tan sólo quedaría apuntar que en total, los restos de macromamíferos hallados en estas cinco estructuras de la Verduga Alta ascenderían tan sólo a ocho, los cuales representan un 4,14 % del total osteológico recuperado (presentado en NR), y debido a su tamaño, hasta un 20 % del PR total.

Cómo ya adelantamos, en Iglesia Antigua de Alcolea sólo diez restos han sido incluidos como pertenecientes a macromamíferos, sin poder determinar orden o género.

- Cerdo o jabalí. *Sus scrofa domesticus/ ferus*

En la Verduga Alta, esta especie dispone de 25 restos, los cuales pertenecen en su mayoría a individuos inmaduros y subadultos. Concretamente, procedente del fondo 9 contamos con varios elementos pertenecientes al cráneo de un individuo juvenil, inferior a un año de edad, y al que quizás pudieran pertenecer diversos restos del aparato apendicular, todos sin epifisar. De la misma forma, en el fondo 21 se han hallado diversos elementos apendiculares pertenecientes como mínimo a un individuo infantil, al que bien pudiera pertenecer un fragmento de hemimandíbula derecha con el Pd_4 libre de desgaste. El resto de los elementos adscritos a esta especie corresponden a inmaduros y subadultos, contando con algunos restos escasos (fondo 22A) que corresponderían a un individuo adulto o subadulto. En total, y teniendo en cuenta estos datos, obtendríamos un mínimo de tres individuos para el conjunto de las cinco estructuras: uno infantil, otro juvenil y al menos un subadulto. La ausencia de ejemplares de gran talla, así como la escasa edad de los tres individuos identificados, nos inclina a situarlos en la variedad doméstica. Por otra parte, las marcas que muestran algunos restos dispersos entre las cinco estructuras podrían hacer referencia a la acción tanto de suidos como de cánidos domésticos sobre el registro, estando este último taxón, ausente en la muestra seleccionada.

Por su parte en Iglesia Antigua de Alcolea, el suino constituye el grupo mastozoológico identificado por género con una mayor representación, integrando un total de 41 restos, con un peso 283 g, lo que representa más del 20 % del peso del total y hasta el 50,7 % del peso referido a los restos determinados. En total, manejando en términos absolutos los restos procedentes de todos los conjuntos y estructuras, se ha extraído un NMI de seis individuos. De ellos, uno corresponde a un inmaduro infantil, dos a individuos subadultos, y tres se han incluido en la cohorte de los adultos. Aun representando un número poco representativo de elementos osteológicos y de individuos, la proporción significativa de subadultos e infantiles (que a nivel de restos resulta ligeramente dominante), hace pensar en la presencia mayoritaria de ejemplares dotados de un *status* doméstico, algunos de los cuales podrían haber sido sacrificados antes de alcanzar el óptimo de peso joven.

La dificultad que conlleva diferenciar los suidos salvajes de los domésticos, impide calibrar el valor que la representación virtual de elementos anatómicos pertenecientes al taxón salvaje pueda tener en el registro. El hallazgo de algunos elementos de cierta robustez (una F1 trasera en la estructura X, quizás perteneciente a un macho), podría señalar la presencia del taxón salvaje en la muestra. Dado el estado general de los restos, no ha sido posible obtener datos relativos a la proporción de sexos en el registro, no habiéndose hallado ejemplos de caninos o navajas superiores o inferiores pertenecientes uno u otro sexo.

- Caprinos. Caprinae

Los caprinos aparecen muy poco representados en la Verduga Alta, apenas cuatro restos, lo que supone un 10 y un 2 % de la muestra de restos de mamíferos determinados por especie y en total respectivamente. Sumados junto a los de cerdo al grueso de los mesomamíferos, constituirían en total 118 restos, un 61,13 % del total de la muestra ósea, y que traducida en términos del total de PR los elevaría al 71,7 % del peso absoluto del conjunto mastozoológico. Ello da idea de la potencial infrarrepresentación de estos taxones (suinos y caprinos) en el grueso del registro, pudiendo indicar previsiblemente valores superiores a lo inicialmente observado.

Con tan exigua muestra, que apunta a un NMI total de un sólo individuo y que comprende tan sólo piezas dentales y algunos fragmentos de diáfisis, nos ha sido imposible llevar a cabo la diferenciación entre *Capra* y *Ovis*, no habiéndose podido obtener medidas osteométricas debido al deficiente estado de fragmentación que presentaba este conjunto. Evidentemente, conclusiones relativas a edad y sexo quedan excluidas de cualquier intento de valoración.

Por el contrario el grupo de los caprinos constituye en Iglesia Antigua de Alcolea el conjunto de restos más numeroso tras el de los suinos. Entre aquellos identificados por subfamilia y a nivel de género y especie, contamos con un conjunto formado por 38 fragmentos en total, los cuales representan el 42,5 % del peso de los restos determinados y el 17 % del peso total de conjunto macrofaunístico de mamíferos. En este sentido, 31 han sido atribuidos a la subfamilia de los caprinos (*Capra/ Ovis*). Tomado en conjunto y excluyendo los restos que sí han podido determinarse a nivel de especie, dicho grupo ha arrojado un número mínimo de tres individuos. En todo el conjunto de caprinos, la mayor parte de los restos pertenecen a individuos adultos, si bien al menos uno de ellos ha sido atribuido a un ejemplar juvenil- subadulto (entre seis y ocho meses de edad siguiendo la erupción y desgaste dental), al que se le suma un fragmento de coxal izquierdo.

La presencia de oveja (*Ovis aries*) queda confirmada por el hallazgo de cinco fragmentos con un peso de 94 g, los cuales representan el 16,8 % del peso de los restos determinados. En este sentido se han podido despejar un mínimo de dos individuos, todos adultos, entre los que ha sido posible reconocer un macho y muy posiblemente una hembra, gracias a la individualización en la estructura X y XII de dos fragmentos de apófisis córnea o gavilla. En el primero de los casos, conservada muy parcialmente de suerte que fue imposible tomar medidas, se pudo observar su pertenencia a un carnero, pudiéndose reconocer posibles evidencias de truncado distal de las defensas o desmochado, circunstancia que también se ha citado en otros restos de similar cronología en ámbitos geográficos y cronológicos muy próximos, como en Polideportivo de Martos (Lizcano 1999: 206). Por su parte contamos con un fragmento de apófisis córnea izquierda que hemos considerado como posiblemente perteneciente a una hembra, dadas sus características morfológicas, lo que podría apuntar a la existencia de hembras cornadas como así ha podido ser observado en otros conjuntos publicados de la región (Hain 1982: 44). En la misma línea sorprende la presencia de elementos óseos de ciertas proporciones, lo cual parece apoyar la tesis de la existencia en estos momentos en el sur de Iberia de morfotipos ovinos de grandes dimensiones (hasta los 0,75 m de altura a la cruz) y gran robustez (Lizcano 1999: 206, Morales 1986: 348).

En relación a *Capra*, contamos con apenas dos elementos óseos asignados a este género en Iglesia Antigua de Alcolea; un fragmento de metápodo distal indeterminado adscrito a *Capra hircus* en la estructura VIII, y una primera falange delantera derecha, atribuida con dudas a *Capra* cf. *pyrenaica*. La presencia de otros restos de caprinos de grandes proporciones (un fragmento de radioulna fusionado de la estructura X así como un fragmento proximal de metacarpo izquierdo de la Estructura VIII), apuntan a ejemplares de ciertas dimensiones, si bien en estos casos particulares se ha optado por no extraerlos del conjunto general de los caprinos indeterminados. En total, entre el resto atribuido a *Capra hircus*, y la primera falange atribuida a *Capra* cf. *pyrenaica*, se obtiene un peso de 2 y 5 g respectivamente, que sumados corresponderían al 1,2 % del peso de los restos determinados. El alto número de restos de mesomamíferos no identificados (398), así como de caprinos determinados tan sólo a nivel de subfamilia, obliga a evitar trazar conclusiones de largo alcance al respecto.

- Ciervo. *Cervus elaphus*

Disponemos de un único fragmento proximal de metatarso izquierdo procedente de la estructura XII de Iglesia Antigua de Alcolea. Si bien su conservación ha imposibilitado la toma de medidas, sus grandes proporciones permiten considerar su probable pertenencia a un individuo de sexo masculino. Su peso, en torno a seis gramos, apenas supone el uno por ciento del peso total de los restos determinados en este yacimiento, siendo en teoría despreciable su contribución a la biomasa calculada para el conjunto de la macrofauna. Como dato de interés, en las denominadas fosas 1 y 4 del Cañuelo Alto V se hallaron fragmentos de candiles de ciervo, representando los únicos restos mastozoológicos recuperados durante el control de movimiento de tierras efectuado en este enclave.

- Perro. *Canis l. familiaris*

Sólo en Iglesia Antigua de Alcolea contamos con restos pertenecientes a perro, despejando un único individuo adulto. Una hemimandíbula desdentada, procedente de la estructura X, y un fragmento de III metacarpo izquierdo de la estructura XII, contienen rasgos métricos acordes con los esperados para cánidos domésticos. Por otra parte, sobre el material de las estructuras I, IV, VIII y X, se han documentado trazas de carroñeo, pudiendo constituir una prueba más de su presencia frecuente en el entorno del yacimiento, si bien como ya hemos indicado resulta problemático discriminar dichas marcas de las producidas por otros animales, caso de los suidos.

- Zorro. *Vulpes vulpes*

Un canino superior derecho perteneciente a un individuo adulto, representa el único resto adscrito al orden de los carnívoros, en este caso un zorro, el cual procede del fondo 9 de la Verduga Alta. Su presencia en el yacimiento debe ser considerada como de carácter anecdótico, sin descartar una intrusión debida a factores postdeposicionales (madrigueras o zorreras).

- Lepóridos

En Iglesia Antigua de Alcolea, este grupo se compone de 17 restos en total, correspondientes a un peso de 4,75 g, suponen apenas el 0,8 % del peso de los restos determinados (PRD) y apenas el 1 % del peso total de los restos determinados, no excluyendo la posibilidad de que un cierto porcentaje de éstos pueda corresponder a factores de orden postdeposicional, o no necesariamente ligados al consumo. De la misma forma, 10 de los 17 restos fueron hallados en la estructura XII, la cual fue sometida a un concienzudo tamizado en agua de sus sedimentos, lo cual evidenciaría un importante sesgo en aquellos contextos no sometidos a este sistema de recuperación del registro. Ello se ceba particularmente con el grupo de los lepóridos, cuyos elementos anatómicos suelen describirse indistintamente entre el conjunto de los macrovertebrados (macrofauna) y el de los microvertebrados (microfauna).

De estos 17 restos de lepóridos, seis pertenecen a conejo (*Oryctolagus cuniculus*), siendo todos ellos adscribibles a un sólo individuo. Por el contrario, la liebre (*Lepus granatensis*) ha proporcionado tan sólo un húmero, procedente de la estructura VIII, no pudiendo ser medido debido a su estado de conservación. El resto de los elementos anatómicos documentados, muy fragmentarios y recogidos fundamentalmente en criba, optamos por no atribuirlos a una u otra especie.

En cuanto al enclave de la Verduga Alta, los restos atribuidos a conejo ascienden a un total de siete, lo que supone el 17,5 % del total de mamíferos identificados por especie en los contextos revisados en este asentamiento, siendo su PR reducido a niveles porcentuales. Por su parte un fragmento de húmero mesodistal izquierdo, como de escápula izquierda, pertenecientes a los fondos 22A y 21 respectivamente, han sido atribuidos sin reservas a liebre.

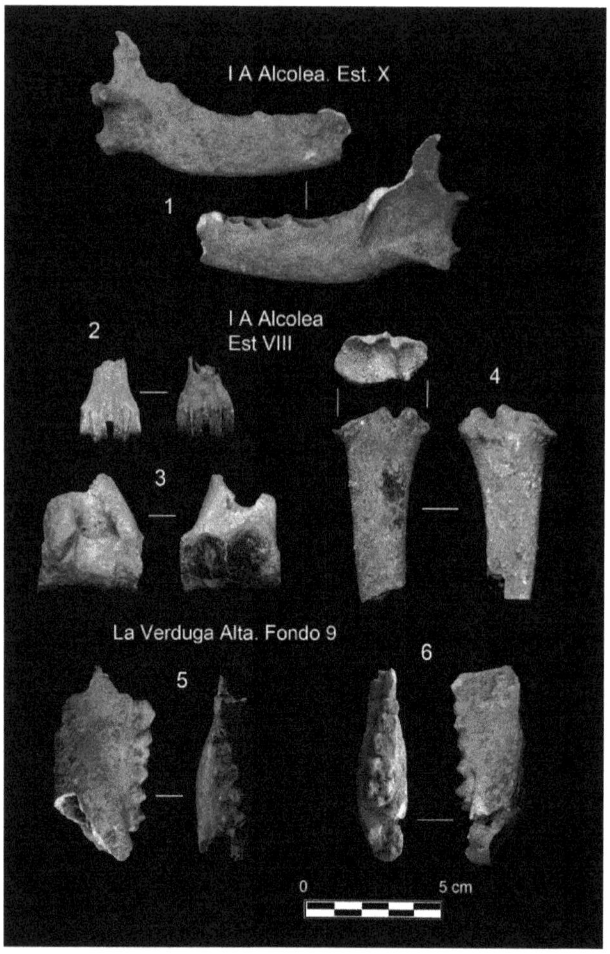

Figura 29: Algunos de los restos óseos integrados en el conjunto estudiado. 1, hemimandíbula de perro; 2, 3 y 4, elementos pertenecientes a caprinos domésticos; 5 y 6, porciones mandibulares de suidos.

- Moluscos y peces

La constatación, como ya viene siendo habitual en asentamientos de la vega, de restos malacológicos compuestos por conchas de bivalvos dulceacuícolas, posee interés adicional al sugerir la explotación cuanto menos episódica de dicha fuente de proteínas. Los restos, aunque fragmentados, ascienden a siente en total en la Verduga Alta, identificables en su mayor parte al género *Unio* sp, si bien creemos carecer de argumentos suficientes para no descartar la presencia de otros géneros (*Margaritifera, Anodonta* y sobre todo *Potomida)* en la muestra, al presentar un grado de fragmentación sobre el que no nos permitimos avanzar mayores conclusiones. En Iglesia Antigua de Alcolea se han llegado a contabilizar hasta 55 restos fragmentarios de estos moluscos, los cuales se han repartido en un número mínimo de valvas de 14, las cuales integrarían virtualmente siete ejemplares. Dichos restos se reparten entre las estructuras VIII, X, XI y XII, frecuencia que podría dar cuenta de una posible explotación de carácter alimentario. Por otra parte se han documentado en la estructura XII tres restos (elementos vertebrales) pertenecientes a peces, ejemplares en principio de reducidas dimensiones.

- Marcadores de actividad humana

Ya hemos hecho referencia al grado de afección térmica presente en el conjunto total de Iglesia Antigua de Alcolea y cuyo máximo exponente se encuentra en la estructura VIII de la cual procede la mayor parte (317 restos, con un peso de 582 g) de los elementos osteológicos visiblemente termoalterados. Por su parte, la mayoría de los estigmas de aprovechamiento en este asentamiento responden a fracturas en fresco, observables generalmente sobre diáfisis de mesomamíferos y macromamíferos. Las marcas de corte con instrumental lítico no resultan abundantes, si bien contamos con algunos ejemplos en áreas articulares. Otras marcas, acordes con el fileteado o extracción de la carne, resultan observables a modo de series de cortes oblicuos sobre la superficie externa (lateral) de un segmento de costilla de mesomamífero. A este respecto, el reducido conjunto analizado procedente de la Verduga Alta no muestra alteraciones o marcas concluyentes.

4. Resultados

Si bien los análisis de conjuntos arqueozoológicos reducidos y dispersos tienden a beneficiar la sobreinterpretación y generalización de situaciones muy concretas y parciales en el espacio y en el tiempo, producto de un registro sometido a múltiples variables de conservación y recuperación, creemos que al menos pueden servir para bosquejar tímidamente hacia donde pudieron apuntar las distintas estrategias de ganadería y caza- recolección trazadas por los antiguos pobladores de la Depresión del Guadalquivir a partir de su interacción con las realidades ecológicas propias de cada sector territorial. Un rasgo en apariencia común de dichas estrategias se ancla en la explotación fundamental de caprinos, bovinos y cerdos en todo el territorio, sobre los cuales trataremos de rastrear la importancia real de cada subfamilia en uno u otro sector. Coincidimos en que ésta y otras inferencias deben ser manejadas con cierta precaución al corresponder a datos publicados aún insuficientes y de validez muy desigual, realizados bajo criterios y metodología dispar en función de cada equipo o investigador y en ciertos casos sobre registros parciales recuperados en circunstancias no siempre ideales (Morales y Riquelme 2004: 41). En concreto, nosotros utilizaremos aquí los valores del NRD y sus porcentajes por especie o subfamilia (incluyendo las especies salvajes) por cada yacimiento. Hemos elegido esta forma al representar sin duda el índice más utilizado por los distintos investigadores que han tratado esta región, habiendo sido considerado como la mejor variable para evidenciar la importancia relativa de las cabañas domésticas (Morales y Cereijo 1992: 101).

Repasando los datos publicados relativos a los listados faunísticos por subfamilias mayoritarias en el sur de Iberia (Uerpmann 1979: 160- 161, Hain 1982, Nocete 1994, Lizcano 1999: 202, Morales y Riquelme, 2004: 46, entre otros), observamos de forma reiterada el predominio de la fauna doméstica, y dentro de ella, el trinomio caprino- bovino- suino como conjunto mayoritario. De hecho, si observamos los datos publicados relativos a las frecuencias de composición faunística en los enclaves arqueológicos de la Depresión del Guadalquivir entre el Neolítico y la Edad del Cobre, el primer rasgo que sorprende es sin duda el dominio de la cabaña doméstica frente a las especies salvajes, representando estas últimas una parte reducida (a menudo inferior al diez por ciento) del conjunto mastozoológico presumiblemente consumido. Frente a autores que han apostado por la coexistencia de hasta cuatro estrategias ganaderas diferenciadas a lo largo de la Depresión (Nocete 2001: 72), en nuestro análisis nos centraremos en una explotación dual deducida a través de las diferencias observables entre los enclaves al aire libre de las tierras altas, donde incluiremos estrictamente para este examen parte de las campiñas del Guadalquivir (junto a la loma de Úbeda, alcor de Carmona y Subbético) y las tierras bajas, área del paleoestuario y vega estricta del Guadalquivir entre el IV y III milenio ANE.

En el alcor de Carmona, aunque a partir de datos en principio aun preliminares, parece rastrearse desde mediados del IV milenio el desarrollo de una ganadería basada en los caprinos como primera cabaña, seguidos de bovinos y suinos, situación que parece se mantendría durante el III milenio ANE con valores similares (Conlin 2006: 1623). Por su parte en la campiña de Córdoba, hasta ahora sólo se conocen los registros de la Fase A de Torreparedones (atribuida por sus excavadores a la Edad del Cobre) (Cunliffe y Fernández 1999: 275). En el reducido conjunto analizado, se ha puesto de manifiesto la sobrerrepresentación de los caprinos domésticos, seguidos muy de lejos por los suinos y bovinos (Hamilton 1999: 400- 401). Las campiñas occidentales jiennenses parecen mostrar un patrón de comportamiento parejo (Nocete 1994, Nocete 2001: 75- 77), en donde en las fases calcolíticas (III milenio ANE) de Cazalilla (Fases I-II) y en el Cortijo de la Torre, los valores porcentuales de los restos de caprinos superan o se acercan al 40 %, quedando a la zaga la subfamilia de los suinos y bovinos (Nocete 1994: 39 y 89). Por último en la loma de Úbeda (Eras del Alcázar), en datos globales obtenidos sobre los contextos de la primera mitad del III milenio ANE y sobre un total de 3258 restos determinados, los caprinos se limitan a algo más del 31 %, quedando los suinos en un 24 % (Lizcano *et Alii* 2009)

La franja territorial representada por el sector subbético muestra una tendencia en apariencia paralela. En el enclave de Gilena (Sevilla) y a partir de 419 restos determinados procedentes de una estructura circular, los caprinos alcanzan el 46 % de los restos determinados, quedando suinos y bovinos en torno al 30 % (Bernáldez 2009: 130- 132; Cruz- Auñón *et Alii* 1991: 325). Los conjuntos más representativos en cuanto a número de restos proceden de los sectores subbéticos jiennense y granadino. En el Polideportivo de Martos cuya principal ocupación se extiende a la segunda mitad del IV milenio, los caprinos alcanzan el 73 % de los restos determinados, quedando los cerdos y los bovinos con el 17 y el siete por ciento respectivamente, siempre y cuanto excluyamos los animales inhumados en conexión anatómica, evidentemente no consumidos (Cámara *et Alii* 2008: 61). La preponderancia de los caprinos se comprueba también para el Neolítico Final en el poblado de los Castillejos de Montefrío, en donde los caprinos (incluyendo el taxón salvaje, como en el caso del bovino y el suino) alcanzan un 44 % del conjunto identificado, seguidos por los suinos (el 23 %), y los bovinos, con el 14 % del total. El ciervo iría a la zaga como principal taxón salvaje, que junto al corzo alcanza casi el 11 % del total identificado (Morales y Riquelme 2004: 46). Una tendencia muy diferente se observa sin embargo en Marroquíes Bajos (Jaén), en el solar de la Ciudad de la Justicia y correspondiendo a contextos del III milenio ANE, donde el cerdo se sitúa en el 33 % de los restos determinados, frente a bovinos y caprinos, con casi el 29 y 20,5 % cada uno (Riquelme 2010: 119).

Esta última es precisamente la tendencia que parece seguirse en los registros de las tierras bajas, donde los cerdos aparentan desarrollar cierto protagonismo, lo cual ha sido interpretado como prueba de la existencia de un entorno adehesado ya desde este momento (Nocete 2001: 74). Sin embargo consideramos que para la cría del cerdo en áreas ribereñas no resulta estrictamente necesaria la existencia de dicho paisaje, pudiendo conllevar el concurso de otras formas de cría, montanera y engorde.

Valencina de la Concepción, enclave que dominó el estuario del Guadalquivir desde el escalón del Aljarafe durante el III milenio ANE, representó el primer conjunto zooarqueológico estudiado sistemáticamente para un poblado calcolítico en el Valle del Guadalquivir. De las estructuras excavadas a mediados de la década de 1970 (Hain 1982), se estudió un conjunto de restos de mamíferos determinados de 28148, que sigue siendo el mayor conjunto arqueozoológico hasta la fecha publicado en la región. La muestra posee una amplia representación de caprinos, en donde la oveja muestra un mayor número de especímenes identificados. Sin embargo, a nivel de restos determinados (NRD), el suino se muestra sólo ligeramente dominante, seguido del bovino. Un trabajo reciente efectuado sobre 597 restos procedentes de 15 estructuras excavadas en el sector IV del "Barrio Metalúrgico", con cronologías centradas en la primera mitad del III milenio ANE, ha vuelto a reiterar la importancia del porcino en este enclave seguido de los bovinos y de lejos los caprinos (fundamentalmente ovejas) (Abril *et Alii* 2010: 92).

En el entorno transicional entre la vega del bajo Guadalquivir y el entorno estuarino de su paleodesembocadura, el estudio preliminar realizado sobre el material recuperado en dos estructuras siliformes del Parque de Miraflores (Sevilla), con cuatro dataciones dentro de la primera mitad del III milenio ANE, sitúa a cerdos y caprinos como las especies más representadas, seguidas del bovino, el jabalí y el perro (Lara *et Alii* 2005: 249). Para el caso de los 867 restos determinados del poblado del Amarguillo II (los Molares) (Cabrero *et Alii* 1997), enclavado en zona campiñesa muy próxima a terrenos de vega junto a la paleodesembocadura y con una datación de mediados del III milenio, los suinos se mantendrían muy por encima de los caprinos (con más de un 42 %), quedando éstos junto al bovino con valores muy semejantes, en torno al 24 % (Bernáldez 2009: 123).

El estudio arqueozoológico que presentamos en este trabajo, realizado sobre los enclaves de la Verduga Alta y la Iglesia Antigua de Alcolea, viene a sumarse a otros efectuados en el entorno de la vega del medio y alto Guadalquivir; el Llanete de los Moros (Montoro) (Liesau 2000), Los Pozos (Higuera de Arjona) y Sevilleja (Espeluy). Tanto los conjuntos recuperados en los asentamientos aquí presentados como en los que acabamos de citar, los repertorios osteológicos analizados no resultan ni mucho menos suficientemente representativos en cuanto a número, por lo que las hipótesis surgidas a partir de su cotejo deberán ser consideradas en su justa medida como de carácter preliminar, a la espera de que nuevos registros puedan sumarse a estos conjuntos en orden geográfico y cronológico. En estos conjuntos, a excepción del estudiado en Llanete de los Moros donde los caprinos superaban ligeramente a los cerdos, tanto en la Fase I de Sevilleja como en los Pozos, el suino era el género predominante, superando ampliamente el 50 % de los restos determinados (Nocete 1994: 77, Cámara *et Alii* 2008).

5. Discusión

- ¿Una gestión diferencial de raíces ecológicas?

En verdad desconocemos hasta qué punto constituyen estos datos un indicador fiable de hábitos económicos diferenciados entre las tierras altas y las llanuras aluviales del Guadalquivir entre la segunda mitad del IV milenio ANE y la mayor parte del milenio siguiente. En todo caso debemos preguntarnos por el origen de las diferencias observadas entre ambos sectores y el aparente mayor peso de la ganadería porcina en las tierras bajas. Es posible que la cría del cerdo contara con un papel destacado en los entornos ribereños de de la vega, beneficiándose de las orillas húmedas de las márgenes del río y de la existencia de una biodiversidad vegetal y animal muy alta. Ello podría verse complementado por la presencia de abundante agua y una ripisilva de gran productividad. Por su parte, en estos ambientes el pastoreo de caprinos a media y larga distancia cumpliría un papel secundario al ser éstos menos exigentes ecológicamente, manteniendo en cambio un buen rendimiento en tierras de matorral y escasa cubierta arbórea aprovechable.

Sin embargo, frente a la idea anterior, creemos que las diferencias en los regímenes agrícolas previsiblemente desarrollados en cada uno de estos ambientes, podrían constituir un factor nada desdeñable a la hora de apostar por una u otra cabaña. La antropización creciente observada en las secuencias paleobotánicas del Alto Guadalquivir y Sierra de Segura (Fuentes et *Alii* 2007: 90, Carrión 2010), así como la proliferación de ocupaciones sobre todo a partir de mediados del IV milenio ANE en las tierras bajas de la Depresión del Guadalquivir (entendidas en este caso como llanura aluvial y campiñas), asumen una amplia y generalizada explotación agrícola de estos extensos territorios a partir del Neolítico Final, ocupación que ha sido denominada por ciertos autores bajo el término de "Conquista del Secano" (Nocete 1994: 294, Bernabeu 1995: 57) y donde probablemente actuaron nuevas formas de intensificación agraria y ganadera.

Por su parte, desde los inicios de la economía productiva, se ha señalado en el sur y franja mediterránea ibérica la coexistencia de una cierta variedad de taxones cultivados, tales como distintos tipos de cereales vestidos y desnudos, así como leguminosas, estando desde el primer momento representadas el haba (*Vicia faba*), la lenteja (*Lens culinaris*) o el guisante (*Pisum sativum*) (Zapata *et Alii* 2004: 297). El mayor protagonismo de los cerdos en las ubicaciones próximas a la vega estricta del Guadalquivir contra el frecuente dominio absoluto de los caprinos en los enclaves de piedemonte y campiña, podría estar no solamente relacionado con las posibilidades de la cría de esta cabaña en ambientes húmedos y medios de mayor productividad natural, dadas las exigencias ecológicas de los suinos respecto a temperatura, sombra y humedad, sino también en términos de eficiencia con el cultivo asignado a cada ambiente y su rendimiento productivo.

Así, podría resultar muy rentable alimentar a los cerdos con residuos agrícolas procedentes de la cosecha de leguminosas (vegetales de bajo contenido en celulosa), vainas o tallos de fabáceas, las cuales rinden bien sobre suelos de vega de cierta humedad, a diferencia de su peor adaptación a los suelos campiñeses. En este sentido ya se ha señalado para el II milenio en el Sureste, la posibilidad del cultivo de leguminosas (*Vicia faba*) probablemente a proximidad de cursos de agua (Castro *et Alii* 1998: 44). Por el contrario, los residuos fundamentales que constituyen la agricultura cerealista de secano extendida en las tierras altas de la campiña y piedemonte subbético, centrada en los tallos y paja de la mies, serían ciertamente inútiles para la alimentación del cerdo, obligando a la piara a procurarse el alimento en los bosques y dehesas próximas, así como almacenar bellota en el poblado en caso de no contar con residuos fundamentalmente procedentes de la alimentación humana suficientes para su cría sedentaria. En este sentido, las bellotas facilitan el engorde del animal, si bien es conocida la dificultad de alimentar al cerdo con estos frutos durante todo el año (Badal 2002: 143). Frente a esto, tanto el barbecho agrícola como la paja resultante de la agricultura intensiva cerealista, constituye un excelente alimento suplementario para el ganado rumiante (bovino y caprino fundamentalmente).

En este sentido, debemos aludir a los estudios realizados en la región Sirio- Palestina, donde en los establecimientos ocupados en el V y IV milenio (no Cal) ANE, la presencia de restos de cerdo parece verse determinada por los límites de la agricultura de secano, siendo abundantes en aquellos enclaves situados junto al río Jordán e inexistentes en áreas de escasa pluviometría anual. En esta región se ha destacado una clara correlación entre entornos húmedos y la presencia del suino doméstico, disminuyendo éste de forma progresiva a medida que avancen las condiciones de aridez a lo largo del III milenio, sólo subsistiendo en aquellos emplazamientos dotados de una agricultura de irrigación (Grigson 2007: 103). Con ello, y ya en el conjunto general de la Depresión del Guadalquivir, no pretendemos negar la crianza y gestión de caprinos y cerdos en ambientes distintos a los descritos, sino sólo la presencia más destacada del suino en las tierras bajas en términos de eficiencia y rendimiento.

El interés que para nosotros guarda el bovino, viene dado más que por su aporte cárnico en términos de biomasa, por su previsible papel como fuerza de tracción a partir de mediados del IV milenio ANE (Sherratt 2006), hecho no siempre asumido en la bibliografía. Ello indudablemente debe tener correspondencia en el registro arqueológico en forma de patologías óseas debido a sobreesfuerzo, pruebas de la práctica de la castración o del retraso evidente de las edades de sacrificio, evidencias que de momento y a excepción del estudio realizado en Valencina (Hain 1982: 26), resultan esquivas (Cámara 2010: 302). En este sentido consideramos que el empleo de bueyes en la roturación de la tierra resultaría indispensable en la "Conquista del Secano" ejercida en las campiñas del Guadalquivir a partir de la segunda mitad del IV milenio ANE. Las hembras compartirían con los caprinos domésticos su papel como proveedor de lácteos, habiéndose destacado para estos últimos una previsible movilidad estacional (Cámara *et Alii* 2008: 61, Lizcano y Cámara 2004: 236).

- El papel de los recursos estrictamente fluviales

Sin duda uno de los rasgos geográficos fundamentales de la vega del Guadalquivir lo constituye el propio cauce y sus aguas, las cuales han disfrutado hasta hace poco tiempo de una biodiversidad muy amplia, compuesta por multitud de especies de vertebrados y moluscos de agua dulce. Dentro de los primeros, los peces han representado un recurso histórico de primer orden para los pobladores de sus riberas. En este sentido, ya hemos hecho referencia a la cita de algunos escasos restos de ictiofauna en la estructura XII de Iglesia Antigua de Alcolea, si bien los datos relativos al consumo de peces en asentamientos de la ribera del Guadalquivir resultan hoy por hoy muy escasos y fragmentarios.

En la región, es precisamente en enclaves próximos a entornos fluviomarinos, Ría de Huelva y paleoestuario del Guadalquivir, donde se han recogido la mayor parte de los testimonios. Así en la Fase I de Papa Uvas, se tiene documentado el hallazgo de peces óseos como la dorada (*Sparus aurata*), así como de diversos fragmentos óseos de mamíferos marinos (cetáceos, probablemente ballenas o cachalotes) (Morales 1985: 256, Morales y Cereijo 1992: 100). Recientemente, en el enclave del Seminario/ PP-8, en Huelva, han sido hallados restos de peces en conexión anatómica en el interior de estructuras siliformes, asociados a inhumaciones de perros y cerdos domésticos[123]. En Valencina de la Concepción por su parte, destaca entre otras especies el esturión (*Acipenser sturio*) (Hain 1982: 136), extinguido a lo largo del pasado siglo.

Sin embargo, y probablemente por motivos de orden tafonómico y de conservación diferencial, son los moluscos y dentro de éstos los bivalvos, los representantes de la fauna acuática con mayor número de citas publicadas, tanto en entornos puramente fluviomarinos (estuarios del Guadalquivir y del Tinto y el Odiel), como estrictamente fluviales, centrándonos en éste último caso en los asentamientos de la vega estricta del Gran Río y los situados a proximidad del curso bajo de sus cauces tributarios. Ambos ambientes, fluviomarino y fluvial, parecen contar con un género de bivalvo propio para cada uno de ellos: *Ruditapes* y *Unio*.

Ruditapes (sin. *Venerupis*, *Tapes*) *decussatus* (sin. *semidecussata, decussata)*, es un lamelibranquio propio de rías, esteros y áreas arenosas de zona intermareal, donde vive enterrado a escasa profundidad (Alex *et Alii* 2004: 330). La explotación de este molusco se rastrea al menos desde el inicio de la economía de producción en el entorno de la Ría de Huelva, conociéndose concheros (Cañada Honda y el Grillito) conformados por los restos de millares de ejemplares (Borja *et Alii* 1994). La presencia de este bivalvo resulta muy abundante en todas las fases de Papa Uvas, donde varias estructuras siliformes han deparado decenas de kilos de restos[124], los cuales se han relacionado con residuos alimentarios (Luque 1985: 260, Moreno 1992: 33). Dichos restos representan más del 93 % del peso de los moluscos contabilizados en las campañas publicadas, compartiendo espacio (aunque en mucha menor proporción) con restos de otros moluscos de fondos arenoso- fangosos, principalmente navajas (*Solen marginatus*) (Luque 1985: 259, Morales 1986: 348).

Esta especie de molusco también se halla presente en los asentamientos próximos al antiguo estuario del Guadalquivir, como el caso de Valencina de la Concepción, dominando la antigua boca de entrada al Guadalquivir desde el escalón del Aljarafe. Frente restos de otras especies en mucha menor proporción (sobre todo *Pecten maximus*, *Solen marginatus* y *Patella sp.*), el estudio del conjunto extraído (Hain 1982: 19) contabilizó hasta 1463 restos adscritos a *Venerupis decussata (*sin. *Ruditapes decussatus)*, lo que podría ser indicativo de la explotación de este molusco de forma similar a lo observado en los enclaves de la Ría de Huelva. De la misma forma, en las estructuras siliformes excavadas en

[123]Agradecemos a J. C. Vera Rodríguez y a J. A. Linares Catela su amabilidad invitándonos a visitar los trabajos de excavación en este interesante asentamiento.

[124] Este hecho también se ha observado recientemente en estructuras circulares del yacimiento del Seminario/PP- 8 (Huelva). Ver nota anterior.

el Parque de Miraflores (Sevilla), destacan especialmente en abundancia esta especie, unida de la misma forma a otros bivalvos de fondos fangosos como tellínidos (coquinas) (Lara *et Alii* 2005: 249).

Propias de los fondos limoso- margosos de las aguas continentales, las náyades, denominadas corrientemente mejillones de agua dulce, son consideradas hoy día un bioindicador de la salud de las aguas de los ríos peninsulares, habiendo descendido su densidad en el Guadalquivir de forma alarmante en el último siglo. La dificultad de identificar en términos de especie estos moluscos, suele llevar aparejada su identificación genérica (*Unio* sp.), si bien coexisten en la actualidad en el Guadalquivir varias especies de dicho género junto al de *Anodonta* y *Potomida* (*Unio delphinus*/ cf. *pictorum*), *Unio tumidiformis* y *Unio gibbus*) (Barea- Azcón *et Alii* 2009: 34), existiendo hasta tiempos históricos el género *Margaritifera* (Araujo y Moreno 1999; Lozano *et Alii* 2004).

Lejos de las concentraciones de valvas observadas en concheros o en los asentamientos del entorno fluviomarino, la presencia de náyades resulta sin embargo constante en los enclaves ocupados entre el IV y III milenio próximos al Guadalquivir, citándose su presencia también en Valencina (bajo la especie *Unio crassus)* (Hain 1982: 19), Carmona (Cruz- Auñón y Jiménez 1985: 428, Conlin 2004: 376) la Morita (Cantillana) (Acosta *et Alii* 1987: 151), Ermita de San Pedro (El Carpio) (Martínez 2007: 11), Llanete de los Moros (Montoro) (Liesau 2000: 129), amén de los restos citados en este trabajo procedentes de la Verduga Alta (Palma del Río), iglesia Antigua de Alcolea (Córdoba) y Casa del Tabaco (el Carpio), tanto en estructuras con ergología propia del III milenio donde son muy abundantes (en concreto, *Potomida littoralis*), como en la estructura 10 (Neolítico Tardío- Final), de donde proceden al menos seis valvas (Martínez EP).

Hasta qué punto las conchas de estos bivalvos representan un reflejo de las actividades de subsistencia llevadas a cabo en enclaves de estuario con la recolección de *Ruditapes*, no es algo desde luego fácil de determinar, desconociendo la existencia de concheros o acumulaciones grandes de valvas de náyades en la franja ribereña del Guadalquivir, algo difícil dada su débil concentración en el ecosistema y su mayor dificultad ecológica de reemplazo. En algunos casos su presencia puede estar relacionada ciertamente con usos tecnológicos o artesanales, así como ser de origen multicausal o ajeno a la actividad humana, mientras que sí conocemos pruebas precisas de su consumo directo en la vega del Guadiana desde el Neolítico Antiguo (Gonçalves 2003a: 88). En todo caso la extensa representación de náyades en los asentamientos ribereños resulta muy indicativa como posible prueba de la existencia de hábitos recolectores en medio acuático, a semejanza de lo observado sobre bivalvos marinos o de aguas salobres en los enclaves contemporáneos de la Ría de Huelva o el estuario del Guadalquivir.

Consideramos de este modo que a partir de mediados del IV milenio ANE en el interior de la Depresión del Guadalquivir, se produce la fragua de una economía de aprovechamiento animal especializada en explotar las ventajas que brindaría cada piso o ambiente ecológico existente en el entorno, donde sus caracteres ambientales así como su influencia en las formas de agricultura y tipos de cultivo tendrían una gran importancia en función de coste y rendimiento. Esta gestión diferencial de los recursos podría verse plenamente desarrollada en un período coincidente con un estadio avanzado de intensificación agrícola y complejización social, en donde la ocupación de las campiñas y vegas muestran hacia el último cuarto del IV milenio ANE, una densidad sin precedentes históricos, protagonizada por enclaves al aire libre dotados de estructuras siliformes y formas cerámicas de gran amplitud y carena baja.

6. Tablas de fauna

- La Verduga Alta. Fase I

Fondo 9	NR	PR	NMI
Bos sp.	1	5	1
Caprinae	1	2	1
Sus scrofa	11	64	1
Vulpes vulpes	1	0,75	1
Mesomamífero	22	12	-
Mammalia Ind.	29	9	-
Total óseo	65	92,8 g	

Tabla 18: Número de restos (NR), peso de los restos (PR) y número mínimo de individuos por especie en el fondo 9 de la Verduga Alta

Fondo 15	NR	PR	NMI
Macromamíferos	1	12	-
Mesomamíferos	6	10	-
Unio /Margaritif.	*1*	-	-
Total óseo	7	22 g	

Tabla 19: Número de restos (NR), peso de los restos (PR) y número mínimo de individuos por especie en el fondo 15 de la Verduga Alta

Fondo 21	NR	PR	NMI
Caprinae	3	4	1
Sus scrofa	7	27	2
Lepus granatensis	1	1	1
Macromamífero	4	47	-
Mesomamífero	31	38	-
Mammalia Ind.	8	4,6	-
Lacertidae	6	1,6	
Unio/Margaritif.	*3*	-	
Total óseo	60	123,2 g	

Tabla 20: Número de restos (NR), peso de los restos (PR) y número mínimo de individuos por especie en el fondo 21 de la Verduga Alta

Fondo 22 A	NR	PR	NMI
Sus scrofa	3	14	1
Lepus granatensis	1	0,5	1
Oryctolagus cuniculus	6	2	1
Macromamífero	2	4	-
Mesomamífero	11	10,5	-
Mammalia Ind.	4	3,7	-
Total óseo	27	34,7 g	

Tabla 21: Número de restos (NR), peso de los restos (PR) y número mínimo de individuos por especie en el fondo 22A de la Verduga Alta

Fondo 104	NR	PR	NMI
Sus scrofa	4	32,5	2
Oryctolagus cuniculus	1	2	1
Mesomamífero	19	30,5	-
Mammalia Ind.	6	1,25	-
Micromamifero	1	0,75	-
Aves indet.	2	0,75	-
Bufonidae	1	0,2	1
Unio/Margaritif.	*3*	-	-
Total óseo	34	68 g	

Tabla 22: Número de restos (NR), peso de los restos (PR) y número mínimo de individuos por especie en el fondo 104 de la Verduga Alta

Mammalia. Total por especie det.	NR	PR	NMI
Sus scrofa (dom./ ferus)	25	137,5	3
Caprinae	4	6	1
Bos taurus	1	5	1
Vulpes vulpes	1	0,75	1
Oryctolagus cunniculus	7	4	2
Lepus granatensis	2	1,5	1
Total óseo	40	154,75 g	

Tabla 23: Número de restos (NR), peso de los restos (PR) y número mínimo de individuos por especie de mamíferos en el conjunto general de la Fase 1 de la Verduga Alta

Total por grupos	NR	PR
Macromamíferos	8	68 g
Mesomamíferos	118	243,5 g
Carnívoros	1	0,75 g
Leporidae	9	5,5
Micromamíferos	1	0,75
Mammalia indet.	47	18,5
Aves indet.	2	0,75
Lacertidae	6	1,6
Bufonidae	1	0,2
Unio/ Margaritifera	7	-
Total	193	339,55 g

Tabla 24: Número de restos (NR) y peso de los restos (PR) por grupos en el conjunto general de la Fase 1 de la Verduga Alta

NMPS	Ss	Bt	C/O	Vv	Oc	Lg
Maxilar	1	-	-	-	-	-
Región frnt.	1	-	-	-	-	-
R. Cigom.	1	-	-	-	-	-
Dientes sup.	-	-	2	1	-	-
Mandíbula	4	-	-	-	-	-
Dientes inf.	3	-	-	-	-	-
Escápula	1	-	-	-	-	1
Húmero	3	-	1	-	1	1
Ulna	1	-	-	-	-	-
Radio	3	-	-	-	-	-
Pelvis	-	-	-	-	1	-
Fémur	1	-	-	-	-	-
Tibia	3	-	-	-	2	-
Metatarso	-	-	-	-	1	-
Metápodo	-	1	1	-	1	-
Total	22	1	4	1	6	2

Tabla 25: Número mínimo de partes del esqueleto (NMPS) en el conjunto general de la Fase 1 de la Verduga Alta. Ss, cerdo; Bt, bovino; C/O, caprinos; Vv, zorro; Oc, conejo; Lg, liebre.

- Iglesia Antigua de Alcolea

Estructura I	NR	PR	NMI
Sus scrofa	1	10	1
Ovis aries	1	2	1
Caprinae	1	1	1
Mammalia indet	3	7	-
Total óseo	6	20 g	

Tabla 26: Número de restos (NR), peso de los restos (PR) y número mínimo de individuos por especie en la estructura I de Iglesia Antigua de Alcolea

Estructura IV	NR	PR	NMI
Sus scrofa (dom./ ferus)	2	13	1
Caprinae	1	3	1
Mesomamíferos indet.	2	8	-
Mammalia indet.	1	2	-
Total óseo	6	26 g	

Tabla 27: Número de restos (NR), peso de los restos (PR) y número mínimo de individuos por especie en la estructura IV de Iglesia Antigua de Alcolea

Estructura VIII	NR	PR	NMI
Sus scrofa (dom./ ferus)	22	185	4
Caprinae	15	84	3
Ovis aries	1	14	1
Capra cf. hircus	1	2	1
Lepus granatensis	1	0,50	1
Oryctolagus cunniculus	2	1	1
Mesomamíferos indet.	230	402	-
Macromamíferos indet.	3	48	-
Macro- mesomamíferos	1	8	-
Mammalia indet.	109	126	-
Unio/Margaritifera	1	-	1
Total óseo	385	856,5 g	

Tabla 28: Número de restos (NR), peso de los restos (PR) y número mínimo de individuos por especie en la estructura VIII de Iglesia Antigua de Alcolea

Estructura XI	NR	PR	NMI
Unio/Margaritifera	1	-	1
Total óseo	0	0 g	

Tabla 29: Número de restos (NR), peso de los restos (PR) y número mínimo de individuos por especie en la estructura XI de Iglesia Antigua de Alcolea

Estructura XII	NR	PR	NMI
Sus scrofa (dom./ferus)	7	10	1
Caprinae	4	2	1
Ovis aries	1	15	1
Cervus elaphus	1	6	1
Canis l. familiaris	1	2	1
Oryctolagus cunniculus	2	1	1
Leporidae	10	1,25	-
Aves	1	1	1
Mesomamíferos indet.	53	34,5	-
Macromamíferos indet.	4	22,5	-
Mammalia indet.	153	31	-
Unio/Margaritifera	51	-	10
Total óseo	237	124 g	

Tabla 30: Número de restos (NR), peso de los restos (PR) y número mínimo de individuos por especie en la estructura XII de Iglesia Antigua de Alcolea

Microvertebrados	Estructura XII							Total
UUEE	85.6	107	113	115	131	133	134	
Apodemus sylvaticus	-	-	-	-	-	3	2	5
Microtinae indet.	2	1	-	-	1	1	-	5
Rodentia indet.	1	-	1	-	6	8	-	16
Insectivora	1	-	-	-	-	-	-	1
Crocidura russula	-	-	-	-	1	-	-	1
Aves	-	-	-	-	1	-	-	1
Aves (cáscaras)	-	1	-	-	-	2	-	3
Lacertidae	1	-	-	-	1	1	-	3
Pisces	1	1	-	1	-	-	-	3

Tabla 31: Número de restos (NR) de microvertebrados por cada una de las UUEE insertas en la estructura XII de Iglesia Antigua de Alcolea

Mammalia. Total por especie det.	NR	PR	NMI
Sus scrofa (dom./ferus)	41	283	6
Caprinae	31	136	3
Ovis aries	5	94	2
Capra cf. hircus	1	2	1
Capra cf. pyrenaica	1	5	1
Cervus elaphus	1	6	1
Canis l. familiaris	2	27	1
Oryctolagus cunniculus	6	3	1
Lepus granatensis	1	0,5	1
Leporidae	10	1,25	-
Total óseo	99	557,75 g	

Tabla 32: Número de restos (NR), peso de los restos (PR) y número mínimo de individuos por especie de mamíferos en el conjunto general de Iglesia Antigua de Alcolea

Total por grupos	NR	PR
Macromamíferos	10	90,5
Mesomamíferos	398	1050,5
Meso- macromamíferos	5	19
Carnívoros	2	27
Leporidae	17	4,75
Mammalia indet.	276	198
Unio/ Margaritifera	55	-
Total óseo	708	1389,75 g

Tabla 33: Número de restos (NR) y peso de los restos (PR) por grupos en el conjunto general de Iglesia Antigua de Alcolea

- Desglose absoluto

La Verduga. Fase I Desglose NR por regiones anatómicas	Craneal	Axial	Apendicular
Macromamíferos	-	3	5
Mesomamíferos	14	8	91
Carnívoros	1	-	-
Leporinae	-	-	9

Tabla 34: Desglose de número de restos por regiones anatómicas en relación a grupos de mamíferos. La Verduga Alta, Fase I

I A Alcolea. Desglose NR por regiones anatómicas	Craneal	Axial	Apendicular
Macromamíferos	-	4	4
Meso- macromamíf.	-	2	2
Mesomamíferos	27	70	290
Carnívoros	1	-	1
Leporinae	5	-	11

Tabla 35: Desglose de número de restos por regiones anatómicas en relación a grupos de mamíferos. Iglesia Antigua de Alcolea

X- Figuras

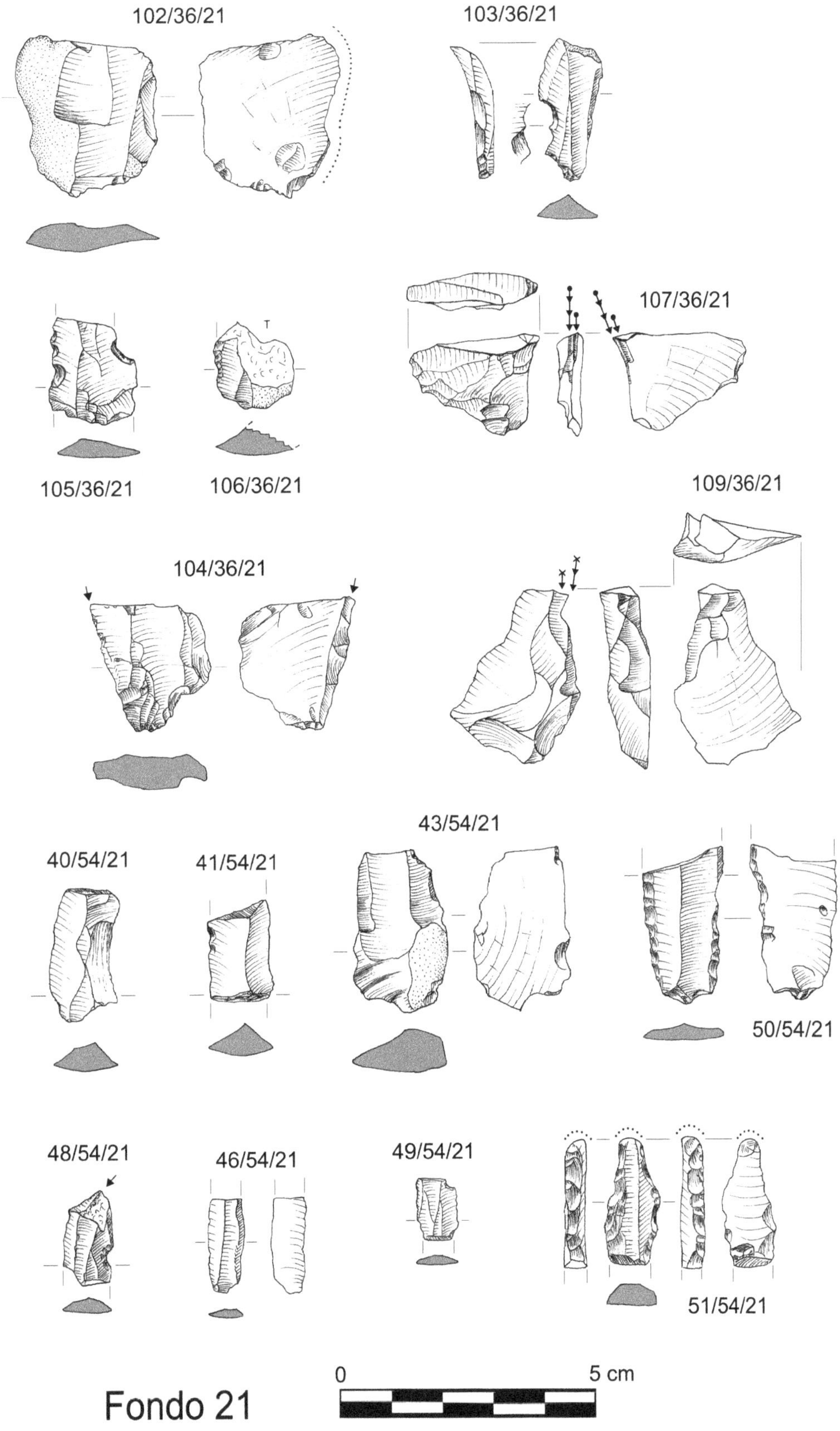

Figura 30. La Verduga Alta

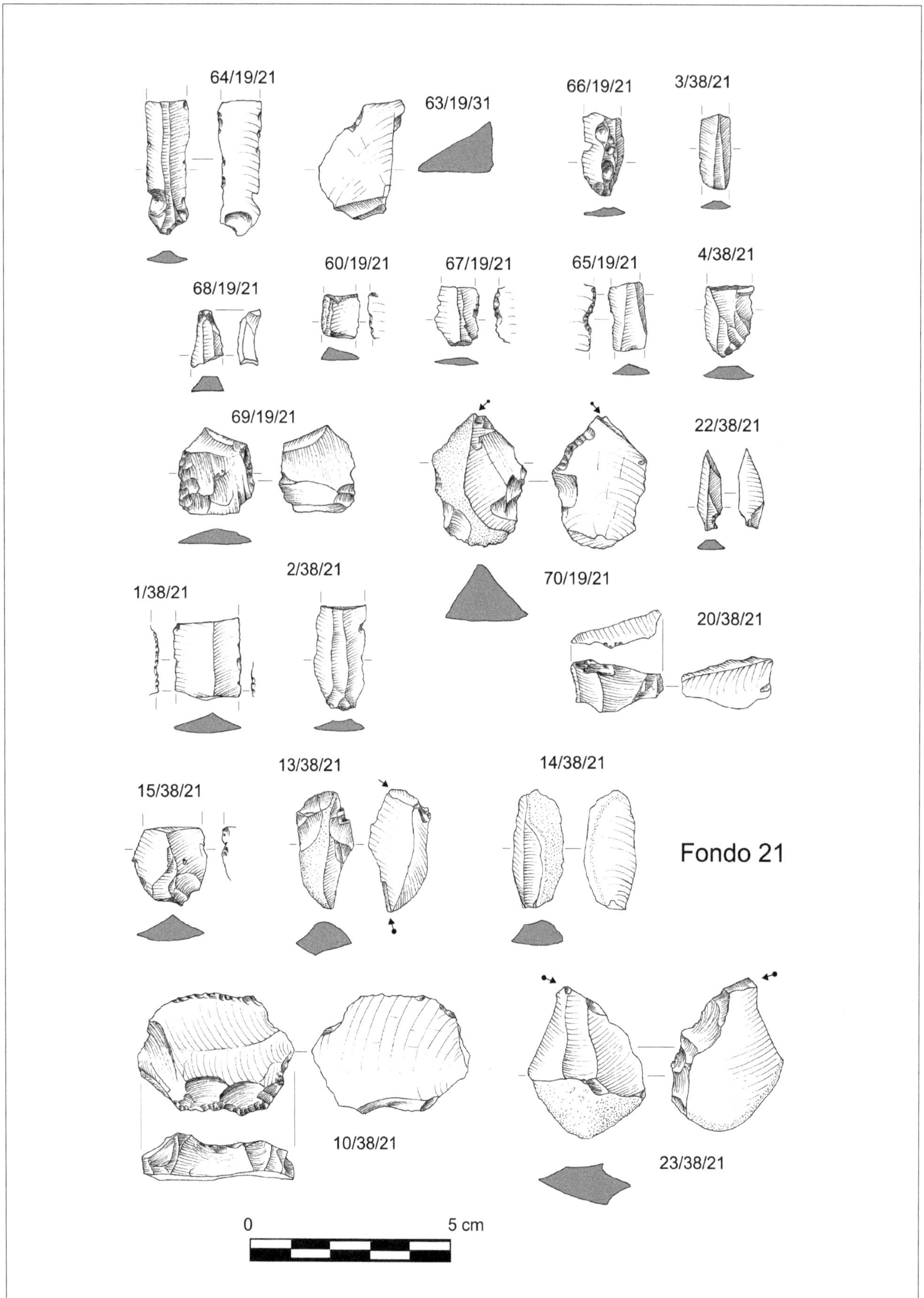

Figura 31. La Verduga Alta

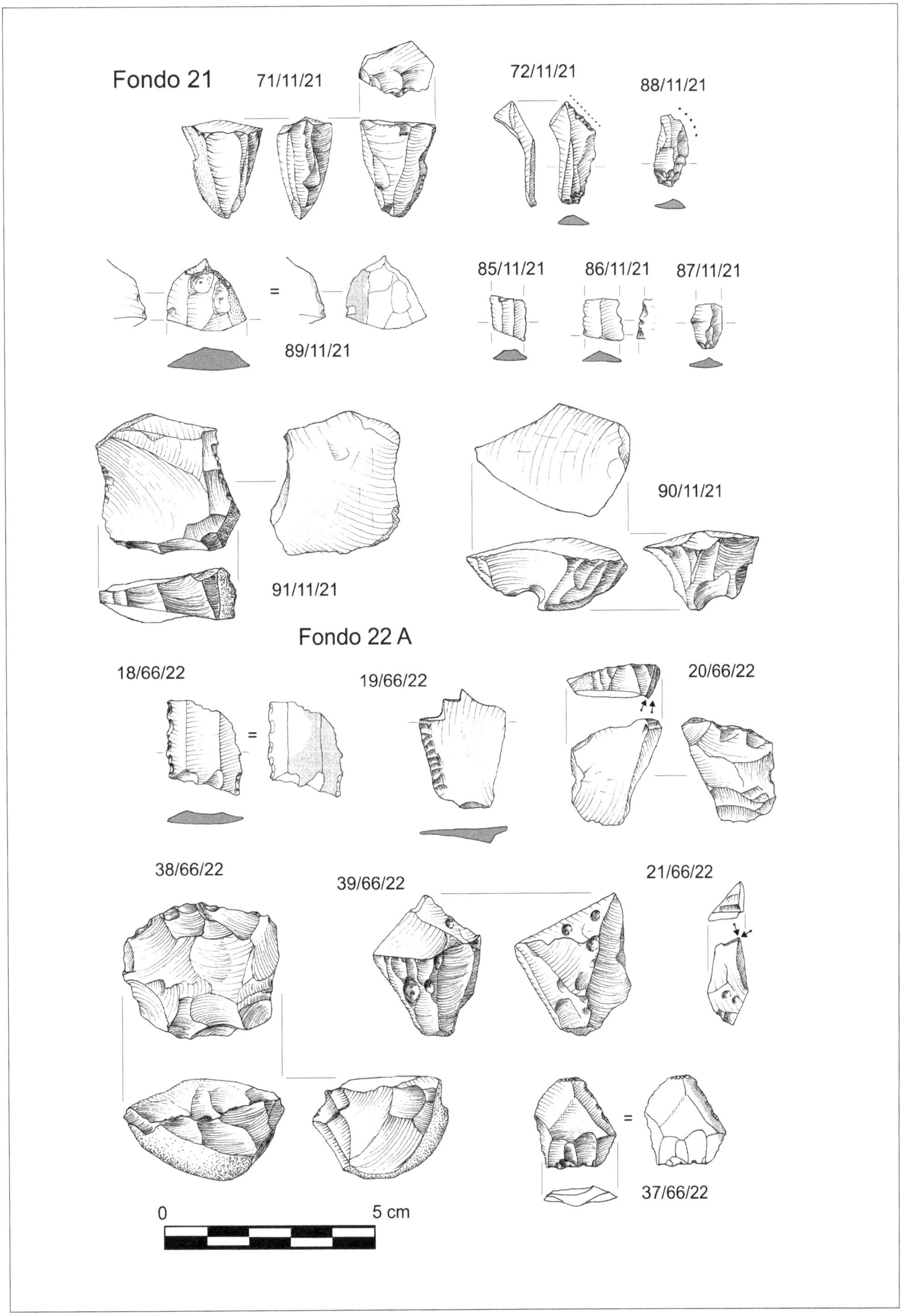

Figura 32. La Verduga Alta

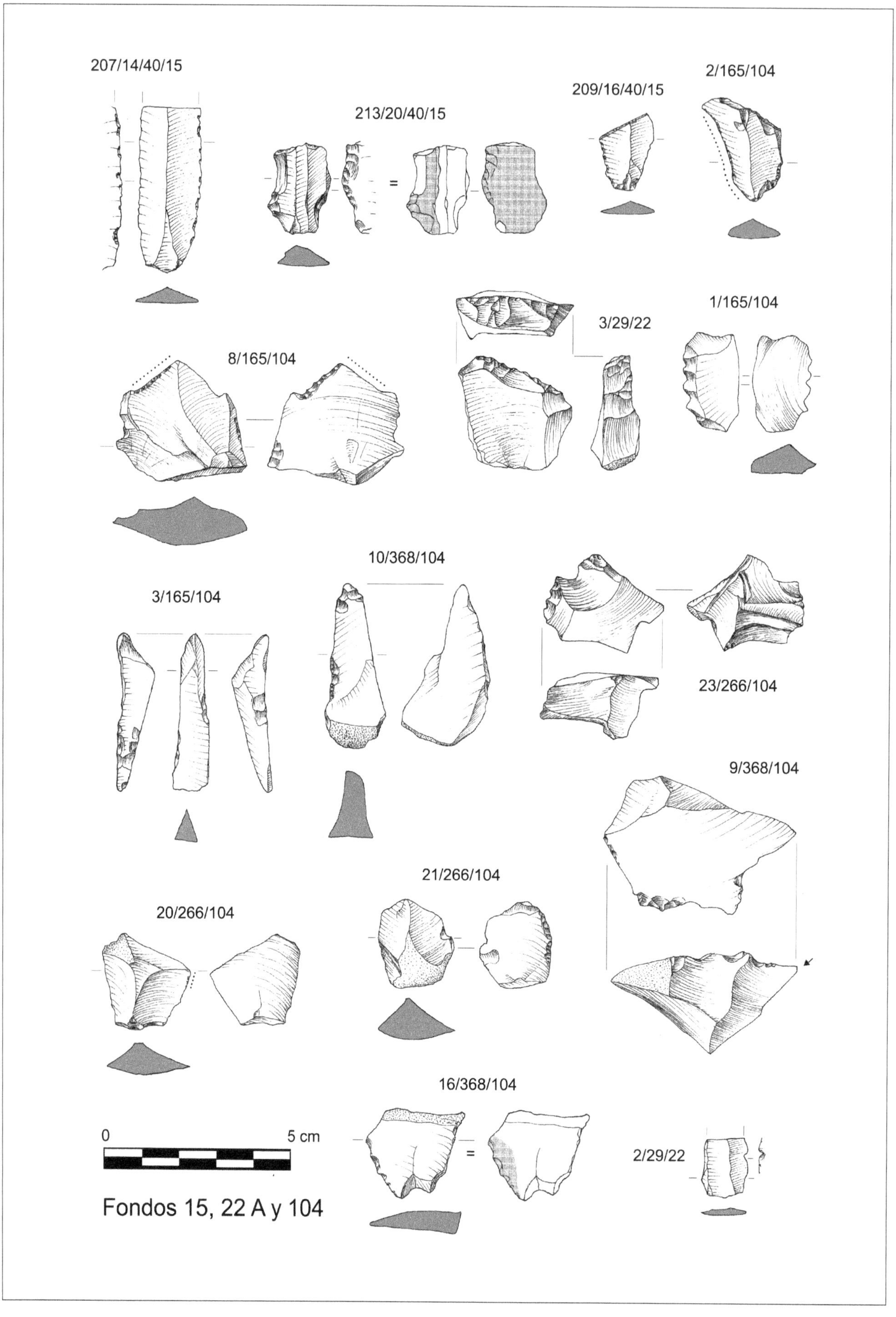

Figura 33. La Verduga Alta

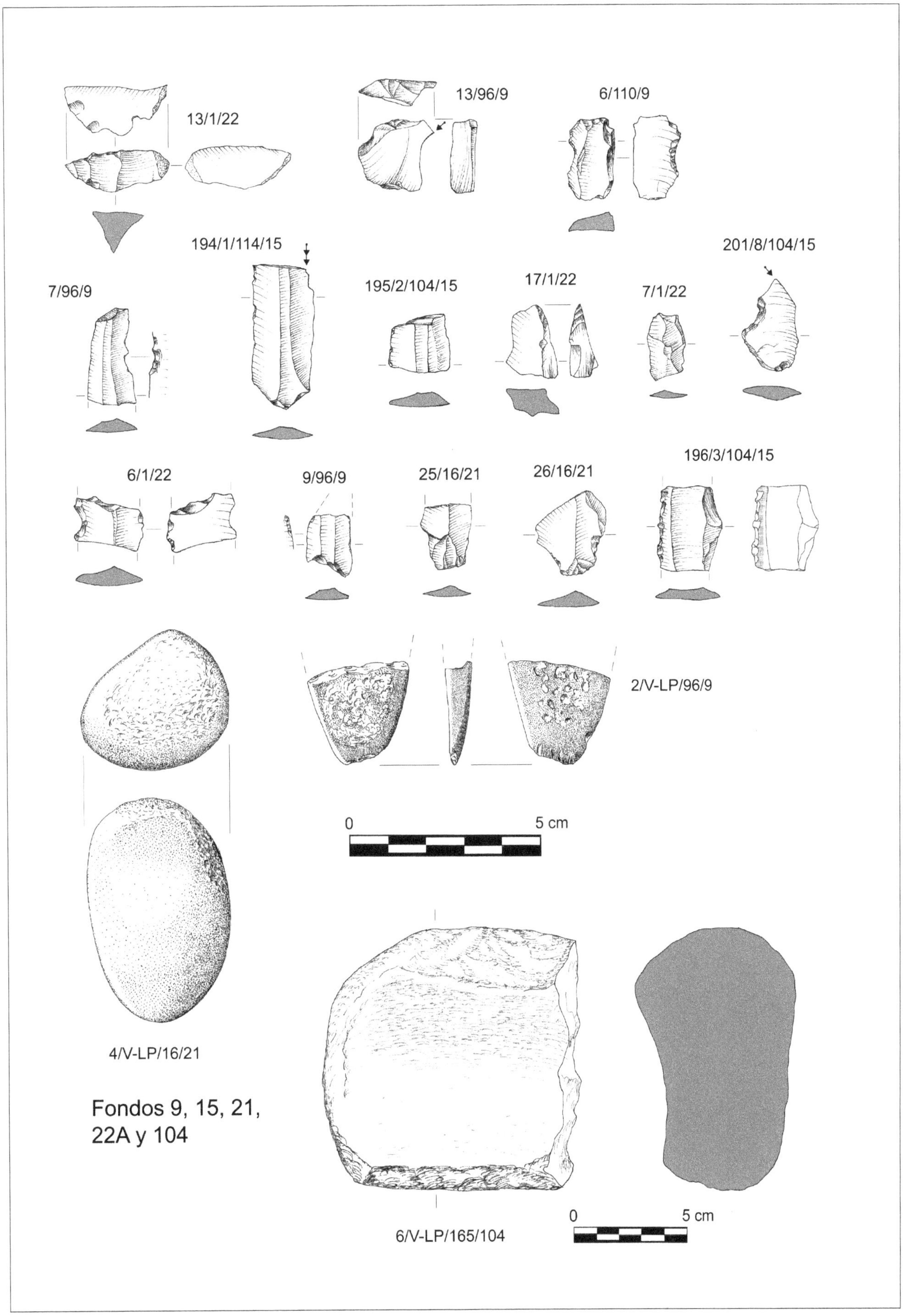

Figura 34. La Verduga Alta

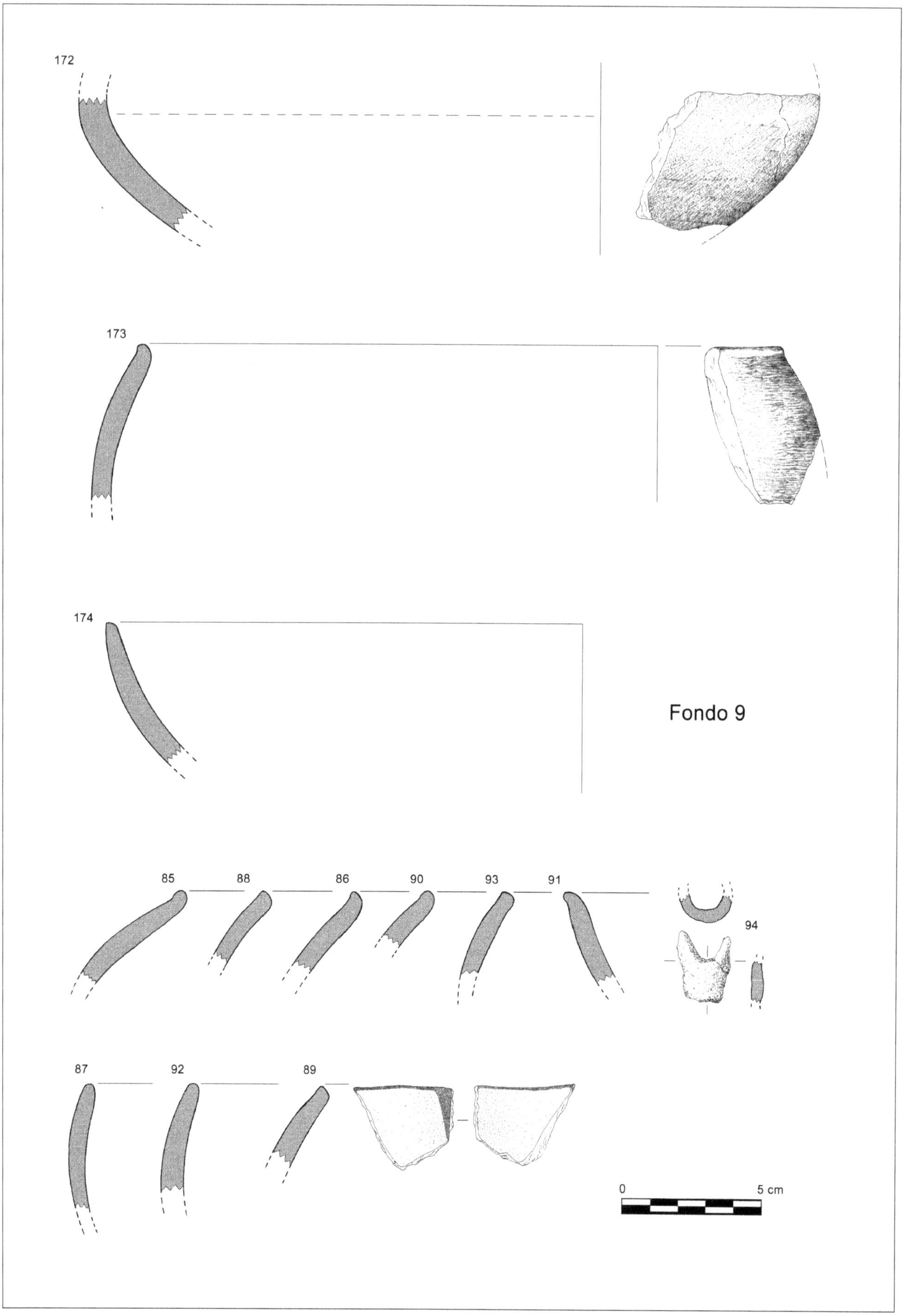

Figura 35. La Verduga Alta

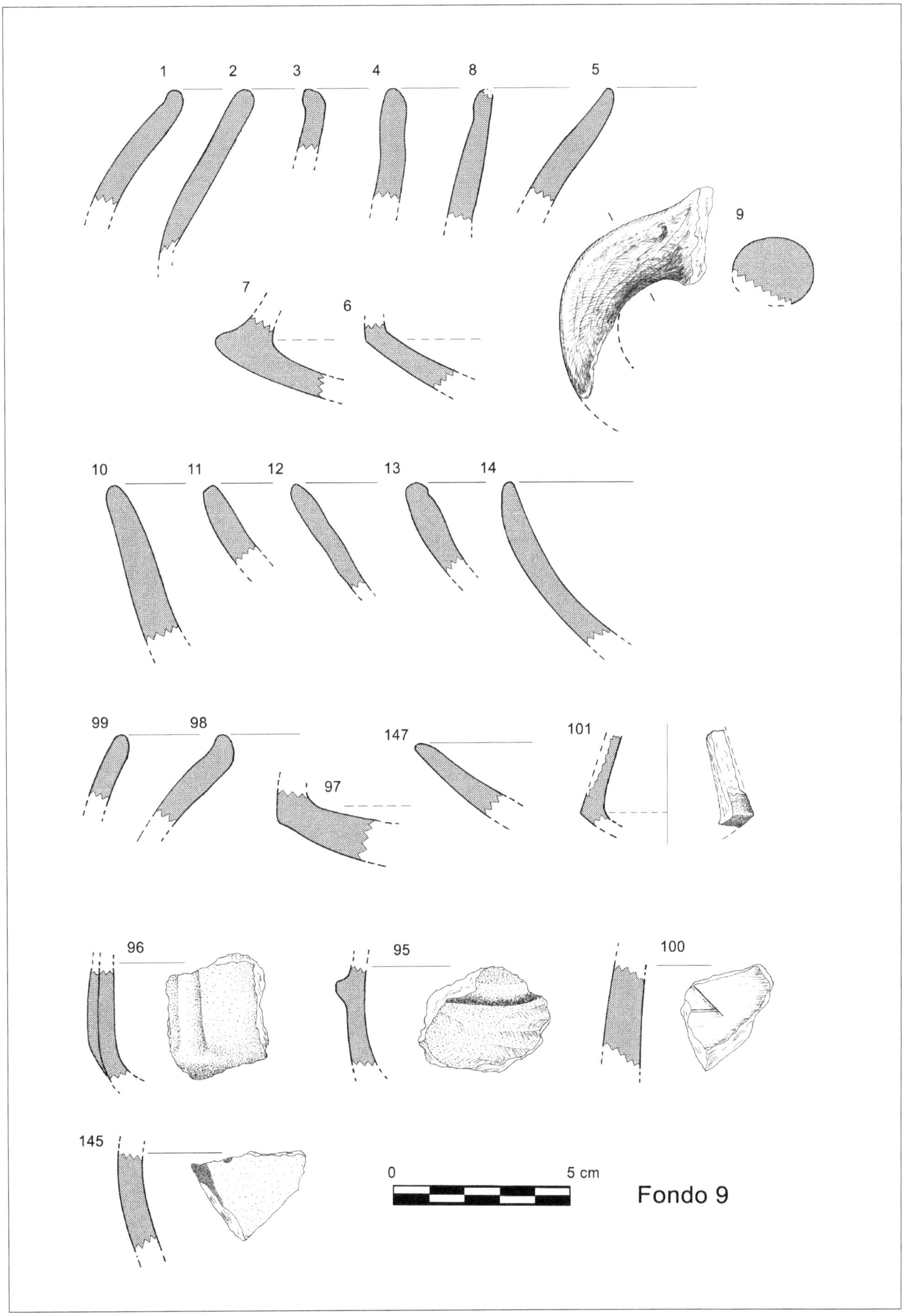

Figura 36. La Verduga Alta

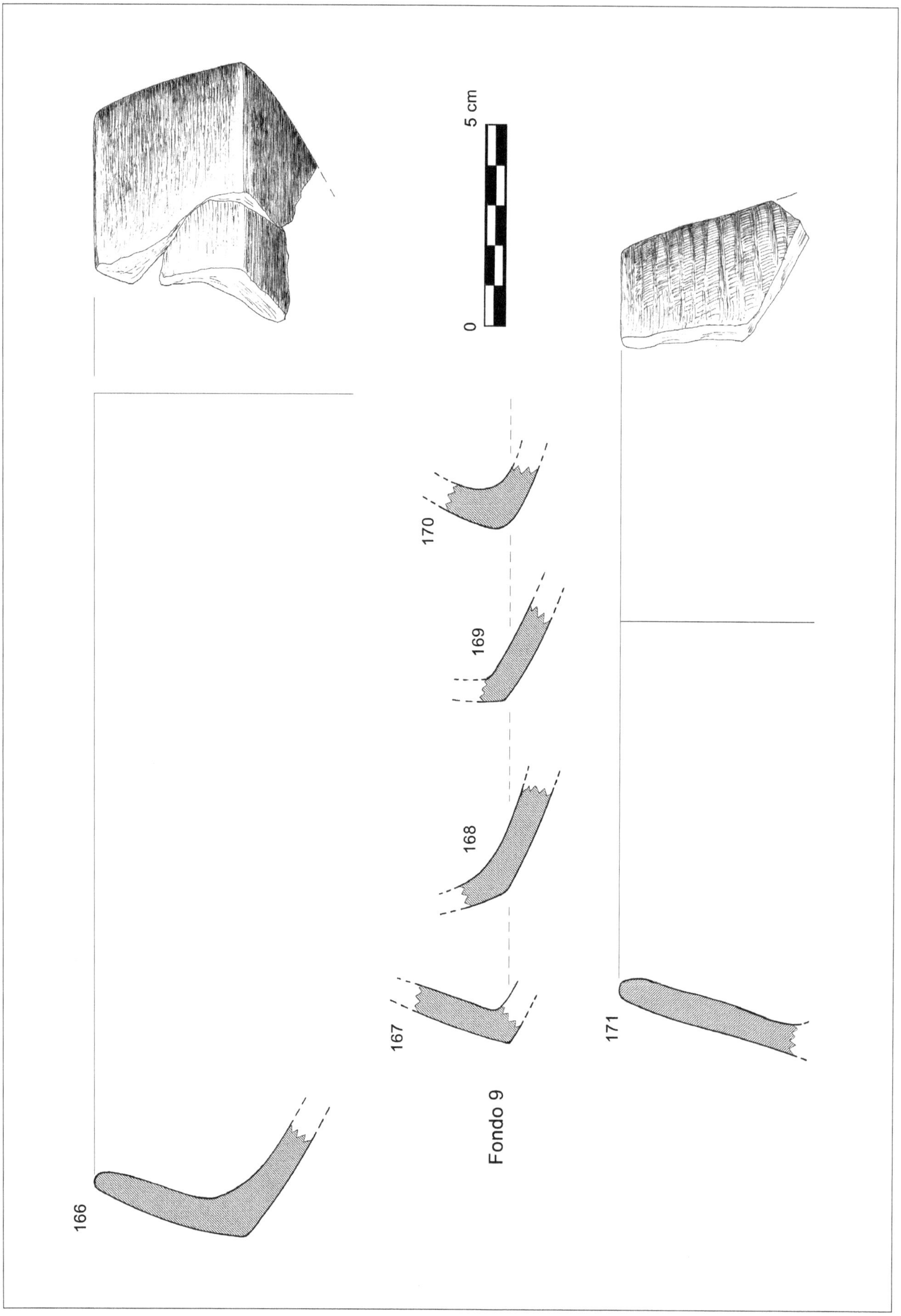

Figura 37. La Verduga Alta

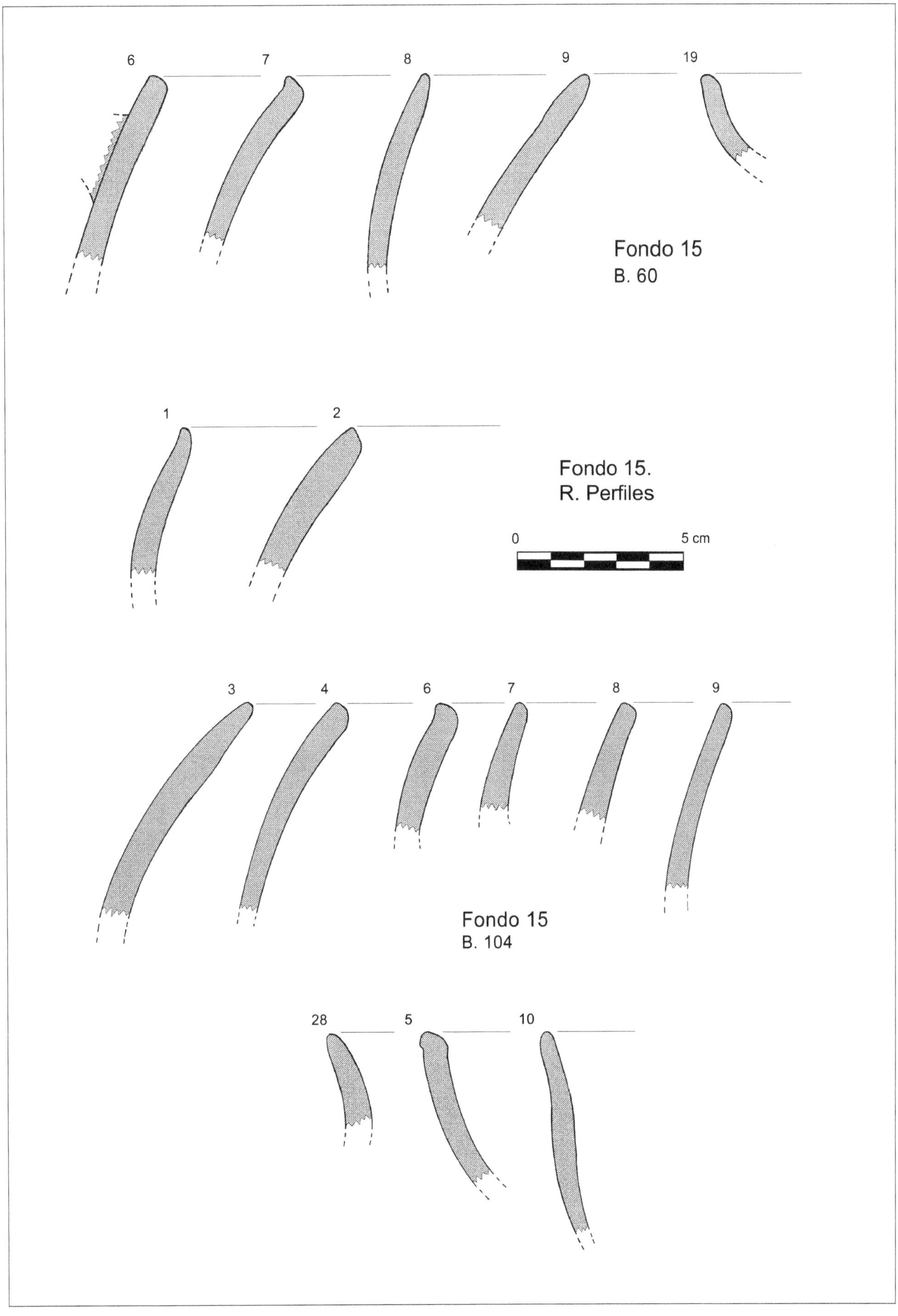

Figura 38. La Verduga Alta

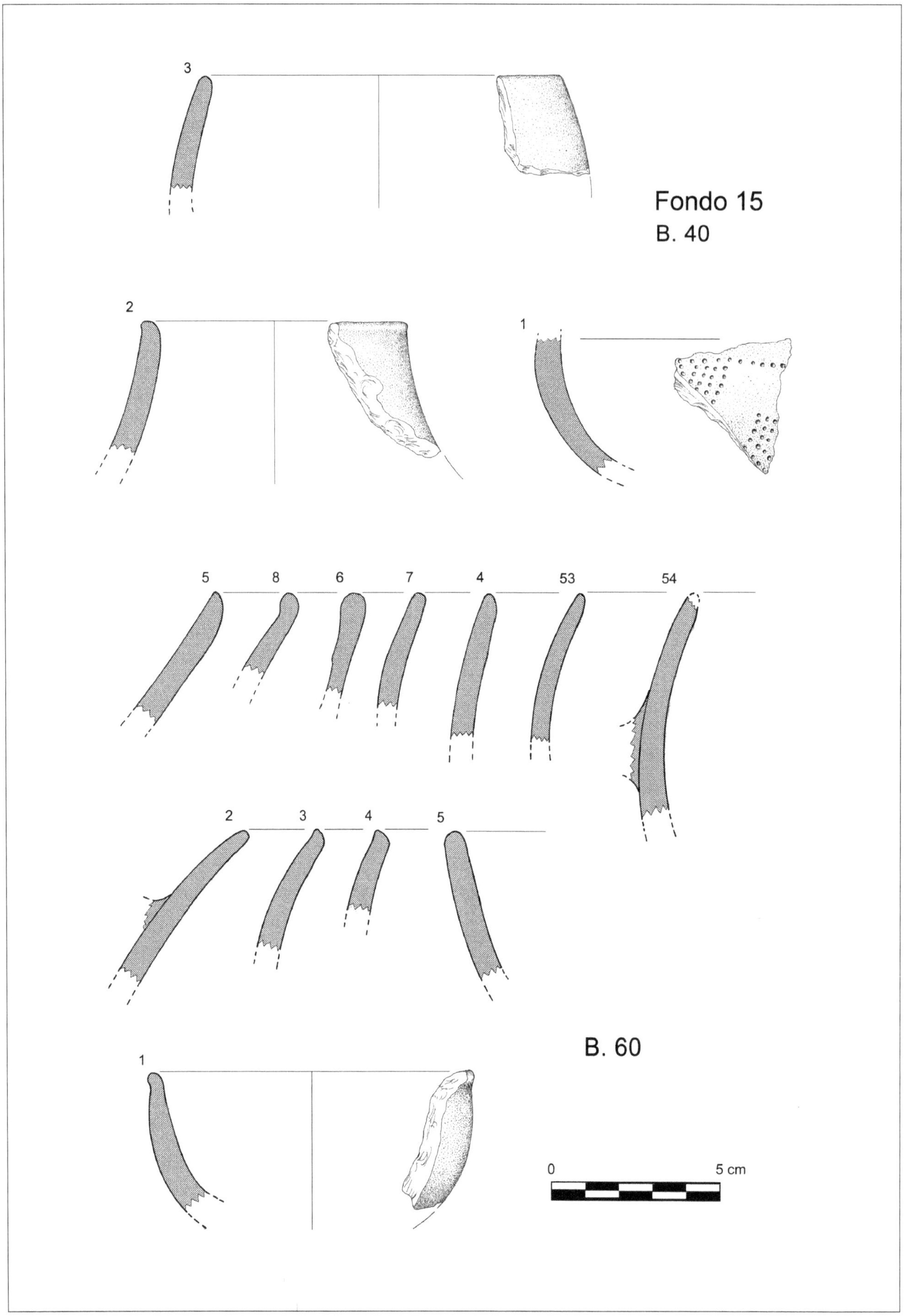

Figura 39. La Verduga Alta

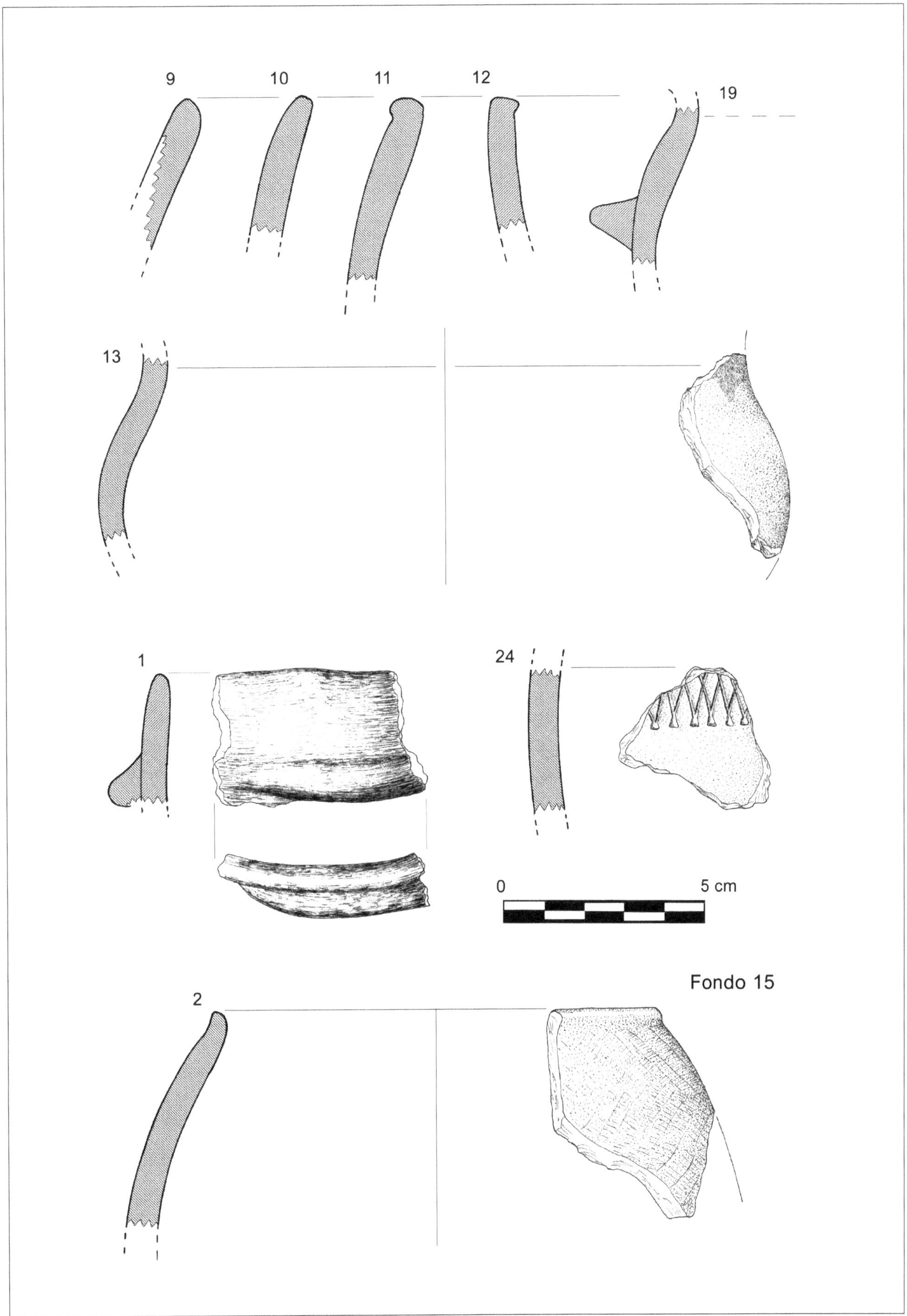

Figura 40. La Verduga Alta

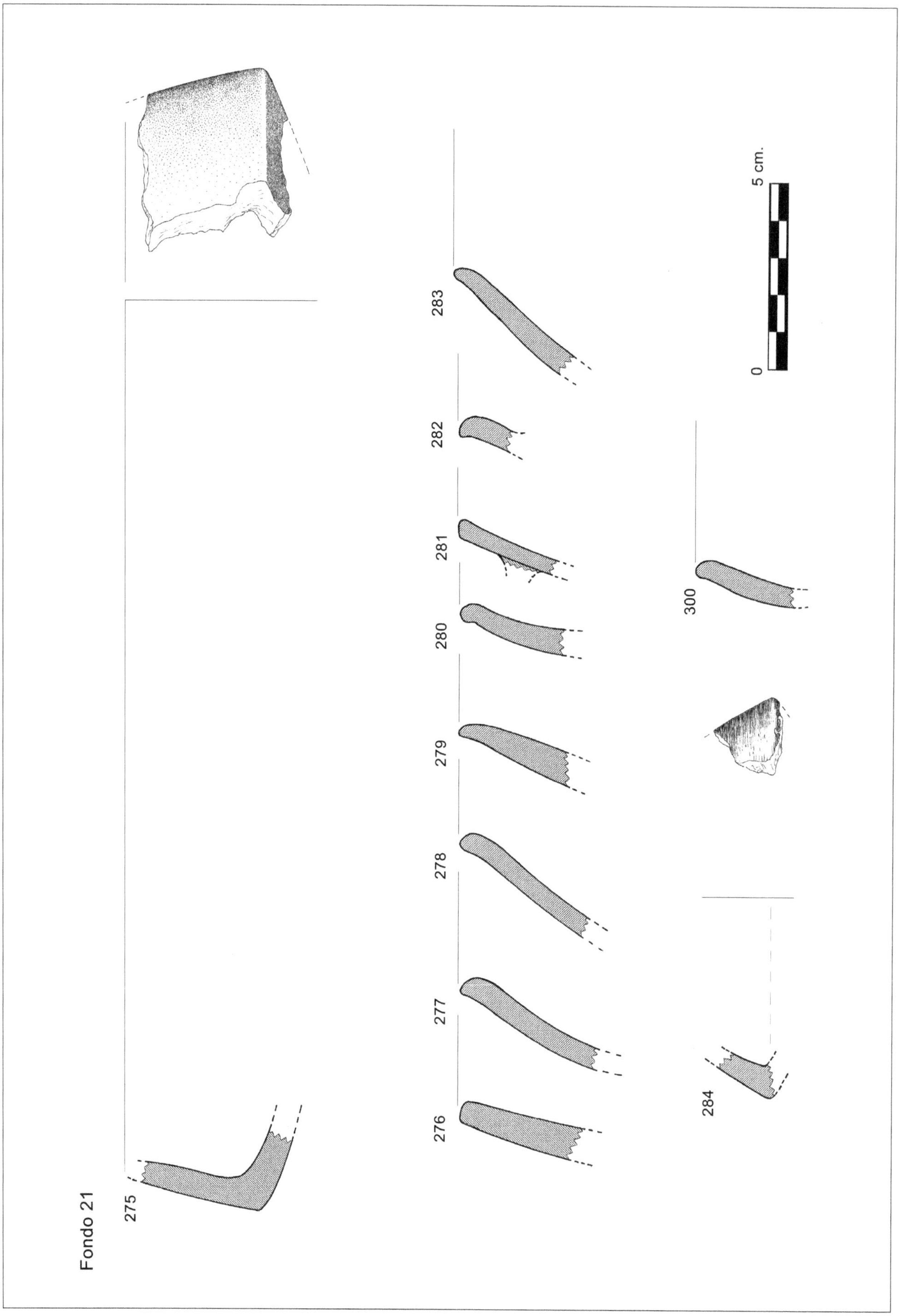

Figura 41. La Verduga Alta

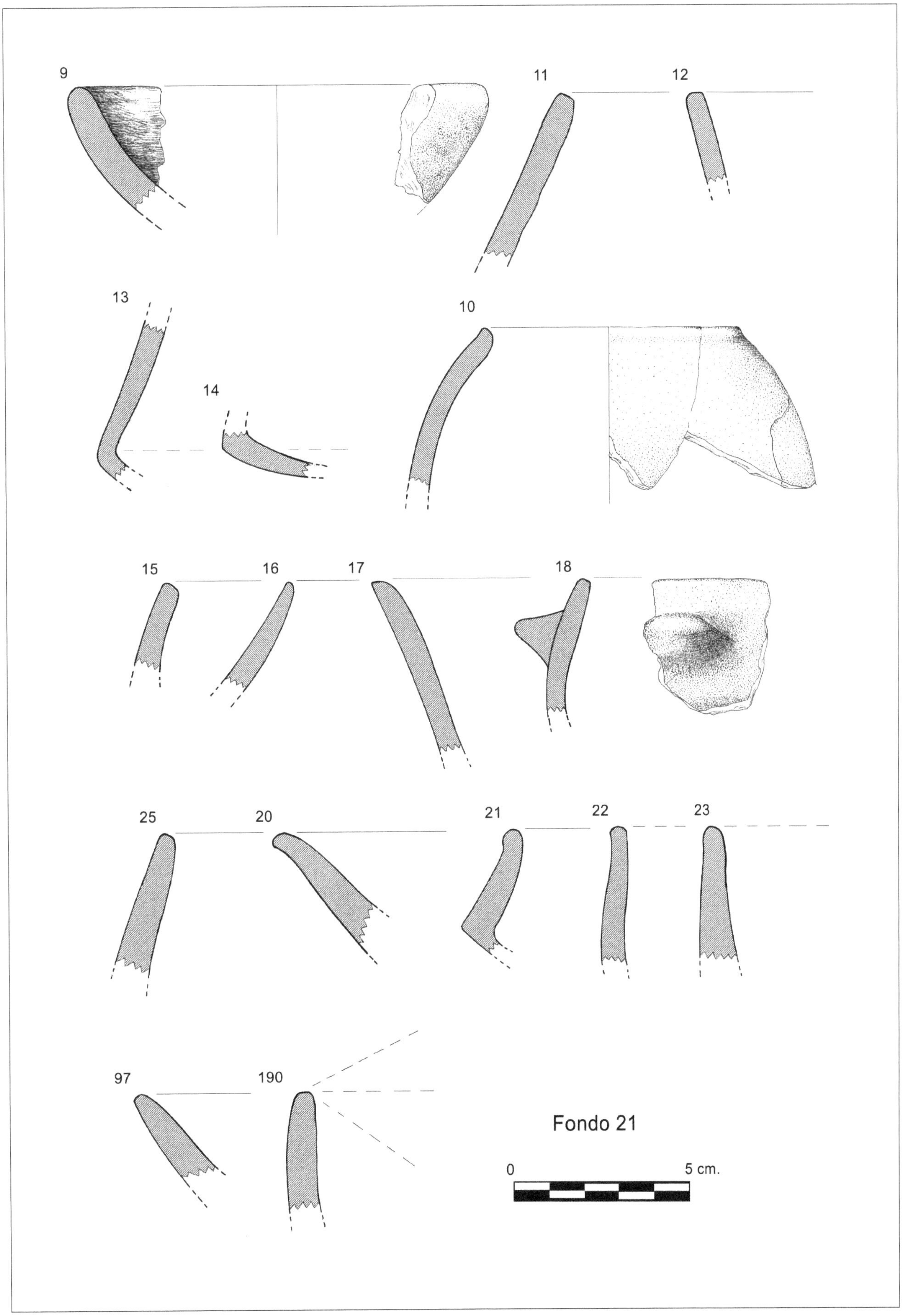

Figura 42. La Verduga Alta

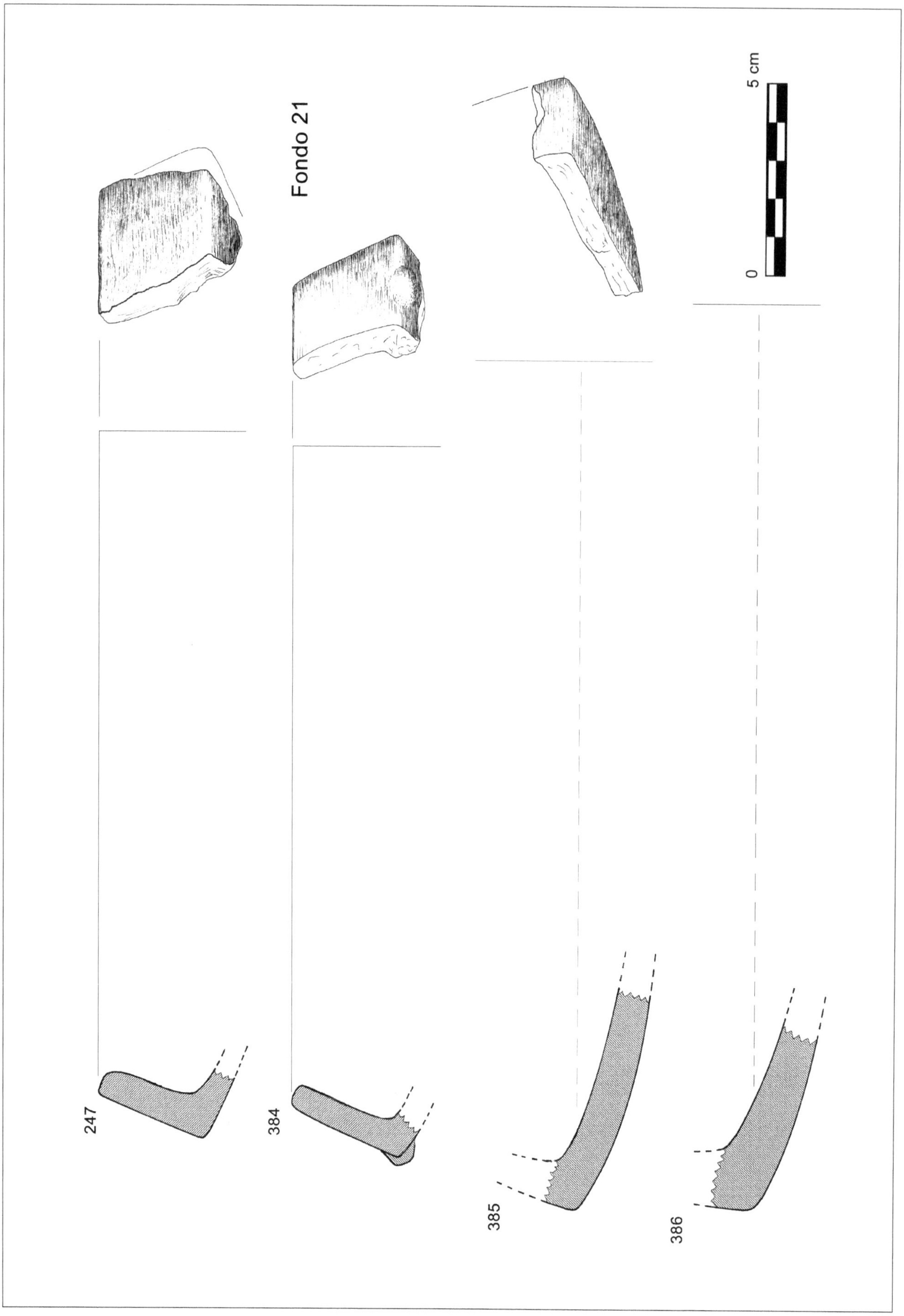

Figura 43. La Verduga Alta

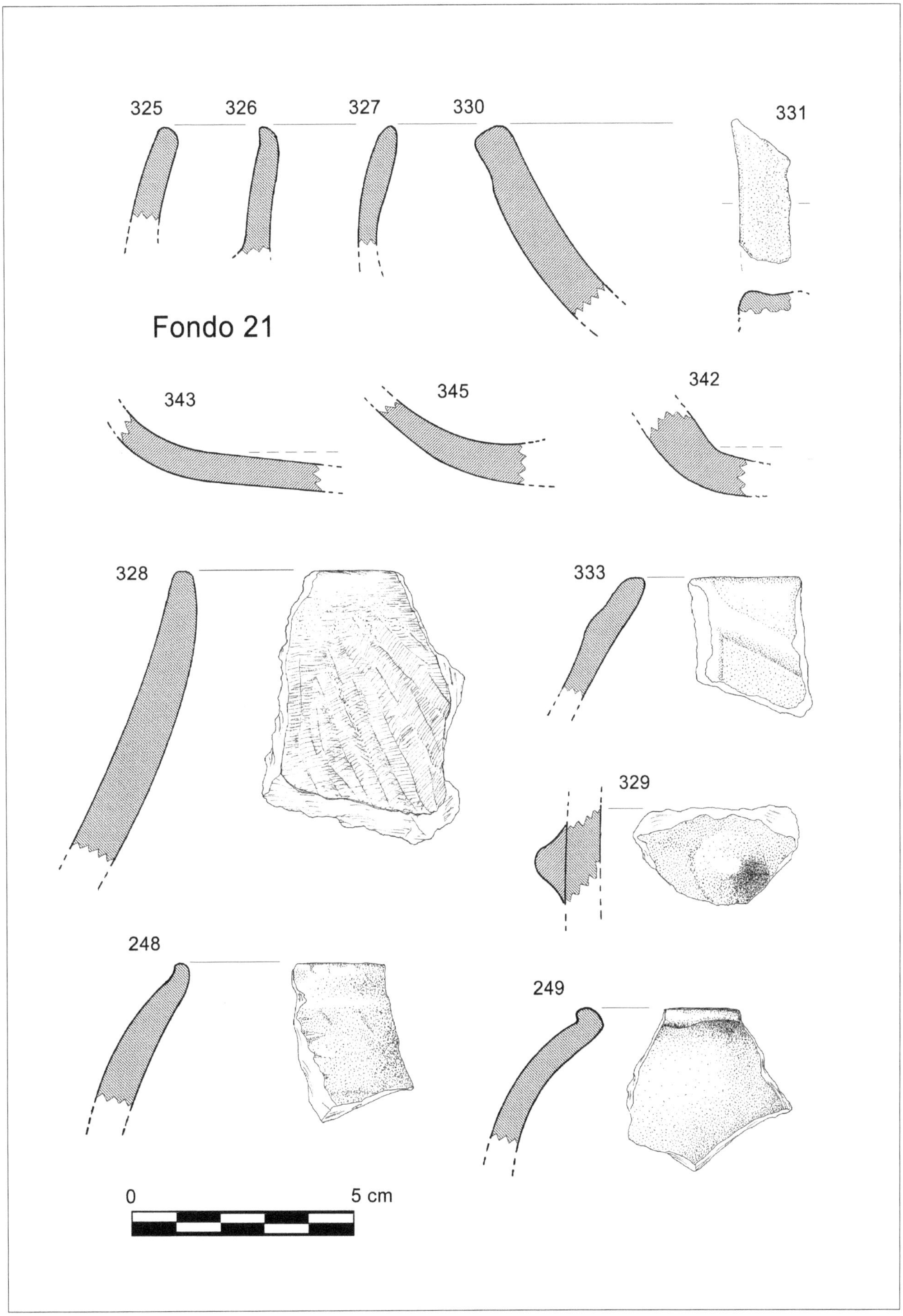

Figura 44. La Verduga Alta

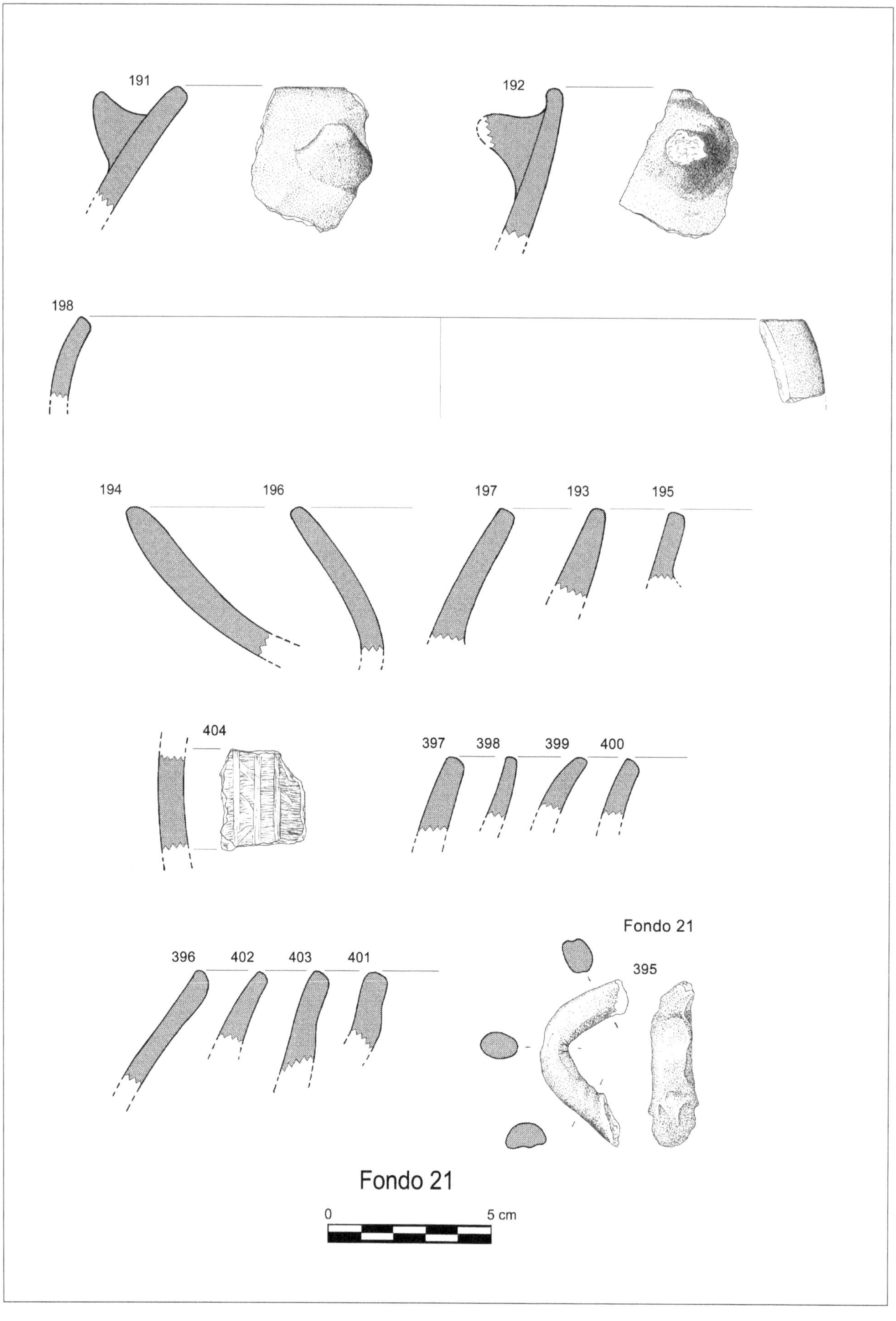

Figura 45. La Verduga Alta

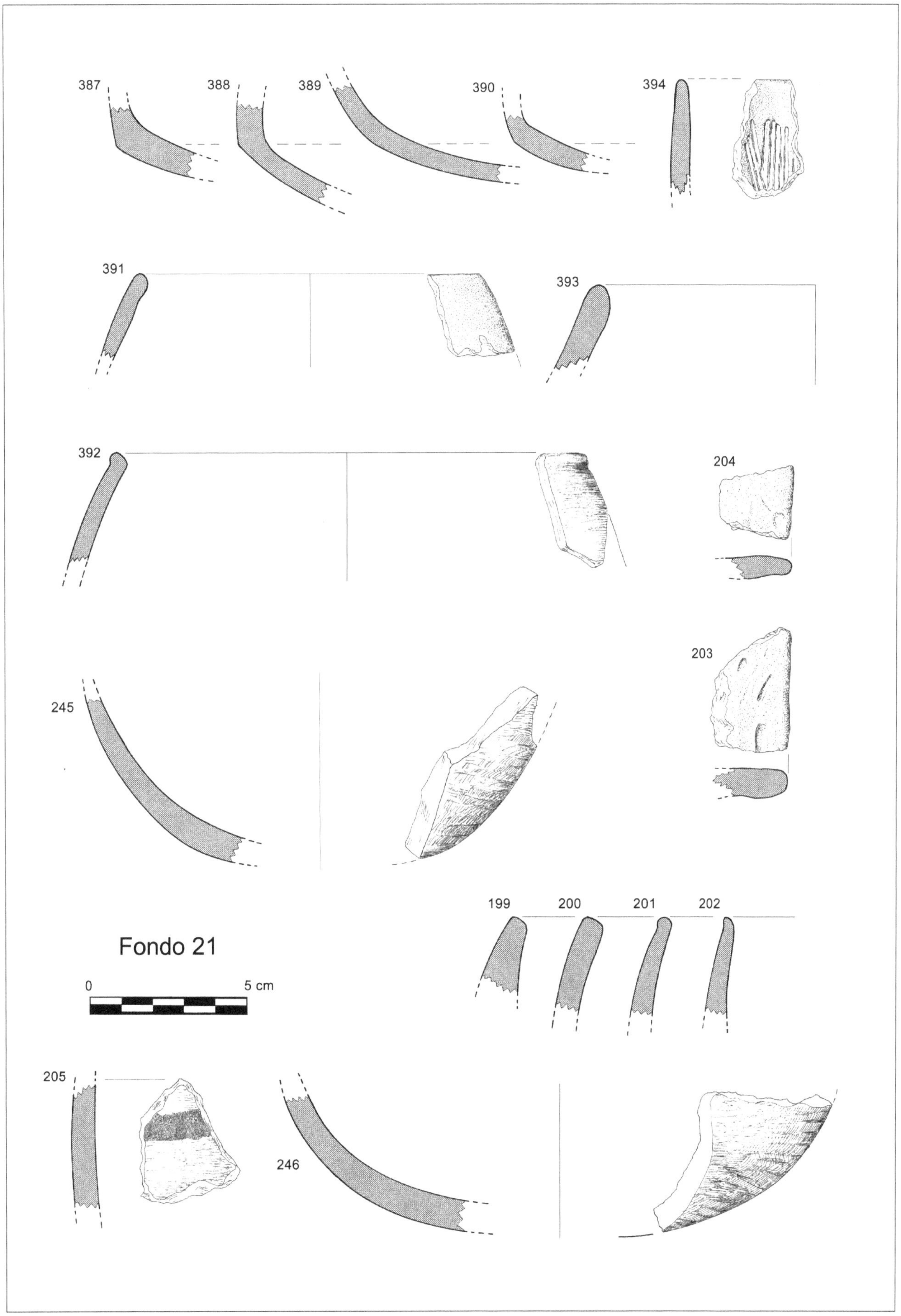

Figura 46. La Verduga Alta

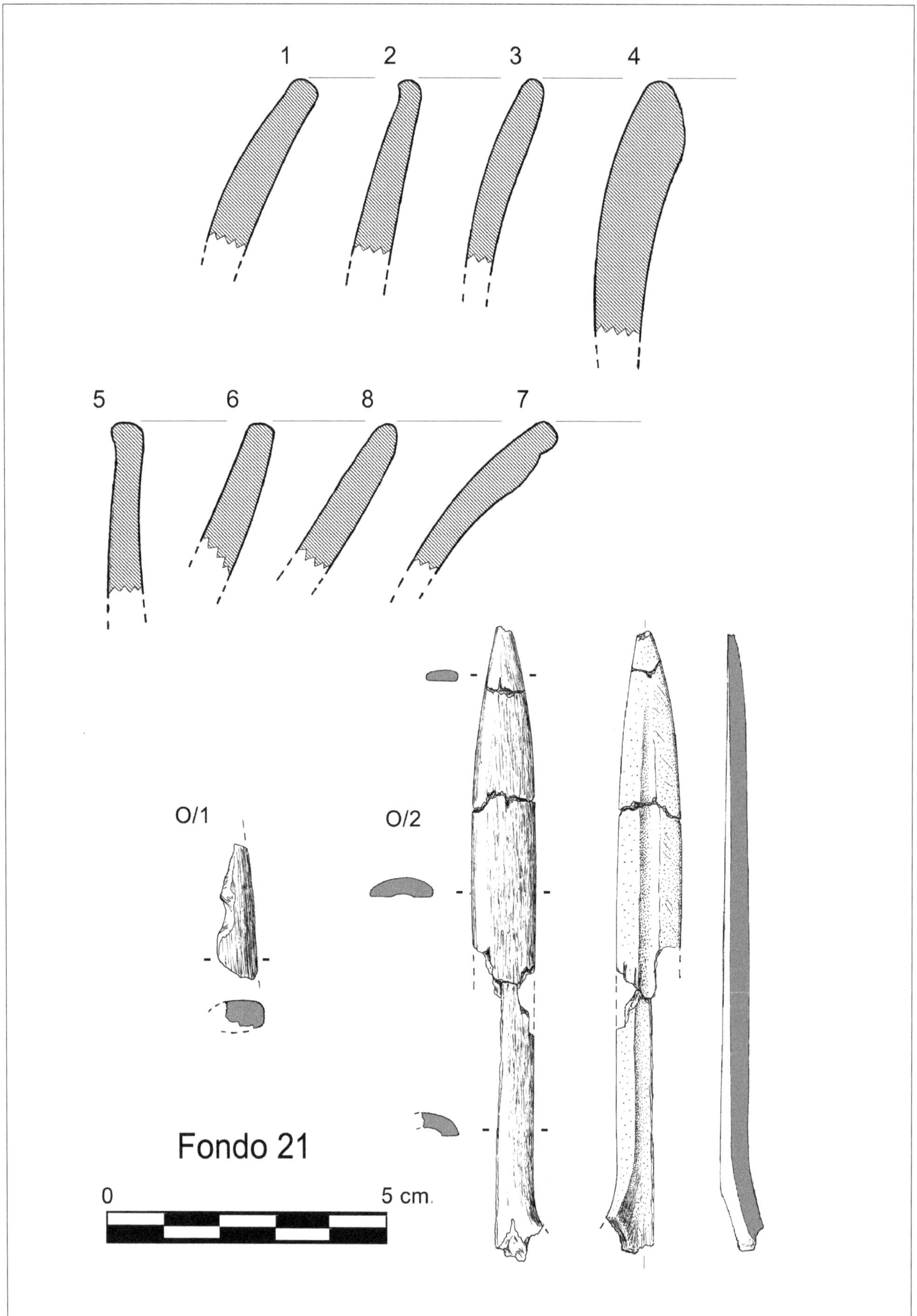

Figura 47. La Verduga Alta

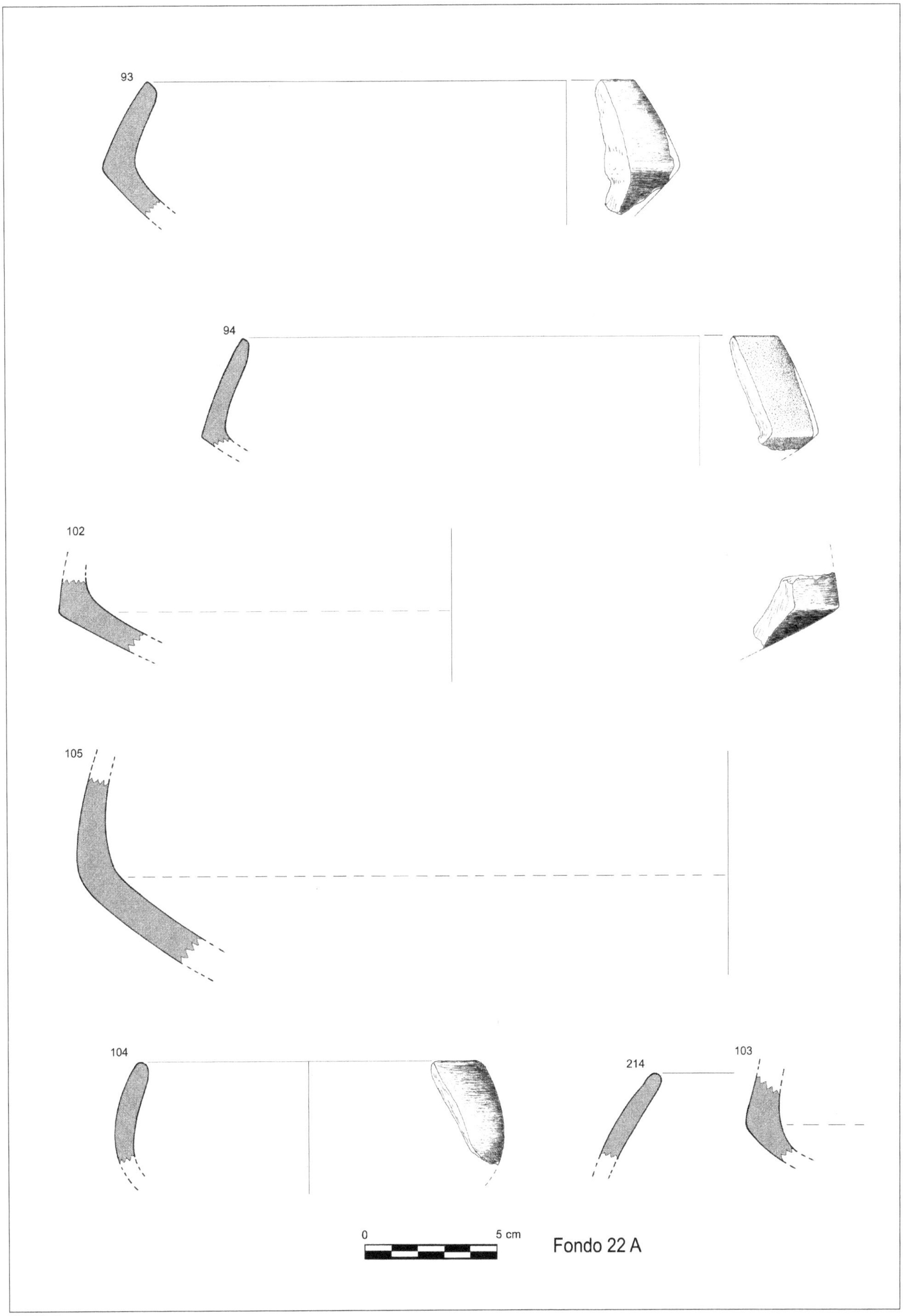

Figura 48. La Verduga Alta

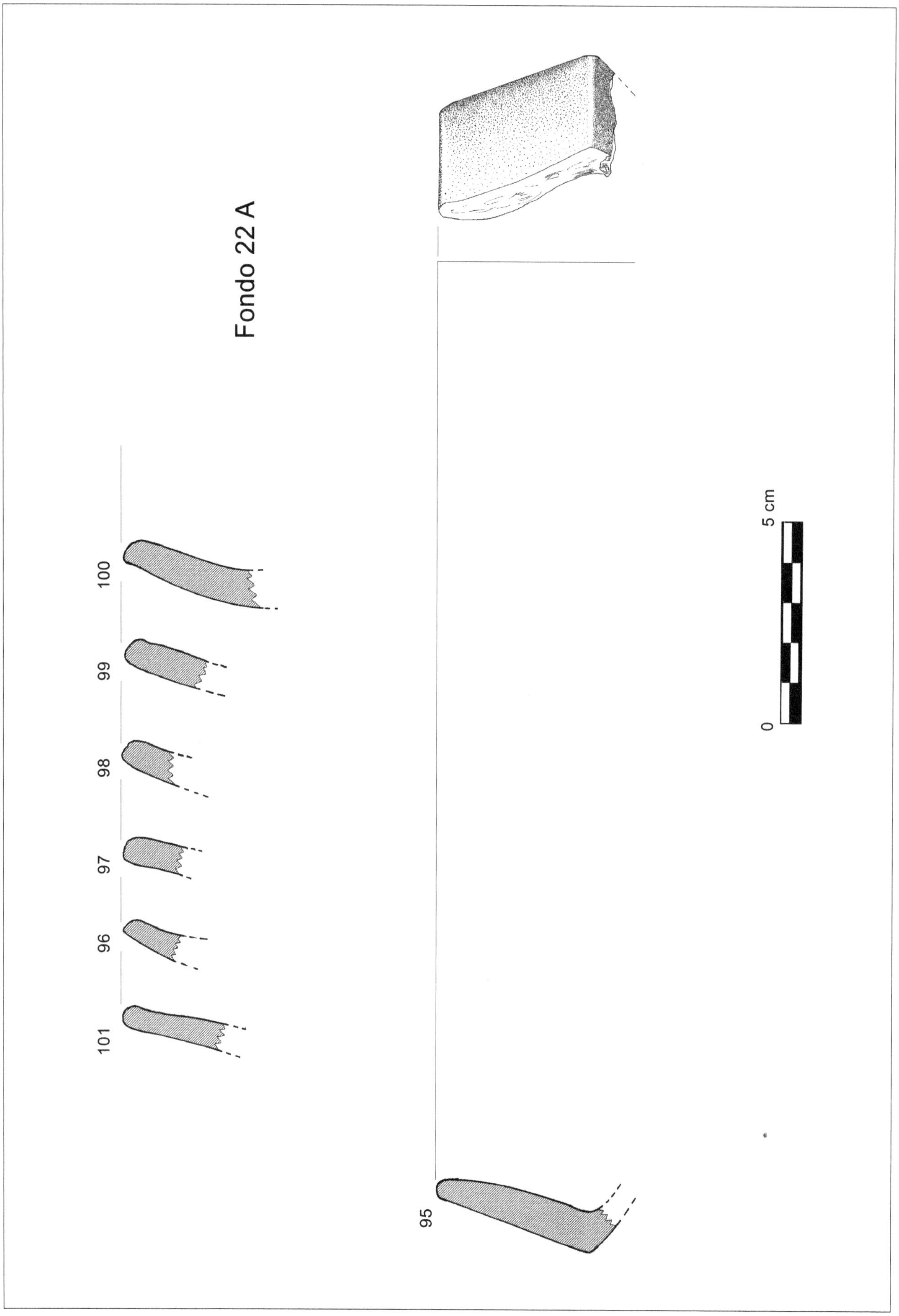

Figura 49. La Verduga Alta

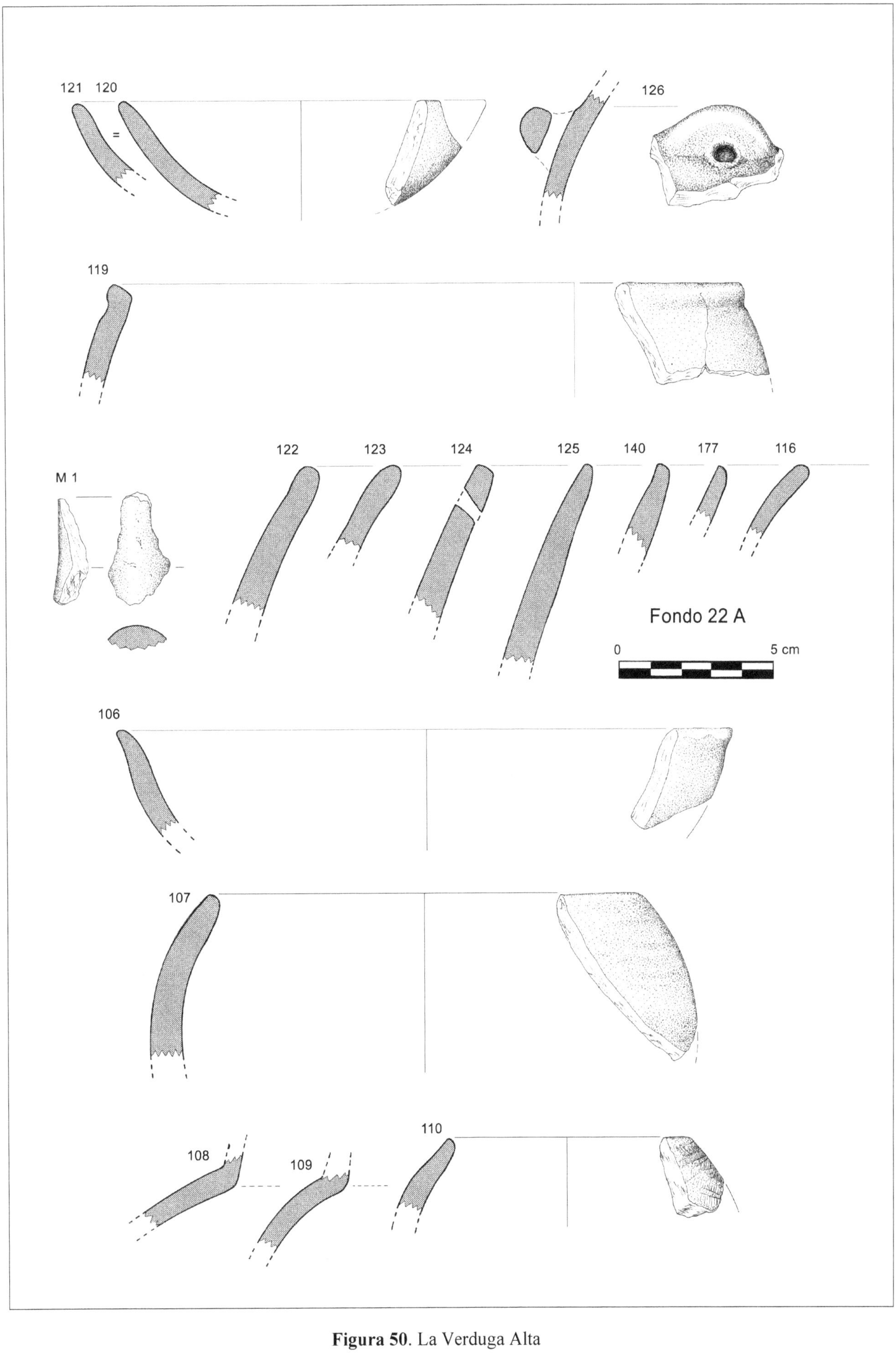

Figura 50. La Verduga Alta

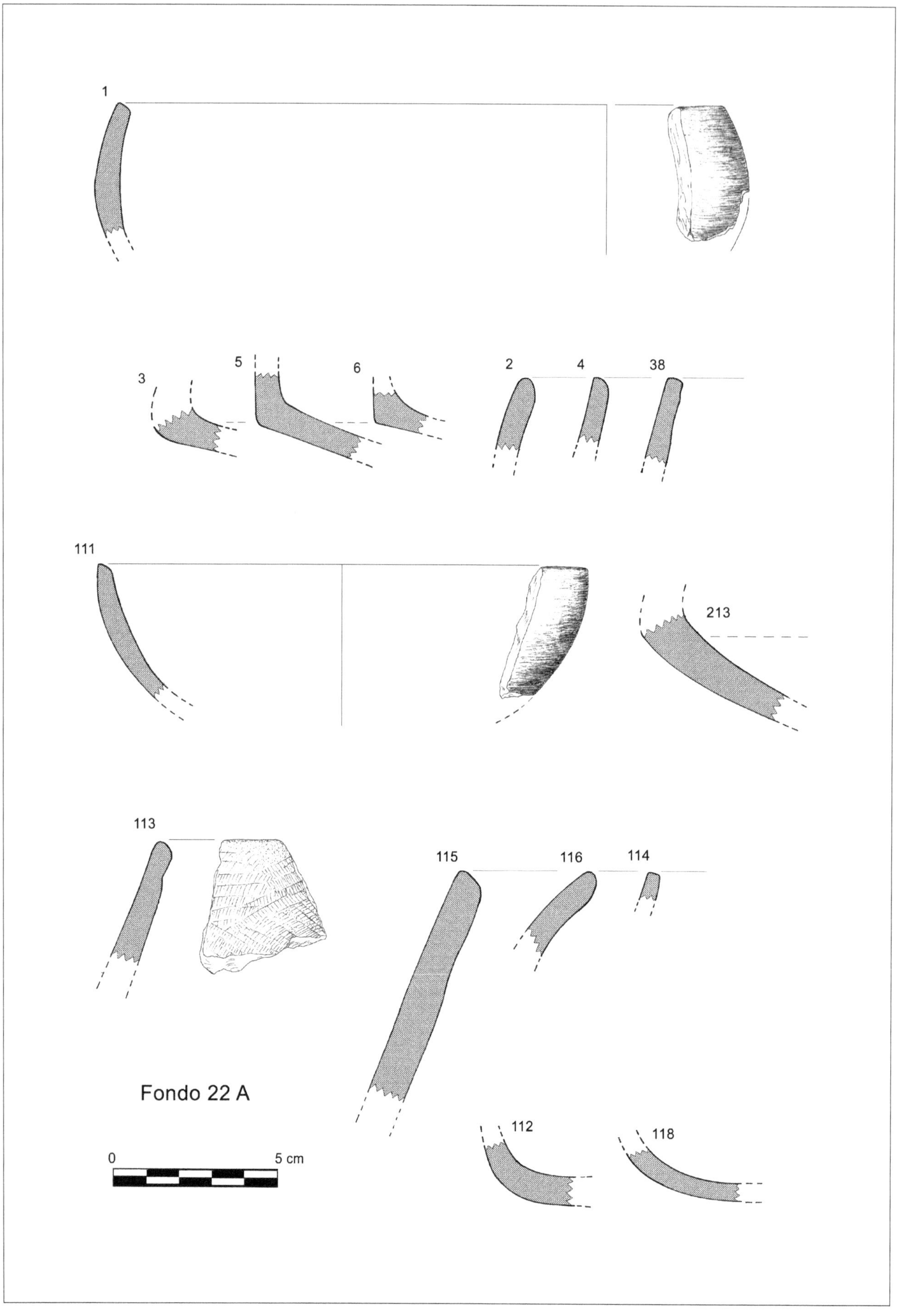

Figura 51. La Verduga Alta

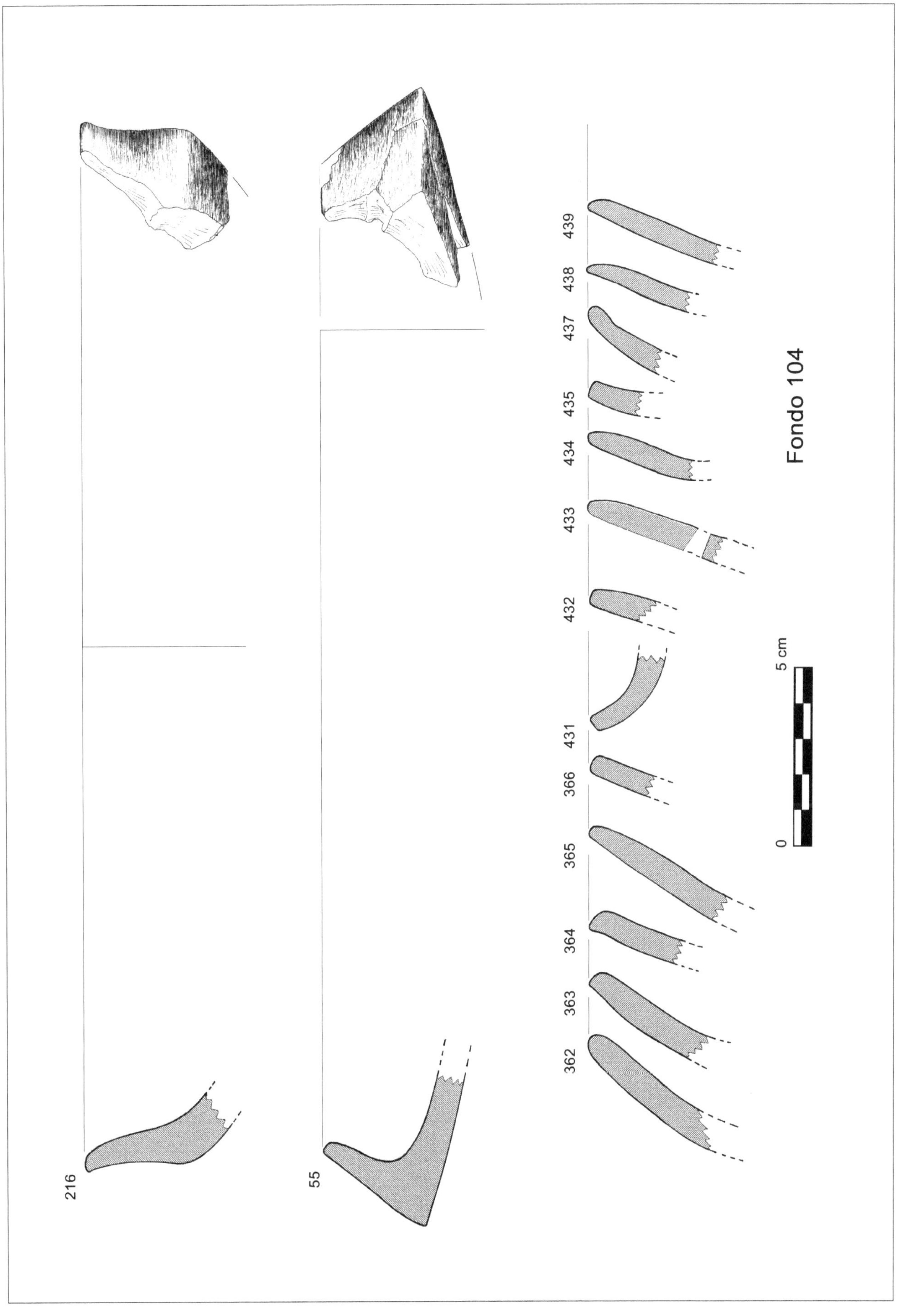

Figura 52. La Verduga Alta

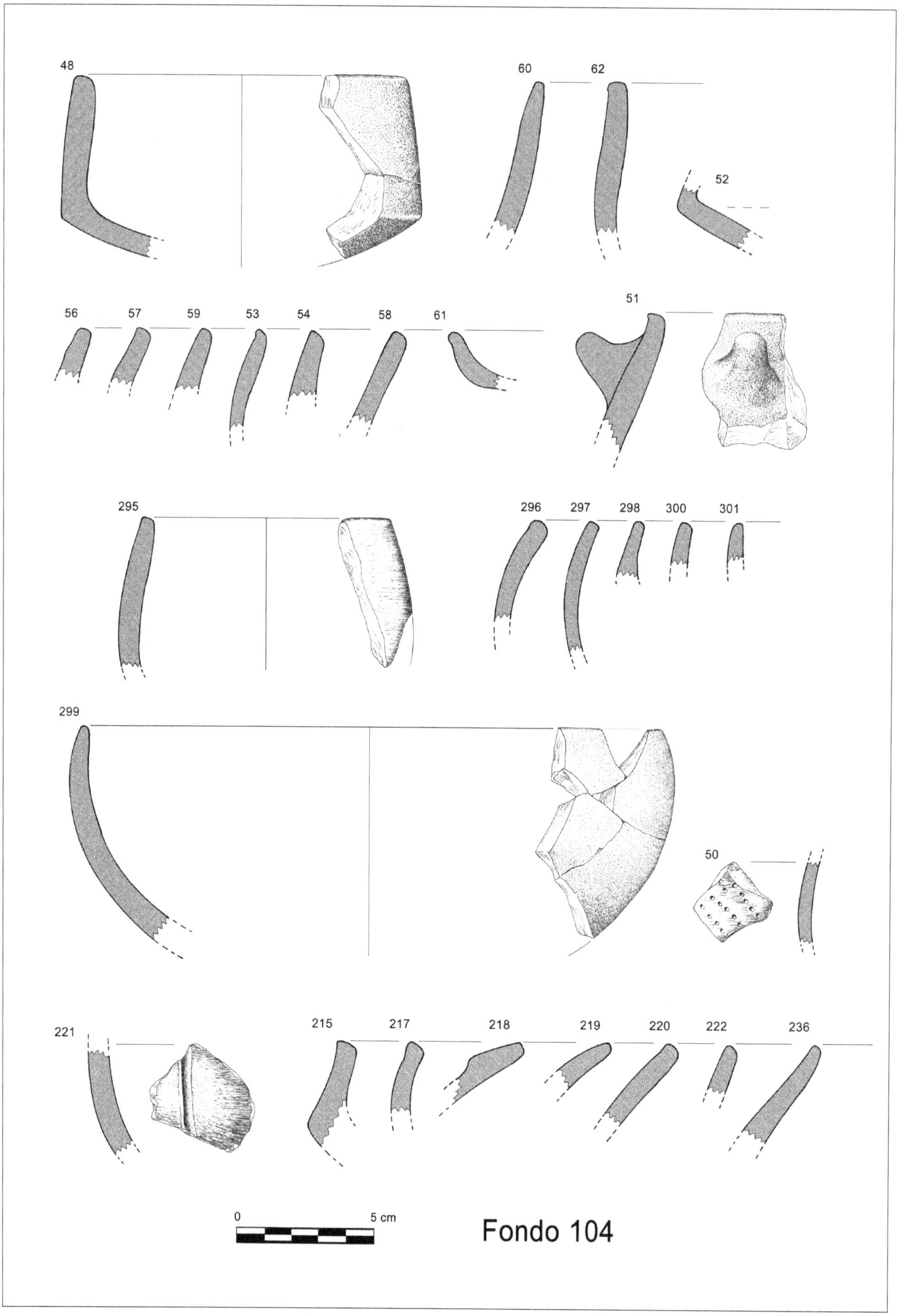

Figura 53. La Verduga Alta

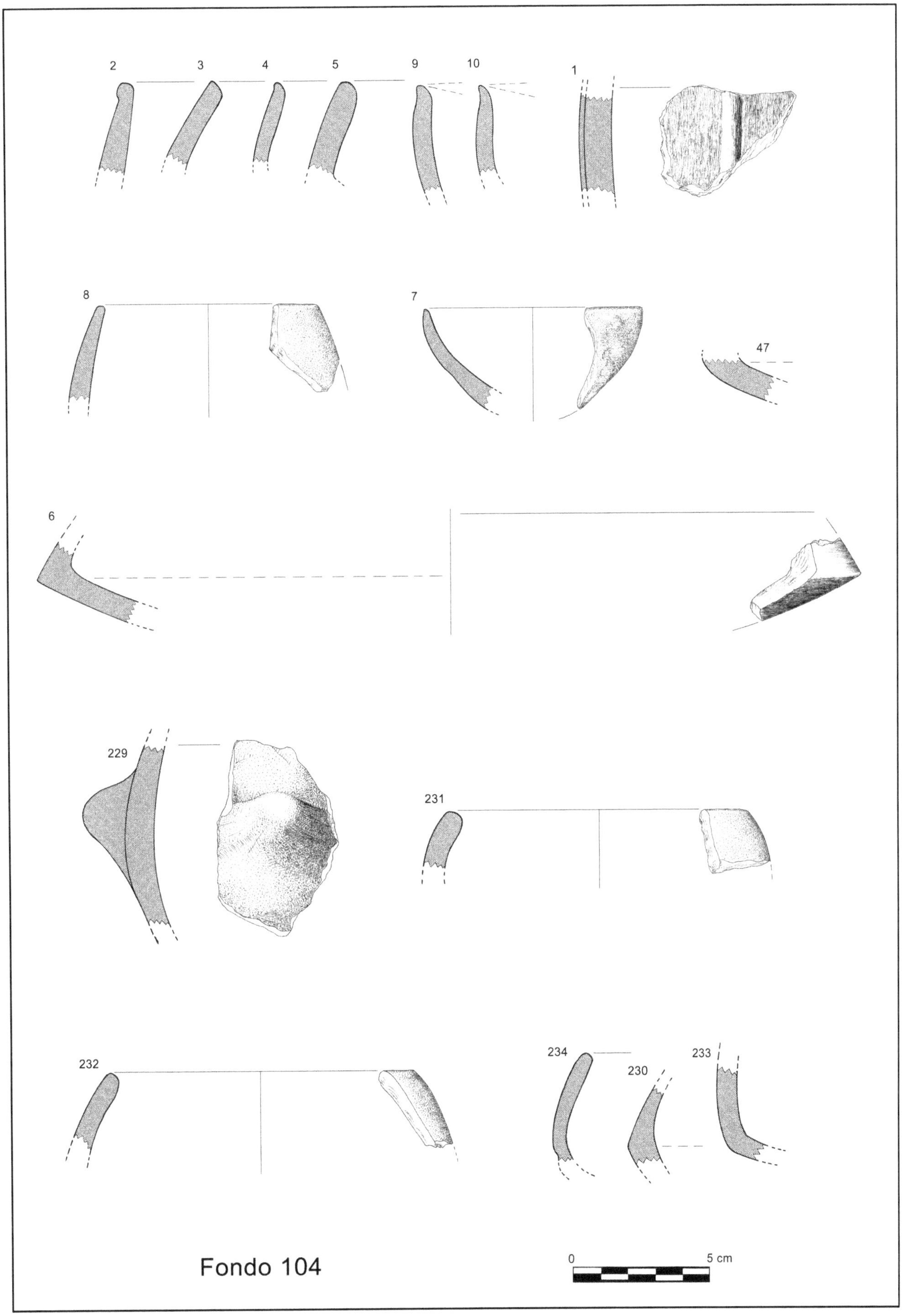

Figura 54. La Verduga Alta

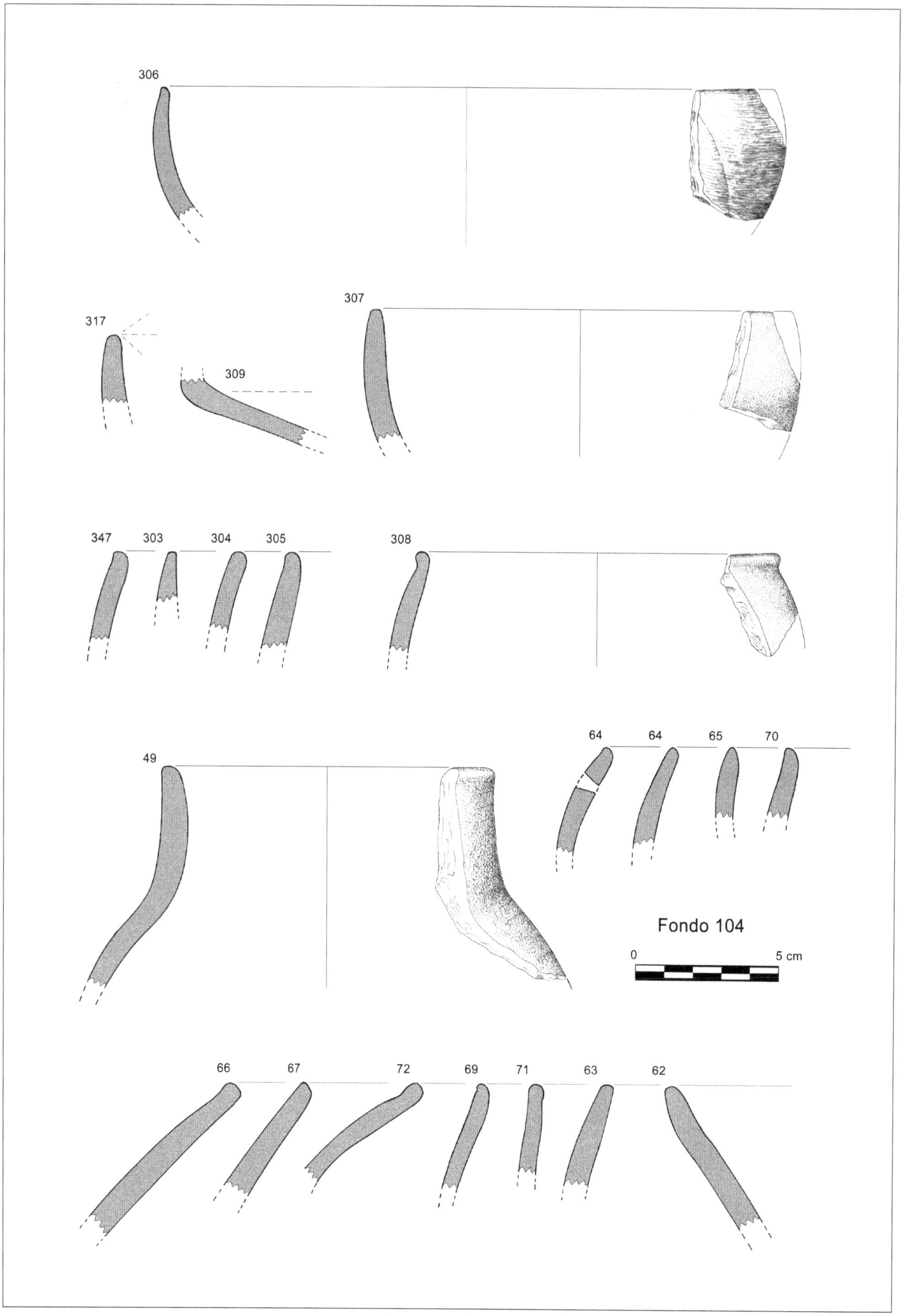

Figura 55. La Verduga Alta

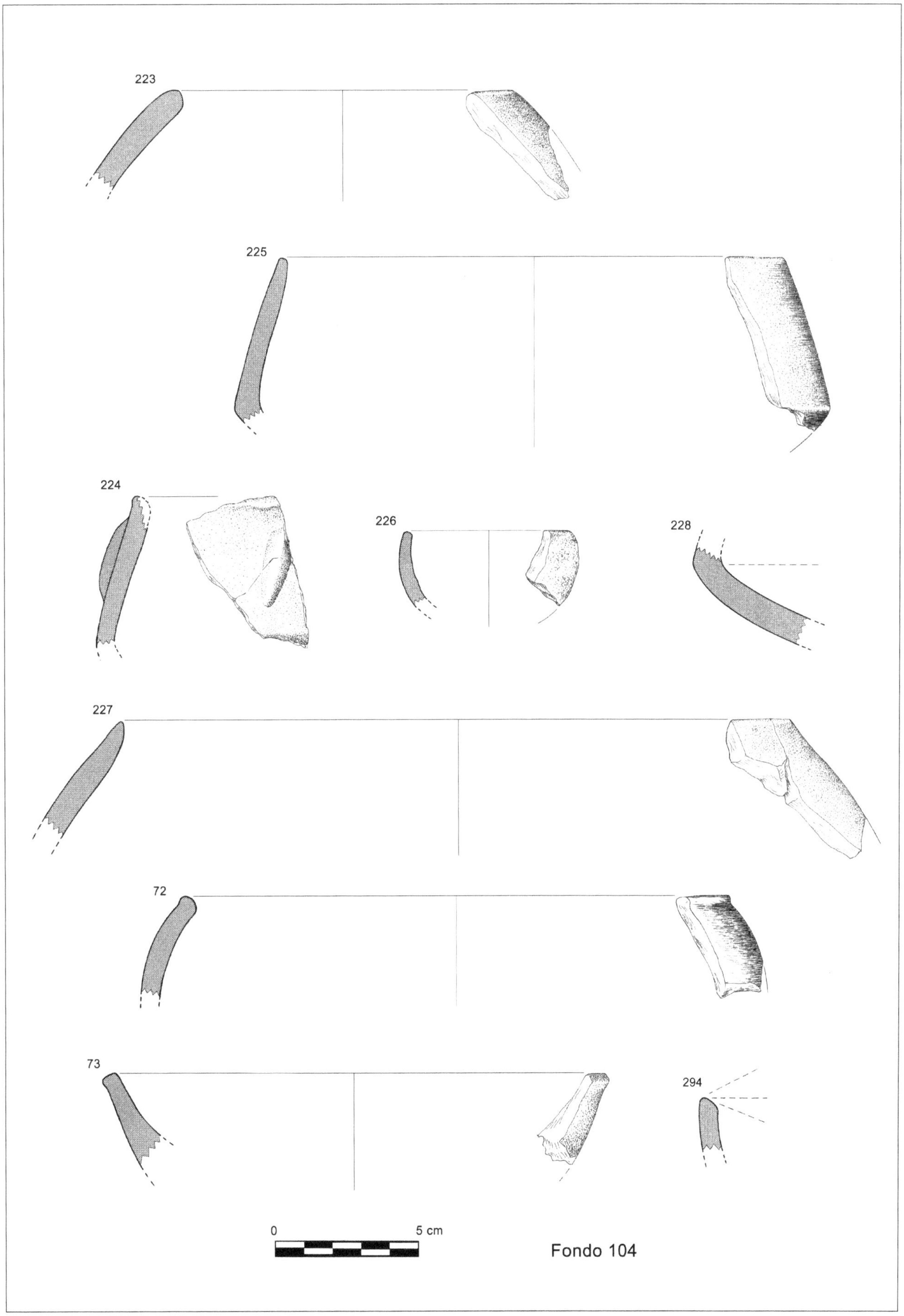

Figura 56. La Verduga Alta

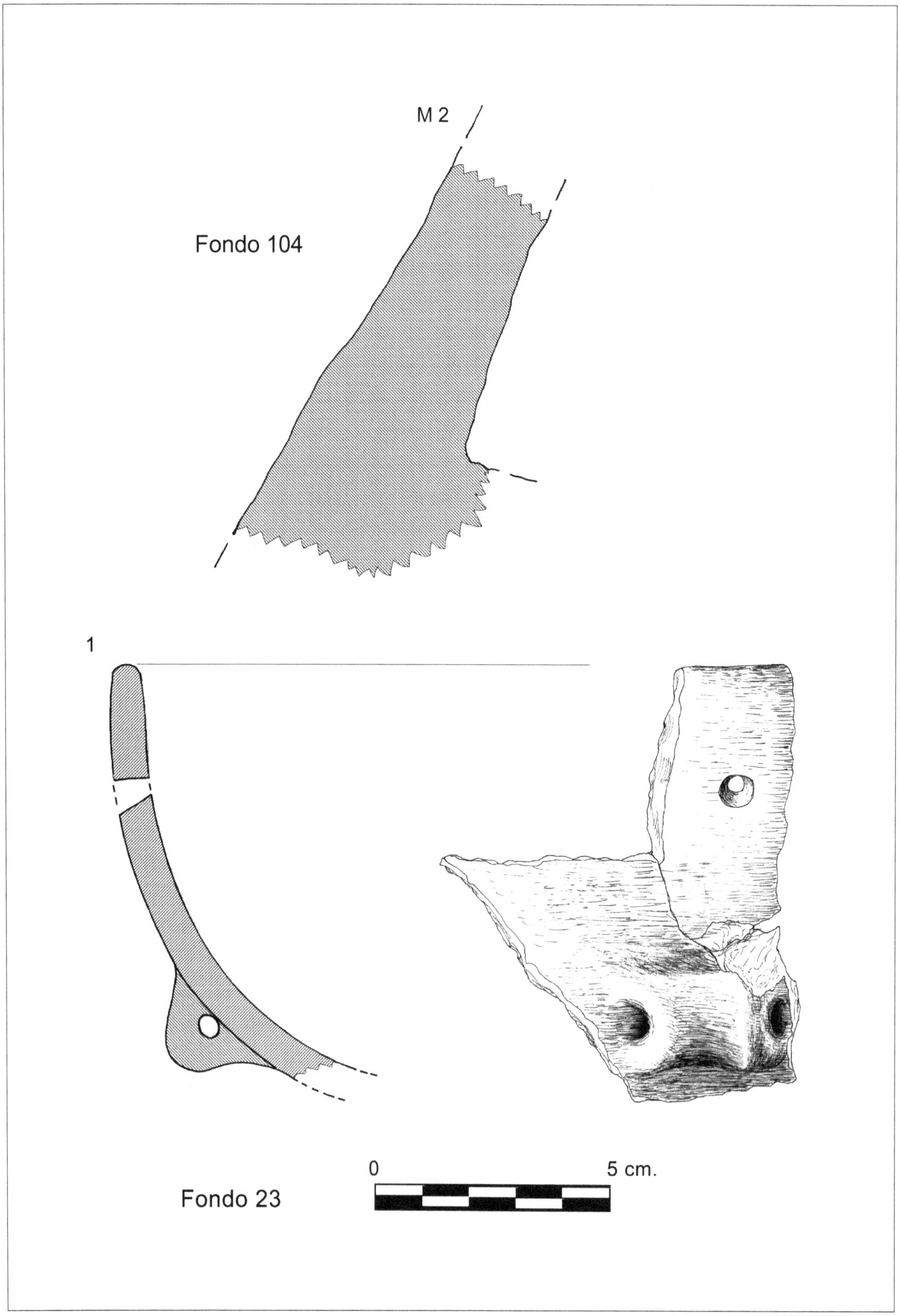

Figura 57. La Verduga Alta

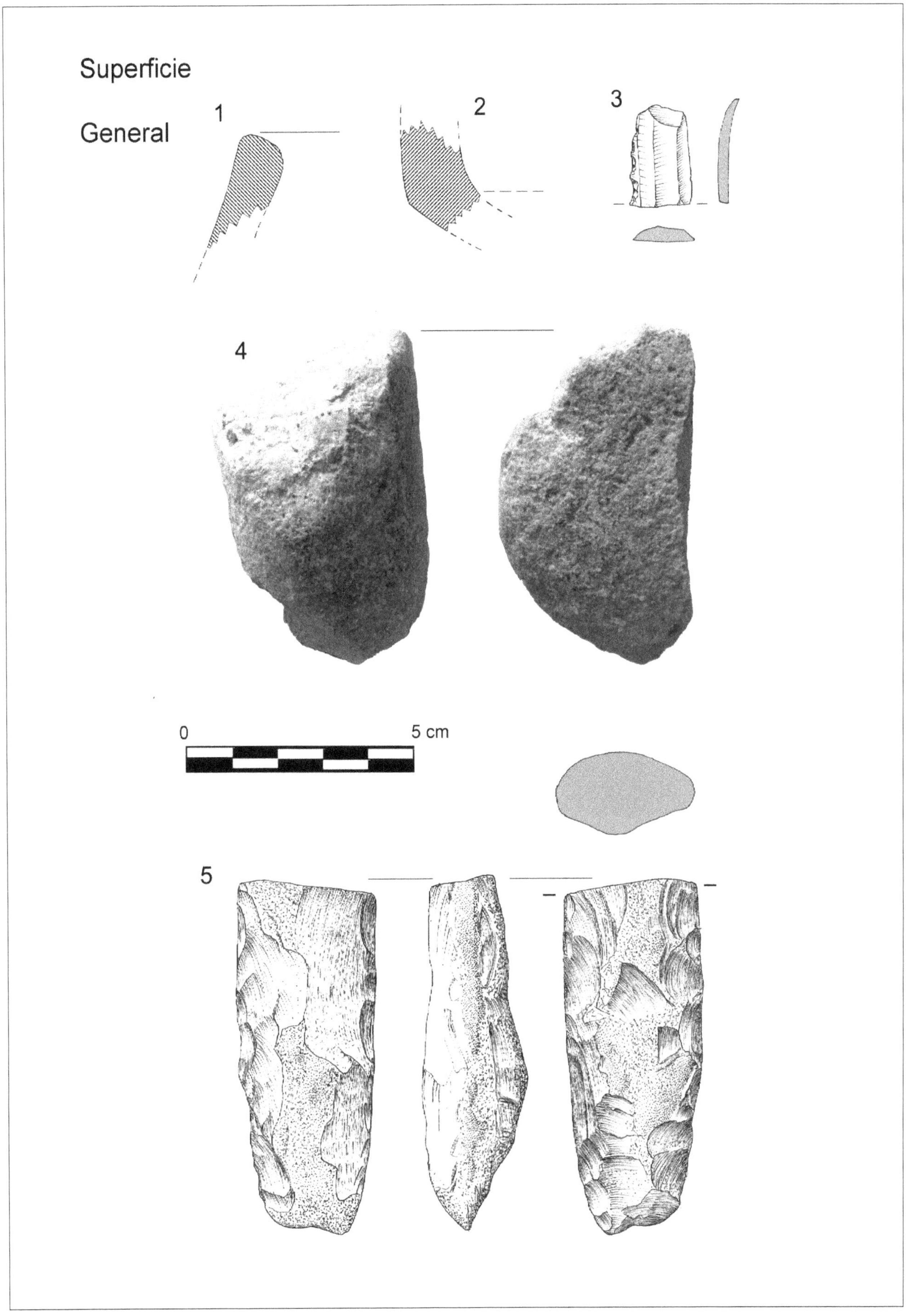

Figura 58. El Cañuelo Alto

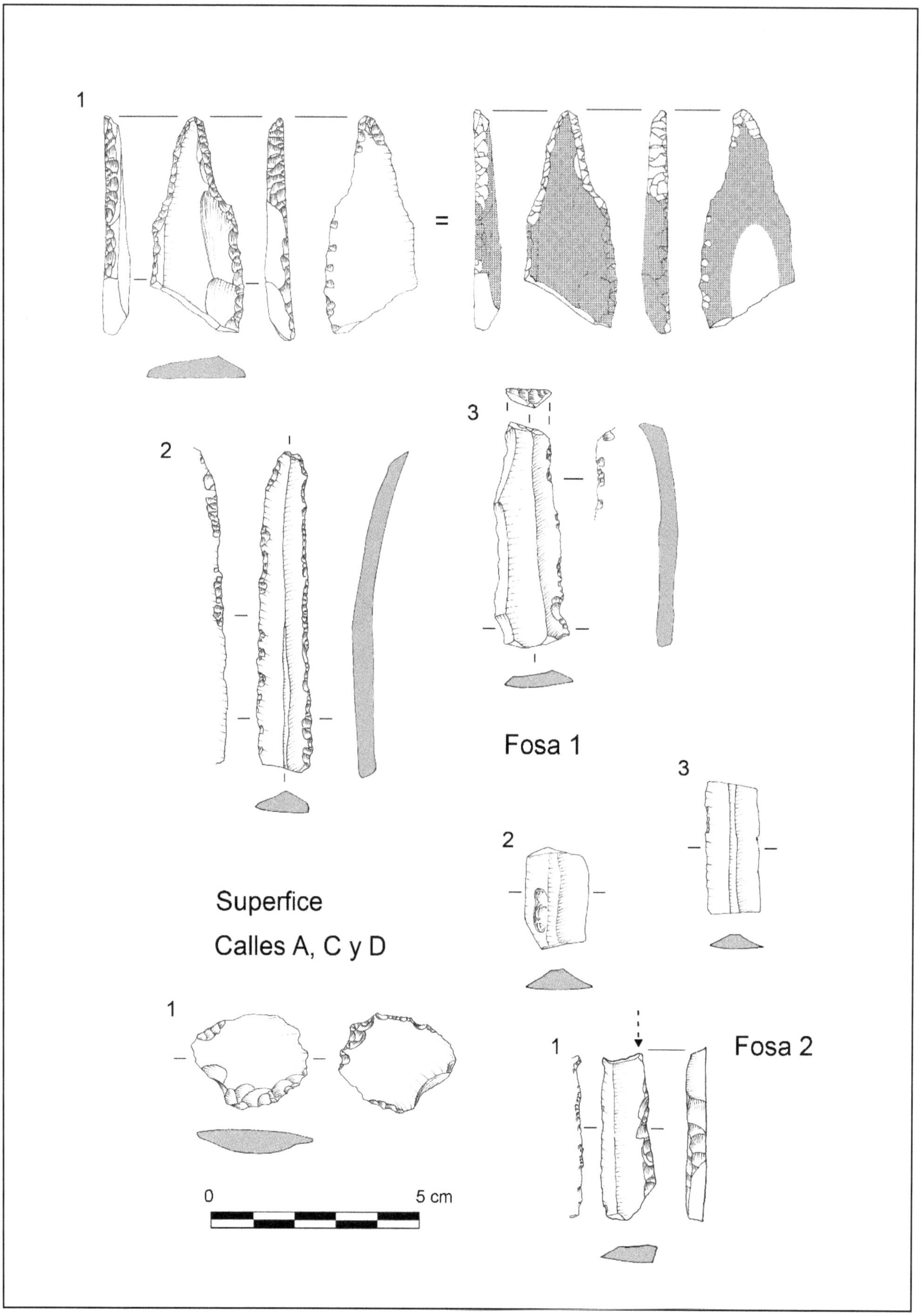

Figura 59. El Cañuelo Alto

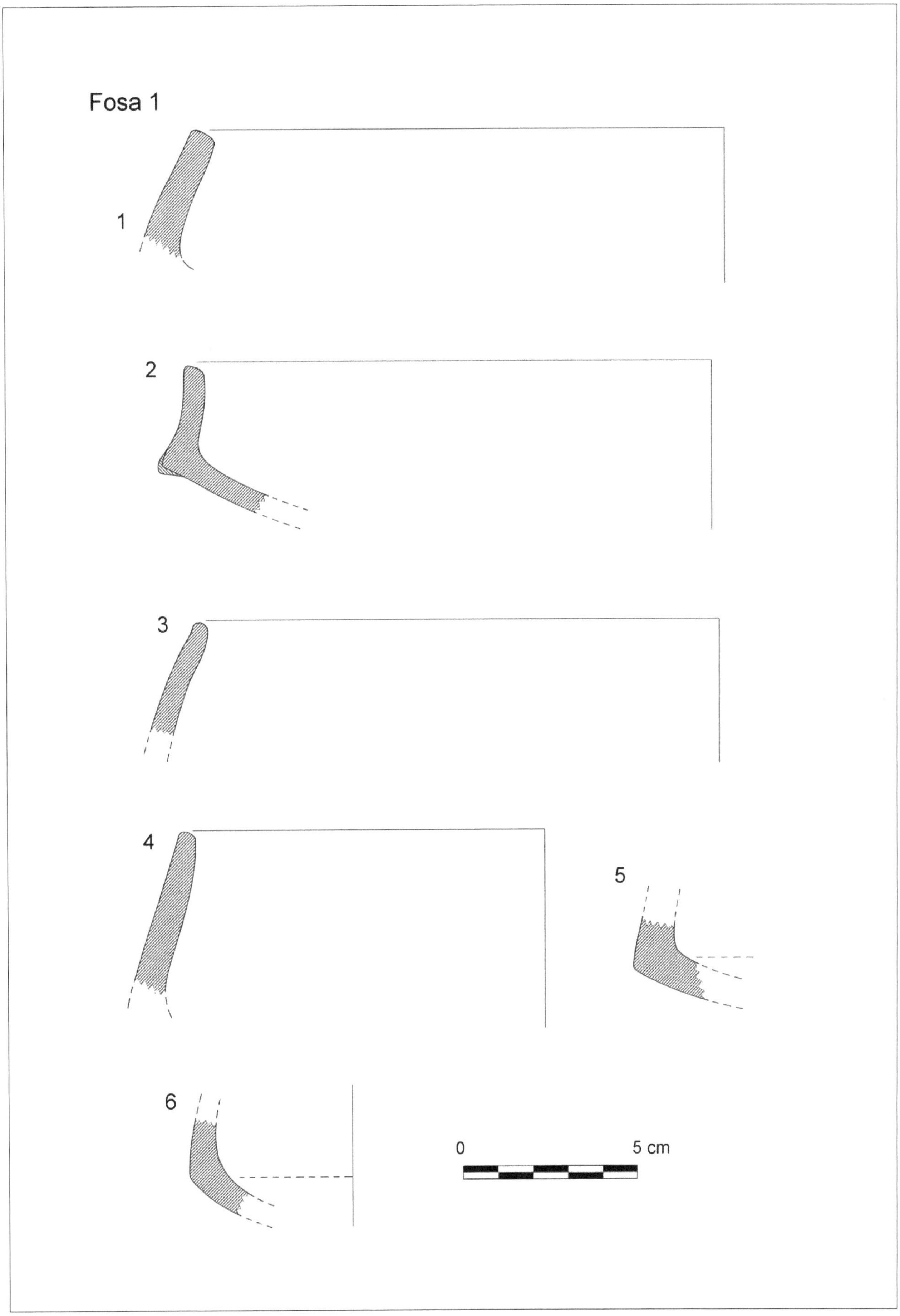

Figura 60. El Cañuelo Alto

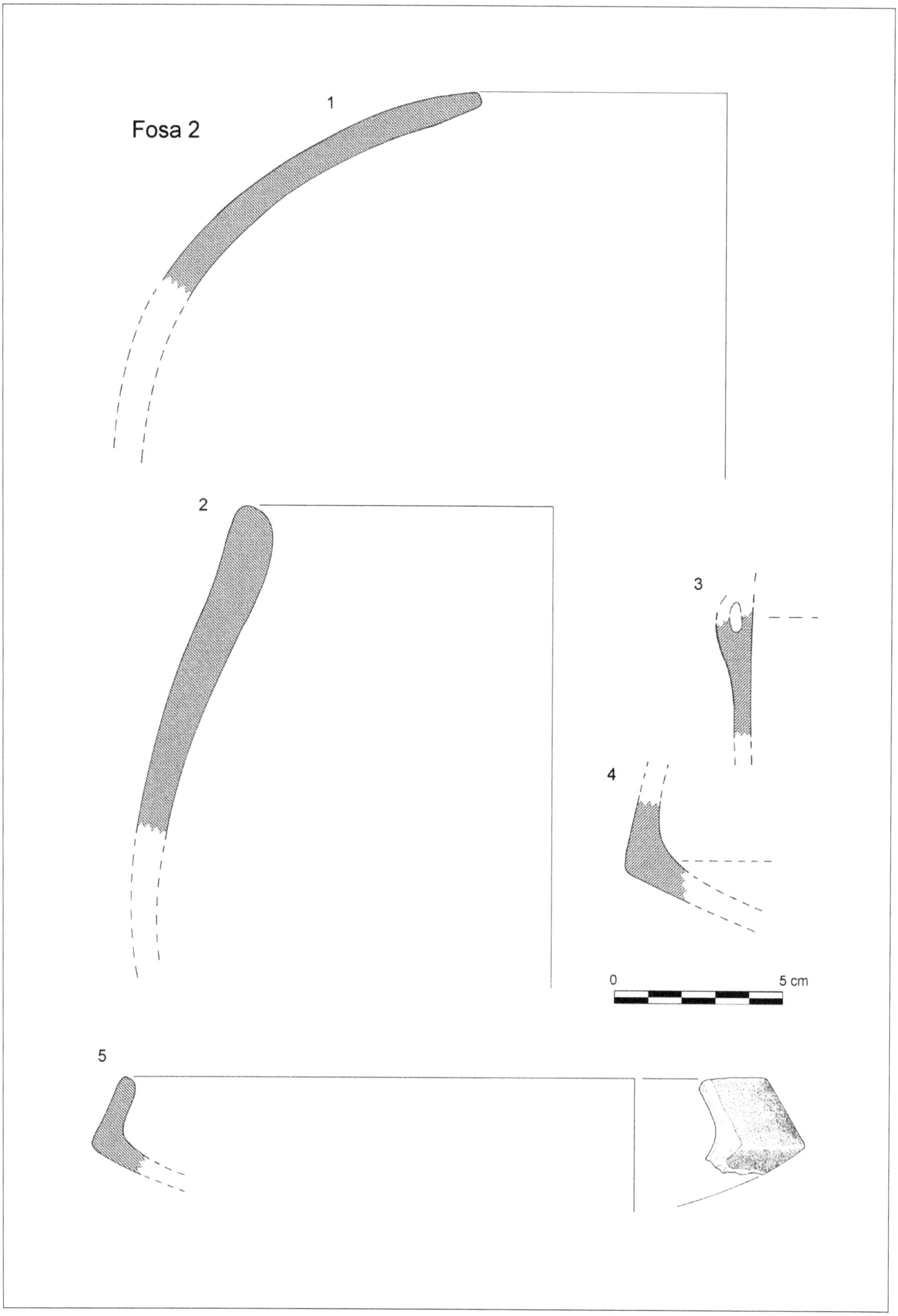

Figura 61. El Cañuelo Alto

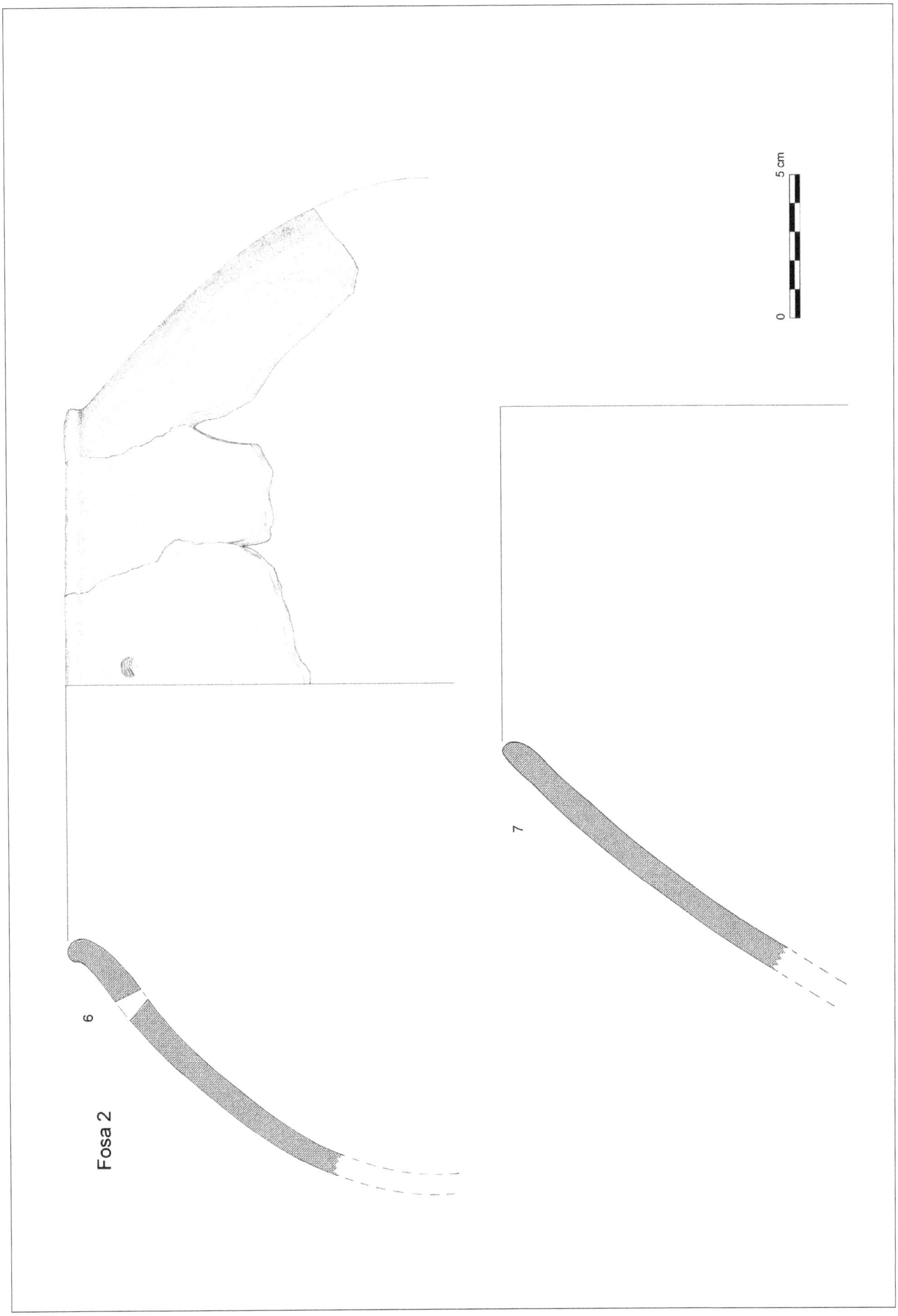

Figura 62. El Cañuelo Alto

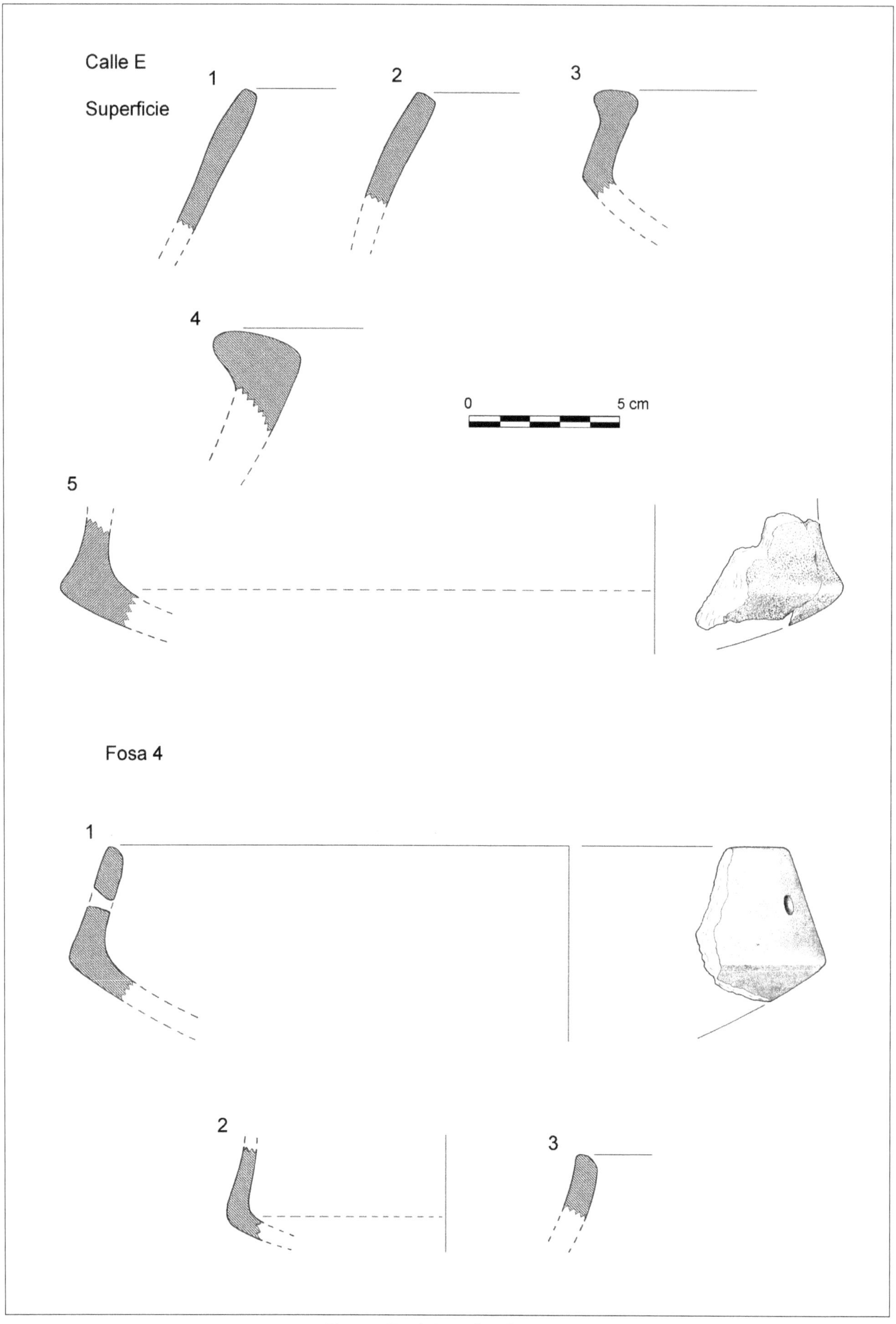

Figura 63. El Cañuelo Alto

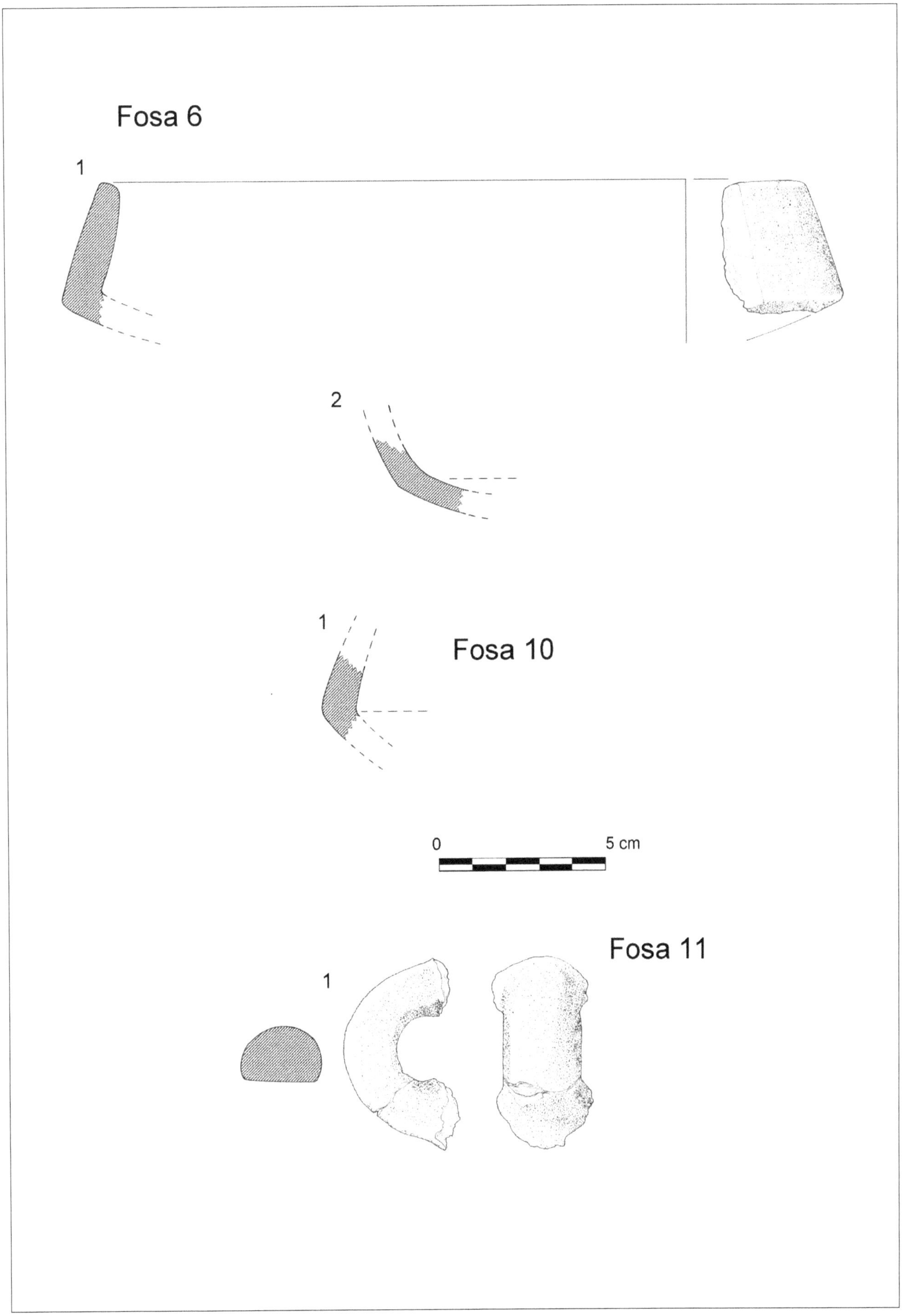

Figura 64. El Cañuelo Alto

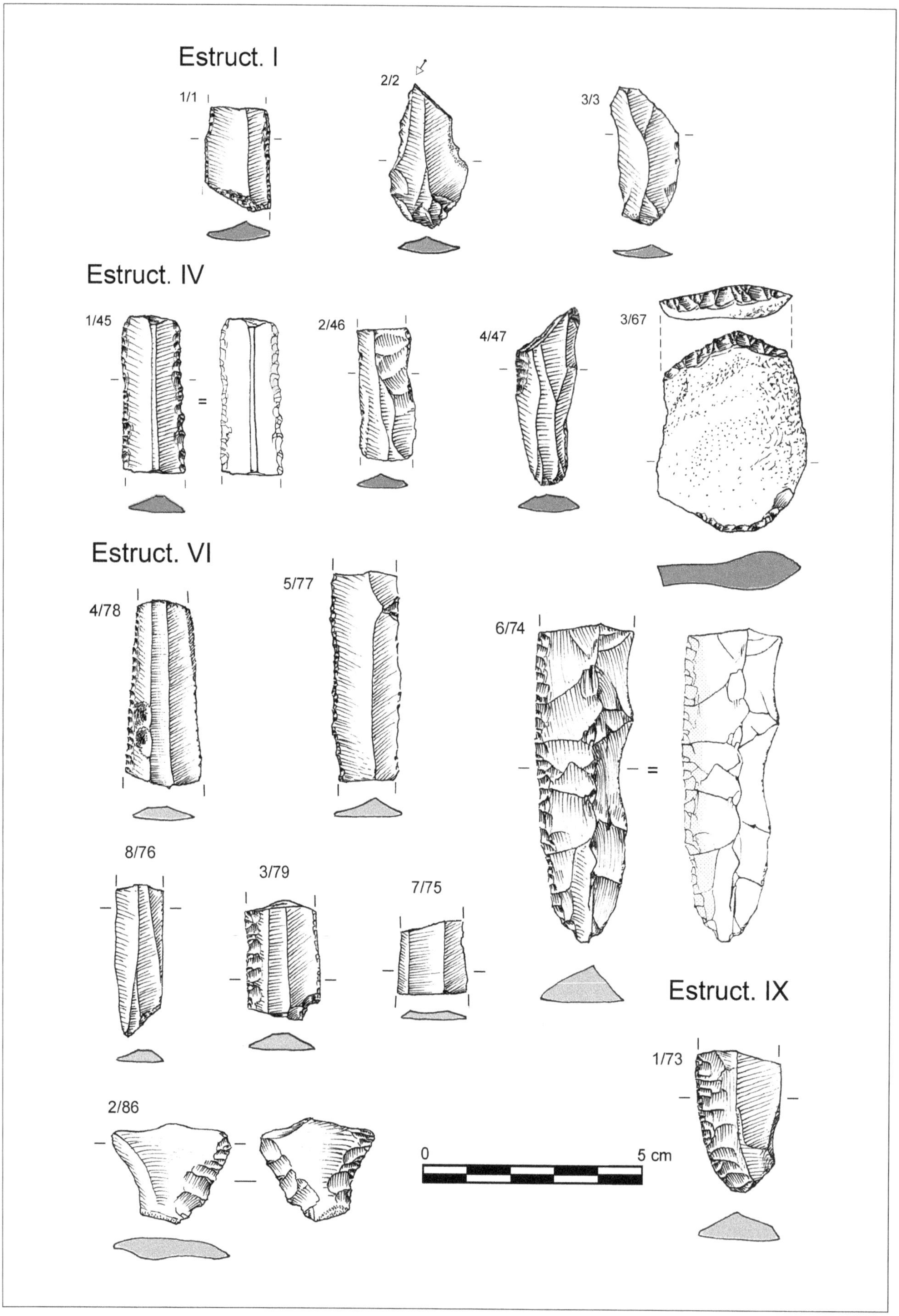

Figura 65. Iglesia Antigua de Alcolea

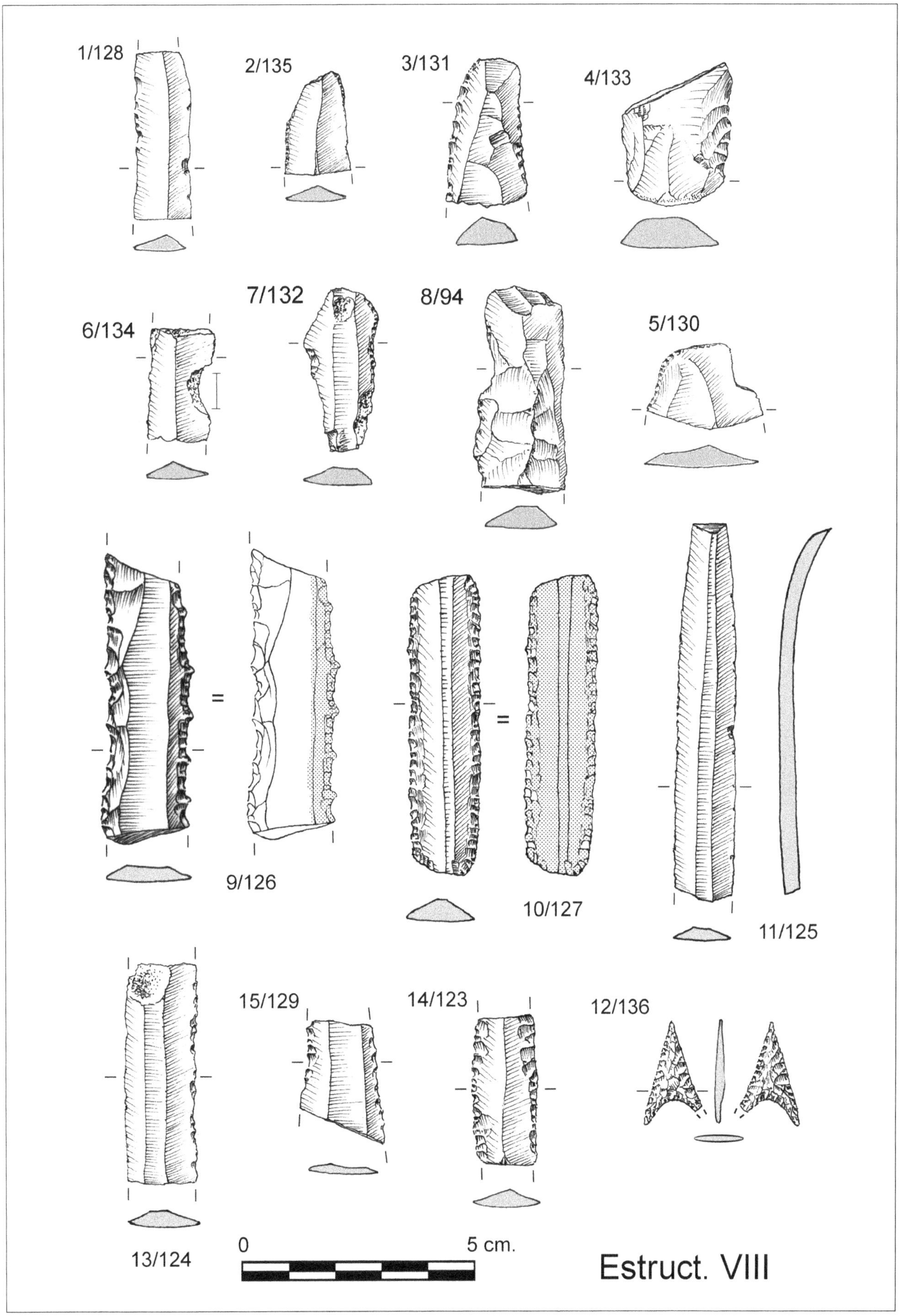

Figura 66. Iglesia Antigua de Alcolea

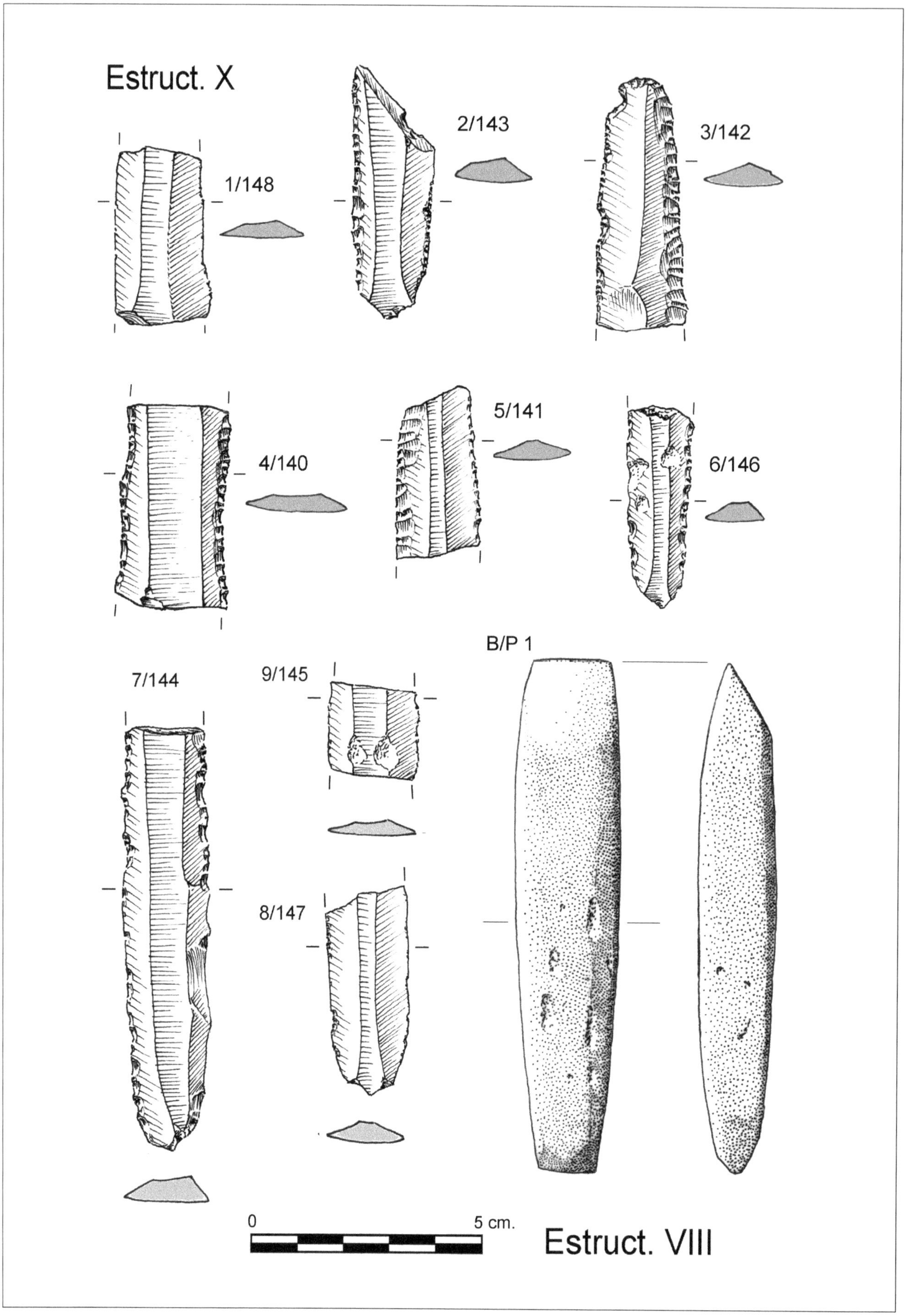

Figura 67. Iglesia Antigua de Alcolea

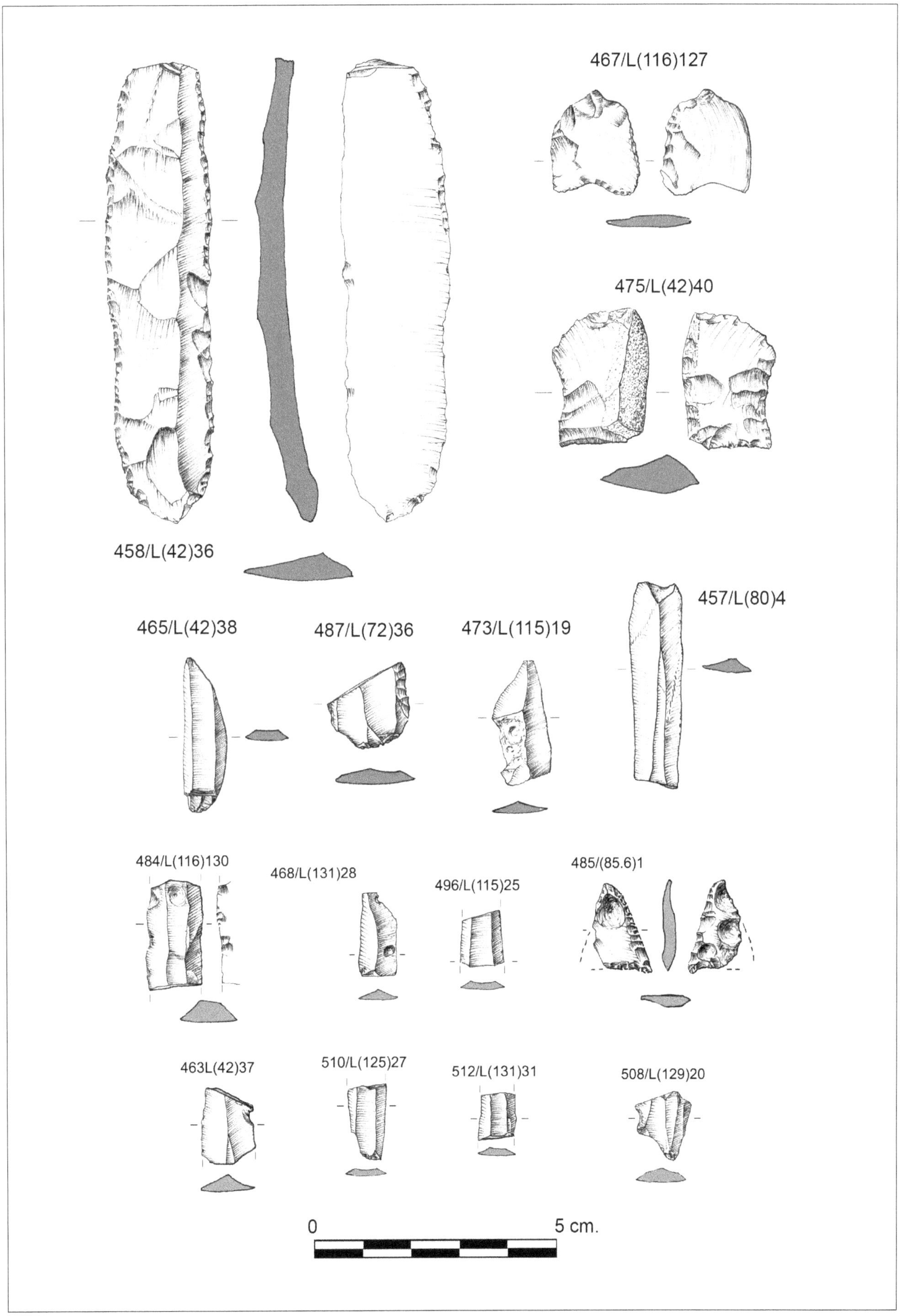

Figura 68. Iglesia Antigua de Alcolea

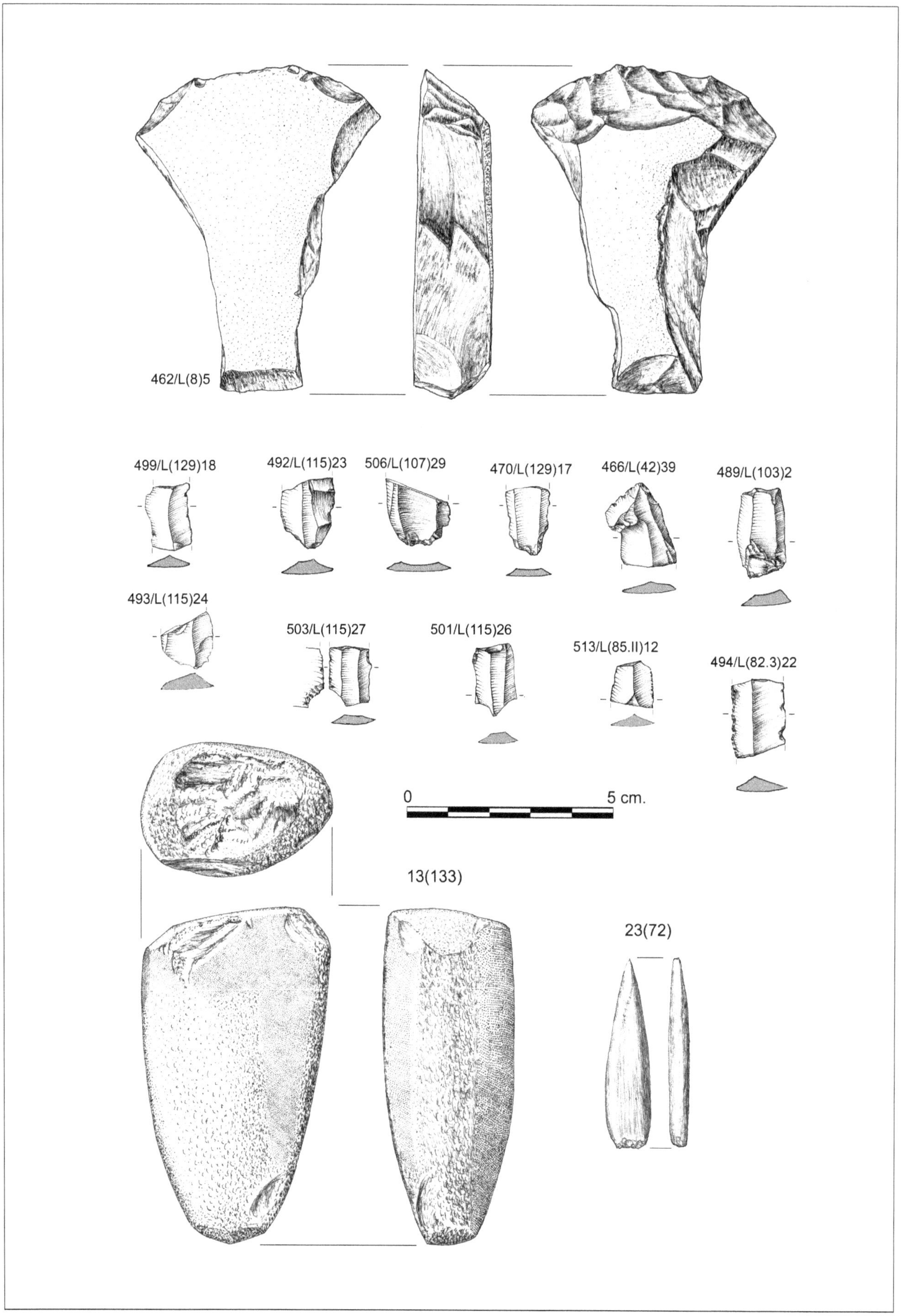

Figura 69. Iglesia Antigua de Alcolea

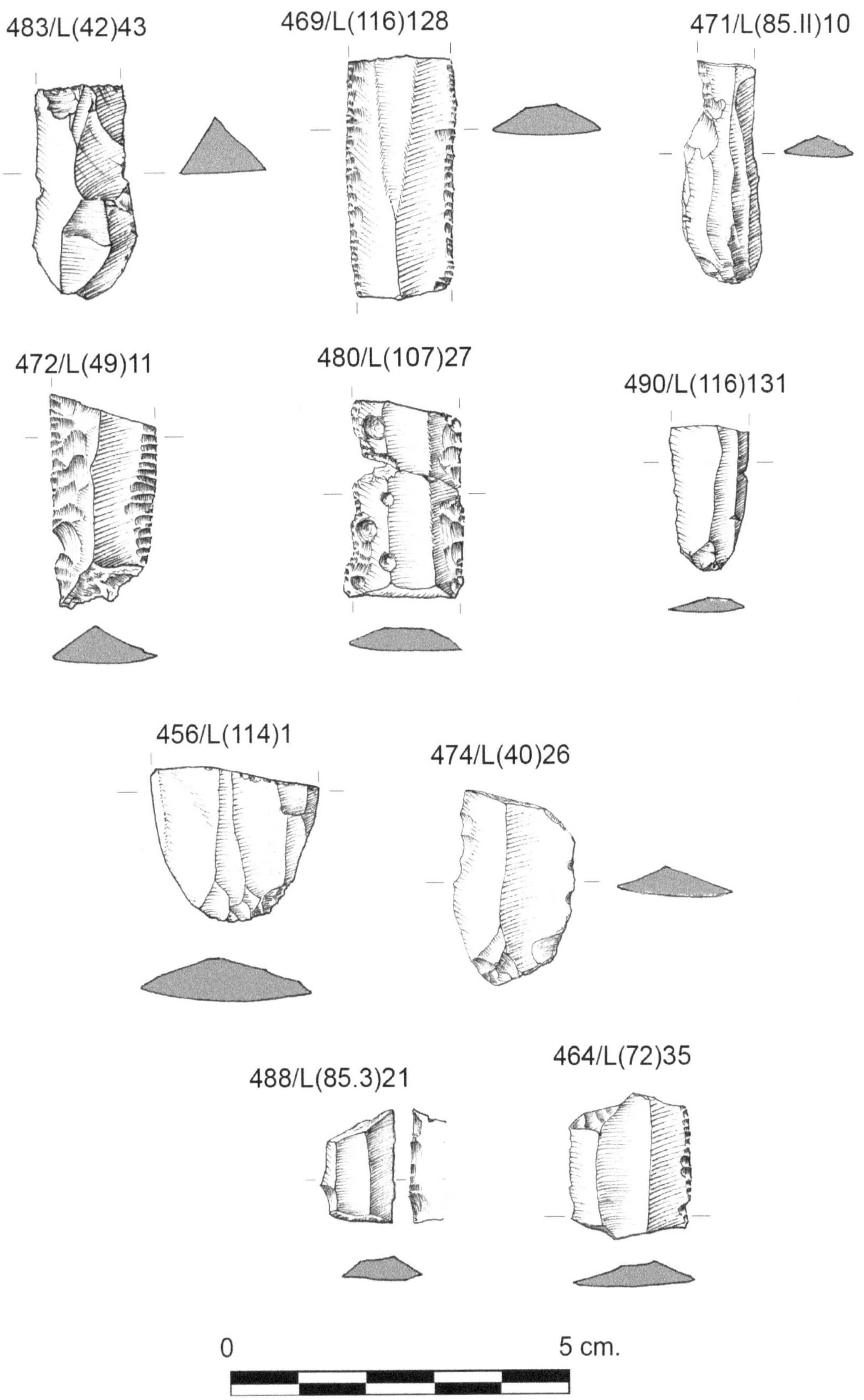

Figura 70. Iglesia Antigua de Alcolea

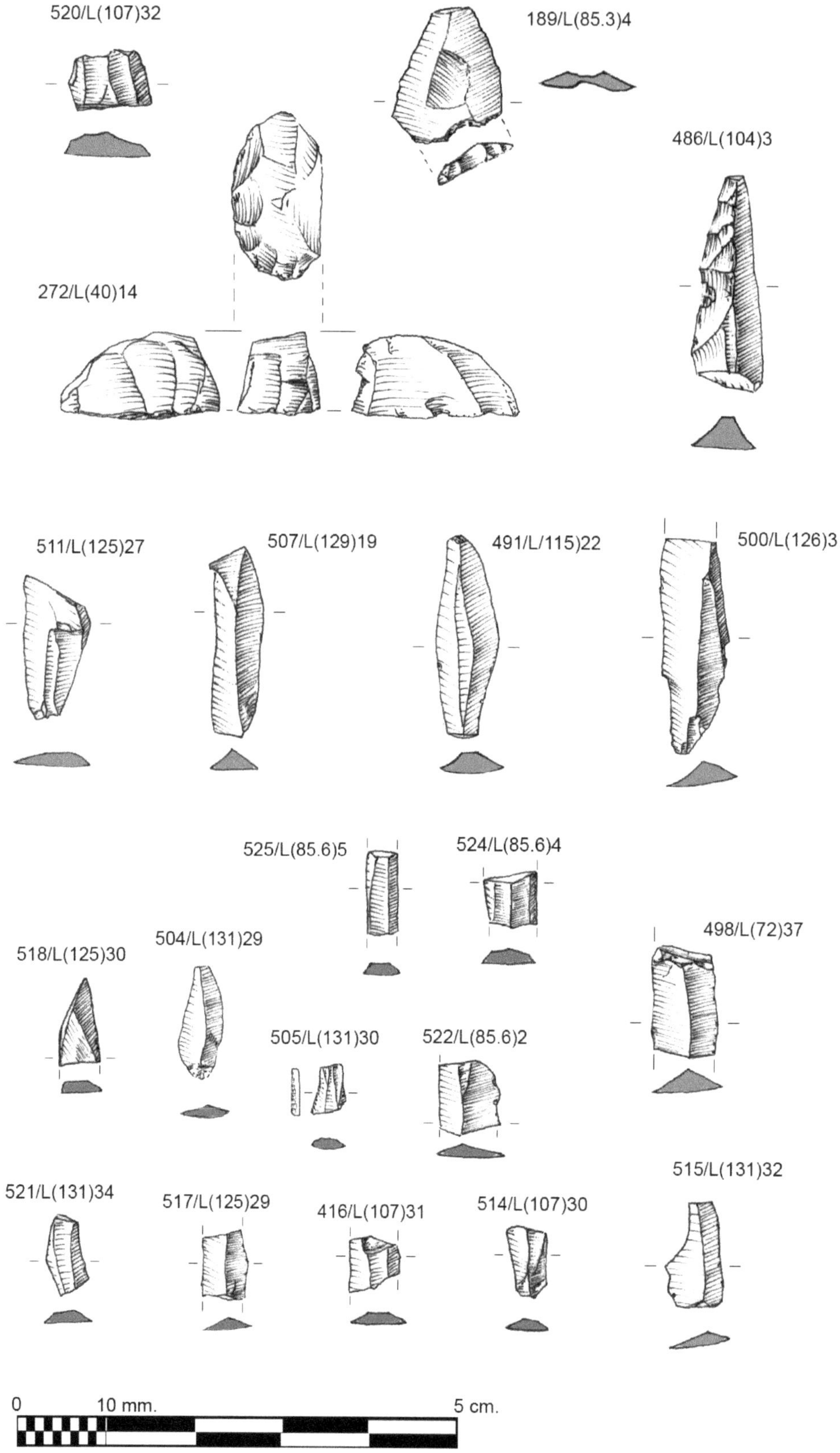

Figura 71. Iglesia Antigua de Alcolea

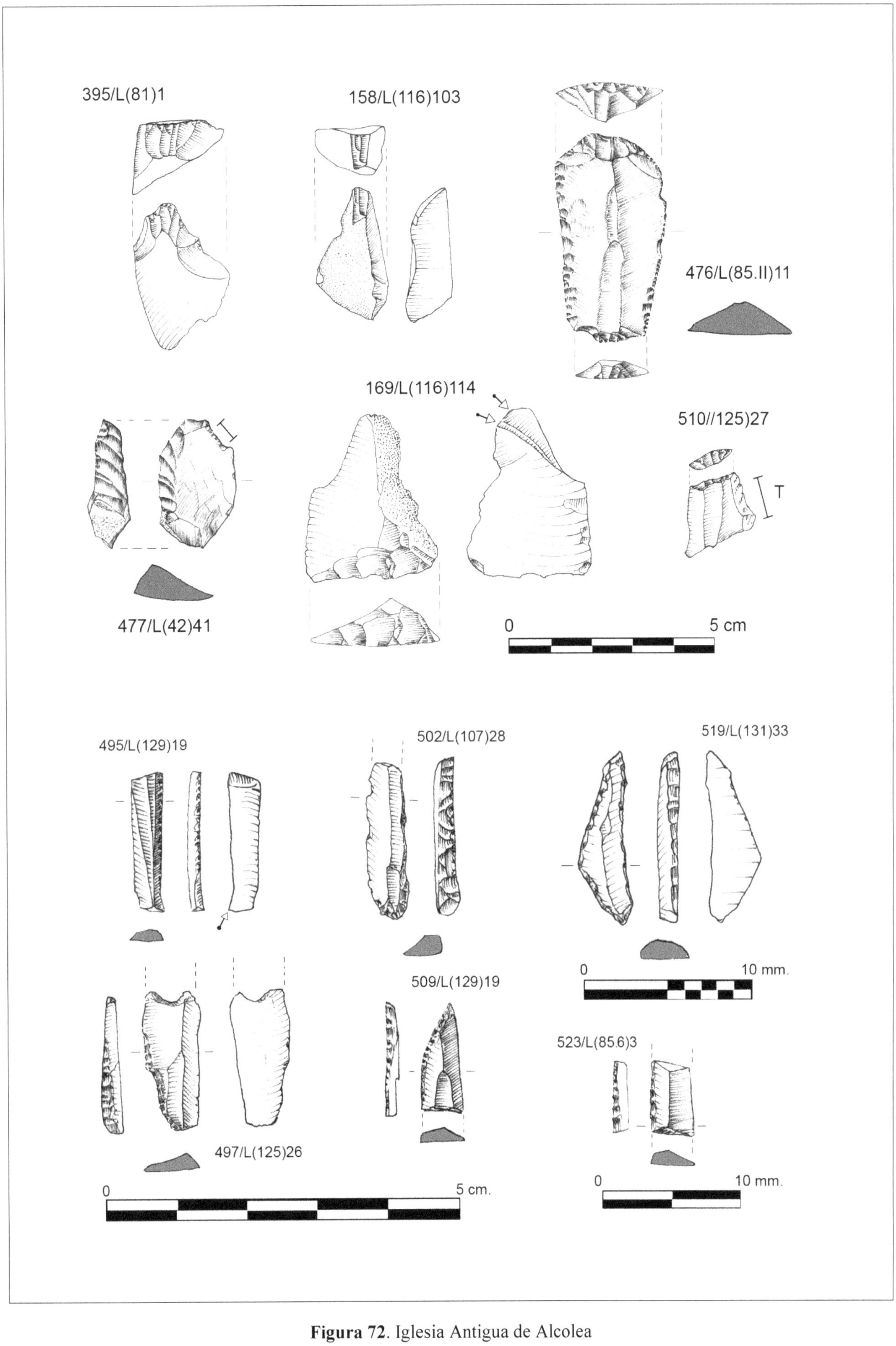

Figura 72. Iglesia Antigua de Alcolea

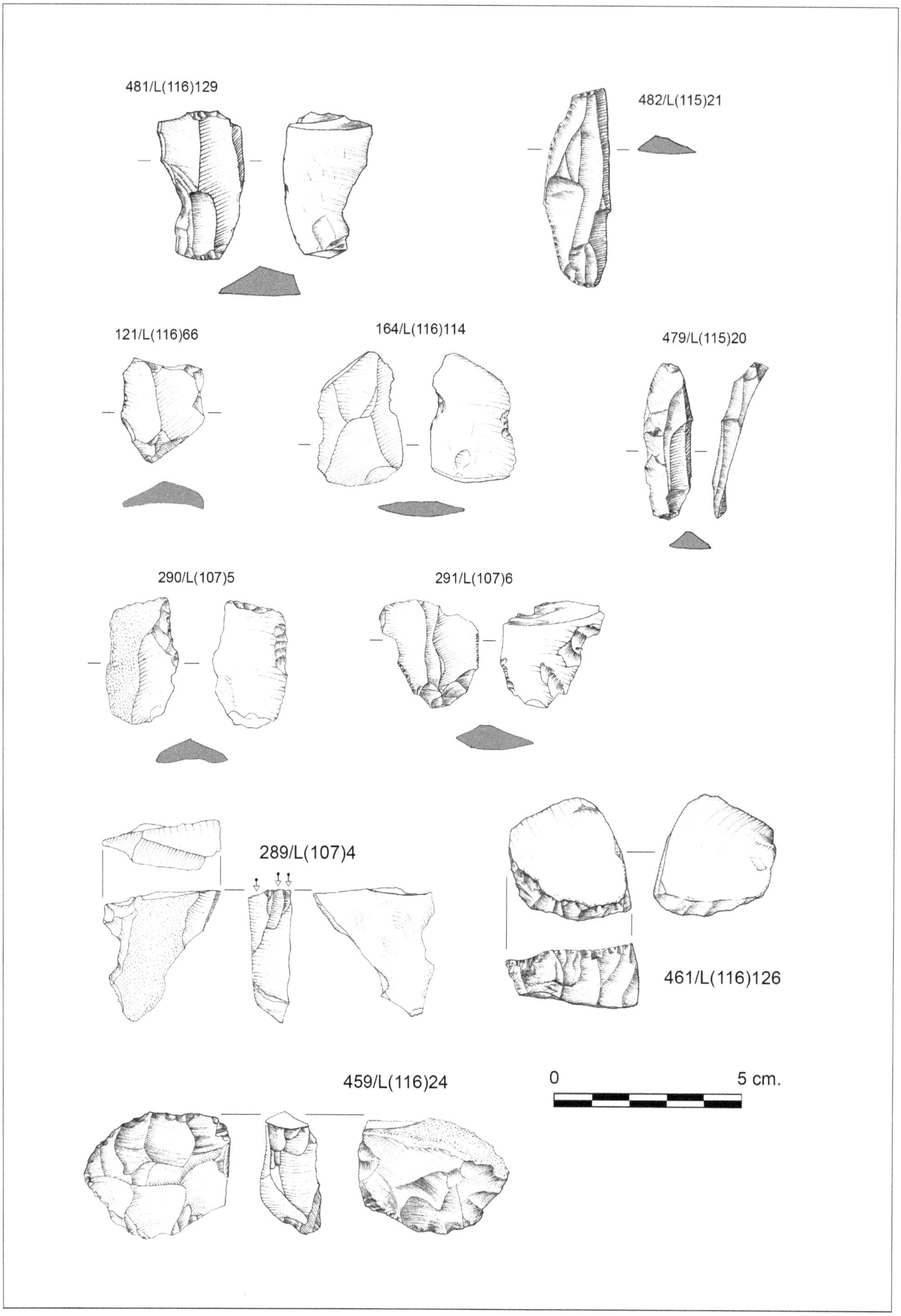

Figura 73. Iglesia Antigua de Alcolea

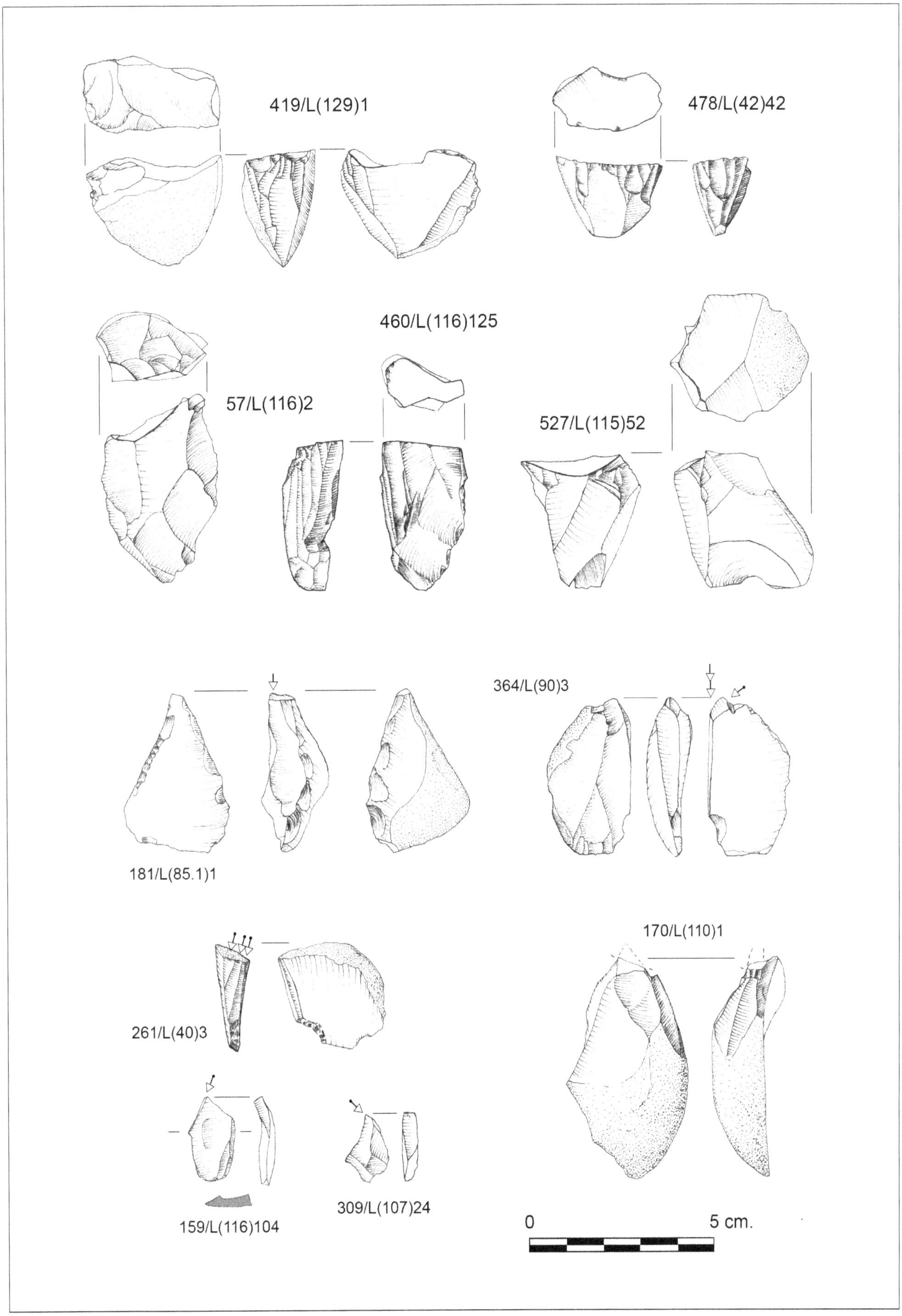

Figura 74. Iglesia Antigua de Alcolea

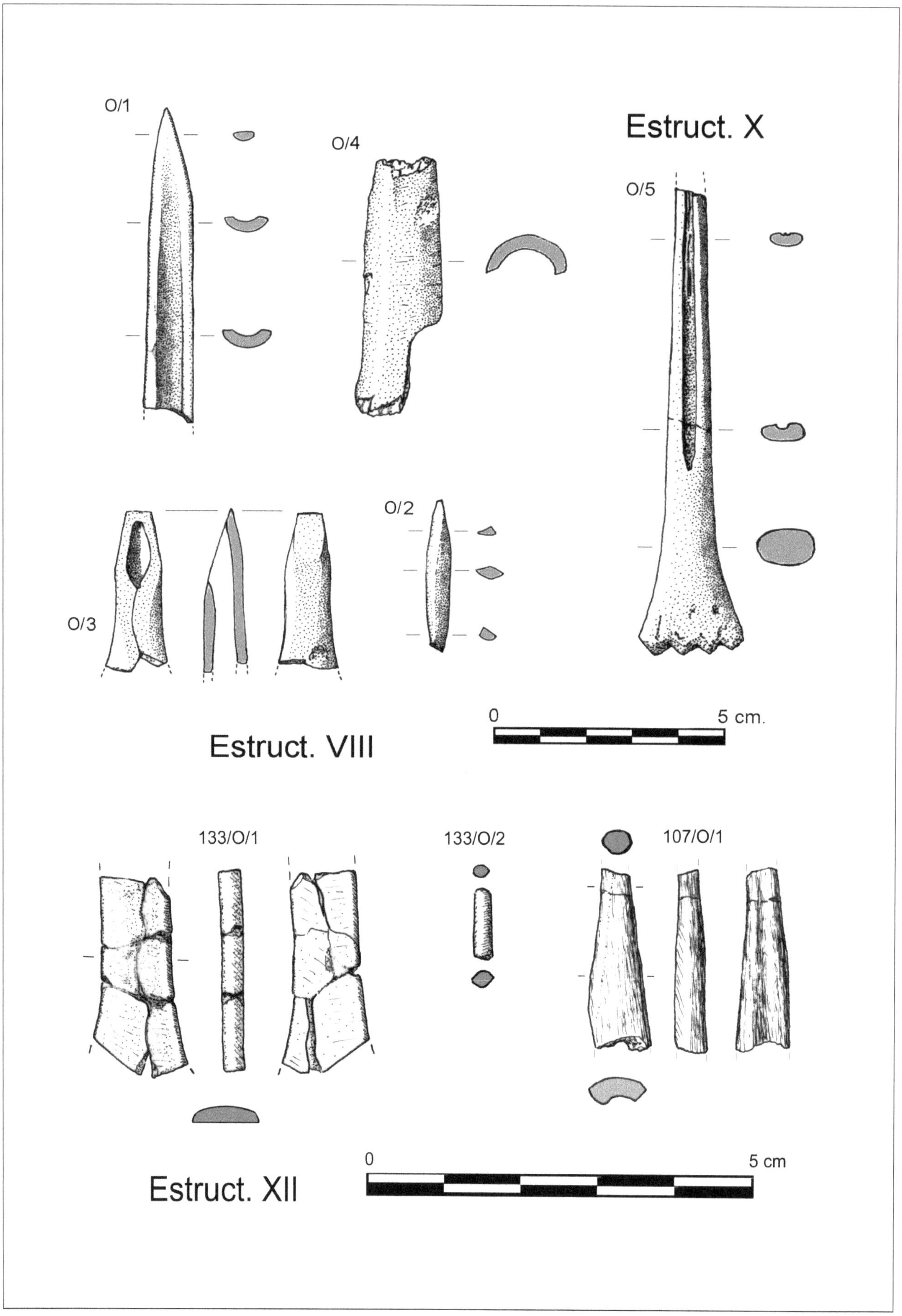

Figura 75. Iglesia Antigua de Alcolea

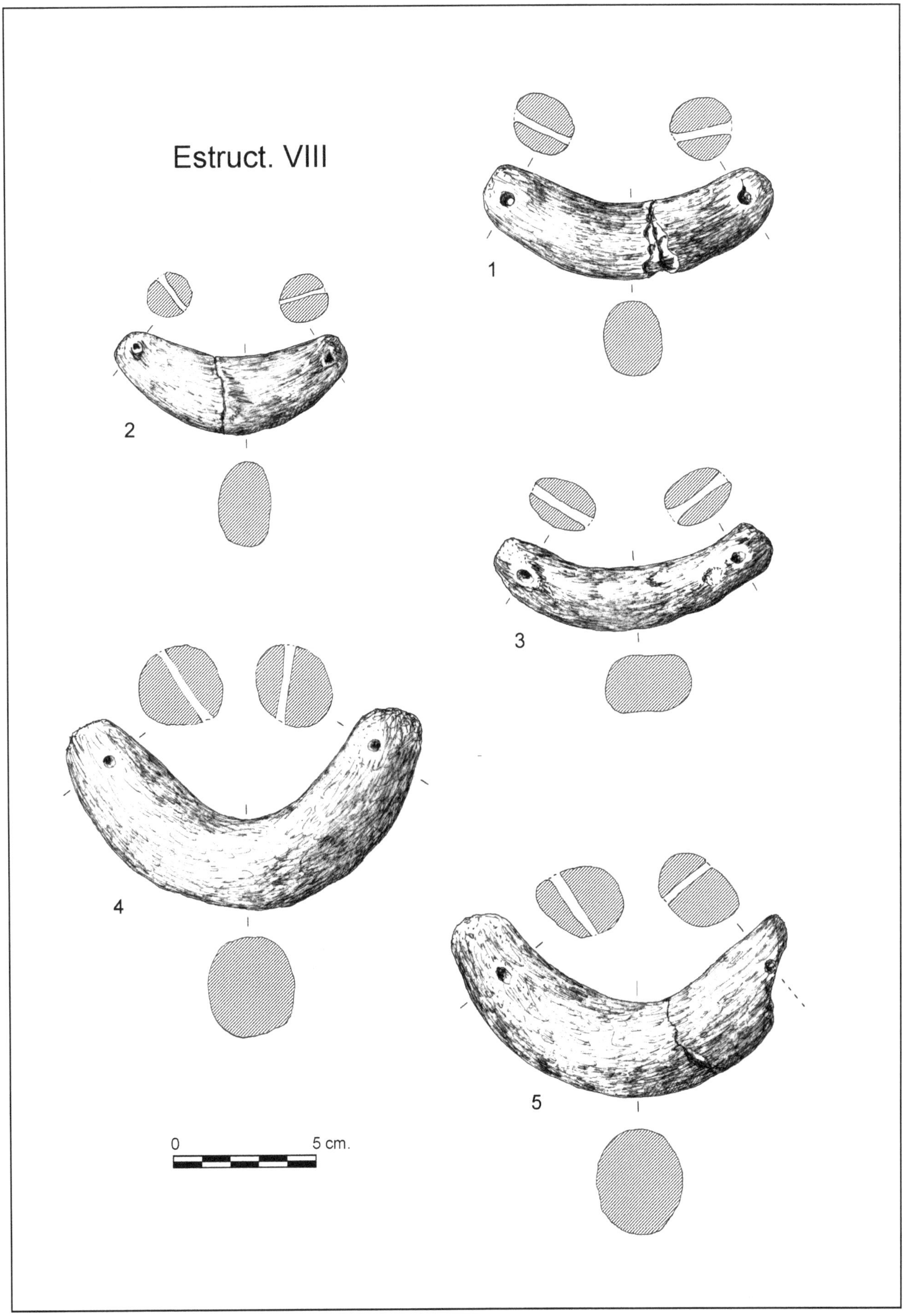

Figura 76. Iglesia Antigua de Alcolea

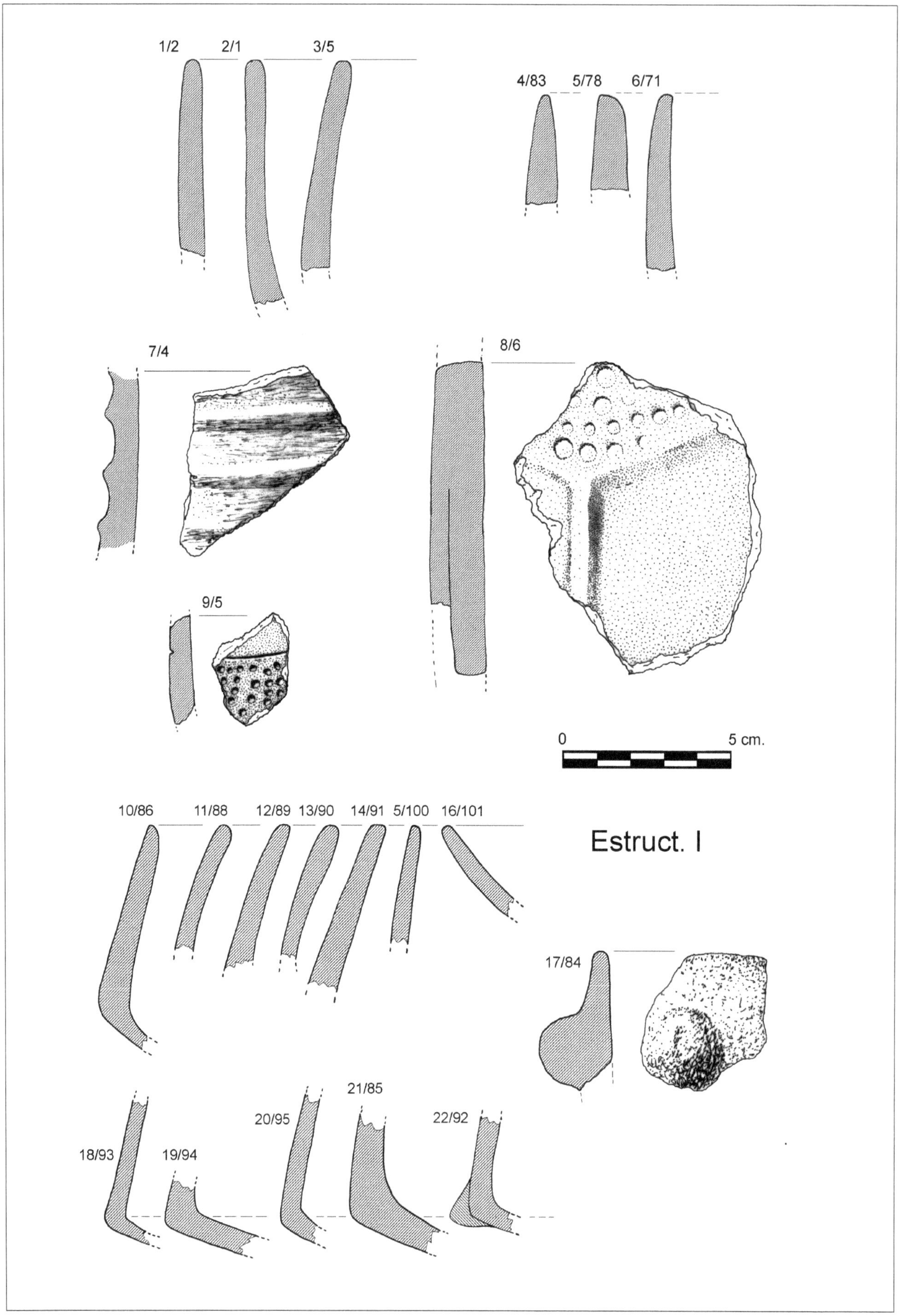

Figura 77. Iglesia Antigua de Alcolea

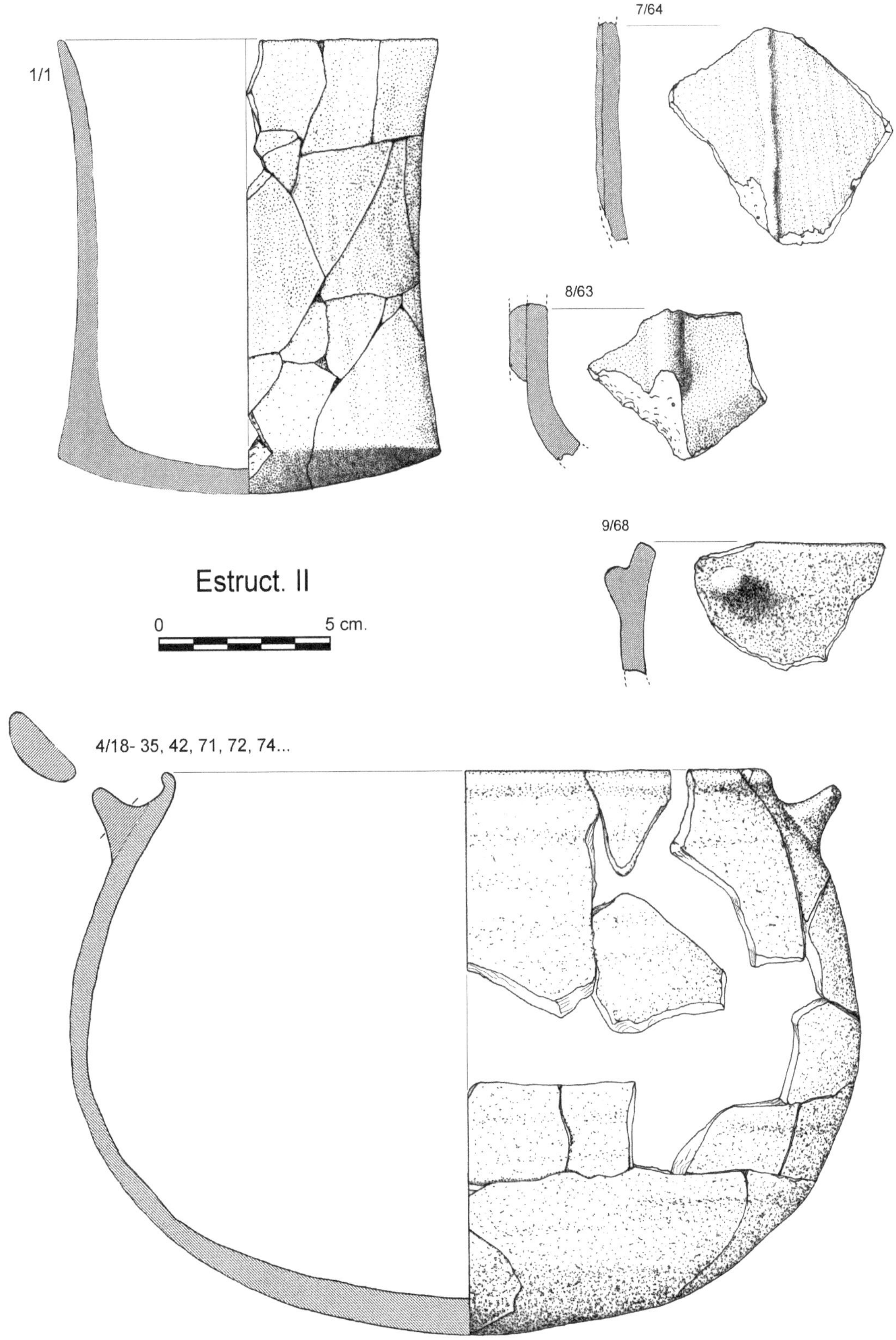

Figura 78. Iglesia Antigua de Alcolea

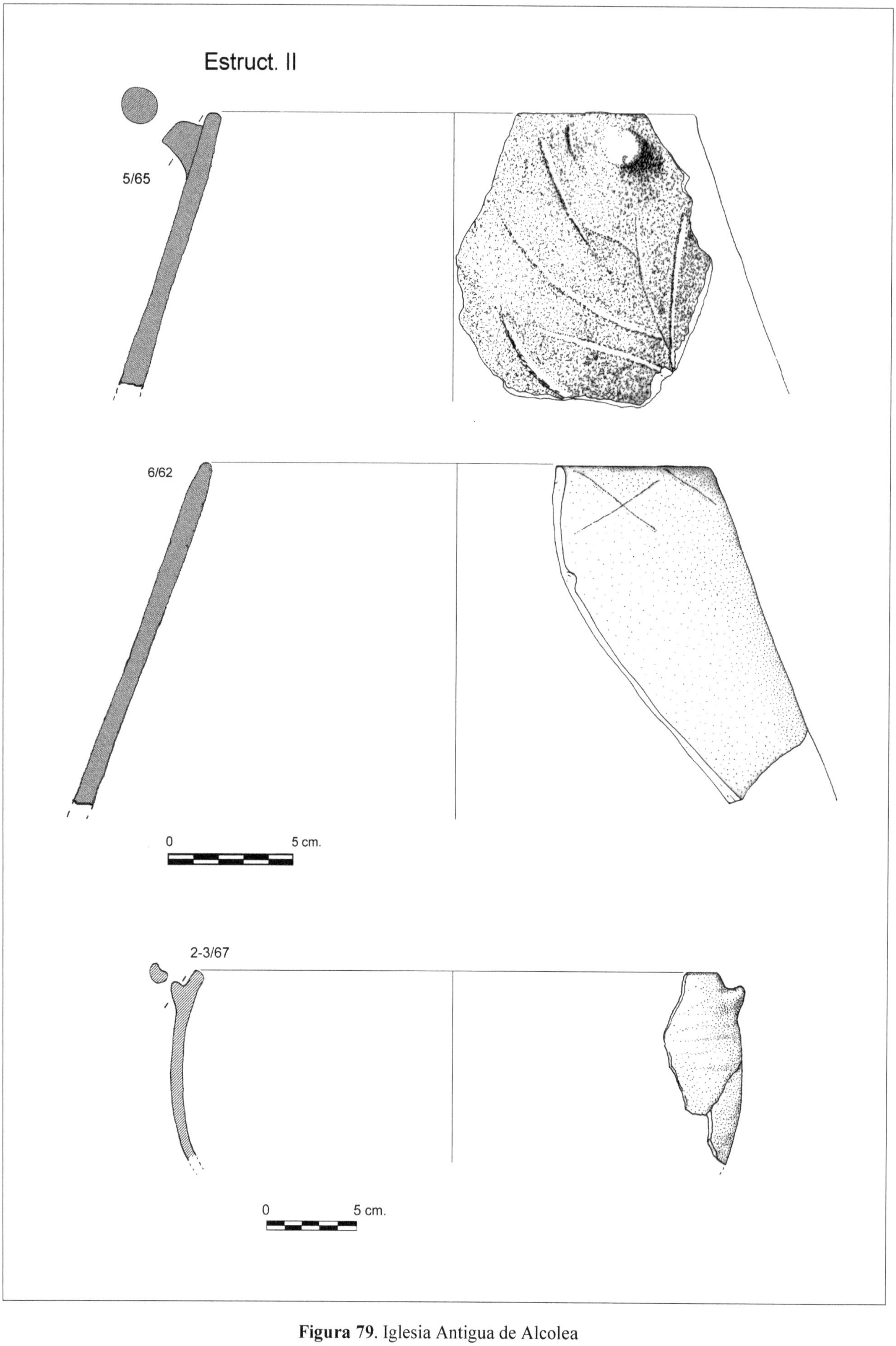

Figura 79. Iglesia Antigua de Alcolea

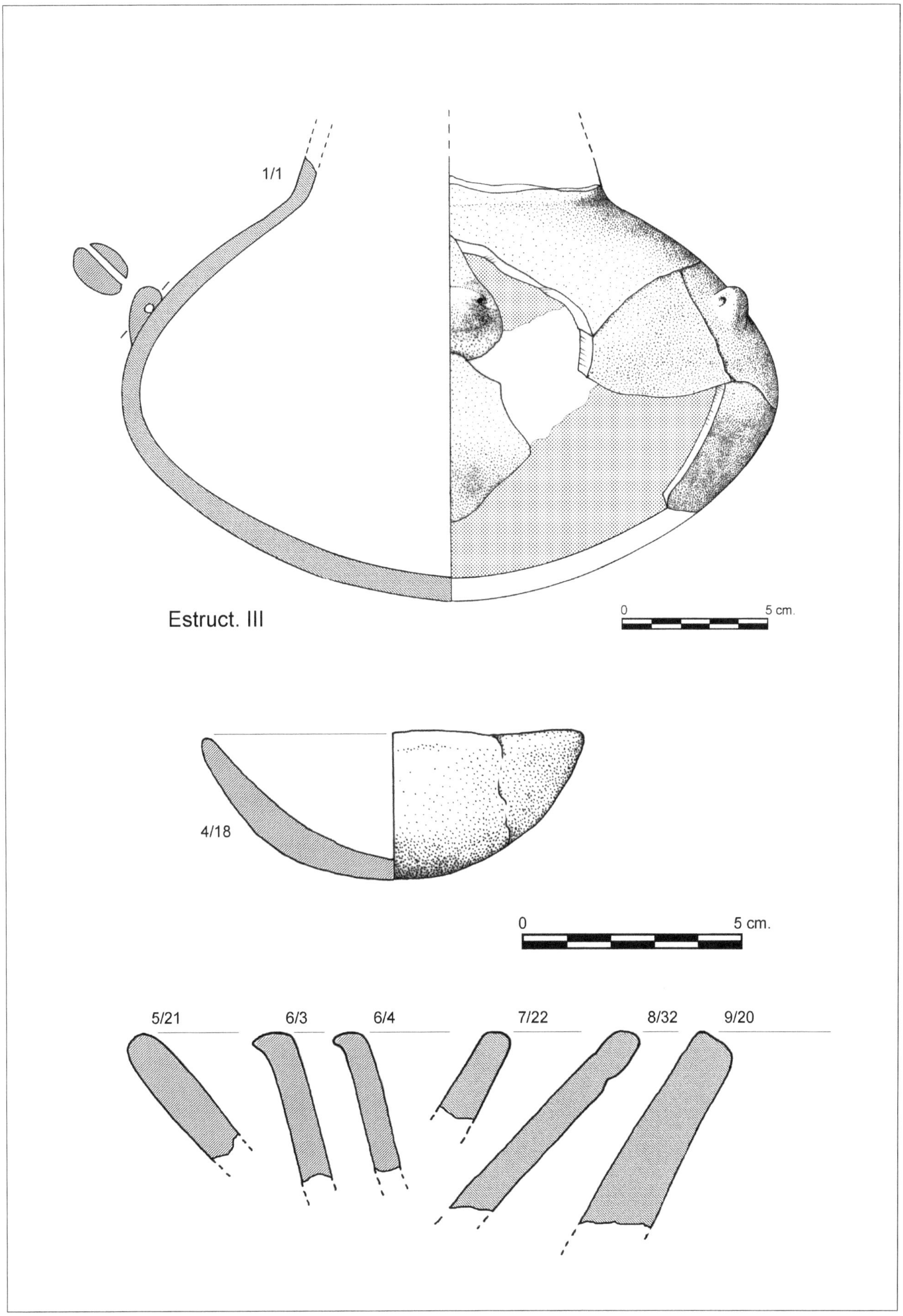

Figura 80. Iglesia Antigua de Alcolea

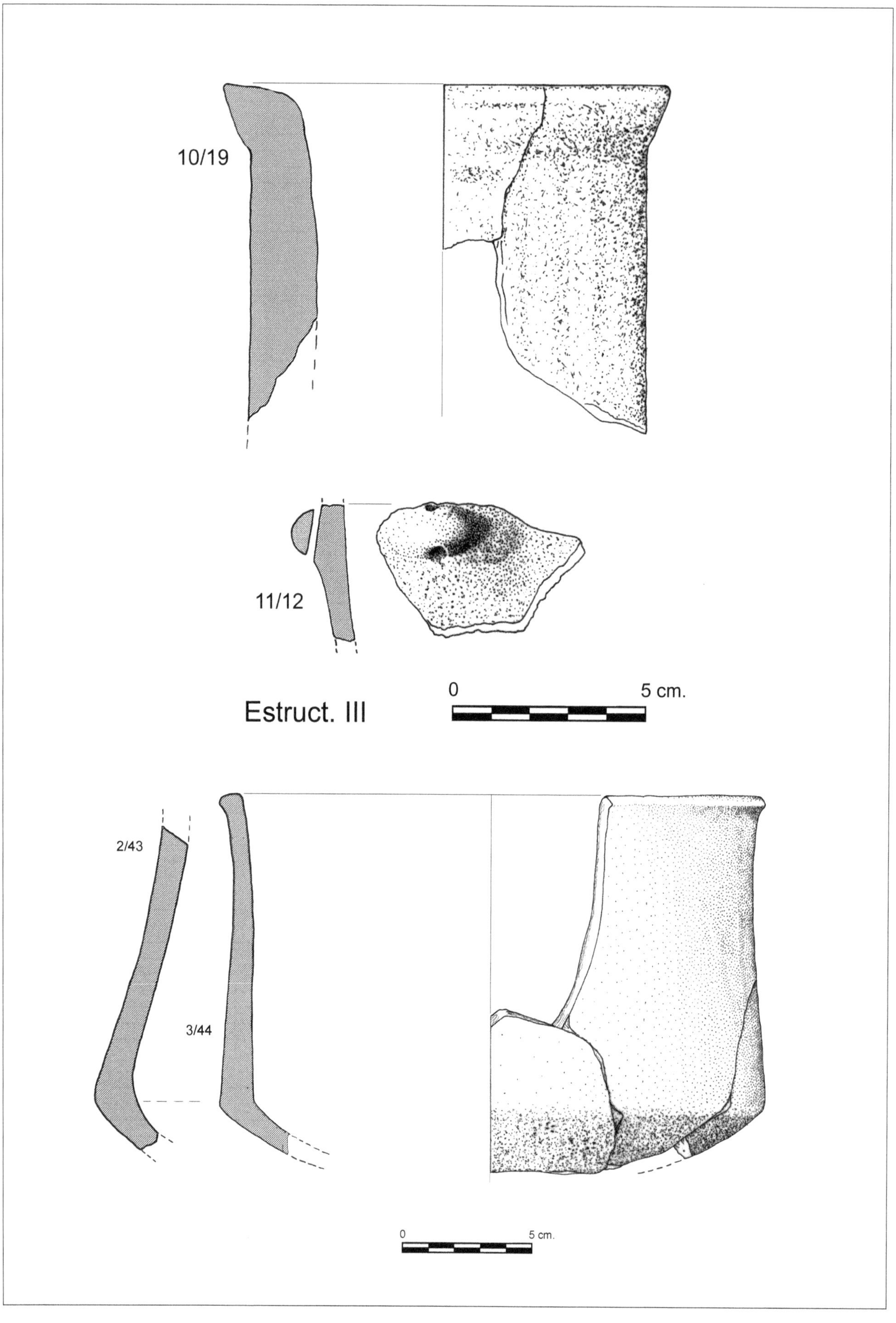

Figura 81. Iglesia Antigua de Alcolea

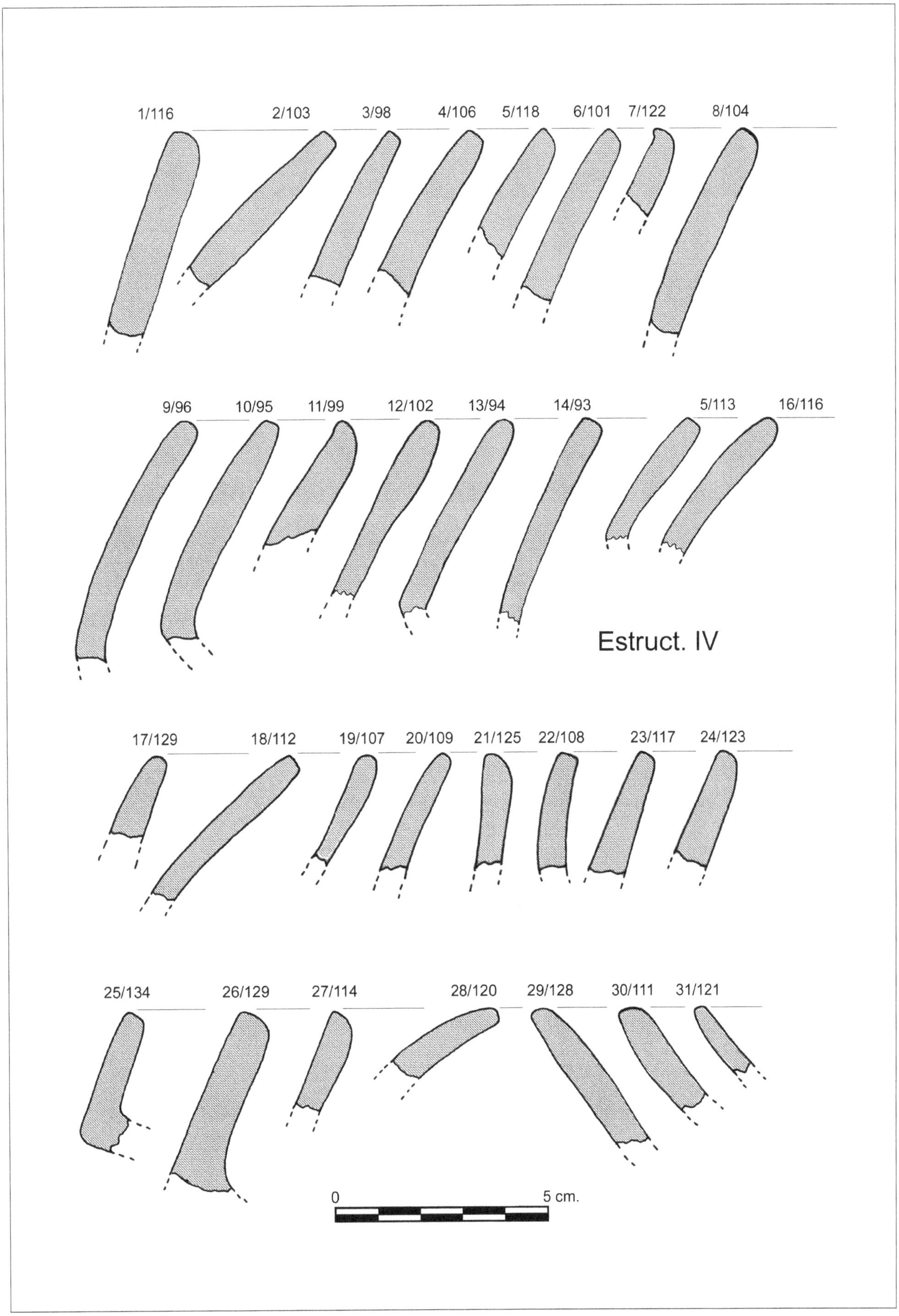

Figura 82. Iglesia Antigua de Alcolea

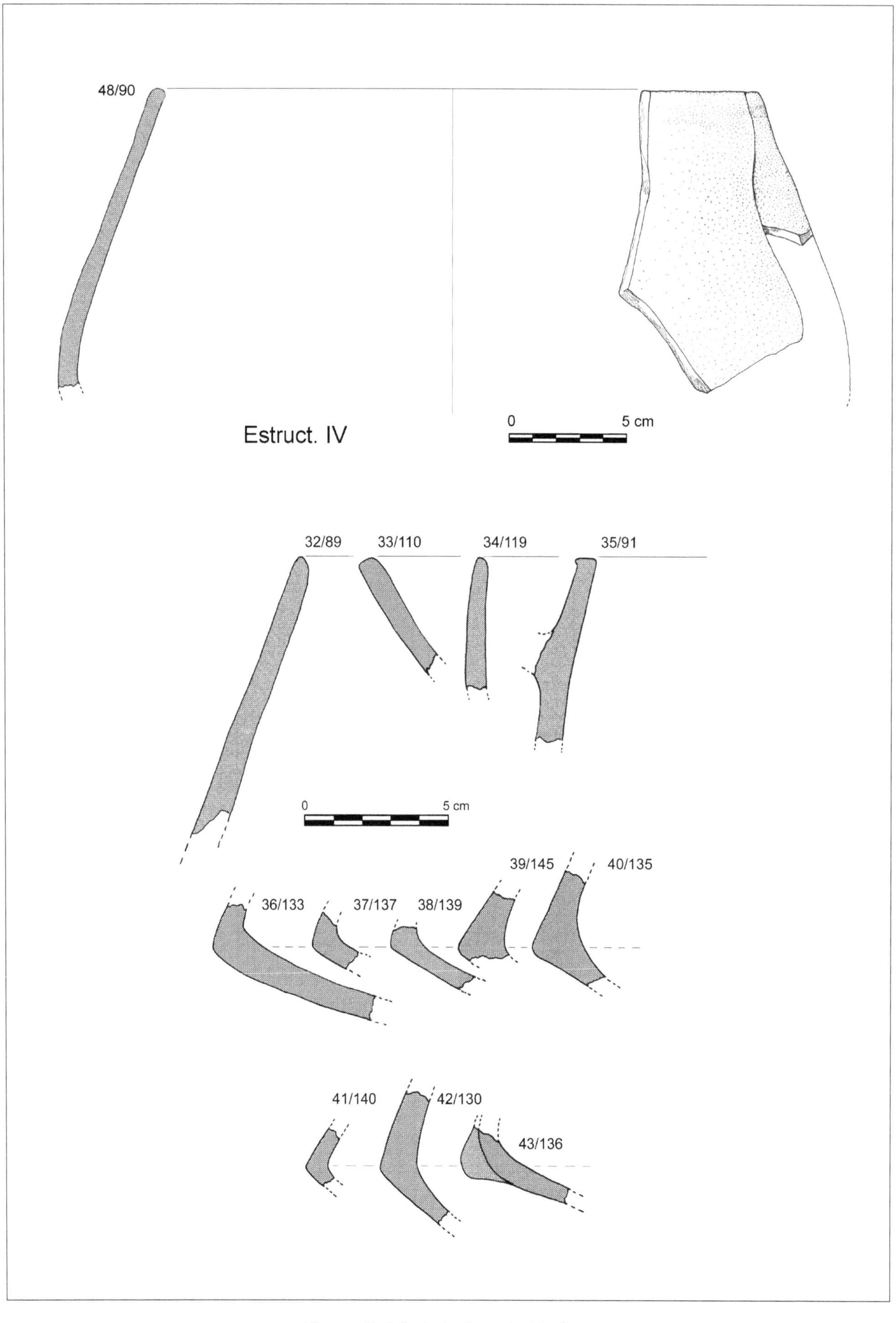

Figura 83. Iglesia Antigua de Alcolea

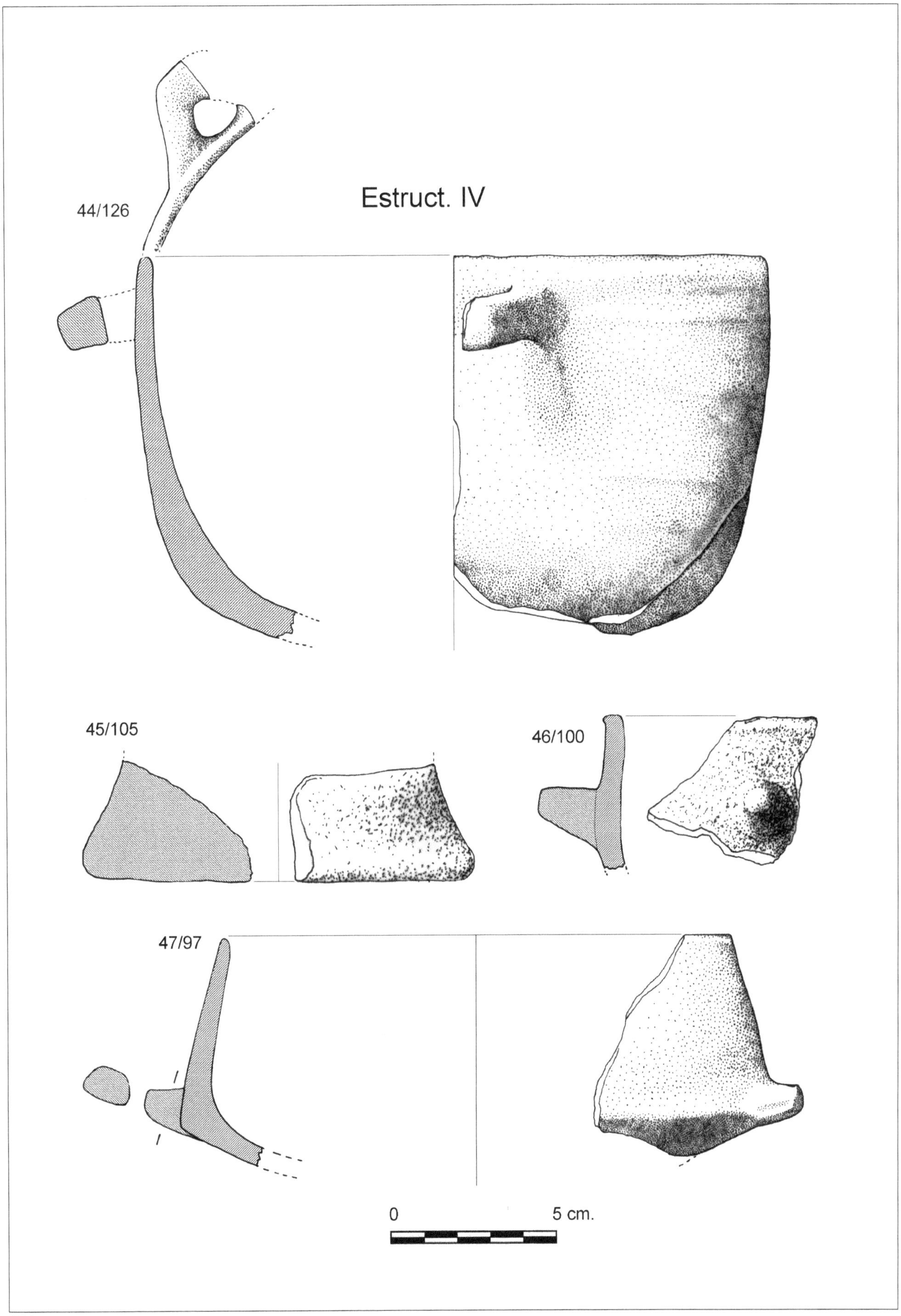

Figura 84. Iglesia Antigua de Alcolea

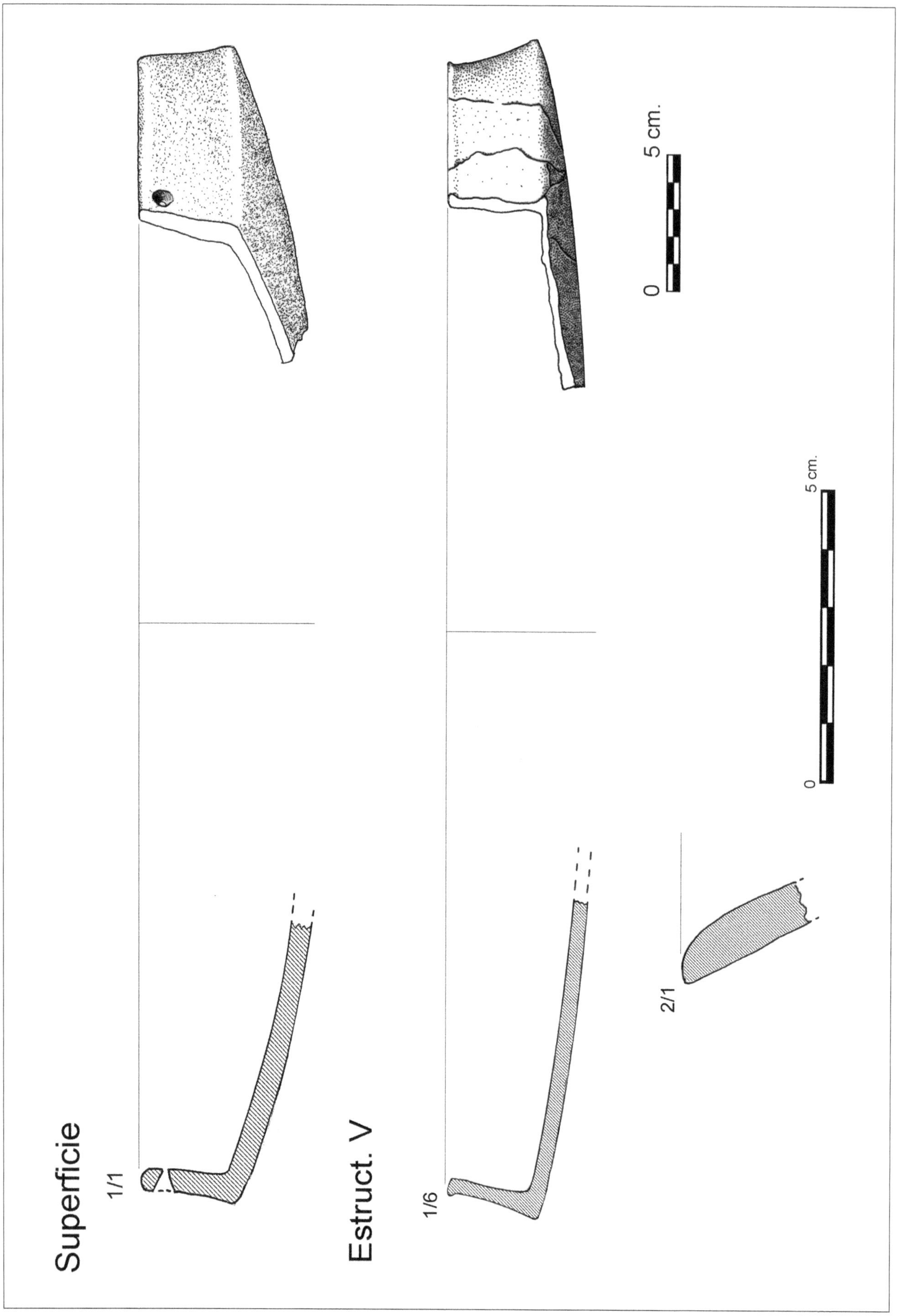

Figura 85. Iglesia Antigua de Alcolea

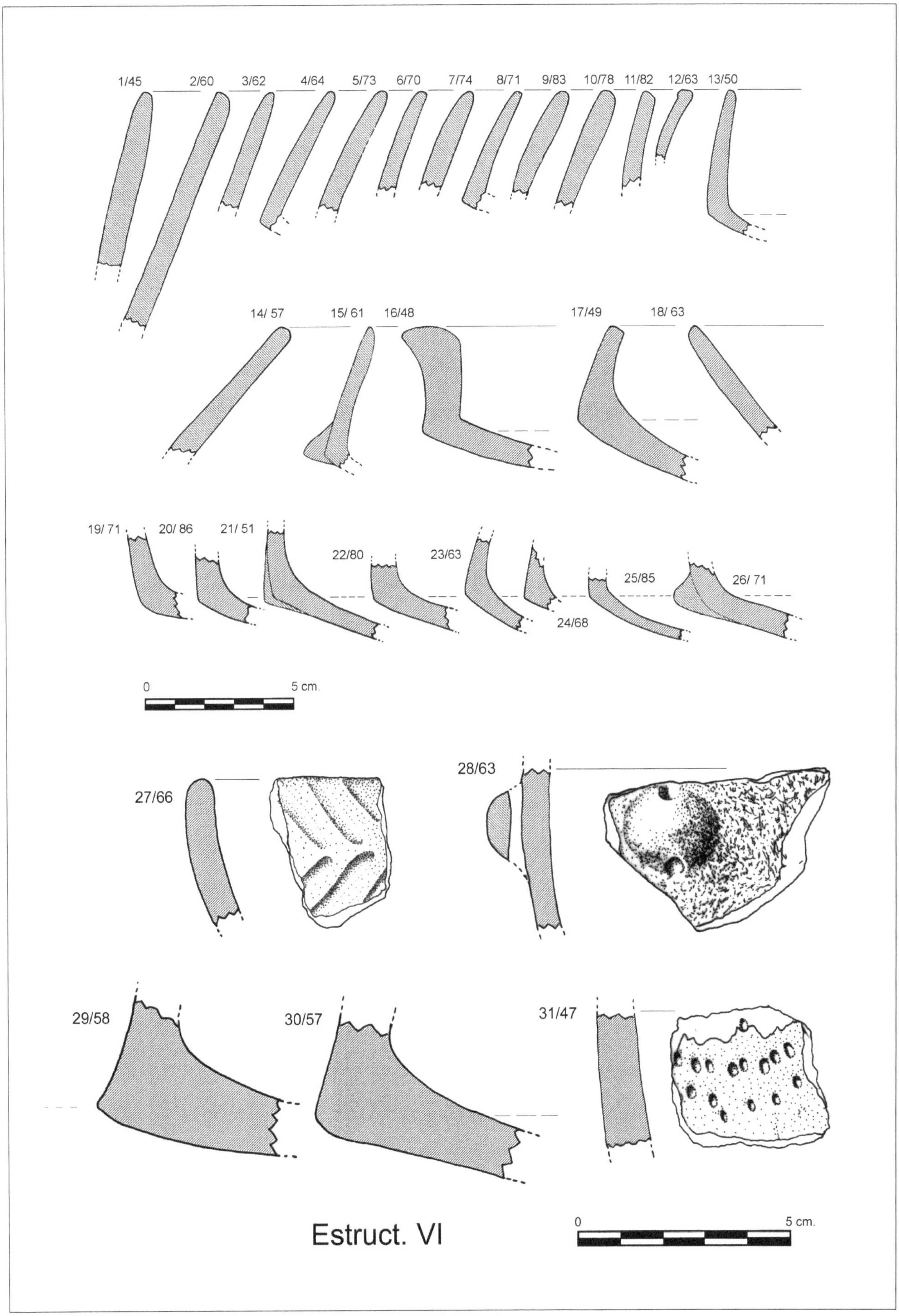

Figura 86. Iglesia Antigua de Alcolea

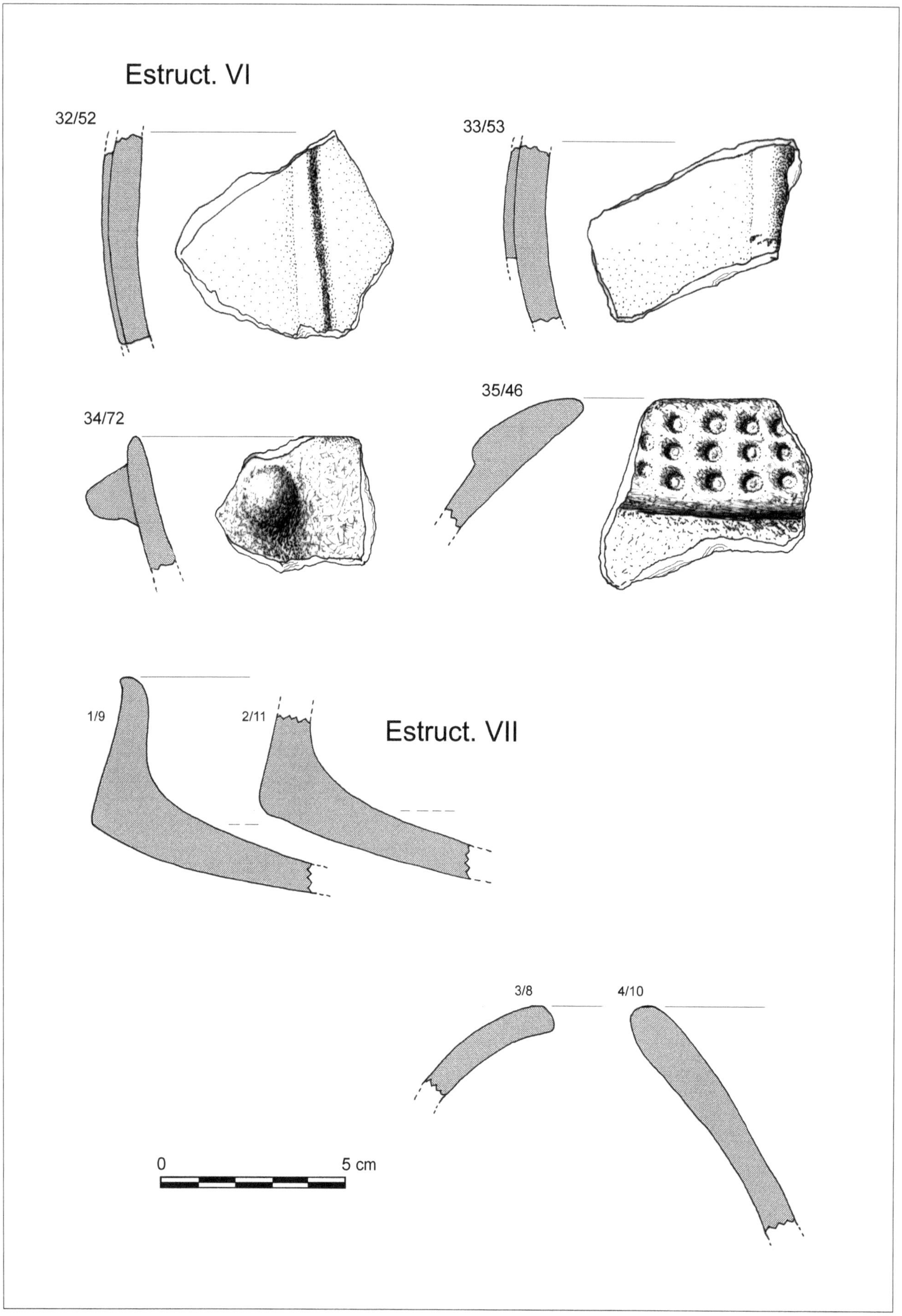

Figura 87. Iglesia Antigua de Alcolea

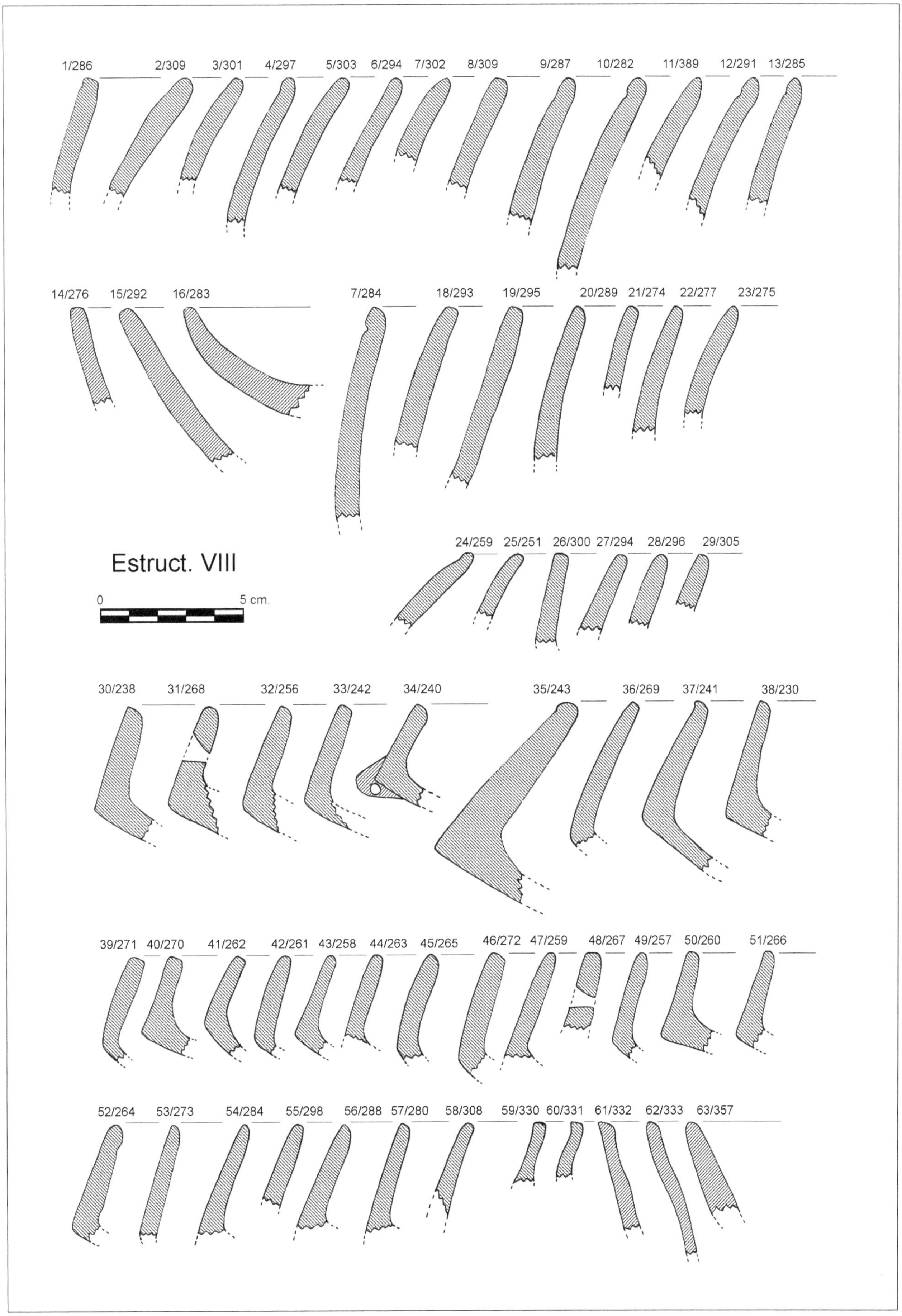

Figura 88. Iglesia Antigua de Alcolea

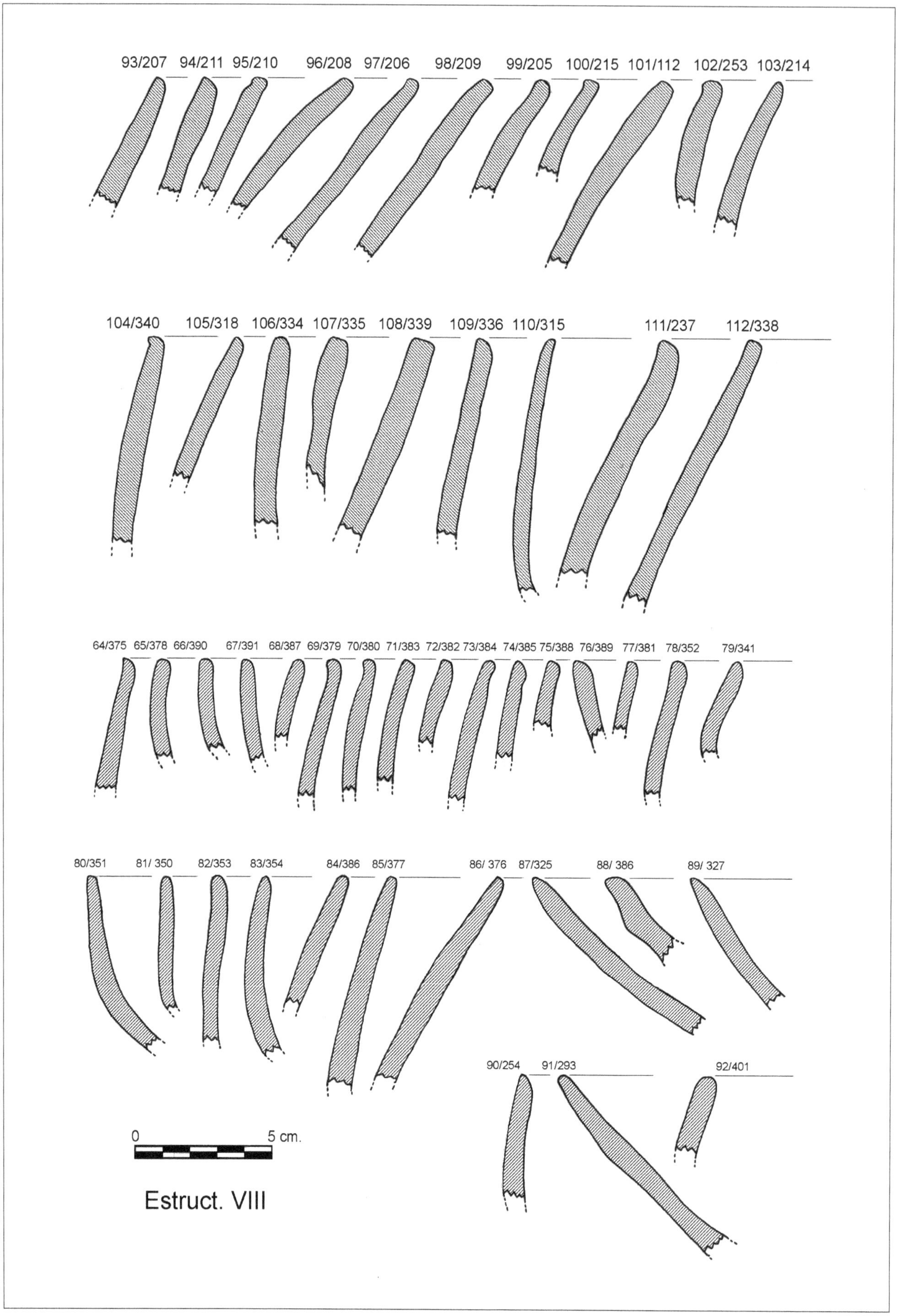

Figura 89. Iglesia Antigua de Alcolea

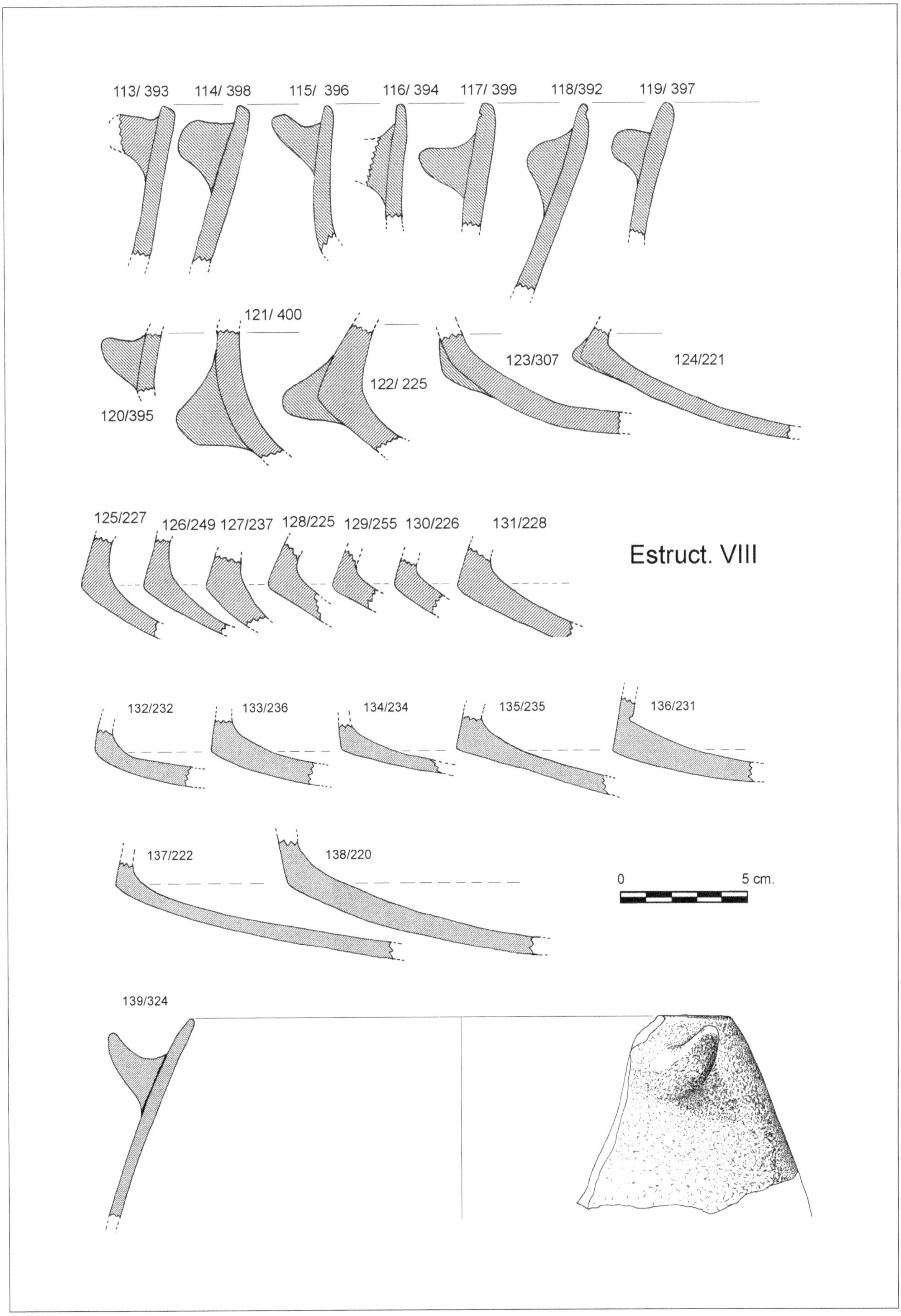

Figura 90. Iglesia Antigua de Alcolea

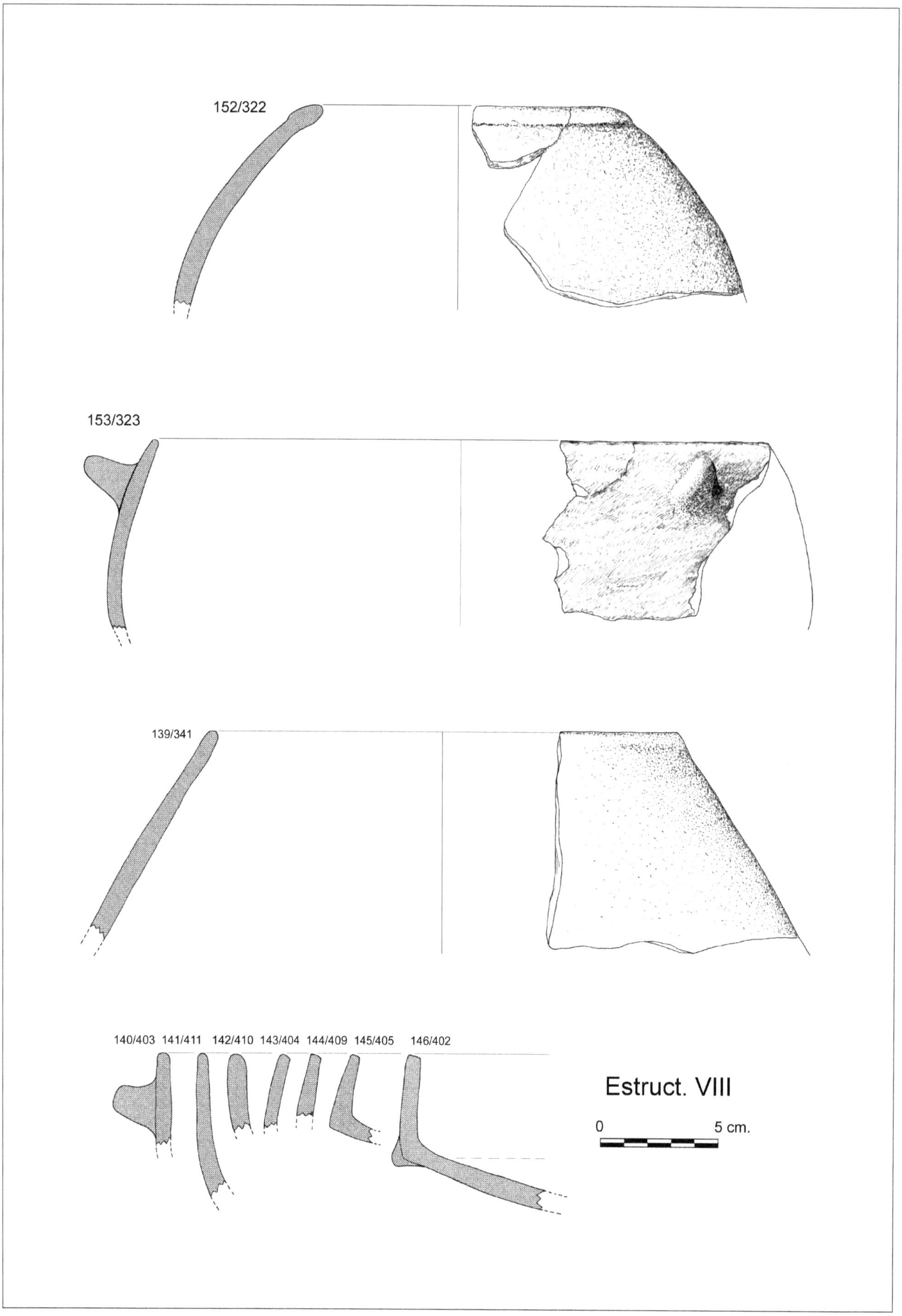

Figura 91. Iglesia Antigua de Alcolea

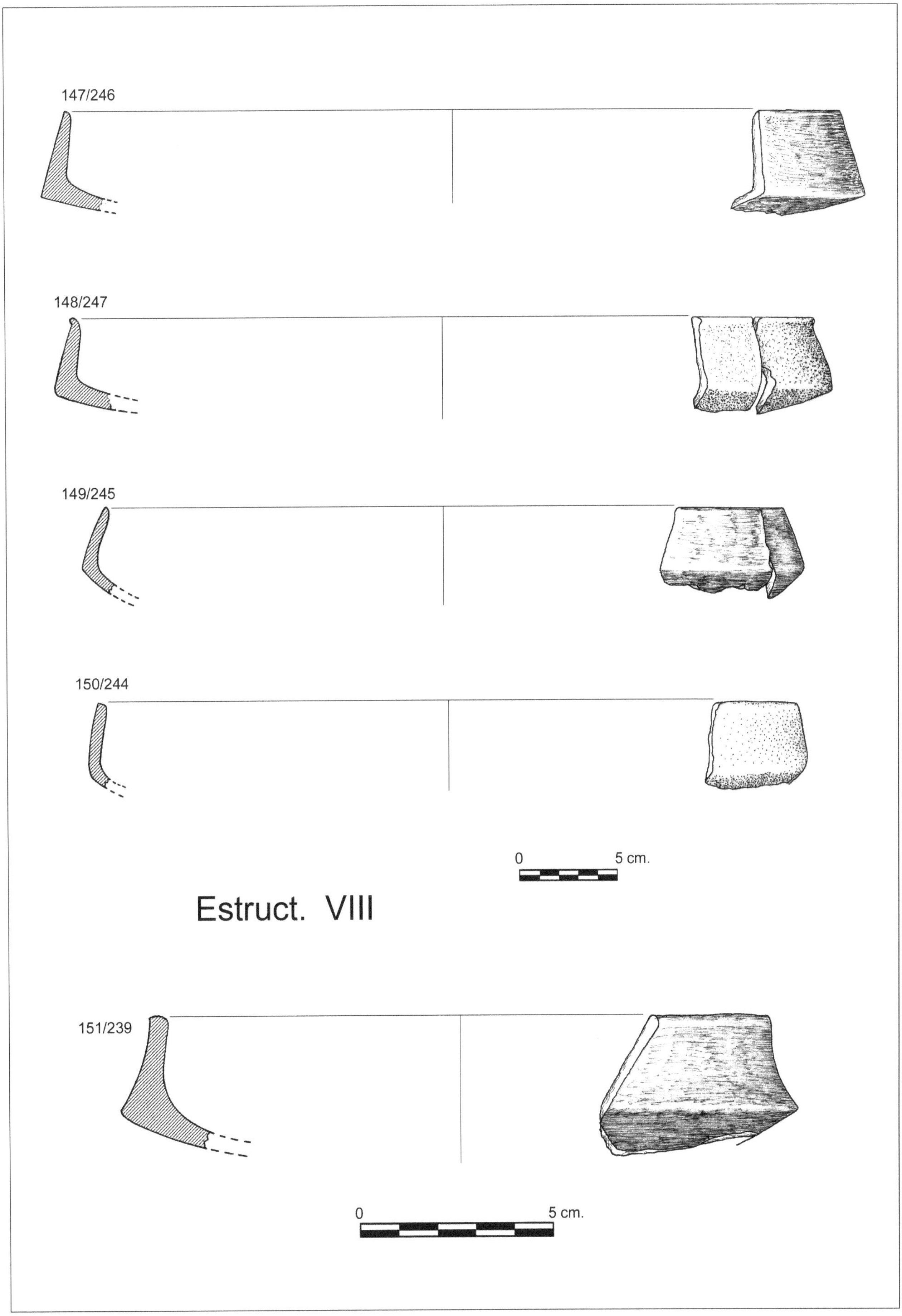

Figura 92. Iglesia Antigua de Alcolea

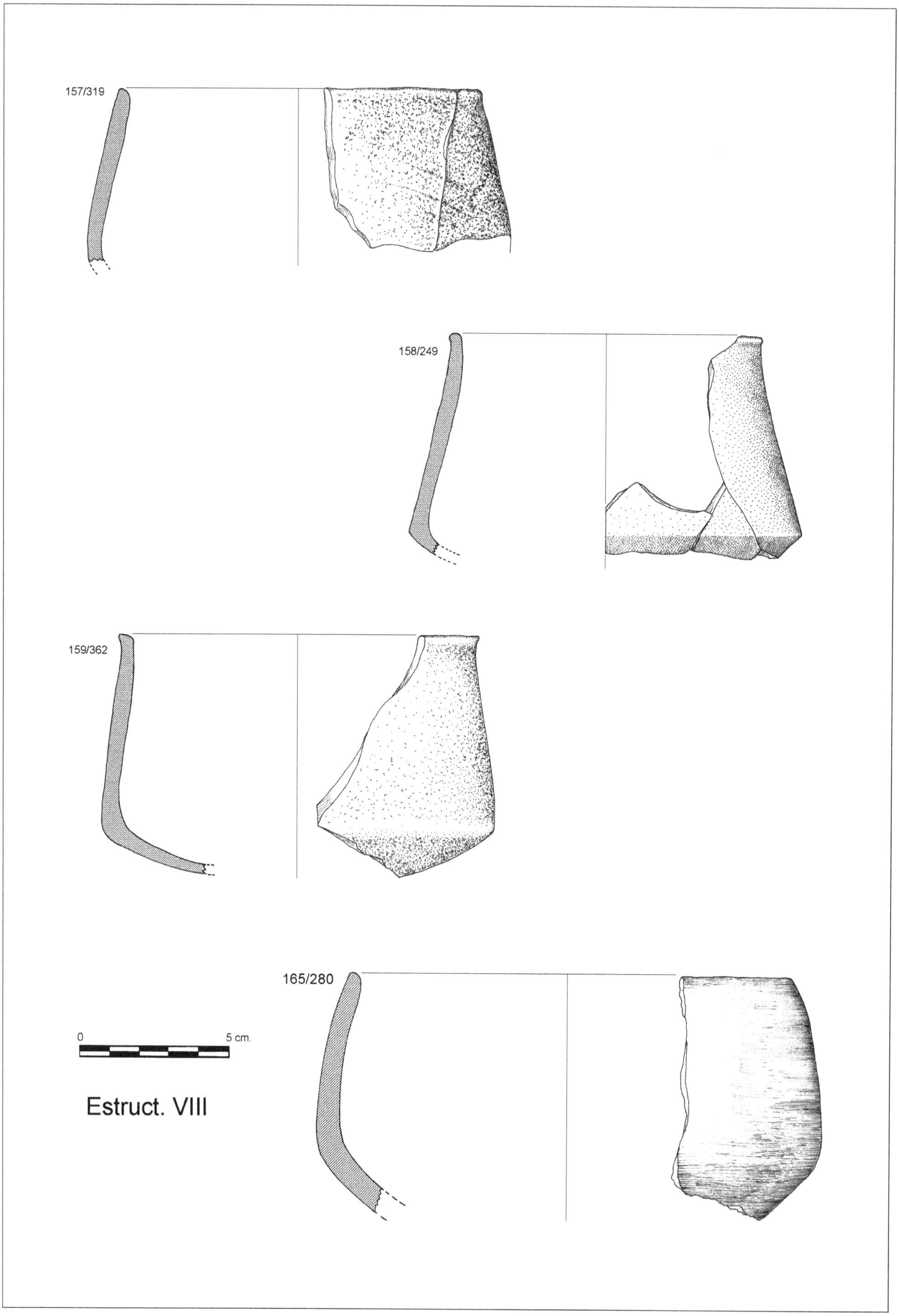

Figura 93. Iglesia Antigua de Alcolea

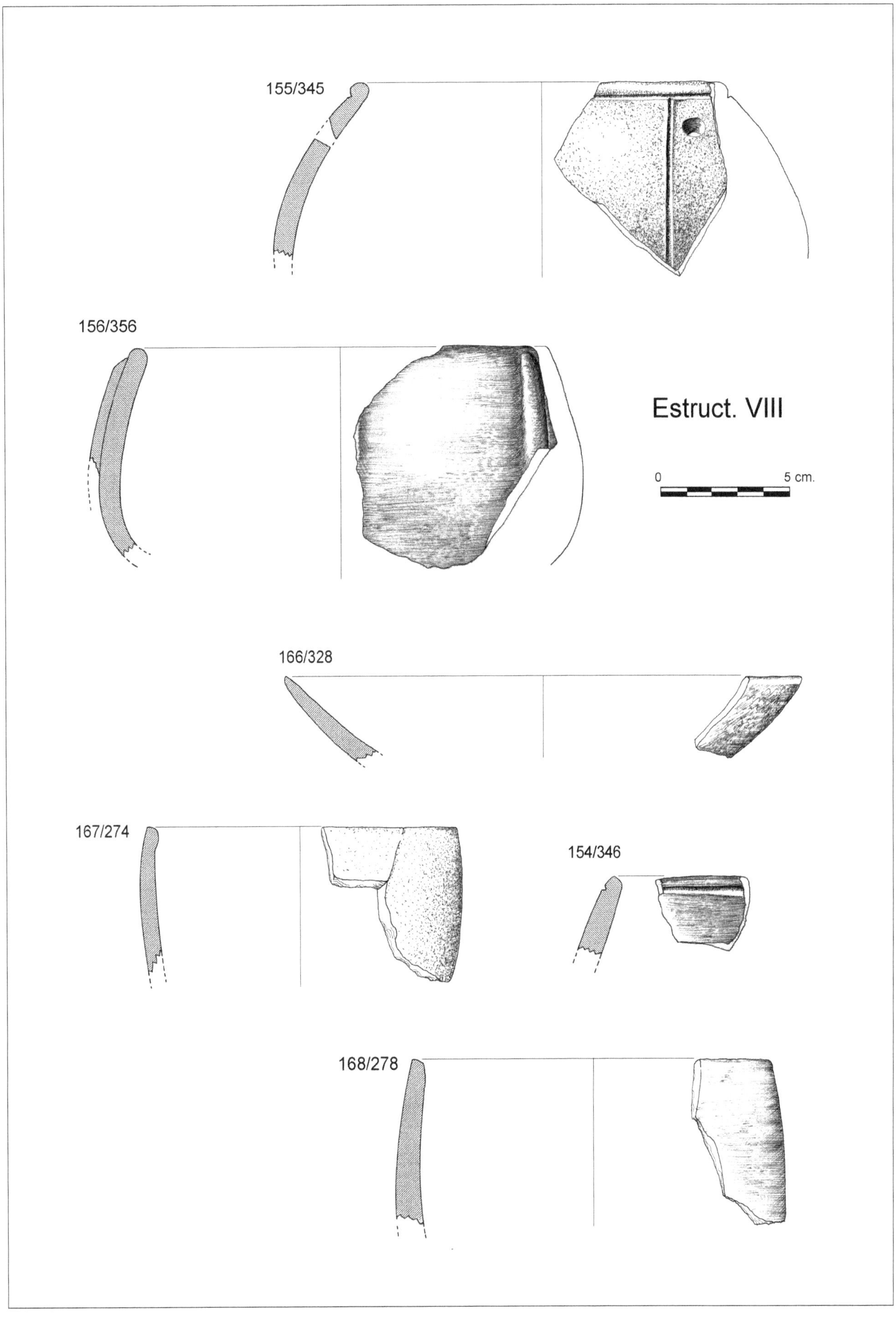

Figura 94. Iglesia Antigua de Alcolea

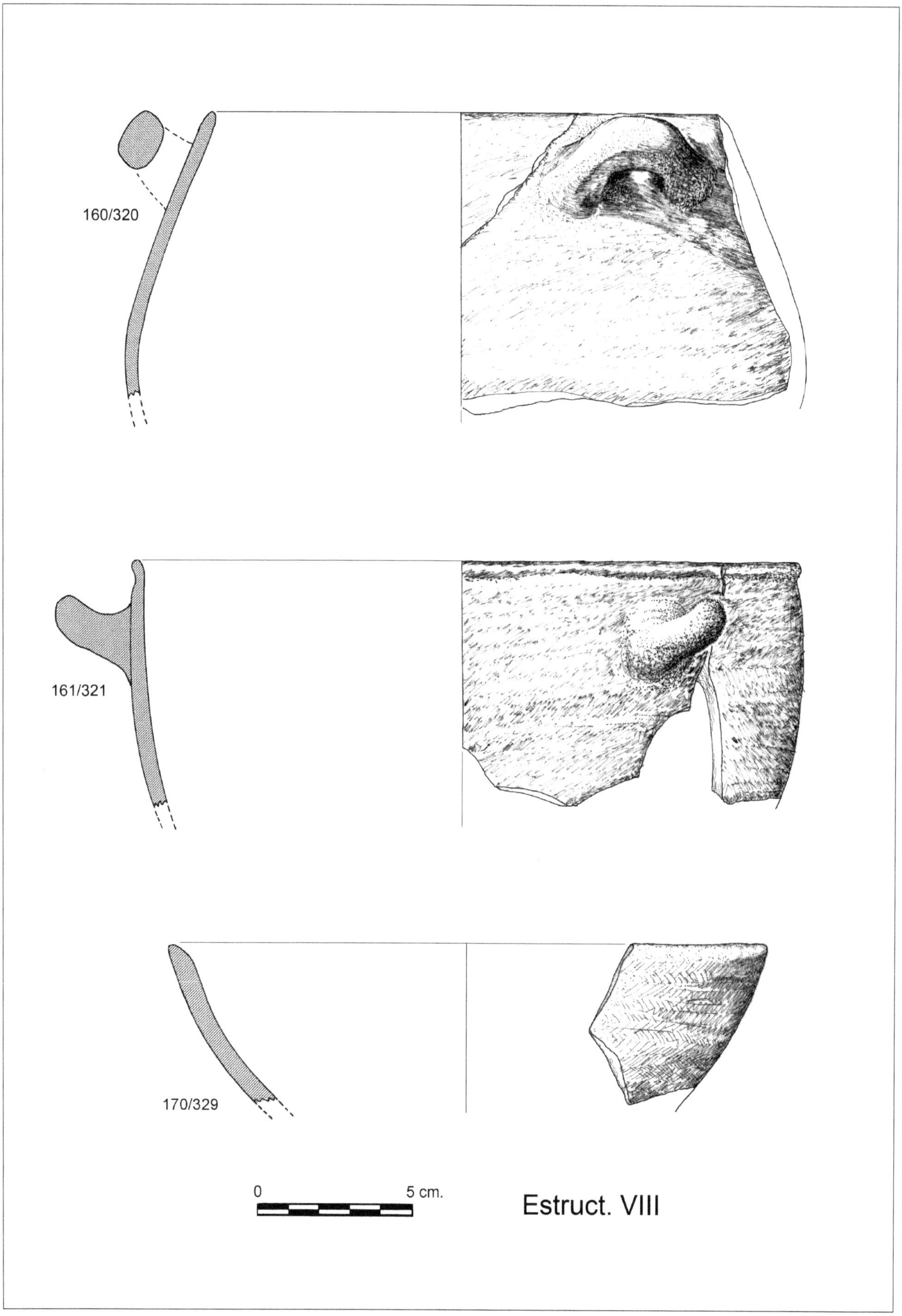

Figura 95. Iglesia Antigua de Alcolea

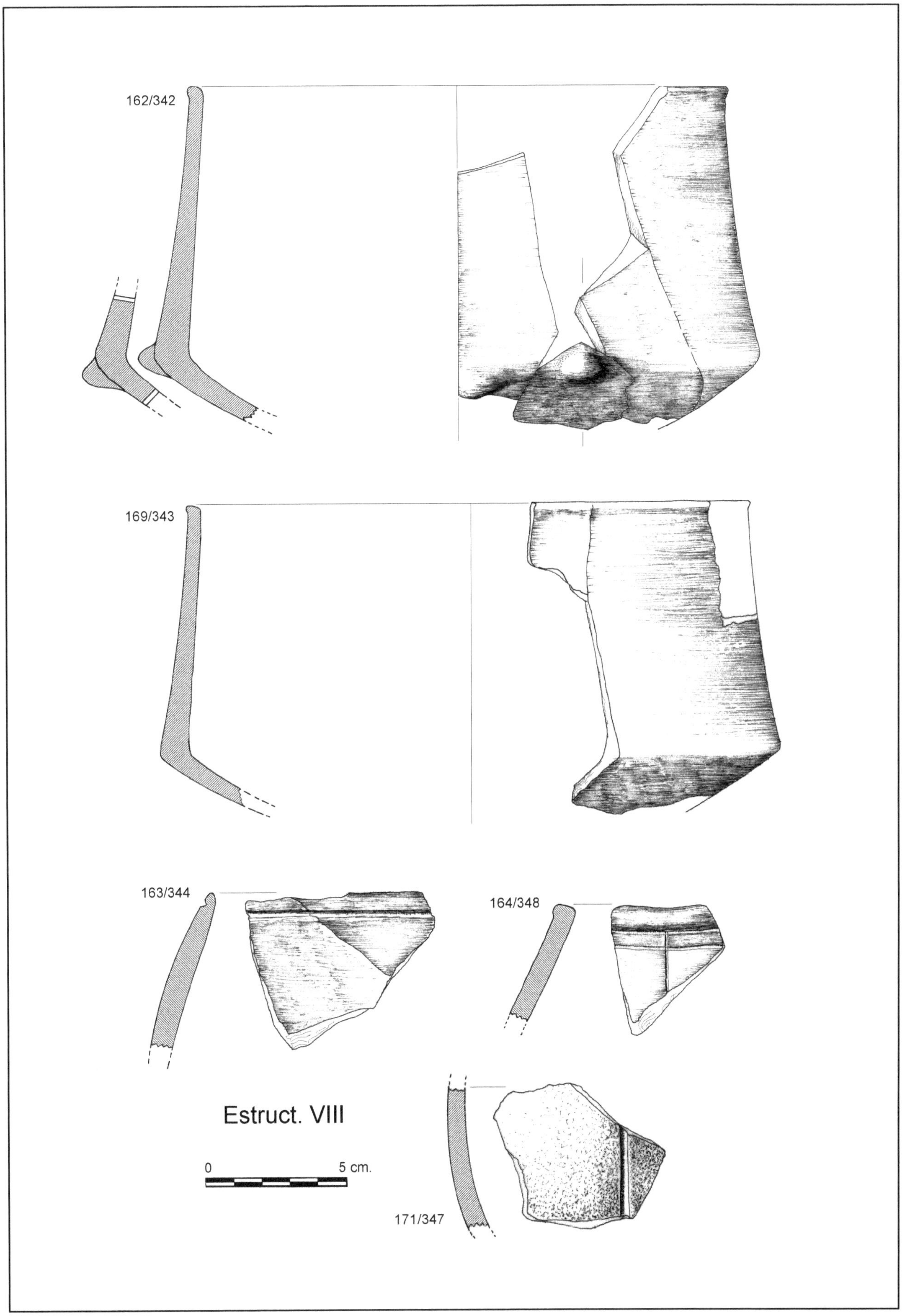

Figura 96. Iglesia Antigua de Alcolea

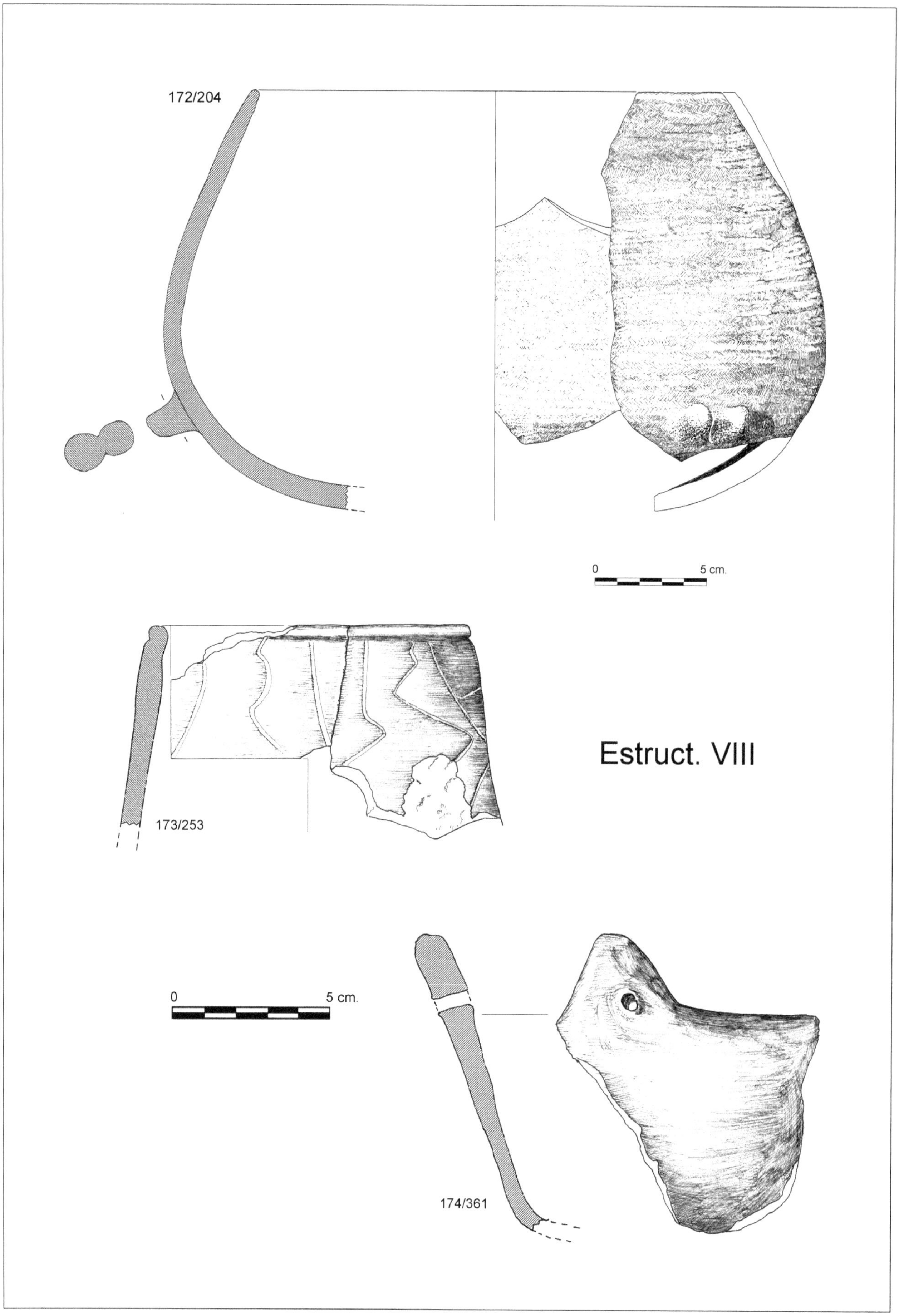

Figura 97. Iglesia Antigua de Alcolea

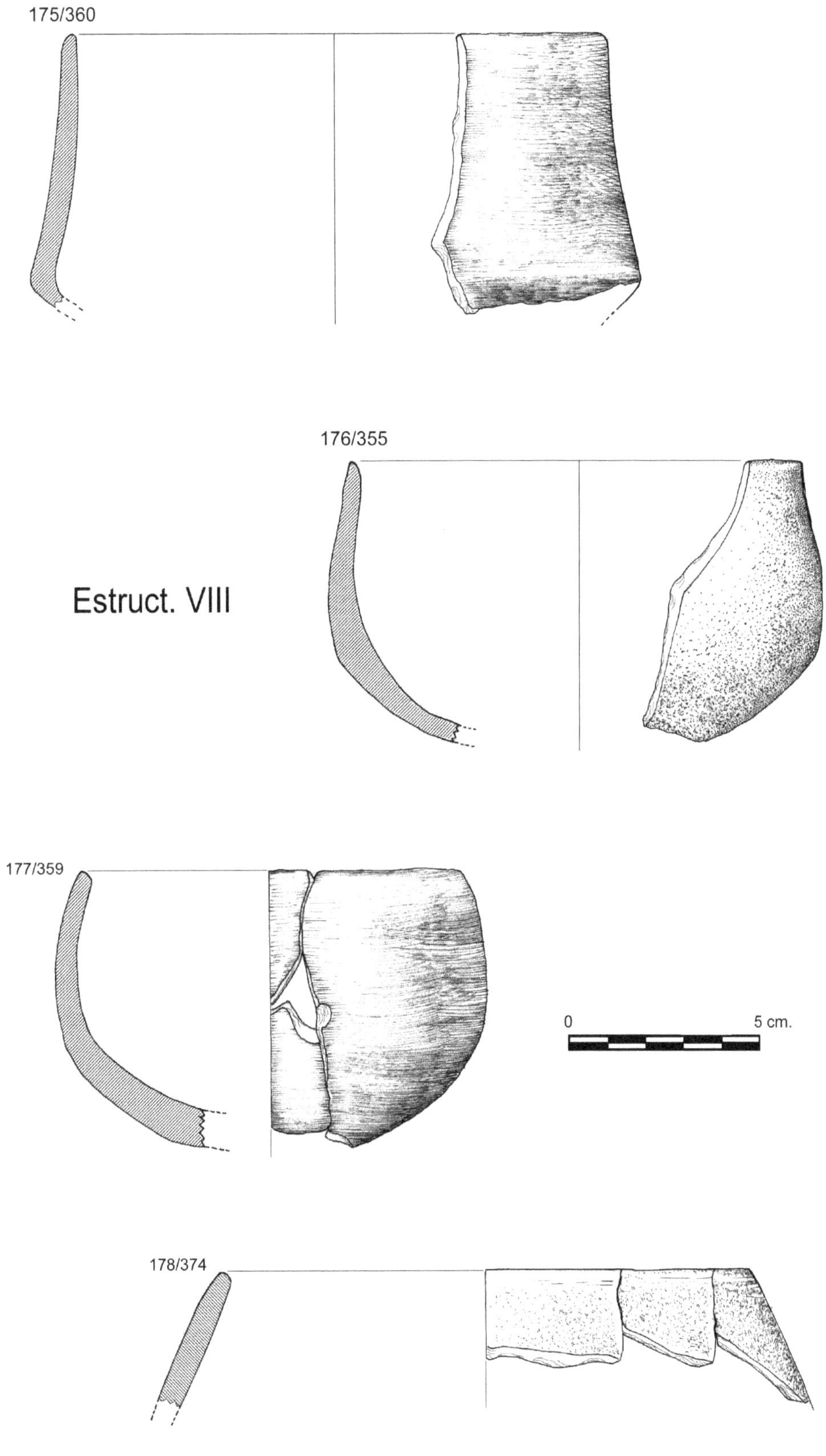

Figura 98. Iglesia Antigua de Alcolea

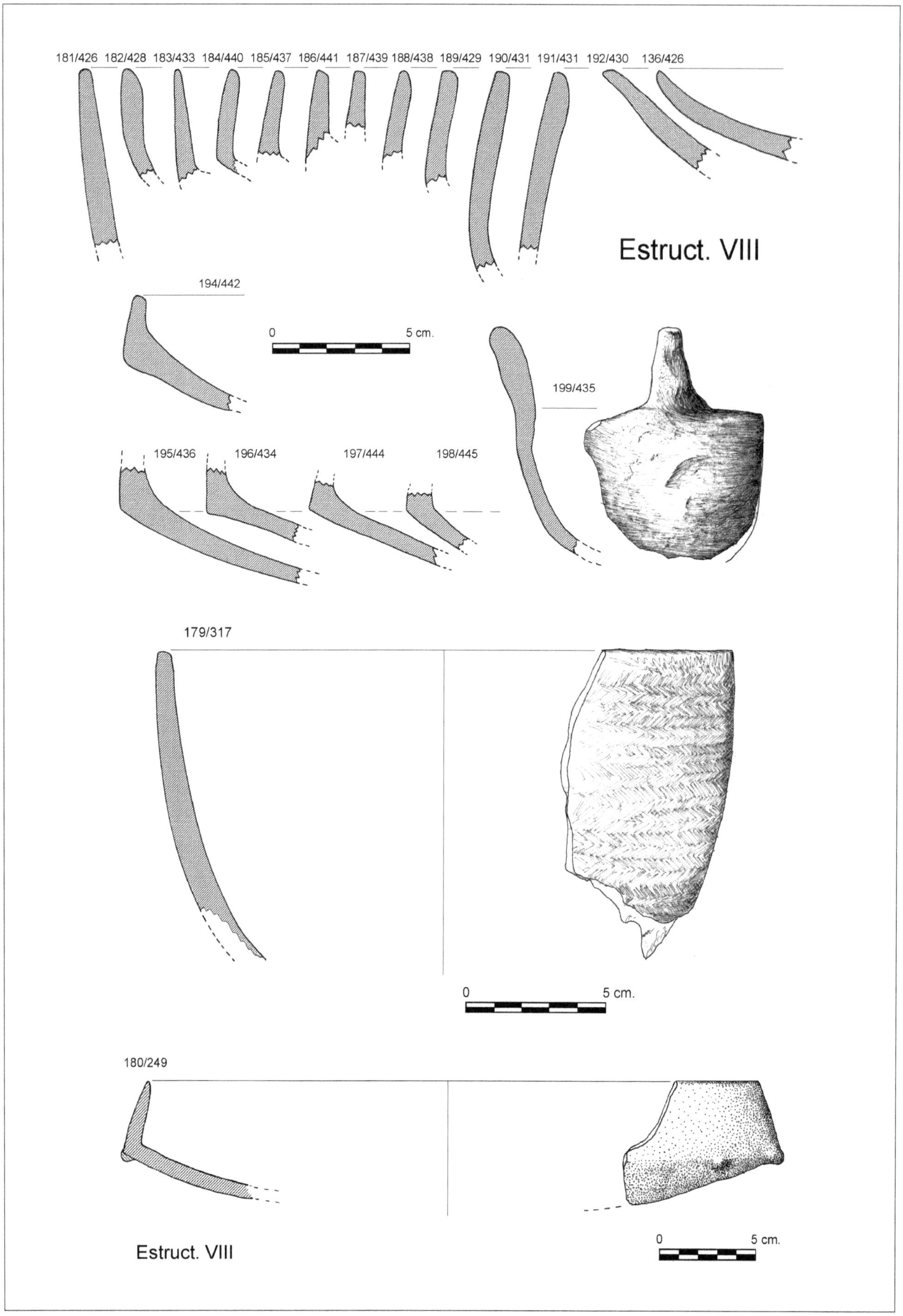

Figura 99. Iglesia Antigua de Alcolea

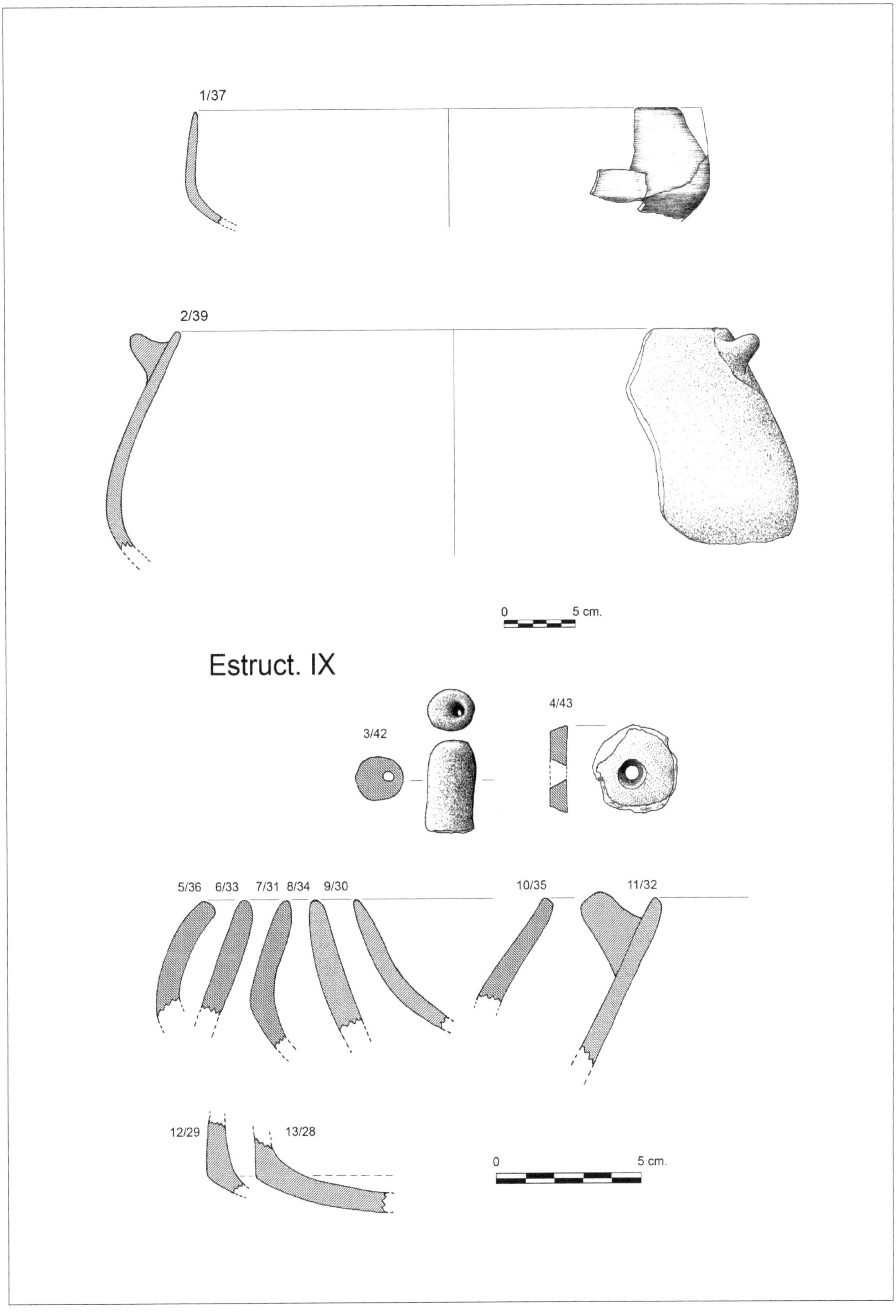

Figura 100. Iglesia Antigua de Alcolea

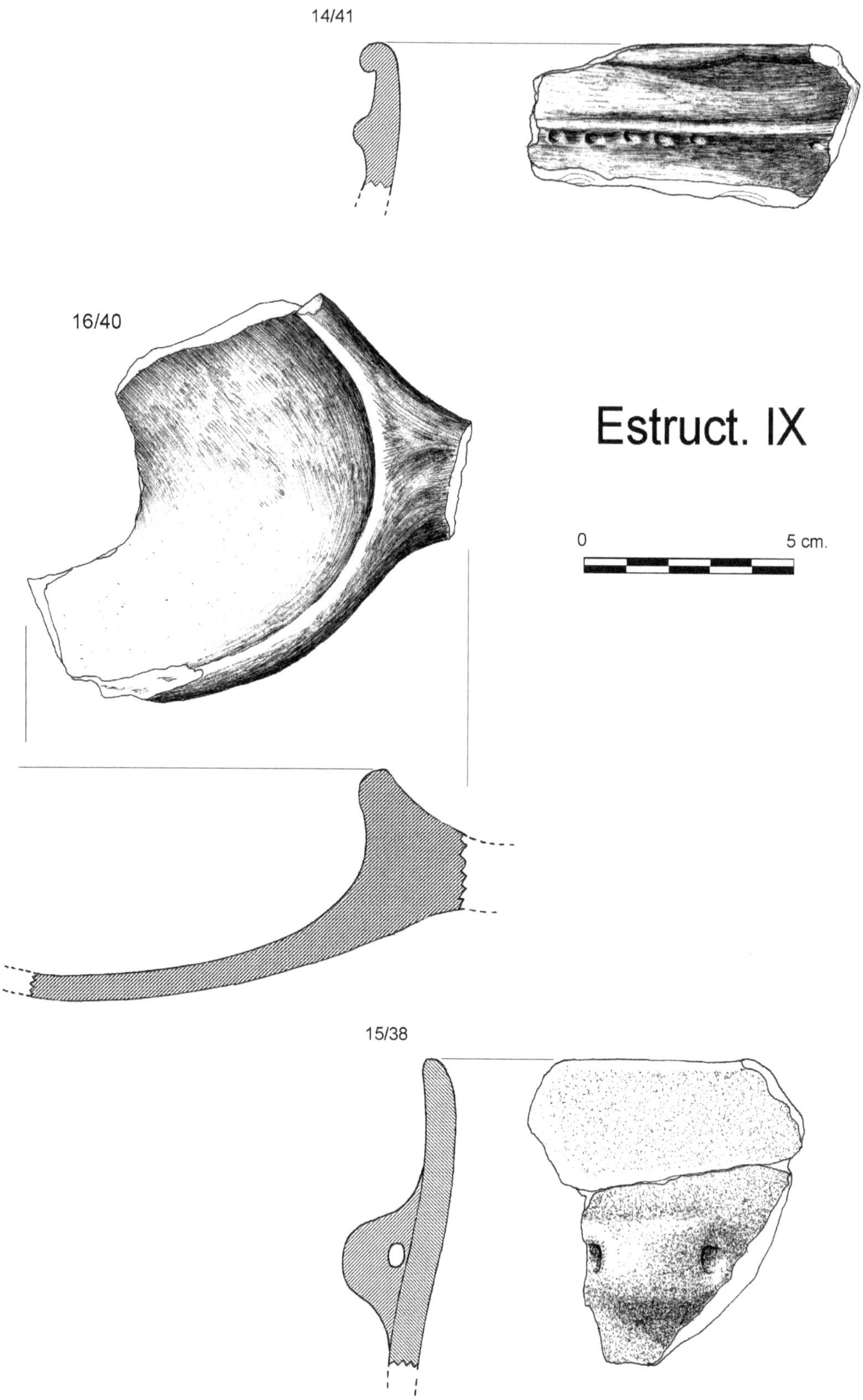

Figura 101. Iglesia Antigua de Alcolea

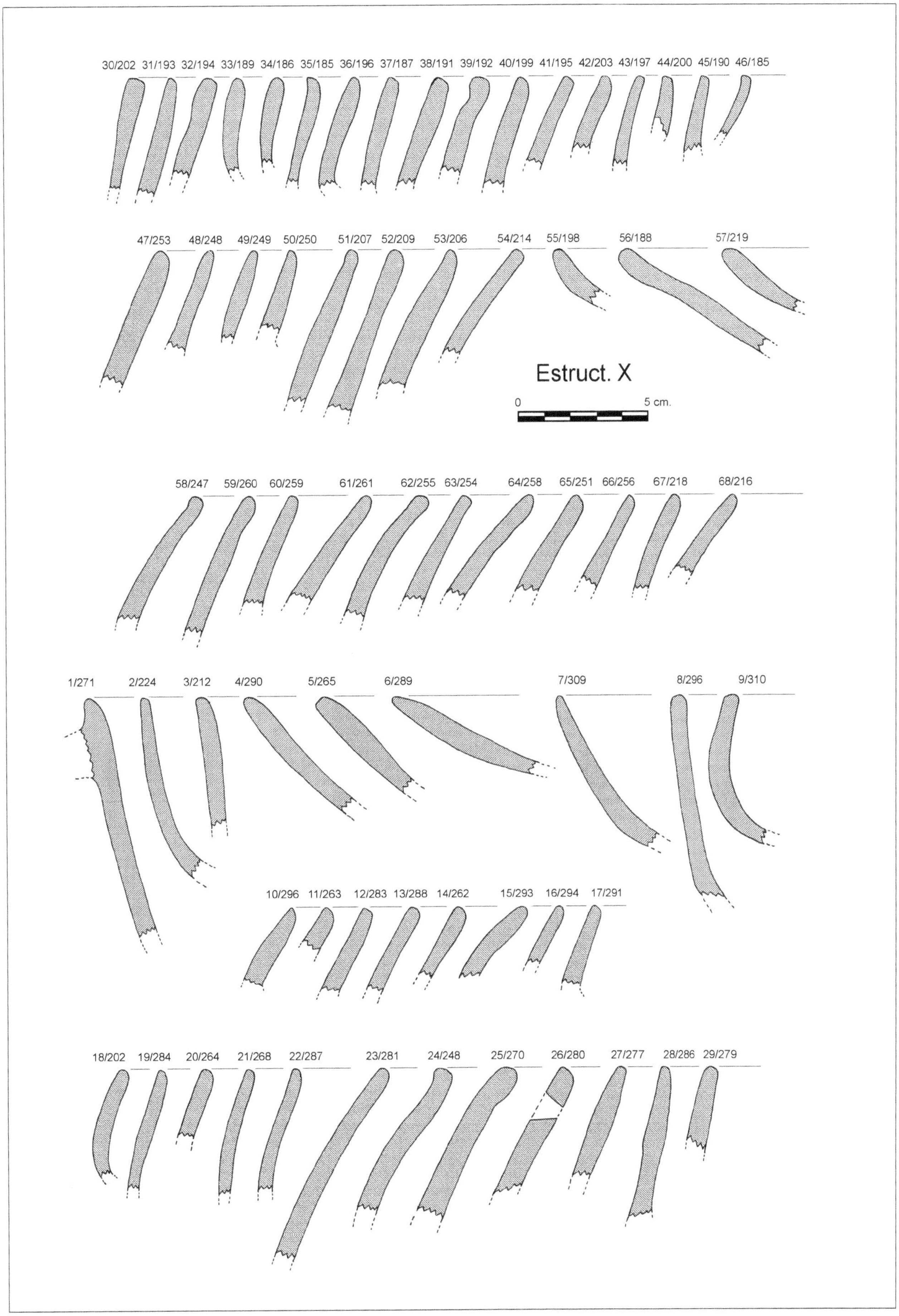

Figura 102. Iglesia Antigua de Alcolea

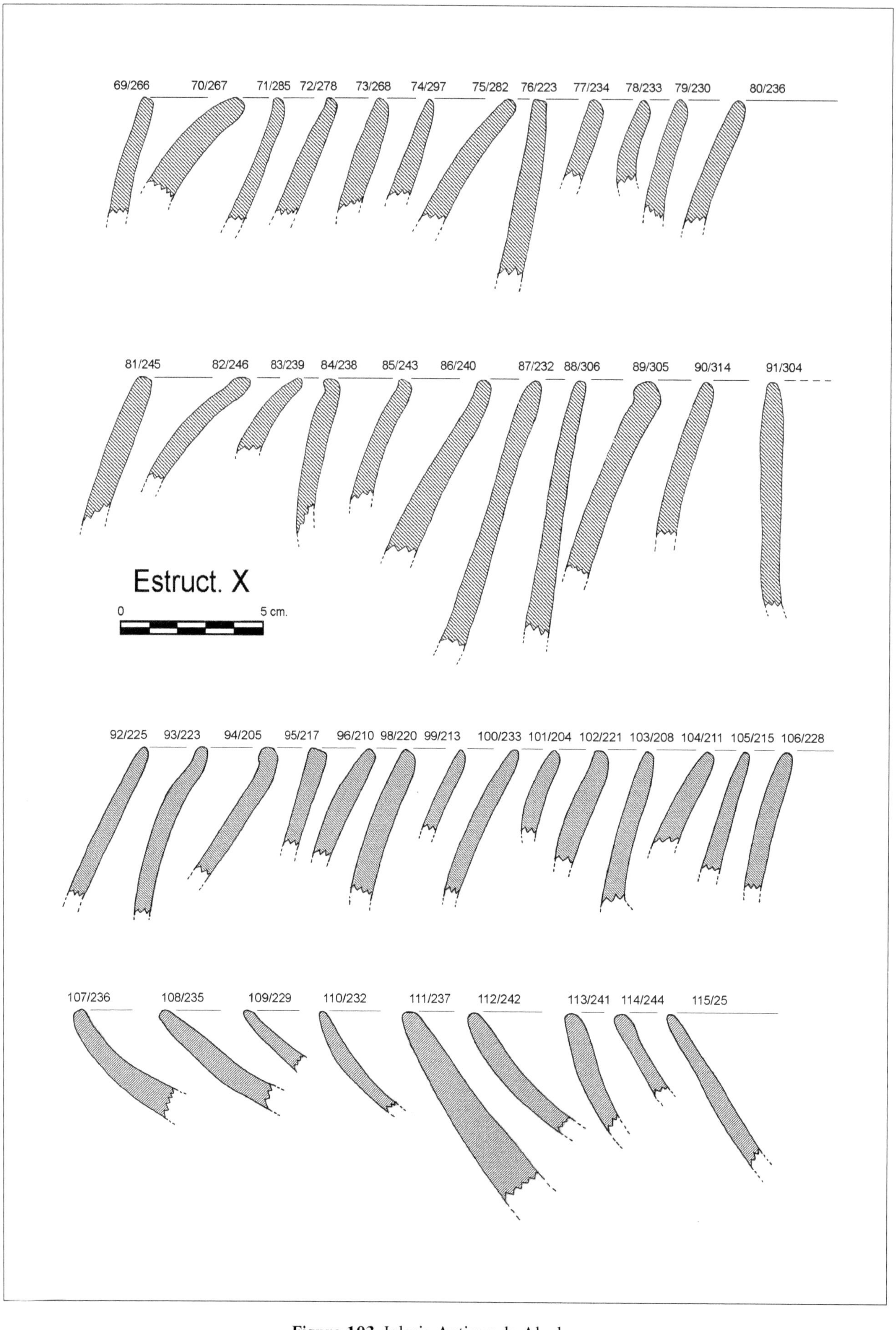

Figura 103. Iglesia Antigua de Alcolea

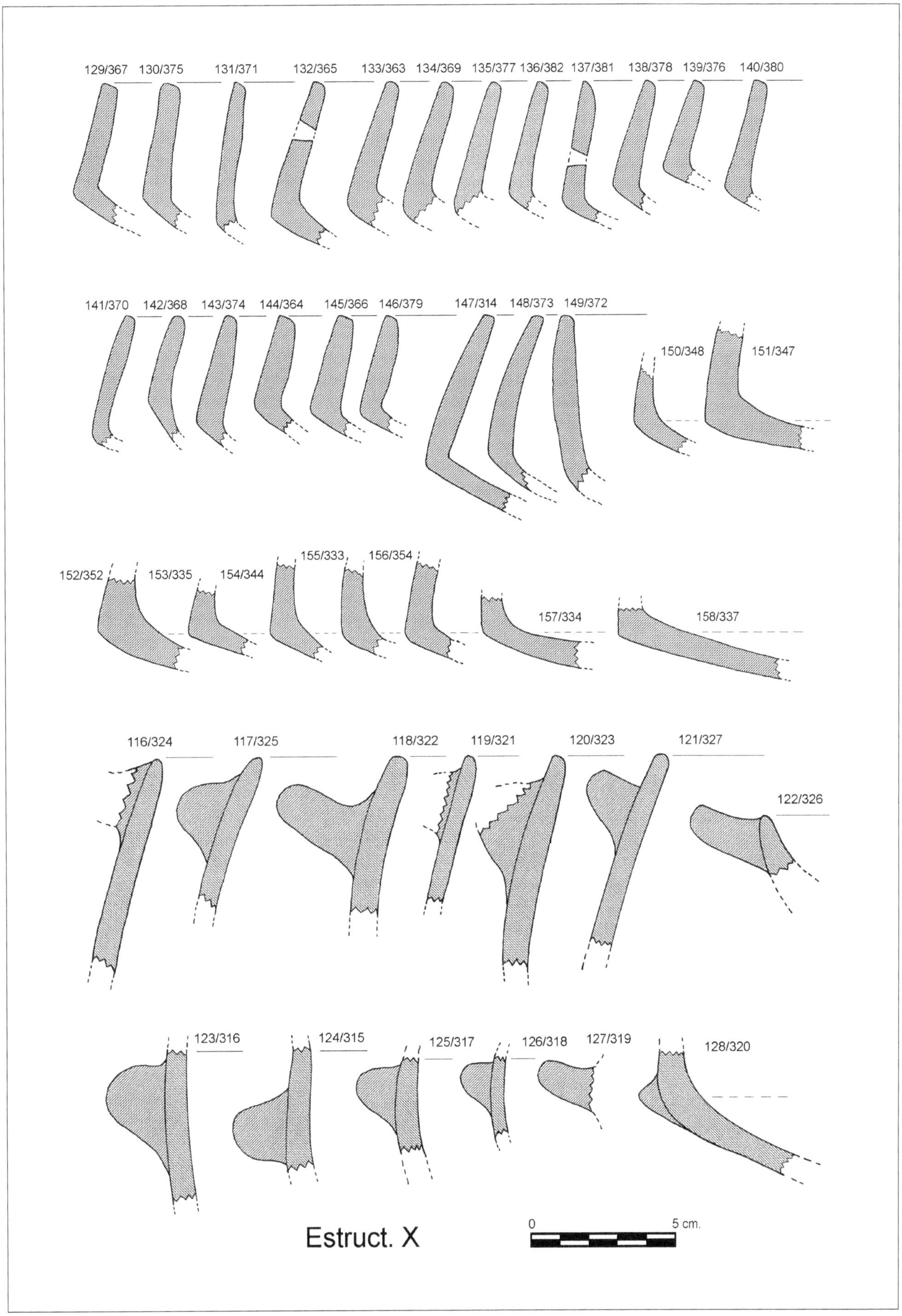

Figura 104. Iglesia Antigua de Alcolea

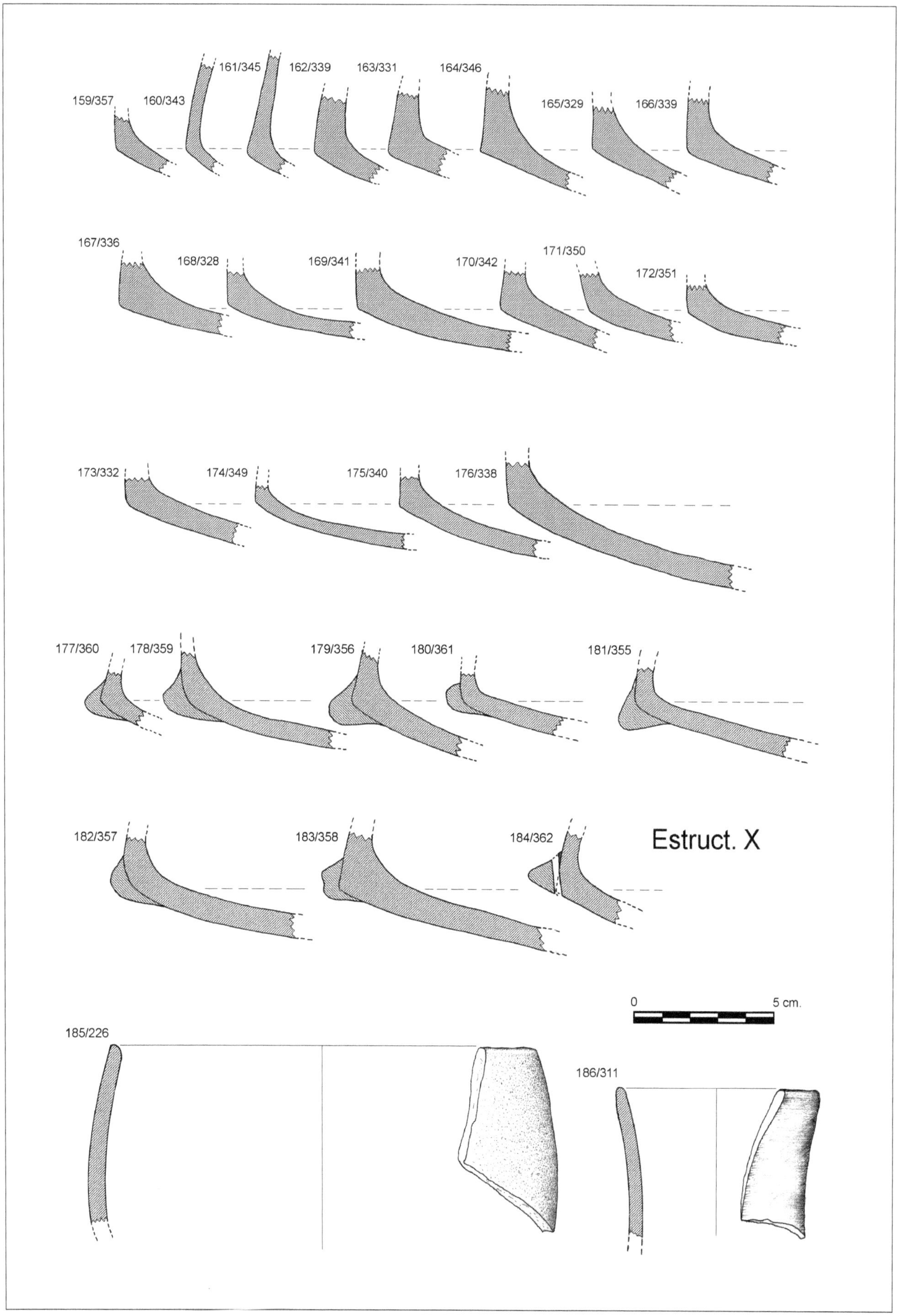

Figura 105. Iglesia Antigua de Alcolea

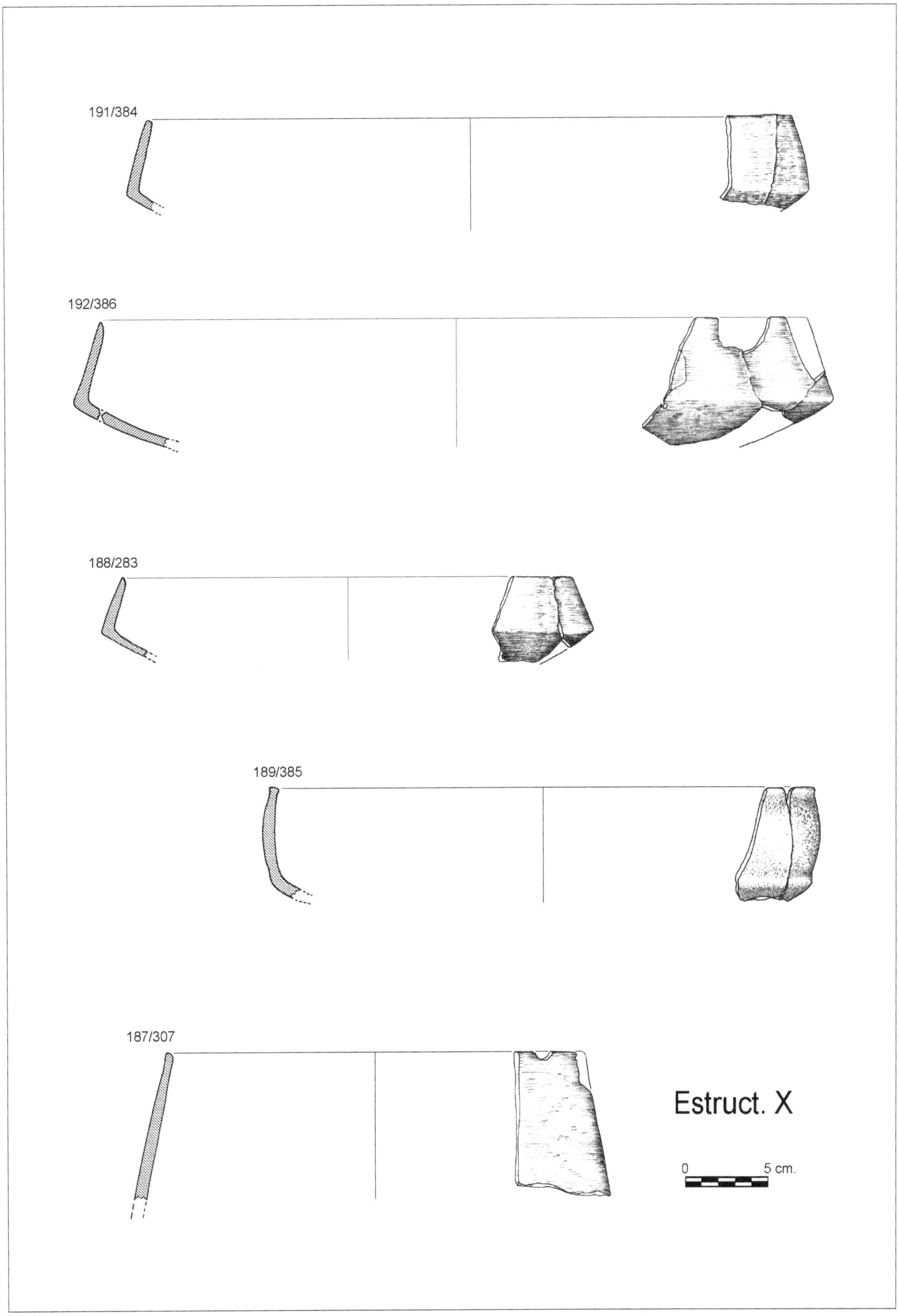

Figura 106. Iglesia Antigua de Alcolea

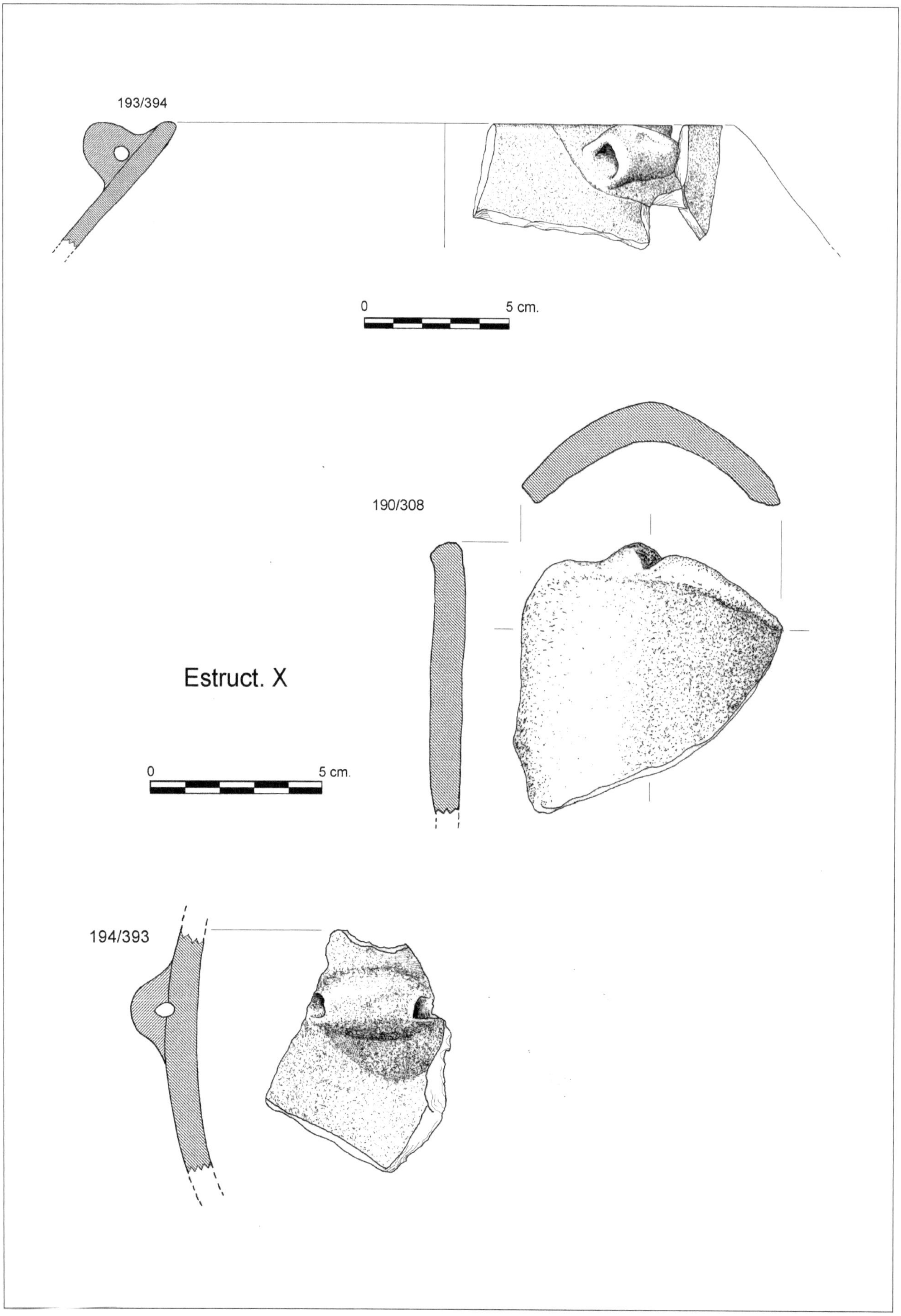

Figura 107. Iglesia Antigua de Alcolea

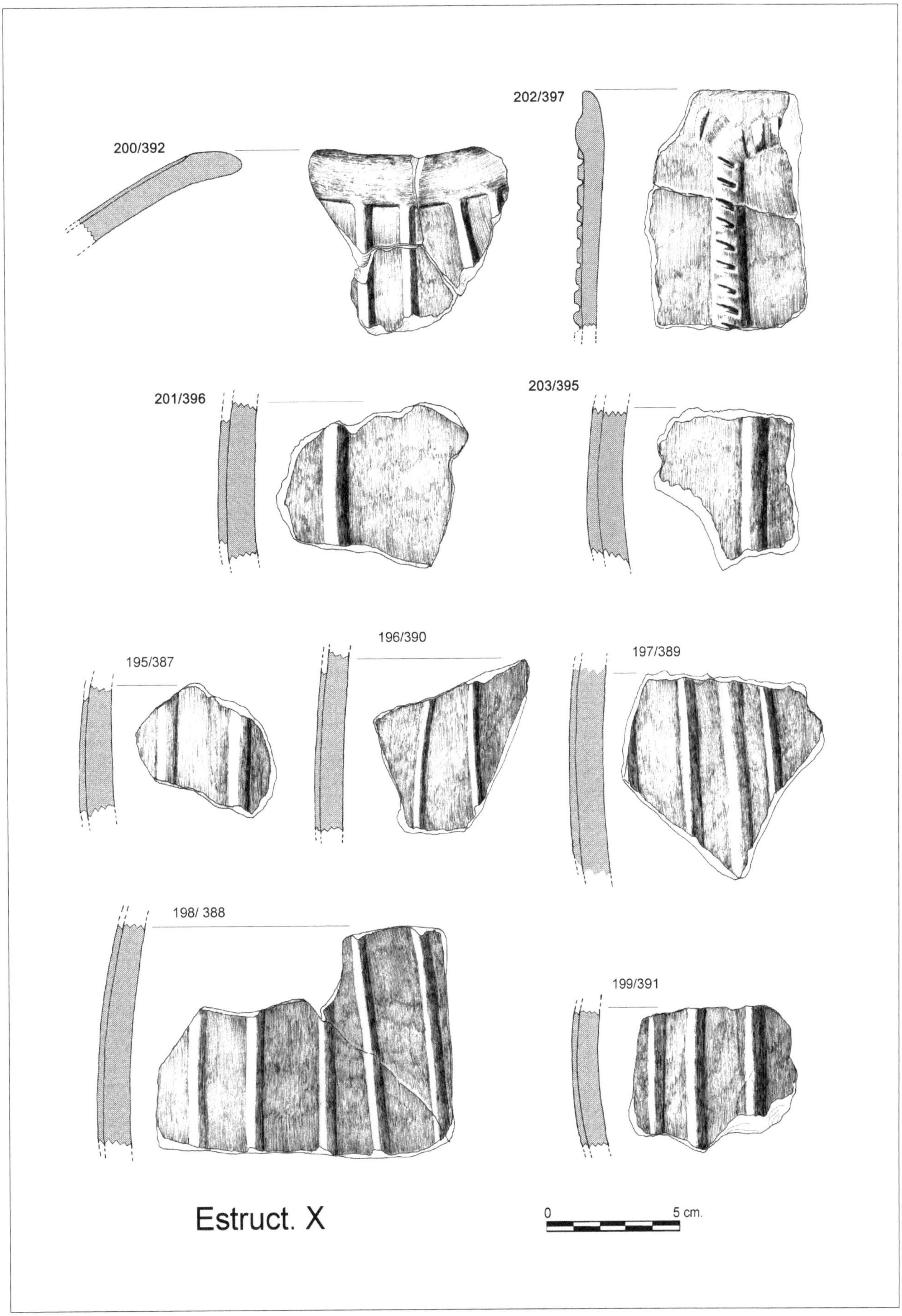

Figura 108. Iglesia Antigua de Alcolea

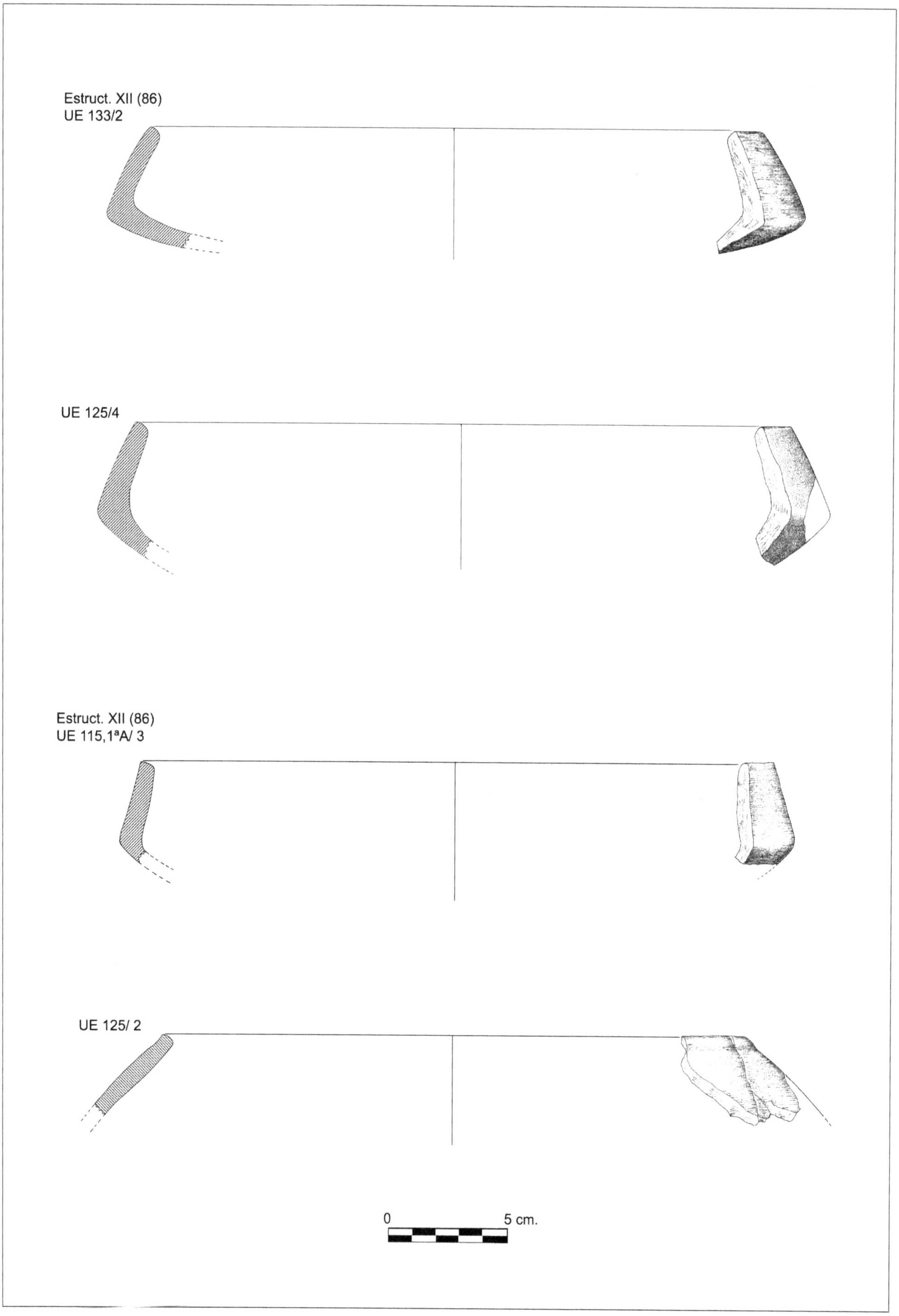

Figura 109. Iglesia Antigua de Alcolea

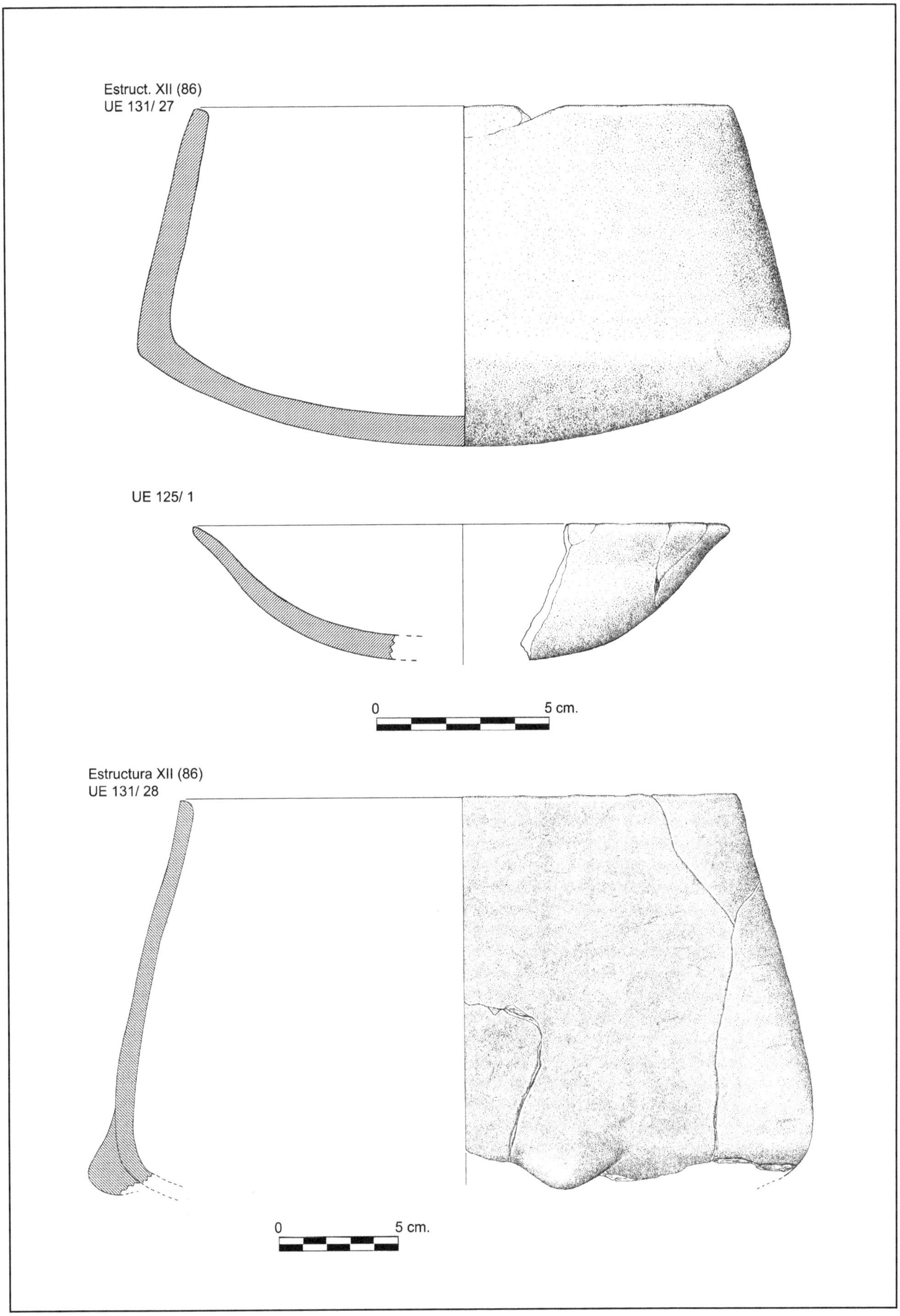

Figura 110. Iglesia Antigua de Alcolea

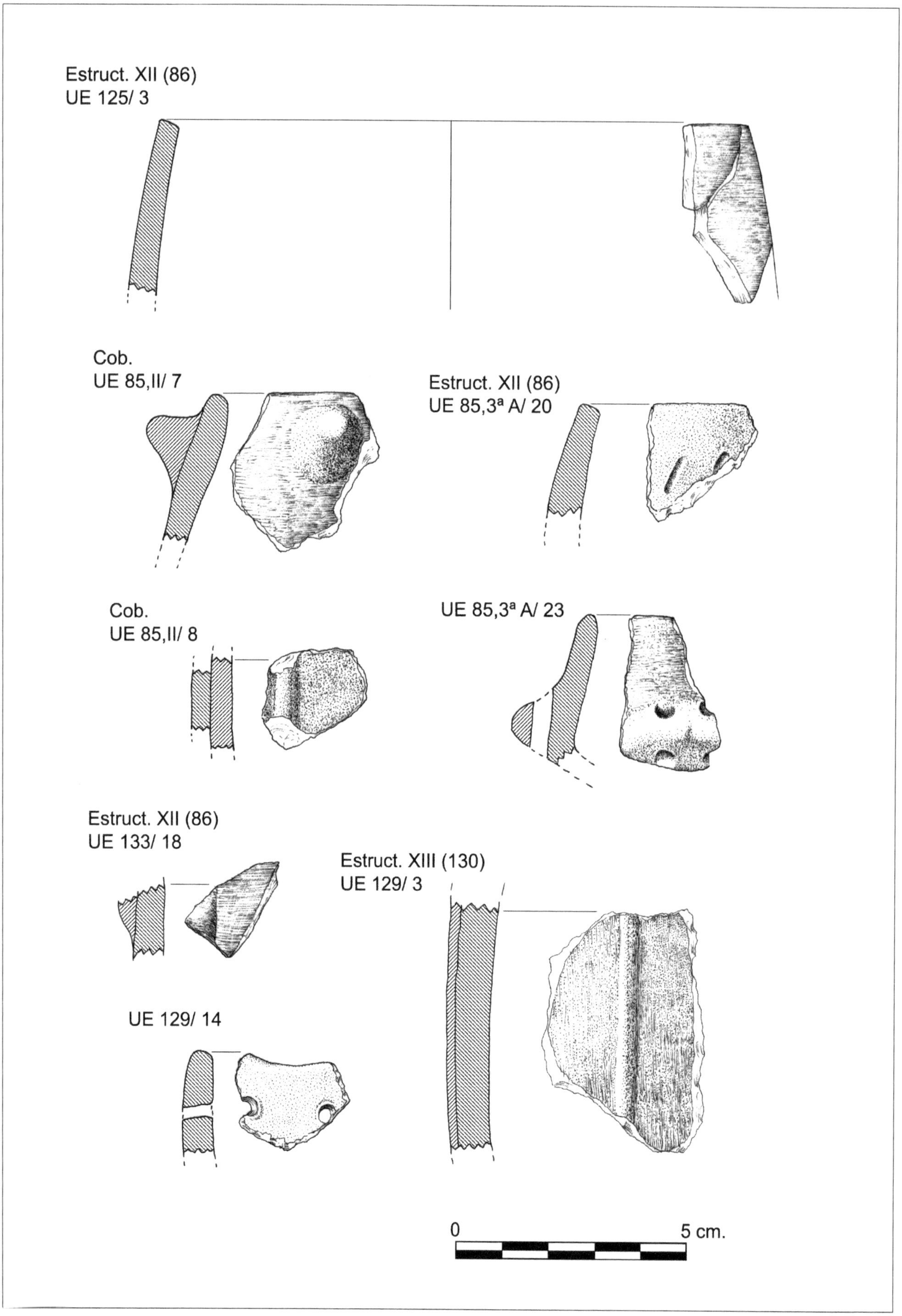

Figura 111. Iglesia Antigua de Alcolea

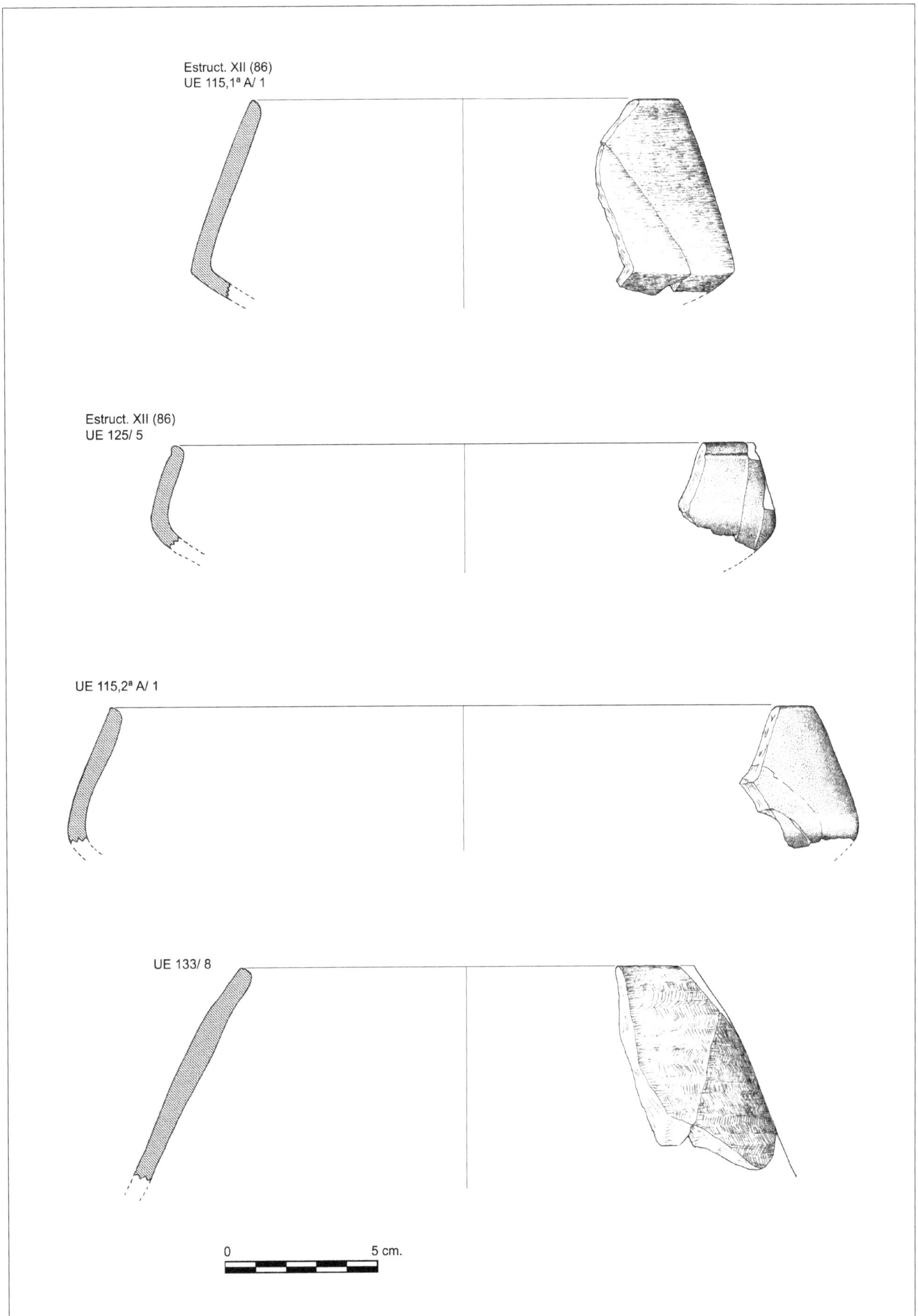

Figura 112. Iglesia Antigua de Alcolea

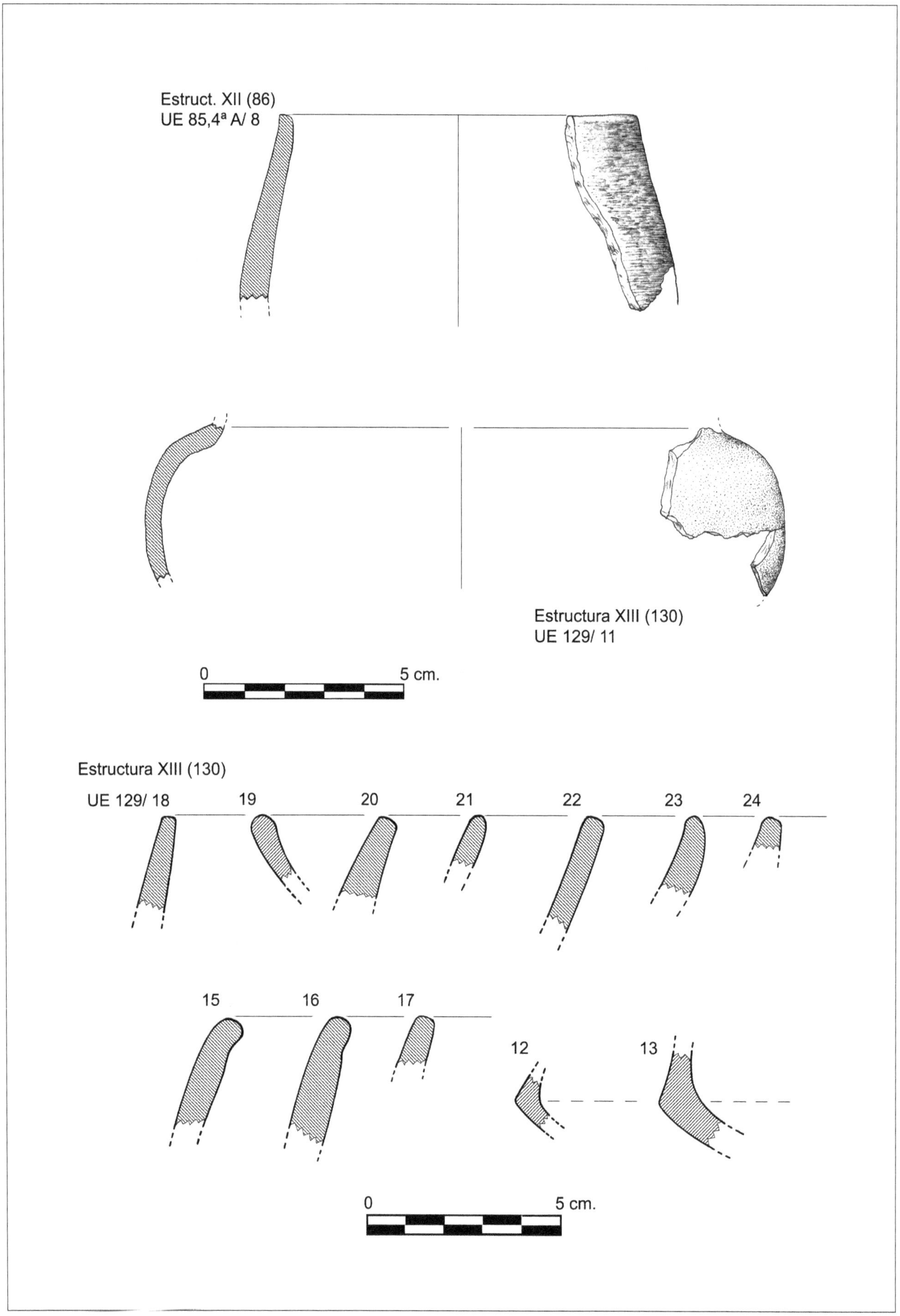

Figura 113. Iglesia Antigua de Alcolea

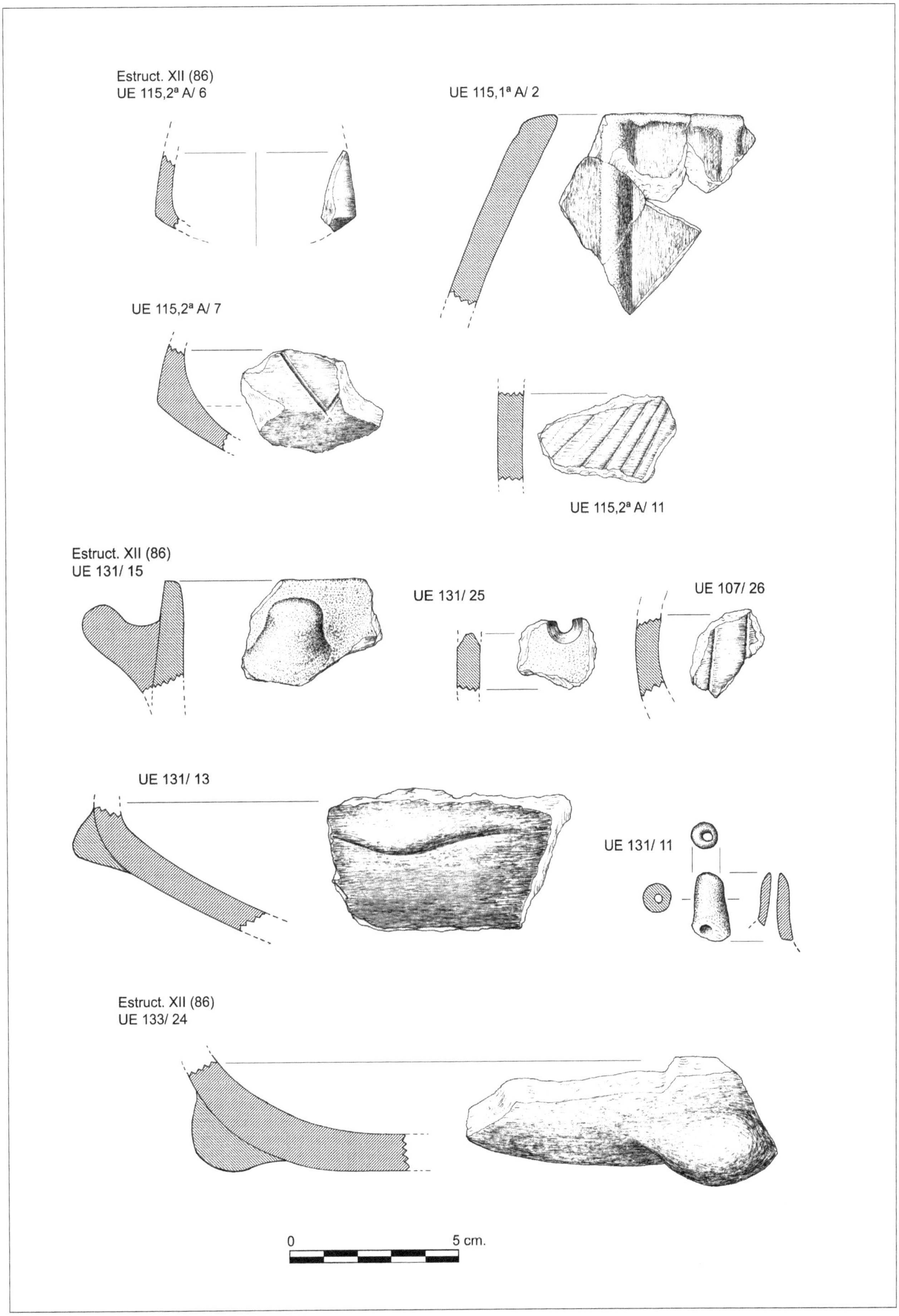

Figura 114. Iglesia Antigua de Alcolea

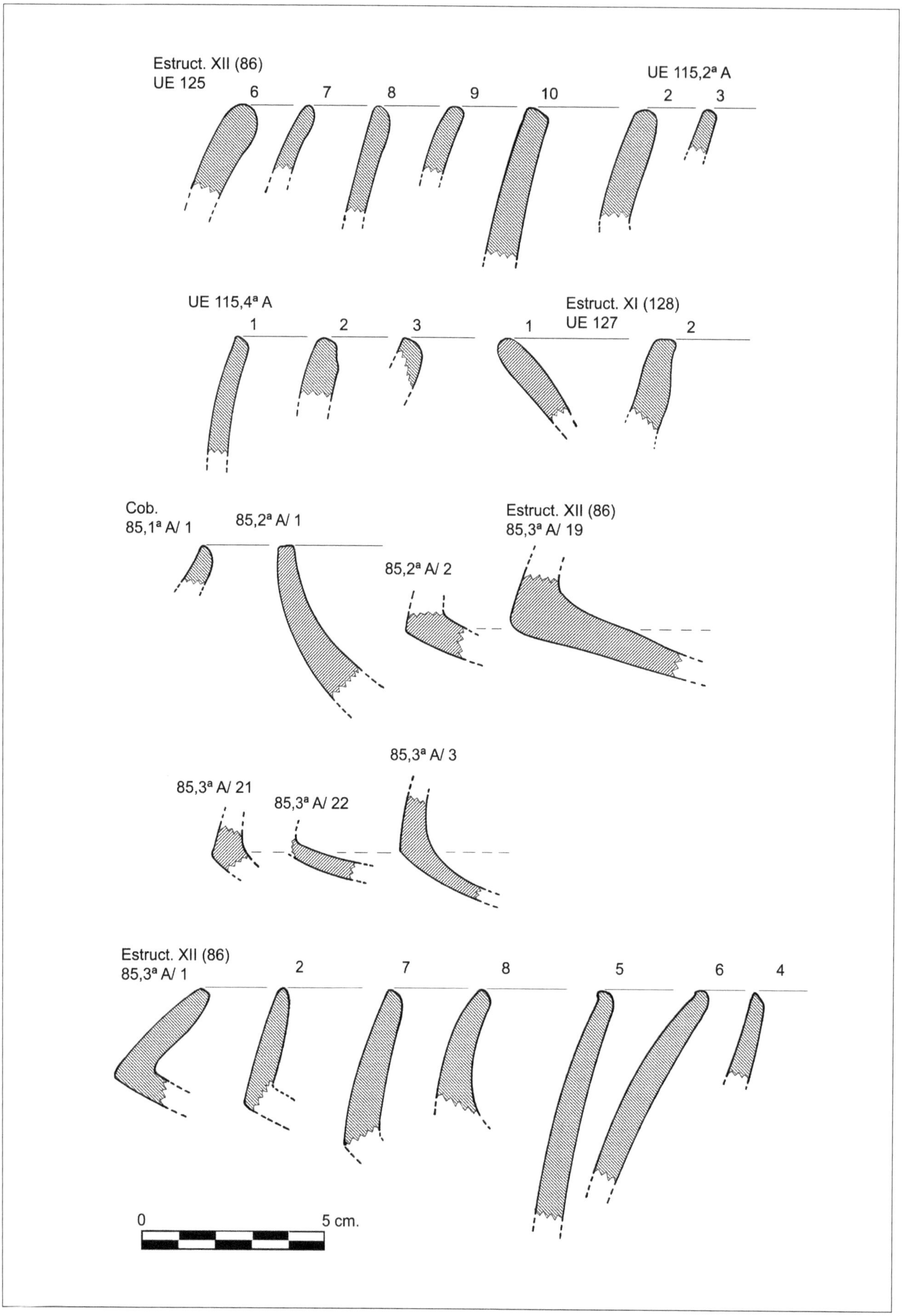

Figura 115. Iglesia Antigua de Alcolea

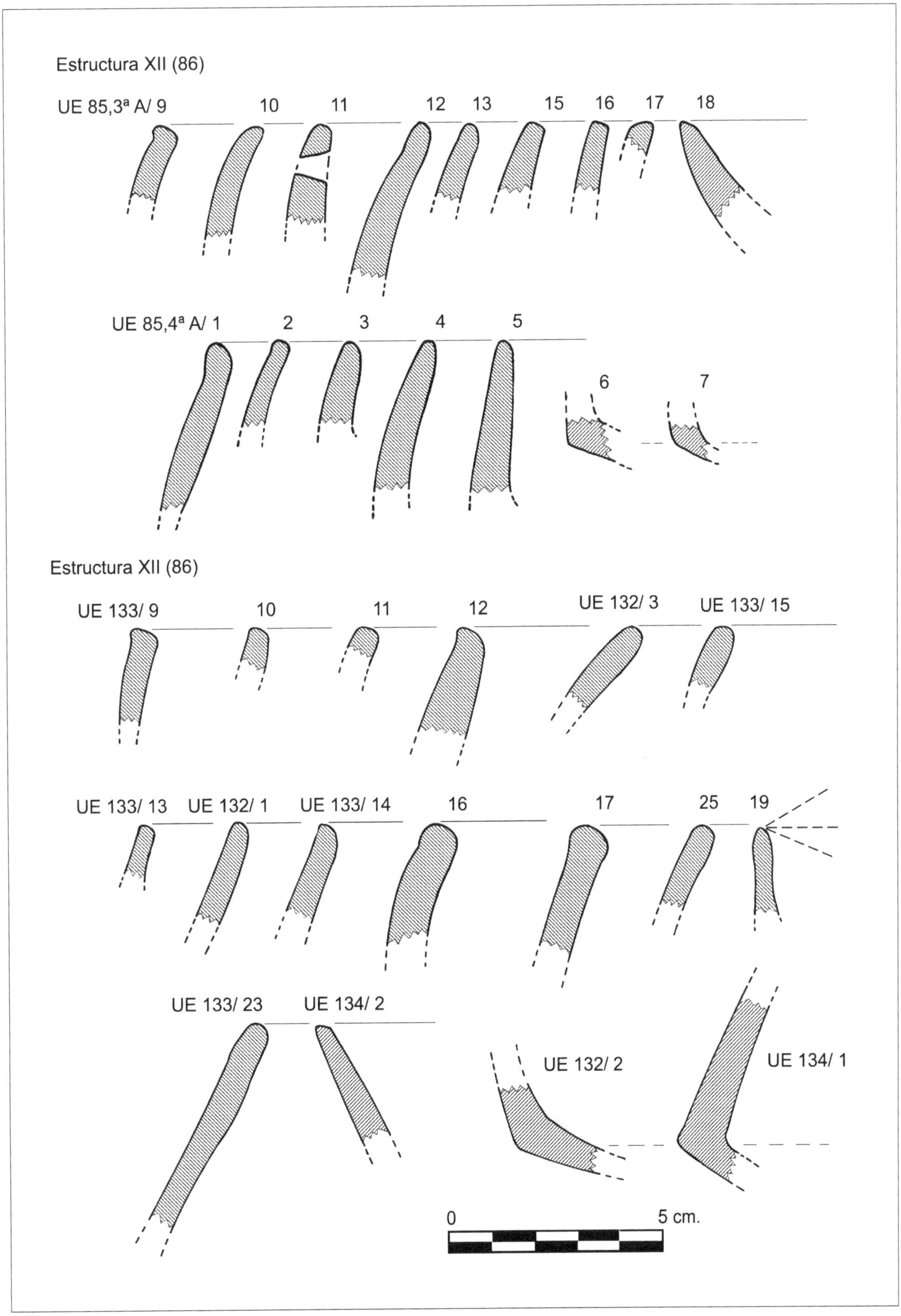

Figura 116. Iglesia Antigua de Alcolea

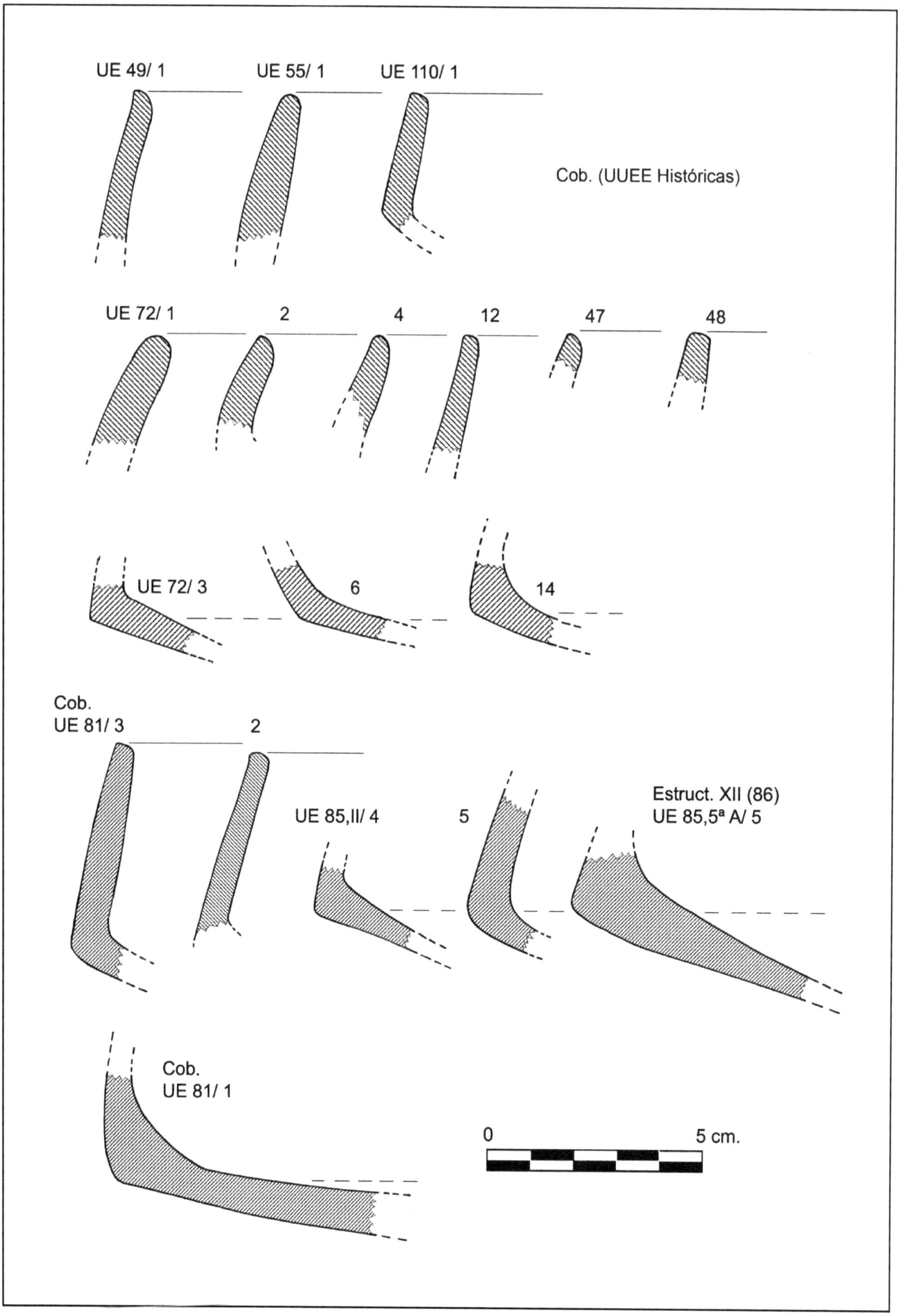

Figura 117. Iglesia Antigua de Alcolea

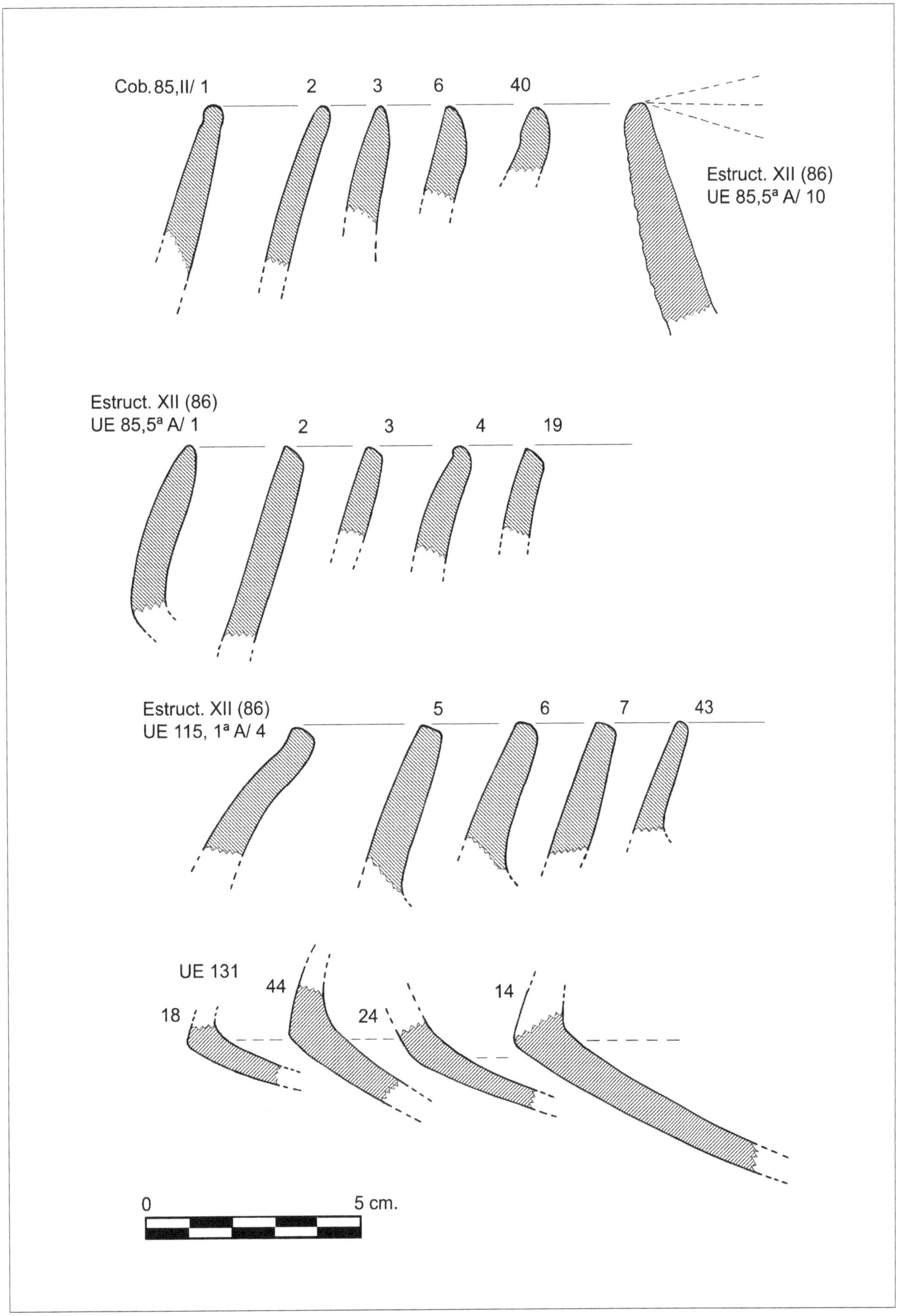

Figura 118. Iglesia Antigua de Alcolea

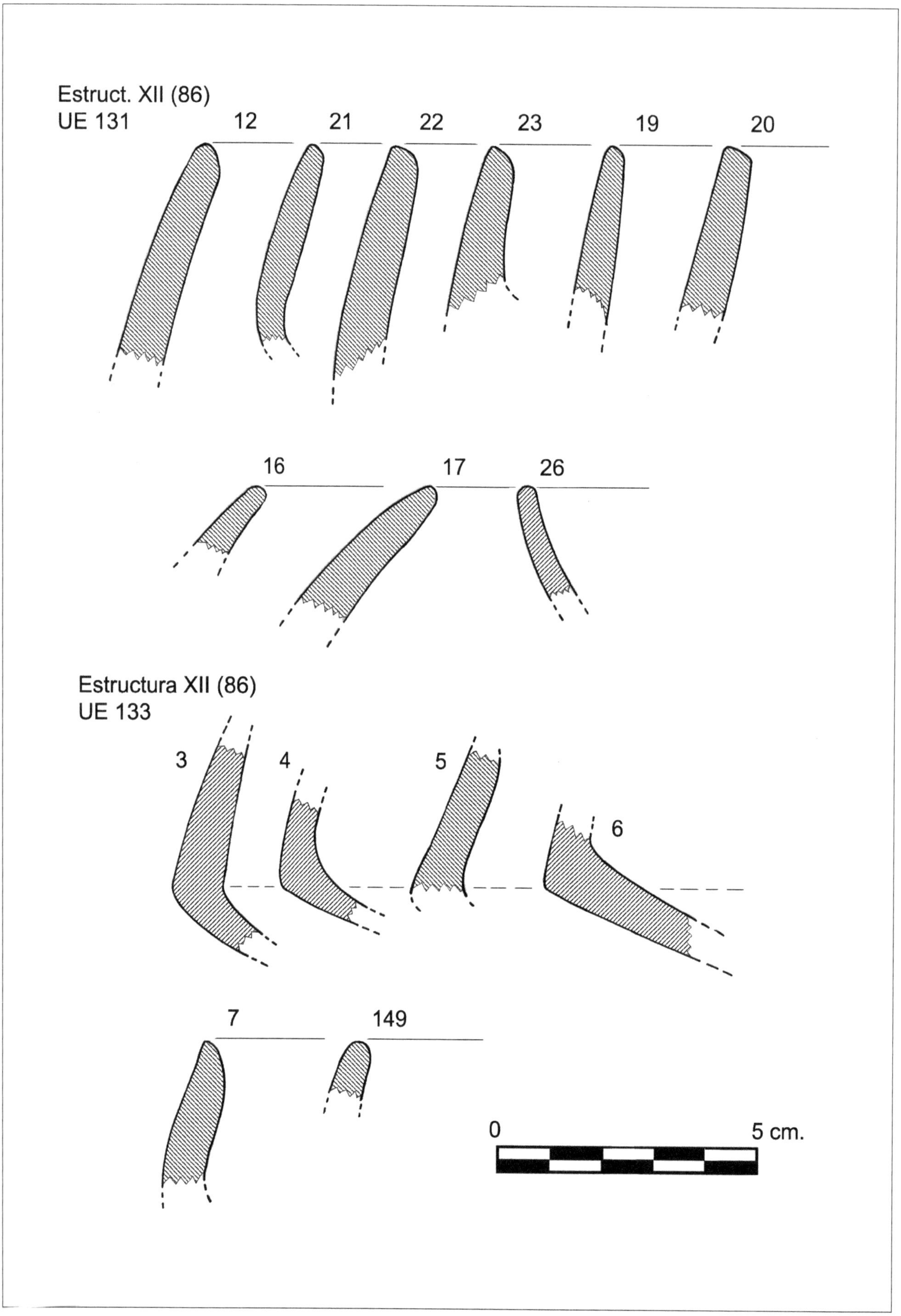

Figura 119. Iglesia Antigua de Alcolea

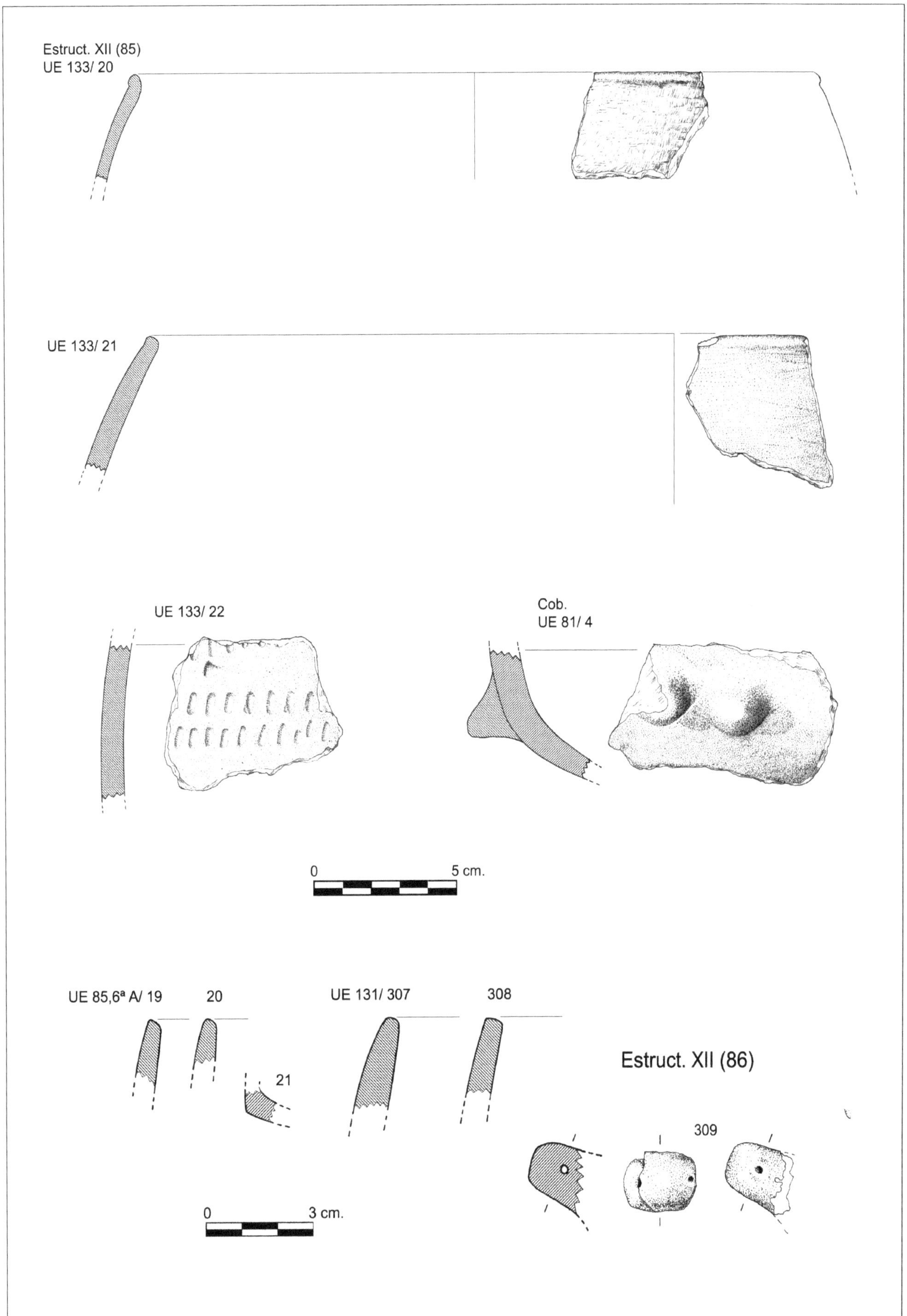

Figura 120. Iglesia Antigua de Alcolea

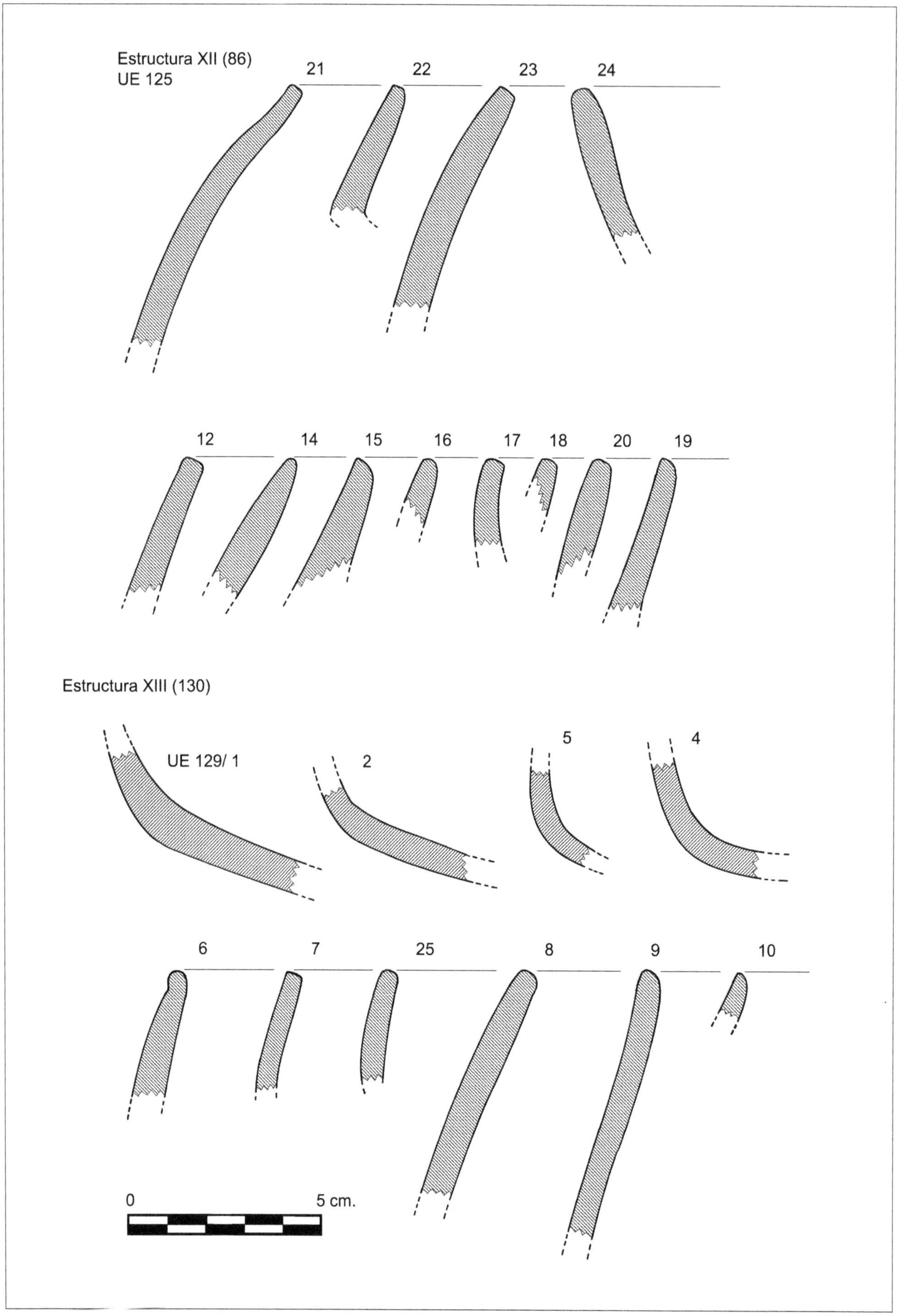

Figura 121. Iglesia Antigua de Alcolea

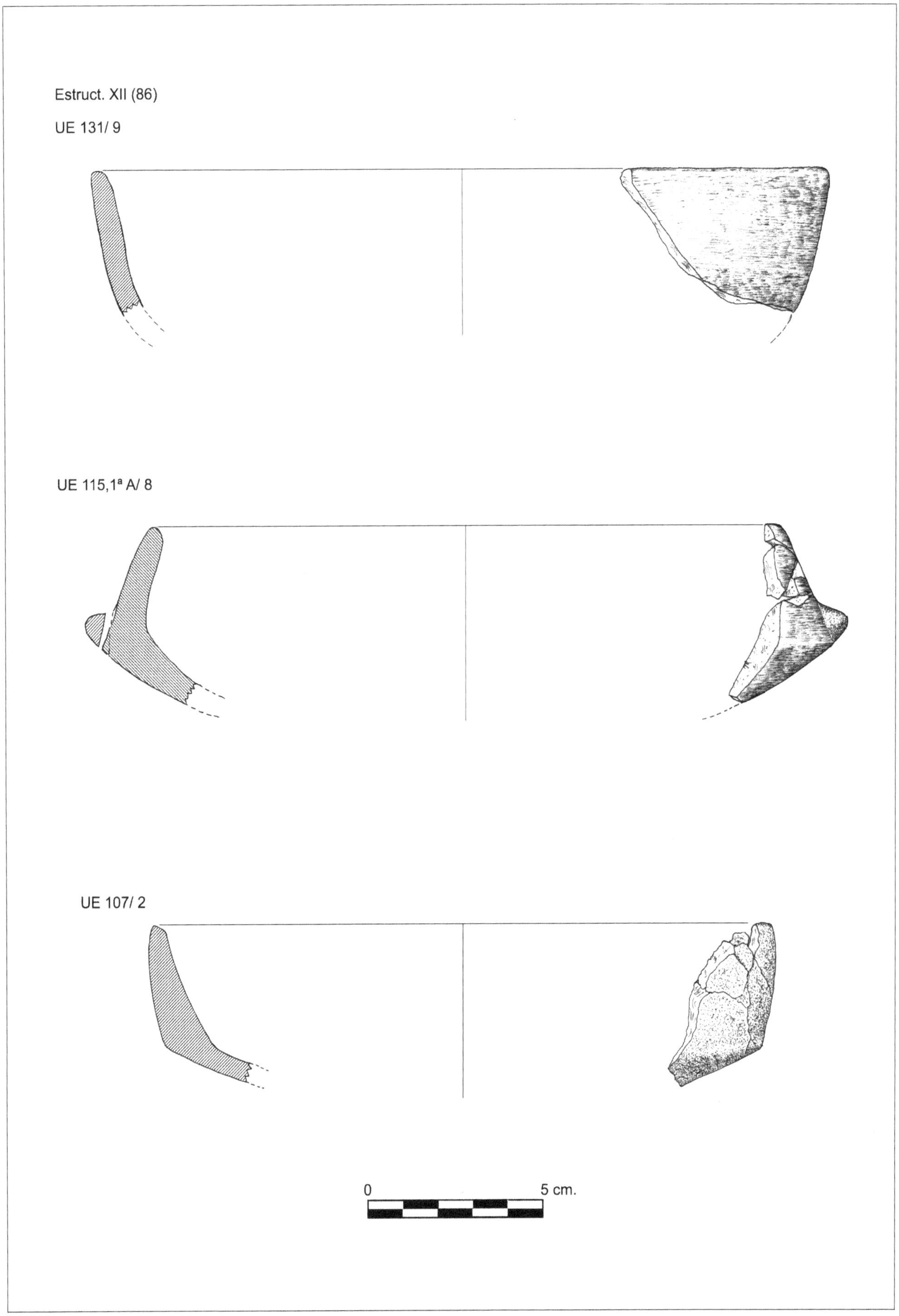

Figura 122. Iglesia Antigua de Alcolea

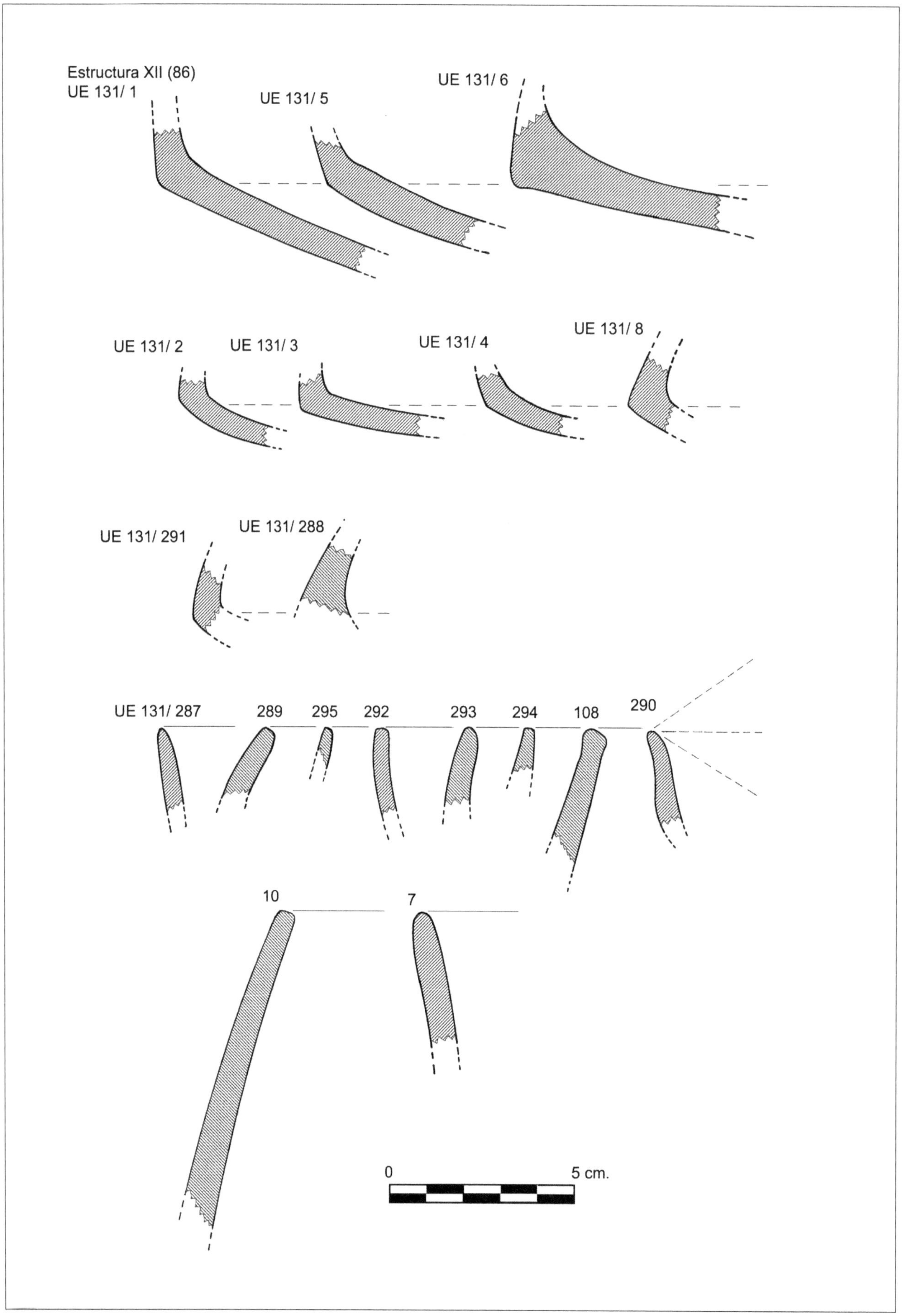

Figura 123. Iglesia Antigua de Alcolea

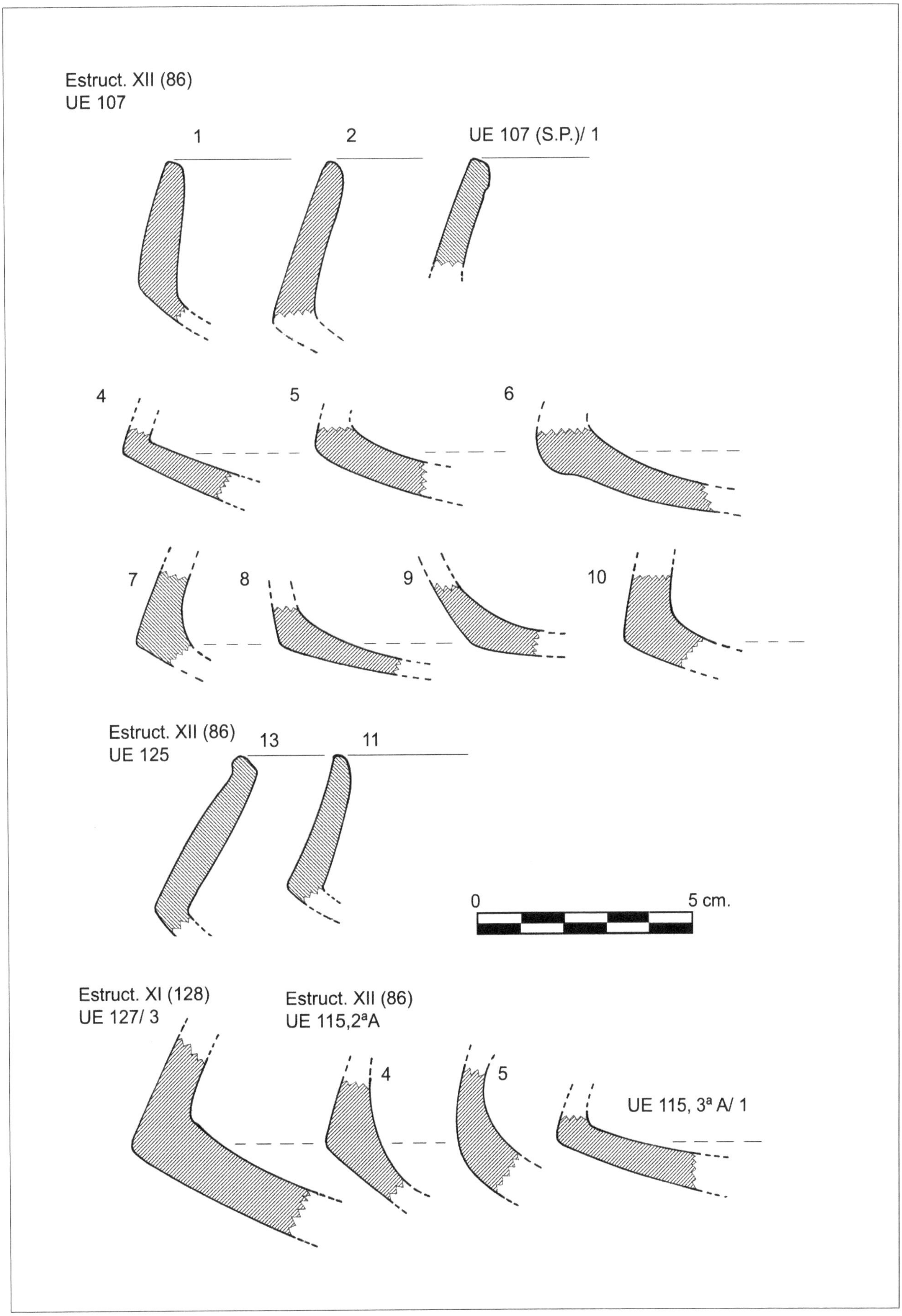

Figura 124. Iglesia Antigua de Alcolea

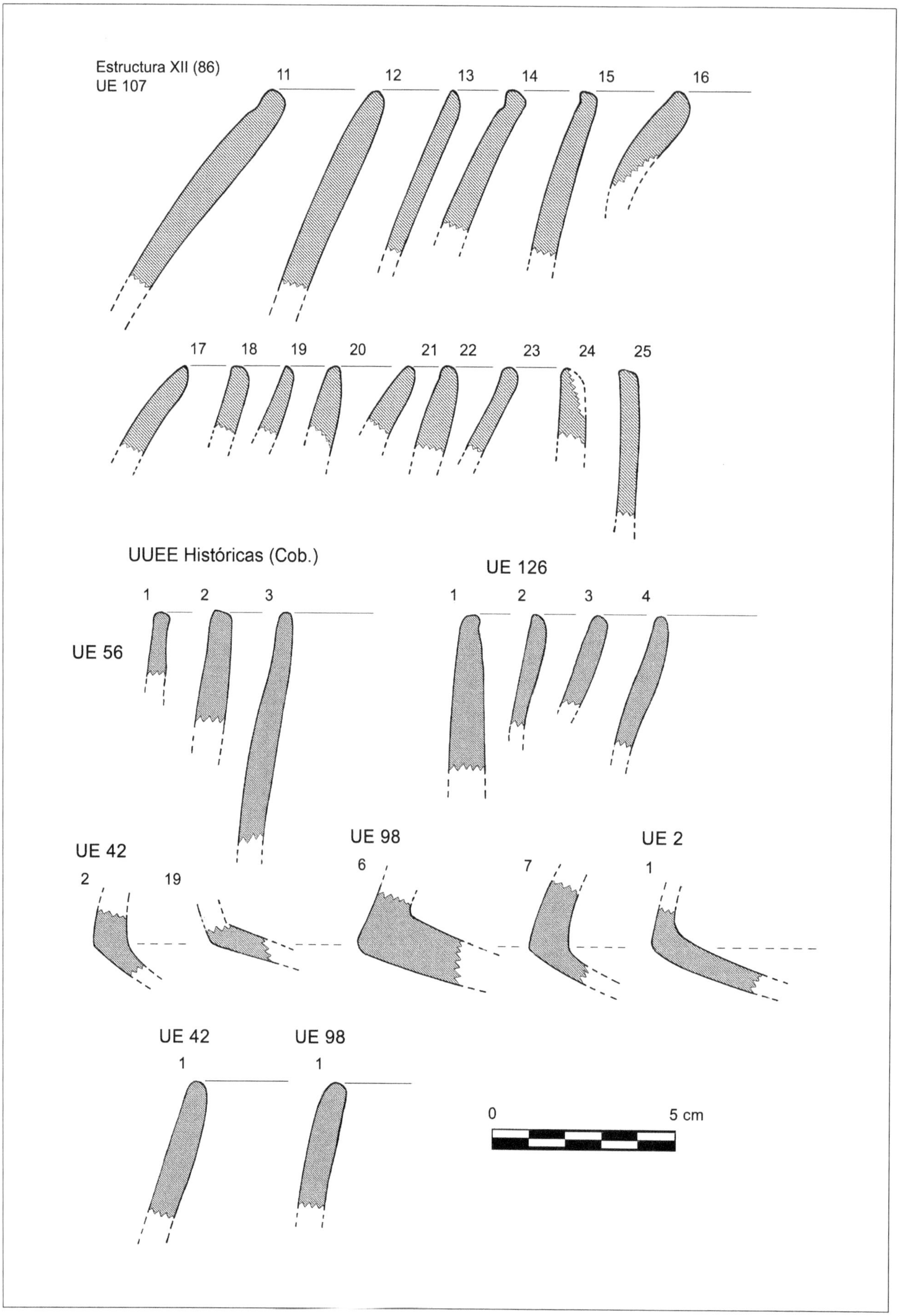

Figura 125. Iglesia Antigua de Alcolea

Figura 126. Iglesia Antigua de Alcolea

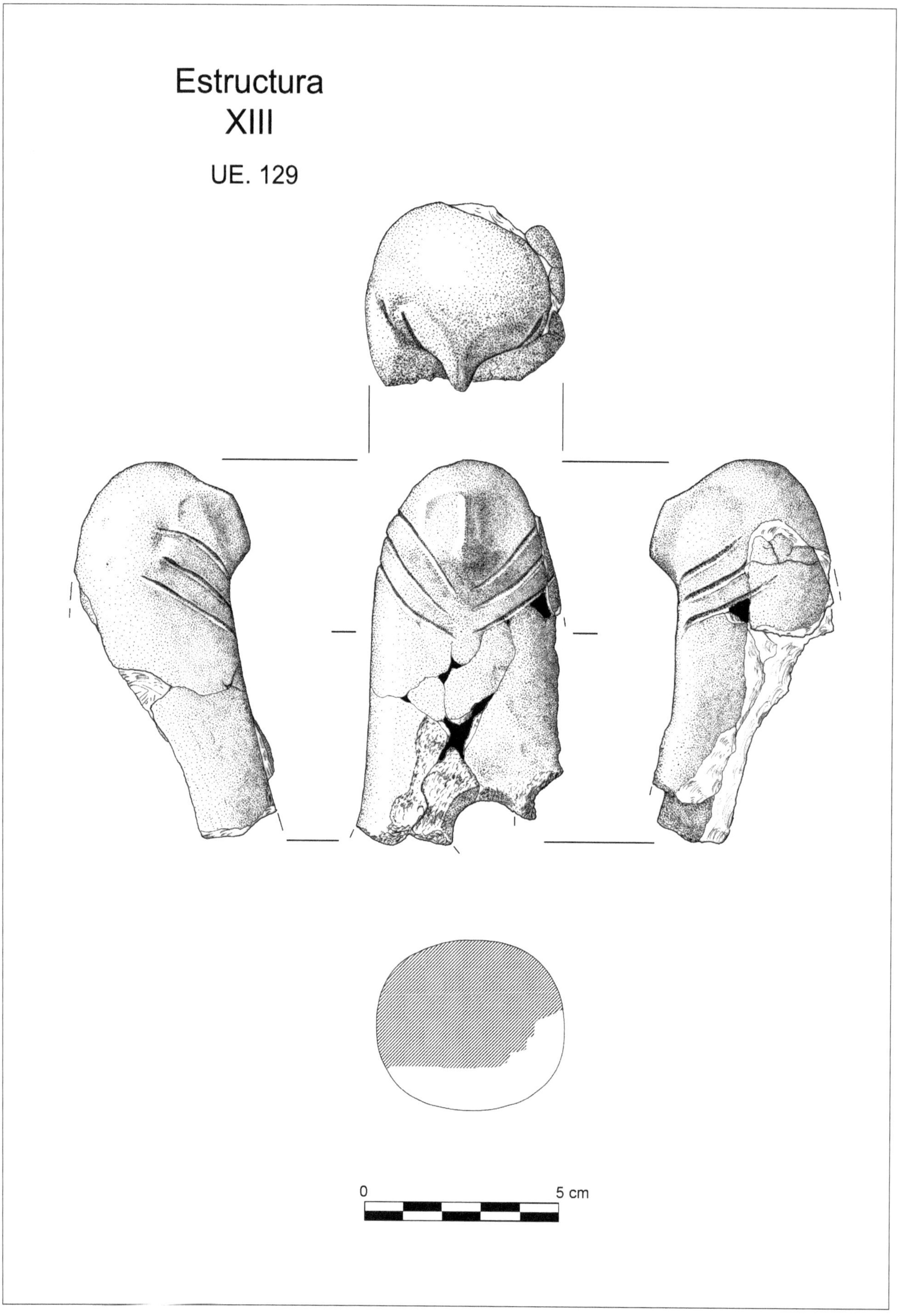

Figura 127. Iglesia Antigua de Alcolea

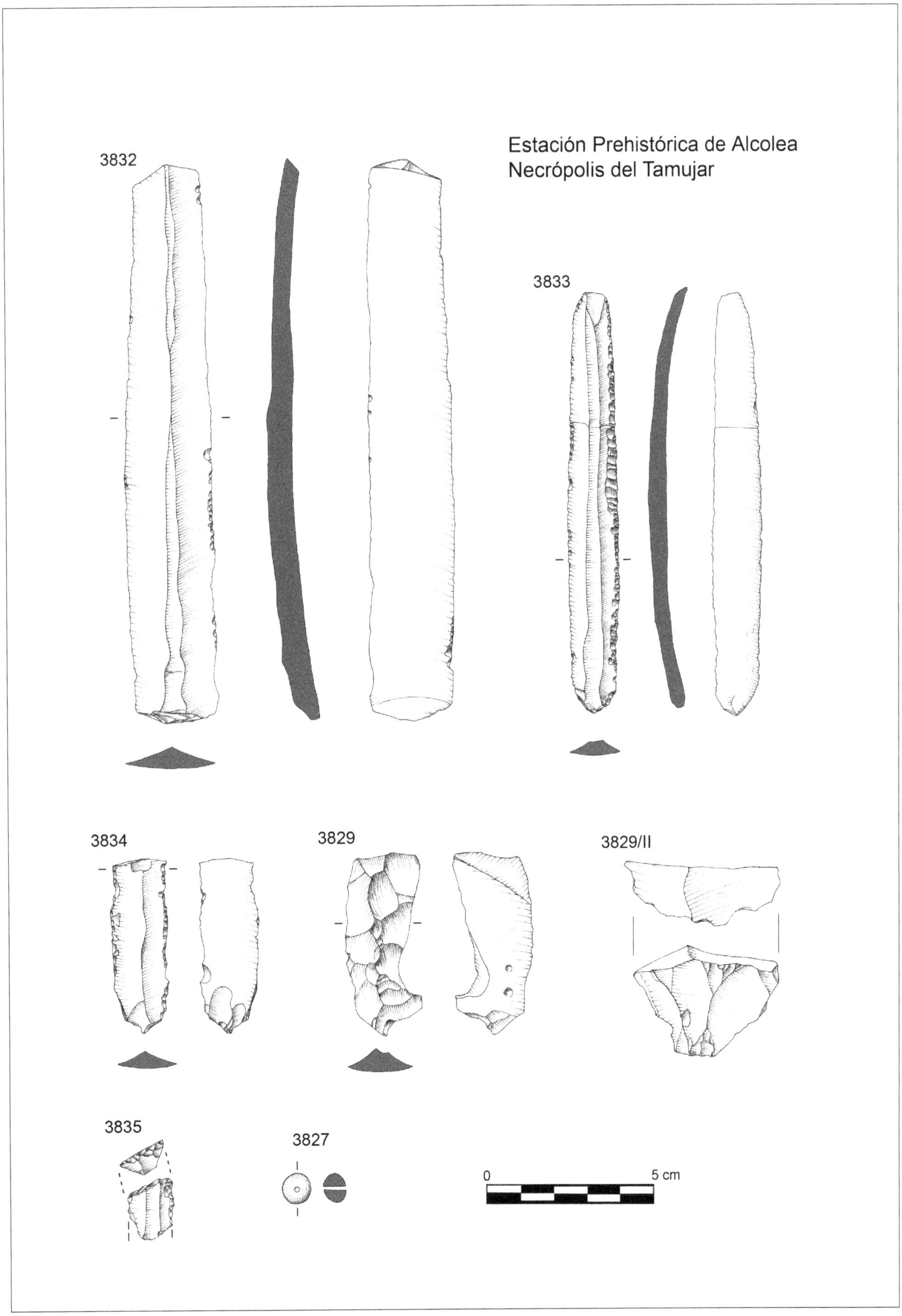

Figura 128. Estación Prehistórica de Alcolea

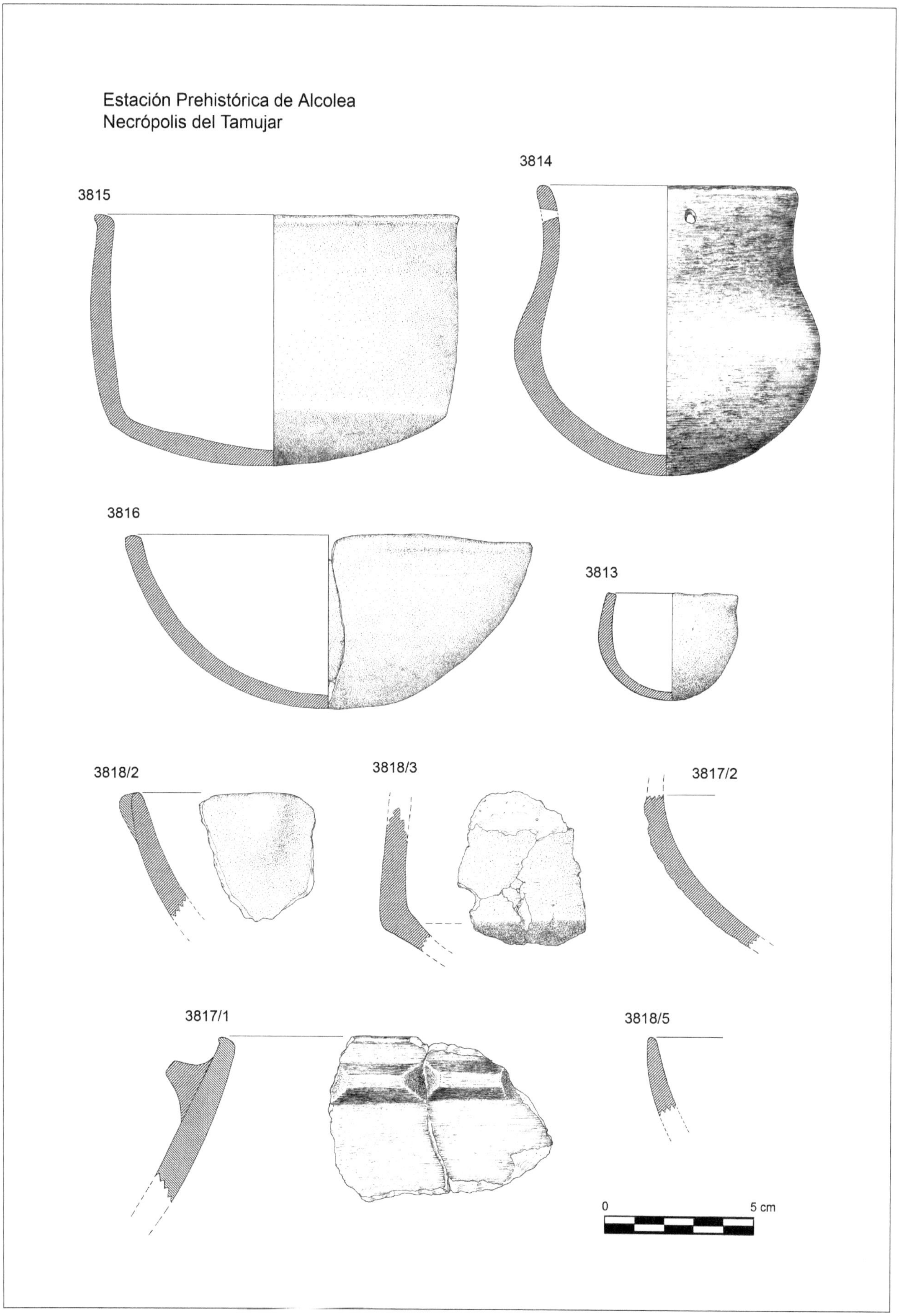

Figura 129. Estación Prehistórica de Alcolea

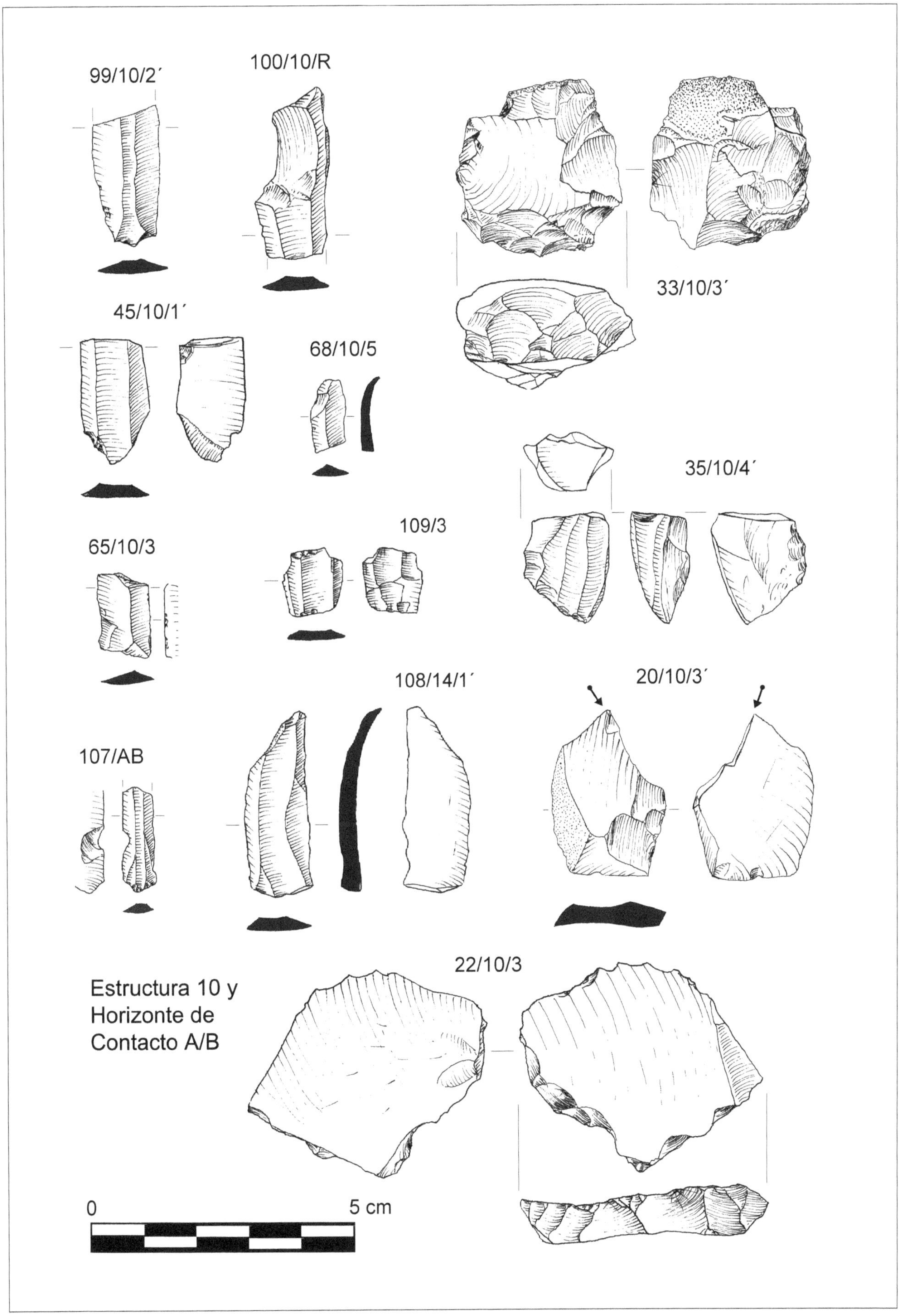

Figura 130. Casa del Tabaco

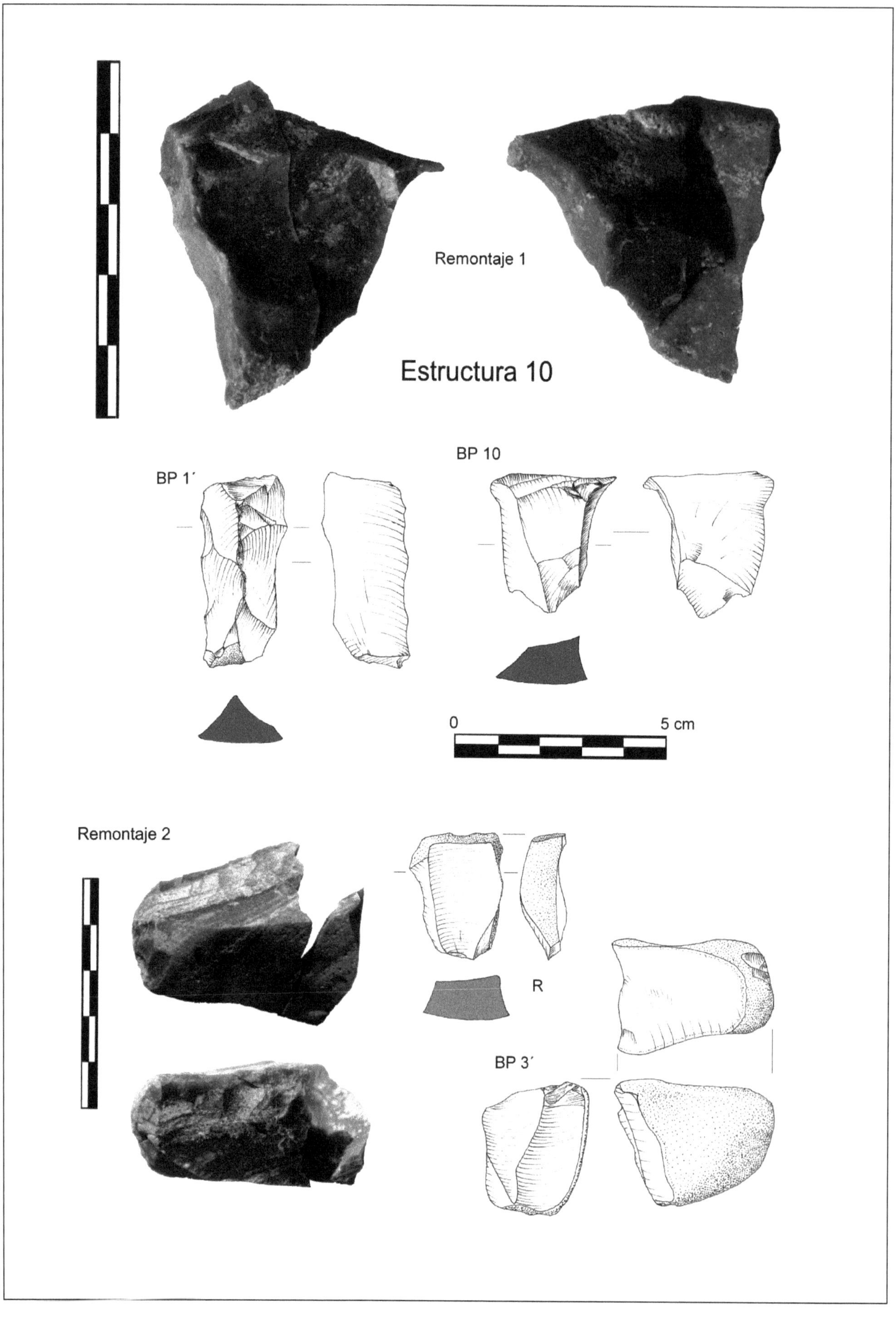

Figura 131. Casa del Tabaco

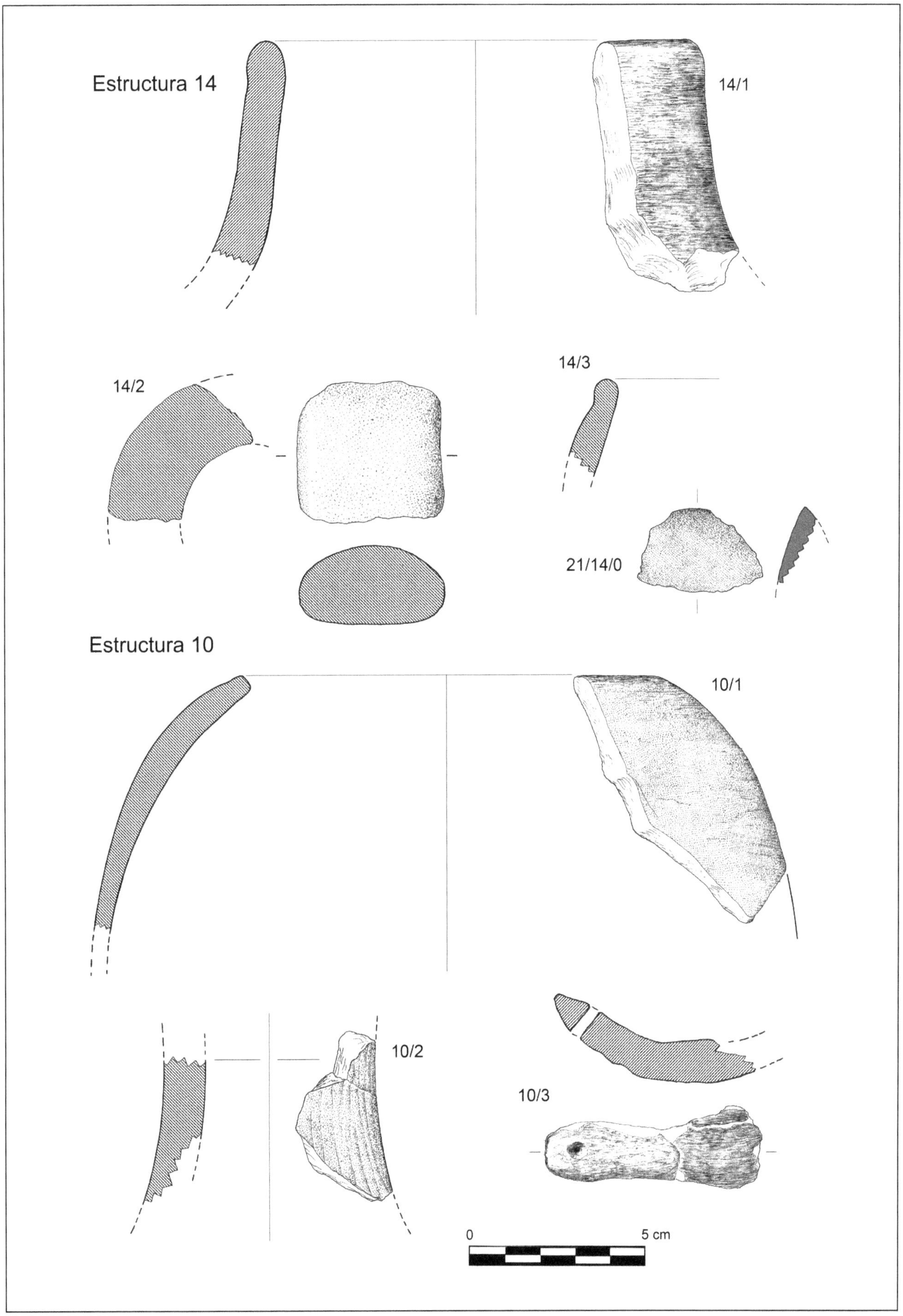

Figura 132. Casa del Tabaco

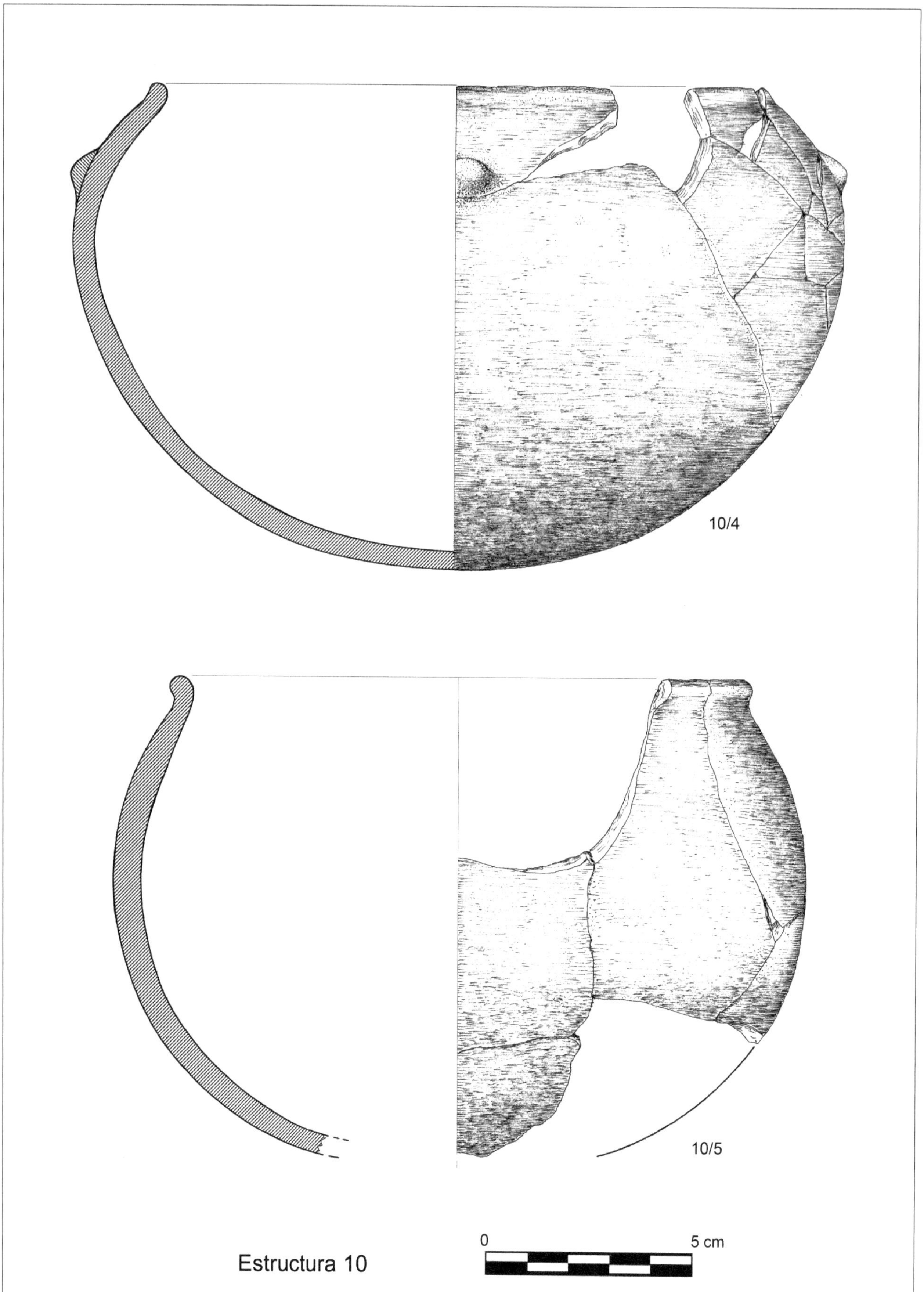

Figura 133. Casa del Tabaco

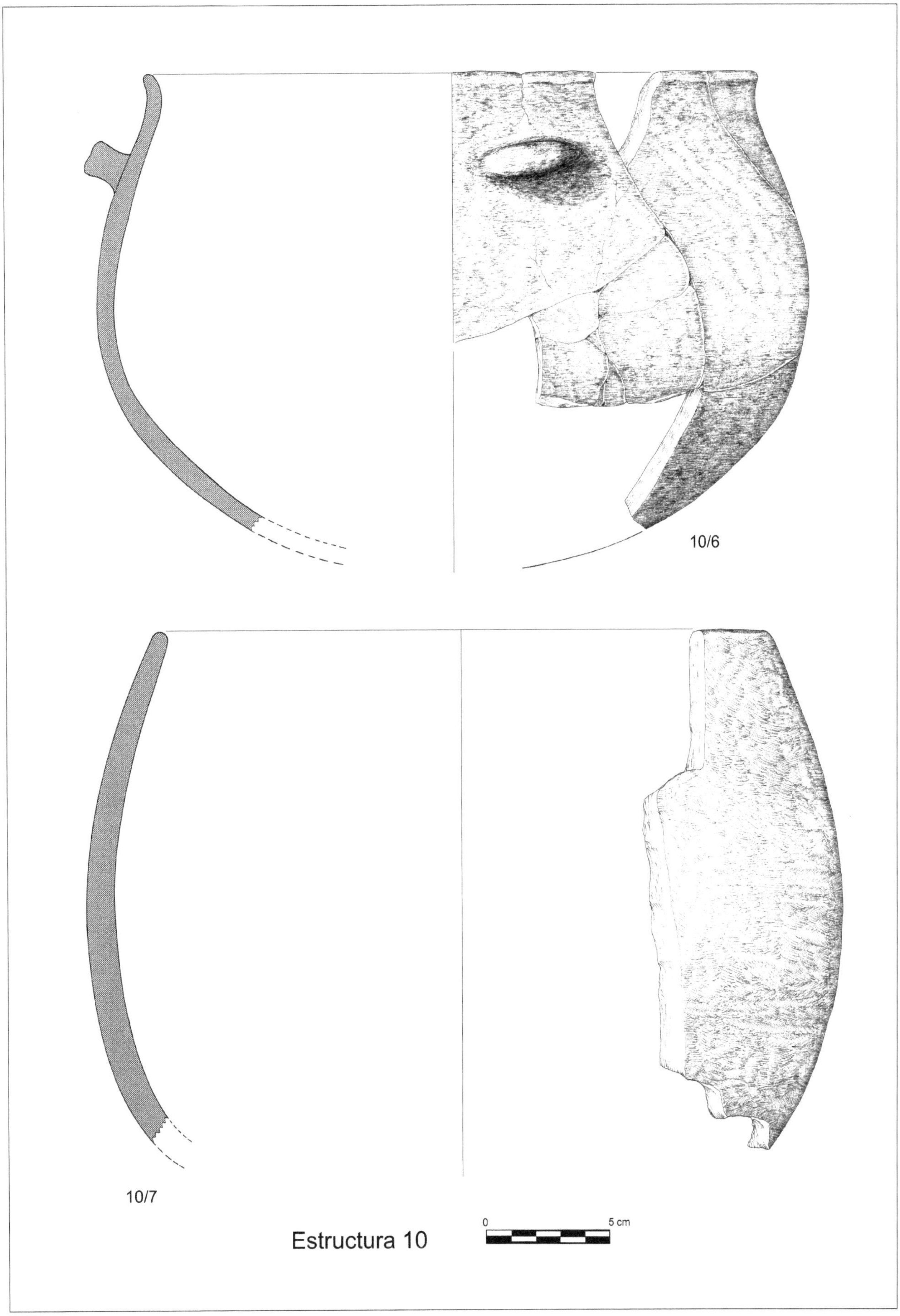

Figura 134. Casa del Tabaco

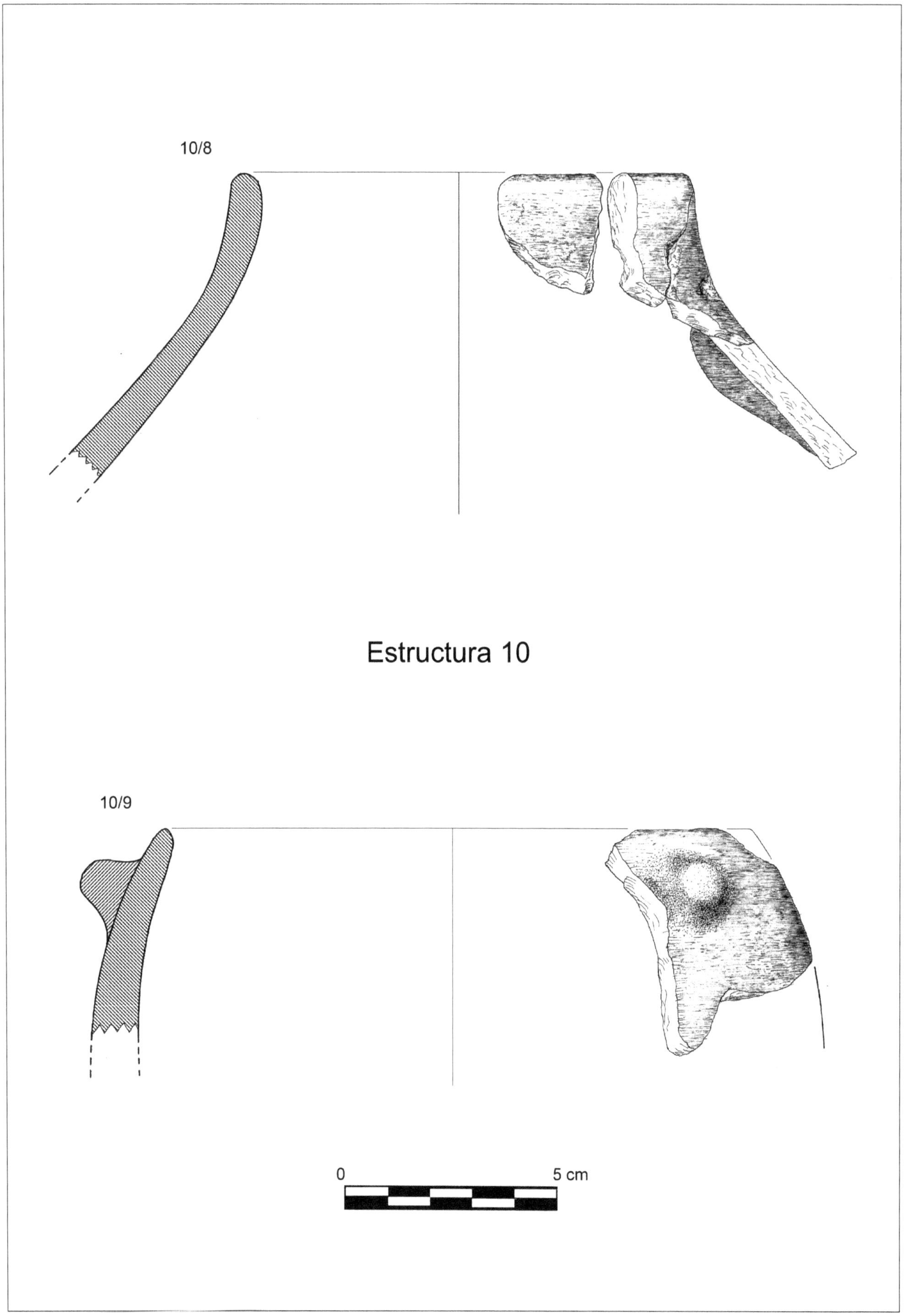

Figura 135. Casa del Tabaco

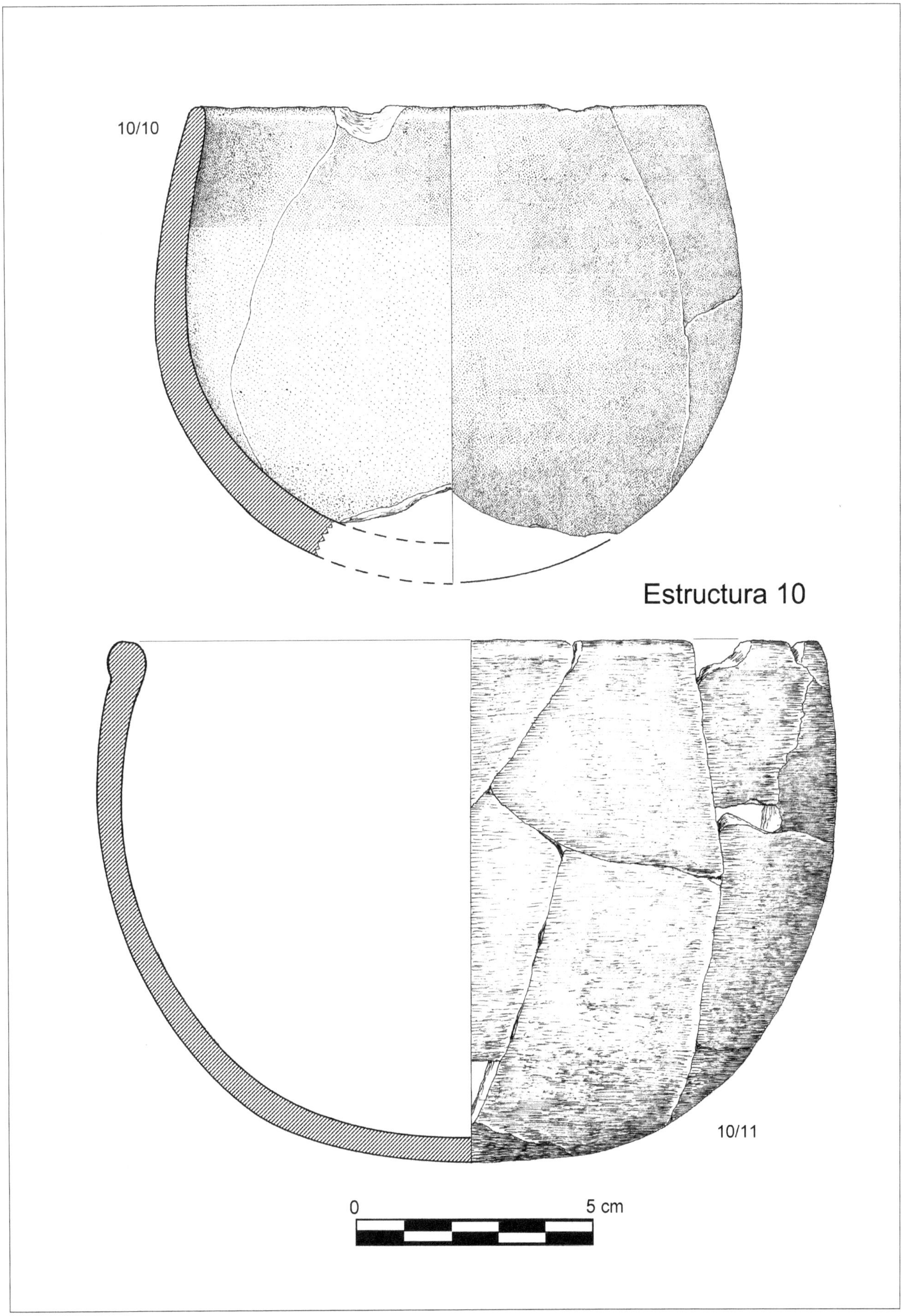

Figura 136. Casa del Tabaco

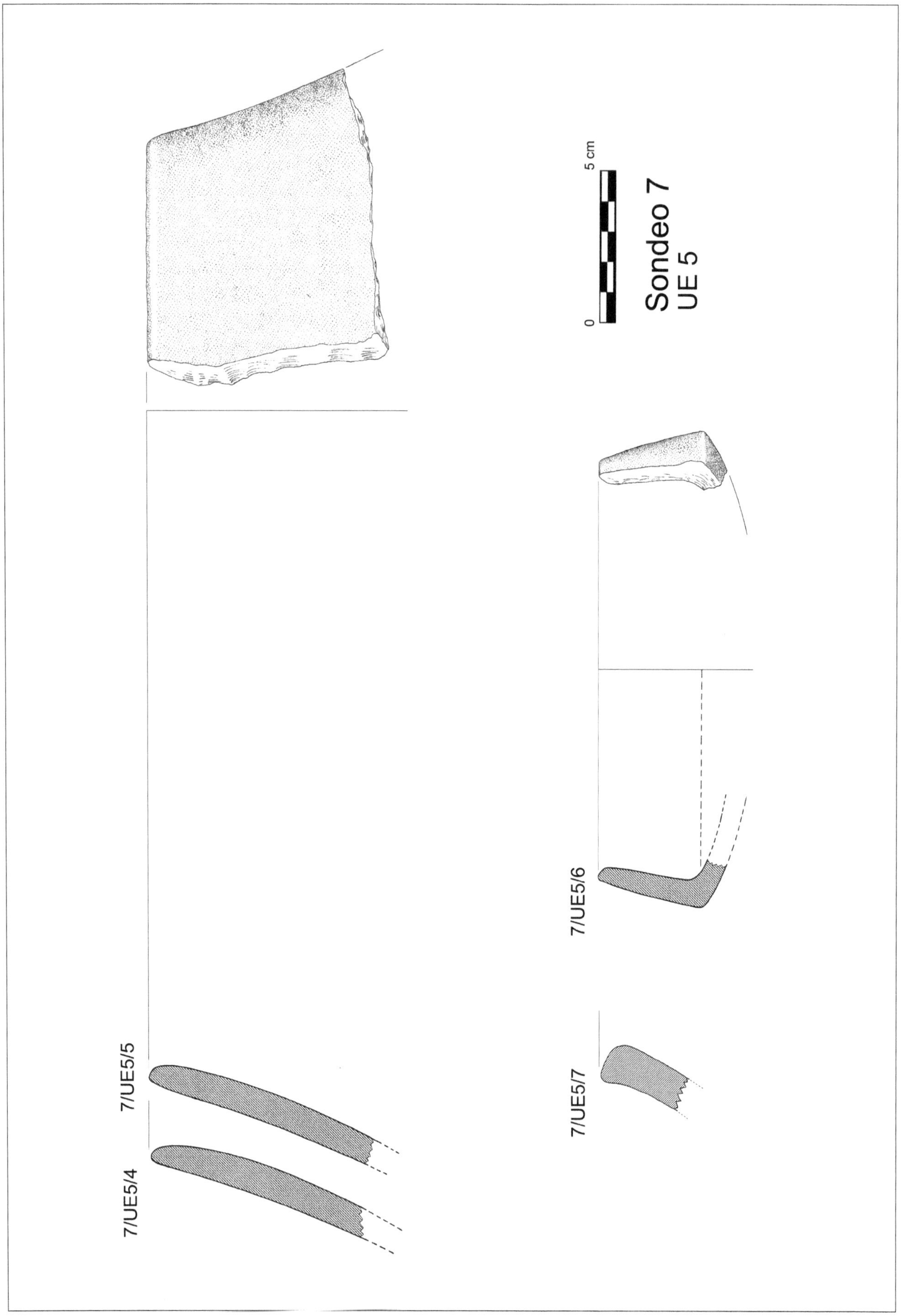

Figura 137. Casa del Tabaco

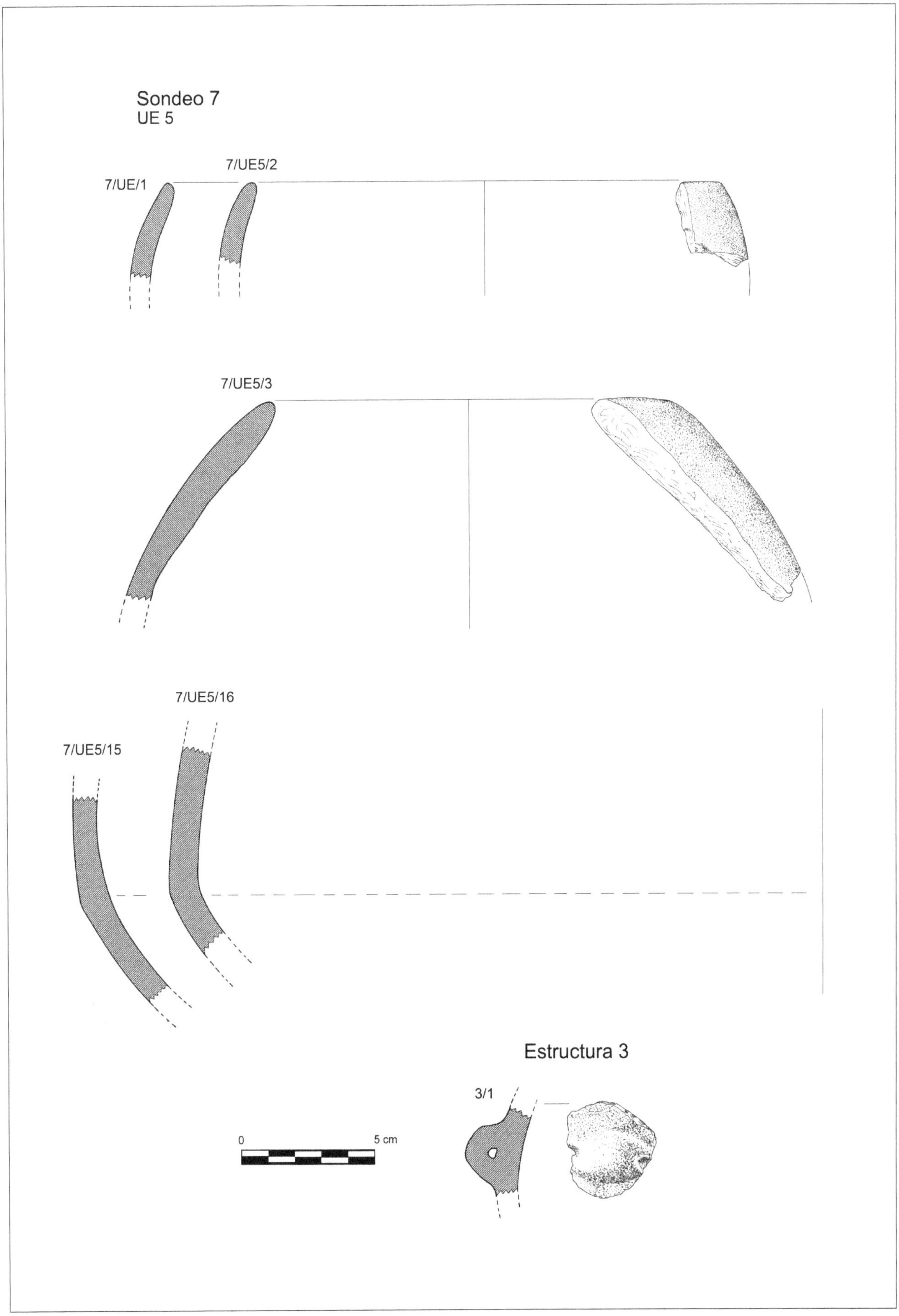

Figura 138. Casa del Tabaco

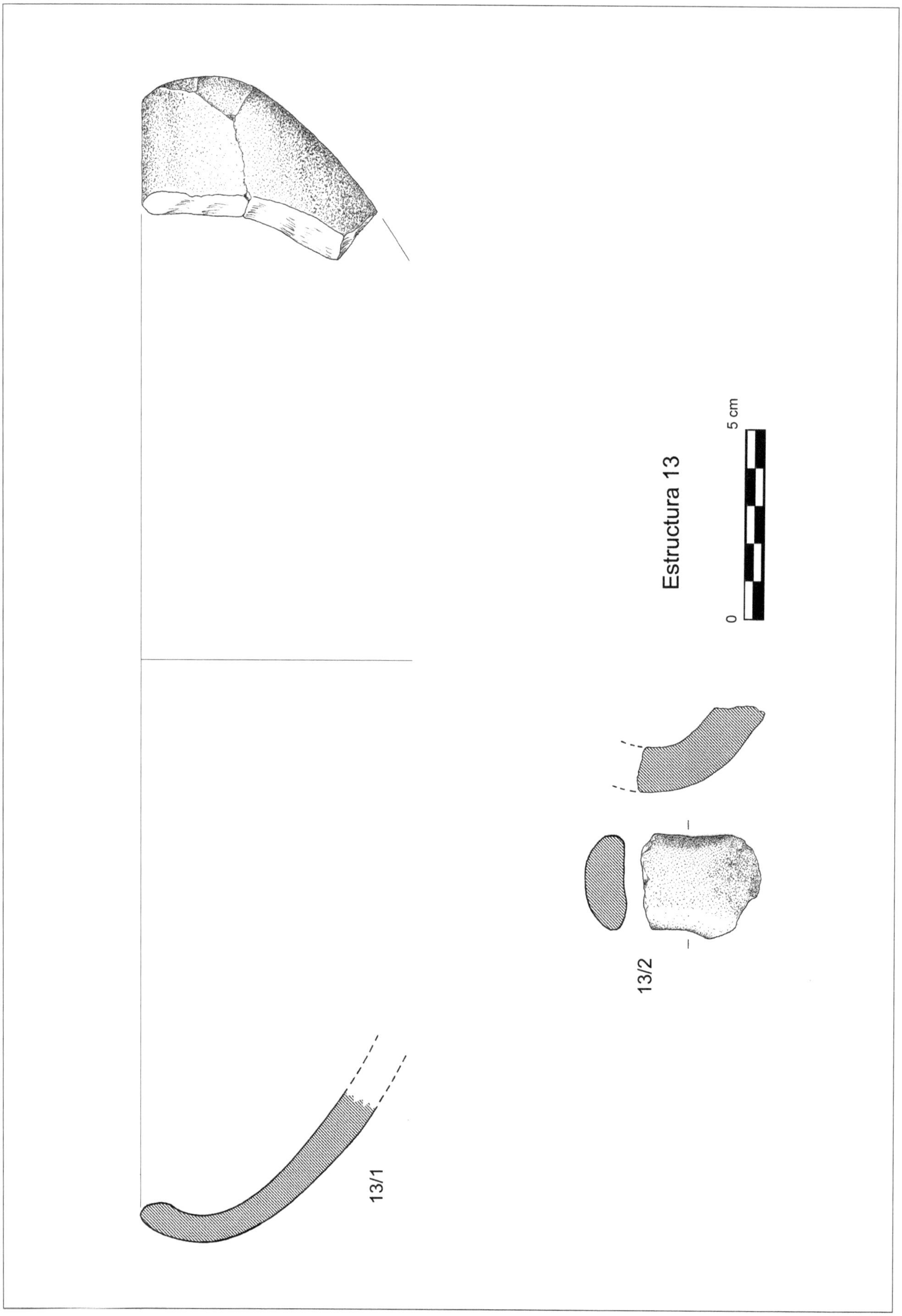

Figura 139. Casa del Tabaco

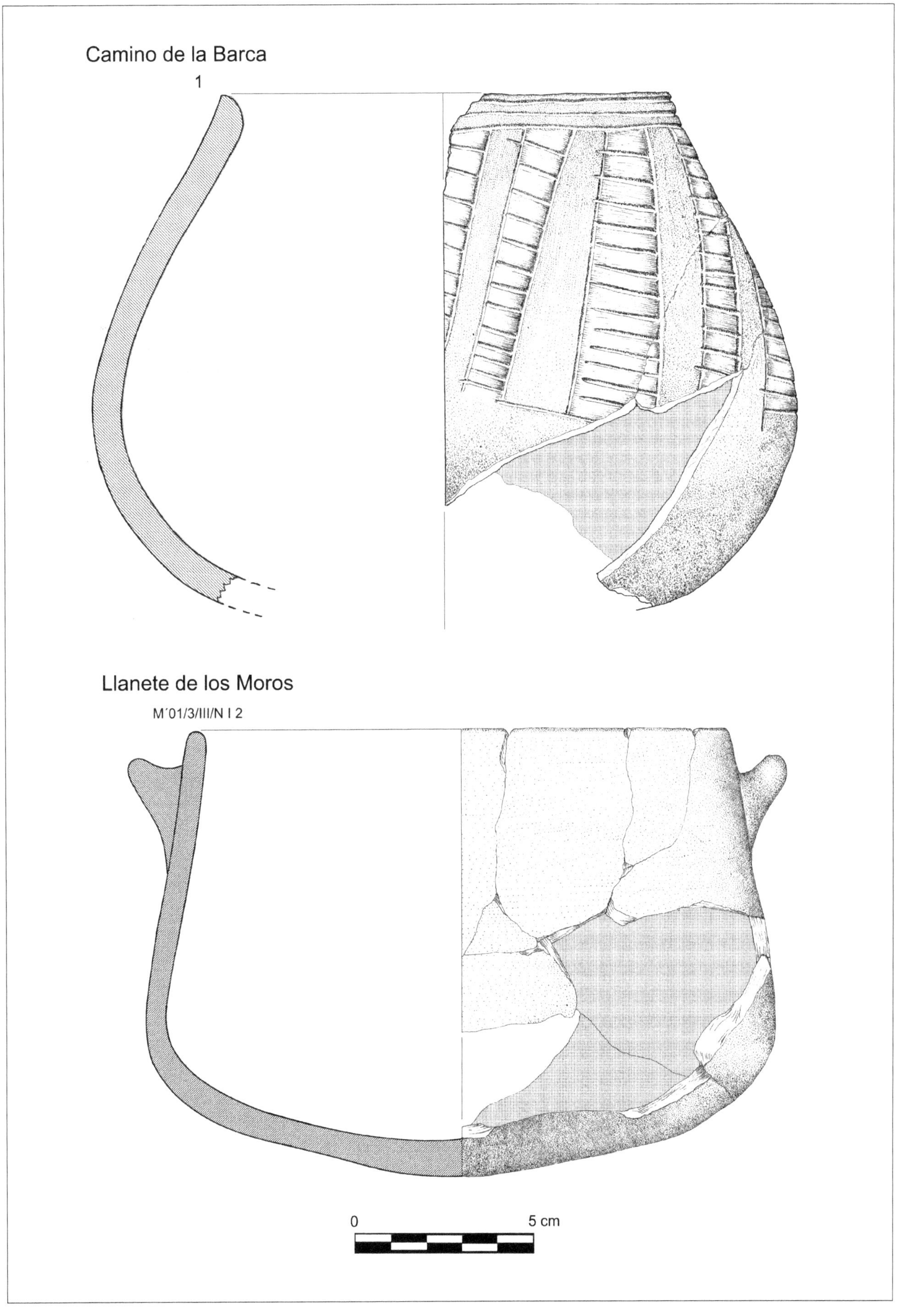

Figura 140. Otras localizaciones

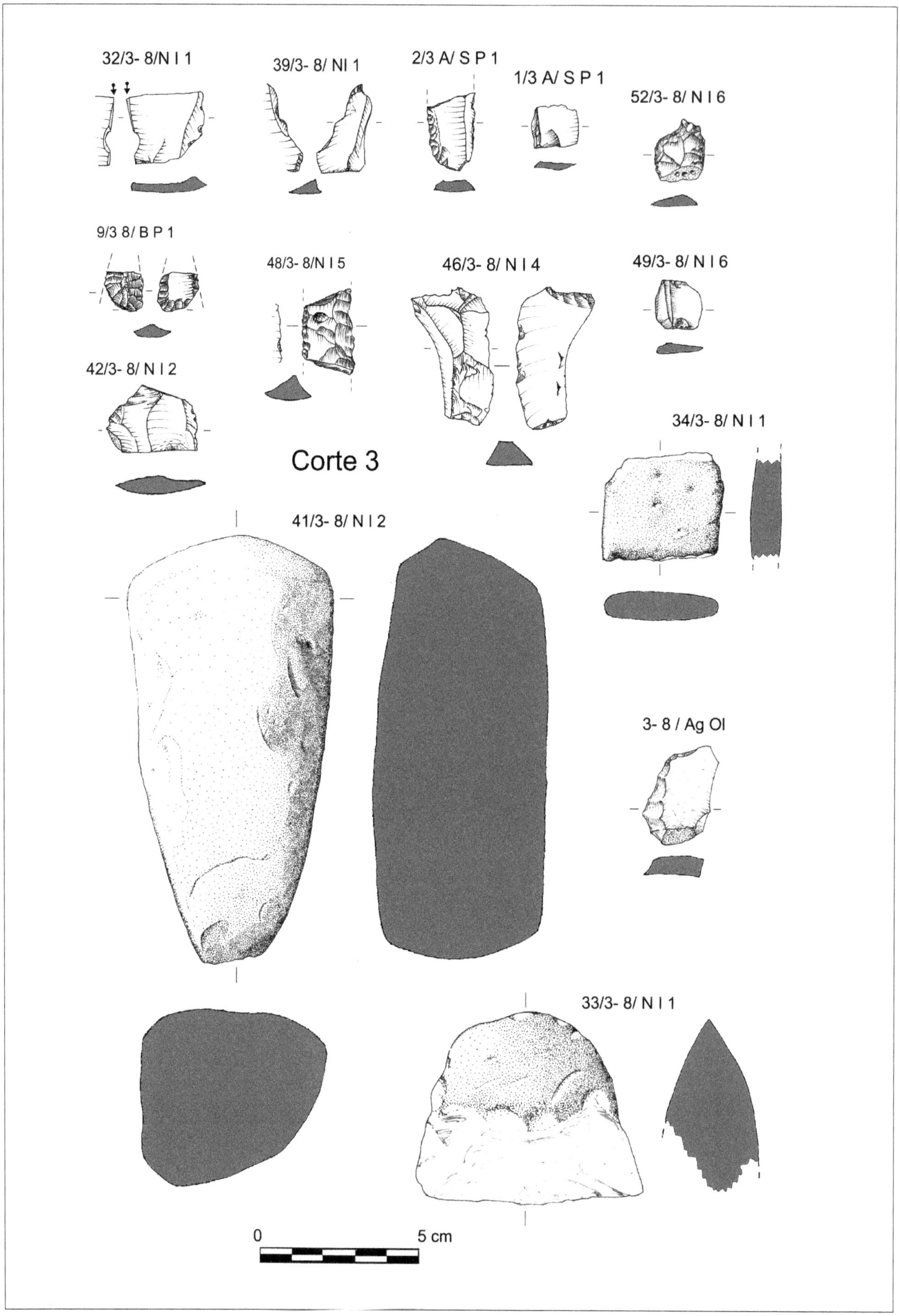

Figura 141. Otras localizaciones

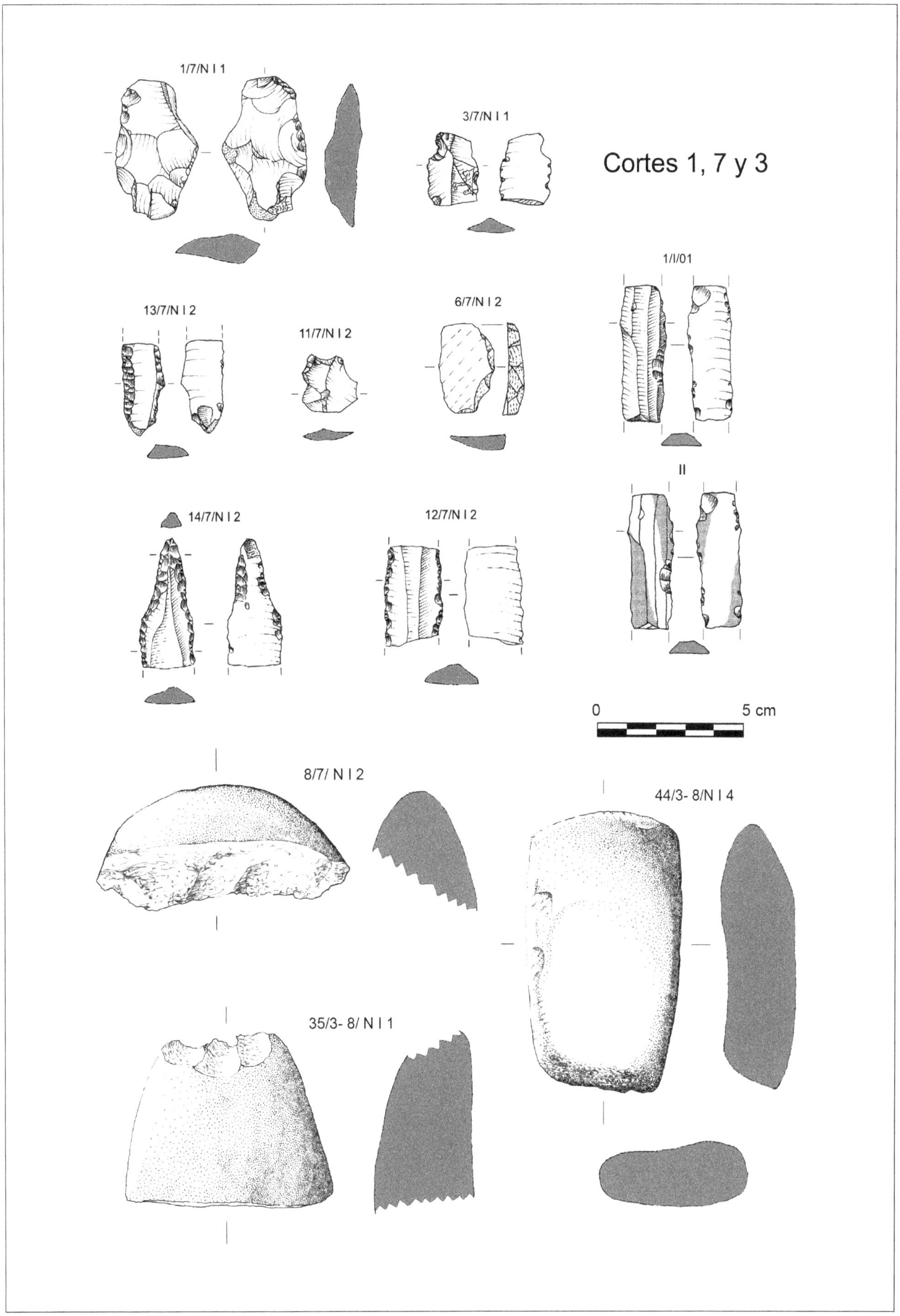

Figura 142. Llanete de los Moros

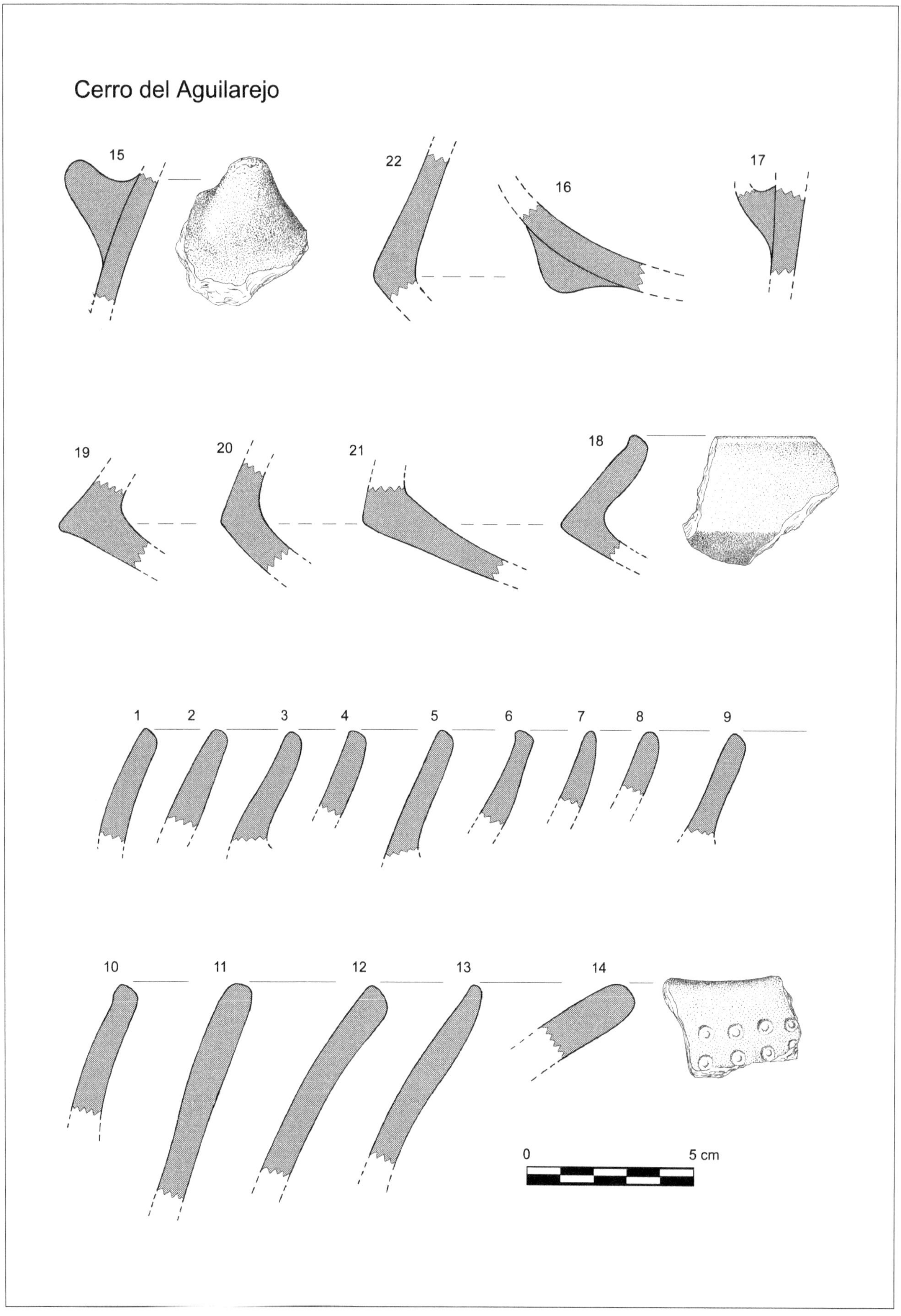

Figura 143. Otras localizaciones

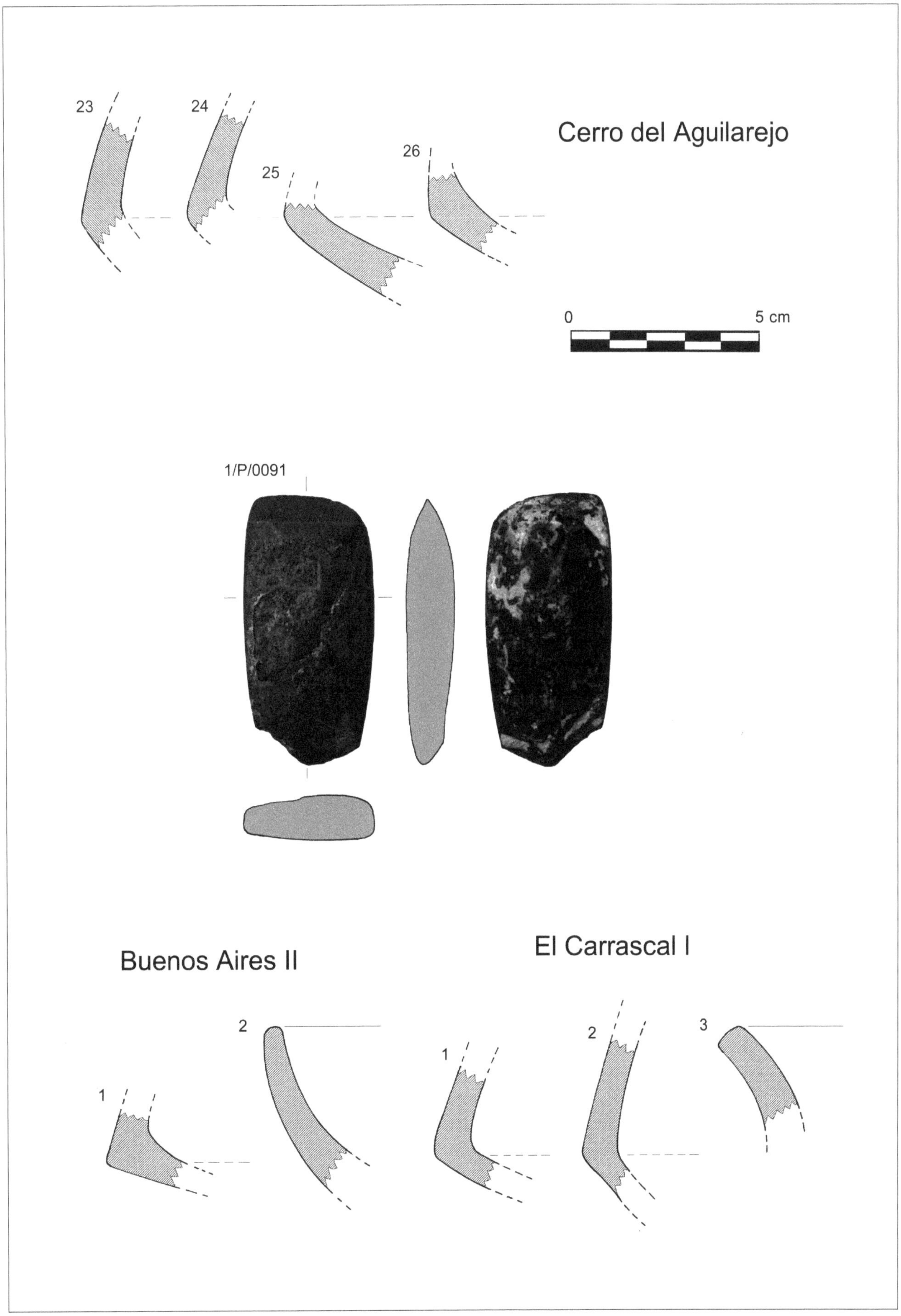

Figura 144. Otras localizaciones

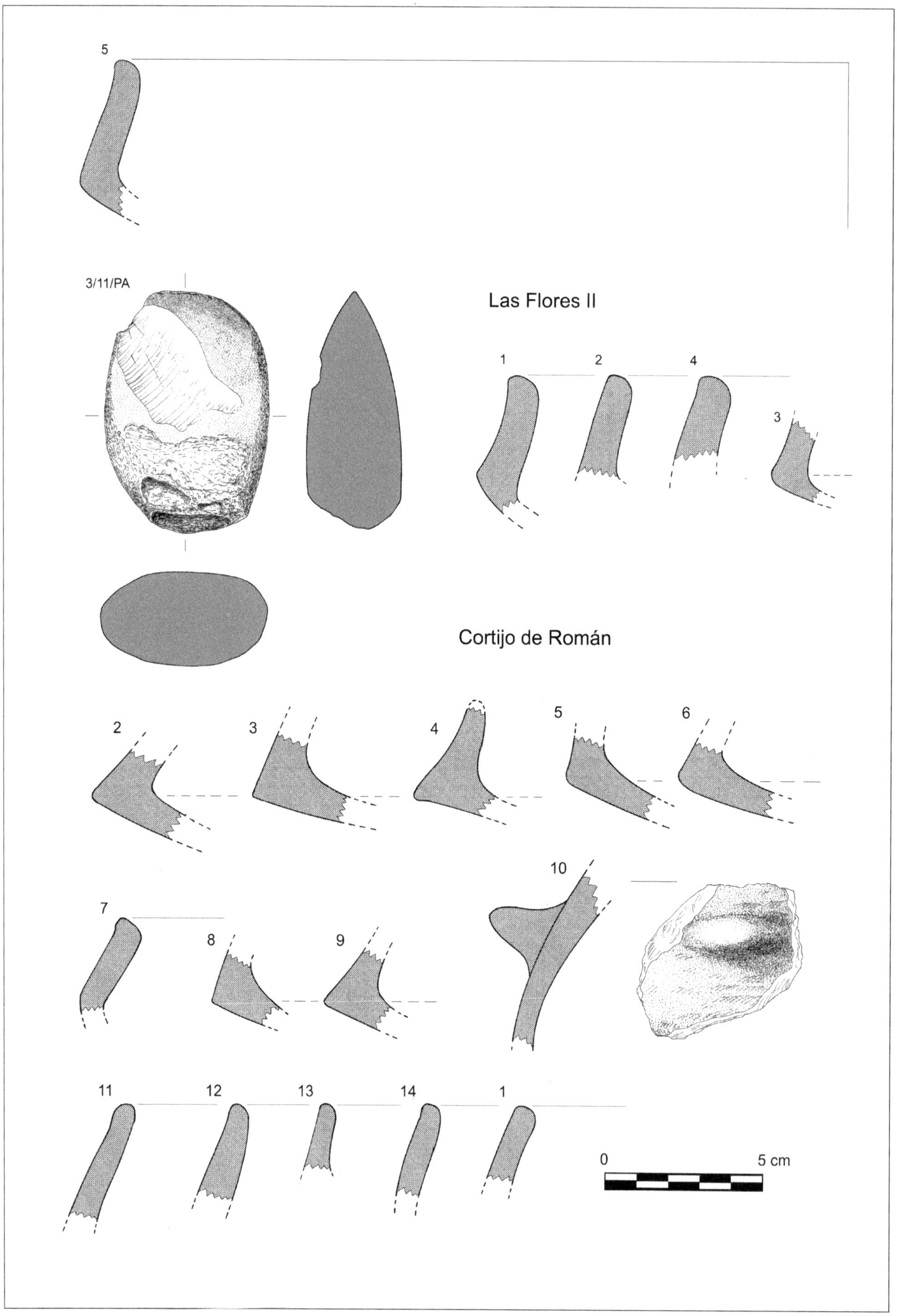

Figura 145. Otras localizaciones

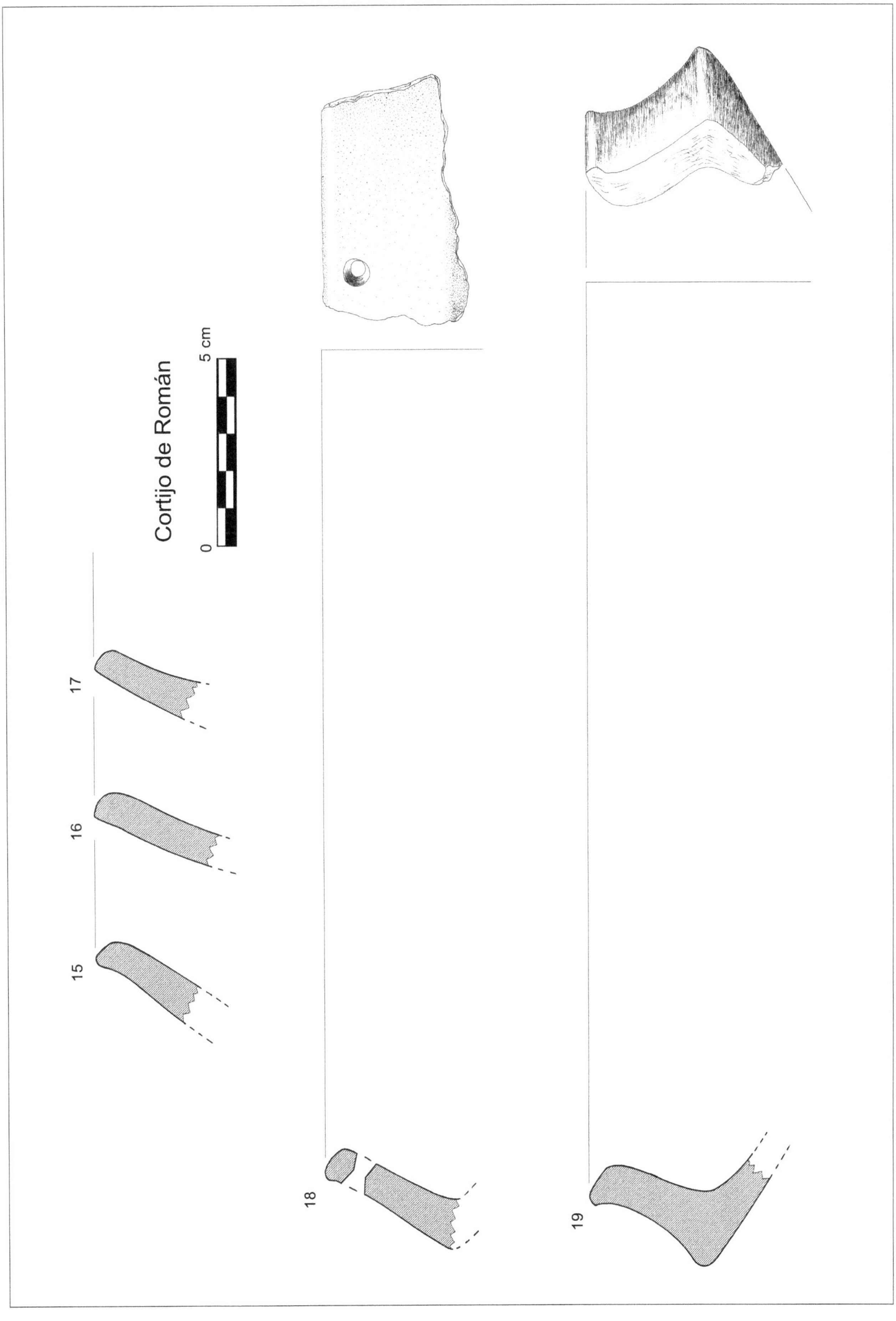

Figura 146. Otras localizaciones

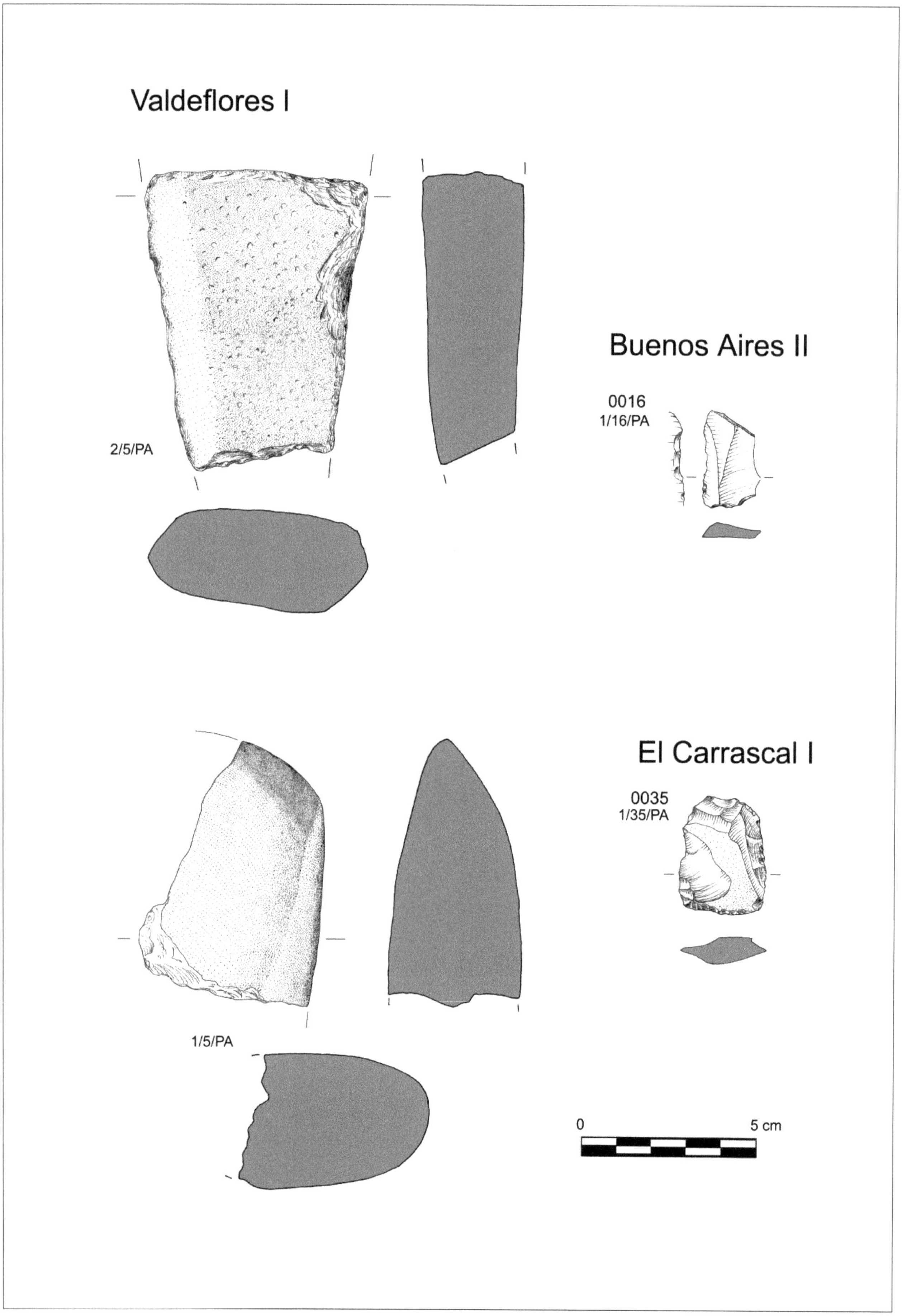

Figura 147. Otras localizaciones

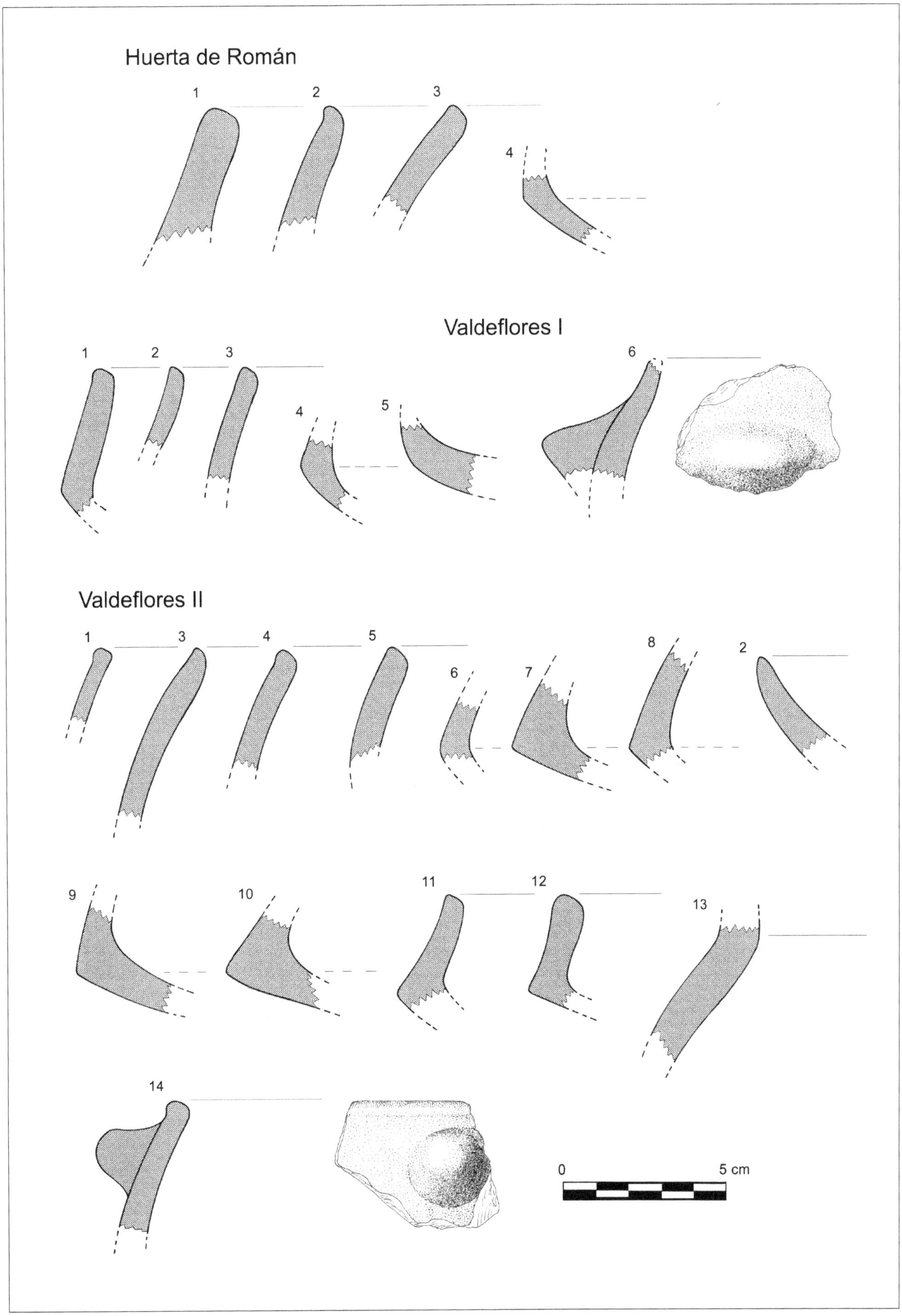

Figura 148. Otras localizaciones

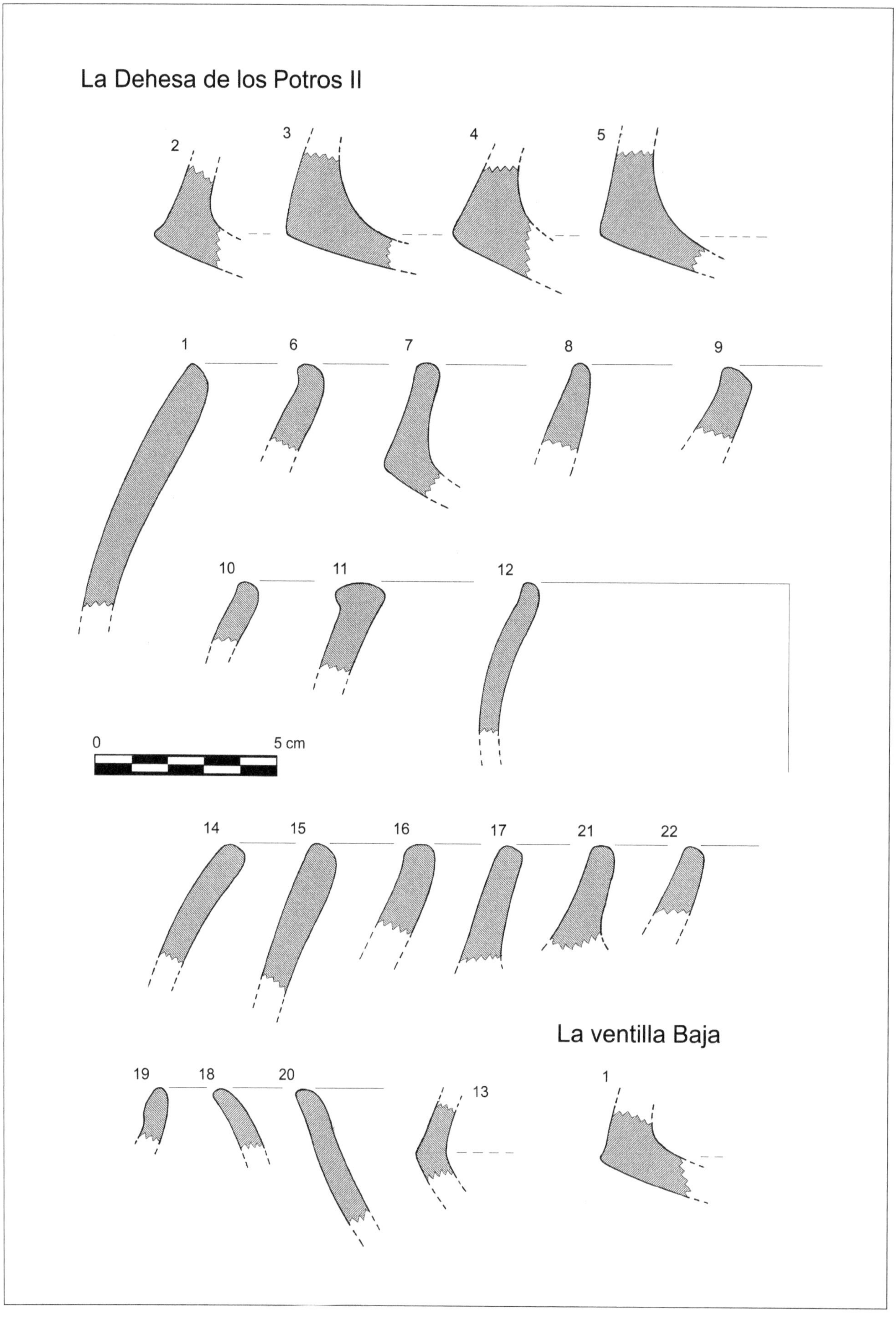

Figura 149. Otras localizaciones

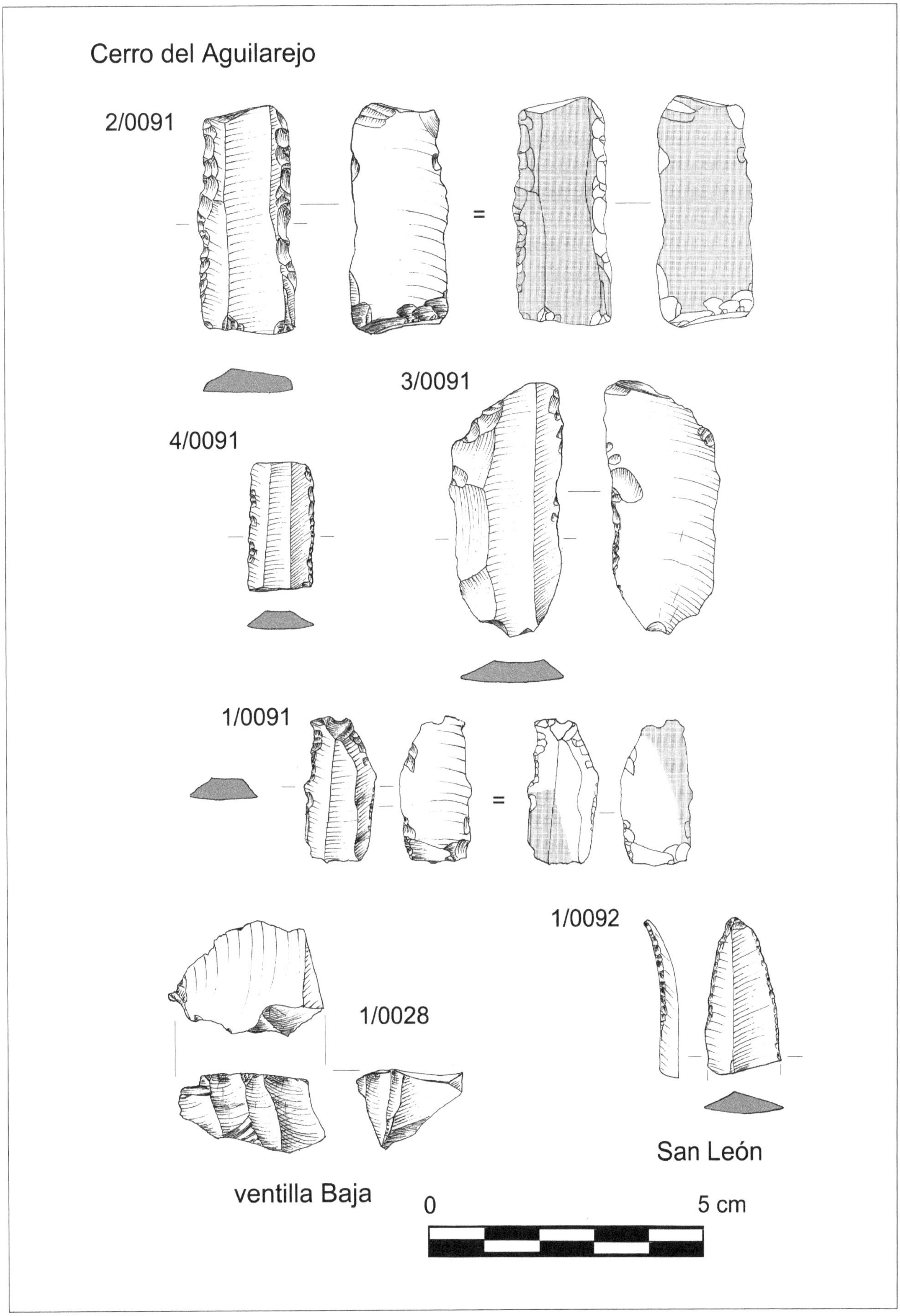

Figura 150. Otras localizaciones

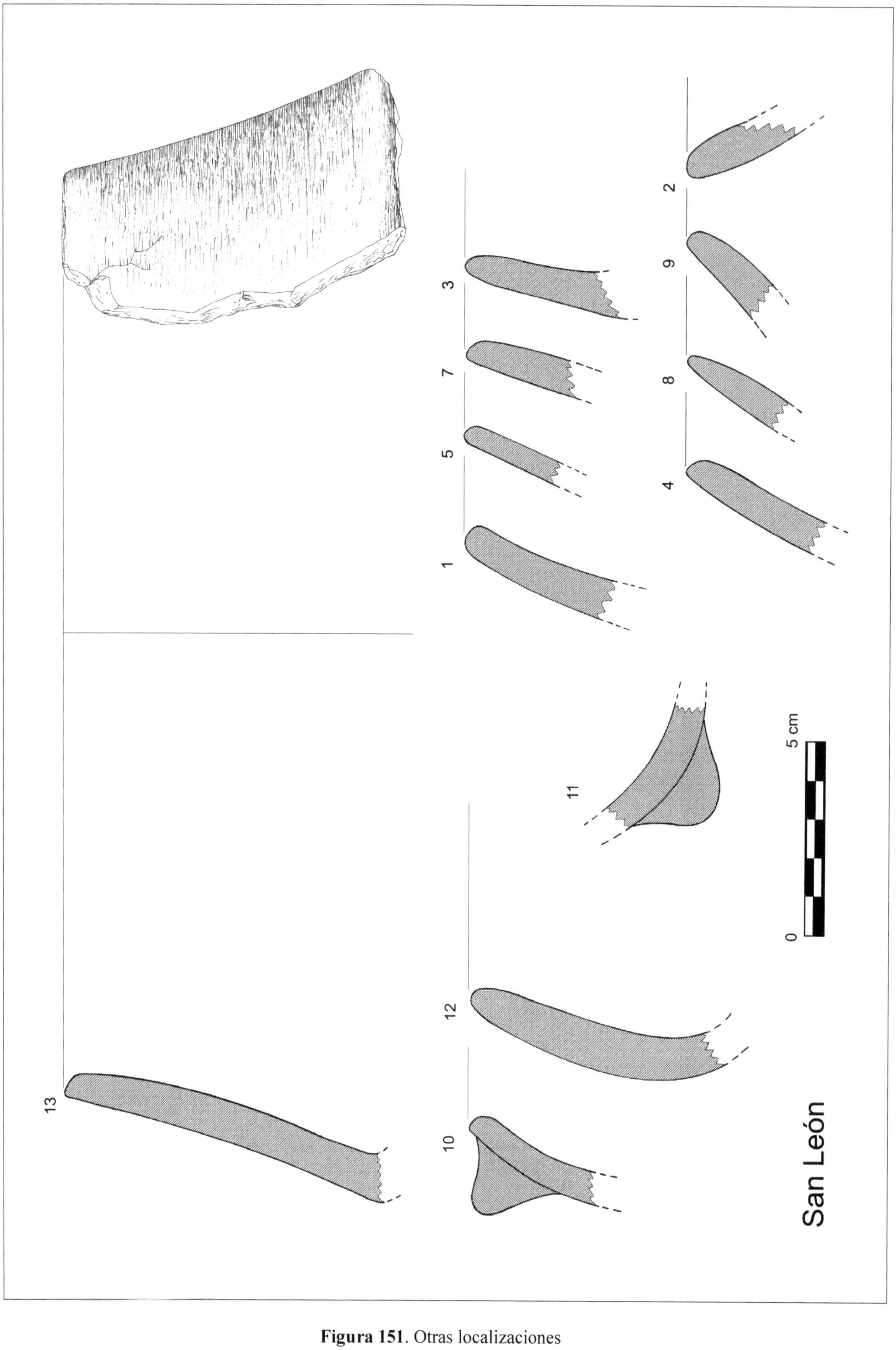

Figura 151. Otras localizaciones

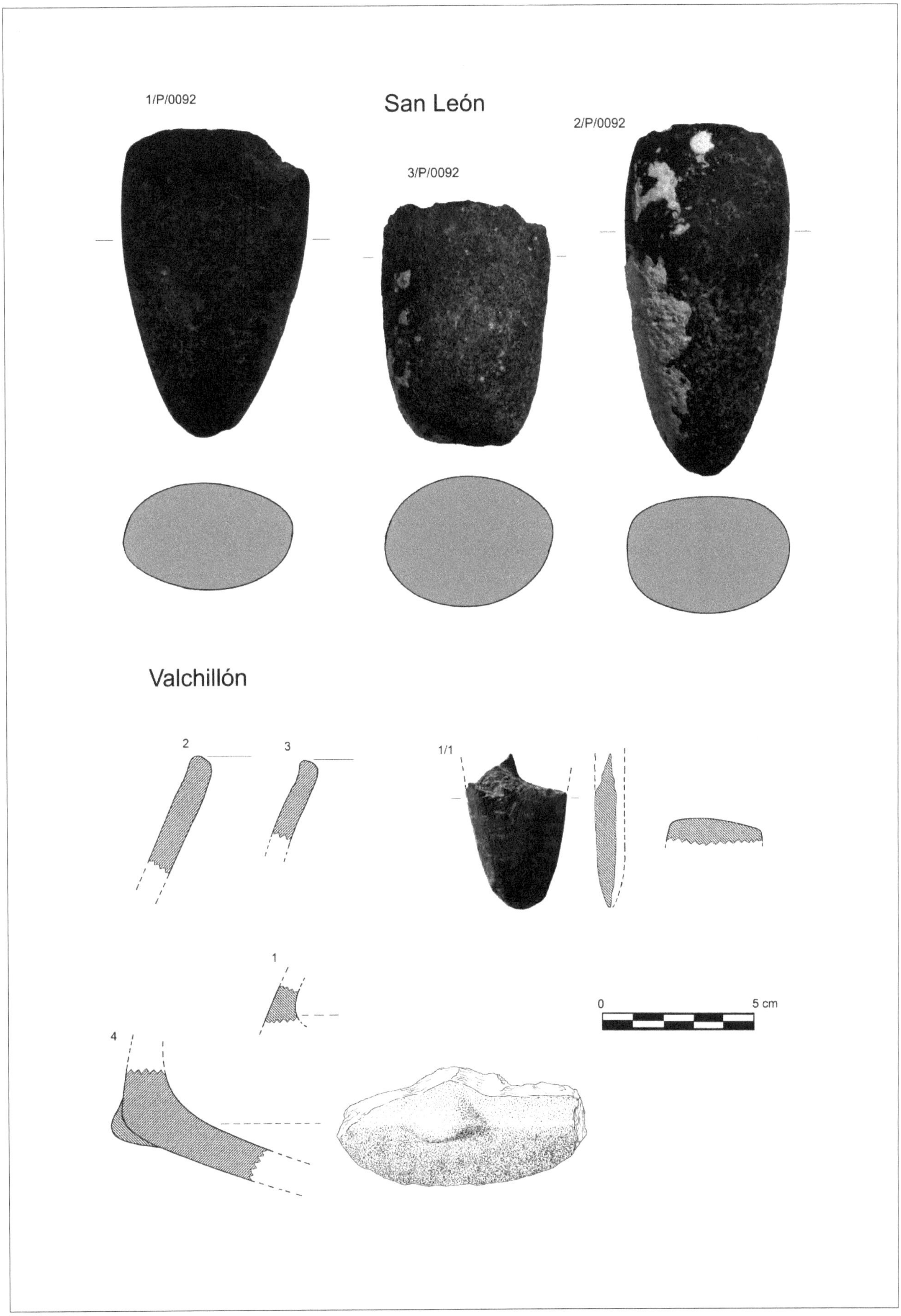

Figura 152. Otras localizaciones

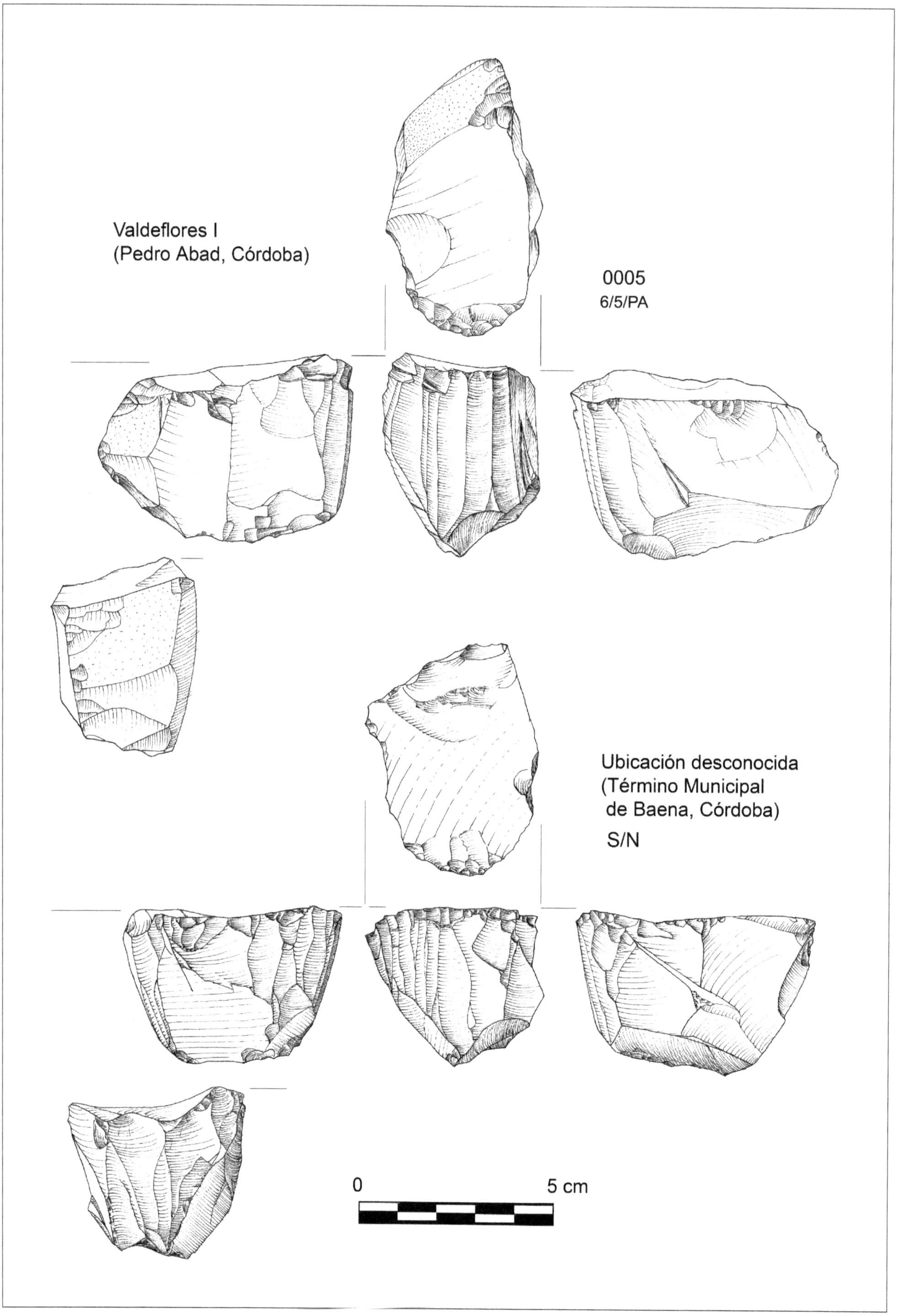

Figura 153. Otras localizaciones

Figura 154. Otras localizaciones

XI- El Guadalquivir Medio y la fragua de la comunidad doméstica aldeana

1. Introducción

Resulta obvio que el nivel de comprensión existente en el Guadalquivir Medio y la campiña cordobesa, pese a contar con un "conocimiento" material parejo (al menos en número de localizaciones) al reconocido tanto en el Alto como en el Bajo Guadalquivir, no ha obtenido un grado de desarrollo discursivo equiparable. En cierta manera se ha observado escaso interés hacia la información bibliográfica disponible desde los ambientes académicos ajenos a la propia Universidad de Córdoba, aun asumiendo de antemano el escaso orden y sistematización con que se habían procesado estos datos desde los trabajos de Juan Bernier (Bernier *et Alii* 1981, López Palomo 1987, Ruiz Lara 1987b, 1988a, 1991b, 1993). Excepción a ello, los estudios realizados por Manuel Carrilero y otros en la campiña cordobesa (Carrilero *et Alii* 1982, Carrilero y Martínez 1985), se han convertido en prácticamente los únicos reconocidos *de facto* por cierto número de investigadores de las universidades de Huelva, Granada o Sevilla, hasta el día de hoy (Cámara 2001: 184, Nocete 2001: 67 y 147). Como hemos adelantado, la problemática particular propia de una heterogénea gestión de los datos de la Prehistoria Reciente en el Guadalquivir Medio, puede hacernos entender sólo en parte su rasgo diferencial con respecto al conjunto de la Depresión del Guadalquivir, como ya ha sido apuntado en el capítulo correspondiente a los enclaves ocupacionales.

Las áreas incluidas en el Alto Guadalquivir Jiennense y el Bajo Guadalquivir (integradas en las provincias de Jaén y Sevilla fundamentalmente, junto a Cádiz y Huelva) constituyen territorios que han desarrollado una intensa investigación de campo acompañada de un sano interés por conocer el Proceso Histórico en toda la cuenca durante la Prehistoria Reciente. Como contrapartida, el Guadalquivir Medio, representado tanto por la vega central como por los territorios limítrofes y la campiña cordobesa, parece haber quedado relegado a una mención muy parcial, olvidadas y desligadas sus tierras de los grandes yacimientos identificados como centros de poder y situados precisamente en las provincias de Jaén y Sevilla. El territorio (arqueográfico) cordobés, siguiendo las lecturas de ciertos autores, quedaría pues como tierra de nadie, *terra incognita*[125], no resultando en todo caso imprescindible para explicar con precisión los fundamentos del Proceso Histórico en el conjunto de la Depresión del Guadalquivir, algo sin duda sorprendente en cuanto representa más de 100 km lineales de tramo fluvial, aproximadamente un tercio del recorrido del río como tal.

Por ello nuestra labor se encuentra a la vez hondamente limitada, influida y a la vez espoleada por las circunstancias que han envuelto la investigación arqueológica de las últimas décadas, de las cuales sería absolutamente incierto como pretendidamente falso afirmar que no han determinado nuestro discurso, más cuando median hasta 30 años entre el origen de muchos de los paradigmas actuales y las hipótesis que presentamos con este texto. Así pues, podría resultar en apariencia relativamente complicado y difícil, pretender elaborar un discurso del todo original en relación a síntesis anteriores, hecho que no representa nuestra intención. En este sentido pensamos que algunos de los postulados asumidos por otros grupos de investigación en otros sectores de la Depresión del Guadalquivir no sólo no han resultado incompatibles con lo observado en este sector territorial, sino que se muestran concordantes, encajando en procesos observados a lo largo de la cuenca, viniendo a reiterar procesos históricos deducidos con anterioridad sobre otros sectores de la Depresión. En otros casos, sin embargo, la propia naturaleza de los (desde nuestro punto de vista) excesos estadísticos y el riesgo asumido por ciertas construcciones teóricas sobre el territorio, ante la ausencia o escasez de dataciones absolutas existente hace dos décadas y la creencia demasiado inocente en la rítmica mutabilidad del "reloj tipológico" asumido en ciertas formas cerámicas (Nocete 1989a), junto a la difícil caracterización cronológica de muchos de los emplazamientos de superficie (entre muchas otras variables), terminarían por incluir dichas construcciones más bien dentro de procesos teóricos "de autor", de esfuerzo y elaboración sin duda notables, si bien difícilmente extrapolables o constatables en otros segmentos territoriales.

Sin duda, algunos de los principales problemas o dificultades ofrecidos por nuestra parte vendrían, bien a raíz de un exceso de valentía (afán interpretativo) a la hora de gestionar la información, bien por exceso de prudencia, prefiriendo más bien hacerlo de lo segundo, aunque realmente no estemos muy seguros de haberlo conseguido. Las grandes lagunas existentes en la dimensión espacial del territorio abordado, debidas a múltiples factores ya expresados en capítulos anteriores, así como el desconocimiento real del margen cronológico preciso de las ocupaciones, su pretendida contemporaneidad o diacronía y en cierto modo del papel social o político concreto que representaron (y que también variaría con el tiempo), el número de habitantes que contuvo o si quedaron abandonados en determinados momentos, representan sendos obstáculos para despejar los diferentes aspectos relacionados con la política territorial; si bien creemos y confiamos así como defendemos el carácter acumulativo de la información empírica, de la misma forma que justificamos la ruptura de paradigmas cuando el aumento de los datos de campo, estudios y ajustes cronológicos traslada a nivel crítico la defendibilidad de las propuestas mantenidas hasta ese momento, por complejas, elaboradas o incluso brillantes que resulten hasta el preciso instante en que dejan de sostenerse por sí solas.

La naturaleza del IV milenio ANE como período de cambios en el sur de Iberia (agregación poblacional y sedentarización, así como fragua de la comunidad

[125] Véase como ejemplo ilustrativo de esta situación, Nocete 2001: 101, Fig. 34.

doméstica aldeana), quedó incluida inicialmente bajo el concepto de "Cambio Cultural", categoría con rasgos de entelequia definida a partir de las notables mutaciones observadas en la cultura material y que sirvió pues, a raíz del conocido y no publicado coloquio de Setúbal-Palmela de 1979 (Martín de la Cruz 1993: 441, Moreno Alonso *et Alii* 1995: 111), para dividir las clasificaciones histórico- culturales entre el Neolítico y la Edad del Cobre. Dichos cambios culturales no caben pues ser explicados por meras sustituciones poblacionales, difusiones o evoluciones a partir de la nada, por lo que incidiremos en este capítulo en la reconstrucción y discusión de las dinámicas históricas aportadas por autores escogidos, seleccionando aquellos que consideramos base a la complejidad y profundidad de sus postulados, fundamentales para señalar los puntos de partida previos a nuestra propuesta sobre el proceso histórico del IV milenio ANE en el sector central de la Depresión del Guadalquivir.

Podemos decir que los primeros estudios territoriales dotados de una voluntad de compartimentación cronológica referidos a la Depresión del Guadalquivir entre el Neolítico y la Edad del Cobre nacen en Jaén, por parte de Arturo Ruiz y su equipo (Ruiz *et Alii* 1986), donde se trazaron las primeras vías interpretativas respecto a la dinámica histórica de las sociedades agrícolas de entre el IV y el III milenio ane, comenzando la ocupación de las vegas de los grandes ríos (en concreto el Guadalquivir y el Guadalbullón), por parte de comunidades llamadas pioneras (Ruiz *et Alii* 1986: 282, Arteaga 1987). Se partía pues de definir como pioneros a estos grupos por el hecho de desarrollar presuntamente un modelo de colonización agrícola sobre tierras bien irrigadas, de alta productividad (Lizcano 1999: 26), dejando en el aire en un primer momento el papel concreto que los agricultores del primer neolítico (incluidos en estos primeros trabajos generalmente dentro de la Cultura de las Cuevas), pudieron desempeñar sobre estas mismas tierras. En este sentido varios investigadores coinciden en que la campiña occidental jiennense (y por extensión el resto del valle del Guadalquivir) se vería frecuentada desde el Paleolítico Superior (Arteaga *et Alii* 1998), desarrollándose posteriormente modos de vida semisedentarios previos a la sedentarización definitiva y a la "tribalización de la sociedad" en aquellos territorios que hoy conocemos como campiñas durante el IV milenio ANE (Lizcano 1999: 27, Arteaga 2004).

El rasgo material determinante en la definición de este "problema", como ya aludimos en la introducción a este trabajo, descansaría en la aparición a mediados del IV milenio ANE y de forma aparentemente repentina de un importante número de asentamientos, categorizados inicialmente como "Campos de Silos"[126] en las tierras bajas de la Depresión del Guadalquivir (como sucede de forma paralela en los valles del Guadiana y del Tajo, así como en Levante entre muchos otros ámbitos peninsulares, Bernabeu *et Alii* 2006: 111, García Atiénzar 2007: 919), constituyendo un fenómeno sin precedentes en las fases anteriores (?/5300- 3500 ANE), las cuales se verían representadas por un número de enclaves al aire libre mucho menor. Desde el primer momento, dadas las condiciones de sus emplazamientos y situación, estos yacimientos se definieron como resultado de un proyecto agrícola. En concreto para el Alto Guadalquivir Jiennense, los suelos campiñeses (donde confluyen perfiles edáficos de mayor variabilidad que en la campiña oriental cordobesa, dominada por vertisoles), cuentan con una gran fertilidad frente a las sierras y terrenos serranos circundantes, indiscutibles aptitudes para el laboreo agrícola y por consiguiente, para el establecimiento de sociedades campesinas (Lizcano 1999: 27).

Profundizando en la naturaleza de estos contextos, algunos autores insistieron en buscar el origen y gradación cronológica de estos nuevos poblados de las campiñas y vegas, ocupados por agricultores pioneros adscritos a un "Horizonte de Colonización" caracterizado por la presencia de formas carenadas e incluidos en la Depresión del Guadalquivir dentro de la "Cultura de los Silos" (Arteaga *et Alii* 1987: 399, Collantes de Terán 1969: 61, Carrilero *et Alii* 1982). En esta dirección se plantearon durante la primera mitad de la década de 1980 diversas propuestas relacionadas con una expansión cultural a lo largo del territorio. Así, siguiendo tanto la estela de una adelantada arqueología portuguesa como de los trabajos de George Bonsor (Bonsor 1997 [1899], Cruz- Auñón y Jiménez 1985), se propuso una gradación territorial a partir de un foco suroccidental, continuando su expansión hasta el Alto Guadalquivir y Sureste, donde la presencia de formas carenadas sería teóricamente más tardía que en el Bajo Guadalquivir (Carrilero *et Alii* 1982: 205, Carrilero y Martínez 1985: 194, Martín de la Cruz 1993: 444).

Otra de las posibles vías que se señalaron fueron propuestas a través de la colonización de la Campiña como un proceso de flujo desde el subbético hacia las vegas, explicando la ocupación de las tierras llanas desde las montañas o incluso la frecuentación estacional de ambas zonas, potenciando pues el papel que los agricultores neolíticos de la llamada "Cultura de las Cuevas" de la Alta Andalucía pudieron formar en el proceso. Así se dispondría un previsible movimiento estacional entre las cuevas y los hábitats serranos del subbético y los poblados campiñeses al aire libre, posibilidad defendida por Mª Soledad Navarrete durante dicha década (Lizcano 1999: 28). De alguna forma dicha tesis encajaría con la propuesta emitida tras las primeras campañas en el Polideportivo de Martos; una sedentarización producida en un momento avanzado del Neolítico, según criterio de sus directores "primero en las ricas tierras de las campiñas, frente a las vegas de los grandes ríos, *más densas y difíciles de trabajar*" (Lizcano y Cámara 2004: 230).

[126] Idea de muy criticada con posterioridad, al considerar probado un uso muy diferente al de meras estructuras de almacenaje sobre algunas de las estructuras circulares, sobre todo en el caso de Martos (Cámara *et Alii* 2008: 58).

Coincidiendo con la última década del siglo XX, los planteamientos histórico- culturales tienden a ir abandonándose (aunque no del todo), en la *vanguardia* de la investigación arqueológica andaluza, quedando relegados a un segundo plano. El debate crítico vendría ahora a situarse en la causa y origen de la concentración de poblamiento (sea sedentario o semisedentario) en las tierras bajas, probablemente en relación a fenómenos de intensificación económica, considerando que la defensa de una despoblación de los ambientes de vega y campiña a favor de las tierras altas (Cultura de las Cuevas) durante los dos primeros milenios de economía de producción resultaba un hecho difícilmente defendible. Como consecuencia en parte de ello, la idea del abandono gradual de las cuevas a partir del Neolítico Reciente tiende a ser olvidada (Gavilán 1997: 30), ya que "*la ocupación de las vegas y tierras llanas se contempla como el resultado de un proceso de interacción que afectó a comunidades que durante generaciones debieron haber explotado y vivido, más que frecuentado, esos territorios*" (Lizcano 1999: 28, Lizcano y Cámara 2004: 230). El debate pues, en torno al origen del binomio sedentarización- intensificación económica entre autores materialistas (funcionalistas y marxistas), se discute generalmente como causa o consecuencia (proceso de retroalimentación) de un incremento demográfico, como respuesta a presiones medioambientales o bien como producto de estrategias independientes motivadas por factores sociales (Chapman 1991: 144)[127], aunque existen notables excepciones.

2. La colonización agrícola y la coerción

Sin duda, la propuesta de larga duración (*longue durée*) más elaborada en la interpretación del proceso histórico acontecido entre el IV y el II milenio ANE en la Depresión del Guadalquivir (centrado en su porción oriental, o Alto Guadalquivir Jiennense), fue desarrollada por Francisco Nocete con motivo de su Tesis Doctoral (Nocete 1989a, 1994), actualizada posteriormente con algunas modificaciones extendidas al resto de la Depresión del Guadalquivir (Nocete 2001). En este trabajo el autor diseña una compleja síntesis, muy influida por la Teoría de la Transición Demográfica (Cámara 2001: 169), a través de modelos estadísticos y predictivos sobre la ocupación diacrónica del territorio, y cuya gradación cronológica se basa, junto a las escasas dataciones radiocarbónicas con las que se contaba entonces (además de las series estratigráficas de los Castillejos de Montefrío [Arribas y Molina 1979]), en la mutación gradual de la forma del borde de fuentes y platos, cuyos cambios procesa mediante análisis morfométricos (Nocete 1989a), algo sin duda discutible y enormemente problemático (Lizcano *et Alii* 1992: 13).

[127] Uno de los argumentos "clásicos" de intensificación económica de raigambre agrícola, vinculada al ascenso de una jerarquía legitimada a partir de la gestión de obras de infraestructura, corresponde a la construcción de sistemas de regadío, factor muy discutido en la actualidad y sobre el que tradicionalmente se ha argumentado su existencia en el Sureste de Iberia, considerado más seco y árido durante la Prehistoria reciente que el valle del Guadalquivir (Chapman 1991: 170- 183).

Éste autor, coincidiendo con Lizcano (Nocete 1994, 1989a, 1989b, Lizcano 1999), viene a señalar que una colonización agrícola de nuevos territorios (las vegas de los grandes ríos) llevaría aparejada la consolidación definitiva de la economía de producción a través del proyecto del cereal, lo que conduciría a una evidente sedentarización. Será entonces cuando surjan conflictos políticos por el control de los territorios (competencia por la tierra) y por dominar el excedente del producto agrícola, hecho que preludiaría la aparición de formas estatales (Nocete 1994: 310, 2001: 85- 86). Las tesis de este autor descansarían inicialmente en demostrar cómo el desarrollo y consolidación de la economía de producción, basada en un proyecto agrario de secano, conduce primero a la sedentarización definitiva del poblamiento y a la aparición del Estado, y en donde los territorios de explotación agrícola suponen la base y el efecto (debido al éxito agrícola) de estas sociedades. Según Nocete, las causas que determinan la organización territorial jerarquizada están en una continua y pertinaz insistencia en la colonización de las tierras de secano de las campiñas occidentales (Lizcano 1999: 44).

Este autor elaboró una línea argumental del proceso histórico en las campiñas del Guadalquivir a través de distintas fases (Nocete 1989b, 1994), centrando nuestro interés en las primeras (Fases 0- III). El esquema de este autor, dotado de un esfuerzo notable, sería aceptado de forma desigual entre diversos investigadores, surgiendo con prontitud críticas en cuanto a las primeras fases de su lectura histórica (Fases 0 y I), relativas a su interpretación de los grupos de mediados del IV milenio como agricultores itinerantes de roza y quema circunscritos a la vega del Guadalquivir (Lizcano *et Alii* 1996: 306, Cámara 2001: 169), incidiendo de la misma forma en cuanto a la significación real de los límites políticos propuestos (Lizcano *et Alii* 1992: 9 y 13). Estos mismos autores alabarían su modelo sin embargo, como el más satisfactorio para explicar el Proceso Histórico en el sur de Iberia y su intento por explicar las contradicciones sociales generadas por el estado surgido en el Calcolítico de las campiñas del Alto Guadalquivir durante el III milenio ANE. En este sentido, el origen de un proceso de sedentarización progresivo, con su cristalización fundamentada en el modelo agropecuario a lo largo de la vega estricta del Gran Río, ya aparece implícito en las tesis desarrolladas en la historiografía arqueológica andaluza, rastreándose incluso a finales del siglo XIX en los trabajos de Bonsor (1997 [1899]).

El marco territorial de la construcción teórica original de Francisco Nocete se extendía, como ya hemos aludido, sobre la Depresión del Alto Guadalquivir Jiennense, quedando limitado en su porción occidental tan sólo por el límite administrativo de la provincia de Córdoba, a escasos kilómetros al oeste del cauce del Salado de Porcuna. En este sentido, dado que el territorio que nos ocupa en este trabajo es la vega y áreas limítrofes del Guadalquivir Medio, la cual coincide en su frente oriental con los límites administrativos de la provincia de Jaén, merece la pena pasar a resumir los postulados de dicho autor para el Alto Guadalquivir y las campiñas occidentales jiennenses (las cuales limitan con la campiña oriental cordobesa), sobrepasando el marco temporal de nuestro estudio inicial, al alcanzar la Edad del Bronce:

- *FASE 0: El territorio Segmentario (3750- 3500*[128] *ANE).*

Con anterioridad a este momento, en una horquilla cronológica definida como Neolítico Inicial, a partir del VI y con toda seguridad ya desde el V milenio ANE, la agricultura se extendería por todo el curso del Guadalquivir (Nocete 1989b: 384), si bien apunta a una frecuentación puntual y *sin continuidad*. Enclaves como los detectados en la campiña del Guadajoz (Guta, La Polonia o Viña Boronato) (Carrilero y Martínez 1985), Peña de la Grieta (Arteaga *et Alii* 1998) y otros emplazados en el Alto Guadalquivir, datados entre mediados del VI y a lo largo del V milenio, se considerarían claramente estacionales y situados en relación con los asentamientos "cavernícolas" de las Sierras Subbéticas (Nocete 2001: 67).

Sería a partir del segundo cuarto del IV milenio ANE (3750 ANE), cuando se produce la primera ocupación sistemática de las campiñas del Alto Guadalquivir desde los territorios de la Vega. Ésta la realizan formaciones sociales productoras, compuestas por colonos agrícolas de aldeas semisedentarias, que siguiendo el modelo *swidden* (ocupación progresiva de parcelas agrícolas por roza y quema) irán ocupando las mejores tierras de la llanura aluvial y terrazas de la vega del Alto Guadalquivir (Nocete 1994: 277). Los grupos que encarnarán dicho proceso contarían con una cultura material relacionada con el complejo cultural conocido por algunos autores como "Cultura de los Silos del Bajo Guadalquivir" (Collantes de Terán 1969: 61, Carrilero *et Alii* 1982). La indiscutible uniformidad mostrada por la cultura material de estos establecimientos, podría ser interpretada a raíz del "carácter extensivo y expansivo del modelo agrario, así como a través de las formas de propiedad disuasoria y efectiva que estructura su conducta territorial" (Nocete 2001: 72).

Este "complejo cultural" se desarrollaría a lo largo de toda la Depresión del Guadalquivir con similares perfiles cronológicos, desde su tramo occidental (Ría de Huelva y tierra llana [Martín de la Cruz 1985, 1986 a y b], campiña sevillana y jerezana, con la Marismilla o el Trobal [Escacena 1985, Escacena *et Alii* 1996, González Rodríguez 1987]), hasta la cuenca oriental (Nocete 1994: 278, 2001: 70). Dichos enclaves parecen desarrollar a juicio del autor una agricultura en vías de consolidación, de supuesta base hortícola- cerealista y ordenada en unidades de consumo dotada de un almacenaje de orden meramente subsistencial, en ningún caso más duradero que el ritmo de movilidad de la propia aldea (semisedentarismo), para obtener productividad sobre las tierras húmedas de la vega (Nocete 1994: 279)[129].

Así, la distribución de estos asentamientos sobre esta área queda explicada por la expresión del modelo *swidden*, con la concentración de aldeas móviles a lo largo en el cauce del Guadalquivir, buscando los suelos más fértiles y con mayor humedad, por ello dotados de un alto índice de productividad y una rápida regeneración de la cobertura vegetal. Esto viene a ser interpretado a través del desarrollo de una viable horticultura y una importante actividad recolectora (Nocete 1989b: 387, 1994: 279). La cazuela o fuente carenada, a juicio del autor, vendría a representar el concurso de una dieta basada en los productos agrícolas y su consumo colectivo (Nocete 1994: 282).

En otro sentido, la extensión reducida de estos asentamientos (en ningún caso superior a las 50 ha), podría estar relacionada con la movilidad y la falta de sincronía de estos emplazamientos, fenómeno que también podría verse respaldado por la ausencia de grandes depósitos estratigráficos o formaciones superficiales de carácter antrópico en estos enclaves, compuestos en su mayor parte por estructuras semisubterráneas excavadas en limos y margocalizas.

- *FASES I y II: Transformación del territorio segmentario: Expansión y sedentarización (3500-3100/3000 ANE).*

Será a partir de este momento cuando se documente en el curso medio del Salado de Porcuna y en el Guadalbullón (afluentes de la campiña occidental), la expansión a lo largo de estos valles fluviales de las formaciones sociales semisedentarias de la vega del Guadalquivir, en apariencia unificadas bajo un proyecto similar y una elección de suelo y emplazamientos correspondiente a la propia de la Fase 0 (Nocete 1989b: 388- 389, 1994: 283). Sin embargo, a juicio del autor, esta expansión resulta posterior a la de la primera fase, pudiendo haberse producido debido a la fragilidad el equilibrio población-recursos (saturación poblacional que provoca el agotamiento del modelo *swidden* de expansión de los cultivos a costa del bosque) en los territorios de la vega (Nocete 1994: 283).

Según el autor, las razones de este cambio, no se basarían en exclusiva sobre el agotamiento del medio, sino en el límite de las relaciones de producción y de reproducción de la formación social. Así, el "sólo probable" aumento demográfico, se resolvería con la repetición o reproducción del modelo de sociedad de la Fase 0 en un espacio diferente al de la vega del Guadalquivir, expandiendo el modelo a la Campiña durante la Fase I.

[128] Si bien el autor en el trabajo de 1994 utiliza cronología convencional (ane), nosotros emplearemos las correspondientes a fechas calibradas aproximadas (ANE).

[129] La ulterior excavación de otros asentamientos, en concreto Polideportivo de Martos, enclavado en el piedemonte subbético y la cronología arrojada por alguno de sus contextos (Lizcano 1999: 92), pudo obligar al autor tanto a realizar un enfoque conjunto de las fases 0, I y II, como a reconocer que *"en los casos estudiados con mayor intensidad, son coincidentes las informaciones que permiten inferir la intensificación agraria"* (Nocete 2001: 70).

Este mismo fenómeno se seguiría en la estrecha vega del Guadalbullón, que parece ocuparse en su totalidad durante la Fase II, reproduciendo esta vez de forma integral el modelo de la Fase 0, aunque en este caso sobre suelos de calidad ligeramente inferior (Nocete 1994: 287). Será entonces cuando se produzcan contactos con las comunidades del Subbético, comenzando a cristalizar a juicio de éste investigador el hábitat al aire libre en los valles interiores de este macizo, dando lugar a una cultura material que denotaría dicha interacción (Nocete 1994: 289). Las diversas formas de pastoreo y las rutas ganaderas, facilitarán en estos ambientes los intercambios de materias primas (recursos abióticos minerales, caso del sílex), no suponiendo en ningún caso posiciones de dominio entre el Subbético y el valle del Guadalquivir, generándose los primeros enclaves de tipo "puerta de entrada" (Nocete 2001: 78).

Durante esta Fase II las consecuencias de la expansión en áreas como la Vega del Guadalquivir y las campiñas crearon una serie de procesos diferenciados. En la campiña occidental, las características del nuevo territorio no permitirán a su juicio la reproducción del modelo *swidden*, por la salinidad de los ríos y su potencial de productividad diferente, al corresponder a otro tipo de suelos, margosos y de origen terciario. Ello provocaría el cambio de estrategia productiva con la "expansión del secano". Este secano cerealista anunciaría un nuevo proyecto económico, basado en una agricultura extensiva con el concurso del uso del barbecho, propiciando tanto en la Campiña como poco después en la Vega del Guadalquivir, la sedentarización definitiva (Nocete 1994: 289).

El evidente aumento de la distancia de separación entre los diferentes enclaves de la Campiña en esta última fase, viene a evidenciar la existencia de amplias superficies de producción en torno al poblado, lo que podría responder a un uso inicial de la rotación de cultivos o bien a la reserva de barbechos largos. Señala este mismo fenómeno en lo que respecta a la Vega del Guadalquivir, donde los establecimientos de esta fase parecen disminuir, dotándose los restantes de una mayor extensión, presuponiendo cierta tendencia a la concentración poblacional (Nocete 1994: 291). El modelo *swidden* afirma, no parece volver a reproducirse.

A lo largo de esta fase los nuevos enclaves parecen buscar una mayor defendibilidad, apareciendo fortificaciones basadas en la construcción de fosos y empalizadas (Los Pozos), lo que denota el inicio de un conflicto inevitable. Esta fase acabaría con la irrupción de los primeros objetos de metal, dejando intuir la aparición del no productor y con él la extensión de las contradicciones sociales (Nocete 1994: 293).

- FASE III- IV: La transformación del territorio segmentario. La consolidación del proceso de sedentarización. La conquista del secano. El modelo modular (3000/3100- 2800 ANE).

A lo largo de este periodo acaecen una serie de cambios derivados de las contradicciones de la Fase II. Desde entonces en un primer momento la distribución de asentamientos alude a una clara tendencia hacia la dispersión en la campiña occidental, manifestada con especial incidencia en la vega del Alto Guadalquivir, mostrando una mayor distancia entre los núcleos de poblamiento. Como ya manifestamos, esta dispersión podría advertir del incremento del espacio teórico de reproducción, a través de una agricultura extensiva asociada al empleo de barbechos y rotación de cultivos. Frente a esto, destaca como excepción a esta norma el proceso desarrollado en el cauce del Salado de Porcuna. La ubicación central de los asentamientos sobre un espacio teórico poligonal, materializa en el autor la idea de un "territorio modular" donde cada asentamiento se estructura para la explotación óptima del territorio circundante. Ello reflejaría la existencia de sociedades agrarias bajo el efecto de la intensificación productiva, típica de los "estados prístinos" (Nocete 1994: 294- 295).

En la campiña occidental jiennense, este modelo expresaría la consolidación de la "conquista del secano", estructurándose el poblamiento a partir de una red locacional alejada de los cauces fluviales y enfocada claramente al proyecto cerealista. En este momento aparecen enclaves ocupando suelos de baja productividad y dominando un amplio terreno propio para cada enclave (unos tres km de radio). La acumulación de mayor espacio entre asentamientos surge del aumento poblacional y de la necesidad de su concentración a fin de explotar un mayor espacio, intensificando la producción a partir del laboreo de tierras de inferior calidad valiéndose del barbecho. En este momento la residencia se establecerá en el poblado, que aumenta de extensión, funcionando como granero y residencia de los productores e impidiendo la proliferación de asentamientos secundarios próximos (Nocete 1994: 298, Nocete 2001: 81- 82).

La interpretación de las desigualdades visualizadas en la distribución poblacional de esta fase, ha sido estructurada base a una distribución primada, en donde núcleos de población reducidos dependen económicamente de un centro primado, orientado al intercambio exterior, mostrando la existencia de contradicciones de centro-periferia. La otra posibilidad señalada alude a la existencia de una distribución de tipo plural, que se identificaría como el polo opuesto a la primacía, desarrollándose grandes centros de poblamiento en torno a los cuales se situarían otros de rango inferior. Esto podría conducir a un modelo modular ("territorio modular prístino" [Nocete 2001: 91]), en donde se pondría de manifiesto la "*intervención interior sobre un territorio carente de proyección hacia el exterior*", como una red de comunidades autosuficientes y autónomas enfocada a la producción agrícola. Entre ambas situaciones el autor se decanta por una distribución primada, o si se prefiere jerárquica, desde la Vega del Guadalquivir (Nocete 1994: 300 y 304).

En este sentido destaca la búsqueda de emplazamientos de mayor defendibilidad y dominio visual sobre el entorno de la Vega del Alto Guadalquivir, dando a entender que el conflicto está intencionalmente orientado sobre y hacia la segregación y el control coercitivo. El aumento de la productividad determinaría el aumento poblacional y la necesidad de fijar la mano de obra en el territorio, a fin de controlar la fuerza de trabajo lo que, unido a la presencia de fortificaciones aseguraría la existencia de conflictos (Nocete 1994: 309).

En este sentido, el papel del no- productor queda bosquejado por la llegada a las campiñas y a la vega del Guadalquivir, de productos transformados o semitransformados de sílex y manufacturas metálicas (bloques y alabardas de sílex y hachas de cobre). Esta potenciación de la desigualdad podría estructurarse en torno a la explotación de unas relaciones de parentesco de tipo clan cónico (Nocete 2001: 85). Al aumentar la demanda de manufacturas metálicas por parte de las élites, aparecen en el Alto Guadalquivir los primeros poblados metalúrgicos. El no- productor se convierte entonces en el representante de la "extorsión interna" de la población, controlando el excedente de una economía agraria especializada en el secano y los cereales (Nocete 1994: 310, Nocete 2001: 85- 86).

- FASE V: La transformación del modelo modular. La creación de un modelo político plurilocal (2800- 2500 ANE).

Mientras en apariencia el desarrollo de la Vega del Guadalquivir prescinde durante este período de cambios significativos, en la campiña occidental se asiste a profundas modificaciones, representadas por una fuerte reducción del número de asentamientos, lo que podría presuponer un teórico aumento del territorio asignado a cada enclave. El poblamiento tiende a concentrarse en la campiña occidental baja, reproduciendo el modelo modular, mientras el área central de la Campiña permanece inalterada con respecto a la fase anterior. Sólo en el curso medio del Salado (Porcuna) crecerá el número de asentamientos, suponiendo de facto la ruptura del "modelo modular" en esta zona. Ello sería resultado del desarrollo de un conflicto territorial entre asentamientos, ejemplificado con el incremento de la elección de emplazamientos de mayor carga estratégica (Nocete 1994: 312- 315).

En este sentido, el enclave de los Alcores (junto a la actual población de Porcuna) parece erigirse ahora como centro estratégico, rompiendo la estructura modular y suponiendo la centralización del territorio y los hombres (la fuerza de trabajo), en un proceso de sinecismo. Esto se haría coincidir en teoría, con un incremento de la inversión del excedente agrícola en los sistemas de fortificación, y en la llegada de productos procedentes del intercambio lejano, como manufacturas metálicas y elementos de sílex. Se argumenta entonces que a mayor concentración, mayor desigualdad, aumentando el desarrollo de los no productores, que se irán distanciando más del resto de la sociedad (Nocete 1994: 317).

El autor argumenta que el conflicto territorial resulta evidente, ya que ningún enclave quedaría ahora fuera de las redes de intervisibilidad. La conflictividad en el territorio parece verse en un supuesto enfrentamiento entre la vega del Guadalquivir y la campiña occidental jiennense, tanto por la desconexión visual entre estos ámbitos, las supuestas diferencias en los tipos cerámicos, y la existencia de una aparente laguna poblacional (*Black Hole*) situada entre ambos territorios, que coincide sorprendentemente con una zona de alta productividad. Además, enclaves de la vega del Guadalquivir como Los Pozos desaparecen, a costa de la continuidad de Albalate y los sitios de la Campiña (Nocete 1994: 319). Dicha concentración poblacional en la campiña central no parece suceder sólo a costa de los enclaves de la vega, sino que también parecería seguirse en el piedemonte subbético con el presunto abandono de Polideportivo de Martos (Nocete 2001: 82). De la misma forma, el autor cita fenómenos de despoblación similares a lo largo de todo el valle del Guadalquivir, en donde enclaves con una cultura material propia del IV milenio ANE desaparecen en favor de grandes concentraciones en el Aljarafe sevillano (Valencina de la Concepción) y la campiña occidental jiennense (Nocete 2001: 83- 84).

Para Nocete, la aparente jerarquización de la campiña occidental, sólo puede y debe interpretarse como consecuencia de la contradicción que genera sobre el modelo modular el área de Porcuna, al desarrollar sus contradicciones hasta sus últimas consecuencias, utilizando el excedente agrícola para encumbrar a las élites locales. Éstas, explotarán en extensión toda el área de las campiñas, conformando un nuevo modelo social que daría sus pasos hacia la ulterior formación del Estado (Nocete 1994: 320). El control de los no- productores sobre los medios de destrucción y defensa (fortificaciones), permitiría al autor inferir una sociedad dividida bajo estructuras de clase, si bien nominalmente pudieran exhibir apariencia de linajes o sistemas clánicos, en funcionamiento desde las fases anteriores (Nocete 2001: 86).

- FASES VI- VII: Del territorio cónico plurilocal al territorio de coerción supralocal (2500- 2200/2100 ANE)

A lo largo de esta fase se citan nuevos cambios en cuanto a la expansión del sistema agrario. La ocupación de la campiña occidental se vería profundamente ampliada con una gran expansión del poblamiento hacia las tierras marginales del antiguo modelo modular, es decir, hacia la vega del Guadalbullón y hacia la alta campiña occidental, cerca ya del piedemonte subbético. En principio las condiciones serán muy diferentes al encontrase las mejores tierras encajadas en valles interiores y rodeadas por una quebrada orografía. Nocete interpreta estas nuevas ocupaciones a través de un sistema continuista, carente del concurso de innovaciones tecnológicas a destacar. Se trataría pues, de una colonización agrícola hacia tierras marginales que reproduce "monolíticamente" el anterior proyecto cerealista del secano (Nocete 1994: 320).

Este nuevo cambio en la orientación del territorio expresaría la desarticulación del dominio del modelo modular, incrementándose significativamente el número de asentamientos. La explicación de este fenómeno ha sido relacionada con un proceso de colonización agrícola dirigida, el cual presenta un desigual reparto zonal, mucho más evidente en la periferia sur y hacia el piedemonte partiendo desde la campiña occidental. El área de Porcuna continuaría su expansión, superando el modelo modular y exhibiendo un monto poblacional muy superior al de otras áreas, convirtiéndose en el centro teórico poblacional y del excedente agrícola de las campiñas occidentales (Nocete 1994: 321- 322). Esta disimetría espacial entre asentamientos, con el abandono de unos por el hiperdesarrollo de otros, a juicio del autor conduciría (al hablar de todo el valle del Guadalquivir) a la creación del "territorio modular disimétrico" (Nocete 2001: 91).

Este modelo describiría por primera vez una indiscutible jerarquización territorial en la Campiña, destacando el área de Porcuna como primacía, al representar el núcleo de los Alcores, el Berral y Albalate, la asociación que define la mayor concentración de intervención estratégica (Nocete 2001: 94). Por el contrario, en la vega del Alto Guadalquivir parecen mantenerse los tradicionales modelos ocupacionales, con una reducción del número de asentamientos y una mayor dispersión. Los nuevos enclaves ocupados en la campiña occidental y el piedemonte subbético, parecen enfocados a la explotación de las mejores tierras, buscando los estrechamientos de fondos de valles en el área del piedemonte, lo que se interpreta a través de una colonización organizada en torno al secano. Mientras, en la campiña oriental, la distribución de ocupaciones muestra una distribución aleatoria, ejercida por grupos reducidos (Nocete 1994: 330- 332).

Partiendo desde el núcleo de Porcuna, el autor señala sobre el territorio de las campiñas occidentales una distribución política de asentamientos y una ordenación radial del territorio tejida sobre el anterior modelo modular, susceptible de ser descrita en seis círculos de distancia progresiva, superpuestos en una "red poligonal teórica del territorio político". Al sur, al otro lado de la frontera virtual, aparecen las comunidades del Subbético, dotadas de una cultura material y un patrón de asentamiento muy diferente, interactuando en un territorio de frontera política como espacio de encuentro (Nocete 1994: 332).

Dentro del primer círculo, se encontrarían Albalate, Alcores y el Berral, en donde se observan tanto fortificaciones como la presencia de objetos de prestigio como el marfil y la concentración de producciones metálicas. Más allá de este círculo, no existen fortificaciones ni acceso a materias exóticas, localizándose en los límites de este sistema (sexto círculo) una serie de enclaves de interés estratégico (a modo de torres o pequeños fortines, como el Cerro de la Coronilla), dotados de un espacio reducido de almacén y hábitat. Todo ello, a juicio del autor, definiría la existencia de un Estado organizado de forma compleja, "con una base coercitiva expresada como un modelo de conquista entre asentamientos", a fin de aumentar el excedente para la reproducción de los no productores (Nocete 1994: 333- 336).

Sólo algunos enclaves de cierta entidad parecerían escapar a este sistema. Este sería el caso de las Tiesas, dominando la confluencia del Rumblar con el Guadalquivir y en cierto modo el de las Aragonesas, que haría lo propio con su confluencia con el río Yeguas. A estos enclaves se les ha dado el papel de *Gateways* o puertos de entrada en relación a productos metálicos semitransformados desde la periferia minera oriental (Nocete 2001: 126), rocas duras para instrumental pulimentado y de molienda, así como por su dominio de rutas ganaderas. A través del control de este tipo de emplazamientos, los poblados de las campiñas acabarían por depender del Centro Primado (núcleo de Porcuna), perdiendo la oportunidad de intervenir en los intercambios entre la Campiña y la Vega. Por ello, "pese a lo que suele ser frecuente en la creación de estados prístinos", el Centro Primado no se orienta a la captación de recursos exógenos, sino al control de la tierra y la fuerza de trabajo (Nocete 1994: 337). Este centro de poder se vería obligado a ir más allá de la legitimación por parentesco, necesitando de otros argumentos para controlar territorialmente la fuerza de trabajo.

En la reformulación del Proceso Histórico para el conjunto general de la Cuenca de Guadalquivir, Nocete divide el territorio político en diversas unidades diferenciadas durante este período: el territorio modular secundario, el territorio jerarquizado, el territorio primado, así como diversas periferias e interperiferias. El primer caso (el "territorio modular secundario") representaría el límite oriental de la sociedad clasista inicial con área central en el entorno de Porcuna. Este territorio se articulará de forma similar a las formas modulares existentes en las campiñas occidentales jiennenses en fases anteriores, si bien en este caso estructurados en torno a sentamientos fortificados que controlarán terrenos de gran productividad, ligados a vegas fluviales. Estos serán los ejemplos de Puente de la Reina, Puente del Cerezuelo, o Cástulo (Nocete 2001: 94).

El "territorio jerarquizado" integraría las formaciones sociales reflejadas en los asentamientos de los alcores sevillanos, con el Gandul y Carmona. Este modelo correspondería a un patrón claramente diferenciado del modelo modular disimétrico de las campiñas del Alto Guadalquivir, controlando una red dispersa de pequeños asentamientos desprovistos de medios de defensa, enclavados a mucha menor altura y dedicados a la explotación agrícola. Los grandes enclaves de Carmona y el Gandul, con su necrópolis megalítica de *tholoi* y su acceso a materias primas lejanas (sílex oolítico subbético y cobre de la Faja Pirítica onubense), manifestarían la existencia de una matriz política de "extorsión manifiesta" (Nocete 2001: 95).

Una escala mayor en la jerarquización de la Depresión del Guadalquivir, recae en el "territorio primado", más a Occidente, en el Aljarafe sevillano, con el centro político desarrollado en el enclave de Valencina de la Concepción. La desmesurada extensión territorial de este enclave, que ocuparía entre 150 y 300 ha (Vargas 2003: 141) y su necrópolis tumular, superan con creces en tamaño a lo que suele ser habitual en el resto de la Península en este momento. Su situación dominando la desembocadura del Bajo Guadalquivir en el antiguo estuario, facilitaría tanto el control de la llegada de materias primas exóticas, caso del marfil, como la salida de manufacturas metálicas, funcionando como "puerta de entrada" y salida en la circulación territorial y transcontinental de productos destinados a la reproducción de las élites (Nocete 2001: 96).

La demanda, ahora masivamente, tanto de productos metálicos como de sílex de calidad, junto a la de otros elementos como mármol y variscita, impulsarán una serie de cambios inevitables en los territorios productores (periferias mineras), situados en el frente sur del Macizo Hespérico (Algarve, Andévalo y Sierra Morena), como en el Subbético para el caso de las materias primas silíceas. Dichos cambios no serán en absoluto homogéneos, mostrando grandes diferencias entre sí. En concreto, la periferia minera occidental (Alto Algarve, Alentejo y fundamentalmente el Andévalo onubense) se estructurará en torno a núcleos fortificados de pequeña entidad controlando los recursos mineros críticos, los cuales son explotados superando las estrictas necesidades locales a fin de abastecer un consumo lejano (Nocete 2001: 104). Este sistema mostrará pues, enormes diferencias en relación a la periferia minera oriental (Sierra Morena Oriental), en donde queda manifestada la ausencia de centros territoriales locales, lo que unido a su "*capacidad de articular una economía agraria paralela, les permitirá un grado de autonomía muy amplio*" (Nocete 2001: 126).

La periferia meridional, enfocada a la explotación de materias primas silíceas, se extiende en el reborde subbético medio, en donde se produce el desarrollo de "*núcleos territoriales de jerarquización del poblamiento que tienen su origen en la consolidación de los centros políticos del Valle*" una vez intensificada su demanda, interrumpiéndose el proceso al colapsar la explotación masiva de las canteras de sílex, hacia el final del III milenio ANE. Ello daría cuenta de su extrema dependencia respecto a los centros jerarquizados del valle del Guadalquivir (Nocete 2001: 125).

Por último, el autor alude a la posibilidad de barajar la existencia de una serie de "periferias de resistencia", ejemplificadas tanto por las ocupaciones del subbético, donde pudieron coexistir formaciones sociales más sencillas con las articuladas sobre la explotación especializada del sílex, donde las manifestaciones rupestres pudieron tener un papel de apropiación simbólica sobre el paisaje. De la misma forma, las grandes concentraciones megalíticas en otras áreas periféricas, pudieron corresponder a formaciones sociales ajenas al proceso de la formación de los centros jerárquicos del Valle (Nocete 2001: 130).

En la periferia minera occidental comienzan a desaparecer los enclaves especializados en la producción de recursos minerales (Cabezo Juré), con el colapso y destrucción del centro primado de Valencina. Sin embargo la demanda de metales por parte de los núcleos del Guadalquivir seguirá aumentando, siendo ahora los establecimientos situados en la antigua periferia minera oriental los encargados de suministrarlo. Ello supondría una reordenación de las periferias mineras del valle del Guadalquivir gravitando hacia la zona Oriental hacia el 2200 ANE. Ello podría también ser explicado por el aumento de la demanda por parte del Sureste coincidiendo con el desmantelamiento del modelo de circulación de productos a través de la puerta de entrada de Valencina, no volviendo a recuperar dicho papel hasta la cristalización del mundo Tartésico. En este sentido, los trabajos desarrollados en las campiñas de la Banda Atlántica de Cádiz, confirmarían un proceso análogo al Alto Guadalquivir, que se interpreta no por el desmantelamiento de las relaciones clasistas a lo largo del Valle, sino más bien debido a una fragmentación y reordenación de carácter político (Nocete 2001: 146-147).

Los Alcores sevillanos, nuclearizados alrededor de los enclaves de El Gandul y Carmona, sustituirían a Valencina como primacía, cuyo entorno va a representar los mayores niveles de concentración poblacional del curso bajo del Guadalquivir. Sobre el antiguo territorio jerarquizado de mediados del III milenio ANE, comenzarán a partir del 2200 a desarrollarse "*nuevas relaciones de producción caracterizadas por mecanismos de extorsión entre asentamientos, donde el efecto coercitivo adquirirá una especial relevancia*". Su fin será aumentar los excedentes agrarios a través de la expansión sobre tierras marginales y a través de la aparición de asentamientos especializados en el control y sujeción de la fuerza de trabajo (Nocete 2001: 150). El autor colocaría al Castillo de Monturque, en la Campiña Alta cordobesa (López Palomo 1993), como uno de estos nuevos emplazamientos.

De vuelta a las campiñas del Alto Guadalquivir, la crisis del territorio centralizado acabaría por producirse irremediablemente debido a las contradicciones operadas desde el centro primado en las comunidades campesinas herederas del antiguo territorio modular. Entre estas contradicciones, pudo verse la obligación impuesta a las aldeas tributarias, de asumir (y enfrentar) el conflicto periférico; un conflicto basado en la expansión de las comunidades del Subbético a costa de las tierras de la Campiña, provocando una crisis de Centro- Periferia. La debilidad de este modelo ante los cambios sucedidos en este momento, coincidiría pues con las pulsiones originarias del Sureste que se conocen bajo el nombre de "argarización", siendo los enclaves enfocados a la vigilancia y control en los límites externos del sistema (torres), los que sufrirán esta realidad de forma patente (Nocete 1994: 338).

3. Cohesión, agregación y el "Principio de Abuso"

En su tesis doctoral, Juan Antonio Cámara se interroga, utilizando fundamentalmente el registro del Alto Guadalquivir, sobre los evidentes cambios sociales acaecidos entre el Neolítico y la Edad del Bronce, mostrando un interés especial por el registro del IV milenio ANE ejemplificado por el enclave de Polideportivo de Martos, al que utiliza para reconocer los procesos que a su juicio confluyen en la formación del Estado en las campiñas del Alto Guadalquivir (Lizcano *et Alii* 1992: 8) y por extensión, en todo el sur de Iberia (Cámara 2001).

La lectura de la obra de Claude Meillassoux adquiere una importancia determinante en las tesis de este autor, incidiendo directamente en la elaboración de su esquema de sedentarización, territorialización y cohesión intergrupal (control de la fuerza de trabajo), en donde se desarrollan los roles de intercambio de mujeres y la competencia por los medios de producción, desempeñando el ganado y su posesión, un papel determinante. En otro sentido la postura sostenida por Juan M. Vicent también se halla muy influida por el antropólogo francés, si bien a su juicio el desarrollo de la agricultura constituiría la base y objetivo fundamental de la agregación y sedentarización (el éxito agrícola sólo podría asegurarse desde la propia sedentarización, derivando después a una verdadera acumulación de capital) (Cámara 2001: 167). Ésta última se aproximaría pues a la postura de Francisco Nocete (1989a y b, 1994), que como hemos visto consideraría la sedentarización como resultado indirecto del éxito de las estrategias productivas agrícolas, potenciando el proceso de acumulación de excedente, la colonización y la dependencia agraria, así como la cohesión comunal (Cámara 2001: 169). La estructuración y legitimación de las desigualdades sociales (intragrupales) vendría a representar el paso siguiente, pudiendo como afirman otros, constituir el valor de los lazos parentales dentro de una organización colectivista, el vector previsible de estas "desigualdades gentilicias" (Arteaga 1992: 198).

Para Cámara sin embargo, en el proceso tendría gran importancia la acumulación de riqueza pecuaria (cabezas de ganado), asumiendo que dicha diferenciación de linajes merecería también el nombre de Estado, viéndose los "*estados calcolíticos posteriores más centralizados que los aristocráticos del Bronce*" (Cámara 2001: 167)[130]. En este sentido concede una importancia absoluta a la ganadería sobre la agricultura, al menos en términos simbólicos: "*para valorar la importancia de la ganadería o la agricultura en un sistema social debemos mirar menos su proporción en la dieta que la forma en que la élite adquiere su poder y lo perpetúa, por lo que, si bien es cierto que los estados consolidados tendieron a basarse en la extracción de excedente agrícola, la acumulación pecuaria y el control de la fuerza de trabajo fueron las que debieron a su juicio situar a las élites en su posición*" (Cámara 2001: 158, Cámara *et Alii* 2008: 56). Ello se desarrollaría en momentos "iniciales" de la jerarquización, coincidiendo a lo largo del proceso de agregación poblacional, habiendo pasado bastante tiempo (más de un milenio) desde la introducción de la agricultura en la zona.

El autor en unos primeros trabajos consideró que la agregación poblacional (y por ende la sedentarización) podría tener su causa en el interés por disminuir las tensiones motivadas por el intercambio de mujeres, sin aceptar la competencia por la tierra agrícola[131]. Partía pues del interés por controlar la fuerza de trabajo incluyendo a las mujeres y el fruto de su vientre (garantía futura de esta misma fuerza de trabajo), y evitando de forma sorprendente intercambiar mujeres con grupos ahora en supuesta competencia. Ésta se daría pues, sobre ciertos productos, medios de producción y fuerza de trabajo, incluyendo el ámbito territorial donde se hallan (Cámara 2001: 170, Lizcano y Cámara 2004: 236), el cual, paradójicamente no deja de ser la tierra como soporte físico. Un cambio sustancial vendría con el vector, ya aludido, que constituye la propia la consolidación de las élites, situándolas en una interrelación continua entre acumulación, especialmente pecuaria, y justificación ideológica (Cámara *et Alii* 2008: 78). De esta manera el autor instituye la voluntad de dominar o explotar como factor motor, interpretando un "principio de abuso" de ciertos individuos sobre el conjunto de la sociedad (control sobre las personas, identificadas como fuerza de trabajo) (Cámara 2001: 169), en el que los mecanismos ideológicos rituales y legitimadores cumplirían un rol fundamental (Lizcano *et Alii* 1992: 86, Cámara y Lizcano 1996: 314) como reguladores y dinamizadores de las contradicciones estructurales del sistema (Cámara y Lizcano 1996: 313).

Basándose en el registro de Martos, consideró inicialmente que la agricultura no debió tener un peso trascendental en la economía de estos grupos :"*la agricultura no parece ser el objetivo económico fundamental de estas comunidades*" (Lizcano *et Alii* 1992: 17), poniendo de manifiesto la aparente ausencia de lustre de cereal en los artefactos líticos[132], y aludiendo a la escasez de restos carpológicos en el interior de las estructuras circulares de Martos (Lizcano *et Alii* 1992: 10 y 15, Cámara y Lizcano 1996: 315). Dicha idea quedará matizada posteriormente al referirse al carácter

[130] Así, la "lucha de clases" se iniciaría al menos desde el Calcolítico (a partir último tercio del IV milenio ANE), llegando a la división de una sociedad aristocrática repartida entre siervos y nobles a lo largo de la Edad del Bronce. Se daría pues una sustitución desde la baja explotación de una gran masa de población en las "sociedades teocráticas calcolíticas", por una alta tasa de explotación en el Argar, en donde una capa menor (los siervos) se llevarían la peor parte. De este modo se vería constituida una verdadera "sociedad servil" en el II milenio ANE (Cámara 2001: 176).

[131] "No se puede competir por la tierra agrícola hasta que se convierte en medio de producción permanente". La competencia real por la tierra, una vez convertida en medio de producción importante a través del trabajo humano, a su juicio sólo tendría lugar en momentos calcolíticos, con la institucionalización estatal (Cámara y Lizcano 1996: 317).

[132] Algo discutible base a la previsible concurrencia de múltiples variables postdeposicionales que pueden afectar a la conservación del lustre y a la necesidad de un estudio traceológico de altos aumentos.

complementario de la ganadería en cuanto a su importancia en la dieta, lo que supondría indirectamente cierto protagonismo económico para el producto agrícola, relegado éste sin embargo en cuanto a su papel social y simbólico a favor de la acumulación de ganado (Cámara 2001: 168).

De este modo, para explicar el desarrollo de la desigualdad social en el sur de la península Ibérica, el autor se basa en un triple proceso, que implica fenómenos sucesivos de aparición, interrelacionados y "no necesariamente imprescindibles" (Cámara 2001: 170):

1- El control de la fuerza de trabajo en un doble aspecto,

a) La presión sobre las mujeres y su capacidad productiva y reproductiva

b) La presión sobre los hombres, en un primer momento identificados con los procedentes del exterior

2- La apropiación de los rebaños

3- El desarrollo de la propiedad privada de la tierra (control de la tierra)

El autor no considera a la tierra pues como un medio de producción, sino como una condición natural de producción (Cámara y Lizcano 1996: 313), convirtiéndose sólo en medio de producción a través del trabajo humano (Meillassoux 1982: 55, Lizcano y Cámara 2004: 236). Existiría competencia en torno al soporte territorial de otros tipos de producción (actividades tradicionales como caza y recolección) y áreas de desplazamiento (Cámara 2001: 171), lo que no excluiría desde nuestro punto de vista la pugna por el acceso a estas "condiciones de la producción" representadas por las tierras de mayor capacidad agronómica o simplemente más productivas. Sin embargo, no se podría a su juicio sostener como causa de la agregación poblacional la competencia por el terreno agrícola en sí y la búsqueda de nuevas tierras impulsada por presiones demográficas (Lizcano *et Alii* 1992: 15), sino por la propia fuerza de trabajo, que es la que convierte a la tierra en medio de producción (Cámara y Lizcano 1996: 313, Cámara 2001: 171). En consecuencia, durante los primeros momentos de desarrollo de estas sociedades de clase, resultaría pues más efectivo el control sobre las personas (control directo de la fuerza de trabajo) que sobre la propia tierra cultivable (Cámara y Lizcano 1996: 314).

De esta forma, el proceso de nucleación poblacional de mediados del IV milenio, pasa a ser explicado a partir de un modelo en el que la agricultura no constituye el motor de los cambios en las relaciones de producción y reproducción social, no surgiendo tampoco como respuesta ante cambios demográficos o presiones ambientales (Cámara y Lizcano 1996: 317). La necesidad cada vez mayor de relaciones entre diferentes grupos en el interés por la apropiación de la fuerza de trabajo, conduciría a un control más estricto de la circulación de las mujeres como fuentes de mano de obra, presente y futura, a través de la unión de diferentes grupos (clanes agrupados en entidades poblacionales amplias, centradas en los territorios necesarios para la explotación ganadera extensiva junto a otras estrategias económicas). Ello se manifestará en el Sudeste y Alta Andalucía con la proliferación de grandes aldeas con sistemas de cierre (fosos) y rituales específicos destinados a marcar la cohesión, junto al desarrollo de una presión hacia el exterior acentuada. Según este postulado, sólo a partir de entonces el cereal irá adquiriendo una importancia mayor (Lizcano *et Alii* 1992: 18) que culminará más adelante, en procesos de consolidación de una cierta "capitalidad" y en la subordinación de unos poblados a otros en un marco de sociedad de clases (Cámara 2001: 171).

Dentro de estos establecimientos, zanjas y fosos pasarían a representar los límites simbólicos de la nueva comunidad, teatralizando la separación con respecto a otras comunidades. Partirían del principio de oposición al exterior, disuasión, amenaza y cohesión al interior, si bien una funcionalidad clara de defensa y protección de la comunidad y sus bienes queda explícito en el discurso (Cámara *et Alii* 2008: 77), algo que desde luego compartimos frente a interpretaciones de cariz simbólico exclusivo (Márquez y Jiménez 2007) (sin constituir por nuestra parte una "enmienda a la totalidad" de los casos registrados). Su trazado vendría a situarse ante la emergencia de los primeros conflictos sociales (Lizcano *et Alii* 1992: 23). De todas formas afirma que su papel delimitador y cohesionador de cara al exterior, así como de protección defensiva ante asaltos o rapiñas, también podría verse compartido como medio para mantener a raya a los rebaños (Cámara y Lizcano 1996: 317).

Dentro de la misma línea el autor destaca como básica la oposición al exterior, hacia el otro, como argumento previo para la justificación de la explotación, convirtiendo las antiguas contrapartidas (mujeres y fuerza de trabajo), en verdaderos tributos que no se devuelven. Esto se verá potenciado al transformarse determinados elementos en símbolos de una deuda fingida, acelerando el endeudamiento y la subordinación consiguiente, aislando a una élite del resto de la sociedad, dedicada a ser donante de servicios ficticios o imaginarios (de ahí el papel del ritual). La institucionalización del tributo permitirá la integración de aldeas dependientes políticamente, dedicadas a un proyecto productivo destinado en parte, a la retribución (Cámara 2001: 171-172).

El ganado, como fondo de acopio de riqueza (desigual por definición), se convierte en el factor de acumulación rápida de medios de producción, dotado de una gran capacidad de crecimiento cuando no se le ponen trabas a su acceso a la tierra. También representa en sí mismo un medio de producción, equivaliendo a la tierra trabajada destinada a la agricultura, siendo un bien móvil de fácil trasvase y acumulación creciente, aunque necesitado de cuidados y defensa (Cámara y Lizcano 1996: 314, Cámara 2001: 172, Lizcano y Cámara 2004: 237, Cámara *et Alii* 2008: 73). Además necesita de un soporte físico para su desplazamiento, por lo que a través de él, la tierra se apropia. Así se reclamarían pues, rutas trashumantes y caminos tradicionales de acceso a recursos e intercambio, adquiriendo los megalitos y las representaciones rupestres el papel de marcador del territorio, especialmente cuando los límites resultan imprecisos.

El autor, aunque asume que es posible que el ganado no tenga más importancia en términos alimentarios que el cereal, lo vestirá sin embargo de un gran papel social y simbólico al generar grupos especializados, un nuevo sector económico (ganadería), el control del territorio (en torno a los pastos), la oposición hacia otras comunidades (al marcar con su presencia este territorio), así como se emplearán sus prestaciones, obvias en cuanto a bien dotal, lo cual produce la diferenciación entre linajes. Ello creará más deuda ante valores diferenciales, generando una mayor brecha entre desigualdades de clase, llevando primero a la clientela y después a la servidumbre (Cámara 2001: 173). A mayor cantidad de cabezas de ganado, mayor facilidad para destinar una partida al sacrificio o a la distribución en una fiesta ("los regalos hacen esclavos") comprometiendo al sector socialmente débil respecto a este bien móvil, justificando el desprestigio y dependencia de la mayoría de la población (Cámara *et Alii* 2008: 56 y 63). Ello aumentará la deuda ficticia entre una oligarquía posesora incipiente y las nuevas clases periféricas, obligadas a generar contrapartidas (mujeres y fuerza de trabajo) convertidas ahora en verdaderos tributos (Cámara *et Alii* 2008: 70).

De esta manera el papel del robo de ganado tendería a adquirir una importancia creciente, como el de las mujeres o de los hombres (esclavos), garantizando la obtención de los máximos beneficios con la mínima inversión, al no tener que esperar el crecimiento del animal (Cámara y Lizcano 1996: 314), lo que pensamos debe ser discutido de forma detenida si consideramos usos distintos a los del mero consumo de la carne. Con la progresiva institucionalización de la propiedad privada, se garantiza el dominio directo y su justificación ideológica. El robo de ganado serviría pues tanto para conseguir adeptos y ganar prestigio dentro del grupo raptor, como también una forma de eliminar competencia al atacar directamente a los medios de subsistencia de grupos ajenos, poniendo en peligro su ciclo económico plurianual. De la misma forma, vendría a potenciar la diferenciación social que de por sí genera la gestión del ganado, aumentando la división grupal por rangos de edad y por sexo; hombres que los roban y defienden y niños y mujeres que los pacen, los que los sacrifican u ofrendan (sacerdotes), y los que se encargan de proporcionarlos (guerreros) (Cámara y Lizcano 1996: 314, Cámara *et Alii* 2008: 79).

En cuanto a necrópolis y los enterramientos, éstos pasarían convertirse en una forma de legitimar la desigualdad en el espacio habitado a través del tiempo. Una vez asentada plenamente la comunidad, el control de la tierra pasa a ser ejercido por el sector que a través de la acumulación, había monopolizado el ritual y los servicios simbólicos (refiriéndose al culto a los ancestros), generando poco a poco la noción de propiedad privada (Cámara 2001: 174). El autor, sin embargo, pasa de puntillas (Cámara 2001: 175, Cámara *et Alii* 2008: 71) ante la importancia que la cabaña bovina habría podido adquirir en este momento como elemento de tracción, factor que consideramos de primer orden ante su papel indispensable como fuerza de trabajo agrícola, lo que también llevaría a su control, en concreto el de los machos castrados, a volverse de interés fundamental. Con el enterramiento de hombres y animales en fosas, la tierra se manifestaría como soporte físico y simbólico de los rebaños y la fuerza de trabajo humana y por ende, garante de la continuidad del grupo (Cámara y Lizcano 1996: 315). Dicho de otra forma, los rebaños y las personas se verán adscritos simbólicamente y para siempre a la comunidad que utilizará su trabajo (Lizcano y Cámara 2004: 237).

El hallazgo de una ternera (o ternero) inhumado en la denominada estructura XV del yacimiento de Martos, de la cual se ha dicho que podría haber muerto tanto de forma natural, por accidente o sacrificio ritual (Lizcano *et Alii* 1992: 87, Cámara y Lizcano 1996: 316, Lizcano y Cámara 2004: 238- 239, Cámara *et Alii* 2008: 62, 68- 70), servirá para hilvanar todo un sistema hiperinterpretativo en cuanto al valor de los ganados (en particular el bovino) y su papel como regulador y justificador de la desigualdad social, sexual y por rangos de edad; sistema que se ha visto reforzado tras las más recientes excavaciones realizadas en la Alberquilla, en el mismo yacimiento (Cámara *et Alii* 2010). En la misma dirección, la presencia de un cráneo de carnero (asumido como "trofeo") con los cuernos mochos[133], vendría a representar la imagen de la dominación masculina (Cámara y Lizcano 1996: 316, Cámara *et Alii* 2008: 71 y 73). Un papel diferente correspondería a los depósitos de cadáveres humanos y de cánidos, asociados estos últimos a un acto de "agradecimiento" en la fase fundacional probablemente en relación a su papel en la caza. La inhumación de humanos y animales serviría finalmente para aunarse en la identificación con una tierra que ha pasado a convertirse en la garante de la supervivencia del grupo a medio plazo, reflejando relaciones simbólicas con el mundo de los ancestros (Cámara *et Alii* 2010: 315), teniendo un papel importante en la agregación poblacional y la sedentarización como símbolos de cohesión (Lizcano *et Alii* 1992: 19, Cámara y Lizcano 1996: 315, Cámara *et Alii* 2008: 73).

En relación al asunto de la inhumación ritual de animales (entre las que también se debería hacer distinciones entre animales completos articulados y porciones esqueléticas separadas[134]), debemos plantear aquí una problemática tan sólo en apariencia sencilla: el porqué, dentro del marco planteado por estos investigadores, el bovino acaba convertido en protagonista en exclusiva del

[133] Hecho observado en diversos registros de la Protohistoria y Prehistoria Reciente, incluyendo Iglesia Antigua de Alcolea, probablemente practicado para impedir que los machos se lastimen entre sí.

[134] Aquí cabría deslindar la simple inhumación, el sacrificio del animal y la ofrenda votiva de bienes comestibles (Poolex 1999: 542).

sacrificio o gerente del papel simbólico principal manifestado a través de su inhumación. En este sentido, frente a la idea sostenida por ciertos autores de la inhumación reservada exclusivamente a hombres, perros y bovinos (Márquez Romero 2004: 20), destacamos el hallazgo frecuente de enterramientos de animales pertenecientes a grupos distintos; deposiciones parciales de cerdos de corta edad en el Seminario/ La Orden, así como de animales salvajes; un pez de grandes dimensiones, probablemente un seláceo, en el anterior yacimiento onubense[135] y un ciervo en las Beatillas, así como ya en el III milenio y lejos de nuestro ambiente geográfico, de una cabeza de uro en el Camino de las Yeseras, Madrid (Ruiz Gil *et Alii* 1990: 32, Liseau *et Alii* 2008: 107), por citar tan sólo algunos ejemplos conocidos. En estos casos concretos cabe preguntarse sobre el significado preciso de un sacrificio efectuado sobre un bien depredado (es decir, cazado y pescado) frente al protagonizado por animales domésticos.

Ante este tema resulta oportuno preguntarse de la misma forma por las implicaciones comparativas que muestra este fenómeno con los frecuentes hallazgos de inhumaciones animales (caballos, bovinos, perros, cerdos, etc.), de carácter indiscutiblemente simbólico- ritual (de los que tenemos abundantes ejemplos de la Edad del Hierro en Méniel 2008), así como con ciertos contextos de cronología reciente pertenecientes a sociedades bien conocidas (refiriéndonos por ejemplo, a las medievales europeas), donde las interpretaciones de cariz simbólico-ritual no resultarían en este caso de las más satisfactorias, siendo fácilmente interpretables por otras vías, más "prosaicas" (Casal *et Alii* 2010: 165) (sólo por citar un caso que nos es próximo). En el período que nos ocupa, dicha distinción nos parece sin duda más problemática de lo planteado por Cámara y otros (donde destacaría la presencia de esqueletos enteros, taxones raros, animales muy jóvenes o muy viejos, etc.) (Cámara *et Alii* 2008: 63), sin considerar que ciertas actitudes simbólicas ritualizadas y otras de carácter doméstico cotidiano, no tienen por qué ser mutuamente excluyentes[136]. En este sentido cabría referirse al llamado "Fraude Ritual", reconocido en contextos transculturales y de gran amplitud diacrónica (desde el neolítico a la Edad Media) de Europa Oriental, en donde un alto porcentaje de los esqueletos (équidos y bovinos) depositados en estructuras subterráneas y ligados a posibles sacrificios, presentan patologías graves, algunas vinculadas a edad extrema, y que en diversos casos habrían terminado por invalidar al animal como fuerza de trabajo (Teegen 2006).

En cuanto al papel de los caprinos, que en Martos llegan a superar hasta más del 70 % de los restos óseos (sin incluir los pertenecientes a los animales articulados referidos anteriormente), éstos, base a su abundancia en este yacimiento (y por extensión en otros enclaves del piedemonte subbético), han sido relacionados con una previsible especialización complementaria pastoril en áreas serranas, trasladando los caprinos lejos de los campos de cultivo situados en zonas llanas (probablemente entre primavera y verano) (Cámara *et Alii* 2008: 58), excluyendo la especialización en exclusiva propia de pueblos pastoriles que fue asumida por la investigación arqueológica de años anteriores (Lizcano 1999: 267). La movilidad estacional de estos rebaños quedaría refrendada por la práctica ausencia de machos, los cuales pudieron morir fuera o ser enviados o sacrificados en áreas diferentes, dejando a las hembras para la reproducción y producción lechera en el ámbito doméstico (Cámara *et Alii* 2008: 61, Lizcano y Cámara 2004: 236). En el plano económico, llama la atención sobre la importancia del ovino como productor de lana (Lizcano *et Alii* 1992: 87, Cámara *et Alii* 2008: 78), algo sin duda discutible dada la aparente ausencia de oveja lanera en Europa Occidental antes del III milenio ANE[137] (Sherrat 1981: 282, 2006: 338, Davis 1989: 164).

La supuesta preponderancia de la ganadería sobre la agricultura a mediados del IV milenio ANE, y dentro de aquella, la asunción del dominio simbólico del bovino sobre la mayor parte de la biomasa consumida, que en el yacimiento de Martos se halla protagonizada por los caprinos en cuanto a peso (PR), restos (NR), e individuos (NMI) (Cámara *et Alii* 2008: 59- 60), sitúa desde nuestro punto de vista a los argumentos de estos autores en una posición precaria, máxime cuando una gran parte de su construcción teórica descansó (inicialmente) sobre una inhumación de un bovino subadulto (sin duda una edad crítica) en el interior de una estructura siliforme. La importancia simbólica del ganado bovino y su defensa

135 Agradecemos al José A. Linares, director de la intervención arqueológica, toda la información arqueológica facilitada al respecto.

136 En este sentido cabe referirse a un tema de actualidad del que se han ocupado varios investigadores en ambientes próximos espacial y cronológicamente (Márquez 2006, Liesau *et Alii* 2008, Valera *et Alii* 2010). Nos referimos a las inhumaciones (parciales y completas) de cánidos. Nos preguntamos si es posible distinguir ante el hallazgo de un podenco enterrado en una fosa junto a un cortijo actual, entre el "afecto teatralizado" de un enterramiento, realizado ante la muerte de un compañero de caza (unido a través de lazos afectivos potenciados por diversas vivencias y lances cinegéticos al propio cavador de la fosa), y el carácter meramente "sanitario". Los límites nos resultan enormemente tenues, gravitando en torno a la "intención" del individuo responsable de su inhumación. Una batería de actitudes simbólicas y prejuicios culturales operan incluso a través de la mera acción "sanitaria", desde la no- identificación del animal como carne comestible, hasta la concepción de la carroña como entidad contaminante e insalubre. Desde nuestro punto de vista, decidir los límites de las actitudes simbólicas y por ende, de las ritualizadas, resulta una labor extremadamente difícil, necesitando de una definición precisa de "ritual" para cada caso concreto, así como de un estudio osteológico en profundidad de los individuos inhumados. Para el caso del ejemplo expresado, suscribimos completamente la idea de que rara vez existe un único tipo de relación hombre- perro (Valera *et Alii* 2010: 15). Por otra parte, respecto a la presencia en inhumaciones de animales muy jóvenes o muy viejos, dichas edades también se aproximarían a las esperadas en un patrón de tipo atricional, es decir, muertes de orden natural sin intervención humana (Domínguez- Rodrigo 1998: 12).

137 Según A. Sherratt, el testimonio más antiguo de lana de oveja conocido en Europa Occidental, corresponde a un fragmento carbonizado localizado en Clairvaux- les– Lacs (Horizonte de Clairvaux Reciente) datado entre el 3000 y el 2900 ANE. En la Península Ibérica, habría que esperar al primer tercio del II milenio ANE (yacimiento de Castellón Alto, tumba 121 de la llamada "Momia de Galera") (Molina González *et Alii* 2003: 121), para contar con testimonios directos del uso de dicha fibra en textiles. Antes del IV milenio, las razas ovinas laneras estaban probablemente restringidas a Asia Central, donde se sospecha que pudieron ser originadas (Sherratt 2006: 338, 355).

como mecanismo simbólico en la justificación de la desigualdad cuenta como impronta reconocible el trabajo de campo que C. Meillassoux llevó a cabo sobre los Gouro y otras etnias Fula de Costa de Marfil, Malí y Burkina Faso, pueblos agrícolas y ganaderos del Sahel y África Occidental dependientes del ganado bovino y ajenos en su mayor parte a la cría del cerdo (Godelier 1978: 94). Esta ilustración de fondo etnográfico, termina por ser de forma involuntaria compartida independientemente por otros autores de extracción muy distinta (Márquez 2004: 20), en una referencia particular a los pastores Nuer de Sudán del Sur y su sistema de clasificación del ganado bovino, puesto de manifiesto por Evans- Pritchard.

4. El arado y el barbecho. Una propuesta de intensificación integrada en torno a la sedentarización y la agregación poblacional hacia el 3500 ANE.

Como hemos tenido ocasión de señalar en los capítulos y líneas precedentes, los dos primeros milenios de producción agrícola en la Depresión del Guadalquivir (?/5300- 3600/3300) se caracterizan a nivel espacial por una escasez manifiesta de emplazamientos arqueológicos conocidos, los cuales aun hoy continúan en su mayor parte representando depósitos estratificados en cueva y siendo contados los casos de emplazamientos al aire libre. Por el contrario, entre el segundo cuarto y mediados del IV milenio (3600- 3300 ANE), el territorio se verá ocupado por un alto número de enclaves de superficie, situados de forma preferente en vegas y campiñas (tierras bajas), situación también determinada tanto en otros ámbitos peninsulares próximos (valle del Guadiana, Sudeste o Levante) (González Cordero *et Alii* 2008, Molina González *et Alii* 2004, Bernabeu 1995, García Atiénzar 2007), como de Europa Continental (Lichardus *et Alii* 1985: 336). En este sentido, no escasean los investigadores que han relacionado dicho fenómeno con un cambio de régimen productivo a través de la adopción de una agricultura de tipo intensivo practicada con el concurso del arado y animales de tiro (Champion *et Alii* 1988: 213, Bernabeu *et Alii* 2006: 107). Antes de continuar en esta línea, no hay que olvidar la ambigüedad con la que cuentan gran parte de los términos utilizados, concretamente ante las diferencias que conceptos como agricultura intensiva/ extensiva poseen para cada escuela agronómica, tendencia historiográfica o investigador, pudiendo un mismo vocablo designar realidades aparentemente contrapuestas en función de donde ubicar el énfasis conceptual (por ejemplo Boserup 1967 o Halstead 2002: 106). En este trabajo y por nuestra parte, por agricultura intensiva entenderemos aquella que se vale de medios de intensificación basados en la tracción animal, el uso de rotación de cultivos o el abonado planificado, ya sea en pequeñas parcelas como en superficies de mayor amplitud, con vistas a aumentar la producción por unidad de superficie independientemente de los niveles de rendimiento y productividad resultantes en valores absolutos.

Aun considerando el hecho de que no existe una causa única en prácticamente ningún proceso histórico, hemos trabajado a partir de un modelo interpretativo construido en parte desde nuestra propia lectura de los escritos de Esther Boserup, recogidos en su fundamental "*Las Condiciones del Desarrollo en la Agricultura*" (Fondo de Cultura Económica, 1967), sobre todo en lo que respecta a formas de cultivo extensivas. De la misma forma, hemos recogido tanto las críticas vertidas a la anterior obra así como las aportaciones propias del grupo de Cambridge (Jarman *et Alii* 1982) y otros investigadores británicos (Halstead 2002) en relación a formas de cultivo intensivo manuales sin ayuda de animales de tiro. De la misma forma, la publicación en 2006 de las actas de la mesa redonda de Frasnois (Jura, Francia)[138], editada bajo la dirección de Pierre Petrequin y otros, ha aportado a nuestra visión de los cambios generales producidos durante este período, nuevos argumentos que vienen a redefinir y dotar de contenidos a toda una categoría que ya acusaba la necesidad de una profunda revisión, conocida con el nombre de "Revolución de los Productos Secundarios" y que fue acuñada por Andrew Sherratt hace ahora 30 años (Sherratt 1981).

- Agricultura extensiva e intensiva. La ignicultura frente a la azada

La ignicultura o cultivo forestal itinerante por roza y quema, fue propuesta desde mediados del siglo XX como la forma de agricultura primitiva desarrollada por los primeros productores neolíticos europeos (Clark 1945), transformándose en la "concepción tradicional sobre la agricultura neolítica europea" (Bernabeu *et Alii* 1993: 265) y sirviendo como explicación general dominante de las primeras formas de cultivo (Jarman *et Alii* 1982: 134). Uno de sus principales impulsores, John G. D. Clark, afirmó que más que una barrera, los bosques de la Europa Atlántica constituían un importante factor para el desarrollo de la agricultura. Así este autor sugirió que Europa fue colonizada a partir de una agricultura de roza y quema, desarrollando un sistema muy dependiente del entorno forestal. La idea de una agricultura itinerante en el Neolítico europeo, se mantuvo relativamente incólume, reforzada por las tesis de Esther Boserup hasta entrada la década de 1980, cuando se enfrentó a las críticas vertidas por el grupo de paleoeconomía de la Escuela de Cambridge (Jarman *et Alii* 1982: 134- 145), sobre las que entraremos más adelante.

La agricultura de roza y quema acompañada de barbechos largos constituye uno de los modelos de agricultura tradicional de mayor repartición mundial. Frecuentemente relacionada con latitudes tropicales, en realidad su uso se encuentra bien documentado en áreas boscosas marginales de Europa Continental en tiempos medievales, siendo relativamente frecuente en el norte de Europa a lo largo de la Edad Moderna hasta mediados del siglo XX (Boserup 1967: 96, Jarman *et Alii* 1982: 137).

[138] Actas publicadas en : Pétrequin, P. ; Arbogast, R.- M.; Pétrequin, A.- M. ; Van Willigen, S. ; Bailly, M. (Eds.) (2006) *Premiers chariots, premiers araires. La diffusion de la traction animale en Europe pendant les IVe et IIIe millénaires avant notre ère*. Monographie du CRA, 29, CNRS, Paris.

Denominada *landag* en Indonesia, *coivara* en Brasil, asociada al sistema de milpa centroamericano, y también denominado modelo *swidden* (término tradicional del norte de Inglaterra, utilizado también cómo sinónimo de roza y quema[139] y empleado para nuestro entorno geográfico por Francisco Nocete), consiste en la selección de una parcela en el bosque, su clareo y desbroce mediante azada y el concurso del fuego (bien directamente, bien cortando y desbrozando la mayor parte de la masa vegetal y dejándola secar para posteriormente quemarla) (Boserup 1967: 26, Sahlins 1972: 51, 1983: 56). El objetivo consiste en cultivar directamente sobre las cenizas húmedas (suponiendo el aclareo de la parcela durante la estación seca, al final del verano y la siembra en otoño, aprovechando las lluvias), sin necesidad de realizar despiedre o remover profundamente el suelo, sembrándola normalmente a voleo o bien con ayuda de una laya o de una simple azada.

El periodo productivo de cada parcela rozada, suele oscilar entre uno y dos años, tras los cuales el terreno se abandona a fin de que el bosque vuelva a invadirlo con miras a la recuperación del suelo, dejándose a menudo intactos en el calvero los árboles de mayor edad para facilitar la dispersión de semillas, tras lo cual pasado un tiempo variable la superficie puede roturarse de nuevo para terminar otro ciclo agrícola (Sahlins 1972: 51). De este modo se evita el agotamiento de la parcela, siendo formas de cultivo necesitadas de grandes extensiones de bosque sobre terrenos compatibles con una agricultura itinerante. Tras la cosecha, la parcela queda en barbecho durante un período que puede oscilar entre ocho y diez hasta cincuenta y más años, cifras últimas que se ajustarían a un sistema de rozas sobre bosque primario (Monte Alto). En este sentido, se ha aludido a estudios etnográficos realizados sobre estos sistemas agrícolas que mostrarían la preferencia de los agricultores por parcelas sobre bosque secundario (Monte Bajo), dotadas de un barbecho de menor duración y de más fácil clareo, compatibles con una menor movilidad de los cultivadores (Sahlins 1972: 51, Boserup 1967: 54).

Los sistemas de roza y quema representan una agricultura de muy escasa inversión, "fácil", dependiente casi en exclusiva de la abundancia y riqueza boscosa (biomasa vegetal), y donde el trabajo invertido para obtener una cosecha apenas se circunscribe al del somero desbroce y el control del fuego, no necesitando normalmente escarda al sembrar sobre las cenizas de un incendio, las cuales en los casos de quemas controladas sobre bosque primario pueden llegar a alcanzar un considerable espesor. Ello explicaría las grandes dificultades vividas por la administración colonial europea durante la primera mitad del siglo XX al pretender extirpar estas formas de trabajo agrícola, aun dotando a los campesinos locales (en diferentes regiones de Asia y África) de medios de intensificación en teoría más prácticos y productivos (yunta y bueyes, sembradoras, regadíos, etc.) (Boserup 1967: 56). La productividad del trabajo en la roza y quema, resulta pues muy elevada, si bien el rendimiento por unidad de superficie es débil, dependiendo así de la conservación en términos aceptables de la cobertura húmica y de la densidad del bosque, y muy poco del trabajo humano invertido. Así, en las sociedades cuya subsistencia se basa en este tipo de agricultura, una de las condiciones internas de la reproducción del sistema es la existencia de vastos calveros baldíos (varias veces superiores a la parcela sembrada en un momento dado) utilizables como barbecho que permitan el descanso del terreno hasta una nueva siembra, habida cuenta del tiempo necesario para la regeneración natural del suelo. En esas condiciones, el sistema impone un límite a la duración de los enclaves de asentamiento, manteniendo la fisión y dispersión poblacional hacia tierras no cultivadas (Boserup 1967: 119, Godelier 1978: 78, Sahlins 1972: 54).

Este sistema pues, exige una densidad poblacional menor a la esperada para comunidades campesinas de agricultura intensiva (aunque superior en teoría a una de cazadores- recolectores en medios ecológicos similares), así como una mayor movilidad, impulsada por la prolongación de los barbechos y la búsqueda de nuevas parcelas, constituyendo comunidades de agricultores itinerantes o semisedentarios, lo que dificultaría entre otros factores, la cristalización de procesos de agregación política (Sahlins 1972: 54). Este aparente subaprovechamiento de los recursos cabe ser relacionado con la denominada por Sahlins, "Regla de Chayánov". Así, en la comunidad de grupos productores, cuando mayor es la capacidad relativa de trabajo en la unidad doméstica, menos trabajan sus miembros. Dicho de otra forma, "*la intensidad del trabajo en un sistema de producción doméstica para el consumo* (por ejemplo, agricultura de autosubsistencia) *varía inversamente a la capacidad del trabajo de la unidad de producción*". Esta conservadora estrategia de subproducción, plantearía grandes obstáculos a las posibles decisiones de grupos individuales enfocadas a realizar cambios productivos (intensificación agrícola, por ejemplo), que sólo se llevarían a cabo ante la aparición de cambios globales (contradicciones externas o crisis de subsistencia coincidiendo con una dependencia creciente de un sistema productivo dado unido a una alta tasa demográfica), que impulsen la asunción de cambios estructurales de mayor calado (Sahlins 1983: 107).

La agricultura itinerante de roza y quema se enfrenta, sin embargo, a problemas connaturales muy diversos en función del tipo de suelo y ecosistema boscoso sobre el que se realice, junto a otras variables derivadas de la propia estrategia adoptada por la comunidad de productores que la practiquen. Uno de los factores que más afectarían al sostenimiento de este sistema de cultivos aparece ante un crecimiento demográfico sostenido, lo que comienza por alterar el tiempo de reposo de los barbechos, que se hacen más herbáceos y derivando en casos extremos a la formación de suelos duros (laterización) (Boserup 1967: 41, Sahlins 1972: 54) e impidiendo su cultivo a corto y medio plazo. Más adelante describiremos en profundidad otros factores

[139] *Slash and burn.*

importantes que afectan a la pérdida de calidad del barbecho largo forestal.

En cuanto al agente demográfico, su influencia sobre estos sistemas agrícolas resulta muy variable en función de los ecosistemas implicados, si bien en nuestro caso nos inclinamos a pensar que podría resultar determinante tanto con una tasa poblacional positiva, como a la larga con una demografía estancada a crecimiento cero. Considerando una agricultura forestal de roza y quema, ésta se produce a costa de la tierra boscosa disponible, que vería abrirse un mayor número de parcelas dedicadas al cultivo y un número aun mayor de calveros en barbecho. En la península Ibérica, los bosques mediterráneos de *Quercus* perennifolios (al menos según parámetros actuales) así como los suelos sobre los que se sustentan, cuentan con una tasa de regeneración muy baja, similar a la propia de ecosistemas semiáridos (Romanyà *et Alii* 2007: 54), hecho que sin duda dejaría entrever un previsible agotamiento a largo o medio plazo del sistema en caso de realizarse el cultivo forestal, rompiéndose el equilibrio existente hasta entonces. A menor productividad vegetal del medio boscoso (vinculada directamente con su tasa de regeneración), la parcela aclarada exigiría un mayor período de recuperación en barbecho, necesitando sin embargo continuar con al menos el mismo tiempo de descanso si se quiere mantener la producción al mismo nivel. Paralelamente, a mayor tiempo de descanso en barbecho, se necesita disponer de un mayor número de calveros baldíos (en teoría, uno por cada año de barbecho respetado), situación que aumentaría ostensiblemente ante una tasa poblacional positiva.

El proceso tendería pues hacia un cultivo del terreno a intervalos cada vez menores (Boserup 1967: 33); desde el aclarado de calveros en bosque primario en los inicios de la economía productiva, hacia las rozas en bosque secundario de matorral y árboles jóvenes, continuando la tendencia progresivamente hasta desembocar en la quema de terrenos herbáceos que producirían escasas cenizas, obligando a remover la tierra y a proceder a la limpieza y despiedre de la parcela, obteniendo en este momento el uso de la azada un especial protagonismo. En una última fase, la quema y la remoción leve del terreno pierde toda efectividad, quedando la tierra en un nivel mínimo de productividad de no ser por el concurso de la cava y el abonado[140]. De esta manera, la regla de la subproducción de Chayánov se rompe, necesitando aumentar y concentrar la fuerza de trabajo ante el peligro de la ruptura del propio autoabastecimiento y la posibilidad de situar a la comunidad en serias dificultades de supervivencia. Obviamente ello representaría un nivel crítico al que difícilmente cabría llegar sin haber puesto antes remedio, bien mediante prácticas de intensificación de diverso tipo o bien mediante estrategias alternativas de orden muy diferente (Boserup 1967: 58).

En una sociedad productora donde la propiedad de la tierra aún no se halla constituida como tal mediante mecanismos de apropiación simbólica, el acceso a ésta se legitima ante la comunidad a través del trabajo invertido en ella, de su laboreo y puesta en cultivo (Meillassoux 1982: 57). Ante un aumento de la demanda de parcelas agrícolas, derivado de un crecimiento demográfico sostenido unido a la degradación de la masa forestal, los cultivadores también podrían evitar prolongar los barbechos y abandonar las tierras por temor a perder los derechos de cultivo, impulsando de la misma forma el acortamiento de los barbechos que tenderán a reducirse ante la necesidad de aumentar la producción por habitante. Esto chocaría frontalmente con una producción por hombre y hora descendente al reducirse el tiempo de recuperación del terreno, lo que podría representar otro factor que obligara a adoptar soluciones alternativas a las prácticas agrícolas realizadas hasta entonces. Cabe entender pues, que el cambio hacia la intensificación agrícola a través del uso de tracción animal se podría producir por razones de fuerza mayor ante una serie de circunstancias concatenadas:

1- Una tasa de crecimiento poblacional positiva (aunque no lo consideramos determinante) tras un largo período de agricultura forestal

2- La crisis de la agricultura forestal de barbecho largo asociada a las consecuencias de una antropización creciente y generalizada

3- Aumento de las limitaciones de espacio (debido a la fragua de derechos de acceso a la tierra por parte de otras comunidades), en parte como resultado de lo anterior

4- La difusión de nuevas técnicas agrícolas procedente del exterior y su adopción local escalonada.

En este sentido podría defenderse que tras dos milenios de cultivo de rozas y conocimiento adquirido, dichos grupos habrían tenido anteriormente acceso a técnicas de intensificación agrícola, las cuales no se ponen en práctica hasta que llega a compensarles el esfuerzo, evitando así traspasar el umbral crítico (Boserup 1967: 70- 71). De esta manera, el paso a la roturación en profundidad de la tierra con el concurso de abono animal y del arado, terminaría por imponerse por sí mismo.

Pese a que el eje fundamental del trabajo de Esther Boserup relacionado con su crítica al modelo maltusiano, y a la capacidad de las sociedades por intensificar la producción y sus rendimientos a fin de hacer frente a una demografía en ascenso se aceptan aun hoy sin generar discusión, su visión unilineal en exceso férrea de la evolución de la agricultura desde el modelo *swidden* hasta el laboreo con tracción animal, a partir de fases entendidas de forma universal, se convirtió finalmente en objeto de críticas por parte de la Escuela de Paleoeconomía de Cambridge, las cuales son asumidas

[140] Es en este momento cuando la escarda en la parcela cultivada llegaría a alcanzar su grado más alto de sobreesfuerzo, al igual que la recolección y dispersión de abono o de materia fertilizante, ya que en una roturación con arado bien desarrollada, el abono para el cereal puede circunscribirse al del propio ganado cuando pace el barbecho y pisa el suelo, siendo la escarda, débil (Boserup 1967: 82).

por un numero importante de investigadores actuales. La objeción fundamental vino enfocada desde muy diferentes ámbitos, históricos, arqueológicos o etnográficos, en donde uno de los primeros argumentos fue la invalidación del modelo de gráfica polínica (tomado de J. Iversen y utilizado mucho tiempo antes de la publicación de las tesis de la autora) utilizado en la defensa de la roza y quema, y en donde se ejemplificaba la degradación del bosque y su recuperación cíclica, frente a la mayor parte de los datos ya disponibles en ese momento en Europa Continental mostrando el deterioro progresivo de la cubierta arbórea. Como se ha argumentado, dicho fenómeno puede ser interpretado también a partir de la expansión gradual de cultivos intensivos sobre tierras consideradas hasta ese momento marginales (Jarman *et Alii* 1982: 136).

Otro de los factores de crítica es la asunción, arrastrada desde los trabajos de Childe, del desconocimiento por parte de los agricultores primitivos de la rotación y abono de cultivos (Bernabeu *et Alii* 1993: 268). La presencia de caprinos y bovinos en pequeños rebaños desde el inicio del Neolítico, así como la coexistencia de cereales y leguminosas en taxones diversos, fue utilizada como argumento de la probable explotación de una agricultura intensiva de pequeñas parcelas desde el comienzo de la expansión agrícola. El control de la fertilidad del suelo, tanto a partir del uso de abono animal, como por medio de la siembra periódica de leguminosas, pudo haber sido posible desde las primeras fases, considerando de la misma forma que un cierto equilibrio entre la siembra de trigos vestidos (poco exigentes) y el uso de suelos loéssicos en Europa Continental, pudo haber mantenido unos niveles productivos muy aceptables sin necesidad de realizar actividades enfocadas a potenciar la fertilidad del suelo. Por último, asumiendo la difusión desde un foco oriental del cultivo de las especies vegetales, área en donde gran parte de los enclaves habitacionales se concentran en *tells* ocupados de forma permanente (Próximo Oriente y Europa Sudoriental), resultaría pues sorprendente un cambio de estrategia agrícola al llegar a ambientes análogos situados en Europa y el Mediterráneo Occidental (Jarman *et Alii* 1982: 140- 145).

En la actualidad, la mayor parte de los investigadores apuesta por la existencia en la Europa Mediterránea (partiendo del caso griego, estudiado por Paul Halstead) de una agricultura mixta de pequeña escala, una suerte de horticultura intensiva (Ntinou 2002: 100, Halstead 2002: 110), favorecida por la rotación de legumbres y cereales, en cierto sentido no demasiado diferente de la existente tradicionalmente en la misma área hasta tiempos recientes, más que el uso de barbechos prolongados. La variedad de taxones ha sido considerada más típica de cultivos intensivos que extensivos, habiéndose asociado también a sociedades de tipo "igualitario" frente a las extensivas especializadas propias de sociedades estratificadas (Halstead 2002: 106- 107). De la misma forma, se ha argumentado para el mediterráneo Ibérico, el inicio del sistema agrario a partir del cultivo intensivo de pequeñas parcelas de terreno por medio de la azada (Bernabeu 1995: 54), donde la amplia diversidad de especies podría ser utilizada como seguro al ir seleccionando las mejor adaptadas a las condiciones y variables de los nuevos terrenos sujetos a explotación (Pérez Jordá 2004: 79).

En este sentido asistiríamos al mantenimiento de una agricultura intensiva manual sobre pequeñas parcelas en depósitos sedimentarios vinculados a pequeños cauces fluviales y en cuencas sedimentarias y depresiones cársticas, situadas con preferencia junto a manantiales permanentes y en medios híbridos con amplio acceso a diversidad de recursos (ecotonos)[141]. Este tipo de patrón resultaría visible en el zócalo del Subbético (escarpe de Camarena), a partir del último tercio del VI milenio ANE. De la misma forma, se puede entrever un comportamiento similar en el piedemonte de Sierra Morena, en enclaves asociados a manantiales de curso continuo, de manera análoga al citado caso meridional. Esta agricultura intensiva de azada sobre pequeñas parcelas, a la cual podría denominarse casi como un tipo de horticultura asociada a una gran variedad de taxones de cereales y leguminosas, podría relacionarse con la documentada en el Neolítico Griego (Halstead 2002) así como con la propuesta para el levante peninsular (Bernabeu 1995, Bernabeu *et Alii* 1993).

Sin embargo, un modelo sostenible de agricultura de la azada, basado en cultivos intensivos sobre pequeñas parcelas o almácigas con alta diversidad de taxones de cereales y leguminosas, no explica bien a nuestro juicio la exitosa adopción del arado o el laboreo con tracción animal generalizado a partir de mediados del IV milenio ANE, así como la aparentemente rápida ocupación de los suelos campiñeses en una nueva estrategia de intensificación agrícola, en caso de haberse mantenido con anterioridad la regla de subproducción. A diferencia de los suelos ligeros de fácil labra en la horticultura intensiva del área mediterránea, donde se sitúan los principales establecimientos permanentes detectados (y donde cabría incluir los del entorno subbético, en donde el caso más conocido es el de Montefrío), la presencia muy escasa aunque puntual de enclaves del VI y V milenios en área campiñesa (Carrilero y Martínez 1985, Carrilero 1990, 1991)[142], así como la eclosión

[141] Sobre estos emplazamientos se ha dicho que "*probablemente se tratasen de zonas tradicionalmente conocidas por sus optimas condiciones naturales, ricas en recursos naturales, y de un alto valor estratégico (situadas en zonas de contacto entre nichos ecológicos distintos y/o junto a rutas o pasos tradicionales). Lugares frecuentados de forma cíclica durante generaciones por las distintas comunidades que antes de la sedentarización plena, desarrollaron modos de vida semisedentarios, y en los que pudieron darse concentraciones periódicas de los diferentes grupos y bases para la ocupación estable del territorio y el desarrollo de una economía agropecuaria*" (Lizcano *et Alii* 1999: 263). Dichos enclaves cabría esperarlos pues, junto a medios costeros o estuarinos, y en nuestro ámbito, a proximidad de cursos de agua permanentes o manantiales de flujo continuo en áreas de piedemonte.

[142] El proceso que desarrollaremos a continuación viene a matizar la aseveración propuesta por nosotros en un trabajo anterior (Martínez *et Alii* 2010b: 239), relativa al papel que los procesos postdeposicicionales y erosivos propios de la actual agricultura mecanizada en las tierras bajas han tenido en la conservación de vestigios referentes a los dos primeros milenios de economía de producción en la zona. Actualmente consideramos que esta realidad, lejos de resultar un factor determinante,

generalizada de las ocupaciones a partir del IV milenio en este mismo área, nos hace plantear un fenómeno de orden más complejo.

En este sentido, especulamos con la posibilidad de la generalización ya desde el primer Neolítico, de un modelo agrícola de tipo mixto en la cuenca del Guadalquivir Medio, en donde junto a una agricultura de almáciga intensiva en áreas próximas a manantiales y pequeños cauces permanentes ligados a formaciones cuaternarias en los piedemontes subbético y mariánico, desde este momento se asistiera también al aprovechamiento complementario de una agricultura extensiva sobre calveros abiertos en el bosque termomediterráneo de las tierras bajas campiñesas, en principio de tipo oportunista y probablemente enfocada al cultivo a voleo o con laya de cereales sobre cenizas, concretamente trigos vestidos, que si bien requieren un procesado más largo resultan menos exigentes. La creciente dependencia de estos cultivos ante una demografía sostenida y en aumento llevaría a una situación de estrés productivo que podría explicar la rápida "conquista del secano" (Nocete 1994: 294, Bernabeu 1995: 57) a partir de mediados del IV milenio ANE, una vez se adoptan las innovaciones técnicas que permiten la roturación de los fértiles aunque duros suelos de tipo vertisol que constituyen la mayor parte de la campiña oriental cordobesa (donde una agricultura cerealista basada en la azada nos resulta difícil de sustentar en términos de costes y rendimiento), pudiendo constituir fenómenos similares o análogos en parte de las tierras bajas del interior peninsular.

Obviamente, no estaríamos hablando pues de una agricultura forestal itinerante en un sentido estricto, tal y como se entiende en aquella basada en plantones de banano y en tubérculos del Nuevo Mundo en ambientes tropicales, sino en un clareo oportunista del medio boscoso, a fin de complementar los policultivos de las parcelas intensivas (almacigas) con una agricultura extensiva cerealista de reaseguro, pudiendo de este modo plantar anualmente en una amplia superficie de terreno, con muy poco esfuerzo y evitando tanto el despiedre como la escarda periódica y sobre todo sin necesidad de invertir la gran fuerza de trabajo necesaria en la agricultura cerealista de la azada, a nuestro juicio inasumible o muy costosa sobre suelos formados sobre margas miocenas. Así, de una agricultura extensiva de barbechos largos, existente de forma marginal y sólo utilizada de forma complementaria con fines de seguridad ante los malos años, se llega a desarrollar una agricultura intensiva especializada a partir de la adopción del arado, actividad principal de la que dependerá para su supervivencia la comunidad doméstica aldeana de las tierras bajas del Guadalquivir Medio en los milenios siguientes.

sí constituye un agente muy influyente, junto a un previsible escaso desarrollo de las estructuras negativas o semisubterráneas (siliformes) entre el VI y mediados del IV milenio en los enclaves al aire libre, lo que facilitaría la formación de depósitos estratificados.

Como ya tuvimos ocasión de indicar, las pruebas de orden paleoambiental representan una cuenta pendiente en el territorio analizado, resultando necesarias para sustentar hipótesis dotadas de cierta solidez. Como argumento del uso del fuego de forma generalizada a partir de la irrupción de los primeros cultivos, en los últimos años han aumentado las evidencias de hongos pirófilos y plantas ruderales y nitrófilas en diferentes secuencias (Zapata *et Alii* 2004: 312), siguiéndose de la misma forma pruebas de la antropización creciente y un deterioro progresivo de la cubierta arbórea, sobre todo a partir del IV milenio ANE (Badal 2002: 139). Cabe destacar aquí las aparentes alteraciones y comportamientos inesperados de diversas asociaciones arbóreas, detectados a partir de una síntesis realizada sobre estudios paleoambientales (fundamentalmente palinológicos), sobre todo en los entornos meridionales y mediterráneos de Iberia desde Holoceno Medio (Desembocadura del Guadiana, Sierra de Segura, entre otras secuencias). Dichos cambios, que en algunos casos superan a los producidos entre el Tardiglaciar y el Primer Holoceno, difícilmente cabrían explicarse en torno a parámetros de orden climático, pudiendo ser resultado de la acción antrópica ligada al uso del fuego con fines agrícolas y la creación de pastos (Carrión *et Alii* 2010: 471). En ese sentido, bien es cierto que el uso extendido del fuego contra el bosque no debe ser tomado como una prueba inequívoca de cultivos forestales de barbecho largo (Jarman *et Alii* 1982: 136), pudiendo corresponder a actividades muy diversas como favorecer pastos para el ganado, o aclarar parcelas para cultivo intensivo.

- Hacia una nueva forma de intensificación económica

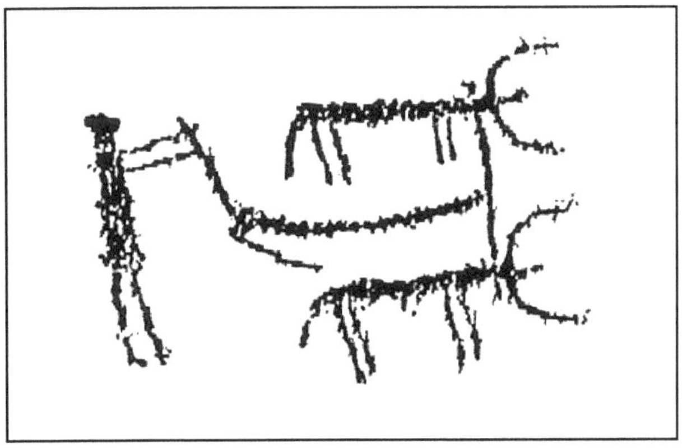

Figura 155: Escena de arado en Borno 1 (Valcamonica, norte de Italia). IV- III milenio ANE. Tomado de F. Fedele (2006: 51, Fig. 5).

Los primeros testimonios de la presencia del arado asociado a la yunta, junto a otras formas de tracción animal compleja (primero probablemente el *travois* y poco después la rueda y el carro), aparecen simultáneamente en toda Europa Occidental entre el 3500 y el 3300 ANE, desde el Báltico a los Alpes y desde las Islas Británicas al Cáucaso, viéndose adoptado por sociedades, que aun siendo contemporáneas debieron resultar muy diferentes culturalmente[143] (Sherratt 2006:

[143] Culturas de Horgen en Centroeuropa y Baden en Europa Oriental (Sherratt 2006: 335- 336, 354).

329 y 337). Estos primeros arados, acompañados de un sistema de fijación a los animales de tiro a modo de yugo, debieron ser en su totalidad de madera, construidos de forma sencilla y posiblemente de una pieza (Buxó y Piqué 2008: 200). Los testimonios indirectos[144] de su utilización a partir de mediados del IV milenio ANE resultan dominantes, representando tanto marcas de surco detectadas bajo túmulos en Europa Continental e islas Británicas (Sherratt 1981: 266), como afecciones y patologías por sobreesfuerzo detectadas en restos óseos de bovinos, estas últimas de interpretación más problemática y ambigua (Sherratt 2006: 330, Bartosiewicz 2006). Centrándonos en el arado y la yunta, los primeros testimonios directos al día de hoy constituyen yugos fragmentarios de tipo sencillo hallados en yacimientos lacustres franceses y suizos (Chalain, entre otros), datados por dendrocronología dentro de la primera mitad del III milenio ANE. En cuanto al presunto fragmento de yugo hallado en la Draga (Bañolas, Barcelona), datable a finales del VI milenio ANE (Tarrùs *et Alii* 2006), ya se ha señalado su difícil defensa como tal, dada la escasa proporción de su arco y su aspecto extremadamente evolucionado (Petrequin *et Alii* 2006b: 376).

Cabría esperar que este tipo de cambios y adaptaciones de carácter gradual se fueran amoldando a las condiciones del entorno existente en el período y área que tratamos. En este sentido, debemos considerar como más probable la coexistencia de varios sistemas agrícolas en equilibrio, dispuestos sincrónicamente sobre medios diferentes, mientras continuaba la cobertura boscosa sobre suelos de difícil laboreo o de características orográficas poco proclives al cultivo, valorándose más en su papel de proveedor de recursos forestales complementarios. Es posible sin embargo, que como paso previo ante la rarificación crítica del bosque cultivable, la ripisilva (formaciones vegetales situadas en la ribera de los grandes ríos) sobre suelos de vega (fluvisoles) y sujetos a inundaciones parciales estacionales, se convirtieran en los terrenos más demandados en una fase ya avanzada de sistemas agrarios que incluyeran la roza y quema sobre las tierras bajas (Boserup 1967: 29). Ello sería en parte resultado de su alta tasa de recuperación derivada de su gran productividad biológica, lo cual permitiría barbechos más cortos, estando relacionado con la calidad de las formaciones edáficas sobre las que se asienta y las inundaciones invernales que mantendrían un destacado nivel de humedad, así como el aporte sostenido de nutrientes. Ello haría en principio innecesaria la preparación previa del terreno mediante abonado, aun cuando comenzase a disminuir la masa vegetal del barbecho destinada a la quema, no librándose de una escarda intensiva. Esto no significa, como ha sido criticado por otros en el caso de los poblados neolíticos de Tesalia (Grecia), el uso de la inundación invernal como forma de regadío por aluvión, dada la inconstancia de dicho fenómeno en el régimen pluvial mediterráneo (Halstead 2002: 106).

Las técnicas de intensificación agrícola, entre las que cabría incluir el uso del barbecho corto con arado y abonado de la parcela, llevan aparejada la necesidad de un mayor volumen de trabajo y de mano de obra, procediéndose a la concentración de fuerza de trabajo, aun viéndose disminuida la productividad con respecto a otras formas de cultivo forestal extensivo o una horticultura de pequeñas parcelas o almácigas. La fuerza de trabajo se incrementa en mayor proporción que la productividad, si bien se consigue aumentar el rendimiento por hora de trabajo invertida. De hecho, los agricultores de barbecho largo en bosque primario trabajan menos horas y de forma mucho menos regular que las comunidades más pobladas de agricultores intensivos, invirtiendo menos tiempo y esfuerzo individual por año en los barbechos largos forestales. Con la agregación poblacional fruto de la necesaria concentración de fuerza de trabajo para las labores agrícolas, las ventajas de la sedentarización, viviendo agrupados en altas densidades con barbechos cortos son grandes, pero no se aprecian de la noche a la mañana. Por el contrario, las desventajas aparecen enseguida bajo la forma de trabajo suplementario (Boserup 1967: 75). En una aproximación gráfica basada en las tesis de Esther Boserup, el rendimiento por persona y hora de trabajo invertida en el proceso de adaptación desde una agricultura forestal extensiva a una agricultura intensiva con tracción animal puede expresarse del siguiente modo:

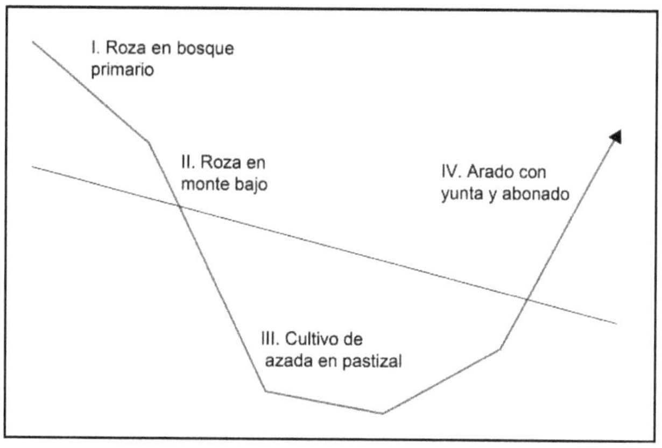

Figura 156: Rendimiento por persona y hora de trabajo, a partir de los presupuestos de E. Boserup (1967).

Con la institucionalización del barbecho corto, prácticamente se restringe la producción a agricultura anual de cereales, muy dependiente de la lluvia. Si no hay suficientes brazos durante los períodos decisivos del calendario agrícola, bien por muerte, guerra o debido a diversas circunstancias, el proyecto agrícola anual fracasaría, pudiendo aparecer escasez y hambre, ya que lo almacenado es poco y en parte representa la simiente para el año siguiente (Boserup 1967: 123 y 163). Este "hambre por subpoblación" representa una de las objeciones fundamentales de esta autora a los postulados neomaltusianos, lo cual pone de manifiesto la capacidad de adaptación de la comunidad productora para trazar

[144] Otra de las pruebas indirectas tradicionalmente argumentadas se basan en las inhumaciones rituales de parejas de bueyes y vacas en Europa Central y Oriental, frecuentes en los conjuntos culturales de "Ánforas Globulares" y Baden (Poolex 1999, Jeunesse 2006).

estrategias proporcionales de intensificación agrícola con el fin de garantizar la autosubsistencia, conduciendo a la formación de la comunidad doméstica aldeana. Este sería pues, el medio en el que se desarrollen sin trabas diferentes formas de agregación política, división del trabajo y desigualdades de clase. A nuestro juicio, la adopción de técnicas de intensificación agrícola con tracción animal no se impone a través de una jerarquía incipiente como forma de aumentar la productividad a su favor frente a otras formas de cultivo, ya que los resultados pueden no parecer al principio satisfactorios (y la noción de "excedente" en estos momentos resulta un fenómeno discutible), sino como medida impuesta a la larga como forma de paliar el descenso de la productividad, consecuencia de la actividad humana sobre el medio y la respuesta de éste tras dos milenios de economía de producción.

Con estas nuevas formas de sistemas agrícolas, la importancia del ganado bovino se multiplicará exponencialmente, como fuerza de trabajo y medio de producción, destacando no sólo su interés como fuerza motriz[145], sino su relación indispensable con la parcela labrada, al constituir el medio de fertilización mediante abonado y pisoteo (fijando los nutrientes constituidos por materia orgánica en el suelo). Para ello resultaría útil emplear el barbecho como pasto para el ganado, bien acortando el período productivo dejando un barbecho anual, o bien más probablemente procediendo al cultivo de una parcela cada dos años, dejando otra en barbecho (sistema de año y vez). Otra de las formas previsiblemente utilizadas para facilitar el abonado de una parcela inmediatamente tras la siega, y previamente a la roturación, consistiría en dejar la paja y los tallos de los cereales en el suelo, a fin de servir de pasto y alimento para el ganado encargado de su abonado. Para ello resultaría factible la posibilidad de una siega consistente en el corte del tallo bajo la espiga, para lo cual podrían ser utilizados cuchillos- hoces a modo de serpeta, útiles compuestos por hojas de sílex de cierta longitud, enmangadas bien perpendicularmente, oblicuas o paralelas al mango.

Ello podría estar relacionado con el hallazgo frecuente a partir de mediados del IV milenio ANE de láminas prismáticas con lustre, muy probablemente incapacitadas para la siega a baja altura (Buxó y Piqué 2008: 197), como sí se han comprobado que actuaron las hoces compuestas por segmentos laminares de inserción oblicua utilizadas con anterioridad entre el VI y el V milenio ANE en la misma zona (González Urquijo *et Alii* 2000: 179- 182). En este sentido, ya indicamos en el capítulo correspondiente a la industria lítica las implicaciones derivadas de la recogida de la mies completa (uso de la paja en el poblado, como alimento para el ganado estabulado o como material para techados o aislante), con respecto al espigado (corta del tallo bajo la espiga, y la recogida individual de ésta). En relación a ello se ha comprobado cómo el espigado se extiende en toda Europa Continental Occidental a lo largo del IV milenio ANE, fundamentalmente hacia su mitad (Pétrequin y Pétrequin 2006a: 114), lo que queda representado por la generalización de láminas de siega engastadas en paralelo al mango, y el hallazgo de depósitos carbonizados de espigas almacenadas[146] (Pétrequin y Pétrequin 2006a: 116). Los excrementos producidos por el ganado que pasta la paja dejada en el sembrado, su acción de pisoteo y remoción del suelo blando tras las primeras lluvias otoñales, en asociación previa a posibles quemas ocasionales del rastrojo, podrían corresponder a unas primeras estrategias relacionadas con el mantenimiento de la fertilidad del suelo ante la generalización de los barbechos cortos, fruto de la introducción de la yunta y el arado, como causa y consecuencia del proceso de agregación y sedentarización definitiva en las tierras bajas de la Depresión del Guadalquivir.

- La pérdida de visibilidad de las mujeres

Esta nueva realidad socioeconómica típica de la agricultura intensiva, vinculada a la concentración y agregación poblacional, probablemente vendría asociada a un aumento en proporción de la densidad de habitantes por unidad de superficie. Ello estaría directamente relacionado con el aumento exponencial de horas de faena en los campos, a fin de acrecentar el rendimiento productivo por hora de trabajo invertida al objeto de alimentar a un mayor número de personas, entre las que cabría incluir a una incipiente clase liberada de las actividades productivas (nuevas jerarquías político-simbólicas). Pero no sólo aumentará el trabajo enfocado a estabilizar el rendimiento de los campos y de la producción agropecuaria, sino también el dedicado a la transformación de esta última. En este sentido, un sector social se verá abocado progresivamente y en exclusiva a la conversión del producto agrícola en alimento apto para el consumo, en un momento en el que si bien la fuerza de tracción animal había conseguido comenzar a emplearse en la roturación de la tierra y el transporte de bienes y personas, habría que esperar al menos tres milenios hasta que ésta fuera aprovechada para la molienda de cereales. Nos referimos pues, a las mujeres.

Ya vimos en su momento cómo el control de las mujeres se ha señalado como un factor garante de la reproducción de la comunidad doméstica aldeana, viniendo a representar a las verdaderas productoras de fuerza de trabajo humana, haciendo pues de su gestión, movilidad y política matrimonial ("movilización ordenada de los medios de reproducción humana"), un asunto estratégico de primer orden (Meillassoux 1982: 9). Las mayores densidades poblacionales que aparejan en estos momentos la sedentarización y la intensificación agrícola, determinarían su enorme dependencia del tiempo invertido en la molienda y a la transformación del grano en harinas panificables destinadas al consumo. Por otra

[145] Nos referimos a los machos castrados, ya que el empleo de vacas quedaría restringido al afectar el trabajo de tracción a su producción de leche.

[146] Sistema que se ha considerado como de práctica probable a través de la lectura de varios contextos carpológicos de la Península Ibérica (Buxó y Piqué 1998: 198).

parte la necesidad en determinados períodos de concentrar fuerza de trabajo masculina en los campos de cultivo, la cual se vería encargada también de la defensa y desplazamiento de unos rebaños cada vez más numerosos, así como del ganado rumiante que pace en los barbechos y zonas marginales, y la obligación femenina sobre la gestación y crianza de los hijos, conduciría a cierta inmovilización de las mujeres, sometidas a su control sexual y evitando su rapto o su libre acoplamiento (sin control previo), al verse destinadas al intercambio y circulación (ginecomovilidad en una sociedad patrilocal), y sometidas al trabajo doméstico. En este sentido, las evidencias de estrés físico y marcadores ocupacionales detectados en los restos óseos de poblaciones posteriores del II milenio ANE[147], tanto en el Sudeste (yacimientos del Argar), como en la Meseta (Motilla del Azuer), podrían estar relacionadas con esta división de tareas, habiéndose detectado evidencias de trabajo más marcadas sobre las extremidades superiores de las mujeres y mucho menores en las inferiores, lo que se vincularía a actividades domésticas de escasa movilidad y en donde cabría situar la molienda manual. Por el contrario, patrones de esfuerzo más equilibrado (extremidades superiores e inferiores ligadas a actividades al aire libre en terrenos abruptos) suelen destacarse en individuos masculinos (Jiménez- Brobéil *et Alii* 2004: 147, 2008: 69).

Frente a la imagen que la denominada "esclavitud del metate" ha estructurado en nuestra retina en diferentes sociedades agrícolas preindustriales, a través de la visión que cronistas de Indias primero[148] y etnólogos después nos han legado, y en donde la mujer reduce una alta proporción de su tiempo vital en la molienda del maíz en la antigua Mesoamérica, y cereales como trigo, sorgo, cebada, tef o mijo en sociedades africanas con una agricultura de autosubsistencia (De Beaune 2000, Clemente *et Alii* 2002), resulta interesante destacar la escasa atención prestada a dicha actividad en los estudios de la Prehistoria Reciente Ibérica (algunas excepciones a esto Menasanch *et Alii* 2002 y Castro *et Alii* 1998)[149] y las implicaciones que sobre el papel de la mujer conllevan. En este sentido, su propia dedicación temporal derivada de los taxones agrícolas cultivados, el proceso mecánico del tipo de molienda, y (algo más difícil de valorar) el esfuerzo que en ello invertirían, no debió ser muy diferente del observado sobre sociedades agrícolas tradicionales que aún emplean el molino de vaivén, desprovistas de formas de molturación activadas con energía no humana (ejemplos en Procopiou 2002).

[147] Aun siendo conscientes de la distancia espacial y temporal (dos milenios) que separan estas sociedades del Bronce con las que aquí referimos, es de destacar la importancia señalada de las actividades de molienda durante este período (Menasanch *et Alii* 2002), así como el peso de unas actividades económicas que no consideramos demasiado diferentes de las realizadas en el período estudiado.

[148] "(...) *que los calachiones de aquella comarca los repartieron entre sí, y que había sacrificado a los ídolos muchos de sus compañeros, y de ellos se habían muerto de dolencia, y las mujeres, que poco tiempo había pasado que de trabajo también se murieron, por que las hacían moler* (...)". Bernal Díaz del Castillo: *Historia verdadera de la conquista de la Nueva España*, pág. 13.

[149] En el marco del "Proyecto Gatas" centrado en el Sureste.

En esta línea cabe prestar atención precisamente al considerado "empobrecimiento" de la decoración cerámica, en referencia a la rarificación de los tipos y superficies decoradas, que a partir de finales del V milenio ANE llega a resultar un fenómeno patente en todo el mediodía Ibérico, constituyendo a partir de mediados del IV una característica generalizada, en donde dominan las superficies lisas. Así, podríamos conjeturar la pérdida del papel social de la cerámica, que pasa a un ámbito más restringido y no visible, principalmente destinada como artefactos de almacenamiento y transformación alimentaria. En una sociedad donde la división del trabajo es escasamente especializada, siendo fundamentalmente de orden sexual (Meillassoux 1982: 18, Johnson y Earle 2003: 32, Sahlins 1972: 135, Costin 1996: 113), los responsables de una determinada actividad suelen constituir de la misma forma los encargados de la fabricación del utillaje destinado a ella y de su reparación y gestión cuando fuese necesario. En este sentido cabría pues esperar, que las responsables de las actividades relacionadas con la cultura material cerámica, tanto de la producción alfarera como de las actividades de transformación que con esta se llevan a cabo, fueran mujeres[150], que pasan socialmente a un segundo plano, ocultas en el ámbito del hogar y haciéndose poco visibles en actividades colectivas de orden ritual. Con ellas pasan a serlo los artefactos cerámicos, convertidos ahora en meros "cacharros de cocina".

El aprendizaje realizado de madres a hijas de este proceso productivo instrumental, unido a la ginecomovilidad propia de unas sociedades estructuradas en la unidad doméstica agrícola de base cerealista (Meillassoux 1982: 45), resultaría un factor de primer orden para interpretar la sorprendente uniformidad tipológica de la cultura material cerámica, tanto en caracteres de estilo y diseño como base a rasgos tecnológicos a lo largo de un territorio extenso (no circunscrito en exclusiva a la cuenca del Guadalquivir y del Guadiana) y que como ya vimos llevaron a definir una supuesta cultura arqueológica homogénea (Collantes de Terán 1969: 61, Carrilero y Martínez 1982). Esto representa un agente que cabe considerar en la propia ergología cerámica, junto a la generalización de las nuevas formas de transformación y consumo alimentario a las que ya aludimos en el capítulo correspondiente, y sobre las que volveremos a incidir en breve.

A partir de este momento, cabe sacar a relucir la generalización de ciertas características que se irán haciendo frecuentes en las formas cerámicas de la segunda mitad del IV milenio ANE, tanto algunos sistemas decorativos de disposición sencilla como elementos de prensión y suspensión. Entre estos, destacan con frecuencia mamelones, agrupados de forma equidistante así como dobles y pareados, en ocasiones

[150] Etnográficamente suelen ser general la asociación de la mujer al trabajo cerámico, sobre todo cuando se trata de una producción elaborada a mano, sin el concurso del torno y destinada sobre todo al autoabastecimiento (Wright 1991).

desprovistos visiblemente de funcionalidad para la sujeción y transporte. En los casos de las estrictas decoraciones destacamos entre otros esquemas de gran sencillez, algunos ejemplos de triángulos incisos, a veces delimitando un campo relleno de puntos impresos, *chevrons*, etc. Estos diseños nos trasladan metonímicamente a la propia condición femenina, siendo bien conocida la identificación simbólica extendida al sur del Sáhara entre la alfarería destinada a la transformación alimentaria y al almacenamiento, con el vientre y útero femenino (Aschwanden 1982), asimilando de forma semejante los procesos de gestación materna con la cocción y fermentación de ciertos alimentos (Gosselain 1999: 212). Esta observación, aun resultando en cierto punto especulativa, se muestra muy interesante como posible forma de delimitar simbólicamente el carácter femenino tanto del proceso de transformación de los alimentos como de la propia manufactura cerámica (Vincentelli 2000), transformada en un espejo a través de la cual las mujeres delimitan ("sexuando" sus propios instrumentos), la parcela de control donde han sido recluidas.

- Conflictividad y jerarquización

En el conjunto de la Depresión del Guadalquivir, y sobre todo en el sector central que hemos seleccionado, antes del III milenio ANE resultan discutibles las pruebas de la existencia de una madura jerarquización territorial a través del patrón de asentamiento, siendo sin embargo a partir de la segunda mitad del IV milenio ANE cuando se comiencen a generalizar los fosos perimetrales que envuelven espacios habitados. Algunas de estas construcciones, aun habiendo despertado un intenso debate a menudo desde posiciones aparentemente irreconciliables (ver por ejemplo Márquez y Jiménez 2008, 2010 y Díaz del Río 2008), desde nuestra óptica poseen relación directa con la necesidad de restringir el acceso por sorpresa y fuera de control tanto hacia las áreas domésticas como de almacenamiento, así como limitar de forma puntual, la movilidad del ganado, de los animales domésticos y ocasionalmente de las personas. Dado un principio de proporcionalidad entre la naturaleza de los factores contra los que se levantarían dichas estructuras y su propia complejidad, debemos pues imaginarlas acompañadas de empalizadas y otros sistemas constituidos por materiales perecederos, útiles para poner sobre aviso a la comunidad ante eventuales asaltos por sorpresa[151]. No existen recintos pues, inexpugnables, sino formas de ganar tiempo de cara al atacante. Desde nuestro punto de vista hay defensa porque hay concentración o acumulación, ya sea "excedente" preparado para el intercambio o distribución, o más probablemente bienes de subsistencia; el producto empleado para el consumo inmediato, cabezas de ganado, así como la semilla destinada a un nuevo ciclo agrícola.

Ello se encuentra directamente relacionado con el aumento de la conflictividad intergrupal, hecho derivado de las grandes posibilidades de robo y saqueo de un núcleo habitado y de fácil localización, en el caso de que por ejemplo, una comunidad doméstica vecina haya fracasado en su ciclo productivo anual. No es preciso considerar una violencia organizada desde una casta de guerreros estructurada a partir de una sociedad compleja, jerarquizada y militarista, sino más bien como autodefensa estratégica ante una violencia episódica centrada en el saqueo, el robo y el asalto. Esta violencia intergrupal ha dejado contextos precisos en otros valles fluviales a lo largo de este período, aumentando los ejemplos de forma puntual. Un caso extremo se refiere a la covacha de San Juan Ante Portam Latinam (Alava) en la vega del Alto Ebro, con más de trescientos individuos (dos de cada tres masculinos) inhumados simultáneamente y con abundantes heridas traumáticas *peri mortem* así como puntas de flecha alojadas en el hueso, con una datación calibrada hacia el 3200 ANE[152] (Vegas 2007). En este contexto podrían ser interpretadas tanto la presencia ocasional de mazas de piedra[153], como el desarrollo de técnicas de talla lítica relacionadas con dotar de una mayor masa y resistencia a las puntas de flecha perforantes. Nos referimos a la irrupción en este momento y en el contexto general de Iberia, de los foliáceos configurados por retoque plano y cubriente (triangulares de base recta o cóncava en el Guadalquivir), frente a las anteriores armaduras geométricas usadas en astiles de flecha, las cuales bien es cierto, no desaparecen del todo (Armendáriz 2007: 129, Juan 2008: 129, Palomo y Gibaja 2002: 243).

La aparentemente escasa diversificación jerárquica de los emplazamientos, que en un principio se estructurarían como células productivas aldeanas, probablemente organizadas de forma interdependiente para el intercambio y circulación de productos (caso del sílex semitransformado desde el Subbetico Medio hacia la vega del Guadalquivir, por ejemplo), como para disponer de lazos matrimoniales (circulación de mujeres), no excluye su enorme vulnerabilidad ante crisis locales. Es posible que el aumento de las evidencias de conflictos a

[151] Cabe sacar a colación el foso localizado en los Pozos (Higuera de Arjona, Jaén), datado en la segunda mitad del IV milenio y el cual se halla limitado por el zócalo de un antemuro de adobe, a modo de sistema de empalizada y foso (Hornos *et Alii* 1987).

[152] No podemos dejar de aludir a Ötzi, el Hombre del Hielo hallado en los Alpes y que precisamente murió con un foliáceo alojado en el hombro, fruto de un disparo por la espalda y que, datado hacia el 3300 ANE ("Las últimas horas del Hombre del Hielo"; *National Geographic*, vol. 21, nº 1, Julio de 2007), pudo ser contemporáneo de algunos de los inhumados en esta covacha.

[153] Dentro de esta categoría incluimos útiles líticos pulimentados, con frecuencia de forma esferoide y perforados normalmente por medio de un orificio tubular, aun necesitados de un trabajo de caracterización específica y que suelen interpretarse como cabezas de maza utilizadas como arma ofensiva (aunque también ocasionalmente como contrapesos de palo cavador [Bernabeu *et Alii* 1993: 263]). Presentes desde el primer Neolítico (Martínez *et Alii* EP), contamos con un ejemplo elocuente en el Cerro de la Casería de Tomillos (Alcalá del Valle, Cádiz), procedente de un contexto funerario datable entre el IV y el III milenio ANE (Costela Muñoz EP). Un objeto en apariencia muy similar a este último fue hallado en "una fosa" del yacimiento del Caño Bajo (La Rambla, Córdoba) (Valera Pérez 2007: 129), encuadrable cronológicamente a juzgar por algunos de los materiales publicados, a lo largo de la segunda mitad del IV milenio ANE, si bien carecemos de datos precisos al respecto, tales como su tamaño y proporción o materia prima en la que se encuentra realizado.

partir de la segunda mitad del IV milenio ANE en Europa Occidental (Guilaine y Zammit 2002: 173), pueda interpretarse a raíz de una mayor densidad poblacional en los nuevos paisajes agrícolas, frente a la dependiente de las anteriores formas de cultivo, así como a la concentración de población, bienes y productos en aldeas sedentarias, lo que hizo a estos hábitats y emplazamientos muy sensibles al robo y al asalto por sorpresa. Su situación en las tierras bajas y en relación directa con los sembradíos, pudo dificultar el aprovechamiento de condiciones defensivas naturales existentes en el entorno, colocándolos en difíciles circunstancias ante la perspectiva de una ruptura ocasional y episódica de la interdependencia, debida tanto a factores coyunturales intermitentes (malas cosechas, fracaso del ciclo agrícola en varias comunidades y la imposibilidad de obtener sustento a través de mecanismos pacíficos o consensuados) o bien de interés político circunstancial de difícil control, justificando así la progresiva formación de entidades políticas supralocales complejas (abriendo la puerta a la institucionalización de un orden interno) y la fragua ulterior de mecanismos de coerción y control territorial. La mayor dependencia en este momento de la agricultura cerealista de secano, muy subordinada a las condiciones de pluviosidad interanual, añadió un factor más de inestabilidad a estas comunidades (Bernabeu 1995: 54).

La erección y construcción de grandes monumentos y sepulcros megalíticos desde al menos la primera mitad del IV milenio en la Depresión del Guadalquivir, podría estar íntimamente relacionada con la concentración de fuerza de trabajo y su disponibilidad en períodos de escasa actividad agrícola en los campos. Ésta podría así sustraerse para su empleo en la realización de proyectos vinculados a la legitimación territorial de una élite político simbólica en ascenso, de orden local o supralocal. Consideramos que dado el estado de investigación en el que se encuentran los testimonios megalíticos del valle del Guadalquivir anteriores al III milenio ANE (García y Ruiz 2010), y en concreto los descubiertos en el entorno del Guadalquivir Medio en los últimos 20 años, aun es pronto para calibrar su papel en el proceso hacia la desigualdad, en donde dicho sea de paso, llegarían a coexistir con inhumaciones individuales y múltiples en estructuras subterráneas (siliformes, caso de Iglesia Antigua de Alcolea o Llanete de los Moros) así como con enterramientos colectivos en cavidades naturales o artificiales.

- La fragua de un nuevo modelo económico

Como muchos autores ya han puesto de manifiesto, el proceso de intensificación económica basada en la agricultura intensiva de secano con tracción animal presupondrá la extensión y generalización del cultivo de cereales, lo que de forma indirecta supondría cambios importantes sobre los modos de consumo y formas de alimentación dominantes hasta entonces, mutaciones que podrían hacerse visibles mediante el estudio de la cultura material, en concreto de los artefactos implicados en la transformación de los alimentos, como en el caso entre otros de los elementos de molturación y más concretamente, de la cerámica.

En el capítulo correspondiente ya indicamos el papel que hemos atribuido, tanto en función de sus rasgos formales y tecnológicos como a través de paralelos históricos y etnológicos, a las grandes fuentes y cazuelas carenadas, las cuales parecen irrumpir de forma abrupta en el registro coincidiendo con la aparición de las primeras evidencias de agregación poblacional y sedentarización definitiva, así como de la aparición en la Europa templada, del arado y la tracción animal compleja. Se ha señalado que la generalización y la especialización en los cereales de secano, supondría la adopción de cultivos de escasa exigencia, dada la extensión de un período de cambios y procesos experimentales vinculados a la apuesta por una agricultura intensiva en suelos diversos de características muy variables, pudiendo aparejar la generalización de cultivos monoespecíficos de cereales en donde la cebada pudo tener especial importancia.

Algunos autores ya han señalado, al menos para el Argar, que en la agricultura de secano especializada la cebada podría representar el cereal relacionado más directamente con el cambio social, al implicar una extensión de los cultivos de cereales sobre suelos muy desiguales. Se afirma que la cebada puede crecer en zonas de cierta aridez y salinidad (Zapata *et Alii* 2004: 295), así sobre suelos de fertilidad media y baja[154], provocando unos rendimientos variables que no constituirían un problema mientras hubiese suficiente fuerza de trabajo y tierra disponible. Su cultivo resultaría muy rentable sobre las margas terciarias del Sudeste, siendo necesario al menos un barbecho de uno o dos años. Por el contrario, en las llanuras aluviales y cerca de los cursos fluviales, se cultivarían legumbres y lino fundamentalmente, en una horticultura limitada (Castro *et Alii* 1998: 59- 61 y 67-68). Ello parece relacionarse con el aparente aumento y generalización de las cebadas y trigos desnudos como principales cultivos a partir del Neolítico Final, sobre todo en Levante y otras áreas peninsulares (Zapata *et Alii* 2004: 299, Pérez Jordá 2005: 78, Bernabeu *et Alii* 2006: 113).

El cultivo de cereales de escaso contenido en gluten, caso de la cebada, presupondría su consumo bien por medio de gachas de harina, bien a través de la elaboración de panes planos no levados. En este sentido ya indicamos que tanto los tipos cerámicos representados por la fuente y cazuela carenada, como los posteriores grandes platos de borde engrosado y almendrado, podrían estar destinados preliminarmente a la cocción de gachas o bien de una torta elaborada a partir de masa fermentada de harina de cereal, a semejanza tanto de los *mogogo* o *m´tad* utilizados en la meseta etíope y con anterioridad en diversas partes de Oriente Próximo y Sur de Asia (Lyons y D´Andrea 2003), como del *tabag* cerámico empleado

[154] "*La cebada rechaza toda medianía, pues se siembra en terreno muy pingüe o muy pobre*". Columela: *La Labranza* (*Res Rustica*), L. II, 9: 4. Traducción de José Ignacio García Armendáriz. Biblioteca Clásica Gredos. Madrid, 2004.

para la cocción de tortas de pan plano en el Al- Ándalus altomedieval (Gutiérrez Lloret 1991).

Las flexibles adaptaciones agrícolas a determinados ambientes ecológicos, como el caso de los terrenos campiñeses donde dominan suelos sobre margas terciarias (vertisoles en la campiña oriental cordobesa) y los fluvisoles de la llanura aluvial, pudieron de la misma manera influir en las formas ganaderas repartidas en ambos ambientes, ciertamente diversos. Así, en relación al ligero predominio de los suidos en los enclaves próximos a la vega estricta del Guadalquivir, contra el dominio de los caprinos en los enclaves campiñeses, fenómeno ya relatado en las conclusiones aportadas en el capítulo correspondiente, ello puede estar no solamente relacionado con las posibilidades de la cría del cerdo en ambientes húmedos y medios de mayor productividad natural (en donde podría alimentarse desde brotes de juncos, por ejemplo, depredar nidos de aves acuáticas y alimentarse de los frutos y drupas existentes en los bosques próximos a la ripisilva), sino también con el rendimiento diferencial de los suelos implicados en función del cultivo asignado a cada ambiente.

Así, resultaría factible alimentar a los cerdos con residuos agrícolas procedentes de la cosecha de leguminosas (vegetales de bajo contenido en celulosa), vainas o tallos de fabáceas por ejemplo, las cuales rinden bien sobre suelos de vega de cierta humedad, a diferencia de su peor adaptación a los suelos campiñeses. En este sentido ya se ha señalado en el Argar (Sudeste) la posibilidad del cultivo de leguminosas (*Vicia faba*) probablemente a proximidad de cursos de agua, dados los valores isotópicos de las muestras carpológicas que pondrían de manifiesto su cultivo en áreas irrigadas o zonas inundables[155]. Por el contrario, los residuos fundamentales que constituyen la agricultura cerealista de secano, centrada en los tallos y paja de la mies, serían ciertamente inútiles para la alimentación del cerdo (perdería peso), obligando a la piara a procurarse el alimento en los bosques y dehesas de encina, necesitando así, almacenar bellota para todo el año[156]. Frente a esto, tanto el barbecho agrícola como la paja resultante de la agricultura intensiva cerealista, constituiría un excelente alimento suplementario para el ganado rumiante (bovino y caprino fundamentalmente). Ello podría representar sin duda un marco explicativo para las diferencias observadas en los registros arqueofaunísticos de la Depresión del Guadalquivir ya desglosadas en el capítulo correspondiente.

[155] Aranda Jiménez, G. (2010): Nuevos actores para viejos escenarios. La sociedad argárica. Comunicación redactada como parte del "Primer Congreso de Prehistoria de Andalucía: La tutela del patrimonio prehistórico. Memorial Luís Siret (Antequera, Málaga, 22-25 de Septiembre de 2010)".

[156] En concreto las bellotas facilitan el engorde del animal, si bien es conocida la dificultad de alimentar al cerdo con estos frutos durante todo el año. La montanera (alimentación con bellota), suele realizarse cuando el cerdo ha alcanzado su máximo crecimiento, en los meses previos a su sacrificio (cebo). Ello al parecer se debe a la abundancia en carbohidratos de las bellotas y su relativa pobreza en proteínas, celulosa y grasa (Badal 2002: 143).

XII- Aproximación diacrónica al Proceso Histórico en el Guadalquivir Medio

1. Una primera propuesta a caballo entre el VI y el III milenio ANE

Una vez desarrollados los mecanismos implicados en los cambios sucedidos a lo largo del IV milenio ANE en el valle del Guadalquivir, pasaremos a describir en este apartado final de qué forma dichos cambios se hacen visibles en el territorio, tratando en la medida de lo posible de subdividir el fenómeno en fases diferenciadas y proceder a una lectura histórica de dicho proceso, mostrando una especial incidencia en las diferencias observables en función de las condiciones hidrológicas, geomorfológicas y edafológicas de sectores territoriales concretos. Como ya indicamos en el capítulo correspondiente, no es nuestra intención exponer aquí el resultado de un estudio territorial formalizado, dado el origen heterogéneo de la información arqueológica, la existencia de áreas concretas bendecidas por prospecciones sistemáticas o selectivas, viéndose otras (la mayoría) no prospectadas con anterioridad; la necesidad del estudio individualizado de cada yacimiento en profundidad (ante la abundancia de enclaves escasamente caracterizados) y habiendo prescindido de múltiples variables (altura relativa, proximidad a cursos de agua, cálculo de rutas óptimas, etc.), así como de estrictos modelos estadísticos entendidos como tales. De la misma forma, a fin de contextualizar con mayor exactitud el entorno de la vega del Guadalquivir Medio dentro de las tierras bajas que integran el sector central de la cuenca, hemos incluido en segundo término los enclaves conocidos por la bibliografía (junto a algunos inéditos) en el resto de la campiña cordobesa hasta el piedemonte subbético, área en la que la forma de obtención de datos no ha tenido la misma intensidad y detalle que la realizada para el sector territorial seleccionado de forma prioritaria, el cual corresponde a la vega del Guadalquivir Medio y su entorno limítrofe.

Todos los enclaves incluidos en este estudio, tanto aquellos caracterizados a través del conocimiento directo o a partir de referencias bibliográficas relativas de la misma forma a su cultura material, como aquellos otros de los que desconocemos datos empíricos que puedan relacionarse de forma razonada con los criterios cronológicos propuestos, ascienden a 144, cifra que se eleva a 284 al sumarle las localizaciones recopiladas para el resto de la campiña cordobesa hasta el escarpe de

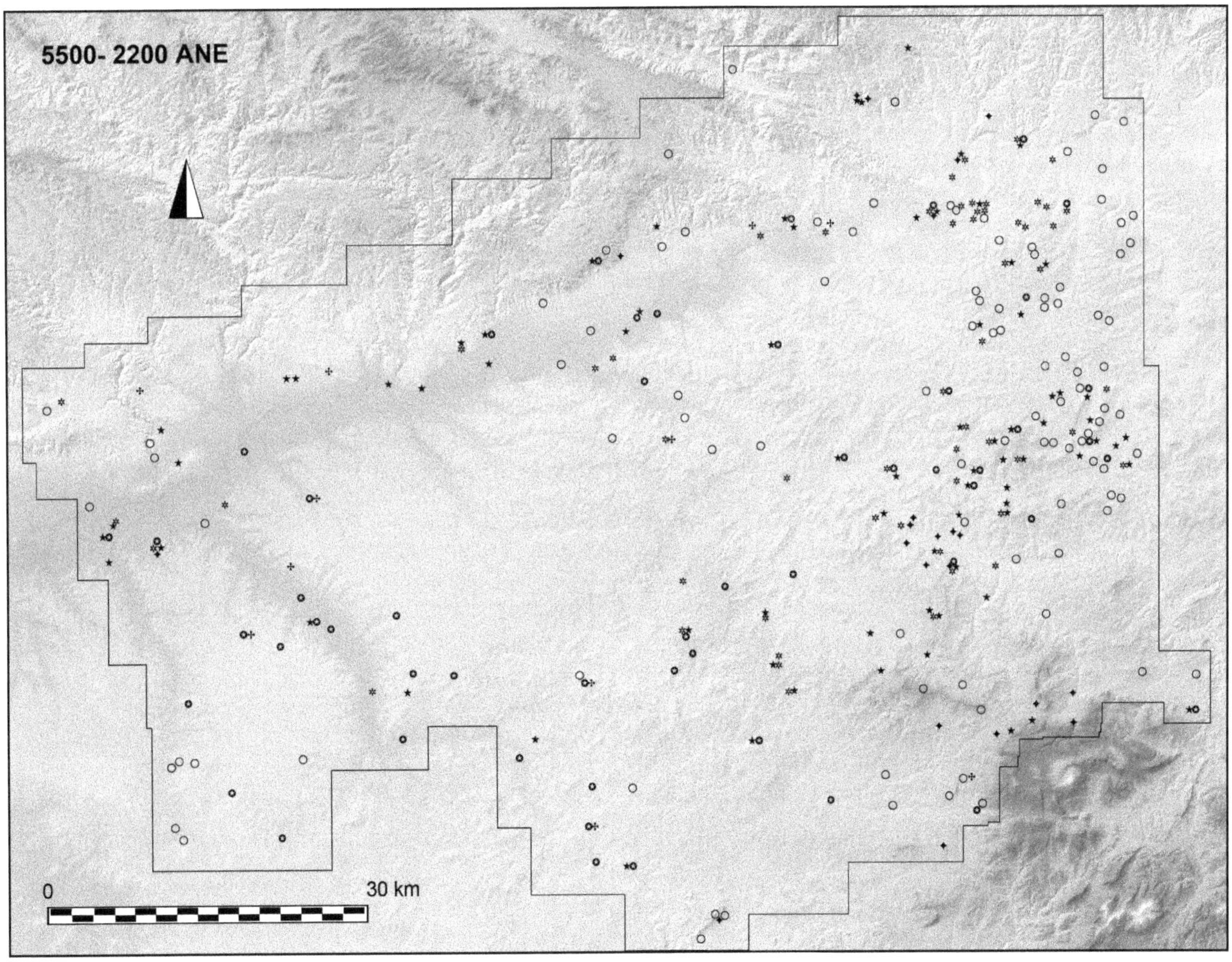

Figura 157: El territorio objeto de estudio entre el 5500 y el 2200 ANE. Circulos: enclaves adscritos a la prehistoria reciente indeterminada (PRI). Cruces: contextos funerarios y monumentos megalíticos. Obsérvese el aparente vacío ocupacional entre el bajo Genil y el bajo Guadajoz.

Camarena. El listado de emplazamientos supera a nivel numérico al inventario proporcionado inicialmente por Nocete para el Alto Guadalquivir Jiennense (Nocete 1989: 51- 54), representando localizaciones datables entre el VI y el II milenio ANE, si bien un gran número de ellas como hemos indicado, adolecen de una profunda revisión y caracterización material y cronológica. Así de las 144 localizaciones recogidas en el sector territorial asociado a la vega del Guadalquivir Medio, 57 de ellas cuentan con una caracterización cronológica deficiente (clasificada por nosotros en el campo de Cronología e Interpretación como Prehistoria Reciente Indeterminada, PRI), cifra que asciende a 105 si le sumamos las 48 localizaciones incluidas en la misma situación recogidas en el resto de la Campiña Cordobesa hasta el piedemonte subbético. Pasamos a describir pues, nuestra particular visión de este proceso de larga duración acontecido en el territorio al menos entre el 5300 y el 2200 ANE.

2. La expansión de la economía de producción. ?/5300-3600/3400 ANE.

Es probable que ya desde el 5500/5300 ANE se produjese la expansión de la nueva economía de producción en el sector central de la Depresión del Guadalquivir. Esa sería la cronología arrojada por las primeras fases documentadas en el Neolítico A de la Cueva de los Murciélagos de Zuheros, la Fase 7 (Período II) de Castillejos de Montefrío y la Fase IV de la Cueva del Toro (Antequera) (Gavilán *et Alii* 1996a: 324- 325, Cámara *et Alii* 2005: 844 y Martín Socas *et Alii* 2004: 45), si bien las muestras de vida corta publicadas en el entorno subbético central (Cueva de los Mármoles de Priego de Córdoba, de donde procede una semilla de *Hordeum* sp datada), han resultado algo más tardías (5100/5200 ANE) (Faustino *et Alii* 2010: 249).

En este sentido, vemos que la mejor documentación cronoestratigráfica de los contextos preservados en cavidades cársticas prueba el desarrollo de la agricultura y la cría de animales domésticos en el entorno subbético durante la segunda mitad del VI milenio ANE (Zapata *et Alii* 2005), lo que de forma consecuente vendría a apuntar a la expansión de la agricultura y la ganadería en las tierras bajas (campiñas y vega del Guadalquivir) al menos de forma sincrónica a la ocupación de estas cavidades. Ya vimos cómo en el contexto general de la Depresión del Guadalquivir, desde la década de 1980 se han venido acumulando pruebas de la existencia de establecimientos al aire libre en las tierras bajas correspondientes a la fase antigua y media del Neolítico (El Judío o Lucena del Puerto) (Piñón y Bueno 1985), habiendo señalado con posterioridad la presencia de enclaves que parten al menos en algún caso desde el horizonte cardial, tanto en las campiñas y alcores sevillanos (San Pedro, Los Álamos, emplazamientos del río Corbones) (Gavilán *et Alii* 2010), como en la campiña jiennense (Peña de la Grieta/ el Sulfuro, Porcuna) (Arteaga *et Alii* 1998: 80). Dentro del piedemonte, Macizo Subbético y depresiones internas, a los Castillejos de Montefrío (Arribas y Molina 1979, Cámara *et Alii* 2005) se le suman otros emplazamientos como la Molaina (Pinos Puente) (Sáez y Martínez 1981), y una serie de localizaciones dispersas en entornos concretos del sur de Córdoba a las que aludiremos más adelante.

En el entorno seleccionado de forma prioritaria, es decir, la vega estricta y franjas territoriales inmediatas, las evidencias más antiguas de los dos primeros milenios de economía de producción corresponden a algunos materiales líticos conservados en una colección particular procedente del Eremitorio/ Huerta de los Arcos (Córdoba) (Martínez *et Alii* 2010b: 238), la presencia de materiales cerámicos con decoración impresa no cardial, incisa y a la almagra en la Cueva del Cañaveralejo (Gavilán 1985, Martín de la Cruz *et Alii* 2007: 101, Martínez *et Alii* 2010b: 238), así como algunos fragmentos incisos y a la almagra en la Mesa de Matatoros, de caracterización más compleja, asociados a evidencias de industria lítica microlaminar (Martínez *et Alii* 2010b: 238). Recientemente hemos conocido el hallazgo en antiguas prospecciones realizadas a comienzos de la década de 1980 (durante las primeras excavaciones realizadas en Llanete de los Moros), de industria lítica característica de este período (pequeñas láminas de talón liso con evidencias de calentamiento y algún triángulo), localizada en varios puntos en el entorno de Santa Brígida (Montoro), pruebas en cierto punto insuficientes para proceder a una satisfactoria caracterización cronológica y ocupacional de dichos enclaves. Estos emplazamientos se encuentran en el reborde sur de Sierra Morena Central, en latitudes medias y altas, entre 300 y 500 msnm y situados sobre mesas miocenas, lomas o cavernamientos, suponiendo medios híbridos y bisagras, como corresponde al escarpe de Sierra Morena. Los suelos dominantes se agrupan en el tipo regosol (unidades[157] 5, 8 y 13), a excepción de las posibles localizaciones montoreñas (luvisoles, formación 57), y a proximidad inmediata de cursos de agua.

Al sur del Guadalquivir y ya fuera del área abordada con prioridad, en el dominio de la campiña del Guadajoz se conocen desde hace más de dos décadas algunas localizaciones dentro del término municipal de Castro del Río, dadas a conocer por Manuel Carrilero (Carrilero y Martínez 1985, Carrilero 1991). De estos enclaves (Guta, la Polonia, Venegas III y San Joaquín, junto a otros emplazamientos menores peor caracterizados) se conocen cerámicas impresas e incisas, algunas almagras, así como elementos de indiscutible antigüedad, tales como fragmentos de brazaletes de calcita. El problema fundamental viene dado por la larga ocupación temporal detectada para algunos de estos asentamientos, caso de Guta, y la (por otra parte inevitable) parquedad del registro publicado. Estos emplazamientos se encuentran en cotas de entre 200 y 400 msnm, a proximidad dada su situación junto al Guadajoz, tanto de vertisoles como de fluvisoles (unidades 23 y 2), y en el caso de Guta, junto a un potente manantial de flujo permanente activo en la actualidad.

[157] Recordamos que dicha clasificación numérica corresponde a unidades cartográficas que representan asociaciones edáficas dominantes, según criterios de la FAO (1974).

En cuanto a los emplazamientos al aire libre conocidos situados más al sur, se dispersan concretamente tanto en el piedemonte subbético, al norte del escarpe de Camarena, como en la Depresión Priego- Alcaudete, dentro de las depresiones internas (intrabéticas). Así, en el piedemonte subbético destacan los enclaves de Cotillas y Fuente del Carmen/ Castillo de la Liendre (ambos en Zuheros) (Asquerino 1985a, Molina *et Alii* 1999: 18), junto al cauce del Bailón; Cerro de Santa María/ Cascajar (Lucena), la Iglesia y el Olivar de Villanueva Baja (Cabra), próximos a los cauces y arroyos que alimentan la cabecera del río Cabra (Bernier *et Alii* 1981: 66), y Castillo de Doña Mencía, junto a la cabecera del arroyo de la Plata- Guadalmoral y que recientemente ha deparado un interesante conjunto material asociado a una datación a caballo entre el VI y el V milenio ANE (Muñiz *et Alii* 2010: 240- 250, Martínez *et Alii* EP). Todos estos enclaves se disponen entre la cota 500 y 700 dada su situación en un medio transicional de campiña hacia el escarpe del Subbético Cordobés, dominando regosoles principalmente, entre otras formaciones edáficas (cambisoles y luvisoles) (unidades 13 y 44). En cuanto a la Depresión Priego- Alcaudete, ya algo más alejada (y fuera) de la zona tratada, se conocen una serie de localizaciones repartidas en el curso alto del Guadajoz (Confluencia del Sanjuán, el Salado y el Caicena), como la Jumilla, el Cercado o la Taberna (Priego de Córdoba), junto a Lucerico y la Mesa (Fuente Tójar) (Gavilán y Vera 1997, 1999, Delgado 1995, 1997a y b), así como una ocupación neolítica en el Torreón del Esparragal (Priego de Córdoba) (Gavilán 1988).

Es posible que la mayor parte estas localizaciones correspondan a establecimientos permanentes y/o semipermanentes dispuestos junto a medios híbridos o ecotonos, vinculados probablemente a una agricultura de azada intensiva sobre pequeñas parcelas, en donde parece que se valoró la presencia inmediata de manantiales y cabeceros de cursos de agua, alternada con un limitado pastoreo de caprinos en las tierras altas, actividades que pudieron complementarse con la captura ocasional de ungulados salvajes (cabra montés y ciervo). Así se aprovecharían los pastos dispuestos en los escarpes de media montaña, lejos de las áreas más bajas dedicadas al cultivo. Éste sería el caso de los establecimientos situados sobre medios transicionales dispuestos tanto en el piedemonte subbético como probablemente en el piedemonte mariánico, hecho refrendado en el primer caso por la abundante presencia, dominante en la mayor parte de los contextos, de restos de caprinos domésticos, tanto en establecimientos como Castillejos de Montefrío (Morales y Riquelme 2004: 42- 43), Cueva del Toro (Watson *et Alii* 2004: 253- 258) o recientemente en el Castillo de Doña Mencía (Martínez *et Alii* EP).

Para el resto de la Campiña y la vega del Guadalquivir medio, la información disponible resulta pues enormemente escasa. Aun considerando las dificultades que conlleva la aproximación a la explotación o a la gestión de la tierra y del patrón de asentamiento durante este período, podemos aventurar una incipiente ocupación de las áreas de vega ya desde el neolítico inicial (Guadalquivir y Guadajoz). Consideramos plausible que los enclaves neolíticos situados en ecotonos (territorios bisagra o transicionales), que permitieran explotar recursos muy diversificados en un área relativamente próxima y restringida (áreas de piedemonte), tendieran inicialmente hacia una mayor permanencia que aquellos dispuestos sobre medios ecológicamente homogéneos (campiñas), los cuales obligarían a una mayor movilidad ligada a una menor duración de los establecimientos, hecho que podría ser relacionado con la presencia de producciones cerámicas procedentes del curso medio del Guadajoz en Murciélagos de Zuheros (Vera y Martínez EP). Junto a ello, el posible papel de estas localizaciones en una agricultura extensiva de barbechos largos, vinculada por consiguiente a una mayor movilidad de los modos de asentamiento, podría haber determinado un peso menor de la construcción de estructuras excavadas destinadas al almacenamiento. Este fenómeno favorecería la destrucción del registro superficial al limitar la formación de depósitos estratificados, afectando negativamente (en comparación a períodos posteriores), al reconocimiento *de visu* en superficie de elementos cerámicos caracterizables, los cuales acaban reducidos a clastos tras milenios de actividad agrícola intensiva (Martínez *et Alii* 2010b: 239). En este sentido auguramos, a través de los avances en la caracterización tecnológica de la talla lítica laminar del Neolítico inicial, un aumento significativo de los emplazamientos reconocidos a través del estudio de los materiales líticos depositados en los museos.

Las comunidades que ocuparon durante este período el piedemonte subbético, pudieron haber mantenido redes de reciprocidad permanente con el Subbético Medio y Externo, así como con la franja costera meridional (Mar de Alborán), ya fuera por medio de intercambios o más probablemente a través de circulación matrimonial. La existencia tanto en los emplazamientos en cueva como al aire libre situados en el piedemonte y Macizo Subbético cordobés, de altas concentraciones de artefactos de adorno realizados en concha (*Glycymeris* sp, Dentalia, Cipraea, etc), así como de brazaletes de mármol del Trias de Málaga y Granada en Murciélagos de Zuheros (Rafael 2011: 47, Vera y Martínez EP), podrían inferir la existencia de redes de larga y media distancia con ambientes costeros, en donde circularían dichos productos bien como bienes de intercambio en reciprocidad, bien como bienes dotales, apuntando a la probable movilidad de personas entre ambos territorios. Por otra parte, el tráfico o circulación de sílex desde esta franja hacia el valle medio del Guadalquivir podría encontrarse plenamente establecido ya entonces, a partir de la llegada de prenúcleos carenoides procedentes del Subbético Medio (Morgado *et Alii* EP a).

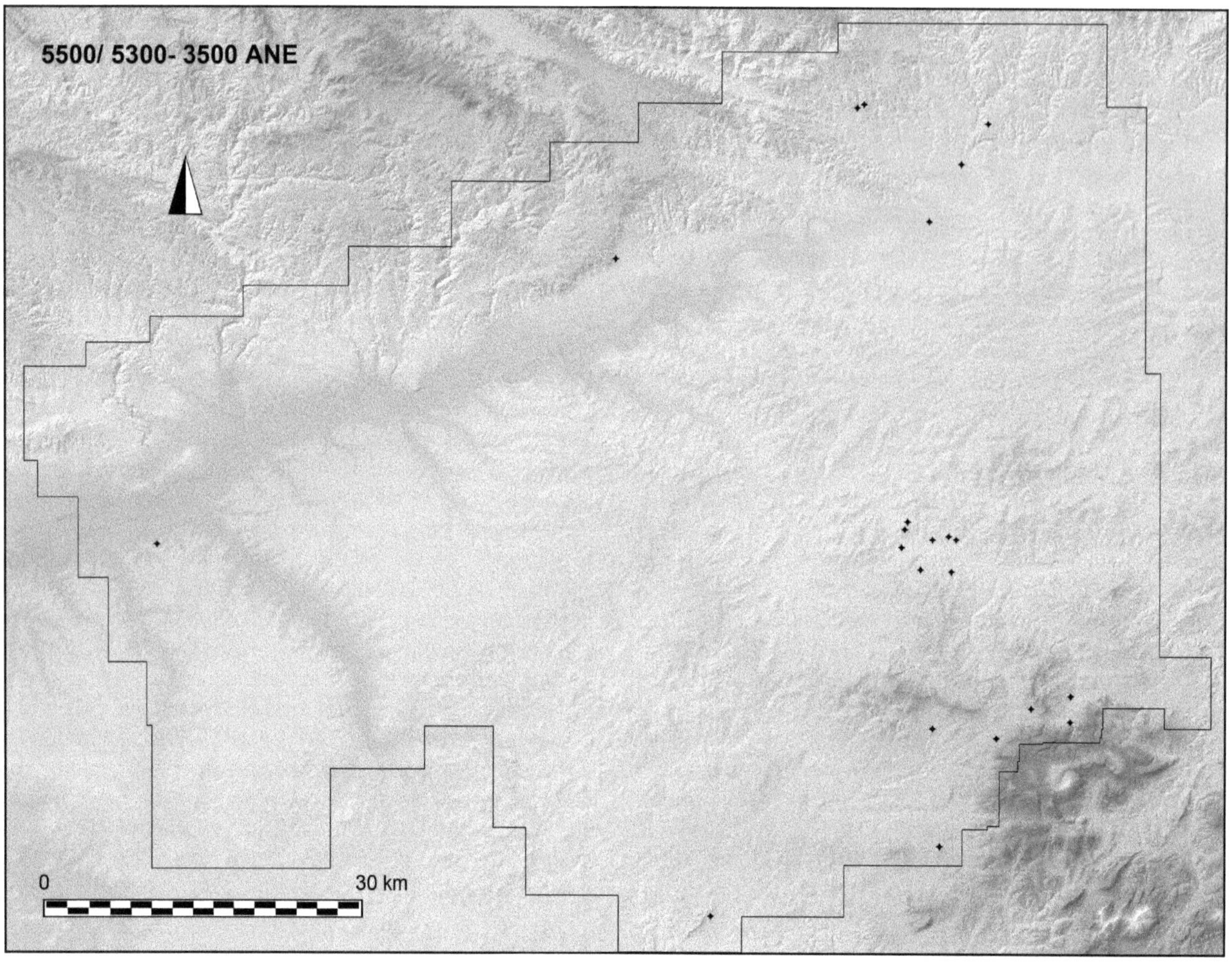

Figura 158: El territorio objeto de estudio entre el 5500 y el 3500 ANE.

Entre finales del V y sobre todo a partir de la segunda mitad del IV milenio ANE, la crisis de la agricultura extensiva en las tierras bajas debido a la antropización creciente de los medios boscosos dispuestos sobre suelos profundos, pudo impulsar a una concentración poblacional más intensa y permanente sobre suelos de vega. Junto a un nuevo impulso de la agricultura de azada intensiva sobre pequeñas parcelas, este fenómeno también vendría a reproducir en cierta medida el modelo anterior de roza forestal y cultivo sobre cenizas efectuado sobre terrenos campiñeses, aunque ahora con especial intensidad sobre formaciones vegetales de productividad más elevada (ripisilva y bosque de ribera, de más rápida regeneración), lo que permitiría barbechos más cortos sobre suelos con un alto nivel de humedad y parcialmente afectados por inundaciones periódicas, favoreciendo la renovación de la fertilidad en una agricultura sobre fluvisoles donde la azada contaría ahora con un especial protagonismo. Así, en la llanura aluvial del Guadalquivir se asistirá a uno de los primeros procesos generalizados de sedentarización permanente en toda la Depresión, hecho impulsado de la misma forma por su proximidad a un cauce remontable a través de embarcaciones sencillas y canoas[158], facilitando las comunicaciones entre los emplazamientos y el trasvase y distribución de bienes y producto agrícola, como precedente (y de alguna forma creando la necesidad de ello) a la adopción del carro y vehículos de tracción animal sobre caminos (verdaderos "ríos terrestres").

Como hemos propuesto para el Guadalquivir Medio, también en el Alto Guadalquivir jiennense se ha aludido a una mayor antigüedad de los enclaves semipermanentes (algunos de destacada extensión) situados en las vegas de los ríos remontables (Lizcano *et Alii* 1996: 309), lo cual sirvió para definir la Fase 0 de Nocete (Nocete 1989a: 146, 1994: 277- 279). Esta primera "agregación fluvial", podría comenzar a fraguarse de forma paralela a la

[158] La existencia de la antigua tradición de construir barcas de un solo tronco en el Guadalquivir (Estrabón, *Geographika* III, 2, 3, en Melchor 2002: 322) nos puede servir para ilustrar tanto la presencia de dicha tecnología sencilla en momentos tan tardíos como el cambio de era, como la existencia de árboles próximos de madera adecuada y lo suficientemente grandes para transformarlos en canoas monóxilas al menos hasta dicha época. Ello, unido a las abundantes pruebas de su uso en toda Europa durante el Neolítico, obliga a tener en mente la posible generalización de tecnología náutica en el cauce del Guadalquivir y sus implicaciones a lo largo de toda la Prehistoria Reciente. La noticia del hallazgo de los restos de una antigua canoa monóxila durante un dragado en las marismas de Doñana (Alves 1986: 224), no parece haber sido confirmada con posterioridad.

continuidad de los establecimientos móviles y semipermanentes en áreas de la campiña oriental (enclaves del Guadajoz, entre otros), permitiendo la concentración de fuerza de trabajo a lo largo de la primera mitad del IV milenio ANE en la franja de la llanura aluvial del Guadalquivir, practicando una agricultura de la azada intensiva y otra extensiva con barbechos cada vez más cortos hasta la aparición y adopción del arado a mediados del milenio. Estos serían los casos de la Verduga Alta, Casa del Tabaco o Camino de la Barca; emplazamientos sobre terraza fluvial (situados entre la cota 130 y 160) dominando la llanura aluvial (fluvisoles) y que continuarían ocupados a lo largo del IV, III y probablemente, II milenio ANE. Estos emplazamientos, sembrados de un palimpsesto de estructuras siliformes, cuentan con algunos conjuntos tipológicos que como ya señalamos en su momento, podrían retrotraerse a algunos siglos antes de la aparición de la formas carenadas, hacia mediados del IV milenio ANE.

3. La intensificación agrícola del secano y la fragua de la comunidad doméstica aldeana. 3600/3400- 3100/ 2900 ANE.

A partir de mediados del IV milenio ANE (3600/ 3400 ANE), se produce la maduración de todo un tejido ocupacional extendido a lo largo de la vega estricta del Guadalquivir Medio y campiña oriental cordobesa, mostrando un interés especial por controlar tanto terrenos de llanura aluvial, como aquellos dispuestos sobre margas miocenas presentes en el interfluvio Guadalquivir-Guadajoz y llegando a una densidad de localizaciones sin precedentes en el territorio para períodos anteriores. Esta nueva situación viene a coincidir con evidentes y profundos cambios observables en la cultura material y en la tecnología, cuya manifestación más reconocible es la explosión y diversificación de formas cerámicas bajas y abiertas, inaugurada por la cazuela o fuente carenada, junto a otras novedades tecnológicas. En el caso de la industria lítica, harán su aparición puntas foliáceas (normalmente de base recta y cóncava), así como se asistirá al desarrollo de grandes láminas prismáticas de sección trapezoidal, procedentes de grandes núcleos de crestas anteroposteriores y cuya presencia en enclaves del Guadalquivir medio cabe ser interpretada por su importación en gran medida desde áreas de explotación del Subbético Medio, bien a través de la circulación de los núcleos, bien de los productos estandarizados extraídos de éstos.

Estos cambios también se fundamentan en la propia configuración interna de los enclaves ocupacionales, a través de superficies tapizadas de estructuras negativas, generalmente de tipo siliforme, zanjas, y fondos de estructuras domésticas, a menudo solapadas entre sí y sin aparente orden, lo que podría apuntar en determinados casos a una duración breve de las estructuras como tales, y su frecuente desmonte y reconstrucción en reorganizaciones del espacio, siempre asociadas de forma directa y a proximidad de los terrenos de cultivo. Las verdaderas construcciones, en las que las evidencias subterráneas conservadas hoy día representarían tan sólo un aspecto muy parcial y fragmentario dentro de las verdaderas áreas de ocupación, arrastrarían una notable tradición derivada de los emplazamientos temporales, valiéndose de materiales lígneos y perecederos y con un empleo muy limitado de los recubrimientos de barro y arcilla y un mucho menor uso de la piedra y la mampostería.

A partir de este momento, los emplazamientos se multiplican, dividiéndose fundamentalmente tanto en aquellos dispuestos en asociación directa con la vega del Guadalquivir (la Verduga Alta, Vega de Santa Lucía, Mirabueno, Cerro de los Peces, Iglesia Antigua de Alcolea, Casa del Tabaco, el Cascajar, Llanete de los Moros y el Encinar VII entre otros lugares), como en los situados sobre terrenos margosos del norte de la Campiña Oriental (Las Majuelas, Valdeflores II, Fuente Agria, Huerta de Román, Dehesa de los Potros II, San León y Cañuelo Alto V, entre muchos otros). En total, el número de situaciones correspondiente a este período incluidos en la vega del Guadalquivir Medio y franja territorial limítrofe seleccionada por nosotros como territorio prioritario de estudio, corresponde a 36 emplazamientos, de los cuales 34 parecen corresponder a establecimientos de hábitat y dos a construcciones y deposiciones funerarias (Arroyo de las Sileras y Estación Prehistórica de Alcolea). En total, los centros de hábitat parecen haberse establecido sobre latitudes medias, entre los 50 y los 420 msnm, estando 20 de ellos entre los 100 y 200 msnm (Valchillón, Mirabueno, la Verduga Alta, Iglesia Antigua de Alcolea, Casa del Tabaco, Camino de la Barca y Cerro de los Peces, principalmente) y 13 superando los 200 msnm (Llanete de los Moros, Puerto de la Palmera, San León o Mesa de Matatoros). Un gran porcentaje de ellos (19), representan emplazamientos en lomas suaves, frecuentemente sobre terrenos margosos miocenos campiñeses, al norte del área oriental del estudio, tres de ellos sobre superficies tabulares miocenas (todos en el piedemonte de sierra Morena, como Puerto de la Palmera, Matatoros y Cerro de los Peces) y 12 se hallan en terrazas fluviales, a proximidad del Guadalquivir.

En cuanto a la orientación, normalmente relacionada con el gradiente hacia donde discurre la superficie del terreno, tan sólo nueve de ellos se orientan al norte, noreste o noroeste, en muchos casos buscando contacto visual hacia el Guadalquivir al estar situados al sur del cauce (El Encinar VII, Cañuelo Alto V, La Verduga Alta o Vega de Santa Lucía). Frente a ello, la gran mayoría muestra una orientación de componente sur, hacia la solana (18). Una dirección similar muestra la práctica totalidad de los situados al norte del Guadalquivir (piedemonte mariánico) y gran parte de los propios de ambientes margosos de la Campiña Oriental, siete de ellos de componente este, mientras que tres, de componente oeste. En una estricta dirección oeste se orientan tan sólo tres y al este cuatro.

En relación al tipo de suelo dominante, un alto porcentaje de los enclaves situados en asociación clara con la vega estricta, se asocian directa o indirectamente con fluvisoles (unidad 2), 12 del total de los establecimientos de hábitat ocupados en este período. De forma directa lo hacen el Carrascal, Camino de la Barca, Vega de Santa Lucía, Casa del Tabaco, Iglesia Antigua de Alcolea y Valchillón principalmente, y de forma indirecta, Cerro de los Silos, El Cañuelo Alto V, Mirabueno, Buenos Aires II, el Palomar, Cerro de los Peces y la Verduga Alta.

Una proporción similar de establecimientos (18 de ellos) se disponen en asociación con vertisoles (fundamentalmente la unidad cartográfica 23). En este sentido destacan los enclaves situados al norte de la campiña oriental, sobre terrenos margosos miocenos; Cerro del Aguilarejo, las Majuelas, Fuente Agria, Belmonte, las Flores, los Prados, Huerta de Román, Valdeflores, Cortijo de Román, el Salobral II, las Veredas, Cerro de los Silos, Llanete de los Moros, las Flores II, Valdeflores II o Dehesa de los Potros, asociados de forma directa este tipo de suelos e indirectamente, Camino de la Barca, San León y la Verduga Alta. Mucha menor proporción es la que corresponde a la ocupación sobre regosoles (a diferencia de lo aparentemente observado en los emplazamientos de cronología anterior), que corresponde a tres relacionados de forma directa (Puerto de la Palmera, Mesa de Matatoros y la Ventilla Baja). En resumen, del total de emplazamientos testados (34), tan sólo cuatro no se asocian directa o indirectamente con fluvisoles o vertisoles.

Como en la fase anterior, a fin de contextualizar el patrón territorial, echamos un vistazo a la situación observada en el resto de la Campiña Cordobesa, al sur del límite prefijado (dispuesto entre el Cerro Palomarejo de Écija y el cerro Cabeza Lavada, en Cañete de las Torres) y el piedemonte subbético (escarpe de Camarena). En este sector contamos con 21 enclaves propios de este período, de los cuales diez se encuentran en cotas de entre 200 y 300 msnm (Santa Cruz Norte, Veleto, Colegio, Ízcar, el Caño Bajo, Prádena, Viña Boronato, Aljibe y Villaviciosa por citar algunos ejemplos), siete entre la cota 300 y 400 (la Minilla, Guta, Potosí, las Almayas, Cortijo de la Capellanía, Cerro Triguillos y Cerro de Santa María), y 4 entre 400 y 600 msnm (Caserío de Morales, Loma del Cuadradillo, Tiñosa y Torreparedones). La gran mayoría de ellos (15), se asocian directa o indirectamente a vertisoles (unidades cartográficas 22 y 23). Tan sólo cuatro se encuentran sobre fluvisoles, a proximidad del Guadajoz o del Río Cabra (Izcar, Viña Boronato, Aljibe y Cerro Triguillos), quedando apenas un par de casos con suelos ajenos a este tipo de agrupaciones (la Minilla y Guta).

Los cambios seguidos a partir de este momento, materializados tanto en la generación de un tejido poblacional denso como en las propias modificaciones observadas en la cultura material, pueden ser interpretados a raíz de la fragua de un proceso de concentración y agregación poblacional. Dicho fenómeno podría ir asociado a una tasa demográfica notablemente superior respecto a siglos anteriores, tomada como causa y a la vez consecuencia, de nuevas formas de producción agrícola. Como eje central de dichos cambios se encuentra una intensificación necesitada de la concentración de fuerza de trabajo, asociada al paso de una agricultura muy limitada por el laboreo manual, a otra de tipo intensivo especializada en el secano por medio de un proceso de adaptación a una nueva realidad ecológica. Durante dicha transformación se pondría de manifiesto la capacidad de decisión e innovación de la sociedad, tanto a través de un desarrollo adaptativo a las nuevas condiciones ecológicas generadas por acción del hombre, como en la capacidad operativa de confeccionar y adoptar nuevos instrumentos y nuevas técnicas agrícolas, enfoque opuesto a lecturas deterministas al uso. En esta nueva situación se contextualiza la adopción de innovaciones tecnológicas ligadas al barbecho corto con abonado, en donde la generalización del arado y la tracción animal (yunta) cumpliría un papel determinante.

Frente a la idea de la puesta en marcha de la agregación poblacional partiendo de economías de raigambre ganadera (Cámara 2001), observamos sin embargo en esta fase un interés especial tanto por las áreas ribereñas dominadas por fluvisoles (ya manifestado con anterioridad en este primer caso), como por los suelos campiñeses sobre margas miocenas, dominados en primer término por vertisoles (unidades cartográficas 22 y sobre todo 23); suelos conocidos en su mayor parte con el nombre de "bujeos negros andaluces" y aunque difíciles de trabajar debido a su alta tasa de calcita, son valorados tradicionalmente como dotados de una gran fertilidad para cultivos cerealistas de secano, permitiendo los fluvisoles al mismo tiempo un cultivo muy productivo de leguminosas. Ello contrasta con el aparente vacío que se pone de manifiesto a partir de este momento (y que será continuado a lo largo de toda la Prehistoria Reciente hasta época Imperial Romana) (Martínez Castro 2001, 2008) en el área de la campiña occidental cordobesa y parte del área ecijana, coincidiendo con los territorios tradicionalmente denominados "Desierto de la Parrilla" y "Desierto de la Monclova", conocidos por su escasez de manantiales naturales (constituyendo las aguas superficiales lagunas y charcas y arroyos estacionales) y por el dominio de suelos pardorrojizos y rojos (luvisoles) y planosoles, éstos últimos de muy difícil laboreo y productividad limitada o nula.

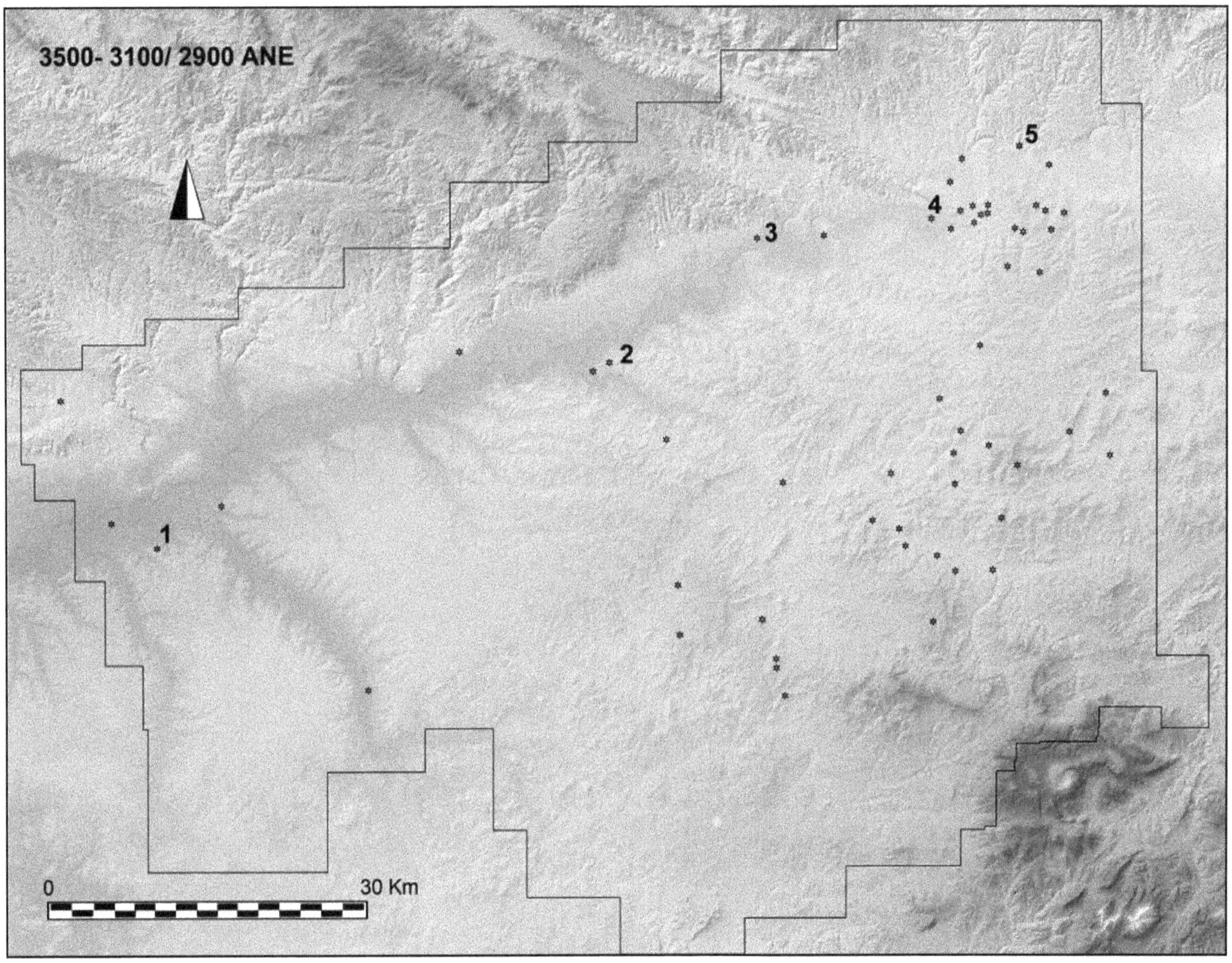

Figura 158: El territorio objeto de estudio entre el 3500 y el 2900 ANE. Indicación numérica de los principales enclaves ribereños tratados en el trabajo; 1, la Verduga Alta; 2, el Cañuelo Alto V; 3, Iglesia Antigua de Alcolea; 4, Casa del Tabaco; 5, Llanete de los Moros.

Por su parte, la Alta Campiña situada bajo el piedemonte subbético y que limita con el escarpe de Camarena, habiéndosele reconocido cierta densidad de establecimientos permanentes durante la fase anterior, ahora parece manifestar una notable escasez de asentamientos (Gavilán y Vera 1997: 19- 20). Dicho fenómeno parece extenderse al resto del Macizo Subbético cordobés, donde tradicionalmente tan sólo se asegura la ocupación del cerro de la Mesa de Fuente Tójar (Delgado 1995, 1997a y b) y el Torreón del Esparragal (éste último sobre todo a partir del III milenio) (Gavilán 1988), entre otras localizaciones de caracterización más compleja[159]. Ello, más que corresponder a una verdadera despoblación, probablemente responda en parte a las consecuencias de la concentración de fuerza de trabajo para la intensificación dictada por las nuevas formas de agricultura, reduciéndose el número de localizaciones dispersas de la fase anterior en zonas quebradas (y donde las tierras arables por medio de los nuevos sistemas agrícolas se hallan restringidas a vegas estrechas, glacis, "hoyones" o amplias dolinas cársticas y cabeceros de cursos fluviales) en favor de asentamientos más extensos, como Polideportivo de Martos y los ahora situados a lo largo de un extenso sector territorial, dominado por el mioceno margoso de la Campiña Cordobesa Oriental. El pastoreo probablemente contará a partir de este momento con una importancia de primer orden en el entorno, probablemente ejercido por un sector social especializado, en donde tanto el arte rupestre como las cuevas y simas sepulcrales (Moreno Rosa 1991) continuarán manteniendo simbólicamente los derechos de acceso y explotación de las áreas de pasto.

De esta manera, la generalización del cultivo intensivo de secano mediante roturación, se extendería de forma preferente por los suelos vérticos (vertisoles), friables y que tienden a cuartearse[160], cualidad valorada tradicionalmente como propia de terrenos fértiles. Dichas agrupaciones edáficas se muestran más frecuentes y extensas en la campiña oriental cordobesa, fronteriza con las campiñas occidentales de Jaén (área de Porcuna), en donde ya se puso de manifiesto hace más de veinte años

[159] Caso de la facies de travertinos del Adarve en el casco urbano de Priego, con algunos aunque escasos materiales líticos, óseos y cerámicos. Agradecemos a Rafael Carmona, director del Museo Histórico Municipal de Priego de Córdoba, la información al respecto.

[160] "Ni nuestro Virgilio se olvidó de decirlo, tras mencionar las otras cualidades del campo fértil: *y cuyo suelo es friable, pues eso imitamos al arar*" Columela: *La Labranza* (*Res Rustica*), L. II, 2: 4; citando a Virgilio, *Geórgicas* II, 204.Traducción de José Ignacio García Armendáriz. Biblioteca Clásica Gredos. Madrid, 2004.

una situación similar (Fase I- II de Nocete). Los terrenos de la llanura aluvial del Guadalquivir verán extenderse la ocupación de forma pareja, consolidándose el laboreo intensivo a través de la roturación de la tierra, el barbecho corto (probablemente ligado al año y vez) y al abonado. Los cambios observados en los tipos cerámicos, irían íntimamente ligados a los de los modos y formas de consumo, vinculados a la generalización de cultivos anuales y a una alimentación menos diversificada, probablemente basada en una dependencia mayor de los cereales (Zapata *et Alii* 2004: 313). La cebada podría corresponder a uno de los cultivos de supervivencia generalizados durante la fase crítica de adaptación, panificado mediante gachas o más concretamente tortas de pan plano.

Los suelos de la llanura aluvial podrían haberse destinado de modo preferente para el cultivo de legumbres, lino y cereales (debido a su mayor humedad), inaugurando un modelo ganadero de doble signo, en donde la triada del suino, bovino y caprino mostraría valores diferenciales en función del piso ecológico. Así, en áreas próximas a los cursos fluviales, el cerdo contaría con un especial protagonismo, dado el alto nivel de productividad ecológica de las márgenes ribereñas para un competidor natural del hombre, y la posibilidad de una alimentación a base de desechos agrícolas procedentes de leguminosas y de la horticultura. La cabra y sobre todo la oveja por el contrario, contarían con un dominio exclusivo en áreas campiñesas y próximas al piedemonte, en donde representarían la principal cabaña, asociada al cereal de secano, el pasto y la paja.

A la acumulación del producto agrícola, necesario para la reproducción exitosa del ciclo siguiente y la alimentación del grupo a lo largo de los meses improductivos, se une la creciente dependencia de éste ante una mayor densidad ocupacional, pasando a convertirse en un recurso codiciado y difícilmente obtenible vía intercambio o distribución recíproca por parte de unidades domésticas independientes, ante un mal resultado agrícola o ante un fracaso de su ciclo anual productivo (Bernabeu 1995: 54). En este contexto una crisis de producción, ligada a sequías, veranos húmedos o a una muerte o ausencia masiva de braceros durante los períodos críticos de actividad, pondría en riesgo la propia supervivencia de la unidad productiva doméstica. A fin de evitar la reciprocidad negativa ejemplificada en el pillaje o robo del producto, algunos de estos enclaves verán dotarse de infraestructuras funcionales (fosos, empalizadas), con el objeto de protegerse ante un asalto, circunstancia que "contagia" a otros grupos periféricos compuestos de un menor número de individuos, conminándolos a agregarse en unidades domésticas mayores o bien a integrarse políticamente dependiendo de enclaves de tamaño superior dotados de un mayor número de defensores, quienes actuarían a cambio de retribuciones.

4. Metalurgia y jerarquización creciente. 3100/2900-2600- 2400 ANE.

Como en el apartado anterior y en vista de la naturaleza de la información disponible en este territorio, la compartimentación del III milenio ANE tan sólo puede hacerse de forma aproximativa en función de los propios caracteres tipológicos de la cultura material, basándonos fundamentalmente en la cerámica (fuentes y platos de borde engrosado, frente a la presencia de cerámica campaniforme, bordes biselados o paredes finas), aunque también por la aparición de características producciones metálicas, como en el caso particular de las puntas tipo Palmela. De esta forma hemos dividido dicho período entre la primera mitad del III milenio (que aludiría al Calcolítico Precampaniforme), ubicado entre 3100/2900 y el 2600/2400 ANE, y el tercer cuarto del milenio (Horizonte Campaniforme), a caballo entre el 2600/2400 y el 2200 ANE. Aun considerando las enormes dificultades de partida que ello representa, y lo sin duda enormemente subjetivo de esta forma de clasificación, pretendemos con ello aproximarnos a un intento de lectura y revisión preliminar con el cual comenzar a elaborar una propuesta histórica.

En el entorno de la vega del Guadalquivir Medio, si bien se percibe una evidente continuidad en la ocupación del espacio con respecto a la fase anterior, la dispersión de los enclaves de hábitat muestra ahora cierta tendencia a conquistar también cotas de mayor altitud antes no ocupadas, esta vez situadas sobre posiciones aisladas o bien defendibles con un amplio dominio sobre el entorno circundante. Uno de los rasgos en apariencia más destacables es la aparición de establecimientos con una limitada capacidad de autoabastecimiento, al hallarse lejos de las mejores tierras cultivables y en terrenos escarpados o pedregosos, lo que podría implicar una mayor integración política con la existencia de emplazamientos especializados. Las posiciones de altura se encuentran tanto en el piedemonte mariánico (Cerro del Ermitaño, la Mesa Blanca, Peñamelaria o Cerro del Escribano), como al sur del área estudiada, en las estribaciones del Subbético Cordobés, donde destacarían emplazamientos como el Pilar de Camarena o el Laderón. De la misma forma, una vez entrada en el juego la explotación metalúrgica y la circulación de productos derivados ya manufacturados, ciertos enclaves del piedemonte de Sierra Morena pasarán ahora a controlar la transformación del mineral bruto desde los centros de extracción a las tierras de la vega y hacia la arteria de comunicación representada por el cauce del Guadalquivir, donde se concentra el grueso del producto agrícola y de la fuerza de trabajo. Dichos enclaves se hallan representados sobre todo por los yacimientos conocidos hasta el momento de la Mesa Blanca (Martínez 2002), Peñamelaria, Mesa de Puente Mocho, y en menor medida Cabrillas (Almodóvar del Río), que pudieron representar centros de transformación del cobre procedente de los filones metalogénicos de Cerro Muriano (Quitapellejos y Sietecuevas) o Trassierra (Piquín y Nuestra Señora de la Soledad), entre otras.

Correspondiendo a los emplazamientos dotados de una cultura material propia de este momento, contamos con 35 enclaves, de los cuales 34 (como en el caso anterior) corresponden a posibles emplazamientos de hábitat. En general, el ambiente de muchas de las localizaciones muestra continuidad con el de la fase anterior, ya que muchos de los antiguos emplazamientos seguirán estando habitados, surgiendo ahora un gran número de ellos sobre las tierras bajas. Probablemente éste fue el caso de la Higuera, Casillas, el Custodio/ Molinillo, Huerta de la Torre de las Cabras o la Ermita de San Pedro, si nos circunscribimos al entorno inmediato de la vega estricta del Guadalquivir. Una de las diferencias sustanciales vendrá con la altura relativa y cota de varias de las nuevas fundaciones, si bien en total, ocho emplazamientos se disponen entre los 300 y los 600 msnm (media docena en el piedemonte de Sierra Morena), mientras que otros seis se disponen entre la cota 50 y 100 (todos junto a la llanura aluvial del Guadalquivir), estando 19 situados entre los 100 y 300 msnm.

De forma paralela al crecimiento en altura de varias de estas localizaciones, se generalizará una nueva tipología de emplazamiento, dispuesta sobre cerro testigo y común en los enclaves del Alto Guadiato (como Calaveruela, los Castillejos de Fuente Obejuna o Cerro Castillo de Espiel) (Gavilán y Vera 1994b, Vera Rodríguez 1999a) ocupados en este período. De entre ellos distinguimos el Cerro del Ermitaño, el Cerro del Castillo de la Floreta y el Cerro del Cañaveralejo, al que vendrán a sumarse nuevas localizaciones sobre superficies tabulares miocenas (mesas), algunas aisladas y de gran escarpe, como la Morena y sobre todo la Mesa Blanca, Peñamelaria, y quizás ya desde estos momentos, la Mesa de Puente Mocho, en todos estos casos dominando la bisagra dispuesta entre el piedemonte mariánico con el control de los pasos fluviales hacia el norte desde la vega del Guadalquivir. Junto a emplazamientos en cotas muy bajas de la llanura aluvial, como el Custodio/ el Molinillo, Vega de Santa Lucía, Sotogordo y la Higuera, la mayor parte de los emplazamientos próximos a la vega se asientan sobre terrazas fluviales, como La Reina, Cuevas Bajas, Ermita de San Pedro, Cabrillas, Colina de los Quemados, Huerta de la Torre de las Cabras, Casa del Tabaco, Camino de la Barca, Casillas o la Verduga Alta y ya, cerca del glacis de Sierra Morena, Paterna y el Cerro del Escribano; en total 20 emplazamientos incluidos en la vega estricta. Los emplazamientos dispuestos sobre lomas margosas del noreste del sector campiñés seguirán ocupados en estos momentos, como los del Ochavo I, Dehesa de los Potros II, Lorilla I, Zorreras y Fuente Agria, cinco en total.

En cuanto a la orientación de muchos de estos emplazamientos, ésta parece estructurarse base a los mismos parámetros observados en la fase precedente, siendo de los 34 enclaves ocupacionales contabilizados, 21 hacia el mediodía o con una orientación de componente sur (solana), siendo siete de ellos de componente este. Al este solar se orientan dos, mientras que tan sólo uno se orienta al oeste (Mesa de Matatoros). En cuanto a los situados en áreas de umbría, ocho se orientan al septentrión o cuentan con una orientación de componente norte (cuatro de ellos noroeste), siete de ellos (La Higuera, Madre de Fuentes, Vega de Santa Lucía, La Morena y la Verduga Alta, entre otros) al encontrarse al sur del Guadalquivir (del Genil en el caso de la Isla del Castillo) y en relación visual directa con su cauce.

Respecto a los suelos, en este momento aumentarán de forma ostensible aquellos emplazamientos situados sobre suelos más pobres o al menos, de naturaleza más variable frente a la tendencia casi exclusiva hacia fluvisoles y vertisoles propia de la segunda mitad del IV milenio ANE. Aun así, 14 enclaves se encuentran directa o indirectamente asociados a fluvisoles (unidad 2), en su mayoría aquellos situados a proximidad del cauce del Guadalquivir, mientras que 11 se emplazan directa o indirectamente junto a vertisoles (unidad 23 y en un caso 22), en su mayoría aquellos dispuestos sobre lomas margosas de campiña y terrazas fluviales. Junto a dicha tendencia heredada de la fase anterior, ocho se asociarán ahora de forma directa con regosoles (dos de ellos de forma exclusiva y otros dos cercanos también a luvisoles), en su mayoría emplazamientos situados en el piedemonte de Sierra Morena (Cañaveralejo, Peñamelaria o la Mesa Blanca). En total, de 34 yacimientos testados, nueve de ellos no se encuentran directa o indirectamente asociados a fluvisoles y vertisoles, proporción sin duda ligeramente superior a la observada en la fase anterior, y que conseguirá mantenerse a lo largo del Horizonte Campaniforme.

En la campiña cordobesa, al sur del área prioritaria seleccionada, hemos recopilado un total de 45 emplazamientos con una cultura material propia de la primera mitad del III milenio ANE, de los que 43 podrían corresponder también con emplazamientos de hábitat, los cuales parecen terminar de completar el panorama (guardando semejanzas de base con las ocupaciones anteriores) iniciado a partir de la segunda mitad del IV milenio ANE. A partir del tipo de emplazamiento elegido para establecer el conjunto de localizaciones, ahora sí parece señalarse una tendencia a la búsqueda de establecimientos de mayor altura; diez entre 200 y 300 msnm (Cerro de las Mesas, Viña Boronato, los Carambolos o la Romera), 22 entre 300 y 400 msnm (Ategua, la Carambola o La Galiana), siete entre la cota 400 y 500 (Morales, Loma del Cuadradillo, Tiñosa), y cuatro entre 500 y 700 msnm, correspondiendo estos últimos a Torreparedones y Cerro del Gallo, junto a los situados en el piedemonte de Camarena como la Fuente del Río, Pilar de Camarena, y probablemente ya desde este momento, el Laderón.

En cuanto a los suelos, a diferencia de lo observado en este momento en la franja territorial prioritaria que integra la vega estricta, asistimos a una consolidación del proceso iniciado en la fase anterior, aumentando ligeramente en proporción los establecimientos situados en relación directa a los vertisoles, continuando el desarrollo ocupacional preferente en la campiña margosa. Así, siete se encuentran directa o indirectamente asociados a fluvisoles (Fuente del Río, Cerro de las Mesas, Puente de las Vegas o Huerta del Alguacil), mientras que la mayoría, que supera la treintena, se ve asociada directa o indirectamente a vertisoles (unidades 22 y 23), estando algunos de ellos también próximos a

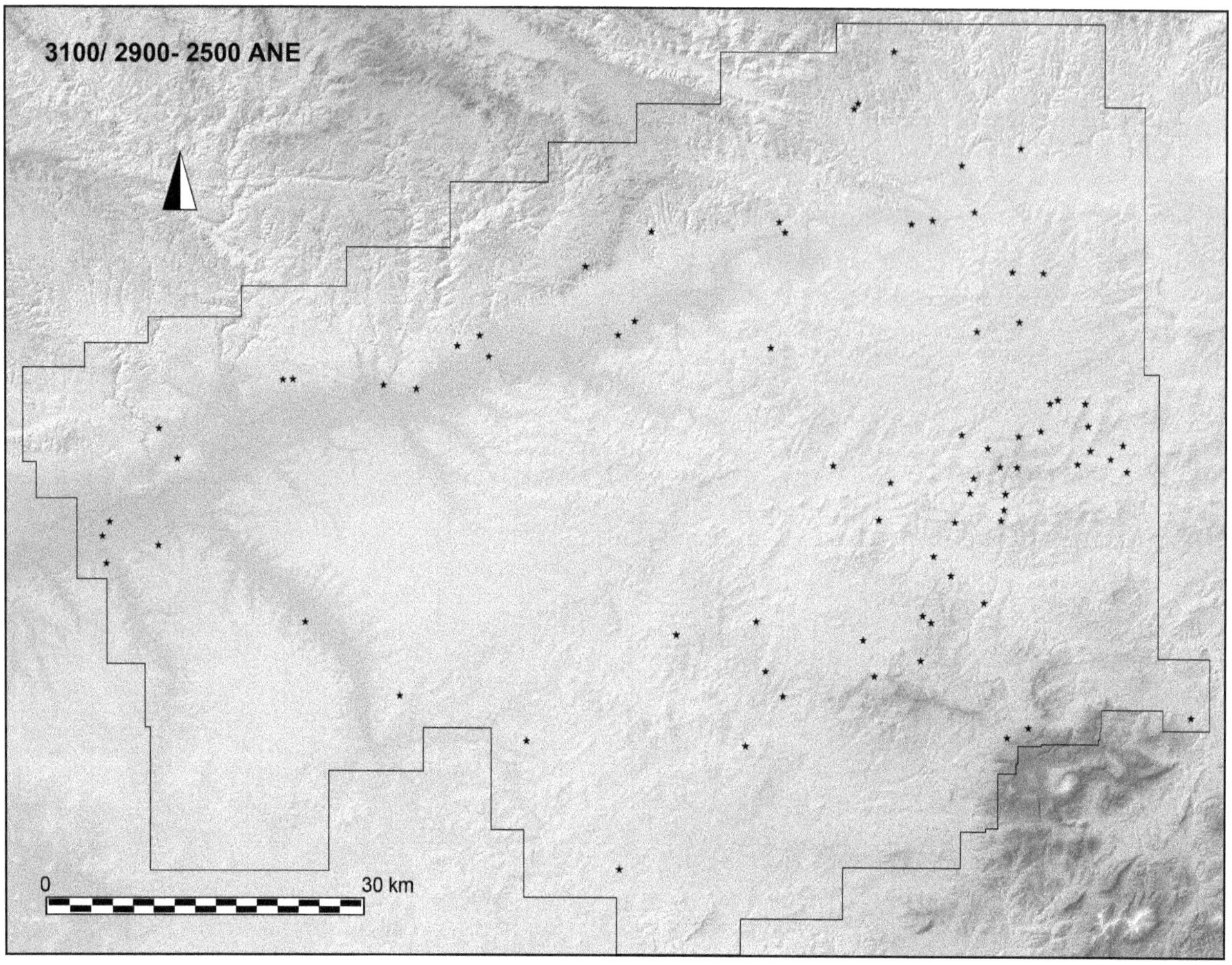

Figura 159: El territorio objeto de estudio entre el 2900 y el 2500 ANE (III milenio ANE precampaniforme).

fluvisoles. Un menor número (10), se disponen de forma directa sobre regosoles formados sobre terrenos calizos (unidades 11 y 13), mientras que tan sólo tres lo hacen en primer término sobre cambisoles cálcicos, regosoles calcáreos, cambisoles vérticos y vertisoles crómicos (unidades 44 y 49), independientemente de encontrarse en segundo término a proximidad de suelos preferentes. Así, de 43 emplazamientos recogidos en el entorno campiñés, tan sólo cuatro no se hallan directa o indirectamente relacionados con vertisoles y fluvisoles.

El tránsito al III milenio ANE, supone una evolución gradual de las condiciones sociales desarrolladas a partir de mediados del IV milenio ANE, hacia formas organizativas más complejas y jerarquizadas. En este momento, el proceso de sedentarización e intensificación agrícola desarrollado en la fase anterior parece llegar a su límite, representando con respecto a aquél una fase continuista en relación a los rasgos básicos del sistema de ocupación poblacional. Como rasgo diferencial, se evidencia tanto una dispersión incipiente hacia suelos de mayor diversidad (sobre todo a proximidad del Guadalquivir y en el entrono del piedemonte mariánico), como poco a poco la fragua de una red jerarquizada y dependiente para muchos de estos emplazamientos, algunos de difícil autoabastecimiento o sin capacidad para ello. Cierto número las localizaciones dispuestas en el piedemonte de Sierra Morena contarían con un papel especializado, encargadas del procesado del cobre, viéndose en algunos casos situadas a proximidad de filones metalíferos, caso de Peñamelaria. En la misma dirección apunta la presencia de restos de probables líneas de fortificación en la Mesa Blanca (de cronología desconocida), emplazamiento que pudo haber cumplido un papel fundamental en la trasformación del cobre en bruto (Martínez 2002: 68). Otras evidencias similares representan la aparición a partir de este momento de grandes emplazamientos amurallados en la campiña occidental jiennense (Alcores) (Nocete 2001: 94), así como la presencia de una doble zanja de disposición curva en Casa del Tabaco (en plena llanura aluvial), abierta probablemente a mediados del III milenio ANE (Figura 7) (Martínez 2009, EP b).

Será a partir de este momento cuando surjan en la Depresión del Guadalquivir, los grandes centros ocupacionales y muy probablemente políticos en donde será visible la presencia de mercancías exóticas y artesanías elaboradas formando parte de contextos funerarios o de cariz simbólico (García Sanjuán 2006: 158). En la situación actual, tanto para la vega del Guadalquivir Medio como para el resto de la Campiña

Cordobesa, contamos con grandes dificultades para identificar aquellos lugares centrales que pudieran haber desarrollado un papel jerárquico en la articulación del territorio, independientemente de la altura relativa y las amplias defensas naturales de algunos de los emplazamientos ocupados a partir de mediado el milenio. Una característica observable de este período, junto a la conquista progresiva de las cotas altas, tanto en la franja meridional asociada a la vega estricta incluida en el segmento territorial abordado de forma prioritaria, como en el marco general de la campiña cordobesa, es la ocupación gradual de los sectores occidentales, entorno del Genil y cuenca occidental del río Cabra, áreas limítrofes con la Parrilla y la Monclova y que se verá agudizado a lo largo del milenio durante el Horizonte Campaniforme (2600/2400- 2200 ANE).

5. La expansión y la consolidación del sistema. 2600/2400- 2200 ANE.

Avanzado el III milenio ANE con la extensión del Horizonte Campaniforme, se asiste a una aparente colonización espacial de probable carácter agrícola en las áreas occidentales, a partir de la ocupación de las tierras próximas al Genil (Campiña Ecijana); hecho que parece seguirse paralelamente en su curso medio y su confluencia con el río Cabra y el Salado (Puente Genil y Santaella) en la campiña cordobesa y que constituye un fenómeno ya observado con anterioridad (Cunliffe y Fernández 1999: 424). El cambio probablemente viene operando desde la fase anterior, irradiando según nuestra propuesta desde los alcores sevillanos a través de la cuenca del Corbones y del Genil, siendo un fenómeno progresivo que se vería en pleno desarrollo con la aparición de la cerámica campaniforme. La ocupación de los enclaves de defendibilidad aventajada situados en áreas de piedemonte mariánico (la Mesa Blanca, Mesa de Puente Mocho) y subbético (La Pedriza/ Cortijo del Poyo, el Laderón) se consolidará con especial intensidad, sumado ahora a la conquista progresiva de las cotas más elevadas del conjunto del área occidental de la campiña cordobesa (Castillo de Monturque, de Montemayor o el de Aguilar de la Frontera).

De los 29 yacimientos de los que conocemos ocupaciones avanzada la Edad del Cobre en la llamada franja prioritaria, 26 podrían corresponder a emplazamientos ocupacionales, estando cuatro situados entre los 50 y los 100 msnm (Alcotrista, Cerro de los Pesebres o Las Ánimas I), viéndose la mayor parte de ellos (14) entre los 100 y 200 msnm (Cerro de la Sagrada Familia, Cuevas Bajas, Colina de los Quemados, la Isla del Castillo, la Verduga Alta, Puente Mocho, el Blanquillo I y el Picate I, entre otros). Cinco se disponen entre la cota 200 y 300 (Friillas, Llanete de los Moros o el Tornerito) y por último tres entre los 300 y los 500 msnm (Cerro del Aguilarejo, la Alameda/ Fuemblanquilla y Peñamelaria). Por su parte los asentamientos en loma corresponden a cuatro (El Nuño, el Tornerito, Cerro del Aguilarejo y la Alameda/ Fuemblaquilla), dispuestos en los ambientes margosos campiñeses, incluyendo algunas localizaciones de la campiña occidental Ecijana. La mayor parte de las ocupaciones se suceden en terrazas fluviales (16) del entorno del Guadalquivir (La Verduga Alta, Casa del Tabaco, Colina de los Quemados, Llanete de los Moros o la Sagrada Familia) y del Genil (Isla del Castillo o Atalaya de Moranilla) y llanuras elevadas en el cuaternario de la campiña norte Ecijana (4) (El Picate o Mochales). Los enclaves en mesas tabulares miocenas elevadas continúan estando ocupados desde la fase anterior, como Peñamelaria, Mesa de Puente Mocho y la Mesa Blanca, enclavados en el piedemonte de Sierra Morena y controlando los corredores serranos hacia el norte y la extracción y transformación de cobre.

Como en el período precedente, la mayor parte de las localizaciones (13 de 26 en total) se orientan hacia el Mediodía, tanto en el caso de las lomas de margas campiñesas como en relación a los enclaves dispuestos al norte del Guadalquivir, de las cuales seis muestran componente este y tres oeste. Al este solar se orientan tres, y al oeste cuatro, siendo en gran parte establecimientos de la campiña norte Ecijana dirigidos hacia la ribera del Genil (las Ánimas I, Mochales I o Friíllas). Al norte se orientan cinco, en su mayor parte situados al sur del cauce del Guadalquivir y en asociación directa, siendo dos de ellos, como era de esperar situados en la campiña ecijana, de componente oeste.

En cuanto a los suelos, la tendencia en este sector continúa siendo muy semejante a la de la fase anterior desarrollada en la primera mitad del III milenio ANE. De 26 emplazamientos, 11 dominan directa o indirectamente fluvisoles (unidades de tipo 2) siéndolo de forma directa diez de ellos, en su gran mayoría dispuestos junto a la vega del Guadalquivir (Colina de los Quemados, Casa del Tabaco, la Sagrada Familia o Cuevas Bajas), estando situados otros (Écija, Alcotrista, Las Ánimas 1) junto a la vega del Genil o del Guadajoz (caso del Blanquillo 1). Los vertisoles se hallan relacionados con diez emplazamientos, ocho de ellos de forma directa, representando el dominio casi exclusivo de los emplazamientos margosos de la campiña oriental (interfluvio Guadajoz- Guadalquivir) la unidad 23, como sucede con el Cerro del Aguilarejo, Blaquillo I, Tornerito, o la Alameda/ Fuemblanquilla, incluyendo algunos enclaves ecijanos dispuestos sobre bandas más estrechas de vertisoles pélicos y crómicos (unidad 22), caso de Mochales I o el Picate. La mayor parte del resto de las localizaciones, representan emplazamientos a proximidad de regosoles (cuatro en total, en el piedemonte mariánico y en la Campiña Ecijana), guardando como vemos en esta zona la tendencia hacia una mayor variabilidad de terrenos inaugurada desde la primera mitad del III milenio ANE. Así, de 26 emplazamientos, cinco no se encuentran situados directa o indirectamente a proximidad de los suelos preferentes (fluvisoles o vertisoles, unidades 2, 22 y 23).

En el resto de la campiña cordobesa, hemos señalado 33 ubicaciones correspondientes a esta época, 30 de las cuales podrían corresponderse a asentamientos. En cuanto a las cotas sobre las que se disponen los emplazamientos, 12 de ellos se sitúan entre 190 y 300 msnm (Veleto,

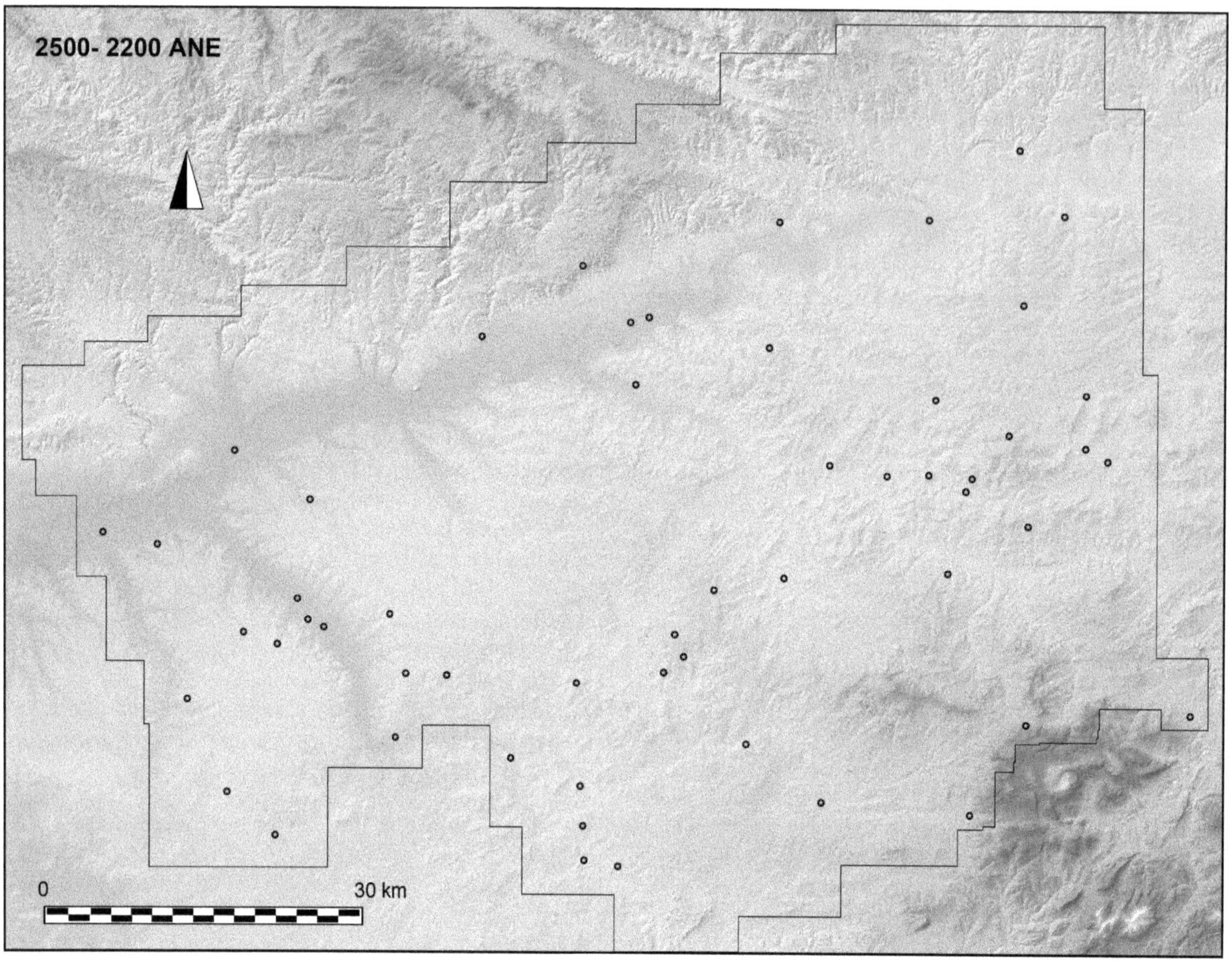

Figura 160: El territorio objeto de estudio entre el 2500 y el 2200 ANE (horizonte campaniforme).

Cerro del Ahorcado, La Mitra, Castillo de Dos Hermanas o Camorra de las Cabezuelas entre otros), 12 entre la cota 300 y 400 (la Minilla, Cerro Jesús, Cerro Triguillos, Castillo de Monturque, Montemayor y Castillo de Aguilar de la Frontera) y seis entre 400 y 900 msnm, siendo el Laderón el emplazamiento de mayor altura detectado.

Las asociaciones edafológicas llegan ahora a un máximo de variabilidad, ahondando en la tendencia vislumbrada a partir del III milenio en el entorno de la vega del Guadalquivir Medio, en un proceso progresivo que viene desarrollado desde la fase anterior. Así, siete se encuentran directa o indirectamente asociados a fluvisoles (unidad 2) (la Mitra, Cerro del Ahorcado, Cerro Triguillos, Castillo de Aguilar de la Frontera, de Monturque y Dos Hermanas, Cerro de las Mesas, Camorra de las Cabezuelas y Fuente del Río), 14 se asocian también directa o indirectamente a vertisoles (unidades 22 y 23) (Ategua, la Cadena, Cerro de Jesús, Prádena, la Carambola, Cerro del Arroyo del Algarbe o Veleto), mientras que son ahora nueve los enclaves que no se asocian ni directa ni indirectamente a este tipo de suelos, la mayor parte de ellos (seis), asociados directa o indirectamente a regosoles (sobre todo la unidad 13).

Esta diversidad de suelos puede interpretarse como consecuencia de la posible saturación poblacional (con la cada vez más notoria dificultad de fundar nuevos establecimientos) en el interfluvio Guadalquivir-Guadajoz (dominio margoso mioceno con formaciones edáficas de tipo vertisol), definiéndose una expansión planificada hacia la campiña del Genil y el cauce del río Cabra, como podría deducirse a través la ocupación de cerros de alto poder estratégico representado por el Castillo de Monturque, Aguilar de la Frontera, Santaella, Montalbán y Montemayor. Este área parece contar con una aparentemente escasa ocupación en momentos anteriores (durante el IV y primera mitad del III milenio ANE) lo que probablemente guarde relación con la situación observada de forma paralela al otro lado de la frontera sevillana en estos momentos, en la campiña sur ecijana (Durán y Padilla 1990) o en la recientemente evidenciada ocupación campaniforme de Marinaleda (Caro Gómez *et Alii* 2004).

6. Yacimientos de la Prehistoria Reciente en el Guadalquivir Medio. Área prioritaria (1- 144, vega aluvial y territorio limítrofe y área secundaria (145- 284, campiñas hasta el piedemonte subbético).

Tabla 36. Listado de enclaves arqueológicos extraídos a partir de nuestra base de datos

Nº	Nombre	Término Mun.	Cronología e Interpretación	Bibliografía
1	Vega de Santa Lucía	Palma del Río	IV?, III, II milenio ANE	Murillo 1988, 1990a, 1991a, 1994, Lopera 1995
2	Villadiego	Peñaflor	PRI	Inédito
3	Puerto de la Palmera	Puebla de los Infantes	IV milenio ANE	Romero 2005
4	La Verduga Alta	Palma del Río	IV, III, II milenio ANE	Murillo 1988, 1990b, Lopera y Nieto 2005
5	Mirabueno	Palma del Río	IV milenio ANE	Cano *et Alii* 2000, Nieto 2000, Romero 2005
6	Madre de fuentes	Palma del Río	III milenio ANE	Cano *et Alii* 2000
7	Cortijo de Sotogordo	Palma del Río	III milenio ANE	Cano *et Alii* 2000
8	La Morena	Hornachuelos	III milenio ANE	Murillo 1988, 1991a, 1994
9	Dehesa Vieja	Hornachuelos	PRI	Márquez 2004
10	Mezquetillas	Hornachuelos	III milenio ANE	Lopera 1995
11	La Barqueta	Palma del Río	PRI	Murillo 1988, 1990b, 1991b, 1994
12	La Higuera	Palma del Río	III milenio ANE	Murillo 1986b, 1988
13	Presa del Retortillo	Hornachuelos	PRI	Murillo 1988
14	Cerro de los Pesebres	Hornachuelos	III milenio ANE-Campaniforme (?)	Murillo 1988, 1990b, 1991a, 1994
15	El Bramadero	Hornachuelos	III milenio ANE-Campaniforme	Sangmeister 1962; Asquerino 1993
16	Paterna	Posadas	III milenio ANE	Murillo 1988, 1990, 1991b, 1994
17	Cerro del Escribano	Posadas	III milenio ANE	Murillo 1988, 1990, 1991b, 1994
18	La Sierrezuela	Posadas	PRI	Lopera 1993, 1995
19	Cerro del Castillo de la Floreta	Almodóvar del Río	III y II milenio ANE	Murillo 1991a, 1991c, 1994, Carbonell 1928, Ortiz y Bernier 1981
20	Cerro de las Cabrillas	Almodóvar del Río	III milenio ANE	Murillo 1988, 1990, 1991a, 1991b, 1994
21	Cerro de los Peces	Almodóvar del Río	IV y III milenio ANE	Murillo 1988, 1994
22	Cuevas Bajas	Córdoba	III milenio ANE	Murillo 1988, 1994
23	El Custodio	Córdoba	III milenio ANE	Inédito
24	Alamirilla	Córdoba	PRI	Murillo 1991a, 1991b, 1994, Vaquerizo *et Alii* 1994
25	La Reina del Guadalquivir	Córdoba	PRI	Murillo 1991b, 1994, Murillo *et Alii* 2005
26	Peñamelaria/ Huerta de las Ventanas	Córdoba	III milenio ANE	Inédito
27	Casillas	Córdoba	III milenio ANE	Inédito
28	Valchillón	Córdoba	IV milenio ANE	Expósito y Martínez 2009
29	Llanos del Castillo	Córdoba	PRI	Murillo 1989, 1991a, 1991b, 1991c, 1994, Vaquerizo *et Alii* 1994
30	La Mesa Blanca	Córdoba	III y II milenio ANE	Martínez 2002, VVAA 2007
31	Colina de los Quemados	Córdoba	III, III milenio Campaniforme y II milenio ANE	León 2007, Luzón y Mata 1973, Marcos 1977, Murillo 1995
32	Cerro de la Coja	Córdoba	PRI	Murillo 1991b, Penco y Criado 1999, 2002, Penco y Rodero 2004
33	Calderín Bajo/ Cuchillares	Obejo	PRI	García y Moyano 2000
34	La Sagrada Familia	Córdoba	III milenio ANE-Campaniforme y II milenio ANE	Santos 1958

35	Virgen de Linares	Córdoba	PRI	Murillo 1991 a y b, Vaquerizo *et Alii* 1994
36	El Tornerito	Córdoba	III milenio ANE-Campaniforme y II milenio ANE	López Palomo 1987
37	El Blanquillo I	Córdoba	III milenio ANE-Campaniforme	Gómez Gómez 1990, Murillo 1991a, 1994
38	Cerro del Espino	Córdoba	PRI	Martínez y Tristell 2000, Murillo 1991 a y b, 1994, Sierra y Martínez 2006.
39	Las Pilas	Córdoba	PRI	Murillo 1994
40	El Carrascal	Córdoba	PRI	Murillo 1994
41	Arroyo de las Sileras	Córdoba	IV milenio ANE (?)	Bernier 1979, Santos 1933, 1949
42	El Cañuelo del Genovés	Córdoba	PRI	Murillo 1994
43	Andrés Pérez Bajo	Córdoba	PRI	VVAA 2007
44	Iglesia Antigua de Alcolea	Córdoba	IV milenio ANE	Clapés *et Alii* 2008, Martínez y García 2009, Martínez *et Alii* 2010a
45	Arroyo Tamujar	Córdoba	IV milenio ANE	Carbonell 1924, Murillo 1986a, Martínez *et Alii* 2010.
46	Mesa de Puente Mocho	Córdoba	III milenio ANE-Campaniforme	Bernier y Fortea 1963, Carbonell 1926, Murillo 1986a, 1991 a y b
47	Huerta de la Torre de las Cabras	Córdoba	III milenio ANE	Inédito
48	Calderito de Guerra	Córdoba	PRI	Murillo 1994, VVAA 2007
49	Ermita de la Soledad	Villafranca de Córdoba	PRI	Murillo 1991b, 1994, Vaquerizo *et Alii* 1994
50	Ermita de San Pedro	El Carpio	III y II milenio ANE	Martínez 2007
51	Casa del Tabaco	El Carpio	V?,IV, III y III milenio ANE-Campaniforme	Martínez *et Alii* 2010b, Martínez, E.P. b
52	Cueva del Cañaveralejo	Adamuz	VI, V, III, II milenios ANE	Bernier 1962, 1966, Bernier *et Alii* 1981, Gavilán 1985, Martín de la Cruz *et Alii* 2007
53	Cerro del Cañaveralejo	Adamuz	III y II milenio ANE	Inédito
54	Mesa de Matatoros	Adamuz	V, IV, III milenio ANE	Inédito
55	Cerro del Ermitaño	Adamuz	III milenio ANE	Murillo 1996ª, 1991 a y b
56	Belmonte	Bujalance	IV milenio ANE	Martín de la Cruz *et Alii* 1989
57	Fuente Agria	Bujalance	IV y III milenio ANE	Martín de la Cruz *et Alii* 1989
58	Zorreras	Bujalance	III milenio ANE	Garrido y Casares 2011
59	Lorilla I	Bujalance	III milenio ANE	Garrido y Casares 2011
60	Lorilla II	Bujalance	PRI	Garrido y Casares 2011
61	Cerro del Aguilarejo	Bujalance	IV milenio ANE y III milenio-Campaniforme	Garrido y Casares 2011
62	Dehesa de los Potros II	Bujalance	IV y III milenio ANE	Garrido y Casares 2011
63	San León	Bujalance	IV milenio ANE	Garrido y Casares 2011
64	Ventilla Baja	Bujalance	IV milenio ANE	Garrido y Casares 2011
65	Cara de la Fuente	Bujalance	PRI	Garrido y Casares
66	María Aparicio I	Bujalance	PRI	Inédito
67	María Aparicio II	Bujalance	PRI(?)	Garrido y Casares 2011
68	El Deán IV	Bujalance	PRI	Garrido y Casares 2011
69	Rincón de Belmonte	Bujalance	PRI	Inédito
70	Los Palacios	Bujalance	PRI	Garrido y Casares 2011
71	San Francisco	Bujalance	PRI	Garrido y Casares 2011
72	Cañada de la Rosa III	Bujalance	II milenio ANE	Garrido y Casares 2011
73	Zapico II	Bujalance	PRI	Garrido y Casares 2011
74	La Horapia I	Bujalance	II milenio ANE	Garrido y Casares 2011, Morena *et Alii* 1990
75	La Solana	Bujalance	PRI	Garrido y Casares 2011
76	La Gavia Baja	Bujalance	PRI(?)	Garrido y Casares 2011

77	El Morrón I	Cañete de las Torres	PRI(?)	Serrano y Morena 1984, Ponsich 1987, Garrido y Casares 2011
78	El Morrón II	Cañete de las Torres	II milenio ANE	Garrido y Casares 2011
79	Casillas II	Cañete de las Torres	PRI	Garrido y Casares 2011
80	Miraflores II	Cañete de las Torres	PRI	Garrido y Casares 2011
81	El Carrascal	Pedro Abad	IV milenio ANE	Inédito
82	Cortijo de Román	Pedro Abad	IV milenio ANE	Garrido y Casares 2011
83	Cortijo de Román Bajo II	Pedro Abad	PRI	Inédito
84	Las Flores	Pedro Abad	IV milenio ANE	Inédito
85	Las Flores II	Pedro Abad	IV milenio ANE	Garrido y Casares 2011
86	Huerta de Román	Pedro Abad	IV milenio ANE	Garrido y Casares 2011, Morena *et Alii* 1990
87	Valdeflores	Pedro Abad	IV milenio ANE	Garrido y Casares 2011
88	Valdeflores II	Pedro Abad	IV milenio ANE.	Garrido y Casares 2011
89	Valdeflores III	Pedro Abad	PRI	Inédito
90	Buenos Aires II	Pedro Abad	IV milenio ANE	Inédito
91	El Ochavo I	Pedro Abad	III milenio ANE	Garrido y Casares 2011
92	Cementerio de Pedro Abad	Pedro Abad	PRI	Garrido y Casares 2011
93	Camino de la Barca	Adamuz	V?,IV, III milenio ANE	Coma 1981, Murillo y Ruiz 1982, Murillo 1986a
94	Llanete de los Moros	Montoro	IV, III milenio ANE-Campaniforme	Martín de la Cruz 1987, Martín de la Cruz *et Alii* 2000a, Martín de la Cruz *et Alii* 2002
95	Los Prados	Montoro	IV milenio ANE	Martín de la Cruz *et Alii* 2000a
96	El Encinar VII	Montoro	IV milenio ANE	Martín de la Cruz *et Alii* 2000a
97	Las Majuelas	Montoro	IV milenio ANE	Martín de la Cruz *et Alii* 2000a
98	Las Veredas	Montoro	IV milenio ANE	Martín de la Cruz *et Alii* 2000a
99	El Salobral II	Montoro	IV milenio ANE	Martín de la Cruz *et Alii* 2000a
100	Cañada del Rosal	Cañada del Rosal	III milenio ANE-Campaniforme	Harrison 1974
101	Mayesa 2	Écija	PRI	Domínguez y Cervera 2009
102	El Picate I	Écija	III milenio- Campaniforme, II milenio	Domínguez y Cervera 2009, Durán y Padilla 1990
103	La Reina	Écija	III milenio ANE	Domínguez y Cervera 2009, Durán y Padilla 1990
104	El Nuño	Écija	III milenio ANE-Campaniforme	Domínguez y Cervera 2009, Durán y Padilla 1990
105	Arenales Altos	Écija	PRI	Domínguez y Cervera 2009
106	La Isla del Castillo	Écija	III, III milenio ANE-Campaniforme	Domínguez y Cervera 2009, Durán y Padilla 1990, López Palomo 1999
107	Friíllas	Écija	III milenio ANE-Campaniforme	Domínguez y Cervera 2009, Durán y Padilla 1990
108	Alcotrista	Écija	III milenio ANE-Campaniforme	Domínguez y Cervera 2009, Durán y Padilla 1990
109	Atalaya de la Moranilla	Écija	III milenio ANE-Campaniforme	Domínguez y Cervera 2009, Durán y Padilla 1990
110	Barranco de Cháves	Écija	PRI	Domínguez y Cervera 2009, Durán y Padilla 1990
111	El Caño	Écija	III milenio ANE-Campaniforme	Domínguez y Cervera 2009, Durán y Padilla 1990
112	El Castillejo	Écija	II milenio ANE	Domínguez y Cervera 2009, Durán y Padilla 1990
113	El Villar 1	Écija	III milenio ANE-Campaniforme	Domínguez y Cervera 2009, Durán y Padilla 1990

114	Las Ánimas 1	Écija	III milenio ANE- Campaniforme	Domínguez y Cervera 2009, Durán y Padilla 1990
115	Mochales 1	Écija	III milenio ANE- Campaniforme	Domínguez y Cervera 2009, Durán y Padilla 1990
116	Puente de Hierro	Écija	IV milenio ANE (?)	Domínguez y Cervera 2009, Durán y Padilla 1990
117	El Garrotal 2	Écija	PRI	Domínguez y Cervera 2009
118	Molino de Valdecañas	Écija	PRI	Domínguez y Cervera 2009
119	Arenales	Écija	PRI	Domínguez y Cervera 2009, Durán y Padilla 1990
120	Eremitorio	Córdoba	VI- V milenio ANE (?)	Santos 1946
121	Cerro de las Cuevas	Adamuz	PRI	Inédito
122	Cabeza Lavada	Cañete de las Torres	PRI	Serrano y Morena 1984
123	Puentes Viejos	Cañete de las Torres	PRI	Ortiz *et Alii* 1983, Serrano y Morena 1984
124	El Palomar	Córdoba	IV milenio ANE (?)	Cabrero 1985, Santos 1958
125	Los Cansinos Altos	Córdoba	PRI	Inédito
126	Cerro de San Cristóbal	Villa del Río	PRI	Pérez y Morena 2004
127	El Cañuelo Alto V	Córdoba	IV milenio ANE	Martínez 2010
128	La Tomiza	Écija	III milenio ANE	Inédito
129	Mesa del Cañaveral	Adamuz	PRI	Inédito
130	Cerro Astigi	Écija	PRI	Inédito
131	Cerro del Burro	Écija	III milenio ANE- Campaniforme	Inédito
132	Alcázar de Écija	Écija	III milenio ANE- Campaniforme	Inédito
133	La Alameda/ Fuemblanquilla	Bujalance	III milenio ANE- Campaniforme, II milenio ANE	Inédito
134	Cruz del Castillo	Villa del Río	PRI	Garrido y Casares 2011
135	Huertas Familiares	Montoro	PRI	Garrido y Casares 2011
136	Blanco Hermoso	Montoro	PRI	Inédito
137	El Aljibejo de Santa Brígida	Montoro	VI- V milenio ANE	Inédito
138	Huerta Arruña	Montoro	PRI	Inédito
139	Mesa de la Marquesa	Córdoba	PRI	Inédito
140	Cerro de los Silos	Córdoba	IV milenio ANE	Inédito
141	Haza de los Pedernales	Córdoba	PRI	Inédito
142	Cueva de los Pobres	Córdoba	PRI	Bernier 1966, Carbonell 1945a, VVAA 2007
143	Olivar de la Seña	Villafranca de Córdoba	PRI/II milenio ANE	Inédito
144	Cerro Gomero	Villafranca de Córdoba	PRI/ III- II milenio ANE (?)	Inédito
145	Prádena	Córdoba	IV milenio ANE, III milenio ANE- Campaniforme	Carrilero 1991, Ruiz Lara 1987c
146	Ategua	Córdoba	III milenio ANE, III milenio ANE- Campaniforme	Martín Bueno 1983, Ruiz Lara 1987c
147	Santa Cruz Norte	Córdoba	IV milenio ANE	Inédito
148	Villaviciosa I- II	Córdoba	IV, III milenio ANE	Martín de la Cruz *et Alii* 1989
149	El Jardón	Baena	III milenio ANE	Bernier *et Alii* 1981, Carrilero 1991
150	Cortijo del Alférez	Baena	PRI	Morena *et Alii* 1990
151	Arroyuelos I	Baena	PRI	Morena *et Alii* 1990
152	Arroyuelos III	Baena	III milenio ANE	Serrano y Morena 1984, Martín de la Cruz 1989
153	Cortijo de la Capellanía	Baena	IV milenio ANE	Morena *et Alii* 1990

154	Fuentidueña	Baena	II milenio ANE (?)	Morena *et Alii* 1990
155	Cortijo de Morenas	Baena	III milenio ANE	Martín de la Cruz *et Alii* 1989, Morena *et Alii* 1990
156	Cerro del Pozo del Calcetín	Baena	PRI	Morena *et Alii* 1990
157	La Quinta	Baena	III milenio ANE-Campaniforme	Morena *et Alii* 1990
158	Cortijo del Serranito	Baena	PRI	Morena *et Alii* 1990
159	Cerro de la Viña	Baena	PRI	Morena *et Alii* 1990
160	Cerro del Arroyo del Algarbe	Baena	III milenio ANE, III milenio ANE- Campaniforme	Serrano y Morena 1984, Martín de la Cruz *et Alii* 1989
161	Los Algarbes	Baena	III milenio ANE (?)	Ruiz Lara 1990a
162	Cerro Blanco	Baena	PRI	Serrano y Morena 1984
163	Las Almayas	Baena	IV milenio ANE	Martín de la Cruz *et Alii* 1989
164	La Cadena	Baena	III milenio ANE-Campaniforme	Martín de la Cruz *et Alii* 1989
165	Cerro de Jesús	Baena	III milenio ANE-Campaniforme	Ruiz Lara 1988a, Ruiz Lara 1990a
166	Tiñosa	Baena	IV, III milenio ANE	Carrilero y Martínez 1985, Ruiz Lara 1988a, Martín de la Cruz *et Alii* 1989
167	Cortijo del Valle	Baena	III milenio ANE	Serrano y Morena 1984, Martin de la Cruz *et Alii* 1989, Ruiz Lara 1993
168	Cerro del Cortijo del Valle	Baena	II milenio ANE (?)	Serrano y Morena 1984, Ruiz Lara 1990a
169	Palma Baja	Baena	III milenio ANE-Campaniforme	Ruiz Lara 1987b
170	Torreparedones	Baena	IV, III, II milenio ANE	Cunliffe y Fernández 1999
171	Cerro de los Alberos	Baena	PRI	Serrano y Morena 1984
172	Cortijo de Julián García	Baena	PRI	Serrano y Morena 1984
173	Flores	Baena	PRI	Serrano y Morena 1984
174	Haza de los Lobos	Baena	II milenio ANE (?)	Serrano y Morena 1984
175	Haza de la Rosa	Baena	PRI	Serrano y Morena 1984
176	Ízcar la Baja	Baena	PRI	Serrano y Morena 1984
177	Lomas del Cortijo de Ramira	Baena	PRI	Serrano y Morena 1984
178	Salinas de San José	Baena	PRI	Serrano y Morena 1984
179	Rincón del Muerto	Baena	III milenio ANE (?)	Inédito
180	Castillo de Aguilar de la Frontera	Aguilar de la Frontera	III milenio ANE, III milenio ANE- Campaniforme, II milenio ANE	Murillo y Ruiz 1992
181	Zóñar	Aguilar de la Frontera	II milenio ANE	Murillo y Ruiz 1992
182	Cerro de Santa María	Montilla	IV, III milenio ANE	Ruiz Lara 1988c
183	Cerro Triguillos	Montilla	IV, III milenio-Campaniforme	Ruiz Lara 1988c, 1990b
184	Potosí	Montilla	IV milenio ANE (?)	Ruiz Lara 1993
185	Cerro del Castillo de Montilla	Montilla	PRI	Inédito
186	La Minilla	La Rambla	IV, III milenio ANE-Campaniforme	Ruiz Lara 1985, 1987a, 1991a
187	El Caño Bajo	La Rambla	IV milenio ANE	Valera Pérez 2007
188	Montemayor	Montemayor	III milenio ANE-Campaniforme	López Palomo 1980
189	Cerro de la Galiana	Cañete de las Torres	PRI	Serrano y Morena 1984, Morena 1990
190	El Palomarejo	Cañete de las Torres	PRI	Serrano y Morena 1984

191	Las Lagunillas (II)	Cañete de las Torres	PRI	Serrano y Morena 1984
192	Las Gavias	Cañete de las Torres	PRI	Serrano y Morena 1984
193	Los Rubios	Cañete de las Torres	PRI	Serrano y Morena 1984
194	Cortijo de la Fuenteasnera	Cañete de las Torres	PRI (?)	Martín de la Cruz *et Alii* 1989
195	Cortijo de la Galiana	Cañete de las Torres	III milenio ANE	Martín de la Cruz *et Alii* 1989
196	Cerro del Gallo	Cañete de las Torres	III, IIII milenio ANE-Campaniforme	Martín de la Cruz *et Alii* 1989, Morena 1990
197	Cortijo del Paraguas	Cañete de las Torres	III milenio ANE	Martín de la Cruz *et Alii* 1989, Morena 1990
198	Cortijo de Visillos	Cañete de las Torres	III milenio ANE (?)	Martín de la Cruz *et Alii* 1989, Morena 1990
199	Huerta del Alguacil	Espejo	III milenio ANE	Martín de la Cruz *et Alii* 1989
200	Cortijo de la Ventilla Alta	Valenzuela	PRI	Morena *et Alii* 1990
201	El Algarbejo	Valenzuela	III milenio ANE	Martín de la Cruz *et Alii* 1989
202	Hornos de Yeso	Valenzuela	PRI	Serrano y Morena 1984
203	Las Saladillas	Valenzuela	PRI	Serrano y Morena 1984
204	La Sendilla/ Santaella I	Santaella	III milenio ANE-Campaniforme	López Palomo 1987, Palma Franquelo et Alii 2001
205	Olivar del Pósito	Santaella	III milenio ANE-Campaniforme	López Palomo 1987, Palma Franquelo et Alii 2001
206	Camorra de las Cabezuelas	Santaella	III milenio ANE-Campaniforme, II milenio ANE	López Palomo 1987, Palma Franquelo et Alii 2001
207	La Calva	Santaella	III, III milenio ANE-Campaniforme	Godoy Delgado 1987
208	Cerro de la Mitra	Santaella	III milenio ANE-Campaniforme, II milenio ANE	López Palomo 1987, Palma Franquelo *et Alii* 2001
209	La Matilla	Santaella	PRI	López Palomo 1987, Palma Franquelo *et Alii* 2001
210	Cerro de las Mesas	Santaella	III, III milenio ANE. Campaniforme	Palma Franquelo *et Alii* 2001
211	Montalbán	Montalbán	III milenio ANE-Campaniforme	López Palomo 1980
212	Tentecarreta	Montalbán	III milenio ANE-Campaniforme (?)	Inédito
213	Castillo de Dos Hermanas	Montemayor	III milenio ANE-Campaniforme	López Palomo 1980
214	Castillo de Monturque	Monturque	III- milenio ANE-Campaniforme, II milenio ANE	López Palomo 1993
215	Villeta de las Mestas	Puente Genil	PRI	Esojo Aguilar 1990
216	Fuente del Lobo	Puente Genil	III, IIII milenio ANE-Campaniforme	Esojo Aguilar 1990
217	Cerro del Ahorcado	Puente Genil	III milenio ANE-Campaniforme	Esojo Aguilar 1990
218	Castillo de Anzur	Puente Genil	PRI	Esojo Aguilar 1990
219	Los Castellares	Puente Genil	PRI	Esojo Aguilar 1990
220	Cueva del Madroñal	Puente Genil	PRI	López Palomo 1987, Esojo Aguilar 1990
221	Camorra de Puerto Rubio	Puente Genil	PRI	Esojo Aguilar 1990
222	Cueva de los Vientos	Puente Genil	PRI	Esojo Aguilar 1990
223	Cerro de las Cabezas	Luque	PRI	Bernier *et Alii* 1981

	de Luque			
224	Don Gonzalo II	Luque	PRI	Inédito
225	La Pedriza/ Cortijo del Pollo	Luque	III, III milenio ANE-Campaniforme	Inédito
226	Castillo de Doña Mencía	Doña Mencía	VI- V milenio ANE	Muñiz *et Alii* 2010
227	El Laderón	Doña Mencía	III milenio ANE-Campaniforme, II milenio ANE	Ruiz Lara 1985b
228	Cerro de Santa María/ El Cascajar	Lucena- Cabra	VI- V milenio ANE (?)	Bernier *et Alii* 1981
229	Cerrillo de los Postigos	Nueva Carteya	III milenio ANE	Inédito
230	Plaza de Armas/ Charconeras	Nueva Carteya	PRI	Inédito
231	El Villar de las Vegas	Castro del Río	PRI	Inédito
232	Loma del Paisano	Nueva Carteya	PRI	Inédito
233	Cortijo de Domingo Guijarro	Castro del Río	PRI	Morena *et Alii* 1990
234	Cortijo de Doña Esteban II	Castro del Río	PRI	Morena *et Alii* 1990
235	Caserío de Morales	Castro del Río	IV, III milenio ANE	Carrilero *et Alii* 1982
236	La Gamonosa I	Castro del Río	IV, III milenio ANE (?)	Martín de la Cruz *et Alii* 1989, Morena *et Alii* 1990, Carrilero 1991
237	Guta I- III	Castro del Rio	VI- V, IV, III, III milenio ANE- Campaniforme	Carrilero y Martínez 1985, Ruiz Lara 1987c, Carrilero 1990, 1991
238	Marcena III	Castro del Río	PRI	Morena *et Alii* 1990
239	Paredones de Medina VI	Castro del Río	III milenio ANE	Martín de la Cruz *et Alii* 1989, Morena *et Alii* 1990
240	La Carambola	Castro del Río	III, III milenio ANE-Campaniforme	Martín de la Cruz *et Alii* 1989
241	Loma del Cuadradillo	Castro del Río	IV, III milenio ANE	Martín de la Cruz *et Alii* 1989, Carrilero 1990
242	Cortijo de Fontanares	Castro del Río	III milenio ANE	Martín de la Cruz *et Alii* 1989, Morena *et Alii* 1990
243	San Joaquín	Castro del Río	V, IV milenio ANE	Carrilero 1990
244	La Polonia	Castro del Río	V, IV milenio ANE	Carrilero 1990, 1991
245	Venegas III	Castro del Río	VI- V milenio ANE	Carrilero 1990, 1991
246	CR 87 3	Castro del Río	VI- V milenio ANE (?)	Carrilero 1990
247	Viña Boronato	Castro del Río	IV, III milenio ANE	Carrilero 1990, 1991, Ruiz Lara 1991b, 1993
248	Las Marcenillas/ CR 87 16	Castro del Río	VI- V milenio ANE (?)	Carrilero 1990
249	Colegio	Castro del Río	IV milenio ANE	Carrilero 1990, 1991
250	El Molinillo	Castro del Río	IV, III milenio ANE	Carrilero 1990, 1991
251	Casa Vega	Castro del Río	IV, III milenio ANE	Carrilero y Martínez 1985
252	Huesa la Baja	Castro del Río	III milenio ANE	Carrilero 1991
253	Los Carambolos	Castro del Río	III, III milenio ANE - Campaniforme	Ruiz Lara 1988a, 1990b, 1991b, Carrilero 1991
254	Los Almiares	Castro del Río	III milenio ANE-Campaniforme, II milenio	Ruiz Lara 1987d
255	Gutilla	Castro del Río	III milenio ANE (?)	Morena *et Alii* 1990, Carrilero 1990
256	La Cebadera	Castro del Río	III milenio ANE	Carrilero 1990
257	Torvisco I- II	Castro del Río	III milenio ANE	Carrilero 1990
258	Veleto	Castro del Río	IV milenio ANE- III milenio ANE Campaniforme	Ruiz Lara 1987b, 1990b, 1991b
259	Pérez Estrella	Castro del Río	III milenio ANE (?)	Ruiz Lara 1993
260	Cabezo de Córdoba	Castro del Río	III, II milenio ANE	Ruiz Lara 1993, Martín de la Cruz 2004

261	Ízcar	Castro del Río	IV milenio ANE	Carrilero 1991
262	Aljibe	Castro del Río	IV milenio ANE	Carrilero 1991
263	Puente las Vegas	Castro del Río	III milenio ANE	Inédito
264	La Veleña	Cabra	III milenio ANE	García García 1985, Delgado y Vera 1996
265	Fuente del Río	Cabra	III, III milenio ANE-Campaniforme	Delgado y Vera 1996
266	La Iglesia	Cabra	VI- V milenio ANE	Inédito
267	El Puntal	Cabra	PRI	Bernier *et Alii* 1981
268	Olivar de Villanueva Baja	Cabra	VI- V milenio ANE	Inédito
269	El Salinero	Cabra	PRI	Inédito
270	El Campillo	Cabra	PRI	Inédito
271	Pilar de Camarena	Cabra	III milenio ANE	Inédito
272	Los Castros	Cabra	PRI	Inédito
273	Fuente de las Piedras	Cabra	PRI	Inédito
274	Cortijo de la Mina	Cabra	PRI	Inédito
275	Fuente del Carmen/ Castillo de la Liendre	Zuheros	VI- V milenio ANE	Asquerino 1985a
276	Cotillas	Zuheros	VI- V milenio ANE	Molina Expósito 1999
277	La Cortijá	Cañete de las Torres	PRI	Cunliffe y Fernández 1999
278	El Despeñadero II	Baena	PRI	Cunliffe y Fernández 1999
279	Cortijo de Rabanera IV	Cañete de las Torres	PRI	Cunliffe y Fernández 1999
280	Pozodulce	Cañete de las Torres	PRI	Cunliffe y Fernández 1999
281	Valsequillo	Baena	PRI	Cunliffe y Fernández 1999
282	La Romera	Baena	IV, III milenio ANE	Morena López 2001
283	El Villar Alto	Baena	III milenio ANE	Morena López 2001
284	Haza Pineda	Baena	III milenio ANE-Campaniforme	Morena López 2001

XIII- Fichas de yacimientos

1.Vega de Santa Lucía (Palma del Río)

Coordenadas:

X: -
Y: -
Z: 50 msnm

Tipología: Asentamiento sobre terraza fluvial.

Situación: Situado a unos 7 kilómetros al oeste de Palma del Río y a 3 km al sur de Peñaflor, sobre terrenos cuaternarios pertenecientes a la tercera terraza del Guadalquivir, del que dista 1500 m.

Extensión: Indeterminada. J. F. Murillo afirma a juzgar por la escasez de materiales y lo limitado de su área de dispersión, el asentamiento calcolítico debió ser mucho más reducido que el posterior del Bronce Final.

Orientación: Noroeste

Morfología interna: La topografía es llana, sin ningún accidente físico relevante, limitada por los ríos Guadalquivir y Genil y por las alturas amesetadas de San Cristóbal y La Verduga.

Paisaje: Terreno actualmente sujeto a regadío de alto rendimiento, distribuido por los terrenos aledaños de la llanura aluvial del Guadalquivir.

Dominio de tipo de suelo: Fluvisoles (2).

Hidrología: Domina el cauce inferior del arroyo de la Verduga. Muy cercano a la actual confluencia del Genil con el Guadalquivir (1500 m aproximadamente).

Condiciones defensivas naturales: Carece de ellas.

Indicios de defensa artificial: Carente de ellos.

Control del entorno: Sólo determinado por una amplia visibilidad favorecida por un entorno llano, de llanura aluvial.

Aprovechamiento económico potencial: Agrícola.

Presencia de estructuras visibles: Una serie de obras de canalización para regadío pusieron al descubierto un gran número de fondos de cabaña pertenecientes al Bronce Final, lo que motivó una intervención de urgencia (Murillo 1988).

Estado general del yacimiento: Desconocido.

Trabajos arqueológicos realizados: Excavación Arqueológica de Urgencia entre los meses de Noviembre-Diciembre de 1987.

Datos tecnológicos y tipológicos: Junto a los restos y elementos constructivos pertenecientes al Bronce Final, Juan F. Murillo cita la presencia de "platos de bordes almendrados y engrosados, alguna fuente carenada, y vasos globulares cerrados, que en ocasiones presentan mamelones ornamentales. Todo ello atestigua la ocupación del lugar ya desde un momento temprano del Calcolítico" (Murillo 1988: 6). Pocos días tras haber concluido esta primera intervención, las obras de canalización consistentes en una zanja de 20 m de longitud, depararon el hallazgo de una olla globular a mano y una alabarda de sílex consistente en un foliáceo conformado por retoque plano cubriente, el cual muestra dos escotaduras en su área de enmangue (Lopera 1995: 33), ambos procedentes de un contexto presumiblemente funerario.

Cronología e interpretación: Con los datos disponibles en la bibliografía, no nos atrevemos a vislumbrar un establecimiento anterior al III milenio ANE, el cual podría perpetuarse a lo largo del II milenio hasta momentos del Bronce Final. La ausencia de estructuras documentadas en la Edad del Cobre puede responder a una ocupación sensiblemente desplazada del punto intervenido en 1987.

Valoración general: Enclave ocupacional probablemente de carácter agrícola, ligado al curso del Guadalquivir y en una zona no del todo libre del riesgo de inundación, en la llanura aluvial. Presencia de hallazgos materiales ligados a contextos funerarios.

Bibliografía:

Murillo Redondo, J. F. (1988): "Aproximación al poblamiento calcolítico en el Valle del Guadalquivir: Sector Villarubia- Palma del Río." *Ariadna*, 4, pp. 5- 26.

Murillo Redondo, J. F. (1990a): "Fondos de cabaña de Vega de Santa Lucía (Palma del Río, Córdoba)". *Anuario Arqueológico de Andalucía/ III- 1987*, pp. 147- 150.

Murillo Redondo, J. F. (1991a): *Análisis del poblamiento durante el Bronce Final y el Orientalizante en la Cuenca Media del Guadalquivir*. Tesis doctoral en tres tomos. Inédita. Universidad de Córdoba.

Murillo Redondo, J. F. (1994): *La Cultura Tartésica en el Guadalquivir Medio*. Monográfico de Ariadna, 13- 14.

Lopera Delgado, R. (1995): "El mundo funerario Calcolítico en la Provincia de Córdoba. Recopilación y actualización de los datos." *Ariadna*, 15, pp. 9- 47.

2. Villadiego (Peñaflor)

Coordenadas:

X: -
Y: -
Z: 66 msnm

Tipología: Asentamiento sobre terraza fluvial.

Situación: A menos de 500 m al oeste de la aldea de Vegas de Almenara, y a 2 km de la población de Peñaflor, se dispone dominando un antiguo canal del Guadalquivir, a 1500 m al Noroeste del actual cauce, dominando la llanura aluvial del Guadalquivir

Extensión: Indeterminada.

Orientación: Sur, sobre la primera terraza que se asoma al río.

Morfología interna: La topografía es llana, apenas un relieve alomado se dispone al norte. Al sur, la planicie es total.

Paisaje: El terreno circundante se encuentra actualmente sujeto a regadío de alto rendimiento, distribuido por los terrenos aledaños de la llanura aluvial del Guadalquivir. La terraza en la que se asienta el yacimiento, muestra cultivos de secano, representando una frontera en términos de cota, morfología y cultivo.

Dominio de tipo de suelo: Luvisoles y fluvisoles (58 y 2).

Hidrología: Al oeste, domina el cauce del arroyo Almenara, flanqueado al este por una pequeña vaguada. Como dijimos, el cauce actual del Guadalquivir se dispone a menos de 1500 m al sureste.

Condiciones defensivas naturales: Carece de ellas.

Indicios de defensa artificial: Carente de ellos.

Control del entorno: Sólo determinado por una amplia visibilidad al sur, favorecida por un entorno llano, de llanura aluvial.

Aprovechamiento económico potencial: Agrícola.

Presencia de estructuras visibles: Desconocidas.

Estado general del yacimiento: Desconocido

Trabajos arqueológicos realizados: Desconocidos. Probablemente Prospección arqueológica.

Datos tecnológicos y tipológicos: Desconocidos.

Cronología e interpretación: En la base de datos analizada, la cronología se dispone en los campos nominales de Calcolítico, Edad del Bronce y Bronce Final, por lo que su ocupación cabe situarse entre el III y II milenios ANE, sin perjuicio pueda arrancar desde una fase anterior, dentro del Neolítico Final.

Valoración general: Los datos disponibles no permiten establecerla, si bien cabe suponen un establecimiento de características similares a las observadas en la cercana Vega de Santa Lucía.

Bibliografía:

Inédito.

3. Puerto de la Palmera (La Puebla de los infantes)

Coordenadas:

X: -
Y: -
Z: 230 msnm

Tipología: Asentamiento sobre mesa miocena.

Situación: Situado en la zona amesetada denominada bajo el topónimo de "Las Mesas", entre el pantano de José Torán y el municipio de la Puebla de los Infantes.

Extensión: Indeterminada.

Orientación: Indeterminada. Relieve de orientación predominantemente sur.

Morfología interna: Relieve amesetado de génesis miocena.

Paisaje: Cultivos agrícolas de secano.

Dominio de tipo de suelo: Regosoles (13)

Hidrología: Al oeste, se halla flanqueado por el arroyo de la Dehesilla, y al este, por el arroyo del Toril. Ambos de sentido norte- sur.

Condiciones defensivas naturales: Las derivadas de su relativa elevación y visibilidad. De la misma forma, los cauces circundantes se hallan ligeramente encajados, formando una fácil defensa al este y al oeste.

Indicios de defensa artificial: Desconocidos.

Control del entorno: Sólo determinado por una amplia visibilidad al sur, favorecida por un entorno relativamente llano y por el hecho de situarse sobre una pequeña elevación.

Aprovechamiento económico potencial: Presumiblemente agrícola.

Presencia de estructuras visibles: Cuatro estructuras excavadas en el subsuelo, halladas al realizar una zanja de riego. La visualización de otras estructuras circulares hace prolongar la ocupación al norte, sur y oeste del área amesetada. Dichas entidades arqueológicas correspondían a tres estructuras siliformes (dos de ellas utilizadas como enterramiento y una como "basurero"), y una de mayor tamaño, interpretada como fondo de cabaña o estructura doméstica.

Estado general del yacimiento: Afectado por labores agrícolas y regadíos.

Trabajos arqueológicos realizados: Excavación Arqueológica, dirigida por E. Romero Bomba, 2002.

Datos tecnológicos y tipológicos: Junto a abundantes evidencias de industria lítica de tecnología laminar, se cita la presencia de vasos globulares, cuencos, vasos de tendencia cilíndrica y fundamentalmente cazuelas carenadas y de perfil elíptico. Predominan cerámicas sin decorar, presentando algunas de ellas mamelones, cordones aplicados, y/o en relieve, incisiones y perforaciones (Romero 2005).

Cronología e interpretación: A juzgar por los elementos tipológicos descritos, debemos asignar a este emplazamiento, del que en principio no se han vislumbrado fases ulteriores, a la segunda mitad del IV milenio ANE.

Valoración general: Interesante enclave del Neolítico final con presencia de dos enterramientos en estructuras siliformes. Posible correspondencia habitacional con el enclave del "El Carrasco", clasificado en la ficha 19 del PGOU de Pueble de los Infantes.

Bibliografía:

Romero Bomba, E. (2005): "El registro arqueológico del yacimiento "Puerto de la Palmera" (La puebla de los Infantes, Sevilla). Evidencias sobre el tránsito del Neolítico al Calcolítico en el Valle del Guadalquivir". *Actas del III Congreso del Neolítico en la Península Ibérica*: Santander, 5 a 8 de Octubre de 2003, pp. 989-998.

4. Cortijo de la Verduga: La Verduga Alta y Mesa de la Verduga (Palma del Río)

Coordenadas:

Verduga Alta	Mesa de la Verduga
X: -	X: -
Y: -	Y: -
Z: 131 msnm	Z: 128 msnm

Tipología: Asentamiento sobre terraza fluvial, con dos núcleos diferenciados; la Verduga Alta y la Mesa de la Verduga.

Situación: Ambas entidades se enclavan en la primera terraza del Guadalquivir, dominando la llanura aluvial del río, sobre un escarpe o torrontera. Actualmente, la Verduga Alta se encuentra a unos cuatro km al suroeste del casco del Palma del Río, por lo que domina la confluencia del Genil y el Guadalquivir, en la actualidad a 2,5 km al norte. La Meseta de la Verduga, a escasos 500 m al sureste del primer emplazamiento, posee una inferior cota, viéndose encajada entre las alturas del La Verduga Alta (cota 130) y el Cerro de San Cristóbal (cota 129).

Extensión: En la Verduga Alta, el área excavada superó los 2,5 ha, no pudiéndose precisar la extensión real de las estructuras excavadas. De la misma forma, y como hemos tenido ocasión de comprobar, dicha superficie no se ajusta a una ocupación humana sincrónica, representando más de dos milenios de ocupación fluctuante. Por su parte, la superficie excavada en la vecina Meseta de la Verduga, si bien apenas mostró evidencias de ocupación humana prehistórica, superó las 3,5 ha. A este respecto, este último valor no debe ser tomado más que en referencia a superficie excavada, no representando la extensión real del poblamiento, por lo que nuestro interés respecto a esta última localización, es secundario.

Orientación: Como cabe esperar, la Verduga Alta domina la vega aluvial del Guadalquivir, distinguiéndose entre otros los establecimientos de Vega de Santa Lucía, Villadiego y los establecimientos del río Retortillo. Así, la Verduga Alta se orienta al norte, desde una torrontera limitada al este por el Cerro de San Cristóbal.

Morfología interna: Entorno alomado, consistente en la primera terraza del Guadalquivir, de perfil en escalón, de gran desnivel. Cota superior próxima a una superficie geológica de tipo raña.

Paisaje: Situado en tierras dedicadas hasta hace poco al cultivo del secano, este cortijo se empleó en tiempos a la cría de ganado bravo. Actualmente (2009), tras la construcción de la balsa de riego y la estación de bombeo que motivó la actividad arqueológica, gran parte de los terrenos que se encontraban en la Verduga Alta han desaparecido por labores de excavación con maquinaria pesada, viéndose la superficie de la Mesa de la Verduga, cubierta con toneladas de tierra que han supuesto el aumento de la cota en algunos puntos hasta más de un metro.

Dominio de tipo de suelo: Regosoles, vertisoles y fluvisoles (6, 23 y 2).

Hidrología: El dominio fluvial de este enclave es sobresaliente, contando con un control visual directo de la confluencia Guadalquivir- Genil, al norte, estando flanqueado al oeste por el arroyo del la Verduga y al este por un tejido dendrítico de pequeños cauces que vienen a desaguar en el Genil terminal.

Condiciones defensivas naturales: Gran dominio de la vega aluvial a la que se accede a través de un desnivel de 70 m. Dicha rampa, típica de una torrontera aluvial inactiva, determina cierta inaccesibilidad por su flanco norte.

Indicios de defensa artificial: Carece en principio de ellas, si bien de la lectura del informe preliminar se desprende la existencia de estructuras negativas en forma de fosa que fueron detectadas en la intervención de 2004.

Control del entorno: Absoluto control de la llanura aluvial, distinguiéndose al N-NE, el castillo de la Floreta o de Almodóvar. Menor capacidad de control desde el sur.

Aprovechamiento económico potencial: Agricola-Fluvial. Las tierras donde se enclava el yacimiento, en toda su cota, representan suelos de baja productividad, dominados por la raña aluvial de cantos fundamentalmente cuarcíticos. El acceso a los suelos de la vega parece ser preponderante.

Presencia de estructuras visibles: Actualmente, con el yacimiento destruido en su totalidad, no se observan estructuras, si bien durante la intervención arqueológica de 2004 se pudieron documentar hasta un total de 120 estructuras negativas.

Estado general del yacimiento: Destruido en su práctica totalidad.

Trabajos arqueológicos realizados: Prospección arqueológica (1987). Intervención Arqueológica Preventiva (excavación) entre julio de 2004 y marzo de 2005.

Datos tecnológicos y tipológicos: Los aspectos materiales y arqueofaunisticos pertenecientes a la primera fase de ocupación de este asentamiento (Neolítico Final), se pasan a describir con detalle en la presente Tesis Doctoral. Por su parte, la ergología propia de horizontes posteriores se compone de platos y fuentes de borde engrosado de variada tipología, cerámicas pintadas con motivos geométricos, lineares y meandriformes, recipientes campaniformes, elementos metálicos como puñales y punzones, un amplio elenco de láminas prismáticas, molinos de mano y elementos pulimentados, así como material adscrito a la Edad del Bronce, representado por recipientes de carena alta y elementos metálicos.

Cronología e interpretación: De este asentamiento hemos podido adelantar la sucesión de cuatro fases diferenciadas, imbricadas entre sí, a modo de "estratificación horizontal" en las estructuras negativas excavadas en el sustrato.

Una primera fase (Fase I) se halla compuesta por material adscrito al IV milenio ANE. Dicho material, cuya descripción se realiza con más detalle en el grueso de este trabajo, queda representado por fuentes y cazuelas carenadas, vasos de paredes rectas, vasos globulares y algunos recipientes de mamelón perforado. La subsiguiente Fase II, corresponde a la primera mitad del III milenio ANE, representado por platos y fuentes de borde engrosado y almendrado. La Fase III correspondería al Horizonte Campaniforme, del que es buena muestra un vaso en perfecto estado, y algunos elementos metálicos, como una punta de tipo Palmela. La fase final, (Fase IV), se adscribe a momentos del II milenio, Bronce Antiguo- Pleno, episodio tras el que no parece haber mayor continuidad, a excepción de algunas estructuras muy dañadas halladas durante la intervención en la Mesa de la Verduga, pertenecientes a época musulmana.

Valoración general: Se trata de uno de los escasos asentamientos del IV y III milenio ANE excavado en su práctica totalidad en la llanura aluvial cordobesa, a excepción de Iglesia Antigua de Alcolea. Representa caso interesante de hábitat reiterativo a lo largo de dos milenios. De la misma forma, se tiene constancia del hallazgo de enterramientos y contextos sepulcrales a lo largo de la campaña de excavación.

Bibliografía:

Lopera Delgado, M. R.; Nieto Medina, R. L. (2005): *Actividad Arqueológica Preventiva. Cortijo de la Verduga. Palma de Río, Córdoba.* Memoria preliminar inédita. Delegación Provincial de Cultura.

Murillo Redondo, J. F. (1988): "Aproximación al poblamiento calcolítico en el Valle del Guadalquivir. Sector Villarrubia- Palma del Río". *Ariadna* 4, pp.5- 25.

Murillo Redondo, J. F. (1990b): "Informe preliminar de las prospecciones arqueológicas superficiales en los valles de los ríos Guadiato y Guadalquivir (Córdoba). *Anuario Arqueológico de Andalucía*, 1987, II, pp. 115.

5. Mirabueno (Palma del Río)

Coordenadas:

X: -
Y: -
Z: 120 msnm

Tipología: Asentamiento sobre terraza fluvial.

Situación: Cerro enclavado al inmediato sur de la vega aluvial, sobre una elevación, en el Km 4 (21) de la carretera Palma del Río- Fuente Palmera.

Extensión: Indeterminada.

Orientación: Indeterminada. Relieve de orientación predominantemente sur.

Morfología interna: Cerro de tipo terraza, muy semejante a la Verduga Alta, de fuerte desnivel hacia el norte.

Paisaje: Cultivos de regadío.

Dominio de tipo de suelo: Luvisoles y fluvisoles (58 y 2)

Hidrología: Situado a un km escaso al sureste del actual cauce del Guadalquivir, en su interfluvio con el curso bajo del Genil. Domina el Arroyo del Rincón, tributario del Guadalquivir.

Condiciones defensivas naturales: Las derivadas de su relativa elevación y visibilidad. Destacado desnivel en la vertiente norte.

Indicios de defensa artificial: Se hace referencia a "la presencia de una de esas zanjas tan características en yacimientos del Cobre dentro del ámbito del Guadalquivir, pero en este caso sus dimensiones son sensiblemente inferiores a las habituales, aunque su forma y disposición sean similares" (Cano *et Alii* 2000: 58). "Estamos ante una trinchera de sección en U, sedimento orgánico, piedras delimitando los lados y materiales ergológicos dispersos; sus dimensiones son bastante más reducidas que la mayoría de las conocidas" (Nieto 2000: 165).

Control del entorno: Orientado al control del meandro de la Jurada y de su vega aluvial.

Aprovechamiento económico potencial: Presumiblemente agrícola y fluvial.

Presencia de estructuras visibles: Se constató la presencia de 54 estructuras excavadas, 52 de ellas circulares, "de tendencia circular, sección ovoide, cónica o cilíndrica; sedimento con distintos grados de composición orgánica y conteniendo material ergológico". Asimismo se observó "una estructura que puede relacionarse con esas zanjas o trincheras de sección en U o V características de los poblados de la Edad del Cobre sin fortificación del Guadalquivir" (Nieto 2000: 165).

Estado general del yacimiento: Previsiblemente destruido en gran parte tras la instalación de una cantera de áridos (CHARAMUZCA SL).

Trabajos arqueológicos realizados: Excavación Arqueológica, dirigida por Mª R. Lopera Delgado, del 01-06- 1997 al 30- 06- 1997.

Datos tecnológicos y tipológicos: De este yacimiento inédito, tan sólo conocemos discretas alusiones a "una cultura material similar a Puerto de la Palmera, con predominio de cazuelas carenadas y láminas de sílex" (Romero 2005: 990). Por su parte, la guía del Museo Municipal de Palma del Río, cita "distintos tipos de cuencos, ollas globulares, cazuelas de carena baja y vasos de paredes rectas levemente invasadas. Este último tipo suele presentar algún mamelón de sección redondeada u oval, a veces con perforación vertical. Un número significativo de fragmentos presenta decoración almagroide en su superficie exterior. Otros items significativos son las pequeñas láminas de sílex, a veces retocadas y con un extremo apuntado, y los fragmentos de molinos, junto con la total ausencia de metal "(Cano *et Alii* 2000: 58). "Fragmentos de láminas, de sección trapezoidal o triangular, con retoque o sin él, destacando varios elementos que presentan un extremo apuntado pudiéndose calificar de perforadores" (Nieto 2000: 165).

Cronología e interpretación: A juzgar por los elementos tipológicos descritos, debemos asignar a este emplazamiento, al igual que el de Puerto de la Palmera, a la segunda mitad del IV milenio ANE.

Valoración general: Interesante enclave arqueológico que se encuentra aún pendiente de publicación en detalle.

Bibliografía:

Cano, J. I.; Lopera, Mª R.; Luque- Romero, F.; Pérez, A.; Cobos, J. (2000): *Museo Municipal de Palma del Río*. Museos de la Provincia de Córdoba, 1. Córdoba. Diputación Provincial.

Nieto Medina, R. (2000): "Palma del Río, Museo Municipal. Apéndice I". *Boletín de la Asociación Provincial de Museos Locales de Córdoba*, 1, pp. 155-167.

Romero Bomba, E. (2005): "El registro arqueológico del yacimiento "Puerto de la Palmera" (La puebla de los Infantes, Sevilla). Evidencias sobre el tránsito del Neolítico al Calcolítico en el Valle del Guadalquivir". *Actas del III Congreso del Neolítico en la Península Ibérica*: Santander, 5 a 8 de Octubre de 2003, pp. 989-998.

6. Madre de Fuentes (Palma del Río)

Coordenadas:

X: -
Y: -
Z: 97 msnm

Tipología: Asentamiento sobre terraza fluvial

Situación: Elevación enclavada al inmediato sur de la vega aluvial, a dos km al sureste del actual poblado de Calonge.

Extensión: Indeterminada.

Orientación: Relieve de orientación predominantemente noroeste.

Morfología interna: Cerro de tipo terraza, muy semejante a la Verduga Alta y Mirabueno, de suave desnivel hacia el Noroeste.

Paisaje: Cultivos de regadío.

Dominio de tipo de suelo: Vertisoles (23)

Hidrología: Situado a 2,5 km al sur- sureste del actual cauce del Guadalquivir, flanqueado al este por el arroyo Madre de Fuentes.

Condiciones defensivas naturales: Las derivadas de su relativa elevación y visibilidad. Suave desnivel en la vertiente norte.

Indicios de defensa artificial: Desconocidos.

Control del entorno: Orientado al control del meandro de Calonge y de su vega aluvial.

Aprovechamiento económico potencial: Presumiblemente agrícola y fluvial.

Presencia de estructuras visibles: Desconocida

Estado general del yacimiento: Afectado por labores agrícolas y regadíos.

Trabajos arqueológicos realizados: Prospección Arqueológica (1989- 1990).

Datos tecnológicos y tipológicos: De este yacimiento inédito, no conocemos datos publicados relativos a su cultura material, tan sólo su adscripción al "Calcolítico Pleno" (Cano *et Alii* 2000).

Cronología e interpretación: A juzgar por la asignación propuesta para este enclave, debemos asociar no sin reservas, su ocupación a lo largo del III milenio ANE.

Valoración general: Yacimiento inédito situado en un interesante emplazamiento ocupado posteriormente en época romana.

Bibliografía:

Cano, J. I.; Lopera, Mª R.; Luque- Romero, F.; Pérez, A.; Cobos, J. (2000): *Museo Municipal de Palma del Río.* Museos de la Provincia de Córdoba, 1. Córdoba. Diputación Provincial.

7. Cortijo de Sotogordo (Palma del Río)

Coordenadas:

X: -
Y: -
Z: 54 msnm

Tipología: Asentamiento sobre elevación en llanura aluvial.

Situación: Elevación enclavada al 1,4 km al noreste del actual poblado de Calonge.

Extensión: Indeterminada.

Orientación: Indeterminada. Relieve de orientación predominantemente norte.

Morfología interna: Terrenos cuaternarios en asociación directa con la llanura aluvial del Guadalquivir.
Paisaje: Cultivos de regadío.

Dominio de tipo de suelo: Fluvisoles (2).

Hidrología: Domina al este, la confluencia del arroyo Madre de Fuentes en el Guadalquivir.

Condiciones defensivas naturales: Muy escasas, sin considerar el papel de barrera que el Guadalquivir y el arroyo Madre de Fuentes pueden representar.

Indicios de defensa artificial: Desconocidos.

Control del entorno: Orientado al control del meandro de Calonge y de su vega aluvial.

Aprovechamiento económico potencial: Presumiblemente agrícola y fluvial.

Presencia de estructuras visibles: Desconocidas

Estado general del yacimiento: Afectado por labores agrícolas y regadíos.

Trabajos arqueológicos realizados: Prospección Arqueológica (1989- 1990).

Datos tecnológicos y tipológicos: De este yacimiento inédito, tan sólo conocemos "numerosos fragmentos cerámicos correspondientes a platos de borde engrosado, cuencos y vasijas globulares, varios fragmentos de cerámica campaniforme, objetos de metal (puñal triangular, sierras, puntas de Palmela, una posible diadema), numerosos elementos de piedra pulimentada y objetos de sílex tallado como puntas de flecha, las típicas hojas calcolíticas o abundantes elementos de hoz con pátina de siega" (Cano *et Alii* 2000: 59)

Cronología e interpretación: A partir de la descripción de la ergología asociada a este enclave, debe situarse su ocupación a lo largo del III milenio ANE, incluyendo el Horizonte Campaniforme.

Valoración general: Enclave de interés situado en una de las cotas más bajas incluidas en nuestro estudio.

Bibliografía:

Cano, J. I.; Lopera, Mª R.; Luque- Romero, F.; Pérez, A.; Cobos, J. (2000): *Museo Municipal de Palma del Río.* Museos de la Provincia de Córdoba, 1. Córdoba. Diputación Provincial.

8. La Morena (Hornachuelos)

Coordenadas:

X: -
Y: -
Z: 120 msnm

Tipología: Asentamiento sobre mesa miocena.

Situación: Al norte de la vega de la Vita, en proximidad a las estribaciones meridionales de Sierra Traviesa. A 500 m del cauce del río Retortillo, a la altura del Vado de la Gitana.

Extensión: Desconocida.

Orientación: Norte.

Morfología interna: Terreno llano levemente alomado. Afloramientos de rocas carbonatadas.

Paisaje: Adehesado, con manchas de monte bajo. Afectado por labores extractivas y cantería.

Dominio de tipo de suelo: Regosoles y luvisoles (5 y 58).

Hidrología: Domina el cauce del Retortillo.

Condiciones defensivas naturales: Zona amesetada flaqueada por desniveles suaves. Al norte, queda flaqueado por el espolón de Sierra Traviesa.

Indicios de defensa artificial: Desconocidos.

Control del entorno: Controla el acceso al norte (Sierra Albarrana) a través del cauce del Retortillo, dominando un vado que lo atraviesa, el de la Gitana, el cual era vía de paso tradicional hacia la Puebla de los Infantes.

Aprovechamiento económico potencial: Recursos fluviales (dominio del curso Medio- Bajo del Retortillo), junto al uso previsible agrícola y ganadero. Caza hoy abundante (Jabalí).

Presencia de estructuras visibles: Desconocida.

Estado general del yacimiento: Amenazado por obras extractivas y por parcelaciones.

Trabajos arqueológicos realizados: Prospección Arqueológica (1985- 1987).

Datos tecnológicos y tipológicos: Murillo (1988) cita la presencia abundante y casi exclusiva de platos de borde engrosado y vasos globulares de borde entrante.

Cronología e interpretación: No permite hacer más precisiones que a lo largo del III milenio ANE.

Valoración general: Poblado de extensión y naturaleza discutible, por lo que merecería una delimitación topográfica ajustada a la exigencia actual.

Bibliografía:

Murillo Redondo, J. F. (1988): "Aproximación al poblamiento calcolítico en el Valle del Guadalquivir. Sector Villarrubia- Palma del Río". *Ariadna*, 4, pp.5- 25.

Murillo Redondo, J. F. (1991a): *Análisis del poblamiento durante el Bronce Final y el Orientalizante en la Cuenca Media del Guadalquivir*. Tesis doctoral en tres tomos. Inédita. Universidad de Córdoba.

Murillo Redondo, J. F. (1994): *La Cultura Tartésica en el Guadalquivir Medio*. Monográfico de Ariadna, 13- 14.

9. Dehesa Vieja (Hornachuelos)

Coordenadas:

X: -
Y: -
Z: 180 msnm

Tipología: Asentamiento sobre mesa miocena.

Situación: Meseta situada sobre la ribera izquierda del embalse del Retortillo, a un km al oeste del centro de la urbanización Dehesa Vieja.

Extensión: Desconocida. Márquez (2004), describe una concentración de materiales en el sector sur, correspondiente a una extensión de 0,40 ha, sin contar las evidencias de ocupación en los abrigos y salientes rocosos de la vertiente oeste.

Orientación: Oeste y sur.

Morfología interna: Mesa génesis miocena, con bancos rocosos explotados históricamente.

Paisaje: Dehesa y monte bajo. Recientes cultivos de cítricos en terrenos aptos situados al sur y este (vega de la Vita), encerrados entre Sierra Traviesa y Las Longueras.

Dominio de tipo de suelo: Regosoles (5).

Hidrología: Domina el cauce del río Retortillo.

Condiciones defensivas naturales: Flanqueado al oeste, norte y sur por acusados desniveles y tajos, futo de la geomorfología local. En varias ocasiones dichos tajos cuentan con salientes y abrigos dotados de restos materiales.

Indicios de defensa artificial: Desconocidos.

Control del entorno: Controla el paso del río Retortillo hacia el norte, a proximidad del Vado de la Gitana. De la misma forma cierra el acceso Occidental entre las elevaciones de las Longueras (204 msnm) y Sierra Traviesa (309 msnm) hacia la vega de la Vita.

Aprovechamiento económico potencial: Recursos fluviales, agrícolas y ganaderos.

Presencia de estructuras visibles: Desconocidas.

Estado general del yacimiento: Amenazado por la la urbanización de las Dehesas Viejas y por trabajos extractivos.

Trabajos arqueológicos realizados: Prospección arqueológica (2002)

Datos tecnológicos y tipológicos: Márquez (2004) apunta a una concentración de material arqueológico en la ladera sur, de la que no proporciona datos. Respecto al material hallado en abrigos y salientes rocosos de los flancos occidentales, apunta a "(...) vestigios tal vez relacionados con la ocupación reciente de la zona que estudiamos, con probabilidad de la Edad del Cobre", de la que no suscribe más precisiones.

Cronología e interpretación: Difícil es apuntar datos concretos respecto a bibliografía. En una visita al lugar, hemos visualizado en superficie elementos de molturación en rocas plutónicas y restos cerámicos a mano de escasa significación tipológica. De la misma forma, a proximidad del abrigo parcialmente inundado por el embalse (Márquez 2004: 307, cuadrícula 23), pudimos observar en superficie restos cerámicos adscribibles a momentos avanzados del II milenio.

Valoración general: Como en el caso anterior, este enclave merecería una evaluación profunda, a fin tanto de delimitar con precisión su extensión como de ajustar la significación cronológica de los restos artefactuales hallados en los abrigos y paredes rocosas del entorno.

Bibliografía:

Márquez Alcántara, A. Mª (2004): "Proyecto General de Investigación: "Símbolo y Territorio. Arte rupestre prehistórico en Sierra Morena Cordobesa". En *Sociedades recolectoras y primeros productores. Actas de las Jornadas Temáticas Andaluzas de Arqueología.* Consejería de Cultura. Dirección General de Bienes Culturales, pp. 301- 316.

10. Mezquetillas (Hornachuelos)

Coordenadas:

X: -
Y: -
Z: Desconocida

Tipología: Construcción funeraria indeterminada.

Situación: En la finca de nombre Mezquitillas o Mezquetillas. Sin más precisión topográfica.

Extensión: Desconocida.

Orientación: Desconocida.

Morfología interna: Desconocida.

Paisaje: El Topónimo Mezquitillas o Mezquetillas jalona la prolongación noroccidental de Sierra Traviesa, de orografía muy variable, dominando el encinar más o menos adehesado junto a cultivo de olivar y cítricos.

Dominio de tipo de suelo: Desconocido.

Hidrología: La ubicación, aunque imprecisa, responde a la vertiente oriental del curso alto del Retortillo.

Condiciones defensivas naturales: Desconocidas.

Indicios de defensa artificial: Desconocidas.

Control del entorno: Desconocido.

Aprovechamiento económico potencial: Desconocido.

Presencia de estructuras visibles: Desconocidas.

Estado general del yacimiento: Presuntamente destruido, total o parcialmente.

Trabajos arqueológicos realizados: No se conocen.

Datos tecnológicos y tipológicos: Procedentes de este sepulcro se conservan en el museo histórico de Palma del Río, dos vasos cerrados (botellas) de mamelones perforados equidistantes y cuello de perfil recto, así como un plato de borde engrosado (Lopera 1995: 27 y 29).

Cronología e interpretación: Las formas tipológicas correspondientes a este hallazgo no parecen dar margen a precisiones, si bien a modo de hipótesis podemos aventurar que puedan corresponder a un sepulcro sujeto a reutilizaciones entre el IV y el III milenios ANE.

Valoración general: Según la actual directora del Museo Histórico de Palma del Río (Lopera, 1995: 29), hacia mediados de los años 60 del pasado siglo se destruyó "un megalito, sin identificar, durante las labores agrícolas. Parte de su ajuar funerario se conserva en el museo Municipal de Palma de Río, a donde llegó por donación de uno de los trabajadores que protagonizó el hecho. Según la información aportada por esta persona, un tractor derrumbó con su peso la cubierta de lo que podía ser la cámara del megalito, de cuya existencia no se había advertido hasta entonces. Seguidamente se procedió al vaciado del mismo, extrayéndose de él gran cantidad de vasos cerámicos y constatando la presencia de numerosos restos humanos". Al parecer, la mayor parte de ese rico ajuar fue requisado por el dueño de la finca, desconociéndose actualmente su paradero (Lopera 1995: 27).

Bibliografía:

Lopera Delgado, Mª R. (1995): "El mundo funerario calcolítico en la Provincia de Córdoba. Recopilación y actualización de los datos". *Ariadna*, 15, pp. 9- 47.

11. La Barqueta (Palma del Río)

Coordenadas:

X: -
Y: -
Z: 60 msnm

Tipología: Asentamiento sobre terraza fluvial.

Situación: En el interior de un meandro en cuello de botella, en la primera terraza del curso bajo del Río Genil, en su orilla izquierda.

Extensión: Desconocida, si bien no debe superar las 30 ha.

Orientación: Norte- noroeste.

Morfología interna: Área muy antropizada, dominando una leve llanura de inundación ocupada hoy por cultivos de regadío.

Paisaje: Agrario, de regadío. Suelos circundantes aluviales de génesis Pleistoceno- holocena, supeditados a la acción progrediente del meando de la Barqueta, que acabará por estrangularse definitivamente, dejando un lago en creciente.

Dominio de tipo de suelo: Fluvisoles (2).

Hidrología: Dominada por el cauce del Bajo Genil.

Condiciones defensivas naturales: Puede argumentarse que la morfología meandriforme del cauce del Genil puede haber ofrecido un atractivo papel de barrera, si bien creemos que dicha morfología fluvial podría ser de orden reciente.

Indicios de defensa artificial: No se conocen.

Control del entorno: Proporciona una interesante cabeza de puente desde el Genil hacia el norte, controlando la llanura de inundación del Guadalquivir, viéndose respaldada al sur por las alturas de San Cristóbal (129 msnm) y la Sierrezuela (158 msnm).

Aprovechamiento económico potencial: Eminentemente fluvial y agrícola.

Presencia de estructuras visibles: No se conocen.

Estado general del yacimiento: Presumiblemente muy afectado por labores agrícolas.

Trabajos arqueológicos realizados: Prospección arqueológica (1987).

Datos tecnológicos y tipológicos: Desconocidos.

Cronología e interpretación: Murillo (1991a) asume este enclave como propio del Bronce Final Precolonial, si bien en cartografía ofrecida tanto en publicaciones anteriores (Murillo 1988: 11), como posteriormente (Murillo 1994), asume un poblamiento durante la Edad del Cobre, sin mayores precisiones.

Valoración general: Conviene como en muchos otros proceder a ajustar con precisión los motivos que fuerzan a definir una cronología "calcolítica" (IV y III milenio) para este enclave, que por otra parte parece contar con ocupación definida entre el II y el I milenio ANE.

Bibliografía:

Murillo Redondo, J. F. (1988): "Aproximación al poblamiento calcolítico en el Valle del Guadalquivir. Sector Villarrubia- Palma del Río". *Ariadna* 4, pp.5- 25.

Murillo Redondo, J. F. (1990b): "Informe preliminar de las prospecciones arqueológicas superficiales en los valles de los ríos Guadiato y Guadalquivir (Córdoba)". *Anuario Arqueológico de Andalucía*, 1987, II, pág. 115.

Murillo Redondo, J. F. (1991): *Análisis del poblamiento durante el Bronce Final y el Orientalizante en la Cuenca Media del Guadalquivir*. Tesis doctoral en 3 tomos. Universidad de Córdoba.

Murillo Redondo, J. F. (1994): *La Cultura Tartésica en el Guadalquivir Medio*. Monográfico de Ariadna, 13- 14.

12. La Higuera (Palma del Río)

Coordenadas:

X: -
Y: -
Z: 116 msnm

Tipología: Emplazamiento en llano.

Situación: Llano bajo la falda norte de las Longueras, en contacto con la vega de la Vita.

Extensión: Indeterminada; "varias decenas de miles de metros cuadrados" (Murillo 1986b: 80).

Orientación: Noroeste

Morfología interna: Planicie aterrazada en la actualidad.

Paisaje: Llano, actualmente en regadío, si bien limitado al sur por las Longueras y Cerro Pino, lo que podría resguardarlo de las crecidas.

Hidrología: Situado a dos kilómetros al norte del cauce del Guadalquivir, y a proximidad del arroyo de la Higuera, cercano a su confluencia con el Guadalquivir.

Condiciones defensivas naturales: Carente de ellas.

Indicios de defensa artificial: No se observan.

Control del entorno: Hacia el norte controla visualmente gran parte de la vega de la Vita, si bien sus condiciones de visibilidad no son excepcionales.

Aprovechamiento económico potencial: Presumiblemente agrícola. Murillo (1988: 7), cita depósitos cupríferos en las cercanías.

Presencia de estructuras visibles: No se observan.

Estado general del yacimiento: Destruido en gran parte.

Trabajos arqueológicos realizados: Prospección arqueológica (1986).

Datos tecnológicos y tipológicos: Murillo (1986b y 1988) recoge el hallazgo de formas tipológicas representadas fundamentalmente por recipientes globulares, alguno dotado de mamelón cónico, y platos de borde engrosado y almendrado, de grandes diámetros.

Cronología e interpretación: A la luz de las tipologías aportadas, nos decantamos por una cronología encuadrable entre inicios y momentos avanzados del III milenio ANE.

Valoración general: Poblado de vega, en asociación directa a tierras llanas de gran productividad, dotado de nulas condiciones defensivas. Al parecer, los restos artefactuales hacen perdurar la ocupación hasta época romana (Murillo 1986b: 80).

Bibliografía:

Murillo Redondo, J. F. (1986b): "Nuevos yacimientos calcolíticos en el sector noroccidental de la provincia de Córdoba". *Estudios de Prehistoria Cordobesa*, 1, pp. 77-94.

Murillo Redondo, J. F. (1988): "Aproximación al poblamiento calcolítico en el Valle del Guadalquivir. Sector Villarrubia- Palma del Río". *Ariadna* 4, pp. 5- 25.

13. Presa de El Retortillo (Hornachuelos)

Coordenadas:

X: -
Y: -
Z: 110 msnm

Tipología: Presumible asentamiento sobre mesa miocena.

Situación: "A escasa distancia de la Presa sobre el río Retortillo dentro del término municipal de Hornachuelos, encontramos este yacimiento, del que procede un reducido lote de materiales, cerámicos en su mayoría" (Murillo 1988: 7).

Extensión: Desconocida.

Orientación: Desconocida.

Morfología interna: Desconocida, probablemente en llano.

Paisaje: Monte bajo y dehesa.

Dominio de tipo de suelo: Regosoles (5).

Hidrología: Domina la orilla izquierda del Retortillo, en un encajonamiento.

Condiciones defensivas naturales: Probablemente salvado al oeste por la verticalidad del zócalo calcarenitico, en cuyo estribo se asienta la presa.

Indicios de defensa artificial: No se conocen.

Control del entorno: El derivado de su control del acceso del Retortillo, como pasillo de acceso entre Sierra Albarrana y el Guadalquivir.

Aprovechamiento económico potencial: Desconocido.

Presencia de estructuras visibles: Desconocidas.

Estado general del yacimiento: Desconocido.

Trabajos arqueológicos realizados: Desconocidos. Probablemente prospección arqueológica.

Datos tecnológicos y tipológicos: "Reducido lote de materiales, cerámicos en su mayoría. Aunque poco típicos, documentan una ocupación calcolítica bastante intensa a juzgar por la presencia de otros yacimientos en las inmediaciones" (Murillo 1988: 7).

Cronología e interpretación: Clasificado como calcolítico en sentido genérico.

Valoración general: Contamos con pobres argumentos de contrastación. Ante la parquedad de los datos aportados, dicho enclave debe sometido a una revisión sobre el terreno, a fin de aclarar su contexto espacial y cultural.

Bibliografía:

Murillo Redondo, J. F. (1988): "Aproximación al poblamiento calcolítico en el Valle del Guadalquivir. Sector Villarrubia- Palma del Río". *Ariadna*, 4, pp. 5- 25.

14. El Cerro de los Pesebres (Hornachuelos)

Coordenadas:

X: -
Y: -
Z: 65 msnm

Tipología: Asentamiento sobre elevación en llanura aluvial.

Situación: Área de llanura aluvial, límite norte del meandro del Mohino Alto.

Extensión: Desconocida, si bien no debe superar las 20 ha.

Orientación: Desconocida.

Morfología interna: Colina de suave elevación en la llanura aluvial, dominando la orilla sur del Guadalquivir

Paisaje: Cultivo de regadío.

Dominio de tipo de suelo: Fluvisoles (2).

Hidrología: Orilla izquierda del Guadalquivir, en la confluencia de la desembocadura del Bembézar.

Condiciones defensivas naturales: Carece de ellas, a excepción de la defensa que pudiera proporcionar el flanco que representa la orilla del Guadalquivir.

Indicios de defensa artificial: Desconocidos.

Control del entorno: La propia llanura aluvial, e igualmente el paso, a través del Guadalquivir, de la próxima vega de la Vita.

Aprovechamiento económico potencial: Agrícola y fluvial.

Presencia de estructuras visibles: Se cita la presencia de manchas oscuras de tendencia circular, de dos a cuatro metros de diámetro, presuntamente adscribibles al Bronce Final Precolonial (Murillo 1988).

Estado general del yacimiento: Previsiblemente afectado por labores agrícolas.

Trabajos arqueológicos realizados: Prospección arqueológica (1987).

Datos tecnológicos y tipológicos: Yacimiento descrito como perteneciente al Bronce Final Precolonial (Murillo 1988, 1991a y 1994), conformado por "fondos de cabaña" circulares. De entre el material recuperado, se citan "galbos con un tratamiento y unas características técnicas que los separan de los del Bronce Final para aproximarlos a los calcolíticos" (Murillo 1988: 7). De la misma forma, se describe una punta de Palmela en cobre, a la que cabe sumar el hallazgo de otro ejemplar a un kilómetro al sur, en el interior del mismo meandro, en el pago de San Sebastián (tierras del Mohino Alto) (Murillo 1988: 7).

Cronología e interpretación: Con los datos aportados, podríamos aventurar la ocupación de este enclave en momentos avanzados del III milenio, continuando su ocupación hasta inicios del I milenio.

Valoración general: Localización que merece una revisión en profundidad, a fin de asegurar su naturaleza y cronología.

Bibliografía:

Murillo Redondo, J. F. (1988): "Aproximación al poblamiento calcolítico en el Valle del Guadalquivir. Sector Villarrubia- Palma del Río". *Ariadna* 4, pp.5- 25.

Murillo Redondo, J. F. (1990b): "Informe preliminar de las prospecciones arqueológicas superficiales en los valles de los ríos Guadiato y Guadalquivir (Córdoba). *Anuario Arqueológico de Andalucía*, 1987, II, pág. 115.

Murillo Redondo, J. F. (1991a): *Análisis del poblamiento durante el Bronce Final y el Orientalizante en la Cuenca Media del Guadalquivir*. Tesis doctoral en 3 tomos. Universidad de Córdoba.

Murillo Redondo, J. F. (1994): *La Cultura Tartésica en el Guadalquivir Medio*. Monográfico de Ariadna, 13- 14.

15. El Bramadero (Hornachuelos)

Coordenadas:

X: -
Y: -
Z: 137 msnm

Tipología: Construcción funeraria. Cista y cueva artificial.

Situación: Altozano en la orilla izquierda del arroyo Tamujar, a 3,5 km al Noroeste de Fuente Palmera.

Extensión: Desconocida

Orientación: Desconocida

Morfología interna: Paisaje alomado de la Campiña baja.

Paisaje: Actualmente olivar. Tierras de cereal y monte residual en la década de 1950.

Dominio de tipo de suelo: Vertisoles (23).

Hidrología: Margen derecha del arroyo Tamujar.

Condiciones defensivas naturales: No se aprecian.

Indicios de defensa artificial: Desconocidos.

Control del entorno: Controla el cauce medio del Tamujar (de Hornachuelos), el cual desagua en el Guadalquivir a escasa distancia de donde, en la margen derecha, lo hace el Bembézar, el cual representa otra vía de penetración en Sierra Morena.

Aprovechamiento económico potencial: Fundamentalmente agrícola.

Presencia de estructuras visibles: Desconocidas en la actualidad.

Estado general del yacimiento: Desconocido en la actualidad.

Trabajos arqueológicos realizados: Según M. D. Asquerino (1993), en 1950 se produjo por parte del entonces comisario local de excavaciones arqueológicas (el Sr. Martínez Lora), el hallazgo de una cazuela de tipo campaniforme y un pequeño puñal de bronce, depositados en una cista rectangular construida en lajas de piedra, desprovista al parecer, de restos humanos (Sangmeister, 1962: 141). Cuatro años más tarde, los sres. Martínez Lora y Martínez Boloix, llevaron a cabo una excavación en la misma finca, en un lugar próximo a aquél en el que se produjo el primer hallazgo. Dichos trabajos pusieron al descubierto una estructura (a la que denominaron cueva neolítica artificial), de la cual extrajeron, entre otros fragmentos cerámicos, "uno de campaniforme y un cuenco completo de cerámica sin decorar, además de otro cuchillo de metal algo más pequeño que el anterior" (Asquerino, 1993: 796).

Datos tecnológicos y tipológicos: Los datos tipológicos aportados indican un uso sepulcral de la zona durante el Horizonte Campaniforme, si bien la denominación ulterior de una de las estructuras documentadas como "cueva neolítica artificial", podría hacer referencia a un uso anterior, probablemente vinculado a un enclave habitacional del que carecemos hoy de referencias escritas.

Cronología e interpretación: Fines del III milenio, inicios del II milenio ANE.

Valoración general: Pasados más de cincuenta años desde los últimos descubrimientos, y careciendo de referencias topográficas y una necesaria contextualización, se hace imperativo proceder a una revisión y actualización de los datos, a través de prospección arqueológica y trabajo de campo.

Bibliografía:

Asquerino, M. D. (1993): "Prehistoria". En, Capítulo 35: Hornachuelos. *Los Pueblos de Córdoba*, Caja Provincial de Ahorros de Córdoba, vol. 3, pp. 796.

Sangmeister, E. (1962): "Un vaso campaniforme funerario en el Museo de Córdoba". *Boletín de la Real Academia de Córdoba*, 84, pp. 141- 154.

16. Paterna (Posadas)

Coordenadas:

X: -
Y: -
Z: 139 msnm

Tipología: Asentamiento sobre terraza fluvial.

Situación: Al sur de la Sierrezuela de Posadas, en área de glacis suave, dedicado al cultivo de cereal. A 1200 m al oeste del Cerro del Escribano.

Extensión: Desconocida, "área poco extensa" (Murillo 1988: 8).

Orientación: El gradiente del glacis de la Sierrezuela, sobre el cual se asienta, muestra una orientación preferente hacia la vertiente sur.

Morfología interna: Terreno alomado suave.

Paisaje: Terreno dedicado al cultivo de cereal.

Dominio de tipo de suelo: Vertisoles (23).

Hidrología: Controla, a este y oeste (arroyo de la Sierrezuela), la cabecera de dos pequeños cauces que vierten sus aguas al Guadalquivir, en sentido norte- sur.

Condiciones defensivas naturales: Escasas.

Indicios de defensa artificial: Desconocidos

Control del entorno: Dominio visual hacia el sur, de la llanura aluvial del Guadalquivir, a la cual se conecta a través de una moderada pendiente.

Aprovechamiento económico potencial: Presumiblemente agrícola.

Presencia de estructuras visibles: Desconocida

Estado general del yacimiento: Afectado por labores agrícolas.

Trabajos arqueológicos realizados: Prospección Arqueológica (1987).

Datos tecnológicos y tipológicos: Las formas cerámicas tipológicamente expresivas, corresponden a platos de borde engrosado y a vasos esféricos (Murillo 1988: 8).

Cronología e interpretación: A juzgar por el material gráfico proporcionado en la bibliografía, podemos aventurar una ocupación dentro del III milenio, si bien en la Tesis Doctoral de J. F. Murillo (1991a), aparecerá citado como adscrito exclusivamente al Bronce Final Precolonial.

Valoración general: Partiendo de tan escasos elementos de juicio, ligado a su proximidad al hábitat del Cerro del Escribano, no debemos deslindar la dispersión artefactual de este enclave con el que acabamos de nombrar, probablemente integrados en un hábitat disperso.

Bibliografía:

Murillo Redondo, J. F. (1988): "Aproximación al poblamiento calcolítico en el Valle del Guadalquivir. Sector Villarrubia- Palma del Río". *Ariadna* 4, pp.5- 25.

Murillo Redondo, J. F. (1990b): "Informe preliminar de las prospecciones arqueológicas superficiales en los valles de los ríos Guadiato y Guadalquivir (Córdoba). *Anuario Arqueológico de Andalucía*, 1987, II, pp. 115.

Murillo Redondo, J. F. (1991a): *Análisis del poblamiento durante el Bronce Final y el Orientalizante en la Cuenca Media del Guadalquivir*. Tesis doctoral en 3 tomos. Universidad de Córdoba.

Murillo Redondo, J. F. (1994): *La Cultura Tartésica en el Guadalquivir Medio*. Monográfico de Ariadna, 13- 14.

17. Cerro del Escribano (Posadas)

Coordenadas:

X: -
Y: -
Z: 178 msnm

Tipología: Asentamiento sobre terraza fluvial.

Situación: Como en el caso anterior, al sur de la Sierrezuela de Posadas, en área de glacis suave, dedicado al cultivo de cereal. A 1200 m al este del enclave de Paterna.

Extensión: Desconocida.

Orientación: Como en el caso anterior, cuenta con un predominante dominio visual hacia el sur, hacia la llanura aluvial del Guadalquivir y a la cual se conecta a través de una moderada pendiente.

Morfología interna: Colina dominante, a los pies de la Sierrezuela.

Paisaje: Cultivo de cereal.

Dominio de tipo de suelo: Vertisoles (23).

Hidrología: Representa la cabecera de nacimiento de varios arroyos, que vierten sus aguas en el Guadalquivir, sentido norte- sur.

Condiciones defensivas naturales: las relativas a su elevación y dominio visual.

Indicios de defensa artificial: Desconocidos.

Control del entorno: Sur, dominando la vega aluvial inmediata (Soto del Rey y el Encinarejo).

Aprovechamiento económico potencial: Previsiblemente agrícola.

Presencia de estructuras visibles: Desconocida.

Estado general del yacimiento: Debido a la explotación agrícola, previsiblemente destruido en gran parte.

Trabajos arqueológicos realizados: Prospección Arqueológica (1987).

Datos tecnológicos y tipológicos: Se han citado dos fragmentos de borde engrosado, de tipología no excesivamente expresiva.

Cronología e interpretación: A juzgar por los datos proporcionados (Murillo 1988: 8), podemos adelantar una ocupación en momentos del III milenio ANE, ocupación que parece prolongarse hasta el Bronce Final Precolonial (Murillo 1991a).

Valoración general: Material escasamente representativo, quizá ligado a un hábitat disperso en conexión al cercano de Paterna. Se hace necesaria una revisión del estado actual del yacimiento, con vistas a una diagnosis cultural más precisa.

Bibliografía:

Murillo Redondo, J. F. (1988): "Aproximación al poblamiento calcolítico en el Valle del Guadalquivir. Sector Villarrubia- Palma del Río". *Ariadna* 4, pp.5- 25.

Murillo Redondo, J. F. (1990b): "Informe preliminar de las prospecciones arqueológicas superficiales en los valles de los ríos Guadiato y Guadalquivir (Córdoba). *Anuario Arqueológico de Andalucía*, 1987, II, pp. 115.

Murillo Redondo, J. F. (1991a): *Análisis del poblamiento durante el Bronce Final y el Orientalizante en la Cuenca Media del Guadalquivir*. Tesis doctoral en 3 tomos. Universidad de Córdoba.

Murillo Redondo, J. F. (1994): *La Cultura Tartésica en el Guadalquivir Medio*. Monográfico de Ariadna, 13- 14.

18. Necrópolis de la Sierrezuela (Posadas)

Coordenadas:

X: -
Y: -
Z: 250 msnm

Tipología: Necrópolis megalítica.

Situación: A escasamente dos km al noroeste de Posadas, sobre una de las cotas más elevadas de la Sierrezuela de Posadas, la más meridional, con el topónimo Cerro Gordo.

Extensión: incluye dos sepulcros megalíticos separados por apenas 100 m entre sí.

Orientación: La zona encuadrada por las coordenadas muestra una ladera de gradiente sur. Por su parte el corredor de los sepulcros megalíticos mostraban una orientación este.

Morfología interna: Se integra dentro de la banda anticlinaria representada por la Sierrezuela de Posadas, compuesta por dolomías, areniscas, margas y pizarras pertenecientes al Cámbrico Inferior (Lopera 1993: 131).

Paisaje: Actualmente repoblado de pinos, la zona queda muy bien definida topográficamente debido a su mayor altura respecto al terreno circundante.

Dominio de tipo de suelo: Regosoles (55).

Hidrología: Constituye la divisoria entre los arroyos tributarios del Guadalbaida y aquellos pequeños cauces que en sentido norte- sur, desaguan directamente en el Guadalquivir.

Condiciones defensivas naturales: Aquellas que resultan de su elevación y dominio visual.

Indicios de defensa artificial: Desconocidos.

Control del entorno: Óptimo, al dominar visualmente hacia el sur, parte de la llanura aluvial del Guadalquivir, hasta las tierras de la campiña. Al este, El castillo de Almodóvar del Río.

Aprovechamiento económico potencial: No definido.

Presencia de estructuras visibles: Actualmente se conoce la ubicación de dos estructuras megalíticas de galería cubierta, una de ellas excavada. La anterior, que al parecer contaba con una estructura perimetral a modo de anillo pétreo, permanece hoy oculta, no habiéndose excavado y presentando en el momento de su descubrimiento una mejor conservación.

Estado general del yacimiento: Muy mejorable. Integrado en un parque periurbano de uso público, el dolmen de la Sierrezuela se halla sujeto a limpiezas y desbroces periódicos, demandando una actuación urgente de consolidación.

Trabajos arqueológicos realizados: Intervención Arqueológica de Urgencia, 1991.

Datos tecnológicos y tipológicos: la galería cubierta excavada, la cual no pudo precisarse si se hallaba integrada o no en un túmulo, había sido violada en años anteriores. Se hallaron restos pertenecientes al menos a dos individuos adultos, dos puntas de flecha de base cóncava y aletas en sílex, y algunos fragmentos de cerámica muy rodada.

Cronología e interpretación: Tanto por parte de la lectura constructiva de la estructura megalítica como a juzgar por el escaso material hallado en su interior, no parece que deba excluirse la cronología propuesta, inserta entre el IV y III milenio ANE.

Valoración general: A juicio de la excavadora (Lopera 1993: 138), la zona debe someterse a un estudio en profundidad, a la espera de que se produzcan más hallazgos y localizaciones de monumentos megalíticos, pudiendo constituir el grupo dolménico más próximo a la llanura aluvial del Guadalquivir medio. Por otra parte, podría apuntarse a su relación con un encave de hábitat próximo, caso del Cerro del Escribano, si bien la escasez de material contemporáneo hallado en este último enclave así como su escasa significación, obliga a guardar prudencia al respecto.

Bibliografía:

Lopera Delgado, Mª R. (1993): Memoria de la excavación del dolmen de "la Sierrezuela". Posadas (Córdoba). *Anuario Arqueológico de Andalucía*, 1991, II, pp. 131- 139.

Lopera Delgado, Mª R. (1995): "El mundo funerario calcolítico en la Provincia de Córdoba. Recopilación y actualización de los datos". *Ariadna*, 15, pp. 9- 47.

19. Cerro del Castillo de la Floreta (Almodovar del Río)

Coordenadas:

X: -
Y: -
Z: 248 msnm

Tipología: Asentamiento en cerro testigo. Covacha sepulcral.

Situación: Cerro aislado situado en la margen derecha del Guadalquivir, al este del meandro de la Veguilla, junto a la actual población de Almodóvar del Río.

Extensión: Se desconoce la extensión del material, si bien la mesa del cerro no supera los 17000 m².

Orientación: Desconocida. Presumiblemente sur.

Morfología interna: Cerro cónico, muy próximo al río Guadalquivir. Materiales paleozoicos que representan una estribación meridional de Sierra Morena, dentro del dominio de terrazas fluviales.

Paisaje: Bisagra entre las estribaciones meridionales de Sierra Morena y la llanura aluvial. Gran parte de la cobertera actual del cerro se halla tapizada de monte bajo y matorral.

Dominio de tipo de suelo: Fluvisoles (2).

Hidrología: Orilla derecha del Guadalquivir, como eje indiscutible del paisaje.

Condiciones defensivas naturales: Inmejorables, derivadas de su altitud, aislamiento y control del entorno.

Indicios de defensa artificial: Desconocidos.

Control del entorno: Inmejorable. Atalaya de gran visibilidad hacia el sur y hacia el este y el oeste, dominando la llanura aluvial y visible desde la Torrontera de la Verduga hasta El Cerro de San Jerónimo.

Aprovechamiento económico potencial: Agricola y fluvial.

Presencia de estructuras visibles: Desconocidas.

Estado general del yacimiento: Según Murillo (1991c), se halla hoy "muy destruido por las obras del castillo".

Trabajos arqueológicos realizados: Se desconocen.

Datos tecnológicos y tipológicos: Se ha señalado para este yacimiento una ocupación que "se inicia en el Calcolítico", citándose el hallazgo de puntas de flecha de sílex, sin mayor detalle (Murillo 1991c). La presencia de algunos ejemplos de bordes engrosados podría ayudar a definir una cronología más precisa (Murillo, 1991a). Existen testimonios (Ortiz y Bernier, 1981: 129) de la existencia de una covacha al sureste del Castillo "hoy enterrada, yacimiento sepulcral posiblemente del eneolítico por las piezas encontradas alrededor". De la misma forma se alude al hallazgo "en las diaclasas del este del cerro del Castillo" de "cuchillos eneolíticos trapezoidales" (Ortiz y Bernier 1981: 129).

Cronología e interpretación: La parquedad de los datos recopilados impiden hacer valoraciones culturales al respecto, tanto más cuando se ha indicado un poblamiento durante el II milenio ANE y el Bronce Final Precolonial (Murillo 1991a). Es probable sin embargo, que dicha ocupación comience ya en el III milenio ANE.

Valoración general: Se hace necesario realizar una revisión del hábitat prehistórico de este enclave, preferentemente mediante una prospección intensiva, a fin de ajustar la cronología genérica propuesta, al día de hoy demasiado laxa.

Bibliografía:

Murillo Redondo, J. F. (1991a): *Análisis del poblamiento durante el Bronce Final y el Orientalizante en la Cuenca Media del Guadalquivir*. Tesis doctoral en 3 tomos. Universidad de Córdoba.

Murillo Redondo, J. F. (1991c): "Prospecciones arqueológicas superficiales en los valles de los ríos Guadajoz y Guadalquivir (Provincia de Córdoba)". *Anuario Arqueológico de Andalucía*, 1988, I, pp. 42- 53.

Murillo Redondo, J. F. (1994): *La Cultura Tartésica en el Guadalquivir Medio*. Monográfico de Ariadna, 13- 14.

Ortiz Juarez, D.; Bernier Luque, J. (1981): *Catálogo Histórico- Artistico y monumental de la Provincia de Córdoba*, Tomo 1. Diputación Provincial de Córdoba.

20. Cerro de las Cabrillas (Almodóvar del Río)

Coordenadas:

X: -
Y: -
Z: 97 msnm

Tipología: Asentamiento sobre terraza fluvial.

Situación: Terraza conectada al glacis de Cabrillas, elevada sobre el Guadalquivir, en su confluencia con el Guadiato.

Extensión: No supera la hectárea y media.

Orientación: Sur, hacia el cauce del Guadalquivir.

Morfología interna: Terraza pleistocena sobre zócalo del Mioceno superior. Alto grado de carbonatación.

Paisaje: Prado y erial. Terreno aislado entre dos vías férreas y de difícil acceso. Sin uso agrícola actual.

Dominio de tipo de suelo: Fluvisoles (2).

Hidrología: Domina la confluencia del río Guadiato con el Guadalquivir. Asimismo, a un km al oeste, desagua el Guadazueros.

Condiciones defensivas naturales: Protegido en los flancos este y oeste por grandes desniveles por los que discurren profundos cauces estacionales. Al sur, queda protegido por el cauce del Guadalquivir.

Indicios de defensa artificial: No se observan.

Control del entorno: Predominantemente, la llanura aluvial sur, al otro lado del río.

Aprovechamiento económico potencial: Tierras cultivables al norte, en terreno de glacis, y en la llanura aluvial. Recursos fluviales.

Presencia de estructuras visibles: No se observan.

Estado general del yacimiento: Muy afectado por las obras del trazado del ferrocarril. Usado como área de escombrera y vertido de las obras, lo que dificulta su visiblidad.

Trabajos arqueológicos realizados: Prospección arqueológica (1987, 1988).

Datos tecnológicos y tipológicos: Procedentes de este enclave se han descrito cerámicas exclusivamente sin decoración, alisadas principalmente. Las formas tipológicas consisten en platos y fuentes de borde engrosado, de distintas variantes, de aspecto similar a tipos avanzados. En una visita al lugar (febrero de 2009) observamos formas globulares y cuencos hemisféricos, formas abiertas en su mayoría, alguna de borde plano oblicuo. Entre los útiles líticos, era de destacar tan sólo un esferoide, como probable elemento de molturación. Murillo (1988: 8), cita igualmente la presencia de terracota constructiva con improntas de cañizo.

Cronología e interpretación: Muy probablemente a partir del 2º tercio del III milenio ANE, pudiendo pervivir ya entrado el II milenio, a juzgar por el dibujo de un vaso de carena media (Murillo 1988: 19, fig. 2.9). En su Tesis Doctoral, el autor aludido define la presencia de materiales adjudicables al Bronce Final y al Orientalizante (Murillo 1991a).

Valoración general: Este yacimiento se encuentra sometido a un gran riesgo de destrucción, al encontrarse en zona de servidumbre de la línea férrea Córdoba – Sevilla y de la línea de Alta Velocidad, habiendo sido utilizado en tiempos recientes como área de vertido y extracción de áridos. Afloramientos pétreos de interés a proximidad, en área occidental.

Bibliografía:

Murillo Redondo, J. F. (1988): "Aproximación al poblamiento calcolítico en el Valle del Guadalquivir. Sector Villarrubia- Palma del Río". *Ariadna*, 4, pp. 5- 25.

Murillo Redondo, J. F. (1990b): "Informe preliminar de las prospecciones arqueológicas superficiales en los valles de los ríos Guadiato y Guadalquivir (Córdoba)". *Anuario Arqueológico de Andalucía*, 1987, II, pp. 115.

Murillo Redondo, J. F. (1991a): *Análisis del poblamiento durante el Bronce Final y el Orientalizante en la Cuenca Media del Guadalquivir*. Tesis doctoral en 3 tomos. Universidad de Córdoba.

Murillo Redondo, J. F. (1991c): "Prospecciones arqueológicas superficiales en los valles de los ríos Guadajoz y Guadalquivir (Provincia de Córdoba)". *Anuario Arqueológico de Andalucía*, 1988, I, pp. 42- 53.

Murillo Redondo, J. F. (1994): *La Cultura Tartésica en el Guadalquivir Medio*. Monográfico de Ariadna, 13- 14.

21. Cerro de los Peces (Almodóvar del Rio)

Coordenadas:

X: -
Y: -
Z: 158,5 msnm

Tipología: Asentamiento sobre mesa miocena.

Situación: "A cinco kilómetros al noreste de Almodóvar sobre un cerro amesetado flanqueado por el arroyo de los Peces y el Canal del Guadalmellato" (Murillo 1988: 10).

Extensión: Desconocida.

Orientación: Área de gradiente con predominio hacia el sur, hacia la llanura aluvial.
Morfología interna: Cerro amesetado, sobre mesa tabular del Mioceno marino (facies de borde).

Paisaje: Adehesado en la cota superior. Una planta termosolar ha destruido la ladera sur, ocupada hoy por paneles solares.

Dominio de tipo de suelo: Luvisoles y fluvisoles (59 y 2).

Hidrología: Delimitado al este por el arroyo de los Peces y al oeste por el arroyo del Baldío. Domina hacia el sur, un glacis de suave pendiente hacia la llanura aluvial del Guadalquivir.

Condiciones defensivas naturales: Las derivadas de la litología, mesas discontinuas de facies de borde del mioceno marino, de relieve tabular. Evidente en los flancos este y oeste, donde la discontinuidad de la mesa tabular sobre el terreno paleozoico ha constituido frentes verticales de gran defendibilidad, jalonados por pequeñas covachas y abrigos en el flanco occidental.

Indicios de defensa artificial: Desconocidos.

Control del entorno: Enfocado al dominio meridional, la llanura aluvial fundamentalmente.

Aprovechamiento económico potencial: Agrícola (control directo de la llanura aluvial) y fluvial.

Presencia de estructuras visibles: Desconocida.

Estado general del yacimiento: La ladera sur fue arrasada en talud, aparentemente sin ningún tipo de control arqueológico, en 2008, durante las labores de aterrazamiento para la edificación de una planta de energía solar.

Trabajos arqueológicos realizados: Prospección arqueológica (1985- 1987).

Datos tecnológicos y tipológicos: Se ha descrito el hallazgo de una gran cantidad de hachas y martillos de minero, dientes y elementos de hoz, así como molinos barquiformes. De la misma manera se describen fuentes carenadas de gran formato, y platos de borde engrosado. El resto lo constituyen cuencos hemisféricos y vasos globulares cerrados (Murillo 1988: 10). En nuestra visita al lugar (12- 2008 y 5- 2009), certificamos que la práctica totalidad de la superficie amesetada aparece tapizada por fragmentos de elementos de percusión y/o molturación, en piedras duras. Otras rocas de origen intrusivo o volcánico, duras. Cerámica a mano escasa y de débil significación. En los abrigos del flanco occidental observamos restos significativos de cerámica a mano, una carena baja, algún núcleo recurrente de sílex aluvial y algunas lascas. Estos abrigos y covachas merecen una inspección más detenida.

Cronología e interpretación: A juzgar por el material presentado en la bibliografía, la ocupación debe corresponder a momentos a caballo entre el IV y el III milenio ANE, habiéndose hecho referencia a una probable perduración hasta el "Calcolítico Final" (Murillo 1988: 10).

Valoración general: Este yacimiento debe someterse a una revisión sobre el terreno, a fin de pasar a su debida delimitación espacial y cultural. De la misma forma es imperativo evaluar los daños y las afecciones sufridas en la construcción de la inmediata planta de energía solar, aparentemente realizada sin control arqueológico alguno y que han podido provocar la destrucción de entre un 30 a un 90 % del yacimiento. Por otra parte se hace necesaria una inspección y prospección intensiva de las covachas y abrigos del flanco occidental, algunas con claros indicios de modificaciones y labra antigua, si bien de época indeterminada.

Bibliografía:

Murillo Redondo, J. F. (1988): "Aproximación al poblamiento calcolítico en el Valle del Guadalquivir. Sector Villarrubia- Palma del Río". *Ariadna*, 4, pp. 5- 25.

Murillo Redondo, J. F. (1994): *La Cultura Tartésica en el Guadalquivir Medio*. Monográfico de Ariadna, 13- 14.

22. Cuevas Bajas (Córdoba)

Coordenadas:

X: -
Y: -
Z: 102 msnm

Tipología: Asentamiento sobre elevación en llanura aluvial.

Situación: "Al sur del caserío homónimo, a unos dos kilómetros de Villarubia, encontramos el pequeño asentamiento de Cuevas Bajas, en las cercanías de la orilla derecha del arroyo Guadarromán" (Murillo 1988: 10).

Extensión: Desconocida. El autor habla de "pequeño asentamiento".

Orientación: La zona concernida ocupa un ligero glacis de gradiente sur, hacia el cauce del Guadalquivir.
Morfología interna: Suelos pleistocénicos, próximos a la llanura aluvial.

Paisaje: Cultivo discordante de cereal, girasol y olivar. Área de intensa actividad agrícola, y próxima a urbanizaciones.

Dominio de tipo de suelo: Fluvisoles (2).

Hidrología: Dominada por el cercano cauce del Guadalquivir. Próximo a la margen derecha del arroyo Guadarromán.
Condiciones defensivas naturales: No se aprecia en el entorno.

Indicios de defensa artificial: Desconocidos.

Control del entorno: Escaso, si bien la llanura circundante permite un amplio dominio visual hacia el sur y el este.

Aprovechamiento económico potencial: Agrícola, fundamentalmente.

Presencia de estructuras visibles: Desconocida.

Estado general del yacimiento: Previsiblemente destruido por labores agrícolas.

Trabajos arqueológicos realizados: Prospección arqueológica (1985- 1987).

Datos tecnológicos y tipológicos: Se han citado para este asentamiento, platos de borde engrosado, de perfil almendrado, vasos hemisféricos y globulares, vasos de cuerpo cilíndrico y base convexa, así como un fragmento de cuenco campaniforme con decoración geométrica (Murillo 1988: 10).

Cronología e interpretación: A juzgar por el reducido lote de materiales proporcionados por la bibliografía, este asentamiento debe encuadrarse a lo largo del III milenio ANE, incluyendo su final.

Valoración general: La ausencia de coordenadas precisas en la publicación relativa a este asentamiento, así como la zona de riesgo en la que se inscribe, próxima a terrenos urbanizados y en expansión, obligan a una revisión territorial del mismo, así como proceder a su correcta delimitación, en caso de no encontrarse en la actualidad totalmente destruido.

Bibliografía:

Murillo Redondo, J. F. (1988): "Aproximación al poblamiento calcolítico en el Valle del Guadalquivir. Sector Villarrubia- Palma del Río". *Ariadna* 4, pp.5- 25.

Murillo Redondo, J. F. (1994): *La Cultura Tartésica en el Guadalquivir Medio*. Monográfico de Ariadna, 13- 14.

23. El Custodio/ el Molinillo (Córdoba)

Coordenadas:

X: -
Y: -
Z: 85 msnm

Tipología: Asentamiento en llanura aluvial.

Situación: Al este del Km 10 de la CO- 9002, próximo a la orilla derecha del Guadalquivir.

Extensión: Desconocida.

Orientación: Gradiente con predominio al sureste.

Morfología interna: Terrenos cuaternarios, pertenecientes suelos de vega.

Paisaje: Agricultura intensiva de maíz y girasol. Regadíos

Dominio de tipo de suelo: Fluvisoles (2).

Hidrología: Dominada al este por el arroyo Guadarromán, que confluye al sur en la orilla derecha del Guadalquivir, controlando pues su confluencia.

Condiciones defensivas naturales: únicamente las derivadas de ambos cauces como barrera.

Indicios de defensa artificial: Desconocidos.

Control del entorno: Asociación visual con el yacimiento del Cerro del Castillo de la Floreta y el Cerro de los Peces. Probablemente también el de Cuevas Bajas.

Aprovechamiento económico potencial: Presumiblemente agrícola.

Presencia de estructuras visibles: Desconocida.

Estado general del yacimiento: Destruido en gran parte por labores agrícolas. La explotación de una gravera y el allanado de los terrenos con maquinaria pesada en los diez últimos años ha destruido aproximadamente la mitad del yacimiento, según testigios.

Trabajos arqueológicos realizados: Ninguno.

Datos tecnológicos y tipológicos: En posesión de un particular, destaca un hacha de gran formato pulimentada, probablemente de anfibolita, un fragmento de cuenco de paredes rectas y de tratamiento bruñido, una base de un pequeño cuenco esférico y dos fragmentos de fuentes de borde almendrado, con perforaciones de lañado, entre otros, amén de un pequeño cuernecillo de sección circular. Noticias del hallazgo dfe hachas pilimentadas de sillimanita, abundante cerámica, así como láminas prismáticas de sílex.

Cronología e interpretación: A juzgar por la tipología del registro conocido, la ocupación del enclave se situaría en el III milenio ANE, ocupando en sentido genérico el Calcolítico Antiguo/ Pleno hasta previsiblemente momentos avanzados.

Valoración general: Este yacimiento necesita un ajuste cronocultural más preciso, siendo obligada la delimitación del espacio aun dotado de registro superficial, al representar una ubicación desconocida hasta la fecha.

Bibliografía: Inédito.

24. Alamirilla (Córdoba)

Coordenadas:

X: -
Y: -
Z: 150 msnm

Tipología: Desconocida.

Situación: En tierras del Cortijo de la Alamiriya (facies de contacto, glacis- facies de borde).

Extensión: Desconocida.

Orientación: Sector en general de orientación sur.

Morfología interna: Desconocida.

Paisaje: Terreno adehesado, finca de reses bravas.

Dominio de tipo de suelo: Luvisoles y fluvisoles (59 y 2).

Hidrología: Domina varios arroyos, entre ellos el de la Huerta de Gorgojuela y de Aljarilla.

Condiciones defensivas naturales: Desconocidas.

Indicios de defensa artificial: Desconocidas.

Control del entorno: Hacia el sur, de tierras cultivables próximas a la llanura aluvial.

Aprovechamiento económico potencial: Previsiblemente agrícola.

Presencia de estructuras visibles: Murillo (1991a), cita el hallazgo de fondos de cabaña circulares, en fecha indeterminada.

Estado general del yacimiento: Desconocido.

Trabajos arqueológicos realizados: Todos relativos a actuaciones arqueológicas realizadas en la almunia andalusí, edificada a fines del período califal, s. X- XI.

Datos tecnológicos y tipológicos: Desconocidos.

Cronología e interpretación: Muy difícil, ante la calidad de los datos aportados. Este enclave (Murillo 1991a, 1991b, 1994; Vaquerizo et ali, 1994), ha sido incluido dentro del poblamiento calcolítico del norte de Córdoba, no habiéndose aportado datos tipológicos respecto a la naturaleza cronológica y tipológica de los hallazgos materiales.

Valoración general: La ocupación prehistórica de Alamiriya debe quedar a la espera de una confirmación definitiva, respaldada por materiales de significación tipológica. Hasta ese momento, tan sólo una futura revisión del entorno (mediante prospección arqueológica), ligada a la delimitación espacial del posible yacimiento prehistórico, podría confirmar ese punto.

Bibliografía:

Murillo Redondo, J. F. (1991a): *Análisis del poblamiento durante el Bronce Final y el Orientalizante en la Cuenca Media del Guadalquivir.* Tesis doctoral en 3 tomos. Universidad de Córdoba.

Murillo Redondo, J. F. (1991b): "Aproximación al Poblamiento Calcolítico en el norte de la Provincia de Córdoba". Actas del XXI Congreso Nacional de Arqueología, Vol. 2, pp. 639- 652.

Murillo Redondo, J. F. (1994): *La Cultura Tartésica en el Guadalquivir Medio.* Monográfico de Ariadna, 13- 14.

Vaquerizo, D.; Murillo, J. F.; Carrillo, J. R.; Moreno, M.; León, A.; Luna, M. D.; Zamorano, A. Mª. (1994): *El Valle Alto del Guadiato (Fuenteobejuna, Córdoba).* Arqueología Cordobesa. Servicio de Publicaciones, Universidad de Córdoba.

25. Cortijo de la Reina del Guadalquivir (Córdoba)

Coordenadas:

X: -
Y: -
Z: 196 msnm

Tipología: Asentamiento sobre terraza fluvial.

Situación: En el cortijo de la Reina, que ocupa un meandro, a la orilla izquierda del arroyo de la Reina en su confluencia con el Guadalquivir.

Extensión: Desconocida.

Orientación: Predominantemente oeste.

Morfología interna: Terreno alomado, de suelos pardorrojizos, entre los propios de margas y de terraza cuaternaria.
Paisaje: Próximo a regadíos, terrenos agrícolas.

Dominio de tipo de suelo: Fluvisoles (2).

Hidrología: Domina la confluencia de un arroyo con el Guadalquivir, en el que desagua directamente.

Condiciones defensivas naturales: Próximo a una torrontera de desnivel moderado.

Indicios de defensa artificial: No se observan.

Control del entorno: Escaso, hacia el sur y el este, terrenos de cota reducida.

Aprovechamiento económico potencial: Presumiblemente agrícola y fluvial.

Presencia de estructuras visibles: no se observan.

Estado general del yacimiento: probablemente destruido en gran parte por laboreo agrícola.

Trabajos arqueológicos realizados: Prospección arqueológica.

Datos tecnológicos y tipológicos: Por tipología y por el hallazgo de dos estelas decoradas (Murillo *et Alii* 2005), este asentamiento parece ocupado durante el Bronce Final y el período Orientalizante (Murillo 1991a, 1994; Murillo *et Alii* 2005), hecho confirmado de visu por nuestra parte (visita al lugar, 23- 2- 2009). Se ha citado la presencia de "cerámicas calcolíticas", sin detallar al respecto los criterios base a los que se han emitido dicha valoración.

Cronología e interpretación: Bronce Final Precolonial y período Orientalizante. La ocupación calcolítica debe someterse a revisión o bien a una correcta justificación (PRI).

Valoración general: Interesante emplazamiento agrícola de inicios del I milenio ANE. Los datos referentes a la ocupación calcolítica deberían ser confirmados sobre el terreno, a través de una delimitación superficial. Esta ocupación antigua tampoco pudo confirmarse en una posterior catalogación con visita al lugar (VVAA 2007).

Bibliografía:

Murillo Redondo, J. F. (1991a): *Análisis del poblamiento durante el Bronce Final y el Orientalizante en la Cuenca Media del Guadalquivir.* Tesis doctoral en 3 tomos. Universidad de Córdoba.

Murillo Redondo, J. F. (1994): *La Cultura Tartésica en el Guadalquivir Medio.* Monográfico de Ariadna, 13- 14.

Murillo Redondo, J. F.; Morena López, J. A.; Ruiz Lara, D. (2005): "Nuevas Estelas de Guerrero procedentes de las provincias de Córdoba y Ciudad Real". *Romula*, 4, pp. 7- 46.

VV.AA (2007): *Memoria de la Prospección Arqueológica para la Carta Arqueológica Municipal de Riesgo de Córdoba (Zonas 21, 22 y 25 del PGOU).* Caja 1 y 2. Vol. I-X. Córdoba. Marzo- 2007. Informe Inédito.

26. Peñamelaria o Huerta de las Ventanas (Córdoba)

Coordenadas:

X: -
Y: -
Z: 450 msnm

Tipología: Asentamiento sobre mesa miocena.
Situación: Tomando el Camino de la Huerta de las Ventanas, que se abre hacia el norte en el km 5 de la Carretera de Trassierra.

Extensión: Desconocida.

Orientación: Sur

Morfología interna: Suelo calizo al amparo de un farallón rocoso de calcarenita (Mioceno Superior, facies de borde) con un alto grado de travertinización. Encajado en un paisaje general de rocas paleozoicas.

Paisaje: Dehesa y olivar. Bosque degradado en alternancia con olivar asilvestrado (renaturalizado).

Dominio de tipo de suelo: Regosoles (5).

Hidrología: Domina la cabecera de nacimiento del arroyo de los Nogales.

Condiciones defensivas naturales: Las propias del control del farallón hacia el sur.

Indicios de defensa artificial: No se observan.

Control del entorno: Hacia el sur. Gran visibilidad (se observa el relieve subbético y las cúspides de Sierra Nevada).

Aprovechamiento económico potencial: Ganadero y cinegético, así como muy probablemente metalúrgico. Se halla muy próximo a la antigua explotación minera Virgen de la Soledad, de calcopirita aurífera, apenas a 1200 m al suroeste, así como escasos metros al sur de la antigua mina de Piquín. Presencia de escorias de cobre.

Presencia de estructuras visibles: Desconocida.

Estado general del yacimiento: La siembra de olivar en ladera ha contribuido a una excesiva erosión.

Trabajos arqueológicos realizados: Ninguno.

Datos tecnológicos y tipológicos: Cerámica a mano de tratamiento alisado y bruñido. Tipológicamente destacamos en nuestra visita de abril de 2009, el hallazgo de fragmentos de fuentes de borde engrosado con tratamiento ala almagra en el interior. Destacan asimismo algunos fragmentos de sílex (un núcleo recurrente de tipo discoidal), escorias de cobre y algunos elementos de percusión o molturación. Noticias (comunicación personal de Julio Costa) de la existencia de fragmentos campaniformes.

Cronología e interpretación: Tan sólo contamos con elementos tipológicos para asegurar su ocupación a lo largo del III milenio ANE.

Valoración general: Interesante yacimiento que podría extenderse al cerro amesetado que se encuentra sobre el farallón. Indicios de la transformación de cobre en superficie. Desconocido por la bibliografía hasta la fecha, se hace necesaria su correcta delimitación espacial y ajuste cronocultural.

Bibliografía: Inédito.

27. Casillas (Córdoba)

Coordenadas:

X: -
Y: -
Z: 100 msnm

Tipología: Asentamiento sobre elevación en llanura aluvial.

Situación: Dentro del meandro de Casillas y próxima a la Huerta de los Ángeles, a 1´5 km al norte del vado de Casillas.

Extensión: Desconocida. Hemos visto materiales a más de 700 m de distancia. Es probable que nos encontremos ante un asentamiento de extensión considerable.

Orientación: Gradiente con predominio hacia el sur.

Morfología interna: Terrenos cuaternarios. Predominan limos fluviales sobre el techo de una terraza carbonatada.

Paisaje: Parcelaciones, huertos y pequeño olivar. Zona periurbana.

Dominio de tipo de suelo: Fluvisoles (2).

Hidrología: Dominada por el cauce (orilla derecha) del Guadalquivir. A apenas 1200 m al oeste, se encuentra la confluencia del arroyo Cantarranas con el Guadalquivir.

Condiciones defensivas naturales: Ausentes.

Indicios de defensa artificial: No se aprecian.

Control del entorno: Hacia la vega del Guadalquivir hasta las torronteras de Los Visos.
Aprovechamiento económico potencial: Agrícola y fluvial.

Presencia de estructuras visibles: No se observaron en nuestra visita (11- 1- 2009).

Estado general del yacimiento: Muy afectado por obras de extracción de áridos, en las que de la misma forma se han visto dañadas estructuras de época romana y andalusí.

Trabajos arqueológicos realizados: Intervenciones de urgencia ligadas a la construcción del nuevo acceso al Aeropuerto de Córdoba, 2009. En estos casos, no se intervino directamente sobre fases prehistóricas (fuente: Delegación Provincial de Cultura en Córdoba).
Datos tecnológicos y tipológicos: En nuestra visita (11-1- 2009), pudimos reconocer aflorando en la cota de afección de mayor profundidad, evidencias artefactuales representadas por escorias de cobre, fragmentos de terracota con improntas de cañizo, elementos pétreos de molturación y percusión con distinto grado de termoalteración, así como galbos de cerámica a mano de tratamiento bruñido y alisado, fragmentos de fuentes y platos de borde engrosado y fragmentos de cuencos de casquete esférico. De la misma forma, junto a la alberca de Cañito María Ruiz, pudimos observar en superficie algún borde engrosado de tipos avanzados, un borde almendrado con improntas de cordelaje en la base y una punta serrada de asta de ciervo. De todo ello dimos cuenta mediante informe impreso a la Delegación Provincial de Cultura en Córdoba (Registro de entrada 14- 1- 2009).

Cronología e interpretación: Base a la significación cultural de los elementos observados en superficie, nos encontramos ante un asentamiento asociado a la llanura aluvial y con una cronología inserta en pleno III milenio ANE.

Valoración general: En 2005, tras una visita a la alberca andalusí de Cañito María Ruiz, pudimos observar la existencia de cerámica prehistórica en unas terreras próximas, lo que debido a su carácter de vertido reciente, hizo en principio desestimar la ubicación de este yacimiento. Años más tarde (enero de 2009), volvimos al lugar con la idea de detectar afecciones o remociones que permitieran vislumbrar una fase calcolítica para este sitio. La extracción de áridos, acelerada por la construcción de una nueva carretera, precipitó el descubrimiento.

Bibliografía: Inédito.

28. Valchillón (Córdoba)

Coordenadas:

X: -
Y: -
Z: 100 msnm

Tipología: Asentamiento en loma.

Situación: En el interior del cruce entre la antigua vía férrea Córdoba- Marchena (actual vía verde de la Campiña) y la línea férrea Córdoba- Málaga. Entre el Pol. 1 parcela 52, y Pol. 1 parcela 50 del PGOU de Córdoba.

Extensión: Escasa. La cerámica aflora en un espacio de 10 m^2.

Orientación: Gradiente con predominio hacia el suroeste.

Morfología interna: Suelos terciarios con remodelado fluvial cuaternario.

Paisaje: Cereal y girasol. Campo solar proyectado.

Dominio de tipo de suelo: Fluvisoles (2).

Hidrología: Dominada por el Guadajoz en su tramo final en confluencia con el Guadalquivir.

Condiciones defensivas naturales: Ausentes.

Indicios de defensa artificial: No se aprecian.

Control del entorno: Hacia el oeste, domina directamente la vega aluvial de Guadajoz, sin perder de vista el cauce del Guadalquivir. Control directo del Bajo Guadajoz.

Aprovechamiento económico potencial: Presumiblemente agrícola.

Presencia de estructuras visibles: No se observaron en nuestra última visita (27- 8- 2009).

Estado general del yacimiento: Muy afectado por labores agrícolas, y presumiblemente por la presencia de construcciones romanas en proximidad. Se encuentra proyectada una futura estación fotovoltaica.

Trabajos arqueológicos realizados: Actividad arqueológica preventiva (Prospección arqueológica superficial en Casillas 1 y 2), Agosto- septiembre de 2009.

Datos tecnológicos y tipológicos: Sobre una suave loma pudieron documentarse en un reducido espacio, cinco fragmentos cerámicos a mano, la mayoría galbos sin decoración. Como material cerámica tipologizable, tan sólo contamos con un pequeño fragmento de recipiente de carena baja y un fragmento de fuente de grandes dimensiones con carena baja y leve mamelón en la línea de carenación.

Cronología e interpretación: Aunque escaso, el material es lo suficientemente significativo como para adelantar un pequeño asentamiento agrícola habitado en la segunda mitad del IV milenio ANE.

Valoración general: Enclave localizado tras una prospección intensiva de las parcelas interesadas en la ejecución de un proyecto de construcción de una planta fotovoltaica. Ello da idea de la potencialidad de asentamientos similares que esconde un territorio desprovisto de prospecciones sistemáticas, como es el caso del término municipal de Córdoba.

Bibliografía:

Expósito Vilches, E. Mª; Martínez Sánchez. R. Mª: (2009): *Informe memoria de la Actividad Arqueológica Preventiva, Prospección Arqueológica Superficial, en Instalación eléctrica fotovoltaica Casillas I y II (Córdoba).* Informe Preliminar, Delegación Provincial de Cultura de Córdoba.

29. Llanos del Castillo (Córdoba)

Coordenadas:

X: -
Y: -
Z: 95 msnm

Tipología: Asentamiento sobre elevación en llanura aluvial.

Situación: Situado a unos 250 m al sur del Cortijo del Castillo.

Extensión: Desconocida.

Orientación: Suave ladera de orientación Sur.

Morfología interna: Terrenos llanos bien irrigados. Llanura aluvial

Paisaje: Agrícola y de regadío. Parcelaciones. Huertos y frutales.

Dominio de tipo de suelo: Fluvisoles (2).

Hidrología: Muy próximo (algo más de 200 m) a la margen derecha del arroyo de la Huerta de Valdehermoso y Hormiguitos. A 1,5 km de la orilla derecha del Guadalquivir.

Condiciones defensivas naturales: Ausentes.

Indicios de defensa artificial: Desconocidos

Control del entorno: Fácil control directo sobre los terrenos próximos de vega. Muy próximo a los enclaves de Casillas y Colina de los Quemados. Al norte, conexión visual con el hábitat de Peñamelaria.

Aprovechamiento económico potencial: Deduciblemente agrícola.

Presencia de estructuras visibles: Desconocida.

Estado general del yacimiento: Previsiblemente destruido por laboreo intensivo.

Trabajos arqueológicos realizados: Prospección Arqueológica (1988).

Datos tecnológicos y tipológicos: Carecemos de evidencias materiales publicadas respecto a una fase calcolítica para este emplazamiento, también citado con el nombre de El Higuerón. Murillo (1989, 1991a, 1991c) asume una ocupación propia del Bronce final Precolonial y del Período Orientalizante, si bien en la cartografía publicada posteriormente (Murillo 1991b, 1994 y Vaquerizo *et Alii,* 1994) queda inserto dentro del "poblamiento calcolítico de la Cuenca Media del Guadalquivir", sin proporcionar más datos al respecto.

Cronología e interpretación: Importante yacimiento ocupado entre el II y el I milenio ANE. No debemos considerar una fase de ocupación anterior a estos momentos hasta que una nueva revisión sobre el terreno pueda confirmarlo.

Valoración general: Este enclave merece una profunda revisión de las evidencias superficiales, a fin de corroborar una fase calcolítica respaldada por elementos tipológicos fiables.

Bibliografía:

Murillo Redondo, J. F. (1989): "Prospecciones arqueológicas superficiales en los valles de los ríos Guadajoz y Guadalquivir (Provincia de Córdoba)". *Anuario Arqueológico de Andalucía,* 1988, I, pp. 42- 53.

Murillo Redondo, J. F. (1991a): Análisis del poblamiento durante el Bronce Final y el Orientalizante en la Cuenca Media del Guadalquivir. Tesis doctoral en 3 tomos. Universidad de Córdoba.

Murillo Redondo, J. F. (1991b): "Aproximación al Poblamiento Calcolítico en el norte de la Provincia de Córdoba". Actas del XXI Congreso Nacional de Arqueología, Vol 2, pp. 639- 652.

Murillo Redondo, J. F. (1991c): "Prospecciones arqueológicas superficiales en los valles de los ríos Guadajoz y Guadalquivir (Provincia de Córdoba)". *Anuario Arqueológico de Andalucía,* 1988, I, pp. 42- 53.

Murillo Redondo, J. F. (1994): La Cultura Tartésica en el Guadalquivir Medio. Monográfico de Ariadna, 13- 14.

Vaquerizo, D.; Murillo, J. F.; Carrillo, J. R.; Moreno, M.; León, A.; Luna, M. D.; Zamorano, A. Mª. (1994): El Valle Alto del Guadiato (Fuenteobejuna, Córdoba). Arqueología Cordobesa. Servicio de Publicaciones, Universidad de Córdoba.

30. La Mesa Blanca (Córdoba)

Coordenadas:

X: -
Y: -
Z: 309 msnm

Tipología: Asentamiento sobre mesa miocena.

Situación: Situado a aproximadamente 1,5 km al este-sureste de la Urbanización de Santo Domingo.

Extensión: Aproximadamente 3,5 ha.

Orientación: Las evidencias se concentran en el sector sur, de ligero gradiente hacia dicho punto.

Morfología interna: Relieve tabular predominantemente llano. Frentes de cantera dispersos y marginales de época histórica.

Paisaje: Dehesa degradada, alternada con algarrobos, monte bajo y olivar asilvestrado (renaturalizado).

Dominio de tipo de suelo: Regosoles (13 y 5).

Hidrología: Domina la confluencia del arroyo Barrionuevo con el río Pedroche, en su cauce alto.

Condiciones defensivas naturales: Optimas al oeste, siendo en este punto inaccesible debido a farallones extraplomados del relieve tabular sobre sustrato paleozoico. Buenas al este ante condiciones similares. Acceso abrupto al sur. Fácil acceso en el lado norte, debido a la continuidad del relieve tabular en un cerro contiguo.

Indicios de defensa artificial: Afloramientos de estructuras murarias realizadas en mampostería, hacia el límite sureste. Cronología indeterminada.

Control del entorno: Muy destacado, al controlar la vía de entrada del cauce del Pedroche, uno de los accesos más cortos a los filones metalíferos de Cerro Muriano.

Aprovechamiento económico potencial: Agro-ganadero. Metalúrgico. La superficie se halla tapizada de restos de escoria, gotas y pequeños clastos de cobre nativo, material alóctono a la facies de borde, lo que da cuenta de su deducible carácter metalúrgico a lo largo de la Prehistoria Reciente.

Presencia de estructuras visibles: Hacia el flanco sureste, presencia de estructuras murarias de mamposteria. No se observan bastiones. Por lo general destaca la presencia de anomalías de orden antrópico, si bien la explotación histórica de varios frentes marginales de cantera, han podido influir de manera determinante en la mala conservación y enmascaramiento de estructuras prehistóricas.

Estado general del yacimiento: Destruido. Escaso perfil edáfico. Afecciones de expolio.

Trabajos arqueológicos realizados: Ninguno. Reconocimiento superficial en visitas periódicas (2001-2009).

Datos tecnológicos y tipológicos: Tipológicamente, destaca el hallazgo de fragmentos de fuentes y labios de labio engrosado de tipos avanzados (escasos), algún elemento con mamelón, fragmentos de cuencos hemisféricos, así como fragmentos de pithoi de perfil en "S" de gran formato, fragmentos de vasos con carena media y bordes decorados a base de digitaciones. De la misma forma en una colección particular (A. Gómez), se conservan algunos fragmentos de cazuelas de carena alta, y labio, típicos del Bronce Final. La industria lítica sobre rocas silíceas se encuentra representada por los elementos típicos del III milenio ANE, consistentes en fragmentos de láminas prismáticas, algunos elementos denticulados sobre fragmentos mesiales de lámina, lascas y restos de talla, así como varios ejemplos de puntas de flecha de base cóncava. Se ha observado en superficie la presencia de fragmentos de elementos de molturación, así como algunos elementos activos, tales como talones de azuelas. Se destacan dos fragmentos de posibles ídolos de doble escotadura (Martínez 2002).

Cronología e interpretación: A nivel preliminar, y aunque este asentamiento ya fue dado a conocer por nuestra parte de manera prematura (Martínez 2002), podemos hipotizar la ocupación de este emplazamiento entre la segunda mitad del III milenio ANE hasta los primeros siglos del I milenio ANE, pudiendo funcionar como poblado metalúrgico fortificado.

Valoración general: Consideramos que este asentamiento debe ser sometido a un análisis superficial más exhaustivo, procediendo a su delimitación y levantamiento topográfico, incluyendo en este caso el estudio de las estructuras que se observan en superficie. Dicho asentamiento pudo haber jugado un papel importante en la distribución y transformación del cobre explotado en los filones de Cerro Muriano.

Bibliografía:

Martínez Sánchez, R. Mª. (2002): "La Mesa (Córdoba): Destrucción y expolio sistemático en un hábitat de la Prehistoria Reciente". *Arte, Arqueología e Historia*, 9, pp. 65- 69.

VV.AA (2007): *Memoria de la Prospección Arqueológica para la Carta Arqueológica Municipal de Riesgo de Córdoba (Zonas 21, 22 y 25 del PGOU)*. Caja 1 y 2. Vol. I-X. Córdoba. Marzo- 2007. Informe Inédito.

31. Colina de los Quemados (Córdoba)

Coordenadas:

X: -
Y: -
Z: 108 msnm

Tipología: Asentamiento sobre terraza fluvial.

Situación: En la orilla derecha del Guadalquivir, montículo conformado por una formación superficial de génesis antrópica, tipo tell. En el casco urbano de Córdoba, limitado al este por el arroyo del Moro.

Extensión: Se desconoce la extensión del hábitat calcolítico, si bien se ha propuesto una ocupación "poco intensiva, inaugurando un patrón de asentamiento basado en pequeños núcleos poco estables distribuidos en una zona relativamente extensa".

Orientación: No definida, si bien la zona excavada cuenta con un gradiente levemente inclinado al sureste.

Morfología interna: Terraza elevada sobre el río, hoy día ocupada en su mayor parte por el parque urbano de Cruz- Conde, habiéndose construido junto al mismo y en terreno perteneciente a este enclave, un teatro al aire libre, varios edificios sanitarios, parte de una barriada, el zoológico municipal y recientemente un parque infantil.

Paisaje: Parque urbano. Área de deportes al aire libre y esparcimiento con zonas sembradas de césped, pinar y sectores ajardinados. Paisaje eminientemente de periferia urbana.

Dominio de tipo de suelo: Fluvisoles (2).

Hidrología: Domina la confluencia entre el cauce de la cañada de las víboras- arroyo del moro y el Guadalquivir.

Condiciones defensivas naturales: Las derivadas del desnivel propio de la terraza en su flanco meridional y la margen del río.

Indicios de defensa artificial: Desconocidos.

Control del entorno: Gran parte de la vega occidental entre Casillas y la Finca El Castillo. Al otro lado del el río, domina visualmente la llanura aluvial hasta las aturas de los Visos (238 msnm).

Aprovechamiento económico potencial: Presumiblemente agropecuario y fluvial.

Presencia de estructuras visibles: Ninguna en la actualidad.

Estado general del yacimiento: Históricamente afectado por la expansión de la ciudad, no tenemos por el momento noticias de afecciones masivas sobre la fase calcolítica.

Trabajos arqueológicos realizados: Excavación arqueológica (1966 y 1992 fundamentalmente). En 2006 se localizaron varias estructuras negativas en una parcela próxima a la antigua piscina de El Fontanar (sector occidental del yacimiento), adscritas cronológicamente entre el Bronce Final y el Orientalizante y de la cual pudimos estudiar los restos óseos animales (PERI 9- A 2ª Fase, del PGOU de Córdoba).

Datos tecnológicos y tipológicos: Yacimiento de dilatada ocupación, la fase que ocupa nuestro interés tan sólo ha sido detectada en el sector del Teatro de la Axerquía, a través de una Intervención Arqueológica de Urgencia en 1992. Así se indica: que "sobre el suelo geológico, definido por limos rojos muy compactos, en la cota 108,07 m., hemos aislado la Unidad Estratigráfica 110, de apenas 18 cm. de potencia máxima y que ha proporcionado un material arqueológico escaso y en parte rodado, de entre el que sobresalen varios bordes pertenecientes a platos o cazuelas de borde engrosado, junto a algunos cuencos hemisféricos y un vaso globular cerrado. La escasez del material arqueológico, junto al grado de rodamiento de algunos de los fragmentos y las características del sedimento apuntan a que nos encontramos con una UE de génesis compleja, siendo posible que los fragmentos cerámicos pertenezcan a una deposición secundaria. No obstante, todas las precauciones que debemos adoptar a la hora de interpretar este contexto, la presencia de varios fragmentos de platos de borde engrosado confirma la existencia de una ocupación calcolítica en la Colina de los Quemados, posibilidad ya considerada en nuestra Tesis Doctoral a partir de hallazgos efectuados en superficie" (Murillo 1995: 193).

Cronología e interpretación: De ocupación dilatada a lo largo del II y I milenio ANE, las fases anteriores son mal conocidas, aceptando de momento, base a la descripción de los rasgos tipológicos de las cerámicas localizadas en la Fase I de 1992, considerar el comienzo de su poblamiento tan sólo entrado el III milenio ANE.

Valoración general: Yacimiento ampliamente citado como uno de los enclaves potencialmente más importantes para la comprensión de la protohistoria en el Guadalquivir medio, siendo sus fases antiguas, aun mal conocidas.

Bibliografía:

León Pastor, E. (2007): *La secuencia cultural de la Corduba prerromana a través de sus complejos cerámicos*. Arqueología Cordobesa, 13. Universidad de Córdoba.

Luzón Nogué, J. Mª; Ruiz Mata, D. (1973): *Las raíces de Córdoba. Estratigrafía de la Colina de los Quemados.*CSIC, Madrid.

Marcos Pous, A. (1977): "Aportaciones a la localización y conocimiento de la Corduba prerromana". *Ampurias*, 38- 40, pp. 415- 423.

Murillo Redondo, J. F. (1995): "Nuevos trabajos arqueológicos en Colina de los Quemados: El Sector del Teatro de la Axerquía (Parque Cruz Conde, Córdoba). *Anuario Arqueológico de Andalucía*, 1992, III, pp. 188-199.

32. Cerro de la Coja (Cerro Muriano, Córdoba)

Coordenadas:

X: -
Y: -
Z: 538 msnm

Tipología: Asentamiento en cerro testigo.

Situación: A aproximadamente ocho kilómetros de la ciudad de Córdoba, en dirección norte, en el límite este de la pedanía de cerro Muriano.

Extensión: el Cerro de la Coja posee una extensión en plano de aproximadamente 22 ha, desconociendose en la actualidad la extensión y naturaleza de un hipotético poblamiento de la Edad del Cobre.

Orientación: Desconocida.

Morfología interna: Presenta una clara elevación de carácter antrópico, poseyendo una peculiar morfología debido a la presencia de formaciones terrígenas de origen antropogénico, correspondientes en su mayor parte a niveles arqueológicos de época romana (Penco y Criado 1999).

Paisaje: Encinar degradado y adehesado. Monte bajo y área periurbana.

Dominio de tipo de suelo: Cambisoles (31).

Hidrología: Situado en la divisoria al este, del curso alto del Río Guadalbarbo y al oeste, del río Guadanuño. Un pequeño cauce estacional afluente del Guadalbarbo jalona su flanco sur.

Condiciones defensivas naturales: Las derivadas de su altitud.

Indicios de defensa artificial: No se conocen.

Control del entorno: No representa la cota más elevada del entorno, si bien se sitúa en un hito fundamental entre el pasillo del Río Pedroches (coincidente en sus rasgos fundamentales con la antigua Cañada Soriana), flanqueado por el cerro de la Mesa Blanca y el sinclinal del Guadiato, paso obligado hacia Extremadura.

Aprovechamiento económico potencial: Fundamentalmente minero. Ganadería y caza.

Presencia de estructuras visibles: Se han citado a proximidad algunas explotaciones y túneles mineros (Pozo de San Lorenzo y Siete Cuevas), al parecer mostrando signos evidentes de haber sido explotados durante la Prehistoria Reciente (Penco y Criado 1999, 2002).

Estado general del yacimiento: En época reciente ha sufrido distintas afecciones constructivas (pozos, aljibes, tendido eléctrico), que han podido tener consecuencia sobre estructuras antiguas (Penco y Criado 1999).

Trabajos arqueológicos realizados: Conocemos, al menos, la elaboración de tres proyectos de IAU y prospección superficial (Penco y Criado 1999), dándose a conocer tan sólo intervenciones referentes a la fase romana (Penco y Rodero 2004).

Datos tecnológicos y tipológicos: Carecemos hasta el momento en la bibliografía, de elementos tipológicos fiables respecto a la secuencia cronológica del IV y III milenio en dicho lugar, y en extensión a toda el área minera de Cerro Muriano. Considerado en la literatura antigua como emplazamiento clave de las primeras comunidades metalúrgicas en nuestra provincia, conocemos la cita de la presencia de fuentes y cazuelas carenadas (Murillo 1991b), de los que desconocemos las circunstancias y la ubicación precisa del hallazgo, junto a una atípica "Punta de Palmela", procedente al parecer de este lugar (Penco 2010: 36).

Cronología e interpretación: Base a la escasez de datos empíricos respecto al hábitat de la Prehistoria Reciente, podríamos tan sólo aventurar presencia humana en dicho lugar a partir del IV milenio, si bien habría que considerar probable la eclosión de la actividad minera para inicios del milenio siguiente.

Valoración general: Si bien suele considerarse probada la actividad metalúrgica en los filones de Cerro Muriano desde la Edad del Cobre, se documenta una ausencia palpable de información relativa al asentamiento prehistórico. Por ello secundaríamos las iniciativas ya referidas, de proceder a una prospección intensiva del área del filón Siete Cuevas (mina de Quitapellejos) y Cerro de la Coja, a fin de delimitar espacialmente y calibrar la secuencia de ocupación prehistórica, frecuentemente atestiguada por la presencia de mazas de minero en piedras duras de cronología poco precisa, que pueden incluso alargarse hasta época iberorromana.

Bibliografía:

Murillo Redondo, J. F. (1991b): "Aproximación al Poblamiento Calcolítico en el norte de la Provincia de Córdoba". *Actas del XXI Congreso Nacional de Arqueología*, Vol 2, pp. 639- 652.

Penco Valenzuela, F.; Criado Portal, A. (1999): "Una propuesta de Proyecto de Intervención Arqueológica de Urgencia y Prospección superficial en el entorno minero de Cerro Muriano (Córdoba)". *Antiqvitas*, 10, pp. 195-204.

Penco Valenzuela, F.; Criado Portal, A. (2002): "Tres piezas metálizas descontextualizadas procedentes del complejo arqueológico de Cerro Muriano (Córdoba): Relación isotópica del plomo y otros aspectos". *Antiqvitas*, 14, pp. 9- 20.

Penco Valenzuela, F; Rodero Pérez, S. (2004): "Las thermae públicas del yacimiento del Cerro de la Coja: Resultados preliminares de la intervención arqueológica de urgencia en el yacimiento de Cerro Muriano (Obejo)". *Anuario Arqueológico de Andalucía*, 2001, pp. 297-316.

Penco Valenzuela, F. (2010): *Cerro Muriano, sitio Histórico*. Almuzara, Córdoba.

33. Cortijo de Calderín Bajo- Cerro de los Cuchillares (Obejo)

Coordenadas:

X: -
Y: -
Z: 260 msnm

Tipología: Asentamiento en ladera.

Situación: Enclavado en una pequeña península en la orilla norte del embalse del Guadalmellato, entre las colas de los ríos Cuzna y Guadalbarbo.

Extensión: Las evidencias se encuentran diseminadas en un área no inferior a las 15 ha.

Orientación: Sur- sureste.

Morfología interna: Litología paleozoica. Terrenos silíceos.

Paisaje: Olivar y monte bajo.

Dominio de tipo de suelo: Regosoles (5).

Hidrología: Domina la confluencia de los ríos Guadalbarbo y Cuzna, con el Guadalmellato.

Condiciones defensivas naturales: Flanqueado al norte por una barrera de crestas pétreas, y cotas de moderada altitud. Al sur, este y oeste, los ríos Guadalbarbo, Cuzna y Guadiato sirven de barrera natural.

Indicios de defensa artificial: Desconocidos.

Control del entorno: Muy destacado, al controlar el corredor del Guadalmelato, que conecta con el sinclinal de Guadiato.

Aprovechamiento económico potencial: Presumiblemente agro- ganadero. Abundancia de azuelas y elementos de molturación.

Presencia de estructuras visibles: Desconocida.

Estado general del yacimiento: Entorno alterado por la construcción del pantano. Noticias de expolio.

Trabajos arqueológicos realizados: Prospección Arqueológica (Agosto de 1998- Abril de 1999).

Datos tecnológicos y tipológicos: Tan sólo contamos con el hallazgo abundante de hachas y azuelas pulimentadas, moletas y elementos de molturación. La cerámica documentada, muy lavada por las crecidas del pantano, al parecer no permitió aventurar ninguna conclusión tipológica (García y Moyano 2000).

Cronología e interpretación: A nivel preliminar, tan sólo podemos aventurar una ocupación entre el IV y el II milenio ANE (PRI), probablemente intensa en el III milenio ANE.

Valoración general: Consideramos que este asentamiento debe ser sometido a un análisis superficial más exhaustivo, con el objetivo de ajustar cronológicamente su ocupación y delimitar el área de asentamiento. A escasa distancia al noroeste, se sitúa el dolmen de la Camorrilla, expoliado de antiguo y que puede asociarse a este hábitat.

Bibliografía:

García Vuelta, O.; Moyano Cerrato, I. (2000) "Algunos datos para el estudio de la evolución del paisaje cultural en la estribaciones de Sierra Morena. El término municipal de Obejo (Córdoba)". *Antiqvitas*, 11- 12, pp. 65- 82.

34. Cerro de la Sagrada Familia (Córdoba)

Coordenadas:

X: -
Y: -
Z: 100 msnm

Tipología: Asentamiento sobre terraza fluvial.

Situación: En el meandro del Campo de la Verdad, Sector Sur del Casco Urbano de Córdoba.

Extensión: Desconocida.

Orientación: Sur- sureste, a proximidad de la orilla izquierda del Guadalquivir.

Morfología interna: Limos fluviales depositados sobre el techo de una terraza.

Paisaje: Urbano. Agrícola hasta mediados del siglo XX.

Dominio de tipo de suelo: Fluvisoles (2).

Hidrología: Próximo a la desembocadura del arroyo de la Miel en el Guadalquivir.
Condiciones defensivas naturales: Las derivadas del inmediato flanco del río como barrera.

Indicios de defensa artificial: Desconocidos.

Control del entorno: Escaso. Tan sólo cruzando el río hacia la llanura aluvial del Arenal. Al sur queda encerrado por las alturas de los Visos (238 msnm) y Besana Grande.

Aprovechamiento económico potencial: Eminentemente agrícola y fluvial.

Presencia de estructuras visibles: Ninguna.

Estado general del yacimiento: Periódicamente destruido ante la expansión meridional de la ciudad. La escasa cota de afección empleada en la construcción de la barriada de Fray Albino, a finales de la década de 1950, permitiría una conservación aún importante, aunque parcial.

Trabajos arqueológicos realizados: Dado a conocer a mediados del pasado siglo por Samuel de los Santos (Santos, 1958), tras el hallazgo de elementos cerámicos (entre ellos un fragmento con decoración campaniforme) en labores de urbanización. Noticias del hallazgo de materiales prehistóricos durante la construcción del puente del Arenal (entre 1991- 1993). Entre los años 2008 y 2009 pudieron documentarse, a lo largo de un seguimiento arqueológico y control de tierras realizado por I. Jabalquinto, importantes evidencias (cubetas, fondos y hasta un enterramiento), probablemente relacionadas con una ulterior fase de ocupación adscribible a inicios del II milenio ANE.

Datos tecnológicos y tipológicos: Como elementos adscritos a la Edad del Cobre, tan sólo conocemos el hallazgo de un elemento campaniforme inciso, con la representación de un cérvido esquemático en el interior del labio (Santos 1958), probablemente de cronología avanzada.

Cronología e interpretación: Muy probablemente nos encontremos ante un enclave ocupado entre los últimos siglos del III milenio hasta finales del II milenio ANE. La ausencia de elementos pertenecientes a cronología anterior, así como el hallazgo conocido de cerámica tipológicamente adscrita al Bronce Tardío- Final en el vaciado sin control arqueológico del solar destinado a la construcción del Hotel Hesperia, así permite aventurarlo. De la misma forma contamos con testimonios del hallazgo de estructuras negativas excavadas entre el estribo sur del Puente del Arenal y la Iglesia del Campo de la Verdad, a inicios de la década de 1990, adscritas al II milenio.

Valoración general: Interesante asentamiento del que apenas hemos comenzado a conocer su caracterización arqueológica, gracias a recientes intervenciones en la ciudad.

Bibliografía:

Santos Gener, S. (1958): "Ensayo de Ordenación Prehistórica de la Provincia de Córdoba", *Boletín de la Real Academia de Córdoba*, 77, pp. 77- 95.

35. Santuario de la Virgen de Linares (Córdoba)

Coordenadas:

Mesa de Linares	Cerro de Jesús:
X: -	X: -
Y: -	Y: -
Z: 190 msnm	Z: 260 msnm

Tipología: Posible asentamiento sobre mesa miocena. El vecino Cerro de Jesús se encuentra situado a mayor altitud, representando un cabezo dotado de una de las cotas más elevadas del entorno.

Situación: Situado a aproximadamente seis kilómetros al noreste de la ciudad de Córdoba, en entorno serrano. Ambos emplazamientos apenas distan entre sí 600 m.

Extensión: Desconocida en ambos casos. La mesa de Linares posee una extensión de 2 ha. Los restos materiales observables en superfice en el Cerro de Jesus quedan costreñidos a un sector muy localizado del mismo.

Orientación: La mesa de Linares se eleva sobre el arroyo del mismo nombre, en su flanco occidental, al que domina. El área localizada en el Cerro de Jesús se encuentra localizada en su ladera sur.

Morfología interna: La mesa de Linares engloba una superficie tabular discordante sobre el zócalo, debido a su origen situado dentro de la facies de borde del Mioceno Superior. El cerro de Jesús, por el contrario, representa un cabezo conformado por un zócalo de caliza micrítica paleozoica, la cual presenta frentes de explotación de época histórica.

Paisaje: Encinar adehesado en distinto grado. Áreas marginales de matorral y monte bajo. Olivar en la ladera sur del Cerro de Jesús.

Dominio de tipo de suelo: Regosoles y cambisoles (13 y 47).

Hidrología: Dominada por el arroyo de Linares, que divide ambos emplazamientos.

Condiciones defensivas naturales: Óptimas para Cerro Jesús, el cual posee una cota máxima de 285 msnm y flancos (el oriental) de muy difícil acceso. La mesa de Linares, posee a su vez, a causa de su origen geomorfológico, flancos extraplomados protegidos aunque de escasa altura, en su borde occidental.

Indicios de defensa artificial: Desconocidos.

Control del entorno: Control de vía de paso, siendo actualmente el camino paralelo al arroyo de linares, servidumbre de cañada ganadera. El cerro de Jesús a, a su vez, responde a una inmejorable atalaya de control visual hacia el sur y el este.

Aprovechamiento económico potencial: Algunas huertas actuales próximas al arroyo de Linares. Caza actualmente abundante (jabalí). Ganadero.

Presencia de estructuras visibles: Desconocidas.

Estado general del yacimiento: La mesa de Linares se dedica actualmente a ganadería bovina, no cultivándose en la actualidad. El cerro de Jesús se encuentra afectado por antiguas obras de explotación de canteras, agricultura en pendiente y erosión.

Trabajos arqueológicos realizados: No se conocen.

Datos tecnológicos y tipológicos: Muy escasos. Juan F. Murillo y otros (Murillo 1991a, 1991b, Vaquerizo *et Alii* 1994), insertan el santuario de la Virgen de Linares dentro de su modelo interpretativo de la Edad del Cobre en el norte de la Provincia de Córdoba, incluyendo coordenadas correspondientes a la Mesa de Linares. De dicho emplazamiento se citan materiales arqueológicos correspondientes al Bronce Final- período Orientalizante. Sin embargo, base a la información existente en la bibliografía proporcionada por dichos autores, carecemos de datos tipológicos que aseguren una frecuentación anterior a este último período. Por nuestra parte, durante una visita al cercano Cerro de Jesús, pudimos reconocer en un frente erosivo localizado en la ladera sur, un conjunto cerámico representado por fragmentos atípicos, muy rodados, de los que podían identificarse algunos perfiles en S y fragmentos de cuenco. De la misma manera pudimos observar algunos elementos líticos, muy patinados, de entre los que destacaban algunos fragmentos de lámina y un atípico diente de hoz.

Cronología e interpretación: No creemos oportuno, base a la calidad de los datos proporcionados en la bibliografía, asegurar una fase perteneciente a la Edad del Cobre para ambos emplazamientos. Los materiales observados en superficie en la ladera sur del Cerro de Jesus, podrían ser de la misma forma interpretados como prueba de una ocupación no anterior al II milenio ANE.

Valoración general: Interesante despoblado medieval con evidencias de ocupación romana y protohistórica en los alrededores de la actual ermita. La inclusión de este conjunto habitacional en una fase previa de la Edad del Cobre, debe de justificarse con precisión, por encima de su clasificación genérica.

Bibliografía:

Murillo Redondo, J. F. (1991a): *Análisis del poblamiento durante el Bronce Final y el Orientalizante en la Cuenca Media del Guadalquivir*. Tesis doctoral en 3 tomos. Universidad de Córdoba.

Murillo Redondo, J. F. (1991b): "Aproximación al Poblamiento Calcolítico en el norte de la Provincia de Córdoba". *Actas del XXI Congreso Nacional de Arqueología*, Vol 2, pp. 639- 652.

Vaquerizo, D.; Murillo, J. F.; Carrillo, J. R.; Moreno, M.; León, A.; Luna, M. D.; Zamorano, A. Mª. (1994): *El Valle Alto del Guadiato (Fuenteobejuna, Córdoba)*. Arqueología Cordobesa. Servicio de Publicaciones, Universidad de Córdoba.

36. El Tornerito (Córdoba)

Coordenadas:

X: -
Y: -
Z: 290 msnm

Tipología: Asentamiento en loma.

Situación: A 11 km aproximadamente al sureste de Córdoba

Extensión: Desconocida.

Orientación: Suroeste

Morfología interna: Modelado fluvial sobre materiales miocenos.

Paisaje: Olivar y tierras de cereal (secano).

Dominio de tipo de suelo: Vertisoles y luvisoles (23 y 58).

Hidrología: Dominada por el arroyo Tornerito, al suroeste.

Condiciones defensivas naturales: Las derivadas de su altitud y pendiente.

Indicios de defensa artificial: Desconocidos.

Control del entorno: Muy próximo a la cumbre de Morena, de 325 msnm. Su control visual se enfoca con preferencia en dirección noroeste.

Aprovechamiento económico potencial: Eminentemente agrícola.

Presencia de estructuras visibles: Desconocidas.

Estado general del yacimiento: Destruido por labores agrícolas.

Trabajos arqueológicos realizados: Ninguno.

Datos tecnológicos y tipológicos: Durante una visita a este emplazamiento (2007) pudimos observar una gran pérdida de perfil edáfico en la ladera suroeste, debida a la sustitución de cultivo de cereal por plantones de olivos. En la zona más baja de dicha ladera, ya próximo al arroyo del Tornerito, reconocimos un fragmento de cerámica campaniforme, decorada a base de haces lineares realizados a peine. De la misma manera, en la colección de M. Gómez, quien nos indicó la existencia de este emplazamiento, pudimos observar algunos galbos con carena media desarrollada, perfiles en "S", fragmentos de pythoi de grandes dimensiones, así como un fragmento de campaniforme geométrico. Entre los restos cerámicos destacaba de la misma forma un fragmento de cuenco de labio biselado y dos fragmentos de platos de borde engrosado con engobe rojizo diferencial en el interior y desgrasantes muy finos. Junto a la cerámica, destacaba un fragmento de arcilla con improntas de cañizo y un fragmento de brazal de arquero en arenisca.

Cronología e interpretación: A juicio del material observado, creemos que dicho emplazamiento debe entre el último cuarto del III milenio y la primera mitad del II milenio ANE.

Valoración general: Interesante yacimiento prácticamente desconocido en la literatura, el cual, desde su descubrimiento tras unas drásticas labores agrícolas a mediados de la década de 1980, se ha visto al parecer sometido a expolios periódicos. En su cota superior (cerro de la Morena, estribación norte), se aprecia material correspondiente al Bronce Final y al período Ibérico Antiguo.

Bibliografía: (citado puntualmente):

López Palomo, L. A. (1987): *Santaella. Raíces históricas de la Campiña de Córdoba.* Estudios Cordobeses, Diputación Provincial, Córdoba.

37. El Blanquillo I (Córdoba)

Coordenadas:

X: -
Y: -
Z: 135 msnm

Tipología: Desconocida.

Situación: Presuntamente en terrenos del Cortijo del Blanquillo, en la orilla derecha del río Guadajoz, próximo al Km 15 de la vía férrea Córdoba- Málaga.

Extensión: Desconocida.

Orientación: Desconocida.

Morfología interna: Desconocida. La litología circundante corresponde a terrenos miocenos muy modelados por el caudal del Guadajoz.

Paisaje: Este sector posee un laboreo agrícola de gran calado, generalmente de cereal de cosecha alternada con girasol.

Dominio de tipo de suelo: Vertisoles y fluvisoles (23 y 2).

Hidrología: Dominada por el cauce bajo del Guadajoz y arroyos tributarios.

Condiciones defensivas naturales: Desconocidas.

Indicios de defensa artificial: Desconocidos.

Control del entorno: Probablemente muy próximo a un antiguo cordel que comunica los alcores de Fernán Núñez, con el Guadalquivir a su paso por Córdoba. En la actualidad, dicho cordel controla uno de los vados existentes en el cauce bajo del Guadajoz.

Aprovechamiento económico potencial: Desconocido.

Presencia de estructuras visibles: Desconocidas.

Estado general del yacimiento: Al parecer fue en su mayor parte destruido para la extracción de gravas usadas en el firme de la autovía A-4.

Trabajos arqueológicos realizados: Prospección arqueológica. Según nos comunicaron por escrito con registro de salida 200970600002706 del 17 de Junio de 2009, en la Delegación de Cultura en Córdoba no consta otra información que la expuesta en el sucinto artículo publicado en el *Anuario Arqueológico de Andalucía.*

Datos tecnológicos y tipológicos: Al parecer, se recogió una gran cantidad de cerámica campaniforme (Gómez 1990). En la bibliografía consultada no queda del todo claro si también pertenecen a este yacimiento "fragmentos de cazuelas y vasos campaniformes, platos de borde engrosado, formas globulares y bordes de perfil entrante, formas carenadas (especialmente las de carena baja), y cuencos de casquete hemiesférico" (Gómez 1990: 107).

Cronología e interpretación: Podríamos encontrarnos ante un asentamiento poblado a lo largo de todo el III milenio ANE, sin poder confirmar de momento, si se podría apuntar al inicio de su ocupación con anterioridad a esta fecha y su pervivencia durante los primeros siglos del II milenio.

Valoración general: Nos encontramos a la espera, mediante solicitud, de poder consultar los expedientes relativos a una prospección arqueológica superficial realizada en 1987, los cuales podrían ayudar a ampliar los datos relativos a su cronología, labores realizadas, datos tipológicos y ubicación precisa, incluyendo coordenadas. Juan F. Murillo, por su parte, en la cartografía ultilizada para representar el poblamiento calcolítico en la Provincia de Córdoba (Murillo 1994), sitúa un punto solapado con el yacimiento de la Fuensequilla, que cuenta únicamente con ocupación durante el Bronce Final y el Período Orientalizante (Murillo 1991a). Dada la proximidad entre los cortijos del Blanquillo y la Fuensequilla, es probable que dicho autor se refiera a esta primera ubicación.

Bibliografía:

Gómez Gómez, A. A. (1990): "Prospección arqueológica superficial en los términos municipales de Baena, Castro del Río, Espejo y Córdoba". *Anuario Arqueológico de Andalucía*, 1987, II, pp. 107.

Murillo Redondo, J. F. (1991a): *Análisis del poblamiento durante el Bronce Final y el Orientalizante en la Cuenca Media del Guadalquivir*. Tesis doctoral en 3 tomos. Universidad de Córdoba.

Murillo Redondo, J. F. (1994): *La Cultura Tartésica en el Guadalquivir Medio*. Monográfico de Ariadna, 13- 14.

38. Cerro de El Espino (Córdoba)

Coordenadas:

X: -
Y: -
Z: 280 msnm

Tipología: Asentamiento sobre mesa miocena.

Situación: A unos 11 km de Córdoba, dominando la antigua Via Augusta hacia Hispalis.

Extensión: Superior a las 10 ha.

Orientación: Desconocida en cuanto a la presunta ocupación de la Prehistoria Reciente

Morfología interna: Relieve alomado, terciario. Muy modelado por el dominio del Guadajoz durante el Pleistoceno.

Paisaje: Tierras de cereal alternadas con cultivo de girasol. Encinas y monte relicto en áreas protegidas del arado.

Dominio de tipo de suelo: Vertisoles (23).

Hidrología: Domina dos pequeños cauces tributarios del arroyo de los Libros. Domina al norte el curso alto y nacimiento del arroyo del Álamo, tributario del Guadajoz.

Condiciones defensivas naturales: Óptimos taludes de gran desnivel para la defensa en prácticamente todos sus flancos.

Indicios de defensa artificial: Desconocidos.

Control del entorno: Óptimo. Gran domino hacia el norte, contacto visual con el curso bajo del Guadajoz, y la vega del Guadalquivir en el área cordobesa.

Aprovechamiento económico potencial: Presumiblemente Agrícola y Ganadero.

Presencia de estructuras visibles: Desconocidas

Estado general del yacimiento: Muy afectado por labores agrícolas y extracción de áridos para el firme de la carretera N- IV primero y la autovía A- 4 después.

Trabajos arqueológicos realizados: Desconocidos. Noticias de expolios periódicos.

Datos tecnológicos y tipológicos: Carecemos de datos procedentes de este emplazamiento que puedan relacionar la existencia de un establecimiento humano en este lugar anterior al Bronce Final.

Cronología e interpretación: El yacimiento del Cerro de la Plata, de la Cuesta del Espino o del Espino, es un impresionante oppidum con un poblamiento comprobado desde al menos el Bronce Final, hasta época iberorromana (Murillo 1991, 1994, Montesinos y Martínez 2006, Martínez y Tristell, 2000), desgraciadamente prácticamente desconocido a nivel arqueológico.

Valoración general: Incluido en su Tesis Doctoral sobre el poblamiento durante el Bronce Final y el Orientalizante en la Cuenca del Guadalquivir Medio, Juan F. Murillo señala la ocupación del Cerro del Espino, comprobada desde el Bronce Final (Murillo 1991a, 1991c). Sin embargo, en cartografía relativa a la distribución del poblamiento durante la edad del Cobre en la Provincia de Córdoba (Murillo 1994), incluye una ubicación sobre este punto, o al menos a escasa distancia en un enclave muy próximo. Desconocemos las evidencias que llevaron a la inclusión de este emplazamiento en su propuesta de poblamiento durante la Edad del Cobre. En todo caso, al desconocer el carácter tecnotipológico de la evidencia relativa al IV y III milenio ANE que dicho enclave ha podido proporcionar, preferimos (independientemente del carácter inmejorable para el asentamiento humano que posee este lugar, y que haya podido servir de hábitat en el período que nos ocupa) incluir una previsible ocupación prehistórica definida como PRI (Prehistoria Reciente Indeterminada).

Bibliografía:

Martínez Castro, A.; Tristell Muñoz, F. J. (2000): "Nuevos aspectos sobre los llamados "braserillos ibéricos" a la luz de un reciente descubrimiento. El conjunto de Cuesta del Espino (Córdoba)". *Antiqvitas*, 11- 12, pp. 19- 26.

Murillo Redondo, J. F. (1991a): *Análisis del poblamiento durante el Bronce Final y el Orientalizante en la Cuenca Media del Guadalquivir*. Tesis doctoral en 3 tomos. Universidad de Córdoba.

Murillo Redondo, J. F. (1991c): "Prospecciones arqueológicas superficiales en los valles de los ríos Guadajoz y Guadalquivir (Provincia de Córdoba)". *Anuario Arqueológico de Andalucía*, 1988, I, pp. 42- 53.

Murillo Redondo, J. F. (1994): *La Cultura Tartésica en el Guadalquivir Medio*. Monográfico de Ariadna, 13- 14.

Sierra Montesinos, M.; Martínez Castro, A. (2006): "Falcata Ibérica con decoración damasquinada procedente del yacimiento de Cuesta del Espino (Córdoba)". *Gladius*, 26, pp. 93- 104.

39. Cortijo de las Pilas (Córdoba)

Coordenadas:

X: -
Y: -
Z: 280 msnm

Tipología: Desconocida.

Situación: En el Km 8 de la carretera comarcal que parte del cortijo de Matasanos hasta la Subestación de Fernán Núñez.

Extensión: Desconocida

Orientación: Desconocida

Morfología interna: Sustrato de origen mioceno, muy modelado por el dominio del Guadajoz en el Pleistoceno.

Paisaje: Olivar.

Dominio de tipo de suelo: Vertisoles (23).

Hidrología: Domina el curso alto del arroyo de las Pilas, tributario del Guadajoz, en su orilla izquierda.

Condiciones defensivas naturales: No se observan.

Indicios de defensa artificial: Desconocidos.

Control del entorno: No parece destacar, probablemente el tramo del Guadajoz comprendido entre Las Pilas Bajas y el Cañaveral.

Aprovechamiento económico potencial: Agrícola fundamentalmente.

Presencia de estructuras visibles: Desconocida.

Estado general del yacimiento: Desconocido. Presumiblemente muy afectado por labores agrícolas.

Trabajos arqueológicos realizados: Desconocidos.
Datos tecnológicos y tipológicos: Este enclave, coincidente con una pequeña elevación próxima al cortijo de las Pilas, aparece señalada en la cartografía que J. F. Murillo presenta en su propuesta de poblamiento calcolítico en la Provincia de Córdoba (Murillo 1994). Carecemos de más referencias al respecto. Es oportuno descartar, por otra parte, que dicha ubicación pueda corresponder a una situación especulativa del llamado "Dolmen de las Sileras", citado por Samuel de los Santos en 1933.

Cronología e interpretación: Ubicación dudosa, Prehistoria Reciente Indeterminada (PRI).

Valoración general: Al carecer de cualquier clase de cita o mención respecto al carácter o naturaleza de los hallazgos materiales procedentes de esta ubicación, preferimos prescindir de realizar valoraciones.

Bibliografía:

Murillo Redondo, J. F. (1994): *La Cultura Tartésica en el Guadalquivir Medio.* Monográfico de Ariadna, 13- 14.

40. El Carrascal (Córdoba)

Coordenadas:

X: -
Y: -
Z: 179

Tipología: Asentamiento sobre terraza fluvial.

Situación: A nueve kilómetros al sur aproximadamente de la ciudad de Córdoba, junto al cortijo del Carrascal.

Extensión: Desconocida.

Orientación: Sur.

Morfología interna: Terraza del Guadajoz, materiales aluviales.

Paisaje: Modelado fluvial. Olivar y tierras de cereal.

Dominio de tipo de suelo: Luvisoles, vertisoles y fluvisoles (58, 23 y 2).

Hidrología: Dominada al sur por el Guadajoz, y al este, por un pequeño arroyo tributario.

Condiciones defensivas naturales: Mejores al sur, algo peores al este y al oeste, derivadas de su carácter de terraza modelada por el Guadajoz.

Indicios de defensa artificial: Desconocidos.

Control del entorno: Preferente hacia el sur, controlando el cauce meandriforme del bajo Guadajoz.

Aprovechamiento económico potencial: Presumiblemente agrícola y ganadero.

Presencia de estructuras visibles: No se aprecian.

Estado general del yacimiento: Afectado por labores agrícolas.

Trabajos arqueológicos realizados: Prospección arqueológica (1987- 1990).

Datos tecnológicos y tipológicos: En su trabajo de 1994, Juan F. Murillo señala en la cartografía utilizada para presentar el poblamiento calcolítico en la Provincia (Murillo 1994: Fig. 6, 9), un emplazamiento topográfico que parece coincidir con la terraza existente en el cortijo del Carrascal. Durante una visita (2- 2009) pudimos comprobar sobre el terreno la relativa abundancia de cerámica a mano atípica, junto a fragmentos de indiscutible adscripción altomedieval- andalusí. Desconocemos las coordenadas exactas del emplazamiento citado por el autor, así como cualquier dato material respecto a elementos de fiabilidad tipológica del mismo.

Cronología e interpretación: Nos ha sido imposible corroborar la adscripción cronológica proporcionada por el autor citado al no contar con coordenadas precisas, incluyéndolo bajo la categoría de Prehistoria Reciente Indeterminada (PRI)

Valoración general: La terraza del Carrascal, ubicación que corresponde a las coordenadas aquí descritas, parece pudo contar con un establecimiento agrícola medieval, a juzgar por los elementos observados sobre el terreno.

Bibliografía:

Murillo Redondo, J. F. (1994): *La Cultura Tartésica en el Guadalquivir Medio*. Monográfico de Ariadna, 13- 14.

41. Arroyo de las Sileras o de los Abades (Córdoba)

Coordenadas:

X: -
Y: -
Z: 140 msnm

Tipología: Construcción funeraria (?).

Situación: En el domínio del bajo valle del Guadajoz, escasos metros de la antigua ruta Córdoba- La Rambla, en tierras del Cortijo Nuevo de las Sileras.

Extensión: Desconocida

Orientación: Actualmente al este.

Morfología interna: Cauce fluvial. Dominio propio de las terrazas del Guadajoz, de materiales terciarios remodelados en el Pleistoceno.

Paisaje: El monumento, consistente en un ortostato-estela y un pilar o menhir, se encontraba en una olmeda, semientrerrado y fracturado el ortostato en tres fragmentos. El paisaje general es de cultivo de girasol alternado con el de trigo duro.

Dominio de tipo de suelo: Vertisoles y fluvisoles (23 y 2).

Hidrología: Cauce medio del arroyo de los Abades, tributario del Guadajoz en su orilla izquierda.

Condiciones defensivas naturales: Escasas. La zona es dominada por el cerro de las Tinajas, de cota 202 msnm.

Indicios de defensa artificial: Desconocido.

Control del entorno: Dominio decisivo del antiguo cordel Córdoba- La Rambla. Actualmente dicho cordel, en las cercanías del Cortijo de la Silera, atraviesa el Guadajoz por mediación de un vado.

Aprovechamiento económico potencial: Desconocido. A priori, podríamos estar ante los restos de una estructura megalítica funeraria.

Presencia de estructuras visibles: En principio tan sólo observamos un ortostato decorado, fracturado en tres fragmentos, y un probable pilar, en el lecho del arroyo. Frente al croquis publicado en 1933, sobre éste ultimo elemento no apreciamos hoy decoración, quizá producto de erosión subacuática.

Estado general del yacimiento: Desconocido, aunque potencialmente de gran interés. Desconocemos el número de elementos constructivos soterrados que aun pueden permanecer en el lugar.

Trabajos arqueológicos realizados: Ninguno. En 1932, Samuel de los Santos (Santos 1933), levantó un croquis de los elementos arquitectónicos que pudo observar in situ, representando esquemáticamente los grabados que estos elementos presentaban. Perdido para la historiografía arqueológica durante 76 años, pudimos localizarlo recientemente (26- 05- 2009), dando parte seguidamente a la Delegación Provincial de Cultura en Córdoba (Registro General, Delegación Provincial, Córdoba, 27- mayo- 2009).

Datos tecnológicos y tipológicos: Quizás sea aún demasiado pronto para poder emitir una valoración. Aún desconocemos la entidad y tipología de los restos redescubiertos. Ortostatos decorados con motivos de espirales, espirales triples, círculos y círculos concéntricos desde luego no resultan abundantes en el registro del arte megalítico de la Iberia meridional.

Cronología e interpretación: Ante la escasez de paralelos, toda interpretación preliminar es aventurada. No creemos posible excluir de momento su ubicación en el mundo megalítico de entre el V y el IV milenio ANE.

Valoración general: Único ejemplo de arquitectura megalítica conocida en el término municipal de Córdoba, y único caso conocido de grabados sobre soporte megalítico en esta zona. Aún desconocemos el tipo de construcción en la que se insertaba, pudiendo corresponder a los restos de una estela menhir, único ejemplo seguro al sur del Guadalquivir Medio.

Bibliografía:

Asquerino Fernández, Mª D. (1994): "Los pueblos sin historia escrita", *Córdoba Capital*, Tomo 1. Historia. Monte de Piedad y Caja de Ahorros de Córdoba, pp. 2-14.

Bernier Luque, J. (1979): "El Dolmen de Sileras junto al Guadajoz". *Córdoba, tierra nuestra*, pp. 145- 146.
Santos Gener, S. (1933): "Dolmen del Arroyo de las Sileras". *Boletín de la Real Academia de Córdoba*, 37, pp. 29- 36.

Santos Gener, S. (1949): "Prehistoria Cordobesa. Dolmen con insculturas en el arroyo de las Sileras (Córdoba-Espejo)". *Crónica del IV Congreso arqueológico del Sureste Español*, Elche, pp. 142- 150.

42. El Cañuelo del Genovés (Córdoba)

Coordenadas:

X:-
Y: -
Z: 200 msnm

Tipología: Asentamiento en loma (?).

Situación: Aproximadamente a un kilómetro al este del punto kilométrico 291 de la carretera Nacional 432.

Extensión: Desconocida.

Orientación: Desconocida.

Morfología interna: Suave loma, de terrenos terciarios modelados por el cauce del Guadajoz.

Paisaje: Terreno de olivar.

Dominio de tipo de suelo: Vertisoles (23).

Hidrología: Domina la confluencia de los arroyos Arcas y Alamillo al sur, y Trinidades, al norte, con el Guadajoz.

Condiciones defensivas naturales: No se aprecian.

Indicios de defensa artificial: No se observan.

Control del entorno: Escaso. Principalmente la franja próxima del cauce del Guadajoz.

Aprovechamiento económico potencial: Preferentemente agrícola.

Presencia de estructuras visibles: Desconocida.

Estado general del yacimiento: Presumiblemente muy afectado por laboreo agrícola.

Trabajos arqueológicos realizados: Prospección Arqueológica, década de 1980.

Datos tecnológicos y tipológicos: Desconocidos.

Cronología e interpretación: Nos ha sido imposible corroborar la adscripción calcolítica proporcionada en la cartografía que Juan F. Murillo presenta en su propuesta de poblamiento calcolítico en la Provincia de Córdoba.

Valoración general: Al no contar con coordenadas precisas de este emplazamiento, ni con datos tipológicos que justifiquen la cronología propuesta por el autor, tan sólo podemos indicar en esta zona un enclave presumiblemente adscrito a la Prehistoria Reciente (PRI).

Bibliografía:

Murillo Redondo, J. F. (1994): *La Cultura Tartésica en el Guadalquivir Medio*. Monográfico de Ariadna, 13- 14.

43. Andrés Pérez Bajo (Córdoba)

Coordenadas:

X: -
Y: -
Z: 264 msnm

Tipología: Asentamiento en loma.

Situación: En tierras del cortijo del mismo nombre, a la derecha de la carretera Nacional 329 de Bujalance a Castro del Río.

Extensión: Desconocida.

Orientación: Preferentemente sur.

Morfología interna: Pequeña elevación amesetada, en sentido norte- sur, conformada por materiales terciarios.

Paisaje: Terreno repartido entre olivar y tierras de cereal.

Dominio de tipo de suelo: Vertisoles (23).

Hidrología: Domina el nacimiento del arroyo de Andrés Pérez, que se identifica con el Casatejada en su tramo medio.

Condiciones defensivas naturales: Las derivadas de su pequeña altura y la existencia de dos cauces, tributarios del arroyo de Andrés Pérez, al este y al oeste, confluyendo en su flanco sur.

Indicios de defensa artificial: Desconocidos

Control del entorno: Escaso, si bien su cercanía a la N-329 da cuenta de su situación respecto a una antigua vía de comunicación.

Aprovechamiento económico potencial: Presumiblemente agrícola.

Presencia de estructuras visibles: No se conocen.

Estado general del yacimiento: Probablemente destruido por labores agrícolas.

Trabajos arqueológicos realizados: Prospección Arqueológica (2007).
Datos tecnológicos y tipológicos: En la Carta Arqueológica del término municipal de Córdoba, aparece bajo el número 1828, el cortijo de Andrés Pérez Bajo, del que procede, sin más descripción, "un fragmento de cazuela calcolítica".

Cronología e interpretación: Indeterminada. En principio debe oscilar entre el IV y el III milenio ANE.

Valoración general: Datos muy escasos, que impiden hacer valoraciones, incluyéndolo como Prehistoria Reciente Indeterminada (PRI).

Bibliografía:

VV.AA (2007): *Memoria de la Prospección Arqueológica para la Carta Arqueológica Municipal de Riesgo de Córdoba (Zonas 21, 22 y 25 del PGOU)*. Caja 1 y 2. Vol. I-X. Córdoba. Marzo- 2007.

44. Iglesia Antigua de Alcolea (Córdoba)

Coordenadas:

X: -
Y: -
Z: 115 msnm

Tipología: Asentamiento sobre terraza fluvial.

Situación: A escasamente cinco kilómetros de la ciudad de Córdoba, dentro del caso urbano de la pedanía de Alcolea, controlando el estribo norte del histórico puente de Alcolea.

Extensión: Probablemente no su extensión máxima no superara la hectárea.

Orientación: Sureste, en dirección al río.

Morfología interna: Pequeña terraza conformada por limos fluviales pleistocenos con moderado índice de carbonatación, sobre un zócalo mioceno de margas y calcarenita.

Paisaje: Fundamentalmente urbano. Presencia de huertas residuales.

Dominio de tipo de suelo: Fluvisoles (2).

Hidrología: Dominada fundamentalmente por el cauce del Guadalquivir, orilla derecha. A 800 m al oeste, se encuentra el cauce del arroyo Tamujar o de la Aguja y a escasamente 1,5 km, tambien al oeste, desagua en el Guadalquivir el río Guadalbarbo, que nace en las proximidades de Cerro Muriano.

Condiciones defensivas naturales: Ausentes, a excepción de las exclusivamente derivadas de la presencia envolvente del Guadalquivir como barrera.

Indicios de defensa artificial: No se documentaron.

Control del entorno: No excesivamente destacado. Mayor hacia el sureste, al otro lado del río, a lo largo de la llanura aluvial hasta el meandro de la Ribera Alta.

Aprovechamiento económico potencial: Agrícola y Fluvial. Este apartado se desarrolla con mayor detenimiento en el análisis independiente de este yacimiento.

Presencia de estructuras visibles: Durante las actividades arqueológicas de 2005 y 2006 pudieron ver la luz hasta 11 estructuras negativas de planta circular, de tamaño variable e integradas por elementos tales como rebancos de cantos, bloques pétreos de disposición central, y algunos agujeros de poste de difícil interpretación.

Estado general del yacimiento: Destruido en su práctica totalidad. Sin embargo, nos consta la existencia de un fondo circular aún sin excavar, situado en un pequeño espacio sin edificar conectado con el perfil norte del área excavada en la AAPre. Calle Iglesia S/N, perteneciente a otra propiedad. Todas las estructuras excavadas fueron posteriormente desmontadas, si bien la existencia de edificaciones actuales colindantes de escasa cimentación, pueden proteger aún algunas evidencias estructurales para excavar en un futuro.

Trabajos arqueológicos realizados: Se han efectuado tres Intervenciones arqueológicas preventivas. La primera, llevada a cabo sobre la parcela 2- 17 del Peri AL- 2 (Sector Oriental), fue realizada en el verano de 2005, habiendo resultado negativa a nivel estrictamente prehistórico la intervención en 2- 12 y 2- 16 (sector sur). La parcela denominada Calle de la Iglesia Antigua s/n, del Peri Al- 2 (Sector Occidental), volvió a deparar nuevos hallazgos de carácter prehistórico.

Datos tecnológicos y tipológicos: Todos los elementos artefactuales, tanto cerámicos como líticos (a excepción de un conjunto de carácter residual), se relacionan con el llamado Horizonte de las Cazuelas Carenadas, encuadrable en el suroeste de la península Ibérica en la segunda mitad del IV milenio ANE; vasos de carena baja, fuentes y cazuelas carenadas, formas de paredes rectas, mamelones bajo el borde, y decoraciones a la almagra, modeladas, excisas, baquetones verticales, etc.

Cronología e interpretación: Segunda mitad del IV milenio ANE; datación por TL y AMS (ver apartado correspondiente en la presente Tesis Doctoral).
Valoración general: Interesante establecimiento agrícola y fluvial, y que hemos tenido ocasión de estudiarlo en su práctica totalidad. Toda la información relativa a este yacimiento se desarrolla con mayor precisión en otros apartados del presente trabajo.

Bibliografía:

Clapés Salmoral, R. (2005): *Informe técnico de actividad arqueológica preventiva en la parcela 2- 17, PERI AL- 2. Alcolea, Córdoba.* Inédito. Delegación provincial de Cultura.

Clapés Salmoral, R.; Castillo Pérez de Siles, F.; Martínez Sánchez, R. Mª (2008): "Novedades en torno las postrimerías del Neolítico en el Guadalquivir Medio. El asentamiento de "Iglesia Antigua de Alcolea" (Alcolea, Córdoba)." *Anejos de Anales de Arqueología Cordobesa.* Córdoba, 1, p. 9- 28.

Martínez Sánchez, R. Mª (2006): *El IV y III milenio AC en la vega media del Guadalquivir: Nuevas aportaciones para el estudio de su sector oriental* (DEA). Inédito: Universidad de Córdoba.

Martínez Sánchez, R. Mª; García Benavente, R.; Clapés Salmoral, R. (2010): "La Iglesia Antigua de Alcolea. Un asentamiento del IV milenio ANE en la vega del Guadalquivir Medio". *Actas del IV Encuentro de Arqueología del Suroeste.* Ayuntamiento de Aracena-Universidad de Huelva.

Martínez Sánchez, R. Mª; García Benavente, R. (2009): "Una terracota figurada del IV milenio ANE en la vega media del Guadalquivir". *Trabajos de Prehistoria,* 66, pp. 113- 120.

45. Necrópolis del arroyo Tamujar (Córdoba)

Coordenadas:

X: -	X: -
Y: -	Y: -
Z: 152 msnm	Z: 152 msnm

Tipología: Construcción/ Depósito funerario

Situación: En la Finca de la Valenzoneja, actualmente urbanizada, dentro del trazado del canal del Guadalmellato.

Extensión: Desconocida. Las áreas de deposición sepulcral aparecieron a 60 m una de la otra.

Orientación: Este.

Morfología interna: Se integran en el zócalo oriental del reborde calcarenítico de una pequeña elevación de cota 162.

Paisaje: Urbanización y huertas. Antes de su parcelación, paisaje de dehesa de encinar.

Dominio de tipo de suelo: Luvisoles (59)

Hidrología: Domina el cauce del arroyo Tamujar, llamado de la Aguja, en la cartografía actual.

Condiciones defensivas naturales: Las derivadas del talud discordante por el relieve tabular mioceno. Desdibujado por el trazado del canal del Guadalmellato.

Indicios de defensa artificial: Desconocidos.

Control del entorno: Controla directamente el cauce del Tamujar, paralelo a la vía natural de contacto con el enclave de Iglesia Antigua de Alcolea.

Aprovechamiento económico potencial: Probable conjunto de cuevas artificiales con finalidad funeraria.

Presencia de estructuras visibles: Actualmente ninguna. Carecemos de datos respecto a la disposición o características de las cámaras sepulcrales.

Estado general del yacimiento: Destruido por la construcción del canal del Guadalmellato en 1924, desconociendo en qué grado.

Trabajos arqueológicos realizados: El 8 de Enero de 1924, los obreros que trabajaban en la construcción del canal de Guadalmellato, hallaron los restos de un cráneo (ubicación correspondiente a la primera coordenada), a tres metros de profundidad con respecto a la cota actual del suelo, y a 60 metros de distancia, en la mísma linea del canal, varios restos que dan cuenta de un conjunto sepulcral formado por covachas o cuevas artificiales rellenas y adosadas al talud de la meseta contigua, de cota 262.

Datos tecnológicos y tipológicos: A sesenta metros del cráneo, en un contexto de relleno que fue interpretado como perteneciente a una covacha, fueron descubiertos, entre otros artefactos cuya descripción acarrea en la actualidad una difícil interpretación, restos humanos pertenecientes al menos a nueve individuos, dos puntas de flecha de base cóncava, una lámina prismática de 20 cm de longitud, otra de 13 centímetros y un fragmento de lámina de cresta, además de "dos cuentas de collar de pizarra jabonosa, anfibolítica, sericítica, gris verdosa, pulidas, de diámetro de un centímetro y altura de medio" (Carbonell 1294: 19). La cerámica se hallaba representada por varios fragmentos de un vaso de baquetón horizontal bajo el labio, un fragmento de recipiente de carena baja, y fragmentos de cuencos hemisféricos y de casquete esférico (Murillo1986a).

Cronología e interpretación: Todo parece indicar, concretamemente en lo relativo a formas cerámicas, que nos encontramos ante una necrópolis hipogeica en uso al menos durante el IV milenio ANE, si bien no se excluye la presencia de materiales de cronología más avanzada.

Valoración general: Interesante enclave que merece una revisión actual, tanto respecto al material guardado en las dependencias del Museo Arqueológico y Etnológico de Córdoba, como sobre el terreno, con vistas a determinar la posible presencia actual de material en superficie.

Bibliografía:

Carbonell y Trillo –Figueroa, A. (1924): *La Estación prehistórica de Alcolea*. La Comercial, Córdoba.

Martínez Sánchez, R. Mª; García Benavente, R.; Clapés Salmoral, R. (2010): "La Iglesia Antigua de Alcolea. Un asentamiento del IV milenio ANE en la vega del Guadalquivir Medio". *Actas del IV Encuentro de Arqueología del Suroeste*. Ayuntamiento de Aracena-Universidad de Huelva.

Murillo Redondo, J. F. (1986a): *Eneolítico y Edad del Bronce en el norte de la provincia de Córdoba*. Memoria de Licenciatura inédita. Universidad de Córdoba.

46. Mesa de Puente Mocho (Córdoba)

Coordenadas:

X: -	X: -
Y: -	Y: -
Z: 140 msnm	Z: 150 msnm

Tipología: Asentamiento sobre mesa miocena.

Situación: Aproximadamente a 12 km de Córdoba, al oeste del punto kilométrico 3 de la CO- 9006, dominando la confluencia del Guadalmellato con en Guadalquivir.

Extensión: Por determinar. Integra dos mesas calcáreas separadas por un cauce estacional de gran profundidad. En total, podría superar las 20 ha.

Orientación: Sureste.

Morfología interna: Mesa tabular calcárea, mioceno superior, facies de borde.

Paisaje: Dehesa salpicada de olivar asilvestrado y acebuchal. Algarrobo.

Dominio de tipo de suelo: Cambisoles y fluvisoles (21, 2 y 47).

Hidrología: Controla la confluencia del Guadalmellato con el Guadalquivir, en su orilla derecha. De la misma forma, ambas mesas quedan divididas por un profundo cauce por donde discurre un manantial. Al sur, otro cauce desagua en una fuente actualmente en uso.

Condiciones defensivas naturales: Optimas a excepción de su flanco norte. Los profundos desniveles y extraplomos existentes vienen derivados de su condición tabular.

Indicios de defensa artificial: Desconocidos

Control del entorno: Control de paso del antiguo cordel de Villanueva de la Jara o Cordel de Villafranca, de la misma forma cierra el paso al cauce del Guadalmellato, que conecta con el sinclinal de Guadiato.

Aprovechamiento económico potencial: Junto a los recurrentes agrícola y ganadero, el aprovechamiento fluvial es evidente, al controlar el desagüe del Guadalmellato en el Guadalquivir. Explotación de materias primas (se observa una abundante concentración de preformas de elementos pulimentados en rocas volcánicas).

Presencia de estructuras visibles: Desconocida.

Estado general del yacimiento: Amenazado por una explotación industrial de cantera.

Trabajos arqueológicos realizados: Prospección Arqueológica (1986).

Datos tecnológicos y tipológicos: Para este asentamiento se han descrito variados tipos cerámicos, tales como fuentes de borde semiplano saliente, bordes almendrados, vasos de cuello acampanado y perfil globular de borde entrante, así como algún fragmento de cuernecillo de arcilla, asignándole una atribución conforme al Calcolítico Pleno (Murillo 1986a). Por nuestra parte, nosotros tan sólo hemos observado en una visita al lugar fragmentos de bordes engrosados de aspecto avanzado. Testimonio de las visitas realizadas al lugar durante la década de 1980, destaca la presencia de campaniforme inciso (Vera Rodríguez, com. pers.).
En la colección que conserva M. Gómez, procedente de este enclave, hemos podido observar puntas de flecha de sílex de base cóncava, fragmentos de bordes engrosados de sección circular y borde entrante, así como algunos ejemplos de pesas de red con doble escotadura, todo ello procedente de la meseta sur. Junto a esto, la abundante presencia en superficie de elementos de molturación, tales como molederas, molinos lenticulares de riolita, y una gran cantidad de bases trabajadas de roca volcánica (núcleos centrípetos atípicos, y claras preformas de elementos tajadores pulimentados), aseguran la existencia de un centro transformador de materias primas, procedentes probablemente del bajo cauce del Guadalmellato.

Cronología e interpretación: Ante la naturaleza de los datos recopilados, proponemos una cronología en torno al último tercio del III milenio ANE, con probables pervivencias en el milenio siguiente.

Valoración general: Creemos estar ante un enclave elegido por su fácil defensa y control del medio fluvial, que en algún momento pudo desempeñar una notable función de centro transformador de materias primas. En superficie, gracias a un terreno que parece no haber sufrido afección histórica del arado, podemos encontrar áreas de notable concentración de restos de talla, bloques testados, núcleos agotados, martillos de acanaladura transversal, percutores, molinos lenticulares, etc. Presencia de cavernamientos y abrigos cercanos, con discretas evidencias de ocupación prehistórica (Carbonell 1926, Bernier y Fortea 1963).

Bibliografía:

Bernier, J.; Fortea, J. (1963): "Investigaciones Prehistóricas". *Boletín de la Real Academia de Córdoba*, XXXIV, 85, pp. 187- 198.

Carbonell y Trillo –Figueroa, A. (1926): *La línea tectónica del Guadalquivir*. Instituto Geológico de España, Madrid.

Murillo Redondo, J. F. (1986a): *Eneolítico y Edad del Bronce en el norte de la Provincia de Córdoba*. Vol 1. Memoria de Licenciatura. Inédita. Universidad de Córdoba.

Murillo Redondo, J. F. (1991a): *Análisis del poblamiento durante el Bronce Final y el Orientalizante en la Cuenca Media del Guadalquivir*. Tesis doctoral en 3 tomos. Universidad de Córdoba.

Murillo Redondo, J. F. (1991b): "Aproximación al Poblamiento Calcolítico en el norte de la Provincia de Córdoba". *Actas del XXI Congreso Nacional de Arqueología*, Vol 2, pp. 639- 652.
187- 198.

47. Casa de la Huerta de la Torre de las Cabras (Córdoba)

Coordenadas:

X: -
Y: -
Z: 135 msnm

Tipología: Asentamiento sobre terraza fluvial.

Situación: Al sur del punto kilométrico 8500 de la CP-227, en la orilla izquierda del Guadalmellato.

Extensión: Próxima a las 9 ha.

Orientación: Predominante hacia el sur.

Morfología interna: Terrenos rojizos sobre zócalo terciario. Abundancia de cuarcitas. Relieve suave.

Paisaje: Olivar de alto rendimiento. En la fotografía aérea de 1956, dehesa y pastizal.

Dominio de tipo de suelo: Cambisoles y fluvisoles (47 y 2).

Hidrología: Control directo de la confluencia del Guadalmellato con el Guadalquivir.

Condiciones defensivas naturales: Elevación neta, aunque con escasas condiciones de defendibilidad.
Indicios de defensa artificial: Desconocidos.

Control del entorno: Control directo del paso del Guadalmellato. Como en la Mesa de Puente Mocho, controla el flanco sur del antiguo cordel de Villanueva de la Jara o Cordel de Villafranca.

Aprovechamiento económico potencial: Agrícola y fluvial. Transformación de materia primas.

Presencia de estructuras visibles: Desconocida.

Estado general del yacimiento: Muy afectado por labores agrícolas.

Trabajos arqueológicos realizados: Desconocidos.

Datos tecnológicos y tipológicos: En una visita al lugar (2- 2009), pudimos reconocer de visu, en dos áreas de concentración, gran cantidad de material, encabezado por industria lítica pulimentada (hachas y azuelas), en ofita y otras rocas, bases naturales con diferente grado de modificación y trasformación (cazoletas, yunques, martillos y percutores), así como claras muestras de preformas de elementos tajadores (hachas y azuelas), en distinto grado de transformación; desde ejemplos representados por bloques desbastados por percusión directa, hasta otros en pleno proceso de pulimento. Respecto a morfotipos cerámicos, tan sólo pudimos reconocer fragmentos de platos y fuentes de borde engrosado y almendrado, así como un fragmento de cazuela carenada.

Cronología e interpretación: Ante la naturaleza de los datos observados sobre el terreno, creemos estar ante un asentamiento agrícola en donde se han llevado a cabo procesos de transformación de materias primas. La datación propuesta provisionalmente, arrancaría desde inicios del III milenio ANE, hasta finales del mismo.

Valoración general: Interesante asentamiento desconocido hasta la fecha, el cual merece una delimitación espacial y un estudio en profundidad, con especial énfasis en la caracterización de las materias primas que allí se han transformado.

Bibliografía: Inédito.

48. Cortijo de Calderito de Guerra (Córdoba)

Coordenadas:

X: -

Y: -
Z: 180 msnm

Tipología: Asentamiento en loma.

Situación: Situado en la ladera suroeste del Cerro de San Cristóbal, junto al cortijo del Calderito del Guerra o Bajo.

Extensión: Indeterminada.

Orientación: Suroeste.

Morfología interna: Materiales terciarios (margocalizas) muy modelados por acción fluvial pleistocena.

Paisaje: Girasol alternado con cereales.

Dominio de tipo de suelo: Vertisoles y fluvisoles (23 y 2).

Hidrología: Domina la orilla derecha del arroyo de los Calderitos, tributario del Guadalquivir.

Condiciones defensivas naturales: Escasas. Más evidentes en la cota superior del Cerro de San Cristóbal.

Indicios de defensa artificial: Desconocidos.

Control del entorno: Controla el paso representado por el Arroyo de los Calderitos, via de acceso desde el Guadalquivir hacia el sureste.

Aprovechamiento económico potencial: Presumiblemente agrícola.

Presencia de estructuras visibles: Desconocida.

Estado general del yacimiento: Presumiblemente destruido en gran parte por labores agrícolas.

Trabajos arqueológicos realizados: Prospección arqueológica.

Datos tecnológicos y tipológicos: Desconocidos. "Cerámicas calcolíticas" sin especificar.

Cronología e interpretación: De este yacimiento tan sólo contamos con referencias de "cerámicas calcolíticas" sin especificar, citadas en la Carta arqueológica del término municipal de Córdoba, yacimiento que aparece nombrado con el número 1886 (VVAA 2007).

Valoración general: Ante la escasez de datos tipológicos precisos en la bibliografía, se hace necesaria una revisión sobre el terreno, a fin de precisar una aceptable atribución cronocultural.

Bibliografía:

Murillo Redondo, J. F. (1994): *La Cultura Tartésica en el Guadalquivir Medio*. Monográfico de Ariadna, 13- 14.

VV.AA (2007): *Memoria de la Prospección Arqueológica para la Carta Arqueológica Municipal de Riesgo de Córdoba (Zonas 21, 22 y 25 del PGOU)*. Caja 1 y 2. Vol. I-X. Córdoba. Marzo- 2007.

49. Ermita de la Soledad (Villafranca)

Coordenadas:

X: -
Y: -
Z: 150 msnm

Tipología: Asentamiento sobre terraza fluvial.

Situación: Al este del casco urbano de la localidad de Villafranca.

Extensión: Desconocida.

Orientación: Posiblemente sureste.

Morfología interna: Elevación de relieve tabular, de zócalo mioceno. Sobre éste, suelos rojos pleistocenos, con materiales cuarcíticos.

Paisaje: Olivar y urbano.

Dominio de tipo de suelo: Luvisoles y fluvisoles (58 y 2).

Hidrología: Dominada por la orilla derecha del arroyo del Frontón.

Condiciones defensivas naturales: Importante desnivel en el flanco este.

Indicios de defensa artificial: Desconocidos

Control del entorno: Controla el cauce del arroyo del Frontón, tributario del Guadalquivir y que discurre en un paso natural de conexión entre la vega del Guadalquivir y las campiñuelas de Adamuz, paso tradicional a Los Pedroches.

Aprovechamiento económico potencial: Presumiblemente agrícola y ganadero.
Presencia de estructuras visibles: Desconocida.

Estado general del yacimiento: Probablemente destruido por la construcción de un Instituto de EnseñanzaSecundaria.

Trabajos arqueológicos realizados: Desconocidos. Posible prospección arqueológica.

Datos tecnológicos y tipológicos: Desconocidos. El lugar aparece citado en la bibliografía respecto al poblamiento calcolítico del norte de Córdoba (Murillo 1991b, 1994, Vaquerizo *et Alii* 1994), si bien desconocemos los hallazgos que condujeron a tal atribución al no haberse publicado mención alguna a datos artefactuales del lugar, atribuyéndose la ocupación "Calcolítica" sin más precisión.

Cronología e interpretación: Presumiblemente poblado en algún momento entre el IV y III milenio ANE, si bien ante la falta de justificación cronológica, preferimos guardar prudencia.

Valoración general: La construcción de un centro de Educación Secundaria en terrenos de la ermita de la Virgen de la Soledad, que tuvo lugar entre finales de la década de 1980 e inicios de la de 1990, quizá precipitara hallazgos durante dichas labores, cosa que nosotros, en vista de los datos publicados, sólo podemos especular. En una visita a terrenos aledaños aún no urbanizados, no pudimos determinar la presencia de materiales en superficie.

Bibliografía:

Murillo Redondo, J. F. (1991b): "Aproximación al Poblamiento Calcolítico en el norte de la Provincia de Córdoba". *Actas del XXI Congreso Nacional de Arqueología*, Vol 2, pp. 639- 652.

Murillo Redondo, J. F. (1994): *La Cultura Tartésica en el Guadalquivir Medio*. Monográfico de Ariadna, 13- 14.

Vaquerizo, D.; Murillo, J. F.; Carrillo, J. R.; Moreno, M.; León, A.; Luna, M. D.; Zamorano, A. Mª. (1994): *El Valle Alto del Guadiato (Fuenteobejuna, Córdoba).* Arqueología Cordobesa. Servicio de Publicaciones, Universidad de Córdoba.

50. Ermita de San Pedro (El Carpio)

Coordenadas:

X: -
Y: -
Z: 133 msnm

Tipología: Asentamiento sobre elevación en llanura aluvial.

Situación: Junto a la orilla izquierda del Guadalquivir, a un kilómetro al norte de la Población de El Carpio.

Extensión: Desconocida

Orientación: Terreno llano, enfocado al río (este)

Morfología interna: Limos fluviales sobre llanura aluvial, probable levée enmascarado por formaciones terrígenas superficiales tipo tell, de cronología histórica.

Paisaje: Huerta y regadío. Olivar y cereales en la llanura adyacente.

Dominio de tipo de suelo: Fluvisoles (2).

Hidrología: Dominada por la orilla izquierda del Guadalquivir.

Condiciones defensivas naturales: Las derivadas del río como barrera, en su flanco oriental.
Indicios de defensa artificial: No se han detectado.

Control del entorno: Actualmente, este asentamiento se dispone junto a un vado del Guadalquivir, practicable a pie en la actualidad y conformado por materiales paleozoicos plegados. Los cambios de trazado que ha podido sufrir el río, nos obligan a guardar prudencia en este punto.

Aprovechamiento económico potencial: Presumiblemente agrícola y fluvial.

Presencia de estructuras visibles: Durante la Actividad Arqueológica Puntual del verano de 2005, pudimos detectar dos estructuras circulares excavadas en los limos. Tan sólo decidimos excavar en cuadrante una de ellas, una estructura domestica denominada estructura A, que definía un fondo circular que pudo superar los tres metros de diámetro. La estructura restante, sobre la que no se actuó, podría aproximarse a un un metro de diámetro, no pudiendo interpretar en este caso su funcionalidad.

Estado general del yacimiento: Protegido y oculto en gran medida por una fortificación almohade, que sella la fase calcolítica, puediendo haber afectado su cimentación irremediablemente a la fase del II milenio ANE y Bronce Final.

Trabajos arqueológicos realizados: Prospección Arqueológica Superficial (1995), Actuación Arqueológica Puntual (2005). En 2009 se llevó a cabo una Actuación Arqueológica Preventiva en un entorno cercano (camino de San Pedro).

Datos tecnológicos y tipológicos: Una fase correspondiente a momentos del Bronce Final y II milenio ya fue detectada en prospecciones superficiales (1995). Por nuestra parte, la llamada estructura A deparó un conjunto artefactual encuadrable en el último tercio del III milenio ANE, representado por un fragmento de fuente de borde engrosado de sección circular, un vaso de paredes rectas del tipo llamado "paredes finas calcolíticas", y varios fragmentos representados por cuencos de casquete esférico y cuencos de borde entrante.

Cronología e interpretación: Ante la existencia de material lítico de superficie representado por láminas prismáticas de sección trapezoidal, creemos legítimo apuntar al inicio de este asentamiento al menos desde inicios del III milenio ANE, siendo poblado en continuidad hasta el Bronce Final.

Valoración general: Interesante asentamiento que guarda una sugestiva sincronía artefactual con la fase III del yacimiento de la Casa del Tabaco, situado al otro lado del río.

Bibliografía:

Martínez Sánchez, R. Mª (2006): *El IV y III milenio AC en la vega media del Guadalquivir: Nuevas aportaciones para el estudio de su sector oriental* (DEA). Inédito: Universidad de Córdoba.

Martínez Sánchez, R. Mª (2007): "La Ermita de San Pedro (El Carpio, Córdoba). La fase prehistórica a través del Corte 1. Actividad Arqueológica Puntual de 2005". *Antiqvitas* 18- 19, pp. 5- 16.

Martínez Sánchez, R. Mª (2008): "La Estela de El Carpio (Córdoba); avance a una nueva manifestación simbólica del Bronce Final en la Vega Media del Guadalquivir". *Anales de Arqueología Cordobesa*, 19, pp. 11- 22.

Córdoba de la Llave, R.; Martínez Sánchez, R. Mª (2010): "Actividad Arqueológica Puntual en el despoblado de la ermita de San Pedro. El Carpio (Córdoba). Primeros resultados". En, *Anuario Arqueológico de Andalucía*, Córdoba, 2005, pp. 764-774.

51. Casa del Tabaco (El Carpio)

Coordenadas:

X: -
Y: -
Z: 138 msnm

Tipología: Asentamiento sobre terraza fluvial.

Situación: Situado en el interior del meandro de la Huelga, a escasamente 2 km al noeste de la población de El Carpio.

Extensión: Aún por determinar, próxima a las 5 ha.

Orientación: Sur- sureste.

Morfología interna: Primera terraza del Guadalquivir, limos fluviales con diverso grado de carbonatación sobre techo de cantos y bloques.

Paisaje: Pastizales y cereal. Hasta 2008, Olivar. La terraza en la cual se asienta ha podido ser excluida de ser arrasada y nivelada para la construcción de una planta termosolar.

Dominio de tipo de suelo: Fluvisoles (2).

Hidrología: Dominada por el Guadalquivir, conformando el meandro de la Huelga, que rodea al yacimiento.

Condiciones defensivas naturales: Las derivadas del talud de 7 m sobre la llanura aluvial que eleva la terraza. A mayor distancia, el río, conformando un meandro estrangulado en el que se integra el yacimiento, sirve de barrera.

Indicios de defensa artificial: Posible foso perimetral conformado a partir de dos tramos paralelos
Control del entorno: Excelente control visual de la llanura aluvial próxima al sur, desde las alturas del Picadero, El Olivillo y Las Moralejas, al sur, hasta las cotas que controlan la orilla izquierda el arroyo del Asno, al este. Al norte, Alcurrucén y el Cerro de la Atalaya.

Aprovechamiento económico potencial: Presumiblemente agrícola y fluvial.

Presencia de estructuras visibles: Han sido halladas diversas estructuras, en su mayor parte siliformes de planta circular, durante los sondeos efectuados en 2009.

Estado general del yacimiento: Afectado por nivelaciones, trabajos extractivos y la construcción de una planta termosolar.

Trabajos arqueológicos realizados: Prospección Arqueológica Superficial (2008) y Actuación Arqueológica Preventiva (2009).

Datos tecnológicos y tipológicos: Hemos documentado la presencia estratificada de formas de platos y fuentes de borde engrosado de sección circular y semicircular, cazuelas elipsoidales, "paredes finas calcolíticas" y un fragmento de campaniforme a peine. Los fragmentos de arcilla endurecida con improntas de cañizo y zarzo, se cuentan por centenares. Se han observado algunos elementos de cobre (gotas, óxidos sobre cuarzo y cobre nativo). La industria lítica integra fragmentos de láminas prismáticas de talón diedro agudo, fragmentos de molinos cóncavos, moletas, esferoides o machacadores, remitiéndonos al estudio de la cultura material presente en el primer volumen de esta Tesis Doctoral.

Cronología e interpretación: Creemos estar ante un enclave poblado al menos entre la primera mitad del IV milenio ANE hasta época iberorromana.
Valoración general: Prometedor yacimiento que esperamos pueda ser intervenido mediante una intervención arqueológica acorde a su magnitud. Su exclusión de los trabajos de nivelación previos a la edificación de una planta termosolar arrojan esperanzas sobre su conservación.

Bibliografía:

Martínez Sánchez, R. Mº; Martín de la Cruz, J. C.; Bretones García, Mª D.; Ruiz Borrega, Mª P. (2010): "El Neolítico en la Vega del Guadalquivir Medio". En, Gibaja; J.F.; Carvalho, A. (eds.): *The last hunters gatherers and the first farming communities in the South of the Iberian peninsula and North of Morocco.* Promontoria Monográfica 15, pp. 237-246.

Martínez Sánchez, R. Mª (En Prensa, b): "Intervención arqueológica en la Casa del Tabaco (El Carpio, Córdoba)." *Anuario Arqueológico de Andalucía*, II, 2009.

52. Cueva del Cañaveralejo (Adamuz)

Coordenadas:

X: -
Y: -
Z: 170 msnm.

Tipología: Ocupación en cueva.

Situación: A aproximadamente 3,5 kilómetros al noroeste de Adamuz, y siguiendo la vereda de Valdeinfiernos, en la estribación oriental de la Mesa del Cañaveralejo, dominando la confluencia de la colada del Pedrocheño y el arroyo del Cañaveralejo.

Extensión: La sala principal cuenta con 50 m de desarrollo por 15 m de anchura, si bien cuenta con diversas salas, gateras y divertículos, en su lado norte, que quedan por explorar. Aún no se ha realizado una adecuada topografía.

Orientación: Desarrollo lineal este- oeste. Galerías de desarrollo norte.

Morfología interna: Cavidad paleocárstica en calizas carboníferas. Cuenta con varios pisos de formación y depósitos en brecha de clastos. Presencia de goethita y óxidos de hierro.

Paisaje: Olivar y monte bajo de lentisco y acebuche.

Dominio de tipo de suelo: Regosoles (5 y 8).

Hidrología: Dominada por la confluencia del arroyo del Cañaveralejo con el Pedrocheño.

Condiciones defensivas naturales: Escasas, derivadas de su difícil localización desde el cauce del arroyo.

Indicios de defensa artificial: Desconocidos. Presencia de una cerca de aprisco de pastores, usada como cerramiento.

Control del entorno: Cierra el paso de un camino tradicional, la vereda del Valdeinfiernos, hacia el Valle de los Pedroches.

Aprovechamiento económico potencial: Aprisco de ganado, refugio, hábitat temporal ligado a uso como almacenamiento, y cavidad sepulcral.

Presencia de estructuras visibles: Hogares y presencia de algunos hoyos excavados documentados durante las excavaciones inéditas de 2006- 2007. Presencia de muretes de aprisco subactuales.

Estado general del yacimiento: Actualmente se encuentra cerrado al público por una cancela de hierro.

Trabajos arqueológicos realizados: Conocida desde inicios de la década de 1960, los únicos trabajos efectuados en la cavidad se integran en una actuación de limpieza superficial en 2005 y una Actividad Arqueológica Puntual entre 2006 y 2007.

Datos tecnológicos y tipológicos: Antes de realizarse las actuaciones de 2005 y 2006- 2007, los artefactos identificados en esta cavidad, fruto de recogidas superficiales, consistían en fragmentos cerámicos a mano, decorados y sin decorar, asas, mamelones, cerámica incisa y digitada, decorada con aplicaciones plásticas, platos y fuentes de borde engrosado, cuernecillos, piedra pulimentada, y algunos testimonios de restos óseos humanos. Las actuaciones de 2006- 2007, han completado la secuencia aportando un gran número de cerámicas a la almagra, cerámica impresa y formas avanzadas, propias del II milenio ANE.

Cronología e interpretación: Cueva refugio y aprisco, utilizada de la misma forma como cavidad sepulcral entre el VI y el II milenio ANE.

Valoración general: En la Actuación Arqueológica Puntual de 2006- 2007 se plantearon tres sondeos, denominados A, B y C (Martín et Ali, 2007). Los sondeos B y C, proporcionaron una estratificación redeposicionada en la que diversas bioturbaciones afectaron de manera determinante al registro, obra de animales cavadores. Sin embargo, dichos sondeos proporcionaron una interesante muestra de cerámica a la almagra e incisa (típica del Neolítico Antiguo y Medio) y restos de una ollita de cuello corto y cuerpo globular, con decoración inciso- impresa y digitada, que puede ser adscrita al Neolítico Antiguo (último tercio del VI milenio ANE).

El Corte A, sin embargo, mostró una estratificación inalterada y sucesiva, en la cual pudieron documentarse varios hogares estratificados y suelos de ocupación sin interrupción entre el Bronce Medio- Tardío (segunda mitad del II milenio ANE) y la Edad del Cobre (primera mitad del III milenio ANE). Dicho sondeo quedó interrumpido al finalizar los trabajos.

Bibliografía:

Bernier Luque, J. (1962): "Investigaciones prehistóricas". *Boletín de la Real Academia de Córdoba*, XXXIII, nº 84, pp. 106- 113.

Bernier Luque, J. (1964): "Exploraciones en Córdoba". *Actas del VIII Congreso Nacional de Arqueología.* Sevilla- Málaga, 1963, pp. 143- 151.

Bernier Luque, J.; Sánchez Romero, C.; Jiménez Urbano, J.; Sánchez Romero, A. (1981): *Nuevos yacimientos arqueológicos en Córdoba y Jaén.* Monte de Piedad y Caja de Ahorros de Córdoba.

Gavilán Ceballos, B (1985): "Materiales prehistóricos de la cueva del Cañaveralejo (Adamuz, Córdoba)". *Ifigea*, II, pp. 53- 77.

Martín de la Cruz, J. C.; Jabalquinto Expósito, I.; Bretones García, L.; Ruiz Borrega, Mª P.; Garrido Anguita, J.; Fernández Durán, G. E.; Martínez Sánchez, R. Mª (2007): "Cueva del Cañaveralejo: Proyecto integral de puesta en valor". *Revista de Feria de Adamuz en honor de Nuestra Madre del Sol*, pp. 96- 107.

53. Cerro del Cañaveralejo (Adamuz)

Coordenadas:

X: -	X: -
Y: -	Y: -
Z: 320 msnm.	X: 340 msnm.

Tipología: Asentamiento en ladera/ cerro testigo

Situación: A 100 m al Noreste de la entrada a la cueva del Cañaveralejo, dominando la confluencia entre el arroyo del Cañaveralejo y la colada del Pedrocheño.

Extensión: El primer núcleo posee una extensión aproximada de 0,5 ha. El núcleo septentrional cuenta con una extensión de 0,3 ha.

Orientación: Ambos núcleos poseen una orientación con predominio hacia el sur.

Morfología interna: Suelos silíceos con dominio de rocas micríticas cámbricas (arqueociátidos).

Paisaje: Olivar y monte bajo de lentisco y acebuche. Presencia esporádica de chumberas y ágaves.

Dominio de tipo de suelo: Regosoles y luvisoles (8 y 57).

Hidrología: Dominada por la confluencia del arroyo del Cañaveralejo con la colada del Pedrocheño.
Condiciones defensivas naturales: En el núcleo meridional, buena defensa en los desniveles orientales y occidentales. Ladera sur y norte de mayor accesibilidad. El núcleo septentrional posee mejores facultades defensivas, de cara a una mayor altura y por la presencia de formaciones de roquedo, de tipo puntales, que facilitan condiciones de atalaya natural.

Indicios de defensa artificial: No se observaron.

Control del entorno: Preferente al sur, controlando el corredor natural de la vereda de Valdeinfiernos, que comunica la vega del Guadalquivir, con le Valle de los Pedroches.

Aprovechamiento económico potencial: Presumiblemente agrícola y ganadero.

Presencia de estructuras visibles: Covachas naturales en el núcleo del norte. Gran cantidad de cascajo de origen constructivo en el núcleo meridional, de las que en algunos casos aparentaban mantener disposiciones estructurales, indicio de posible fortificación.

Estado general del yacimiento: Aceptable y protegido por la cubierta vegetal en el núcleo meridional. Muy afectado por erosión y trasiego de maquinaria agrícola en el núcleo septentrional.

Trabajos arqueológicos realizados: Prospección arqueológica (2010).

Datos tecnológicos y tipológicos: En el núcleo septentrional pudieron observarse sobre el terreno fragmentos de cuencos hemisféricos de borde ligeramente entrante, bordes engrosados de labio recto, algún fragmento de cuernecillo y restos de improntas de zarzo y cañizo de arcilla.

En el núcleo meridional, destacaba la presencia de fragmentos cerámicos de grandes contenedores, fragmentos de cazuelas de perfil elipsoidal, un fragmento de un pequeño cuenco de casquete esférico, fragmentos de ollas de perfil en S y tulipas de carena media y restos de fauna, junto a una débil presencia de industria lítica (lascas) en sílex y cuarcita.

Cronología e interpretación: Creemos poder adelantar la ocupación del núcleo septentrional durante el III milenio ANE. Para el núcleo meridional proponemos una cronología propia del II milenio ANE.

Valoración general: Representa un enclave de gran interés en la interpretación del uso y papel de la Cueva del Cañaveralejo, de la que no puede ser deslindada de su estudio en profundidad en un proyecto futuro.

Bibliografía: Inédito.

54. Mesa de Matatoros (Adamuz)

Coordenadas:

X: -
Y: -
Z: 420 msnm.

Tipología: Asentamiento sobre mesa miocena.

Situación: A aproximadamente 800 m al Noreste de la entrada a la Cueva del Cañaveralejo.

Extensión: Desconocida. En total, la meseta se extiende aproximadamente por 11 ha.

Orientación: Oeste.

Morfología interna: Calizas tabulares miocenas sobre zócalo paleozoico.

Paisaje: Olivar y monte bajo, levemente adehesado.

Dominio de tipo de suelo: Regosoles (8).

Hidrología: Flaqueado al este por el arroyo del Concejo y al oeste por la colada del Pedrocheño.

Condiciones defensivas naturales: Aceptables, derivadas del escalón en discontinuidad del relieve tabular.

Indicios de defensa artificial: Desconocidos.

Control del entorno: Como los enclaves del Cañaveralejo, enfocado al control del corredor de Valdeinfiernos.

Aprovechamiento económico potencial: Presumiblemente agrícola y ganadero.

Presencia de estructuras visibles: Covachas y abrigos en el flanco oriental, algunas con evidencias de ocupación prehistórica (la denominada Casa- Cueva).

Estado general del yacimiento: Afectado por erosión y labores agrícolas.

Trabajos arqueológicos realizados: Prospección arqueológica (2010).

Datos tecnológicos y tipológicos: Sobre el terreno pudimos reconocer la existencia de cerámica a mano muy rodada, compuesta en su mayor parte por asas, mamelones perforados, y algún ejemplo de decoración incisa lineal, junto a engobes a la almagra. La industria lítica, junto a evidencias adjudicables al Pleistoceno Medio, se componía de pequeños núcleos de láminas de pequeño formato, algún fragmento de lámina y lascas de sílex y cuarcita. Presencia abundante de mazos, moletas y elementos de molturación. En la casa- cueva, situada en el escalón oriental, pudimos observar un pequeño cuernecillo de arcilla.

Cronología e interpretación: Creemos poder adelantar una ocupación asegurada a partir del IV milenio ANE, pudiendo arrancar probablemente desde el milenio anterior, y evidenciando perduraciones hasta la Edad del Cobre (III milenio ANE).

Valoración general: Interesante enclave, de gran antigüedad, que puede arrancar el neolítico medio- tardío (V milenio ANE), fase asegurada en la cueva del Cañaveralejo.

Bibliografía: Inédito.

55. Cerro del Ermitaño (Adamuz)

Coordenadas:

X: -
Y: -
Z: 539 msnm.

Tipología: Asentamiento en cerro testigo.

Situación: A 1500 m al este del caserío del Chaparral de los Vinagres, al este del punto kilométrico 32 de la carretera A- 421.

Extensión: Desconocida.

Orientación: Desconocida.

Morfología interna: Litología paleozoica. Suelos silíceos.

Paisaje: Encinar y monte bajo.

Dominio de tipo de suelo: Cambisoles (38).

Hidrología: Dominada al oeste por el arroyo de la Parrilla. Al este se hallan los cabeceros de los arroyos de Pedro Gil y de Ríofrío.

Condiciones defensivas naturales: Óptimas, por su destacada altitud.

Indicios de defensa artificial: Desconocidos.

Control del entorno: Gran dominio visual en todos sus frentes.

Aprovechamiento económico potencial: Presumiblemente agropecuario y de control.

Presencia de estructuras visibles: Desconocida.

Estado general del yacimiento: Desconocemos su situación actual. Terreno montuoso, libre de erosión y actividad agrícola.

Trabajos arqueológicos realizados: Prospecciones arqueológicas en la década de 1980.

Datos tecnológicos y tipológicos: Tan sólo conocemos en este enclave el hallazgo de hachas pulimentadas, cerámica a mano atípica, y un borde almendrado (Murillo 1986a).

Cronología e interpretación: Asentamiento en principio ocupado en algún momento del III milenio ANE.

Valoración general: Enclave que merece someterse a una revisión ulterior sobre el terreno.

Bibliografía:

Murillo Redondo, J. F. (1986a): *Eneolítico y Edad del Bronce en el norte de la provincia de Córdoba.* Memoria de Licenciatura inédita. Universidad de Córdoba.

Murillo Redondo, J. F. (1991a): *Análisis del poblamiento durante el Bronce Final y el Orientalizante en la Cuenca Media del Guadalquivir.* Tesis doctoral en 3 tomos. Universidad de Córdoba.

Murillo Redondo, J. F. (1991b): "Aproximación al Poblamiento Calcolítico en el norte de la Provincia de Córdoba". *Actas del XXI Congreso Nacional de Arqueología,* Vol 2, pp. 639- 652.

56. Belmonte (Bujalance)

Coordenadas:

X: -
Y: -
Z: 340 msnm.

Tipología: Asentamiento en loma.

Situación: "A 3 km al NE de Bujalance, junto a la CO 292 de Villa del Río a Bujalance, en el lugar conocido como Cabeza de Ciervo, en el Pago de Belmonte" (Martín de la Cruz *et Alii* 1989: 53).

Extensión: Desconocida.

Orientación: Este.

Morfología interna: Terrenos pardos, terciarios. Muy erosionado.

Paisaje: Olivar en monocultivo.

Dominio de tipo de suelo: Vertisoles (23).

Hidrología: Próximo a la cabecera del arroyo del Pozo de Yegua.

Condiciones defensivas naturales: Las derivadas de su altura y visibilidad.

Indicios de defensa artificial: Desconocidos.

Control del entorno: Próximo, apenas 2 km al este, del paso del cauce del Cañetejo, vía que conecta con el Guadalquivir.

Aprovechamiento económico potencial: Presumiblemente agrícola.

Presencia de estructuras visibles: Desconocidas.

Estado general del yacimiento: Probablemente muy destruido por labores agrícolas.

Trabajos arqueológicos realizados: Prospección arqueológica (década de 1980).

Datos tecnológicos y tipológicos: Procedente de este enclave, se encuentra publicado (Martín de la Cruz *et Alii* 1989) un conjunto de materiales cerámicos compuestos por vasos de paredes rectas, convergentes y mamelón bajo el borde, cazuelas y fuentes carenadas, así como se menciona un "hacha pulimentada en cuarcita" (Martín *et Alii* 1989: 52- 53).

Cronología e interpretación: Los materiales conocidos para este asentamiento, aunque escasos, son tipológicamente expresivos, por lo que proponemos una ocupación en torno a la segunda mitad del IV milenio ANE.

Valoración general: La zona de Belmonte es rica en enclaves arqueológicos, de los cuales debe especificarse su relación en cuanto a entidades separadas.

Bibliografía:

Martín de la Cruz, J. C.; Serrano Carrillo, J.; Morena López, J. A. (1989): "Aportación al estudio del Calcolítico en la Campiña Baja (Córdoba- Jaén)". *Cuadernos de Prehistoria y Arqueología de la Universidad Autónoma de Madrid,* 16, pp. 43- 72.

57. Fuente Agria (Bujalance)

Coordenadas:

X: -
Y: -
Z: 368 msnm

Tipología: Asentamiento en loma.

Situación: "A poco más de 2 km al NE de Bujalance, junto a la CO- 292 de Villa del Río a Bujalance, de la que dista unos 100 m al O" (Martín de la Cruz *et Alii* 1989: 53).

Extensión: No supera una hectárea.

Orientación: Noroeste.

Morfología interna: Loma situada en terrenos pardos, terciarios.

Paisaje: Olivar en monocultivo.

Dominio de tipo de suelo: Vertisoles (23).

Hidrología: Próximo a la cabecera del arroyo Pozo de Yegua.

Condiciones defensivas naturales: "Aunque nos encontramos con uno de los lugares más elevados de la zona, 368 m, no presenta condiciones estratégicas bien definidas" (Martín de la Cruz *et Alii* 1989: 53).

Indicios de defensa artificial: Desconocidos.

Control del entorno: A algo más de 2 km al este, se encuentra el paso del cauce del Cañetejo, vía que conecta con el Guadalquivir en sentido sur- norte.

Aprovechamiento económico potencial: Presumiblemente agrícola.

Presencia de estructuras visibles: Desconocida.

Estado general del yacimiento: Probablemente destruido por labores agrícolas.

Trabajos arqueológicos realizados: Prospección arqueológica (década de 1980).

Datos tecnológicos y tipológicos: "Entre los materiales que corresponden a la época que estudiamos se observan algunos platos, láminas de sílex y molinos de mano de tendencia barquiforme" (Martín de la Cruz *et Alii* 1989: 53). En las láminas que acompañan dicha descripción, pueden observarse formas de carena baja y vasos globulares, algunas formas de paredes rectas y un fragmento de plato de borde engrosado con una leve carena.

Cronología e interpretación: A falta de un mayor número de materiales tipológicos tan sólo podemos asegurar la ocupación de este sitio entre la segunda mitad del IV milenio e inicios del III milenio ANE.

Valoración general: Muy próximo al enclave de Belmonte. Cabe preguntarse si deben formar conjunto.

Bibliografía:

Martín de la Cruz, J. C.; Serrano Carrillo, J.; Morena López, J. A. (1989): "Aportación al estudio del Calcolítico en la Campiña Baja (Córdoba- Jaén)". *Cuadernos de Prehistoria y Arqueología de la Universidad Autónoma de Madrid*, 16, pp. 43- 72.

58. Zorreras (Bujalance)

Coordenadas:
X: -
Y: -
Z: 360 msnm

Tipología: Asentamiento en loma.

Situación: Desde el sur de Bujalance, tomando la carretera Co- 290 en dirección a Valenzuela, a la altura del Km 1, y coincidiendo con la confluencia de la carretera CV- 199 en dirección a Castro del Río y tras recorrer unos 250 m en dirección norte.

Extensión: Desconocida.

Orientación: Sureste.

Morfología interna: Loma situada en terrenos pardos, terciarios.

Paisaje: Monocultivo de olivar.

Dominio de tipo de suelo: Vertisoles (23).

Hidrología: No hay control directo. Al noroeste, arroyo de los Caballeros.

Condiciones defensivas naturales: Desconocidas

Indicios de defensa artificial: Desconocidos.

Control del entorno: Muy escaso, tan sólo destacar su relativa proximidad a otros asentamientos.

Aprovechamiento económico potencial: Presumiblemente agrícola.

Presencia de estructuras visibles: Desconocida.

Estado general del yacimiento: Probablemente destruido por labores agrícolas.

Trabajos arqueológicos realizados: Prospección Arqueológica (1996).

Datos tecnológicos y tipológicos: De entre el material consultado procedente de la prospección, hemos identificado varios fragmentos de platos o fuentes de borde engrosado, algunos de ellos de labio recto y borde saliente.

Cronología e interpretación: A juzgar por el material, tan sólo podemos apuntar a una ocupación avanzado el III milenio ANE.

Valoración general: Probable asentamiento agrícola de pequeña entidad.

Bibliografía:

Garrido Anguita, J. M.; Casares Landauro, E. (2011): "Las posibilidades del uso de aplicaciones informáticas y SIG como herramientas de análisis territorial de yacimientos arqueológicos (Calcolítico)". *Arte, Arqueología e Historia* 18, pp. 161- 168.

59. Lorilla I (Bujalance)

Coordenadas:

X: -
Y: -
Z: 329 msnm

Tipología: Asentamiento en loma.

Situación: A 500 m al noroeste del kilómetro 21 de la carretera C- 329.

Extensión: 0,5 ha.

Orientación: Sur.

Morfología interna: Loma conformada por terrenos pardos, terciarios.

Paisaje: Monocultivo de olivar.

Dominio de tipo de suelo: Regosoles (13).

Hidrología: Al norte, se encuentra la cabecera del arroyo de la Lorilla. Al sur, domina el cauce del Arroyo de Fernán García, tributario del Guadatín.

Condiciones defensivas naturales: Las derivadas de su altura y dominio. Laderas más pronunciadas al sur.

Indicios de defensa artificial: Desconocido

Control del entorno: Acceso, por el sur y el norte, a cauces tributarios del Guadatín, vía de paso a la vega del Guadalquivir.

Aprovechamiento económico potencial: Presumiblemente agrícola.

Presencia de estructuras visibles: Desconocida

Estado general del yacimiento: Probablemente destruido por labores agrícolas.

Trabajos arqueológicos realizados: Prospección arqueológica (1996).

Datos tecnológicos y tipológicos: Procedente de esta ubicación, conocemos la existencia de una azuela fracturada a doble bisel (probablemente anfibolita), un fragmento de otro elemente activo pulimentado indeterminado, un segmento mesial termoalterado de lámina prismática de sección trapezoidal, y un fragmento de borde engrosado de labio elevado.

Cronología e interpretación: Tan sólo podemos valorar para este asentamiento, su ocupación avanzado el III milenio ANE.

Valoración general: Emplazamiento ocupado también en época tardoantigua y medieval.

Bibliografía:

Garrido Anguita, J. M.; Casares Landauro, E. (2011): "Las posibilidades del uso de aplicaciones informáticas y SIG como herramientas de análisis territorial de yacimientos arqueológicos (Calcolítico)". *Arte, Arqueología e Historia* 18, pp. 161- 168.

60. Lorilla II (Bujalance)

Coordenadas:

X: -
Y: -
Z: 326 msnm
Tipología: Asentamiento en loma.

Situación: Siguiendo la carretera C- 329, en el punto kilométrico 21,5, a un kilómetro escaso al noroeste. La loma queda dividida entre los términos municipales de Córdoba y Bujalance.

Extensión: 1 ha.

Orientación: Sur.

Morfología interna: Loma conformada por terrenos pardos, terciarios.

Paisaje: Olivar en monocultivo.

Dominio de tipo de suelo: Regosoles (13).

Hidrología: Al sur, domina el cauce del arroyo de Fernán García. Al norte, el arroyo de Lorilla.

Condiciones defensivas naturales: Las derivadas de su relativa altura y dominio.

Indicios de defensa artificial: Desconocidos.

Control del entorno: Controla dos cauces que desaguan en el río Guadatín, acceso natural hacia el Guadalquivir.

Aprovechamiento económico potencial: Presumiblemente agrícola.

Presencia de estructuras visibles: Desconocida.

Estado general del yacimiento: Probablemente destruido por erosión y labores agrícolas.

Trabajos arqueológicos realizados: Prospección Arqueológica, (1996)

Datos tecnológicos y tipológicos: Junto a algunos fragmentos de cerámica a mano muy rodada, proceden de este enclave un fragmento de hacha o azuela pulimentada, un borde de vaso globular y un segmento de lasca laminar.

Cronología e interpretación: Se nos presenta muy difícil asignar una cronología precisa. Probablemente su ocupación se sitúa entre el IV y el III milenio ANE (PRI).

Valoración general: Enclave de difícil asignación cronológica, que sólo sería posible mediante una revisión/ prospección arqueológica sobre el terreno, amén de una previsible conexión con el enclave anterior.

Bibliografía:

Garrido Anguita, J. M.; Casares Landauro, E. (2011): "Las posibilidades del uso de aplicaciones informáticas y SIG como herramientas de análisis territorial de yacimientos arqueológicos (Calcolítico)". *Arte, Arqueología e Historia* 18, pp. 161- 168.

61. Cerro del Aguilarejo (Bujalance)

Coordenadas:

X: -
Y: -
Z: 300 msnm.

Tipología: Asentamiento en loma.

Situación: A 4 km al suroeste del Guadalquivir a su paso por Villa del Río, conformando, junto a la loma de la Marquesita, las estribaciones septentrionales de la Loma de los Leones.

Extensión: 1 ha.

Orientación: Predominio hacia el este.

Morfología interna: Loma amesetada de altura, terrenos pardos, sujeta a modelado fluvial

Paisaje: Olivar en monocultivo.

Dominio de tipo de suelo: Vertisoles y planosoles (23 y 61).

Hidrología: Dominio hacia el este del arroyo del Cañetejo, tributario del Guadalquivir.

Condiciones defensivas naturales: Las derivadas de la pendiente y altura.

Indicios de defensa artificial: Desconocidos.

Control del entorno: Directo al norte, sobre la llanura aluvial del Guadalquivir.

Aprovechamiento económico potencial: Presumiblemente agrícola.

Presencia de estructuras visibles: Desconocida.

Estado general del yacimiento: Probablemente destruido en gran parte por laboreo agrícola.

Trabajos arqueológicos realizados: Prospección Arqueológica (1996).

Datos tecnológicos y tipológicos: Junto a un conjunto de fragmentos de láminas prismáticas de sílex y una pequeña azuela en ofita, destaca la presencia de fragmentos de formas de carena baja, cazuelas y fuentes carenadas, un borde impreso muy similar al documentado en la estructura VI de Iglesia Antigua de Alcolea, mamelones próximos a la base y junto al borde, y un fragmento de campaniforme impreso.

Cronología e interpretación: A juzgar por el conjunto material cerámico, contamos con argumentos suficientes para asegurar la ocupación de este enclave durante la segunda mitad del IV milenio ANE y último cuarto del III milenio ANE.

Valoración general: Enclave de rasgos tipológicos muy próximos a Iglesia Antigua de Alcolea, situado sobre una elevación vinculada al flanco sur de la vega aluvial.

Bibliografía:

Garrido Anguita, J. M.; Casares Landauro, E. (2011): "Las posibilidades del uso de aplicaciones informáticas y SIG como herramientas de análisis territorial de yacimientos arqueológicos (Calcolítico)". *Arte, Arqueología e Historia* 18, pp. 161- 168.

62. Dehesa de los Potros II (Bujalance)

Coordenadas:

X: -
Y: -
Z: 295 msnm

Tipología: Asentamiento en loma.

Situación: A 500 m al este del punto kilométrico 9 de la CO- 291.

Extensión: 1,5 ha.

Orientación: Sureste.

Morfología interna: Loma elevada, terrenos pardos sujetos a modelado fluvial.

Paisaje: Olivar en monocultivo.

Dominio de tipo de suelo: Vertisoles (23).

Hidrología: Situado entre las cuencas del arroyo del Asno y del Palo Muerto.

Condiciones defensivas naturales: las derivadas de su propia elevación.

Indicios de defensa artificial: Desconocidos.

Control del entorno: Hacia el norte, la vega aluvial a la que accede a través de los cauces del Asno y del Palo Muerto.

Aprovechamiento económico potencial: Presumiblemente agrícola

Presencia de estructuras visibles: Desconocida

Estado general del yacimiento: Probablemente destruido por labores agrícolas.

Trabajos arqueológicos realizados: Prospección Arqueológica (1996).

Datos tecnológicos y tipológicos: El material procedente de este yacimiento integra formas de carena baja, cazuelas y fuentes, vasos de paredes rectas, cuencos y algún ejemplo de formas globulares. Se ha observado de la misma forma, un fragmento de borde engrosado y un diente de hoz en sílex.

Cronología e interpretación: Muy probablemente este enclave estuvo poblado durante la segunda mitad del IV milenio ANE, si bien parece lógico suponer perduraciones a lo largo del milenio siguiente.

Valoración general: En la información recopilada obtenida de la prospección arqueológica (1996), se destacaba su buena conservación y la presencia de abundante material en superficie.

Bibliografía:

Garrido Anguita, J. M.; Casares Landauro, E. (2011): "Las posibilidades del uso de aplicaciones informáticas y SIG como herramientas de análisis territorial de yacimientos arqueológicos (Calcolítico)". *Arte, Arqueología e Historia* 18, pp. 161- 168.

63. San León (Bujalance)

Coordenadas:

X: -
Y: -
Z: 320 msnm

Tipología: Asentamiento en loma.
Situación: A 250 m del caserío de San León, a 1,25 km del punto kilométrico 8 de la CO- 292.

Extensión: 0,5 ha.

Orientación: Noroeste.

Morfología interna: Estribación occidental del alcor de los Leones, terrenos terciarios pardos, modelado fluvial.

Paisaje: Monocultivo de olivar.

Dominio de tipo de suelo: Luvisoles y vertisoles (58 y 23).

Hidrología: Controla la orilla derecha del cauce del arroyo de Miguel Domingo.

Condiciones defensivas naturales: Las derivadas de su relativa altura y pendiente.

Indicios de defensa artificial: Desconocidos.

Control del entorno: Controla el antiguo camino de Morente a Villa del Río, paralelo al cauce del arroyo de Miguel Domingo.

Aprovechamiento económico potencial: Presumiblemente agrícola.

Presencia de estructuras visibles: Desconocida.

Estado general del yacimiento: Probablemente destruido por laboreo agrícola.

Trabajos arqueológicos realizados: Prospección Arqueológica (1996).

Datos tecnológicos y tipológicos: Se han observado, frente a una relativa frecuencia de elementos líticos pulimentados (dos hachas, el talón de otra y una moleta), elementos cerámicos tales como un gran vaso de carena baja y paredes rectas convergentes ligeramente cóncavas, mamelones cercanos a la base, un fragmento de vaso con mamelón bajo el borde, y variados ejemplos de contenedores de paredes rectas convergentes.

Cronología e interpretación: Por sus aparentes semejanzas formales y técnológicas relativas al repertorio cerámico con respecto al enclave de Iglesia Antigua de Alcolea, creemos estar ante un asentamiento poblado al menos durante la segunda mitad del IV milenio ANE.

Valoración general: En las fichas originales de la prospección de 1996, este asentamiento aparece adscrito al Bronce Antiguo.

Bibliografía:

Garrido Anguita, J. M.; Casares Landauro, E. (2011): "Las posibilidades del uso de aplicaciones informáticas y SIG como herramientas de análisis territorial de yacimientos arqueológicos (Calcolítico)". *Arte, Arqueología e Historia* 18, pp. 161- 168.

64. Ventilla Baja (Bujalance)

Coordenadas:

X: -
Y: -
Z: 315 msnm

Tipología: Asentamiento en loma.

Situación: A 500 m al sur del punto kilométrico 21,5 de la carretera C- 329. Estribación occidental del alcor de María Aparicio.

Extensión: 1 ha.

Orientación: Suroeste.

Morfología interna: Estribación occidental del alcor de María Aparicio. Terrenos terciarios pardos, modelado fluvial.

Paisaje: Monocultivo de Olivar.

Dominio de tipo de suelo: Regosoles (13).

Hidrología: Domina, hacia el suroeste, la confluencia del arroyo de Fernán García con el Guadatín.

Condiciones defensivas naturales: Las derivadas de su altura y pendiente.

Indicios de defensa artificial: Desconocidos.

Control del entorno: Acceso directo al cauce del Guadatín.

Aprovechamiento económico potencial: Presumiblemente agrícola.

Presencia de estructuras visibles: Desconocida.

Estado general del yacimiento: Probablemente destruido por laboreo agrícola.

Trabajos arqueológicos realizados: Prospección arqueológica (1996).

Datos tecnológicos y tipológicos: Hemos observado junto a algunos restos de talla y lascas de sílex, fragmentos de cerámica a mano (galbos), y un fragmento de recipiente de carena baja, probablemente una cazuela o fuente.

Cronología e interpretación: Aunque sin duda el conjunto material citado resulta demasiado exiguo, podemos adelantar una ocupación al menos desde mediados del IV milenio ANE para este enclave.
Valoración general: De la misma manera se cita en este asentamiento, la presencia de cerámica romana y medieval.

Bibliografía:

Garrido Anguita, J. M.; Casares Landauro, E. (2011): "Las posibilidades del uso de aplicaciones informáticas y SIG como herramientas de análisis territorial de yacimientos arqueológicos (Calcolítico)". *Arte, Arqueología e Historia* 18, pp. 161- 168.

65. Cara de la Fuente (Bujalance)

Coordenadas:

X: -
Y: -
Z: 291 msnm

Tipología: Asentamiento en loma.

Situación: A 700 m al Noreste de la pedanía de Morente.

Extensión: 0,5 ha.

Orientación: Oeste.

Morfología interna: Estribación occidental de un alcor integrado por los topónimos de Cara del Pilar, el Gamonal y Cara de la Fuente. Terrenos terciarios pardos, modelado fluvial.

Paisaje: Olivar en monocultivo.

Dominio de tipo de suelo: Vertisoles (23).

Hidrología: Dominada al oeste por el arroyo del Asno.

Condiciones defensivas naturales: Las derivadas de sus taludes y altura.

Indicios de defensa artificial: Desconocidos.

Control del entorno: Amplia visibilidad hacia el arroyo del Asno, hacia el oeste y norte.

Aprovechamiento económico potencial: Presumiblemente agrícola.

Presencia de estructuras visibles: Desconocida.

Estado general del yacimiento: Probablemente destruido por labores agrícolas.

Trabajos arqueológicos realizados: Prospección arqueológica (1996).

Datos tecnológicos y tipológicos: Fragmentos de cerámica a mano, galbos y una leve carena.

Cronología e interpretación: Asentamiento de muy difícil adscripción, la cual puede abarcar del IV al II milenio ANE (PRI).

Valoración general: Este enclave necesitaría de un ajuste cronológico más preciso, por mediación de un nuevo reconocimiento sobre el terreno.

Bibliografía:

Garrido Anguita, J. M.; Casares Landauro, E. (2011): "Las posibilidades del uso de aplicaciones informáticas y SIG como herramientas de análisis territorial de yacimientos arqueológicos (Calcolítico)". *Arte, Arqueología e Historia* 18, pp. 161- 168.

66. María Aparicio I (Bujalance)

Coordenadas:

X: -
Y: -
Z: 300 msnm

Tipología: Asentamiento en loma.

Situación: Siguiendo la carretera C- 329, a 500 m al sur del punto kilométrico 20.

Extensión: 0,5 ha.

Orientación: Suroeste.

Morfología interna: Pequeño resalte en una loma. Terrenos terciarios pardos, modelado fluvial.

Paisaje: Olivar en monocultivo.

Dominio de tipo de suelo: Regosoles (13).

Hidrología: Domina un pequeño tributario del transversal arroyo de Fernán García.

Condiciones defensivas naturales: Escasas. Ladera poco pronunciada.

Indicios de defensa artificial: Desconocidos.

Control del entorno: Escaso. Control de las vías de acceso del cauce del arroyo de Fernán García y el Guadatín.

Aprovechamiento económico potencial: Presumiblemente agrícola.

Presencia de estructuras visibles: Desconocida.

Estado general del yacimiento: Probablemente destruido por acción agrícola.

Trabajos arqueológicos realizados: Prospección Arqueológica (1996).

Datos tecnológicos y tipológicos: Algunos fragmentos de cerámica a mano, de "aspecto calcolítico".

Cronología e interpretación: Indeterminada, dada la escasez de material y su escasa significación (PRI).

Valoración general: Aunque se citan algunos fragmentos de cerámica ibérica, a juicio de los prospectores "no se puede clasificar como yacimiento".

Bibliografía:

Inédito.

67. María Aparicio II (Bujalance)

Coordenadas:

X: -
Y: -
Z: 341 msnm

Tipología: Asentamiento en loma.

Situación: A escasamente 100 m al oeste del caserío de María Aparicio, sobre la cota máxima.

Extensión: 0,5 ha.

Orientación: El material se concentra en la cota máxima, afacetado a toda su amplitud.

Morfología interna: Loma elevada de modelado fluvial. Terrenos pardos terciarios.

Paisaje: Olivar en monocultivo.

Dominio de tipo de suelo: Regosoles (13).

Hidrología: Domina el interfluvio entre el cauce del arroyo de Fernán García y el Guadatín.

Condiciones defensivas naturales: Las derivadas de su altitud y pendiente.

Indicios de defensa artificial: Desconocidos.

Control del entorno: Controla los accesos a los cauces del arroyo de Fernán García y el Guadatín, río éste último que desagua en el Guadalquivir.

Aprovechamiento económico potencial: Presumiblemente agrícola.

Presencia de estructuras visibles: Desconocida.

Estado general del yacimiento: Previsiblemente destruido o afectado por labores agrícolas.

Trabajos arqueológicos realizados: Prospección Arqueológica, 1996.

Datos tecnológicos y tipológicos: Junto a un fragmento de disco cerámico, realizado a mano y compuesto por una serie de perforaciones, el material cerámico a mano recuperado carece de elementos de juicio suficientes para una asignación cronológica.

Cronología e interpretación: Desconocida.

Valoración general: Con la información disponible actualmente, tan sólo puede incluirse como perteneciente a la Prehistoria Reciente Indeterminada (PRI).

Bibliografía:

Garrido Anguita, J. M.; Casares Landauro, E. (2011): "Las posibilidades del uso de aplicaciones informáticas y SIG como herramientas de análisis territorial de yacimientos arqueológicos (Calcolítico)". *Arte, Arqueología e Historia* 18, pp. 161- 168.

68. El Deán IV (Bujalance)

Coordenadas:

X: -
Y: -
Z: 355 msnm

Tipología: Asentamiento en loma.

Situación: A 500 m al Noreste del cortijo El Deán, a escasamente 3 km al suroeste de Bujalance.

Extensión: 1 ha.

Orientación: Indeterminada. Restos concentrados hacia la ladera sureste.

Morfología interna: Loma elevada de modelado fluvial. Terrenos pardos terciarios.

Paisaje: Olivar en monocultivo.

Dominio de tipo de suelo: Vertisoles (23).

Hidrología: Próximo (al norte y al este) de los cabeceros de los arroyos de Pozo del Prado y Pozo Benito, tributarios del Asno y del Lorilla, respectivamente.

Condiciones defensivas naturales: Escasas, las derivadas de su moderada altura.

Indicios de defensa artificial: Desconocidos.

Control del entorno: Amplia visibilidad hacia el camino de las Pitas, que actualmente conecta con Alcolea, siguiendo en parte los arroyos de Lorilla y Guadatín.

Aprovechamiento económico potencial: Presumiblemente agrícola.

Presencia de estructuras visibles: Desconocida.

Estado general del yacimiento: Probablemente destruido por labores agrícolas

Trabajos arqueológicos realizados: Prospección Arqueológica (1996).

Datos tecnológicos y tipológicos: Fragmentos de cerámica a mano (galbos) y, citando en la ficha de prospección, un "fragmento de fuente calcolítica", que hemos desestimado.

Cronología e interpretación: Se cita como Calcolítico indeterminado, si bien no hemos observado suficientes elementos de juicio para asegurarlo.

Valoración general: Enclave con signos de ocupación en un momento indeterminado de la Prehistoria Reciente (PRI), por lo que debe ser revisado sobre el terreno.

Bibliografía:

Garrido Anguita, J. M.; Casares Landauro, E. (2011): "Las posibilidades del uso de aplicaciones informáticas y SIG como herramientas de análisis territorial de yacimientos arqueológicos (Calcolítico)". *Arte, Arqueología e Historia* 18, pp. 161- 168.

69. Rincón de Belmonte (Bujalance)

Coordenadas:

X: -
Y: -
Z: 260 msnm

Tipología: Asentamiento en loma.

Situación: A 800 m al oeste aproximadamente del cauce del arroyo de Cañetejo, justo en el límite entre el término municipal de Cañete de las Torres y Bujalance.

Extensión: 1 ha.

Orientación: Sureste.

Morfología interna: Ladera de Matarredonda, flanqueada por vaguadas. Terrenos pardos terciaros.

Paisaje: Olivar en monocultivo.

Dominio de tipo de suelo: Vertisoles (23).

Hidrología: Dominada por el cauce del Cañetejo, orilla izquierda.

Condiciones defensivas naturales: Escasas, ladera suave.

Indicios de defensa artificial: Desconocidos.

Control del entorno: Acceso al cauce del Cañetejo, que directamente conecta con la llanura aluvial.

Aprovechamiento económico potencial: Presumiblemente agrícola.

Presencia de estructuras visibles: Desconocidas

Estado general del yacimiento: Probablemente destruido por laboreo agrícola.

Trabajos arqueológicos realizados: Prospección arqueológica (1996).

Datos tecnológicos y tipológicos: Cerámica a mano muy rodada. Presencia de escasos elementos líticos (restos de talla).

Cronología e interpretación: Muy difícil. Los restos corresponden a cerámica prehistórica, de aspecto calcolítico, que pueden encuadrarse entre el IV y el II milenio ANE (PRI).

Valoración general: Creemos necesaria una revisión de este enclave sobre el terreno, a fin de ajustar cronología. Presencia de cerámica romana y terra sigillata.

Bibliografía: Inédito.

70. Los Palacios (Bujalance)

Coordenadas:

X: -
Y: -
Z: 260 msnm

Tipología: Asentamiento en loma.

Situación: A unos 500 m al sureste del km 5 de la CO-294.

Extensión: 1 ha.

Orientación: Suroeste.

Morfología interna: Ladera en terreno abrupto. Terrenos de formación terciaria. Arcillas, arenas, limos y depósitos de arrastre de las crecidas de los ríos.

Paisaje: Monocultivo de olivar.

Dominio de tipo de suelo: Cambisoles (48).

Hidrología: Ligada a dos cauces tributarios de la cañada del infierno.
Condiciones defensivas naturales: Escasas. Rodeado de cotas superiores en altura.

Indicios de defensa artificial: Desconocidos.

Control del entorno: Tan sólo controla el acceso a la cañada del Infierno, tributaria del arroyo Salado, que conecta los Alcores de Porcuna con el Guadalquivir.

Aprovechamiento económico potencial: Presumiblemente agrícola.

Presencia de estructuras visibles: Desconocida.

Estado general del yacimiento: Probablemente destruido por labores agrícolas.

Trabajos arqueológicos realizados: Prospección Arqueológica (1996).

Datos tecnológicos y tipológicos: Junto a un molino abarquillado de granito, se cita cerámica a mano en la ladera sur, tipologizable tan sólo un fragmento de perfil en S con arranque de carena.

Cronología e interpretación: No creemos contar con argumentos suficientes para situar este enclave en una cronología concreta, pudiendo de otra manera, si bien se ha adscrito como calcolítico, pertenecer al poblamiento del II milenio.

Valoración general: Queda inscrito como Prehistoria Reciente Indeterminada (PRI), al carecer de datos tipocronológicos precisos.

Bibliografía:

Garrido Anguita, J. M.; Casares Landauro, E. (2011): "Las posibilidades del uso de aplicaciones informáticas y SIG como herramientas de análisis territorial de yacimientos arqueológicos (Calcolítico)". *Arte, Arqueología e Historia* 18, pp. 161- 168.

71. San Francisco (Bujalance)

Coordenadas:

X: -
Y: -
Z: 340 msnm

Tipología: Asentamiento en loma.

Situación: A escasamente un kilómetro al norte del punto kilométrico 5 de la CV- 146 en dirección a Alcolea.

Extensión: 1 ha.

Orientación: Suroeste.

Morfología interna: Loma suave. Terrenos de formación terciaria.

Paisaje: Monocultivo de olivar.

Dominio de tipo de suelo: Vertisoles (23).

Hidrología: Dominada por el margen derecho del arroyo de Zaragoza, subsidiario del Lorilla.

Condiciones defensivas naturales: Las derivadas de su altura y escarpe, no muy pronunciado.

Indicios de defensa artificial: Desconocidos.

Control del entorno: Escaso, centrado al cauce del arroyo Zaragoza.

Aprovechamiento económico potencial: Presumiblemente agrícola.

Presencia de estructuras visibles: Desconocida.

Estado general del yacimiento: Probablemente destruido por laboreo agrícola.

Trabajos arqueológicos realizados: Prospección arqueológica (1996).

Datos tecnológicos y tipológicos: Fragmentos cerámicos muy rodados y de escasa significación cultural. Fragmentos laminares de sílex.

Cronología e interpretación: Ante la naturaleza de los materiales adscritos a este emplazamiento, resulta difícil apostar por una cronología concreta dentro de la Prehistoria Reciente (PRI).

Valoración general: Este asentamiento necesita de una revisión en profundidad sobre el terreno, a fin de profundizar en la secuencia cultural.

Bibliografía:

Garrido Anguita, J. M.; Casares Landauro, E. (2011): "Las posibilidades del uso de aplicaciones informáticas y SIG como herramientas de análisis territorial de yacimientos arqueológicos (Calcolítico)". *Arte, Arqueología e Historia* 18, pp. 161- 168.

72. Cañada de la Rosa III (Bujalance)

Coordenadas:

X: -
Y: -
Z: 300 msnm

Tipología: Asentamiento en loma.

Situación: A 700 m al este del punto kilométrico 10 de la CO- 329.

Extensión: 0,5 ha.

Orientación: Suroeste

Morfología interna: Terrenos de origen terciario y modelado fluvial.

Paisaje: Monocultivo de olivar.

Dominio de tipo de suelo: Vertisoles (23).

Hidrología: Dominada por el margen derecho del arroyo de las Veredas.

Condiciones defensivas naturales: las derivadas de su altura y leve escarpe, mayor al sureste.

Indicios de defensa artificial: Desconocidos

Control del entorno: Control de la vía representada por los cauces de los arroyos de Veredas y del Asno, hasta su confluencia con el Guadalquivir.

Aprovechamiento económico potencial: Presumiblemente agrícola.

Presencia de estructuras visibles: Desconocida.

Estado general del yacimiento: Probablemente destruido por labores agrícolas.

Trabajos arqueológicos realizados: Prospección Arqueológica (1996).

Datos tecnológicos y tipológicos: El material descrito presenta formas de labio exvasado y perfil en S, algún indicio de carena media, así como platos y cuencos, cerámica en general muy rodada.

Cronología e interpretación: Los materiales presentados pueden hacer referencia al menos al Bronce Antiguo (II milenio ANE), por lo que ante las dudas que despierta una ocupación anterior, quedará incluido como PRI (Prehistoria Reciente Indeterminada).

Valoración general: Ante la exigüidad de los materiales observados, este emplazamiento debe esta sujeto a una ulterior revisión sobre el terreno.

Bibliografía:

Garrido Anguita, J. M.; Casares Landauro, E. (2011): "Las posibilidades del uso de aplicaciones informáticas y SIG como herramientas de análisis territorial de yacimientos arqueológicos (Calcolítico)". *Arte, Arqueología e Historia* 18, pp. 161- 168.

73. Zapico II (Bujalance)

Coordenadas:

X: -
Y: -
Z: 325 msnm

Tipología: Asentamiento en loma.

Situación: Ante la exigüidad de los materiales observados, este emplazamiento debe esta sujeto a una ulterior revisión sobre el terreno.

Extensión: 0,5 ha.

Orientación: Sureste.

Morfología interna: Terrenos de origen terciario y modelado fluvial.

Paisaje: Olivar en monocultivo.

Dominio de tipo de suelo: Vertisoles (23).

Hidrología: Domina el nacimiento de un cauce estacional tributario del arroyo Lorilla.

Condiciones defensivas naturales: No se aprecian.

Indicios de defensa artificial: Desconocidos.

Control del entorno: Controlando el acceso al arroyo Lorilla, se domina el valle del Guadatín.

Aprovechamiento económico potencial: Presumiblemente agrícola.

Presencia de estructuras visibles: Desconocida.

Estado general del yacimiento: Probablemente muy afectado por explotación agrícola.

Trabajos arqueológicos realizados: Prospección Arqueológica (1996).

Datos tecnológicos y tipológicos: Los fragmentos cerámicos a mano observados procedentes de este enclave resultan escasos y carentes de significación tipológica, destacando la presencia de formas globulares.

Cronología e interpretación: A falta de elementos de juício, no podemos precisar la cronología de este asentamiento más allá de su ocupación durante la Prehistoria Reciente (IV- II milenio ANE).

Valoración general: Asentamiento de cronología dudosa, el cual debería volver a ser visitado e un futuro a fin de ajustar criterios cronológicos.

Bibliografía:

Garrido Anguita, J. M.; Casares Landauro, E. (2011): "Las posibilidades del uso de aplicaciones informáticas y SIG como herramientas de análisis territorial de yacimientos arqueológicos (Calcolítico)". *Arte, Arqueología e Historia* 18, pp. 161- 168.

74. Cerro de la Horapia o la Cima (Bujalance)

Coordenadas:

X: -
Y: -
Z: 260 msnm

Tipología: Asentamiento en cerro testigo.

Situación: En la confluencia de los términos municipales de Lopera, Villa del Río y Bujalance.

Extensión: 1 ha.

Orientación: Indeterminada.

Morfología interna: Terrenos de origen terciario y modelado fluvial. Zócalo de caliza miocena.

Paisaje: Monocultivo de olivar.

Dominio de tipo de suelo: Cambisoles (48).

Hidrología: Dominio absoluto de la orilla izquierda del arroyo Salado de Porcuna.

Condiciones defensivas naturales: Derivadas de su altura y control visual. Desnivel más destacado en la vertiente oeste.

Indicios de defensa artificial: Desconocidos.

Control del entorno: Amplio control visual hacia el norte (vega del Guadalquivir) y hacia el este (cauce del Salado de Porcuna y vega adyacente).

Aprovechamiento económico potencial: Presumiblemente agrícola y de control.

Presencia de estructuras visibles: Desconocida.

Estado general del yacimiento: Probablemente afectado por labores agrícolas.

Trabajos arqueológicos realizados: Prospección Arqueológica (década de 1980 y 1996).

Datos tecnológicos y tipológicos: De entre los galbos a mano documentados, observamos una forma globular con perfil en "S"y un fragmento de carena media. En la bibliografía consultada se cita un pequeño puñal de bronce.

Cronología e interpretación: Con los datos aportados, resulta dificilmente probada una ocupación anterior al Bronce Medio, por lo que restringimos, con dudas, el poblamiento de dicho enclave en el II milenio ANE, quedando por su dudosa ocupación posterior clasificado como PRI.

Valoración general: Asentamiento de situación privilegiada, el cual merece una revisión sobre el tereno a fin de ajustar la cronología propuesta.

Bibliografía:

Garrido Anguita, J. M.; Casares Landauro, E. (2011): "Las posibilidades del uso de aplicaciones informáticas y SIG como herramientas de análisis territorial de yacimientos arqueológicos (Calcolítico)". *Arte, Arqueología e Historia* 18, pp. 161- 168.

Morena López, J. A.; Sánchez de la Orden, M.; García-Ferrer Porras, A. (1990): *Prospecciones arqueológicas en la campiña de Córdoba*. ETSIA. Córdoba.

75. La Solana (Bujalance)

Coordenadas:

X: -
Y: -
Z: 325 msnm

Tipología: Asentamiento en loma.

Situación: A 700 m al este del punto kilométrico 10 de la carretera CO- 292.

Extensión: 1 ha.

Orientación: Predominio hacia el oeste.

Morfología interna: Terrenos de origen terciario y modelado fluvial.

Paisaje: Monocultivo de olivar.

Dominio de tipo de suelo: Vertisoles (23).

Hidrología: Domina al sureste, el cauce del arroyo Pozo de las Yeguas, y al Noroeste, el cauce estacional de una arroyo tributario.

Condiciones defensivas naturales: Las derivadas de su discreta altura y moderada pendiente (mayor al Noroeste y al sureste).

Indicios de defensa artificial: Desconocidos.

Control del entorno: Muy discreto. Fácil acceso a la vega del Arroyo del Cañetejo.

Aprovechamiento económico potencial: Presumiblemente agrícola.

Presencia de estructuras visibles: Desconocida.
Estado general del yacimiento: Muy probablemente afectado por laboreo agrícola.

Trabajos arqueológicos realizados: Prospección Arqueológica (1996).

Datos tecnológicos y tipológicos: Se destaca el hallazgo superficial de moletas y cerámica a mano, de entre la que destaca un fragmento de recipiente de paredes rectas y un fragmento de vaso globular.

Cronología e interpretación: Con los datos aportados creemos estar ante un asentamiento ocupado entre el IV y el III milenio ANE, sin poder precisar una cronología más concreta (PRI).

Valoración general: Consideramos oportuno realizar una revisión sobre el terreno en lo relativo a este establecimiento, a fin de ajustar una cronología fiable base a información artefactual.

Bibliografía:

Garrido Anguita, J. M.; Casares Landauro, E. (2011): "Las posibilidades del uso de aplicaciones informáticas y SIG como herramientas de análisis territorial de yacimientos arqueológicos (Calcolítico)". *Arte, Arqueología e Historia* 18, pp. 161- 168.

76. Caserío de la Gavia Baja (Bujalance)

Coordenadas:

X: -
Y: -
Z: 280 msnm

Tipología: Asentamiento en loma.

Situación: A 500 m al sureste del punto kilométrico 10 de la carretera A 309.

Extensión: 1 ha.

Orientación: Predominantemente suroeste.

Morfología interna: Terrenos de origen terciario y modelado fluvial.

Paisaje: Monocultivo de olivar.

Dominio de tipo de suelo: Vertisoles (23).

Hidrología: Dominada por el cauce izquierdo del arroyo del Palo Muerto, tributario del de Las Veredas, éste a su vez del de El Asno.

Condiciones defensivas naturales: Las derivadas de su altura relativa.

Indicios de defensa artificial: Desconocidos.
Control del entorno: Muy escasa visibilidad, enfocada a la cañada de la Rosa, tributaria del arroyo de las Veredas.

Aprovechamiento económico potencial: Presumiblemente agrícola.

Presencia de estructuras visibles: Desconocida.

Estado general del yacimiento: Probablemente afectado por labores agrícolas.

Trabajos arqueológicos realizados: Prospección Arqueológica (1996).

Datos tecnológicos y tipológicos: Tan sólo se han citado para este asentamiento fragmentos cerámicos muy rodados, galbos, de factura tosca y desgrasantes muy gruesos.

Cronología e interpretación: Desconocida, careciendo de elementos de juicio que puedan arrojar datos relativos a su cronología, quedando como Prehistoria Reciente Indeterminada (PRI)

Valoración general: Enclave que quizá debería somenterse a un nuevo reconocimiento superficial a fin de precisar su inclusión o exclusión a una fase concreta de la Prehistoria Reciente.

Bibliografía:

Garrido Anguita, J. M.; Casares Landauro, E. (2011): "Las posibilidades del uso de aplicaciones informáticas y SIG como herramientas de análisis territorial de yacimientos arqueológicos (Calcolítico)". *Arte, Arqueología e Historia* 18, pp. 161- 168.

77. El Morrón I (Cañete de las Torres)

Coordenadas:

X: -
Y: -
Z: 330 msnm

Tipología: Asentamiento en loma.

Situación: Próximo a la confluencia de los términos de Bujalance, Cañete de las Torres y Lopera, a aproximadamente 2 km al norte del punto kilométrico 10 de la CO- 293.

Extensión: 2 ha (extensión de los hallazgos, incluidos los pertenecientes a fases históricas).

Orientación: Sur- sureste.

Morfología interna: Terrenos de origen terciario y modelado fluvial.

Paisaje: Divisoria entre olivar y tierras de cereal.
Dominio de tipo de suelo: Regosoles y vertisoles (13 y 23).

Hidrología: Incluido entre dos vaguadas en sentido norte- sur, tributarias del arroyo de la Estremera.

Condiciones defensivas naturales: Escasas, al encontrarse sobre una ladera suave.

Indicios de defensa artificial: Desconocidos

Control del entorno: Escaso, orientado al sur hacia el cauce del arroyo de la Estremera.

Aprovechamiento económico potencial: Presumiblemente agrícola.

Presencia de estructuras visibles: Desconocida.

Estado general del yacimiento: Probablemente afectado por labores agrícolas.

Trabajos arqueológicos realizados: Prospección Arqueológica (década de 1980 y 1999).

Datos tecnológicos y tipológicos: Cerámica a mano atípica y de difícil ubicación cronológica.

Cronología e interpretación: Discutible, incluyéndolo por nuestra parte y con dudas, como PRI (Prehistoria Reciente Indeterminada). Restos cerámicos a mano de difícil interpretación, asociada a cerámica andalusí y de época romana.

Valoración general: Carecemos de criterios suficientes para adscribir este enclave ni tan siquiera al poblamiento de la Prehistoria Reciente.

Bibliografía:

Garrido Anguita, J. M.; Casares Landauro, E. (2011): "Las posibilidades del uso de aplicaciones informáticas y SIG como herramientas de análisis territorial de yacimientos arqueológicos (Calcolítico)". *Arte, Arqueología e Historia* 18, pp. 161- 168.

Serrano Carrillo, J.; Morena López, J. A. (1984) *Arqueología inédita de Córdoba y Jaén.* Monte de Piedad y Caja de Ahorros de Córdoba.

78. El Morrón II (Cañete de las Torres)

Coordenadas:

X: -
Y: -
Z: 335 msnm.

Tipología: Asentamiento sobre loma- ladera.

Situación: A aproximadamente 700 m al norte del punto kilométrico 9 de la carretera CO- 293.

Extensión: 0,5 ha.

Orientación: Sur- sureste.

Morfología interna: Terrenos de origen terciario y modelado fluvial.

Paisaje: Monocultivo de olivar.

Dominio de tipo de suelo: Regosoles (13).

Hidrología: Dominada al sur, por la margen derecha del arroyo de la Estremera.

Condiciones defensivas naturales: Escasas, derivadas de su relativa altura.

Indicios de defensa artificial: Desconocidos.

Control del entorno: Escaso, únicamente cuenta con visibilidad al sur, hacia el cauce del arroyo de la Estremera.

Aprovechamiento económico potencial: Presumiblemente agrícola.

Presencia de estructuras visibles: Desconocida.

Estado general del yacimiento: Afectado por labores agrícolas.

Trabajos arqueológicos realizados: Prospección arqueológica (1999).

Datos tecnológicos y tipológicos: Fragmentos cerámicos atípicos, fundamentalmente galbos, así como alguna forma carenada. Se cita un fragmento de lámina con retoque denticulado.

Cronología e interpretación: Aunque los materiales citados plantean muchas dudas (habiéndolo incluido como PRI), podemos plantear una ocupación prehistórica dentro del II milenio ANE. Presencia de cerámica medieval a mano.

Valoración general: Estamos ante un asentamiento más que debe ser revisado sobre el terreno, a fin de ajustar la cronología propuesta.

Bibliografía:

Garrido Anguita, J. M.; Casares Landauro, E. (2011): "Las posibilidades del uso de aplicaciones informáticas y SIG como herramientas de análisis territorial de yacimientos arqueológicos (Calcolítico)". *Arte, Arqueología e Historia* 18, pp. 161- 168.

79. Casillas II (Cañete de las Torres)

Coordenadas: Aproximadas

X: -
Y: -
Z: 300 msnm

Tipología: Asentamiento en loma.

Situación: A 200 m al sur del punto kilométrico 45,5 de la carretera N- 324.

Extensión: Desconocida.

Orientación: Fundamentalmente este.

Morfología interna: Terrenos de origen terciario y modelado fluvial.

Paisaje: Monocultivo de olivar.

Dominio de tipo de suelo: Vertisoles (23).

Hidrología: Domina la confluencia del arroyo de los Caballeros con el arroyo del Cañetejo.

Condiciones defensivas naturales: Carece de ellas.

Indicios de defensa artificial: Desconocida.

Control del entorno: Limitado al acceso al corredor del arroyo del Cañetejo.

Aprovechamiento económico potencial: Presumiblemente agrícola.

Presencia de estructuras visibles: Desconocidas.

Estado general del yacimiento: Muy afectado por labores agrícolas.

Trabajos arqueológicos realizados: Prospección Arqueológica (2001).

Datos tecnológicos y tipológicos: Tan sólo se citan datos relativos al hallazgo de cerámica a mano y una lámina se sílex de pequeño formato.

Cronología e interpretación: Muy arriesgada. Presencia humana documentada para un momento no precisado de la Prehistoria Reciente (PRI).

Valoración general: Enclave que debe ser revisado sobre el terreno, a fin de ajustar cronología.

Bibliografía:

Garrido Anguita, J. M.; Casares Landauro, E. (2011): "Las posibilidades del uso de aplicaciones informáticas y SIG como herramientas de análisis territorial de yacimientos arqueológicos (Calcolítico)". *Arte, Arqueología e Historia* 18, pp. 161- 168.

80. Miraflores II (Cañete de las Torres)

Coordenadas:

X: -
Y: -
Z: 300 msnm

Tipología: Asentamiento en loma.

Situación: En la cota 300 del cerro de Miraflores. Próximo a la intersección entre el Camino Alto de Bujalance y la N- 324.

Extensión: 0,5 ha.

Orientación: Predominio hacia el norte.

Morfología interna: Terrenos de origen terciario y modelado fluvial.

Paisaje: Monocultivo de olivar.

Dominio de tipo de suelo: Vertisoles (23).

Hidrología: Domina al norte la confluencia entre el arroyo del Hornillo y el arroyo del Cañetejo.

Condiciones defensivas naturales: Las derivadas de su altura y dominio visual.

Indicios de defensa artificial: Desconocidos.

Control del entorno: Relativo al acceso al corredor del Cañetejo.

Aprovechamiento económico potencial: Presumiblemente agrícola.

Presencia de estructuras visibles: Desconocida.

Estado general del yacimiento: Muy afectado por labores agrícolas.

Trabajos arqueológicos realizados: Prospección Arqueológica (1996).

Datos tecnológicos y tipológicos: En los datos de la prospección consultados, se cita material prehistórico escaso, identificándose entre la cerámica a mano, un borde y diversos galbos. Se cita asimismo, la presencia de una azuela, muy rodada, así como fragmentos de elementos de molturación.

Cronología e interpretación: No nos atrevemos, en vista de la información disponible, más que a situar la ocupación de este enclave entre el IV- III milenio ANE, sin excluir perduraciones dentro del II milenio ANE (PRI).

Valoración general: Interesante emplazamiento que merece una revisión en profundidad sobre el terreno, con el fin de ajustar la cronología propuesta.

Bibliografía:

Garrido Anguita, J. M.; Casares Landauro, E. (2011): "Las posibilidades del uso de aplicaciones informáticas y SIG como herramientas de análisis territorial de yacimientos arqueológicos (Calcolítico)". *Arte, Arqueología e Historia* 18, pp. 161- 168.

81. El Carrascal (Pedro Abad)

Coordenadas:

X: -
Y: -
Z: 155 msnm

Tipología: Asentamiento sobre terraza fluvial.

Situación: A unos 500 m al este del Cortijo del Carrascal, en la península de Alcurrucén.

Extensión: 1 ha.

Orientación: Gradiente con predominio al este.

Morfología interna: Terraza fluvial. Limos rojos cuaternarios.

Paisaje: Baldío y cereal.

Dominio de tipo de suelo: Fluvisoles (2).

Hidrología: Dominada por el cauce del Guadalquivir.

Condiciones defensivas naturales: Determinadas por su elevación sobre el río, que sirve como barrera al este.

Indicios de defensa artificial: Desconocidos.

Control del entorno: Óptimo control del paso del río hacia el meandro de Algallarín.

Aprovechamiento económico potencial: Presumiblemente agrícola y fluvial.

Presencia de estructuras visibles: Desconocida

Estado general del yacimiento: Muy afectado por extracción de áridos (a juzgar por la Ortofotografía de 2007).

Trabajos arqueológicos realizados: Prospección Arqueológica (1996).

Datos tecnológicos y tipológicos: Junto a una significativa abundancia de cerámica ibérica y romana, se cita la presencia de cerámica a mano no diferenciada, junto a un fragmento de carena baja.

Cronología e interpretación: Asumimos como arriesgado atribuir una ocupación propia del IV milenio ANE a partir de un solo resto cerámico, si bien resulta muy expresivo a nivel tipológico.

Valoración general: La atribución cultural provisional que hemos atribuido a dicho emplazamiento debe ser corroborada en profundidad por una posterior visita sobre el terreno.

Bibliografía: Inédito.

82. Cortijo de Román (Pedro Abad)

Coordenadas:

X: -
Y: -
Z: 197/ 201 msnm

Tipología: Asentamiento en loma.

Situación: A 500 m al norte del punto kilométrico 3,3 de la carretera CP 117.

Extensión: 1,5 ha.

Orientación: Predominantemente sur.

Morfología interna: Terrenos pardos terciarios. Modelado fluvial cuaternario.

Paisaje: Olivar y cereal.

Dominio de tipo de suelo: Vertisoles (23).

Hidrología: Flanqueado al este y al oeste, por dos pequeñas vaguadas tributarias del arroyo del Asno, al sur.

Condiciones defensivas naturales: Las derivadas de su altura y dominio visual.

Indicios de defensa artificial: Desconocidos.

Control del entorno: Gran dominio visual de la confluencia del arroyo de las Veredas con el arroyo del Asno.

Aprovechamiento económico potencial: Previsiblemente agrícola.

Presencia de estructuras visibles: Desconocida.

Estado general del yacimiento: Muy afectado por labores agrícolas.

Trabajos arqueológicos realizados: Prospección arqueológica (1996).

Datos tecnológicos y tipológicos: Tipológicamente conocemos de este asentamiento gran cantidad de fragmentos de fuentes y cazuelas de carena baja, fragmentos de vasos con mamelón bajo el borde y paredes rectas convergentes.

Cronología e interpretación: Creemos estar ante un enclave agrícola datable en la segunda mitad del IV milenio ANE.

Valoración general: Interesante enclave agrícola, de gran correspondencia tipológica con la cultura material recuperada en la Iglesia Antigua de Alcolea.

Bibliografía:

Garrido Anguita, J. M.; Casares Landauro, E. (2011): "Las posibilidades del uso de aplicaciones informáticas y SIG como herramientas de análisis territorial de yacimientos arqueológicos (Calcolítico)". *Arte, Arqueología e Historia* 18, pp. 161- 168.

83. Cortijo de Román Bajo II (Pedro Abad)

Coordenadas:

X: -
Y: -
Z: 199/ 204 msnm

Tipología: Asentamiento en loma.

Situación: Aproximadamente a 800 m al sur del punto kilométrico 3 de la carretera CP- 117, en la ladera nororiental de una pequeña elevación.

Extensión: 2 ha.

Orientación: Noreste.

Morfología interna: Terrenos pardos terciarios. Modelado fluvial cuaternario.

Paisaje: Tierras de cereal.

Dominio de tipo de suelo: Vertisoles (23).

Hidrología: Domina en su flanco nororiental, la confluencia del arroyo del Asno con el arroyo de las Veredas.

Condiciones defensivas naturales: Escasas. Las derivadas de su relativa altura y dominio.

Indicios de defensa artificial: Desconocidos.

Control del entorno: Aparentemente supeditado al control de la confluencia del arroyo del Asno con el de las Veredas.

Aprovechamiento económico potencial: Probablemente agrícola.

Presencia de estructuras visibles: Desconocida.

Estado general del yacimiento: Muy afectado por labores agrícolas.

Trabajos arqueológicos realizados: Prospección Arqueológica (1996).

Datos tecnológicos y tipológicos: Material muy escaso repartido en una amplia extensión relativa. Las formas a mano resultan muy poco definitorias (presencia de formas abiertas de borde entrante).

Cronología e interpretación: Muy problemática. Probablemente tan sólo contemos con argumentos suficientes para adelantar la ocupación de este enclave entre el IV y el II milenio ANE, en un momento indeterminado de la Prehistoria Reciente (PRI).

Valoración general: Asentamiento que debe ser visitado y sometido a registro sobre el terreno, a fin de ajustar una horquilla cronológica razonable.

Bibliografía: Inédito.

84. Las Flores (Pedro Abad)

Coordenadas:

X: -
Y: -
Z: 194 msnm

Tipología: Asentamiento en loma.

Situación: A aproximadamente a un kilómetro al sur del punto kilométrico 2,3 de la carretera CP- 117.

Extensión: Indeterminada.

Orientación: Norte.

Morfología interna: Terrenos pardos terciarios. Modelado fluvial cuaternario.

Paisaje: Olivar y cereal de secano.

Dominio de tipo de suelo: Vertisoles (23).

Hidrología: Dominada al norte por la orilla izquierda del arroyo del Asno.

Condiciones defensivas naturales: Las derivadas de su relativa altura y dominio.

Indicios de defensa artificial: Desconocidos.

Control del entorno: Enfocado al cauce del arroyo del Asno. A escasamente 2 km al norte, se halla una madre vieja o paleocauce del meandro de Algallarín.

Aprovechamiento económico potencial: Presumiblemente agrícola.

Presencia de estructuras visibles: Desconocida.

Estado general del yacimiento: Muy afectado por labores agrícolas.

Trabajos arqueológicos realizados: Prospección Arqueológica (1996).

Datos tecnológicos y tipológicos: Se cita la presencia de cerámica a mano compuesta por galbos, a excepción de un borde de paredes rectas y un fragmento de cazuela carenada. Hallazgo de dos dientes de hoz.

Cronología e interpretación: Avanzamos una ocupación referente a la segunda mitad del IV milenio ANE, con probables perduraciones a finales del III milenio e inicios del II milenio ANE.

Valoración general: Enclave datado principalmente en la segunda mitad del IV milenio, si bien los elementos de juicio al respecto resultan muy escasos y dispersos, aunque de cierta expresividad tipológica.

Bibliografía: Inédito.

85. Las Flores II (Pedro Abad)

Coordenadas:

X: -
Y: -
Z: 170 msnm

Tipología: Asentamiento en loma.

Situación: A aproximadamente 300 m al sur del punto kilométrico 2,5 de la carretera CP- 117.

Extensión: 1,5 ha.

Orientación: Sureste.

Morfología interna: Terrenos pardos terciarios. Modelado fluvial cuaternario.

Paisaje: Cereal y regadío.

Dominio de tipo de suelo: Vertisoles (23).

Hidrología: Dominada directamente por el arroyo del Asno al sur, a escasamente 100 m.

Condiciones defensivas naturales: Inexistentes.

Indicios de defensa artificial: Desconocidos.

Control del entorno: Enfocado al corredor del arroyo del Asno.

Aprovechamiento económico potencial: Previsiblemente agrícola.

Presencia de estructuras visibles: Desconocida.

Estado general del yacimiento: Probablemente muy afectado por laboreo agrícola.

Trabajos arqueológicos realizados: Prospección Arqueológica (1996).

Datos tecnológicos y tipológicos: Junto a elementos líticos pulimentados, tales como varios molinos, una moleta, un hacha fragmentada y un fragmento de otra probable, los elementos cerámicos documentados responden a cuatro fragmentos de fuentes y cazuelas de carena baja y un fragmento de borde de paredes rectas convergentes.

Cronología e interpretación: A juzgar por los elementos tipológicos considerados, avanzamos una ocupación en torno a la segunda mitad del IV milenio ANE.

Valoración general: Interesante asentamiento agrícola sin posibilidades de defensa. Presencia de cerámica ibérica.

Bibliografía:

Garrido Anguita, J. M.; Casares Landauro, E. (2011): "Las posibilidades del uso de aplicaciones informáticas y SIG como herramientas de análisis territorial de yacimientos arqueológicos (Calcolítico)". *Arte, Arqueología e Historia* 18, pp. 161- 168.

86. Huerta de Román (Pedro Abad)

Coordenadas:

X: -
Y: -
Z: 170 msnm.

Tipología: Asentamiento en loma/ llano.

Situación: A 30 m al sur del punto kilométrico 3,5 de la carretera CP- 117.

Extensión: 0,5 ha.

Orientación: Predominantemente sur.

Morfología interna: Modelado fluvial cuaternario.

Paisaje: Huerta y cereal. Regadío.

Dominio de tipo de suelo: Vertisoles (23).

Hidrología: Dominada al sur por la confluencia del arroyo de las Veredas con el del Asno.

Condiciones defensivas naturales: Inexistentes.

Indicios de defensa artificial: Desconocidos.

Control del entorno: Enfocado al corredor del arroyo del Asno.

Aprovechamiento económico potencial: Presumiblemente agrícola.

Presencia de estructuras visibles: Desconocida.

Estado general del yacimiento: Muy afectado por laboreo agrícola.

Trabajos arqueológicos realizados: Prospección Arqueológica (1996).

Datos tecnológicos y tipológicos: Junto a evidencias de la presencia de elementos de molturación, se citan procedentes de este emplazamiento algunas formas globulares, fragmentos de borde de paredes rectas y dos formas de carena baja, pertenecientes a fuentes y cazuelas carenadas.

Cronología e interpretación: Probablemente estemos ante un enclave ocupado en la segunda mitad del IV milenio ANE.

Valoración general: Interesante asentamiento agrícola sin posibilidades de defensa. Ocupación medieval y moderna.

Bibliografía:

Garrido Anguita, J. M.; Casares Landauro, E. (2011): "Las posibilidades del uso de aplicaciones informáticas y SIG como herramientas de análisis territorial de yacimientos arqueológicos (Calcolítico)". *Arte, Arqueología e Historia* 18, pp. 161- 168.

Morena López, J. A.; Sánchez de la Orden, M.; García-Ferrer Porras, A. (1990): *Prospecciones arqueológicas en la campiña de Córdoba*. ETSIA. Córdoba.

87. Valdeflores (Pedro Abad)

Coordenadas:

X: -
Y: -
Z: 197 msnm.

Tipología: Asentamiento en loma.

Situación: A 500 m al Noreste del punto kilométrico 1 de la carretera CP- 117.

Extensión: 0,5 ha.

Orientación: Gradiente sur. Agrupación de restos en la vertiente norte y sur.

Morfología interna: Terrenos terciarios con un intenso modelado fluvial cuaternario.

Paisaje: Cultivo de cereal y olivar.

Dominio de tipo de suelo: Vertisoles (23).

Hidrología: Flanqueado al sur por la margen derecha del arroyo del Asno, y al norte por una antigua madre vieja o paleocauce del meandro de Algallarín.

Condiciones defensivas naturales: Las derivadas de su relativa altura y dominio visual.

Indicios de defensa artificial: Desconocidos.

Control del entorno: Importante control al sur de la desembocadura del arroyo del Asno en el Guadalquivir.

Aprovechamiento económico potencial: Presumiblemente agrícola y fluvial.

Presencia de estructuras visibles: Desconocida.

Estado general del yacimiento: Afectado por labores agrícolas.

Trabajos arqueológicos realizados: Prospección Arqueológica (1996).

Datos tecnológicos y tipológicos: Procedentes de este enclave se citan varios fragmentos de fuentes y cazuelas carenadas, vasos de mamelón bajo el borde y paredes rectas, así como dos fragmentos de hachas pulimentadas. Presencia de un núcleo de láminas de pequeño formato, de plano de percusión natural y tallado a presión, con tratamiento térmico.

Cronología e interpretación: Probablemente estemos ante un enclave ocupado en la segunda mitad del IV milenio ANE.

Valoración general: Interesante asentamiento agrícola en el entorno del Arroyo del Asno, como los de Huerta de Román, Cortijo de Román y las Flores.

Bibliografía:

Garrido Anguita, J. M.; Casares Landauro, E. (2011): "Las posibilidades del uso de aplicaciones informáticas y SIG como herramientas de análisis territorial de yacimientos arqueológicos (Calcolítico)". *Arte, Arqueología e Historia* 18, pp. 161- 168.

88. Valdeflores II (Pedro Abad)

Coordenadas:

X: -
Y: -
Z: 177 msnm.

Tipología: Asentamiento en loma.

Situación: A unos 300 m al sur del punto kilométrico 0,5 de la carretera CP- 117.

Extensión: 1,5 ha.

Orientación: Predominio hacia el sureste

Morfología interna: Terrenos terciarios con un intenso modelado fluvial cuaternario.

Paisaje: Olivar y cereal. Dominado por el regadío.

Dominio de tipo de suelo: Vertisoles (23).

Hidrología: Muy próximo, al sur, a la desembocadura del arroyo del Asno en el Guadalquivir.

Condiciones defensivas naturales: Muy escasas.

Indicios de defensa artificial: Desconocidos.

Control del entorno: Supeditado al control del corredor del arroyo del Asno.

Aprovechamiento económico potencial: Presumiblemente agrícola.

Presencia de estructuras visibles: Desconocida.

Estado general del yacimiento: Afectado por labores agrícolas.

Trabajos arqueológicos realizados: Prospección Arqueológica (1996).

Datos tecnológicos y tipológicos: Procedentes de este enclave se citan diversas formas globulares, un cuenco, fragmentos de cazuelas y fuentes carenadas, así como de recipientes de paredes rectas y mamelón bajo el borde.

Cronología e interpretación: Probablemente estemos ante un enclave ocupado en la segunda mitad del IV milenio ANE.

Valoración general: Interesante asentamiento agrícola en el entorno del Arroyo del Asno, como los de Huerta de Román, Cortijo de Román, las Flores y Valdeflores I.

Bibliografía:

Garrido Anguita, J. M.; Casares Landauro, E. (2011): "Las posibilidades del uso de aplicaciones informáticas y SIG como herramientas de análisis territorial de yacimientos arqueológicos (Calcolítico)". *Arte, Arqueología e Historia* 18, pp. 161- 168.

89. Valdeflores III (Pedro Abad)

Coordenadas:

X: -
Y: -
Z: 160 msnm.

Tipología: Asentamiento en loma.

Situación: a 200 m al Noreste del punto kilométrico 1,5 de la carretera CO- 291.

Extensión: 2 ha.

Orientación: Sureste.

Morfología interna: Terrenos terciarios con un intenso modelado fluvial cuaternario.

Paisaje: Cereal. Paisaje de regadío.

Dominio de tipo de suelo: Vertisoles (23).

Hidrología: Dominado, a escasamente 200 m al sur, por la margen derecha del arroyo del Asno.

Condiciones defensivas naturales: Escasas.

Indicios de defensa artificial: Desconocidos.

Control del entorno: Supeditado al control del corredor del arroyo del Asno, próximo a su desembocadura en un antiguo cauce del meandro de la Huelga.

Aprovechamiento económico potencial: Presumiblemente agrícola.

Presencia de estructuras visibles: Desconocida.

Estado general del yacimiento: Afectado por labores agrícolas.

Trabajos arqueológicos realizados: Prospección Arqueológica (1996).

Datos tecnológicos y tipológicos: Ha sido citada en este enclave la presencia de elementos de molturación, cerámica a mano y algún fragmento a la almagra, de muy escasa significación tipológica.

Cronología e interpretación: Problemática. Posiblemente estamos ante un enclave ocupado en un momento indeterminado de la Prehistoria Reciente, entre el IV y el II milenio ANE, sin mayores precisiones (PRI).

Valoración general: Cabe la posibilidad de responder a material derivado, o una agrupación de materiales correspondiente a una extensión de la ocupación del asentamiento de Valdeflores II.

Bibliografía: Inédito.

90. Cortijo de Buenos Aires II (Pedro Abad)

Coordenadas:

X: -
Y: -
Z: 160 msnm.

Tipología: Asentamiento sobre terraza fluvial.

Situación: A 800 m al suroeste del punto kilométrico 2 de la carretera CO- 291.

Extensión: 1,5 ha.

Orientación: Predominantemente oeste.

Morfología interna: Terrenos terciarios con un intenso modelado fluvial cuaternario.

Paisaje: Olivar y cereal de secano.

Dominio de tipo de suelo: Luvisoles y fluvisoles (58 y 2).

Hidrología: Flanqueado al norte por curso bajo del arroyo del Asno. Al sur por el arroyo de la Vega. A 1 km al oeste se encuentra la margen izquierda del Guadalquivir.

Condiciones defensivas naturales: Las derivadas de su relativo desnivel y altitud.

Indicios de defensa artificial: Desconocidos.

Control del entorno: Bien situado junto al cauce del Guadalquivir, levantado sobre un posible cauce antiguo del meandro de la Huelga.

Aprovechamiento económico potencial: Presumiblemente agrícola y fluvial.

Presencia de estructuras visibles: Desconocidas.

Estado general del yacimiento: Afectado por labores agrícolas y obras de infraestructura (parcelaciones).

Trabajos arqueológicos realizados: Prospección Arqueológica (1996).

Datos tecnológicos y tipológicos: Muy escaso material. Tipológicamente tan sólo cabe destacar el hallazgo de un cuenco hemisférico y un fragmento de carena baja, perteneciente a una fuente carenada.

Cronología e interpretación: Ante tan escasa evidencia material, tan sólo cabe hipotizar una ocupación de este enclave al menos durante la segunda mitad del IV milenio ANE.

Valoración general: Enclave que merece una revisión sobre el terreno, a fin de asegurar o ampliar la cronología propuesta.

Bibliografía: Inédito.

91. Cortijo del Ochavo I (Pedro Abad)

Coordenadas:

X: -
Y: -
Z: 180 msnm.

Tipología: Asentamiento en loma.

Situación: A 100 m al noroeste del punto kilométrico 405 de la antigua vía férrea de Villafranca a Montoro.

Extensión: 0,5 ha.

Orientación: Sur.

Morfología interna: Terrenos terciarios con un intenso modelado fluvial cuaternario.

Paisaje: Cereal. Paisaje de regadío.

Dominio de tipo de suelo: Vertisoles (23).

Hidrología: Enclavado entre el cauce del arroyo del Asno, al sur y un antiguo cauce del meandro de Algallarín.

Condiciones defensivas naturales: Muy escasas.

Indicios de defensa artificial: Desconocidos.

Control del entorno: Enfocado al sur al control del corredor del arroyo del Asno. Al norte, domina gran parte de la llanura aluvial próxima a Algallarín.

Aprovechamiento económico potencial: Presumiblemente agrícola.

Presencia de estructuras visibles: Desconocida.

Estado general del yacimiento: Afectado por labores agrícolas.

Trabajos arqueológicos realizados: Prospección Arqueológica (1996).

Datos tecnológicos y tipológicos: Se cita una abundante concentración de materiales en la ladera sur. Dos fragmentos de platos o fuentes de borde engrosado (uno de ellos almendrado) representan los únicos elementos cerámicos tipologizables, junto a dos hachas/ azuelas fragmentadas, y un fragmento de foliáceo de sílex.

Cronología e interpretación: Ocupación encuadrable durante el III milenio ANE.

Valoración general: Uno de los escasos referentes de poblamiento el III milenio, en un territorio de gran concentración de asentamientos ocupados durante el último tercio del milenio anterior.

Bibliografía:

Garrido Anguita, J. M.; Casares Landauro, E. (2011): "Las posibilidades del uso de aplicaciones informáticas y SIG como herramientas de análisis territorial de yacimientos arqueológicos (Calcolítico)". *Arte, Arqueología e Historia* 18, pp. 161- 168.

92. Cementerio de Pedro Abad (Pedro Abad)

Coordenadas:

X: -
Y: -
Z: 166 msnm.

Tipología: Asentamiento sobre terraza fluvial.

Situación: A escasos metros al suroeste del cementerio de la Ermita del Cristo de los Desamparados.

Extensión: 0,5 ha.

Orientación: Sin precisar.

Morfología interna: Techo de terraza. Modelado fluvial cuaternario.

Paisaje: Cereal y periurbano.

Dominio de tipo de suelo: Luvisoles y vertisoles (58 y 23).

Hidrología: Dominada al sur por la desembocadura del arroyo del Asno en el Guadalquivir.

Condiciones defensivas naturales: Escasas, las derivadas de su relativa altura y control.

Indicios de defensa artificial: Desconocidos.

Control del entorno: Destaca al sur, el control visual de la confluencia del arroyo del Asno con el Guadalquivir, que pudo discurrir en el pasado hasta un kilómetro más al este en esta zona.

Aprovechamiento económico potencial: Presumiblemente agrícola y fluvial.

Presencia de estructuras visibles: Desconocidas.

Estado general del yacimiento: Muy afectado por labores agrícolas.

Trabajos arqueológicos realizados: Prospección Arqueológica (1996).

Datos tecnológicos y tipológicos: Hallazgo fragmentos de láminas prismáticas, dientes de hoz y cerámica a mano de escasa significación tipológica.

Cronología e interpretación: Probable área ocupacional explotada entre el III y el II milenio ANE (PRI).

Valoración general: Ante la escasez de pruebas positivas para ajustar una delimitación del sitio, así como para asegurar precisos aspectos cronológicos, este enclave debe ser sometido a una ulterior revisión sobre el terreno.

Bibliografía:

Garrido Anguita, J. M.; Casares Landauro, E. (2011): "Las posibilidades del uso de aplicaciones informáticas y SIG como herramientas de análisis territorial de yacimientos arqueológicos (Calcolítico)". *Arte, Arqueología e Historia* 18, pp. 161- 168.

93. Camino de la Barca (Algallarín, Adamuz)

Coordenadas:

X: -
Y: -
Z: 156 msnm

Tipología: Asentamiento sobre terraza fluvial.

Situación: Dentro meandro de Algallarín, al sur del último tramos de la carretera CV- 217.

Extensión: Creemos que la extensión máxima de la dispersión de materiales no debe superar las 8 ha.

Orientación: Este- sureste.

Morfología interna: Se trata de la primera terraza del Guadalquivir en la orilla derecha. Terreno llano, levemente alomado y compuesto por bloques, cantos, gravas, arcenas y limos, culminando con arcillas rojizas cuaternarias.

Paisaje: Olivar en terrenos más elevados, regadío en los llanos a menor cota.

Dominio de tipo de suelo: Fluvisoles y vertisoles (2 y 23).

Hidrología: Dominada por el ángulo que describe el cauce derecho del arroyo Pajarejo en su confluencia con el Guadalquivir.
Condiciones defensivas naturales: Neto desnivel al sur y este debido a su condición de terraza. El meandro de Algallarín describe una barrera parabólica.

Indicios de defensa artificial: Desconocidos.

Control del entorno: Domina visualmente la mesa de Alcurrucén y las elevaciones que bordean la orilla izquierda del arroyo del Asno. Control probable del cauce del Arenoso, en dirección norte.

Aprovechamiento económico potencial: Agrícola y fluvial. Hemos observado en superficie durante una vista (4- 2008), escorias y agregados de óxidos de cobre. La mención de "hachas parcialmente pulimentadas y con faltas" (Coma, 1981: 14), puede indicar la transformación y acondicionamiento de estos instrumentos in situ.

Presencia de estructuras visibles: Desconocida.

Estado general del yacimiento: Muy afectado por el laboreo agrícola.

Trabajos arqueológicos realizados: Prospección Arqueológica, 1985. Delegación Provincial de Cultura, Actualización y Revisión del IYAA 2003.

Datos tecnológicos y tipológicos: Junto a una ingente cantidad de elementos líticos pulimentados, puestos al descubierto por labores agrícolas desde finales de la década de 1970, junto a abundante material lítico tallado de tecnología laminar, conocemos referencias a cerámica de variada tipología, aunque en menor proporción. Se destacan formas carenadas (fuentes y cazuelas, formas globulares cerradas y platos de borde engrosado y almendrado (Murillo 1986a: 94). Se ha hallado igualmente un fragmento de placa de esquisto con decoración geométrica (Murillo 1986a: 94). Por nuestra parte, conocemos la existencia en una colección particular junto a varios elementos pulimentados, de un vaso globular de paredes levemente rectas y convergentes, decorado a base de haces de dos líneas paralelas incisas, rellenas de líneas perpendiculares formando motivos en escalera y completado por una leve aguada a la almagra. Existen biselados pulimentados de este yacimeinto tanto en el museo arqueológico de Córdoba (MAECO) como en el museo municipal de Bujalance.

Cronología e interpretación: A raíz de los elementos tipológicos reseñados, se trataría de un importante poblado agrícola ocupado desde el IV milenio hasta al menos mediados del III milenio ANE.

Valoración general: Se hace necesario un estudio intensivo del estado actual del yacimiento, su delimitación y un mayor ajuste cronológico.

Bibliografía:

Coma Faricle, R. (1981): "Aportaciones a la Prehistoria de Algallarín (Córdoba) I". *Corduba Archaeologica*, 11, pp. 3- 21.

Murillo Redondo, J. F. y Ruiz Lara, D. (1982): "Materiales prehistóricos de Algallarín y Cabra". *Corduba Archaeologica*, 12, pp. 3- 13.

Murillo Redondo, J. F. (1986a): *Eneolítico y Edad del Bronce en el norte de la provincia de Córdoba*. Memoria de Licenciatura inédita. Universidad de Córdoba.

94. Llanete de los Moros (Montoro)

Coordenadas:

X: -	X: -
Y:-	Y: -
Z: 236 msnm	Z: 233 msnm

Tipología: Asentamiento sobre terraza fluvial.

Situación: Al sur de la actual población de Montoro, junto a la orilla izquierda del Guadalquivir.

Extensión: Desconocida. Probablemente superior a 2 ha.

Orientación: Sur- sureste.

Morfología interna: Terraza cuaternaria sobre zócalo terciario. Suave talud en el flanco sur.

Paisaje: Periurbano.

Dominio de tipo de suelo: Vertisoles (23).

Hidrología: Dominada por un doble meandro del Guadalquivir.

Condiciones defensivas naturales: Las derivadas de la elevación de la terraza sobre el río, que sirve de barrera.

Indicios de defensa artificial: Durante la intervención arqueológica de 2001, se detectó en el Corte 3 una zanja de disposición rectilínea de dirección noroeste – sureste, que contaba en el flanco noreste con evidencias de elementos lígneos flaqueando el límite de la estructura.

Control del entorno: Situado en la zona de contacto entre Sierra Morena y la Campiña, próximo al paso de los ríos Arenoso, Arenosillo y Santa Brígida.

Aprovechamiento económico potencial: Presumiblemente agrícola, fluvial y ganadero.

Presencia de estructuras visibles: Ninguna en la actualidad, si bien se han documentado varias estructuras circulares (interpretadas como silos) y una zanja rectilínea.

Estado general del yacimiento: Muy afectado por la construcción de un Instituto de Formación Profesional, un teatro y un colegio.

Trabajos arqueológicos realizados: Relativos a la secuencia que nos ocupa, se han realizado excavaciones sistemáticas desde 1980 hasta 1990, excavando los sondeos R- 2, R- 3, R- 4, Q-3 y Q- 4 (Martín de la Cruz *et Alii* 2000) (primera coordenada). En 2001, se realizó al pie de la terraza una Intervención Arqueológica de Urgencia, con resultado positivo para la secuencia del IV y III milenio, en los cortes 1 y 3, y en la que pudimos participar como estudiante (Martín de la Cruz *et Alii* 2002) (segunda coordenada).

Datos tecnológicos y tipológicos: A juzgar por los datos publicados de este yacimiento (Martín de la Cruz *et Alii* 2000, 2002), este asentamiento ha proporcionado en sus primeras fases de ocupación, un interesante elenco de formas carenadas, cazuelas y fuentes, formas globulares con mamelón bajo el borde, etc. Una última fase inscrita en la Edad del Cobre, perteneciente a un horizonte con cerámica campaniforme incisa, cuenta con algún borde engrosado de aspecto avanzado, cuencos, platos, y algún ejemplo de perfiles en "S" y formas de carena media (Martín de la Cruz *et Alii* 2000).

Cronología e interpretación: Se ha propuesto el inicio de la ocupación de este asentamiento desde el "Calcolítico Inicial Avanzado", perdurando con alguna interrupción hasta un horizonte "Calcolítico con Campaniforme". Por ello asignamos una cronología de inicio de la ocupación en el último tercio del IV milenio ANE, para ser reocupado durante el último tercio del III milenio ANE, continuando ya de manera ininterrumpida hasta época romana.

Valoración general: Yacimiento clave para la comprensión de la dinámica de la Edad del Bronce en la vega del Guadalquivir Medio, la formación tipo tell sella en gran medida la fase correspondiente a momentos del Neolítico Final y Edad del Cobre, si bien pensamos que la ocupación correspondiente segunda mitad del IV milenio era escasamente concentrada, repartiéndose por las laderas circundantes.

Bibliografía:

Martín de la Cruz, J. C. (1987): El Llanete de los Moros, Montoro, Córdoba. E.A.E., 151, Madrid. Ministerio de Cultura.

Martín de la Cruz, J. C.; Sanz Ruiz, Mª P.; Bermúdez Sánchez, J. (2000): "La Edad del Cobre en el Llanete de los Moros (Montoro). El origen de los pueblos en la Campiña cordobesa". *Revista de Prehistoria,* 1. Universidad de Córdoba.

Martín de la Cruz, J. C.; Lucena Martín, A.; Liébana Mármol, J. L. (2002): "Excavación Arqueológica de Urgencia en el Llanete de los Moros (Montoro, Córdoba)". *Anuario Arqueológico de Andalucía,* 2001, pp. 321. 327.

95. Los Prados (Montoro)

Coordenadas:

X: -
Y: -
Z: 300 msnm.

Tipología: Asentamiento en loma.

Situación: En la loma de las Majuelas, a 400 m al suroeste del punto kilométrico 1 de la carretera CP- 231.

Extensión: 0,5 ha.

Orientación: Predominio hacia el norte.

Morfología interna: Loma situada en terrenos pardos, terciarios.

Paisaje: Monocultivo de Olivar.

Dominio de tipo de suelo: Vertisoles (23).

Hidrología: Flanqueado al este por el arroyo de las Majuelas y al oeste por el arroyo de los Prados.

Condiciones defensivas naturales: Cierto escarpe en las vertientes norte y oeste.

Indicios de defensa artificial: Desconocidos.

Control del entorno: Buena visibilidad hacia el norte, llanura aluvial del Guadalquivir.

Aprovechamiento económico potencial: Presumiblemente agrícola.

Presencia de estructuras visibles: Desconocidas.

Estado general del yacimiento: Afectado por labores agrícolas.

Trabajos arqueológicos realizados: Prospección Arqueológica (1991).

Datos tecnológicos y tipológicos: Elementos líticos en sílex de tecnología laminar, una azuela, y en lo referente a tipología cerámica, se cita la presencia de formas tales como cazuelas y fuentes carenadas, formas globulares y recipientes de paredes rectas. Se observaron elementos de molturación en superficie.

Cronología e interpretación: Asentamiento agrícola ocupado al menos durante la segunda mitad del IV milenio ANE.

Valoración general: Interesante enclave en sintonía cronológica con los localizados en la campiña de Montoro.

Bibliografía:

Martín de la Cruz, J. C.; Sanz Ruiz, Mª P.; Bermúdez Sánchez, J. (2000): "La Edad del Cobre en el Llanete de los Moros (Montoro). El origen de los pueblos en la Campiña cordobesa". *Revista de Prehistoria*, 1. Universidad de Córdoba.

96. El Encinar VII (Montoro)

Coordenadas:

X: -
Y: -
Z: 190-200 msnm

Tipología: Asentamiento en loma.

Situación: Situado entre el punto kilométrico 254,5 de la A 4 y el Cortijo Nuevo del Encinar.

Extensión: 0,5 ha.

Orientación: Noroeste

Morfología interna: Terrenos terciarios sometidos a modelado fluvial.

Paisaje: Olivar y baldíos.

Dominio de tipo de suelo: Planosoles (61).

Hidrología: Rodeado al este por el arroyo de Miguel Domingo, y al sur, por el arroyo de Los Prados. Al norte, próximo a la margen izquierda del Guadalquivir.

Condiciones defensivas naturales: Escasas.

Indicios de defensa artificial: Desconocidos.

Control del entorno: Enfocado al norte y este, hacia la llanura aluvial próxima al Guadalquivir.

Aprovechamiento económico potencial: Presumiblemente agrícola.

Presencia de estructuras visibles: Desconocida.

Estado general del yacimiento: Muy afectado por la construcción de una balsa de alpechín en la década de 1990 y por el trazado de un cambio de sentido en la autovía.

Trabajos arqueológicos realizados: Prospección Arqueológica (1991).

Datos tecnológicos y tipológicos: Junto a algunos restos líticos asociados a tecnología laminar (flancos de núcleo, algunas lascas de talla y fragmentos de lámina de aristas paralelas), así como algunos ejemplos de hachas y azuelas de piedra pulimentada y elementos de molturación, se recuperaron fragmentos cerámicos pertenecientes a cazuelas y fuentes carenadas, vasos de paredes rectas y mamelón bajo el borde, y algún fragmento de borde de cuenco hemisférico.

Cronología e interpretación: Establecimiento agrícola ocupado posiblemente en torno a la segunda mitad del IV milenio ANE.

Valoración general: Interesante enclave en sintonía cronológica con los localizados en la campiña de Montoro.

Bibliografía:

Martín de la Cruz, J. C.; Sanz Ruiz, Mª P.; Bermúdez Sánchez, J. (2000): "La Edad del Cobre en el Llanete de los Moros (Montoro). El origen de los pueblos en la Campiña cordobesa". *Revista de Prehistoria*, 1. Universidad de Córdoba.

97. Las Majuelas (Montoro)

Coordenadas:

X: -
Y: -
Z: 305 msnm.

Tipología: Asentamiento en loma.

Situación: A aproximadamente 1200 m al sur del punto kilométrico 2 de la carretera CO- 401.

Extensión: 0,5 ha.

Orientación: Noreste.

Morfología interna: Loma situada en terrenos pardos, terciarios.

Paisaje: Monocultivo de olivar.

Dominio de tipo de suelo: Vertisoles (23).

Hidrología: Flanqueado al este por el arroyo de Miguel y al oeste por el arroyo de las Majuelas.

Condiciones defensivas naturales: Las derivadas de su altura y dominio.

Indicios de defensa artificial: Desconocidos.

Control del entorno: Preferente hacia el norte, hacia la vega del Guadalquivir.

Aprovechamiento económico potencial: Presumiblemente agrícola.

Presencia de estructuras visibles: Desconocida.

Estado general del yacimiento: Afectado por labores agrícolas.

Trabajos arqueológicos realizados: Prospección Arqueológica (1991).

Datos tecnológicos y tipológicos: Abundante presencia de cazuelas y fuentes carenadas, Algunas paredes rectas y formas globulares, y un pequeño vaso o copa de labio levemente indicado. Presencia de elementos pulimentados y un hacha.

Cronología e interpretación: Establecimiento agrícola ocupado posiblemente en torno a la segunda mitad del IV milenio ANE.

Valoración general: Interesante enclave en sintonía cronológica con los localizados en la campiña de Montoro.

Bibliografía:

Martín de la Cruz, J. C.; Sanz Ruiz, Mª P.; Bermúdez Sánchez, J. (2000): "La Edad del Cobre en el Llanete de los Moros (Montoro). El origen de los pueblos en la Campiña cordobesa". *Revista de Prehistoria*, 1. Universidad de Córdoba.

98. Las Veredas (Montoro)

Coordenadas:

X: -
Y: -
Z: 284 msnm.

Tipología: Asentamiento en loma.

Situación: A 1300 m al este del punto kilométrico 7 de la carretera A- 309.

Extensión: 0,3 ha.

Orientación: Sur.

Morfología interna: Loma situada en terrenos pardos, terciarios.

Paisaje: Monocultivo de olivar.

Dominio de tipo de suelo: Vertisoles (23).

Hidrología: Domina al suroeste el cauce del arroyo de las Veredas. Rodeado en sus flancos norte y sur por torrentes tributarios de ese arroyo.

Condiciones defensivas naturales: Pendientes pronunciadas en todos sus flancos, a excepción del oriental.

Indicios de defensa artificial: Desconocidos.

Control del entorno: Control del corredor del arroyo del Palo Muerto- Veredas- Asno.

Aprovechamiento económico potencial: Presumiblemente agrícola.

Presencia de estructuras visibles: Desconocida.

Estado general del yacimiento: Afectado por labores agrícolas.

Trabajos arqueológicos realizados: Prospección Arqueológica (1991).

Datos tecnológicos y tipológicos: Formas globulares con mamelones perforados y asas. Paredes rectas, cazuelas y fuentes carenadas.

Cronología e interpretación: Enclave ocupado probablemente en torno al IV milenio ANE.

Valoración general: Interesante enclave en sintonía cronológica con los localizados en la campiña de Montoro. No se puede excluir que su ocupación partir de momentos anteriores.

Bibliografía:

Martín de la Cruz, J. C.; Sanz Ruiz, Mª P.; Bermúdez Sánchez, J. (2000): "La Edad del Cobre en el Llanete de los Moros (Montoro). El origen de los pueblos en la Campiña cordobesa". *Revista de Prehistoria*, 1. Universidad de Córdoba.

99. El Salobral II (Montoro)

Coordenadas:

X: -
Y: -
Z: 280 msnm.

Tipología: Asentamiento en loma.

Situación: Situado a 400 m al noroeste del punto kilométrico 8 de la carretera A- 309.

Extensión: 0,3 ha.

Orientación: Sur.

Morfología interna: Loma situada en terrenos pardos, terciarios.

Paisaje: Monocultivo de olivar.
Dominio de tipo de suelo: Vertisoles (23).

Hidrología: Domina al suroeste el cauce del arroyo de las Veredas. Rodeado en sus flancos norte y sur por torrentes tributarios de ese arroyo.

Condiciones defensivas naturales: Las derivadas de su moderada pendiente, más accesible por el este.

Indicios de defensa artificial: Desconocidos.

Control del entorno: Control del corredor del arroyo del Palo Muerto- Veredas- Asno.

Aprovechamiento económico potencial: Presumiblemente agrícola.

Presencia de estructuras visibles: Desconocida.

Estado general del yacimiento: Afectado por labores agrícolas.

Trabajos arqueológicos realizados: Prospección Arqueológica (1991).

Datos tecnológicos y tipológicos: Junto a elementos líticos tales como láminas de sílex de aristas paralelas, dos moletas y algún fragmento de molino, la ergología cerámica destaca por el hallazgo de paredes rectas y dos fragmentos de cazuelas o fuentes carenadas.

Cronología e interpretación: Enclave ocupado probablemente en torno a la segunda mitad del IV milenio ANE.

Valoración general: Interesante enclave en sintonía cronológica con los localizados en la campiña de Montoro.

Bibliografía:

Martín de la Cruz, J. C.; Sanz Ruiz, Mª P.; Bermúdez Sánchez, J. (2000): "La Edad del Cobre en el Llanete de los Moros (Montoro). El origen de los pueblos en la Campiña cordobesa". *Revista de Prehistoria*, 1. Universidad de Córdoba.

100. Cañada del Rosal (Cañada del Rosal)

Coordenadas: (Referidas a la población actual)
.
X: -
Y: -
Z: 159 msnm.

Tipología: Construcción funeraria (?).

Situación: A las afueras de la actual población, en una zona utilizada para extraer áridos como componente constructivo.

Extensión: Desconocida.

Orientación: Se desconoce el lugar exacto del hallazgo. La actual población, se enclava en un altozano o terraza de orientación predominantemente norte.

Morfología interna: Terrenos circundantes de modelado fluvial cuaternario. En la zona exacta del hallazgo: "*in a deposit of extremely fine, clean river sand*" (Harrison 1974: 77).

Paisaje: Urbano- Periurbano.

Dominio de tipo de suelo: Luvisoles, vertisoles y planosoles (58, 22 y 61).

Hidrología: Dominada por la orilla izquierda del arroyo del Lagar, tributario del Genil.

Condiciones defensivas naturales: Escasas, a excepción del desnivel que flanquea el arroyo del Lagar.

Indicios de defensa artificial: Desconocidos.

Control del entorno: Directo, hacia el arroyo del Lagar que conecta con el Genil.

Aprovechamiento económico potencial: Simbólico funerario. Entorno de uso agrícola.

Presencia de estructuras visibles: Desconocida. En el hallazgo que tratamos "no burials or bones, or structures were noted" (Harrson 1974).

Estado general del yacimiento: Presumiblemente destruido en gran parte.

Trabajos arqueológicos realizados: Desconocidos, a excepción de hallazgos casuales.

Datos tecnológicos y tipológicos: Hallazgo de cuatro recipientes campaniformes, al menos uno de ellos, una pequeña cazuela y dos vasos, uno de ellos decorado. Dentro del vaso no decorado, de fondo plano, se encontraban dos puntas tipo Palmela y una gran daga de cobre.

Cronología e interpretación: Muy probablemente, y como así se apuntó en su día (Harrison 1974), nos hallemos ante un ajuar de carácter funerario. La cronología se inserta de manera aproximada en el último tercio del III milenio ANE.

Valoración general: Desconocemos publicaciones posteriores al trabajo citado referidas al enclave de procedencia, así como de asentamientos prehistóricos en el término municipal de Cañada del Rosal.

Bibliografía:

Harrison, R. J. (1974): "A closed find from Cañada Rosal, prov. Sevilla and two bell beakers". *Madrider Mittlelungen*, 15, pp. 77- 94.

101. Mayesa 2 (Écija)

Coordenadas:

X: -
Y: -
Z: 173 msnm.

Tipología: Enclave en llanura elevada.

Situación: En la loma oriental del cerro del Palmar.

Extensión: Desconocida

Orientación: Oeste

Morfología interna: Terrenos cuaternarios. Modelado fluvial.

Paisaje: Secano, cereal y olivar.

Dominio de tipo de suelo: Luvisoles y vertisoles (58 y 23).

Hidrología: A 2000 m al oeste del cauce del arroyo de la Albina.

Condiciones defensivas naturales: No presenta.

Indicios de defensa artificial: Desconocidos.

Control del entorno: Domina el cauce medio del arroyo madre de fuentes.

Aprovechamiento económico potencial: Presumiblemente agrícola.

Presencia de estructuras visibles: Desconocida.

Estado general del yacimiento: Afectado por labores agrícolas.

Trabajos arqueológicos realizados: Prospección arqueológica (2004).

Datos tecnológicos y tipológicos: Desconocidos.

Cronología e interpretación: Tan sólo tenemos constancia de la aparición de materiales adscritos al "Calcolítico", sin mayor diferenciación (PRI).

Valoración general: Difícil poder contar con elementos de juicio sin poder acceder al lugar. Probablemente se trate de un lugar de ocupación datable entre el IV y el III milenio ANE.

Bibliografía:

Domínguez Berenjeno, E. L.; Cervera Pozo, L (2009): "Actividad Arqueológica Puntual: "Prospección del Término Municipal de Écija (Sevilla)" (2002- 2003)". *Anuario Arqueológico de Andalucía*, 2004. I. Sevilla, pp. 3220- 3240.

102. El Picate I (Écija)

Coordenadas:

X: -
Y: -
Z: 175 msnm.

Tipología: Asentamiento en llanura elevada/ terraza fluvial.

Situación: Al noroeste de la Luisiana, en el camino que comunica Campillo con el "Cortijo de Marifernández", sobre una colina.

Extensión: Desconocida

Orientación: Preferentemente oeste.

Morfología interna: Terrenos cuaternarios. Modelado fluvial.

Paisaje: Cereal y secano.

Dominio de tipo de suelo: Vertisoles (22).

Hidrología: Domina al sur la confluencia del arroyo de Cascajosa con el Madre de Fuentes.

Condiciones defensivas naturales: Las derivadas de su altura y dominio visual.

Indicios de defensa artificial: Desconocidos.

Control del entorno: Control preferente del cauce del arroyo Madre de Fuentes, tributario del Guadalquivir.

Aprovechamiento económico potencial: Presumiblemente agrícola.

Presencia de estructuras visibles: Desconocida.

Estado general del yacimiento: Afectado por laboreo agrícola.

Trabajos arqueológicos realizados: Prospección arqueológica (década de 1980) y catalogación genérica (2004).

Datos tecnológicos y tipológicos: Restos escasos de cerámica a mano. "Sólo pudimos hallar algunos fragmentos de color marrón y gris oscuro pertenecientes a cuencos y platos, una punta tipo Palmela y otra de época Algárica" (Durán y Padilla 1990).

Cronología e interpretación: Con la naturaleza de los datos que poseemos, podemos tan sólo apuntar a la ocupación del sitio durante el horizonte campaniforme (tercer cuarto del III milenio ANE), continuando en el II milenio.

Valoración general: Enclave en situación de gran interés. Se hace necesario una revisión de su secuencia ocupacional sobre e terreno.

Bibliografía:

Domínguez Berenjeno, E. L.; Cervera Pozo, L (2009): "Actividad Arqueológica Puntual: "Prospección del Término Municipal de Écija (Sevilla)" (2002- 2003)". *Anuario Arqueológico de Andalucía*, 2004. I. Sevilla, pp. 3220- 3240.

Durán Recio, V.; Padilla Monge, A. (1990): *Evolución del Poblamiento Antiguo en el Término Municipal de Écija*. Gráficas Sol, Écija.

103. La Reina (Écija)

Coordenadas:

X: -
Y: -
Z: 192 msnm.

Tipología: Asentamiento sobre terraza fluvial

Situación: Junto al camino antiguo a Santaella, a la derecha de la carretera Ecija – Córdoba (Actual A-4) y a la altura del kilómetro 449,5, al oeste del caserío del cortijo en un cerrete situado junto a un manantial.

Extensión: Desconocida.

Orientación: Indeterminada.

Morfología interna: Terrenos cuaternarios, influidos por modelado fluvial.

Paisaje: Cereal y secano.

Dominio de tipo de suelo: Regosoles (13).

Hidrología: A escasamente 3 km al este en línea recta de la margen derecha del Genil.

Condiciones defensivas naturales: las derivadas de sus condiciones topográficas

Indicios de defensa artificial: Desconocidos.

Control del entorno: Óptimo, controlando el paso del Genil de la campiña, a la llanura próxima al Guadalquivir.

Aprovechamiento económico potencial: Presumiblemente agrícola.

Presencia de estructuras visibles: Desconocidas. A aproximadamente 1,5 km al Noreste, se tienen referencias de la destrucción de un posible monumento megalítico, con ortostatos perforados, junto a la cabecera del arroyo de los Abades, durante la construcción de una balsa de riego hacia la década de 1990. Testimonio facilitado por Rafael Armenta, gerente del Museo Arqueológico Municipal de Écija.

Estado general del yacimiento: Probablemente afectado por labores agrícolas.

Trabajos arqueológicos realizados: Prospección arqueológica (década de 1980) y catalogación genérica (2004).

Datos tecnológicos y tipológicos: "Algunos restos cerámicos y líticos de época calcolítica: recogimos varios trozos de cerámica gris oscura y marrón negruzca, pertenecientes a cuencos esféricos y platos de borde almendrado –de cocción irregular y desgrasantes semifinos-, un fragmento de hacha pulimentada y parte de una lámina de sílex retocada" (Durán y Padilla 1990).

Cronología e interpretación: Con las oportunas reservas, la descripción de la cultura material asociada a este enclave nos sitúa en el III milenio ANE.

Valoración general: Interesante enclave que merece especial atención en su proximidad al destruido de Cerro Astigi.

Bibliografía:

Domínguez Berenjeno, E. L.; Cervera Pozo, L (2009): "Actividad Arqueológica Puntual: "Prospección del Término Municipal de Écija (Sevilla)" (2002- 2003)". *Anuario Arqueológico de Andalucía*, 2004. I. Sevilla, pp. 3220- 3240.

Durán Recio, V.; Padilla Monge, A. (1990): *Evolución del Poblamiento Antiguo en el Término Municipal de Écija*. Gráficas Sol, Écija.

104. El Nuño (Écija)

Coordenadas:

X: -
Y: -
Z: 260 msnm.

Tipología: Asentamiento en loma.

Situación: A la derecha del antiguo camino de Écija a Osuna y a la izquierda de la carretera Écija- la Lantejuela, a la altura del kilómetro 8,5, en la falda oriental del cerro de la Atalaya.
Extensión: Desconocida

Orientación: Sur- sureste

Morfología interna: Terrenos terciarios. Modelado fluvial.

Paisaje: Olivar y cereal de secano.

Dominio de tipo de suelo: Regosoles (13).

Hidrología: A escasamente 700 m al suroeste de la margen derecha del arroyo de las Cruces.

Condiciones defensivas naturales: Las derivadas de su altitud y control del entorno.

Indicios de defensa artificial: Desconocidos

Control del entorno: Dominio hacia el sur y sureste, hacia las vaguadas que conectan con el valle medio del Genil

Aprovechamiento económico potencial: Presumiblemente agrícola.

Presencia de estructuras visibles: Desconocida.

Estado general del yacimiento: Afectado por laboreo agrícola.

Trabajos arqueológicos realizados: Prospecciones arqueológicas. Década de 1980 y 2004.

Datos tecnológicos y tipológicos: Hallazgo de elementos de molturación, una punta de flecha de tipo Palmela y material metálico del Horizonte Campaniforme (Durán y Padilla 1990).

Cronología e interpretación: Asentamiento poblado en el último cuarto del III milenio ANE.

Valoración general: Enclave que merece una revisión de su secuencia ocupacional sobre el territorio.

Bibliografía:

Domínguez Berenjeno, E. L.; Cervera Pozo, L (2009): "Actividad Arqueológica Puntual: "Prospección del Término Municipal de Écija (Sevilla)" (2002- 2003)". *Anuario Arqueológico de Andalucía*, 2004. I. Sevilla, pp. 3220- 3240.

Durán Recio, V.; Padilla Monge, A. (1990): *Evolución del Poblamiento Antiguo en el Término Municipal de Écija*. Gráficas Sol, Écija.

105. Arenales Altos (Écija)

Coordenadas:

X: -
Y: -
Z: 155 msnm.

Tipología: Asentamiento en llanura elevada/ terraza fluvial.

Situación: A unos 7 km al sureste de la población de Fuentes de Andalucía.

Extensión: Indeterminada.

Orientación: Indeterminada, predomínate hacia el norte.

Morfología interna: Terrenos entre el Terciario y el Cuaternario, modelado fluvial.

Paisaje: Cereal y secano.

Dominio de tipo de suelo: Regosoles (13).

Hidrología: A 2 km al sur del arroyo de la Albina de Chiclana.

Condiciones defensivas naturales: Escasas.

Indicios de defensa artificial: Desconocidos.

Control del entorno: Orientado al norte, hacia la tierra llana y al oeste, hacia el cauce del arroyo Madre de Fuentes.

Aprovechamiento económico potencial: Presumiblemente agrícola.

Presencia de estructuras visibles: Desconocida.

Estado general del yacimiento: Afectado por labores agrícolas.

Trabajos arqueológicos realizados: Catalogación genérica (2004).

Datos tecnológicos y tipológicos: Desconocidos.

Cronología e interpretación: Muy incierta, probablemente con ocupación entre el IV y el III milenio ANE.

Valoración general: Enclave del que desconocemos información relativa a fases de poblamiento, cultura material, o rasgos tipológicos, encuadrado como tantos otros, en un "Calcolítico" indiferenciado.

Bibliografía:

Domínguez Berenjeno, E. L.; Cervera Pozo, L (2009): "Actividad Arqueológica Puntual: "Prospección del Término Municipal de Écija (Sevilla)" (2002- 2003)". *Anuario Arqueológico de Andalucía*, 2004. I. Sevilla, pp. 3220- 3240.

106. La Isla del Castillo (Écija)

Coordenadas:

X: -
Y: -
Z: 124 msnm.

Tipología: Asentamiento sobre terraza fluvial.

Situación: En un altozano dentro de un meandro en la margen derecha del Genil, y a la altura del km 19 de la carretera Écija- Palma del Río.

Extensión: Desconocida.

Orientación: Norte.

Morfología interna: Terraza del Genil. Modelado fluvial.

Paisaje: Cereal y secano.

Dominio de tipo de suelo: Fluvisoles (2).

Hidrología: Dominada por el cauce del río Genil.

Condiciones defensivas naturales: Determinadas por su altura y dominio visual, mediando el río como barrera.

Indicios de defensa artificial: Desconocidos.

Control del entorno: Domina el corredor natural del cauce del Genil hacia el norte.

Aprovechamiento económico potencial: Presumiblemente agrícola y fluvial. Importante punto de control.

Presencia de estructuras visibles: Desconocidas.

Estado general del yacimiento: Afectado por labores agrícolas.

Trabajos arqueológicos realizados: Prospecciones arqueológicas. Década de 1980 y 2004.

Datos tecnológicos y tipológicos: La cerámica más representativa se concreta en fragmentos de cuencos de casquete esférico y de platos de borde almendrado. Una punta de sílex de base recta, fragmentos de hacha pulimentada y algunas láminas de sílex de sección triangular y trapezoidal. Puntas de Palmela.

Cronología e interpretación: Asentamiento probablemente ocupado en el III milenio ANE, incluyendo el Horizonte Campaniforme.

Valoración general: Yacimiento conocido fundamentalmente por su ocupación dell II y I milenio ANE (López Palomo 1999).

Bibliografía:

Domínguez Berenjeno, E. L.; Cervera Pozo, L (2009): "Actividad Arqueológica Puntual: "Prospección del Término Municipal de Écija (Sevilla)" (2002- 2003)". *Anuario Arqueológico de Andalucía*, 2004. I. Sevilla, pp. 3220- 3240.

Durán Recio, V.; Padilla Monge, A. (1990): *Evolución del Poblamiento Antiguo en el Término Municipal de Écija*. Gráficas Sol, Écija.

López Palomo, L. A. (1999): *El poblamiento protohistórico en el valle medio del Genil*. Gráficas Sol, Écija.

107. Fríillas (Écija)

Coordenadas:

X: -
Y: -
Z: 221 msnm.

Tipología: Asentamiento en loma/ terraza fluvial.

Situación: A la derechade la carretera de Écija a Marchena, a la altura del Km 17, y en tierras del cortijo "Friíllas". Entre el carril que lleva a la finca y un cerro de 233 m que domina los contornos, se extiende a media ladera una pequeña meseta en la que abundan restos de diversas épocas, ibéricos y romanos.

Extensión: Indeterminada.

Orientación: Predominio hacia el oeste.

Morfología interna: Terrenos entre el Terciario y el Cuaternario, modelado fluvial.

Paisaje: Olivar y secano.

Dominio de tipo de suelo: Regosoles (13).

Hidrología: Domina el nacimiento del Arroyo de Friíllas, en su confluencia con otro arroyo subsidiario.

Condiciones defensivas naturales: Las derivadas de su moderada altura y control visual.

Indicios de defensa artificial: Desconocidos.

Control del entorno: Al este de la veguilla de Friíllas, tributaria del arroyo Madre de Fuentes, que desemboca en el Guadalquivir.

Aprovechamiento económico potencial: Presumiblemente agrícola.

Presencia de estructuras visibles: "Se han encontrado varios silos –algunos de gran tamaño- al parecer comunicados entre sí, que fueron terraplenados sin explorar" (Durán y Padilla 1990).

Estado general del yacimiento: Probablemente muy alterado por labores agrícolas.

Trabajos arqueológicos realizados: Prospección arqueológica (década de 1980) y catalogación genérica (2004).

Datos tecnológicos y tipológicos: "Algunos trozos de sílex, un fragmento de piedra de molino de mano y varios de cerámica a mano de color marrón oscuro de cronología incierta. El material metálico se concretó en una punta tipo Palmela con el ápice fracturado" (Durán y Padilla 1990).

Cronología e interpretación: Apenas podemos sugerir una ocupación durante el Horizonte Campaniforme, en el último cuarto del III milenio ANE.

Valoración general: Enclave de ocupación probablemente más amplia, que merece una revisión sobre el terreno.

Bibliografía:

Domínguez Berenjeno, E. L.; Cervera Pozo, L (2009): "Actividad Arqueológica Puntual: "Prospección del Término Municipal de Écija (Sevilla)" (2002- 2003)". *Anuario Arqueológico de Andalucía*, 2004. I. Sevilla, pp. 3220- 3240.

Durán Recio, V.; Padilla Monge, A. (1990): *Evolución del Poblamiento Antiguo en el Término Municipal de Écija*. Gráficas Sol, Écija.

108. Alcotrista (Écija)

Coordenadas:

X: -
Y: -
Z: 52 msnm.

Tipología: Asentamiento sobre terraza fluvial.

Situación: "En la orilla derecha del Genil, río abajo desde Écija y frente al km 21 de la carretera de dicha ciudad a Palma del Río. Situado en el altozano de una de las muchas "islas" que forma el Genil" (Durán y Padilla 1990).

Extensión: Desconocida.

Orientación: Predominio hacia el sur- suroeste.

Morfología interna: Terraza del Genil, modelado fluvial.

Paisaje: Olivar y Cereal.
Dominio de tipo de suelo: Fluvisoles (2).

Hidrología: Ligada de modo determinante al cauce del río Genil.

Condiciones defensivas naturales: Las derivadas del uso del meandro del río como barrera.

Indicios de defensa artificial: Desconocidos.

Control del entorno: Control de la vía representada por el cauce del río Genil.

Aprovechamiento económico potencial: Presumiblemente agrícola y fluvial.

Presencia de estructuras visibles: Desconocida.

Estado general del yacimiento: Probablemente afectado por laboreo agrícola.

Trabajos arqueológicos realizados: Prospección arqueológica (década de 1980) y catalogación genérica (2004).

Datos tecnológicos y tipológicos: "Trozos de cerámica a mano, predominando las pastas de color marrón negruzco, pertenecientes a vasos de tendencia globular y de paredes rectas. Dentro de los materiales líticos cabe reseñar el hallazgo de algunas láminas con muescas, un canto tallado, un cuchillo de sílex, una raedera y un fragmento de hacha pulimentada. La metalistería se halla representada por las puntas de tipo Palmela" (Durán y Padilla 1990).

Cronología e interpretación: Tan sólo se puede asegurar ocupación desde el último cuarto del III milenio ANE.

Valoración general: Enclave de interesante situación que como tantos otros merece una revisión profunda de su secuencia.

Bibliografía:

Domínguez Berenjeno, E. L.; Cervera Pozo, L (2009): "Actividad Arqueológica Puntual: "Prospección del Término Municipal de Écija (Sevilla)" (2002- 2003)". *Anuario Arqueológico de Andalucía*, 2004. I. Sevilla, pp. 3220- 3240.

Durán Recio, V.; Padilla Monge, A. (1990): *Evolución del Poblamiento Antiguo en el Término Municipal de Écija*. Gráficas Sol, Écija.

109. Atalaya de la Moranilla (Écija)

Coordenadas:

X: -
Y: -
Z: 260 msnm.
Tipología: Asentamiento sobre terraza fluvial.

Situación: A la derecha y a la altura del km 445 de la carretera Écija- Córdoba. El yacimiento se sitúa en la mesa de "La Atalaya", ubicada en tierras del cortijo de la Moranilla.

Extensión: Desconocida.

Orientación: Predominante hacia el sur- sureste.

Morfología interna: Terrenos cuaternarios. Modelado fluvial.

Paisaje: Secano y cereal.

Dominio de tipo de suelo: Luvisoles y regosoles (58 y 13).

Hidrología: Flanqueado al este, por el curso alto del arroyo de la Moranilla, que al sur desemboca en el río Genil.

Condiciones defensivas naturales: Las derivadas de su relativa altura y dominio visual.

Indicios de defensa artificial: Desconocidos.

Control del entorno: Dominio hacia el sur y el oeste, de los cursos altos de diversas vaguadas que desaguan en el Genil.

Aprovechamiento económico potencial: Presumiblemente agrícola.

Presencia de estructuras visibles: "Comprobada la existencia de silos" (Durán y Padilla 1990).

Estado general del yacimiento: Muy afectados por labores agrícolas.

Trabajos arqueológicos realizados: Prospección arqueológica (década de 1980) y catalogación genérica (2004).

Datos tecnológicos y tipológicos: "Afloran a la superficie algunos fragmentos cerámicos de colores marrón oscuro, gris negruzco y rojo pertenecientes a cuencos y escudillas de paredes rectas y verticales. Los desgrasantes son semifinos. Algunos fragmentos presentan una superficie alisada. Lascas y puntas de flecha de pedúnculo y aletas. Molinos barquiformes y hachas pulimentadas así como puntas de Palmela" (Durán y Padilla 1990).

Cronología e interpretación: Tan sólo podemos asegurar una ocupación desde el último tercio del III milenio ANE.

Valoración general: De nuevo nos encontramos ante un enclave que merece una revisión profunda de su secuencia de ocupación.
Bibliografía:

Domínguez Berenjeno, E. L.; Cervera Pozo, L (2009): "Actividad Arqueológica Puntual: "Prospección del Término Municipal de Écija (Sevilla)" (2002- 2003)". *Anuario Arqueológico de Andalucía*, 2004. I. Sevilla, pp. 3220- 3240.

Durán Recio, V.; Padilla Monge, A. (1990): *Evolución del Poblamiento Antiguo en el Término Municipal de Écija*. Gráficas Sol, Écija.

110. Barranco de Cháves (Écija)

Coordenadas:

X: -
Y: -
Z: 229 msnm.

Tipología: Enclave en llanura elevada.

Situación: "A la izquierda de la carretera Écija- Marchena, junto al cruce de la carretera que va a la Lantejuela, en una elevación de terreno que limita con el

Barranco de Cháves y domina una considerable extensión" (Durán y Padilla 1990).

Extensión: Desconocida

Orientación: Preferentemente norte.

Morfología interna: Llanura elevada de génesis cuaternaria. Modelado fluvial.

Paisaje: Cereal y secano.

Dominio de tipo de suelo: Vertisoles y regosoles (22 y 13).

Hidrología: A 500 m al suroeste del curso alto del arroyo de Benavides (tributario del Genil) y a 2 km al este del arroyo de San Jerónimo (tributario del Madre de Fuentes).

Condiciones defensivas naturales: Escasas.

Indicios de defensa artificial: Desconocidos.

Control del entorno: Domina los accesos a los cauces del Genil y del Madre de Fuentes.

Aprovechamiento económico potencial: Presumiblemente agrícola.

Presencia de estructuras visibles: Desconocida.

Estado general del yacimiento: Muy afectado por labores agrícolas.

Trabajos arqueológicos realizados: Prospecciones arqueológicas. Década de 1980 y 2004.

Datos tecnológicos y tipológicos: "Varios fragmentos de sílex, dos de cerámica hecha a mano, de color oscuro, cocción irregular y con desgrasantes semigroseros, y un hacha pulimentada" (Durán y Padilla 1990).

Cronología e interpretación: Clasificado como posible yacimiento calcolítico, apenas podemos atisbar una ocupación entre el V y el II milenios ANE (PRI).

Valoración general: Enclave del que tan sólo se cita una ocupación calcolítica indiferenciada, por lo que merece una profunda revisión.

Bibliografía:

Domínguez Berenjeno, E. L.; Cervera Pozo, L (2009): "Actividad Arqueológica Puntual: "Prospección del Término Municipal de Écija (Sevilla)" (2002- 2003)". *Anuario Arqueológico de Andalucía*, 2004. I. Sevilla, pp. 3220- 3240.

Durán Recio, V.; Padilla Monge, A. (1990): *Evolución del Poblamiento Antiguo en el Término Municipal de Écija*. Gráficas Sol, Écija.

111. El Caño (Écija)

Coordenadas:

X: -
Y: -
Z: 196 msnm.

Tipología: Enclave en llanura elevada.

Situación: "A la izquierda de la carretera Écija- Córdoba, a la altura del kilómetro 447,150, frente a la "Huerta del Caño" y junto a un manantial, en una elevación de terreno (hoy olivar) y en los alrededores del manantial" (Durán y Padilla 1990).

Extensión: Desconocida.

Orientación: Predominio hacia el noroeste.

Morfología interna: Llanura elevada de génesis cuaternaria. Modelado fluvial.

Paisaje: Cereal y secano.

Dominio de tipo de suelo: Regosoles (13).

Hidrología: Limitado al noroeste por el curso alto del arroyo del Caño (surgencia).

Condiciones defensivas naturales: Las derivadas de su relativa altura.

Indicios de defensa artificial: Desconocidos.

Control del entorno: Control del cauce del arroyo del Caño hasta su confluencia con el Genil.

Aprovechamiento económico potencial: Presumiblemente agrícola.

Presencia de estructuras visibles: Desconocida.

Estado general del yacimiento: Muy afectado por labores agrícolas y recientes.

Trabajos arqueológicos realizados: Prospecciones arqueológicas. Década de 1980 y 2004.

Datos tecnológicos y tipológicos: "Algunos fragmentos de cerámica a mano de color gris oscuro y otros acastañados, con desgrasantes semifinos y semigroseros y cocción irregular, de cronología incierta" (Durán y Padilla 1990). Punta de flecha de tipo Palmela.

Cronología e interpretación: Tan sólo podemos asegurar una ocupación desde el último tercio del III milenio ANE.

Valoración general: De nuevo nos encontramos ante un enclave que merece una revisión profunda de su secuencia de ocupación, cuyo único indicador tipológico lo constituye una punta de tipo Palmela.

Bibliografía:

Domínguez Berenjeno, E. L.; Cervera Pozo, L (2009): "Actividad Arqueológica Puntual: "Prospección del Término Municipal de Écija (Sevilla)" (2002- 2003)". *Anuario Arqueológico de Andalucía*, 2004. I. Sevilla, pp. 3220- 3240.

Durán Recio, V.; Padilla Monge, A. (1990): *Evolución del Poblamiento Antiguo en el Término Municipal de Écija*. Gráficas Sol, Écija.

112. El Castillejo (Écija)

Coordenadas:

X: -
Y: -
Z: 113 msnm.

Tipología: Asentamiento sobre terraza fluvial.

Situación: En la orilla derecha del río Genil, río arriba de Écija, en un pronunciado torno del río y a 3,5 kilómetros en línea recta de la ciudad, al noreste del caserío de la finca y muy cerca del mismo.

Extensión: Desconocida.

Orientación: Sur.
Morfología interna: Terrazas fluviales, modelado cuaternario.

Paisaje: Cereal y secano.

Dominio de tipo de suelo: Fluvisoles (2).

Hidrología: Dominada por el Genil, que describe una curva meandriforme en su flanco sur y este.

Condiciones defensivas naturales: Las derivadas de la presencia del meandro del río como barrera natural.

Indicios de defensa artificial: Desconocidos.

Control del entorno: Control del sector de tránsito entre el curso medio del Genil y la vega del bajo Genil.

Aprovechamiento económico potencial: Presumiblemente agrícola y fluvial.

Presencia de estructuras visibles: Desconocida.

Estado general del yacimiento: Muy afectado por labores agrícolas.

Trabajos arqueológicos realizados: Prospección arqueológica (década de 1980) y catalogación genérica (2004).

Datos tecnológicos y tipológicos: Algunos ejemplos de láminas de sílex y un pequeño puñal de cuatro remaches, puntas de flecha y puntas metálicas.

Cronología e interpretación: Tan sólo podemos asegurar una ocupación desde el último tercio del III milenio ANE.

Valoración general: Yacimiento de difícil valoración en relación a su fase calcolítica. Aparentemente su ocupación se prolonga hasta el II milenio ANE.

Bibliografía:

Domínguez Berenjeno, E. L.; Cervera Pozo, L (2009): "Actividad Arqueológica Puntual: "Prospección del Término Municipal de Écija (Sevilla)" (2002- 2003)". *Anuario Arqueológico de Andalucía*, 2004. I. Sevilla, pp. 3220- 3240.

Durán Recio, V.; Padilla Monge, A. (1990): *Evolución del Poblamiento Antiguo en el Término Municipal de Écija*. Gráficas Sol, Écija.

113. El Villar 1 (Écija)

Coordenadas:

X: -
Y: -
Z: 192 msnm.
Tipología: Enclave en llanura elevada.

Situación: A la izquierda de la carretera Écija- Fuente Palmera y a la altura del km 7,5.

Extensión: Desconocida.

Orientación: Sur.

Morfología interna: Llanura elevada de génesis cuaternaria. Modelado fluvial.

Paisaje: Cereal y secano.

Dominio de tipo de suelo: Planosoles y vertisoles (61 y 23).

Hidrología: Flanqueado al sur por el curso alto del arroyo del Villar, tributario del Genil.

Condiciones defensivas naturales: Las derivadas de su relativa altura y dominio visual.

Indicios de defensa artificial: Desconocidos.

Control del entorno: Control del cauce del arroyo del Villar, vía directa hacia el Genil.

Aprovechamiento económico potencial: Presumiblemente agrícola.

Presencia de estructuras visibles: Desconocida.

Estado general del yacimiento: Muy afectado por labores agrícolas.

Trabajos arqueológicos realizados: Prospecciones arqueológicas. Década de 1980 y 2004.

Datos tecnológicos y tipológicos: "Trozos informes de alfarería a mano de color marrón oscuro y un fragmento de hacha pulimentada de sección triangular" (Durán y Padilla 1990). Una sierra de cobre, con enmangue de lengüeta con escotadura.

Cronología e interpretación: Tan sólo podemos asegurar una ocupación avanzado el III milenio ANE.

Valoración general: De nuevo nos encontramos ante un enclave que merece una revisión profunda de su secuencia de ocupación, cuyo único indicador tipológico lo constituyen tipos metálicos en uso con seguridad desde la segunda mitad del III milenio ANE.

Bibliografía:

Domínguez Berenjeno, E. L.; Cervera Pozo, L (2009): "Actividad Arqueológica Puntual: "Prospección del Término Municipal de Écija (Sevilla)" (2002- 2003)". *Anuario Arqueológico de Andalucía*, 2004. I. Sevilla, pp. 3220- 3240.

Durán Recio, V.; Padilla Monge, A. (1990): *Evolución del Poblamiento Antiguo en el Término Municipal de Écija*. Gráficas Sol, Écija.

114. Las Ánimas 1 (Écija)

Coordenadas:

X: -
Y: -
Z: 81 msnm.

Tipología: Asentamiento sobre elevación en llanura aluvial.

Situación: "En la orilla derecha del Genil, aguas abajo de Écija y pasando el yacimiento de la "Isla del Castillo".

Extensión: Desconocida.

Orientación: Oeste.

Morfología interna. Llanura aluvial. Modelado fluvial pleistoceno.

Paisaje: Plantío de cítricos de regadío.

Dominio de tipo de suelo: Fluvisoles (2).

Hidrología: Dominada por el curso del Genil.

Condiciones defensivas naturales: Las derivadas de la visión del río como barrera.

Indicios de defensa artificial: Desconocidos.

Control del entorno: Control del curso bajo del Genil.

Aprovechamiento económico potencial: Presumiblemente agrícola y fluvial.

Presencia de estructuras visibles: Desconocida.

Estado general del yacimiento: Muy afectado por labores agrícolas intensivas.

Trabajos arqueológicos realizados: Prospección arqueológica (década de 1980) y catalogación genérica (2004).

Datos tecnológicos y tipológicos: "Sólo pudimos encontrar algunos fragmentos de sílex" (Durán y Padilla 1990). Hallazgo de puntas de Palmela.

Cronología e interpretación: Tan sólo podemos asegurar una ocupación desde el último tercio del III milenio ANE.

Valoración general: De nuevo nos encontramos ante un enclave que merece una revisión profunda de su secuencia de ocupación, cuyo único indicador tipológico lo constituye una punta de tipo Palmela.

Bibliografía:

Domínguez Berenjeno, E. L.; Cervera Pozo, L (2009): "Actividad Arqueológica Puntual: "Prospección del Término Municipal de Écija (Sevilla)" (2002- 2003)". *Anuario Arqueológico de Andalucía*, 2004. I. Sevilla, pp. 3220- 3240.

Durán Recio, V.; Padilla Monge, A. (1990): *Evolución del Poblamiento Antiguo en el Término Municipal de Écija*. Gráficas Sol, Écija.

115. Mochales 1 (Écija)

Coordenadas:

X: -
Y: -
Z: 183 msnm.

Tipología: Enclave en llanura elevada.

Situación: "A la izquierda del Genil, río abajo desde Écija, junto al antiguo camino a Emerita y a unos 9 km al noroeste de Écija, en la meseta y ladera oeste del cerrete" (Durán y Padilla 1990).

Extensión: Desconocida.

Orientación: Oeste.

Morfología interna: Terrenos terciarios. Modelado fluvial Pleistoceno.

Paisaje: Secano y cereal.

Dominio de tipo de suelo: Vertisoles (22).

Hidrología: Situado en el parteaguas de la cuenca del Genil y del Madre de Fuentes.

Condiciones defensivas naturales: Las derivadas de su relativa altura y gran dominio visual.

Indicios de defensa artificial: Desconocidos.

Control del entorno: Relativa visibilidad de las tierras bajas situadas entre el curso bajo del Genil y del Madre de Fuentes.

Aprovechamiento económico potencial: Presumiblemente agrícola y de control.

Presencia de estructuras visibles: Existe conocimiento del hallazgo de silos en este lugar.

Estado general del yacimiento: Muy afectado por labores agrícolas
Trabajos arqueológicos realizados: Prospecciones arqueológicas. Década de 1980 y 2004.

Datos tecnológicos y tipológicos: "Restos de talla de sílex, puntas, raederas, buriles y una punta de flecha con iniciación peduncular que no le hace perder del todo su carácter romboidal. El material cerámico resulta muy parco, tan sólo un fragmento de color gris oscuro, con desgrasante semifino y cocción irregular" (Durán y Padilla 1990). Puntas de Palmela.

Cronología e interpretación: Tan sólo podemos asegurar la ocupación a partir del último tercio del III milenio ANE.

Valoración general: Enclave de difícil valoración, al carecer de mayores datos tecnotipológicos que permitan ajustar cronología.

Bibliografía:

Domínguez Berenjeno, E. L.; Cervera Pozo, L (2009): "Actividad Arqueológica Puntual: "Prospección del Término Municipal de Écija (Sevilla)" (2002- 2003)". *Anuario Arqueológico de Andalucía*, 2004. I. Sevilla, pp. 3220- 3240.

Durán Recio, V.; Padilla Monge, A. (1990): *Evolución del Poblamiento Antiguo en el Término Municipal de Écija*. Gráficas Sol, Écija.

116. Puente de Hierro (Écija)

Coordenadas:

X: -
Y: -
Z: 103 msnm.

Tipología: Asentamiento sobre terraza fluvial.

Situación: "En terrenos de la finca del "Molino del Valle" y en la orilla derecha del Genil, río abajo desde Écija" (Durán y Padilla 1990).

Extensión: Desconocida.

Orientación: Oeste.

Morfología interna: Terrenos pleistocenos.

Paisaje: Periurbano y pequeñas parcelas agrícolas.

Dominio de tipo de suelo: Fluvisoles (2).

Hidrología: Ligada a un meandro del Genil, en inmediata proximidad.

Condiciones defensivas naturales: Las derivadas del río como barrera.

Indicios de defensa artificial: Desconocidos.

Control del entorno: Control de la vía representada por el Bajo Genil.

Aprovechamiento económico potencial: Presumiblemente agrícola y fluvial.

Presencia de estructuras visibles: Desconocida.

Estado general del yacimiento: Muy destruido por obras de infraestructura.

Trabajos arqueológicos realizados: Prospecciones arqueológicas. Década de 1980 y 2004.

Datos tecnológicos y tipológicos: "Al realizar desmontes para la construcción del puente de hierro del ferrocarril, se encontraron trozos de alfarería neolítica de barro rojo, de características y perfiles relacionados con los cuencos y las fuentes o escudillas de paredes rectas y verticales (CAAPS III)" (Durán y Padilla, 1990).

Cronología e interpretación: Posible enclave, aunque dudoso a juzgar por su descripción, atribuible a la segunda mitad del IV milenio ANE.

Valoración general: Se hace necesaria la revisión de este enclave sobre el terreno, a fin de asegurar la cronología y calibrar el estado de conservación del sector que aún puede existir del yacimiento.

Bibliografía:

Domínguez Berenjeno, E. L.; Cervera Pozo, L (2009): "Actividad Arqueológica Puntual: "Prospección del Término Municipal de Écija (Sevilla)" (2002- 2003)". *Anuario Arqueológico de Andalucía*, 2004. I. Sevilla, pp. 3220- 3240.

Durán Recio, V.; Padilla Monge, A. (1990): *Evolución del Poblamiento Antiguo en el Término Municipal de Écija*. Gráficas Sol, Écija.

117. Garrotal 2 (Écija)

Coordenadas:

X: -
Y: -
Z: 156 msnm.

Tipología: Enclave en llanura elevada.

Situación: A 6 km al Noreste del casco urbano de Fuentes de Andalucía, en terrenos de la finca de Bañuelos.

Extensión: Desconocida.

Orientación: Preferentemente Noreste.
Morfología interna: Llanura elevada de génesis cuaternaria. Modelado fluvial.

Paisaje: Cereal y secano.

Dominio de tipo de suelo: Vertisoles, regosoles y luvisoles (23, 13, 58 y 22).

Hidrología: Dominada a escasos metros al oeste por el cauce del arroyo Madre de Fuentes (orilla derecha). Confluencia con el arroyo de las Dos Vigas.

Condiciones defensivas naturales: Las derivadas de su relativa altura y desnivel, favorecidas por la presencia del cauce del Madre de Fuentes como barrera.

Indicios de defensa artificial: Desconocidos.

Control del entorno: Dominio del cauce del Madre de Fuentes, tributario del Guadalquivir.

Aprovechamiento económico potencial: Presumiblemente agrícola y fluvial.

Presencia de estructuras visibles: Desconocida.

Estado general del yacimiento: Afectado por laboreo agrícola.

Trabajos arqueológicos realizados: Catalogación genérica en 2004.

Datos tecnológicos y tipológicos: Desconocidos.

Cronología e interpretación: Enclave presente en la bibliografía como Calcolítico indiferenciado, con una presumible ocupación a caballo entre el IV y el II milenio ANE.

Valoración general: Enclave de interesante emplazamiento, que necesita una revisión en profundidad, a fin de asegurar la cronología adelantada en la bibliografía.

Bibliografía:

Domínguez Berenjeno, E. L.; Cervera Pozo, L (2009): "Actividad Arqueológica Puntual: "Prospección del Término Municipal de Écija (Sevilla)" (2002- 2003)". *Anuario Arqueológico de Andalucía*, 2004, I. Sevilla, pp. 3220- 3240.

118. Molino de Valdecañas (Écija)

Coordenadas:

X: -
Y: -
Z: 166 msnm.

Tipología: Enclave en llanura elevada.
Situación: A 3,7 km al sur- suroeste del casco urbano de Écija.

Extensión: Desconocida

Orientación: Suroeste.

Morfología interna: Llanura elevada de génesis cuaternaria. Modelado fluvial.

Paisaje: Cereal y secano.

Dominio de tipo de suelo: Vertisoles (23).

Hidrología: Domina al sur y oeste el nacimiento del arroyo de las Dos Vigas.

Condiciones defensivas naturales: Las derivadas de su relativa altura y dominio visual hacia el oeste.

Indicios de defensa artificial: Desconocidos.

Control del entorno: Domina el arroyo de las Dos Vigas, el cual conecta con el curso medio del arroyo Madre de Fuentes.

Aprovechamiento económico potencial: Presumiblemente agrícola.

Presencia de estructuras visibles: Desconocida.

Estado general del yacimiento: Probablemente alterado por labores agrícolas.

Trabajos arqueológicos realizados: Catalogación genérica en 2004.

Datos tecnológicos y tipológicos: Desconocidos.

Cronología e interpretación: Dada la ausencia de datos relativos a aspectos materiales y tipológicos, tan sólo se incluye este enclave como Calcolítico indiferenciado, a caballo entre el IV y el II milenio ANE (PRI).

Valoración general: Se hace necesario proceder a una revisión de los datos materiales relativos a este sitio.

Bibliografía:

Domínguez Berenjeno, E. L.; Cervera Pozo, L (2009): "Actividad Arqueológica Puntual: "Prospección del Término Municipal de Écija (Sevilla)" (2002- 2003)". *Anuario Arqueológico de Andalucía*, 2004, I. Sevilla, pp. 3220- 3240.

119. Arenales (Écija)

Coordenadas:

X: -
Y: -
Z: 149 msnm.

Tipología: Asentamiento en llano.

Situación: "A la derecha de la carretera de Écija a Marchena, a la altura del km 17, en un cerro situado frente al caserío de la finca, pero al otro lado de la carretera" (Durán y Padilla 1990).

Extensión: Desconocida.

Orientación: Indeterminada. Preferentemente norte.

Morfología interna: Llanura de génesis cuaternaria. Modelado fluvial.

Paisaje: Parcelas de regadío y secano de cereal.

Dominio de tipo de suelo: Vertisoles y regosoles (22 y 13).

Hidrología: Dominada al oeste por el cauce del arroyo Madre de Fuentes y por el de Chiclana, al norte.

Condiciones defensivas naturales: Muy escasas.

Indicios de defensa artificial: Desconocidos.

Control del entorno: Supeditado al cauce del arroyo Madre de Fuentes.

Aprovechamiento económico potencial: Presumiblemente agrícola.

Presencia de estructuras visibles: "El CAAPS III da a conocer la existencia de varios silos, algunos de gran tamaño" (Durán y Padilla 1990).

Estado general del yacimiento: Muy afectado por labores agrícolas.

Trabajos arqueológicos realizados: Prospecciones arqueológicas. Década de 1980 y 2004.

Datos tecnológicos y tipológicos: Desconocidos.

Cronología e interpretación: Muy dudosa, ante la naturaleza de los datos publicados.

Valoración general: Enclave de muy dudosa lectura cultural. Clasificado como Calcolítico sin diferenciar en la bibliografía, lo que arroja una ocupación probable a caballo entre el IV y el II milenio ANE (PRI).

Bibliografía:

Domínguez Berenjeno, E. L.; Cervera Pozo, L (2009): "Actividad Arqueológica Puntual: "Prospección del Término Municipal de Écija (Sevilla)" (2002- 2003)". *Anuario Arqueológico de Andalucía*, 2004. I. Sevilla, pp. 3220- 3240.

Durán Recio, V.; Padilla Monge, A. (1990): *Evolución del Poblamiento Antiguo en el Término Municipal de Écija*. Gráficas Sol, Écija.

120. El Eremitorio (Córdoba)

Coordenadas:

Cerro:	Covacha:
X: -	X: -
Y: -	Y: -
Z: 366 msnm	Z: 348 msnm

Tipología: Asentamiento sobre mesa miocena

Situación: En terrenos de la Huerta de los Arcos, sobre la construcción neomudéjar, accesible desde la CO- 110. La plataforma de ocupación queda definida sobre una colada calcárea junto a la que se sitúa la cueva del Eremitorio.

Extensión: Área de hallazgos próxima a una hectárea.

Orientación: Sureste.

Morfología interna: Calcarenita karstificada, tabular y con presencia de cavernamientos.

Paisaje: Monte bajo y olivar abandonado.

Dominio de tipo de suelo: Regosoles (5 y 13).

Hidrología: Área bien irrigada, próxima al margen derecho del arroyo de Valdegraja.

Condiciones defensivas naturales: Inmejorables en sus sectores sur y oriental, representando un amplio escalón desde el que se domina visualmente un gran sector central del valle del Guadalquivir, siendo visibles las cotas superiores de Sierra Nevada, Martos, El Monte Horquera y la Sierra de Cabra.

Indicios de defensa artificial: Desconocidos.

Control del entorno: Enfocado al área sur, los terrenos del Patriarca y Casilla del Guarda, y los amplios llanos sobre los que se asienta la actual Ciudad de Córdoba.

Aprovechamiento económico potencial: Presumiblemente agrícola y de control del entorno.

Presencia de estructuras visibles: Evidencias de labores de cantería y afloramientos de muros de cronología presumiblemente medieval andalusí.

Estado general del yacimiento: Muy afectado por labores históricas de cantería y amenazado por la expansión urbanística de la ciudad.

Trabajos arqueológicos realizados: Desconocidos.

Datos tecnológicos y tipológicos: La colección de M. Gómez cuenta, procedentes de la zona amesetada, con algunos ejemplos de geométricos, de tipo trapecio, pequeñas láminas de sección trapezoidal y retoque marginal, algunos denticulados sobre lasca, raspadores, núcleos de laminillas, así como una pequeña azuela en roca volcánica verdosa. Por nuestra parte pudimos observar sobre el terreno (visita en noviembre de 2008) materiales similares acompañados de cerámica a mano atípica. En el interior de la covacha, pudimos observar en superficie la presencia de escasa cerámica a mano atípica, de difícil adjudicación cronológica.

Cronología e interpretación: Pese a la parquedad del registro al que hemos podido tener acceso, podemos adelantar una ocupación a caballo entre al menos el VI y el IV milenio ANE (Neolítico), siendo imposible determinar con seguridad una horquilla cronológica de mayor precisión.

Valoración general: Enclave de gran interés situado en la falda estricta de Sierra Morena, con una amplia dispersión de material propio de la Prehistoria Reciente al que se acompaña una ergología de gran expresividad adjudicable al Paleolítico Medio. El área de acceso oriental a la cueva del Eremita puede contar con estratificación arqueológica fértil.

Bibliografía:

Santos Gallego, S. (1947): "Nota sobre el Paleolítico Cordobés". *Crónica del II Congreso arqueológico del Sureste Español*, Albacete, 1946, pp. 67- 68.

121. Cerro de las Cuevas (Adamuz)

Coordenadas:

X: -
Y: -
Z: 370 msnm.

Tipología: Asentamiento sobre mesa miocena.

Situación: Cerro accesible caminando 215 m al noroeste del kilómetro 37 de la A- 421 entre Adamuz y Villanueva de Córdoba.

Extensión: Cerro coronado por una meseta de aproximadamente 2,5 ha. Extensión de los hallazgos desconocida.

Orientación: Sur.

Morfología interna: Calcarenita miocena sobre zócalo paleozoico.

Paisaje: Olivar y monte bajo.

Dominio de tipo de suelo: Luvisoles (57).

Hidrología: En la falda este discurre el curso alto del Arroyo del Caño, dominando su confluencia con un arroyo tributario al oeste.

Condiciones defensivas naturales: Las derivadas de su relativa altura y desnivel, rodeado al sur, este y oeste por dos cauces naturales.

Indicios de defensa artificial: Desconocidos.

Control del entorno: Gran dominio visual al sur, hacia la vega. Al oeste domina la mesa de Matatoros.

Aprovechamiento económico potencial: Presumiblemente agrícola y de control.

Presencia de estructuras visibles: Desconocida.

Estado general del yacimiento: Muy afectado por labores agrícolas y por las obras de la vía del AVE Córdoba Madrid, que lo atraviesa por medio de un túnel.

Trabajos arqueológicos realizados: Prospección Arqueológica (2010).

Datos tecnológicos y tipológicos: En la colección perteneciente al Ayuntamiento de Adamuz, pudimos observar algunos ejemplos de molederas, hachas y azuelas en piedras duras, así como una pequeña azuela de sillimanita- fibrolita (20- 01- 2010).

Cronología e interpretación: Muy dudosa, pudiendo encontrarnos ante un posible enclave habitado entre el V- II milenio (PRI).

Valoración general: Enclave de muy dudosa lectura cultural. Necesitado de una visita y caracterización suficiente. Topográficamente posee características que merecen una atención especial. En la Prospección de 2010 no pudieron localizarse materiales tipologizables, a excepción de un fragmento de perfil en S en el interior de una cavidad en el farallón sur.

Bibliografía:

Inédito.

122. Cabeza lavada (Cañete de las Torres)

Coordenadas:

X: -
Y: -
Z: 420 msnm.

Tipología: Asentamiento en loma.

Situación: "Junto a la N 324 de Córdoba a Almería por Jaén y a unos 1500 m al E de Cañete. A 750 m a la izquierda de la carretera se encuentra el vértice de Cabeza Lavada".
Extensión: Extensión de los hallazgos desconocida.

Orientación: Sur.

Morfología interna: Margas terciarias, modelado fluvial Cuaternario.

Paisaje: Monocultivo de olivar.

Dominio de tipo de suelo: Vertisoles (23).

Hidrología: En la falda oeste discurre el nacimiento del Arroyo de la Dehesilla, tributario del Cañetejo.

Condiciones defensivas naturales: Las derivadas de su relativa altura y desnivel, Flanqueado al norte y al sur por dos vaguadas.

Indicios de defensa artificial: Desconocidos.

Control del entorno: Dominio visual hacia el norte, siguiendo el cauce del Cañetejo.

Aprovechamiento económico potencial: Presumiblemente agrícola y defensivo.

Presencia de estructuras visibles: Desconocida.

Estado general del yacimiento: Muy afectado por labores agrícolas.

Trabajos arqueológicos realizados: Prospecciones arqueológicas en la década de 1980.

Datos tecnológicos y tipológicos: En la bibliografía consultada se cita literalmente "una pequeña lámina de sílex retocada y cerámicas de la Edad del Bronce" (Serrano y Morena 1984).

Cronología e interpretación: Muy dudosa, pudiendo encontrarnos ante un posible enclave habitado entre el IV- II milenio (PRI).

Valoración general: Enclave de muy dudosa lectura cultural. Necesitado de una revisión sobre el terreno.

Bibliografía:

Serrano Carrillo, J.; Morena López, J. A. (1984) *Arqueología inédita de Córdoba y Jaén*. Monte de Piedad y Caja de Ahorros de Córdoba.

123. Puentes Viejos (Cañete de las Torres)

Coordenadas:

X: -
Y: -
Z: 320 msnm.

Tipología: Asentamiento en loma.
Situación: Por el camino viejo de Cañete a Bujalance, 3,5 km al noroeste de Cañete y a la derecha del mismo. A poco más de 1,5 km está el arroyo del Cañetejo y al sur el arroyo de los Caballeros.

Extensión: Desconocida.

Orientación: Sur.

Morfología interna: Margas y areniscas terciarias. Modelado fluvial cuaternario.

Paisaje: Monocultivo de olivar.

Dominio de tipo de suelo: Vertisoles (23).

Hidrología: Domina al sur el cauce del arroyo de los Caballeros, tributario del Cañetejo.

Condiciones defensivas naturales: Muy escasas.

Indicios de defensa artificial: Desconocidos.

Control del entorno: Gran dominio visual al sur, hacia la pequeña vega de los Caballeros.

Aprovechamiento económico potencial: Presumiblemente agrícola.

Presencia de estructuras visibles: Desconocida.

Estado general del yacimiento: Muy afectado por labores agrícolas.

Trabajos arqueológicos realizados: Prospecciones arqueológicas, década de 1980.

Datos tecnológicos y tipológicos: "Frecuentes cerámicas de la Edad del Bronce, elementos de hoz y un martillo de minero" (Serrano y Morena 1985). Antiguas citas de restos neolíticos, pulimentados y cerámicas.

Cronología e interpretación: Muy dudosa, pudiendo encontrarnos ante un posible enclave habitado entre el V-II milenio (PRI).

Valoración general: Enclave de muy dudosa lectura cultural. Necesitado de una visita y caracterización suficiente.

Bibliografía:

Ortiz Juárez, D.; Bernier Luque, J. (1983): *Catálogo Histórico- Artístico y monumental de la Provincia de Córdoba*, Tomo 2. Diputación Provincial de Córdoba.

Serrano Carrillo, J.; Morena López, J. A. (1984) *Arqueología inédita de Córdoba y Jaén.* Monte de Piedad y Caja de Ahorros de Córdoba.

124. El Palomar (Córdoba)

Coordenadas:

X: -
Y: -
Z: 145 msnm.

Tipología: Asentamiento sobre terraza fluvial.

Situación: En el kilómetro 484 de la Autovía A- 4, tomando la salida hacia la Subestación Eléctrica de los Cansinos, a medio camino entre el camino entre el Cortijo de la Avutarda y de El Palomar, al este y sobre un frente de explotación de grava.

Extensión: Desconocida.

Orientación: Suroeste.

Morfología interna: Primera terraza del Guadalquivir.

Paisaje: Extracción de gravas y cultivo de secano.

Dominio de tipo de suelo: Luvisoles y fluvisoles (58 y 2).

Hidrología: Domina al norte, el meandro encajado de Villafranca. Dos kilómetros al este, desemboca el arroyo del Guadatín.

Condiciones defensivas naturales: Escasas en relación a su topografía. Óptimas al norte y oeste por encontrarse flanqueado por el cauce del Guadalquivir.

Indicios de defensa artificial: Desconocidos.

Control del entorno: Gran dominio visual al sur y oeste, hacia las vegas de la Rinconada Baja.

Aprovechamiento económico potencial: Presumiblemente agrícola.

Presencia de estructuras visibles: El único testimonio de este emplazamiento constituye la presencia de una estructura siliforme excavada en los limos junto a un posible suelo de ocupación, visible tras los trabajos extractivos (4- 2010). A cierta distancia al Noreste, túmulo de grandes dimensiones y cronología indeterminada, posiblemente identificado con el citado por Samuel de los Santos (1958) y Rosario Cabrero (1985) (Comunicado en el Registro General de la Delegación Provincial, 5- 4- 2010).

Estado general del yacimiento: Muy afectado por labores agrícolas y por labores extractivas.

Trabajos arqueológicos realizados: Ninguno.

Datos tecnológicos y tipológicos: Pudimos constatar en el lugar la presencia de cerámicas a mano alisadas, con una leve aguada y así como fragmentos de formas de paredes rectas y convergentes.

Cronología e interpretación: Muy dudosa, decantándonos a tenor por los rasgos de los fragmentos cerámicos visibles en el terreno, por una ocupación propia de la segunda mitad del IV milenio ANE.

Valoración general: Enclave dotado de un interés de primera magnitud, aunque de muy dudosa lectura cultural. Necesitado de una caracterización más precisa.

Bibliografía:

Cabrero García, R. (1985): "Tipología de sepulcros calcolíticos en Andalucía Occidental". *Huelva Arqueológica*, VII, pp. 207- 263.

Santos Gener, S. (1958): "Ensayo de Ordenación Prehistórica de la Provincia de Córdoba", *Boletín de la Real Academia de Córdoba*, 77, pp. 77- 95.

125. Los Cansinos Altos (Córdoba)

Coordenadas:

X: -
Y: -
Z: 140 msnm.

Tipología: Emplazamiento sobre terraza fluvial.

Situación: En el kilómetro 484 de la Autovía A- 4, tomando la salida hacia la Subestación Eléctrica de los Cansinos, tras llegar al Cortijo del Palomar, en el camino que rodea la orilla izquierda del Guadalquivir.

Extensión: Desconocida.

Orientación: Oeste.

Morfología interna: Primera terraza del Guadalquivir.

Paisaje: Olivar de alto rendimiento.

Dominio de tipo de suelo: Cambisoles y fluvisoles (44 y 2).

Hidrología: Domina al norte y al este el meandro encajado de Villafranca.

Condiciones defensivas naturales: Escasas en relación a su topografía. Óptimas al norte y oeste por encontrarse flanqueado por el cauce del Guadalquivir.

Indicios de defensa artificial: Desconocidos.

Control del entorno: Escaso. Hacia el Guadalquivir y hacia la orilla opuesta.

Aprovechamiento económico potencial: Presumiblemente agrícola.

Presencia de estructuras visibles: Desconocida.
Estado general del yacimiento: Muy afectado por labores agrícolas.

Trabajos arqueológicos realizados: Ninguno. Visita al lugar (4- 4- 2010).

Datos tecnológicos y tipológicos: Pudimos constatar en los márgenes del camino, la presencia de pequeños fragmentos de cerámica a mano con tratamiento a la almagra muy deteriorados. Industria lítica atípica, en sílex y cuarcita, de aspecto arcaico.

Cronología e interpretación: Muy dudosa, decantándonos a tenor por los rasgos de los fragmentos cerámicos visibles se el terreno, por una datación probablemente antigua, entre el VI- III milenio ANE (PRI).

Valoración general: Enclave de muy dudosa lectura cultural. Necesitado de una caracterización más precisa.

Bibliografía:

Inédito.

126. Cerro de San Cristóbal (Villa del Río)

Coordenadas:

X: -
Y: -
Z: 284 msnm.

Tipología: Emplazamiento sobre terraza fluvial.

Situación: A 900 m al sur del casco urbano de Villa del Río, entre el camino de San Felipe y el camino del Granadillo, a ambos lados del camino de la Estrella.

Extensión: En principio supera las 9 ha (Pérez y Morena 2004).

Orientación: Norte (?).

Morfología interna: Techo de terraza amesetada sobre terrenos miocenos.

Paisaje: Olivar en monocultivo.

Dominio de tipo de suelo: Vertisoles (23).

Hidrología: Dominada al norte por el cauce del Guadalquivir.

Condiciones defensivas naturales: Meseta de alta elevación con destacadas posibilidades defensivas.

Indicios de defensa artificial: Desconocidos.

Control del entorno: Amplio, hacia la vega del Guadalquivir.
Aprovechamiento económico potencial: Presumiblemente agrícola.

Presencia de estructuras visibles: Posible presencia de estructuras siliformes.

Estado general del yacimiento: Muy afectado por labores agrícolas, y por el trazado de una tubería de riegos.

Trabajos arqueológicos realizados: Posible control arqueológico durante o tras el trazado de las zanjas (2000- 2003). Dato por contrastar.

Datos tecnológicos y tipológicos: Tan sólo se hace referencia a cerámicas a mano de tipología calcolítica (Pérez y Morena 2004).

Cronología e interpretación: Muy dudosa, decantándonos a tenor por los rasgos de los fragmentos cerámicos visibles se el terreno, por una datación entre el IV- II milenio ANE (PRI).

Valoración general: Enclave de muy dudosa lectura cultural. Necesitado de una caracterización más precisa.

Bibliografía:

Pérez Daza, F.; Morena López, J. A. (2004): "El almacenamiento de cereales en Villa del Río durante la antigüedad: El campo de silos del Cerro de San Cristóbal". *Boletín de la Asociación Provincial de Museos Locales de Córdoba*, 4, pp. 389- 404.

127. El Cañuelo Alto V (Córdoba)

Coordenadas:

X: -
Y: -
Z: 169 msnm.

Tipología: Emplazamiento sobre terraza fluvial.

Situación: Se halla en el término municipal de Córdoba, en la zona denominada Cañuelo Alto. Se accede desde Córdoba por la Avda. de la Torrecilla tras la que tomamos la carretera CV-234 (A- 3051) en dirección Guadalcázar. Seguidamente tomamos un camino a la izquierda, una vez recorrida una distancia de setecientos metros, por el cual seguiremos hasta haber realizado unos mil cien metros de recorrido. El enclave si sitúa a 1300 m de la línea de ferrocarril Córdoba- Málaga, y a 1600 m del actual cauce del Guadalquivir, en el meandro de Casillas.

Extensión: Los hallazgos se concentran en una extensión superior a una hectárea.

Orientación: Sur.

Morfología interna: Terraza amesetada (T3), conformada por limos sobre gravas y cantos.

Paisaje: Baldío.

Dominio de tipo de suelo: Luvisoles y fluvisoles (58 y 2).

Hidrología: Dominada al norte por el cauce del Guadalquivir, y al sur y oeste por la desembocadura del Guadajoz, controlando la confluencia de ambos cursos. Varios arroyos tributarios del Guadalquivir y Guadajoz se inician a proximidad. Por otra parte, a escasos metros al suroeste se sitúa un pequeño manantial.

Condiciones defensivas naturales: Escasas, derivadas de su posición como otero.

Indicios de defensa artificial: Zanja elíptica de 16 m de diámetro y escasa anchura, que con dificultad podría haber cumplido un papel defensivo por sí sola.

Control del entorno: Amplio, hacia la vega del Guadalquivir y tramo final del Guadajoz.

Aprovechamiento económico potencial: Presumiblemente agrícola.

Presencia de estructuras visibles: En la actuación de 2011 se pudo constatar una abundancia de estructuras silformes y cubetas excavadas en el terreno, así como restos de una zanja elíptica de al menos 16 m de diámetro y apenas 0,50 m de anchura máxima constatada.

Estado general del yacimiento: Muy afectado por labores agrícolas. En peligro al estar sometido al proyecto de puesta en explotación de una cantera de extracción de grava y áridos.

Trabajos arqueológicos realizados: Prospección Arqueológica Superficial REF. AAPRE. 36/10- CB. 4739. Julio de 2010. Actividad preventiva de control de movimiento de tierras en Octubre de 2011, dirigida por Carolina Martín Blanco, de la empresa Arqveobética.

Datos tecnológicos y tipológicos: Desde un primer momento se pudieron localizar en superficie diversos fragmentos de cerámica a mano, entre las que pudieron distinguirse una gran abundancia de formas carenadas y de paredes rectas convergentes, acabadas con diversos tratamientos (lisa, bruñido y almagra de escasa calidad). Entre la industria lítica destacaron los soportes laminares con lustre, así como fragmentos de elementos pulimentados biselados.

Cronología e interpretación: La ergología y la lectura tipológica y tecnológica que de la misma se ha podido extraer, permiten apuntar a la existencia de un pequeño asentamiento ocupado con seguridad durante la segunda mitad del IV milenio ANE.

Valoración general: Sobre este interesante enclave apenas se ha documentado una pequeña porción de su superficie, encontrándose amenazado por un proyecto de extracción de áridos.

Bibliografía:

Martínez Sánchez, R. Mª (2010): *Informe- Memoria de la Actividad Arqueológica Preventiva (Prospección Arqueológica Superficial) en terrenos de Explotación de Áridos Finca "el Cañuelo Alto" (Córdoba)*. Informe Inédito. Delegación de Cultura.

Martín Blanco, C. (2011): *Actividad Arqueológica Preventiva, control de movimientos de tierra, en finca Cañuelo Alto (1ª fase de explotación), Córdoba*. Informe y Memoria. Inédito. Delegación Provincial de Cultura.

128. La Tomiza (Écija)

Coordenadas:

X: -
Y: -
Z: 166 msnm.

Tipología: Enclave en llanura elevada.

Situación: Justo a mitad de camino entre la pedanía de Fuente Carreteros (Fuente Palmera) y la confluencia de dicho camino (carretera vecinal, extensión de la CO-4309) con la A- 453, Écija Palma del Río (K. 8), sobre una elevación preexistente que atravesaba este camino, recogido bajo el topónimo de Tomiza, al oeste del Cerro Galindo.

Extensión: desconocida.

Orientación: Predominantemente sur, hacia el cauce del Genil.

Morfología interna: Terraza conformada por gravas y cantos. Zócalo mioceno.

Paisaje: Baldío- Secano. Terrenos aterrazados por una explotación de gravas y áridos.

Dominio de tipo de suelo: Vertisoles y cambisoles (23 y 42).

Hidrología: Dominada al sur por el cauce del Genil, controlando el nacimiento de varios pequeños cauces tributarios de éste, como el arroyo del Balbuenas, más al oeste.

Condiciones defensivas naturales: Escasas, mejores hacia el suroeste.

Indicios de defensa artificial: Desconocidos.

Control del entorno: Amplio, hacia la vega del Genil.
Aprovechamiento económico potencial: Presumiblemente agrícola.

Presencia de estructuras visibles: Desconocidas, si bien se han relatado el hallazgo de un número indeterminado de cuevas artificiales de pequeño corredor y cámara en cúpula.

Estado general del yacimiento: Presumiblemente destruido en su totalidad entre la década de 1980 y 1990, hecho consumado tras la delineación del nuevo trazado de la CV entre Fuente Carreteros y la A- 453. El cerro de cota 166 sobre el que se situaba fue terraplanado y arrasado para la extracción de grava y zahorra (información oral de J. Jurado, operario maquinista retirado). Dicha gravera parece cesó su actividad a inicios de la década del 2000, constando por ortofotografía la siembra de cereal ya hacia 2001.

Trabajos arqueológicos realizados: Ninguno. El cercano pago de Malpica aparece citado en varios trabajos resultantes de labores de prospección arqueológica en las décadas de 1980 y 2000, integrando hallazgos de época romana (Durán y Padilla 1990; Domínguez y Cervera 2009), si bien no hemos localizado referencias relativas a hallazgos de la Prehistoria Reciente. Sin embargo, la proximidad que guarda con el enclave del Villar 1 (Durán y Padilla 1990), situado en la misma carretera al oeste del Km 7,5, relaciona ambos yacimientos de forma directa, pudiendo ser identificados como uno sólo.

Datos tecnológicos y tipológicos: En un domicilio particular de Córdoba, perteneciente a un antiguo operario presente en los trabajos de aterrazamiento realizados durante la década de 1980, se conservan varias láminas prismáticas de sílex de sección trapezoidal, obtenidas por presión y con talón diedro agudo, algunas superiores a los 150 mm, fragmentos de al menos una quesera, y dos soberbias azuelas planas, de cierta longitud y destacadas dimensiones, acompañadas de algún fragmento de cerámica con mamelón, procedentes de un número indeterminado de cámaras sepulcrales, "labradas en la tosca" y en forma de silo o cúpula, a la que se accedían a través de un estrecho corredor o pasillo. Dicho particular nos confirmó de la misma forma la presencia de restos humanos en su interior (7- agosto- 2010).

Cronología e interpretación: Si bien nos es imposible confirmar o negar la existencia de un asentamiento en dicho emplazamiento, así como deducir una ocupación más dilatada en el tiempo, la ergología de los materiales nos indica una cronología avanzada, quizás encuadrable en la segunda mitad del III milenio ANE, similar a los hallazgos conocidos de la Veleña (Cabra) y la Calva (Santaella), éste último asociado a cerámica campaniforme.

Valoración general: Interesantísimo enclave, por desgracia destruido, el cual cabría reevaluar en su situación actual, a la espera de confirmar o desmentir la conservación actual de algún sector de la necrópolis o asentamiento. Probablemente quepa relacionarse con el denominado El Villar I.

Bibliografía:

Inédito.

129. Mesa del Cañaveral (Adamuz)

Coordenadas:

X: -
Y: -
Z: 433 msnm.

Tipología: Asentamiento sobre mesa miocena.

Situación: A aproximadamente 3,5 kilómetros al noroeste de Adamuz, y siguiendo la vereda de Valdeinfiernos, sobre la cueva del Cañaveralejo, dominando la confluencia de la colada del Pedrocheño y el arroyo del Cañaveralejo.

Extensión: 2 ha.

Orientación: Sureste.

Morfología interna: Calcarenita miocena sobre zócalo paleozoico.

Paisaje: Olivar y monte bajo.

Dominio de tipo de suelo: Regosoles (5 y 8).

Hidrología: Dominada por la confluencia del arroyo del Cañaveralejo con el Pedrocheño.

Condiciones defensivas naturales: Buenas en los flancos suroeste y noreste, debido a su morfología amesetada.

Indicios de defensa artificial: Desconocidos.

Control del entorno: Amplio, del corredor de Valdeinfiernos hacia el arroyo del Pedrocheño.

Aprovechamiento económico potencial: Presumiblemente agrícola.

Presencia de estructuras visibles: Desconocidas.

Estado general del yacimiento: Afectado por labores agrícolas.

Trabajos arqueológicos realizados: Prospección arqueológica (2010).

Datos tecnológicos y tipológicos: Cerámica a mano rodada y de escasa significación tipológica, a excepción de un fragmento con posible baquetón vertical, industria laminar prismática de mediano formato. Abundancia de biselados pulimentados.

Cronología e interpretación: Prehistoria Reciente indeterminada (PRI). Ocupación centrada con probabilidad entre el V y el III milenio ANE.

Valoración general: Enclave relacionado directamente con la Cueva del Cañaveralejo, la cual se ubica en su caída oriental, estando necesitado de una caracterización arqueológica de mayor entidad.

Bibliografía:

Inédito.

130. Cerro Astigi (Écija)

Coordenadas:

X: -
Y: -
Z: 120 msnm.

Tipología: Asentamiento sobre terraza fluvial.

Situación: A la derecha de la carretera que une la A- 338 con la autovía A- 4, en el entorno de la Subestación eléctrica del Polígono Industrial el Genil.

Extensión: Desconocida.

Orientación: Predominio hacia el oeste, hacia el cauce del Genil.

Morfología interna: Terraza conformada por gravas y cantos.

Paisaje: Suelo industrial y de secano.

Dominio de tipo de suelo: Vertisoles y fluvisoles (23 y 2).

Hidrología: Dominada al oeste por el cauce del Genil, y al sur por el arroyo del Trillo en su confluencia con el Genil.

Condiciones defensivas naturales: Las derivadas de su relativa altura y desnivel.

Indicios de defensa artificial: Desconocidos.

Control del entorno: Amplio, hacia la vega del Genil.

Aprovechamiento económico potencial: Presumiblemente agrícola.

Presencia de estructuras visibles: Estructuras siliformes desaparecidas.

Estado general del yacimiento: Destruido en gran parte entre mediados de la década de 1980 y de 1990, durante la edificación de polígonos industriales y el firme de la A- 4 (Información de A. Fernández Ugalde, director del Museo Arqueológico Municipal de Écija).

Trabajos arqueológicos realizados: No constan.

Datos tecnológicos y tipológicos: Hacha de sillimanita de grandes dimensiones y cerámica pintada. Formas globulares achatadas y borde entrante depositadas en el Museo Arqueológico Municipal de Écija.

Cronología e interpretación: Enclave ocupado entre el IV y el III milcnio ANE, no pudiendo por el momento concretar una cronología más precisa, si bien ha sido definido como Neolítico Final según algunos observadores.

Valoración general: Interesantísimo enclave, por desgracia destruido en parte, el cual cabría reevaluar en su situación actual, a la espera de conservar contextos conservados.

Bibliografía:

Inédito.

131. Cerro del Burro (Écija)

Coordenadas:

X: -
Y: -
Z: 160 msnm.

Tipología: Asentamiento sobre terraza fluvial.

Situación: Pasado el Puente de la Autovía A- 4, hacia la carretera de Lucena (a la izquierda, sin subir).

Extensión: Desconocida.

Orientación: Noroeste.

Morfología interna: Techo de terraza. Zócalo mioceno.

Paisaje: Paisaje de cereal.

Dominio de tipo de suelo: Vertisoles (23).

Hidrología: Dominada al oeste por el cauce del Genil, al norte por el arroyo del Trillo, y al sur por un cauce estacional, ambos confluyentes con el Genil.

Condiciones defensivas naturales: Modestas, derivadas de su relativa altura y desnivel.

Indicios de defensa artificial: Desconocidos.

Control del entorno: Amplio, hacia la vega del Genil.
Aprovechamiento económico potencial: Presumiblemente agrícola.

Presencia de estructuras visibles: Desconocidas.

Estado general del yacimiento: Afectado por labores agrícolas.

Trabajos arqueológicos realizados: Ninguno.

Datos tecnológicos y tipológicos: Hallazgo (probablemente con detectores de metal), de un punzón de cobre de sección cuadrada y una gran punta de Palmela, cercana a los 10 cm de longitud de hoja, conservado en el Museo Arqueológico Municipal de Écija.

Cronología e interpretación: Cultura material probablemente perteneciente al Horizonte Campaniforme, segunda mitad del III milenio ANE

Valoración general: Emplazamiento de difícil caracterización, quizá perteneciente a un contexto funerario.

Bibliografía:

Inédito.

32. Alcázar de Écija

Coordenadas:

X: -
Y: -
Z: 120 msnm.

Tipología: Asentamiento sobre terraza fluvial.

Situación: En el núcleo urbano de Écija, sector oriental, en la manzana denominada Alcázar, o Picadero.

Extensión: desconocida.

Orientación: Predominio hacia el este, hacia el cauce del Genil.

Morfología interna: Terraza de génesis cuaternaria.

Paisaje: Urbano.

Dominio de tipo de suelo: Fluvisoles (2).

Hidrología: Dominada al este por el cauce del Genil.

Condiciones defensivas naturales: Escasas, derivadas de su relativa altura y la presencia del Genil como barrera.

Indicios de defensa artificial: Desconocidos.

Control del entorno: Hacia la vega del Genil.

Aprovechamiento económico potencial: Presumiblemente agrícola.

Presencia de estructuras visibles: Desconocida.

Estado general del yacimiento: Afectado por la expansión urbana. Hallazgo producido tras la realización de una piscina (Información de A. Fernández Ugalde, Director del Museo Arqueológico Municipal).

Trabajos arqueológicos realizados: No constan.

Datos tecnológicos y tipológicos: Existen referencias al hallazgo reciente de cerámica campaniforme al construir una piscina. Por otra parte, se tiene documentación probada del hallazgo de un vaso campaniforme en el casco urbano del municipio, en un emplazamiento no precisado, en 1888.

Cronología e interpretación: Pruebas de la ocupación de este emplazamiento al menos desde la segunda mitad del III milenio ANE.

Valoración general: Destaca la escasez de documentación relativa al poblamiento de la Prehistoria Reciente del casco urbano de Écija, frente al conocimiento arqueológico actual de la fase histórica del municipio.

Bibliografía:

Inédito.

133. La Alameda/ Fuemblanquilla (Bujalance)

Coordenadas:

X: -
Y: -
Z: 325 msnm.

Tipología: Emplazamiento en loma.

Situación: Situada entre el Kilómetro 13 y 14 de la carretera A 306 en dirección a Cañete de las Torres, sobre una suave loma

Extensión: Desconocida.

Orientación: Suroeste

Morfología interna: Terreno margoso terciario.

Paisaje: Olivar y suelo industrial.

Dominio de tipo de suelo: Vertisoles (23).

Hidrología: Rodeado al sur y oeste por el arroyo de los Caballeros.
Condiciones defensivas naturales: Modestas, derivadas de su relativa altura y desnivel con el arroyo de los Caballeros como barrera.

Indicios de defensa artificial: Desconocidos.

Control del entorno: Escasos, hacia la vega del Arroyo de los Caballeros

Aprovechamiento económico potencial: Presumiblemente agrícola.

Presencia de estructuras visibles: Desconocidas.

Estado general del yacimiento: Muy afectado por la construcción de carreteras y la edificación industrial.

Trabajos arqueológicos realizados: Ninguno.

Datos tecnológicos y tipológicos: Testimonio orales citan la presencia en una colección particular de la localidad de un fragmento de campaniforme. Cerámica de forma en perfil en S, con un aspecto propio del II milenio ANE. Hallazgo de un diente de hoz y fragmento de azuela pulimentada (depositados en el museo de Bujalance).

Cronología e interpretación: Este emplazamiento quizás pueda encuadrarse entre la segunda mitad del III milenio ANE y el II milenio ANE.

Valoración general: Emplazamiento de cierta extensión destruido periódicamente con la expansión del polígono industrial de la Alameda (Información recogida gracias al testimonio de J. M. Abril, miembro de la Asociación Bursabolense de Arqueología, Arte e Historia).

Bibliografía:

Inédito.

134. Cruz del Castillo (Villa del Río)

Coordenadas:

X: -
Y: -
Z: 164 msnm.

Tipología: Enclave sobre terraza fluvial.

Situación: En terrenos del Cortijo de la Anguijuela, a 700 m al oeste de la bifurcación entre la CP- 126 y la CP-239.

Extensión: Desconocida.

Orientación: Sur.

Morfología interna: Primera terraza del Guadalquivir.

Paisaje: Secano y suelo industrial.

Dominio de tipo de suelo: Fluvisoles (2).

Hidrología: Flanqueado a excepción de su flanco norte por el cauce del Guadalquivir.

Condiciones defensivas naturales: Determinadas por la presencia del Meandro de Villa del Río como barrera.

Indicios de defensa artificial: Desconocidos.

Control del entorno: Amplio control del corredor de la vega circundante hacia el sur, este y oeste.

Aprovechamiento económico potencial: Presumiblemente agrícola y fluvial.

Presencia de estructuras visibles: Desconocida.

Estado general del yacimiento: La ubicación coincide con un terreno sujeto en la actualidad a la extracción de áridos y a rebajes periódicos.

Trabajos arqueológicos realizados: Prospección Arqueológica (década de 1980).

Datos tecnológicos y tipológicos: Desconocidos. No hemos tenido acceso a la cultura material de este enclave.

Cronología e interpretación: Prehistoria Reciente Indeterminada (PRI). Clasificado como "Calcolítico", por lo que es posible que su ocupación se sitúe entre el IV y III milenio ANE.

Valoración general: Enclave del que desconocemos los elementos materiales que respalden su clasificación como "calcolítica", pudiendo encontrarse en la actualidad totalmente destruido.

Bibliografía:

Garrido Anguita, J. M.; Casares Landauro, E. (2011): "Las posibilidades del uso de aplicaciones informáticas y SIG como herramientas de análisis territorial de yacimientos arqueológicos (Calcolítico)". *Arte, Arqueología e Historia* 18, pp. 161- 168.

135. Huertas Familiares (Montoro)

Coordenadas:

X: -
Y: -
Z: 164 msnm.

Tipología: Enclave sobre terraza fluvial.

Situación: A escasos metros al sur del kilómetro 4´5 de la CV- 180, en terrenos de la Vega de Armijo.

Extensión: Desconocida.

Orientación: Sureste.

Morfología interna: Primera terraza del Guadalquivir.

Paisaje: Paisaje de regadío.

Dominio de tipo de suelo: Fluvisoles (2).

Hidrología: Domina la confluencia del arroyo Cañetejo con el Guadalquivir.

Condiciones defensivas naturales: Las derivadas de su relativa altura y desnivel.

Indicios de defensa artificial: Desconocidos.

Control del entorno: Al sureste, hacia la Veguilla, tierras bajas de la confluencia del Guadalquivir con el Cañetejo.

Aprovechamiento económico potencial: Presumiblemente agrícola y fluvial.

Presencia de estructuras visibles: Desconocida.

Estado general del yacimiento: Afectado profundamente por labores agrícolas.

Trabajos arqueológicos realizados: Prospección arqueológica (década de 1980).

Datos tecnológicos y tipológicos: Desconocidos. No hemos tenido acceso a la cultura material de este enclave.

Cronología e interpretación: Prehistoria Reciente indeterminada (PRI). Probable enclave ocupado entre el IV y el III milenio ANE.

Valoración general: Situación necesitada de una precisa caracterización.

Bibliografía:

Garrido Anguita, J. M.; Casares Landauro, E. (2011): "Las posibilidades del uso de aplicaciones informáticas y SIG como herramientas de análisis territorial de yacimientos arqueológicos (Calcolítico)". *Arte, Arqueología e Historia* 18, pp. 161- 168.

136. Blanco Hermoso (Montoro)

Coordenadas:

X: -
Y: -
Z: 265 msnm.

Tipología: Asentamiento sobre terraza fluvial.
Situación: Entre el Km 51 y 52 de la CO- 420 que enlaza Villa del Río y Cardeña, sobre una meseta elevada.

Extensión: desconocida.

Orientación: Sur.

Morfología interna: Terraza alta del Guadalquivir, flanqueando un paleocauce. Suelos rojos.

Paisaje: Olivar y monte bajo.

Dominio de tipo de suelo: Fluvisoles (2).

Hidrología: Flanqueado al oeste por la vega del Corcomé y al este por el Guadalquivir.

Condiciones defensivas naturales: Óptimas al este y al oeste, debido a su gran desnivel propio de un perfil amesetado

Indicios de defensa artificial: Desconocidos.

Control del entorno: Amplio control del corredor del Corcomé y el cauce encajado del Guadalquivir, corredores naturales a Sierra Morena

Aprovechamiento económico potencial: Presumiblemente agrícola y fluvial.

Presencia de estructuras visibles: Desconocida.

Estado general del yacimiento: Muy afectado por labores agrícolas.

Trabajos arqueológicos realizados: Ninguno.

Datos tecnológicos y tipológicos: Gran concentración de biselados pulimentados. Industria laminar de pequeño y gran formato de sección trapezoidal. Trapecios y dientes de hoz. Núcleo calentado de pequeñas láminas. Estos materiales se encuentran depositados en el museo de Priego de Córdoba (!) con la sigla 2006/17 (Donación de R. Bermúdez).

Cronología e interpretación: De difícil precisión, si bien podría situarse entre el IV y el III milenio ANE (PRI).

Valoración general: Interesante y extenso yacimiento que adolece de una caracterización más precisa, si bien muestra evidencia de una ocupación probable entre el Neolítico Inicial y la Edad del Cobre.

Bibliografía:

Inédito.

137. El Aljibejo de Santa Brígida (Montoro)

Coordenadas:
X: -
Y: -
Z: 260 msnm.

Tipología: Asentamiento en loma.

Situación: En el kilómetro 15 de la CO- 414 entre Montoro y Villanueva de Córdoba, a 800 m al suroeste.

Extensión: Indeterminada.

Orientación: Suroeste.

Morfología interna: Limos rojos de terraza sobre zócalo paleozoico (arcosas).

Paisaje: Olivar intensivo.

Dominio de tipo de suelo: Livisoles (57).

Hidrología: Al este y oeste, flanqueado por cauces secundarios del Arenoso y el arroyo de Santa Brígida.

Condiciones defensivas naturales: Modestas, derivadas de su relativa altura y desnivel.

Indicios de defensa artificial: Desconocidos.

Control del entorno: Al sur hacia la vega del Guadalquivir. Al oeste, hacia el cauce del Arenoso.

Aprovechamiento económico potencial: Presumiblemente agrícola.

Presencia de estructuras visibles: Desconocida. Existencia de un "falso dolmen" conformado por lajas de molinaza (Arcosa) arrastradas por maquinaria agrícola.

Estado general del yacimiento: Muy afectado por erosión y labores agrícolas.

Trabajos arqueológicos realizados: Prospección arqueológica (década de 1980).

Datos tecnológicos y tipológicos: Material conservado en la facultad de Filosofía y Letras de Córdoba. Industria lítica de pequeño formato y presencia de microburil, junto a un pequeño geométrico (triángulo isósceles). Algunos elementos biselados.

Cronología e interpretación: Interesante enclave ocupado probablemente al menos desde el Neolítico Inicial hasta momentos de difícil precisión.

Valoración general: Necesitado de una más segura caracterización cronológica, así como de los puntos con hallazgos similares en el entorno de los llanos de Santa Brígida (Lagar del Cerro, Casa del Zorro, Molino de los Zorritos, todos ellos con materiales propios de la Prehistoria Reciente), durante las prospecciones de inicios de la década de 1980 con el comienzo de los trabajos en Llanete de los Moros por parte de J. C. Martin de la Cruz.

Bibliografía:

Inédito.

138. Huerta Arruña (Montoro)

Coordenadas:

X: -
Y: -
Z: 290 msnm.

Tipología: Enclave sobre terraza fluvial.

Situación: A 500 m al sur del caserío del mismo nombre, en la confluencia del Camino Bajo de la Roza y el Camino de la Fuensanta.

Extensión: Desconocida.

Orientación: Sureste.

Morfología interna: Terraza cuaternaria levantada sobre el cauce del Corcomé, madre vieja del Guadalquivir. Suelos Rojos.

Paisaje: Olivar y monte Bajo

Dominio de tipo de suelo: Cambisoles (47).

Hidrología: Flanqueado por la confluencia del Arroyo del Membrillo y el Corcomé.

Condiciones defensivas naturales: Modestas, derivadas de su relativa altura y desnivel sobre la vega del Corcomé.

Indicios de defensa artificial: Desconocidos.

Control del entorno: Enfocado a la vega del Corcomé.

Aprovechamiento económico potencial: Presumiblemente agrícola.

Presencia de estructuras visibles: Desconocida.

Estado general del yacimiento: Muy afectado por erosión y labores agrícolas.

Trabajos arqueológicos realizados: Ninguno.

Datos tecnológicos y tipológicos: En una visita al lugar observamos sobre el terreno biselados pulimentados e industria laminar con calentamiento y pequeño formato.

Cronología e interpretación: Emplazamiento de difícil caracterización cronocultural, clasificado como Prehistoria Reciente Indeterminada.
Valoración general: Interesante enclave del que hay noticias orales del hallazgo de gran cantidad de biselados pulimentados.

Bibliografía:

Inédito.

139. Mesa de la Marquesa (Córdoba)

Coordenadas:

X: -
Y: -
Z: 190 msnm.

Tipología: Asentamiento sobre mesa miocena.

Situación: Extensa planicie elevada a 300 m al Noreste del Puente de Hierro del Ferrocarril Córdoba- Almorchón sobre el arroyo Pedroche.

Extensión: Indeterminada.

Orientación: Suroeste.

Morfología interna: Calcarenita miocena sobre zócalo paleozoico.

Paisaje: Olivar y monte bajo. Área periurbana.

Dominio de tipo de suelo: Luvisoles (58).

Hidrología: Dominada al oeste por el Arroyo Pedroche.

Condiciones defensivas naturales: Buenas al oeste, derivadas de su relativa altura y desnivel.

Indicios de defensa artificial: Desconocidos.

Control del entorno: Dominio visual hacia el sur. Inmediato hacia el cauce del Pedroche.

Aprovechamiento económico potencial: Presumiblemente agrícola.

Presencia de estructuras visibles: Desconocida.

Estado general del yacimiento: Afectado por labores agrícolas y obras de infraestructura.

Trabajos arqueológicos realizados: Ninguno.

Datos tecnológicos y tipológicos: Sobre este terreno, muy próximo a la ciudad, se observan frecuentemente elementos pulimentados poco tipológicos (hachas o azuelas), vestigios de industria microlaminar y cerámica a mano reducida a clastos.

Cronología e interpretación: Aunque no determinado con seguridad, este emplazamiento podría arrancar desde el Neolítico inicial o bien desde el Epipaleolítico.

Valoración general: Interesantísimo enclave, el cual merece una caracterización y revisión en profundidad.

Bibliografía:

Inédito.

140. Cerro de los Silos (Córdoba)

Coordenadas:

X: -
Y: -
Z: 199 msnm.

Tipología: Asentamiento en loma.

Situación: En el dominio del bajo valle del Guadajoz, escasos metros de la antigua ruta Córdoba- La Rambla, en tierras del Cortijo Nuevo de las Sileras, al oeste de la Autovía Córdoba- Málaga.

Extensión: 0,5 ha.

Orientación: Sur- sureste.

Morfología interna: Loma conformada por terrenos pardos, terciarios.

Paisaje: Cereal y girasol.

Dominio de tipo de suelo: Vertisoles y fluvisoles (23 y 2).

Hidrología: Dominada por el arroyo de las Sileras en su confluencia con el Guadajoz.

Condiciones defensivas naturales: Escasas, derivadas de su relativa altura y desnivel.

Indicios de defensa artificial: Desconocidos.

Control del entorno: Bueno, controlando la depresión conformada por la vega del arroyo de las Sileras (o de los Abades) en su confluencia con el Guadajoz y su vega.

Aprovechamiento económico potencial: Presumiblemente agrícola.

Presencia de estructuras visibles: Desconocida. Proximidad inmediata de los restos del "dolmen" de las Sileras, hoy en los depósitos del MAECO. Silos en la cumbre de cronología probablemente moderna.

Estado general del yacimiento: Afectado por labores agrícolas.

Trabajos arqueológicos realizados: Ninguno. Reconocimiento de visu durante el desarrollo del proyecto de estudio integral de las Estelas Megalíticas de las Sileras (2010).

Datos tecnológicos y tipológicos: Fragmentos de cerámicas a la almagra en superficie, decoraciones con motivos impresos, formas de paredes rectas y carenadas, además de algunas acanaladas. Núcleo de sílex carenoide.

Cronología e interpretación: Segunda mitad del IV milenio ANE.

Valoración general: Enclave vinculado espacialmente al monumento megalítico hallado en el cauce del arroyo de las Sileras. Precisa de una caracterización en profundidad.

Bibliografía:

Inédito.

141. Haza de los Pedernales (Córdoba)

Coordenadas:

X: -
Y: -
Z: 218 msnm.

Tipología: Asentamiento sobre terraza fluvial.

Situación: A escasos metros al este de la Autovía Córdoba- Málaga y a apenas 400 m al suroeste del Cortijo del mismo nombre.

Extensión: Desconocida.

Orientación: Suroeste.

Morfología interna: Loma conformada por un techo de terraza (cantos y gravas) sobre terrenos pardos, terciarios.

Paisaje: Olivar de reciente plantación.

Dominio de tipo de suelo: Fluvisoles (2).

Hidrología: Dominada por el cauce del Guadajoz al norte y por el arroyo de las Sileras (o Abades) al oeste.

Condiciones defensivas naturales: Las derivadas de su relativa altura y desnivel.

Indicios de defensa artificial: Desconocidos.

Control del entorno: Amplio del corredor del cauce de las Sileras (Cordel de la Rambla) y su confluencia con el Guadajoz.

Aprovechamiento económico potencial: Presumiblemente agrícola.

Presencia de estructuras visibles: Desconocida.

Estado general del yacimiento: Afectado profundamente por erosión y labores agrícolas.

Trabajos arqueológicos realizados: Ninguno.

Datos tecnológicos y tipológicos: Cerámica a mano, algunos bruñidos y aguada a la almagra. Paredes rectas y formas globulares. Un flanco de núcleo carenoide sobrepasado en sílex subbético.

Cronología e interpretación: Probable enclave ocupado entre el IV y el III milenio ANE.

Valoración general: Situación necesitada de una precisa caracterización.

Bibliografía:

Inédito.

142. Cueva de los Pobres (Córdoba)

Coordenadas:

X: -
Y: -
Z: 440 msnm

Tipología: Ocupación en cueva (abrigo).

Situación: Situada a escasos metros al sur bajo el viacrucis que conduce a las Ermitas de Córdoba (Desierto de nuestra señora de Belén).

Extensión: Concentración de materiales en la plataforma situada bajo el extraplomo del abrigo (abri sous roche).

Orientación: Sur- suroeste

Morfología interna: Abrigo terminado un leve cavernamiento en fondo de saco cegado por un espeso paquete sedimentario. Arenisca miocena compacta.

Paisaje: monte bajo y encinar en recuperación.

Dominio de tipo de suelo: Regosoles (5).

Hidrología: Área de abundante presencia de agua (manantiales naturales), dominando la cabecera del arroyo de Valdegrajas.

Condiciones defensivas naturales: Las derivadas de su escarpe y altura

Indicios de defensa artificial: No se observan

Control del entorno: Amplio e inmejorable control visual hacia la vega desde el piedemonte, apreciándose las estribaciones de las Béticas.
Aprovechamiento económico potencial: Pecuario

Presencia de estructuras visibles: Desconocida.

Estado general del yacimiento: La superficie de la roca se encuentra muy afectada por adición de anclajes de escalada, lo cual ha afectado muy gravemente a la conservación de sus paredes.

Trabajos arqueológicos realizados: Catalogación Genérica.

Datos tecnológicos y tipológicos: Noticias de difícil contrastación referidas al hallazgo de restos neolíticos. Cerámica a mano prehistórica en superficie.

Cronología e interpretación: Si bien algunos de los fragmentos visibles en superficie aparentan una cronología del II milenio ANE, carecemos de argumentos suficientes para concretar una cronología precisa, incluyéndolo pues como Prehistoria Reciente Indeterminado.

Valoración general: En apariencia, este enclave representa uno de los yacimientos en abrigo más prometedores en cuanto a la secuencia arqueológica de la Prehistoria Reciente del sector central del Guadalquivir.

Bibliografía:

Bernier Luque, J. (1966): *Historia y Paisaje Provincial.* Publicaciones de la Excma. Diputación Provincial.

Carbonell y Trillo –Figueroa, A. (1945a): "Espeleología cordobesa", *Boletín de la Real Academia de Córdoba* 53, pp. 105- 114.

VV.AA (2007): *Memoria de la Prospección Arqueológica para la Carta Arqueológica Municipal de Riesgo de Córdoba (Zonas 21, 22 y 25 del PGOU).* Caja 1 y 2. Vol. I-X. Córdoba. Marzo- 2007.

143. Olivar de la Seña (Villafranca de Córdoba)

Coordenadas:

X: -
Y: -
Z: 141 msnm

Tipología: Asentamiento sobre terraza fluvial.

Situación: Situada en el Kilómetro 379 de la carretera de servicio de Las Cumbres a San Antonio (margen norte de la A- 4).

Extensión: Extensión de materiales aproximada de 2 ha.

Orientación: Norte (hacia el Guadalquivir)

Morfología interna: Limos sobre gravas y bloques cuaternarios.

Paisaje: Olivar y secano.

Dominio de tipo de suelo: Fluvisoles (2).

Hidrología: Domina la margen izquierda del Guadalquivir entre las desembocaduras de los arroyos de Valdecorcho y del Despelucado.

Condiciones defensivas naturales: Escasas, derivadas de la barrera fluvial y de los arroyos que lo flanquean.

Indicios de defensa artificial: No se observan

Control del entorno: Hacia la vega, visibles el túmulo del Palomar y el espolón de los Cansinos, así como el Cerro Gomero.

Aprovechamiento económico potencial: Agrícola y fluvial.

Presencia de estructuras visibles: Desconocida.

Estado general del yacimiento: Muy afectado por labores agrícolas.

Trabajos arqueológicos realizados: Catalogación en trámite por parte de la Delegación Provincial de Cultura.

Datos tecnológicos y tipológicos: Pulimentados biselados de escasa elaboración, cerámica a mano bruñida, cuencos hemiesféricos y formas de perfil en S, dientes de hoz atípicos. Elementos de molturación y lascas de sílex (alguna posiblemente calentada).

Cronología e interpretación: Probablemente estemos ante un enclave ocupado hacia el II milenio ANE, si no antes (PRI).

Valoración general: Este enclave, que necesita de una caracterización más concreta, nos fue comunicado por parte de personal técnico de Cultura (a quienes agradecemos dicha información), al detectarse a raíz de una denuncia por expolio arqueológico (uso de detector de metales) por parte del SEPRONA (año 2011).

Bibliografía:

Inédito.

144. Cerro Gomero (Villafranca de Córdoba)

Coordenadas:

X: -
Y: -
Z: 319 msnm

Tipología: Asentamiento en cerro testigo.
Situación: Situado 1500 m al N del km 324 de la vía férrea de Alta Velocidad Córdoba- Puertollano.

Extensión: Indeterminada.

Orientación: Desconocida.

Morfología interna: Posible emplazamiento sobre mesa miocena enclavada sobre cerro testigo de litología paleozoica

Paisaje: Monte bajo y encinar en recuperación.

Dominio de tipo de suelo: Cambisoles (31 y 37).

Hidrología: Enclavado entre el Arroyo del Cañal y el río Guadalmellato, ambos de cauce permanente (el segundo hoy bajo un pantano).

Condiciones defensivas naturales: Inmejorables, derivadas de su escarpe y gran altura sobre el entorno. Gran desnivel entre el mioceno y el paleozoico.

Indicios de defensa artificial: Referencias a muros y la posible existencia de una fortificación.

Control del entorno: Amplio e inmejorable hacia la vega del Guadalquivir al sur, El Guadiato al oeste y el Caña al este, por donde discurría históricamente el cordel de Villanueva hacia los Pedroches.

Aprovechamiento económico potencial: Posiblemente vinculado a la defensa y al control del entorno.

Presencia de estructuras visibles: Referencias a restos constructivos de cronología indeterminada.

Estado general del yacimiento: Desconocido.

Trabajos arqueológicos realizados: No se conocen. Catalogación en SIPHA.

Datos tecnológicos y tipológicos: Referencias a cerámicas "del Bronce" (Fuente, SIPHA).

Cronología e interpretación: Necesita de una caracterización somera, al menos con una visita al entorno, si bien la cultura material del lugar se ha asociado al III y II milenio ANE (PRI).

Valoración general: Interesante enclave posiblemente relacionado, como otros del piedemonte serrano, en el control de las vías de acceso a áreas mineras, entre el III y II milenio ANE.

Bibliografía:

Inédito.

XIV- Bibliografía

Abril, D.; Nocete, F.; Riquelme, J. A.; Bayona, M.; Inácio, N. (2010): "Zooarqueología del III Milenio A.N.E.: El barrio metalúrgico de Valencina de la Concepción (Sevilla)". *Complutum*, 21 (1), pp. 87- 100.

Acosta Martínez, P. (1986): "El neolítico en Andalucía Occidental: estado actual". *Actas del Congreso "Homenaje a Luis Siret (1934- 1984)". Cuevas de Almanzora, Almería. Junio, 1984*. Consejería de Cultura, pp. 136- 151.

Acosta Martínez, P. (1995): "Las culturas del Neolítico y Calcolítico en Andalucía Occidental". *Espacio, Tiempo y Forma, Serie I, Prehistoria y Arqueología*, 8, pp. 33- 80.

Acosta, P.; Cabrero, R.; Cruz- Auñon, R.; Hurtado, V. (1987): "Informe Preliminar sobre las excavaciones de La Morita (Cantillana, Sevilla), 1985". *Anuario Arqueológico de Andalucía*, 1985, II, pp. 150- 152.

Adams, J. L. (2002): "Mechanisms of wear on ground stone surfaces". En, Procopiou, H.; Tréuil, R. (dirs.): *Moudre et Broyer. L'interprétation fonctionnelle de l'outillage de mouture et de broyage dans la Préhistoire et l'Antiquité. I- Méthodes*. CTHS, pp. 57- 68

Aguayo de Hoyos, P. (1986): "La Transición de la Edad del Cobre a la Edad del Bronce en la provincia de Granada". *Actas del Congreso "Homenaje a Luis Siret (1934- 1984)". Cuevas de Almanzora, Almería. Junio, 1984*. Consejería de Cultura, pp. 262- 270.

Aguayo de Hoyos, P.; Puga Rodríguez, E.; Lozano Rodríguez, J. A.; García González, J. D.; Carrión, Méndez, F. (2006): "Caracterización de fuentes de materias primas para la elaboración de herramientas de silimanita, de los yacimientos de la Depresión de Ronda, durante la Prehistoria Reciente". En, Martínez Fernández, G.; Morgado Rodríguez, A; Afonso Marrero, J. A. (Coords.): *Sociedades prehistóricas, recursos abióticos y territorio*. Actas de la III Reunión de trabajo sobre aprovisionamiento de recursos abióticos en la Prehistoria, Fundación Ibn Al Jatib, Granada, pp. 249- 277.

Albarella, H.; Davis, S. J. M.; Detry, C.; Rowley- Convy, P. (2005): "Pigs of the "Far West": the biometry of Sus from archaeological sites in Portugal". *Anthropozoologica*, 40 (2), pp. 27- 54.

Alex Tur, E.; Nocete Calvo, F.; Nieto Liñán, J. M.; Sáez Ramos, R.; Bayona, M. R. (2004): "Estudio del impacto ambiental de la metalurgia prehistórica del Andévalo onubense: Contaminación de aguas, deforestación y erosión. *Odiel. Proyecto de Investigación Arqueológica para el análisis del Origen de la Desigualdad Social en el Suroeste de la Península*. Arqueología Monografías, Junta de Andalucía, Sevilla, pp. 325- 341.

Alférez Delgado, F.; Molero Gutiérrez, G.; Bustos Pretel, V. (1981): "Los restos fósiles más meridionales de *Rupicapra rupicapra* hallados en Europa". *COL- PA. Publicaciones del departamento de Paleontología*, 36, pp. 53- 60.

Almagro Gorbea, M. ª J. (1973): *Los ídolos del Bronce I Hispano*. Biblioteca Praehistorica Hispana, Vol. XII. CSIC. Madrid.

Alvarez, Mª T.; Chaves, P. (1986): "Informe faunístico del yacimiento de Aljaraque (Huelva). Cortes A- 7. 2 y A- 10.4 del Sector A". En, Martín de la Cruz, J. C.: *Papa Uvas II. Aljaraque. Huelva. Campañas de 1981 a 1983*. Excavaciones Arqueológicas en España, Ministerio de Cultura, Madrid, pp. 321- 344.

Alves, F. (1986): "A piroga monóxila de Geraz do Lima". *O Arqueólogo Português*, IV (4), pp. 209- 234.

Amaro, G. (E.P.): "Os «copos canelados» vistos desde o século XXI: características, distribuição e novas perspectivas de estudo". *Arqueologia & História*, vol. 60, Lisboa, Associação dos Arqueólogos Portugueses.

Anderson, P. C. (2000): « La tráceologie comme révélateur des débuts de l'agriculture ». Guilaine, J. (dir) *Premiers paysans du monde; naissances des agricultures*, Errance, Paris.

Anderson, P. C. (2006) : « Premiers Tribulums, premières tractions animales au Proche- Orient vers 8000- 7500 BP ? ». *Premiers chariots, premiers araires. La diffusion de la traction animale en Europe pendant les IVe et IIIe millénaires avant notre ère*. Monographie du CRA, 29, CNRS, Paris, pp. 299- 316.

Andoux, D.; Coulon, G.; Girault, J.-L. (1992): "Inventaire des polissoirs néolithiques de l'Indre". *Revue Archéologique du Centre de La France*", 31, pp. 7- 20.

Appadurai, A. (1981): "Gastro- politics in Hindu South Asia". *American Ethnologist*, 8, 3, pp. 494- 511.

Aranda Jiménez, G.; Camálich Massieu, Mª D.; Martín Socas, D.; Morgado, A. ; Martínez Sevilla, F.; Lozano Rodríguez, J. A.; Rodríguez Rodríguez, A.; Mancilla Cabello, Mª I.; Román Punzón, J. (2012): *La Loma (Íllora, Granada). Un yacimiento de fosas del VI- IV milenios Cal BC*. Consejería de Cultura, Junta de Andalucía, Sevilla.

Araujo, R.; Moreno, R. (1999): "Former Iberian distribution of Margaritifera auricularia (Spengler) (Bivalvia: Margaritiferidae)". *Iberus* 17, I, pp. 127- 136.

Armbruester, T. (2006): "Before the monument? Ceramics with a line below the rim: (A preliminary report from Vale de Rodrigo 3, Évora)". Bicho, N. F. y Carvalho, A. F. (coords.): *Actas do IV Congresso de Arqueologia Peninsular (Faro, 14 a 19 de Setembro de*

2004), vol. 4, Simbolismo, arte e espaços sagrados na pré-história da Península Ibérica, pp. 53- 68.

Armendáriz Gutiérrez, A. (2007): "Inventario y comentario de los objetos". En, Vegas Aramburu, J. I. (Dir.): *San Juan ante Portam Latinam: Una inhumación colectiva prehistórica en el Valle Medio del Ebro*. Memorias de Yacimientos Alaveses, 12, Diputación Foral de Álava, pp. 107- 141.

Arnaud, J. M. (1983): "O povoado Calcolítico de Ferreira do Alemtejo no contexto de Bacia do Sado e do Sureste Peninsular", *Revista da Arqueología*, 3, pp. 3- 9.

Arribas, A.; Molina, F. (1979): "El poblado de "los Castillejos" en las Peñas de los Gitanos (Montefrío, Granada). Campaña de excavaciones de 1971. El corte núm. 1". *Cuadernos de Prehistoria de la Universidad de Granada*, Serie monográfica 3.

Arteaga Matute, O. (1987): "Excavaciones arqueológicas sistemáticas en el cerro de los Alcores (Porcuna, Jaén), Informe preliminar sobre la campaña de 1985", *Anuario Arqueológico de Andalucía*, 1985, II, pp. 279- 288.

Arteaga Matute, O. (1992): "Tribalización, jerarquización y estado en el territorio del Argar". *Spal*, 1, pp. 179- 208.

Arteaga Matute, O. (2002): "Las teorías explicativas de los cambios culturales durante la Prehistoria en Andalucía: Nuevas alternativas de investigación". *Actas del III Congreso de Historia de Andalucía, 2001, Córdoba*, Vol. 3, pp. 247- 311.

Arteaga Matute, O. (2004): "La formación de la sociedad tribal en el Valle del Guadalquivir". *Sociedades Recolectoras y Primeros Productores. Actas de las Jornadas Temáticas Andaluzas de Arqueología*, Ronda, pp. 141- 162.

Arteaga Matute, O.; Nocete Calvo, F.; Ramos Muñoz, J.; Recuerda, A.; y Roos, A. Mª. (1987) "Excavaciones sistemáticas en el Cerro de El Albalate (Porcuna, Jaén)". *Anuario Arqueológico de Andalucía*, 1986, II, pp. 395- 400.

Arteaga Matute, O; Ramos Muñoz, J.; Roos, A.; Nocete Calvo, F. (1993a): "Balance a medio plazo del Proyecto Porcuna. Campaña de 1991". *Anuario Arqueológico de Andalucía*, 1991, II, pp. 295- 300.

Arteaga Matute, O.; Nocete Calvo, F.; Ramos Muñoz, J.; Roos, A. (1993b): "Reconstrucción del Proceso Histórico en la ciudad Ibero- Romana de Obulco. El proyecto Porcuna (Jaén)". *Investigaciones Arqueológicas en Andalucía, 1985- 1992. Proyectos*. Junta de Andalucía, Huelva, pp. 809- 814.

Arteaga Matute, O.; Ramos Muñoz, J.; Roos, A. Mª (1998): "La Peña de la Grieta (Porcuna, Jaén). Una nueva visión de los cazadores- recolectores del mediodía Atlántico-mediterráneo desde la perspectiva de sus modos de vida y trabajo en la Cuenca del Guadalquivir". *Las culturas del Pleistoceno Superior en Andalucía, Ier Simposio de Prehistoria Cueva de Nerja*, Patronato de la Cueva de Nerja, Málaga, pp. 75- 109.

Arteaga Matute, O.; Cruz- Auñón, Mª R. (1999): "Las nuevas sepulturas prehistóricas (Tholoi) y los enterramientos bajo túmulos (Tartesios) de Castilleja de Guzmán (Sevilla). Excavación de Urgencia de 1996". *Anuario Arqueológico de Andalucía*, 1996, I, pp. 640- 650.

Aschwanden, H. (1982): *Symbols of life: An analysis of the consciousness of the Karanga*. Mabo Press, Gweru.

Asquerino Fernández, Mª D. (1985a): "Materiales líticos de la Fuente del Carmen (Zuheros, Córdoba)," *Ifigea*, II, pp. 29- 51.

Asquerino Fernández, Mª D. (1985b): "Cerámicas pintadas de la cueva de los Mármoles". *Actas del XVII Congreso Nacional de Arqueología*, Zaragoza, pp. 239- 245.

Asquerino Fernández, Mª D. (1987): "El neolítico en Andalucía: estado actual de su conocimiento". *Trabajos de Prehistoria*, 44, pp. 63- 85.

Asquerino Fernández, Mª D. (1988): "Cueva de los Mármoles (Priego de Córdoba). Avance de las campañas de excavación 1982/1986." *Ifigea*, III- IV, pp. 239- 249.

Asquerino, M. D. (1993): "Prehistoria". En, Capítulo 35: Hornachuelos. *Los Pueblos de Córdoba*. Caja Provincial de Ahorros de Córdoba. vol. 3, pp. 796.

Asquerino Fernández, Mª D. (1994): "Los Pueblos sin Historia Escrita". En Cabrera, E. (coord.): *Córdoba Capital, 1. Historia*. Caja provincial de Ahorros de Córdoba, pp. 2- 14.

Asquerino Fernández, Mª D. (1996): "Los primeros cordobeses". En, *Colección Córdoba*, Vol. 1, Caja Provincial de Ahorros de Córdoba, pp. 121- 140.

Aura Tortosa, J. E. (1995): *El Magdaleniense Mediterráneo: La Cova del Parpalló (Gandía, Valencia)*. Servicio de Investigación Prehistórica, Serie de Trabajos Varios, 91, Diputación Provincial de Valencia.

Ayala Juan, M. M.; Jiménez Lorente, S.; Gris Martínez, L. (1995): "Asentamientos permanentes de agricultores y ganaderos del Sureste Peninsular. El cerro de las Viñas y el Chorrillo Bajo, dos poblados neolíticos de Lorca, Murcia." *Verdolay*, 7, pp. 41- 57.

Badal, E. (2002): "Bosques, campos y pastos: el potencial económico de la vegetación mediterránea". *El Paisaje en el Neolítico Mediterráneo. Saguntum Extra- 5*, pp. 129- 146.

Baena Escudero, R.; Díaz del Olmo, F. (1994): "Cuaternario aluvial de la Depresión del Guadalquivir: episodios geomorfológicos y cronología paleomagnética". *Geogaceta*, 15, pp. 102- 104.

Baena Escudero, R.; Díaz del Olmo, F. (1997): "Resultados paleomagnéticos de la raña del Hespérico Meridional (Montoro, Córdoba)". *Geogaceta*, 21, pp. 31-34.

Baena Escudero, R.; Recio Espejo, M.; Díaz del Olmo, F. (1993): "Paleokarst del sector Santa María de Trassierra-Las Ermitas (Sierra Morena, Córdoba)". *Cuaternario y Geomorfología*, 7, pp. 67- 78.

Balsera, M.; Ortigosa, M. (1990): *Itinerario geográfico por las Nuevas Poblaciones Carolinas de Córdoba*. Itinerarios didácticos 1. Diputación Provincial, Junta de Andalucía.

Barea- Azcón, J. M.; Araujo, R.; Machordom, A.; Coledo, J.; Cardoso Reis, J.; Ballesteros- Duperón, E.; Irurita, J. M. (2009): "Las náyades de la fauna andaluza. Situación actual y conservación". *Quercus*, 278, pp. 30-36.

Barone, R. (1976): *Anatomie comparée des mammifères domestiques*. Vigot. Paris.

Barrachina Monferrer, C. (1996): "La indústria òssia neolítica de Cova Fosca (Ares del Maestrat, Castelló)". *Cuadernos de Prehistoria y Arqueología Castellonenses*, 17, pp. 47- 60.

Barrera, J. L.; Martínez Navarrete, M. I. (1980): "Un enfoque interdisciplinar: el estudio de las hachas pulimentadas del Museo de Cuenca". *Cuenca*, 17, pp. 55-89.

Barrios- Neira, J.; Montealegre, L.; Nieto, M.; Palma, J. (2003): "Contribución al Estudio Litológico de los materiales empleados en monumentos de Córdoba de distintas épocas". *Arqueología de la Arquitectura*, 2, pp. 47- 53.

Barroso Bermejo, R.; Camino Mayor, J.; Bueno Ramírez, P.; Balbín Behrmann, R.; Trancho Gayo, G.; robledo Sanz, B. (2008): "Contribución al patrón alimenticio y de actividad de las poblaciones del Norte peninsular. Fuentenegroso, Asturias". *Munibe (Antropologia-Arkeologia)*, 59, pp. 171- 185.

Bartosiewicz, L. (2006): "Mettre le chariot avant les bœufs. Anomalies ostéologiques liées à l'utilisation des bœufs pour la traction". *Premiers chariots, premiers araires. La diffusion de la traction animale en Europe pendant les IVe et IIIe millénaires avant notre ère*. Monographie du CRA, 29, CNRS, Paris, pp. 259- 267.

Bate, L. F. (1998): *El proceso de investigación en arqueología*. Crítica Arqueología, Barcelona.

Benito Ontañón, A. de (1976): "Nuevos hallazgos de la cultura del vaso campaniforme en la provincia de Córdoba". *Cuadernos de Prehistoria de la Universidad de Granada*, 1, pp. 111-117.

Bermúdez Sánchez, J.; Martín de la Cruz, J. C. (2000): "Aplicación de Sistemas de Información Geográfica al estudio de los modelos de ocupación del territorio en la Prehistoria de la Campiña Cordobesa". *Actas do 3º Congresso de Arqueologia Peninsular, Vol. X, Sistemas de Informação Arqueológica. SIG's aplicados a Arqueologia da Península Ibérica*". Oporto, AEDECAP, pp. 63- 96.

Bernabeu Aubán, J. (1995): "Origen y consolidación de las sociedades agrícolas en el País valenciano entre el Neolítico y la Edad del Bronce". *Actes de les Jornades d'Arqueología (Alfàs del Pi, 1994)*, pp. 37- 60.

Bernabeu, J.; Aura, J. E.; Badal, E. (1993): *Al Oeste Del Edén. Las primeras sociedades agrícolas en la Europa mediterránea*. Ed. Síntesis, Madrid.

Bernabeu Aubán, J.; Molina Balaguer, L.; Díez Castillo, A.; Orozco Köhler, T. (2006): "Inequalities and Power. Three millennia of Prehistory in Mediterranean Spain (5600- 2000 cal BC)". En, Díaz del Río, P. y García, L. (Eds.): *Social Inequality in Iberian Late Prehistory*. BAR International Series 1525, Oxford, pp. 97- 116.

Bernáldez Sánchez, E. (2009): *Bioestratinomia de Macromamíferos Terrestres de Doñana. Inferencias ecológicas en los yacimientos arqueológicos del SO de Andalucía*. BAR International Series 1978. Oxford.

Bernaldo de Quirós, F.; Cabrera, V.; Cacho, C.; Vega, L. G. (1981): "Proyecto de análisis técnico para las industrias líticas." *Trabajos de Prehistoria*, 38, pp. 9- 37.

Bernier Luque, J. (1962): "El yacimiento eneolítico de la Cueva del Cañaveralejo en Adamuz (Córdoba)". *Boletín de la Real Academia de Córdoba*, 84, pp. 315-329.

Bernier Luque, J. (1966): *Historia y Paisaje Provincial*. Publicaciones de la Excma. Diputación Provincial.

Bernier Luque, J. (1979): *Córdoba, tierra nuestra*. Monte de piedad y Caja de ahorros de Córdoba.

Bernier Luque, J.; Fortea Pérez, F. J. (1963a): "Niveles arqueológicos en el Valle del Guadalquivir". Boletín de la Real Academia de Córdoba, 85, pp. 185-198.

Bernier Luque, J.; Fortea Pérez, J. (1963b) "Investigaciones Prehistóricas". *Boletín de la Real Academia de Córdoba*, XXXIV, 85, pp. 187- 198.

Bernier Luque, J.; Jiménez Urbano, J.; Sánchez Romero, C.; Sánchez Romero, A. (1981): *Nuevos yacimientos arqueológicos en Córdoba y Jaén*. Monte de Piedad y Caja de Ahorros de Córdoba.

Bernier Luque, J.; Ortiz Juárez, D.; Nieto Cumplido, M.; Lara Arrebola, F. (1986): "Fuente Palmera", en *Catálogo Artístico y Monumental de la Provincia de Córdoba. Tomo IV. Fuente Obejuna- Hornachuelos*. Diputación Provincial de Córdoba, pp. 107- 119.

Boaventura, R. (2006): "Os IV e III milénios a.n.e. na região de Monforte, para além dos mapas com pontos: os casos do cluster de Rabuje e do povoado com fossos de Moreiros 2". *Revista Portuguesa de Arqueologia*, Vol. 9, 2, pp. 61- 73.

Boessneck, J. (1980). "Diferencias osteológicas entre las ovejas (*Ovis aries* Linné) y cabras (*Capra hircus* Linné)." En Brothwell, D. y Higgs E. S. (Eds), *Ciencia en Arqueología*, Fondo de Cultura Económica. México D. F., pp. 331-358.

Bonsor, G. (1997 [1899]): *Las colonias agrícolas prerromanas del Valle del Guadalquivir*. Gráficas Sol, Écija.

Bordes, F. (2000 [1961]): *Typologie du paléolithique ancien et moyen*. CNRS éditions, Paris.

Borja Barrera, F., Barral Muñoz, Mª A.; García Rincón, J. Mª. (1994): "Los concheros arqueológicos de Cañada Honda y el Grillito (Estuario del Odiel, Huelva)". Geomorfología en España: III Reunión Nacional de Geomorfología, 3, Logroño. pp. 327- 338.

Borja Barrera, F.; Barral Muñoz, M. A. (2005): "Evolución histórica de la vega de Sevilla. Estudio de Geoarqueología urbana." En, Jiménez, A. (Ed.): *La catedral en la Ciudad (I). Sevilla, de Astarté a San Isidoro*. Aula Hernán Ruiz. Catedral de Sevilla, pp. 5- 36.

Borja Barrera, F.; Borja Barrera, C. (2007): "Geoarqueología urbana de Sevilla. Evolución de la vaguada del arroyo Tagarete durante el Holoceno (llanura aluvial del Guadalquivir)". En, Lario, J. y Silva, P. G. (Eds.): *Contribución al estudio del periodo Cuaternario*. UPM. Madrid, pp. 99- 100.

Boserup, E. (1967): *Las condiciones del desarrollo en la agricultura*. Fondo de Cultura Económica, México DF.

Bowles, G. (1775): *Introducción a la Historia Natural y a la Geografía Física de España*. Imprenta de D. Francisco Manuel de Mena. Madrid (Edición Facsímil, Ed. Mixtor, 2007).

Braudel, F. (1958): "Histoire et Sciences sociales: La longue durée". *Annales. Histoire, Sciences Sociales*, 13, 4, pp. 725- 253.

Bravard, J-P.; Magny, M. (2002): *Les fleuves ont une histoire. Paléo- environemment des rivières et des lacs français depuis 15 000 ans*. Érrance. Paris.

Brézillon, M. (1977): *Les dénominations des objets en pierre taillée*. IV Supplément de Gallia Préhistoire, CNRS. Paris.

Briois, F. ; Furestier, R. ; Léa, V. ; Renault, S. (2008) : « Les industries lithiques du midi méditerranéen français et de ses marges aux IVe et IIIe millénaires. » En, Dias-Meirinho, M.-H. ; Léa, V. ; Gernigom, K. ; Fouéré. P. ; Briois, F. ; Bailly, M. (dirs.) : *Les industries lithiques taillées des IVe et IIIe millénaires en Europe Occidentale*. Colloque International, Toulouse 7- 9 avril 2005. BAR International Series 1884, pp. 207- 230.

Bueno Ramírez, P.; Barroso, R. M.; Balbin, R.; Campo, M.; González, A.; Etxeberría, F.; Herrasti, L.; Galván, V.; Juan- Tresserras, J.; López, J. A.; López, P.; Matamala, J. C.; Millos, J. J.; Robledo, B.; Trancho, G.; Sánchez, B. (2005): "Alimentación y economía en contextos habitacionales y funerarios del Neolítico meseteño". *Actas del III Congreso del Neolítico en la Península Ibérica*, pp. 83- 92.

Buxó, R.; Piqué, R. (2008): *Arqueobotánica. Los usos de las plantas en la Península Ibérica*. Ariel Prehistoria, Barcelona.

Caballero, L.; Mateos, P.; Retuerce, M. (Eds.) (2003): *Cerámicas tardorromanas y altomedievales en la Península Ibérica. Ruptura y Continuidad*. Anejos de AESPA XXVIII, Madrid.

Cabanás Pareja, R. (1967): "Notas sobre la zona de meandros encajados del Guadalquivir al este de Córdoba". *Acta Geologica Hispanica*, 2, 4, pp. 85- 88.

Cabanás Pareja, R. (1980): *Geología cordobesa. (Guía del Sector Norte)*. Ediciones Escudero, Córdoba.

Cabrero García, R. (1985): "Tipología de sepulcros calcolíticos en Andalucía Occidental". *Huelva Arqueológica* VII, 207- 263.

Cabrero García, R. (1987): "Informe preliminar sobre las excavaciones arqueológicas realizadas en el yacimiento de Amarguillo II (Los Molares, Sevilla)". *Anuario Arqueológico de Andalucía*, 1986, I, pp. 180-185.

Cabrero García, R. (1988): *El yacimiento calcolítico de Los Delgados. Fuente Obejuna (Córdoba)*. Publicaciones del Monte de Piedad y Caja de Ahorros de Córdoba.

Cabrero García, R., Oliva Alonso, D.; Malagosa Morera, A.; Sanfont Mas, A.; Ruiz Moreno, Mª T.; Subirá de Galdácano, Mª E.; Sabaté Díaz, I.; Soler de Morell, R. B. (1995): "Arqueometría antropológica en el sepulcro megalítico de el Palomar: Contribución al conocimiento histórico de la Campiña Sevillana". *Spal*, 4, pp. 69- 79.

Cabrero García, R.; Mª T. Ruiz Moreno, Cuadrado Martín, L. B.; Sabaté Díaz, I. (1997): "El poblado metalúrgico de Amarguillo II en Los Molares (Sevilla) y su entorno inmediato en la campiña: últimas analíticas realizadas." *Anuario Arqueológico de Andalucía*, 1993, II, pp. 131-141.

Cabrero García, R., Valverde Lasanta, M.; Pascual Martínez, E.; Oliva Alonso, D.; Gómez Murga, E. (2003): "La necrópolis megalítica de Los Molares: estudio lítico preliminar de la industria tallada y pulimentada de Cañada Real y El Palomar. Análisis de caracterización de la materia prima, morfológico, técnico y tipométrico". *Spal*, 12, pp. 97-124.

Cámara Serrano, J. A.; Lizcano Prestel, R. (1996): "Ritual y sedentarización en el yacimiento del Polideportivo de Martos (Jaén)". *Rubricatum*, 1, Actas del 1er Congrés del Neolític a la Península Ibèrica (Gavá-Bellaterra, 1995), pp. 313- 318.

Cámara Serrano, J. A. (2001): *El ritual funerario en la Prehistoria Reciente en el Sur de la Península Ibérica.* BAR International Series 913, Hadrian Books, Oxford.

Cámara Serrano, J. A.; Molina González, F.; Afonso Marrero, J. A. (2005): "La cronología absoluta de Los Castillejos en las Peñas de los Gitanos (Montefrío, Granada)". *Actas del III Congreso del Neolítico en la Península Ibérica, Santander, 5 a 8 de octubre de 2003*, pp. 841- 852.

Cámara Serrano, J. A.; Lizcano Prestel, R.; Pérez Bareas, C.; Gómez del Toro, E. (2008): "Apropiación, sacrificio, consumo y exhibición ritual de los animales en el polideportivo de Martos: sus implicaciones en los orígenes de la desigualdad social". *Cuadernos de Prehistoria y Arqueología de la Universidad de Granada*, 18, pp. 55- 90.

Cámara Serrano, J. A.; Riquelme Cantal, J. A.; Pérez Bareas, C.; Lizcano Prestel, R.; Burgos Juárez, A.; Torres Torres, F. (2010): "Sacrificio de animales y ritual en el Polideportivo de Martos- La Alberquilla (Martos, Jaén)". *Cuadernos de Prehistoria y Arqueología de la Universidad de Granada*, 20, pp. 297- 327.

Campos, J. M.; Gómez, F. (2001): *La tierra llana de Huelva: arqueología y evolución del paisaje.* Arqueología Monografías, Consejería de Cultura, Sevilla.

Camps- Fabrer, H. (1979): *L'industrie en os et bois de cervidé durant le néolithique et l'âge des métaux. Première réunion du groupe de travail N° 3 sur l'' industrie de l'os préhistorique.* CNRS, Paris.

Camps- Fabrer, H.; Ramseyer, D.; Stordeur, D.; Buisson, D.; Provenzano, N. (1990): *Fiches Typologiques de l'Industrie Osseuse Préhistorique. Cahier III. Poinçons, pointes, poignards, aiguilles.* Commission de nomenclature sur l'industrie de l'os préhistorique. Union Internationale des sciences préhistoriques et protohistoriques. Université de Provence.

Cano, J. I.; Lopera, Mª R.; Luque- Romero, F.; Pérez, A.; Cobos, J. (2000) *Museo Municipal de Palma del Río.* Museos de la Provincia de Córdoba, 1. Córdoba. Diputación Provincial.

Calvo Trías, M. (2002): *Útiles líticos prehistóricos. Forma, función y uso.* Ariel Prehistoria, Barcelona.

Carandell Pericay, J. (1930): "Andalucia: Ensayo geográfico". *Boletín de la Real Academia de Ciencias, Bellas Letras y Nobles Artes de Córdoba*, IX, 27, pp. 5-23.

Carbonell y Trillo –Figueroa, A. (1924): *La Estación prehistórica de Alcolea.* Imprenta La Comercial, Córdoba.

Carbonell y Trillo –Figueroa, A. (1926): *La línea tectónica del Guadalquivir.* Instituto Geológico de España, Madrid.

Carbonell y Trillo –Figueroa, A. (1928): "Contribución al estudio de la prehistoria y arqueología cordobesa. La zona de Posadas", *Boletín de la Real Academia de Córdoba* 23, pp. 61- 69.

Carbonell y Trillo –Figueroa, A. (1945a): "Espeleología cordobesa", *Boletín de la Real Academia de Córdoba* 53, pp. 105- 114.

Carbonell y Trillo –Figueroa, A. (1945b): "Noticias varias recopiladas en los antecedentes de campo", *Boletín de la Real Academia de Córdoba* 54, pp. 77- 86.

Carbonell y Trillo –Figueroa, A. (1946): " Noticias varias recopiladas en los itinerarios de campo. Cronlechos, dólmenes, cistas, sepulturas, otros monumentos funerarios y restos humanos". *Boletín de la Real Academia de Córdoba* 55, pp. 97- 106.

Carbonell y Trillo –Figueroa, A. (1947): "De Prehistoria Cordobesa. Noticas varias referentes a datos recogidos en Itinerarios de campo sobre Prehistoria y Arqueología que se refieren a útiles de trabajo de pedernal y similares, hachas votivas y de trabajo, martillos de piedra, utensilios de cobre y bronce" *Boletín de la Real Academia de Córdoba* 58, pp. 101- 106.

Cardito Rollán, L. Mª (1996): "Las manufacturas textiles en la Prehistoria: las placas de telar en el calcolítico peninsular". *Zephyrus*, 49, pp. 125- 145.

Cardoso, J. L. (2003): "Ainda sobre os impropiamente chamados "Idolos de Corno" do Neolitico Final e do Calcolítico da Estremadura e do Sudoeste". *Al-Madan*, 12 (II Série), pp. 77- 79.

Cardoso, J. L. (2010): "O Neolítico antigo da Baixa Estremadura: as investigações dos últimos cinco anos". En, Gibaja; J.F.; Carvalho, A. (eds.): *Os últimos caçadores- recolectores e as primeiras comunidades produtoras do sul da Península Ibérica e do Norte de Marrocos. Promontoria Monográfica* 15, pp. 23- 49.

Carmona, R.; Moreno, A.; Luna, D.; Vera, J. C.; Gavilán, B. y Molina, A. (1999): "La Cueva de los Mármoles (Priego de Córdoba): Análisis de resultados de una prospección arqueológica superficial." *Antiqvitas*, 10, pp. 5- 24.

Caro Bellido, A.; Acosta Martínez, P.; Escacena Carrasco, J. L. (1987): "Informe sobre la prospección arqueológica con sondeo estratigráfico en la calle Alcazaba de Lebrija (Sevilla)". *Anuario Arqueológico de Andalucía*, 1986, II, pp. 169- 174.

Caro Gómez, J. A.; Cruz-Auñon Briones, R.; Garcia Sanjuan, L. (2004): "Excavación de Urgencia en el Asentamiento de la Edad del Cobre de Marinaleda (Marinaleda, Sevilla)". *Anuario Arqueológico de Andalucía*, 2001, Vol. 4, pp. 920- 928.

Carrasco, J.; Riquelme, J. A.; Pachón, J.; Navarrete, M. S.; Sanchidrián, J. L. (2004): "La cabra montés (*Capra pyrenaica*, Schinz 1838) en el registro del Pleistoceno inferior y Holoceno de Andalucía y su incidencia en el Arte Prehistórico". *Antiqvitas*, 16, pp. 27- 65.

Carrasco Rus, J. L.; Pachón Romero, J. A.; Martínez-Sevilla, F. (2010): "Las necrópolis neolíticas en Sierra Harana y sus estribaciones (Granada), nuevos modelos interpretativos". *Antiqvitas*, 22, pp. 21- 33.

Carrilero, M.; Martínez, G; Martínez, J. (1982): "El yacimiento de Morales (Castro del Río, Córdoba). La Cultura de los Silos en Andalucía Occidental." *Cuadernos de Prehistoria de la Universidad de Granada*, 7, pp. 171-207.

Carrilero, M.; Martínez, G. (1985): "El yacimiento de Guta (Castro del Río, Córdoba) y la Prehistoria Reciente de la campiña cordobesa." *Cuadernos de Prehistoria de la Universidad de Granada*, 10, pp. 187-223.

Carrilero, M. (1990): "Prospección arqueológica superficial en el Valle medio del Guadajoz (Córdoba)". *Anuario Arqueológico de Andalucía*, 1989, I, pp. 42- 47.

Carrilero, M. (1991): "Las sociedades antiguas de la Campiña". *II Encuentros de historia local. La Campiña 1*, pp. 239- 256.

Carrión, J. S.; Díez, M. J. (2004): "Origen y evolución de la vegetación mediterránea en Andalucía a través del registro fósil". En, Herrera, C. M. (Coord.): *El monte mediterráneo en Andalucía*. Consejería de medio Ambiente, Junta de Andalucía, pp. 21- 27.

Carrión, J. S. (2010): "Expected trends and surprises in the Lateglacial and Holocene vegetation history of the Iberian Peninsula and Balearic Islands". *Review of Palaeobotany and Palynology*, 162, pp. 458– 475.

Carrión Méndez, F.; Alonso, J. M.; Rull, E.; Castilla, J.; Ceprián, B.; Martínez. J. L.; Haro, M.; Manzano, A. (1993): "Proyecto: los recursos abióticos y los sistemas de aprovisionamiento de rocas por las comunidades prehistóricas del SE de la Península Ibérica durante la Prehistoria Reciente". *Investigaciones Arqueológicas en Andalucía, 1985- 1992. Proyectos*. Junta de Andalucía, Huelva, pp. 295- 309.

Carrión Méndez, F. (2000): "La piedra trabajada de Peñalosa". En Contreras Cortés, F. (2000): *Proyecto Peñalosa: Análisis histórico de las comunidades de la Edad del Bronce del Piedemonte meridional de Sierra Morena y Depresión Linares- Bailén.* Arqueología Monografías, Junta de Andalucía, pp. 141- 158.

Casal García, Mª T.; Martínez Sánchez, R. Mª; Araque, Mª M. (2010): "Estudio de los vertederos domésticos del arrabal de Saqunda: ganadería, alimentación y usos derivados (750- 818 D. C.) (Córdoba)". *Anejos de Anales de Arqueología Cordobesa*, 2, pp. 143- 182.

Castro, P.; Lull, V.; Micó, R. (1996): *Cronología de la Prehistoria Reciente de la Península Ibérica y Baleares (c. 2.800- 90 cal. a. n. e.)*, BAR International Series, 625, Oxford.

Castro, P.; Gili, S.; Lull, V.; Micó, R.; Rihuete, C.; Risch, R.; Sanahuja, Mª E. (1998): "Teoría de la producción de la vida social. Mecanismos de explotación en el Sudeste Ibérico". *Boletín de Antropología Americana* 33, pp. 25- 77.

Cavalli- Sforza, L. L. (2007): *La evolución de la Cultura.* Anagrama, Barcelona.

Ceprian del Castillo, B.; Beatriz Luna, M. (2006): "La circulación de materia prima lítica en la Protohistoria: los molinos plutónicos en el alto Guadalquivir". En, Martínez Fernández, G.; Morgado Rodríguez, A; Afonso Marrero, J. A. (Coords.): *Sociedades prehistóricas, recursos abióticos y territorio.* Actas de la III Reunión de trabajo sobre aprovisionamiento de recursos abióticos en la Prehistoria, Fundación Ibn Al Jatib, Granada, pp. 393- 411.

Chaix, L.; Méniel, P. (2005): *Manual de Arqueozoología.* Ariel Prehistoria, Barcelona.

Champion, T.; Gamble, C.; Shennan, S.; Whittle, A. (1988): *Prehistoria de Europa.* Crítica, Arqueología, Barcelona.

Chapman, R. (1991): *La formación de las sociedades complejas. El Sureste de la Península Ibérica en el marco del Mediterráneo occidenta*l. Crítica, Barcelona.

Chic García, G. (1990): *La navegación por el Guadalquivir entre Córdoba y Sevilla en época romana.* Gráficas Sol, Écija.

Childe, V. G. (1973): *La evolución social.* Alianza Editorial, Madrid.

Clapés Salmoral, R. (2005): *Informe técnico de actividad arqueológica preventiva en la parcela 2- 17, PERI AL- 2. Alcolea, Córdoba*. Delegación provincial de Cultura.

Clapés Salmoral, R.; Castillo Pérez de Siles, F.; Martínez Sánchez, R. Mª (2008): "Novedades en torno las postrimerías del Neolítico en el Guadalquivir Medio. El asentamiento de "Iglesia Antigua de Alcolea" (Alcolea, Córdoba)". *Anejos de Anales de Arqueología Cordobesa*, 1, pp. 9- 28.

Clark, J. G. D. (1945): "Farmers and forests in Neolithic Europe". *Antiquity*, 19, pp. 57- 71.

Clemente, I.; Risch, R.; Zurro, D. (2002): "Complementariedad entre análisis de residuos y trazas de uso para la determinación funcional de los instrumentos macrolíticos: su aplicación a un ejemplo etnográfico del país Dogón (Mali)". En Clemente, I.; Risch, R.; Gibaja, J. F. (Eds.): *Análisis funcional. Su aplicación al estudio de sociedades prehistóricas*. BAR International Series 1073, pp. 87- 95.

Cohen, A.; Serjeantson, D. (1996): *A Manual for the identification of bird bones from archaeological sites*. Archetype Publications, London.

Collantes de Terán, F. (1969): "El dolmen de Matarubilla". *Tartessos y sus problemas. V Symposium internacional de Prehistoria Peninsular*, Jerez de la Frontera, Septiembre 1968, pp. 47- 61.

Colón, F. (1988): *Descripción y cosmografía de España*. Tomo I. Padilla Libros, Sevilla.

Columela, L. J. M. (2004): *Libro de los árboles; La labranza. Libros I-V*. García Armendáriz, J. I. (Ed. Crítica), Editorial Gredos, Madrid.

Coma Faricle, R. (1981): "Aportaciones a la Prehistoria de Algallarín (Córdoba) I." *Corduba Archaeologica*, 11, pp. 3- 21.

Conlin Hayes, E. (2003): "Los inicios del III milenio a. C. en Carmona: las evidencias arqueológicas". *Carel* I, pp. 83- 143.

Conlin Hayes, E. (2004): "El poblado calcolítico de Carmona (Sevilla)". *Actas del II y III Simposio de Prehistoria "Cueva de Nerja"*. Fundación Cueva de Nerja, Málaga, pp. 370- 378.

Conlin Hayes, E. (2006): "Acerca del origen verdadero de Carmona: su secuencia evolutiva en la Edad del Cobre". *Carel*, 4, pp. 1607- 1640.

Contreras Cortés, F.; Nocete Calvo, F.; Sánchez Ruiz, M. (1987): "Análisis histórico de las comunidades de la Edad del Bronce de la depresión Linares Bailén y estribaciones meridionales de Sierra Morena. Sondeo estratigráfico en el Cerro de la Plaza de Armas de Sevilleja (Espeluy, Jaén), 1985". *Anuario Arqueológico de Andalucía*, 1985, II, pp. 141- 149.

Contreras Cortés, F.; Nocete Calvo, F.; Sánchez Ruiz, M.; Lizcano Prestel, R.; Pérez Bareas, C.; Cámara Serrano, J. A.; Moya García, S. (1993): "Análisis histórico de las comunidades de la Edad del Bronce de la Depresión Linares- Bailén y las estribaciones meridionales de Sierra Morena". *Investigaciones Arqueológicas en Andalucía, 1985- 1992. Proyectos*. Junta de Andalucía, Huelva, pp. 429- 440.

Contreras Cortés, F. (2000): *Proyecto Peñalosa: Análisis histórico de las comunidades de la Edad del Bronce del Piedemonte meridional de Sierra Morena y Depresión Linares- Bailén*. Arqueología Monografías, Junta de Andalucía.

Cordier, G. (1993): "Contribution a l'inventaire des polissoirs de l'Indre". *Revue Archéologique du Centre de la France*, 32, pp. 159- 165.

Córdoba de la Llave, R.; Martínez Sánchez, R. Mª (2010): "Actividad Arqueológica Puntual en el despoblado de la ermita de San Pedro. El Carpio (Córdoba). Primeros resultados". En, *Anuario Arqueológico de Andalucía*, Córdoba, 2005, pp. 764- 774.

Cortés Sánchez, M. (2007): *El Paleolítico Medio y Superior en el sector central de Andalucía (Córdoba y Málaga)*. Monografías del Museo de Altamira, 22.

Cortés Sánchez, M. (Coord.) (2008): *El Pirulejo (Priego de Córdoba): Cazadores recolectores del Paleolítico superior en la sierra Subbética.* Estudios en homenaje a la profesora María Dolores Asquerino. Número monográfico de Antiqvitas, 20, Priego de Córdoba.

Cortés, M.; Simón Vallejo, Mª D.; Riquelme, J. A.; Peña-Chocarro, L.; Gibja Bao, J. F.; de la rubia Gracia, J. J.; Martínez Sánchez, R. Mª. (2010): "El neolítico en la costa de Málaga (España): viejos y nuevos datos para su contextualización en el proceso de neolitización del sur de la Península Ibérica. En, Gibaja, J. F. y Carvalho, A. F. (eds.): *Os últimos caçadores- recolectores e as primeiras comunidades produtoras do sul da Península Ibérica e do Norte de Marrocos. Promontoria Monográfica* 15, Universidade do Algarve, pp. 151- 162.

Costa Caramé, M. E.; Díaz-Zorita Bonilla, M.; García Sanjuán, L.; Wheatley, D. W. (2010): "The Copper Age Settlement of Valencina de la Concepción (Seville, Spain): Demography, Metallurgy and Spatial Organization". *Trabajos de Prehistoria,* 67, 1, pp. 85- 117.

Costela Muñoz, Y. (E. P.): "Los enterramientos de La Prehistoria Reciente en Alcalá Del Valle, Cádiz". *Actas del IV Encuentro de Jóvenes Investigadores en Arqueología (JIA).* Faro (Portugal), 11- 14 de mayo de 2011.

Costin, C. L. (1996): "Exploring the Relationship between Gender and Craft in Complex Societies: Methodological and Theoretical Issues of Gender Attribution". Wright, R. (ed.): *Gender and Archaeology*, pp. 111- 142.

Cruz- Auñón, R.; Jiménez Barrientos, J. C. (1985): "Historia crítica del antiguo yacimiento de Campo Real (Carmona)". *Habis*, 16, pp. 417- 452.

Cruz-Auñón, R.; Moreno Monse, E.; Rivero Galan, E. (1991): "Experiencias arqueológicas en Gilena (Sevilla)". *IInd Deya international conference of prehistory. Recent developments in Western Mediterranean prehistory : archaeological techniques, technology and theory*. Vol. 1, pp. 313- 337.

Cruz- Auñón, R.; Moreno Alonso, E.; Cáceres Misa, P. (1992a): "Registros de la Expresión poblacional durante el III milenio en Andalucía Occidental". *Spal*, 1, pp. 125-149.

Cruz- Auñón, R.; Moreno Alonso, E.; Cáceres Misa, P. (1992b): "Estudio de Materiales en el yacimiento de El Negrón (Gilena, Sevilla)." *Anuario Arqueológico de Andalucía*, 1990, II, pp. 277- 280.

Cunliffe, B.; Fernandez Castro, Mª C. (1999): *The Guadajoz Project: Andalusia in the First Millennium BC: Torreparedones and Its Hinterland*. Oxford.

Dabas, M.; Delétand, H.; Ferdière, A.; Jung, C.; Zimmermann, W. H. (1998): *La Prospection*. Collection « Archéologiques ». Errance. Paris.

Dauvois, M.; Fanlac, P. (1976): *Précis de dessin dynamique et structural des industries lithiques préhistoriques*. CNRS. Paris.

Davis, S. J. M. (1989): *La arqueología de los animales*. Bellaterra, Barcelona.

Davis, S. J. M. (2006): *Faunal Remains from Alcáçova de Santarém, Portugal*. Trabalhos de Arqueologia 43, IPA, Ministério da Cultura. Lisboa.

De Beaune S. A. (1997): *Les galets utilisés au Paléolithique Supérieur*. XXXIIe supplément à «Gallia Préhistoire», CNRS éditions.

De Beaune, S. A. (2000): *Pour une Archéologie du geste*. CNRS éditions, Paris.

De la Fuente, Mª P. (2001): "La industria ósea neolítica de Chaves: los objetos apuntados." *Bolskan*, 18, pp. 181-193.

Delgado Fernández, Mª R. (1995): "El tránsito Neolítico-Calcolítico en el Sureste de Córdoba, su evolución y desarrollo". *Espacio, Tiempo y Forma. Serie I, Prehistoria y Arqueología*, 8, pp. 341- 364.

Delgado Fernández, Mª R. (1997a): "El Tránsito Neolítico- Calcolítico en las Subbéticas cordobesas: Propuesta de hipótesis." En, Balbín Behrmann, R.; Bueno Ramírez, P. (eds.): *Actas del II Congreso de Arqueología Peninsular*. Tomo II- Neolítico, Calcolítico y Bronce. Fundación Rei Alfonso Henriques, Zamora, pp. 177- 183.

Delgado Fernández, Mª R. (1997b): "La Mesa (Fuente Tójar): Una nueva aportación a la definición de la Prehistoria Reciente en la Subbética Cordobesa". *Antiqvitas*, 8, pp. 23- 42.

Delgado Fernández, Mª R.; Vera Rodríguez, J. C. (1996): "Estudio y revisión cronológica de los yacimientos de La Fuente del Río y La Veleña (Cabra): a propósito del paso del III al II milenio a.C. en el Sureste de Córdoba", *Antiqvitas*, 7, pp. 35- 44.

Demars, P.- Y.; Laurent, P. (1992): *Types d'outils lithiques du Paléolithique Supérieur en Europe*, CNRS, Paris.

De Roux, H. (1976): "Aperçu sur la fabrication de la poterie a Yeha (Tigré)". *Annales d'Ethiopie*, 10, pp. 305-320.

Diamond, J. (2007): *Armas, gérmenes y acero. Breve historia de la humanidad en los últimos trece mil años*. Debate, Madrid.

Díaz del Castillo, B. (1982): *Historia verdadera de la conquista de la Nueva España*. Sáenz de Santa María, C. (Ed. Crítica). CSIC, Madrid.

Díaz del Olmo, F.; Fernández, A. M. (1987): "Geomorfología y focos lagunares: discusión sobre lagunas de campiñas andaluzas". *II Jornadas Ibéricas sobre Zonas Húmedas*, p. 11.

Díaz del Río, P. (2003): "Recintos de fosos del III milenio en la meseta peninsular". *Trabajos de Prehistoria*, 60, 2, pp. 61- 78.

Díaz del Río, P. (2008): "El contexto social de las agregaciones de población durante el Calcolítico Peninsular". *Era- arqueologia, revista de divulgação científica de estudos arqueológicos*, 8, pp. 128- 137.

Diniz, M. (1994): "Pesos de tear e tecelagem no Calcolítico em Portugal". *Oliveira Jorge, V. (Coord.): Actas do 1º Congresso de Arqueologia Peninsular (Porto, 12-18 de Outubro de 1993)*, pp. 133- 146.

Diniz, M. (1999): "Povoado neolítico da Foz do Enxoé (Serpa): primeiros resultados". *Revista Portuguesa de Arqueologia*, vol. 2, 1, pp. 95- 126.

Doadrio, I.; Benigno, E.; Bernat, Y. (1991): *Peces Continentales Españoles. Inventario y clasificación de zonas fluviales*. Colección Técnica, ICONA.

Domínguez, C. (2000): "¿Qué fue del *Homo fossilis cordubensis*?". *Arte, Arqueología e Historia*, 7, pp. 53- 57.

Domínguez- Bella, S.; Pérez Rodríguez, M. (2008): "La industria lítica pulimentada en la Prehistoria Reciente de la Banda Atlántica de Cádiz. Análisis mineralógico y petrológico, materias primas y análisis tecnológico". Ramos Muñoz, J. (Coord.): *La Ocupación Prehistórica de la Campiña litoral y Banda Atlántica de Cádiz. Aproximación al Estudio de las Sociedades cazadoras-recolectoras, tribales- comunitarias y clasistas iniciales*. Arqueología, Monografías, Junta de Andalucía, Sevilla, pp. 199- 211.

Domínguez Berenjeno, E. L.; Cervera Pozo, L (2009): "Actividad Arqueológica Puntual: "Prospección del Término Municipal de Écija (Sevilla)" (2002- 2003)". *Anuario Arqueológico de Andalucía*, 2004. I. Sevilla, pp. 3220- 3240.

Domínguez- Rodrigo, M. (1998): "Tafonomía y ciencia-ficción: algunos casos prácticos". *Cuadernos de Prehistoria y Arqueología Castellonenses*, 19, pp. 7- 26.

Driesch, A. Von Den, (1976): *A guide to the measurement of animal bones from archaeological sites*. Peabody Museum Bulletin, 1, Harvard University.

Dueñas Santero, M° E., Peris Álvarez, S. J. (1985): "Clave para los micromamíferos (Insectivora y Rodentia) del Centro y Sur de la península Ibérica", *Claves para la identificación de la fauna española*, n°. 27, Departamento de Zoología, Facultad de Biología, Universidad de Salamanca.

Durán Recio, V.; Padilla Monge, A. (1990): E*volución del Poblamiento Antiguo en el Término Municipal de Écija*. Gráficas Sol, Écija.

Eiroa, J. J.; Bachiller Gil, J. A.; Castro Pérez, L.; Lomba Maurandi, J. (1999): *Nociones de tecnología y tipología en Prehistoria*. Ariel Historia, Barcelona.

Enríquez Navascués, J. J.; Gijón Gabriel, Mª E. (1989): "La necrópolis romana del Albarregas". *Revista de Estudios Extremeños*, vol. 55, I, pp. 81- 96.

Escacena Carrasco, J. L. (1987): "Informe sobre las excavaciones arqueológicas en el yacimiento de La Marismilla (Puebla del Río, Sevilla)" *Anuario Arqueológico de Andalucía*, 1985, II, pp. 241- 244.

Escacena Carrasco, J. L.; Rodríguez de Zuloaga Montesino, M.; Ladrón de Guevara Sánchez, I. (1996): *Guadalquivir Salobre. Elaboración prehistórica de sal marina en las antiguas bocas del río*. Confederación Hidrográfica del Guadalquivir, Sevilla.

Esojo Aguilar, F. (1990): "Informe de la Prospección Arqueológica Superficial en el Término de Puente Genil (Córdoba)". *Anuario Arqueológico de Andalucía*, 1988, II, pp. 54- 55.

Etxeberria, F.; Herrasti, L. (2007): "Los restos humanos del enterramiento de San Juan ante Portam Latinam (Laguardia, Álava): Caracterización de la muestra, tafonomía y paleopatología". Vegas Aramburu, J. I. (Dir.): *San Juan ante Portam Latinam: Una inhumación colectiva prehistórica en el Valle Medio del Ebro*. Memorias de Yacimientos Alaveses, 12, Diputación Foral de Álava, pp. 159- 287.

Expósito Vilches, E. Mª; Martínez Sánchez. R. Mª: (2009): *Informe memoria de la Actividad Arqueológica Preventiva, Prospección Arqueológica Superficial, en Instalación eléctrica fotovoltaica Casillas I y II (Córdoba)*. Informe Preliminar, Delegación Provincial de Cultura de Córdoba.

Fabián García, J. F. (2006): *El IV y el III Milenio A.C. en el Valle de Amblés (Ávila)*. Arqueología en Castilla y León, 5, Junta de Castilla y León.

Fábregas Valcarce, R. (1992): "Estudio funcional de útiles pulimentados: Experimento de tala y análisis de microdesgaste". *Spal*, 1, pp. 107- 123.

Faustino Carvalho, A.; Peña- Chocarro, L.; Gibaja Bao, F. (2010): "Datación directa de cebada (Hordeum vulgare L.) de la Cueva de Los Mármoles (Córdoba, España)". En, Gibaja; J.F.; Carvalho, A. (eds.): *Os últimos caçadores- recolectores e as primeiras comunidades produtoras do sul da Península Ibérica e do Norte de Marrocos. Promontoria Monográfica* 15, pp. 248- 251.

Fedele, F. (2006) : La traction animale au Val Camonica et en Valteline pendant le Néolithique et le Chalcolithique (Italie). *Premiers chariots, premiers araires. La diffusion de la traction animale en Europe pendant les IVe et IIIe millénaires avant notre ère*. Monographie du CRA, 29, CNRS, Paris, pp. 47- 61

Ferdière, A. (1998: "Les prospections au sol". *La Prospection*. Collection « Archéologiques ». Errance, Paris, pp. 9- 89.

Fernández Caro, J. J. (1987): "Avance sobre la Carta Arqueológica de la Comarca de Fuentes de Andalucía (Sevilla)". *Anuario Arqueológico de Andalucía*, 1985, II, pp. 109- 113.

Fernández Caro, J. J. (1991): "Excavaciones de Urgencia en Las Cumbres, Carmona, Sevilla". *Anuario Arqueológico de Andalucía*, 1989, III, pp. 19- 33.

Fernández Caro, J. J.; Gavilán Ceballos, B. (1995): "Yacimientos neolíticos en el río Corbones (Sevilla)". *Spal* 4, pp. 25- 67.

Fernández Corrales, J. M.; Sauceda Pizarro, M. I. (1985): "Los ídolos de cuernos de Los Castillejos I. Fuente de

Cantos, Badajoz". *Series de Arqueología Extremeña*, 1, pp. 83- 99.

Fernández Gómez, J.; Oliva Alonso, D. (1985): "Excavaciones en el yacimiento Calcolítico de Valencina de la Concepción (Sevilla). El Corte C (La Perrera)". *Noticiario Arqueológico Hispánico*, 25, pp. 7- 131.

Fernández Gómez, J.; Oliva Alonso, D. (1986): "Valencina de la Concepción (Sevilla). Excavaciones de Urgencia." *Revista de Arqueología*, 58, pp. 19- 33.

Fernández Delgado, C. (2006): *Impacto Ambiental de las presas de Alcalá del Río y Cantillana sobre las comunidades acuáticas del Bajo Guadalquivir*. [En Línea] Informe de la ONG AEMS- Ríos con vida. Ávila. Dirección URL: http://www.riosconvida.es/pdfs/informes/informeImpactoAlcala.PDF [Consulta: 15 de febrero de 2010]

Fuentes, N.; Carrión, J. S.; Fernández, S.; González-Sampériz, P.; Nocete, F.; Lizcano, R. (2006): "Análisis polínico del yacimiento arqueológico de la Junta (Puebla de Guzmán, Huelva)". *Anales de Biología*, 28, pp. 73-83.

Fuentes, N.; Carrión, J. S.; Fernández, S.; Nocete, F.; Lizcano, R.; Pérez, C. (2007): "Análisis polínico de los yacimientos arqueológicos Cerro del Alcázar de Baeza y Eras del Alcázar de Úbeda (Jaén)". *Anales de Biología* 29, pp. 85- 93.

Fusté, M. (1956): "Raíces prehistóricas del complejo racial de la Península Ibérica". *Zephyrus VII, 8,* pp. 109-124.

García Atiénzar, G. (2007): *La neolitización del territorio. El poblamiento neolítico en el área central del mediterráneo español.* [En línea] Tesis doctoral, Universidad de Alicante. Biblioteca Virtual LLuís Vives. Dirección URL: http://www.lluisvives.com/servlet/SirveObras/45702843210114986521457/028294.pdf [Consulta: 25 de junio de 2011].

García Barrios, A. S. (2005): "Dos singulares testimonios de cerámica simbólica en el valle medio del Duero: los rostros calcolíticos de "Los Cercados" (Mucientes, Valladolid). *Zephyrus*, 58, 249- 259.

García Borja, P.; Aura Tortosa, J. E.; Bernabeu Aubán, J.; Jordá Pardo, J. F. (2010): "Nuevas perspectivas sobre la neolitización de la Cueva de Nerja (Málaga-España): la cerámica de la Sala del Vestíbulo". *Zephyrus*, 66, pp. 109- 132.

García García, J. (1983): "Un yacimiento Eneolítico en Cabra (Córdoba)". *I Congreso de Historia de Andalucía (Córdoba, 1976)*, Vol. 1, Prehistoria y Arqueología, pp. 49- 51. Córdoba.

García García, N. (2003): *Osos y otros carnívoros de la Sierra de Atapuerca.* Fundación Oso de Asturias, Gijón.

García González, D.; Lozano Rodríguez, J. A.; Carrión Méndez, F.; Moreno Jiménez, F.; Terroba Valadez, J. (2008): "Las herramientas de piedra pulimentada elaboradas en Silimanita: Materia prima, tecnología y experimentación". *Actas del IV Congreso del Neolítico Peninsular*, II, pp. 277- 281.

García González, D.; Lozano Rodríguez, J. A.; López Rodríguez, C. F.; Carrión Méndez, F. (2009): "Prospección de recursos líticos y sistemas de aprovisionamiento en la Cuenca Alta del río Rumblar (Jaén)". *Anuario Arqueológico de Andalucía*, 2004, I, pp. 2308- 2315.

García Martínez, B.; Baena Escudero, R. (2008): "El doble meandro abandonado del Guadalquivir en Cantillana (Sevilla). Cambios de trazado y evaluación geomorfológica". *Geographicalia*, 53, pp. 101- 120.

García Sánchez, M. (1983): "Informe sobre los restos humanos Eneolíticos de Cabra (Córdoba)", *I Congreso de Historia de Andalucía (Córdoba, 1976)*, Vol. 1, Prehistoria y Arqueología, pp. 53-62. Córdoba.

García Sanjuán, L. (2006): "Funerary ideology and social inequality in the Late Prehistory in the Iberian South-West". En, Díaz del Río, P. y García, L. (Eds.): *Social Inequality in Iberian Late Prehistory*. BAR International Series 1525, Oxford, pp. 149- 169.

García Sanjuán, L.; Ruiz González, B. (Eds.) (2010): *Las grandes piedras de la Prehistoria. Sitios y paisajes megalíticos en Andalucía.* Consejería de Cultura, Junta de Andalucía. Sevilla.

García Sanz, C.; Fernández Jurado, J. (1999): "La época calcolítica de San Bartolomé de Almonte (Huelva)". Monográfico de *Huelva Arqueológica*, 15, pp. 7- 132.

García Vuelta, O.; Moyano Cerrato, A. (2000): "Algunos datos para el estudio de la evolución del paisaje cultural en las estribaciones meridionales de Sierra Morena. El término municipal de Obejo (Córdoba)", *Antiqvitas*, 11-12, pp. 65- 82.

Garrido Anguita, J. M.; Casares Landauro, E. (2011): "Las posibilidades del uso de aplicaciones informáticas y SIG como herramientas de análisis territorial de yacimientos arqueológicos (Calcolítico)". *Arte, Arqueología e Historia,* 18, pp. 161- 168.

Gassin, B. (1996): *Évolution socio- économique dans le Chasséen de la grotte de l'Eglise Supérieure (Var). Apport de l'analyse fonctionnelle de ses industries lithiques.* Monographie du CRA. CNRS. Paris.

Gasull, P. (1982): "Los soportes en el Bajo Guadalquivir: intento de clasificación". *Madrider Mitteilungen*, 23, pp. 62- 95.

Gavilán Ceballos, B (1985): "Materiales prehistóricos de la cueva del Cañaveralejo (Adamuz, Córdoba)". *Ifigea*, II, pp. 53- 77.

Gavilán Ceballos, B. (1987): *Los materiales de la Prehistoria en Priego de Córdoba*. Estudios cordobeses, publicaciones de la Excma. Diputación Provincial, Córdoba.

Gavilán Ceballos, B. (1988): "El Torreón del Esparragal (Priego de Córdoba): un yacimiento calcolítico en la Campiña de Córdoba". *Estudios de Prehistoria Cordobesa*, 4, pp. 117- 141.

Gavilán Ceballos, B. (1989): *El Neolítico en el Sur de Córdoba. Análisis sistemático de las primeras culturas productoras*. Vol. I- II. Tesis Doctoral. Universidad de Córdoba.

Gavilán Ceballos, B. (1991): "Análisis macroespacial de ocho yacimientos neolíticos en cueva de la Subbética Cordobesa: Una contribución al estudio de la explotación de recursos durante la Prehistoria". *Cuadernos de Prehistoria y Arqueología de la Universidad autónoma de Madrid*, 18, pp. 35- 53.

Gavilán Ceballos, B. (1997): "Reflexiones sobre el Neolítico Andaluz". *Spal* 6, pp. 23- 33.

Gavilán Ceballos, B. (2004): "El Alto Valle del Guadiato durante la Prehistoria Reciente: El poblamiento Neolítico y Calcolítico". *Espacio, Tiempo y Forma, Serie I, Prehistoria y Arqueología*, pp. 119- 160.

Gavilán Ceballos, B.; Vera Rodríguez, J. C. (1992) "Breve avance sobre los resultados obtenidos en la Excavación Arqueológica de Urgencia en la Cueva de los Murciélagos de Zuheros, (Córdoba)". *Antiqvitas*, 7, pp. 5- 18.

Gavilán Ceballos, B.; Vera Rodríguez, J. C. (1993a): *Cueva de la Mina de Jarcas, Cabra (Córdoba). Ocupación humana y entorno*. Universidad de Córdoba. Córdoba.

Gavilán Ceballos, B; Vera Rodríguez, J. C. (1993b): "Cerámicas con decoración simbólica y cordón interior perforado procedentes de varias cuevas situadas en la Subbética Cordobesa". *Spal*, 2, pp. 81- 108.

Gavilán Ceballos, B.; Vera Rodríguez, J. C. (1994a): "Aproximación al Fenómeno Megalítico en el Alto Valle del Guadiato (Córdoba)", *Actas del II Congreso de Historia de Andalucía (1991)*, Tomo 1, pp. 133- 146. Córdoba.

Gavilán Ceballos, B.; Vera Rodríguez, J. C. (1994b): "La Edad del Cobre en el Alto Valle del Guadiato (Tramo Fuente Obejuna- Belmez, Córdoba): Características de los asentamientos y evolución diacrónica". *Cuadernos de Prehistoria de la Universidad de Granada*, 14- 15, pp. 137- 155.

Gavilán Ceballos, B.; Vera Rodríguez, J. C. (1997): "Nuevos datos sobre los patrones de poblamiento Neolítico y Calcolítico el aire libre en el piedemonte de las Sierras Subbéticas". *Antiqvitas*, 8, pp. 23- 42.

Gavilán Ceballos, B.; Vera Rodríguez, J. C. (1999): "El patrón de asentamiento al aire libre de las primeras comunidades productoras de Andalucía Central en el marco del poblamiento neolítico del Sur de la Península Ibérica". *Actas del XXIV Congreso Nacional de Arqueología, Vol. 2. El Mundo indígena*. Cartagena, 1997, pp. 31- 36.

Gavilán Ceballos, B.; Vera Rodríguez, J. C. (2001): "El neolítico en la Alta Andalucía. Cuestiones sobre la caracterización de sus fases". *Spal*, 10, pp. 177- 183

Gavilán Ceballos, B.; Vera Rodríguez, J. C. (2005). "Neolítico y Megalitismo Prefunerario en Andalucía". *Actas del III Congreso del Neolítico en la Península Ibérica*. Universidad de Cantabria, Santander, pp. 535- 541.

Gavilán Ceballos, B.; Moreno Rosa, A.; Ventura Villanueva, A.; Vera Rodríguez, J. C. (1991): "Localización de sepulturas megalíticas situadas en el sector septentrional de la provincia de Córdoba. I: Octubre a Diciembre de 1987", *Anuario Arqueológico de Andalucía*, 1989, III, pp. 107- 113.

Gavilán Ceballos, B.; Vera Rodríguez, J. C.; Peña Chocarro, L.; Mas Cornellá, M. (1996a): "El V y IV milenios en Andalucía Central: La Cueva de los Murciélagos de Zuheros (Córdoba). Recientes aportaciones". *Rubricatum*, 1, Actas del 1er Congrés del Neolític a la Península Ibèrica (Gavá- Bellaterra, 1995), pp. 323- 327.

Gavilán Ceballos, B.; Vera Rodríguez, J. C.; Moreno Rosa, A.; Cepillo Galvín, J. J.; Delgado, Mª R.; Marfil Lopera, C.; Martínez Fernández, Mª J.; Molina Expósito, A. y Rafael, J. J. (1996b): "Un Proyecto Arqueológico Sistemático sobre la Prehistoria del Macizo de Cabra: Objetivos y primeros resultados", *Antiqvitas*, 7, pp. 19- 24.

Gavilán Ceballos, B.; Vera Rodríguez, J. C., Cepillo Galvín, J. J., Delgado, Mª R., Marfil Lopera, C., Martínez Fernández, Mª J. Molina Expósito, A.; Moreno Rosa, M.; Rafael, J. J. y Rodríguez- Ariza, Mª O. (1997): "El poblamiento prehistórico del Macizo de Cabra y la Alta Campiña (Córdoba). Bases de partida y primeros resultados de un proyecto arqueológico sistemático." En Balbín Behrmann, R.; Bueno Ramírez, P. (eds.): *Actas del II Congreso de Arqueología Peninsular*. Tomo II- Neolítico, Calcolítico y Bronce. Fundación Rei Alfonso Henriques. Zamora. pp. 165- 176.

Gavilán Ceballos, B.; Escacena Carrasco, J. L.; Molina- Cano, J. L.; Moralejo, M. A. (2009): "Los comienzos del neolítico en el Guadalquivir medio e inferior". En, Gibaja, J. F. y Carvalho, A. F. (eds.): *Os últimos caçadores- recolectores e as primeiras comunidades produtoras do sul da Península Ibérica e do Norte de Marrocos. Promontoria Monográfica* 15, Universidade do Algarve, pp. 137- 149.

Gavilán Ceballos, B.; Escacena Carrasco, J. L.; Rodríguez Espinosa, J. (2010): "La ocupación neolítica de la Baja Andalucía entre el Guadiana y el Guadalquivir" [CD- ROM]. *Actas del IV Encuentro de Arqueología del Suroeste Peninsular*, Aracena, Huelva, pp. 134-173.

Gibaja Bao, J. F. (2002): "Las hoces neolíticas del noreste de la península ibérica". *Préhistoire Anthropologie méditerranéennes*, 10- 11, pp. 83- 96.

Gibaja Bao, J. F., Palomo, A.; Terradas, X. (2005): "Producción y uso del utillaje lítico durante el mesolítico y neolítico en el nordeste de la Península Ibérica". *Actas del III Congreso del Neolítico en la Península Ibérica*, pp. 223- 231.

Gibaja Bao, J. F., Palomo, A.; Terradas, X. (2008): "Les industries lithiques taillées de la fin du IVe au milieu du IIIe millénaire dans le nord- est de la Péninsule Ibérique. Premiers résultats de l´ analyse des matières premières, de la technologie et de la fonction". *Las industries lithiques taillées des IVe et IIIe millénaires en Europe occidentale*. BAR International Series 1884, Oxford.

Gil Torres, J.; Rodero Pérez, I.; Odierna, C. (2003): "Inventario de los Suelos de la Provincia de Córdoba". Estudios de Medio Ambiente, 5. Diputación Provincial de Córdoba.

Girault, J.- L.; Coulon, G.; Marquet, J.-C. (1975): "Le polissoir de Augères (Commune de Palluau-sur-Indre)". *Revue Archéologique du Centre de la France*, 14, 3- 4, pp. 259- 267.

Godelier, M. (1978): *Economía, fetichismo y religión en las sociedades primitivas*. Siglo XXI editores, Mexico D F.

Godoy Delgado, F. (1987): "Excavación Arqueológica de Urgencia en el yacimiento de La Calva, Santaella", *Anuario Arqueológico de Andalucía*, 1986, III, pp. 127- 131, Sevilla.

Gómez Gómez, A. A. (1990): "Prospección arqueológica superficial en los términos municipales de Baena, Castro del Río, Espejo y Córdoba". *Anuario Arqueológico de Andalucía*, 1987, II, pp. 107.

Gómez Puche, M. (2008): "Contribución al conocimiento de los asentamientos neolíticos: análisis de los elementos de barro". *Actas del IV Congreso del Neolítico Peninsular*, II, pp. 200- 209.

Gómez Pugnaire, Mª T.; Carrión Méndez, F. (1983): "Análisis petroarqueológico de los artefactos de piedra trabajada durante la Prehistoria Reciente en la Provincia de Granada". *Cuadernos de Prehistoria y Arqueología de la Universidad de Granada*, 8, pp. 447- 478.

Gonçalves, V. S. (1987): "O povoado pré-histórico da Sala Nº 1 (Pedrógão, Vidigueira)". *Portugalia*, Nova série, VIII, pp. 7- 16.

Gonçalves, V. S. (1989): *Megalitismo e Metalurgia no Alto Algarve Oriental; Uma aproximação integrada I- II.* Instituto Nacional de Investigação Cientifica. Estúdios e Memórias. Lisboa.

Gonçalves, V. S. (1999): *Reguengos de Monsaraz, territorios megalíticos*. Câmara Municipal de Reguengos de Monsaraz. Lisboa.

Gonçalves, V. S. (2002): "Lugares do povoamento das antigas sociedades camponesas entre o Guadiana e a Ribeira do Álamo (Reguengos de Monsaraz): Um ponto da situação em inícios de 2002". *Revista Portuguesa de Arqueologia*, 5, 2, pp. 153- 189.

Gonçalves, V. S. (2003a): "Comer em Regengos no Neolítico. As estruturas de combustão da Área 3 do Xarez 12". *Muita Gente poucas antas? Origens, espaços e contextos do megalitismo. Actas do II colóquio internacional sobre megalitismo*, pp. 81- 100.

Gonçalves, V. S. (2003b): Sítios, "Horizontes" e Artefactos. Estudos sobre o 3° milénio no Centro e Sul de Portugal. Câmara Municipal, Cascais.

Gonçalves, V. S. (2005): "Manifestaço□es do Sagrado na Pré-História do Ocidente Peninsular. 6. Duas figurações da Deusa na estrutura funerária calcolítica do Monte Novo dos Albardeiros (Reguengos de Monsaraz, Évora)". *O Arqueólogo Português*, série IV, 23, pp. 197- 229.

Gonçalves, V. S.; Pombal, S.; Carvalho, A. (2003): "A ocupação pré- histórica da Quinta das Longas (S. Vicente e Ventosa, Elvas)". *Revista Portuguesa de Arqueologia*, 6, 2, pp. 109- 142.

Góngora y Martínez, M. de (1868): *Antigüedades prehistóricas de Andalucía*. Madrid.

González Cordero, A.; Cerrillo Cuenca, E.; López Sáez, J. A.; López Merino, L. (2008): "El yacimiento de Sierra de la Pepa (La Cumbre, Cáceres). Apuntes sobre el proceso transicional del Neolítico Final al Calcolítico en Extremadura". *Actas del IV Congreso del Neolítico Peninsular*, II, pp. 340- 347.

González González, B.; Linares Catela, J. A.; Vera Rodríguez, J. C.; González Batanero, D. (2008): "Depotfund zylinderförmiger idole des 3. Jts v. Chr. Aus la Orden- Seminario (Prov. Huelva). *Madrider Mitteilungen*, 49, pp. 1- 28.

González Rodríguez, R. (1987): "El yacimiento de "El Trobal" (Jerez de la Frontera, Cádiz). Nuevas aportaciones a la Cultura de los Silos de la Baja

Andalucía". *Anuario Arqueológico de Andalucía,* 1986, II, pp. 82- 88.

González Ruibal, A. (2005): "Etnoarqueología de la cerámica en el Oeste de Etiopia". *Trabajos de Prehistoria* 62, 2, pp. 41- 66.

González Urquijo, J. E.; Ibáñez Estévez, J. E.; Peña Chocarro, L.; Gavilán Ceballos, B.; Vera Rodríguez, J. C. (2000): "El aprovechamiento de recursos vegetales en los niveles neolíticos del yacimiento de los Murciélagos (Zuheros, Córdoba). Estudio arqueobotánico y de función del utillaje". *Complutum*, 11, pp. 171- 189.

González Urquijo, J.; Ibáñez Estévez, J. J.; Zapata Peña, L.; Peña Chocarro, L. (2001): "Estudio etnoarqueológico sobre la cerámica Gzaua (Marruecos). Técnica y contexto social de un artesanado arcaico". *Trabajos de Prehistoria,* 58, 1, pp. 5- 27.

Gosselain, O. P. (1999): "In pot we trust; the processing of clay and symbols in Sub- Saharan Africa". *Journal of Material Culture,* 4, 2, pp. 205- 230.

Gould, S. J. (1993): *Brontosaurus y la nalga del ministro.* Crítica- Drakontós, Barcelona.

Grigson, C. (2007): "Culture, ecology, and pigs from the 5th to the 3rd millenium BC around the Fertile Crescent", en U. Albarella, K. Dobney, A. Ervynck, P. Rowley-Conwy (eds.), *Pigs and Humans; 10000 Years of Interaction.*. University Press, Oxford, pp. 83- 108.

Guerra Doce, E. (2006): "Sobre la función y el significado de la cerámica campaniforme a la luz de los análisis de contenidos". *Trabajos de Prehistoria,* 63, 1, pp. 69- 84.

Guerrero Amador, I.; Baena Escudero, R.: (1999): "La dinámica de meandros durante el Cuaternario Reciente en la conformación de la llanura aluvial del Bajo Guadalquivir aguas arriba de Sevilla. Avances en el Estudio del Cuaternario Español". *Actas de la Reunión Nacional de Cuaternario,* 10. Girona. Servei de Publicacions de la Universitat de Girona, pp. 119-124.

Gutiérrez Alba, V. (2005): *El lobo ibérico en Andalucía. Historia, mitología, relaciones con el hombre.* Consejería de Medio Ambiente. Junta de Andalucía. Sevilla.

Gutiérrez Lloret, S. (1991): "Panes, hogazas y fogones portátiles. Dos formas cerámicas destinadas a la cocción del pan en Al- Ándalus: el hornillo (Tannur) y el plato (Tabag)". *Lucentum*, IX- X, pp. 161- 175.

Gutiérrez López, J. Mª; Giles Pacheco, F.; Ramos Muñoz, J.; Aguilera Rodríguez, L. (1996): "Aportaciones al análisis macroespacial. El poblamiento de la Cuenca Media del Guadalete y Piedemonte de las Sierras de Cádiz durante el Neolítico". Ramos Muñoz, F.; Giles Pacheco, F. (Eds.): *El Dolmen de alberite (Villamartín). Aportaciones a las formas económicas y sociales de las comunidades neolíticas en el Noroeste de Cádiz.* Universidad de Cádiz y Ayuntamiento de Villamartín, pp. 341- 366.

Gutiérrez Sáez, C. (2000): "Estudio de la industria lítica de los niveles calcolíticos". En Martín de la Cruz, J. C.; Sanz Ruiz, Mª P.; Bermúdez Sánchez, J. (2000): *La edad del Cobre en el Llanete de los Moros (Montoro). El origen de los pueblos en la Campiña cordobesa.* Monográfico de Revista de Prehistoria, 1. Universidad de Córdoba, pp. 109- 125.

Guilaine, J.; Zammit, J. (2002): *El camino de la guerra. La violencia en la Prehistoria.* Ariel Prehistoria, Barcelona.

Hain, F. H. (1982): *Kupferzeitliche Tierknochenfunde aus Valencina de la Concepción/ Sevilla.* Deutsches Archäologisches Institut, Munich.

Halstead, P. (2002): "Agropastoral land use and Landscape in later prehistoric Greece". *El Paisaje en el Neolítico Mediterráneo. Saguntum* Extra- 5, pp. 105-113.

Hamilton, J. (1999): "The faunal Remains". En Cunliffe, B.; Fernandez Castro, Mª C.: *The Guadajoz Project: Andalusia in the First Millennium BC: Torreparedones and Its Hinterland,* Oxford, pp. 399- 401.

Harrison, R. J. (1974): "A closed find from Cañada Rosal, prov. Sevilla and two bell beakers". *Madrider Mittlelungen*, 15, pp. 77- 94.

Helmer, D.; Rocheteau, M. (1994): *Atlas du squelette appendiculaire des principaux genres holocènes de petit Ruminants du nord de la méditerranée et du Proche-Orient (Capra, Ovis, Rupicapra, Capreolus, Gazella).* Fiches d´ostéologie animales pour l'archéologie. Série B: mammifères. Nº 4. Juan-les Pins: APDCA.

Hernández Carrasquilla, P. (1995): "Cueva de Nerja (Malaga): las aves de las campañas de 1980 y 1982". En, Pellicer, M.; Morales, A. (Eds.): *Fauna de la Cueva de Nerja I. Salas de la Mina y de la Torca, campañas 1980-82.* Patronato de la Cueva de Nerja, Málaga, pp. 221-293.

Hoffmann, H.; Arteaga Matute, O. (1999): "Dialéctica del proceso natural y sociohistórico en las costas mediterráneas de Andalucía". *Revista atlántica-mediterránea de prehistoria y arqueología social*, 2, pp. 13- 121.

Hornos Mata, F.; Nocete Calvo, F.; Pérez, C. (1987): "Actuación arqueológica de Urgencia en el Yacimiento de Los Pozos (Higuera de Arjona, Jaén)". *Anuario Arqueológico de Andalucía*, 1986, III, pp. 198- 202.

Hoyos Sáinz, L. (1947): "II. Antropología Prehistórica Española". En Menéndez Pidal, R. (Dir.): *Historia de España. Tomo I. España Prehistórica.* pp. 97- 241.

Hurtado Pérez, V. (ed.) (1995a): *El Calcolítico a debate*. Junta de Andalucía, Sevilla.

Hurtado Pérez, V. (1995b): "Interpretación sobre la dinámica cultural en la Cuenca Media del Guadiana (IV-II milenio ANE)". *Extremadura Arqueológica*, 5, pp. 53-80.

Hurtado Pérez, V.; Amores Carredano, F. (1984): "El Tholos de Las Canteras y los enterramientos del Bronce en la Necrópolis del Gandul (Alcalá de Guadaira, Sevilla)" *Cuadernos de Prehistoria de la Universidad de Granada*, 9, pp. 147- 174.

Hurtado Pérez, V.; Mondejar Fernández de Quincoces, P.; Pecero Espín, J. C. (2000): "Excavaciones en la Tumba 3 de La Pijotilla". *Extremadura Arqueológica VIII, El Megalitismo en Extremadura (Homenaje a Elías Diéguez Luengo)*, pp. 249- 266.

Ibáñez Estévez, J. J.; González Urquijo, J. E. (1996): "El uso de los útiles de sílex de los niveles neolíticos de la Cueva de "Los Murciélagos" (Zuheros, Córdoba). Primeros Resultados". *Actes del I Congrés del Neolític a la Península Ibèrica*, Gavà- Bellaterra, 1995, pp. 169-174.

Ibáñez, J.J., Clemente Conte, I., Gassin, B., Gibaja, J.F., González Urquijo, J.E., Márquez, B., Philibert, S., Rodríguez Rodríguez, A. (2008). "Harvesting technology during the Neolithic in South-West Europe", En: Long, L. y Skakun, N. (eds.): *"Prehistoric Technology" 40 Years Later: Functional Studies and the Russian Legacy*. Proceedings of the International Congress Verona (Italy, 2005). Bar International Series S1783, pp. 183-196.

Inácio, N. (2008): "Los productos cerámicos". Nocete Calvo, F. (Coord): *El yacimiento de la Junta de los Ríos*. Monografías Arqueología. Junta de Andalucía, pp. 74-131.

Jarman, M. R.; Bailey, G, N.; Jarman, H. N. (eds.) (1982): *Early European Agriculture: Its foundation and development*. Cambridge University.

Jeunesse, C. (2006): « Les sépultures de paires de bovins dans le Néolithique final de l'est de l'Europe Centrale ». *Premiers chariots, premiers araires. La diffusion de la traction animale en Europe pendant les IVe et IIIe millénaires avant notre ère*. Monographie du CRA, 29, CNRS, Paris, pp. 247- 257.

Jiménez Brobeil, S. A. (1990): "Rituales funerarios neolíticos en la Alta Andalucía. Estado actual de la cuestión". *Zephyrus*, 43, pp. 125- 130.

Jiménez Brobeil, S. A.; Al- Oumaoui, I.; Esquivel, J. M. (2004): "Actividad física según sexo en la Cultura Argárica. Una aproximación desde los restos humanos". *Trabajos de Prehistoria*, 61, 2, pp. 141- 143.

Jiménez Brobeil, S. A.; Al- Oumaoui, I.; Nájera, T.; Molina, F. (2008): "Salud y Enfermedad en Motilla del Azuer; una población de la Edad del Bronce de La Mancha". *Revista Española de Antropología Física*, 28, pp. 57- 70.

Jiménez Jáimez, V.; Márquez Romero, J. E. (2006): "Aquí no hay quien viva". Sobre las casa- pozo en la Prehistoria de Andalucía durante el IV y el III milenios AC". *Spal*, 15, pp. 39- 52.

Johnson, A. W.; Earle, T. (2003): *La evolución de las Sociedades Humanas*. Crítica, Barcelona.

Juan Cabanilles, J. (2008): *El utillaje de piedra tallada en la Prehistoria reciente valenciana*. Servicio de Investigación Prehistórica del Museo de Prehistoria de Valencia, Serie de trabajos varios, 109, Diputación de Valencia.

Juárez Martín, J. M.; Moreno Alonso, E.; Cáceres Misa, P.; Lacalle Rodríguez, R.; Guijo Mauri, J. M.; Nieto Liñán, J. M.; Aguilar Galea, J. A.; Rico Ramírez, E. (2010): *El enterramiento en Cueva artificial de la Molina (Lora de Estepa, Sevilla)*. Consejería de Cultura, Dirección General de Bienes Culturales, Sevilla.

Kalb, P.; Höch, M. (1980): „Cabeço da Bruxa, Alpiarça (Distrikt Santarèm). Vorbericht über die Grabungin jaunar und februar 1979". *Madrider Mitteilungen*, 21, pp. 91- 108.

Lacort Navarro, P. (1985): "Cereales en Hispania Ulterior: Silos de época ibero- romana en la Campiña de Córdoba". *Habis*, 16, pp. 363- 388.

Lacort Navarro, P. J. (1992): "El yacimiento arqueológico de la Ermita de San Pedro (El Carpio, Córdoba) y la posible ubicación de la Onuba de Plinio, N. H., III, 10". En Aranda Doncel, J. (coord.): *III Encuentros de Historia Local Alto Guadalquivir*, Córdoba, pp. 65- 72.

Lago, M.; Duarte, C.; Valera, A. C.; Albergaria, J.; Almeida, F.; Faustino Carvalho, A. (1998): "Povoado dos Perdigões (Reguengos de Monsaraz): Dados preliminares dos trabalhos arqueológicos realizados em 1997". *Revista Portuguesa de Arqueologia*, 1, 1, pp. 45- 152.

Laplace, G. (1973): «*La Typologie Analytique et Structurale: Base rationnelle d'étude des industries lithiques et osseuses*». Banques de données en Archéologie, CNRS, Paris.

Lara Montero, D. E.; Barragán Mallofret, D.; Garrido Martín, M. (2004): "El asentamiento calcolítico del parque de Miraflores (Sevilla): resultados preliminares". *Spal*, 13, pp. 245- 255.

Le Brun- Ricalens, F. (2006): "Les pièces esquillées: État des connaissances après un siècle de reconnaissances". *Paleo*, 18, pp. 95- 114.

Leisner, G.; Leisner, V. (1943): *Die Megalithgräber der Iberischen Halbinsel. Der Süden*. Romisch-Germanische Forchungen, 17, Berlín.

Leisner, V.; Schubart, H. (1966): „Die Kupferzeitliche Befestigung von Pedra do Ouro, Portugal". *Madrider Mitteilungen*, 7, pp. 9- 60.

Lemercier, O.; Furestier, R.; Blaise, E. (Dirs.) (2010) : *4e Millénaire. La transition du Néolithique moyen au Néolithique final dans le sud- est de la France et las régions voisines*. Monographies d'Archéologie Méditerranéenne, 27, Lattes.

León Pastor, E. (2007): *La secuencia cultural de la Corduba prerromana a través de sus complejos cerámicos*. Arqueología Cordobesa 13. Universidad de Córdoba.

Lichardus, J., Lichardus- Itten, M., Bailloud, G., Cauvin, J. (1987): *La Protohistoria de Europa. El Neolítico y el Calcolítico*. Nueva Clio, La Historia y sus problemas, Labor, Barcelona.

Liesau von Lettow- Vorveck, C. (2000): "Identificación de restos de fauna, Llanete de los Moros (Montoro, Córdoba)". En Martín de la Cruz, J. C.; Sanz Ruiz, Mª P.; Bermúdez Sánchez, J. (2000): *La edad del Cobre en el Llanete de los Moros (Montoro). El origen de los pueblos en la Campiña cordobesa*. Monográfico de la Revista de Prehistoria, 1, Universidad de Córdoba, pp. 128- 132.

Liesau von Lettow- Vorveck, C.; Blasco, C.; Ríos, P.; Vega, J.; Menduiña, R.; Blanco, F.; Baena, J.; Herrera, T.; Petri, A.; Gómez, J. L. (2008): "Un espacio compartido por vivos y muertos: El poblado calcolítico de fosos de Camino de las Yeseras (San Fernando de Henares, Madrid)". *Complutum*, 19 (1), pp. 97- 120.

Linares Catela, J. A. (2009): "El círculo megalítico de la Pasada del Abad (Rosal de la Frontera, Huelva). El megalitismo no funerario de la rivera del Chanza" [CD-ROM]. *IV Encuentro de Arqueología del Suroeste Peninsular*, Aracena, Huelva, pp. 174- 208.

Lizcano Prestel, R.; Cámara, J. A.; Riquelme, J. A.; Cabañate, Mª L.; Sánchez, A.; Afonso, J. A. (1992): "El Polideportivo de Martos. Producción Económica y Símbolos de Cohesión en un asentamiento del Neolítico final en las Campiñas del Alto Guadalquivir." *Cuadernos de Prehistoria de la Universidad de Granada*, 16- 17, pp. 5- 101.

Lizcano Prestel, R. (1999): *El Polideportivo de Martos (Jaén): Un yacimiento Neolítico del IV Milenio a. C.* Obra social y Cultural- Cajasur, Córdoba.

Lizcano Prestel, R.; Pérez Bareas, C.; Nocete Calvo, F.; Cámara Serrano, J. A.; Contreras Cortés, F.; Casado Millán, P. J.; Moya García, S. (1996): "La organización del territorio en el Alto Guadalquivir entre el IV y el III milenios (3300- 2800 a.C.)". *Actas del I Congrès del Neolític a la Península Ibèrica*. Gavà- Bellaterra, 1995, pp. 305- 311.

Lizcano Prestel, R., Cámara Serrano, J. A., Contreras Cortés, F., Pérez Bareas, C., Burgos Juárez, A. (2004): "Continuidad y cambio en comunidades calcolíticas del Alto Guadalquivir." *Actas del II y III Simposio de Prehistoria "Cueva de Nerja"*. Fundación Cueva de Nerja, Málaga, pp. 159- 175.

Lizcano Prestel, R.; Cámara Serrano, J. A. (2004): "Producción económica y sedentarización. El registro arqueológico del Polideportivo de Martos (Jaén)". *Sociedades Recolectoras y Primeros Productores. Actas de las Jornadas Temáticas Andaluzas de Arqueología*, Ronda, pp. 229- 248.

Lizcano Prestel, R.; Nocete Calvo, F.; Peramo, A. (2009): *Las Eras. Proyecto de puesta en valor y uso social del patrimonio arqueológico de Úbeda (Jaén)* [CD- ROM]. Servicio de Publicaciones, Universidad de Huelva.

Llergo López, Y.; Ubera Jiménez, J. L. (2002): *Estudio palinológico del yacimiento arqueológico "Llabnete de los Moros" Montoro, Córdoba*. Informe Inédito. Departamento de Biología Vegetal, Universidad de Córdoba.

Llergo López, Y.; Ubera Jiménez, J. L. (2008): "Cambios en el entorno vegetal de Carmona (Sevilla) desde el Calcolítico hasta el Medievo". *Carel*, 6, pp. 2369- 2393.

Lopera Delgado, M. R. (1993): "Memoria de la excavación del Dolmen de La Sierrezuela. Posadas (Córdoba)", *Anuario Arqueológico de Andalucía*, 1991, III, pp. 131- 139.

Lopera Delgado, M. R. (1995): "El mundo funerario Calcolítico en la Provincia de Córdoba. Recopilación y actualización de los datos." *Ariadna*, 15, pp. 9- 47.

Lopera Delgado, M. R.; Nieto Medina, R. L. (2005): *Actividad Arqueológica Preventiva. Cortijo de la Verduga. Palma de Río, Córdoba*. Memoria preliminar. Delegación Provincial de Cultura.

López García, P.; López Sáez, J. A. (1994): "Estudio palinológico de los sedimentos arqueológicos del yacimiento de Llanete de los Moros (Córdoba)". *Trabajos de Prehistoria*, 51, 2, pp. 179- 186.

López Ontiveros, A. (1970): "Evolución de los cultivos en la campiña de Córdoba del siglo XIII al siglo XIX" *Papeles del Departamento de Geografía*, 2, pp. 9- 77.

López Ontiveros, A. (1973): "Rasgos Geomorfológicos de la Campiña de Córdoba". *Estudios Geográficos*, 34, 130, pp. 3- 94.

López Ontiveros, A. (2004): "Rasgos Geogáficos de la Campiña de Córdoba." En Merchor Gil, E. (ed.): *Julio*

César y Corduba. Tiempo y Espacio en la Campaña de Munda (49- 45 A. C.), pp. 13- 65.

López Ontiveros, A.; Valle Buenestado, B.; Domínguez Bascón, P.; Torres Esquivias, J. A.; Molina Vázquez, F. (1985): "Rasgos físicos". En López Ontiveros, A. (dir.): *Córdoba y su Provincia*, I. Diputación Provincial de Córdoba.

López Ontiveros, A.; Valle Buenestado, B.; García Verdugo, F. R. (1991): *Caza y paisaje geográfico en las tierras béticas según el libro de la Montería*. Junta de Andalucía. Consejería de Cultura y Medio Ambiente.

López Palomo, L. A. (1980): "Significado y tipología del campaniforme cordobés." *Revista de Arqueología,* 17, pp. 6- 12.

López Palomo, L. A. (1987): *Santaella. Raíces históricas de la campiña de Córdoba*. Estudios Cordobeses, Diputación Provincial, Córdoba.

López Palomo, L. A. (1993): *Calcolítico y edad del Bronce al Sur de Córdoba. Estratigrafía en Monturque*. Publicaciones del Monte de Piedad y Caja de Ahorros de Córdoba.

López Palomo, L. A. (1999): *El poblamiento protohistórico en el Valle medio del Genil*. Gráficas Sol, Écija.

López Plaza, Mª S. (1975): "Morillos y Objetos de Culto de la Edad del Bronce hallados en Muñogalindo (Ávila)". *Actas del XIII Congreso Nacional de Arqueología*, pp. 499- 506.

Lozano Francisco, M. Carmen.; García Solano, J. A.; Cortés Sánchez, M. (2004): "Presencia del bivalvo de agua dulce Margaritifera auricularia (Spengler, 1793) en un yacimiento arqueológico de época Califal de Córdoba (España). *Pliocénica*, 4, pp. 11- 15.

Lucena Martín, A. Mª (2004): "Estructuras y contenidos cerámicos documentados en el yacimiento Arqueológico de Papa Uvas (Aljaraque, Huelva): Campaña de 1994". *Actas del II y III Simposio de Prehistoria Cueva de Nerja*, Málaga, pp. 227- 237.

Lucena Martín, A. Mª; Martín de la Cruz, J. C.; Barrios Neira, J.; Tusa, S.; Conte, L. (2004): *Arqueometría en auxilio de la Estratigrafía arqueológica. A propósito de los trabajos en el Yacimiento Neolítico de CDA. Stretto (Partanna, TP, Sicilia)*. Área de Prehistoria, Universidad de Córdoba.

Lucena Martín, A. Mª; Martín de la Cruz, J. C.; Lucena Martín, J. M.; Barrios Neira, J.; Montealegre Contreras, L. (2005): "Aportaciones a la definición de modelos de hábitat a partir de la determinación mineralógica de cerámicas: Neolítico Final de Papa Uvas (Aljarque, Huelva)." *Actas del III Congreso del Neolítico en la Península Ibérica: Santander, 5 a 8 de octubre de 2003*, pp. 527- 533.

Luque, A. A. (1985): "Estudio malacológico". En, *Papa Uvas I. Aljaraque, Huelva. Campañas de 1976 a 1979*, Excavaciones Arqueológicas en España, 136, Ministerio de Cultura, Madrid, pp. 259- 264.

Luzón Nogué, J. Mª; Ruiz Mata, D. (1973): *Las raíces de Córdoba. Estratigrafía de la Colina de los Quemados*. CSIC, Madrid.

Lyons, D.; D´Andrea, A. C. (2003): "Griddles, Ovens, and Agricultural Origins: Etnoarchaeological Study of Bread Baking in Highland Ethiopia". *American Anthropologist*, 105, 3, pp. 515- 530.

Magny, M. (2010): « Eléments pour une historie du climat en Europe occidentale de 4500 à 2500 BC ». En Lemercier, O.; Furestier, R.; Blaise, E. (Dirs.) (2010) : *4e Millénaire. La transition du Néolithique moyen au Néolithique final dans le sud- est de la France et las régions voisines*. Monographies d´Archéologie Méditerranéenne, 27, Lattes, pp. 9- 15.

Maicas Ramos, R. (2004): "Algunas consideraciones sobre la industria ósea del Neolítico y Calcolítico en la Cuenca de Vera, Almería". *Espacio, Tiempo y Forma, Serie I, Prehistoria y Arqueología*, 16- 17, pp. 161- 188.

Maicas Ramos, R. (2007): *Industria ósea y funcionalidad: Neolítico y Calcolítico en la Cuenca de Vera (Almería)*. Bibliotheca Praehistorica Hispana. Consejo Superior de Investigaciones Científicas, Madrid.

Mallet, N.; Richard, G.; Genty, P.; Verjux, C. (2004): « La diffusion des silex du Grand- Pressigny dans le Bassin parisien ». En, Vander Linden, M. Salanova, L. (dirs.) : *Le troisième millénaire dans le Nord de la France et en Belgique*. Mémoire de la Société Préhistorique Française, XXXV. Anthropologica et Praehistorica, 115, pp. 123- 138.

Mallet, N.; Ihuel, E.; Verjux, C. (2008): « La diffusion des silex du Grand- Pressigny au sein des groupes culturels des IVe et IIIe millénaires avant J. C. » En, Dias- Meirinho, M.-H. ; Léa, V. ; Gernigom, K. ; Fouéré. P. ; Briois, F. ; Bailly, M. (dirs.) : *Les industries lithiques taillées des IVe et IIIe millénaires en Europe Occidentale*. Colloque International, Toulouse 7- 9 avril 2005. BAR International Series 1884, pp. 183- 205.

Marcos Pous, A. (1977): "Aportaciones a la localización y conocimiento de la Corduba prerromana". *Ampurias*, 38- 40, pp. 415- 423.

Marfil Lopera, C. (1997): *La investigación prehistórica en el Valle de Los Pedroches (Córdoba). Estudios llevados a cabo por Ángel Riesgo Ordóñez a comienzos del siglo XX*. Memoria de Licenciatura inédita, Universidad de Córdoba.

Marques Gonçalves, J. L. (1993): "Ídolos de cornos de Olelas y Serra das Éguas". *Al-Madan*, 2 (II Série), pp. 38-40.

Marques Gonçalves, J. L. (1994): "Ídolos de cornos e suportes de lareira do Castro de Vila Nova de Sao Pedro (Azambuja)" *Actas das V Jornadas Arqueológicas da Associaçao dos Arqueólogos Portugueses (Lisboa, 1993)*, Lisboa, 2, pp. 147– 162.

Marques Gonçalves, J. L. (1995): "Ídolos de cornos do Forno da Telha e do Curral Velho (Rio Maior)". *Al-Madan*, 4 (II Série), pp. 14- 15.

Márquez Alcántara, A. Mª (2004): "Proyecto General de Investigación: "Símbolo y Territorio. Arte rupestre prehistórico en la Sierra Morena Cordobesa". *Sociedades Recolectoras y Primeros Productores. Actas de las Jornadas Temáticas Andaluzas de Arqueología*, Ronda, pp. 301- 316.

Márquez Romero, J. E. (2004): "Muerte ubicua. Sobre deposiciones de esqueletos humanos en zanjas y pozos en la Prehistoria Reciente de Andalucía". *Mainake*, XXVI, pp. 115- 138.

Márquez Romero, J. E. (2006): "Sobre los depósitos estructurados de animales en los yacimientos de fosos del Sur de la Península Ibérica". *Animais na Pré-história e Arqueologia da Península Ibérica. Actas do IV Congresso de Arqueologia Peninsular*, Faro, 2006, pp. 15- 26.

Márquez Romero, J. E.; Jiménez Jáimez, V. (2008): "Claves para el estudio de los recintos de fosos del Sur de la Península Ibérica". *Era- arqueologia, revista de divulgação científica de estudos arqueológicos*, 8, pp. 158- 171.

Márquez Romero, J. E.; Jiménez Jáimez, V. (2010): *Recintos de Fosos: genealogía y significado de una tradición en la Prehistoria del suroeste de la Península Ibérica (IV-III milenios AC)*. Universidad de Málaga.

Martí Solano, J. (1994): "Excavación en el Silo nº 1 de "San Andrés". Arcos de la Frontera, Cádiz". *Anuario Arqueológico de Andalucía*, II, 1991, pp. 22- 25.

Martín Blanco, C. (2011): *Actividad Arqueológica Preventiva, control de movimientos de tierra, en finca Cañuelo Alto (1ª fase de explotación), Córdoba. Informe y Memoria*. Inédito. Delegación Provincial de Cultura.

Martín Bueno, M. (1983): "Primeros resultados de las excavaciones de Ategua (Córdoba)". *Homenaje al Profesor Martín Almagro Basch*, III, Madrid, 227- 233.

Martín de la Cruz, J. C. (1985): *Papa Uvas I. Aljaraque, Huelva. Campañas de 1976 a 1979.* Excavaciones Arqueológicas en España, 136, Ministerio de Cultura, Madrid.

Martín de la Cruz, J. C. (1986a): *Papa Uvas II. Aljaraque, Huelva. Campañas de 1981 a 1983.* Excavaciones arqueológicas en España, 149, Ministerio de Cultura, Madrid.

Martín de la Cruz, J. C. (1986b): "Aproximación a la secuencia del hábitat en *Papa Uvas (Aljaraque, Huelva)". Homenaje a Luis Siret; Actas del Congreso "Homenaje a Luis Siret (1934- 1984)"*. Cuevas de Almanzora, Almería. Consejería de Cultura. pp. 227-242.

Martín de la Cruz, J. C. (1987): *El Llanete de los Moros, Montoro, Córdoba.* Excavaciones Arqueológicas en España, 151, Ministerio de Cultura, Madrid.

Martín de la Cruz, J. C. (1991): "Bases para el estudio del poblamiento en la Campiña de Montoro y Villa del Río (Córdoba). Desde la Prehistoria hasta la romanización." *III Encuentros de Historia Local Alto Guadalquivir*, pp. 19- 38. Córdoba.

Martín de la Cruz, J. C. (1993): "Proyecto: Papa Uvas (4) génesis y desarrollo de la Edad del Bronce en la Cuenca Media del Guadalquivir: Piedemonte y Campiña hasta la confluencia del río Guadajoz. Los proyectos de investigación sobre Papa Uvas y Llanete de los Moros". *Investigaciones Arqueológicas en Andalucía, 1985- 1992. Proyectos*. Junta de Andalucía, Huelva, pp. 444- 460.

Martín de la Cruz, J. C. (1994): *El tránsito del Neolítico al Calcolítico en el litoral del Sur- Oeste Peninsular*, Excavaciones Arqueológicas en España, 169, Ministerio de Cultura, Madrid.

Martín de la Cruz, J. C. (1996): "Alteraciones antrópicas del ecosistema: indicadores arqueológicos según Papa Uvas (Aljaraque, Huelva)". *Actas del I Congrés del Neolític a la Península Ibèrica. Gavà- Bellaterra*, 1995, Vol. 1, pp. 85- 91.

Martín de la Cruz, J. C. (Coord.) (2004): "Colgantes y cuentas de cornalina procedentes de Andalucía Occidental". *Revista de Prehistoria*, 3, pp. 7- 47.

Martín de la Cruz, J. C.; Miranda Ariz, J. (1988): "El poblado calcolítico de Valencina de la Concepción (Sevilla): una revisión crítica." *Cuadernos de Prehistoria y Arqueología de la Universidad Autónoma de Madrid*, 15, pp. 37- 67.

Martín de la Cruz, J. C.; Serrano Carrillo, J.; Morena López, J. A. (1989): "Aportación al estudio del Calcolítico en la Campiña Baja (Córdoba- Jaén)". *Cuadernos de Prehistoria y Arqueología de la Universidad Autónoma de Madrid*, 16, pp. 43- 72.

Martín de la Cruz, J. C.; Sanz Ruiz, Mª P.; Bermúdez Sánchez, J. (2000a): *La edad del Cobre en el Llanete de los Moros (Montoro). El origen de los pueblos en la Campiña cordobesa.* Monográfico de Revista de Prehistoria, 1, Universidad de Córdoba.

Martín de la Cruz, J.C.; Cepillo, J. J.; Marfil, C. y Vera, J.C. (2000b): "Recientes aportaciones al conocimiento del Megalitismo en Andalucía". *Muitas Antas, Poucas Gentes? Actas do I Colóquio Internacional sobre Megalitismo*, Instituto Português de Arqueologia, Lisboa, pp. 243- 251.

Martín de la Cruz, J. C.; Bermúdez Sánchez, J.; Sanz Ruiz, M. P. (2001): "Informe sobre los resultados preliminares de la Prospección Arqueológica en la Campiña de Córdoba (términos municipales de Bujalance, Cañete de las Torres, Pedro Abad y el Carpio". *Anuario Arqueológico de Andalucía*, II, 1996, pp. 42- 46.

Martín de la Cruz, J. C.; Lucena Martín, A.; Liébana Mármol, J. L. (2002): "Excavación Arqueológica de Urgencia en el Llanete de los Moros (Montoro, Córdoba). Memoria Final". Delegación Provincial de Cultura.

Martín de la Cruz, J. C.; Lucena Martín, A.; Liébana Mármol, J. L. (2004a): "Excavación Arqueológica de Urgencia en el Llanete de los Moros (Montoro, Córdoba)". *Anuario Arqueológico de Andalucía*, 2001, pp. 321- 327.

Martin de la Cruz, J. C.; Bermúdez Sánchez, J.; Perlines Benito, Mª R. (2004b): "Los sistemas de Información Geográfica aplicados a la Campiña de Córdoba: sincronías y diacronías poblacionales". Martín de la Cruz, J. C.; Lucena Martín, J. C. (Coords.): *Actas del I Encuentro Internacional Informática aplicada a la Investigación y a la gestión arqueológicas*. 5- 7 de Marzo de 2003. Universidad de Córdoba, pp. 311- 235.

Martín de la Cruz, J. C.; Jabalquinto Expósito, I.; Bretones García, L.; Ruiz Borrega, Mª P.; Garrido Anguita, J.; Fernández Durán, G. E.; Martínez Sánchez, R. Mª (2007): "Cueva del Cañaveralejo: Proyecto integral de puesta en valor". *Revista de Feria de Adamuz en honor de Nuestra Madre del Sol*, pp. 96- 107.

Martín Gómez, J.; Campos Jara, P. (1996): "El proceso de adquisición y consolidación de estrategias productoras en entorno fluviomarítimo: el estuario Tinto-Odiel como referencia". *Rubricatum* I *(Actas del I Congrés del Neolític a la Península Ibèrica)* (Gavá- Bellaterra), 1995, pp. 109- 114.

Martín Socas, D.; Cámalich Massieu, Mª D.; González Quintero, P. (2004): *La Cueva del Toro (Sierra de El Torcal- Antequera- Málaga). Un modelo de Ocupación Ganadera en el Territorio Andaluz entre el VI y II Milenios ANE*. Consejería de Cultura.

Martínez, F.; Risch, R. (1999): "Caracterización y procedencia de los recursos líticos de Gatas". En, Castro, P.; Chapman, R.; Gili, S.; Lull, V.; Micó, R.; Rihuete, C.; Risch, R.; Sanhauja Yll, Mª E.: *Proyecto Gatas, 2: La dinámica ecoarqueológica de la ocupación prehistórica.* Junta de Andalucía. Consejería de Cultura, Sevilla, pp. 326- 337.

Martínez Castro, A. (2001): "Resultados de la prospección arqueológica superficial de urgencia del Término Municipal de La Carlota (Córdoba)". *Anuario Arqueológico de Andalucía*, I, 1998, pp. 224- 237.

Martínez Castro, A. (2008): "La Prehistoria en la Campiña de Córdoba. El caso de la Carlota y sus peculiaridades". *Boletín de la Asociación Provincial de Museos Locales de Córdoba*, 9, pp. 71- 87.

Martínez Castro, A.; Tristell Muñoz, F. J. (2000): "Nuevos aspectos sobre los llamados "braserillos ibéricos" a la luz de un reciente descubrimiento. El conjunto de Cuesta del Espino (Córdoba)". *Antiqvitas*, 11- 12, pp. 19- 26.

Martínez Fernández, G.; Morgado Rodríguez, A. (2005): "Los contextos de elaboración de hojas prismáticas de sílex en Andalucía oriental durante el Neolítico reciente. Aspectos técnicos, modelos de trabajo y estructuración social". *Actas del III Congreso del Neolítico en la Península Ibérica: Santander, 5 a 8 de octubre de 2003*, pp. 359- 368.

Martínez Fernández, G.; Morgado Rodríguez, A.; Afonso Marrero, J. A. (2006): "Sociedades prehistóricas, recursos abióticos y territorio". En, Martínez Fernández, G.; Morgado Rodríguez, A; Afonso Marrero, J. A. (Coords.): *Sociedades prehistóricas, recursos abióticos y territorio.* Actas de la III Reunión de trabajo sobre aprovisionamiento de recursos abióticos en la Prehistoria, Fundación Ibn Al Jatib, Granada, pp. 11- 17.

Martínez Fernández, G.; Morgado Rodríguez, A.; Afonso Marrero, J. A.; Cámara Serrano, J. A.; Cultrone, G. (2006b): "Explotación de rocas silíceas y producción lítica especializada en el Subbético Central granadino (IV- III milenios Cal. B.C.)". En, Martínez Fernández, G.; Morgado Rodríguez, A; Afonso Marrero, J. A. (Coords.): *Sociedades prehistóricas, recursos abióticos y territorio.* Actas de la III Reunión de trabajo sobre aprovisionamiento de recursos abióticos en la Prehistoria, Fundación Ibn Al Jatib, Granada, pp. 293- 313.

Martínez Fernández, G. ; Afonso Marrero, J. A. (2008) : « L´évolution des ensembles d´artefacts en pierre taillée pendant la préhistoire récente au Sud- Est de la Péninsule Ibérique ». En, Dias- Meirinho, M.-H. ; Léa, V. ; Gernigom, K. ; Fouéré. P. ; Briois, F. ; Bailly, M. (dirs.) *: Les industries lithiques taillées des IVe et IIIe millénaires en Europe Occidentale.* Colloque International, Toulouse 7- 9 avril 2005. BAR International Series 1884, pp. 291- 307.

Martínez Sánchez, R. Mª (2002): "La Mesa (Córdoba): destrucción y expolio sistemático de un hábitat de la Prehistoria Reciente." *Arte, Arqueología e Historia*, 9, pp. 65- 69.

Martínez Sánchez, R. Mª (2006): *El IV y III Milenio AC en la vega media del Guadalquivir: Nuevas aportaciones para el estudio de su sector oriental*. DEA. Universidad de Córdoba. Inédito.

Martínez Sánchez, R. Mª (2007): "La Ermita de San Pedro, El Carpio, Córdoba. La fase prehistórica a través del corte 1. Actividad Arqueológica Puntual de 2005". *Antiqvitas*, 19, pp. 5- 16.

Martínez Sánchez, R. Mª (2009): *Informe- Memoria de la Actividad Arqueológica Preventiva en Proyecto de instalación de Energía Termosolar "Solacor 2", yacimiento de Casa del Tabaco (El Carpio, Córdoba)*. Informe Inédito, Delegación Provincial de Cultura.

Martínez Sánchez, R. Mª (2010): *Informe- Memoria de la Actividad Arqueológica Preventiva (Prospección Arqueológica Superficial) en terrenos de Explotación de Áridos Finca "el Cañuelo Alto" (Córdoba)*. Informe Inédito. Delegación de Cultura.

Martínez Sánchez, R. Mª (En Prensa, a): "Tafonomía y aprovechamiento animal. Resultados arqueofaunisticos de la campaña de 2004 en el enclave arqueológico de Contrada- Stretto, Partanna (Tp), Sicilia. El corte I 2". *Dai Ciclopi agli Ecisti. Società e territorio nella Sicilia preistorica e protostorica*. Actas de la XLI Reunione Scientifica del Istituto Italiano de Preistoria e Protostoria, 16 – 19 noviembre de 2006.

Martínez Sánchez, R. Mª (En Prensa, b): "Intervención arqueológica en la Casa del Tabaco (El Carpio, Córdoba)." *Anuario Arqueológico de Andalucía*, Córdoba, 2009.

Martínez Sánchez, R. Mª; García Benavente, R. (2009): "Una terracota figurada del IV milenio ANE en la vega media del Guadalquivir". *Trabajos de Prehistoria*, 66, 1, pp. 115- 122.

Martínez Sánchez, R. M.; García Benavente, R.; Clapés Salmoral, R. (2010a) "La Iglesia Antigua de Alcolea. Un asentamiento del IV milenio ANE en la vega del Guadalquivir medio" [CD- ROM]. *Actas del IV Encuentro de Arqueología del Suroeste Peninsular*, Aracena (Huelva), pp. 88- 106

Martínez Sánchez, R. Mº; Martín de la Cruz, J. C.; Bretones García, Mª D.; Ruiz Borrega, Mª P. (2010b): "El Neolítico en la Vega del Guadalquivir Medio". En, Gibaja, J. F. y Carvalho, A. F. (eds.): *Os últimos caçadores- recolectores e as primeiras comunidades produtoras do sul da Península Ibérica e do Norte de Marrocos. Promontoria Monográfica* 15, Universidade do Algarve, pp. 237-246.

Martínez Sánchez, R. Mª; Gibaja Bao, J. F.; Liébana Mármol, J. L.; Muñiz Jaén, I.; Rodríguez Aguilera, A. (E. P.): "Aportaciones a la ocupación durante el Neolítico Inicial del piedemonte del Subbético Cordobés: el enclave del Castillo de Doña Mencía (Córdoba)". *Actas del 5º Congresso do Neolítico Peninsular*, Universidade de Lisboa (Portugal), 7- 9 de Abril de 2011.

Mata Carriazo, J. (1966): "Memoria de los trabajos de excavación y hallazgos arqueológicos realizados en la zona de Sevilla durante el año 1965". *Noticiario Arqueológico Hispánico*, VIII- IX, pp. 301- 312.

Mata Carriazo, J. (1974): "El dolmen de Hidalgo (junto a la desembocadura del Guadalquivir) y las contiguas sepulturas en fosa eneolíticas." *Actas del XIII Congreso Nacional de Arqueología (Huelva, 1973)*, Zaragoza, pp. 327- 332.

Maura Mijares, R.; Recio Ruiz, A.; Cantalejo Duarte, P.; Aranda Cruces, A.; Pérez González, J. (2006): "El grabado esquemático en Málaga. Nuevas aportaciones y aproximación a su problemática". *Mainake*, XXVIII, pp. 433- 455.

Maura Mijares, R. (2010): *Guía del enclave arqueológico Peñas de Cabrera*. Red de Espacios culturales de Andalucía, 5. Consejería de Cultura, Junta de Andalucía, Sevilla.

Mazurié de Keroualin, K. (2007): *El origen del neolítico en Europa. Agricultores, cazadores y pastores*. Ariel Prehistoria, Barcelona.

Mederos Martín, A. (1996): "La Cronología Absoluta de Andalucía Occidental durante la Prehistoria Reciente (6.100- 850 A. C.)." *Spal*, 5, pp. 54- 86.

Meillassoux, C. (1982): *Mujeres, graneros y capitales*. Siglo XXI editores, México D F.

Melchor Gil, E. (1995): *Vías romanas de la provincia de Córdoba*. Publicaciones de la Obra Social y Cultural, Cajasur, Córdoba.

Melchor Gil, E. (2002): "La navegación por el Guadalquivir en época antigua y medieval". *Patrimonio Histórico Hidráulico de la Cuenca del Guadalquivir*, Madrid, pp. 319- 347.

Melis, Mª G. ; Piras, S. (2010) : « Les productions céramiques en Sardaigne au IVe millénaire av. J.-C. Nouvelles données sur le village de Su Coddu-Canelles (Selargius, Cagliari) » [En Línea]. *Préhistoires Méditerranéennes*, 1. Dirección de URL: http://pm.revues.org/index417.html [consultado el 25 de Junio de 2011].

Menasanch, M.; Risch, R.; Soldevilla, J. A. (2002): "Las tecnologías del procesado del cereal en el sudeste de la Península Ibérica durante el III y el II milenio ANE". Procopiou, H.; Tréuil, R. (dirs.): *Moudre et Broyer. L'interprétation fonctionnelle de l'outillage de mouture et de broyage dans la Préhistoire et l'Antiquité. I- Méthodes*. CTHS, pp. 81- 110.

Menéndez Carrasco, S. (1999): "Los niveles carbonatados del Cámbrico Inferior de Alcolea (Córdoba)". *Coloquios de Paleontología*, 50, pp. 63- 81.

Meneses Fernández, Mª D. (1994): "Útiles de hueso en el Neolítico Final del Sur de la Península Ibérica empleados en la alfarería: placas curvas, biseles, placas y apuntados." *Trabajos de Prehistoria,* 51, 1, pp. 143- 156.

Méniel, P. (2008): *Manuel d'Archéozoologie funéraire et sacrificielle. Âge du Fer.* Infolio Archeodunum, Col. Vestigia, Gollion.

Mérida González, V. (1992): "El hueso trabajado del polideportivo de Martos". *Cuadernos de Prehistoria de la Universidad de Granada,* 16- 17, pp. 103- 133.

Molina Expósito, A. (Coord) (1999): *Zuheros, un recorrido por su pasado.* Excmo. Ayuntamiento de Zuheros, Córdoba.

Molina González, F.; Rodríguez, Mª O.; Jiménez, S.; Botella, M. (2003): "La sepultura 121 del yacimiento argárico de El Castellón Alto (Galera, Granada)". *Trabajos de Prehistoria*, 60, 1, pp. 153- 158.

Molina González, F.; Cámara Serrano, J. A.; Capel Martínez, J.; Nájera Colino, T.; Sáez Pérez, L. (2004): "Los Millares y la periodización de la Prehistoria Reciente del Sureste." En, *Actas del II y III Simposio de Prehistoria "Cueva de Nerja".* Fundación Cueva de Nerja, Málaga, pp. 142- 158.

Molina González, F.; Cámara Serrano, J. A. (2005): *Los Millares: Guía del yacimiento arqueológico.* Red de Espacios culturales de Andalucía, 5. Consejería de Cultura, Junta de Andalucía, Sevilla.

Molina Lemos. L. (1980): "El Poblado del Bronce I de El Lobo (Badajoz)". *Noticiario Arqueológico Hispánico*, 9, pp. 91- 130.

Monge Soares, A. M. (1997): "O teor em Radiocarbono das Conchas Marinhas: Um Indicador Paleo-Oceanográfico". *Setúbal Arqueológica,* 11- 12, pp. 17- 25.

Montealegre Contreras, L. (1994): "Geología Cordobesa". En, López Ontiveros, A.; Valle Buenestado, B. (Coord.): *Córdoba Capital, 3: Geografía.* Caja Provincial de Ahorros de Córdoba, pp. 14- 24.

Montoya Ramírez, Mª I. (1992): *Alfonso XI, Libro de la Montería.* Publicaciones de la Cátedra de Historia de la Lengua Española, Series Philologica, Universidad de Granada.

Moral Ituarte, L (1991): *La obra hidráulica en la Cuenca Baja del Guadalquivir (Siglos XVIII- XX). Gestión del Agua y Organización del territorio.* Universidad de Sevilla.

Morales Muñiz, A. (1985): "Análisis faunístico del yacimiento de Papa Uvas. Aljaraque- Huelva." En, Martín de la Cruz, J. C.: *Papa Uvas I. Aljaraque. Huelva. Campañas de 1976 a 1979.* Excavaciones Arqueológicas en España, 136, Ministerio de Cultura, Madrid, pp. 233- 257.

Morales Muñiz, A. (1986): "Informe faunístico del yacimiento. Corte C- 4.3. Fondo nº 3. Sector C". En, Martín de la Cruz, J. C.: *Papa Uvas II. Aljaraque. Huelva. Campañas de 1981 a 1983.* Excavaciones Arqueológicas en España, Ministerio de Cultura, Madrid, pp. 347- 350.

Morales Muñiz, A.; Cereijo, M. A. (1992): "Consideraciones faunísticas en la transición Neolítico-Calcolítico: el yacimiento arqueológico de Papa Uvas (Huelva)". *Archeofauna*, 1, pp. 87- 104.

Morales Muñiz, A.; Cereijo, M. A.; Brännstöm, P.; Liesau, C. (1994): "The mammals". En, Roselló, E.; Morales A. (eds.): *Castillo de Doña Blanca.* BAR International Series, 593, Oxford, pp. 37- 69.

Morales Muñiz, A.; Riquelme Cantal, J. A. (2004): "Faunas de mamíferos del Neolítico Andaluz: tendencias diacrónicas fiables?" *Actas del II y III Simposio Cueva de Nerja.* Fundación Cueva de Nerja, Málaga, pp. 41- 51.

Moreira Madueño, J.M. (2003a): "Las grandes unidades del relieve andaluz". En, López Ontiveros, A. (Coord.): *Geografía de Andalucía.* Ariel, pp. 81- 117.

Moreira Madueño, J.M. (2003b): "Suelos y degradación edáfica". En, López Ontiveros, A. (Coord.): *Geografía de Andalucía.* Ariel, pp. 209- 227.

Morena López, J. A. (1990): "Informe preliminar de la Prospección Arqueológica de superficie realizada en el término de Cañete de las Torres (Córdoba)". *Anuario Arqueológico de Andalucía*, II, 1987, pp. 108- 114.

Morena López, J. A. (2001): "Memoria de la Actuación Arqueológica de Urgencia efectuada en los terrenos afectados por el gasoducto Córdoba-Jaén-Granada (Sector de la Provincia de Córdoba)". *Anuario Arqueológico de Andalucía,* 1996, pp. 153- 159.

Morena López, J. A.; Sánchez de la Orden, M.; García-Ferrer Porras, A. (1990): *Prospecciones arqueológicas en la campiña de Córdoba.* ETSIA. Córdoba.

Moreno Alonso, E.; Cruz- Auñón Brones, R.; Cáceres Misa, P. (1995): "Argumentos y fundamentos de la Investigación prehistórica en Andalucía Occidental. El Poblamiento del III Milenio." *Spal*, 2, pp. 109- 123.

Moreno Honorato, Mª A., Contreras Cortés, F. (1981): "Un yacimiento de la Edad del Cobre en Gilena (Sevilla)". *Cuadernos de Prehistoria de la Universidad de Granada*, 6, pp. 181- 202.

Moreno Nuño, R. (1992): "La explotación de moluscos en la transición Neolítico- Calcolítico del yacimiento de Papa Uvas (Aljaraque, Huelva)". *Archeofauna*, 1, pp. 33-44.

Moreno Rosa, A. (1991): "Prospección Arqueológica superficial en la Cueva de los "Arrastraos (Subbética Cordobesa)". *Antiquitas*, 2, pp. 30-42.

Morgado Rodríguez, A; Pelegrin, J.; Martínez Fernández, G.; Afonso Marrero, J. A. (2008): « La production de grandes lames dans la Péninsule Ibérique (IVe- IIIe millénaires ». En, Dias- Meirinho, M.-H. ; Léa, V. ; Gernigom, K. ; Fouéré. P. ; Briois, F. ; Bailly, M. (dirs.) : *Les industries lithiques taillées des IVe et IIIe millénaires en Europe Occidentale*. Colloque International, Toulouse 7- 9 avril 2005. BAR International Series 1884, pp. 309-330.

Morgado Rodríguez, A.; Roncal Los Arcos, E. (2009): *Los últimos talladores de sílex. Estudio histórico-Arqueológico sobre la explotación del sílex en las tierras de Loja y la producción militar de piedras de chispa del reino de Granada durante los siglos XVIII y XIX*. Fundación Ibn Al- Jatib, Granada.

Morgado Rodríguez, A.; Martínez Sánchez, R. Mª; Lozano Rodríguez, J. A.; Moreno Rosa, A. (En Prensa a): "La explotación neolítica de sílex de las Llanadillas (Iznájar, Córdoba)". *Actas del 5º Congresso do Neolítico Peninsular*, Centro de Arqueologia da Universidade de Lisboa (Uniarq). Faculdade de Letras de Lisboa, 7-9 de Abril de 2011.

Morgado Rodríguez, A.; Aranda, G.; Román, J.; Mancilla, M.; Cámalich, Mª D.; Martín Socas, D. (En Prensa b): "El asentamiento de La Loma y el aprovechamiento agrario de la Vega de Granada durante el Neolítico Reciente". *Actas del 5º Congresso do Neolítico Peninsular*, Centro de Arqueologia da Universidade de Lisboa (Uniarq). Faculdade de Letras de Lisboa, 7-9 de Abril de 2011.

Moro Abadía, O. (2007): *Arqueología prehistórica e historia de la ciencia*. Bellaterra Édicions, Barcelona.

Muñiz Jaén, I.; Morales Reyes, L.; Ramírez Ayas, M.; Martínez Sánchez, R. Mª; Liébana Mármol, J. L. (2010): "Excavaciones arqueológicas en el castillo de Doña Mencía". *Antiqvitas*, 22, pp. 207- 252.

Muñoz Ibáñez, F. J. (1994): "Ficha para el análisis tecno-tipológico de la industria ósea". *Espacio, tiempo y forma, serie I, Prehistoria y Arqueología*, 7, pp. 63- 73.

Muñoz López- Astilleros; García, T.; Izquierdo, D. (1995): "Aportaciones al estudio de la Edad del Cobre en la Cuenca Media del río Tajo." *Boletín del seminario de estudios de Arte y Arqueología*, 61, pp. 31- 50.

Muñoz López- Astilleros, I. K. (1999): "La Prehistoria reciente en el Tajo Central Cal. V- I milenio a. C.". *Complutum*, 10, pp. 91- 122.

Murillo Díaz, T.; Fernández Gómez, F. (2008): "Las cerámicas pintadas de la Edad del Cobre en Valencina de la Concepción (Sevilla)". *Espacio, Tiempo y Forma, Serie I, Prehistoria y Arqueología*, 1, pp. 299- 314.

Murillo Redondo, J. F. (1986a): *Eneolítico y Edad del Bronce en el Norte de la provincia de Córdoba*. Memoria de Licenciatura inédita. Universidad de Córdoba.

Murillo Redondo, J. F. (1986b): "Nuevos yacimientos arqueológicos en el sector noroccidental de la provincia de Córdoba", *Estudios de Prehistoria Cordobesa*, 1, pp. 77- 94.

Murillo Redondo, J. F. (1988): "Aproximación al poblamiento calcolítico en el Valle del Guadalquivir. Sector Villarrubia- Palma del Río". *Ariadna*, 4, pp. 5- 25.

Murillo Redondo, J. F. (1989): "Prospecciones arqueológicas superficiales en los valles de los ríos Guadajoz y Guadalquivir (Provincia de Córdoba)". *Anuario Arqueológico de Andalucía*, 1988, I, pp. 42- 53.

Murillo Redondo, J. F. (1990a): "Fondos de cabaña de Vega de Santa Lucía (Palma del Río, Córdoba)". *Anuario Arqueológico de Andalucía*, 1987, III, pp. 147- 150.

Murillo Redondo, J. F. (1990b): "Informe preliminar de las prospecciones arqueológicas superficiales en los valles de los ríos Guadiato y Guadalquivir (Córdoba). *Anuario Arqueológico de Andalucía*, 1987, II, pág. 115.

Murillo Redondo, J. F. (1991a): *Análisis del poblamiento durante el Bronce Final y el Orientalizante en la Cuenca Media del Guadalquivir*. Tesis doctoral en 3 tomos. Universidad de Córdoba.

Murillo Redondo, J. F. (1991b): "Aproximación al Poblamiento Calcolítico en el Norte de la Provincia de Córdoba". *Actas del XXI Congreso Nacional de Arqueología*, 2, pp. 639- 652.

Murillo Redondo, J. F. (1991c): "Prospecciones arqueológicas superficiales en los valles de los ríos Guadajoz y Guadalquivir (Provincia de Córdoba)". *Anuario Arqueológico de Andalucía*, 1988, I, pp. 42- 53.

Murillo Redondo, J. F. (1994): *La Cultura Tartésica en el Guadalquivir Medio*. Monográfico de *Ariadna*, 13- 14.

Murillo Redondo, J. F. (1995): "Nuevos trabajos arqueológicos en Colina de los Quemados: El Sector del Teatro de la Axerquía (Parque Cruz Conde, Córdoba)". *Anuario Arqueológico de Andalucía*, 1992, III, pp. 188-199.

Murillo Redondo, J. F.; Ruiz Lara, D. (1982): "Materiales prehistóricos de Algallarín y Cabra". *Corduba Archaeologica*, 12, pp. 3- 13.

Murillo Redondo, J. F.; Ruiz Lara, Mª D. (1992): "Aproximación al Bronce Antiguo y Pleno en el Sureste de la Campiña cordobesa: los yacimientos del Cerro del Castillo de Aguilar y Zóñar". *Anales de Arqueología Cordobesa*, 3, pp. 9- 35.

Murillo Redondo, J. F.; Morena López, J. A. (1992): "El poblamiento rural en el arroyo del Guadatín: un modelo de ocupación del territorio durante el Bronce Final y el Período Orientalizante en el Valle Medio del Guadalquivir". *Anales de Arqueología Cordobesa* 3, pp. 37- 50.

Murillo Redondo, J. F.; Morena López, J. A.; Ruiz Lara, Mª D. (2005): "Nuevas estelas de Guerrero procedentes de las provincias de Córdoba y de Ciudad Real." *Romula*, 4, pp. 7- 46.

Navarrete Enciso, Mª S. (1976): *La cultura de las cuevas con cerámica decorada en Andalucía Oriental*. Vol. I y II, Universidad de Granada.

Navarrete Enciso, Mª S. (1986): "Las comunidades neolíticas en la Alta Andalucía". *Homenaje a Luis Siret; Actas del Congreso "Homenaje a Luis Siret (1934- 1984)"*. Cuevas de Almanzora, Almería. Consejería de Cultura, pp. 109- 118.

Nieto Medina, R. (2000): "Palma del Río, Museo Municipal. Apéndice I". *Boletín de la Asociación Provincial de Museos Locales de Córdoba*, 1, pp. 155- 167.

Noares, C.; Navés, J. (1993): "Distribución histórica del Oso Pardo en la Península Ibérica". En, Navés, J; Palomero, G. (Eds.): *El oso pardo (Ursus arctos) en España*, ICONA, pp. 13- 33.

Nocete Calvo, F. (1989a): *El Espacio de la coerción. La transición al Estado de la Primera Mitad del Segundo Milenio ane en las Campiñas del Alto Guadalquivir (España). 3000- 1500 a C.* BAR International Series 492. Oxford.

Nocete Calvo, F. (1989b): "Del 3000 al 1500 antes de nuestra era". En Fernández García, J. (Dir.): *Jaén, Tomo II*, pp. 383- 399.

Nocete Calvo, F. (1994): *La formación del Estado en las campiñas del alto Guadalquivir (3000- 1500 ane).* Universidad de Granada.

Nocete Calvo, F. (2001): *Tercer Milenio antes de nuestra era. Relaciones y contradicciones centro/ periferia en el Valle del Guadalquivir*. Bellaterra, Barcelona.

Nocete Calvo, F. (Coord.) (2004): *Odiel. Proyecto de investigación arqueológica para el análisis del origen de la desigualdad social en el Suroeste de la Península Ibérica*. Arqueología Monografías, Junta de Andalucía, Sevilla.

Nocete Calvo, F. (Coord.) (2008): *El yacimiento de la Junta de los Ríos*. Monografías Arqueología. Junta de Andalucía.

Nocete Calvo, F.; Sáez Ramos, R.; Linares Catela, J. A.; Parrales Orihuela, A. (2004): "La cantería- minería para manufacturas líticas talladas". *Odiel. Proyecto de Investigación Arqueológica para el análisis del Origen de la Desigualdad Social en el Suroeste de la Península.* Arqueología Monografías, Junta de Andalucía, Sevilla, pp. 79- 105.

Nocete Calvo, F; Sáez, R.; Nieto, J. M.; Cruz- Auñón, R.; Cabrero, R.; Álex, E.; Bayona, M. R.; Inácio, N. (2006): "Las relaciones Centro- Periferia en el Valle del Guadalquivir del III Milenio ANE. La circulación de hojas de caliza oolítica silicificada." *Tabona*, 14, pp. 33- 62.

Ntinou, M. (2002): "Vegetation and human communities in Prehistoric Greece". *El Paisaje en el Neolítico Mediterráneo. Saguntum Extra- 5*, pp. 91- 103.

Núñez Granados, M. A.; Recio Espejo, J.M. (2004): "Evolución de la red fluvial en la campiña de Córdoba (tramo medio del Guadalquivir)". *Cuaternario y Geomorfología*, 18, pp. 1- 5.

O'Kelly, M. (1982): *Newgrange. Archaeology, art and legend*. Thames & Hudson, Londres.

Ormazábal, A.; Pastor, B.; Urigoitia, T. (1994): "Ensayo de estudio analítico del instrumental lítico pulimentado. Su aplicación al conjunto de superficie de Urrunaga (Álava)". *Munibe (Antropología- Arkeologia)*, 46, pp. 87- 110.

Ortiz Juárez, D.; Bernier Luque, J. (1981): *Catálogo Histórico- Artistico y monumental de la Provincia de Córdoba*, Tomo 1. Diputación Provincial de Córdoba.

Ortiz Juárez, D.; Bernier Luque, J.; Nieto Cumplido, M.; Lara Arrebola, F. (1983): *Catalogo artístico y monumental de la provincia de Córdoba.* Tomo II. Diputación Provincial de Córdoba.

Orton, C.; Tyers, P.; Vince, A. (1997): *La Cerámica en Arqueología.* Crítica, Barcelona.

Otero Prieto, J. (1986): "Estudios tipológicos de las formas cerámicas llamadas "Platos" en el Calcolítico de Andalucía". *Habis*, 17, 403- 432.

Palma Franquelo, J. M.; Palma Rodríguez, J.; del Moral Aguilar, F. J. (2001): "Yacimientos y materiales del Calcolítico y Campaniforme en el Museo Municipal de Santaella". *Boletín de la Asociación Provincial de Museos Locales de Córdoba*, 2, pp. 241- 254.

Palomo, L. J.; Gisbert, J.; Blanco, J. C. (2008): *Atlas y Libro Rojo de los Mamíferos Terrestres de España.* Ministerio de Medio Ambiente. Madrid.

Palomo A.; Gibaja, J. (2002): "Análisis de las puntas del sepulcro calcolítico de la costa de Can Martorell (Dosrius, Barcelona)". En Clemente, I.; Risch, R.; Gibaja, J. F. (Eds.): *Análisis funcional. Su aplicación al estudio de sociedades prehistóricas.* BAR International Series 1073, pp. 243- 249.

Parra Rincón, M. A. (1994): "Suelos de la Sierra, del Valle y la Campiña". En López Ontiveros, A.; Valle Buenestado, B. (Coord.) *Córdoba Capital*, 3: Geografía. Caja Provincial de Ahorros de Córdoba, pp. 31- 38.

Pascual Benito, J. L. (1998): *Utillaje óseo, adornos e ídolos neolíticos valencianos.* Servicio de Investigación Prehistórica del Museo de Prehistoria de Valencia, Serie de trabajos varios, 95, Diputación de Valencia.

Payne, S.; Bull, G. (1988): "Components of variation in measurements of pig bones and teeth, and the use of measurements to distinguish wild from domestic pig remains." *Archeozoologia*, Vol. II/ 1, 2, pp. 27- 66.

Peinado Lora, M.; Rivas- Martínez, S. (1987): *La vegetación de España.* Col. Aula Abierta. Universidad de Alcalá de Henares.

Pelegrin, J. (1984a): « Approche technologique et expérimentale de la mise en forme de nucleus pour le débitage systématique par pression ». *Préhistoire de la Pierre taillée, 2. Économie du débitage laminaire: technologie et expérimentation.* IIIe table ronde de technologie lithique Meudon- Bellevue, octobre, 1982. Cercle de recherches et d´études préhistoriques, Paris, pp. 93- 105.

Pelegrin, J. (1984b): « Débitage par pression sur silex : nouvelles expérimentations ». *Préhistoire de la Pierre taillée, 2. Économie du débitage laminaire: technologie et expérimentation.* IIIe table ronde de technologie lithique Meudon- Bellevue, octobre, 1982. Cercle de recherches et d´études préhistoriques, Paris, pp. 117- 126.

Pellicer Catalán, M. (1995): "Las culturas del Neolítico-Calcolítico en Andalucía oriental". *Espacio, Tiempo y Forma, Serie I, Prehistoria y Arqueología*, 8, pp. 81-134.

Pellicer Catalán, M.; Acosta Martínez, P. (1985): "Las cerámicas decoradas del Neolítico y Calcolítico de la cueva de Nerja: Horizontes culturales y cronología". *Habis*, 16, pp. 389- 416.

Pellicer Catalán, M.; Hurtado Pérez, V. (1988): "Excavaciones en la mesa de El Gandul (Alcalá de Guadaira, Sevilla)". *Anuario Arqueológico de Andalucía*, II, 1986, pp. 338- 341.

Penco Valenzuela, F.; Criado Portal, A. F. (1999): "Una propuesta de proyecto de intervención arqueológica de Urgencia y prospección superficial en el entorno minero de Cerro Muriano (Córdoba)". *Antiqvitas*, 10, pp. 195-204.

Penco Valenzuela, F.; Criado Portal, A. (2002): "Tres piezas metálicas descontextualizadas procedentes del complejo arqueológico de Cerro Muriano (Córdoba): Relación isotópica del plomo y otros aspectos". *Antiqvitas*, 14, pp. 9- 20.

Penco Valenzuela, F; Rodero Pérez, S. (2004): "Las *thermae* públicas del yacimiento del Cerro de la Coja: Resultados preliminares de la intervención arqueológica de urgencia en el yacimiento de Cerro Muriano (Obejo)". *Anuario Arqueológico de Andalucía*, 2001, pp. 297-316.

Penco Valenzuela, F. (2010): *Cerro Muriano, sitio Histórico.* Almuzara, Córdoba.

Perdigones, L.; Molina, M.; Rojo, A. (1988) "II Campaña de excavaciones arqueológicas en el yacimiento de Carissa Aurelia entre Espera y Bornos (Cádiz)". *Anuario de Arqueología de Andalucía*, III, 1986. Junta de Andalucía, Sevilla, pp. 67- 74.

Pérez Bareas, C.; Afonso Marrero, J. A.; Cámara Serrano, J. A.; Contreras Cortés, F.; Lizcano Prestel, R. (1999): "Clasificación cultural, periodización y problemas de compartimentación en el Neolítico de la Alta Andalucía". *Actes del II Congrés del Neolític a la Península Ibérica*, Valencia 1999. Saguntum Extra- 2, pp. 485- 492.

Pérez Daza, F.; Morena López, J. A. (2004): "El almacenamiento de cereales en Villa del Río durante la antigüedad: El campo de silos del Cerro de San Cristóbal". *Boletín de la Asociación Provincial de Museos Locales de Córdoba*, 4, pp. 389- 404.

Pérez Jordá, G. (2005): "Nuevos datos paleocarpológicos en niveles neolíticos del País Valenciano". *Actas del III Congreso del Neolítico en la Península Ibérica*, pp. 73-81.

Pérez Macías, J. A.; Cruz- Auñon Briones, R.; Rivero Galán, E. (1990): "Estudio estratigráfico de la Cueva de la Mora (Jabugo, Huelva)". *Huelva en su Historia*, 3, pp. 11- 46.

Pétrequin, P.; Pétrequin, A.- Mª (1990) : « Haches de Yeleme, herminettes de Mumyeme ». *Journal de la société des Océanistes*, 91, pp- 95- 113.

Pétrequin, P.; Cassen, S.; Croutsch, C.; Weller, O. (1997): "Haches alpines et haches carnacéens dans l´Europe du Ve Millénaire". *Notae Prehistoriae*, 17, pp. 135- 150.

Pétrequin, P.; Croutsch, C.; Cassen, S. (1998): « A Propos du dépôt de La Bégude: haches alpines et haches carnacéens pendant le Ve Millénaire ». *Bulletin de la Société Préhistorique Française*, 95, 2, pp. 239- 254.

Pétrequin, P.; Pétrequin, A.- Mª (2005): « Premiers attelages de bœufs à Chalain (Jura, France), au XXXIe siècle av. J.- C. ». *Revue de Paléobiologie*, Vol. Spéc. 10, pp. 197- 207.

Pétrequin, P.; Lobert, G.; Maitre, A.; Monnier, J.- L. (2006a): « Les outils à moissonner et la question de l´introduction de l´araire dans le Jura (France) ». *Premiers chariots, premiers araires. La diffusion de la traction animale en Europe pendant les IVe et IIIe millénaires avant notre ère*. Monographie du CRA, 29, CNRS, Paris, pp. 107- 120.

Pétrequin, P. ; Pétrequin, A.- M.; Bailly, M. (2006b) : « Vues de Jura Français, les premières tractions animales au Néolithique en Europe Occidentale ». *Premiers chariots, premiers araires. La diffusion de la traction animale en Europe pendant les IVe et IIIe millénaires avant notre ère*. Monographie du CRA, 29, CNRS, Paris, pp. 361- 399.

Piñón Varela, F.; Bueno Ramírez, P. (1985): "Estudio de las colecciones de materiales procedentes de la Dehesa (Lucena del Puerto) y el Judío (Almonte): testimonios sobre la ocupación neolítica del litoral onubense". *Huelva Arqueológica*, 7, pp. 107- 159.

Piñón Varela, F. (1987): "El cabezo de los Vientos, La Zarcita (Santa Bárbara de Casa): Un poblado calcolítico fortificado en el N. E. de la provincia de Huelva. Campaña de excavaciones de 1985". *Anuario Arqueológico de Andalucía*, 1985, II, pp. 272- 278.

Poissonnier, B. (2002): «Pilons, broyeurs, bouchardes, marteaux et autres percuteurs: les interprétations fonctionnelles au risqué de l´expérimentation». En, Procopiou, H.; Tréuil, R. (dirs.): *Moudre et Broyer. L´interprétation fonctionnelle de l´outillage de mouture et de broyage dans la Préhistoire et l´Antiquité. I- Méthodes*. CTHS, pp. 141- 152.

Ponsich, M. (1987): *L´implantation rurale antique sur le Bas- Guadalquivir*. Casa de Velázquez, Publications Archéologie 7, Tome III. Paris.

Ponz, A. (1792): *Viaje de España*, tomo XVII. Viuda de Joaquín Ibarra. Madrid.

Poolex, A. (1999): "Comments on the interpretation of the so- called cattle burials of Neolithic Central Europe". *Antiquity*, 73, pp. 542- 550.

Procopiou, H.; Tréuil, R. (dirs.) (2002): *Moudre et Broyer. L´interprétation fonctionnelle de l´outillage de mouture et de broyage dans la Préhistoire et l´Antiquité. I- Méthodes*. CTHS, Paris.

Rafael Penco, J. J. (2011): "La industria ornamental de la Cueva de los Murciélagos de Zuheros (Córdoba)". *ITVCI. Revista de difusión cultural de Baena y su comarca*, 1, pp. 41- 49.

Ramírez de Arellano, R. (1983): *Inventario monumental y artístico de la provincia de Córdoba*. Diputación Provincial, Córdoba.

Ramos Muñoz, J. (*Coord.*) (2008): *La ocupación prehistórica de la campiña litoral y banda atlántica de Cádiz. Aproximación al estudio de las sociedad cazadoras- recolectoras, tribales comunitarias y clasistas iniciales*. Arqueología Monografías, Junta de Andalucía.

Ramos Muñoz, J.; Giles Pacheco, F.; Gutiérrez López, J. Mª; Santiago Pérez, A.; Blanes Delgado, C.; Mata Almonte, E.; Molina Carrión, M.; Valverde Lasanta, Mª (1992): "Aproximación tecnológica a la transición neolítico calcolítico: el yacimiento de Cantarranas. (El puerto de Santa María)". *Revista de historia de El Puerto*, 9, pp. 11- 34.

Ramos Muñoz, F.; Giles Pacheco, F. (Eds.) (1996): *El Dolmen de Alberite (Villamartín). Aportaciones a las formas económicas y sociales de las comunidades neolíticas en el Noroeste de Cádiz*. Universidad de Cádiz y Ayuntamiento de Villamartín.

Ramos Muñoz, J.; Pérez, M.; Vijande, E.; Cantillo, J. J. (2006): "las sociedades neolíticas en la Banda Atlántica de Cádiz. Valoración del contexto regional y del proceso histórico de la formación social tribal". *Quaderns de prehistòria i arqueologia de Castelló*, 25, pp. 53- 89.

Ramos Muñoz, J.; Pérez, M.; Vijande, E.; Cantillo, J. J. (2008a): "La Formación social clasista inicial en la Banda Atlántica de Cádiz". En, Ramos Muñoz, J. (*Coord.*): *La ocupación prehistórica de la campiña litoral y banda atlántica de Cádiz. Aproximación al estudio de las sociedad cazadoras- recolectoras, tribales comunitarias y clasistas iniciales*. Arqueología Monografías, Junta de Andalucía, pp. 351- 377.

Ramos Muñoz, J.; Zouak, M.; Bernal, D.; Raissouni, B. (Eds.) (2008b): *Las ocupaciones humanas de La cueva de Caf Taht el Ghar (Tetuán). Los productos arqueológicos en el contexto del Estrecho de Gibraltar*. Colección de Monografías del Museo Arqueológico de Tetuán, I. Cádiz.

Renfrew, C.; Bahn, P. (1993): *Arqueología: teorías, métodos y práctica*. Akal, Madrid.

Ribeiro, L.; Sangmeister, E. (1967): "Der neolitische fundplatz von Possanco bei Comporta/ Portugal". *Madrider Mitteilungen*, 8, pp. 31- 45.

Riquelme Cantal, J. A.; Nocete Calvo, F. (2004): "Aspectos socioeconómicos basados en el estudio de los restos óseos del yacimiento del III Milenio de Cabezo Juré, Alosno (Huelva)," En, Actas del II y III Simposio de Prehistoria "Cueva de Nerja". Fundación Cueva de Nerja, Málaga, pp. 379- 385.

Riquelme Cantal, J. A.; Simón Vallejo, M. D.; Palmqvist, P.; Cortés Sánchez, M. (2008): "The oldest mongoose of Europe". *Journal of Archaeological Science*, 35, 9, pp. 1-3.

Riquelme Cantal, J. A. (2008a): "Aspectos de uso y transformación del medio geográfico en la ocupación íbera en la depresión natural de Ronda, Málaga (España), a través de la comparación de dos yacimientos arqueológicos: Acinipo y Ronda ciudad". *Zooarqueología, Hoy. Encuentros hispano- Argentinos*. Servicio de publicaciones de la Universidad de Burgos, pp. 123- 144.

Riquelme Cantal, J. A. (2008b): "Estudio de los restos óseos de mamíferos en el Pirulejo. Los niveles paleolíticos. En Cortés Sánchez, M. (Coord.): *El Pirulejo (Priego de Córdoba): Cazadores recolectores del Paleolítico superior en la sierra Subbética*. Estudios en homenaje a la profesora María Dolores Asquerino. Número monográfico de Antiqvitas, 20, pp. 199- 221.

Riquelme Cantal, J. A. (2010): "Una aproximación a la utilización por el hombre de las especies animales documentadas en la Ciudad de la Justicia de Jaén". *Ciudad de la Justicia. Excavaciones arqueológicas*. Junta de Andalucía, Sevilla, pp. 118- 133

Risch, R.; Clemente, I.; Gibaja, J. F. (2002): "Objetivos y perspectivas del 1er Congreso de Análisis Funcional en España y Portugal ". En Clemente, I.; Risch, R.; Gibaja, J. F. (Eds.): *Análisis funcional. Su aplicación al estudio de sociedades prehistóricas*. BAR International Series 1073, pp. 3- 12.

Risch, R.; Martínez Fernández, F. (2008): "Dimensiones naturales y sociales de la producción de hachas de piedra en el Noroeste de la Península Ibérica". *Trabajos de Prehistoria*, 65, 1, pp. 47- 71.

Robin, G. (2009): *L'architecture des signes. L'art pariétal des tombeaux néolithiques autour de la mer d'Irlande*. Presses universitaires de Rennes, Rennes.

Rodanés Vicente, J. Mª (1987): *La industria ósea prehistórica en el Valle del Ebro*. Diputación General de Aragón, Zaragoza.

Rodanés Vicente, J. Mª (1995a): "Industria Ósea". *En, El Calcolítico a debate. Reunión de Calcolítico en la Península Ibérica*. Sevilla 1990, pp. 159- 161.

Rodanés Vicente, J. Mª (1995b): "Industria Ósea". *La Cueva del Moro de Olvena (Huesca), Bolskan,* 12, pp. 181- 191.

Rodrigues, F. (2008): "O Recinto de fossos Ponte da Azambuja 2 (Portel, Évora). Primeira Notícia". *Apontamentos de Árqueologia e Património*, pp. 49- 56.

Rodríguez Temiño, I. (1984): "El Eneolítico en la Vega de Carmona: Aproximación a un modelo de gravedad". *Habis*, 15, pp. 283- 307.

Rojo Guerra, M. A.; Garrido Pena, R.; García Martínez de Lagrán, I. (2006): *Un brindis con el pasado. La cerveza hace 4500 años en la Península Ibérica*. Universidad de Valladolid.

Rojo Guerra, M. A.; Garrido Pena, R.; García Martínez de Lagrán, I. (2008): "Everyday routines or special ritual events? Bell Beakers in domestic contexts of inner Iberia". Baoini et al. (eds.): *Bell Beaker in everyday life. Proceedings of the 10th Meeting "Archéologie et Gobelets"* (Florencia – Siena – Villanuova sul Clisi, 12-15 de mayo de 2006), Florencia, pp. 321- 326.

Romanyà, J.; Rovira, P.; Vallejo, R. (2007): "Análisis del carbono en los suelos agrícolas de España. Aspectos relevantes en relación a la reconversión a la agricultura ecológica en el ámbito mediterráneo". *Ecosistemas, Revista científica y técnica de ecología y medio ambiente*, 16, 1, pp. 50- 57.

Romero Bomba, E. (2005): "El registro arqueológico del yacimiento "Puerto de la Palmera" (La puebla de los Infantes, Sevilla). Evidencias sobre el tránsito del Neolítico al Calcolítico en el Valle del Guadalquivir". *Actas del III Congreso del Neolítico en la Península Ibérica*: Santander, 5 a 8 de Octubre de 2003, pp. 989-998.

Roos, A. Mª; Schulz, H. D.; Arteaga Matute, O. (1995): "El problema del "Lacus Ligustinus": Investigaciones geoarqueológicas en torno a las marismas del Bajo Guadalquivir." *Tartessos: 25 años después, 1968-1993*. Jerez de la Frontera, pp. 99 -135.

Rosas Alcántara, A. (2004): "En torno a la estela decorada hallada en Montoro". *Boletín de la Asociación Provincial de Museos Locales de Córdoba*, 5, pp. 125-134.

Rosell, C.; Herrero, J. (2007): "*Sus scrofa* Linnaeus, 1758". En Palomo, J.; Gisbert, J.; Blanco, C., *Atlas y libro rojo de los mamíferos terrestres de España*, Ministerio de Medio Ambiente, pp. 348- 351.

Ruiz Gil, J. A. (2005): "Cronología y cultura material del Neolítico Final de Cantarranas (Bahía de Cádiz". *Actas del III Congreso del Neolítico en la Península Ibérica*, pp. 383- 388.

Ruiz Gil, J. A. (2006): "Cultura Material e identidad social: A propósito de los platos calcolíticos de la Bahia de Cádiz". *Actas do IV Congresso de Arqueologia Peninsular, III; Do Epìpaleolítico ao Calcolítico na Península Ibérica*, Universidade do Algarve, pp. 321-327.

Ruiz Gil, J. A.; Pérez Fernández, E.; López Amador, J. J.; Monclova Bohórquez, A. (1990): "El Yacimiento

Protohistórico de las Beatillas (El Puerto de Santa María)". *Revista de Historia del Puerto*, 4, pp. 9- 38.

Ruiz Gil, J. A. y Ruiz Mata, D. (1999): "Cantarranas (El Puerto de Santa María, Cádiz): un poblado de transición Neolítico Final/ Cobre inicial". *Saguntum*, 2, pp. 223-228.

Ruiz Gil, J. A.; López Amador, J. J. (2001): *Formaciones sociales agropecuarias en la Bahía de Cádiz. 5000 años de adaptación ecológica en la Laguna del Gallo.* Arqueodesarrollo Gaditano, Puerto de Santa María.

Ruiz Gil, J. A.; López Amador, J. J.; García Peña, I. (2004): "Pocito Chico; un modelo de poblamiento en torno a la laguna del Gallo". *Actas del II y III Simposio de Prehistoria "Cueva de Nerja".* Fundación Cueva de Nerja, Málaga, pp. 361- 369.

Ruiz Lara, D. (1985): "La Cultura del Vaso Campaniforme en la Campiña de Córdoba: El hallazgo de la Rambla". *Corduba Archaeologica*, 15, 15- 30.

Ruiz Lara, D. (1985b): "Materiales prehistóricos procedentes de Doña Mencía". *Ifigea,* II, pp. 79- 106.

Ruiz Lara, D. (1986), "Nueva estela decorada en el Valle del Zújar". *Estudios de Prehistoria Cordobesa*, 1, pp. 95-101.

Ruiz Lara, Mª D. (1987a): "Excavación arqueológica de urgencia en La Minilla (La Rambla, Córdoba)". *Anuario Arqueológico de Andalucía*, 1986, III, pp. 124-126.

Ruiz Lara, Mª D. (1987b): "Calcolítico y Edad del Bronce en la Campiña de Córdoba: aproximación a su estudio", *Estudios de Prehistoria Cordobesa,* 2, pp. 61-88.

Ruiz Lara, D. (1987c): "La cerámica campaniforme en el valle medio del Guadajoz*". Estudios de Prehistoria Cordobesa*, 3, pp. 63- 80.

Ruíz Lara, D. (1987d): "Los Almiares (Castro del Río). Un asentamiento calcolítico en la campiña de Córdoba". *Actas del XVIII Congreso Nacional de Arqueología*, Sta. Cruz de Tenerife 1985, pp. 337- 348.

Ruiz Lara, Mª D. (1988a): "Estado actual de la investigación sobre el Calcolítico en la Campiña de Córdoba*", Estudios de Prehistoria Cordobesa,* 4, pp. 41-58.

Ruiz Lara, Mª D. (1988b): "Industria lítica calcolítica de Guta (Castro del Río, Córdoba)". *Estudios de Prehistoria Cordobesa*, 4, pp. 89- 116.

Ruiz Lara, Mª D. (1988c): "Las culturas de Productores en la Campiña de Montilla*". Homenaje a Manuel Ruiz Luque*. Baena, pp. 277- 295.

Ruiz Lara, Mª D. (1990a): "Prospección Arqueológica Superficial en la Campiña de Córdoba", *Anuario Arqueológico de Andalucía*, 1988, II, pp. 32- 40.

Ruiz Lara, D. (1990b): "Prospección arqueológica superficial en los términos municipales de Aguilar de la Frontera, Castro del Río, Montalbán, Montilla, La Rambla y Santaella". *Anuario Arqueológico de Andalucía*, 1987, II, pp. 104- 106.

Ruiz Lara, Mª D. (1991a): "Excavación Arqueológica de Urgencia en La Minilla (La Rambla, Córdoba). Campaña de 1989". *Anuario Arqueológico de Andalucía*, 1989, III, pp. 157- 163.

Ruiz Lara, Mª D. (1991b): "Bases para el estudio de la Prehistoria Reciente en la campiña de Córdoba". *II Encuentros de historia local. La Campiña 1*, pp. 45- 65.

Ruiz Lara, Mª D. (1993): *Primeras culturas metalúrgicas en la mitad meridional de la provincia de Córdoba (La Campiña).* Tesina de Licenciatura. Universidad de Córdoba.

Ruiz Mata, D.; Martín de la Cruz, J. C. (1977): "Noticias preliminares sobre los materiales del yacimiento de Papauvas (Aljaraque, Huelva)". *Cuadernos de Prehistoria y Arqueología*, 4, pp. 35- 48.

Ruiz Rodríguez, A.; Nocete Calvo, F. Sánchez Ruiz, M. (1986). "La Edad del Bronce y la argarización en tierras jiennenses." *Homenaje a Luis Siret; Actas del Congreso "Homenaje a Luis Siret (1934- 1984)".* Cuevas de Almanzora, Almería. Consejería de Cultura. pp. 271-286.

Sáez, L.; Martínez, G. (1981): "El yacimiento neolítico al aire libre de la Molaina (Pinos Puente, Granada)". *Cuadernos de Prehistoria de la Universidad de Granada*, 6, pp. 17- 34.

Sahlins, M. (1972): *Las sociedades tribales.* Labor, Barcelona.

Sahlins, M. (1983): *Economía de la Edad de Piedra.* Akal Universitaria, Barcelona.

Salas Álvarez, J. A.; Barrionuevo Contreras, F. J. (1990): "Dólmenes de la Provincia de Sevilla". *Revista de Arqueología*, 109, pp. 6- 10.

Salvatierra Cuenca, V. (1980): "Estudio del material óseo de las cuevas de la Cariguela y La Ventana (Píñar, Granada)". *Cuadernos de Prehistoria de la Universidad de Granada*, 5, pp. 35- 81.

Sánchez Astorga, P. (2008): "Arqueozoología de la Banda Atlántica de Cádiz en la Prehistoria en un contexto regional". Ramos Muñoz, J. (Coord.): *La Ocupación Prehistórica de la Campiña litoral y Banda Atlántica de Cádiz. Aproximación al Estudio de las Sociedades cazadoras- recolectoras, tribales- comunitarias y clasistas iniciales*. Arqueología, Monografías, Junta de Andalucía, Sevilla, pp. 249- 272.

Sánchez Vizcaíno, A. Bellón Ruiz, J. P.; Rueda Galán, C. (2005): "Nuevos datos sobre la zona arqueológica de Marroquíes Bajos: El quinto foso." *Trabajos de Prehistoria*, 62, 2, pp. 151- 164.

Sanchís, A.; Sarrión, I. (2004): "Restos de cánidos (*Canis familiaris ssp.*) en yacimientos valencianos de la Edad del Bronce". *Archivo de Prehistoria Levantina*, vol. XXV, pp. 161- 198.

Sangmeister, E. (1962): "Un vaso campaniforme funerario en el Museo de Córdoba". *Boletín de la Real Academia de Córdoba*, 84, pp. 141- 154.

Santa Cruz, M. (2001): *Floresta Española. I. De apotegmas ó sentencias, sabia y graciosamente dichas, de algunos Españoles*. Critica, Barcelona.

Santos Gallego, S. (1949): "Nota sobre el Paleolítico Cordobés". *Crónica del IV Congreso arqueológico del Sureste Español*, Elche, pp. 67- 68.

Santos Gener, S. (1933): "Prehistoria cordobesa. Dolmen en el Arroyo de las Sileras", *Boletín de la Real Academia de Córdoba*, 37, pp. 251- 258.

Santos Gener, S. (1949): "Prehistoria Cordobesa. Dolmen con insculturas en el arroyo de las Sileras (Córdoba- Espejo)". *Crónica del IV Congreso arqueológico del Sureste Español*, Elche, pp. 142- 150.

Santos Gener, S. (1958): "Ensayo de ordenación prehistórica de la provincia de Córdoba". *Boletín de la Real Academia de Córdoba*, 77, pp. 77- 95.

Sanz Ruiz, P. (1997): *El paso del III al II Milenio a. C. en la Cuenca media del Guadalquivir: Una orientación a través de la secuencia de El Llanete de los Moros (Montoro, Córdoba)*. Tesina de Licenciatura. Universidad Autónoma de Madrid.

Savory, N. H. (1985): "Um corte a traves da fortificação interior do castro calcolítico de Vila Nova de S. Pedro, Santarém (1959)". *Clío/ Arqueologia, Revista da Uniarq*, 1, pp. 19- 24.

Schubart, H. (1977): "Morro de Mezquitilla. Vorbericht über die graubungskampagne 1976 auf dem siedlungshügel an der Algarrobo-Mündung". *Madrider Mitteilungen*, 18, pp. 33- 61.

Semenov, S. A. (1981): *Tecnología Prehistórica*. Akal universitaria, Madrid.

Serrano Carrillo, J.; Morena López, J. A. (1984) *Arqueología inédita de Córdoba y Jaén*. Monte de Piedad y Caja de Ahorros de Córdoba

Service, E. R. (1979): *Los Cazadores*. Nueva Colección Labor, Barcelona.

Sherratt, A. (1981): "Plough and pastoralism: Aspects of the secondary products revolution". Hodder, I.; Isaac, G.; Hammond, N. (eds.): *Pattern of the Past: Studies in honour of David Clark*, Cambridge University Press, pp. 261- 305.

Sherratt, A. (2006): « La traction animale et la transformation de l'Europe Néolithique ». *Premiers chariots, premiers araires. La diffusion de la traction animale en Europe pendant les IVe et IIIe millénaires avant notre ère*. Monographie du CRA, 29, CNRS, Paris, pp. 329- 359.

Sierra Montesinos, M.; Martínez Castro, A. (2006): "Falcata Ibérica con decoración damasquinada procedente del yacimiento de Cuesta del Espino (Córdoba)". *Gladius*, 26, pp. 93- 104

Silver I. E. (1980), "La determinación de la edad en animales domésticos". En Brothwell, D. y Higgs E. S. (Eds), *Ciencia en Arqueología*, Fondo de Cultura Económica, México D F, pp. 289- 309.

Simón Vallejo, Mª D.; Cortés Sánchez, M. (1996): "Cadenas operativas líticas. Algunas aportaciones al dibujo tecnológico". *Complutum* extra- 6, II, pp. 89- 102.

Siret, L. (2001 [1891]): *España Prehistórica*. Consejería de Cultura de la Junta de Andalucía y Arráez Editores, Almería.

Spindler, K. (1971): "Eine kupferzeitliche sierdlung vom Pico Agudo/ Portugal". *Madrider Mitteilungen*, 12, pp. 51- 71.

Spindler, K. (1976): "Die Neolitische Parede- Gruppe in Mittelportugal". *Madrider Mitteilungen*, 17, 21- 75.

Surmely, F.; De Göer de Herve, A.; Errera, M.; D'Amico, C.; Santallier, D.; Forestier, F- H.; Rialland, Y. (2001): « Circulation des haches polies en Auvergne au Néolithique ». *Bulletin de la Société Préhistorique Française*, 96, 4, pp. 675- 691.

Tarrùs, J. ; Saña, M. ; Chinchilla, J. ; Bosch, A. (2006): « La Draga (Banyoles, Catalogne): Traction animale à la fin du Vie Millénaire ? ». *Premiers chariots, premiers araires. La diffusion de la traction animale en Europe pendant les IVe et IIIe millénaires avant notre ère*. Monographie du CRA, 29, CNRS, Paris, pp. 25- 30.

Teegen, W- R. (2006): "Ritual fraud (pius fraus) in large animal sacrifices in the Iron Age?". *Animali tra uomini e dei. Archeozoologia del mondo prerromano*. Atti del Convegno Internnazionale 8- 9 novembre 2002. Bologna, pp. 193- 196.

Tixier, J.; Inizan, M. L.; Roche, H. (1980) : *Préhistoire de la pierre taillée I. Terminologie et technologie.* Centre de recherches d´études préhistoriques, Paris.

Tixier, J. (1984) : « Le débitage par pression ». *Préhistoire de la pierre taillée 2. Économie du débitage laminaire : technologie et expérimentation.* IIIe table ronde de technologie lithique Meudon- Bellevue, octobre, 1982. Centre de recherches d´études préhistoriques, Paris, pp. 57- 69.

Torres Márquez, M. (1993): "Aguas superficiales y Subterráneas". En, López Ontiveros, A.; Valle Buenestado, B. (Coord.): *Córdoba Capital, 3: Geografía.* Caja Provincial de Ahorros de Córdoba, pp. 39- 46.

Trigger, B. (1992): *Historia del pensamiento arqueológico.* Crítica, Barcelona.

Uribelarrea, D.; Benito, G. (2008): "Fluvial changes of the Guadalquivir River during the Holocene in Córdoba (Southern Spain)". *Geomorphology*, 100, pp. 14-31.

Uerpmann, H. P. (1979): "Informe sobre los restos faunísticos del Corte Nº 1." En, Arribas, A.; Molina, F.: *El poblado de "los Castillejos" en las Peñas de los Gitanos (Montefrío, Granada). Campaña de excavaciones de 1971. El corte núm.* 1. *Cuadernos de Prehistoria de la Universidad de Granada* (Serie Monográfica), 3, pp. 153- 168.

Valdés, L. G. (1982): "Informe sobre talleres de útiles pulimentados en la comarca de l'Alt Urgell (I.- Peramola)". *Pyrenae* 17- 18, pp. 83- 102.

Valera Pérez, R. (2007): "Ocupación prehistórica del yacimiento de Caño Bajo (T. M. La Rambla, Córdoba)". *Arte, Arqueología e Historia*, 14, pp. 128- 131.

Valera, A. C.; Nunes, T.; Costa, C. (2010): "Enterramentos de canídeos no neolítico: A Fossa 5 de Corça 1 (Brinches, Serpa)". *Apontamentos de Árqueología e Patrimônio*, 5, pp. 7- 17.

Vallejo Sánchez, J. I. (1999): "Las decoraciones bruñidas en las cerámicas grises orientalizantes". *Spal*, 8, pp. 85- 100.

Van Willigen, S. (2010): « La stratigraphie du Mourre de la Barque (Jouques, Bouches du Rhône) et la fin du Néolithique moyen en Provence Occidentale ». En Lemercier, O.; Furestier, R.; Blaise, E. (Dirs.) (2010) : *4e Millénaire. La transition du Néolithique moyen au Néolithique final dans le sud- est de la France et las régions voisines.* Monographies d´Archéologie Méditerranéenne, 27, Lattes, pp. 45- 73.

Vaquerizo, D.; Murillo, J. F.; Carrillo, J. R.; Moreno, M.; León, A.; Luna, M. D.; Zamorano, A. Mª. (1994): *El Valle Alto del Guadiato (Fuenteobejuna, Córdoba).* Arqueología Cordobesa. Servicio de Publicaciones, Universidad de Córdoba.

Vargas Jiménez, J. M. (2003): "Elementos para la definición territorial del yacimiento prehistórico de Valencina de la Concepción (Sevilla)". *Spal*, 12, pp. 125- 144.

Vegas Aramburu, J. I. (2007): *San Juan ante Portam Latinam: Una inhumación colectiva prehistórica en el Valle Medio del Ebro.* Memorias de Yacimientos Alaveses, 12, Diputación Foral de Álava.

Vento Mir, E. (1985): "El ensayo de clasificación sistemática de la industria ósea neolítica. La Cova de l´Or (Beniarrés, Alicante). Excavaciones antiguas." *Saguntum*, 19, pp. 31—93.

Vera, J. A. (1994): "Geología de Andalucía". *Revista de la Asociación Española para la Enseñanza de las Ciencias de la Tierra*, 2 (2-3). pp. 306- 315.

Vera Rodríguez, J.C. 1997): "Industrias líticas talladas de los asentamientos calcolíticos de Sierra Palacios (Belmez, Córdoba): Una secuenca tecnológica del IV al III milenios a. C." Balbín Behrmann, R.; Bueno Ramírez, P. (eds.) *Actas del II Congreso de Arqueología Peninsular.* Tomo II- Neolítico, Calcolítico y Bronce. Fundación Rei Alfonso Henriques, Zamora, pp. 185- 197.

Vera Rodríguez, J.C. (1999a): *El Calcolítico en el Alto Valle del Guadiato: los hábitats y las necrópolis prehistóricas del entorno de Sierra Palacios.* Tesis doctoral inédita, Universidad de Córdoba.

Vera Rodríguez, J.C. (1999b): "Algunos aspectos tecno- tipológicos y morfo- funcionales de industrias líticas talladas del neolítico andaluz". *Actas del XXIV Congreso Nacional de Arqueología.* Cartagena, vol. 2, pp. 37- 42.

Vera Rodríguez, J. C.; Linares Catela, J. A.; Martín Socas, D.; Camalich Massieu, Mª D.; González Quintero, P. (2010): "Los inicios de la producción de alimentos en Huelva. Pasado y Presente. En, Gibaja; J.F.; Carvalho, A. (eds.): *Os últimos caçadores- recolectores e as primeiras comunidades produtoras do sul da Península Ibérica e do Norte de Marrocos. Promontoria Monográfica,* 15, pp. 119- 129.

Vera Rodríguez, J. C.; Martínez Fernández, Mª J. (EP): "El contexto social de La producción y circulación de cerámicas y elementos de adorno en el neolítico antiguo del sur de Córdoba". En, *Xarxes al Neolític; Congrés Internacional*, Gavà, Bellaterra, 2- 4- 2- 2011.

Verdú, J. R.; Galante, E. (*Eds.*) (2005): *Libro rojo de los invertebrados de España.* Ministerio de Medio Ambiente.

Vijande Vila, E. (2009): "El poblado de Campo de Hockey (San Fernando, Cádiz): Resultados preliminares y líneas de investigación futuras para el conocimiento de las formaciones sociales tribales en la Bahía de Cádiz (tránsito V- IV milenios ANE)". *RAMPAS,* 11, 265- 284.

Vijande Vila, E. (2011): *La necrópolis neolítica de Campo de Hockey: la muerte hace seis mil años en la Isla de San Fernando. Catálogo de los materiales expuestos en el Museo Histórico Municipal de San Fernando.* Ayuntamiento de San Fernando, Fundación municipal de Cultura.

Vilanova i Piera, J. (1997 [1881]): *Conferencias dadas en Santander*. Servicio de publicaciones de la Universidad de Cantabria, Santander.

Expósito Vilches, E. Mª; Martínez Sánchez. R. Mª: (2009): *Informe memoria de la Actividad Arqueológica Preventiva, Prospección Arqueológica Superficial, en Instalación eléctrica fotovoltaica Casillas I y II (Córdoba)*. Informe Preliminar, Delegación Provincial de Cultura de Córdoba.

Vincentelli, M. (2000): *Women and Ceramic; Gendered Vessels*. Manchester, University Press.

VV.AA (2007): *Memoria de la Prospección Arqueológica para la Carta Arqueológica Municipal de Riesgo de Córdoba (Zonas 21, 22 y 25 del PGOU)*. Caja 1 y 2. Vol. I-X. Córdoba. Marzo- 2007. Informe Inédito.

Watson, J.; Paz, M. A.; Tusell, M.; Mañosa, M. (2004): "Análisis faunístico. Campaña de 1988". En, Martín Socas, D.; Cámalich Massieu, Mª D.; González Quintero, P. (2004): *La Cueva del Toro (Sierra de El Torcal-Antequera- Málaga). Un modelo de Ocupación Ganadera en el Territorio Andaluz entre el VI y II Milenios ANE*. Consejería de Cultura, pp. 215- 266.

Wilkens B. (2003): *Archeozoologia. Manuale per lo studio dei resti faunistici dell'area mediterranea* [CD-Rom], Schio.

Wright, R. (1991): "Women's Labor and Pottery Production in Prehistory". *Engendering Archaeology*. Blackwell, Oxford, pp. 194- 224.

Yravedra Sáinz de los Terreros, J. (2006): *Tafonomía aplicada a zooarqueología*. Aula Abierta. UNED ediciones. Madrid.

Zafra de la Torre, N.; Castro López, M.; Hornos Mata, F. (2003): "Sucesión y simultaneidad en un gran asentamiento: La cronología de la macro- aldea de Marroquíes Bajos, Jaén. C. 2500- 2000". *Trabajos de Prehistoria*, 60, 2, pp. 79- 90.

Zapata, L.; Peña Chocarro, L.; Pérez Jordá, G.; Stika, H.-P. (2004): "Early Neolithic Agriculture in the Iberian Peninsula". *Journal of World Prehistory*, 18, 4, pp. 283-325.

Zapata, L.; Peña Chocarro, L.; Pérez Jordá, G.; Stika, H.-P. (2005): "Difusión de la agricultura en la Península Ibérica". *Actas del III Congreso del Neolítico en la Península Ibérica*, pp. 103- 114.

www.ingramcontent.com/pod-product-compliance
Lightning Source LLC
LaVergne TN
LVHW072246300926
849160LV00018B/1605